U0423872

高层建筑混凝土结构设计手册

国振喜　编

中国建筑工业出版社

图书在版编目(CIP)数据

高层建筑混凝土结构设计手册/国振喜编. —北京：中国建筑工业出版社，2012.8

ISBN 978-7-112-14510-2

Ⅰ. ①高… Ⅱ. ①国… Ⅲ. ①高层建筑—混凝土结构—结构设计—技术手册 Ⅳ. ①TU973-62

中国版本图书馆 CIP 数据核字(2012)第 161747 号

本书是根据最新颁布实施的中华人民共和国国家标准《混凝土结构设计规范》GB 50010—2010、《建筑抗震设计规范》GB 50011—2010、《建筑地基基础设计规范》GB 50007—2011 与中华人民共和国行业标准《高层建筑混凝土结构技术规程》JGJ 3—2010 等，并结合工程实践编写而成，并有许多实用计算用表和计算例题。主要内容包括：高层建筑混凝土结构设计绪论，高层建筑混凝土结构设计基本规定，高层建筑混凝土结构体系与结构布置，高层建筑混凝土结构荷载与地震作用，高层建筑混凝土结构计算分析，高层建筑混凝土现浇楼盖结构设计，高层建筑混凝土框架结构设计，高层建筑混凝土剪力墙结构设计，高层建筑混凝土框架-剪力墙结构设计，高层建筑混凝土筒体结构设计，复杂高层建筑混凝土结构设计，高层建筑混合结构设计，高层建筑混凝土结构基础设计，高层民用建筑设计防火等共 14 章。

本书具有技术标准新，实用性强，应用方便等特点。全书按表格化、图形化编写，简单明了，查找迅速，应用方便，可节省工作时间，提高设计效率。

本书可供广大建筑结构设计人员、施工人员及监理人员使用，也可供大专院校土建专业师生及科学研究人员使用与参考。

* * *

责任编辑：赵梦梅

责任设计：张　虹

责任校对：陈晶晶　关　健

高层建筑混凝土结构设计手册

国振喜　编

*

中国建筑工业出版社出版、发行(北京西郊百万庄)

各地新华书店、建筑书店经销

北京天成排版公司制版

北京圣夫亚美印刷有限公司印刷

*

开本：787×1092 毫米　1/16　印张：43¼　字数：1075 千字

2012 年 12 月第一版　2015 年 7 月第三次印刷

定价：**100.00** 元

ISBN 978-7-112-14510-2

(26446)

前　言

20世纪90年代以后，我国经济建设迅速发展，人民生活水平不断提高，各项建设事业兴旺发达，城市居住人口不断增加，城市用地日益紧张，因而促进了城市高层建筑的发展。

近年来，随着城市土地的日益稀有化，为节约土地，国土空间高效利用，高层建筑越来越多地得到人们的青睐，高层建筑混凝土结构得到迅速发展，钢筋混凝土结构体系积累了很多工程经验和科研成果，钢和混凝土的混合结构体系也积累了不少工程经验和科研成果。

为满足广大设计及施工人员的需要，使高层建筑结构设计做到安全适用、技术先进、经济合理、方便施工，我们根据现行国家行业标准《高层建筑混凝土结构技术规程》JGJ 3—2010及相关的其他现行国家标准、行业标准并结合工程实践和多方著述等编写了《高层建筑混凝土结构设计手册》一书，献给广大建设工作者！

本书主要内容包括：高层建筑混凝土结构设计绪论，高层建筑混凝土结构设计基本规定，高层建筑混凝土结构体系与结构布置，高层建筑混凝土结构荷载与地震作用，高层建筑混凝土结构计算分析，高层建筑混凝土现浇楼盖结构设计，高层建筑混凝土框架结构设计，高层建筑混凝土剪力墙结构设计，高层建筑混凝土框架-剪力墙结构设计，高层建筑混凝土筒体结构设计，复杂高层建筑混凝土结构设计，高层建筑混合结构设计，高层建筑混凝土结构基础设计，高层民用建筑设计防火等共14章。

本书的主要特点是：

(1) 简明实用。全书将建筑结构设计中最常用、最急需、最普遍的各类结构构件的常用计算方法，实用计算公式，简化的计算用表，典型的计算例题等准确地提供给广大的建筑结构设计人员，供设计时参照应用，举一反三，从而节省大量的时间，提高工作效率。

(2) 内容丰富。全书包括14部分内容，可以满足高层建筑混凝土结构的设计及计算需要。

(3) 应用方便。全书将繁多的内容取其精华，均以公式化、表格化、条文化、例题等浓缩为一本书编写，携带方便，一目了然，可迅速找到你所需要解决的问题。

(4) 技术标准新。全书均以最新颁布实施的中华人民共和国行业标准《高层建筑混凝土结构技术规程》JGJ 3—2010为依据编写，是规程的具体应用与实施，标准新，技术先进，应用准确可靠。

本书由国振喜编写。在本书的编写过程中，还有李玉芝、国伟、孙谌、高名游、孙学、高振山、季喆、金钟、国刚、陈金霞、杨占荣、国忠琦、刘云鹏、何桂娟、曲圣伟、王瑾、张树魁、李艳荣、王茂、李兴武、焦德文、于英文、李树彬、李树凡、司念武、郭玉梅、孙澍宁、司浩然、国英等参加了部分工作。

本书在编写和出版过程中，得到许多同志的支持和帮助，在此一并致谢！

由于我们水平有限，难免有不妥之处，敬请指教，以利改进。

2012年8月

目　录

第1章 高层建筑混凝土结构设计绪论

1.1 高层建筑的定义与发展高层建筑的意义

1.1.1 高层建筑的定义

高层建筑的定义如表1-1所示。

高层建筑的定义 **表1-1**

序号	项　目	内　容
1	一般说明	(1) 高层建筑，一般让人们想到，是指层数较多、高度较高的建筑。随着社会经济建设的发展和科学技术的进步，高层建筑在世界各国大量兴建。城市中的高层建筑是反映这个城市经济繁荣和社会进步的重要标志，当人们谈起举世闻名的摩天大楼时，往往和芝加哥、纽约这样的国际大都市联系在一起，足以说明高层建筑对城市社会形象的贡献 (2) 高层建筑的"高"是一个相对的概念，它是与人的感觉和地区的环境有关的。因此，高层建筑不能简单地以高度或层数用一个统一的标准定义。不过，从结构工程师的观点出发，高层建筑应是在结构设计中，因建筑物的建筑高度不断增加，使结构自重、水平风荷载或地震作用对建筑物的影响起重要控制作用 (3) 根据高层建筑的使用功能，高层建筑可分为： 1) 高层住宅建筑。包括塔式住宅和板式住宅以及底部为商业用房、上部为住宅的商住楼 2) 高层旅馆建筑。包括星级酒店、大型饭店等 3) 高层公共性建筑。包括办公楼、综合楼、科研楼、教学楼等 4) 其他。高层建筑还可以用于高层医院、展览楼、财贸金融楼等 (4) 按照建筑结构使用的材料不同，高层建筑结构又可分为高层建筑混凝土结构、高层建筑钢结构和高层建筑钢-混凝土混合结构三种类型如下： 1) 高层建筑混凝土结构具有取材容易、耐久性和耐火性良好、承载能力大、刚度好、节约钢材、造价低、可模性好以及能浇制成各种复杂的截面和形状等优点，现浇整体式混凝土结构还具有整体性好的优点，设计合理时，可获得较好的抗震性能。高层建筑混凝土结构布置灵活方便，可组成各种结构受力体系，在高层建筑中得到了广泛的应用。但是，高层建筑混凝土结构施工工序复杂，建造周期较长，受季节的影响大，对高层建筑的建造不利。由于高性能混凝土材料的发展和施工技术的不断进步，高层建筑混凝土结构仍将是今后高层建筑的主要结构类型。目前国内最高的高层混凝土结构建筑是1997年在广州建成的高391m(见表1-12序号4)的中信广场大厦 2) 高层建筑钢结构具有材料强度高、截面小、自重轻、塑性和韧性好、制造简便、施工周期短、抗震性能好等优点，在高层建筑中也有着较广泛的应用。但由于高层建筑钢结构用钢量大、造价高，再加之因钢结构防火性能差，需要采取防火保护措施，增加了工程造价，此外，高层建筑钢结构的应用还受钢铁产量和造价的限制。目前最高的高层钢结构建筑是1974年在芝加哥建成的高442m(见表1-10序号7)的西尔斯大厦 3) 高层建筑钢-混凝土组合结构或混合结构是将钢材放在混凝土构件内部(称为钢骨混凝土)、或在钢管内部填充混凝土，做成外钢构件(称为钢管混凝土)。这

续表 1-1

序号	项　目	内　容
1	一般说明	种结构不仅具有钢结构自重轻、截面尺寸小、施工进度快、抗震性能好等特点，同时还兼有混凝土结构刚度大、防火性能好、造价低的优点，因而被认为是一种较好的高层建筑结构形式，近年来在世界上发展迅速。目前世界最高的十大建筑中，有八个是组合结构。最高的组合结构建筑是 2010 年 1 月落成的哈利法塔(828m，162 层)建筑，见表 1-10 序号 1 所示 (5) 高层建筑的特点可有以下几个方面： 1) 在相同的建设场地中，建造高层建筑可以获得更多的建筑面积，这样可以部分解决城市用地紧张和地价高涨的问题。设计精美的高层建筑还可以为城市增加景观，如马来西亚首都的石油大厦和上海的金茂大厦等。但高层建筑太多、太密集也会对城市带来热岛效应，玻璃幕墙过多的高层建筑群还可能造成光污染现象 2) 在建筑面积与建设场地面积相同比值的情况下，建造高层建筑比多层建筑能够提供更多的空闲地面，将这些空闲地面用作绿化和休息场地，有利于美化环境，并带来更充足的日照、采光和通风效果。例如在新加坡的新建居住区中，由于建造了高层建筑群，留下了更多地面空间，可以更好地建设城市绿化和人们休闲活动空间 3) 从城市建设和管理的角度看，建筑物向高空延伸，可以缩小城市的平面规模、缩短城市道路和各种公共管线的长度，从而节省城市建设与管理的投资。由于建造高层建筑可以增加人们的聚集密度，缩短相互间的距离，水平交通与竖向交通相结合，使人们在地面上的活动走向空间化，节约了时间，增加了效率。但人口的过分密集有时也会造成交通拥挤，出行困难 4) 高层建筑中的竖向交通一般由电梯来完成，这样就会增加建筑物的造价，从建筑防火的角度看，高层建筑的防火要求要高于中底层建筑，也会增加高层建筑的工程造价和运行成本 5) 从结构受力特性来看，侧向荷载(风荷载和地震作用)在高层建筑分析和设计中将起着重要的作用，特别是在超高层建筑中将起主要作用。因此高层建筑的结构分析和设计要比一般的中低层建筑复杂得多 综合高层建筑的上述特点，可以认为，建造高层建筑一般是利大于弊，而合理的规划和设计还可以达到美化城市环境的效果。可以预见，在相当长的一段时间内，高层建筑仍将是世界上大部分国家在城市建设中的主要建筑形式。因此，掌握高层建筑的设计知识是对建筑与土木工程领域技术人员的基本要求 6)高层建筑的大量兴建也有其不利的一面如下： ① 空气流动形成的风遇到高层建筑时，往往在建筑的上下左右部位产生涡流，建筑拐角部位还会产生旋风，这些对建筑周围的行人会产生不良影响，而且随着建筑高度的增加，风荷载作用增大，这对高层建筑的承载力、刚度和稳定性提出了较高要求 ② 由于高层建筑一般体型庞大，所以日照时间长短不一，各方位、各高度房间的温差较大，由此产生的温度应力对结构设计有影响；高反射玻璃幕墙还会导致光污染；落影区的植物因缺乏光照，生长常受到影响 ③ 高层建筑产生的噪声也不容忽视，除了电梯、空调机组、冷却塔产生噪声，人们上下楼梯、人流的嘈杂声也会产生噪声，影响环境的安静 因此，高层建筑的兴建应该统一规划，科学论证、认真研究，充分考虑远期收益、环境因素、结构性能、材料费用以及所产生的社会影响，通过成本效益分析等来确定最佳方案 (6)目前为止，世界各国对多层建筑与高层建筑的划分界限并不统一。多少层的建筑或多少高度的建筑为高层建筑，不同国家根据本国的不同标准或结构形式有不同的规定。本表序号 2 为世界部分国家和组织对高层建筑起始高度及层数的规定；本表序号 3 为我国根据不同标准的结构用途或形式对高层建筑起始高度及层数的规定

续表 1-1

序号	项　　目	内　　容
2	世界部分国家和组织对高层建筑起始高度及层数的定义规定	(1) 前苏联 住宅为 10 层及 10 层以上，其他建筑为 7 层及 7 层以上 (2) 美国 22～25m 或 7 层以上 (3) 英国 24.3m (4) 法国 住宅为 8 层及 8 层以上，或大于等于 31m (5) 德国 大于等于 23m(从室内地面算起) (6) 日本 11 层，31m (7) 比利时 25m(从室外地面算起) (8) 国际高层建筑会议将高层建筑分为以下 4 类： 1) 第一类高层建筑为 9～16 层(最高 50m) 2) 第二类高层建筑为 17～25 层(最高 75m) 3) 第三类高层建筑为 26～40 层(最高 100m) 4) 第四类高层建筑为 40 层以上(高于 100m 以上时，为超高层建筑)
3	我国根据不同标准的结构用途或形式对高层建筑起始高度及层数的定义规定	(1)《高层建筑混凝土结构技术规程》JGJ3—2010 规定： 高层建筑为 10 层及 10 层以上或房屋高度大于 28m 的住宅建筑和房屋高度大于 24m 的其他高层民用建筑 建筑高度大于 24m，层数在 2 层或 2 层以上的工业建筑属于高层工业建筑 房屋高度。自室外地面至房屋主要屋面的高度，不包括突出屋面的电梯机房、水箱、构架等高度 (2)《民用建筑设计通则》GB 50352—2005 规定： 1) 民用建筑按使用功能可分为居住建筑和公共建筑两大类 2) 民用建筑按地上层数或高度分类划分应符合下列规定： ① 住宅建筑按层数分类：一层至三层为低层住宅，四层至六层为多层住宅，七层至九层为中高层住宅，十层及十层以上为高层住宅 ② 除住宅建筑之外的民用建筑高度不大于 24m 者为单层和多层建筑，大于 24m 者为高层建筑(不包括建筑高度大于 24m 的单层公共建筑) ③ 建筑高度大于 100m 的民用建筑为超高层建筑 注：本条建筑层数和建筑高度计算应符合防火规范的有关规定 3) 民用建筑等级分类划分应符合有关标准或行业主管部门的规定 (3)《高层民用建筑设计防火规范》GB 50045—95，2005 年版规定： 1) 高层建筑应根据其使用性质、火灾危险性、疏散和扑救难度等进行分类。并应符合表 1-2 的规定 2) 上述 1)条是根据各种高层民用建筑的使用性质、火灾危险性、疏散和扑救难易程度等将高层民用建筑分为两类，其分类的目的是为了针对不同高层建筑类别在耐火等级、防火间距、防火分区、安全疏散、消防给水、防烟排烟等方面分别提出不同的要求，以达到既保障各种高层建筑的消防安全，又能节约投资的目的 对高层民用建筑进行分类是一个较为复杂的问题。从消防的角度将性质重要、火灾危险性大、疏散和扑救难度大的高层民用建筑定为一类。这类高层建筑有的同时具备上述几方面的因素，有的则具有较为突出的一两个方面的因素。例如医院病房楼不计高度皆划为一类，这是根据病人行动不便、疏散困难的特点来决定的

高层建筑分类　　表 1-2

序号	名　称	一　类	二　类
1	居住建筑	19层及19层以上的住宅	10层至18层的住宅
2	公共建筑	(1) 医院 (2) 高级旅馆 (3) 建筑高度超过50m或24m以上部分的任一楼层的建筑面积超过1000m^{2}的商业楼、展览楼、综合楼、电信楼、财贸金融楼 (4) 建筑高度超过50m或24m以上部分的任一楼层的建筑面积超过1500m^{2}的商住楼 (5) 中央级和省级(含计划单列市)广播电视楼 (6) 网局级和省级(含计划单列市)电力调度楼 (7) 省级(含计划单列市)邮政楼、防灾指挥调度楼 (8) 藏书超过100万册的图书馆、书库 (9) 重要的办公楼、科研楼、档案楼 (10) 建筑高度超过50m的教学楼和普通的旅馆、办公楼、科研楼、档案楼等	(1) 除一类建筑以外的商业楼、展览楼、综合楼、电信楼、财贸金融楼、商住楼、图书馆、书库 (2) 省级以下的邮政楼、防灾指挥调度楼、广播电视楼、电力调度楼 (3) 建筑高度不超过50m的教学楼和普通的旅馆、办公楼、科研楼、档案楼等

1.1.2　发展高层建筑的意义

发展高层建筑的意义如表1-3所示。

发展高层建筑的意义　　表 1-3

序号	项　目	内　容
1	一般说明	(1) 地球表面71%的面积被水所覆盖，陆地面积只占29%。陆地面积中，绝大部分为高山、丘陵、森林和沙漠，可用于居住和耕种的土地只占地球表面面积的6.3%。然而，地球上人口的数量却不断增加。特别是自18世纪开始，人口以前所未有的速度迅猛增长 (2) 高层建筑是一个国家和地区经济繁荣与科技进步的象征。我国人口众多，可耕地少，最需要发展高层建筑。可是，在过去漫长的岁月中，由于经济落后等原因，高层建筑未能得到发展。近20年来，随着经济的迅猛发展，科学技术的不断进步，高层建筑在全国各地如雨后春笋般地发展 (3) 地球上已经人满为患。人类为了自身的生存与发展，除了要控制人口增长以外，还要尽量少占耕地。因此，高层建筑的发展势在必行
2	发展高层建筑的意义	(1) 发展高层建筑，能够有效减少地面建筑的密度，建筑向高空延伸，可以增加人们的密集程度，缩短交通联系路线，节约城市用地和市政建设方面的投资 (2) 在建筑面积与建设场地面积相同比值的情况下，建造高层建筑比多层建筑能够提供更多的空闲地面，将这些空闲地面用作绿化和休息场地，有利于美化环境，并带来更充足的日照、采光和通风效果，因此可以改善城市环境质量 (3) 发展高层建筑其意义并不单纯在于高度的突破，而是它带动了整个建筑业的发展以及材料工艺、信息技术、设备制造工艺等其他行业的大发展，能够为人类造福，因此高层建筑的经济和社会效益都相当好 (4) 高层建筑可节约城市用地，缩短公用设施和市政管网的开发周期，从而减少市政投资，加快城市建设。但是，随着高度的增加，高层建筑的技术问题、建筑艺术问题、投资经济问题以及社会效益问题、环境问题等逐渐变得复杂、严峻，因此，高层建筑成为衡量一个国家建筑科学技术水平的重要标志，更是检验一个国家建筑结构技术成熟程度的标尺 (5) 高层建筑是科学发展和经济发展的必然产物和重要标志。高层建筑越多，高度越高，所需要解决的城市规划、建筑结构设计、基础工程、建筑材料、运

续表1-3

序号	项　目	内　容
2	发展高层建筑的意义	输、消防、空调、电气、施工技术及城市公用设施所需及与之相配合的问题就愈加复杂，没有轻质高强的材料、没有强大可靠的设计分析理论、高强的施工组织技术和经济作为支撑是不可能建起高层建筑的
3	高层建筑的发展方向	(1) 开发和应用新材料。随着建筑高度的增加，结构面积占建筑使用面积的比例越来越大，建筑的自重也越来越大，引起的地震效应也越大，因此，必须从建筑材料方面进行改进。建筑材料将朝轻质、高强、新型、复合方向发展，如高性能混凝土(HPC)、绿色高性能混凝土(GHPC)、纤维混凝土、高强钢筋、耐火钢材FR、钢-混凝土组合材料与结构等，以满足高层建筑不断攀升的需要 随着高性能混凝土材料的研制和不断发展，混凝土的强度等级和韧性性能也不断地得到改善。混凝土的强度等级已经可以达到C100以上，在高层建筑中应用高强度混凝土，可以减小结构构件的尺寸，减少结构自重，必将对高层建筑结构的发展产生重大影响 高强度且具有良好可焊性的厚钢板将成为今后高层建筑钢结构的主要用钢，而耐火钢材FR钢的出现为钢结构的抗火设计提供了方便，采用FR钢材制作高层钢结构时，其防火保护层的厚度可大大减小，在有些情况下可以不采用防火保护材料，从而降低钢结构的造价，使钢结构更具有竞争性 (2) 高层建筑的高度将出现突破(超过1000m)。根据世界高层建筑与城市住宅委员会统计，到2020年，世界最高的十大建筑如表1-4所示 (3) 涌现新的设计概念和新的结构形式。新的设计概念包括动力非线性分析方法、结构控制理论和全概率设计法等，新的结构形式如巨型结构、蒙皮结构、带加强层结构，耗能减震结构等将逐步用于高层建筑的分析与设计中 巨型框架体系由于其刚度大，便于在内部设置大空间，今后也将得到更多的应用 (4) 智能建筑将得到发展。智能建筑是信息时代的必然产物，是高科技与现代建筑的巧妙集成，它已成为综合经济国力的具体表征，并且以龙头产业的面貌进入了21世纪。《智能建筑设计标准》GB/T 50314—2006对智能建筑定义为"以建筑物为平台，兼备信息设施系统、信息化应用系统、建筑设备管理系统、公共安全系统等。集结构、系统、服务、管理及其优化组合为一体，向人们提供安全、高效、便捷、节能、环保、健康的建筑环境" 智能建筑通过对建筑物的4个基本要素，即结构、系统、服务和管理，以及它们之间的内在联系，以最优化的设计，提供一个投资合理又拥有高效率的幽雅舒适、便利快捷、高度安全的环境空间。智能建筑能够帮助大厦的主人，财产的管理者和拥有者等意识到，他们在诸如费用开支、生活舒适、商务活动和人身安全等方面将得到最大利益的回报 (5) 生态建筑将成为高层建筑发展趋势。所谓"生态建筑"，其实就是将建筑看成一个生态系统．通过组织(设计)建筑内外空间中的各种物态因素，使物质、能源在建筑生态系统内部有秩序地循环转换，获得一种高效、低耗、无废、无污、生态平衡的建筑环境 真正意义的生态住宅，应该是从设计、建设、使用，到废弃整个过程都做到无害化，因此要求如下： 1) 在建筑工业中实现高效、节能。具体到建材产品方面是使用再生、不产生副作用的建材产品 2) 建材的研发应更多地致力于可再生的建筑材料，并尽快扩大这种材料的使用范围 3) 注重工程建设中的能源节约，尽量使用节能降耗、能够再生的天然材料 4) 建材原料从使用到回收不产生影响环境的污染，这是划定生态建筑的重要标准 总而言之，只有使人、建筑与自然生态环境之间形成一个良性的系统，才能真正实现建筑的生态化 (6) 亚洲人口众多，人口密度最大。过去由于经济与技术的问题，建筑方面处于落后状态。最近几十年来，亚洲的经济发展最快，科学技术进步也很大，高层建筑的重心将向亚洲转移

2020年世界最高的十大建筑 **表1-4**

序号	名　称	城市	建成时间/年	层数	高度(m)	材料	用途
1	Nakheel公司大楼(Nakheel Tower)	迪拜	2020	200+	1000+	混凝土/钢	办公/旅馆/居住
2	王国塔(Kingdom Tower)	吉达	2020	150+	1000+	组合	办公/旅馆/居住
3	穆巴拉克塔(Burj Mubarak AI Kabir)	科威特	2016	234	1001	组合	办公/旅馆/居住
4	哈利法塔(Burj Khalifa Tower)	迪拜	2010	162	828	混凝土/钢	办公/旅馆/居住
5	上海塔(Shanghai Tower)	上海	2014	128	632	组合	商业/展览/办公/旅馆
6	俄罗斯塔(Russia Tower)	莫斯科	2012	124	612	混凝土/钢	办公/旅馆/居住
7	芝加哥螺旋塔(Chicago Tower)	芝加哥	2013	150	610	组合	居住
8	151仁川塔(151 Incheon Tower)	仁川	2014	151	600	组合	办公/旅馆/居住
9	阿纳尔塔(Anarn Tower)	迪拜	2013	135	600	组合	办公/旅馆/居住
10	戈尔丁财政117(Goldin Finance 117)	天津	2014	117	600	组合	办公/旅馆

1.2 高层建筑的应用与建筑气候分区对建筑基本要求及其他

1.2.1 高层建筑的应用与建筑气候分区对建筑基本要求

高层建筑的应用与建筑气候分区对建筑基本要求如表1-5所示。

高层建筑的应用与建筑气候分区对建筑基本要求 **表1-5**

序号	项　目	内　容
1	高层建筑的应用	见本书表1-1序号1之(3)条内容
2	建筑气候分区对建筑基本要求	建筑气候分区对建筑的基本要求应符合表1-6的规定

不同分区对建筑基本要求 **表1-6**

序号	分区名称		热工分区名称	气候主要指标	建筑基本要求
1	Ⅰ	ⅠA ⅠB ⅠC ⅠD	严寒地区	1月平均气温≤−10℃ 7月平均气温≤25℃ 7月平均相对湿度≥50%	(1) 建筑物必须满足冬季保温、防寒、防冻等要求 (2) ⅠA、ⅠB区应防止冻土、积雪对建筑物的危害 (3) ⅠB、ⅠC，ⅠD区的西部，建筑物应防冰雹、防风沙

续表 1-6

序号	分区名称		热工分区名称	气候主要指标	建筑基本要求
2	Ⅱ	ⅡA ⅡB	寒冷地区	1月平均气温－10～0℃ 7月平均气温18～28℃	（1）建筑物应满足冬季保温、防寒、防冻等要求，夏季部分地区应兼顾防热 （2）ⅡA区建筑物应防热、防潮、防暴风雨，沿海地带应防盐雾侵蚀
3	Ⅲ	ⅢA ⅢB ⅢC	夏热冬冷地区	1月平均气温0～10℃ 7月平均气温25～30℃	（1）建筑物必须满足夏季防热，遮阳、通风降温要求。冬季应兼顾防寒 （2）建筑物应防雨、防潮、防洪、防雷电 （3）ⅢA区应防台风、暴雨袭击及盐雾侵蚀
4	Ⅳ	ⅣA ⅣB	夏热冬暖地区	1月平均气温＞10℃ 7月平均气温25～29℃	（1）建筑物必须满足夏季防热，遮阳、通风、防雨要求 （2）建筑物应防暴雨、防潮、防洪、防雷电 （3）ⅣA区应防台风、暴雨袭击及盐雾侵蚀
5	Ⅴ	ⅤA ⅤB	温和地区	7月平均气温18～25℃ 1月平均气温0～13℃	（1）建筑物应满足防雨和通风要求 （2）ⅤA区建筑物应注意防寒，ⅤB区应特别注意防雷电
6	Ⅵ	ⅥA ⅥB	严寒地区	7月平均气温＜18℃ 1月平均气温0～-22℃	（1）热工应符合严寒和寒冷地区相关要求 （2）ⅥA、ⅥB应防冻土对建筑物地基及地下管道的影响，并应特别注意防风沙 （3）ⅥC区的东部，建筑物应防雷电
7		ⅥC	寒冷地区		
8	Ⅶ	ⅦA ⅦB ⅦC	严寒地区	7月平均气温≥18℃ 1月平均气温－5～－20℃ 7月平均相对湿度＜50％	（1）热工应符合严寒和寒冷地区相关要求 （2）除ⅦD区外，应防冻土对建筑物地基及地下管道的危害 （3）ⅦB区建筑物应特别注意积雪的危害 （4）ⅦC区建筑物应特别注意防风沙，夏季兼顾防热 （5）ⅦD区建筑物应注意夏季防热，吐鲁番盆地应特别注意隔热、降温
9		ⅦD	寒冷地区		

1.2.2　高层建筑其他规定

高层建筑其他规定如表1-7所示。

高层建筑其他规定　　**表1-7**

序号	项　目	内　容
1	设备层、避难层和架空层	（1）设备层设置应符合下列规定： 1）设备层的净高应根据设备和管线的安装检修需要确定 2）当宾馆、住宅等建筑上部有管线较多的房间，下部为大空间房间或转换为其他功能用房而管线需转换时，宜在上下部之间设置设备层 3）设备层布置应便于市政管线的接入；在防火、防爆和卫生等方面互有影响的设备用房不应相邻布置

续表 1-7

序号	项目	内容
1	设备层、避难层和架空层	4）设备层应有自然通风或机械通风；当设备层设于地下室又无机械通风装置时，应在地下室外墙设置通风口或通风道，其面积应满足送、排风量的要求 5）给排水设备的机房应设集水坑并预留排水泵电源和排水管路或接口；配电房应满足线路的敷设 6）设备用房布置位置及其围护结构，管道穿过隔墙、防火墙和楼板等应符合防火规范的有关规定 （2）建筑高度超过 100m 的超高层民用建筑，应设置避难层(间) （3）有人员正常活动的架空层及避难层的净高不应低于 2m
2	屋面和吊顶	（1）屋面工程应根据建筑物的性质、重要程度、使用功能及防水层合理使用年限，结合工程特点、地区自然条件等，按不同等级进行设防 （2）屋面排水坡度应根据屋顶结构形式，屋面基层类别，防水构造形式，材料性能及当地气候等条件确定，并应符合表 1-8 的规定 （3）屋面构造应符合下列要求： 1）屋面面层应采用不燃烧体材料，包括屋面突出部分及屋顶加层，但一、二级耐火等级建筑物，其不燃烧体屋面基层上可采用可燃卷材防水层 2）屋面排水宜优先采用外排水；高层建筑、多跨及集水面积较大的屋面宜采用内排水；屋面水落管的数量、管径应通过验(计)算确定 3）天沟、檐沟、檐口、水落口、泛水、变形缝和伸出屋面管道等处应采取与工程特点相适应的防水加强构造措施，并应符合有关规范的规定 4）当屋面坡度较大或同一屋面落差较大时，应采取固定加强和防止屋面滑落的措施；平瓦必须铺置牢固 5）地震设防区或有强风地区的屋面应采取固定加强措施 6）设保温层的屋面应通过热工验算，并采取防结露、防蒸汽渗透及施工时防保温层受潮等措施 7）采用架空隔热层的屋面，架空隔热层的高度应按照屋面的宽度或坡度的大小变化确定，架空层不得堵塞；当屋面宽度大于 10m 时，应设置通风屋脊；屋面基层上宜有适当厚度的保温隔热层 8）采用钢丝网水泥或钢筋混凝土薄壁构件的屋面板应有抗风化、抗腐蚀的防护措施；刚性防水屋面应有抗裂措施 9）当无楼梯通达屋面时，应设上屋面的检修人孔或低于 10m 时可设外墙爬梯，并应有安全防护和防止儿童攀爬的措施 10）闷顶应设通风口和通向闷顶的检修人孔；闷顶内应有防火分隔 （4）吊顶构造应符合下列要求： 1）吊顶与主体结构吊挂应有安全构造措施；高大厅堂管线较多的吊顶内，应留有检修空间，并根据需要设置检修走道和便于进入吊顶的人孔，且应符合有关防火及安全要求 2）当吊顶内管线较多，而空间有限不能进入检修时，可采用便于拆卸的装配式吊顶板或在需要部位设置检修手孔 3）吊顶内敷设有上下水管时应采取防止产生冷凝水措施 4）潮湿房间的吊顶，应采用防水材料和防结露、滴水的措施；钢筋混凝土顶板宜采用现浇板
3	管道井、烟道、通风道和垃圾管道	（1）管道井、烟道、通风道和垃圾管道应分别独立设置，不得使用同一管道系统，并应用非燃烧体材料制作 （2）管道井的设置应符合下列规定： 1）管道井的断面尺寸应满足管道安装、检修所需空间的要求 2）管道井宜在每层靠公共走道的一侧设检修门或可拆卸的壁板 3）在安全、防火和卫生方面互有影响的管道不应敷设在同一竖井内 4）管道井壁、检修门及管井开洞部分等应符合防火规范的有关规定 （3）烟道和通风道的断面、形状、尺寸和内壁应有利于排烟(气)通畅，防止产生阻滞、涡流、窜烟、漏气和倒灌等现象

续表1-7

序号	项　　目	内　　容
3	管道井、烟道、通风道和垃圾管道	(4) 烟道和通风道应伸出屋面，伸出高度应有利烟气扩散，并应根据屋面形式、排出口周围遮挡物的高度、距离和积雪深度确定。平屋面伸出高度不得小于0.60m，且不得低于女儿墙的高度。坡屋面伸出高度应符合下列规定： 1) 烟道和通风道中心线距屋脊小于1.50m时，应高出屋脊0.60m 2) 烟道和通风道中心线距屋脊1.50～3.00m时，应高于屋脊，且伸出屋面高度不得小于0.60m 3) 烟道和通风道中心线距屋脊大于3m时，其顶部同屋脊的连线同水平线之间的夹角不应大于10°，且伸出屋面高度不得小于0.60m (5) 民用建筑不宜设置垃圾管道。多层建筑不设垃圾管道时，应根据垃圾收集方式设置相应设施。中高层及高层建筑不设置垃圾管道时，每层应设置封闭的垃圾分类、贮存收集空间，并宜有冲洗排污设施 (6) 如设置垃圾管道时，应符合下列规定： 1) 垃圾管道宜靠外墙布置，管道主体应伸出屋面，伸出屋面部分加设顶盖和网栅，并采取防倒灌措施 2) 垃圾出口应有卫生隔离，底部存纳和出运垃圾的方式应与城市垃圾管理方式相适应 3) 垃圾道内壁应光滑、无突出物 4) 垃圾斗应采用不燃烧和耐腐蚀的材料制作，并能自行关闭密合；高层建筑、超高层建筑的垃圾斗应设在垃圾道前室内，该前室应采用丙级防火门
4	建筑幕墙	(1) 建筑幕墙技术要求应符合下列规定： 1) 幕墙所采用的型材、板材、密封材料、金属附件、零配件等均应符合现行有关标准的规定 2) 幕墙的物理性能：风压变形、雨水渗透、空气渗透、保温、隔声、耐撞击、平面内变形、防火、防毒、抗震及光学性能等应符合现行有关标准的规定 (2) 玻璃幕墙应符合下列规定： 1) 玻璃幕墙适用抗震地区和建筑高度应符合有关规范的要求 2) 玻璃幕墙应采用安全玻璃，并应具有抗撞击的性能 3) 玻璃幕墙分隔应与楼板、梁、内隔墙处连接牢固，并满足防火分隔要求 4) 玻璃窗扇开启面积应按幕墙材料规格和通风口要求确定，并确保安全
5	术语	(1) 框架结构。由梁和柱为主要构件组成的承受竖向和水平作用的结构 (2) 剪力墙结构。由剪力墙组成的承受竖向和水平作用的结构 (3) 框架-剪力墙结构。由框架和剪力墙共同承受竖向和水平作用的结构 (4) 板柱-剪力墙结构。由无梁楼板和柱组成的板柱框架与剪力墙共同承受竖向和水平作用的结构 (5) 筒体结构。由竖向筒体为主组成的承受竖向和水平作用的建筑结构。筒体结构的筒体分剪力墙围成的薄壁筒和由密柱框架或壁式框架围成的框筒等 (6) 框架-核心筒结构。由核心筒与外围的稀柱框架组成的筒体结构 (7) 筒中筒结构。由核心筒与外围框筒组成的筒体结构 (8) 混合结构。由钢框架(框筒)、型钢混凝土框架(框筒)、钢管混凝土框架(框筒)与钢筋混凝土核心筒体所组成的共同承受水平和竖向作用的建筑结构 (9) 转换结构构件。完成上部楼层到下部楼层的结构形式转变或上部楼层到下部楼层结构布置改变而设置的结构构件，包括转换梁、转换桁架、转换板等。部分框支剪力墙结构的转换梁亦称为框支梁 (10) 转换层。设置转换结构构件的楼层，包括水平结构构件及其以下的竖向结构构件 (11) 加强层。设置连接内筒与外围结构的水平伸臂结构(梁或桁架)的楼层，必要时还可沿该楼层外围结构设置带状水平桁架或梁 (12) 连体结构。除裙楼以外，两个或两个以上塔楼之间带有连接体的结构 (13) 多塔楼结构。未通过结构缝分开的裙楼上部具有两个或两个以上塔楼的结构 (14) 裙楼(房)。与高层建筑相连的，建筑高度不超过24m的附属建筑

续表 1-7

序号	项　目	内　容
5	术语	(15) 结构抗震性能设计。以结构抗震性能目标为基准的结构抗震设计 (16) 结构抗震性能目标。针对不同的地震地面运动水准设定的结构抗震性能水准 (17) 结构抗震性能水准。对结构震后损坏状况及继续使用可能性等抗震性能的界定 (18) 商业服务网点。住宅底部(地上)设置的百货店、副食店、粮店、邮政所、储蓄所、理发店等小型商业服务用房。该用房不超过 2 层、建筑面积不超过 $300m^2$，采用耐火极限大于 1.5h 的楼板和耐火极限大于 2.00h 且不开门窗洞的隔墙与住宅和其他用房完全分隔，该用房和住宅的疏散楼梯及安全出口应分别独立设置

屋面的排水坡度　　**表 1-8**

序号	屋面类别	屋面排水坡度(%)
1	卷材防水、刚性防水的平屋面	2～5
2	平 瓦	20～50
3	波形瓦	10～50
4	油毡瓦	≥20
5	网架、悬索结构金属板	≥4
6	压型钢板	5～35
7	种植土屋面	1～3

注：1. 平屋面采用结构找坡不应小于 3%，采用材料找坡宜为 2%；
2. 卷材屋面的坡度不宜大于 25%，当坡度大于 25%时应采取固定和防止滑落的措施；
3. 卷材防水屋面天沟、檐沟纵向坡度不应小于 1%，沟底水落差不得超过 200mm。天沟、檐沟排水不得流经变形缝和防火墙；
4. 平瓦必须铺置牢固，地震设防地区或坡度大于 50%的屋面，应采取固定加强措施；
5. 架空隔热屋面坡度不宜大于 5%，种植屋面坡度不宜大于 3%。

1.3　高层建筑的发展历史简述

1.3.1　世界高层建筑的发展历史简述

世界高层建筑的发展历史简述如表 1-9 所示。

世界高层建筑的发展历史简述　　**表 1-9**

序号	项　目	内　容
1	世界高层建筑的发展历史简述	世界高层建筑的发展大致可分为四个阶段： (1) 第一个发展阶段。18 世纪末至 19 世纪末。这个时期，欧洲和美国的工业革命带来了生产力的发展与经济的繁荣。一方面，城市化发展迅速，城市人口高速增长。为了在较小的土地范围内建造更多使用面积的建筑，建筑物不得不向高空发展。另一方面，钢结构的发展和电梯的出现则促成了多层建筑的大量建造 19 世纪初，英国出现铸铁结构的多层建筑(矿井、码头建筑)，但铸铁框架通常是隐藏在砖石表面之后。1840 年之后的美国，锻铁梁开始代替脆弱的铸铁梁。熟铁架、铸铁柱和砖石承重墙组成笼子结构，是迈向高层建筑结构的第一步。除此

续表 1-9

序号	项　目	内　容
1	世界高层建筑的发展历史简述	之外，19 世纪后半叶出现了具有横向稳定能力的全框架金属结构，产生了幕墙的概念，房屋支撑结构与围护墙开始分离；在建筑安全方面，防火技术与安全疏散逐步提高；19 世纪 60 年代，美国已出现给排水系统、电气照明系统、蒸汽供热系统和蒸汽机通风系统，1920 年出现了空调系统；1890 年奥提斯发明了现代电力电梯，解决了高层建筑的竖向运输问题。以上这些都为高层建筑的发展奠定了必要的基础 1871 年 10 月 8 日夜，芝加哥发生大火，在风力作用下，火势不断扩大、蔓延，48h 之内，烧毁房屋 18000 栋，使 10 万人无家可归，300 人被烧死。火灾后芝加哥重建，由于市区内土地昂贵，建筑向高空发展比购买更多的土地更为经济，而此时建造高层建筑的技术已具备，所以 1885 年，近代真正的第一栋高层建筑——11 层高的芝加哥家庭保险大楼诞生了。该楼没有承重墙，由金属框架承重，圆形铸铁柱子内填水泥灰，1～6 层为铸铁工字梁，其余楼层用钢梁，砖石外立面，窗间墙和窗下墙为砖石构造，像幕墙一样挂在框架之上，建筑史称它为“钢铁结构进化中决定性的一步” 这个时期的建筑采用了一个革命性的建筑技术：放弃传统的石头承重墙，采用一种轻型的铸铁结构和石头或陶砖外墙，框架与外墙分离 （2）第二个发展阶段。20 世纪初期至 30 年代。第一次世界大战后，美国实力急剧膨胀，1902 年在辛辛那提市建造了 16 层、高 64m 的英格尔斯大楼，为世界第一栋钢筋混凝土高层建筑。1931 年，在纽约建造了著名的 102 层、高 381m 的帝国大厦，它保持世界最高建筑达 41 年之久。该结构采用钢框架支撑体系，在电梯井纵横方向设置了支撑，连接采用铆接，钢框架中填充墙体以共同承受侧向力 这个时期，欧洲和美国的一些设计师提出了工业主义建筑设计理念，认为一栋新建筑应符合新功能、新材料、新社会制度和新技术的要求，并对高层建筑设计进行了积极探索，奠定了 20 世纪 30～60 年代现代主义高层建筑的设计原则和形式的基础。如由伯姆和鲁特设计的瑞莱斯大厦，其水平围护结构几乎全是玻璃，用轻质透明的围护结构表现出框架结构的美学特点；格罗皮乌斯的设计方案形式简洁，没有多余的装饰，充分展现框架结构的美学品位，无论是在结构上还是功能上都是杰出的，极其适合办公楼要求，成为第二次世界大战后流行的高层办公楼形式的早期萌芽 本阶段结构发展特点：由于设计理论和建筑材料的限制，结构材料用量较多，自重较大，以框架结构为主；但是钢铁工业的发展和钢结构设计技术的进步，使高层钢结构建筑得到较大发展 （3）第三个发展阶段。20 世纪 30～80 年代。这一阶段最完美地体现了工业主义建筑设计理念，这一时期的建筑所关心的问题聚焦在如何开发材料、结构的表现力，如何单纯抽象地表达使用功能、表达空间组合。密斯·凡·德·罗设计的芝加哥湖滨公寓（1952 年）、纽约西格拉姆大厦（1958 年）都充分展现了钢框架结构和围护墙体玻璃材料的表现力；芝加哥约翰·汉考克大厦（1968 年，100 层，高 344m，多功能综合建筑）着力挖掘了结构构件 X 形支撑的美学特色；贝聿铭设计的波士顿约翰·汉考克大厦（1976 年，60 层）外墙采用全隐框反射玻璃幕墙，开创现代建筑新的表现手法（有人称之为最后一栋现代主义建筑） 工业主义建筑设计理念以适应大工业生产为目标，强化“以物为中心”，缺乏对人性的关怀，因此，许多设计也暴露出严重的缺陷。如密斯式的方盒子建筑在世界范围流行，地方特色受到严重冲击 这一阶段代表性高层建筑还有： 1973 年建造的纽约世界贸易中心双塔楼，北楼高 417m，南楼高 415m，均 110 层，采用钢结构框筒结构（外筒内框）。该工程首次进行了模型风洞试验，首次采用了压型钢板组合楼板，首次在楼梯井道采用了轻质防火隔板，首次采用黏弹性阻尼器进行风振效应控制等，并对以后高层建筑结构的设计和建造具有重要的参考价值 1974 年建造的芝加哥西尔斯大厦，110 层，高 443m，采用钢结构成束框架筒体结构，曾保持世界最高建筑达 20 多年之久 本阶段结构发展特点：钢筋混凝土结构得到全新发展；钢结构发展了新体系；

续表 1-9

序号	项　目	内　容
1	世界高层建筑的发展历史简述	钢-混组合结构迅速发展。在结构理论方面突破了纯框架抗侧力体系，提出在框架结构中设置竖向支撑或剪力墙来增加高层建筑的侧向刚度；20 世纪 60 年代中期，美国著名的结构专家法兹勒·坎恩博士，首次提出了筒体结构设计概念，使结构体系发展到了一个新的水平，为高层建筑提供了理想的结构形式，从这种体系中衍生出来的筒中筒、多束筒和斜撑筒等结构体系。对以后高层建筑的发展产生了巨大的推动作用 (4) 第四个发展阶段。20 世纪 80 年代以后，高层建筑设计理念发生了巨大转变，建筑形体在强调对材料和结构率真表达的同时，也重视建筑的语义表达；同时注重强调建筑与周围环境的和谐和与城市文脉的整合，工业主义建筑人文化设计理念开始深入人心。20 世纪 90 年代以后，出现了新古典、新技派、生态观、解构主义等各种建筑流派和思潮，这些都是工业主义建筑人文化设计理念某些观念的具体体现。如菲利浦·约翰逊设计的美国电话电报公司总部大楼(1984 年)，矶崎新设计的日本筑波中心(1970～1980 年)借用历史符号表达建筑的思想内涵，贝聿铭设计的香港中国银行大厦(1990 年)通过有意识地强化结构支撑构件实现“芝麻开花节节高”的隐喻，O·M·翁格尔斯设计的德国托豪斯大厦(20 世纪 90 年代)隐喻的“大门”形象，是通过建筑的虚实对比实现的，诺曼·福斯特事务所设计的法兰克福商业银行总部大厦(1994 年)在强调象征意义和功能的同时，引入生态的概念，是世界上第一座“生态型”超高层建筑，其建筑平面呈三角形，宛如三叶花瓣夹着一枝花茎：花瓣部分是办公空间，花茎部分为中空大厅。中空大厅起自然通风作用，同时还为建筑内部创造了丰富的景观 本阶段结构发展特点是：钢筋混凝土高层建筑得到了空前的发展；焊接和高强螺栓在钢结构制造中得到推广和进一步应用；同时，轻质高强材料、抗风抗震结构体系，施工技术及施工机械等方面都取得了很大进步，计算机在设计中的应用使得高层建筑飞速发展。高层钢筋混凝土及混合结构的发展速度超过了高层钢结构的发展，高层建筑结构体系发展了巨型框架结构、巨型桁架结构体系等 20 世纪 90 年代以后，由于亚洲经济的崛起，西太平洋沿岸的一些国家和地区、连续建造了高度超过 200m、300m、400m 的高层建筑，成为新的高层建筑中心。如 1992 年在香港建成的中环大厦，78 层，高 374m，是当时的世界十大建筑之一；1995 年在朝鲜平壤建成了 102 层，高 306m 的柳京饭店；1998 年在马来西亚吉隆坡建成的石油大厦，88 层，高 452m，为当时世界最高的建筑；2004 年建成的台北市国际金融中心(台北 101 大厦)，高 508m，居世界最高建筑不到 6 年，就被 2010 年 1 月竣工的高 828m 的哈利法塔所取代；2008 年在上海建成的上海环球金融中心，101 层，492m，是目前正在使用的世界第三高的建筑。目前，世界各地还有一些高层建筑正在酝酿中，相信不久还有可能出现更高的高层建筑
2	正在使用的世界上最高的十大建筑	根据世界高层建筑与城市住宅委员会公布的结果，截止到 2010 年 1 月，正在使用的世界上最高的十大建筑如表 1-10 所示

世界上正在使用的最高的十大建筑(截止到 2010 年 1 月)　　**表 1-10**

排名	名　称	所处城市	建成年份	层数	高度(建筑/结构)(m)	材料	用途
1	哈利法塔	迪拜	2010	162	828/584.5	混合	综合
2	台北 101 大厦	台北	2004	101	508/438	混合	办公
3	上海环球金融中心	上海	2008	101	492/474	混合	办公/旅馆
4	石油大厦 1	吉隆坡	1998	88	451.9/375	混合	办公
5	石油大厦 2	吉隆坡	1998	88	451.9/375	混合	办公
6	南京紫峰大厦	南京	2010	66	450/316.6	混合	办公/旅馆
7	西尔斯大厦	芝加哥	1974	108	442.14/412.69	钢	办公

续表 1-10

排名	名　　称	所处城市	建成年份	层数	高度(建筑/结构)(m)	材料	用途
8	特朗普国际酒店大厦	芝加哥	2009	98	423.22/340.11	混凝土	住宅/旅馆
9	金茂大厦	上海	1999	88	420.53/348.39	混合	办公/旅馆
10	国际金融中心第二期	香港	2003	88	412/387.55	混合	办公

注：1. 建筑高度指定外地面到建筑物顶部的高度，包括尖顶，不包括天线、桅杆式旗杆；结构高度指室外地面到建筑物主要屋顶的高度，不包括尖顶或天线；

2. 排名参见 http：//www.ctubh.org/home/tabid/53/default.aspx。

1.3.2 我国高层建筑的发展历史简述

我国高层建筑的发展历史简述如表 1-11 所示。

我国高层建筑的发展历史简述　　表 1-11

序号	项　　目	内　　容
1	我国高层建筑的发展历史简述	新中国成立前，在上海、广州、天津等城市，由国外设计建造了少量高层建筑如锦江饭店(1925年，13层)等。新中国成立后，我国开始自行设计建造高层建筑，我国高层建筑的发展可以分为如下四个阶段： (1) 第一阶段。从新中国成立到20世纪60年代末。这个阶段是初步发展阶段，主要为20层以下的框架结构，如1959年建成的北京民族饭店(12层，高47.4m)；1964年建成了北京民航大楼(15层，高60.8m)；1966年建成了广州人民大厦(18层，高63m)。1968年建成的广州宾馆，27层，高88m，为20世纪60年代我国最高的建筑 (2) 第二阶段。20世纪70年代。这个阶段高层建筑有了较大的发展，但层数一般还是20～30层，主要用于住宅、旅馆、办公楼，如1974年建成的北京饭店新楼(20层，高87.4m)是当时北京最高的建筑；1976年建成的广州白云宾馆(剪力墙结构，33层、高114.05m)是我国自行设计建造的首栋高度超过100m的高层建筑，它保持我国最高的建筑长达9年；此外，还有上海漕溪路20栋12～16层剪力墙住宅楼，北京前三门40栋9～16层大模板施工的剪力墙住宅楼 (3) 第三阶段。20世纪80年代。我国高层建筑发展进入兴盛时期，仅1980～1983年所建的高层建筑就相当于1949年以来30多年中所建高层建筑的总和。十年内全国(不包括香港、澳门、台湾)建成10层以上的高层建筑面积约4000万m^2，高度100m以上的共有12栋。1985年建成的深圳国际贸易中心(筒中筒结构、50层、高160m)是20世纪80年代最高的建筑。此外，深圳发展中心大厦(43层，高165.3m，加上天线的高度共185.3m)，是我国第一座大型高层钢结构建筑，其他著名建筑有广州国际大厦(63层，高200m)、北京京广中心大厦(57层，高208m)、上海新锦江宾馆(43层，总高153.52m)、静安希尔顿饭店(43层，总高143.62m)等 (4) 第四阶段。20世纪90年代开始至今。20世纪90年代后，随着我国经济实力的增强，高层建筑在我国得到了前所未有的发展。高层建筑的层数和高度增长更快，建成了多座200m以上的超高层建筑。代表性建筑有：上海明天广场(1998年，60层，238m)，是我国最高的框架-剪力墙结构；上海金茂大厦(88层，高420m)；上海环球金融中心(钢-混结构，101层，高492m)是我国大陆目前最高的建筑 未来中国最高建筑是计划2014年竣工的上海中心大厦(上海塔)，该建筑建在上海浦东新区陆家嘴中心区，是集办公、酒店、商业等功能为一体的综合性大厦，建筑总高度为632m(见表1-4序号5) 我国高层建筑的结构特点：20世纪70年代以前，我国的高层建筑多采用钢筋混凝土框架结构、框架-剪力墙结构和剪力墙结构；进入20世纪80年代，由于建筑功能以及高度和层数等要求，筒中筒结构、筒体结构、底部大空间的框支剪力墙结构以及大底盘多塔楼结构在工程中逐渐采用；20世纪90年代以来，除上述结构体系得到广泛应用外，多筒体结构、带加强层的框架-筒体结构、连体结构、巨型结构、悬挑结构、错层结构等也逐渐在工程中采用
2	我国最高的十大建筑	截止到2010年1月，我国(不含港、澳、台地区)最高的十大建筑如表1-12所示

我国(不含港、澳、台地区)最高的十大建筑 **表 1-12**

序号	名称	地点	建筑高度(m)	结构层数		体系		建成年份(年)
				地上	地下	材料	结构	
1	上海环球金融中心	上海	492	101	3	钢-混	巨型结构-核心筒	2008
2	南京紫峰大厦	南京	450	66	3	钢-混	框架-筒体	2010
3	金茂大厦	上海	421	88	3	钢-混	框架-筒体	1999
4	中天广场(中信广场)	广州	391	80	2	混凝土	框架-筒体	1997
5	地王大厦(信兴广场)	深圳	384	69	3	钢-混	框架-筒体	1996
6	赛格广场	深圳	355	72	4	钢-混	框架-筒体	2000
7	国贸三期	北京	330	74	4	钢-混	筒中筒	2009
8	六六(恒隆)广场	上海	288	66	3	混凝土	框架-筒体	2002
9	重庆世界贸易中心	重庆	283	60	2	钢-混	框架-筒体	2004
10	浦东国际信息港	上海	282	55	4	钢-混	分离筒体结构	2001

第 2 章　高层建筑混凝土结构设计基本规定

2.1　结构极限状态设计方法的简述

2.1.1　结构设计的功能要求

高层建筑结构设计的功能要求如表 2-1 所示。

结构设计的功能要求　　表 2-1

序号	项目	内　容
1	说明	在对一般房屋及其附属构筑物进行结构计算（在结构的可靠与经济之间，选择一种合理的平衡，使所建造的结构能满足各种预定功能要求的过程称为结构计算）时，所须满足的基本要求是使结构在规定的使用期限内具备预期的各种功能（安全性、适用性、耐久性）
2	安全性	“安全性”是指结构在正常施工和正常使用条件下，能承受可能出现的各种作用（例如，荷载、振动中的恢复力、不均匀位移等）的能力，以及在偶然事件（例如，强烈地震、爆炸、车辆冲撞等）发生时和发生后，结构仍保持必要的整体稳定性的能力 例如，厂房结构在正常使用过程中受自重、吊车、风和积雪等荷载作用时，均应坚固不坏；而在遇到强烈地震、爆炸等偶然事件时，允许有局部的损坏，但应保持结构的整体稳固性而不发生倒塌；在发生火灾时，应在规定时间内（如 1～2h）保持足够的承载力，以便人员逃生或施救
3	适用性	“适用性”是指结构在正常使用条件下，能满足预定使用要求的能力。例如，结构应具有适当的刚度，以避免变形过大或在振动时出现共振等 如吊车梁变形过大，会使吊车无法运行，水池开裂便不能蓄水，过大的裂缝会造成用户心理上的不安全感等。这些情况都影响正常使用，需要对结构的变形、裂缝等进行控制
4	耐久性	“耐久性”是指结构在正常维护条件下，随时间变化仍能满足预定功能要求的能力。例如，结构不致因材料在长时间内出现的性质变化或外界侵蚀而发生损坏，钢筋不致因保护层过薄或裂缝过宽而发生锈蚀等
5	可靠性	安全性、适用性、耐久性等的功能总称为结构的“可靠性”。因此，结构的“可靠性”是指该结构在规定的时间内（一般可按 50 年考虑），在规定的条件下，完成预定功能（安全性、适用性、耐久性）的能力 如标志性建筑和特别重要建筑结构的设计使用年限为 100 年，普通房屋和构筑物的设计使用年限为 50 年，易于替换结构构件的设计使用年限为 25 年，临时性建筑结构的设计使用年限为 5 年等 为了在计算中能对结构是否具备安全性、适用性、耐久性功能进行判断，就需给出相应的判断条件。我们通常取各种功能的“极限状态”作为判断条件

2.1.2　结构极限状态的设计要求

高层建筑结构极限状态的设计要求如表 2-2 所示。

结构极限状态的设计要求　　表 2-2

序号	项　目	内　容
1	说明	(1) 结构在施工和使用期间能够满足各项功能要求良好工作，则称为“可靠”或“有效”，反之则称结构为“不可靠”或“失效”。区分结构可靠或失效的标志称为“极限状态” 当整个结构或结构的一部分超过某一特定状态(如达到极限承载力、失稳、或变形、裂缝宽度超过规定的限值等就不能满足设计规定的某一功能的要求时)，此特定状态就称为该功能的极限状态。混凝土结构极限状态可分为承载能力极限状态和正常使用极限状态，均有明确的规定标准或限值 1) 承载能力极限状态：结构或结构构件达到最大承载力、出现疲劳破坏、发生不适于继续承载的变形或因结构局部破坏而引发的连续倒塌 2) 正常使用极限状态：结构或结构构件达到正常使用的某项规定限值或耐久性能的某种规定状态 (2) 本书采用以概率理论为基础的极限状态设计方法，以可靠指标度量结构构件的可靠度，采用分项系数的设计表达式进行设计。包括结构重要性系数、荷载分项系数、材料性能分项系数(材料分项系数，有时直接以材料的强度设计值表达)、抗力模型不定性系数(构件承载力调整系数)等。对难于定量计算的间接作用和耐久性等，仍采用基于经验的定性方法进行设计 (3) 在结构设计时应对结构的不同极限状态分别进行计算或验算，当某一极限状态的计算或验算起控制作时，可仅对该极限状态进行计算或验算。例如，对混凝土结构，通常可按承载能力极限状态设计或计算，再按正常使用极限状态进行验算；当承载能力极限状态起控制作用，并采取了相应构造措施时，也可不进行正常使用极限状态的验算
2	承载能力极限状态	该状态对应于结构达到最大承载能力或达到不适于继续承载的变形。当结构或构件出现下列状态之一时，应认为超过了承载能力极限状态： (1) 结构构件或连接用超过材料强度而破坏，或因过度变形而不适于继续承载 (2) 整个结构或其中一部分作为刚体失去平衡 (3) 结构变为机动体系 (4) 结构或构件丧失稳定 (5) 结构因局部破坏而发生连续倒塌 (6) 地基丧失承载力而破坏 (7) 结构或构件的疲劳破坏
3	正常使用极限状态	该状态对应于结构或构件达到正常使用或耐久性的某项规定限值。当结构或结构构件出现下列状态之一时，应认为超过了正常使用极限状态： (1) 影响正常使用或外观的变形 (2) 影响正常使用或耐久性的局部损坏 (3) 影响正常使用的振动 (4) 影响正常使用的其他特定状态

2.1.3　正截面承载力计算规定

正截面承载力计算规定如表 2-3 所示。

正截面承载力计算的一般规定　　表 2-3

序号	项　目	内　容
1	基本假定	正截面承载力应按下列基本假定进行计算： (1) 截面应变保持平面 (2) 不考虑混凝土的抗拉强度 (3) 混凝土受压的应力与应变关系按下列规定取用： 当 $\varepsilon_c \leqslant \varepsilon_0$ 时 $$\sigma_c = f_c\left[1-\left(\frac{\varepsilon_c}{\varepsilon_0}\right)^n\right] \quad (2\text{-}1)$$

续表 2-3

序号	项　目	内　容
1	基本假定	当 $\varepsilon_0<\varepsilon_c\leqslant\varepsilon_{cu}$ 时 $\sigma_c=f_c$　(2-2) $n=2-\frac{1}{60}(f_{cu,k}-50)$　(2-3) $\varepsilon_0=0.002+0.5(f_{cu,k}-50)\times10^{-5}$　(2-4) $\varepsilon_{cu}=0.0033-(f_{cu,k}-50)\times10^{-5}$　(2-5) 各种混凝土强度等级的 ε_{cu} 值如表 2-4 所示 式中　σ_c——混凝土压应变为 ε_c 时的混凝土压应力 f_c——混凝土轴心抗压强度设计值，按本书表 2-10 采用 ε_0——混凝土压应力达到 f_c 时的混凝土压应变，当计算的 ε_0 值小于 0.002 时，取为 0.002 ε_{cu}——正截面的混凝土极限压应变，当处于非均匀受压且按公式(2-5)计算的值大于 0.0033 时，取为 0.0033；当处于轴心受压时取为 ε_0 $f_{cu,k}$——混凝土立方体抗压强度标准值，按本书表 2-7 序号 1 确定 n——系数，当计算的 n 值大于 2.0 时，取为 2.0 (4) 纵向受拉钢筋的极限拉应变取为 0.01 (5) 纵向钢筋的应力取钢筋应变与其弹性模量的乘积，但其值应符合下列要求： $-f'_y\leqslant\sigma_{si}\leqslant f_y$　(2-6) 式中　σ_{si}——第 i 层纵向普通钢筋的应力，正值代表拉应力，负值代表压应力 f_y——普通钢筋抗拉强度设计值，按本书表 2-19 采用 f'_y——普通钢筋抗压强度设计值，按本书表 2-19 采用
2	偏心受压长柱的受力特点及设计弯矩计算方法	(1) 偏心受压长柱的附加弯矩或二阶弯矩 钢筋混凝土受压构件在承受偏心轴力后，将产生纵向弯曲变形，即侧向挠度。对长细比小的短柱，侧向挠度小，计算时一般可忽略其影响。而对长细比较大的长柱，由于侧向挠度的影响，各个截面所受的弯矩不再是 Ne_0，而变为 $N(e_0+y)$，其中 y 为构件任意点的水平侧向挠度，则在柱高中点处，侧向挠度最大的截面中的弯矩为 $N(e_0+f)$。f 随着荷载的增大而不断加大，因而弯矩的增长也就越来越明显。偏心受压构件计算中把截面弯矩中的 Ne_0 称为初始弯矩或一阶弯矩(不考虑纵向弯曲效应构件截面中的弯矩)，将 Ny 或 Nf 称为附加弯矩或二阶弯矩 当长细比较小时，偏心受压构件的纵向弯曲变形很小，附加弯矩的影响可忽略。所以规定，在弯矩作用平面内截面对称的偏心受压构件，当同一主轴方向的杆端弯矩比 M_1/M_2 不大于 0.9 且轴压比不大于 0.9 时，若构件的长细比满足公式(2-7)的要求，可不考虑轴向压力在该方向挠曲杆件中产生的附加弯矩影响；否则应根据本序号下述(2)条的规定，按截面的两个主轴方向分别考虑轴向压力在挠曲杆件中产生的附加弯矩影响 $l_c/i\leqslant34-12(M_1/M_2)$　(2-7) 式中　M_1、M_2——分别为已考虑侧移影响的偏心受压构件两端截面按结构弹性分析确定的对同一主轴的组合弯矩设计值，绝对值较大端为 M_2，绝对值较小端为 M_1，当构件按单曲率弯曲时，M_1/M_2 取正值，如图 2-1a 所示，否则取负值，如图 2-1b 所示 l_c——构件的计算长度，可近似取偏心受压构件相应主轴方向上下支撑点之间的距离 i——偏心方向的截面回转半径 (2) 柱端截面附加弯矩(偏心距调节系数和弯矩增大系数) 实际工程中最常遇到的是长柱，即不满足上述条件，在确定偏心受压构件的内力设计值时；需考虑构件的侧向挠度而引起的附加弯矩(二阶弯矩)的影响，工程设计中，通常采用增大系数法。将柱端的附加弯矩计算用偏心距调节系数和弯矩增大系数来表示，即偏心受压柱的设计弯矩(考虑了附加弯矩影响后)为原柱端最大弯矩 M_2 乘以偏心距调节系数 C_m 和弯矩增大系数 η_{ns} 而得 1) 偏心距调节系数 C_m 对于弯矩作用平面内截面对称的偏心受压构件，同一主轴方向两端的杆端弯矩

续表 2-3

序号	项　目	内　容
2	偏心受压长柱的受力特点及设计弯矩计算方法	大多不相同，但也存在单曲率弯曲(M_1/M_2 为正)时二者大小接近的情况，即比值 M_1/M_2 大于 0.9，此时，该柱在柱两端相同方向、几乎相同大小的弯矩作用下将产生最大的偏心距，使该柱处于最不利的受力状态。因此，在这种情况下，需考虑偏心距调节系数。规定偏心距调节系数采用以下公式进行计算为 $$C_m=0.7+0.3\frac{M_1}{M_2} \quad (2\text{-}8)$$ 2）弯矩增大系数 η_{ns} 及其他计算表达式为 $$\zeta_c=\frac{0.5f_cA}{N} \quad (2\text{-}9)$$ $$\eta_{ns}=1+\frac{1}{1300\left(\frac{M_2}{N}+e_a\right)/h_0}\left(\frac{l_c}{h}\right)^2\zeta_c \quad (2\text{-}10)$$ $$M=C_m\eta_{ns}M_2 \quad (2\text{-}11)$$ 当 $C_m\eta_{ns}$ 小于 1.0 时取 1.0；对剪力墙及核心筒墙，可取 $C_m\eta_{ns}$ 等于 1.0 式中　M——除排架结构柱外，其他偏心受压构件考虑轴向压力在挠曲构件中产生的二阶效应后控制截面的弯矩设计值 C_m——构件端截面偏心距调节系数，当小于 0.7 时取 0.7 η_{ns}——弯矩增大系数 N——与弯矩设计值 M_2 相应的轴向压力设计值 e_a——附加偏心距，按本表序号 3 的规定确定 ζ_c——截面曲率修正系数，当计算值大于 1.0 时取 1.0 h——截面高度；对圆形截面，取直径 h_0——截面有效高度；对圆形截面，取 $h_0=r+r_s$；此处，r 和 r_s 按本书表 7-46 的规定确定 A——构件截面面积
3	附加偏心距	由于工程中实际存在着荷载作用位置的不定性、混凝土质量的不均匀性及施工的偏差等因素，都可能产生附加偏心距。所以规定，在偏心受压构件的正截面承载力计算时，应计入轴向压力在偏心方向存在的附加偏心距 e_a，其值应取 20mm 和偏心方向截面最大尺寸的 1/30 两者中的较大值。正截面计算时所取的偏心距 e_i 由 e_0 和 e_a 两者相加而成，表达式为 $$e_0=M/N \quad (2\text{-}12)$$ $$e_a=\frac{h}{30}\geqslant 20\text{mm} \quad (2\text{-}13)$$ $$e_i=e_0+e_a \quad (2\text{-}14)$$ 式中　e_0——由截面上作用的设计弯矩 M 和轴力 N 计算所得的轴向力对截面重心的偏心距 e_a——附加偏心距 e_i——初始偏心距
4	矩形应力图	受弯构件、偏心受力构件正截面承载力计算时，受压区混凝土的应力图形可简化为等效的矩形应力图 矩形应力图的受压区高度 x 可取截面应变保持平面的假定所确定的中和轴高度乘以系数 β_1。当混凝土强度等级不超过 C50 时，β_1 取为 0.80，当混凝土强度等级为 C80 时，β_1 取为 0.74，其间按线性内插法确定 矩形应力图的应力值可由混凝土轴心抗压强度设计值 f_c 乘以系数 α_1 确定。当混凝土强度等级不超过 C50 时，α_1 取为 1.0，当混凝土强度等级为 C80 时，α_1 取为 0.94，其间按线性内插法确定 各种混凝土强度等级的 β_1 和 α_1 值如表 2-5 所示

续表 2-3

<table>
<tr><th>序号</th><th>项　目</th><th>内　容</th></tr>
<tr><td>5</td><td>相对界限受压区高度</td><td>受拉钢筋屈服与受压区混凝土破坏同时发生时的相对界限受压区高度 ξ_b 对钢筋混凝土构件应按下列公式计算(有屈服点钢筋)：
$$\xi_b=\frac{\beta_1}{1+\frac{f_y}{E_s\varepsilon_{cu}}} \quad (2\text{-}15)$$
或　$\xi_b=x_b/h_0$
式中　ξ_b——普通钢筋相对界限受压区高度，如表 2-6 所示
h_0——截面的有效高度
x_b——界限受压区高度
f_y——纵向(普通)钢筋抗拉强度设计值，按表 2-19 采用
E_s——钢筋弹性模量，按表 2-21 采用
ε_{cu}——非均匀受压时的混凝土极限压应变，按公式(2-5)计算
β_1——系数，按表 2-5 的规定采用
在截面受拉区内配置有不同种类的钢筋时，受弯构件的相对界限受压区高度应分别计算，并取其较小值</td></tr>
<tr><td>6</td><td>钢筋应力</td><td>普通钢筋应力宜按下列规定确定：
(1) 钢筋应力宜根据截面应变保持平面的假定计算法
$$\sigma_{si}=E_s\varepsilon_{cu}\left(\frac{\beta_1 h_{0i}}{x}-1\right) \quad (2\text{-}16)$$
(2) 钢筋应力也可按下列近似计算法
$$\sigma_{si}=\frac{f_y}{\xi_b-\beta_1}\left(\frac{x}{h_{0i}}-\beta_1\right) \quad (2\text{-}17)$$
当计算的 σ_{si} 为拉应力且其值大于 f_y 时，取 $\sigma_{si}=f_y$；当 σ_{si} 为压应力且其绝对值大于 f'_y 时，取 $\sigma_{si}=-f'_y$
式中　h_{0i}——第 i 层纵向钢筋截面重心至混凝土受压区边缘的距离
x——等效矩形应力图形的混凝土受压区高度
σ_{si}——第 i 层纵向的普通钢筋的应力，正值代表拉应力，负值代表压应力
f'_y——纵向普通钢筋的抗压强度设计值，按表 2-19 采用</td></tr>
</table>

各种混凝土强度等级的 ε_{cu} 值　　　**表 2-4**

序号	混凝土强度等级	C15	C20	C25	C30	C35	C40	C45
1	$f_{cu,k}$/(N/mm²)	15	20	25	30	35	40	45
2	ε_{cu}	0.0033	0.0033	0.0033	0.0033	0.0033	0.0033	0.0033
序号	混凝土强度等级	C50	C55	C60	C65	C70	C75	C80
1	$f_{cu,k}$/(N/mm²)	50	55	60	65	70	75	80
2	ε_{cu}	0.0033	0.00325	0.0032	0.00315	0.0031	0.00305	0.003

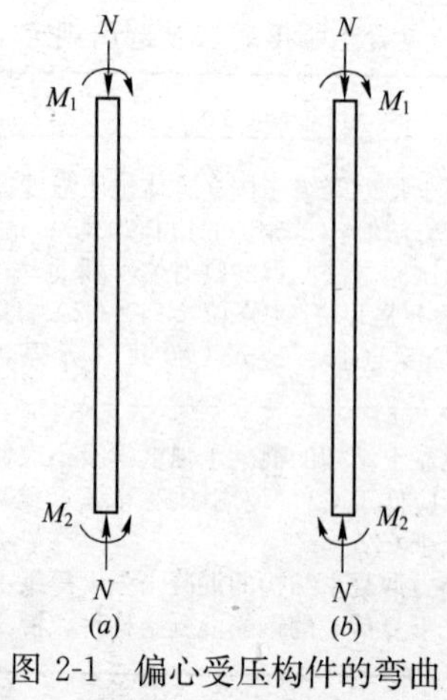

图 2-1　偏心受压构件的弯曲

β_1 和 α_1 值　　表 2-5

序号	混凝土强度等级	C15	C20	C25	C30	C35	C40	C45
1	β_1	0.8	0.8	0.8	0.8	0.8	0.8	0.8
2	α_1	1	1	1	1	1	1	1
序号	混凝土强度等级	C50	C55	C60	C65	C70	C75	C80
1	β_1	0.8	0.79	0.78	0.77	0.76	0.75	0.74
2	α_1	1	0.99	0.98	0.97	0.96	0.95	0.94

普通钢筋相对界限受压区高度 ξ_b 值　　表 2-6

序号	抗拉强度设计值 f_y(N/mm^2)	混凝土强度等级						
		C15	C20	C25	C30	C35	C40	C45
1	270	0.576	0.576	0.576	0.576	0.576	0.576	0.576
2	300	0.550	0.550	0.550	0.550	0.550	0.550	0.550
3	360	0.518	0.518	0.518	0.518	0.518	0.518	0.518
4	435	0.482	0.482	0.482	0.482	0.482	0.482	0.482
序号	抗拉强度设计值 f_y(N/mm^2)	混凝土强度等级						
		C50	C55	C60	C65	C70	C75	C80
1	270	0.576	0.566	0.556	0.547	0.537	0.528	0.518
2	300	0.550	0.541	0.531	0.522	0.512	0.503	0.493
3	360	0.518	0.508	0.499	0.490	0.481	0.472	0.462
4	435	0.482	0.473	0.464	0.455	0.447	0.438	0.429

2.2　混　凝　土

2.2.1　混凝土强度等级及选用规定

混凝土强度等级及选用规定如表 2-7 所示。

混凝土强度等级及选用规定　　表 2-7

序号	项　目	内　容
1	混凝土强度等级	混凝土强度等级应按立方体抗压强度标准值确定。立方体抗压强度标准值系指按标准方法制作、养护的边长为 150mm 的立方体试件，在 28d 或设计规定龄期以标准试验方法测得的具有 95%保证率的抗压强度值 混凝土强度等级分位 C15、C20、C25、C30、C35、C40、C45、C50、C55、C60、C65、C70、C75、C80 共 14 个强度等级
2	选用规定	素混凝土结构的混凝土强度等级不应低于 C15；钢筋混凝土结构的混凝土强度等级不应低于 C20；采用强度等级 400N/mm^2 及以上的钢筋时，混凝土强度等级不应低于 C25 预应力混凝土结构的混凝土强度等级不宜低于 C40，且不应低于 C30 承受重复荷载的钢筋混凝土构件，混凝土强度等级不应低于 C30

2.2.2　混凝土轴心抗压强度的标准值与轴心抗拉强度的标准值

（1）混凝土轴心抗压强度的标准值 f_{ck} 应按表 2-8 采用。

混凝土轴心抗压强度标准值（N/mm^2）　表 2-8

序号	强度	混凝土强度等级													
		C15	C20	C25	C30	C35	C40	C45	C50	C55	C60	C65	C70	C75	C80
1	f_{ck}	10.0	13.4	16.7	20.1	23.4	26.8	29.6	32.4	35.5	38.5	41.5	44.5	47.4	50.2

（2）混凝土轴心抗拉强度的标准值 f_{tk} 应按表 2-9 采用。

混凝土轴心抗拉强度标准值（N/mm^2）　表 2-9

序号	强度	混凝土强度等级													
		C15	C20	C25	C30	C35	C40	C45	C50	C55	C60	C65	C70	C75	C80
1	f_{tk}	1.27	1.54	1.78	2.01	2.20	2.39	2.51	2.64	2.74	2.85	2.93	2.99	3.05	3.11

2.2.3　混凝土轴心抗压强度的设计值与轴心抗拉强度的设计值

（1）混凝土轴心抗压强度的设计值 f_c 应按表 2-10 采用。

混凝土轴心抗压强度设计值（N/mm^2）　表 2-10

序号	强度	混凝土强度等级													
		C15	C20	C25	C30	C35	C40	C45	C50	C55	C60	C65	C70	C75	C80
1	f_c	7.2	9.6	11.9	14.3	16.7	19.1	21.1	23.1	25.3	27.5	29.7	31.8	33.8	35.9

（2）混凝土轴心抗拉强度的设计值 f_t 应按表 2-11 采用。

混凝土轴心抗拉强度设计值（N/mm^2）　表 2-11

序号	强度	混凝土强度等级													
		C15	C20	C25	C30	C35	C40	C45	C50	C55	C60	C65	C70	C75	C80
1	f_t	0.91	1.10	1.27	1.43	1.57	1.71	1.80	1.89	1.96	2.04	2.09	2.14	2.18	2.22

2.2.4　混凝土弹性模量及其他计算标准

（1）混凝土受压和受拉的弹性模量 E_c 宜按表 2-12 采用。

混凝土的剪切变形模量 G_c 可按相应弹性模量值的 40%采用。

混凝土泊松比 ν_c 可按 0.2 采用。

混凝土的弹性模量（$\times 10^4 N/mm^2$）　表 2-12

序号	混凝土强度等级	C15	C20	C25	C30	C35	C40	C45	C50	C55	C60	C65	C70	C75	C80
1	E_c	2.20	2.55	2.80	3.00	3.15	3.25	3.35	3.45	3.55	3.60	3.65	3.70	3.75	3.80

注：1. 当有可靠试验依据时，弹性模量可根据实测数据确定；
　　2. 当混凝土中掺有大量矿物掺合料时，弹性模量可按规定龄期根据实测数据确定。

（2）混凝土轴心抗压疲劳强度设计值 f_c^f、轴心抗拉疲劳强度设计值 f_t^f 应分别按表 2-10、表 2-11 中的强度设计值乘疲劳强度修正系数 γ_ρ 确定。混凝土受压或受拉疲劳强

度修正系数 γ_ρ 应根据疲劳应力比值 ρ_c^f 分别按表 2-13、表 2-14 采用；当混凝土承受拉-压疲劳应力作用时，疲劳强度修正系数 γ_ρ 取 0.60。

疲劳应力比值 ρ_c^f 应按下列公式计算：

$$\rho_c^f=\frac{\sigma_{c,min}^f}{\sigma_{c,max}^f} \tag{2-18}$$

式中　$\sigma_{c,min}^f$、$\sigma_{c,max}^f$——构件疲劳验算时，截面同一纤维上混凝土的最小应力、最大应力。

混凝土受压疲劳强度修正系数 γ_ρ　　**表 2-13**

序号	ρ_c^f	$0\leqslant\rho_c^f<0.1$	$0.1\leqslant\rho_c^f<0.2$	$0.2\leqslant\rho_c^f<0.3$	$0.3\leqslant\rho_c^f<0.4$	$0.4\leqslant\rho_c^f<0.5$	$\rho_c^f\geqslant0.5$
1	γ_ρ	0.68	0.74	0.80	0.86	0.93	1.00

混凝土受拉疲劳强度修正系数 γ_ρ　　**表 2-14**

序号	ρ_c^f	$0<\rho_c^f<0.1$	$0.1\leqslant\rho_c^f<0.2$	$0.2\leqslant\rho_c^f<0.3$	$0.3\leqslant\rho_c^f<0.4$	$0.4\leqslant\rho_c^f<0.5$
1	γ_ρ	0.63	0.66	0.69	0.72	0.74
序号	ρ_c^f	$0.5\leqslant\rho_c^f<0.6$	$0.6\leqslant\rho_c^f<0.7$	$0.7\leqslant\rho_c^f<0.8$	$\rho_c^f\geqslant0.8$	—
1	γ_ρ	0.76	0.80	0.90	1.00	—

注：直接承受疲劳荷载的混凝土构件，当采用蒸汽养护时，养护温度不宜高于 60℃。

（3）混凝土疲劳变形模量 E_c^f 应按表 2-15 采用。

混凝土的疲劳变形模量（$\times10^4$N/mm^2）　　**表 2-15**

序号	强度等级	C30	C35	C40	C45	C50	C55	C60	C65	C70	C75	C80
1	E_c^f	1.30	1.40	1.50	1.55	1.60	1.65	1.70	1.75	1.80	1.85	1.90

（4）当温度在 0～100℃范围内时，混凝土的热工参数可按下列规定取值：

线膨胀系数 α_c：1×10^{-5}/℃；导热系数 λ：10.6kJ/(m·h·℃)；比热容 c：0.96kJ/(kg·℃)。

2.3　钢　　筋

2.3.1　钢筋混凝土结构的钢筋选用规定

钢筋混凝土结构的钢筋选用规定如表 2-16 所示。

钢筋混凝土结构的钢筋选用规定　　**表 2-16**

序号	项　　目	内　　容
1	钢筋的选用规定	钢筋混凝土结构的钢筋应按下列规定选用： （1）纵向受力普通钢筋宜采用 HRB400、HRB500、HRBF400、HRBF500 钢筋，也可采用 HPB300、HRB335、HRBF335、RRB400 钢筋 （2）梁、柱纵向受力普通钢筋应采用 HRB400、HRB500、HRBF400、HRBF500 钢筋 （3）箍筋宜采用 HRB400、HRBF400、HPB300、HRB500、HRBF500 钢筋，也可采用 HRB335、HRBF335 钢筋

续表 2-16

序号	项　目	内　容
2	各种牌号钢筋的选用原则	根据钢筋产品标准的修改，不再限制钢筋材料的化学成分和制作工艺，而按性能确定钢筋的牌号和强度级别，并以相应的符号表达 根据“四节一环保”的要求，提倡应用高强、高性能钢筋。根据混凝土构件对受力的性能要求，规定了各种牌号钢筋的选用原则： （1）增加强度为 500N/mm² 级的热轧带肋钢筋；推广 400N/mm²、500N/mm² 级高强热轧带肋钢筋作为纵向受力的主导钢筋；限制并准备逐步淘汰 335N/mm² 级热轧带肋钢筋的应用；用 300N/mm² 级光圆钢筋取代 235N/mm² 级光圆钢筋。在规定的过渡期及对既有结构进行设计时，235N/mm² 光圆钢筋的设计值仍按原规定取值 （2）推广具有较好的延性、可焊性、机械连接性能及施工适应性的 HRB 系列普通热轧带肋钢筋。列入采用控温轧制工艺生产的 HRBF 系列细晶粒带肋钢筋 （3）RRB 系列余热处理钢筋由轧制钢筋经高温淬水，余热处理后提高强度。其延性、可焊性、机械连接性能及施工适应性降低，一般可用于对变形性能及加工性能要求不高的构件中，如基础、大体积混凝土、楼板、墙体以及次要的中小结构构件等 （4）箍筋用于抗剪、抗扭及抗冲切设计时，其抗拉强度设计值受到限制，不宜采用强度高于 400N/mm² 的钢筋。当用于约束混凝土的间接配筋（如连续螺旋配箍或封闭焊接箍）时，其高强度可以得到充分发挥，采用 500N/mm² 钢筋具有一定的经济效益

2.3.2　普通钢筋强度标准值

钢筋的强度标准值应具有不小于95%的保证率。

普通钢筋的屈服强度标准值 f_{yk}、极限强度标准值 f_{stk} 应按表 2-17 采用。预应力钢丝、钢绞线和预应力螺纹钢筋的屈服强度标准值 f_{pyk}、极限强度标准值 f_{ptk} 应按表 2-18 采用。

普通钢筋强度标准值（N/mm²）　　**表 2-17**

序号	牌号	符号	公称直径 d(mm)	屈服强度标准值 f_{yk}	极限强度标准值 f_{stk}
1	HPB300	Φ	6～22	300	420
2	HRB335	Φ	6～50	335	455
3	HRBF335	$Φ^F$			
4	HRB400	Φ	6～50	400	540
5	HRBF400	$Φ^F$			
6	RRB400	$Φ^R$			
7	HRB500	Φ	6～50	500	630
8	HRBF500	$Φ^F$			

预应力筋强度标准值（N/mm²）　　**表 2-18**

序号	种　类		符号	公称直径 d(mm)	屈服强度标准值 f_{pyk}	极限强度标准值 f_{ptk}
1	中强度预应力钢丝	光面螺旋肋	$Φ^{PM}$ $Φ^{HM}$	5、7、9	620	800
2					780	970
3					980	1270

续表 2-18

序号	种类		符号	公称直径 d(mm)	屈服强度标准值 f_{pyk}	极限强度标准值 f_{ptk}
4	预应力螺纹钢筋	螺纹	ϕ^{T}	18、25、32、40、50	785	980
5					930	1080
6					1080	1230
7	消除应力钢丝	光面	ϕ^{P}	5	—	1570
8					—	1860
9				7	—	1570
10		螺旋肋	ϕ^{H}	9	—	1470
11					—	1570
12	钢绞线	1×3 (三股)	ϕ^{S}	8.6、10.8、12.9	—	1570
13					—	1860
14					—	1960
15		1×7 (七股)		9.5、12.7、15.2、17.8	—	1720
16					—	1860
17					—	1960
18				21.6	—	1860

注：极限强度标准值为 1960N/mm² 的钢绞线做后张预应力配筋时，应有可靠的工程经验。

2.3.3　钢筋强度设计值

普通钢筋的抗拉强度设计值 f_y、抗压强度设计值 f'_y应按表 2-19 采用。预应力筋的抗拉强度设计值 f_{py}、抗压强度设计值 f'_{py}应按表 2-20 采用。

当构件中配有不同种类的钢筋时，每种钢筋应采用各自的强度设计值。因为尽管强度不同，但极限状态下按各种钢筋强度设计值进行计算。横向钢筋的抗拉强度设计值 f_{yv}应按表中 f_y 的数值采用：当用作受剪、受扭、受冲切承载力计算时，其数值大于 360N/mm² 时应取 360N/mm²；但用作围箍约束混凝土的间接配筋时，其强度设计值不限。

普通钢筋强度设计值(N/mm²)　　**表 2-19**

序号	牌　号	抗拉强度设计值 f_y	抗压强度设计值 f'_y
1	HPB300	270	270
2	HRB335、HRBF335	300	300
3	HRB400、HRBF400、RRB400	360	360
4	HRB500、HRBF500	435	410

预应力筋强度设计值(N/mm²)　　**表 2-20**

序号	种　类	极限强度标准值 f_{ptk}	抗拉强度设计值 f_{py}	抗压强度设计值 f'_{py}
1	中强度预应力钢丝	800	510	410
2		970	650	
3		1270	810	

续表 2-20

序号	种　类	极限强度标准值 f_{ptk}	抗拉强度设计值 f_{py}	抗压强度设计值 f'_{py}
4	消除应力钢丝	1470	1040	410
5		1570	1110	
6		1860	1320	
7	钢绞线	1570	1110	390
8		1720	1220	
9		1860	1320	
10		1960	1390	
11	预应力螺纹钢筋	980	650	410
12		1080	770	
13		1230	900	

注：当预应力筋的强度标准值不符合表 2-20 的规定时，其强度设计值应进行相应的比例换算。

2.3.4　钢筋的弹性模量及其他计算标准

（1）普通钢筋和预应力钢筋的弹性模量 E_s 应按表 2-21 采用。

钢筋的弹性模量（$\times10^5$ N/mm^2）　表 2-21

序号	牌号或种类	弹性模量 E_s
1	HPB300 钢筋	2.10
2	HRB335、HRB400、HRB500 钢筋	2.00
3	HRBF335、HRBF400、HRBF500 钢筋	
4	RRB400 钢筋	
5	预应力螺纹钢筋	
6	消除应力钢丝、中强度预应力钢丝	2.05
7	钢绞线	1.95

注：必要时可采用实测的弹性模量。

（2）普通钢筋及预应力筋在最大力下的总伸长率 δ_{gt} 不应小于表 2-22 规定的数值。

普通钢筋在最大力下的总伸长率限值　表 2-22

序号	钢筋品种	普通钢筋			预应力筋
		HPB300	HRB335、HRBF335、HRB400、HRBF400、HRB500、HRBF500	RRB400	
1	δ_{gt}(%)	10.0	7.5	5.0	3.5

（3）普通钢筋和预应力筋的疲劳应力幅限值 Δf_y^f 和 Δf_{py}^f 应根据钢筋疲劳应力比值 ρ_s^f、ρ_p^f，分别按表 2-23、表 2-24 线性内插取值。

普通钢筋疲劳应力幅限值(N/mm^2)　　表 2-23

序号	疲劳应力比值 ρ_s^f	疲劳应力幅限值 Δf_y^f	
		HRB335	HRB400
1	0	175	175
2	0.1	162	162
3	0.2	154	156
4	0.3	144	149
5	0.4	131	137
6	0.5	115	123
7	0.6	97	106
8	0.7	77	85
9	0.8	54	60
10	0.9	28	31

注：当纵向受拉钢筋采用闪光接触对焊连接时，其接头处的钢筋疲劳应力幅限值应按表中数值乘以 0.8 取用。

预应力筋疲劳应力幅限值(N/mm^2)　　表 2-24

序号	疲劳应力比值 ρ_p^f	钢绞线 $f_{ptk}=1570$	消除应力钢丝 $f_{ptk}=1570$
1	0.7	144	240
2	0.8	118	168
3	0.9	70	88

注：1. 当 ρ_{sv}^f 不小于 0.9 时，可不作预应力筋疲劳验算；

2. 当有充分依据时，可对表中规定的疲劳应力幅限值作适当调整。

普通钢筋疲劳应力比值 ρ_s^f 应按下列公式计算：

$$\rho_s^f=\frac{\sigma_{s,min}^f}{\sigma_{s,max}^f} \tag{2-19}$$

式中　$\sigma_{s,min}^f$、$\sigma_{s,max}^f$——构件疲劳验算时，同一层钢筋的最小应力、最大应力

预应力筋疲劳应力比值 ρ_p^f 应按下列公式计算：

$$\rho_p^f=\frac{\sigma_{p,min}^f}{\sigma_{p,max}^f} \tag{2-20}$$

式中　$\sigma_{p,min}^f$、$\sigma_{p,max}^f$——构件疲劳验算时，同一层钢筋的最小应力、最大应力

2.3.5 并筋的配置形式及钢筋代换

并筋的配置形式及钢筋代换如表 2-25 所示。

并筋的配置形式及钢筋代换　　表 2-25

序号	项　目	内　容
1	并筋的配置形式	构件中的钢筋可采用并筋(钢筋束)的配置形式。直径 28mm 及以下的钢筋并筋数量不应超过 3 根；直径 32mm 的钢筋并筋数量宜为 2 根；直径 36mm 及以上的钢筋不应采用并筋。并筋应按单根等效钢筋进行计算，等效钢筋的等效直径应按截面面积相等的原则换算确定 相同直径的两并筋等效直径可取为 1.41 倍单根钢筋直径；三并筋等效直径可取为 1.73 倍单根钢筋直径。两并筋可按纵向(表 2-26 附图 *a*)或横向(表 2-26 附图 *b*)的方式布置；三并筋宜按品字形布置，并均按并筋的重心作为等效钢筋的重心

续表 2-25

序号	项　　目	内　　容
2	钢筋代换	当进行钢筋代换时，除应符合设计要求的构件承载力、最大力下的总伸长率、裂缝宽度验算以及抗震规定以外，尚应满足最小配筋率、钢筋间距、保护层厚度、钢筋锚固长度、接头面积百分率及搭接长度等构造要求
3	钢筋焊接网片或钢筋骨架配筋时	当构件中采用预制的钢筋焊接网片或钢筋骨架配筋时，应符合国家现行有关标准的规定

梁并筋等效直径、最小净距　　　　**表 2-26**

序号	单筋直径 d(mm)	25	28	32	附　　图
1	并筋根数	2	2	2	(a)　(b)
2	等效直径 d_{eq}(mm)	35	39	45	
3	层净距 S_1(mm)	35	39	45	
4	上部钢筋净距 S_2(mm)	53	59	68	
5	下部钢筋净距 S_3(mm)	35	39	45	

2.3.6　普通钢筋计算用表

（1）钢筋的公称直径、公称截面面积、周长及理论重量如表 2-27 所示。

（2）各种钢筋间距时板每 1m 宽钢筋截面面积如表 2-28 所示。

（3）钢筋组合面积如表 2-29 所示。

钢筋的公称直径、公称截面面积、周长及理论重量　　　　**表 2-27**

公称直径(mm)	不同根数钢筋的公称截面面积 A_s(mm^2)									单根钢筋周长(mm)	单根钢筋理论重量(kg/m)
	1	2	3	4	5	6	7	8	9		
5	19.63	39	59	79	98	118	137	157	177	15.71	0.154
6	28.27	57	85	113	141	170	198	226	254	18.85	0.222
7	38.48	77	115	154	192	231	269	308	346	21.99	0.302
8	50.27	101	151	201	251	302	352	402	452	25.13	0.395
9	63.62	127	191	254	318	382	445	509	573	28.27	0.499
10	78.54	157	236	314	393	471	550	628	707	31.42	0.617
12	113.10	226	339	452	565	679	792	905	1018	37.70	0.888
14	153.94	308	462	616	770	924	1078	1232	1385	43.98	1.21
16	201.06	402	603	804	1005	1206	1407	1608	1810	50.27	1.58
18	254.47	509	763	1018	1272	1527	1781	2036	2290	56.55	2.00 (2.11)

续表 2-27

公称直径(mm)	不同根数钢筋的公称截面面积 A_s(mm^2)									单根钢筋周长(mm)	单根钢筋理论重量(kg/m)
	1	2	3	4	5	6	7	8	9		
20	314.16	628	942	1257	1571	1885	2199	2513	2827	62.83	2.47
22	380.13	760	1140	1521	1901	2281	2661	3041	3421	69.12	2.98
25	490.87	982	1473	1963	2454	2945	3436	3927	4418	78.54	3.85 (4.10)
28	615.75	1232	1847	2463	3079	3695	4310	4926	5542	87.96	4.83
32	804.25	1608	2413	3217	4021	4825	5630	6434	7238	100.53	6.31 (6.65)
36	1017.88	2036	3054	4072	5089	6107	7125	8143	9161	113.10	7.99
40	1256.64	2513	3770	5027	6283	7540	8796	10053	11310	125.66	9.87 (10.34)
50	1963.50	3927	5890	7854	9817	11781	13744	15708	17671	157.08	15.41 (16.28)

注：括号内为预应力螺纹钢筋的数值。

各种钢筋间距时板每 1m 宽钢筋截面面积 A_s(mm^2) **表 2-28**

钢筋间距(mm)	钢筋直径(mm)											
	6	6/8	8	8/10	10	10/12	12	12/14	14	14/16	16	16/18
70	404	561	718	920	1122	1369	1616	1907	2199	2536	2872	3254
75	377	524	670	859	1047	1278	1508	1780	2053	2367	2681	3037
80	353	491	628	805	982	1198	1414	1669	1924	2219	2513	2847
85	333	462	591	758	924	1127	1331	1571	1811	2088	2365	2680
90	314	436	559	716	873	1065	1257	1484	1710	1972	2234	2531
95	298	413	529	678	827	1009	1190	1405	1620	1868	2116	2398
100	283	393	503	644	785	958	1131	1335	1539	1775	2011	2278
110	257	357	457	585	714	871	1028	1214	1399	1614	1828	2071
120	236	327	419	537	654	798	942	1113	1283	1479	1676	1898
130	217	302	387	495	604	737	870	1027	1184	1365	1547	1752
140	202	280	359	460	561	684	808	954	1100	1268	1436	1627
150	188	262	335	429	524	639	754	890	1026	1183	1340	1518
160	177	245	314	403	491	599	707	834	962	1109	1257	1424
170	166	231	296	379	462	564	665	785	906	1044	1183	1340
180	157	218	279	358	436	532	628	742	855	986	1117	1265
190	149	207	265	339	413	504	595	703	810	934	1058	1199
200	141	196	251	322	393	479	565	668	770	887	1005	1139
210	135	187	239	307	374	456	539	636	733	845	957	1085
220	129	178	228	293	357	436	514	607	700	807	914	1035

续表 2-28

钢筋间距(mm)	钢筋直径(mm)											
	6	6/8	8	8/10	10	10/12	12	12/14	14	14/16	16	16/18
230	123	171	219	280	341	417	492	581	669	772	874	990
240	118	164	209	268	327	399	471	556	641	740	838	949
250	113	157	201	258	314	383	452	534	616	710	804	911
260	109	151	193	247	302	369	435	514	592	683	773	876
270	105	145	186	239	291	355	419	495	570	657	745	844
280	101	140	180	230	280	342	404	477	550	634	718	813
290	97	135	173	222	271	330	390	460	531	612	693	785
300	94	131	168	215	262	319	377	445	513	592	670	759
310	91	127	162	208	253	309	365	431	497	573	649	735
320	88	123	157	201	245	299	353	417	481	555	628	712
330	86	119	152	195	238	290	343	405	466	538	609	690

钢筋间距(mm)	钢筋直径(mm)											
	18	18/20	20	20/22	22	22/25	25	25/28	28	28/32	32	36
70	3635	4062	4488	4959	5430	6221	7012	7904	8796	10143	11489	14541
75	3393	3791	4189	4629	5068	5807	6545	7378	8210	9467	10723	13572
80	3181	3554	3927	4339	4752	5444	6136	6916	7697	8875	10053	12723
85	2994	3345	3696	4084	4472	5124	5775	6510	7244	8353	9462	11975
90	2827	3159	3491	3857	4224	4839	5454	6148	6842	7889	8936	11310
95	2679	2993	3307	3654	4001	4584	5167	5824	6482	7474	8466	10714
100	2545	2843	3142	3471	3801	4355	4909	5533	6158	7100	8042	10179
110	2313	2585	2856	3156	3456	3959	4462	5030	5598	6455	7311	9253
120	2121	2369	2618	2893	3168	3629	4091	4611	5131	5917	6702	8482
130	1957	2187	2417	2670	2924	3350	3776	4256	4737	5462	6187	7830
140	1818	2031	2244	2480	2715	3111	3506	3952	4398	5071	5745	7271
150	1696	1895	2094	2314	2534	2903	3272	3689	4105	4733	5362	6786
160	1590	1777	1963	2170	2376	2722	3068	3458	3848	4437	5027	6362
170	1497	1672	1848	2042	2236	2562	2887	3255	3622	4176	4731	5988
180	1414	1580	1745	1929	2112	2419	2727	3074	3421	3944	4468	5655
190	1339	1496	1653	1827	2001	2292	2584	2912	3241	3737	4233	5357
200	1272	1422	1571	1736	1901	2178	2454	2767	3079	3550	4021	5089
210	1212	1354	1496	1653	1810	2074	2337	2635	2932	3381	3830	4847
220	1157	1292	1428	1578	1728	1980	2231	2515	2799	3227	3656	4627
230	1106	1236	1366	1509	1653	1893	2134	2406	2677	3087	3497	4426
240	1060	1185	1309	1446	1584	1815	2045	2305	2566	2958	3351	4241
250	1018	1137	1257	1389	1521	1742	1963	2213	2463	2840	3217	4072

续表 2-28

钢筋间距(mm)	钢筋直径(mm)											
	18	18/20	20	20/22	22	22/25	25	25/28	28	28/32	32	36
260	979	1094	1208	1335	1462	1675	1888	2128	2368	2731	3093	3915
270	942	1053	1164	1286	1408	1613	1818	2049	2281	2630	2979	3770
280	909	1015	1122	1240	1358	1555	1753	1976	2199	2536	2872	3635
290	877	980	1083	1197	1311	1502	1693	1908	2123	2448	2773	3510
300	848	948	1047	1157	1267	1452	1636	1844	2053	2367	2681	3393
310	821	917	1013	1120	1226	1405	1583	1785	1986	2290	2594	3283
320	795	888	982	1085	1188	1361	1534	1729	1924	2219	2513	3181
330	771	862	952	1052	1152	1320	1487	1677	1866	2152	2437	3084

注：钢筋直径中的6/8，8/10，10/12…等系指两种直径的钢筋间隔放置。

钢筋组合面积 A_s(mm^2) **表 2-29**

2根		3根		4根		5根	
根数及直径	面积	根数及直径	面积	根数及直径	面积	根数及直径	面积
2ϕ10	157	3ϕ10	236	4ϕ12	452	5ϕ12	565
1ϕ10+1ϕ12	192	3ϕ12	339	3ϕ12+1ϕ14	493	4ϕ12+1ϕ14	606
2ϕ12	226	2ϕ12+1ϕ14	380	2ϕ12+2ϕ14	534	3ϕ12+2ϕ14	647
1ϕ12+1ϕ14	267	3ϕ14	462	1ϕ12+3ϕ14	575	2ϕ12+3ϕ14	688
2ϕ14	308	2ϕ14+1ϕ16	509	4ϕ14	616	1ϕ12+4ϕ14	729
1ϕ14+1ϕ16	355	1ϕ14+2ϕ16	556	3ϕ14+1ϕ16	663	5ϕ14	770
2ϕ16	402	3ϕ16	603	2ϕ14+2ϕ16	710	4ϕ14+1ϕ16	817
1ϕ16+1ϕ18	456	2ϕ16+1ϕ18	656	1ϕ14+3ϕ16	757	3ϕ14+2ϕ16	864
2ϕ18	509	1ϕ16+2ϕ18	710	4ϕ16	804	2ϕ14+3ϕ16	911
1ϕ18+1ϕ20	569	3ϕ18	763	3ϕ16+1ϕ18	857	1ϕ14+4ϕ16	958
2ϕ20	628	2ϕ18+1ϕ20	823	2ϕ16+2ϕ18	911	5ϕ16	1005
1ϕ20+1ϕ22	694	1ϕ18+2ϕ20	882	1ϕ16+3ϕ18	964	4ϕ16+1ϕ18	1058
2ϕ22	760	3ϕ20	942	4ϕ18	1018	3ϕ16+2ϕ18	1112
1ϕ22+1ϕ25	871	2ϕ20+1ϕ22	1008	3ϕ18+1ϕ20	1077	2ϕ16+3ϕ18	1165
2ϕ25	982	1ϕ20+2ϕ22	1074	2ϕ18+2ϕ20	1137	1ϕ16+4ϕ18	1219
		3ϕ22	1140	1ϕ18+3ϕ20	1196	5ϕ18	1272
		2ϕ22+1ϕ25	1251	4ϕ20	1257	4ϕ18+1ϕ20	1332
		1ϕ22+2ϕ25	1362	3ϕ20+1ϕ22	1322	3ϕ18+2ϕ20	1391
		3ϕ25	1473	2ϕ20+2ϕ22	1388	2ϕ18+3ϕ20	1451
				1ϕ20+3ϕ22	1454	1ϕ18+4ϕ20	1511
				4ϕ22	1521	5ϕ20	1571
				3ϕ22+1ϕ25	1631	4ϕ20+1ϕ22	1637
				2ϕ22+2ϕ25	1742	3ϕ20+2ϕ22	1702

续表 2-29

2 根		3 根		4 根		5 根	
根数及直径	面积	根数及直径	面积	根数及直径	面积	根数及直径	面积
				1ϕ22+3ϕϕ25	1853	2ϕ20+3ϕ22	1768
				4ϕ25	1963	1ϕ20+4ϕ22	1835
						5ϕ22	1901
						4ϕ22+1ϕ25	2012
						3ϕ22+2ϕ25	2122
						2ϕ22+3ϕ25	2233
						1ϕ22+4ϕ25	2343
						5ϕ25	2454
6 根		7 根		8 根		10 根	
根数及直径	面积	根数及直径	面积	根数及直径	面积	根数及直径	面积
6ϕ14	924	7ϕ14	1078	8ϕ14	1232	10ϕ14	1539
5ϕ14+1ϕ16	971	5ϕ14+2ϕ16	1172	6ϕ14+2ϕ16	1326	7ϕ14+3ϕ16	1681
4ϕ14+2ϕ16	1018	4ϕ14+3ϕ16	1219	5ϕ14+3ϕ16	1373	6ϕ14+4ϕ16	1728
3ϕ14+3ϕ16	1065	3ϕ14+4ϕ16	1266	4ϕ14+4ϕ16	1420	5ϕ14+5ϕ16	1775
2ϕ14+4ϕ16	1112	2ϕ14+5ϕ16	1313	3ϕ14+5ϕ16	1467	4ϕ14+6ϕ16	1822
1ϕ14+5ϕ16	1159	1ϕ14+6ϕ16	1360	2ϕ14+6ϕ16	1514	3ϕ14+7ϕ16	1869
6ϕ16	1206	7ϕ16	1407	8ϕ16	1608	10ϕ16	2011
5ϕ16+1ϕ18	1259	5ϕ16+2ϕ18	1514	6ϕ16+2ϕ18	1715	7ϕ16+3ϕ18	2170
4ϕ16+2ϕ18	1313	4ϕ16+3ϕ18	1567	5ϕ16+3ϕ18	1768	6ϕ16+4ϕ18	2224
3ϕ16+3ϕ18	1366	3ϕ16+4ϕ18	1621	4ϕ16+4ϕ18	1822	5ϕ16+5ϕ18	2277
2ϕ16+4ϕ18	1420	2ϕ16+5ϕ18	1674	3ϕ16+5ϕ18	1875	4ϕ16+6ϕ18	2331
1ϕ16+5ϕ18	1473	1ϕ16+6ϕ18	1728	2ϕ16+6ϕ18	1929	3ϕ16+7ϕ18	2384
6ϕ18	1527	7ϕ18	1781	8ϕ18	2036	10ϕ18	2545
5ϕ18+1ϕ20	1586	5ϕ18+2ϕ20	1900	6ϕ18+2ϕ20	2155	7ϕ18+3ϕ20	2723
4ϕ18+2ϕ20	1646	4ϕ18+3ϕ20	1960	5ϕ18+3ϕ20	2214	6ϕ18+4ϕ20	2784
3ϕ18+3ϕ20	1705	3ϕ18+4ϕ20	2020	4ϕ18+4ϕ20	2275	5ϕ18+5ϕ20	2843
2ϕ18+4ϕ20	1766	2ϕ18+5ϕ20	2080	3ϕ18+5ϕ20	2334	4ϕ18+6ϕ20	2903
1ϕ18+5ϕ20	1825	1ϕ18+6ϕ20	2139	2ϕ18+6ϕ20	2394	3ϕ18+7ϕ20	2962
6ϕ20	1885	7ϕ20	2199	8ϕ20	2513	10ϕ20	3142
5ϕ20+1ϕ22	1951	5ϕ20+2ϕ22	2331	6ϕ20+2ϕ22	2645	7ϕ20+3ϕ22	3339
4ϕ20+2ϕ22	2017	4ϕ20+3ϕ22	2397	5ϕ20+3ϕ22	2711	6ϕ20+4ϕ22	3406
3ϕ20+3ϕ22	2082	3ϕ20+4ϕ22	2463	4ϕ20+4ϕ22	2778	5ϕ20+5ϕ22	3472
2ϕ20+4ϕ22	2149	2ϕ20+5ϕ22	2529	3ϕ20+5ϕ22	2843	4ϕ20+6ϕ22	3538
1ϕ20+5ϕ22	2215	1ϕ20+6ϕ22	2595	2ϕ20+6ϕ22	2909	3ϕ20+7ϕ22	3603
6ϕ22	2281	7ϕ22	2661	8ϕ22	3041	10ϕ22	3801

续表 2-29

6根		7根		8根		10根	
根数及直径	面积	根数及直径	面积	根数及直径	面积	根数及直径	面积
5ϕ22+1ϕ25	2392	5ϕ22+2ϕ25	2883	6ϕ22+2ϕ25	3263	7ϕ22+3ϕ25	4134
4ϕ22+2ϕ25	2503	4ϕ22+3ϕ25	2994	5ϕ22+3ϕ25	3374	6ϕ22+4ϕ25	4244
3ϕ22+3ϕ25	2613	3ϕ22+4ϕ25	3103	4ϕ22+4ϕ25	3484	5ϕ22+5ϕ25	4355
2ϕ22+4ϕ25	2723	2ϕ22+5ϕ25	3214	3ϕ22+5ϕ25	3594	4ϕ22+6ϕ25	4466
1ϕ22+5ϕ25	2834	1ϕ22+6ϕ25	3325	2ϕ22+6ϕ25	3705	3ϕ22+7ϕ25	4576
6ϕ25	2945	7ϕ25	3436	8ϕ25	3927	10ϕ25	4909

2.4　建筑结构设计的安全等级与设计使用年限

2.4.1　建筑结构设计的安全等级

建筑结构设计的安全等级如表 2-30 所示。

建筑结构设计的安全等级　　表 2-30

序号	项　目	内　容
1	建筑结构设计的安全等级	根据建筑结构破坏后果的严重程度，根据有关规定划分为三个安全等级，作用效应组合时应按不同的安全等级考虑结构设计的重要性系数，如表 2-31 所示
2	其他	(1) 在抗震设计中，不考虑结构构件的重要性系数 (2) 设计使用年限为 5 年及以下的结构构件，重要性系数不应小于 0.9 (3) 见表 2-31 注

建筑结构设计的安全等级划分　　表 2-31

序号	安全等级	破坏后果	结构重要性系数 γ_0	建筑物类型	设计使用年限
1	一级	很严重	1.1	重要的建筑物	100 年及以上
2	二级	严重	1.0	一般的建筑物	50 年
3	三级	不严重	0.9	次要的建筑物	5～25 年

注：1. 对有特殊要求的建筑物，其安全等级可根据具体情况另行确定；
2. 建筑物中各类结构构件使用阶段的安全等级，宜与整个结构的安全等级相同，对其中部分结构构件的安全等级，可根据其重要程度适当调整，但一切构件的安全等级在各个阶段均不得低于三级；
3. 对于高层建筑结构设计的安全等级一般不低于二级，因此结构重要性系数的取值不应小于 1.0。

2.4.2　民用建筑设计的使用年限

民用建筑设计的使用年限应符合表 2-32 的规定。

设计使用年限分类　　表 2-32

序号	类别	设计使用年限(年)	示　例
1	1	5	临时性建筑
2	2	25	易于替换结构构件的建筑
3	3	50	普通建筑和构筑物
4	4	100	纪念性建筑和特别重要的建筑

2.5　高层建筑结构抗震设防分类与抗震等级

2.5.1　高层建筑结构抗震设防分类

高层建筑结构抗震设防分类如表 2-33 所示。

高层建筑结构抗震设防分类　表 2-33

序号	项　目	内　容
1	一般规定	(1) 高层建筑的抗震设防烈度必须按照国家规定的权限审批、颁发的文件(图件)确定。一般情况下，抗震设防烈度应采用根据中国地震动参数区划图确定的地震基本烈度 (2) 抗震设计的高层混凝土建筑应按现行国家标准《建筑工程抗震设防分类标准》GB 50223—2008 的规定确定其抗震设防类别： 1) 特殊设防类。指使用上有特殊设施，涉及国家公共安全的重大建筑工程和地震时可能发生严重次生灾害等特别重大灾害后果，需要进行特殊设防的建筑。本书简称甲类 2) 重点设防类。指地震时使用功能不能中断或需尽快恢复的生命线相关建筑。以及地震时可能导致大量人员伤亡等重大灾害后果，需要提高设防标准的建筑。本书简称乙类 3) 标准设防类。指大量的除 1)、2)、4)款以外按标准要求进行设防的建筑。本书简称丙类 4) 适度设防类。指使用上人员稀少且震损不致产生次生灾害，允许在一定条件下适度降低要求的建筑。本书简称丁类 (3) 高层建筑没有“适度设防类”设防(简称丁类) (4) 本书中甲类建筑、乙类建筑、丙类建筑分别为现行国家标准《建筑工程抗震设防分类标准》GB 50223—2008 中特殊设防类、重点设防类、标准设防类的简称
2	建筑抗震设防标准	甲类建筑、乙类建筑、丙类建筑的抗震设防标准如表 2-34 所示
3	建筑的地震作用、抗震措施、抗震构造措施	(1) 甲类、乙类、丙类建筑地震作用要求如表 2-35 所示 (2) 甲类、乙类、丙类建筑抗震措施要求如表 2-36 所示 (3) 甲类、乙类、丙类建筑抗震构造措施要求如表 2-37 所示

甲类、乙类、丙类建筑的抗震设防标准　表 2-34

序号	建筑抗震设防类别	地震作用计算	抗震措施
1	甲类建筑	应高于本地区抗震设防烈度的要求，其值应按批准的地震安全性评价结果确定	当抗震设防烈度为 6～8 度时，应符合本地区抗震设防烈度提高一度的要求。当为 9 度时，应符合比 9 度抗震设防更高的要求
2	乙类建筑	应符合本地区抗震设防烈度的要求(6 度时可不进行计算①)	一般情况下，当抗震设防烈度为 6～8 度时，应符合本地区抗震设防烈度提高一度的要求。当为 9 度时，应符合比 9 度抗震设防更高的要求
3	丙类建筑	应符合本地区抗震设防烈度的要求(6 度时可不进行计算①)	应符合本地区抗震设防烈度的要求

① 不规则建筑及建造于Ⅳ类场地上较高的高层建筑除外。

注：抗震设防标准是衡量抗震设防要求高低的尺度，由抗震设防烈度或设计地震动参数及建筑抗震设防类别确定。

甲类、乙类、丙类建筑地震作用要求 **表 2-35**

序号	设防烈度	6	7	7(0.15g)	8	8(0.30g)	9
1	甲类建筑	根据地震安全性评价结果确定					
2	乙类建筑	6	7	7(0.15g)	8	8(0.30g)	9
3	丙类建筑	6	7	7(0.15g)	8	8(0.30g)	9

注：地震作用由地震动引起的结构动态作用，包括水平地震作用和竖向地震作用。

甲类、乙类、丙类建筑抗震措施要求 **表 2-36**

序号	设防烈度	6	7	7(0.15g)	8	8(0.30g)	9
1	甲类建筑	7	8		9		9^+
2	乙类建筑	7	8		9		9^+
3	丙类建筑	6	7		8		9

注：1. 9^+表示比 9 度更高的要求；

2. 抗震措施：除地震作用计算和抗力计算以外的抗震设计内容，包括抗震构造措施。

甲类、乙类、丙类建筑抗震构造措施要求 **表 2-37**

序号	设防烈度	6		7		7 (0.10g)	7 (0.15g)	8		8 (0.20g)	8 (0.30g)	9	
	场地类别	Ⅰ	Ⅱ Ⅲ Ⅳ	Ⅰ	Ⅱ	Ⅲ Ⅳ	Ⅲ Ⅳ	Ⅰ	Ⅱ	Ⅲ Ⅳ	Ⅲ Ⅳ	Ⅰ	Ⅱ Ⅲ Ⅳ
1	甲类建筑	6	7	7	8		9	8	9		9^+	9	9^+
2	乙类建筑	6	7	7	8		9	8	9		9^+	9	9^+
3	丙类建筑	6	6	6	7		8	7	8		9	8	9

注：1. 9^+表示比 9 度更高的要求；

2. 抗震构造措施：根据抗震概念设计原则，一般不需计算而对结构和非结构各部分必须采取的各种细部要求。

2.5.2 抗震等级

高层建筑结构抗震等级如表 2-38 所示。

高层建筑结构抗震等级 **表 2-38**

序号	项目	内容
1	抗震措施	抗震等级是根据国内外高层建筑震害、有关科研成果、工程设计经验而划分的： (1) 各抗震设防类别的高层建筑结构，其抗震措施应符合下列要求： 1) 甲类、乙类建筑：应按本地区抗震设防烈度提高一度的要求加强其抗震措施，但抗震设防烈度为 9 度时应按比 9 度更高的要求来采取抗震措施；当建筑场地为Ⅰ类时，应允许仍按本地区抗震设防烈度的要求来采取抗震构造措施。见表 2-36 及表 2-37 所示 2) 丙类建筑：应按本地区抗震设防烈度确定其抗震措施；当建筑场地为Ⅰ类时，除 6 度外，应允许按本地区抗震设防烈度降低一度的要求采取抗震构造措施。见表 2-36 及表 2-37 所示 (2) 当建筑场地为Ⅲ、Ⅳ类时，对设计基本地震加速度为 0.15g 和 0.30g 的地区，宜分别按抗震设防烈度 8 度(0.20g)和 9 度(0.40g)时各类建筑的要求采取抗震构造措施。见表 2-36 及表 2-37 所示

续表 2-38

序号	项　目	内　容
2	A级高度丙类建筑的抗震等级	抗震设计时，高层建筑钢筋混凝土结构构件应根据抗震设防分类、烈度、结构类型和房屋高度采用不同的抗震等级，并应符合相应的计算和构造措施要求。A级高度丙类建筑钢筋混凝土结构的抗震等级应按表2-39确定。当本地区的设防烈度为9度时，A级高度乙类建筑的抗震等级应按特一级采用，甲类建筑应采取更有效的抗震措施 本书“特一级和一、二、三、四级”即“抗震等级为特一级和一、二、三、四级”的简称
3	B级高度丙类建筑的抗震等级	抗震设计时，B级高度丙类建筑钢筋混凝土结构的抗震等级应按表2-40确定
4	其他要求	(1) 抗震设计的高层建筑，当地下室顶层作为上部结构的嵌固端时，地下一层相关范围的抗震等级应按上部结构采用，地下一层以下抗震构造措施的抗震等级可逐层降低一级，但不应低于四级；地下室中超出上部主楼相关范围且无上部结构的部分，其抗震等级可根据具体情况采用三级或四级 上述的“相关范围”一般指主楼周边外延1～2跨的地下室范围 (2) 抗震设计时，与主楼连为整体的裙房的抗震等级，除应按裙房本身确定外，相关范围不应低于主楼的抗震等级；主楼结构在裙房顶板上、下各一层应适当加强抗震构造措施。裙房与主楼分离时，应按裙房本身确定抗震等级 上述的“相关范围”，一般指主楼周边外延不少于三跨的裙房结构，相关范围以外的裙房可按裙房自身的结构类型确定抗震等级。裙房偏置时，其端部有较大扭转效应，也需要适当加强 (3) 甲、乙类建筑按本表序号1之(1)条提高一度确定抗震措施时，或Ⅲ、Ⅳ类场地且设计基本地震加速度为0.15g和0.30g的丙类建筑按本表序号1之(2)条提高一度确定抗震构造措施时，如果房屋高度超过提高一度后对应的房屋最大适用高度，则应采取比对应抗震等级更有效的抗震构造措施

A级高度的高层建筑结构抗震等级　　表2-39

序号	结构类型			烈度 6度		7度		8度		9度
1	框架结构	高度(m)		≤24	>24	≤24	>24	≤24	>24	≤24
		框架		四	三	三	二	二	一	一
		大跨度框架		三		二		一		一
2	框架-剪力墙结构	高度(m)		≤60	>60	≤60	>60	≤60	>60	≤50
3		框架		四	三	三	二	二	一	一
4		剪力墙		三		二		一		一
5	剪力墙结构	高度(m)		≤80	>80	≤80	>80	≤80	>80	≤60
6		剪力墙		四	三	三	二	二	一	一
7	部分框支剪力墙结构	非底部加强部位的剪力墙		四	三	三	二	二	—	—
8		底部加强部位的剪力墙		三	二	二	一	一		
9		框支框架		二	二	二	一	一		
10	筒体结构	框架-核心筒	框架	三		二		一		一
11			核心筒	二		二		一		一
12		筒中筒	内筒 外筒	三		二		一		一

续表 2-39

序号	结构类型		烈度						
			6度		7度		8度		9度
13	板柱-剪力墙结构	高度(m)	≤35	>35	≤35	>35	≤35	>35	—
14		框架、板柱及柱上板带	三	二	二	二	一	一	
15		剪力墙	二	二	二	一	二	一	

注：1. 接近或等于高度分界的，应结合房屋不规则程度及场地、地基条件适当确定抗震等级；
2. 底部带转换层的筒体结构，其转换框架的抗震等级应按表中部分框支剪力墙结构的规定采用；
3. 当框架-核心筒结构的高度不超过 60m 时，其抗震等级应允许按框架-剪力墙结构采用。

B 级高度的高层建筑结构抗震等级 **表 2-40**

序号	结构类型		烈度		
			6度	7度	8度
1	框架-剪力墙	框架	二	一	一
2		剪力墙	二	一	特一
3	剪力墙	剪力墙	二	一	一
4	部分框支剪力墙	非底部加强部位剪力墙	二	一	一
5		底部加强部位剪力墙	一	一	特一
6		框支框架	一	特一	特一
7	框架-核心筒	框架	二	一	一
8		筒体	二	一	特一
9	筒中筒	外筒	二	一	特一
10		内筒	二	一	特一

注：底部带转换层的筒体结构，其转换框架和底部加强部位筒体的抗震等级应按表中部分框支剪力墙结构的规定采用。

2.5.3 特一级构件设计规定

特一级构件设计规定如表 2-41 所示。

特一级构件设计规定 **表 2-41**

序号	项目	内容
1	说明	特一级抗震等级的钢筋混凝土构件除应符合一级钢筋混凝土构件的所有设计要求外，尚应符合本表规定的有关规定
2	框架柱	特一级框架柱应符合下列规定： (1) 宜采用型钢混凝土柱、钢管混凝土柱 (2) 柱端弯矩增大系数 η_c、柱端剪力增大系数 η_{vc}应增大 20% (3) 钢筋混凝土柱柱端加密区最小配箍特征值 λ_v 应按本书表 7-58 规定的数值增加 0.02 采用；全部纵向钢筋构造配筋百分率，中、边柱不应小于 1.4%，角柱不应小于 1.6%
3	框架梁	特一级框架梁应符合下列规定： (1) 梁端剪力增大系数 η_{vb}应增大 20% (2)梁端加密区箍筋最小面积配筋率应增大 10%

续表 2-41

序号	项 目	内 容
4	框支柱	特一级框支柱应符合下列规定： (1) 宜采用型钢混凝土柱、钢管混凝土柱 (2) 底层柱下端及与转换层相连的柱上端的弯矩增大系数取 1.8，其余层柱端弯矩增大系数 η_c 应增大 20%；柱端剪力增大系数 η_{vc} 应增大 20%；地震作用产生的柱轴力增大系数取 1.8，但计算柱轴压比时可不计该项增大 (3) 钢筋混凝土柱柱端加密区最小配箍特征值 λ_v 应按本书表 7-58 的数值增大 0.03 采用，且箍筋体积配箍率不应小于 1.6%；全部纵向钢筋最小构造配筋百分率取 1.6%
5	剪力墙、筒体墙	特一级剪力墙、筒体墙应符合下列规定： (1) 底部加强部位的弯矩设计值应乘以 1.1 的增大系数，其他部位的弯矩设计值应乘以 1.3 的增大系数；底部加强部位的剪力设计值，应按考虑地震作用组合的剪力计算值的 1.9 倍采用，其他部位的剪力设计值，应按考虑地震作用组合的剪力计算值的 1.4 倍采用 (2) 一般部位的水平和竖向分布钢筋最小配筋率应取为 0.35%，底部加强部位的水平和竖向分布钢筋的最小配筋率应取为 0.40% (3) 约束边缘构件纵向钢筋最小构造配筋率应取为 1.4%，配箍特征值宜增大 20%；构造边缘构件纵向钢筋的配筋率不应小于 1.2% (4) 框支剪力墙结构的落地剪力墙底部加强部位边缘构件宜配置型钢，型钢宜向上、下各延伸一层 (5)连梁的要求同一级

2.6 高层建筑结构构件承载力设计与构件材料选用

2.6.1 构件承载力设计

高层建筑结构构件承载力设计如表 2-42 所示：

高层建筑结构构件承载力设计 **表 2-42**

序号	项 目	内 容
1	承载力验算	高层建筑结构构件的承载力应按下列公式验算： 持久设计状况、短暂设计状况 $\gamma_0 S_d \leqslant R_d$ (2-21) 地震设计状况 $S_d \leqslant R_d/\gamma_{RE}$ (2-22) 式中 γ_0——结构重要性系数，对安全等级为一级的结构构件不应小于 1.1，对安全等级为二级的结构构件不应小于 1.0 S_d——作用组合的效应设计值. 应符合本书表 5-8 和表 5-9 的规定 R_d——构件承载力设计值 γ_{RE}——构件承载力抗震调整系数
2	承载力抗震调整系数	抗震设计时，钢筋混凝土构件的承载力抗震调整系数应按表 2-43 采用；型钢混凝土构件和钢构件的承载力抗震调整系数应按本书表 12-6 规定采用。当仅考虑竖向地震作用组合时，各类结构构件的承载力抗震调整系数均应取为 1.0

承载力抗震调整系数 表 2-43

序号	构件类别	梁	轴压比小于0.15的柱	轴压比不小于0.15的柱	剪力墙		各类构件	节点
1	受力状态	受弯	偏压	偏压	偏压	局部承压	受剪、偏拉	受剪
2	γ_{RE}	0.75	0.75	0.80	0.85	1.0	0.85	0.85

2.6.2 构件材料

高层建筑混凝土结构构件材料要求如表 2-44 所示。

高层建筑混凝土结构构件材料要求 表 2-44

序号	项　目	内　容
1	一般要求	高层建筑混凝土结构宜采用高强高性能混凝土和高强钢筋；构件内力较大或抗震性能有较高要求时，宜采用型钢混凝土、钢管混凝土构件 采用高强度混凝土可以减小柱截面面积。C60 混凝土已广泛采用，取得了良好的效益 采用高强钢筋可有效减少配筋量，提高结构的安全度。目前我国已经可以大量生产满足结构抗震性能要求的 400N/mm^2、500N/mm^2 级热轧带肋钢筋和 300N/mm^2 级热轧光圆钢筋。400N/mm^2、500N/mm^2 级热轧带肋钢筋的强度设计值比 335N/mm^2 级钢筋分别提高 20%和 45%；300N/mm^2 级热轧光圆钢筋的强度设计值比 235N/mm^2 级钢筋提高 28.5%，节材效果十分明显 型钢混凝土柱截面含型钢一般为 5%～8%，可使柱截面面积减小 30%左右。由于型钢骨架要求钢结构的制作、安装能力，因此目前较多用在高层建筑的下层部位柱、转换层以下的框支柱等；在较高的高层建筑中也有全部采用型钢混凝土梁、柱的实例 钢管混凝土可使柱混凝土处于有效侧向约束下，形成三向应力状态，因而延性和承载力提高较多。钢管混凝土柱如用高强混凝土浇筑，可以使柱截面减小至原截面面积的 50%左右。钢管混凝土在与钢筋混凝土梁的节点构造十分重要。也比较复杂。钢管混凝土柱设计及构造可按本书第 12 章的有关规定执行
2	混凝土强度等级	针对高层混凝土结构的特点，这里提出了不同结构部位、不同结构构件的混凝土强度等级最低要求及抗震上限限值。某些结构局部特殊部位混凝土强度等级的要求，在本书相关条文中作了补充规定 各类结构用混凝土的强度等级均不应低于 C20，并应符合下列规定： （1）抗震设计时，一级抗震等级框架梁、柱及其节点的混凝土强度等级不应低于 C30 （2）筒体结构的混凝土强度等级不宜低于 C30 （3）作为上部结构嵌固部位的地下室楼盖的混凝土强度等级不宜低于 C30 （4）转换层楼板、转换梁、转换柱、箱形转换结构以及转换厚板的混凝土强度等级均不应低于 C30 （5）预应力混凝土结构的混凝土强度等级不宜低于 C40、不应低于 C30 （6）型钢混凝土梁、柱的混凝土强度等级不宜低于 C30 （7）现浇非预应力混凝土楼盖结构的混凝土强度等级不宜高于 C40 （8）抗震设计时，框架柱的混凝土强度等级，9 度时不宜高于 C60，8 度时不宜高于 C70；剪力墙的混凝土强度等级不宜高于 C60
3	受力钢筋及其性能	高层建筑混凝土结构的受力钢筋及其性能应符合本书的有关规定。按一、二、三级抗震等级设计的框架和斜撑构件，其纵向受力钢筋尚应符合下列规定： （1）钢筋的抗拉强度实测值与屈服强度实测值的比值不应小于 1.25 （2）钢筋的屈服强度实测值与屈服强度标准值的比值不应大于 1.30 （3）钢筋最大拉力下的总伸长率实测值不应小于 9%

续表 2-44

序号	项　目	内　容
4	混合结构	（1）抗震设计时混合结构中钢材应符合下列规定： 1）钢材的屈服强度实测值与抗拉强度实测值的比值不应大于0.85 2）钢材应有明显的屈服台阶，且伸长率不应小于20% 3）钢材应有良好的焊接性和合格的冲击韧性 （2）混合结构中的型钢混凝土竖向构件的型钢及钢管混凝土的钢管宜采用Q345和Q235等级的钢材，也可采用Q390、Q420等级或符合结构性能要求的其他钢材；型钢梁宜采用Q235和Q345等级的钢材

2.7　高层建筑结构房屋适用高度和高宽比

2.7.1　钢筋混凝土高层建筑结构的最大适用高度

钢筋混凝土高层建筑结构的最大适用高度如表2-45所示。

钢筋混凝土高层建筑结构的最大适用高度　表2-45

序号	项　目	内　容
1	一般说明	（1）钢筋混凝土高层建筑结构的最大适用高度应区分为A级和B级 （2）A级高度钢筋混凝土高层建筑指符合表2-46最大适用高度的建筑，也是目前数量最多，应用最广泛的建筑。当框架-剪力墙、剪力墙及筒体结构的高度超出表2-46的最大适用高度时，列入B级高度高层建筑，但其房屋高度不应超过表2-47规定的最大适用高度，并应遵守本书规定的更严格的计算和构造措施。为保证B级高度高层建筑的设计质量，抗震设计的B级高度的高层建筑，按有关规定应进行超限高层建筑的抗震设防专项审查复核 对于房屋高度超过A级高度高层建筑最大适用高度的框架结构、板柱-剪力墙结构以及9度抗震设计的各类结构，因研究成果和工程经验尚显不足，在B级高度高层建筑中未予列入 具有较多短肢剪力墙的剪力墙结构的抗震性能有待进一步研究和工程实践检验，本书表8-2序号5之(1)条规定其最大适用高度比普通剪力墙结构适当降低，7度时不应超过100m，8度(0.2g)时不应超过80m、8度(0.3g)时不应超过60m；B级高度高层建筑及9度时A级高度高层建筑不应采用这种结构 房屋高度超过表2-47规定的特殊工程，则应通过专门的审查、论证，补充更严格的计算分析，必要时进行相应的结构试验研究，采取专门的加强构造措施。抗震设计的超限高层建筑，可以按本书表2-83的规定进行结构抗震性能设计 框架-核心筒结构中，除周边框架外，内部带有部分仅承受竖向荷载的柱与无梁楼板时，不属于这里所列的板柱-剪力墙结构。本书最大适用高度表中，框架-剪力墙结构的高度均低于框架-核心筒结构的高度，其主要原因是，框架-核心筒结构的核心筒相对于框架-剪力墙结构的剪力墙较强，核心筒成为主要抗侧力构件，结构设计上也有更严格的要求 这里，增加了8度(0.3g)抗震设防结构最大适用高度的要求；A级高度高层建筑中，除6度外的框架结构最大适用高度适当降低，板柱-剪力墙结构最大适用高度适当增加；取消了在Ⅳ类场地上房屋适用的最大高度应适当降低的规定；平面和竖向均不规则的结构，其适用的最大高度适当降低的用词，由“应”改为“宜” 对于部分框支剪力墙结构，这里表中规定的最大适用高度已经考虑框支层的不规则性而比全落地剪力墙结构降低，对于“竖向和平面均不规则”，可指框支层以上的结构同时存在竖向和平面不规则的情况；仅有个别墙体不落地。只要框支部分的设计安全合理，其适用的最大高度可按一般剪力墙结构确定

续表 2-45

序号	项　目	内　容
2	A 级高度、B 级高度钢筋混凝土高层建筑的最大适用高度	(1) A 级高度钢筋混凝土乙类和丙类高层建筑的最大适用高度应符合表 2-46 的规定，B 级高度钢筋混凝土乙类和丙类高层建筑的最大适用高度应符合表 2-47 的规定 (2) 平面和竖向均不规则的高层建筑结构，其最大适用高度宜适当降低

A 级高度钢筋混凝土高层建筑的最大适用高度(m)　　表 2-46

序号	结构体系		非抗震设计	抗震设防烈度				
				6 度	7 度	8 度		9 度
						0.20g	0.30g	
1	框架		70	60	50	40	35	—
2	框架-剪力墙		150	130	120	100	80	50
3	剪力墙	全部落地剪力墙	150	140	120	100	80	60
4		部分框支剪力墙	130	120	100	80	50	不应采用
5	筒体	框架-核心筒	160	150	130	100	90	70
6		筒中筒	200	180	150	120	100	80
7	板柱-剪力墙		110	80	70	55	40	不应采用

注：1. 表中框架不含异形柱框架；
2. 部分框支剪力墙结构指地面以上有部分框支剪力墙的剪力墙结构；
3. 甲类建筑，6、7、8 度时宜按本地区抗震设防烈度提高一度后符合本表的要求，9 度时应专门研究；
4. 框架结构、板柱-剪力墙结构以及 9 度抗震设防的表列其他结构，当房屋高度超过本表数值时，结构设计应有可靠依据，并采取有效的加强措施。

B 级高度钢筋混凝土高层建筑的最大适用高度(m)　　表 2-47

序号	结构体系		非抗震设计	抗震设防烈度			
				6 度	7 度	8 度	
						0.20g	0.30g
1	框架-剪力墙		170	160	140	120	100
2	剪力墙	全部落地剪力墙	180	170	150	130	110
3		部分框支剪力墙	150	140	120	100	80
4	筒体	框架-核心筒	220	210	180	140	120
5		筒中筒	300	280	230	170	150

注：1. 部分框支剪力墙结构指地面以上有部分框支剪力墙的剪力墙结构；
2. 甲类建筑，6、7 度时宜按本地区设防烈度提高一度后符合本表的要求，8 度时应专门研究；
3. 当房屋高度超过表中数值时，结构设计应有可靠依据，并采取有效的加强措施。

2.7.2　钢筋混凝土高层建筑结构适用的最大高宽比

钢筋混凝土高层建筑结构适用的最大高宽比如表 2-48 所示。

钢筋混凝土高层建筑结构适用的最大高宽比　表 2-48

序号	项　目	内　容
1	一般说明	(1) 高层建筑的高宽比，是对结构刚度、整体稳定、承载能力和经济合理性的宏观控制；在结构设计满足本书规定的承载力、稳定、抗倾覆、变形和舒适度等基本要求后，仅从结构安全角度讲高宽比限值不是必须满足的，主要影响结构设计的经济性。因此，这里不再区分 A 级高度和 B 级高度高层建筑的最大高宽比限值，而统一为表 2-49。从目前大多数高层建筑看，这一限值是各方面都可以接受的，也是比较经济合理的 (2) 在复杂体型的高层建筑中，如何计算高宽比是比较难以确定的问题，一般情况下，可按所考虑方向的最小宽度计算高宽比。但对突出建筑物平面很小的局部结构(如楼梯间、电梯间等)，一般不应包含在计算宽度内；对于不宜采用最小宽度计算高宽比的情况，应由设计人员根据实际情况确定合理的计算方法；对带有裙房的高层建筑，当裙房的面积和刚度相对于其上部塔楼的面积和刚度较大时，计算高宽比的房屋高度和宽度可按裙房以上塔楼结构考虑
2	钢筋混凝土高层建筑结构的高宽比	钢筋混凝土高层建筑结构的高宽比不宜超过表 2-49 的规定

钢筋混凝土高层建筑结构适用的最大高宽比　表 2-49

序号	结构体系	非抗震设计	抗震设防烈度		
			6 度、7 度	8 度	9 度
1	框架	5	4	3	—
2	板柱-剪力墙	6	5	4	—
3	框架-剪力墙、剪力墙	7	6	5	4
4	框架-核心筒	8	7	6	4
5	筒中筒	8	8	7	5

2.8　受弯构件的挠度限值与裂缝控制等级及耐久性设计

2.8.1　受弯构件的挠度限值与裂缝控制等级

受弯构件的挠度限值与裂缝控制等级如表 2-50 所示。

受弯构件的挠度限值与裂缝控制等级　表 2-50

序号	项　目	内　容
1	受弯构件的挠度限值	(1) 钢筋混凝土受弯构件的最大挠度应按荷载的准永久组合，预应力混凝土受弯构件的最大挠度应按荷载的标准组合，并均应考虑荷载长期作用的影响进行计算，其计算值不应超过表 2-51 规定的挠度限值 (2) 构件变形挠度的限值应以不影响结构使用功能、外观及与其他构件的连接等要求为目的 悬臂构件是工程实践中容易发生事故的构件，表 2-51 注 1 中规定设计时对其挠度的控制要求；表 2-51 注 4 中参照欧洲标准 EN1992 的规定，提出了起拱、反拱的限制，目的是为防止起拱、反拱过大引起的不良影响。当构件的挠度满足表 2-51 的要求，但相对使用要求仍然过大时，设计时可根据实际情况提出比表括号中的限值更加严格的要求

续表 2-50

序号	项　目	内　容
2	构件裂缝控制等级	(1) 结构构件正截面的受力裂缝控制等级分为三级，等级划分及要求应符合下列规定： 1) 一级。严格要求不出现裂缝的构件，按荷载标准组合计算时，构件受拉边缘混凝土不应产生拉应力 2) 二级。一般要求不出现裂缝的构件，按荷载标准组合计算时，构件受拉边缘混凝土拉应力不应大于混凝土抗拉强度的标准值 3) 三级。允许出现裂缝的构件：对钢筋混凝土构件，按荷载准永久组合并考虑长期作用影响计算时，构件的最大裂缝宽度不应超过表 2-52 规定的最大裂缝宽度限值。对预应力混凝土构件，按荷载标准组合并考虑长期作用的影响计算时，构件的最大裂缝宽度不应超过本序号下述(2)条规定的最大裂缝宽度限值；对二 a 类环境的预应力混凝土构件，尚应按荷载准永久组合计算，且构件受拉边缘混凝土的拉应力不应大于混凝土的抗拉强度标准值 (2) 结构构件应根据结构类型和表 2-54 规定的环境类别，按表 2-52 的规定选用不同的裂缝控制等级及最大裂缝宽度限值 w_{lim}

受弯构件的挠度限值　　表 2-51

序号	构件类型		挠度限值
1	吊车梁	手动吊车	$l_0/500$
2		电动吊车	$l_0/600$
3	屋盖、楼盖及楼梯构件	当 $l_0<7$m 时	$l_0/200(l_0/250)$
4		当 7m$\leqslant l_0 \leqslant$9m 时	$l_0/250(l_0/300)$
5		当 $l_0>9$m 时	$l_0/300(l_0/400)$

注：1. 表中 l_0 为构件的计算跨度；计算悬臂构件的挠度限值时，其计算跨度 l_0 按实际悬臂长度的 2 倍取用；
2. 表中括号内的数值适用于使用上对挠度有较高要求的构件；
3. 如果构件制作时预先起拱，且使用上也允许，则在验算挠度时，可将计算所得的挠度值减去起拱值；对预应力混凝土构件，尚可减去预加力所产生的反拱值；
4. 构件制作时的起拱值和预加力所产生的反拱值，不宜超过构件在相应荷载组合作用下的计算挠度值。

结构构件的裂缝控制等级及最大裂缝宽度的限值(mm)　　表 2-52

序号	环境类别	钢筋混凝土结构		预应力混凝土结构	
		裂缝控制等级	w_{lim}	裂缝控制等级	w_{lim}
1	一	三级	0.30(0.40)	三级	0.20
2	二 a		0.20		0.10
3	二 b			二级	—
4	三 a、三 b			一级	—

注：1. 对处于年平均相对湿度小于 60%地区一类环境下的受弯构件，其最大裂缝宽度限值可采用括号内的数值；
2. 在一类环境下，对钢筋混凝土屋架、托架及需作疲劳验算的吊车梁，其最大裂缝宽度限值应取为 0.20mm；对钢筋混凝土屋面梁和托梁，其最大裂缝宽度限值应取为 0.30mm；
3. 在一类环境下，对预应力混凝土屋架、托架及双向板体系，应按二级裂缝控制等级进行验算；对一类环境下的预应力混凝土屋面梁、托梁、单向板，应按表中二 a 级环境的要求进行验算；在一类和二 a 类环境下需作疲劳验算的预应力混凝土吊车梁，应按裂缝控制等级不低于二级的构件进行验算；
4. 表中规定的预应力混凝土构件的裂缝控制等级和最大裂缝宽度限值仅适用于正截面的验算；
5. 对于烟囱、筒仓和处于液体压力下的结构，其裂缝控制要求应符合专门标准的有关规定；
6. 对处于四、五类环境下的结构构件，其裂缝控制要求应符合专门标准的有关规定；
7. 表中的最大裂缝宽度限值为用于验算荷载作用引起的最大裂缝宽度。

2.8.2 混凝土结构的耐久性设计

混凝土结构的耐久性设计如表 2-53 所示。

混凝土结构的耐久性设计　表 2-53

序号	项　目	内　容
1	耐久性设计包括内容	(1) 混凝土结构应根据设计使用年限和环境类别进行耐久性设计，耐久性设计包括下列内容： 1) 确定结构所处的环境类别 2) 提出对混凝土材料的耐久性基本要求 3) 确定构件中钢筋的混凝土保护层厚度 4) 不同环境条件下的耐久性技术措施 5) 提出结构使用阶段的检测与维护要求 对临时性的混凝土结构，可不考虑混凝土的耐久性要求 (2) 混凝土结构的耐久性按正常使用极限状态控制，特点是随时间发展因材料劣化而引起性能衰减。耐久性极限状态表现为：钢筋混凝土构件表面出现锈胀裂缝；预应力筋开始锈蚀；结构表面混凝土出现可见的耐久性损伤(酥裂、粉化等)。材料劣化进一步发展还可能引起构件承载力问题，甚至发生破坏 由于影响混凝土结构材料性能劣化的因素比较复杂，其规律不确定性很大，一般建筑结构的耐久性设计只能采用经验性的定性方法解决
2	混凝土结构的环境类别	(1) 混凝土结构暴露的环境类别应按表 2-54 的要求划分 (2) 结构所处环境是影响其耐久性的外因。环境类别是指混凝土暴露表面所处的环境条件，设计可根据实际情况确定适当的环境类别 干湿交替主要指室内潮湿、室外露天、地下水浸润、水位变动的环境。由于水和氧的反复作用，容易引起钢筋锈蚀和混凝土材料劣化 非严寒和非寒冷地区与严寒和寒冷地区的区别主要在于有无冰冻及冻融循环现象。关于严寒和寒冷地区的定义，《民用建筑热工设计规范》GB 50176—93 规定如下：严寒地区：最冷月平均温度低于或等于－10℃，日平均温度低于或等于5℃的天数不少于 145d 的地区；寒冷地区：最冷月平均温度高于-10℃、低于或等于 0℃，日平均温度低于或等于 5℃的天数不少于 90d 且少于 145d 的地区。各地可根据当地气象台站的气象参数确定所属气候区域，也可根据《建筑气象参数标准》JGJ 35 提供的参数确定所属气候区域 三类环境主要是指近海海风、盐渍土及使用除冰盐的环境。滨海室外环境与盐渍土地区的地下结构、北方城市冬季依靠喷洒盐水消除冰雪会对立交桥、周边结构及停车楼等造成钢筋腐蚀的影响 四类和五类环境的详细划分和耐久性设计方法由有关的标准规范解决
3	一类、二类和三类环境中，设计使用年限为 50 年的混凝土结构材料要求	(1) 一类、二类和三类环境中设计使用年限为 50 年的混凝土结构，其混凝土材料宜符合表 2-55 的规定 (2) 混凝土材料的质量是影响结构耐久性的内因。根据对既有混凝土结构耐久性状态的调查结果和混凝土材料性能的研究，从材料抵抗性能退化的角度，表 2-55 提出了设计使用年限为 50 年的一类、二类和三类环境中结构混凝土材料耐久性的基本要求 影响耐久性的主要因素是：混凝土的水胶比、强度等级、氯离子含量和碱含量。近年来水泥中多加入不同的掺合料，有效胶凝材料含量不确定性较大，故配合比设计的水灰比难以反映有效成分的影响。混凝土的强度反映了其密实度而影响耐久性，故也提出了相应的要求 试验研究及工程实践均表明，在冻融循环环境中采用引气剂的混凝土抗冻性能可显著改善。故对采用引气剂抗冻的混凝土，可以适当降低强度等级的要求，采用括号中的数值 长期受到水作用的混凝土结构，可能引发碱骨料反应。对一类环境中的房屋建筑混凝土结构则可不作碱含量限制；对其他环境中混凝土结构应考虑碱含量的影响，计算方法可参考协会标准《混凝土碱含量限值标准》CECS 53：93 试验研究及工程实践均表明：混凝土的碱性可使钢筋表面钝化，免遭锈蚀；而氯离子引起钢筋脱钝和电化学腐蚀，会严重影响混凝土结构的耐久性。这里加严了氯离子含量的限值。为控制氯离子含量，应严格限制使用含功能性氯化物的外加剂(例如含氯化钙的促凝剂等)

续表 2-53

序号	项　目	内　容
4	耐久性技术措施	(1) 混凝土结构及构件尚应采取下列耐久性技术措施： 1) 预应力混凝土结构中的预应力筋应根据具体情况采取表面防护、孔道灌浆、加大混凝土保护层厚度等措施，外露的锚固端应采取封锚和混凝土表面处理等有效措施 2) 有抗渗要求的混凝土结构，混凝土的抗渗等级应符合有关标准的要求 3) 严寒及寒冷地区的潮湿环境中，结构混凝土应满足抗冻要求，混凝土抗冻等级应符合有关标准的要求 4) 处于二、三类环境中的悬臂构件宜采用悬臂梁-板的结构形式，或在其上表面增设防护层 5) 处于二、三类环境中的结构构件，其表面的预埋件、吊钩、连接件等金属部件应采取可靠的防锈措施，对于后张预应力混凝土外露金属锚具，其防护要求见本书表 2-87 序号 2 之(5)的要求 6) 处在三类环境中的混凝土结构构件，可采用阻锈剂、环氧树脂涂层钢筋或其他具有耐腐蚀性能的钢筋、采取阴极保护措施或采用可更换的构件等措施 (2) 耐久性环境类别为四类和五类的混凝土结构，其耐久性要求应符合有关标准的规定
5	设计使用年限为 100 年的混凝土结构	(1) 一类环境中，设计使用年限为 100 年的混凝土结构应符合下列规定： 1) 钢筋混凝土结构的最低强度等级为 C30；预应力混凝土结构的最低强度等级为 C40 2) 混凝土中的最大氯离子含量为 0.06% 3) 宜使用非碱活性骨料，当使用碱活性骨料时，混凝土中的最大碱含量为 $3.0kg/m^3$ 4) 混凝土保护层厚度应符合本书 2-56 序号 1 之(1)条的规定；当采取有效的表面防护措施时，混凝土保护层厚度可适当减小 (2) 二、三类环境中，设计使用年限 100 年的混凝土结构应采取专门的有效措施
6	设计使用年限内尚应遵守的规定	混凝土结构在设计使用年限内尚应遵守下列规定： (1) 建立定期检测、维修制度 (2) 设计中可更换的混凝土构件应按规定更换 (3) 构件表面的防护层，应按规定维护或更换 (4) 结构出现可见的耐久性缺陷时，应及时进行处理

混凝土结构的环境类别　　表 2-54

序号	环境类别	条　件
1	一	(1) 室内干燥环境 (2) 无侵蚀性静水浸没环境
2	二 a	(1) 室内潮湿环境 (2) 非严寒和非寒冷地区的露天环境 (3) 非严寒和非寒冷地区与无侵蚀性的水或土壤直接接触的环境 (4) 严寒和寒冷地区的冰冻线以下与无侵蚀性的水或土壤直接接触的环境
3	二 b	(1) 干湿交替环境 (2) 水位频繁变动环境 (3) 严寒和寒冷地区的露天环境 (4) 严寒和寒冷地区冰冻线以上与无侵蚀性的水或土壤直接接触的环境
4	三 a	(1) 严寒和寒冷地区冬季水位变动区环境 (2) 受除冰盐影响环境 (3) 海风环境

续表 2-54

序号	环境类别	条　件
5	三 b	(1) 盐渍土环境 (2) 受除冰盐作用环境 (3) 海岸环境
6	四	海水环境
7	五	受人为或自然的侵蚀性物质影响的环境

注：1. 室内潮湿环境是指构件表面经常处于结露或湿润状态的环境；
2. 严寒和寒冷地区的划分应符合现行国家标准《民用建筑热工设计规范》GB 50176 的有关规定；
3. 海岸环境和海风环境宜根据当地情况，考虑主导风向及结构所处迎风、背风部位等因素的影响，由调查研究和工程经验确定；
4. 受除冰盐影响环境是指受到除冰盐盐雾影响的环境；受除冰盐作用环境是指被除冰盐溶液溅射的环境以及使用除冰盐地区的洗车房、停车楼等建筑；
5. 暴露的环境是指混凝土结构表面所处的环境。

结构混凝土材料的耐久性基本要求　　**表 2-55**

序号	环境类别	最大水胶比	最低强度等级	最大氯离子含量(%)	最大碱含量(kg/m^3)
1	一	0.60	C20	0.30	不限制
2	二 a	0.55	C25	0.20	3.0
3	二 b	0.50(0.55)	C30(C25)	0.15	
4	三 a	0.45(0.50)	C35(C30)	0.15	
5	三 b	0.40	C40	0.10	

注：1. 氯离子含量系指其占胶凝材料总量的百分比；
2. 预应力构件混凝土中的最大氯离子含量为 0.06%；其最低混凝土强度等级宜按表中的规定提高两个等级；
3. 素混凝土构件的水胶比及最低强度等级的要求可适当放松；
4. 有可靠工程经验时，二类环境中的最低混凝土强度等级可降低一个等级；
5. 处于严寒和寒冷地区二 b、三 a 类环境中的混凝土应使用引气剂，并可采用括号中的有关参数；
6. 当使用非碱活性骨料时，对混凝土中的碱含量可不作限制。

2.9　混凝土保护层与钢筋的锚固及钢筋的连接

2.9.1　混凝土保护层

构件中混凝土保护层厚度如表 2-56 所示。

构件中混凝土保护层厚度　　**表 2-56**

序号	项　目	内　容
1	混凝土保护层厚度要求	(1) 构件中普通钢筋及预应力筋的混凝土保护层厚度应满足下列要求： 1) 构件中受力钢筋的保护层厚度不应小于钢筋的公称直径 d 2) 设计使用年限为 50 年的混凝土结构，最外层钢筋的保护层厚度应符合表 2-57 的规定；设计使用年限为 100 年的混凝土结构，一类环境中，最外层钢筋的保护层厚度不应小于表 2-57 中数值的 1.4 倍(如表中括号内数值)，二、三类环境中，应采取专门的有效措施 (2) 对上述(1)条的理解与应用：

续表 2-56

序号	项目	内容
1	混凝土保护层厚度要求	1) 混凝土保护层厚度不小于受力钢筋直径(单筋的公称直径或并筋的等效直径)的要求，是为了保证握裹层混凝土对受力钢筋的锚固 2) 从混凝土碳化、脱钝和钢筋锈蚀的耐久性角度考虑，不再以纵向受力钢筋的外缘，而以最外层钢筋(包括箍筋、构造筋、分布筋等)的外缘计算混凝土保护层厚度 3) 根据本书表 2-53 对结构所处耐久性环境类别的划分，调整混凝土保护层厚度的数值。对一般情况下混凝土结构的保护层厚度稍有增加；而对恶劣环境下的保护层厚度则增幅较大 4) 简化表 2-57 的表达：根据混凝土碳化反应的差异和构件的重要性，按平面构件(板、墙、壳)及杆状构件(梁、柱、杆)分两类确定保护层厚度；表中不再列入强度等级的影响，C30 及以上统一取值，C25 及以下均增加 5mm 5) 考虑碳化速度的影响，使用年限 100 年的结构，保护层厚度取 1.4 倍。其余措施已在本书表 2-53 规定中表达，不再列出 6) 为保证基础钢筋的耐久性，根据工程经验基础底面要求做垫层，基底保护层厚度仍取 40mm
2	可适当减小混凝土保护层厚度的措施	(1) 当有充分依据并采取下列措施时，可适当减小混凝土保护层的厚度： 1) 构件表面有可靠的防护层(有效的保护性涂料层) 2) 采用工厂化生产的预制构件 3) 在混凝土中掺加阻锈剂或采用阴极保护处理等防锈措施 4) 当对地下室墙体采取可靠的建筑防水做法或防护措施时，与土层接触一侧钢筋的保护层厚度可适当减少，但不应小于 25mm (2) 对上述(1)条的理解与应用： 构件的表面防护是指表面抹灰层以及其他各种有效的保护性涂料层。例如，地下室墙体采用防水、防腐做法时，与土壤接触面的保护层厚度可适当放松 由工厂生产的预制混凝土构件，经过检验而有较好质量保证时，可根据相关标准或工程经验对保护层厚度要求适当放松 使用阻锈剂应经试验检验效果良好，并应在确定有效的工艺参数后应用 采用环氧树脂涂层钢筋、镀锌钢筋或采取阴极保护处理等防锈措施时，保护层厚度可适当放松
3	对保护层采取的构造措施	(1) 当梁、柱、墙中纵向受力钢筋的保护层厚度大于 50mm 时，宜对保护层采取有效的构造措施。当在保护层内配置防裂、防剥落的焊接钢筋网片，网片钢筋的保护层厚度不应小于 25mm，并应采取有效的绝缘、定位措施 (2) 对上述(1) 条的理解与应用： 当保护层很厚时(例如配置粗钢筋；框架顶层端节点弯弧钢筋以外的区域等)，宜采取有效的措施对厚保护层混凝土进行拉结，防止混凝土开裂剥落、下坠。通常为保护层采用纤维混凝土或加配钢筋网片。为保证防裂钢筋网片不致成为引导锈蚀的通道，应对其采取有效的绝缘和定位措施，此时网片钢筋的保护层厚度可适当减小，但不应小于 25mm

混凝土保护层的最小厚度 c(mm)　　表 2-57

序号	环境类别	板、墙、壳	梁、柱、杆
1	一	15(20)	20(30)
2	二 a	20	25
3	二 b	25	35
4	三 a	30	40
5	三 b	40	50

注：1. 混凝土强度等级不大于 C25 时，表中保护层厚度数值应增加 5mm；
2. 钢筋混凝土基础宜设置混凝土垫层，基础中钢筋的混凝土保护层厚度应从垫层顶面算起，且不应小于 40mm。

2.9.2　钢筋的锚固

钢筋的锚固如表 2-58 所示。

钢筋的锚固　表 2-58

序号	项　目	内　容
1	纵向受拉普通钢筋的锚固长度	(1) 当计算中充分利用钢筋的抗拉强度时，纵向受拉普通钢筋的锚固长度应符合下列要求： 1) 基本锚固长度应按下列公式计算： $$l_{ab}=\alpha\frac{f_y}{f_t}d \quad (2\text{-}23)$$ 式中　l_{ab}——受拉钢筋的基本锚固长度 f_y——普通钢筋的抗拉强度设计值 f_t——混凝土轴心抗拉强度设计值，当混凝土强度等级高于 C60 时，按 C60 取值 d——锚固钢筋的直径 α——锚固钢筋的外形系数，按表 2-59 取用 2) 受拉钢筋的锚固长度应根据锚固条件按下列公式计算，且不应小于 200mm： $$l_a=\zeta_a l_{ab} \quad (2\text{-}24)$$ 式中　l_a——受拉钢筋的锚固长度 ζ_a——锚固长度修正系数，对普通钢筋按下述 4)的规定取用，当多于一项时，可按连乘计算，但不应小于 0.6 梁柱节点中纵向受拉钢筋的锚固要求应按本表序号 4 中的规定执行 3) 当锚固钢筋的保护层厚度不大于 $5d$ 时，锚固长度范围内应配置横向构造钢筋，其直径不应小于 $d/4$；对梁、柱、斜撑等构件间距不应大于 $5d$，对板、墙等平面构件间距不应大于 $10d$，且均不应大于 100mm，此处 d 为锚固钢筋的直径 4) 纵向受拉普通钢筋的锚固长度修正系数 ζ_a 应按下列规定取用： ① 当带肋钢筋的公称直径大于 25mm 时取 1.10 ② 环氧树脂涂层带肋钢筋取 1.25 ③ 施工过程中易受扰动的钢筋取 1.10 ④ 当纵向受力钢筋的实际配筋面积大于其设计计算面积时，修正系数取设计计算面积与实际配筋面积的比值；但对有抗震设防要求及直接承受动力荷载的结构构件，不应考虑此项修正 ⑤ 锚固钢筋的保护层厚度为 $3d$ 时修正系数可取 0.80，保护层厚度为 $5d$ 时修正系数可取 0.70，中间按内插取值，此处 d 为锚固钢筋的直径 (2) 受拉钢筋的抗震基本锚固长度 l_{abE} 由受拉钢筋的基本锚固长度 l_{ab} 与钢筋的抗震锚固长度修正系数 ζ_{aE} 相乘而得，即： $$l_{abE}=\zeta_{aE}l_{ab} \quad (2\text{-}25)$$ (3) 受拉钢筋的抗震锚固长度 l_{aE} 由受拉钢筋的锚固长度 l_a 与受拉钢筋的抗震锚固长度修正系数 ζ_{aE} 相乘而得，即： $$l_{aE}=\zeta_{aE}l_a \quad (2\text{-}26)$$ 式中　ζ_{aE}——抗震锚固长度修正系数，如表 2-60 所示 其他式中符号意义同前
2	钢筋末端采取锚固措施	当纵向受拉普通钢筋末端采用弯钩或机械锚固措施时，包括弯钩或锚固端头在内的锚固长度(投影长度)可取为基本锚固长度 l_{ab} 的 60%。弯钩和机械锚固的形式(图 2-2)和技术要求应符合表 2-61 的规定
3	纵向受压普通钢筋及承受动力荷载的预制构件	(1) 混凝土结构中的纵向受压钢筋，当计算中充分利用其抗压强度时，锚固长度不应小于相应受拉锚固长度的 70% 受压钢筋不应采用末端弯钩和一侧贴焊锚筋的锚固措施 受压钢筋锚固长度范围内的横向构造钢筋应符合本表序号 1 的有关规定 (2) 承受动力荷载的预制构件，应将纵向受力普通钢筋末端焊接在钢板或角钢上，钢板或角钢应可靠地锚固在混凝土中。钢板或角钢的尺寸应按计算确定，其厚度不宜小于 10mm 其他构件中受力普通钢筋的末端也可通过焊接钢板或型钢实现锚固

续表 2-58

序号	项目	内容
4	不考虑抗震的梁柱节点	(1) 梁纵向钢筋在框架中间层端节点的锚固应符合下列要求： 1) 梁上部纵向钢筋伸入节点的锚固： ① 当采用直线锚固形式时，锚固长度不应小于 l_a，且应伸过柱中心线，伸过的长度不宜小于 $5d$，d 为梁上部纵向钢筋的直径 ② 当柱截面尺寸不满足直线锚固要求时，梁上部纵向钢筋可采用本表序号 2 钢筋端部加机械锚头的锚固方式。梁上部纵向钢筋宜伸至柱外侧纵向钢筋内边，包括机械锚头在内的水平投影锚固长度不应小于 $0.4l_{ab}$(图 2-3a) ③ 梁上部纵向钢筋也可采用 90°弯折锚固的方式，此时梁上部纵向钢筋应伸至柱外侧纵向钢筋内边并向节点内弯折，其包含弯弧在内的水平投影长度不应小于 $0.4l_{ab}$，弯折钢筋在弯折平面内包含弯弧段的投影长度不应小于 $15d$(图 2-3b) 2) 框架梁下部纵向钢筋伸入端节点的锚固： ① 当计算中充分利用该钢筋的抗拉强度时，钢筋的锚固方式及长度应与上部钢筋的规定相同 ② 当计算中不利用该钢筋的强度或仅利用该钢筋的抗压强度时，伸入节点的锚固长度应分别符合本序号下述(2)条中间节点梁下部纵向钢筋锚固的规定 (2) 框架中间层中间节点或连续梁中间支座，梁的上部纵向钢筋应贯穿节点或支座。梁的下部纵向钢筋宜贯穿节点或支座。当必须锚固时，应符合下列锚固要求： 1) 当计算中不利用该钢筋的强度时，其伸入节点或支座的锚固长度对带肋钢筋不小于 $12d$，对光面钢筋不小于 $15d$，d 为钢筋的最大直径 2) 当计算中充分利用钢筋的抗压强度时，钢筋应按受压钢筋锚固在中间节点或中间支座内，其直线锚固长度不应小于 $0.7l_a$ 3) 当计算中充分利用钢筋的抗拉强度时，钢筋可采用直线方式锚固在节点或支座内，锚固长度不应小于钢筋的受拉锚固长度 l_a(图 2-4a) 4) 当柱截面尺寸不足时，宜按本序号(1)条第 1)款的规定采用钢筋端部加锚头的机械锚固措施，也可采用 90°弯折锚固的方式 5) 钢筋可在节点或支座外梁中弯矩较小处设置搭接接头，搭接长度的起始点至节点或支座边缘的距离不应小于 $1.5h_0$(图 2-4b) (3) 柱纵向钢筋应贯穿中间层的中间节点或端节点，接头应设在节点区以外 柱纵向钢筋在顶层中节点的锚固应符合下列要求： 1) 柱纵向钢筋应伸至柱顶，且自梁底算起的锚固长度不应小于 l_a 2) 当截面尺寸不满足直线锚固要求时，可采用 90°弯折锚固措施。此时，包括弯弧在内的钢筋垂直投影锚固长度不应小于 $0.5l_{ab}$，在弯折平面内包含弯弧段的水平投影长度不宜小于 $12d$(图 2-5a) 3) 当截面尺寸不足时，也可采用带锚头的机械锚固措施。此时，包含锚头在内的竖向锚固长度不应小于 $0.5l_{ab}$(图 2-5b) 4) 当柱顶有现浇楼板且板厚不小于 100mm 时，柱纵向钢筋也可向外弯折，弯折后的水平投影长度不宜小于 $12d$ (4) 顶层端节点柱外侧纵向钢筋可弯入梁内作梁上部纵向钢筋；也可将梁上部纵向钢筋与柱外侧纵向钢筋在节点及附近部位搭接，搭接可采用下列方式： 1) 搭接接头可沿顶层端节点外侧及梁端顶部布置，搭接长度不应小于 $1.5l_{ab}$(图 2-6a)。其中，伸入梁内的柱外侧钢筋截面面积不宜小于其全部面积的 65%；梁宽范围以外的柱外侧钢筋宜沿节点顶部伸至柱内边锚固。当柱外侧纵向钢筋位于柱顶第一层时，钢筋伸至柱内边后宜向下弯折不小于 $8d$ 后截断(图 2-6a)，d 为柱纵向钢筋的直径；当柱外侧纵向钢筋位于柱顶第二层时，可不向下弯折。当现浇板厚度不小于 100mm 时，梁宽范围以外的柱外侧纵向钢筋也可伸入现浇板内，其长度与伸入梁内的柱纵向钢筋相同 2) 当柱外侧纵向钢筋配筋率大于 1.2%时，伸入梁内的柱纵向钢筋应满足本条第 1)款规定且宜分两批截断，截断点之间的距离不宜小于 $20d$，d 为柱外侧纵向钢筋的直径。梁上部纵向钢筋应伸至节点外侧并向下弯至梁下边缘高度位置截断 3) 纵向钢筋搭接接头也可沿节点柱顶外侧直线布置(图 2-6b)，此时，搭接长度自柱顶算起不应小于 $1.7l_{ab}$。当梁上部纵向钢筋的配筋率大于 1.2%时，弯入柱外侧的梁上部纵向钢筋应满足本条第 1)款规定的搭接长度，且宜分两批截断，其截断点之间的距离不宜小于 $20d$，d 为梁上部纵向钢筋的直径

续表 2-58

序号	项　目	内　容
4	不考虑抗震的梁柱节点	4）当梁的截面高度较大，梁、柱纵向钢筋相对较小，从梁底算起的直线搭接长度未延伸至柱顶即已满足 $1.5l_{ab}$ 的要求时，应将搭接长度延伸至柱顶并满足搭接长度 $1.7l_{ab}$ 的要求；或者从梁底算起的弯折搭接长度未延伸至柱内侧边缘即已满足 $1.5l_{ab}$ 的要求时，其弯折后包括弯弧在内的水平段的长度不应小于 $15d$，d 为柱纵向钢筋的直径 5）柱内侧纵向钢筋的锚固应符合本序号(3)条关于顶层中节点的规定 （5）顶层端节点处梁上部纵向钢筋的截面面积 A_s 应符合下列规定： $$A_s \leqslant \frac{0.35\beta_c f_c b_b h_0}{f_y} \quad (2\text{-}27)$$ 式中　b_b——梁腹板宽度 h_0——梁截面有效高度 梁上部纵向钢筋与柱外侧纵向钢筋在节点角部的弯弧内半径，当钢筋直径不大于 25mm 时，不宜小于 $6d$；大于 25mm 时，不宜小于 $8d$。钢筋弯弧外的混凝土中应配置防裂、防剥落的构造钢筋 （6）在框架节点内应设置水平箍筋，箍筋应符合本序号下述(7)条柱中箍筋的构造规定，但间距不宜大于 250mm。对四边均有梁的中间节点，节点内可只设置沿周边的矩形箍筋。当顶层端节点内有梁上部纵向钢筋和柱外侧纵向钢筋的搭接接头时，节点内水平箍筋应符合本书表 2-62 序号 2 之(4)条的规定 （7）柱中的箍筋应符合下列规定： 1）箍筋直径不应小于 $d/4$，且不应小于 6mm，d 为纵向钢筋的最大直径 2）箍筋间距不应大于 400mm 及构件截面的短边尺寸，且不应大于 $15d$，d 为纵向钢筋的最小直径 3）柱及其他受压构件中的周边箍筋应做成封闭式；对圆柱中的箍筋，搭接长度不应小于本表序号 1 之(1)条规定的锚固长度，且末端应做成 135°弯钩，弯钩末端平直段长度不应小于 $5d$，d 为箍筋直径 4）当柱截面短边尺寸大于 400mm 且各边纵向钢筋多于 3 根时，或当柱截面短边尺寸不大于 400mm 但各边纵向钢筋多于 4 根时，应设置复合箍筋 5）柱中全部纵向受力钢筋的配筋率大于 3%时，箍筋直径不应小于 8mm，间距不应大于 $10d$，且不应大于 200mm。箍筋末端应做成 135°弯钩，且弯钩末端平直段长度不应小于 $10d$，d 为纵向受力钢筋的最小直径 6）在配有螺旋式或焊接环式箍筋的柱中，如在正截面受压承载力计算中考虑间接钢筋的作用时，箍筋间距不应大于 80mm 及 $d_{cor}/5$，且不宜小于 40mm，d_{cor} 为按箍筋内表面确定的核心截面直径
5	考虑地震的框架梁和框架柱节点	框架梁和框架柱的纵向受力钢筋在框架节点区的锚固和搭接应符合下列要求： （1）框架中间层中间节点处，框架梁的上部纵向钢筋应贯穿中间节点。贯穿中柱的每根梁纵向钢筋直径，对于 9 度设防烈度的各类框架和一级抗震等级的框架结构，当柱为矩形截面时，不宜大于柱在该方向截面尺寸的 1/25，当柱为圆形截面时，不宜大于纵向钢筋所在位置柱截面弦长的 1/25；对一、二、三级抗震等级，当柱为矩形截面时，不宜大于柱在该方向截面尺寸的 1/20，对圆柱截面，不宜大于纵向钢筋所在位置柱截面弦长的 1/20 （2）对于框架中间层中间节点、中间层端节点、顶层中间节点以及顶层端节点，梁、柱纵向钢筋在节点部位的锚固和搭接，应符合图 2-7 的相关构造规定。图中 l_{lE} 按本书公式(2-29)的规定取用，l_{abE} 按公式(2-25)取用

锚固钢筋的外形系数 α　　　　表 2-59

序号	钢筋类型	光圆钢筋	带肋钢筋	螺旋肋钢丝	三股钢绞线	七股钢绞线
1	α	0.16	0.14	0.13	0.16	0.17

注：光圆钢筋末端应做 180°弯钩，弯后平直段长度不应小于 $3d$，但作受压钢筋时可不做弯钩。

受拉钢筋的抗震锚固长度修正系数　　表 2-60

序号	抗震等级	一、二级	三级	四级
1	ζ_{aE}	1.15	1.05	1.0

钢筋弯钩和机械锚固的形式和技术要求　　表 2-61

序号	锚固形式	技术要求
1	90°弯钩	末端 90°弯钩，弯钩内径 $4d$，弯后直段长度 $12d$
2	135°弯钩	末端 135°弯钩，弯钩内径 $4d$，弯后直段长度 $5d$
3	一侧贴焊锚筋	末端一侧贴焊长 $5d$ 同直径钢筋
4	两侧贴焊锚筋	末端两侧贴焊长 $3d$ 同直径钢筋
5	焊端锚板	末端与厚度 d 的锚板穿孔塞焊
6	螺栓锚头	末端旋入螺栓锚头

往：1. 焊缝和螺纹长度应满足承载力要求；
2. 螺栓锚头和焊接锚板的承压净面积不应小于锚固钢筋截面积的 4 倍；
3. 螺栓锚头的规格应符合相关标准的要求；
4. 螺栓锚头和焊接锚板的钢筋净间距不宜小于 $4d$，否则应考虑群锚效应的不利影响；
5. 截面角部的弯钩和一侧贴焊锚筋的布筋方向宜向截面内侧偏置。

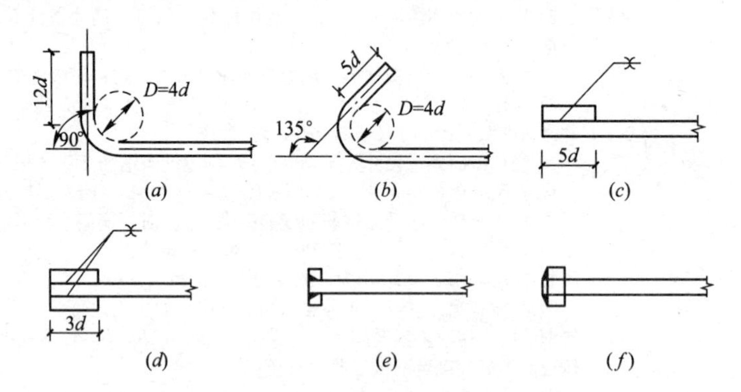

图 2-2　弯钩和机械锚固的形式和技术要求
(a)90°弯钩；(b)135°弯钩；(c)一侧贴焊锚筋
(d)两侧贴焊锚筋；(e)穿孔塞焊锚板；(f)螺栓锚头

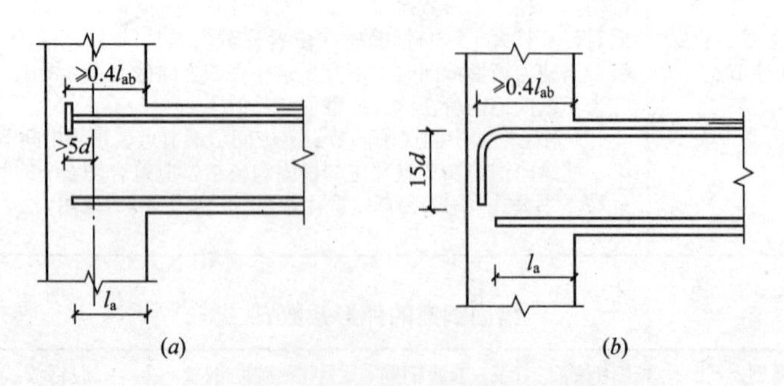

图 2-3　梁上部纵向钢筋在中间层端节点内的锚固
(a)钢筋端部加锚头锚固；(b)钢筋末端 90°弯折锚固

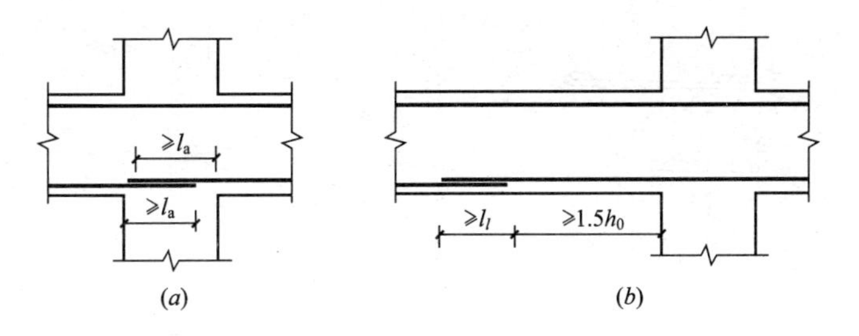

图 2-4　梁下部纵向钢筋在中间节点或中间支座范围的锚固与搭接

(a)下部纵向钢筋在节点中直线锚固；(b)下部纵向钢筋在节点或支座范围外的搭接

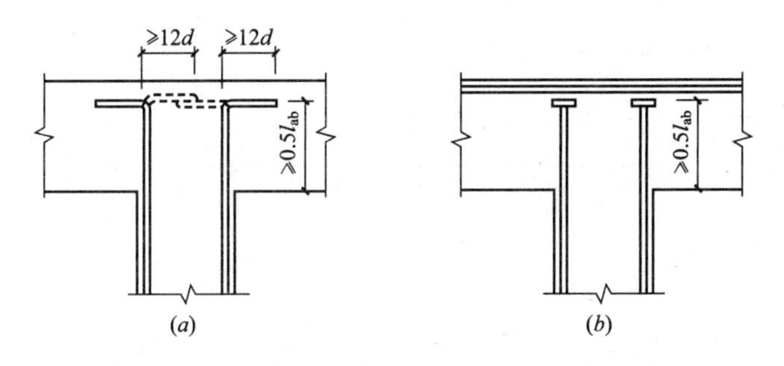

图 2-5　顶层节点中柱纵向钢筋在节点内的锚固

(a)柱纵向钢筋 90°弯折锚固；(b)柱纵向钢筋端头加锚板锚固

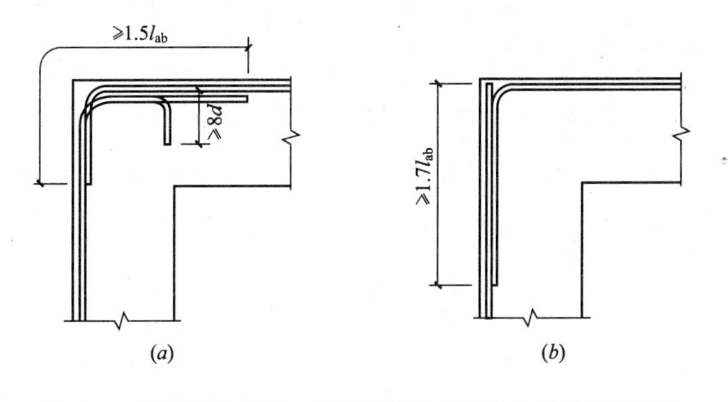

图 2-6　顶层端节点梁、柱纵向钢筋在节点内的锚固与搭接

(a)搭接接头沿顶层端节点外侧及梁端顶部布置；(b)搭接接头沿节点外侧直线布置

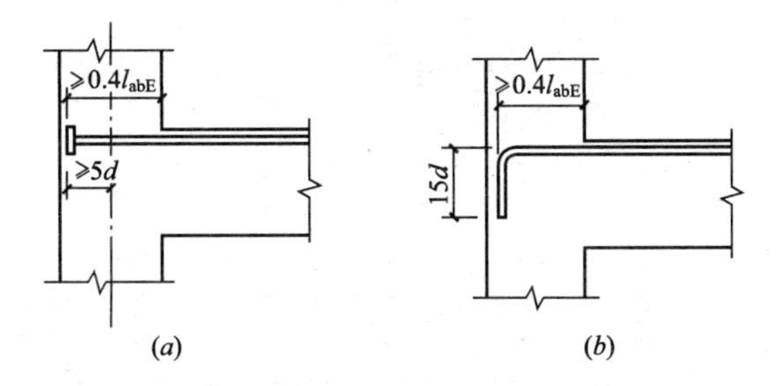

图 2-7　梁和柱的纵向受力钢筋在节点区的锚固和搭接(一)

(a)中间层端节点梁筋加锚头(锚板)锚固；(b)中间层端间节点梁筋 90°弯折锚固

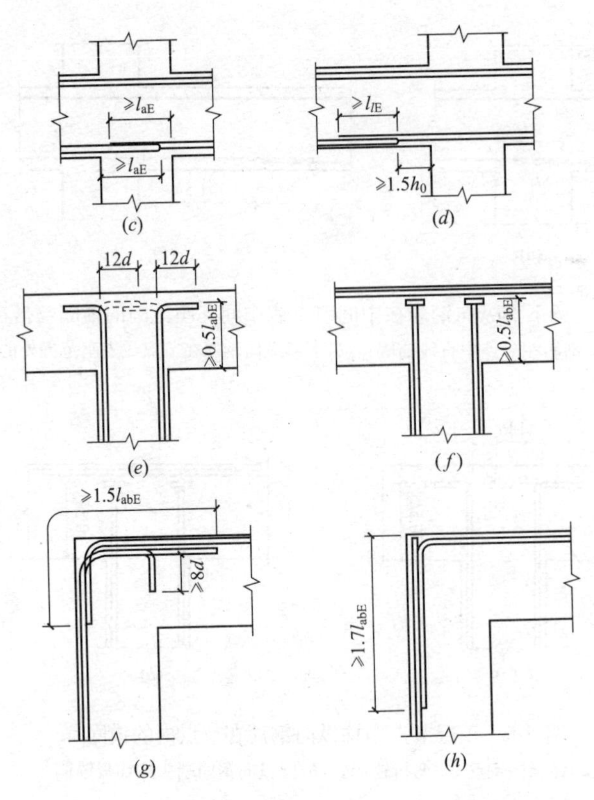

图 2-7 梁和柱的纵向受力钢筋在节点区的锚固和搭接(二)

(c)中间层中间节点梁筋在节点内直锚固；(d)中间层中间节点梁筋在节点外搭接；
(e)顶层中间节点柱筋 90°弯折锚固；(f)顶层中间节点柱筋加锚头(锚板)锚固；
(g)钢筋在顶层端节点外侧和梁端顶部弯折搭接；(h)钢筋在顶层端节点外侧直线搭接

2.9.3 钢筋的连接

钢筋的连接如表 2-62 所示。

钢筋的连接 表 2-62

序号	项　目	内　容
1	钢筋连接的原则	(1) 钢筋连接可采用绑扎搭接、机械连接或焊接。机械连接接头及焊接接头的类型及质量应符合国家现行有关标准的规定 混凝土结构中受力钢筋的连接接头宜设置在受力较小处。在同一根受力钢筋上宜少设接头。在结构的重要构件和关键传力部位，纵向受力钢筋不宜设置连接接头 (2) 轴心受拉及小偏心受拉杆件的纵向受力钢筋不得采用绑扎搭接；其他构件中的钢筋采用绑扎搭接时，受拉钢筋直径不宜大于 25mm，受压钢筋直径不宜大于 28mm
2	钢筋的绑扎搭接	(1) 同一构件中相邻纵向受力钢筋的绑扎搭接接头宜互相错开。钢筋绑扎搭接接头连接区段的长度为 1.3 倍搭接长度，凡搭接接头中点位于该连接区段长度内的搭接接头均属于同一连接区段(图 2-8)。同一连接区段内纵向受力钢筋搭接接头面积百分率为该区段内有搭接接头的纵向受力钢筋与全部纵向受力钢筋截面面积的比值。当直径不同的钢筋搭接时，按直径较小的钢筋计算

续表 2-62

序号	项　目	内　容
2	钢筋的绑扎搭接	(2) 位于同一连接区段内的受拉钢筋搭接接头面积百分率：对梁类、板类及墙类构件，不宜大于 25%；对柱类构件，不宜大于 50%。当工程中确有必要增大受拉钢筋搭接接头面积百分率时，对梁类构件，不宜大于 50%；对板、墙、柱及预制构件的拼接处，可根据实际情况放宽 并筋采用绑扎搭接连接时，应按每根单筋错开搭接的方式连接。接头面积百分率应按同一连接区段内所有的单根钢筋计算。并筋中钢筋的搭接长度应按单筋分别计算 (3) 纵向受拉钢筋绑扎搭接接头的搭接长度，应根据位于同一连接区段内的钢筋搭接接头面积百分率按下列公式计算，且不应小于 300mm $$l_l=\zeta_l l_a \quad (2\text{-}28)$$ 式中　l_l——纵向受拉钢筋的搭接长度 ζ_l——纵向受拉钢筋搭接长度修正系数，按表 2-63 取用。当纵向搭接钢筋接头面积百分率为表的中间值时，修正系数可按内插取值 (4) 构件中的纵向受压钢筋当采用搭接连接时，其受压搭接长度不应小于上述(3)条纵向受拉钢筋搭接长度的 70%，且不应小于 200mm (5) 在梁、柱类构件的纵向受力钢筋搭接长度范围内的横向构造钢筋应符合本书表 2-58 序号 1 之(1)条的 3)的要求；当受压钢筋直径大于 25mm 时，尚应在搭接接头两个端面外 100mm 的范围内各设置两道箍筋 (6) 当采用搭接连接时，纵向受拉钢筋的抗震搭接长度 l_{lE}应按下列公式计算： $$l_{lE}=\zeta_l l_{aE} \quad (2\text{-}29)$$ 式中　ζ_l——纵向受拉钢筋搭接长度修正系数，按表 2-63 确定 同一构件中相邻纵向受力钢筋的绑扎搭接接头宜互相错开(见图 2-9)
3	钢筋的机械连接	(1) 纵向受力钢筋的机械连接接头宜相互错开。钢筋机械连接区段的长度为 35d，d 为连接钢筋的较小直径。凡接头中点位于该连接区段长度内的机械连接接头均属于同一连接区段(见图 2-10) 位于同一连接区段内的纵向受拉钢筋接头面积百分率不宜大于 50%；但对板、墙、柱及预制构件的拼接处，可根据实际情况放宽。纵向受压钢筋的接头百分率可不受限制 机械连接套筒的保护层厚度宜满足有关钢筋最小保护层厚度的规定。机械连接套筒的横向净间距不宜小于 25mm；套筒处箍筋的间距仍应满足相应的构造要求 直接承受动力荷载结构构件中的机械连接接头，除应满足设计要求的抗疲劳性能外，位于同一连接区段内的纵向受力钢筋接头面积百分率不应大于 50% (2) 机械连接有锥螺纹接头、直螺纹接头及套筒挤压接头等形式，接头分三个性能等级 1) 纵向受拉钢筋机械连接应符合表 2-64 的要求 2) 混凝土结构中要求充分发挥钢筋强度或对延性要求高的部位应优先采用Ⅱ级接头。当在同一连接区段内必须实施 100%钢筋的连接时，应采用Ⅰ级接头。当钢筋应力较高但对延性要求不高的部位，可采用Ⅲ级接头 3) 纵向受力钢筋连接的位置宜避开梁端、柱端箍筋加密区：当无法避开时，应采用Ⅰ级或Ⅱ级机械连接接头或焊接，且接头数量不应大于 50%
4	钢筋的焊接连接	(1) 细晶粒热轧带肋钢筋以及直径大于 28mm 的带肋钢筋，其焊接应经试验确定；余热处理钢筋不宜焊接 (2) 纵向受力钢筋的焊接接头应相互错开。钢筋焊接接头连接区段的长度为 35d 且不小于 500mm，d 为连接钢筋的较小直径，凡接头中点位于该连接区段长度内的焊接接头均属于同一连接区段(见图 2-10) (3) 纵向受拉钢筋的接头面积百分率不宜大于 50%，但对预制构件的拼接处，可根据实际情况放宽。纵向受压钢筋的接头百分率可不受限制
5	连接适用部位	钢筋连接的适用部位如表 2-65 所示

续表 2-62

序号	项　目	内　容
6	需进行疲劳验算的构件	需进行疲劳验算的构件，其纵向受拉钢筋不得采用绑扎搭接接头，也不宜采用焊接接头，除端部锚固外不得在钢筋上焊有附件 当直接承受吊车荷载的钢筋混凝土吊车梁、屋面梁及屋架下弦的纵向受拉钢筋采用焊接接头时，应符合下列规定： (1) 应采用闪光接触对焊，并去掉接头的毛刺及卷边 (2) 同一连接区段内纵向受拉钢筋焊接接头面积百分率不应大于 25%，焊接接头连接区段的长度应取为 $45d$，d 为纵向受力钢筋的较大直径 (3) 疲劳验算时，焊接接头应符合本书 2.3.4 节之(3)条疲劳应力幅限值的规定

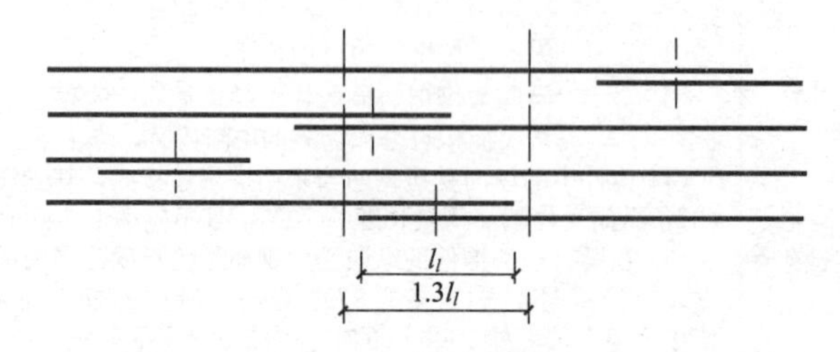

图 2-8　非抗震同一连接区段内纵向受拉钢筋的绑扎搭接接头

注：图中所示同一连接区段内的搭接接头钢筋为两根，
当钢筋直径相同时，钢筋搭接接头面积百分率为 50%

纵向受拉钢筋搭接长度修正系数　　　**表 2-63**

序号	纵向搭接钢筋接头面积百分率(%)	≤25	50	100
1	ζ_l	1.2	1.4	1.6

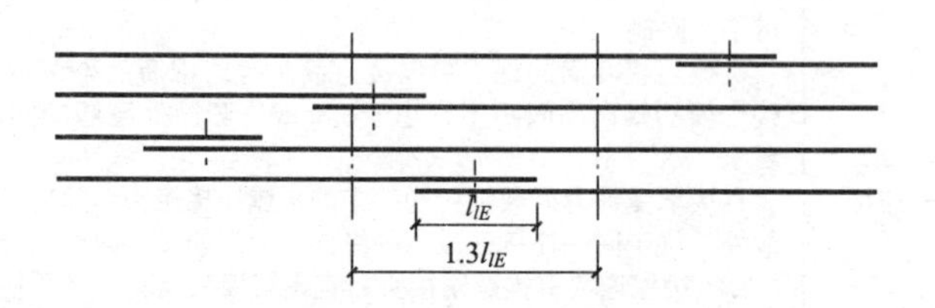

图 2-9　抗震同一连接区段内纵向受拉钢筋的绑扎塔连接头

注：图中所示同一连接区段内的搭接接头钢筋为两根，
当钢筋直径相同时，钢筋搭接接头面积百分率为 50%

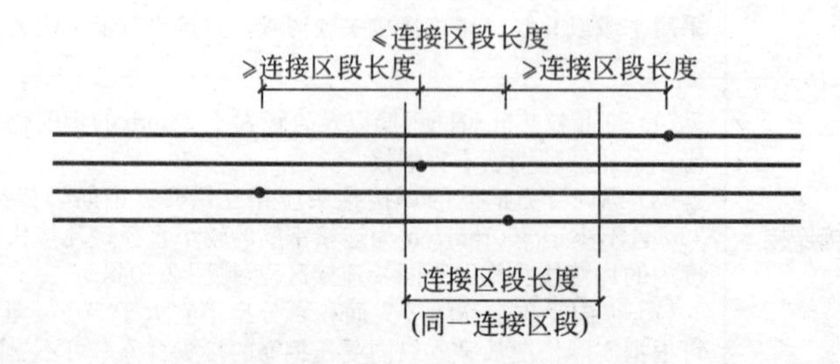

图 2-10　同一连接区段内纵向受拉钢筋机械连接、焊接接头

连接区段长度：机械连接为 $35d$；焊接为 $35d$ 且≥500mm

纵向受拉钢筋机械连接要求　　表 2-64

序号	接头等级	Ⅰ级	Ⅱ级	Ⅲ级
1	抗拉强度	$f_{mst}^{0} \geqslant f_{stk}$断于钢筋 $f_{mst}^{0} \geqslant 1.1 f_{stk}$断于接头	$f_{mst}^{0} \geqslant f_{stk}$	$f_{mst}^{0} \geqslant 1.25 f_{yk}$
2	性能	残余变形小，并具有高延性及反复拉压性能	残余变形较小，并具有高延性及反复拉压性能	残余变形较小，并具有一定的延性及反复拉压性能
3	受拉钢筋高应力部位接头百分率	在梁端、柱端箍筋加密区≤50%，其他部位不受限制	≤50%	≤25%

注：1. f_{mst}^{0}——接头实测抗拉强度；

f_{stk}——钢筋极限强度标准值；

f_{yk}——钢筋屈服强度标准值

2. 表中 $f_{mst}^{0} \geqslant f_{stk}$(断于钢筋)或 $f_{mst}^{0} \geqslant 1.1 f_{stk}$(断于接头)的含义是：当接头试件拉断于钢筋且试件抗拉强度不小于钢筋极限强度标准值时，试件合格；当接头试件断于接头(定义的“机械接头长度”范围内)时，试件的实测抗拉强度应满足 $f_{mst}^{0} \geqslant 1.1 f_{stk}$。

连接适用部位表　　表 2-65

序号	连接方式	适　用　部　位
1	机械连接或焊接	(1) 框支梁 (2) 框支柱 (3) 一级抗震等级的框架梁 (4) 一、二级抗震等级的框架柱及剪力墙的边缘构件 (5) 三级抗震等级的框架柱底部及剪力墙底部构造加强部位的边缘构件
2	绑扎搭接	(1) 二、三、四级抗震等级的框架梁 (2) 三级抗震等级的框架柱除底部以外的其他部位 (3) 四级抗震等级的框架柱 (4) 三级抗震等级剪力墙非底部构造加强部位的边缘构件及四级剪力墙的边缘构件

注：1. 表中采用绑扎搭接的部位也可采用机械连接或焊接；

2. 剪力墙底部构造加强部位为底部加强部位及相邻上一层。

2.9.4 普通钢筋的锚固与钢筋的连接长度计算用表

普通钢筋的锚固与钢筋的连接长度计算用表如表 2-66 所示。

普通钢筋的锚固与钢筋的连接长度计算用表　　表 2-66

序号	项　　目	内　　容
1	普通钢筋的锚固长度计算用表	(1) 应用公式(2-23)及公式(2-25)可求得非抗震及四级抗震等级结构受拉普通钢筋的基本锚固长度 l_{ab}及 l_{abE}如表 2-67 所示 (2) 应用公式(2-24)及公式(2-26)与表 2-60 可求得非抗震及四级抗震等级结构受拉普通钢筋锚固长度 l_{a} 及 l_{aE}如表 2-68 所示

续表 2-66

序号	项　目	内　容
1	普通钢筋的锚固长度计算用表	(3) 应用公式(2-26)与表 2-60 可求得一、二级抗震等级结构受拉普通钢筋锚固长度 l_{aE}如表 2-69 所示 (4) 应用公式(2-26)与表 2-60 可求得三级抗震等级结构受拉普通钢筋锚固长度 l_{aE}如表 2-70 所示
2	普通钢筋的绑扎搭接接头长度计算用表	(1) 非抗震及四级抗震等级结构纵向受拉普通钢筋绑扎搭接最小长度 l_l 如表 2-71 所示 (2) 非抗震结构纵向受压普通钢筋绑扎搭接最小长度如表 2-72 所示 (3) 一、二级抗震等级结构纵向受拉普通钢筋绑扎搭接长度 l_{lE} 如表 2-73 所示 (4) 三级抗震等级结构纵向受拉普通钢筋绑扎搭接长度 l_{lE}如表 2-74 所示

非抗震及四级抗震结构受拉普通钢筋基本锚固长度 l_{ab}、l_{abE}值　　**表 2-67**

序号	钢筋牌号	抗震等级	混凝土强度等级								
			C20	C25	C30	C35	C40	C45	C50	C55	≥C60
1	HPB300 f_y=270N/mm²	一、二级(l_{abE})	45*d*	39*d*	35*d*	32*d*	29*d*	28*d*	26*d*	25*d*	24*d*
2		三级(l_{abE})	41*d*	36*d*	32*d*	29*d*	26*d*	25*d*	24*d*	23*d*	22*d*
3		四级(l_{abE})	39*d*	34*d*	30*d*	28*d*	25*d*	24*d*	23*d*	22*d*	21*d*
4		非抗震(l_{ab})	39*d*	34*d*	30*d*	28*d*	25*d*	24*d*	23*d*	22*d*	21*d*
5	HRB335 HRBF335 f_y=300N/mm²	一、二级(l_{abE})	44*d*	38*d*	33*d*	31*d*	29*d*	26*d*	25*d*	24*d*	24*d*
6		三级(l_{abE})	40*d*	35*d*	31*d*	28*d*	26*d*	24*d*	23*d*	22*d*	22*d*
7		四级(l_{abE})	38*d*	33*d*	29*d*	27*d*	25*d*	23*d*	22*d*	21*d*	21*d*
8		非抗震(l_{ab})	38*d*	33*d*	29*d*	27*d*	25*d*	23*d*	22*d*	21*d*	21*d*
9	HRB400 HRBF400 RRB400 f_y=360N/mm²	一、二级(l_{abE})	—	46*d*	40*d*	37*d*	33*d*	32*d*	31*d*	30*d*	29*d*
10		三级(l_{abE})	—	42*d*	37*d*	34*d*	30*d*	29*d*	28*d*	27*d*	26*d*
11		四级(l_{abE})	—	40*d*	35*d*	32*d*	29*d*	28*d*	27*d*	26*d*	25*d*
12		非抗震(l_{ab})	—	40*d*	35*d*	32*d*	29*d*	28*d*	27*d*	26*d*	25*d*
13	HRB500 HRBF500 f_y=435N/mm²	一、二级(l_{abE})	—	55*d*	49*d*	45*d*	41*d*	39*d*	37*d*	36*d*	35*d*
14		三级(l_{abE})	—	50*d*	45*d*	41*d*	38*d*	36*d*	34*d*	33*d*	32*d*
15		四级(l_{abE})	—	48*d*	43*d*	39*d*	36*d*	34*d*	32*d*	31*d*	30*d*
16		非抗震(l_{ab})	—	48*d*	43*d*	39*d*	36*d*	34*d*	32*d*	31*d*	30*d*

注：1. *d* 为钢筋公称直径，单位为 mm；
2. 锚固长度不应小于 200mm；
3. 其他见本书中有关规定。

非抗震及四级抗震等级结构受拉普通钢筋锚固长度 l_a、l_{aE} 值　　表 2-68

序号	混凝土强度等级		C20		C25		C30		C35		C40		C45		C50		C55		≥C60	
	钢筋直径 d(mm)		≤25	>25	≤25	>25	≤25	>25	≤25	>25	≤25	>25	≤25	>25	≤25	>25	≤25	>25	≤25	>25
1	HPB300 $f_y=270N/mm^2$	普通钢筋	39d	39d	34d	34d	30d	30d	28d	28d	25d	25d	24d	24d	23d	23d	22d	22d	21d	21d
2	HRB335 HRBF335 $f_y=300N/mm^2$	普通钢筋	38d	42d	33d	36d	29d	32d	27d	29d	25d	27d	23d	26d	22d	24d	21d	24d	21d	23d
3		环氧树脂涂层钢筋	48d	52d	41d	45d	37d	40d	33d	37d	31d	34d	29d	32d	28d	31d	27d	29d	26d	28d
4	HRB400 HRBF400 RRB400 $f_y=360N/mm^2$	普通钢筋			40d	44d	35d	39d	32d	35d	29d	32d	28d	31d	27d	29d	26d	28d	25d	27d
5		环氧树脂涂层钢筋			50d	55d	44d	48d	40d	44d	37d	41d	35d	38d	33d	37d	32d	35d	31d	34d
6	HRB500 HRBF500 $f_y=435N/mm^2$	普通钢筋			48d	53d	43d	47d	39d	43d	36d	39d	34d	37d	32d	35d	31d	34d	30d	33d
7		环氧树脂涂层钢筋			60d	66d	53d	59d	48d	53d	45d	49d	42d	47d	40d	44d	39d	43d	37d	41d

注：1. d 为钢筋公称直径，单位为 mm；
2. l_a、l_{aE}值不应小于 200mm；
3. 其他见本书中有关规定。

一、二级抗震等级结构受拉普通钢筋锚固长度 l_{aE} 值　　表 2-69

序号	混凝土强度等级		C20		C25		C30		C35		C40		C45		C50		C55		≥C60	
	钢筋直径 d(mm)		≤25	>25	≤25	>25	≤25	>25	≤25	>25	≤25	>25	≤25	>25	≤25	>25	≤25	>25	≤25	>25
1	HPB300 $f_y=270N/mm^2$	普通钢筋	45d	45d	39d	39d	35d	35d	32d	32d	29d	29d	28d	28d	26d	26d	25d	25d	24d	24d
2	HRB335 HRBF335 $f_y=300N/mm^2$	普通钢筋	44d	48d	38d	42d	34d	37d	31d	34d	28d	31d	27d	30d	26d	28d	25d	27d	24d	26d
3		环氧树脂涂层钢筋	55d	60d	48d	52d	42d	46d	38d	42d	35d	39d	34d	37d	32d	35d	31d	34d	30d	33d

续表 2-69

序号	混凝土强度等级		C20		C25		C30		C35		C40		C45		C50		C55		≥C60	
	钢筋直径 d(mm)		≤25	>25	≤25	>25	≤25	>25	≤25	>25	≤25	>25	≤25	>25	≤25	>25	≤25	>25	≤25	>25
4	HRB400 HRBF400 RRB400 $f_y=360N/mm^2$	普通钢筋			46d	50d	41d	45d	37d	41d	34d	37d	32d	35d	31d	34d	30d	33d	28d	31d
5		环氧树脂涂层钢筋			57d	63d	51d	56d	46d	51d	42d	47d	40d	44d	38d	42d	37d	41d	36d	39d
6	HRB500 HRBF500 $f_y=435N/mm^2$	普通钢筋			55d	61d	49d	54d	45d	49d	41d	45d	39d	43d	37d	41d	36d	39d	34d	38d
7		环氧树脂涂层钢筋			69d	76d	61d	67d	56d	61d	51d	56d	49d	53d	46d	51d	45d	49d	43d	47d

注：1. d 为钢筋公称直径，单位为 mm；
2. l_{aE}值不应小于 200mm；
3. 其他见本书中有关规定。

三级抗震等级结构受拉普通钢筋锚固长度 l_{aE} 值 **表 2-70**

序号	混凝土强度等级		C20		C25		C30		C35		C40		C45		C50		C55		≥C60	
	钢筋直径 d(mm)		≤25	>25	≤25	>25	≤25	>25	≤25	>25	≤25	>25	≤25	>25	≤25	>25	≤25	>25	≤25	>25
1	HPB300 $f_y=270N/mm^2$	普通钢筋	41d	41d	36d	36d	32d	32d	29d	29d	27d	27d	25d	25d	24d	24d	23d	23d	22d	22d
2	HRB335 HRBF335 $f_y=300N/mm^2$	普通钢筋	40d	44d	35d	38d	31d	34d	28d	31d	26d	28d	24d	27d	23d	26d	22d	25d	22d	24d
3		环氧树脂涂层钢筋	50d	55d	43d	48d	39d	42d	35d	39d	32d	35d	31d	34d	29d	32d	28d	31d	27d	30d
4	HRB400 HRBF400 RRB400 $f_y=360N/mm^2$	普通钢筋			42d	46d	37d	41d	34d	37d	31d	34d	29d	32d	28d	31d	27d	30d	26d	29d
5		环氧树脂涂层钢筋			52d	57d	46d	51d	42d	46d	39d	43d	37d	40d	35d	38d	34d	37d	32d	36d
6	HRB500 HRBF500 $f_y=435N/mm^2$	普通钢筋			50d	55d	45d	49d	41d	45d	37d	41d	36d	39d	34d	37d	33d	36d	31d	34d
7		环氧树脂涂层钢筋			63d	69d	56d	61d	51d	56d	47d	51d	44d	49d	42d	47d	41d	45d	39d	43d

注：1. d 为钢筋公称直径，单位为 mm；
2. l_{aE}值不应小于 200mm；
3. 其他见本书中有关规定。

非抗震及四级抗震等级结构纵向受拉普通钢筋绑扎搭接最小长度 l_l 表 2-71

序号	混凝土强度等级				C20		C25		C30		C35		C40		C45		C50		C55		C60～C80	
	钢筋直径 d(mm)				≤25	>25	≤25	>25	≤25	>25	≤25	>25	≤25	>25	≤25	>25	≤25	>25	≤25	>25	≤25	>25
1	钢筋牌号	HPB300 $f_y=270N/mm^2$	同一连接区段内的受拉钢筋搭接接头面积百分率(%)	≤25	47d		41d		36d		33d		30d		29d		27d		26d		25d	
2				50	55d		48d		42d		39d		35d		34d		32d		31d		30d	
3				100	63d		54d		48d		44d		40d		38d		37d		35d		34d	
4		HRB335 HRBF335 $f_y=300N/mm^2$		≤25	46d	50d	40d	44d	35d	39d	32d	35d	29d	32d	28d	31d	27d	29d	26d	28d	25d	27d
5				50	53d	59d	46d	51d	41d	45d	37d	41d	34d	38d	33d	36d	31d	34d	30d	33d	29d	32d
6				100	61d	67d	53d	58d	47d	52d	43d	47d	39d	43d	37d	41d	36d	39d	34d	38d	33d	36d
7		HRB400 HRBF400 RRB400 $f_y=360N/mm^2$		≤25			48d	52d	42d	47d	39d	42d	35d	39d	34d	37d	32d	35d	31d	34d	30d	33d
8				50			56d	61d	49d	54d	45d	49d	41d	45d	39d	43d	37d	41d	36d	40d	35d	38d
9				100			63d	70d	56d	62d	51d	56d	47d	52d	45d	49d	43d	47d	41d	45d	40d	43d
10		HRB500 HRBF500 $f_y=435N/mm^2$		≤25			58d	63d	51d	56d	47d	51d	43d	47d	41d	45d	39d	43d	37d	41d	36d	39d
11				50			67d	74d	60d	66d	54d	60d	50d	55d	47d	52d	45d	50d	44d	48d	42d	46d
12				100			77d	84d	68d	75d	62d	68d	57d	63d	54d	60d	52d	57d	50d	55d	48d	53d

注：1. d 为钢筋公称直径，单位为 mm；
2. l_l 值不应小于 200mm；
3. 其他见本书中有关规定。

非抗震结构纵向受压普通钢筋绑扎搭接最小长度 l_l 表 2-72

序号	混凝土强度等级				C20		C25		C30		C35		C40		C45		C50		C55		C60～C80	
	钢筋直径 d(mm)				≤25	>25	≤25	>25	≤25	>25	≤25	>25	≤25	>25	≤25	>25	≤25	>25	≤25	>25	≤25	>25
1	钢筋牌号	HPB300 $f_y=270N/mm^2$	同一连接区段内的受拉钢筋搭接接头面积百分率(%)	≤25	33d		29d		25d		23d		21d		20d		19d		19d		18d	
2				50	38d		33d		30d		27d		25d		24d		22d		22d		21d	
3				100	44d		38d		34d		31d		28d		27d		26d		25d		24d	
4		HRB335 HRBF335 $f_y=300N/mm^2$		≤25	32d	35d	28d	31d	25d	27d	22d	25d	21d	23d	20d	22d	19d	21d	18d	20d	17d	19d
5				50	37d	41d	32d	36d	29d	32d	26d	29d	24d	26d	23d	25d	22d	24d	21d	23d	20d	22d
6				100	43d	47d	37d	41d	33d	36d	30d	33d	28d	30d	26d	29d	25d	27d	24d	26d	23d	25d

续表 2-72

序号	混凝土强度等级				C20		C25		C30		C35		C40		C45		C50		C55		C60～C80	
	钢筋直径 d(mm)				≤25	>25	≤25	>25	≤25	>25	≤25	>25	≤25	>25	≤25	>25	≤25	>25	≤25	>25	≤25	>25
7	钢筋牌号	HRB400 HRBF400 RRB400 $f_y=360N/mm^2$	同一连接区段内的受拉钢筋搭接接头面积百分率（%）	≤25			33d	37d	30d	33d	27d	30d	25d	27d	24d	26d	22d	25d	22d	24d	21d	23d
8				50			39d	43d	35d	38d	31d	35d	29d	32d	27d	30d	26d	29d	25d	28d	24d	27d
9				100			44d	49d	39d	43d	36d	40d	33d	36d	31d	34d	30d	33d	29d	32d	28d	30d
10		HRB500 HRBF500 $f_y=435N/mm^2$		≤25			40d	44d	36d	39d	33d	36d	30d	33d	28d	31d	27d	30d	26d	29d	25d	28d
11				50			47d	52d	42d	46d	38d	42d	35d	38d	33d	36d	32d	35d	30d	33d	29d	32d
12				100			54d	59d	48d	52d	43d	48d	40d	44d	38d	42d	36d	40d	35d	38d	33d	37d

注：1. d 为钢筋公称直径，单位为 mm；

2. l_l 值不应小于 300mm；

3. 其他见本书中有关规定。

一、二级抗震等级结构纵向受拉普通钢筋绑扎搭接长度 l_{lE} **表 2-73**

序号	混凝土强度等级				C20		C25		C30		C35		C40		C45		C50		C55		C60～C80	
	钢筋直径 d(mm)				≤25	>25	≤25	>25	≤25	>25	≤25	>25	≤25	>25	≤25	>25	≤25	>25	≤25	>25	≤25	>25
1	钢筋牌号	HRB335、HRBF335 $f_y=300N/mm^2$	同一连接区段内的受拉钢筋搭接接头面积百分率（%）	≤25	53d	58d	46d	50d	41d	45d	37d	41d	34d	37d	32d	35d	31d	34d	30d	33d	28d	31d
2				50	61d	68d	53d	59d	47d	52d	43d	47d	40d	43d	38d	41d	36d	39d	34d	38d	33d	36d
3		HRB400、HRBF400 RRB400 $f_y=360N/mm^2$		≤25			55d	60d	49d	54d	44d	49d	41d	45d	39d	43d	37d	40d	35d	39d	34d	38d
4				50			64d	70d	57d	62d	52d	57d	47d	52d	45d	50d	43d	47d	41d	46d	40d	44d
5		HRB500、HRBF500 $f_y=435N/mm^2$		≤25			66d	73d	59d	65d	54d	59d	49d	54d	47d	51d	44d	49d	43d	47d	41d	45d
6				50			77d	85d	69d	75d	62d	69d	57d	63d	54d	60d	52d	57d	50d	50d	48d	53d

注：应用时应符合本书中有关规定。

三级抗震等级结构纵向受拉普通钢筋绑扎搭接长度 l_{lE}　表 2-74

序号	混凝土强度等级				C20		C25		C30		C35		C40		C45		C50		C55		C60～C80	
	钢筋直径 d(mm)				≤25	>25	≤25	>25	≤25	>25	≤25	>25	≤25	>25	≤25	>25	≤25	>25	≤25	>25	≤25	>25
1	钢筋牌号	HRB335、HRBF335 $f_y=300N/mm^2$	同一连接区段内的受拉钢筋搭接接头面积百分率(%)	≤25	48d	53d	42d	46d	37d	41d	34d	37d	31d	34d	29d	32d	28d	31d	27d	30d	26d	29d
2				50	56d	62d	49d	53d	43d	47d	39d	43d	36d	40d	34d	38d	33d	36d	32d	35d	30d	33d
3		HRB400、HRBF400 RRB400 $f_y=360N/mm^2$		≤25			50d	55d	44d	49d	40d	44d	37d	41d	35d	39d	34d	37d	32d	36d	31d	34d
4				50			58d	64d	52d	57d	47d	52d	43d	48d	41d	45d	39d	43d	38d	42d	36d	40d
5		HRB500、HRBF500 $f_y=435N/mm^2$		≤25			60d	66d	54d	59d	49d	54d	45d	49d	43d	47d	41d	45d	39d	43d	38d	41d
6				50			70d	78d	63d	69d	57d	63d	52d	58d	50d	55d	47d	52d	46d	50d	44d	48d

注：应用时应符合本书中有关规定。

2.10 高层建筑水平位移限值与舒适度

2.10.1 高层建筑水平位移限值

高层建筑水平位移限值要求如表 2-75 所示。

高层建筑水平位移限值要求 表 2-75

<table>
<tr><th>序号</th><th>项　目</th><th>内　容</th></tr>
<tr><td>1</td><td>简述与计算</td><td>(1) 在正常使用条件下，高层建筑结构应具有足够的刚度，避免产生过大的位移而影响结构的承载力、稳定性和使用要求
(2) 高层建筑层数多、高度大，为保证高层建筑结构具有必要的刚度，应对其楼层位移加以控制。侧向位移控制实际上是对构件截面大小、刚度大小的一个宏观指标
(3) 在正常使用条件下，限制高层建筑结构层间位移的主要目的有两点：
1) 保证主结构基本处于弹性受力状态，对钢筋混凝土结构来讲，要避免混凝土墙或柱出现裂缝；同时，将混凝土梁等楼面构件的裂缝数量、宽度和高度限制在规定允许范围之内
2) 保证填充墙、隔墙和幕墙等非结构构件的完好，避免产生明显损伤
迄今，控制层间变形的参数有三种：即层间位移与层高之比(层间位移角)；有害层间位移角；区格广义剪切变形。其中层间位移角是过去应用最广泛，最为工程技术人员所熟知的
①层间位移与层高之比(即层间位移角)
$$\theta_i=\frac{\Delta u_i}{h_i}=\frac{u_i-u_{i-1}}{h_i} \quad (2\text{-}30)$$
② 有害层间位移角
$$\theta_{id}=\frac{\Delta u_{id}}{h_i}=\theta_i-\theta_{i-1}=\frac{u_i-u_{i-1}}{h_i}-\frac{u_{i-1}-u_{i-2}}{h_{i-1}} \quad (2\text{-}31)$$
式中　θ_i，θ_{i-1}——为 i 层上、下楼盖的转角，即 i 层、i-1 层的层间位移角
③ 区格的广义剪切变形(简称剪切变形)
$$\gamma_{ij}=\theta_i-\theta_{i-1,j}=\frac{u_i-u_{i-1}}{h_i}+\frac{v_{i-1,j}-v_{i-1,j-1}}{l_i} \quad (2\text{-}32)$$
式中　γ_{ij}——为区格 ij 剪切变形，其中脚标 i 表示区格所在层次，j 表示区格序号
$\theta_{i-1,j}$——为区格 ij 下楼盖的转角，以顺时针方向为正
l_j——为区格 ij 的宽度
$v_{i-1,j-1}$、$v_{i-1,j}$——为相应节点的竖向位移
如上所述，从结构受力与变形的相关性来看，参数 γ_{ij} 即剪切变形较符合实际情况；但就结构的宏观控制而言，参数 θ_i 即层间位移角又较简便
考虑到层间位移控制是一个宏观的侧向刚度指标，为便于设计人员在工程设计中应用，本书采用了层间最大位移与层高之比 $\Delta u/h$，即层间位移角 θ 作为控制指标</td></tr>
<tr><td>2</td><td>弹性方法计算</td><td>(1) 正常使用条件下，结构的水平位移应按本书第 4 章规定的风荷载、地震作用和第 5 章规定的弹性方法计算
(2) 目前，高层建筑结构是按弹性阶段进行设计的。地震按小震考虑；结构构件的刚度采用弹性阶段的刚度；内力与位移分析不考虑弹塑性变形。因此所得出的位移相应也是弹性阶段的位移，比在大震作用下弹塑性阶段的位移小得多，因而位移的控制指标也比较严</td></tr>
<tr><td>3</td><td>最大水平位移与层高之比规定</td><td>(1) 按弹性方法计算的风荷载或多遇地震标准值作用下的楼层层间最大水平位移与层高之比 $\Delta u/h$ 宜符合下列规定：
1)高度不大于 150m 的高层建筑，其楼层层间最大位移与层高之比 $\Delta u/h$ 不宜大于表 2-76 的限值</td></tr>
</table>

续表 2-75

序号	项　目	内　容
3	最大水平位移与层高之比规定	2)高度不小于 250m 的高层建筑，其楼层层间最大位移与层高之比 $\Delta u/h$ 不宜大于 1/500 3) 高度在 150～250m 之间的高层建筑，其楼层层间最大位移与层高之比 $\Delta u/h$ 的限值可按本条第 1)和第 2)款的限值线性插入取用 4) 楼层层间最大位移 Δu 以楼层竖向构件最大的水平位移差计算，不扣除整体弯曲变形。抗震设计时，本条规定的楼层位移计算可不考虑偶然偏心的影响 (2) 对上述(1)条的理解与应用 本书采用层间位移角 $\Delta u/h$ 作为刚度控制指标，不扣除整体弯曲转角产生的侧移，即直接采用内力位移计算的位移输出值 高度不大于 150m 的常规高度高层建筑的整体弯曲变形相对影响较小，层间位移角 $\Delta u/h$ 的限值按不同的结构体系在 1/550～1/1000 之间分别取值。但当高度超过 150m 时，弯曲变形产生的侧移有较快增长，所以超过 250m 高度的建筑，层间位移角按 1/500 作为限值。150～250m 之间的高层建筑按线性插入考虑 本条层间位移角 $\Delta u/h$ 的限值指最大层间位移与层高之比，第 i 层的 $\Delta u/h$ 指第 i 层和第 $i-1$ 层在楼层平面各处位移差 $\Delta u_i=u_i-u_{i-1}$ 中的最大值。由于高层建筑结构在水平力作用下几乎都会产生扭转，所以 Δu 的最大值一般在结构单元的尽端处 表 2-76 及表 2-77 序号 4 中，"除框架结构外的转换层"，包括了框架-剪力墙结构和筒体结构的托柱或托墙转换以及部分框支剪力墙结构的框支层；明确了水平位移限值针对的是风荷载或多遇地震作用标准值作用下结构分析所得到的位移计算值
4	结构薄弱层	(1) 高层建筑结构在罕遇地震作用下的薄弱层弹塑性变形验算，应符合下列规定： 1) 下列结构应进行弹塑性变形验算： ① 7～9 度时楼层屈服强度系数小于 0.5 的框架结构 ② 甲类建筑和 9 度抗震设防的乙类建筑结构 ③ 采用隔震和消能减震设计的建筑结构 ④ 房屋高度大于 150m 的结构 2) 下列结构宜进行弹塑性变形验算： ① 本书表 4-30 所列高度范围且不满足本书表 3-10 序号 1 之(2)～(6)条规定的竖向不规则高层建筑结构 ② 7 度Ⅲ、Ⅳ类场地和 8 度抗震设防的乙类建筑结构 ③ 板柱-剪力墙结构 3) 楼层屈服强度系数为按构件实际配筋和材料强度标准值计算的楼层受剪承载力与按罕遇地震作用计算的楼层弹性地震剪力的比值 (2) 结构薄弱层(部位)层间弹塑性位移应符合下列公式规定 $\Delta u_p \leqslant [\theta_p]h$　(2-33) 式中　Δu_p——层间弹塑性位移，见本书公式(5-14) $[\theta_p]$——层间弹塑性位移角限值，可按表 2-77 采用；对框架结构，当轴压比小于 0.40 时，可提高 10%；当柱子全高的箍筋构造采用比本书中框架柱箍筋最小配箍特征值大 30%时，可提高 20%，但累计提高不宜超过 25% h——层高

楼层层间最大位移与层高之比的限值　表 2-76

序号	结构体系	$\Delta u/h$ 限值
1	框架	1/550
2	框架-剪力墙、框架-核心筒、板柱-剪力墙	1/800
3	筒中筒、剪力墙	1/1000
4	除框架结构外的转换层	1/1000

层间弹塑性位移角限值 表 2-77

序号	结构体系	$[\theta_p]$
1	框架结构	1/50
2	框架-剪力墙结构、框架-核心筒结构、板柱-剪力墙结构	1/100
3	剪力墙结构和筒中筒结构	1/120
4	除框架结构外的转换层	1/120

2.10.2 高层建筑舒适度要求

高层建筑舒适度要求如表 2-78 所示。

高层建筑舒适度要求 表 2-78

序号	项目	内容
1	舒适度与风振加速度关系	高层建筑物在风荷载作用下将产生振动，过大的振动加速度将使在高楼内居住的人们感觉不舒适，甚至不能忍受，两者的关系可根据表 2-79 来确定
2	风振加速度限值	房屋高度不小于 150m 的高层混凝土建筑结构应满足风振舒适度要求。按有关标准规定的 10 年一遇的风荷载标准值作用下，结构顶点的顺风向和横风向振动最大加速度计算值 a_{lim} 不应超过表 2-80 的限值。也可通过风洞试验结果判断确定，计算时结构阻尼比宜取 0.01～0.02
3	楼盖结构舒适度	楼盖结构应具有适宜的舒适度。楼盖结构的竖向振动频率不宜小于 3Hz，竖向振动加速度峰值不应超过表 2-81 的限值。楼盖结构竖向振动加速度可按本表序号 4 计算
4	楼盖结构竖向振动加速度计算	(1) 楼盖结构的竖向振动加速度宜采用时程分析方法计算 (2) 人行走引起的楼盖振动峰值加速度可按下列公式近似计算： $$a_p=\frac{F_p}{\beta w}g \quad (2\text{-}34)$$ $$F_p=p_0 e^{-0.35f_n} \quad (2\text{-}35)$$ 式中 a_p——楼盖振动峰值加速度(m/s^2) F_p——接近楼盖结构自振频率时人行走产生的作用力(kN) p_0——人们行走产生的作用力(kN)，按表 2-82 采用 f_n——楼盖结构竖向自振频率(Hz) β——楼盖结构阻尼比，按表 2-82 采用 w——楼盖结构阻抗有效重量(kN)，可按下述(3)条计算 g——重力加速度，取 9.8m/s^2 (3) 楼盖结构的阻抗有效重量 w 可按下列公式计算： $$w=\overline{w}BL \quad (2\text{-}36)$$ $$B=CL \quad (2\text{-}37)$$ 式中 $\overline{w}$——楼盖单位面积有效重量(kN/m^2)，取恒载和有效分布活荷载之和。楼层有效分布活荷载：对办公建筑可取 0.55kN/m^2，对住宅可取 0.3kN/m^2 L——梁跨度(m) B——楼盖阻抗有效质量的分布宽度(m) C——垂直于梁跨度方向的楼盖受弯连续性影响系数，对边梁取 1，对中间梁取 2

舒适度与风振加速度关系 表2-79

序号	不舒适的程度	建筑物的加速度
1	无感觉	$<0.005g$
2	有感	$0.005\sim0.015g$
3	扰人	$0.015\sim0.05g$
4	十分扰人	$0.05\sim0.15g$
5	不能忍受	$>0.15g$

结构顶点风振加速度限值 a_{lim} 表2-80

序号	使用功能	a_{lim}(m/s^2)
1	住宅、公寓	0.15
2	办公、旅馆	0.25

楼盖竖向振动加速度限值 表2-81

序号	人员活动环境	峰值加速度限值(m/s^2)	
		竖向自振频率不大于2Hz	竖向自振频率不小于4Hz
1	住宅、办公	0.07	0.05
2	商场及室内连廊	0.22	0.15

注：楼盖结构竖向自振频率为2Hz～4Hz时，峰值加速度限值可按线性插值选取。

人行走作用力及楼盖结构阻尼比 表2-82

序号	人员活动环境	人员行走作用力 p_0(kN)	结构阻尼比 β
1	住宅，办公，教堂	0.3	0.02～0.05
2	商场	0.3	0.02
3	室内人行天桥	0.42	0.01～0.02
4	室外人行天桥	0.42	0.01

注：1. 表中阻尼比用于钢筋混凝土楼盖结构和钢-混凝土组合楼盖结构；
2. 对住宅、办公、教堂建筑，阻尼比0.02可用于无家具和非结构构件情况，如无纸化电子办公区、开敞办公区和教堂；阻尼比0.03可用于有家具、非结构构件，带少量可拆卸隔断的情况；阻尼比0.05可用于含全高填充墙的情况；
3. 对室内人行天桥，阻尼比0.02可用于天桥带干挂吊顶的情况。

2.11 结构抗震性能设计与抗连续倒塌设计基本要求

2.11.1 结构抗震性能设计

结构抗震性能设计如表2-83所示。

结构抗震性能设计 表2-83

序号	项　目	内　容
1	结构抗震性能目标与水准	(1) 结构抗震性能设计应分析结构方案的特殊性、选用适宜的结构抗震性能目标，并采取满足预期的抗震性能目标的措施

续表 2-83

序号	项　目	内　容
1	结构抗震性能目标与水准	结构抗震性能目标应综合考虑抗震设防类别、设防烈度、场地条件、结构的特殊性、建造费用、震后损失和修复难易程度等各项因素选定。结构抗震性能目标分为A、B、C、D四个等级，结构抗震性能分为1、2、3、4、5五个水准(表2-84)，每个性能目标均与一组在指定地震地面运动下的结构抗震性能水准相对应 (2) 结构抗震性能水准可按表2-85进行宏观判别
2	不同抗震性能水准的规定	不同抗震性能水准的结构可按下列规定进行设计： (1) 第1性能水准的结构，应满足弹性设计要求。在多遇地震作用下，其承载力和变形应符合本书的有关规定；在设防烈度地震作用下，结构构件的抗震承载力应符合下列公式规定： $\gamma_G S_{GE}+\gamma_{Eh}S_{Ehk}^*+\gamma_{Ev}S_{Evk}^*\leqslant R_d/\gamma_{RE}$　(2-38) 式中　R_d、γ_{RE}——分别为构件承载力设计值和承载力抗震调整系数，同本书表2-42序号1的规定 S_{GE}、γ_G、γ_{Eh}、γ_{Ev}——同本书表5-9序号1的规定 S_{Ehk}^*——水平地震作用标准值的构件内力，不需考虑与抗震等级有关的增大系数 S_{Evk}^*——竖向地震作用标准值的构件内力，不需考虑与抗震等级有关的增大系数 (2) 第2性能水准的结构，在设防烈度地震或预估的罕遇地震作用下，关键构件及普通竖向构件的抗震承载力宜符合公式(2-38)的规定；耗能构件的受剪承载力宜符合公式(2-38)的规定，其正截面承载力应符合下列公式规定： $S_{GE}+S_{Ehk}^*+0.4S_{Evk}^*\leqslant R_k$　(2-39) 式中　R_k——截面承载力标准值，按材料强度标准值计算 (3) 第3性能水准的结构应进行弹塑性计算分析。在设防烈度地震或预估的罕遇地震作用下，关键构件及普通竖向构件的正截面承载力应符合公式(2-39)的规定，水平长悬臂结构和大跨度结构中的关键构件正截面承载力尚应符合公式(2-40)的规定，其受剪承载力宜符合公式(2-38)的规定；部分耗能构件进入屈服阶段，但其受剪承载力应符合公式(2-39)的规定。在预估的罕遇地震作用下，结构薄弱部位的层间位移角应满足本书表2-75序号4之(2)条的规定 $S_{GE}+0.4S_{Ehk}^*+S_{Evk}^*\leqslant R_k$　(2-40) (4) 第4性能水准的结构应进行弹塑性计算分析。在设防烈度或预估的罕遇地震作用下，关键构件的抗震承载力应符合公式(2-39)的规定，水平长悬臂结构和大跨度结构中的关键构件正截面承载力尚应符合公式(2-40)的规定；部分竖向构件以及大部分耗能构件进入屈服阶段，但钢筋混凝土竖向构件的受剪截面应符合公式(2-41)的规定，钢-混凝土组合剪力墙的受剪截面应符合公式(2-42)的规定。在预估的罕遇地震作用下，结构薄弱部位的层间位移角应符合本书表2-75序号4之(2)条的规定 $V_{GE}+V_{Ek}^*\leqslant 0.15f_{ck}bh_0$　(2-41) $(V_{GE}+V_{Ek}^*)-(0.25f_{ak}A_a+0.5f_{spk}A_{sp})\leqslant 0.15f_{ck}bh_0$　(2-42) 式中　V_{GE}——重力荷载代表值作用下的构件剪力(N) V_{Ek}^*——地震作用标准值的构件剪力(N)，不需考虑与抗震等级有关的增大系数 f_{ck}——混凝土轴心拉压强度标准值(N/mm^2) f_{ak}——剪力墙端部暗柱中型钢的强度标准值(N/mm^2) A_a——剪力墙端部暗柱中型钢的截面面积(mm^2) f_{spk}——剪力墙墙内钢板的强度标准值(N/mm^2) A_{sp}——剪力墙墙内钢板的横截面面积(mm^2) (5) 第5性能水准的结构应进行弹塑性计算分析。在预估的罕遇地震作用下，关键构件的抗震承载力宜符合公式(2-39)的规定；较多的竖向构件进入屈服阶段，但同一楼层的竖向构件不宜全部屈服；竖向构件的受剪截面应符合公式(2-41)或公式(2-42)的规定；允许部分耗能构件发生比较严重的破坏；结构薄弱部位的层间位移角应符合本书表2-75序号4之(2)条的规定

续表 2-83

序号	项　目	内　容
3	结构弹塑性计算规定	结构弹塑性计算分析除应符合本书表 5-6 序号 1 的规定外，尚应符合下列规定： (1) 高度不超过 150m 的高层建筑可采用静力弹塑性分析方法；高度超过 200m 时，应采用弹塑性时程分析法；高度在 150～200m 之间，可视结构自振特性和不规则程度选择静力弹塑性方法或弹塑性时程分析方法。高度超过 300m 的结构，应有两个独立的计算，进行校核 (2) 复杂结构应进行施工模拟分析，应以施工全过程完成后的内力为初始状态 (3) 弹塑性时程分析宜采用双向或三向地震输入

结构抗震性能目标　　**表 2-84**

序号	性能目标 / 地震水准 / 性能水准	A	B	C	D
1	多遇地震	1	1	1	1
2	设防烈度地震	1	2	3	4
3	预估的罕遇地震	2	3	4	5

各性能水准结构预期的震后性能状况　　**表 2-85**

序号	结构抗震性能水准	宏观损坏程度	损坏部位			继续使用的可能性
			关键构件	普通竖向构件	耗能构件	
1	1	完好、无损坏	无损坏	无损坏	无损坏	不需修理即可继续使用
2	2	基本完好、轻微损坏	无损坏	无损坏	轻微损坏	稍加修理即可继续使用
3	3	轻度损坏	轻微损坏	轻微损坏	轻度损坏、部分中度损坏	一般修理后可继续使用
4	4	中度损坏	轻度损坏	部分构件中度损坏	中度损坏、部分比较严重损坏	修复或加固后可继续使用
5	5	比较严重损坏	中度损坏	部分构件比较严重损坏	比较严重损坏	需排险大修

注："关键构件"是指该构件的失效可能引起结构的连续破坏或危及生命安全的严重破坏；"普通竖向构件"是指"关键构件"之外的竖向构件；"耗能构件"包括框架梁、剪力墙连梁及耗能支撑等。

2.11.2　抗连续倒塌设计基本要求

抗连续倒塌设计基本要求如表 2-86 所示。

抗连续倒塌设计基本要求　　**表 2-86**

序号	项　目	内　容
1	安全等级为一级的高层建筑结构	安全等级为一级的高层建筑结构应满足抗连续倒塌概念设计要求；有特殊要求时，可采用拆除构件方法进行抗连续倒塌设计

续表 2-86

序号	项　目	内　容
2	抗连续倒塌拆除构件方法规定	抗连续倒塌的拆除构件方法应符合下列规定： (1) 逐个分别拆除结构周边柱、底层内部柱以及转换桁架腹杆等重要构件 (2) 可采用弹性静力方法分析剩余结构的内力与变形 (3) 剩余结构构件承载力应符合下列公式要求： $$R_d \geqslant \beta S_d \quad (2\text{-}43)$$ 式中　S_d——剩余结构构件效应设计值，可按本表序号 3 之(2)条的规定计算 R_d——剩余结构构件承载力设计值，可按本表序号 3 之(4)条的规定计算 β——效应折减系数。对中部水平构件取 0.67，对其他构件取 1.0
3	抗连续倒塌概念设计与构件截面承载力计算	(1) 抗连续倒塌概念设计应符合下列规定： 1) 应采取必要的结构连接措施，增强结构的整体性 2) 主体结构宜采用多跨规则的超静定结构 3) 结构构件应具有适宜的延性，避免剪切破坏、压溃破坏、锚固破坏、节点先于构件破坏 4) 结构构件应具有一定的反向承载能力 5) 周边及边跨框架的柱距不宜过大 6) 转换结构应具有整体多重传递重力荷载途径 7) 钢筋混凝土结构梁柱宜刚接，梁板顶、底钢筋在支座处宜按受拉要求连续贯通 8) 钢结构框架梁柱宜刚接 9) 独立基础之间宜采用拉梁连接 (2) 结构抗连续倒塌设计时，荷载组合的效应设计值可按下列公式确定： $$S_d = \eta_d (S_{Gk} + \sum \psi_{qi} S_{Qi,k}) + \Psi_W S_{wk} \quad (2\text{-}44)$$ 式中　S_{Gk}——永久荷载标准值产生的效应 $S_{Qi,k}$——第 i 个竖向可变荷载标准值产生的效应 S_{wk}——风荷载标准值产生的效应 ψ_{qi}——可变荷载的准永久值系数 Ψ_W——风荷载组合值系数，取 0.2 η_d——竖向荷载动力放大系数。当构件直接与被拆除竖向构件相连时取 2.0，其他构件取 1.0 (3) 当拆除某构件不能满足结构抗连续倒塌设计要求时，在该构件表面附加 $80kN/m^2$ 侧向偶然作用设计值，此时其承载力应满足下列公式要求： $$R_d \geqslant S_d \quad (2\text{-}45)$$ $$S_d = S_{Gk} + 0.6 S_{Qk} + S_{Ad} \quad (2\text{-}46)$$ 式中　R_d——构件承载力设计值，按本书表 2-42 序号 1 的规定采用 S_d——作用组合的效应设计值 S_{Gk}——永久荷载标准值的效应 S_{Qk}——活荷载标准值的效应 S_{Ad}——侧向偶然作用设计值的效应 (4) 构件截面承载力计算时，混凝土强度可取标准值；钢材强度，正截面承载力验算时，可取标准值的 1.25 倍，受剪承载力验算时可取标准值

2.12 预应力混凝土结构设计规定

2.12.1 预应力混凝土构造规定

预应力混凝土构造规定如表 2-87 所示。

预应力混凝土构造规定　　表 2-87

<table>
<tr><th>序号</th><th>项　目</th><th>内　容</th></tr>
<tr><td>1</td><td>先张法预应力筋</td><td>(1) 先张法预应力筋之间的净间距不宜小于其公称直径的2.5倍和混凝土粗骨料最大粒径的1.25倍，且应符合下列规定：预应力钢丝，不应小于15mm；三股钢绞线，不应小于20mm；七股钢绞线，不应小于25mm。当混凝土振捣密实性具有可靠保证时，净间距可放宽为最大粗骨料粒径的1.0倍
(2) 先张法预应力混凝土构件端部宜采取下列构造措施：
1) 单根配置的预应力筋，其端部宜设置螺旋筋
2) 分散布置的多根预应力筋，在构件端部 $10d$ 且不小于100mm长度范围内，宜设置3～5片与预应力筋垂直的钢筋网片，此处 d 为预应力筋的公称直径
3) 采用预应力钢丝配筋的薄板，在板端100mm长度范围内宜适当加密横向钢筋
4) 槽形板类构件，应在构件端部100mm长度范围内沿构件板面设置附加横向钢筋，其数量不应少于2根</td></tr>
<tr><td>2</td><td>后张法预应力筋</td><td>(1) 后张法预应力筋所用锚具、夹具和连接器等的形式和质量应符合国家现行有关标准的规定
(2) 后张法预应力筋及预留孔道布置应符合下列构造规定：
1) 预制构件中预留孔道之间的水平净间距不宜小于50mm，且不宜小于粗骨料粒径的1.25倍；孔道至构件边缘的净间距不宜小于30mm，且不宜小于孔道直径的50%
2) 现浇混凝土梁中预留孔道在竖直方向的净间距不应小于孔道外径，水平方向的净间距不宜小于1.5倍孔道外径，且不应小于粗骨料粒径的1.25倍；从孔道外壁至构件边缘的净间距，梁底不宜小于50mm，梁侧不宜小于40mm，裂缝控制等级为三级的梁，梁底、梁侧分别不宜小于60mm和50mm
3) 预留孔道的内径宜比预应力束外径及需穿过孔道的连接器外径大6～15mm，且孔道的截面积宜为穿入预应力束截面积的3.0～4.0倍
4) 当有可靠经验并能保证混凝土浇筑质量时，预留孔道可水平并列贴紧布置，但并排的数量不应超过2束
5) 在现浇楼板中采用扁形锚固体系时，穿过每个预留孔道的预应力筋数量宜为3～5根；在常用荷载情况下，孔道在水平方向的净间距不应超过8倍板厚及1.5m中的较大值
6) 板中单根无粘结预应力筋的间距不宜大于板厚的6倍，且不宜大于1m；带状束的无粘结预应力筋根数不宜多于5根，带状束间距不宜大于板厚的12倍，且不宜大于2.4m
7) 梁中集束布置的无粘结预应力筋，集束的水平净间距不宜小于50mm，束至构件边缘的净距不宜小于40mm
(3) 后张法预应力混凝土构件的端部锚固区，应按下列规定配置间接钢筋：
1) 采用普通垫板时，应按本书表6-28的规定进行局部受压承载力计算，并配置间接钢筋，其体积配筋率不应小于0.5%，垫板的刚性扩散角应取45°
2) 局部受压承载力计算时，局部压力设计值对有粘结预应力混凝土构件取1.2倍张拉控制力，对无粘结预应力混凝土取1.2倍张拉控制力和($f_{ptk}A_p$)中的较大值
3) 当采用整体铸造垫板时，其局部受压区的设计应符合相关标准的规定
4) 在局部受压间接钢筋配置区以外，在构件端部长度 l 不小于截面重心线上部或下部预应力筋的合力点至邻近边缘的距离 e 的3倍、但不大于构件端部截面高度 h 的1.2倍，高度为 $2e$ 的附加配筋区范围内，应均匀配置附加防劈裂箍筋或网片(图2-11)，配筋面积可按下列公式计算：
$$A_{sb} \geq 0.18\left(1-\frac{l_l}{l_b}\right)\frac{P}{f_{yv}} \quad (2\text{-}47)$$
且体积配筋率不应小于0.5%
式中　P——作用在构件端部截面重心线上部或下部预应力筋的合力设计值，可按本条上述2)的规定确定
l_l、l_b——分别为沿构件高度方向 A_l、A_b 的边长或直径，A_l、A_b 按本书表6-28序号2之(2)条的确定
f_{yv}——附加防劈裂钢筋的抗拉强度设计值，按本书2.3.3节的规定采用</td></tr>
</table>

续表 2-87

序号	项　目	内　容
2	后张法预应力筋	5）当构件端部预应力筋需集中布置在截面下部或集中布置在上部和下部时，应在构件端部 0.2h 范围内设置附加竖向防端面裂缝构造钢筋(图 2-11)，其截面面积应符合下列公式要求： $$A_{sv}\geqslant\frac{T_s}{f_{yv}} \quad (2\text{-}48)$$ $$T_s=\left(0.25-\frac{e}{h}\right)P \quad (2\text{-}49)$$ 式中　T_s——锚固端端面拉力 P——作用在构件端部截面重心线上部或下部预应力筋的合力设计值，可按本条上述 2)的规定确定 e——截面重心线上部或下部预应力筋的合力点至截面近边缘的距离 h——构件端部截面高度 当 e 大于 0.2h 时，可根据实际情况适当配置构造钢筋。竖向防端面裂缝钢筋宜靠近端面配置，可采用焊接钢筋网、封闭式箍筋或其他的形式，且宜采用带肋钢筋 当端部截面上部和下部均有预应力筋时，附加竖向钢筋的总截面面积应按上部和下部的预应力合力分别计算的较大值采用 在构件端面横向也应按上述方法计算抗端面裂缝钢筋，并与上述竖向钢筋形成网片筋配置 （4）后张法预应力混凝土构件中，当采用曲线预应力束时，其曲率半径 r_p 宜按下列公式确定，但不宜小于 4m $$r_p\geqslant\frac{P}{0.35f_cd_p} \quad (2\text{-}50)$$ 式中　P——预应力束的合力设计值，可按上述(3)条第 2)款的规定确定 r_p——预应力束的曲率半径(m) d_p——预应力束孔道的外径 f_c——混凝土轴心抗压强度设计值；当验算张拉阶段曲率半径时，可取与施工阶段混凝土立方体抗压强度 f'_{cu}对应的抗压强度设计值 f'_c，按本书表 2-10 以线性内插法确定 对于折线配筋的构件，在预应力束弯折处的曲率半径可适当减小。当曲率半径 r_p 不满足上述要求时，可在曲线预应力束弯折处内侧设置钢筋网片或螺旋筋 （5）后张预应力混凝土外露金属锚具，应采取可靠的防腐及防火措施，并应符合下列规定： 1）无粘结预应力筋外露锚具应采用注有足量防腐油脂的塑料帽封闭锚具端头，并应采用无收缩砂浆或细石混凝土封闭 2）对处于二 b、三 a、三 b 类环境条件下的无粘结预应力锚固系统，应采用全封闭的防腐蚀体系，其封锚端及各连接部位应能承受 10kN/m^2 的静水压力而不得透水 3）采用混凝土封闭时，其强度等级宜与构件混凝土强度等级一致，且不应低于 C30。封锚混凝土与构件混凝土应可靠粘结，如锚具在封闭前应将周围混凝土界面凿毛并冲洗干净，且宜配置 1～2 片钢筋网，钢筋网应与构件混凝土拉结 4）采用无收缩砂浆或混凝土封闭保护时，其锚具及预应力筋端部的保护层厚度不应小于：一类环境时 20mm，二 a、二 b 类环境时 50mm，三 a、三 b 类环境时 80mm
3	其他要求	（1）预制肋形板，宜设置加强其整体性和横向刚度的横肋。端横肋的受力钢筋应弯入纵肋内。当采用先张长线法生产有端横肋的预应力混凝土肋形板时，应在设计和制作上采取防止放张预应力时端横肋产生裂缝的有效措施 （2）在预应力混凝土屋面梁、吊车梁等构件靠近支座的斜向主拉应力较大部位，宜将一部分预应力筋弯起配置 （3）预应力筋在构件端部全部弯起的受弯构件或直线配筋的先张法构件，当构件端部与下部支承结构焊接时，应考虑混凝土收缩、徐变及温度变化所产生的不利影响，宜在构件端部可能产生裂缝的部位设置纵向构造钢筋

续表 2-87

<table>
<tr><th>序号</th><th>项　目</th><th>内　容</th></tr>
<tr><td>3</td><td>其他要求</td><td>(4) 当构件在端部有局部凹进时，应增设折线构造钢筋(图 2-12)或其他有效的构造钢筋
(5) 在预应力混凝土结构中，当沿构件凹面布置曲线预应力束时(图 2-13)，应进行防崩裂设计。当曲率半径 r_p 满足下列公式要求时，可仅配置构造 U 形插筋
$$r_p \geqslant \frac{P}{f_t(0.5d_p+c_p)} \quad (2\text{-}51)$$
当不满足时，每单肢 U 形插筋的截面面积应按下列公式确定：
$$A_{sv1} \geqslant \frac{Ps_v}{2r_p f_{yv}} \quad (2\text{-}52)$$
式中　P——预应力束的合力设计值，可按本表序号 2 之(3)条的 2)的规定确定
f_t——混凝土轴心抗拉强度设计值；或与施工张拉阶段混凝土立方体抗压强度 f'_{cu}相应的抗拉强度设计值 f'_t，按本书表 2-11 以线性内插法确定
c_p——预应力束孔道净混凝土保护层厚度
A_{sv1}——每单肢插筋截面面积
s_v——U 形插筋间距
f_{yv}——U 形插筋抗拉强度设计值，按本书表 2-19 采用用，当大于 360N/mm^2 时取 360N/mm^2
U 形插筋的锚固长度不应小于 l_a；当实际锚固长度 l_e 小于 l_a 时，每单肢 U 形插筋的截面面积可按 A_{sv1}/k 取值。其中，k 取 $l_e/15d$ 和 $l_e/200$ 中的较小值，且 k 不大于 1.0
当有平行的几个孔道，且中心距不大于 $2d_p$ 时，预应力筋的合力设计值应按相邻全部孔道内的预应力筋确定
(6) 构件端部尺寸应考虑锚具的布置、张拉设备的尺寸和局部受压的要求，必要时应适当加大</td></tr>
</table>

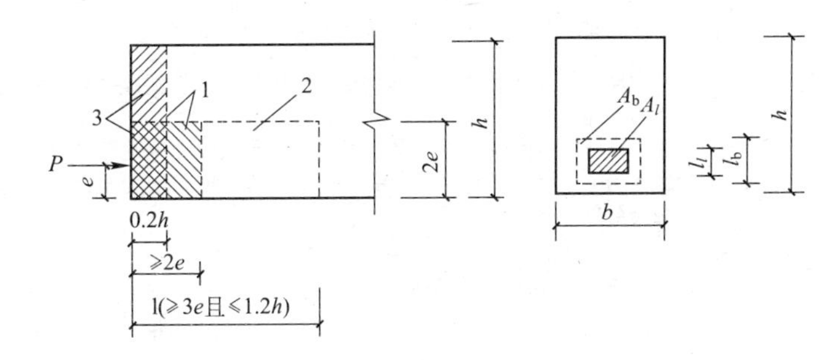

图 2-11　防止端部裂缝的配筋范围

1—局部受压间接钢筋配置区；2—附加防劈裂配筋区；3—附加防端面裂缝配筋区

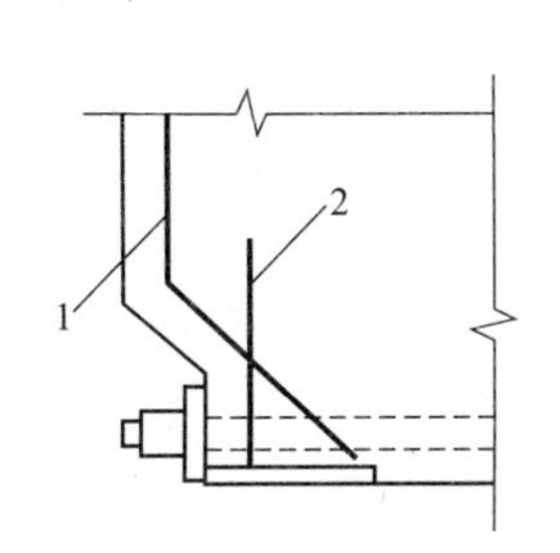

图 2-12　端部凹进处构造钢筋

1—折线构造钢筋；2—竖向构造钢筋

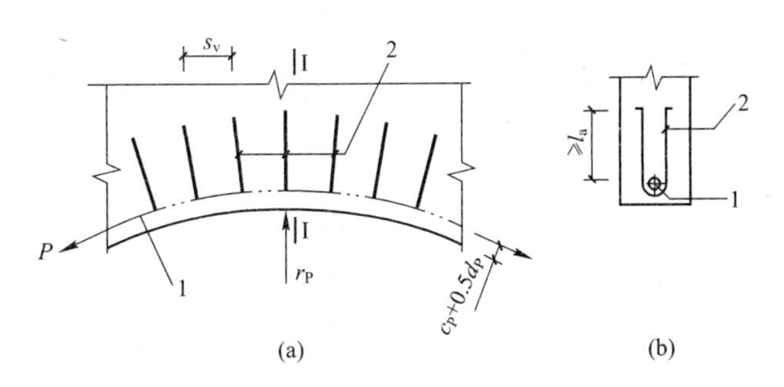

图 2-13　抗崩裂 U 形插筋构造示意

(a)抗崩裂 U 形插筋布置；(b) Ⅰ-Ⅰ 剖面

1—预应力束；2—沿曲线预应力束均匀布置的 U 形插筋

2.12.2 预应力混凝土结构抗震设计要求

预应力混凝土结构抗震设计要求如表 2-88 所示。

预应力混凝土结构抗震设计要求 表 2-88

序号	项　目	内　容
1	适用条件	(1) 预应力混凝土结构可用于抗震设防烈度 6 度、7 度、8 度区，当 9 度区需采用预应力混凝土结构时，应有充分依据，并采取可靠措施 无粘结预应力混凝土结构的抗震设计，应采取措施防止罕遇地震下结构构件塑性铰区以外有效预加力松弛，并符合专门的规定 (2) 抗震设计的预应力混凝土结构，应采取措施使其具有良好的变形和消耗地震能量的能力，达到延性结构的基本要求；应避免构件剪切破坏先于弯曲破坏、节点先于被连接构件破坏、预应力筋的锚固粘结先于构件破坏 (3) 抗震设计时，后张预应力框架、门架、转换层的转换大梁，宜采用有粘结预应力筋。承重结构的受拉杆件和抗震等级为一级的框架，不得采用无粘结预应力筋，应采用有粘结预应力筋
2	混凝土强度等级与内力调整	(1) 预应力混凝土结构的混凝土强度等级，框架和转换层的转换构件不宜低于 C40。其他抗侧力的预应力混凝土构件，不应低于 C30 (2) 抗震设计时，预应力混凝土结构的抗震等级及相应的地震组合内力调整，应按本书对钢筋混凝土结构的要求执行
3	抗震计算	预应力混凝土结构的抗震计算，应符合下列规定： (1) 预应力混凝土框架结构的阻尼比宜取 0.03；在框架-剪力墙结构、框架-核心筒结构及板柱-剪力墙结构中，当仅采用预应力混凝土梁或板时，阻尼比应取 0.05 (2) 预应力混凝土结构构件截面抗震验算时，在地震组合中，预应力作用分项系数，当预应力作用效应对构件承载力有利时应取用 1.0，不利时应取用 1.2 (3) 预应力筋穿过框架节点核芯区时，节点核芯区的截面抗震验算，应计入总有效预加力以及预应力孔道削弱核芯区有效验算宽度的影响
4	抗震构造	预应力混凝土框架的抗震构造，除应符合钢筋混凝土结构的要求外，尚应符合下列规定： (1) 预应力混凝土框架梁端截面，计入纵向受压钢筋的混凝土受压区高度应符合本书表 2-106 序号 1 的规定；按普通钢筋抗拉强度设计值换算的全部纵向受拉钢筋配筋率不宜大于 2.5% (2) 在预应力混凝土框架梁中，应采用预应力筋和普通钢筋混合配筋的方式，梁端截面配筋宜符合下列要求 $A_s \geqslant \frac{1}{3}\left(\frac{f_{py}h_p}{f_y h_s}\right)A_p$ (2-53) 注：对二、三级抗震等级的框架-剪力墙、框架-核心筒结构中的后张有粘结预应力混凝土框架，公式(2-53)右端项系数 1/3 可改为 1/4 (3) 预应力混凝土框架梁梁端截面的底部纵向普通钢筋和顶部纵向受力钢筋截面面积的比值，应符合本书表 7-52 序号 2 的有关规定。计算顶部纵向受力钢筋截面面积时，应将预应力筋按抗拉强度设计值换算为普通钢筋截面面积 框架梁端底面纵向普通钢筋配筋率尚不应小于 0.2% (4) 当计算预应力混凝土框架柱的轴压比时，轴向压力设计值应取柱组合的轴向压力设计值加上预应力筋有效预加力的设计值，其轴压比应符合本书表 7-54 序号 2 的相应要求 (5) 预应力混凝土框架柱的箍筋宜全高加密。大跨度框架边柱可采用在截面受拉较大的一侧设置预应力筋和普通钢筋的混合配筋，另一侧仅配置普通钢筋的非对称配筋方式
5	其他要求	(1) 后张预应力混凝土板柱-剪力墙结构，其板柱上板带的端截面应符合本表序号 4 对受压区高度的规定和公式(2-53)对截面配筋的要求 板柱节点应符合有关的规定 (2) 后张预应力筋的锚具、连接器不宜设置在梁柱节点核芯区。预应力筋-锚具组装件的锚固性能，应符合专门的规定

2.13　结构不考虑地震的普通钢筋的配筋率

2.13.1　钢筋混凝土结构构件中纵向受力钢筋的最小配筋百分率

（1）纵向受力钢筋的最小配筋百分率 ρ_{min}（%）如表2-89所示。

纵向受力钢筋的最小配筋百分率 ρ_{min}（%）　　表2-89

序号	受力类型			最小配筋百分率
1	受压构件	全部纵向钢筋	强度等级 500N/mm^2	0.50
2			强度等级 400N/mm^2	0.55
3			强度等级 300N/mm^2、335N/mm^2	0.60
4		一侧纵向钢筋		0.20
5	受弯构件、偏心受拉、轴心受拉构件一侧的受拉钢筋			0.20和 $45f_t/f_y$ 中的较大值

注：1. 受压构件全部纵向钢筋最小配筋百分率，当采用C60以上强度等级的混凝土时，应按表中规定增加0.10；
2. 板类受弯构件(不包括悬臂板)的受拉钢筋，当采用强度等级400N/mm^2、500N/mm^2 的钢筋时；其最小配筋百分率应允许采用0.15和 $45f_t/f_y$ 中的较大值；
3. 偏心受拉构件中的受压钢筋，应按受压构件一侧纵向钢筋考虑；
4. 受压构件的全部纵向钢筋和一侧纵向钢筋的配筋率以及轴心受拉构件和小偏心受拉构件一侧受拉钢筋的配筋率均应按构件的全截面面积计算；
5. 受弯构件、大偏心受拉构件一侧受拉钢筋的配筋率应按全截面面积扣除受压翼缘面积 $(b_f'-b)h_f'$ 后的截面面积计算；
6. 当钢筋沿构件截面周边布置时，“一侧纵向钢筋”系指沿受力方向两个对边中一边布置的纵向钢筋；
7. 卧置于地基上的混凝土板，板中受拉钢筋的最小配筋率可适当降低，但不应小于0.15%；
8. 对结构中次要的钢筋混凝土受弯构件，当构造所需截面高度远大于承载的需求时，其纵向受拉钢筋的配筋率可按下列公式计算：

$$\rho_s \geq \frac{h_{cr}}{h}\rho_{min} \tag{2-54}$$

$$h_{cr}=1.05\sqrt{\frac{M}{\rho_{min}f_y b}} \tag{2-55}$$

式中 ρ_s——构件按全截面计算的纵向受拉钢筋的配筋率；
ρ_{min}——纵向受力钢筋的最小配筋率，按本表取用；
h_{cr}——构件截面的临界高度，当小于 $h/2$ 时取 $h/2$；
h——构件截面的高度；
b——构件的截面宽度；
M——构件的正截面受弯承载力设计值。

（2）受弯构件、偏心受拉、轴心受拉构件一侧的纵向受拉钢筋的最小配筋百分率 ρ_{min}（%）如表2-90所示。

受弯构件、偏心受拉、轴心受拉构件一侧的纵向受拉钢筋的最小配筋百分率 ρ_{min}（%）　　表2-90

序号	混凝土强度等级	HPB300 $f_y=270$N/mm^2	HRB335、HRBF335 $f_y=300$N/mm^2	HRB400、HRBF400、RRB400 $f_y=360$N/mm^2	HRB500、HRBF500 $f_y=435$N/mm^2
1	C20	0.200	0.200	0.200(0.150)	0.200(0.150)
2	C25	0.212	0.200	0.200(0.159)	0.200(0.150)
3	C30	0.238	0.214	0.200(0.179)	0.200(0.150)

续表 2-90

序号	混凝土强度等级	HPB300 $f_y=270N/mm^2$	HRB335、HRBF335 $f_y=300N/mm^2$	HRB400、HRBF400、RRB400 $f_y=360N/mm^2$	HRB500、HRBF500 $f_y=435N/mm^2$
4	C35	0.262	0.236	0.200(0.196)	0.200(0.162)
5	C40	0.285	0.256	0.214	0.200(0.177)
6	C45	0.300	0.270	0.225	0.200(0.186)
7	C50	0.315	0.284	0.236	0.200(0.196)
8	C55	0.327	0.294	0.245	0.203
9	C60	0.340	0.306	0.255	0.211
10	C65	0.348	0.314	0.261	0.216
11	C70	0.357	0.321	0.268	0.221
12	C75	0.363	0.327	0.272	0.226
13	C80	0.370	0.333	0.278	0.230

注：1. 表中括号内数值可适用于板类受弯构件(不包括悬臂板)的受拉钢筋；

2. 本表是根据表 2-89 序号 5 要求制作。

(3) 根据表 2-89 序号 1、序号 2 及序号 3 制作的受压构件全部纵向受力钢筋的最小配筋百分率 ρ_{min}(%)如表 2-91 所示。

受压构件全部纵向受力钢筋的最小配筋百分率 ρ_{min}(%)　　表 2-91

钢筋种类	混凝土强度等级												
	C20	C25	C30	C35	C40	C45	C50	C55	C60	C65	C70	C75	C80
强度等级 500N/mm²	0.50	0.50	0.50	0.50	0.50	0.50	0.50	0.50	0.60	0.60	0.60	0.60	0.60
强度等级 400N/mm²	0.55	0.55	0.55	0.55	0.55	0.55	0.55	0.55	0.65	0.65	0.65	0.65	0.65
强度等级 300N/mm²、335N/mm²	0.60	0.60	0.60	0.60	0.60	0.60	0.60	0.60	0.70	0.70	0.70	0.70	0.70

2.13.2 钢筋混凝土受弯构件纵向受力钢筋最大配筋百分率

钢筋混凝土受弯构件纵向受力钢筋最大配筋百分率 ρ_{max}(%)如表 2-92 所示。

钢筋混凝土受弯构件纵向受力钢筋最大配筋百分率 ρ_{max}(%)　　表 2-92

序号	混凝土强度等级	HPB300 $f_y=270N/mm^2$	HRB335、HRBF335 $f_y=300N/mm^2$	HRB400、HRBF400、RRB400 $f_y=360N/mm^2$	HRB500、HRBF500 $f_y=435N/mm^2$
1	C20	2.048	1.760	1.381	1.064
2	C25	2.539	2.182	1.712	1.319
3	C30	3.051	2.622	2.058	1.585
4	C35	3.563	3.062	2.403	1.850
5	C40	4.075	3.502	2.748	2.116
6	C45	4.501	3.868	3.036	2.338

续表 2-92

序号	混凝土强度等级	HPB300 $f_y=270N/mm^2$	HRB335、HRBF335 $f_y=300N/mm^2$	HRB400、HRBF400、RRB400 $f_y=360N/mm^2$	HRB500、HRBF500 $f_y=435N/mm^2$
7	C50	4.928	4.235	3.324	2.560
8	C55	5.251	4.517	3.534	2.724
9	C60	5.550	4.770	3.736	2.875
10	C65	5.836	5.013	3.921	3.013
11	C70	6.072	5.210	4.079	3.137
12	C75	6.279	5.384	4.210	3.233
13	C80	6.474	5.546	4.331	3.328

注：1. ρ_{max}(%)计算公式为 $\rho_{max}=\xi_b\dfrac{\alpha_1 f_c}{f_y}$；

2. ξ_b 值见本书表 2-6。

2.13.3 梁内受扭纵向钢筋的配筋率

梁内受扭纵向钢筋的配筋率如表 2-93 所示。

梁内受扭纵向钢筋的配筋率　表 2-93

序号	项　目	内　容
1	梁内受扭纵向钢筋的配筋率	(1) 梁内受扭纵向钢筋的配筋率 梁内受扭纵向钢筋的配筋率 ρ_{tl} 应按下列公式确定： $$\rho_{tl}=\frac{A_{stl}}{bh} \quad (2\text{-}56)$$ 式中　A_{stl}——沿截面周边布置的受扭纵向钢筋总截面面积 (2) 梁内受扭纵向钢筋的最小配筋率 $\rho_{tl,min}$ 应符合下列规定： $$\rho_{tl,min}=0.6\sqrt{\frac{T}{Vb}}\frac{f_t}{f_y} \quad (2\text{-}57)$$ 当 $T/(Vb)>2.0$ 时，取 $T/(Vb)=2.0$。 式中　$\rho_{tl,min}$——受扭纵向钢筋的最小配筋率，取 $A_{stl}/(bh)$ b——受剪的截面宽度，按本书表 6-30 序号 1 的规定取用，对箱形截面构件，b 应以 b_h 代替 (3) 沿截面周边布置受扭纵向钢筋的间距不应大于 200mm 及梁截面短边长度；除应在梁截面四角设置受扭纵向钢筋外，其余受扭纵向钢筋宜沿截面周边均匀对称布置。受扭纵向钢筋应按受拉钢筋锚固在支座内 (4) 在弯剪扭构件中，配置在截面弯曲受拉边的纵向受力钢筋，其截面面积不应小于按本书表 2-89 规定的受弯构件受拉钢筋最小配筋率计算的钢筋截面面积与按本表受扭纵向钢筋配筋率计算并分配到弯曲受拉边的钢筋截面面积之和
2	受扭纵向受力钢筋的最小配筋率计算用表	梁内受扭纵向受力钢筋的最小配筋百分率 $\rho_{tl,min}$ 如表 2-94 所示 计算公式为　$\rho_{tl,min}=0.6\sqrt{\frac{T}{Vb}}\frac{f_t}{f_t}\%=\left(0.6\sqrt{2}\frac{f_t}{f_y}\right)\%$

梁内受扭纵向受力钢筋的最小配筋百分率 $\rho_{tl,min}$(%)　表 2-94

序号	混凝土强度等级	HPB300 $f_y=270N/mm^2$	HRB335、HRBF335 $f_y=300N/mm^2$	HRB400、HRBF400、RRB400 $f_y=360N/mm^2$	HRB500、HRBF500 $f_y=435N/mm^2$
1	C20	0.346	0.311	0.259	0.215
2	C25	0.399	0.359	0.299	0.248

续表 2-94

序号	混凝土强度等级	HPB300 $f_y=270N/mm^2$	HRB335、HRBF335 $f_y=300N/mm^2$	HRB400、HRBF400、RRB400 $f_y=360N/mm^2$	HRB500、HRBF500 $f_y=435N/mm^2$
3	C30	0.449	0.404	0.337	0.279
4	C35	0.493	0.444	0.370	0.306
5	C40	0.537	0.484	0.403	0.334
6	C45	0.566	0.509	0.424	0.351
7	C50	0.594	0.535	0.445	0.369
8	C55	0.616	0.554	0.462	0.382
9	C60	0.641	0.577	0.481	0.398
10	C65	0.657	0.591	0.493	0.408
11	C70	0.673	0.605	0.504	0.417
12	C75	0.685	0.617	0.514	0.425
13	C80	0.698	0.628	0.523	0.433

2.13.4 钢筋混凝土梁中箍筋的配筋率

钢筋混凝土梁中箍筋的配筋率如表 2-95 所示。

钢筋混凝土梁中箍筋的配筋率　　**表 2-95**

序号	项　目	内　容
1	计算公式	(1) 梁中箍筋配筋率计算公式为 $$\rho_{sv}=\frac{A_{sv}}{bs}=\frac{nA_{sv1}}{bs} \quad (2\text{-}58)$$ (2) 梁中箍筋的最大间距宜符合表 6-16 的规定；当 V 大于 $0.7f_tbh_0$ 时，箍筋的配筋率为 $$\rho_{sv}\geqslant 0.24\frac{f_t}{f_{yv}} \quad (2\text{-}59)$$ (3) 在弯剪扭构件中，梁箍筋的配筋率为 $$\rho_{sv}\geqslant 0.28\frac{f_t}{f_{yv}} \quad (2\text{-}60)$$ (4) 梁端设置的第一个箍筋距框架节点边缘不应大于 50mm。非加密区的箍筋间距不宜大于加密区箍筋间距的 2 倍。沿梁全长箍筋的面积配筋率 ρ_{sv} 应符合下列规定： 1) 一级抗震等级 $$\rho_{sv}\geqslant 0.30\frac{f_t}{f_{yv}} \quad (2\text{-}61)$$ 2) 二级抗震等级 $$\rho_{sv}\geqslant 0.28\frac{f_t}{f_{yv}}$$ 三、四级抗震等级 $$\rho_{sv}\geqslant 0.26\frac{f_t}{f_{yv}} \quad (2\text{-}62)$$ 上述公式中： ρ_{sv}——梁中箍筋的配筋率 A_{sv}——配置在同一截面内箍筋各肢的全部截面面积，$A_{sv}=nA_{sv1}$，其中，n 为同一截面内箍筋的肢数，A_{sv1} 为单肢箍筋的截面面积(假定各肢箍筋的直径均相同) b——梁截面宽度

续表 2-95

序号	项　目	内　容
1	计算公式	s——沿构件(梁)长度方向箍筋的间距 f_t——混凝土轴心抗拉强度设计值，按表 2-11 采用 f_{yv}——箍筋的抗拉强度设计值，按表 2-19 中 f_y 的数值采用
2	计算用表	(1) 根据公式(2-59)～公式(2-62)，应用公式 $\rho_{sv}=\frac{A_{sv}}{bs}\geqslant\frac{nf_t}{f_{yv}}$，则算得梁中箍筋最小面积配筋百分率 ρ_{sv}(%)如表 2-96 所示 (2) 根据公式(2-59)～公式(2-62)，应用公式 $\rho_{sv}=\frac{nA_{sv1}}{bs}$(%)，可算得梁中箍筋不同直径、肢数和间距的百分率值如表 2-97 所示 (3)根据公式(2-58)～公式(2-62)可写成如下计算公式为 $$\alpha_v=\frac{nA_{sv1}}{bs}\frac{f_{yv}}{f_t} \quad (2\text{-}63)$$ 式中　α_v——沿梁全长的箍筋配筋系数，非抗震时 $\alpha_v\geqslant0.24$；对弯剪扭构件 $\alpha_v\geqslant0.28$；对一级抗震等级 $\alpha_v\geqslant0.3$；对二级抗震等级 $\alpha_v\geqslant0.28$；对三、四级抗震等级 $\alpha_v\geqslant0.26$ 其他公式中符号意义同前 根据公式(2-63)制成计算用表如表 2-98($f_{yv}=270\text{N/mm}^2$)、表 2-99($f_{yv}=300\text{N/mm}^2$)以及表 2-100($f_{yv}=360\text{N/mm}^2$)所示。则可根据混凝土强度等级、箍筋的抗拉强度设计值．及梁宽、箍筋直径、间距、肢数即可由表 2-98、表 2-99 及表 2-100 查得实际的箍筋配筋系数

梁中箍筋最小面积配筋百分率 ρ_{sv}(%)　　　　表 2-96

混凝土强度等级	$f_{yv}=270\text{N/mm}^2$				$f_{yv}=300\text{N/mm}^2$				$f_{yv}=360\text{N/mm}^2$			
	n				n				n			
	0.24	0.26	0.28	0.30	0.24	0.26	0.28	0.30	0.24	0.26	0.28	0.30
C20	0.098	0.106	0.114	0.122	0.088	0.095	0.103	0.110	0.073	0.079	0.086	0.092
C25	0.113	0.122	0.132	0.141	0.102	0.110	0.119	0.127	0.085	0.092	0.099	0.106
C30	0.127	0.138	0.148	0.159	0.114	0.124	0.133	0.143	0.095	0.103	0.111	0.119
C35	0.140	0.151	0.163	0.174	0.126	0.136	0.147	0.157	0.105	0.113	0.122	0.131
C40	0.152	0.165	0.177	0.190	0.137	0.148	0.160	0.171	0.114	0.124	0.133	0.143
C45	0.160	0.173	0.187	0.200	0.144	0.156	0.168	0.180	0.120	0.130	0.140	0.150
C50	0.168	0.182	0.196	0.210	0.151	0.164	0.176	0.189	0.126	0.137	0.147	0.158
C55	0.174	0.189	0.203	0.218	0.157	0.170	0.183	0.196	0.131	0.142	0.152	0.163
C60	0.181	0.196	0.212	0.227	0.163	0.177	0.190	0.204	0.136	0.147	0.159	0.170

注：1. 梁箍筋最小面积配筋率的计算公式为 $\rho_{sv}=\frac{A_{sv}}{bs}\geqslant n\,f_t/f_{yv}$；

2. 结合本书有关规定应用。

梁中箍筋配筋百分率值 ρ_{sv}(%)

表 2-97

梁宽 b(mm)	箍筋肢数 n	箍筋直径 6，箍距 s(mm)为					箍筋直径 8，箍距 s(mm)为					箍筋直径 10，箍距 s(mm)为					箍筋直径 12，箍距 s(mm)为				
		100	150	200	250	300	100	150	200	250	300	100	150	200	250	300	100	150	200	250	300
200	2	0.283	0.189	0.142	0.113	0.094	0.503	0.335	0.252	0.201	0.168	0.785	0.523	0.393	0.314	0.262	1.131	0.754	0.566	0.452	0.377
250	2	0.226	0.151	0.113	0.091	0.075	0.402	0.268	0.201	0.161	0.134	0.628	0.419	0.314	0.251	0.209	0.905	0.603	0.452	0.362	0.302
300	2	0.189	0.126	0.094	0.075	0.063	0.335	0.224	0.168	0.134	0.112	0.523	0.349	0.262	0.209	0.174	0.754	0.503	0.377	0.302	0.251
	4	0.377	0.252	0.189	0.151	0.126	0.671	0.447	0.335	0.268	0.224	1.047	0.698	0.523	0.419	0.349	1.508	1.005	0.754	0.603	0.503
350	2	0.162	0.108	0.081	0.065	0.054	0.287	0.192	0.144	0.115	0.096	0.449	0.299	0.224	0.179	0.150	0.646	0.431	0.323	0.259	0.215
	4	0.323	0.216	0.162	0.129	0.108	0.575	0.383	0.287	0.230	0.192	0.897	0.598	0.449	0.359	0.299	1.293	0.862	0.646	0.517	0.431
400	4	0.283	0.189	0.142	0.113	0.094	0.503	0.335	0.252	0.201	0.168	0.785	0.523	0.393	0.314	0.262	1.131	0.754	0.566	0.452	0.377
450	4	0.252	0.168	0.126	0.101	0.084	0.447	0.298	0.224	0.179	0.149	0.698	0.465	0.349	0.279	0.233	1.005	0.670	0.503	0.402	0.335
500	4	0.226	0.151	0.113	0.091	0.075	0.402	0.268	0.201	0.161	0.134	0.628	0.419	0.314	0.251	0.209	0.905	0.603	0.452	0.362	0.302
	6	0.340	0.226	0.170	0.136	0.113	0.604	0.402	0.302	0.241	0.201	0.942	0.628	0.471	0.377	0.314	1.357	0.905	0.679	0.543	0.452
550	4	0.206	0.137	0.103	0.082	0.069	0.366	0.244	0.183	0.146	0.122	0.571	0.381	0.285	0.228	0.190	0.823	0.548	0.411	0.329	0.274
	6	0.309	0.206	0.154	0.123	0.103	0.549	0.366	0.274	0.219	0.183	0.856	0.571	0.428	0.343	0.285	1.234	0.823	0.617	0.494	0.411
600	4	0.189	0.126	0.094	0.075	0.063	0.335	0.224	0.168	0.134	0.112	0.523	0.349	0.262	0.209	0.174	0.754	0.503	0.377	0.302	0.251
	6	0.283	0.189	0.142	0.113	0.094	0.503	0.335	0.252	0.201	0.168	0.785	0.523	0.393	0.314	0.262	1.131	0.754	0.566	0.452	0.377

注：结合本书有关规定应用。

框架梁沿梁全长的箍筋配筋系数 α_v 值

表 2-98

$f_{yv}=270N/mm^2$

混凝土强度等级	梁宽 b(mm)	箍筋肢数 n	箍筋直径 6，箍距 s(mm)为					箍筋直径 8，箍距 s(mm)为					箍筋直径 10，箍距 s(mm)为					箍筋直径 12，箍距 s(mm)为				
			100	150	200	250	300	100	150	200	250	300	100	150	200	250	300	100	150	200	250	300
C20	200	2	0.69	0.46	0.35	0.28	0.23	1.23	0.82	0.62	0.49	0.41	1.93	1.28	0.96	0.77	0.64	2.78	1.85	1.39	1.11	0.93
	250	2	0.56	0.37	0.28	0.22	0.19	0.99	0.66	0.49	0.40	0.33	1.54	1.03	0.77	0.62	0.51	2.22	1.48	1.11	0.89	0.74
	300	2	0.46	0.31	0.23	0.19	0.15	0.82	0.55	0.41	0.33	0.27	1.28	0.86	0.64	0.51	0.43	1.85	1.23	0.93	0.74	0.62
		4	0.93	0.62	0.46	0.37	0.31	1.65	1.10	0.82	0.66	0.55	2.57	1.71	1.28	1.03	0.86	3.70	2.47	1.85	1.48	1.23

续表 2-98

混凝土强度等级	梁宽 b(mm)	箍筋肢数 n	箍筋直径6，箍距 s(mm)为					箍筋直径8，箍距 s(mm)为					箍筋直径10，箍距 s(mm)为					箍筋直径12，箍距 s(mm)为				
			100	150	200	250	300	100	150	200	250	300	100	150	200	250	300	100	150	200	250	300
C20	350	2	0.40	0.26	0.20	0.16	0.13	0.71	0.47	0.35	0.28	0.24	1.10	0.73	0.55	0.44	0.37	1.59	1.06	0.79	0.63	0.53
		4	0.79	0.53	0.40	0.32	0.26	1.41	0.94	0.71	0.56	0.47	2.20	1.47	1.10	0.88	0.73	3.17	2.12	1.59	1.27	1.06
	400	4	0.69	0.46	0.35	0.28	0.23	1.23	0.82	0.62	0.49	0.41	1.93	1.28	0.96	0.77	0.64	2.78	1.85	1.39	1.11	0.93
	450	4	0.62	0.41	0.31	0.25	0.21	1.10	0.73	0.55	0.44	0.37	1.71	1.14	0.86	0.69	0.57	2.47	1.65	1.23	0.99	0.82
	500	4	0.56	0.37	0.28	0.22	0.19	0.99	0.66	0.49	0.40	0.33	1.54	1.03	0.77	0.62	0.51	2.22	1.48	1.11	0.89	0.74
		6	0.83	0.56	0.42	0.33	0.28	1.48	0.99	0.74	0.59	0.49	2.31	1.54	1.16	0.92	0.77	3.33	2.22	1.67	1.33	1.11
	550	4	0.51	0.34	0.25	0.20	0.17	0.90	0.60	0.45	0.36	0.30	1.40	0.93	0.70	0.56	0.47	2.02	1.35	1.01	0.81	0.67
		6	0.76	0.51	0.38	0.30	0.25	1.35	0.90	0.67	0.54	0.45	2.10	1.40	1.05	0.84	0.70	3.03	2.02	1.51	1.21	1.01
	600	4	0.46	0.31	0.23	0.19	0.15	0.82	0.55	0.41	0.33	0.27	1.28	0.86	0.64	0.51	0.43	1.85	1.23	0.93	0.74	0.62
		6	0.69	0.46	0.35	0.28	0.23	1.23	0.82	0.62	0.49	0.41	1.93	1.28	0.96	0.77	0.64	2.78	1.85	1.39	1.11	0.93
C25	200	2	0.60	0.40	0.30	0.24	0.20	1.07	0.71	0.53	0.43	0.36	1.67	1.11	0.83	0.67	0.56	2.40	1.60	1.20	0.96	0.80
	250	2	0.48	0.32	0.24	0.19	0.16	0.86	0.57	0.43	0.34	0.29	1.34	0.89	0.67	0.53	0.45	1.92	1.28	0.96	0.77	0.64
	300	2	0.40	0.27	0.20	0.16	0.13	0.71	0.48	0.36	0.29	0.24	1.11	0.74	0.56	0.45	0.37	1.60	1.07	0.80	0.64	0.53
		4	0.80	0.53	0.40	0.32	0.27	1.43	0.95	0.71	0.57	0.48	2.23	1.48	1.11	0.89	0.74	3.21	2.14	1.60	1.28	1.07
	350	2	0.34	0.23	0.17	0.14	0.11	0.61	0.41	0.31	0.24	0.20	0.95	0.64	0.48	0.38	0.32	1.37	0.92	0.69	0.55	0.46
		4	0.69	0.46	0.34	0.28	0.23	1.22	0.81	0.61	0.49	0.41	1.91	1.27	0.95	0.76	0.64	2.75	1.83	1.37	1.10	0.92
	400	4	0.60	0.40	0.30	0.24	0.20	1.07	0.71	0.53	0.43	0.36	1.67	1.11	0.83	0.67	0.56	2.40	1.60	1.20	0.96	0.80
	450	4	0.53	0.36	0.27	0.21	0.18	0.95	0.63	0.48	0.38	0.32	1.48	0.99	0.74	0.59	0.49	2.14	1.42	1.07	0.85	0.71
	500	4	0.48	0.32	0.24	0.19	0.16	0.86	0.57	0.43	0.34	0.29	1.34	0.89	0.67	0.53	0.45	1.92	1.28	0.96	0.77	0.64
		6	0.72	0.48	0.36	0.29	0.24	1.28	0.86	0.64	0.51	0.43	2.00	1.34	1.00	0.80	0.67	2.89	1.92	1.44	1.15	0.96
	550	4	0.44	0.29	0.22	0.18	0.15	0.78	0.52	0.39	0.31	0.26	1.21	0.81	0.61	0.49	0.40	1.75	1.17	0.87	0.70	0.58
		6	0.66	0.44	0.33	0.26	0.22	1.17	0.78	0.58	0.47	0.39	1.82	1.21	0.91	0.73	0.61	2.62	1.75	1.31	1.05	0.87
	600	4	0.40	0.27	0.20	0.16	0.13	0.71	0.48	0.36	0.29	0.24	1.11	0.74	0.56	0.45	0.37	1.60	1.07	0.80	0.64	0.53
		6	0.60	0.40	0.30	0.24	0.20	1.07	0.71	0.53	0.43	0.36	1.67	1.11	0.83	0.67	0.56	2.40	1.60	1.20	0.96	0.80

续表 2-98

混凝土强度等级	梁宽 b(mm)	箍筋肢数 n	箍筋直径 6，箍距 s(mm)为					箍筋直径 8，箍距 s(mm)为					箍筋直径 10，箍距 s(mm)为					箍筋直径 12，箍距 s(mm)为				
			100	150	200	250	300	100	150	200	250	300	100	150	200	250	300	100	150	200	250	300
C30	200	2	0.53	0.36	0.27	0.21	0.18	0.95	0.63	0.47	0.38	0.32	1.48	0.99	0.74	0.59	0.49	2.14	1.42	1.07	0.85	0.71
	250	2	0.43	0.28	0.21	0.17	0.14	0.76	0.51	0.38	0.30	0.25	1.19	0.79	0.59	0.47	0.40	1.71	1.14	0.85	0.68	0.57
	300	2	0.36	0.24	0.18	0.14	0.12	0.63	0.42	0.32	0.25	0.21	0.99	0.66	0.49	0.40	0.33	1.42	0.95	0.71	0.57	0.47
		4	0.71	0.47	0.36	0.28	0.24	1.27	0.84	0.63	0.51	0.42	1.98	1.32	0.99	0.79	0.66	2.85	1.90	1.42	1.14	0.95
	350	2	0.31	0.20	0.15	0.12	0.10	0.54	0.36	0.27	0.22	0.18	0.85	0.56	0.42	0.34	0.28	1.22	0.81	0.61	0.49	0.41
		4	0.61	0.41	0.31	0.24	0.20	1.09	0.72	0.54	0.43	0.36	1.69	1.13	0.85	0.68	0.56	2.44	1.63	1.22	0.98	0.81
	400	4	0.53	0.36	0.27	0.21	0.18	0.95	0.63	0.47	0.38	0.32	1.48	0.99	0.74	0.59	0.49	2.14	1.42	1.07	0.85	0.71
	450	4	0.47	0.32	0.24	0.19	0.16	0.84	0.56	0.42	0.34	0.28	1.32	0.88	0.66	0.53	0.44	1.90	1.27	0.95	0.76	0.63
	500	4	0.43	0.28	0.21	0.17	0.14	0.76	0.51	0.38	0.30	0.25	1.19	0.79	0.59	0.47	0.40	1.71	1.14	0.85	0.68	0.57
		6	0.64	0.43	0.32	0.26	0.21	1.14	0.76	0.57	0.46	0.38	1.78	1.19	0.89	0.71	0.59	2.56	1.71	1.28	1.03	0.85
	550	4	0.39	0.26	0.19	0.16	0.13	0.69	0.46	0.35	0.28	0.23	1.08	0.72	0.54	0.43	0.36	1.55	1.04	0.78	0.62	0.52
		6	0.58	0.39	0.29	0.23	0.19	1.04	0.69	0.52	0.41	0.35	1.62	1.08	0.81	0.65	0.54	2.33	1.55	1.16	0.93	0.78
	600	4	0.36	0.24	0.18	0.14	0.12	0.63	0.42	0.32	0.25	0.21	0.99	0.66	0.49	0.40	0.33	1.42	0.95	0.71	0.57	0.47
		6	0.53	0.36	0.27	0.21	0.18	0.95	0.63	0.47	0.38	0.32	1.48	0.99	0.74	0.59	0.49	2.14	1.42	1.07	0.85	0.71
C35	200	2	0.49	0.32	0.24	0.19	0.16	0.87	0.58	0.43	0.35	0.29	1.35	0.90	0.68	0.54	0.45	1.95	1.30	0.97	0.78	0.65
	250	2	0.39	0.26	0.19	0.16	0.13	0.69	0.46	0.35	0.28	0.23	1.08	0.72	0.54	0.43	0.36	1.56	1.04	0.78	0.62	0.52
	300	2	0.32	0.22	0.16	0.13	0.11	0.58	0.38	0.29	0.23	0.19	0.90	0.60	0.45	0.36	0.30	1.30	0.86	0.65	0.52	0.43
		4	0.65	0.43	0.32	0.26	0.22	1.15	0.77	0.58	0.46	0.38	1.80	1.20	0.90	0.72	0.60	2.59	1.73	1.30	1.04	0.86
	350	2	0.28	0.19	0.14	0.11	0.09	0.49	0.33	0.25	0.20	0.16	0.77	0.51	0.39	0.31	0.26	1.11	0.74	0.56	0.44	0.37
		4	0.56	0.37	0.28	0.22	0.19	0.99	0.66	0.49	0.40	0.33	1.54	1.03	0.77	0.62	0.51	2.22	1.48	1.11	0.89	0.74
	400	4	0.49	0.32	0.24	0.19	0.16	0.87	0.58	0.43	0.35	0.29	1.35	0.90	0.68	0.54	0.45	1.95	1.30	0.97	0.78	0.65
	450	4	0.43	0.29	0.22	0.17	0.14	0.77	0.51	0.38	0.31	0.26	1.20	0.80	0.60	0.48	0.40	1.73	1.15	0.86	0.69	0.58

续表 2-98

混凝土强度等级	梁宽 b(mm)	箍筋肢数 n	箍筋直径 6，箍距 s(mm)为					箍筋直径 8，箍距 s(mm)为					箍筋直径 10，箍距 s(mm)为					箍筋直径 12，箍距 s(mm)为				
			100	150	200	250	300	100	150	200	250	300	100	150	200	250	300	100	150	200	250	300
C35	500	4	0.39	0.26	0.19	0.16	0.13	0.69	0.46	0.35	0.28	0.23	1.08	0.72	0.54	0.43	0.36	1.56	1.04	0.78	0.62	0.52
		6	0.58	0.39	0.29	0.23	0.19	1.04	0.69	0.52	0.42	0.35	1.62	1.08	0.81	0.65	0.54	2.33	1.56	1.17	0.93	0.78
	550	4	0.35	0.24	0.18	0.14	0.12	0.63	0.42	0.31	0.25	0.21	0.98	0.65	0.49	0.39	0.33	1.41	0.94	0.71	0.57	0.47
		6	0.53	0.35	0.27	0.21	0.18	0.94	0.63	0.47	0.38	0.31	1.47	0.98	0.74	0.59	0.49	2.12	1.41	1.06	0.85	0.71
	600	4	0.32	0.22	0.16	0.13	0.11	0.58	0.38	0.29	0.23	0.19	0.90	0.60	0.45	0.36	0.30	1.30	0.86	0.65	0.52	0.43
		6	0.49	0.32	0.24	0.19	0.16	0.87	0.58	0.43	0.35	0.29	1.35	0.90	0.68	0.54	0.45	1.95	1.30	0.97	0.78	0.65
C40	200	2	0.45	0.30	0.22	0.18	0.15	0.79	0.53	0.40	0.32	0.26	1.24	0.83	0.62	0.50	0.41	1.79	1.19	0.89	0.71	0.60
	250	2	0.36	0.24	0.18	0.14	0.12	0.64	0.42	0.32	0.25	0.21	0.99	0.66	0.50	0.40	0.33	1.43	0.95	0.71	0.57	0.48
	300	2	0.30	0.20	0.15	0.12	0.10	0.53	0.35	0.26	0.21	0.18	0.83	0.55	0.41	0.33	0.28	1.19	0.79	0.60	0.48	0.40
		4	0.60	0.40	0.30	0.24	0.20	1.06	0.71	0.53	0.42	0.35	1.65	1.10	0.83	0.66	0.55	2.38	1.59	1.19	0.95	0.79
	350	2	0.26	0.17	0.13	0.10	0.09	0.45	0.30	0.23	0.18	0.15	0.71	0.47	0.35	0.28	0.24	1.02	0.68	0.51	0.41	0.34
		4	0.51	0.34	0.26	0.20	0.17	0.91	0.61	0.45	0.36	0.30	1.42	0.94	0.71	0.57	0.47	2.04	1.36	1.02	0.82	0.68
	400	4	0.45	0.30	0.22	0.18	0.15	0.79	0.53	0.40	0.32	0.26	1.24	0.83	0.62	0.50	0.41	1.79	1.19	0.89	0.71	0.60
	450	4	0.40	0.26	0.20	0.16	0.13	0.71	0.47	0.35	0.28	0.24	1.10	0.73	0.55	0.44	0.37	1.59	1.06	0.79	0.63	0.53
	500	4	0.36	0.24	0.18	0.14	0.12	0.64	0.42	0.32	0.25	0.21	0.99	0.66	0.50	0.40	0.33	1.43	0.95	0.71	0.57	0.48
		6	0.54	0.36	0.27	0.21	0.18	0.95	0.64	0.48	0.38	0.32	1.49	0.99	0.74	0.59	0.50	2.14	1.43	1.07	0.86	0.71
	550	4	0.32	0.22	0.16	0.13	0.11	0.58	0.39	0.29	0.23	0.19	0.90	0.60	0.45	0.36	0.30	1.30	0.87	0.65	0.52	0.43
		6	0.49	0.32	0.24	0.19	0.16	0.87	0.58	0.43	0.35	0.29	1.35	0.90	0.68	0.54	0.45	1.95	1.30	0.97	0.78	0.65
	600	4	0.30	0.20	0.15	0.12	0.10	0.53	0.35	0.26	0.21	0.18	0.83	0.55	0.41	0.33	0.28	1.19	0.79	0.60	0.48	0.40
		6	0.45	0.30	0.22	0.18	0.15	0.79	0.53	0.40	0.32	0.26	1.24	0.83	0.62	0.50	0.41	1.79	1.19	0.89	0.71	0.60
C45	200	2	0.42	0.28	0.21	0.17	0.14	0.75	0.50	0.38	0.30	0.25	1.18	0.79	0.59	0.47	0.39	1.70	1.13	0.85	0.68	0.57
	250	2	0.34	0.23	0.17	0.14	0.11	0.60	0.40	0.30	0.24	0.20	0.94	0.63	0.47	0.38	0.31	1.36	0.90	0.68	0.54	0.45

续表 2-98

混凝土强度等级	梁宽 b(mm)	箍筋肢数 n	箍筋直径 6，箍距 s(mm)为					箍筋直径 8，箍距 s(mm)为					箍筋直径 10，箍距 s(mm)为					箍筋直径 12，箍距 s(mm)为				
			100	150	200	250	300	100	150	200	250	300	100	150	200	250	300	100	150	200	250	300
C45	300	2	0.28	0.19	0.14	0.11	0.09	0.50	0.34	0.25	0.20	0.17	0.79	0.52	0.39	0.31	0.26	1.13	0.75	0.57	0.45	0.38
		4	0.57	0.38	0.28	0.23	0.19	1.01	0.67	0.50	0.40	0.34	1.57	1.05	0.79	0.63	0.52	2.26	1.51	1.13	0.90	0.75
	350	2	0.24	0.16	0.12	0.10	0.08	0.43	0.29	0.22	0.17	0.14	0.67	0.45	0.34	0.27	0.22	0.97	0.65	0.48	0.39	0.32
		4	0.49	0.32	0.24	0.19	0.16	0.86	0.57	0.43	0.34	0.29	1.35	0.90	0.67	0.54	0.45	1.94	1.29	0.97	0.78	0.65
	400	4	0.42	0.28	0.21	0.17	0.14	0.75	0.50	0.38	0.30	0.25	1.18	0.79	0.59	0.47	0.39	1.70	1.13	0.85	0.68	0.57
	450	4	0.38	0.25	0.19	0.15	0.13	0.67	0.45	0.34	0.27	0.22	1.05	0.70	0.52	0.42	0.35	1.51	1.01	0.75	0.60	0.50
	500	4	0.34	0.23	0.17	0.14	0.11	0.60	0.40	0.30	0.24	0.20	0.94	0.63	0.47	0.38	0.31	1.36	0.90	0.68	0.54	0.45
		6	0.51	0.34	0.25	0.20	0.17	0.91	0.60	0.45	0.36	0.30	1.41	0.94	0.71	0.57	0.47	2.04	1.36	1.02	0.81	0.68
	550	4	0.31	0.21	0.15	0.12	0.10	0.55	0.37	0.27	0.22	0.18	0.86	0.57	0.43	0.34	0.29	1.23	0.82	0.62	0.49	0.41
		6	0.46	0.31	0.23	0.19	0.15	0.82	0.55	0.41	0.33	0.27	1.28	0.86	0.64	0.51	0.43	1.85	1.23	0.93	0.74	0.62
	600	4	0.28	0.19	0.14	0.11	0.09	0.50	0.34	0.25	0.20	0.17	0.79	0.52	0.39	0.31	0.26	1.13	0.75	0.57	0.45	0.38
		6	0.42	0.28	0.21	0.17	0.14	0.75	0.50	0.38	0.30	0.25	1.18	0.79	0.59	0.47	0.39	1.70	1.13	0.85	0.68	0.57
C50	200	2	0.40	0.27	0.20	0.16	0.13	0.72	0.48	0.36	0.29	0.24	1.12	0.75	0.56	0.45	0.37	1.62	1.08	0.81	0.65	0.54
	250	2	0.32	0.22	0.16	0.13	0.11	0.57	0.38	0.29	0.23	0.19	0.90	0.60	0.45	0.36	0.30	1.29	0.86	0.65	0.52	0.43
	300	2	0.27	0.18	0.13	0.11	0.09	0.48	0.32	0.24	0.19	0.16	0.75	0.50	0.37	0.30	0.25	1.08	0.72	0.54	0.43	0.36
		4	0.54	0.36	0.27	0.22	0.18	0.96	0.64	0.48	0.38	0.32	1.50	1.00	0.75	0.60	0.50	2.15	1.44	1.08	0.86	0.72
	350	2	0.23	0.15	0.12	0.09	0.08	0.41	0.27	0.21	0.16	0.14	0.64	0.43	0.32	0.26	0.21	0.92	0.62	0.46	0.37	0.31
		4	0.46	0.31	0.23	0.18	0.15	0.82	0.55	0.41	0.33	0.27	1.28	0.85	0.64	0.51	0.43	1.85	1.23	0.92	0.74	0.62
	400	4	0.40	0.27	0.20	0.16	0.13	0.72	0.48	0.36	0.29	0.24	1.12	0.75	0.56	0.45	0.37	1.62	1.08	0.81	0.65	0.54
	450	4	0.36	0.24	0.18	0.14	0.12	0.64	0.43	0.32	0.26	0.21	1.00	0.66	0.50	0.40	0.33	1.44	0.96	0.72	0.57	0.48
	500	4	0.32	0.22	0.16	0.13	0.11	0.57	0.38	0.29	0.23	0.19	0.90	0.60	0.45	0.36	0.30	1.29	0.86	0.65	0.52	0.43
		6	0.49	0.32	0.24	0.19	0.16	0.86	0.57	0.43	0.34	0.29	1.35	0.90	0.67	0.54	0.45	1.94	1.29	0.97	0.78	0.65

续表 2-98

混凝土强度等级	梁宽 b(mm)	箍筋肢数 n	箍筋直径 6，箍距 s(mm)为					箍筋直径 8，箍距 s(mm)为					箍筋直径 10，箍距 s(mm)为					箍筋直径 12，箍距 s(mm)为				
			100	150	200	250	300	100	150	200	250	300	100	150	200	250	300	100	150	200	250	300
C50	550	4	0.29	0.20	0.15	0.12	0.10	0.52	0.35	0.26	0.21	0.17	0.82	0.54	0.41	0.33	0.27	1.18	0.78	0.59	0.47	0.39
		6	0.44	0.29	0.22	0.18	0.15	0.78	0.52	0.39	0.31	0.26	1.22	0.82	0.61	0.49	0.41	1.76	1.18	0.88	0.71	0.59
	600	4	0.27	0.18	0.13	0.11	0.09	0.48	0.32	0.24	0.19	0.16	0.75	0.50	0.37	0.30	0.25	1.08	0.72	0.54	0.43	0.36
		6	0.40	0.27	0.20	0.16	0.13	0.72	0.48	0.36	0.29	0.24	1.12	0.75	0.56	0.45	0.37	1.62	1.08	0.81	0.65	0.54
C55	200	2	0.39	0.26	0.19	0.16	0.13	0.69	0.46	0.35	0.28	0.23	1.08	0.72	0.54	0.43	0.36	1.56	1.04	0.78	0.62	0.52
	250	2	0.31	0.21	0.16	0.12	0.10	0.55	0.37	0.28	0.22	0.18	0.87	0.58	0.43	0.35	0.29	1.25	0.83	0.62	0.50	0.42
	300	2	0.26	0.17	0.13	0.10	0.09	0.46	0.31	0.23	0.18	0.15	0.72	0.48	0.36	0.29	0.24	1.04	0.69	0.52	0.42	0.35
		4	0.52	0.35	0.26	0.21	0.17	0.92	0.62	0.46	0.37	0.31	1.44	0.96	0.72	0.58	0.48	2.08	1.38	1.04	0.83	0.69
	350	2	0.22	0.15	0.11	0.09	0.07	0.40	0.26	0.20	0.16	0.13	0.62	0.41	0.31	0.25	0.21	0.89	0.59	0.45	0.36	0.30
		4	0.45	0.30	0.22	0.18	0.15	0.79	0.53	0.40	0.32	0.26	1.24	0.82	0.62	0.49	0.41	1.78	1.19	0.89	0.71	0.59
	400	4	0.39	0.26	0.19	0.16	0.13	0.69	0.46	0.35	0.28	0.23	1.08	0.72	0.54	0.43	0.36	1.56	1.04	0.78	0.62	0.52
	450	4	0.35	0.23	0.17	0.14	0.12	0.62	0.41	0.31	0.25	0.21	0.96	0.64	0.48	0.38	0.32	1.38	0.92	0.69	0.55	0.46
	500	4	0.31	0.21	0.16	0.12	0.10	0.55	0.37	0.28	0.22	0.18	0.87	0.58	0.43	0.35	0.29	1.25	0.83	0.62	0.50	0.42
		6	0.47	0.31	0.23	0.19	0.16	0.83	0.55	0.42	0.33	0.28	1.30	0.87	0.65	0.52	0.43	1.87	1.25	0.93	0.75	0.62
	550	4	0.28	0.19	0.14	0.11	0.09	0.50	0.34	0.25	0.20	0.17	0.79	0.52	0.39	0.31	0.26	1.13	0.76	0.57	0.45	0.38
		6	0.43	0.28	0.21	0.17	0.14	0.76	0.50	0.38	0.30	0.25	1.18	0.79	0.59	0.47	0.39	1.70	1.13	0.85	0.68	0.57
	600	4	0.26	0.17	0.13	0.10	0.09	0.46	0.31	0.23	0.18	0.15	0.72	0.48	0.36	0.29	0.24	1.04	0.69	0.52	0.42	0.35
		6	0.39	0.26	0.19	0.16	0.13	0.69	0.46	0.35	0.28	0.23	1.08	0.72	0.54	0.43	0.36	1.56	1.04	0.78	0.62	0.52
C60	200	2	0.37	0.25	0.19	0.15	0.12	0.67	0.44	0.33	0.27	0.22	1.04	0.69	0.52	0.42	0.35	1.50	1.00	0.75	0.60	0.50
	250	2	0.30	0.20	0.15	0.12	0.10	0.53	0.36	0.27	0.21	0.18	0.83	0.55	0.42	0.33	0.28	1.20	0.80	0.60	0.48	0.40
	300	2	0.25	0.17	0.12	0.10	0.08	0.44	0.30	0.22	0.18	0.15	0.69	0.46	0.35	0.28	0.23	1.00	0.67	0.50	0.40	0.33
		4	0.50	0.33	0.25	0.20	0.17	0.89	0.59	0.44	0.36	0.30	1.39	0.92	0.69	0.55	0.46	2.00	1.33	1.00	0.80	0.67

续表 2-98

混凝土强度等级	梁宽 b(mm)	箍筋肢数 n	箍筋直径 6，箍距 s(mm)为					箍筋直径 8，箍距 s(mm)为					箍筋直径 10，箍距 s(mm)为					箍筋直径 12，箍距 s(mm)为				
			100	150	200	250	300	100	150	200	250	300	100	150	200	250	300	100	150	200	250	300
C60	350	2	0.21	0.14	0.11	0.09	0.07	0.38	0.25	0.19	0.15	0.13	0.59	0.40	0.30	0.24	0.20	0.86	0.57	0.43	0.34	0.29
		4	0.43	0.29	0.21	0.17	0.14	0.76	0.51	0.38	0.30	0.25	1.19	0.79	0.59	0.47	0.40	1.71	1.14	0.86	0.68	0.57
	400	4	0.37	0.25	0.19	0.15	0.12	0.67	0.44	0.33	0.27	0.22	1.04	0.69	0.52	0.42	0.35	1.50	1.00	0.75	0.60	0.50
	450	4	0.33	0.22	0.17	0.13	0.11	0.59	0.39	0.30	0.24	0.20	0.92	0.62	0.46	0.37	0.31	1.33	0.89	0.67	0.53	0.44
	500	4	0.30	0.20	0.15	0.12	0.10	0.53	0.36	0.27	0.21	0.18	0.83	0.55	0.42	0.33	0.28	1.20	0.80	0.60	0.48	0.40
		6	0.45	0.30	0.22	0.18	0.15	0.80	0.53	0.40	0.32	0.27	1.25	0.83	0.62	0.50	0.42	1.80	1.20	0.90	0.72	0.60
	550	4	0.27	0.18	0.14	0.11	0.09	0.48	0.32	0.24	0.19	0.16	0.76	0.50	0.38	0.30	0.25	1.09	0.73	0.54	0.44	0.36
		6	0.41	0.27	0.20	0.16	0.14	0.73	0.48	0.36	0.29	0.24	1.13	0.76	0.57	0.45	0.38	1.63	1.09	0.82	0.65	0.54
	600	4	0.25	0.17	0.12	0.10	0.08	0.44	0.30	0.22	0.18	0.15	0.69	0.46	0.35	0.28	0.23	1.00	0.67	0.50	0.40	0.33
		6	0.37	0.25	0.19	0.15	0.12	0.67	0.44	0.33	0.27	0.22	1.04	0.69	0.52	0.42	0.35	1.50	1.00	0.75	0.60	0.50

注：1. 结合本书有关规定应用。

2. 计算公式为 $\alpha_v=\frac{nA_{sv1}}{bs}\frac{f_{yv}}{f_t}$。

框架梁沿梁全长的箍筋配筋系数 α_v 值 表 2-99

$f_{yv}=300N/mm^2$

混凝土强度等级	梁宽 b(mm)	箍筋肢数 n	箍筋直径 6，箍距 s(mm)为					箍筋直径 8，箍距 s(mm)为					箍筋直径 10，箍距 s(mm)为					箍筋直径 12，箍距 s(mm)为				
			100	150	200	250	300	100	150	200	250	300	100	150	200	250	300	100	150	200	250	300
C20	200	2	0.77	0.51	0.39	0.31	0.26	1.37	0.91	0.69	0.55	0.46	2.14	1.43	1.07	0.86	0.71	3.08	2.06	1.54	1.23	1.03
	250	2	0.62	0.41	0.31	0.25	0.21	1.10	0.73	0.55	0.44	0.37	1.71	1.14	0.86	0.69	0.57	2.47	1.65	1.23	0.99	0.82
	300	2	0.51	0.34	0.26	0.21	0.17	0.91	0.61	0.46	0.37	0.30	1.43	0.95	0.71	0.57	0.48	2.06	1.37	1.03	0.82	0.69
		4	1.03	0.69	0.51	0.41	0.34	1.83	1.22	0.91	0.73	0.61	2.85	1.90	1.43	1.14	0.95	4.11	2.74	2.06	1.65	1.37

续表 2-99

混凝土强度等级	梁宽 b(mm)	箍筋肢数 n	箍筋直径 6，箍距 s(mm)为					箍筋直径 8，箍距 s(mm)为					箍筋直径 10，箍距 s(mm)为					箍筋直径 12，箍距 s(mm)为				
			100	150	200	250	300	100	150	200	250	300	100	150	200	250	300	100	150	200	250	300
C20	350	2	0.44	0.29	0.22	0.18	0.15	0.78	0.52	0.39	0.31	0.26	1.22	0.82	0.61	0.49	0.41	1.76	1.18	0.88	0.71	0.59
		4	0.88	0.59	0.44	0.35	0.29	1.57	1.05	0.78	0.63	0.52	2.45	1.63	1.22	0.98	0.82	3.53	2.35	1.76	1.41	1.18
	400	4	0.77	0.51	0.39	0.31	0.26	1.37	0.91	0.69	0.55	0.46	2.14	1.43	1.07	0.86	0.71	3.08	2.06	1.54	1.23	1.03
	450	4	0.69	0.46	0.34	0.27	0.23	1.22	0.81	0.61	0.49	0.41	1.90	1.27	0.95	0.76	0.63	2.74	1.83	1.37	1.10	0.91
	500	4	0.62	0.41	0.31	0.25	0.21	1.10	0.73	0.55	0.44	0.37	1.71	1.14	0.86	0.69	0.57	2.47	1.65	1.23	0.99	0.82
		6	0.93	0.62	0.46	0.37	0.31	1.65	1.10	0.82	0.66	0.55	2.57	1.71	1.28	1.03	0.86	3.70	2.47	1.85	1.48	1.23
	550	4	0.56	0.37	0.28	0.22	0.19	1.00	0.67	0.50	0.40	0.33	1.56	1.04	0.78	0.62	0.52	2.24	1.50	1.12	0.90	0.75
		6	0.84	0.56	0.42	0.34	0.28	1.50	1.00	0.75	0.60	0.50	2.34	1.56	1.17	0.93	0.78	3.36	2.24	1.68	1.35	1.12
	600	4	0.51	0.34	0.26	0.21	0.17	0.91	0.61	0.46	0.37	0.30	1.43	0.95	0.71	0.57	0.48	2.06	1.37	1.03	0.82	0.69
		6	0.77	0.51	0.39	0.31	0.26	1.37	0.91	0.69	0.55	0.46	2.14	1.43	1.07	0.86	0.71	3.08	2.06	1.54	1.23	1.03
C25	200	2	0.67	0.45	0.33	0.27	0.22	1.19	0.79	0.59	0.48	0.40	1.85	1.24	0.93	0.74	0.62	2.67	1.78	1.34	1.07	0.89
	250	2	0.53	0.36	0.27	0.21	0.18	0.95	0.63	0.48	0.38	0.32	1.48	0.99	0.74	0.59	0.49	2.14	1.42	1.07	0.85	0.71
	300	2	0.45	0.30	0.22	0.18	0.15	0.79	0.53	0.40	0.32	0.26	1.24	0.82	0.62	0.49	0.41	1.78	1.19	0.89	0.71	0.59
		4	0.89	0.59	0.45	0.36	0.30	1.58	1.06	0.79	0.63	0.53	2.47	1.65	1.24	0.99	0.82	3.56	2.37	1.78	1.42	1.19
	350	2	0.38	0.25	0.19	0.15	0.13	0.68	0.45	0.34	0.27	0.23	1.06	0.71	0.53	0.42	0.35	1.53	1.02	0.76	0.61	0.51
		4	0.76	0.51	0.38	0.31	0.25	1.36	0.91	0.68	0.54	0.45	2.12	1.41	1.06	0.85	0.71	3.05	2.04	1.53	1.22	1.02
	400	4	0.67	0.45	0.33	0.27	0.22	1.19	0.79	0.59	0.48	0.40	1.85	1.24	0.93	0.74	0.62	2.67	1.78	1.34	1.07	0.89
	450	4	0.59	0.40	0.30	0.24	0.20	1.06	0.70	0.53	0.42	0.35	1.65	1.10	0.82	0.66	0.55	2.37	1.58	1.19	0.95	0.79
	500	4	0.53	0.36	0.27	0.21	0.18	0.95	0.63	0.48	0.38	0.32	1.48	0.99	0.74	0.59	0.49	2.14	1.42	1.07	0.85	0.71
		6	0.80	0.53	0.40	0.32	0.27	1.43	0.95	0.71	0.57	0.48	2.23	1.48	1.11	0.89	0.74	3.21	2.14	1.60	1.28	1.07
	550	4	0.49	0.32	0.24	0.19	0.16	0.86	0.58	0.43	0.35	0.29	1.35	0.90	0.67	0.54	0.45	1.94	1.30	0.97	0.78	0.65
		6	0.73	0.49	0.36	0.29	0.24	1.30	0.86	0.65	0.52	0.43	2.02	1.35	1.01	0.81	0.67	2.91	1.94	1.46	1.17	0.97
	600	4	0.45	0.30	0.22	0.18	0.15	0.79	0.53	0.40	0.32	0.26	1.24	0.82	0.62	0.49	0.41	1.78	1.19	0.89	0.71	0.59
		6	0.67	0.45	0.33	0.27	0.22	1.19	0.79	0.59	0.48	0.40	1.85	1.24	0.93	0.74	0.62	2.67	1.78	1.34	1.07	0.89

续表 2-99

混凝土强度等级	梁宽 b(mm)	箍筋肢数 n	箍筋直径 6，箍距 s(mm)为					箍筋直径 8，箍距 s(mm)为					箍筋直径 10，箍距 s(mm)为					箍筋直径 12，箍距 s(mm)为				
			100	150	200	250	300	100	150	200	250	300	100	150	200	250	300	100	150	200	250	300
C30	200	2	0.59	0.40	0.30	0.24	0.20	1.06	0.70	0.53	0.42	0.35	1.65	1.10	0.82	0.66	0.55	2.37	1.58	1.19	0.95	0.79
	250	2	0.47	0.32	0.24	0.19	0.16	0.84	0.56	0.42	0.34	0.28	1.32	0.88	0.66	0.53	0.44	1.90	1.27	0.95	0.76	0.63
	300	2	0.40	0.26	0.20	0.16	0.13	0.70	0.47	0.35	0.28	0.23	1.10	0.73	0.55	0.44	0.37	1.58	1.05	0.79	0.63	0.53
		4	0.79	0.53	0.40	0.32	0.26	1.41	0.94	0.70	0.56	0.47	2.20	1.46	1.10	0.88	0.73	3.16	2.11	1.58	1.27	1.05
	350	2	0.34	0.23	0.17	0.14	0.11	0.60	0.40	0.30	0.24	0.20	0.94	0.63	0.47	0.38	0.31	1.36	0.90	0.68	0.54	0.45
		4	0.68	0.45	0.34	0.27	0.23	1.21	0.80	0.60	0.48	0.40	1.88	1.25	0.94	0.75	0.63	2.71	1.81	1.36	1.08	0.90
	400	4	0.59	0.40	0.30	0.24	0.20	1.06	0.70	0.53	0.42	0.35	1.65	1.10	0.82	0.66	0.55	2.37	1.58	1.19	0.95	0.79
	450	4	0.53	0.35	0.26	0.21	0.18	0.94	0.63	0.47	0.38	0.31	1.46	0.98	0.73	0.59	0.49	2.11	1.41	1.05	0.84	0.70
	500	4	0.47	0.32	0.24	0.19	0.16	0.84	0.56	0.42	0.34	0.28	1.32	0.88	0.66	0.53	0.44	1.90	1.27	0.95	0.76	0.63
		6	0.71	0.47	0.36	0.28	0.24	1.27	0.84	0.63	0.51	0.42	1.98	1.32	0.99	0.79	0.66	2.85	1.90	1.42	1.14	0.95
	550	4	0.43	0.29	0.22	0.17	0.14	0.77	0.51	0.38	0.31	0.26	1.20	0.80	0.60	0.48	0.40	1.73	1.15	0.86	0.69	0.58
		6	0.65	0.43	0.32	0.26	0.22	1.15	0.77	0.58	0.46	0.38	1.80	1.20	0.90	0.72	0.60	2.59	1.73	1.29	1.04	0.86
	600	4	0.40	0.26	0.20	0.16	0.13	0.70	0.47	0.35	0.28	0.23	1.10	0.73	0.55	0.44	0.37	1.58	1.05	0.79	0.63	0.53
		6	0.59	0.40	0.30	0.24	0.20	1.06	0.70	0.53	0.42	0.35	1.65	1.10	0.82	0.66	0.55	2.37	1.58	1.19	0.95	0.79
C35	200	2	0.54	0.36	0.27	0.22	0.18	0.96	0.64	0.48	0.38	0.32	1.50	1.00	0.75	0.60	0.50	2.16	1.44	1.08	0.86	0.72
	250	2	0.43	0.29	0.22	0.17	0.14	0.77	0.51	0.38	0.31	0.26	1.20	0.80	0.60	0.48	0.40	1.73	1.15	0.86	0.69	0.58
	300	2	0.36	0.24	0.18	0.14	0.12	0.64	0.43	0.32	0.26	0.21	1.00	0.67	0.50	0.40	0.33	1.44	0.96	0.72	0.58	0.48
		4	0.72	0.48	0.36	0.29	0.24	1.28	0.85	0.64	0.51	0.43	2.00	1.33	1.00	0.80	0.67	2.88	1.92	1.44	1.15	0.96
	350	2	0.31	0.21	0.15	0.12	0.10	0.55	0.37	0.27	0.22	0.18	0.86	0.57	0.43	0.34	0.29	1.23	0.82	0.62	0.49	0.41
		4	0.62	0.41	0.31	0.25	0.21	1.10	0.73	0.55	0.44	0.37	1.71	1.14	0.86	0.69	0.57	2.47	1.65	1.23	0.99	0.82
	400	4	0.54	0.36	0.27	0.22	0.18	0.96	0.64	0.48	0.38	0.32	1.50	1.00	0.75	0.60	0.50	2.16	1.44	1.08	0.86	0.72
	450	4	0.48	0.32	0.24	0.19	0.16	0.85	0.57	0.43	0.34	0.28	1.33	0.89	0.67	0.53	0.44	1.92	1.28	0.96	0.77	0.64

续表 2-99

混凝土强度等级	梁宽 b(mm)	箍筋肢数 n	箍筋直径 6，箍距 s(mm)为					箍筋直径 8，箍距 s(mm)为					箍筋直径 10，箍距 s(mm)为					箍筋直径 12，箍距 s(mm)为				
			100	150	200	250	300	100	150	200	250	300	100	150	200	250	300	100	150	200	250	300
C35	500	4	0.43	0.29	0.22	0.17	0.14	0.77	0.51	0.38	0.31	0.26	1.20	0.80	0.60	0.48	0.40	1.73	1.15	0.86	0.69	0.58
		6	0.65	0.43	0.32	0.26	0.22	1.15	0.77	0.58	0.46	0.38	1.80	1.20	0.90	0.72	0.60	2.59	1.73	1.30	1.04	0.86
	550	4	0.39	0.26	0.20	0.16	0.13	0.70	0.47	0.35	0.28	0.23	1.09	0.73	0.55	0.44	0.36	1.57	1.05	0.79	0.63	0.52
		6	0.59	0.39	0.29	0.24	0.20	1.05	0.70	0.52	0.42	0.35	1.64	1.09	0.82	0.65	0.55	2.36	1.57	1.18	0.94	0.79
	600	4	0.36	0.24	0.18	0.14	0.12	0.64	0.43	0.32	0.26	0.21	1.00	0.67	0.50	0.40	0.33	1.44	0.96	0.72	0.58	0.48
		6	0.54	0.36	0.27	0.22	0.18	0.96	0.64	0.48	0.38	0.32	1.50	1.00	0.75	0.60	0.50	2.16	1.44	1.08	0.86	0.72
C40	200	2	0.50	0.33	0.25	0.20	0.17	0.88	0.59	0.44	0.35	0.29	1.38	0.92	0.69	0.55	0.46	1.98	1.32	0.99	0.79	0.66
	250	2	0.40	0.26	0.20	0.16	0.13	0.71	0.47	0.35	0.28	0.24	1.10	0.73	0.55	0.44	0.37	1.59	1.06	0.79	0.63	0.53
	300	2	0.33	0.22	0.17	0.13	0.11	0.59	0.39	0.29	0.24	0.20	0.92	0.61	0.46	0.37	0.31	1.32	0.88	0.66	0.53	0.44
		4	0.66	0.44	0.33	0.26	0.22	1.18	0.78	0.59	0.47	0.39	1.84	1.22	0.92	0.73	0.61	2.65	1.76	1.32	1.06	0.88
	350	2	0.28	0.19	0.14	0.11	0.09	0.50	0.34	0.25	0.20	0.17	0.79	0.52	0.39	0.31	0.26	1.13	0.76	0.57	0.45	0.38
		4	0.57	0.38	0.28	0.23	0.19	1.01	0.67	0.50	0.40	0.34	1.57	1.05	0.79	0.63	0.52	2.27	1.51	1.13	0.91	0.76
	400	4	0.50	0.33	0.25	0.20	0.17	0.88	0.59	0.44	0.35	0.29	1.38	0.92	0.69	0.55	0.46	1.98	1.32	0.99	0.79	0.66
	450	4	0.44	0.29	0.22	0.18	0.15	0.78	0.52	0.39	0.31	0.26	1.22	0.82	0.61	0.49	0.41	1.76	1.18	0.88	0.71	0.59
	500	4	0.40	0.26	0.20	0.16	0.13	0.71	0.47	0.35	0.28	0.24	1.10	0.73	0.55	0.44	0.37	1.59	1.06	0.79	0.63	0.53
		6	0.60	0.40	0.30	0.24	0.20	1.06	0.71	0.53	0.42	0.35	1.65	1.10	0.83	0.66	0.55	2.38	1.59	1.19	0.95	0.79
	550	4	0.36	0.24	0.18	0.14	0.12	0.64	0.43	0.32	0.26	0.21	1.00	0.67	0.50	0.40	0.33	1.44	0.96	0.72	0.58	0.48
		6	0.54	0.36	0.27	0.22	0.18	0.96	0.64	0.48	0.39	0.32	1.50	1.00	0.75	0.60	0.50	2.16	1.44	1.08	0.87	0.72
	600	4	0.33	0.22	0.17	0.13	0.11	0.59	0.39	0.29	0.24	0.20	0.92	0.61	0.46	0.37	0.31	1.32	0.88	0.66	0.53	0.44
		6	0.50	0.33	0.25	0.20	0.17	0.88	0.59	0.44	0.35	0.29	1.38	0.92	0.69	0.55	0.46	1.98	1.32	0.99	0.79	0.66
C45	200	2	0.47	0.31	0.24	0.19	0.16	0.84	0.56	0.42	0.34	0.28	1.31	0.87	0.65	0.52	0.44	1.89	1.26	0.94	0.75	0.63
	250	2	0.38	0.25	0.19	0.15	0.13	0.67	0.45	0.34	0.27	0.22	1.05	0.70	0.52	0.42	0.35	1.51	1.01	0.75	0.60	0.50

续表 2-99

混凝土强度等级	梁宽 b(mm)	箍筋肢数 n	箍筋直径 6，箍距 s(mm)为					箍筋直径 8，箍距 s(mm)为					箍筋直径 10，箍距 s(mm)为					箍筋直径 12，箍距 s(mm)为				
			100	150	200	250	300	100	150	200	250	300	100	150	200	250	300	100	150	200	250	300
C45	300	2	0.31	0.21	0.16	0.13	0.10	0.56	0.37	0.28	0.22	0.19	0.87	0.58	0.44	0.35	0.29	1.26	0.84	0.63	0.50	0.42
		4	0.63	0.42	0.31	0.25	0.21	1.12	0.75	0.56	0.45	0.37	1.74	1.16	0.87	0.70	0.58	2.51	1.68	1.26	1.01	0.84
	350	2	0.27	0.18	0.13	0.11	0.09	0.48	0.32	0.24	0.19	0.16	0.75	0.50	0.37	0.30	0.25	1.08	0.72	0.54	0.43	0.36
		4	0.54	0.36	0.27	0.22	0.18	0.96	0.64	0.48	0.38	0.32	1.50	1.00	0.75	0.60	0.50	2.15	1.44	1.08	0.86	0.72
	400	4	0.47	0.31	0.24	0.19	0.16	0.84	0.56	0.42	0.34	0.28	1.31	0.87	0.65	0.52	0.44	1.89	1.26	0.94	0.75	0.63
	450	4	0.42	0.28	0.21	0.17	0.14	0.75	0.50	0.37	0.30	0.25	1.16	0.78	0.58	0.47	0.39	1.68	1.12	0.84	0.67	0.56
	500	4	0.38	0.25	0.19	0.15	0.13	0.67	0.45	0.34	0.27	0.22	1.05	0.70	0.52	0.42	0.35	1.51	1.01	0.75	0.60	0.50
		6	0.57	0.38	0.28	0.23	0.19	1.01	0.67	0.50	0.40	0.34	1.57	1.05	0.79	0.63	0.52	2.26	1.51	1.13	0.90	0.75
	550	4	0.34	0.23	0.17	0.14	0.11	0.61	0.41	0.30	0.24	0.20	0.95	0.63	0.48	0.38	0.32	1.37	0.91	0.69	0.55	0.46
		6	0.51	0.34	0.26	0.21	0.17	0.91	0.61	0.46	0.37	0.30	1.43	0.95	0.71	0.57	0.48	2.06	1.37	1.03	0.82	0.69
	600	4	0.31	0.21	0.16	0.13	0.10	0.56	0.37	0.28	0.22	0.19	0.87	0.58	0.44	0.35	0.29	1.26	0.84	0.63	0.50	0.42
		6	0.47	0.31	0.24	0.19	0.16	0.84	0.56	0.42	0.34	0.28	1.31	0.87	0.65	0.52	0.44	1.89	1.26	0.94	0.75	0.63
C50	200	2	0.45	0.30	0.22	0.18	0.15	0.80	0.53	0.40	0.32	0.27	1.25	0.83	0.62	0.50	0.42	1.80	1.20	0.90	0.72	0.60
	250	2	0.36	0.24	0.18	0.14	0.12	0.64	0.43	0.32	0.26	0.21	1.00	0.66	0.50	0.40	0.33	1.44	0.96	0.72	0.57	0.48
	300	2	0.30	0.20	0.15	0.12	0.10	0.53	0.35	0.27	0.21	0.18	0.83	0.55	0.42	0.33	0.28	1.20	0.80	0.60	0.48	0.40
		4	0.60	0.40	0.30	0.24	0.20	1.06	0.71	0.53	0.43	0.35	1.66	1.11	0.83	0.66	0.55	2.39	1.60	1.20	0.96	0.80
	350	2	0.26	0.17	0.13	0.10	0.09	0.46	0.30	0.23	0.18	0.15	0.71	0.47	0.36	0.28	0.24	1.03	0.68	0.51	0.41	0.34
		4	0.51	0.34	0.26	0.21	0.17	0.91	0.61	0.46	0.36	0.30	1.42	0.95	0.71	0.57	0.47	2.05	1.37	1.03	0.82	0.68
	400	4	0.45	0.30	0.22	0.18	0.15	0.80	0.53	0.40	0.32	0.27	1.25	0.83	0.62	0.50	0.42	1.80	1.20	0.90	0.72	0.60
	450	4	0.40	0.27	0.20	0.16	0.13	0.71	0.47	0.35	0.28	0.24	1.11	0.74	0.55	0.44	0.37	1.60	1.06	0.80	0.64	0.53
	500	4	0.36	0.24	0.18	0.14	0.12	0.64	0.43	0.32	0.26	0.21	1.00	0.66	0.50	0.40	0.33	1.44	0.96	0.72	0.57	0.48
		6	0.54	0.36	0.27	0.22	0.18	0.96	0.64	0.48	0.38	0.32	1.50	1.00	0.75	0.60	0.50	2.15	1.44	1.08	0.86	0.72

续表 2-99

混凝土强度等级	梁宽 b(mm)	箍筋肢数 n	箍筋直径 6，箍距 s(mm)为					箍筋直径 8，箍距 s(mm)为					箍筋直径 10，箍距 s(mm)为					箍筋直径 12，箍距 s(mm)为				
			100	150	200	250	300	100	150	200	250	300	100	150	200	250	300	100	150	200	250	300
C50	550	4	0.33	0.22	0.16	0.13	0.11	0.58	0.39	0.29	0.23	0.19	0.91	0.60	0.45	0.36	0.30	1.31	0.87	0.65	0.52	0.44
		6	0.49	0.33	0.25	0.20	0.16	0.87	0.58	0.44	0.35	0.29	1.36	0.91	0.68	0.54	0.45	1.96	1.31	0.98	0.78	0.65
	600	4	0.30	0.20	0.15	0.12	0.10	0.53	0.35	0.27	0.21	0.18	0.83	0.55	0.42	0.33	0.28	1.20	0.80	0.60	0.48	0.40
		6	0.45	0.30	0.22	0.18	0.15	0.80	0.53	0.40	0.32	0.27	1.25	0.83	0.62	0.50	0.42	1.80	1.20	0.90	0.72	0.60
C55	200	2	0.43	0.29	0.22	0.17	0.14	0.77	0.51	0.38	0.31	0.26	1.20	0.80	0.60	0.48	0.40	1.73	1.15	0.87	0.69	0.58
	250	2	0.35	0.23	0.17	0.14	0.12	0.62	0.41	0.31	0.25	0.21	0.96	0.64	0.48	0.38	0.32	1.38	0.92	0.69	0.55	0.46
	300	2	0.29	0.19	0.14	0.12	0.10	0.51	0.34	0.26	0.21	0.17	0.80	0.53	0.40	0.32	0.27	1.15	0.77	0.58	0.46	0.38
		4	0.58	0.39	0.29	0.23	0.19	1.03	0.68	0.51	0.41	0.34	1.60	1.07	0.80	0.64	0.53	2.31	1.54	1.15	0.92	0.77
	350	2	0.25	0.17	0.12	0.10	0.08	0.44	0.29	0.22	0.18	0.15	0.69	0.46	0.34	0.27	0.23	0.99	0.66	0.49	0.40	0.33
		4	0.50	0.33	0.25	0.20	0.17	0.88	0.59	0.44	0.35	0.29	1.37	0.92	0.69	0.55	0.46	1.98	1.32	0.99	0.79	0.66
	400	4	0.43	0.29	0.22	0.17	0.14	0.77	0.51	0.38	0.31	0.26	1.20	0.80	0.60	0.48	0.40	1.73	1.15	0.87	0.69	0.58
	450	4	0.39	0.26	0.19	0.15	0.13	0.68	0.46	0.34	0.27	0.23	1.07	0.71	0.53	0.43	0.36	1.54	1.03	0.77	0.62	0.51
	500	4	0.35	0.23	0.17	0.14	0.12	0.62	0.41	0.31	0.25	0.21	0.96	0.64	0.48	0.38	0.32	1.38	0.92	0.69	0.55	0.46
		6	0.52	0.35	0.26	0.21	0.17	0.92	0.62	0.46	0.37	0.31	1.44	0.96	0.72	0.58	0.48	2.08	1.38	1.04	0.83	0.69
	550	4	0.32	0.21	0.16	0.13	0.11	0.56	0.37	0.28	0.22	0.19	0.87	0.58	0.44	0.35	0.29	1.26	0.84	0.63	0.50	0.42
		6	0.47	0.32	0.24	0.19	0.16	0.84	0.56	0.42	0.34	0.28	1.31	0.87	0.66	0.52	0.44	1.89	1.26	0.94	0.76	0.63
	600	4	0.29	0.19	0.14	0.12	0.10	0.51	0.34	0.26	0.21	0.17	0.80	0.53	0.40	0.32	0.27	1.15	0.77	0.58	0.46	0.38
		6	0.43	0.29	0.22	0.17	0.14	0.77	0.51	0.38	0.31	0.26	1.20	0.80	0.60	0.48	0.40	1.73	1.15	0.87	0.69	0.58
C60	200	2	0.42	0.28	0.21	0.17	0.14	0.74	0.49	0.37	0.30	0.25	1.15	0.77	0.58	0.46	0.38	1.66	1.11	0.83	0.67	0.55
	250	2	0.33	0.22	0.17	0.13	0.11	0.59	0.39	0.30	0.24	0.20	0.92	0.62	0.46	0.37	0.31	1.33	0.89	0.67	0.53	0.44
	300	2	0.28	0.18	0.14	0.11	0.09	0.49	0.33	0.25	0.20	0.16	0.77	0.51	0.38	0.31	0.26	1.11	0.74	0.55	0.44	0.37
		4	0.55	0.37	0.28	0.22	0.18	0.99	0.66	0.49	0.39	0.33	1.54	1.03	0.77	0.62	0.51	2.22	1.48	1.11	0.89	0.74

续表 2-99

混凝土强度等级	梁宽 b(mm)	箍筋肢数 n	箍筋直径 6，箍距 s(mm)为					箍筋直径 8，箍距 s(mm)为					箍筋直径 10，箍距 s(mm)为					箍筋直径 12，箍距 s(mm)为				
			100	150	200	250	300	100	150	200	250	300	100	150	200	250	300	100	150	200	250	300
C60	350	2	0.24	0.16	0.12	0.10	0.08	0.42	0.28	0.21	0.17	0.14	0.66	0.44	0.33	0.26	0.22	0.95	0.63	0.48	0.38	0.32
		4	0.48	0.32	0.24	0.19	0.16	0.85	0.56	0.42	0.34	0.28	1.32	0.88	0.66	0.53	0.44	1.90	1.27	0.95	0.76	0.63
	400	4	0.42	0.28	0.21	0.17	0.14	0.74	0.49	0.37	0.30	0.25	1.15	0.77	0.58	0.46	0.38	1.66	1.11	0.83	0.67	0.55
	450	4	0.37	0.25	0.18	0.15	0.12	0.66	0.44	0.33	0.26	0.22	1.03	0.68	0.51	0.41	0.34	1.48	0.99	0.74	0.59	0.49
	500	4	0.33	0.22	0.17	0.13	0.11	0.59	0.39	0.30	0.24	0.20	0.92	0.62	0.46	0.37	0.31	1.33	0.89	0.67	0.53	0.44
		6	0.50	0.33	0.25	0.20	0.17	0.89	0.59	0.44	0.36	0.30	1.39	0.92	0.69	0.55	0.46	2.00	1.33	1.00	0.80	0.67
	550	4	0.30	0.20	0.15	0.12	0.10	0.54	0.36	0.27	0.22	0.18	0.84	0.56	0.42	0.34	0.28	1.21	0.81	0.60	0.48	0.40
		6	0.45	0.30	0.23	0.18	0.15	0.81	0.54	0.40	0.32	0.27	1.26	0.84	0.63	0.50	0.42	1.81	1.21	0.91	0.73	0.60
	600	4	0.28	0.18	0.14	0.11	0.09	0.49	0.33	0.25	0.20	0.16	0.77	0.51	0.38	0.31	0.26	1.11	0.74	0.55	0.44	0.37
		6	0.42	0.28	0.21	0.17	0.14	0.74	0.49	0.37	0.30	0.25	1.15	0.77	0.58	0.46	0.38	1.66	1.11	0.83	0.67	0.55

注：1. 结合本书有关规定应用。

2. 计算公式为 $\alpha_v=\frac{nA_{sv1}}{bs}\frac{f_{yv}}{f_t}$。

框架梁沿梁全长的箍筋配筋系数 α_v 值 **表 2-100**

$f_{yv}=360N/mm^2$

混凝土强度等级	梁宽 b(mm)	箍筋肢数 n	箍筋直径 6，箍距 s(mm)为					箍筋直径 8，箍距 s(mm)为					箍筋直径 10，箍距 s(mm)为					箍筋直径 12，箍距 s(mm)为				
			100	150	200	250	300	100	150	200	250	300	100	150	200	250	300	100	150	200	250	300
C20	200	2	0.93	0.62	0.46	0.37	0.31	1.65	1.10	0.82	0.66	0.55	2.57	1.71	1.28	1.03	0.86	3.70	2.47	1.85	1.48	1.23
	250	2	0.74	0.49	0.37	0.30	0.25	1.32	0.88	0.66	0.53	0.44	2.06	1.37	1.03	0.82	0.69	2.96	1.97	1.48	1.18	0.99
	300	2	0.62	0.41	0.31	0.25	0.21	1.10	0.73	0.55	0.44	0.37	1.71	1.14	0.86	0.69	0.57	2.47	1.65	1.23	0.99	0.82
		4	1.23	0.82	0.62	0.49	0.41	2.19	1.46	1.10	0.88	0.73	3.43	2.28	1.71	1.37	1.14	4.94	3.29	2.47	1.97	1.65
	350	2	0.53	0.35	0.26	0.21	0.18	0.94	0.63	0.47	0.38	0.31	1.47	0.98	0.73	0.59	0.49	2.12	1.41	1.06	0.85	0.71
		4	1.06	0.71	0.53	0.42	0.35	1.88	1.25	0.94	0.75	0.63	2.94	1.96	1.47	1.17	0.98	4.23	2.82	2.12	1.69	1.41

续表 2-100

混凝土强度等级	梁宽 b(mm)	箍筋肢数 n	箍筋直径 6，箍距 s(mm)为					箍筋直径 8，箍距 s(mm)为					箍筋直径 10，箍距 s(mm)为					箍筋直径 12，箍距 s(mm)为				
			100	150	200	250	300	100	150	200	250	300	100	150	200	250	300	100	150	200	250	300
C20	400	4	0.93	0.62	0.46	0.37	0.31	1.65	1.10	0.82	0.66	0.55	2.57	1.71	1.28	1.03	0.86	3.70	2.47	1.85	1.48	1.23
	450	4	0.82	0.55	0.41	0.33	0.27	1.46	0.98	0.73	0.59	0.49	2.28	1.52	1.14	0.91	0.76	3.29	2.19	1.65	1.32	1.10
	500	4	0.74	0.49	0.37	0.30	0.25	1.32	0.88	0.66	0.53	0.44	2.06	1.37	1.03	0.82	0.69	2.96	1.97	1.48	1.18	0.99
		6	1.11	0.74	0.56	0.44	0.37	1.98	1.32	0.99	0.79	0.66	3.08	2.06	1.54	1.23	1.03	4.44	2.96	2.22	1.78	1.48
	550	4	0.67	0.45	0.34	0.27	0.22	1.20	0.80	0.60	0.48	0.40	1.87	1.25	0.93	0.75	0.62	2.69	1.79	1.35	1.08	0.90
		6	1.01	0.67	0.51	0.40	0.34	1.80	1.20	0.90	0.72	0.60	2.80	1.87	1.40	1.12	0.93	4.04	2.69	2.02	1.62	1.35
	600	4	0.62	0.41	0.31	0.25	0.21	1.10	0.73	0.55	0.44	0.37	1.71	1.14	0.86	0.69	0.57	2.47	1.65	1.23	0.99	0.82
		6	0.93	0.62	0.46	0.37	0.31	1.65	1.10	0.82	0.66	0.55	2.57	1.71	1.28	1.03	0.86	3.70	2.47	1.85	1.48	1.23
C25	200	2	0.80	0.53	0.40	0.32	0.27	1.43	0.95	0.71	0.57	0.48	2.23	1.48	1.11	0.89	0.74	3.21	2.14	1.60	1.28	1.07
	250	2	0.64	0.43	0.32	0.26	0.21	1.14	0.76	0.57	0.46	0.38	1.78	1.19	0.89	0.71	0.59	2.56	1.71	1.28	1.03	0.85
	300	2	0.53	0.36	0.27	0.21	0.18	0.95	0.63	0.48	0.38	0.32	1.48	0.99	0.74	0.59	0.49	2.14	1.42	1.07	0.85	0.71
		4	1.07	0.71	0.53	0.43	0.36	1.90	1.27	0.95	0.76	0.63	2.97	1.98	1.48	1.19	0.99	4.27	2.85	2.14	1.71	1.42
	350	2	0.46	0.31	0.23	0.18	0.15	0.81	0.54	0.41	0.33	0.27	1.27	0.85	0.64	0.51	0.42	1.83	1.22	0.92	0.73	0.61
		4	0.92	0.61	0.46	0.37	0.31	1.63	1.09	0.81	0.65	0.54	2.54	1.70	1.27	1.02	0.85	3.66	2.44	1.83	1.47	1.22
	400	4	0.80	0.53	0.40	0.32	0.27	1.43	0.95	0.71	0.57	0.48	2.23	1.48	1.11	0.89	0.74	3.21	2.14	1.60	1.28	1.07
	450	4	0.71	0.48	0.36	0.29	0.24	1.27	0.84	0.63	0.51	0.42	1.98	1.32	0.99	0.79	0.66	2.85	1.90	1.42	1.14	0.95
	500	4	0.64	0.43	0.32	0.26	0.21	1.14	0.76	0.57	0.46	0.38	1.78	1.19	0.89	0.71	0.59	2.56	1.71	1.28	1.03	0.85
		6	0.96	0.64	0.48	0.39	0.32	1.71	1.14	0.86	0.68	0.57	2.67	1.78	1.34	1.07	0.89	3.85	2.56	1.92	1.54	1.28
	550	4	0.58	0.39	0.29	0.23	0.19	1.04	0.69	0.52	0.41	0.35	1.62	1.08	0.81	0.65	0.54	2.33	1.55	1.17	0.93	0.78
		6	0.88	0.58	0.44	0.35	0.29	1.56	1.04	0.78	0.62	0.52	2.43	1.62	1.21	0.97	0.81	3.50	2.33	1.75	1.40	1.17
	600	4	0.53	0.36	0.27	0.21	0.18	0.95	0.63	0.48	0.38	0.32	1.48	0.99	0.74	0.59	0.49	2.14	1.42	1.07	0.85	0.71
		6	0.80	0.53	0.40	0.32	0.27	1.43	0.95	0.71	0.57	0.48	2.23	1.48	1.11	0.89	0.74	3.21	2.14	1.60	1.28	1.07

续表 2-100

混凝土强度等级	梁宽 b(mm)	箍筋肢数 n	箍筋直径 6，箍距 s(mm)为					箍筋直径 8，箍距 s(mm)为					箍筋直径 10，箍距 s(mm)为					箍筋直径 12，箍距 s(mm)为				
			100	150	200	250	300	100	150	200	250	300	100	150	200	250	300	100	150	200	250	300
C30	200	2	0.71	0.47	0.36	0.28	0.24	1.27	0.84	0.63	0.51	0.42	1.98	1.32	0.99	0.79	0.66	2.85	1.90	1.42	1.14	0.95
	250	2	0.57	0.38	0.28	0.23	0.19	1.01	0.68	0.51	0.41	0.34	1.58	1.05	0.79	0.63	0.53	2.28	1.52	1.14	0.91	0.76
	300	2	0.47	0.32	0.24	0.19	0.16	0.84	0.56	0.42	0.34	0.28	1.32	0.88	0.66	0.53	0.44	1.90	1.27	0.95	0.76	0.63
		4	0.95	0.63	0.47	0.38	0.32	1.69	1.13	0.84	0.68	0.56	2.63	1.76	1.32	1.05	0.88	3.80	2.53	1.90	1.52	1.27
	350	2	0.41	0.27	0.20	0.16	0.14	0.72	0.48	0.36	0.29	0.24	1.13	0.75	0.56	0.45	0.38	1.63	1.08	0.81	0.65	0.54
		4	0.81	0.54	0.41	0.33	0.27	1.45	0.96	0.72	0.58	0.48	2.26	1.51	1.13	0.90	0.75	3.25	2.17	1.63	1.30	1.08
	400	4	0.71	0.47	0.36	0.28	0.24	1.27	0.84	0.63	0.51	0.42	1.98	1.32	0.99	0.79	0.66	2.85	1.90	1.42	1.14	0.95
	450	4	0.63	0.42	0.32	0.25	0.21	1.13	0.75	0.56	0.45	0.38	1.76	1.17	0.88	0.70	0.59	2.53	1.69	1.27	1.01	0.84
	500	4	0.57	0.38	0.28	0.23	0.19	1.01	0.68	0.51	0.41	0.34	1.58	1.05	0.79	0.63	0.53	2.28	1.52	1.14	0.91	0.76
		6	0.85	0.57	0.43	0.34	0.28	1.52	1.01	0.76	0.61	0.51	2.37	1.58	1.19	0.95	0.79	3.42	2.28	1.71	1.37	1.14
	550	4	0.52	0.35	0.26	0.21	0.17	0.92	0.61	0.46	0.37	0.31	1.44	0.96	0.72	0.57	0.48	2.07	1.38	1.04	0.83	0.69
		6	0.78	0.52	0.39	0.31	0.26	1.38	0.92	0.69	0.55	0.46	2.16	1.44	1.08	0.86	0.72	3.11	2.07	1.55	1.24	1.04
	600	4	0.47	0.32	0.24	0.19	0.16	0.84	0.56	0.42	0.34	0.28	1.32	0.88	0.66	0.53	0.44	1.90	1.27	0.95	0.76	0.63
		6	0.71	0.47	0.36	0.28	0.24	1.27	0.84	0.63	0.51	0.42	1.98	1.32	0.99	0.79	0.66	2.85	1.90	1.42	1.14	0.95
C35	200	2	0.65	0.43	0.32	0.26	0.22	1.15	0.77	0.58	0.46	0.38	1.80	1.20	0.90	0.72	0.60	2.59	1.73	1.30	1.04	0.86
	250	2	0.52	0.35	0.26	0.21	0.17	0.92	0.62	0.46	0.37	0.31	1.44	0.96	0.72	0.58	0.48	2.07	1.38	1.04	0.83	0.69
	300	2	0.43	0.29	0.22	0.17	0.14	0.77	0.51	0.38	0.31	0.26	1.20	0.80	0.60	0.48	0.40	1.73	1.15	0.86	0.69	0.58
		4	0.87	0.58	0.43	0.35	0.29	1.54	1.03	0.77	0.62	0.51	2.40	1.60	1.20	0.96	0.80	3.46	2.31	1.73	1.38	1.15
	350	2	0.37	0.25	0.19	0.15	0.12	0.66	0.44	0.33	0.26	0.22	1.03	0.69	0.51	0.41	0.34	1.48	0.99	0.74	0.59	0.49
		4	0.74	0.49	0.37	0.30	0.25	1.32	0.88	0.66	0.53	0.44	2.06	1.37	1.03	0.82	0.69	2.96	1.98	1.48	1.19	0.99
	400	4	0.65	0.43	0.32	0.26	0.22	1.15	0.77	0.58	0.46	0.38	1.80	1.20	0.90	0.72	0.60	2.59	1.73	1.30	1.04	0.86
	450	4	0.58	0.38	0.29	0.23	0.19	1.03	0.68	0.51	0.41	0.34	1.60	1.07	0.80	0.64	0.53	2.31	1.54	1.15	0.92	0.77

续表 2-100

混凝土强度等级	梁宽 b(mm)	箍筋肢数 n	箍筋直径 6，箍距 s(mm)为					箍筋直径 8，箍距 s(mm)为					箍筋直径 10，箍距 s(mm)为					箍筋直径 12，箍距 s(mm)为				
			100	150	200	250	300	100	150	200	250	300	100	150	200	250	300	100	150	200	250	300
C35	500	4	0.52	0.35	0.26	0.21	0.17	0.92	0.62	0.46	0.37	0.31	1.44	0.96	0.72	0.58	0.48	2.07	1.38	1.04	0.83	0.69
		6	0.78	0.52	0.39	0.31	0.26	1.38	0.92	0.69	0.55	0.46	2.16	1.44	1.08	0.86	0.72	3.11	2.07	1.56	1.24	1.04
	550	4	0.47	0.31	0.24	0.19	0.16	0.84	0.56	0.42	0.34	0.28	1.31	0.87	0.65	0.52	0.44	1.89	1.26	0.94	0.75	0.63
		6	0.71	0.47	0.35	0.28	0.24	1.26	0.84	0.63	0.50	0.42	1.96	1.31	0.98	0.79	0.65	2.83	1.89	1.41	1.13	0.94
	600	4	0.43	0.29	0.22	0.17	0.14	0.77	0.51	0.38	0.31	0.26	1.20	0.80	0.60	0.48	0.40	1.73	1.15	0.86	0.69	0.58
		6	0.65	0.43	0.32	0.26	0.22	1.15	0.77	0.58	0.46	0.38	1.80	1.20	0.90	0.72	0.60	2.59	1.73	1.30	1.04	0.86
C40	200	2	0.60	0.40	0.30	0.24	0.20	1.06	0.71	0.53	0.42	0.35	1.65	1.10	0.83	0.66	0.55	2.38	1.59	1.19	0.95	0.79
	250	2	0.48	0.32	0.24	0.19	0.16	0.85	0.56	0.42	0.34	0.28	1.32	0.88	0.66	0.53	0.44	1.90	1.27	0.95	0.76	0.63
	300	2	0.40	0.26	0.20	0.16	0.13	0.71	0.47	0.35	0.28	0.24	1.10	0.73	0.55	0.44	0.37	1.59	1.06	0.79	0.63	0.53
		4	0.79	0.53	0.40	0.32	0.26	1.41	0.94	0.71	0.56	0.47	2.20	1.47	1.10	0.88	0.73	3.17	2.12	1.59	1.27	1.06
	350	2	0.34	0.23	0.17	0.14	0.11	0.61	0.40	0.30	0.24	0.20	0.94	0.63	0.47	0.38	0.31	1.36	0.91	0.68	0.54	0.45
		4	0.68	0.45	0.34	0.27	0.23	1.21	0.81	0.61	0.48	0.40	1.89	1.26	0.94	0.76	0.63	2.72	1.81	1.36	1.09	0.91
	400	4	0.60	0.40	0.30	0.24	0.20	1.06	0.71	0.53	0.42	0.35	1.65	1.10	0.83	0.66	0.55	2.38	1.59	1.19	0.95	0.79
	450	4	0.53	0.35	0.26	0.21	0.18	0.94	0.63	0.47	0.38	0.31	1.47	0.98	0.73	0.59	0.49	2.12	1.41	1.06	0.85	0.71
	500	4	0.48	0.32	0.24	0.19	0.16	0.85	0.56	0.42	0.34	0.28	1.32	0.88	0.66	0.53	0.44	1.90	1.27	0.95	0.76	0.63
		6	0.71	0.48	0.36	0.29	0.24	1.27	0.85	0.64	0.51	0.42	1.98	1.32	0.99	0.79	0.66	2.86	1.90	1.43	1.14	0.95
	550	4	0.43	0.29	0.22	0.17	0.14	0.77	0.51	0.39	0.31	0.26	1.20	0.80	0.60	0.48	0.40	1.73	1.15	0.87	0.69	0.58
		6	0.65	0.43	0.32	0.26	0.22	1.16	0.77	0.58	0.46	0.39	1.80	1.20	0.90	0.72	0.60	2.60	1.73	1.30	1.04	0.87
	600	4	0.40	0.26	0.20	0.16	0.13	0.71	0.47	0.35	0.28	0.24	1.10	0.73	0.55	0.44	0.37	1.59	1.06	0.79	0.63	0.53
		6	0.60	0.40	0.30	0.24	0.20	1.06	0.71	0.53	0.42	0.35	1.65	1.10	0.83	0.66	0.55	2.38	1.59	1.19	0.95	0.79

续表 2-100

混凝土强度等级	梁宽 b(mm)	箍筋肢数 n	箍筋直径 6，箍距 s(mm)为					箍筋直径 8，箍距 s(mm)为					箍筋直径 10，箍距 s(mm)为					箍筋直径 12，箍距 s(mm)为				
			100	150	200	250	300	100	150	200	250	300	100	150	200	250	300	100	150	200	250	300
C45	200	2	0.57	0.38	0.28	0.23	0.19	1.01	0.67	0.50	0.40	0.34	1.57	1.05	0.79	0.63	0.52	2.26	1.51	1.13	0.90	0.75
	250	2	0.45	0.30	0.23	0.18	0.15	0.80	0.54	0.40	0.32	0.27	1.26	0.84	0.63	0.50	0.42	1.81	1.21	0.90	0.72	0.60
	300	2	0.38	0.25	0.19	0.15	0.13	0.67	0.45	0.34	0.27	0.22	1.05	0.70	0.52	0.42	0.35	1.51	1.01	0.75	0.60	0.50
		4	0.75	0.50	0.38	0.30	0.25	1.34	0.89	0.67	0.54	0.45	2.09	1.40	1.05	0.84	0.70	3.02	2.01	1.51	1.21	1.01
	350	2	0.32	0.22	0.16	0.13	0.11	0.57	0.38	0.29	0.23	0.19	0.90	0.60	0.45	0.36	0.30	1.29	0.86	0.65	0.52	0.43
		4	0.65	0.43	0.32	0.26	0.22	1.15	0.77	0.57	0.46	0.38	1.79	1.20	0.90	0.72	0.60	2.59	1.72	1.29	1.03	0.86
	400	4	0.57	0.38	0.28	0.23	0.19	1.01	0.67	0.50	0.40	0.34	1.57	1.05	0.79	0.63	0.52	2.26	1.51	1.13	0.90	0.75
	450	4	0.50	0.34	0.25	0.20	0.17	0.89	0.60	0.45	0.36	0.30	1.40	0.93	0.70	0.56	0.47	2.01	1.34	1.01	0.80	0.67
	500	4	0.45	0.30	0.23	0.18	0.15	0.80	0.54	0.40	0.32	0.27	1.26	0.84	0.63	0.50	0.42	1.81	1.21	0.90	0.72	0.60
		6	0.68	0.45	0.34	0.27	0.23	1.21	0.80	0.60	0.48	0.40	1.88	1.26	0.94	0.75	0.63	2.71	1.81	1.36	1.09	0.90
	550	4	0.41	0.27	0.21	0.16	0.14	0.73	0.49	0.37	0.29	0.24	1.14	0.76	0.57	0.46	0.38	1.65	1.10	0.82	0.66	0.55
		6	0.62	0.41	0.31	0.25	0.21	1.10	0.73	0.55	0.44	0.37	1.71	1.14	0.86	0.69	0.57	2.47	1.65	1.23	0.99	0.82
	600	4	0.38	0.25	0.19	0.15	0.13	0.67	0.45	0.34	0.27	0.22	1.05	0.70	0.52	0.42	0.35	1.51	1.01	0.75	0.60	0.50
		6	0.57	0.38	0.28	0.23	0.19	1.01	0.67	0.50	0.40	0.34	1.57	1.05	0.79	0.63	0.52	2.26	1.51	1.13	0.90	0.75
C50	200	2	0.54	0.36	0.27	0.22	0.18	0.96	0.64	0.48	0.38	0.32	1.50	1.00	0.75	0.60	0.50	2.15	1.44	1.08	0.86	0.72
	250	2	0.43	0.29	0.22	0.17	0.14	0.77	0.51	0.38	0.31	0.26	1.20	0.80	0.60	0.48	0.40	1.72	1.15	0.86	0.69	0.57
	300	2	0.36	0.24	0.18	0.14	0.12	0.64	0.43	0.32	0.26	0.21	1.00	0.66	0.50	0.40	0.33	1.44	0.96	0.72	0.57	0.48
		4	0.72	0.48	0.36	0.29	0.24	1.28	0.85	0.64	0.51	0.43	1.99	1.33	1.00	0.80	0.66	2.87	1.91	1.44	1.15	0.96
	350	2	0.31	0.21	0.15	0.12	0.10	0.55	0.36	0.27	0.22	0.18	0.85	0.57	0.43	0.34	0.28	1.23	0.82	0.62	0.49	0.41
		4	0.62	0.41	0.31	0.25	0.21	1.09	0.73	0.55	0.44	0.36	1.71	1.14	0.85	0.68	0.57	2.46	1.64	1.23	0.98	0.82
	400	4	0.54	0.36	0.27	0.22	0.18	0.96	0.64	0.48	0.38	0.32	1.50	1.00	0.75	0.60	0.50	2.15	1.44	1.08	0.86	0.72
	450	4	0.48	0.32	0.24	0.19	0.16	0.85	0.57	0.43	0.34	0.28	1.33	0.89	0.66	0.53	0.44	1.91	1.28	0.96	0.77	0.64

续表 2-100

混凝土强度等级	梁宽 b(mm)	箍筋肢数 n	箍筋直径 6，箍距 s(mm)为					箍筋直径 8，箍距 s(mm)为					箍筋直径 10，箍距 s(mm)为					箍筋直径 12，箍距 s(mm)为				
			100	150	200	250	300	100	150	200	250	300	100	150	200	250	300	100	150	200	250	300
C50	500	4	0.43	0.29	0.22	0.17	0.14	0.77	0.51	0.38	0.31	0.26	1.20	0.80	0.60	0.48	0.40	1.72	1.15	0.86	0.69	0.57
		6	0.65	0.43	0.32	0.26	0.22	1.15	0.77	0.57	0.46	0.38	1.79	1.20	0.90	0.72	0.60	2.59	1.72	1.29	1.03	0.86
	550	4	0.39	0.26	0.20	0.16	0.13	0.70	0.46	0.35	0.28	0.23	1.09	0.72	0.54	0.43	0.36	1.57	1.04	0.78	0.63	0.52
		6	0.59	0.39	0.29	0.24	0.20	1.05	0.70	0.52	0.42	0.35	1.63	1.09	0.82	0.65	0.54	2.35	1.57	1.18	0.94	0.78
	600	4	0.36	0.24	0.18	0.14	0.12	0.64	0.43	0.32	0.26	0.21	1.00	0.66	0.50	0.40	0.33	1.44	0.96	0.72	0.57	0.48
		6	0.54	0.36	0.27	0.22	0.18	0.96	0.64	0.48	0.38	0.32	1.50	1.00	0.75	0.60	0.50	2.15	1.44	1.08	0.86	0.72
C55	200	2	0.52	0.35	0.26	0.21	0.17	0.92	0.62	0.46	0.37	0.31	1.44	0.96	0.72	0.58	0.48	2.08	1.38	1.04	0.83	0.69
	250	2	0.42	0.28	0.21	0.17	0.14	0.74	0.49	0.37	0.30	0.25	1.15	0.77	0.58	0.46	0.38	1.66	1.11	0.83	0.66	0.55
	300	2	0.35	0.23	0.17	0.14	0.12	0.62	0.41	0.31	0.25	0.21	0.96	0.64	0.48	0.38	0.32	1.38	0.92	0.69	0.55	0.46
		4	0.69	0.46	0.35	0.28	0.23	1.23	0.82	0.62	0.49	0.41	1.92	1.28	0.96	0.77	0.64	2.77	1.85	1.38	1.11	0.92
	350	2	0.30	0.20	0.15	0.12	0.10	0.53	0.35	0.26	0.21	0.18	0.82	0.55	0.41	0.33	0.27	1.19	0.79	0.59	0.47	0.40
		4	0.59	0.40	0.30	0.24	0.20	1.06	0.70	0.53	0.42	0.35	1.65	1.10	0.82	0.66	0.55	2.37	1.58	1.19	0.95	0.79
	400	4	0.52	0.35	0.26	0.21	0.17	0.92	0.62	0.46	0.37	0.31	1.44	0.96	0.72	0.58	0.48	2.08	1.38	1.04	0.83	0.69
	450	4	0.46	0.31	0.23	0.18	0.15	0.82	0.55	0.41	0.33	0.27	1.28	0.85	0.64	0.51	0.43	1.85	1.23	0.92	0.74	0.62
	500	4	0.42	0.28	0.21	0.17	0.14	0.74	0.49	0.37	0.30	0.25	1.15	0.77	0.58	0.46	0.38	1.66	1.11	0.83	0.66	0.55
		6	0.62	0.42	0.31	0.25	0.21	1.11	0.74	0.55	0.44	0.37	1.73	1.15	0.87	0.69	0.58	2.49	1.66	1.25	1.00	0.83
	550	4	0.38	0.25	0.19	0.15	0.13	0.67	0.45	0.34	0.27	0.22	1.05	0.70	0.52	0.42	0.35	1.51	1.01	0.76	0.60	0.50
		6	0.57	0.38	0.28	0.23	0.19	1.01	0.67	0.50	0.40	0.34	1.57	1.05	0.79	0.63	0.52	2.27	1.51	1.13	0.91	0.76
	600	4	0.35	0.23	0.17	0.14	0.12	0.62	0.41	0.31	0.25	0.21	0.96	0.64	0.48	0.38	0.32	1.38	0.92	0.69	0.55	0.46
		6	0.52	0.35	0.26	0.21	0.17	0.92	0.62	0.46	0.37	0.31	1.44	0.96	0.72	0.58	0.48	2.08	1.38	1.04	0.83	0.69

续表 2-100

混凝土强度等级	梁宽 b(mm)	箍筋肢数 n	箍筋直径 6，箍距 s(mm)为					箍筋直径 8，箍距 s(mm)为					箍筋直径 10，箍距 s(mm)为					箍筋直径 12，箍距 s(mm)为				
			100	150	200	250	300	100	150	200	250	300	100	150	200	250	300	100	150	200	250	300
C60	200	2	0.50	0.33	0.25	0.20	0.17	0.89	0.59	0.44	0.36	0.30	1.39	0.92	0.69	0.55	0.46	2.00	1.33	1.00	0.80	0.67
	250	2	0.40	0.27	0.20	0.16	0.13	0.71	0.47	0.36	0.28	0.24	1.11	0.74	0.55	0.44	0.37	1.60	1.06	0.80	0.64	0.53
	300	2	0.33	0.22	0.17	0.13	0.11	0.59	0.39	0.30	0.24	0.20	0.92	0.62	0.46	0.37	0.31	1.33	0.89	0.67	0.53	0.44
		4	0.67	0.44	0.33	0.27	0.22	1.18	0.79	0.59	0.47	0.39	1.85	1.23	0.92	0.74	0.62	2.66	1.77	1.33	1.06	0.89
	350	2	0.29	0.19	0.14	0.11	0.10	0.51	0.34	0.25	0.20	0.17	0.79	0.53	0.40	0.32	0.26	1.14	0.76	0.57	0.46	0.38
		4	0.57	0.38	0.29	0.23	0.19	1.01	0.68	0.51	0.41	0.34	1.58	1.06	0.79	0.63	0.53	2.28	1.52	1.14	0.91	0.76
	400	4	0.50	0.33	0.25	0.20	0.17	0.89	0.59	0.44	0.36	0.30	1.39	0.92	0.69	0.55	0.46	2.00	1.33	1.00	0.80	0.67
	450	4	0.44	0.30	0.22	0.18	0.15	0.79	0.53	0.39	0.32	0.26	1.23	0.82	0.62	0.49	0.41	1.77	1.18	0.89	0.71	0.59
	500	4	0.40	0.27	0.20	0.16	0.13	0.71	0.47	0.36	0.28	0.24	1.11	0.74	0.55	0.44	0.37	1.60	1.06	0.80	0.64	0.53
		6	0.60	0.40	0.30	0.24	0.20	1.07	0.71	0.53	0.43	0.36	1.66	1.11	0.83	0.66	0.55	2.40	1.60	1.20	0.96	0.80
	550	4	0.36	0.24	0.18	0.15	0.12	0.65	0.43	0.32	0.26	0.22	1.01	0.67	0.50	0.40	0.34	1.45	0.97	0.73	0.58	0.48
		6	0.54	0.36	0.27	0.22	0.18	0.97	0.65	0.48	0.39	0.32	1.51	1.01	0.76	0.60	0.50	2.18	1.45	1.09	0.87	0.73
	600	4	0.33	0.22	0.17	0.13	0.11	0.59	0.39	0.30	0.24	0.20	0.92	0.62	0.46	0.37	0.31	1.33	0.89	0.67	0.53	0.44
		6	0.50	0.33	0.25	0.20	0.17	0.89	0.59	0.44	0.36	0.30	1.39	0.92	0.69	0.55	0.46	2.00	1.33	1.00	0.80	0.67

注：1. 结合本书有关规定应用。

2. 计算公式为 $\alpha_v=\frac{nA_{sv1}}{bs}\frac{f_{yv}}{f_t}$。

2.14　结构考虑地震作用组合的普通钢筋的配筋率

2.14.1　框架梁全长箍筋最小配筋百分率

考虑地震作用的框架梁全长箍筋最小配筋百分率 ρ_{sv}(%)如表 2-101 所示。

地震作用的框架梁全长箍筋最小配筋百分率 ρ_{sv}(%)　　表 2-101

序号	抗震等级	f_{yv}(N/mm²)	混凝土强度等级												
			C20	C25	C30	C35	C40	C45	C50	C55	C60	C65	C70	C75	C80
1	特一级(加密区)	270			0.212	0.233	0.253	0.267	0.280	0.290	0.302	0.310	0.317	0.323	0.329
2		300			0.191	0.209	0.228	0.240	0.252	0.261	0.272	0.279	0.285	0.291	0.296
3		360			0.159	0.174	0.190	0.200	0.210	0.218	0.227	0.232	0.238	0.242	0.247
4	特一级(非加密区)一级	270			0.159	0.174	0.190	0.200	0.210	0.218	0.227	0.232	0.238	0.242	0.247
5		300			0.143	0.157	0.171	0.180	0.189	0.196	0.204	0.209	0.214	0.218	0.222
6		360			0.119	0.131	0.143	0.150	0.158	0.163	0.170	0.174	0.178	0.182	0.185
7	二级	270	0.114	0.132	0.148	0.163	0.177	0.187	0.196	0.203	0.202	0.217	0.222	0.226	0.230
8		300	0.103	0.119	0.133	0.147	0.160	0.168	0.176	0.183	0.190	0.195	0.200	0.203	0.207
9		360		0.099	0.111	0.122	0.133	0.140	0.147	0.152	0.159	0.163	0.166	0.170	0.173
10	三、四级	270	0.106	0.122	0.138	0.151	0.165	0.173	0.182	0.189	0.196	0.201	0.206	0.210	0.214
11		300	0.095	0.110	0.124	0.136	0.148	0.156	0.164	0.170	0.177	0.181	0.185	0.189	0.192
12		360		0.092	0.103	0.113	0.124	0.130	0.137	0.142	0.147	0.151	0.155	0.157	0.160

注：1. 计算公式：

1) 特一级(加密区)$\rho_{sv} \geqslant 0.4 f_t / f_{yv}$；

2) 特一级、一级 $\rho_{sv} \geqslant 0.3 f_t / f_{yv}$；

3) 二级 $f_{yv} \geqslant 0.28 f_t / f_{yv}$；

4) 三、四级 $f_{yv} \geqslant 0.26 f_t / f_{yv}$；

2. 结合本书有关规定应用。

2.14.2　框架梁纵向受拉钢筋的最小配筋百分率

框架梁纵向受拉钢筋的最小配筋百分率 ρ_{min}(%)如表 2-102、表 2-103、表 2-104 及表 2-105 所示。其中表 2-102 是框架梁纵向受拉钢筋的最小配筋百分率的基本规定；则表 2-103、表 2-104 及表 2-105 是为满足设计方便的需要，按不同的抗震等级、不同的混凝土强度等级及不同的钢筋牌号根据表 2-102 的规定编制的。

框架梁纵向受拉钢筋的最小配筋百分率 ρ_{min}(%)　　表 2-102

序号	抗震等级	梁中位置	
		支座	跨中
1	特一级、一级	0.40 和 $80 f_t / f_y$ 中的较大值	0.30 和 $65 f_t / f_y$ 中的较大值
2	二级	0.30 和 $65 f_t / f_y$ 中的较大值	0.25 和 $55 f_t / f_y$ 中的较大值
3	三、四级	0.25 和 $55 f_t / f_y$ 中的较大值	0.20 和 $45 f_t / f_y$ 中的较大值

框架梁纵向受拉钢筋的最小配筋百分率 ρ_{min}（%） 表 2-103

HRB335、HRBF335 $f_y=300N/mm^2$

序号	混凝土强度等级	抗震等级					
		特一级、一级		二 级		三、四级	
		梁中位置					
		支座	跨中	支座	跨中	支座	跨中
1	C20			0.300	0.250	0.250	0.200
2	C25			0.300	0.250	0.250	0.200
3	C30	0.400	0.310	0.310	0.262	0.262	0.214
4	C35	0.419	0.340	0.340	0.288	0.288	0.236
5	C40	0.456	0.371	0.371	0.314	0.314	0.256
6	C45	0.480	0.390	0.390	0.330	0.330	0.270
7	C50	0.504	0.410	0.410	0.346	0.346	0.284
8	C55	0.523	0.425	0.425	0.359	0.359	0.294
9	C60	0.544	0.442	0.442	0.374	0.374	0.306
10	C65	0.557	0.453	0.453	0.383	0.383	0.314
11	C70	0.571	0.464	0.464	0.392	0.392	0.321
12	C75	0.581	0.472	0.472	0.400	0.400	0.327
13	C80	0.592	0.481	0.481	0.407	0.407	0.333

框架梁纵向受拉钢筋的最小配筋百分率 ρ_{min}（%） 表 2-104

HRB400、HRBF400、RRB400 $f_y=360N/mm^2$

序号	混凝土强度等级	抗震等级					
		特一级、一级		二 级		三、四级	
		梁中位置					
		支座	跨中	支座	跨中	支座	跨中
1	C20			0.300	0.250	0.250	0.200
2	C25			0.300	0.250	0.250	0.200
3	C30	0.400	0.300	0.300	0.250	0.250	0.200
4	C35	0.400	0.300	0.300	0.250	0.250	0.200
5	C40	0.400	0.309	0.309	0.261	0.261	0.214
6	C45	0.400	0.325	0.325	0.275	0.275	0.225
7	C50	0.420	0.341	0.341	0.289	0.289	0.236
8	C55	0.436	0.354	0.354	0.299	0.299	0.245
9	C60	0.453	0.368	0.368	0.312	0.312	0.255
10	C65	0.464	0.377	0.377	0.319	0.319	0.261
11	C70	0.476	0.386	0.386	0.327	0.327	0.268
12	C75	0.484	0.394	0.394	0.333	0.333	0.272
13	C80	0.493	0.401	0.401	0.339	0.339	0.278

框架梁纵向受拉钢筋的最小配筋百分率 ρ_{min}(%)　　表 2-105

HRB500、HRBF500 $f_y=435N/mm^2$

序号	混凝土强度等级	抗震等级					
		特一级、一级		二 级		三、四级	
		梁中位置					
		支座	跨中	支座	跨中	支座	跨中
1	C20			0.300	0.250	0.250	0.200
2	C25			0.300	0.250	0.250	0.200
3	C30	0.400	0.300	0.300	0.250	0.250	0.200
4	C35	0.400	0.300	0.300	0.250	0.250	0.200
5	C40	0.400	0.300	0.300	0.250	0.250	0.200
6	C45	0.400	0.300	0.300	0.250	0.250	0.200
7	C50	0.400	0.300	0.300	0.250	0.250	0.200
8	C55	0.400	0.300	0.300	0.250	0.250	0.203
9	C60	0.400	0.305	0.305	0.258	0.258	0.211
10	C65	0.400	0.312	0.312	0.264	0.264	0.216
11	C70	0.400	0.320	0.320	0.271	0.271	0.221
12	C75	0.401	0.326	0.326	0.276	0.276	0.226
13	C80	0.408	0.332	0.332	0.281	0.281	0.230

2.14.3 框架梁纵向受拉钢筋的最大配筋率

框架梁纵向受拉钢筋的最大配筋率如表 2-106 所示。

框架梁纵向受拉钢筋的最大配筋率　　表 2-106

序号	项　目	内　容
1	梁端混凝土受压区高度	为了提高框架梁的抗震性能和防止过高的纵向钢筋配筋率，使梁具有足够的曲率延性，避免受压区混凝土过早压碎，故对其纵向受拉钢筋的配筋率需严格限制 梁正截面受弯承载力计算中，计入纵向受压钢筋的梁端混凝土受压区高度应符合下列要求： 特一级、一级抗震等级 $x\leqslant 0.25h_0$　(2-64) 二、三级抗震等级 $x\leqslant 0.35h_0$　(2-65) 式中　x——混凝土受压区高度 h_0——截面有效高度 且梁端纵向受拉钢筋的配筋率不宜大于 2.5%
2	计算用表	梁端纵向受拉钢筋的最大配筋百分率可按表 2-107 选用。此时表中梁端纵向受拉钢筋百分率没有计入纵向受压钢筋，当框架梁端有受压钢筋时，应使受拉受压钢筋的总量计算所得的配筋百分率≤2.5%

有地震作用组合框架梁纵向普通受拉钢筋最大配筋率 ρ_{max}（%） **表 2-107**

普通钢筋	抗震等级	混凝土强度等级												
		C20	C25	C30	C35	C40	C45	C50	C55	C60	C65	C70	C75	C80
HPB300 $f_y=270N/mm^2$	特一级、一级			1.32	1.55	1.77	1.95	2.14	2.32	2.50	2.50	2.50	2.50	2.50
	二、三极	1.24	1.54	1.85	2.16	2.48	2.50	2.50	2.50	2.50	2.50	2.50	2.50	2.50
HRB335 HRBF335 $f_y=300N/mm^2$	特一级、一级			1.19	1.39	1.59	1.76	1.92	2.09	2.25	2.40	2.50	2.50	2.50
	二、三极	1.12	1.39	1.67	1.95	2.23	2.46	2.50	2.50	2.50	2.50	2.50	2.50	2.50
HRB400 HRBF400 RRB400 $f_y=360N/mm^2$	特一级、一级			0.99	1.16	1.33	1.47	1.60	1.74	1.87	2.00	2.12	2.23	2.34
	二、三极	0.93	1.16	1.39	1.62	1.86	2.05	2.25	2.44	2.50	2.50	2.50	2.50	2.50
HRB500 HRBF500 $f_y=435N/mm^2$	特一级、一级			0.82	0.96	1.10	1.21	1.33	1.44	1.55	1.66	1.75	1.85	1.94
	二、三极	0.77	0.96	1.15	1.34	1.54	1.70	1.86	2.02	2.17	2.32	2.46	2.50	2.50

第 3 章　高层建筑混凝土结构体系与结构布置

3.1　高层建筑混凝土结构体系

3.1.1　结构体系的选用与要求

高层建筑混凝土结构体系的选用与要求如表 3-1 所示。

高层建筑混凝土结构体系的选用与要求　　表 3-1

序号	项　目	内　容
1	结构体系的选用	（1）高层建筑结构应根据建筑使用功能、房屋高度和高宽比、抗震设防类别、抗震设防烈度、场地类别、地基情况、结构材料和施工技术条件等因素，综合分析比较，选用适宜的结构体系 （2）高层建筑混凝土结构可采用框架、剪力墙、框架-剪力墙、板柱-剪力墙和筒体结构等结构体系 框架结构中不包括板柱结构(无剪力墙或筒体)，因为这类结构侧向刚度和抗震性能较差，不适用于高层建筑 剪力墙结构包括部分框支剪力墙结构(有部分框支柱及转换结构构件)、具有较多短肢剪力墙且带有筒体或一般剪力墙的剪力墙结构 板柱-剪力墙结构的板柱指无内部纵梁和横梁的无梁楼盖结构。由于在板柱框架体系中加入了剪力墙或筒体，主要由剪力墙构件承受侧向力，侧向刚度也有很大的提高。这种结构目前在国内外高层建筑中有较多的应用，但其适用高度宜低于框架-剪力墙结构。有震害表明，板柱结构的板柱节点破坏较严重，包括板的冲切破坏或柱端破坏，设计时应精心 筒体结构在 20 世纪 80 年代后在我国已广泛应用于高层办公建筑和高层旅馆建筑。由于其刚度较大、有较高承载能力，因而在层数较多时有较大优势。多年来，我国已经积累了许多工程经验和科研成果，在本书中作了较详细的规定 随着房屋层数和高度的增加，水平作用对高层建筑结构安全的控制作用更加显著，包括地震作用和风荷载。高层建筑的承载能力、侧向刚度、抗震性能、材料用量和造价高低，与其所采用的结构体系密切相关。不同的结构体系，适用于不同的层数、高度和功能
2	对结构体系的要求	（1）高层建筑不应采用严重不规则的结构体系，并应符合下列规定： 1）应具有必要的承载能力、刚度和延性 2）应避免因部分结构或构件的破坏而导致整个结构丧失承受重力荷载、风荷载和地震作用的能力 3）对可能出现的薄弱部位，应采取有效的加强措施 （2）高层建筑的结构体系尚宜符合下列规定： 1）结构的竖向和水平布置宜使结构具有合理的刚度和承载力分布，避免因刚度和承载力局部突变或结构扭转效应而形成薄弱部位 2)抗震设计时宜具有多道防线 （3)上述(1)条与(2)条强调了高层建筑结构概念设计原则，宜采用规则的结构，不应采用严重不规则的结构 规则结构一般指：体型(平面和立面)规则，结构平面布置均匀、对称并具有较好的抗扭刚度；结构竖向布置均匀，结构的刚度、承载力和质量分布均匀、无突变

续表 3-1

序号	项　目	内　容
2	对结构体系的要求	实际工程设计中，要使结构方案规则往往比较困难，有时会出现平面或竖向布置不规则的情况。本书表 3-7 序号 1 之(2)条与序号 2 之(2)～(6)条和本书表 3-10 序号 1 之(2)～(6)条分别对结构平面布置及竖向布置的不规则性提出了限制条件。若结构方案中仅有个别项目超过了条款中规定的“不宜”的限制条件，此结构属不规则结构，但仍可按本书有关规定进行计算和采取相应的构造措施；若结构方案中有多项超过了条款中规定的“不宜”的限制条件或某一项超过“不宜”的限制条件较多，此结构属特别不规则结构，应尽量避免；若结构方案中有多项超过了条款中规定的“不宜”的限制条件，而且超过较多，或者有一项超过了条款中规定的“不应”的限制条件，则此结构属严重不规则结构，这种结构方案不应采用，必须对结构方案进行调整 无论采用何种结构体系，结构的平面和竖向布置都应使结构具有合理的刚度、质量和承载力分布，避免因局部突变和扭转效应而形成薄弱部位；对可能出现的薄弱部位，在设计中应采取有效措施，增强其抗震能力；结构宜具有多道防线，避免因部分结构或构件的破坏而导致整个结构丧失承受水平风荷载、地震作用和重力荷载的能力 (4) 高层建筑混凝土结构宜采取措施减小混凝土收缩、徐变、温度变化、基础差异沉降等非荷载效应的不利影响。房屋高度不低于 150m 的高层建筑外墙宜采用各类建筑幕墙 高度较高的高层建筑的温度应力比较明显。幕墙包覆主体结构而使主体结构免受外界温度变化的影响，有效地减少了主体结构温度应力的不利影响。幕墙是外墙的一种结构形式，由于面板材料的不同，建筑幕墙可以分为玻璃幕墙、铝板或钢板幕墙、石材幕墙和混凝土幕墙。实际工程中可采用多种材料构成的混合幕墙 (5) 高层建筑的填充墙、隔墙等非结构构件宜采用各类轻质材料，构造上应与主体结构可靠连接，并应满足承载力、稳定和变形要求 高层建筑层数较多，减轻填充墙的自重是减轻结构总重量的有效措施；而且轻质隔墙容易实现与主体结构的连接构造，减轻或防止随主体结构发生破坏。除传统的加气混凝土制品、空心砌块外，室内隔墙还可以采用玻璃、铝板、不锈钢板等轻质复合墙板材料。非承重墙体无论与主体结构采用刚性连接还是柔性连接，都应按非结构构件进行控制设计，自身应具有相应的承载力、满足稳定及变形要求 为避免主体结构变形时室内填充墙、门窗等非结构构件损坏，较高建筑或侧向变形较大的建筑中的非结构构件应采取有效的连接措施来适应主体结构的变形。例如，外墙门窗采用柔性密封胶条或耐候密封胶嵌缝；室内隔墙选用金属板或玻璃隔墙、柔性密封胶填缝等，可以很好地适应主体结构的变形

3.1.2　框架结构体系

框架结构体系如表 3-2 所示。

框架结构体系　　**表 3-2**

序号	项　目	内　容
1	框架结构体系的组成和作用	(1) 由梁和柱为主要构件组成的承受竖向和水平作用的结构称为框架结构 (2) 框架是指同一平面内由水平横梁和竖柱通过刚性节点连接在一起，形成矩形网格的一种结构形式，如图 3-1 所示。框架结构体系是指沿房屋的纵向和横向均采用框架作为承重抵抗侧力的主要构件所构成的结构体系 (3) 由梁、柱线形杆件组成的结构称为框架。框架可以是等跨的，亦可以是不等跨的，层高可以相等亦可以不相等(图 3-1*a*、*b*)。有时因使用要求还可在某层缺梁或某跨缺柱(图 3-1*c*)。高层建筑中的所有抗侧力单元全部采用框架，称为框架结构体系

续表 3-2

序号	项　　目	内　　容
1	框架结构体系的组成和作用	（4）框架结构在水平荷载作用下的侧移由两部分组成，其中一部分是由于柱子的拉伸和压缩所产生的，侧移曲线为弯曲型，自下而上层间位移增大；另一部分是由梁、柱的弯曲变形产生的，侧移曲线为剪切型，自下而上层间位移减小。在框架结构中，剪切变形是主要的，随着建筑高度的增大，弯曲变形的比例逐渐加大，一般框架结构体系在水平力作用下的变形以剪切型变形为主（见图 3-5*a* 所示） （5）由于框架结构的梁、柱都属于线形构件，构件所占用空间较少，所以，框架结构能提供较大的使用空间，可以分割出不同的空间以适应不同使用功能的需求，适用于办公楼、教室、商场等建筑，平面布置灵活；但是，框架结构的抗侧刚度较小，用于比较高的建筑时，需要截面尺寸比较大的梁柱才能满足侧向刚度的要求，减少了有效空间，造成浪费 （6）由于框架只能在自身平面内抵抗侧向力，因此必须在两个正交的主轴方向设置框架以抵抗各个方向的侧向力。框架的柱距一般在 4～8m 范围内 （7）框架节点是内力集中、关系到结构整体安全的关键部位。震害表明，节点常常是导致结构破坏的薄弱环节，需作好构造处理
2	结构特点	（1）框架结构在建筑上能够提供较大的使用空间，平面布置灵活，对设置门厅、会议室、开敞办公室、阅览室、商场和餐厅等都十分有利，故常用于综合办公楼、旅馆、医院、学校、商场等建筑，施工简便，较经济 （2）框架既承受竖向荷载也承受水平作用。在水平荷载作用下，梁、柱内力由底层往上逐渐减少，内力分布不均匀，框架结构的位移曲线呈剪切型（图 3-5*a*），其特点是愈到上部层间相对位移愈小 （3）框架结构作为抗侧力单元，主要由线性杆件组成，侧向刚度较小、侧向位移大，一般属于柔性结构 （4）框架结构体系通过合理设计，可具有良好的延性，即所谓实现“延性框架”设计。因此在地震作用下，框架结构本身的抗震性能是好的。但另一方面，由于框架结构侧向刚度较小，水平作用下位移较大，易引起非结构性构件的破坏，有时甚至会造成结构破坏。从受力合理和控制造价的角度，框架结构不宜建得过高

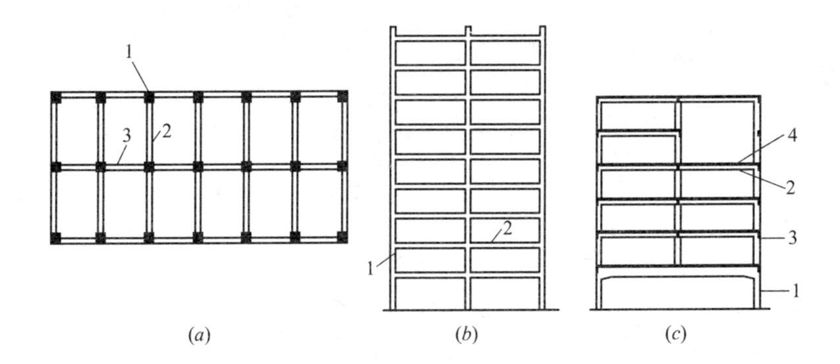

图 3-1　框架结构

（*a*）框架结构平面图；（*b*）一榀平面框架；（*c*）某层缺梁或某跨缺柱的框架结构

1—框架柱；2—框架横梁；3—框架纵梁；4—楼板

3.1.3　剪力墙结构体系

剪力墙结构体系如表 3-3 所示。

剪力墙结构体系　　**表 3-3**

序号	项　目	内　容
1	剪力墙结构体系的组成和作用	(1) 由剪力墙组成的承受竖向和水平作用的结构称为剪力墙结构 (2) 剪力墙结构是指用墙板来承受竖向荷载、抵抗水平荷载的空间结构，墙体同时作为维护和分隔构件。钢筋混凝土剪力墙是一种能较好地抵抗水平荷载作用的墙 (3) 剪力墙是截面厚度薄、宽度(长度)较大的平面构件。高层建筑中的所有抗侧力单元全部采用剪力墙，称为剪力墙结构体系 (4) 在承受水平荷载作用时，剪力墙相当于一下部嵌固的悬臂深梁，剪力墙的侧向位移曲线呈弯曲型，特点是结构层间位移随楼层增高而增大(图 3-5*b*) (5) 剪力墙对侧向荷载的反应与它的平面形状有很大关系，即与其抗弯刚度的大小有关。因此，墙肢截面宜简单、规则，剪力墙的两端尽可能与另一方向的墙连接成工形、T 形或 L 形等有翼缘的墙，以增大剪力墙的刚度和稳定性 (6) 剪力墙(图 3-2)按墙肢截面长度与宽度之比分为： $h_w/b_w<3$：异形柱 $h_w/b_w=3\sim5$：小墙肢短肢剪力墙 $h_w/b_w=5\sim8$：短肢剪力墙 $h_w/b_w>8$：普通剪力墙 小墙肢短肢剪力墙的抗弯、抗剪和抗扭能力都很弱，不宜用于高层建筑结构中 短肢剪力墙的抗震性能较差，在地震区应用的经验不多，为安全起见，高层建筑结构不应采用全部为短肢剪力墙的剪力墙结构，应设置一定数量的普通剪力墙或井筒，形成短肢剪力墙与井筒(或一般墙)共同抵抗水平荷载作用的剪力墙结构。要注意的是短肢墙较多的剪力墙结构的最大高度比普通剪力墙结构低，但是抗震设计要求比普通剪力墙高 (7) 剪力墙的抗震性能较好，现浇钢筋混凝土剪力墙结构体系，由于其整体性好、侧向刚度大，因而在水平力作用下侧向变形小，震害轻。由于墙体截面面积大，强度也比较容易满足，适合建造高层建筑 (8) 当采用剪力墙结构的高层住宅沿街布置时，为了满足居民购物和城市规划的要求，需要在建筑物的底部取消隔墙而做成大开间的商场。另外，一些剪力墙结构体系的宾馆，考虑到娱乐、购物、用膳、停车等的要求，也将房间的底部做成大开间。为此，可使部分剪力墙落地，部分剪力墙在底部改为框架，成为框支剪力墙。这类结构体系称为底部大空间的剪力墙结构体系。图 3-3 所示为大连友谊广场商住楼(15 层)，为底部大空间的剪力墙结构
2	结构特点	(1) 剪力墙体系是利用房屋的内、外墙作为承重构件的一种体系。承重墙同时也兼作维护和分隔墙使用，适用于开间较小的住宅、旅馆等高层建筑 (2) 剪力墙结构中竖向荷载由楼盖直接传到墙上，因此剪力墙的间距取决于楼板的跨度，剪力墙结构的开间一般为 3～8m，较适用于住宅、旅馆类建筑，层数在 10～40 层范围内都可采用，在 20～30 层的房屋中应用较为广泛 (3) 剪力墙作为平面构件，在自身平面内承载力和刚度较大，平面外的承载力和刚度较小，结构设计时一般不考虑墙的平面外承载力和刚度。因此，剪力墙要双向布置，分别抵抗各自平面内的侧向力，抗震设计的剪力墙结构，应尽量使两个方向的刚度接近 (4) 墙体的平面布置应综合考虑建筑使用功能、构件类型、施工工艺及技术经济指标等因素加以确定 (5) 住宅和旅馆客房具有开间较小、墙体较多、房间面积不太大的特点，采用剪力墙结构比较适合，而且房间内没有梁柱棱角、整体美观。但剪力墙结构墙体多，使建筑平面布置和使用要求受到一定的限制，不容易形成大空间。为了满足布置门厅、餐厅、会议室、商店和公用设施等大空间的要求，可以在底部一层或数层取消部分剪力墙而代之以框架，形成框支剪力墙结构

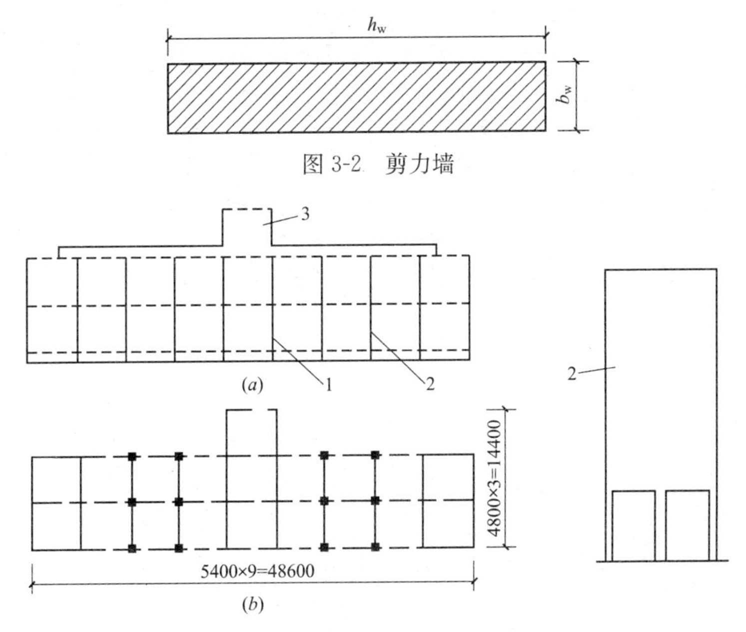

图 3-2　剪力墙

图 3-3　大连友谊广场商住楼结构平面图

(a)顶层平面；(b)首层平面

1—落地剪力墙；2—框支剪力墙；3—楼电梯间

3.1.4　框架-剪力墙结构体系

框架-剪力墙结构体系如表 3-4 所示。

框架-剪力墙结构体系　　**表 3-4**

序号	项　目	内　容
1	框架-剪力墙结构体系组成和作用	(1) 由框架和剪力墙共同承受竖向和水平作用的结构称为框架-剪力墙结构 (2) 框架-剪力墙结构是由框架和剪力墙组成的结构体系(图 3-4)，具有两种结构的优点，既能形成较大的使用空间，又具有较好的抵抗水平荷载的能力，因而在实际工程中应用较为广泛 (3) 框架-剪力墙结构体系中，剪力墙承受绝大部分的水平作用，而框架则以承受竖向荷载为主，分工合理、物尽其用。框架和剪力墙之间的协同工作，使房屋各层变形趋于均匀。同时也使框架柱的受力比纯框架柱均匀、因此柱截面尺寸和配筋亦较均匀。框架和剪力墙的刚度相差很大，水平作用下的变形曲线形状也不相同，当框架单独承受水平作用时，其变形曲线呈剪切型(图 3-5a)，当剪力墙单独承受水平作用时的变形曲线呈弯曲型(图 3-5b)，两者通过楼板连在一起，使变形协调一致，变形曲线呈弯剪型(图 3-5c)
2	结构特点	(1) 框架-剪力墙结构体系是在框架体系中设置一定数量的剪力墙所构成的双重体系 (2) 框架体系具有建筑平面布置灵活，有较大空间的优点，但其侧向刚度差，水平位移较大。剪力墙结构体系恰好相反，具有侧向刚度大、侧向变形小的特点，而建筑空间受到一定限制，布置不灵活。为此，在框架体系中，在适当位置布置适当数量的剪力墙，会使整个结构体系的侧向刚度适当，并能满足抵抗水平作用的承载力要求；还可以保证建筑布置的一定灵活性。这样，可达到取两者之长，补各自体系原有之不足。框架-剪力墙体系是一种经济有效、应用范围较广泛的结构体系，普遍应用于宾馆和办公楼等公用建筑中 (3) 框架-剪力墙结构体系是把框架和剪力墙两种结构共同组合在一起形成的结构体系。房屋的竖向荷载分别由框架和剪力墙共同承担，而水平作用主要由侧向刚度较大的剪力墙承担。这种结构既具有框架结构布置灵活、使用方便的特点，又有较大的刚度和较强的抗震能力，因而广泛应用于高层办公建筑和旅馆建筑中。这种结构体系的平面布置如图 3-4 所示

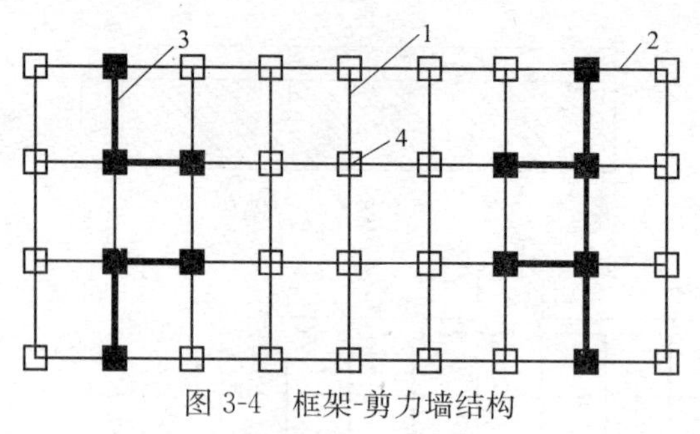

图 3-4　框架-剪力墙结构

1—框架横梁；2—框架纵梁；3—剪力墙；4—框架柱

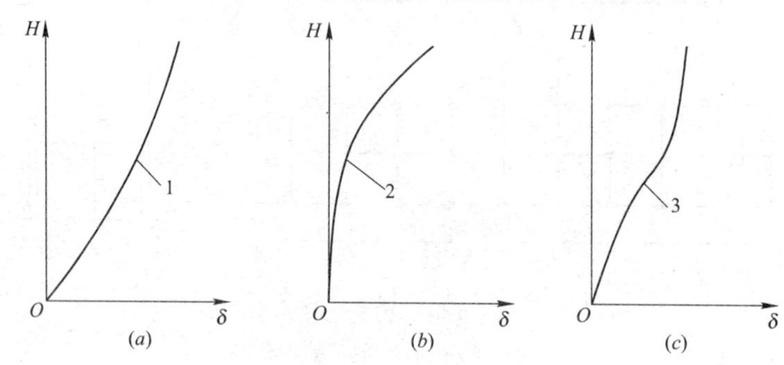

图 3-5　结构的水平位移曲线

(*a*)框架结构；(*b*)剪力墙结构；(*c*)框架-剪力墙结构

1—剪切型；2—弯曲型；3—弯剪型

（*H*-房屋高度；δ-房屋的水平位移）

3.1.5　筒体结构体系

筒体结构体系如表 3-5 所示。

筒体结构体系　　**表 3-5**

序号	项　目	内　容
1	筒体结构	(1) 由竖向筒体为主组成的承受竖向和水平作用的建筑结构称为筒体结构。筒体结构的筒体分剪力墙围成的薄壁筒和由密柱框架或壁式框架围成的框筒等 (2) 筒体是由钢筋混凝土墙形成的封闭的空间结构。它具有较大抗侧及抗扭刚度。筒体有两种形式：一为实腹筒体，筒体和各层楼板连接后，形成了一个抗侧刚度极大的空间结构，似一竖向放置的薄壁悬臂箱形梁(图 3-6*a*)；另外一种为空腹筒体，由布置在房屋四周的密集立柱和高跨比很大的窗裙梁所组成的多孔筒体(图 3-6*b*)构成。空腹筒体的开洞面积一般不超过房屋外立面面积的 60%。柱距一般为 1.2～3.0m，最大不宜超过 4m。窗裙梁的截面高度可取柱净距的 1/4，厚一般为 0.3～0.5m。在水平力作用下，筒体的位移曲线呈弯剪型(图 3-6*c*) (3) 筒体结构是空间结构，其抵抗水平作用的能力更大，因而特别适合在超高层结构中采用
2	筒体结构的形式	根据筒的布置、组成和数量等又可分为框架-筒体结构体系、筒中筒结构体系、成束筒结构体系。见图 3-7 所示 (1) 框架-筒体结构体系(图 3-7*a*)。一般中央布置剪力墙薄壁筒，它承受大部分水平力；周边布置大柱距的稀柱框架，它的受力特点类似于框架-剪力墙结构。也有把多个筒体布置在结构的端部，中部为框架的框架-筒体结构形式 (2) 筒中筒结构体系(图 3-7*b*)。由内外几层筒体组合而成，通常核芯筒为剪力墙薄壁筒，外围筒是框筒 (3) 成束筒结构体系(图 3-7*c*)。又称为组合筒结构体系，在平面内设置多个筒体组合在一起，形成整体刚度很大的结构形式。建筑结构内部空间也较大，平面可以灵活划分，适用于多功能、多用途的超高层建筑

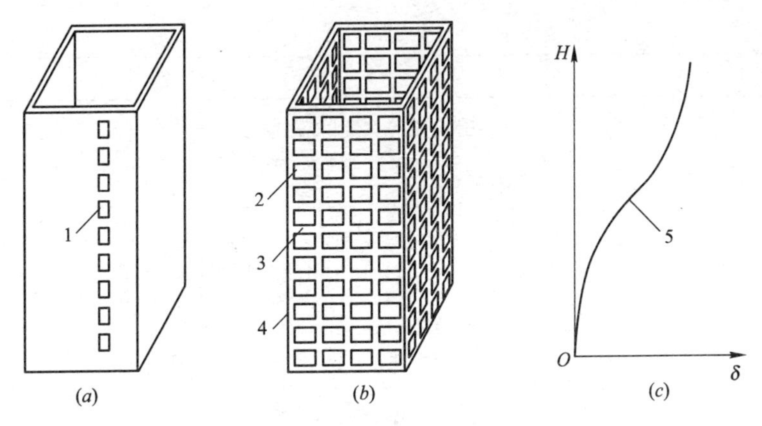

图 3-6　筒体及其水平荷载作用下的位移曲线

(a)实腹筒；(b)空腹筒；(c)位移曲线

1—电梯间；2—窗孔；3—窗裙梁；4—立柱；5—弯剪型

图中 H 为房屋高度，δ 为房屋的水平位移

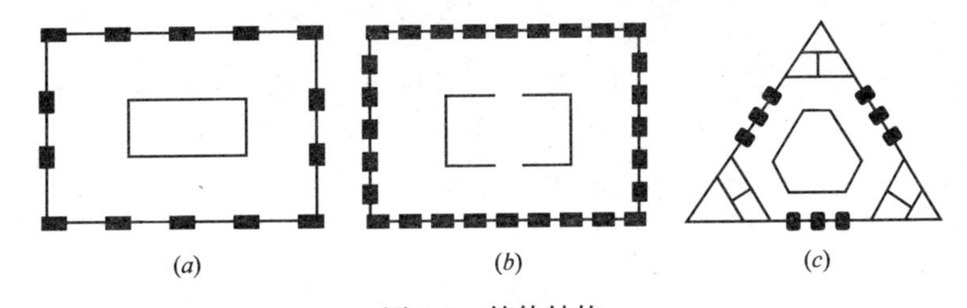

图 3-7　筒体结构

(a)框架-筒体结构；(b)筒中筒结构；(c)成束筒体结构

3.2　高层建筑混凝土结构布置

3.2.1　高层建筑混凝土结构布置的内容与要求

高层建筑混凝土结构布置的内容与要求如表 3-6 所示。

高层建筑混凝土结构布置的内容与要求　　**表 3-6**

序号	项　目	内　容
1	结构布置的内容	在高层建筑结构设计中，除了要根据结构高度选择合理的结构体系外，还要恰当地设计和选择建筑物的平面、立面、剖面形状和总体型，也即进行结构布置。结构布置主要包括以下内容： (1) 结构平面布置，即确定梁、柱、墙、基础、电梯井和楼梯等在平面上的位置 (2) 结构竖向布置，即确定结构竖向形式、楼层高度、电梯机房、屋顶水箱、电梯井和楼梯的高度，是否设置地下室、转换层、加强层、技术夹层以及它们的位置和高度等
2	结构布置要求	(1) 选择有利的场地，避开不利的场地，采取措施保证地基的稳定性。危险场地不宜兴建高层建筑，如基岩有活动性断层和破碎带、不稳定的滑坡地带等等；而为不利场地时，高层建筑要采取相应措施以减轻震害，如场地冲积层过厚、沙土有液化危险、湿陷性黄土等等

续表 3-6

序号	项　目	内　容
2	结构布置要求	(2) 保证地基基础的承载力、刚度，以及足够的抗滑移、抗倾覆能力，使整个高层建筑形成稳定的结构体系，防止在外荷载作用下产生过大的不均匀沉降、倾覆和局部抗裂等 (3) 合理设置防震缝。一般情况下宜采取调整平面形状与尺寸，加强构造措施，设置后浇带等方法，尽量不设缝、少设缝。设缝时必须保证有足够的缝宽 (4) 应具有明确的计算简图和合理的地震作用传递途径。结构平面布置力求简单、规则、对称，避免凹角和狭长的缩颈部位；避免在凹角和端部设置楼、(电)梯间；避免楼、(电)梯间偏置。结构竖向体形尽量避免外挑、内收，力求刚度均匀渐变 (5) 多道抗震设防能力，避免因局部结构或构件破坏而导致整个结构体系丧失抗震能力。如框架为强柱弱梁，梁屈服后柱仍能保持稳定；剪力墙结构的连梁先屈服；框架-剪力墙的连梁首先屈服，然后才是墙肢、框架破坏等 (6) 合理选择结构体系。对于钢筋混凝土结构，一般来说纯框架结构抗震能力有限；框架-剪力墙性能较好；剪力墙结构和筒体结构具有良好的空间整体性，刚度也较大 (7) 结构应有足够的刚度，且具有均匀的刚度分布控制结构顶点总位移和层间位移，避免因局部突变和扭转效应而形成薄弱部位。在小震时，应防止过大的变形使结构或非结构构件开裂，影响正常使用；在强震下，结构应不发生倒塌、失稳或倾覆现象 (8) 结构应有足够的结构承载力，具有较均匀的刚度和承载力分布。局部强度太大会使其他部位形成相对薄弱的环节 (9) 节点的承载力应大于构件的承载力。要从构造上采取措施防止地震作用下节点的承载力和刚度过早退化 (10) 结构应有足够的变形能力及耗能能力，应防止构件脆性破坏，保证构件有足够的延性。如采取提高抗剪能力、加强约束箍筋等措施 (11) 突出屋面的塔楼必须具有足够的承载力和延性，以承受鞭梢效应影响。对可能出现的薄弱部位，应采取有效措施予以加强 (12) 减轻结构自重，最大限度降低地震的作用，积极采用轻质高强材料。应避免因部分结构或构件破坏而导致整体结构丧失承载重力荷载、风荷载和地震作用的能力

3.2.2 高层建筑结构的平面布置

高层建筑结构的平面布置如表 3-7 所示。

高层建筑结构的平面布置　　表 3-7

序号	项　目	内　容
1	结构平面布置原则	(1)在高层建筑的一个独立结构单元内，结构平面形状宜简单、规则，质量、刚度和承载力分布宜均匀。不应采用严重不规则的平面布置 建筑形体及其构件布置的平面结构房屋存在表 3-8 所列举的某项平面不规则类型以及类似的不规则类型应属于不规则的建筑 (2)抗震设计的混凝土高层建筑，其平面布置宜符合下列规定： 1) 平面宜简单、规则、对称，减少偏心 2) 平面长度不宜过长(图 3-8)，L/B 宜符合表 3-9 的要求 3) 平面突出部分的长度 l 不宜过大、宽度 b 不宜过小(图 3-8)，$l/B_{\max}$、l/b 的比值限值宜符合表 3-9 的要求 4) 建筑平面不宜采用角部重叠或细腰形平面布置 角部重叠和细腰形的平面图形(图 3-9)，在中央部位形成狭窄部分，在地震中容易产生震害，尤其在凹角部位，因为应力集中容易使楼板开裂、破坏，不宜采用。如采用，这些部位应采取加大楼板厚度、增加板内配筋、设置集中配筋的边梁、配置 45°斜向钢筋等方法予以加强 需要说明的是，表 3-9 中，三项尺寸的比例关系是独立的规定，一般不具有关联性 (3) 施工简便，造价低

续表 3-7

序号	项　　目	内　　容
2	结构平面形状选择	（1）高层建筑宜选用风作用效应较小的平面形状 高层建筑承受较大的风力。在沿海地区，风力成为高层建筑的控制性荷载，采用风压较小的平面形状有利于抗风设计 对抗风有利的平面形状是简单规则的凸平面，如圆形、正多边形、椭圆形、鼓形等平面。对抗风不利的平面是有较多凹凸的复杂形状平面，如 V 形、Y 形、H 形、弧形等平面 （2）抗震设计时，B 级高度钢筋混凝土高层建筑、混合结构高层建筑的最大适用高度已放宽到比较高的程度，与此相应，对其结构的规则性要求必须严格；复杂高层建筑结构的竖向布置已不规则，对这些结构的平面布置的规则性应严格要求。因此，对上述结构的平面布置应简单、规则，减少偏心 （3）结构平面布置应减少扭转的影响。在考虑偶然偏心影响的规定水平地震作用下，楼层竖向构件最大的水平位移和层间位移，A 级高度高层建筑不宜大于该楼层平均值的 1.2 倍，不应大于该楼层平均值的 1.5 倍；B 级高度高层建筑、超过 A 级高度的混合结构及本书第 11 章所指的复杂高层建筑不宜大于该楼层平均值的 1.2 倍，不应大于该楼层平均值的 1.4 倍。结构扭转为主的第一自振周期 T_t 与平动为主的第一自振周期 T_1 之比，A 级高度高层建筑不应大于 0.9，B 级高度高层建筑、超过 A 级高度的混合结构及本书第 11 章所指的复杂高层建筑不应大于 0.85 当楼层的最大层间位移角不大于本书表 2-75 序号 3 规定的限值的 40%时，该楼层竖向构件的最大水平位移和层间位移与该楼层平均值的比值可适当放宽，但不应大于 1.6 （4）当楼板平面比较狭长、有较大的凹入或开洞时，应在设计中考虑其对结构产生的不利影响。有效楼板宽度不宜小于该层楼面宽度的 50%；楼板开洞总面积不宜超过楼面面积的 30%；在扣除凹入或开洞后，楼板在任一方向的最小净宽度不宜小于 5m，且开洞后每一边的楼板净宽度不应小于 2m 楼板有较大凹入或开有大面积洞口后，被凹口或洞口划分开的各部分之间的连接较为薄弱，在地震中容易相对振动而使削弱部位产生震害，因此对凹入或洞口的大小加以限制。设计中应同时满足本条规定的各项要求。以图 3-10 所示平面为例，L_2 不宜小于 $0.5L_1$，a_1 与 a_2 之和不宜小于 $0.5L_2$ 且不宜小于 5m，a_1 和 a_2 均不应小于 2m，开洞面积不宜大于楼面面积的 30% （5）楼（电）梯间无楼板而使楼面产生较大削弱，应将楼（电）梯间周边的楼板加厚，并加强配筋 几类不规则平面定义的类型如表 3-8 及图 3-11、图 3-12 及图 3-13 所示 （6）艹字形、井字形等外伸长度较大的建筑，当中央部分楼板有较大削弱时，应加强楼板以及连接部位墙体的构造措施，必要时可在外伸段凹槽处设置连接梁或连接板 高层住宅建筑常采用艹字形、井字形平面以利于通风采光，而将楼（电）梯间集中配置于中央部位。楼（电）梯间无楼板而使楼面产生较大削弱，此时应将楼（电）梯间周边的剩余楼板加厚，并加强配筋。外伸部分形成的凹槽可加拉梁或拉板，拉梁宜宽扁放置并加强配筋，拉梁和拉板宜每层均匀设置 （7）楼板开大洞削弱后，宜采取下列措施： 1）加厚洞口附近楼板，提高楼板的配筋率，采用双层双向配筋 2）洞口边缘设置边梁、暗梁 3）在楼板洞口角部集中配置斜向钢筋

平面不规则的主要类型　　**表 3-8**

序号	不规则类型	定义和参考指标
1	扭转不规则	在规定的水平力作用下，楼层的最大弹性水平位移（或层间位移），大于该楼层两端弹性水平位移（或层间位移）平均值的 1.2 倍
2	凹凸不规则	平面凹进的尺寸，大于相应投影方向总尺寸的 30%
3	楼板局部不连续	楼板的尺寸和平面刚度急剧变化，例如，有效楼板宽度小于该层楼板典型宽度的 50%，或开洞面积大于该层楼面面积的 30%，或较大的楼层错层

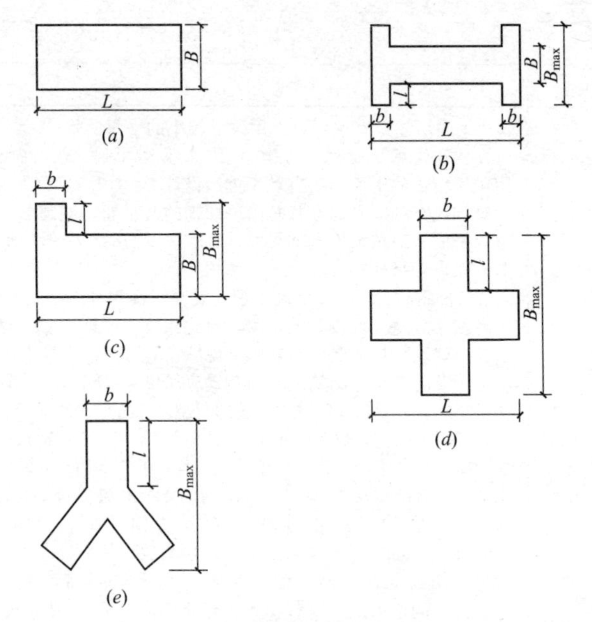

图 3-8　建筑平面示意

平面尺寸及突出部位尺寸的比值限值　　　　**表 3-9**

序号	设防烈度	L/B	l/B_{max}	l/b
1	6、7 度	≤6.0	≤0.35	≤2.0
2	8、9 度	≤5.0	≤0.30	≤1.5

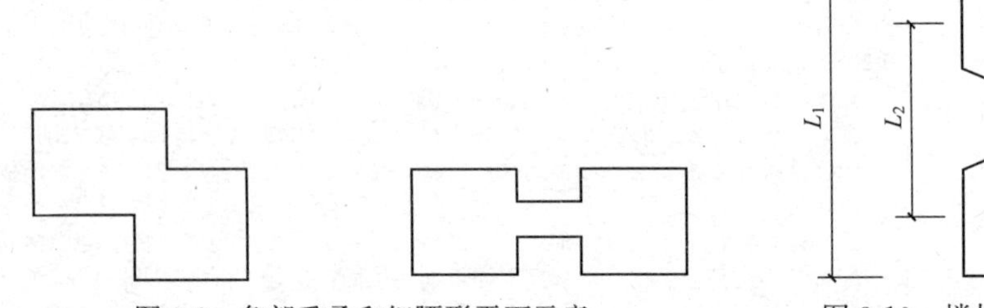

图 3-9　角部重叠和细腰形平面示意　　　　图 3-10　楼板净宽度要求示意

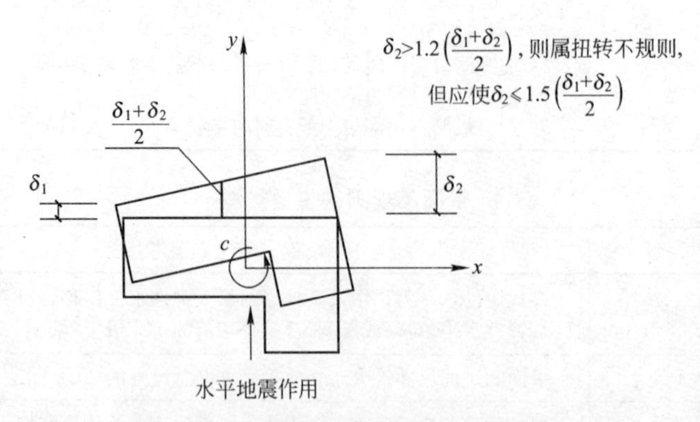

图 3-11　建筑结构平面的扭转不规则示例

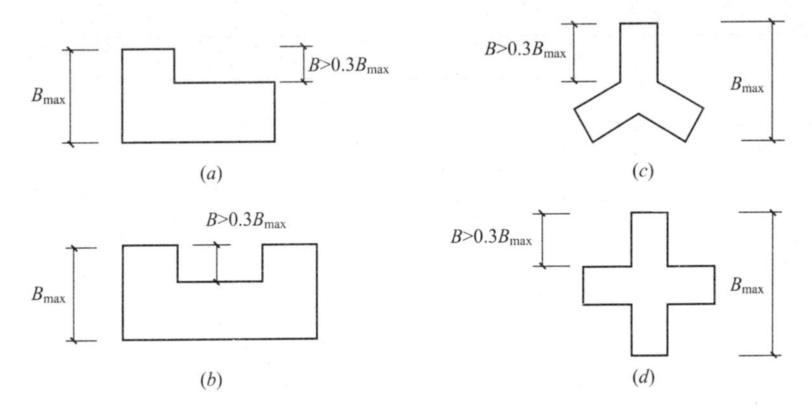

图 3-12 建筑结构平面的凸角或凹角不规则示例

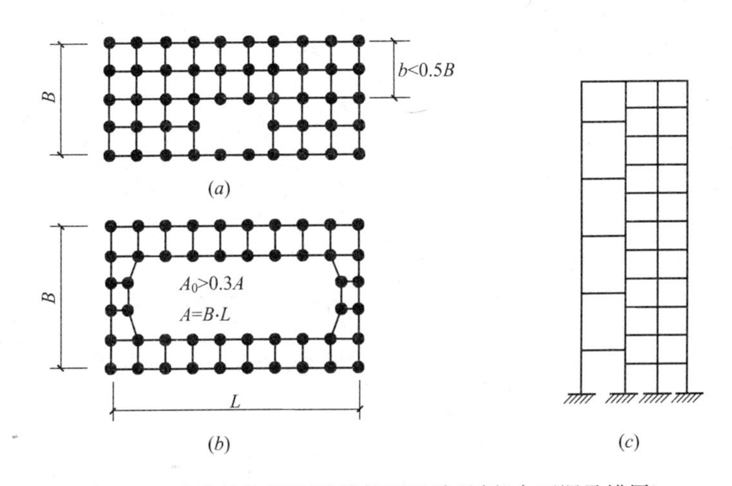

图 3-13 建筑结构平面的局部不连续示例(大开洞及错层)

3.2.3 高层建筑结构的竖向布置

高层建筑结构的竖向布置如表 3-10 所示。

高层建筑结构的竖向布置 **表 3-10**

序号	项　目	内　容
1	结构竖向布置原则	(1) 高层建筑的竖向体型宜规则、均匀，避免有过大的外挑和收进。结构的侧向刚度宜下大上小，逐渐均匀变化 建筑形体及其构件布置的竖向结构房屋存在表 3-11 所列举的某项竖向不规则类型以及类似的不规则类型应属于不规则的建筑 结构的侧向刚度，往往沿竖向分段改变构件截面尺寸和混凝土强度等级，这种改变使结构刚度自下向上递减。从施工角度来看，分段改变不宜太多；但从结构受力角度来看，分段改变却宜多而均匀。实际工程设计中，一般沿竖向变化不超过 4 段；每次改变，梁、柱尺寸减小 100～150mm，墙厚减少 50mm；混凝土强度降低一个等级；而且一般尺寸改变与强度改变错开楼层布置，避免楼层刚度产生较大突变 (2) 抗震设计时，高层建筑相邻楼层的侧向刚度变化应符合下列规定： 1) 对框架结构，楼层与其相邻上层的侧向刚度比 γ_1 可按公式(3-1)计算，且本层与相邻上层的比值不宜小于 0.7，与相邻上部三层刚度平均值的比值不宜小于 0.8

续表 3-10

序号	项　目	内　容
1	结构竖向布置原则	$$\gamma_1=\frac{V_i\Delta_{i+1}}{V_{i+1}\Delta_i} \quad (3\text{-}1)$$ 式中　γ_1——楼层侧向刚度比 V_i、V_{i+1}——第 i 层和第 $i+1$ 层的地震剪力标准值(kN) Δ_i、Δ_{i+1}——第 i 层和第 $i+1$ 层在地震作用标准值作用下的层间位移(m) 2) 对框架-剪力墙、板柱-剪力墙结构、剪力墙结构、框架-核心筒结构、筒中筒结构，楼层与其相邻上层的侧向刚度比 γ_2 可按公式(3-2)计算，且本层与相邻上层的比值不宜小于 0.9；当本层层高大于相邻上层层高的 1.5 倍时，该比值不宜小于 1.1；对结构底部嵌固层，该比值不宜小于 1.5 $$\gamma_2=\frac{V_i\Delta_{i+1}}{V_{i+1}\Delta_i}\frac{h_i}{h_{i+1}} \quad (3\text{-}2)$$ 式中　γ_2——考虑层高修正的楼层侧向刚度比 (3) A 级高度高层建筑的楼层抗侧力结构的层间受剪承载力不宜小于其相邻上一层受剪承载力的 80%，不应小于其相邻上一层受剪承载力的 65%；B 级高度高层建筑的楼层抗侧力结构的层间受剪承载力不应小于其相邻上一层受剪承载力的 75% 楼层抗侧力结构的层间受剪承载力是指在所考虑的水平地震作用方向上，该层全部柱、剪力墙、斜撑的受剪承载力之和 (4) 抗震设计时，结构竖向抗侧力构件宜上、下连续贯通 (5) 抗震设计时，当结构上部楼层收进部位到室外地面的高度 H_1 与房屋高度 H 之比大于 0.2 时，上部楼层收进后的水平尺寸 B_1 不宜小于下部楼层水平尺寸 B 的 75%(图 3-14a、b)；当上部结构楼层相对于下部楼层外挑时，上部楼层水平尺寸 B_1 不宜大于下部楼层的水平尺寸 B 的 1.1 倍，且水平外挑尺寸 a 不宜大于 4m(图 3-14c、d) (6) 楼层质量沿高度宜均匀分布，楼层质量不宜大于相邻下部楼层质量的 1.5 倍 (7) 不宜采用同一楼层刚度和承载力变化同时不满足本上述第(2)和(3)条规定的高层建筑结构 (8) 侧向刚度变化、承载力变化、竖向抗侧力构件连续性不符合上述第(2)、(3)、(4)条要求的楼层，其对应于地震作用标准值的剪力应乘以 1.25 的增大系数 (9) 结构顶层取消部分墙、柱形成空旷房间时，宜进行弹性或弹塑性时程分析补充计算并采取有效的构造措施
2	竖向不规则结构图形	几类不规则竖向定义的类型如表 3-11 及图 3-15、图 3-16 和图 3-17 所示
3	结构竖向突变的原因	(1) 结构的竖向体型突变 由于竖向体型突变而使刚度变化，一般有下面两种情况： 1) 建筑顶部内收形成塔楼。顶部小塔楼因鞭梢效应而放大地震作用，塔楼的质量和刚度越小，则地震作用放大越明显。在可能的情况下，宜采用台阶形逐级内收的立面 2) 楼层外挑内收。结构刚度和质量变化大，地震作用下易形成较薄弱环节 (2) 结构体系的变化 抗侧力结构布置改变在下列情况下发生： 1) 剪力墙结构或框筒结构的底部大空间需要，底层或底部若干层剪力墙不落地，可能产生刚度突变。这时应尽量增加其他落地剪力墙、柱或筒体的截面尺寸，并适当提高相应楼层混凝土强度等级，尽量使刚度的变化减少 2) 中部楼层部分剪力墙中断。如果建筑功能要求必须取消中间楼层的部分墙体，则取消的墙不宜多于 1/3，不得超过半数，其余墙体应加强配筋 3) 顶层设置空旷的大空间，取消部分剪力墙或内柱。由于顶层刚度削弱，高震型影响会使地震力加大。顶层取消的剪力墙也不宜多于 1/3，不得超过半数。框架取消内柱后，全部剪力应由外柱箍筋承受，顶层柱子应全长加密配箍 当上下层结构轴线布置或者结构形式发生变化时，要设置结构转换层，如图 3-18 所示。目前常见的转换形式有厚板转换和箱形梁转换等。厚板转换层厚度可达 2m 以上

竖向不规则的主要类型　**表 3-11**

序号	不规则类型	定义和参考指标
1	侧向刚度不规则	该层的侧向刚度小于相邻上一层的70%，或小于其上相邻三个楼层侧向刚度平均值的80%；除顶层或出屋面小建筑外，局部收进的水平向尺寸大于相邻下一层的25%
2	竖向抗侧力构件不连续	竖向抗侧力构件(柱、剪力墙、抗震支撑)的内力由水平转换构件(梁、桁架等)向下传递
3	楼层承载力突变	抗侧力结构的层间受剪承载力小于相邻上一楼层的80%

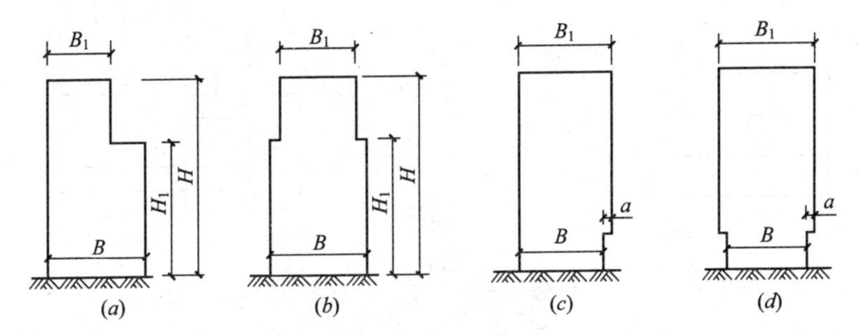

图 3-14　结构竖向收进和外挑示意

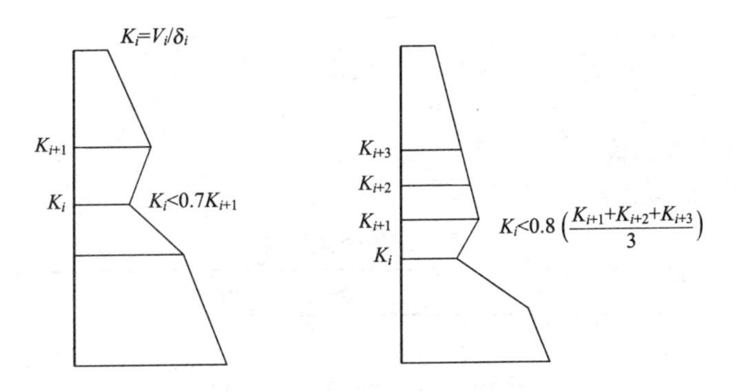

图 3-15　沿竖向的侧向刚度不规则(有软弱层)

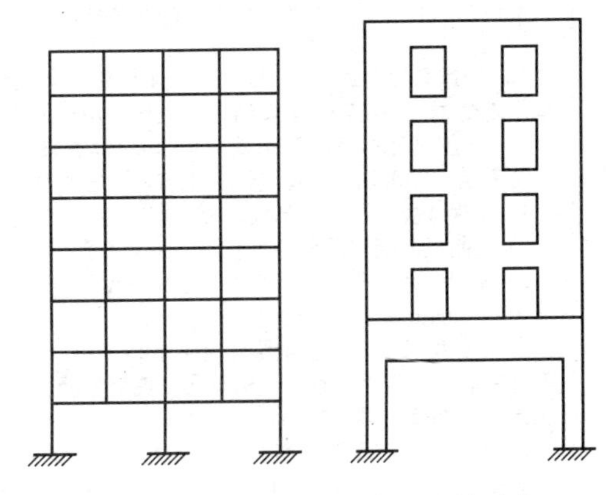

图 3-16　竖向抗侧力构件不连续示意

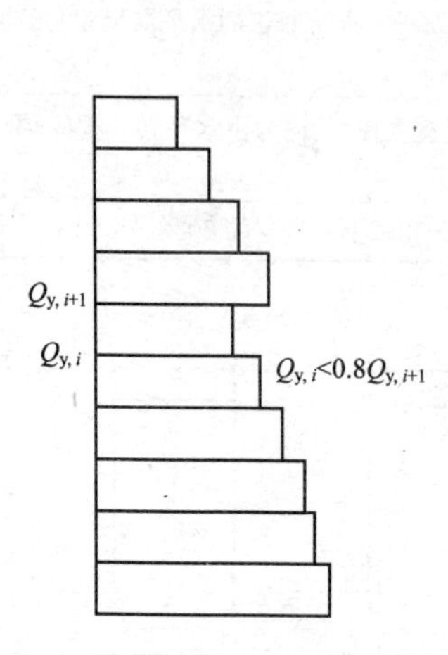

图3-17　竖向抗侧力结构屈服抗剪强度非均匀化(有薄弱层)

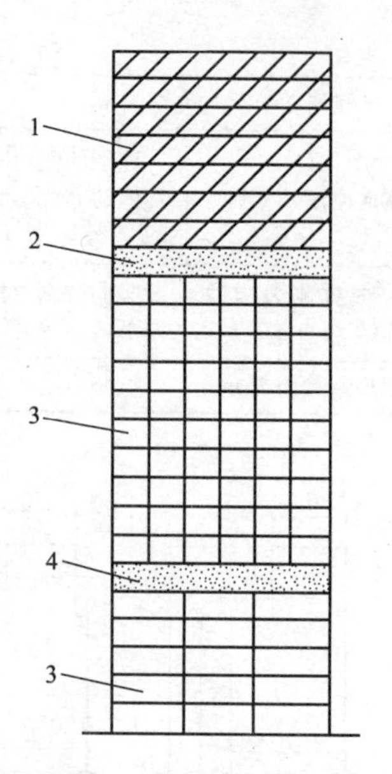

图3-18　结构转换层

1—剪力墙；2—结构形式变化转换层；3—框架；4—结构布置变化转换层

3.3　高层建筑楼盖结构与变形缝

3.3.1　高层建筑楼盖结构

高层建筑楼盖结构如表3-12所示。

高层建筑楼盖结构　　**表3-12**

序号	项　目	内　容
1	楼盖结构	(1) 在目前高层建筑结构计算中，一般都假定水平楼盖在自身平面内的刚度无限大，则结构中各竖向抗侧力结构(剪力墙、框架和筒体等)通过水平的楼盖结构连为空间整体，在水平荷载作用下楼面只有位移而不变形。在楼面构造设计上，要使楼面具有较大的刚度。楼盖的刚性是保证建筑物的空间整体性和水平力的有效传递 (2) 房屋高度超过50m时，框架-剪力墙结构、筒体结构及复杂高层建筑结构应采用现浇楼盖结构，剪力墙结构和框架结构宜采用现浇楼盖结构 (3) 房屋高度不超过50m时，8、9度抗震设计时宜采用现浇楼盖结构；6、7度抗震设计时可采用装配整体式楼盖，且应符合下列要求： 1) 无现浇叠合层的预制板，板端搁置在梁上的长度不宜小于50mm 2) 预制板板端宜预留胡子筋，其长度不宜小于100mm 3) 预制空心板孔端应有堵头，堵头深度不宜小于60mm，并应采用强度等级不低于C20的混凝土浇灌密实 4) 楼盖的预制板板缝上缘宽度不宜小于40mm，板缝大于40mm时应在板缝内配置钢筋，并宜贯通整个结构单元。现浇板缝、板缝梁的混凝土强度等级宜高于预制板的混凝土强度等级 5) 楼盖每层宜设置钢筋混凝土现浇层。现浇层厚度不应小于50mm，并应双向配置直径不小于6mm、间距不大于200mm的钢筋网，钢筋应锚固在梁或剪力墙内 (4) 普通高层建筑楼面结构选型可按表3-13确定

续表 3-12

序号	项 目	内 容
2	房屋的顶层及其他	(1) 房屋的顶层、结构转换层、大底盘多塔楼结构的底盘顶层、平面复杂或开洞过大的楼层、作为上部结构嵌固部位的地下室楼层应采用现浇楼盖结构。一般楼层现浇楼板厚度不应小于80mm，当板内预埋暗管时不宜小于100mm；顶层楼板厚度不宜小于120mm，宜双层双向配筋；转换层楼板应符合本书第11章的有关规定；普通地下室顶板厚度不宜小于160mm；作为上部结构嵌固部位的地下室楼层的顶楼盖应采用梁板结构，楼板厚度不宜小于180mm，应采用双层双向配筋，且每层每个方向的配筋率不宜小于0.25% (2) 肋形楼盖在多、高层建筑中广泛应用，一般采用现浇式。要求混凝土等级不应低于C20，不宜高于C40。在框架-剪力墙结构中也采用装配整体式楼面(灌板缝加现浇面层)形成肋形楼盖方案 (3) 密肋楼盖多用于跨度较大而梁高受限制的情况，在筒体结构的角区楼板也常用密肋楼盖。其肋间距为0.9～1.5m，以1.2m较经济；密肋板的跨度一般不大于9m；预应力混凝土密肋楼盖的跨度一般不超过12m (4) 平板楼面一般用于剪力墙结构或筒体结构。板底平整，可不另加吊平顶；结构厚度小，适应于层高较低的情况；缺点是适用的跨度不能太大，一般非预应力平板跨度不大于6～7m，预应力平板不大于9m，否则厚度太大不经济 (5) 无梁楼盖时在柱网尺寸近似方形以及层高受限制时采用的现浇结构，分为现浇带柱帽(托板)和不带柱帽(托板)两种。普通混凝土结构，无柱帽时楼盖跨度不宜大于7m，有柱帽时跨度不宜大于9m；预应力混凝土结构，楼盖跨度不宜大于12m。在地震区，无梁楼盖应与剪力墙结合，形成板柱-剪力墙结构
3	现浇预应力混凝土楼板	采用预应力楼板可以大大减小楼面结构高度，压缩层高并减轻结构自重；改善结构使用功能，减小挠度，避免裂缝；大跨度楼板可以增加使用面积，容易适应楼面用途改变；施工速度加快，节省钢材和混凝土。预应力楼板近年来在高层建筑楼面结构中应用越来越广泛 为了确定板的厚度，必须考虑挠度、抗冲切承载力、防火及钢筋防腐蚀要求等。现浇预应力楼板厚度可按跨度的1/45～1/50采用。板厚不宜小于150mm，预应力楼板的预应力钢筋保护层厚度不宜小于30mm 预应力楼板设计中应采取措施防止或减少竖向和横向主体结构对楼板施加预应力的阻碍作用

普通高层建筑楼面结构选型 **表 3-13**

序号	结构体系	房屋高度	
		不大于50m	大于50m
1	框架	可采用装配式楼面(灌板缝)	宜采用现浇楼面
2	剪力墙	可采用装配式楼面(灌板缝)	宜采用现浇楼面
3	框架-剪力墙	宜采用现浇楼面 可采用装配整体式楼面(灌板缝加现浇面层)	应采用现浇楼面
4	板柱-剪力墙	应采用现浇楼面	—
5	框架-核心筒和筒中筒	应采用现浇楼面	应采用现浇楼面

3.3.2 高层建筑结构变形缝设置

高层建筑结构变形缝设置如表3-14所示。

高层建筑结构变形缝设置 **表 3-14**

序号	项　目	内　容
1	说明	（1）在高层建筑平面布置时，要考虑梁、柱、墙等的位置及规则性、收缩和温度应力、不均匀沉降对结构的不利影响等，常常需要设置变形缝。变形缝包括伸缩缝、沉降缝、防震缝。高层建筑中是否设置变形缝，是进行结构平面布置时要考虑的重要问题之一 （2）在地震作用时，由于结构开裂、局部损坏和进入弹塑性变形，其水平位移比弹性状态下增大很多(可达 3 倍以上)，因此，伸缩缝和沉降缝的两侧很容易发生碰撞，需考虑设置满足要求的缝宽 （3）复杂平面形状的高层建筑物无法调整其平面形状的结构布置使之成为较规则的结构时，可以设置防震缝划分为较简单的几个结构。当需要设缝时，则有抗震设防时必须满足地震中互不相碰的要求，留有足够宽度；无抗震设防时，也要防止因基础倾斜而顶部相碰
2	伸缩缝	（1）伸缩缝的设置 1）伸缩缝也称为温度缝，可以释放建筑平面尺寸较大的房屋因温度变化和混凝土干缩产生的结构内力 2）高层建筑结构不仅平面尺度大，而且竖向的高度也很大，温度变化和混凝土收缩不仅会产生水平方向的变形和内力，而且也会产生竖向的变形和内力 但是，高层钢筋混凝土结构一般不计算由于温度、收缩产生的内力。因为一方面高层建筑的温度场分布和收缩参数等都很难准确地决定；另一方面混凝土又不是弹性材料，它既有塑性变形，还有徐变和应力松弛，实际的内力要远小于按弹性结构的计算值 钢筋混凝土高层建筑结构的温度-收缩问题，一般由构造措施来解决 当屋面无隔热或保温措施时，或位于气候干燥地区、夏季炎热且暴雨频繁地区的结构，可适当减少伸缩缝的距离 当混凝土的收缩较大或室内结构因施工而外露时间较长时，伸缩缝的距离也应减小 相反，当有充分依据，采取有效措施时，伸缩缝间距可以放宽 3）在未采取措施的情况下，伸缩缝的间距不宜超出表 3-15 的限制。当有充分依据、采取有效措施时，表 3-15 中的数值可以放宽 伸缩缝只设在上部结构，基础可不设伸缩缝 伸缩缝处宜做双柱，伸缩缝最小宽度为 50mm 伸缩缝与结构平面布置有关。结构平面布置不好时，可能导致房屋开裂 （2）增大伸缩缝间距的措施 当采取以下构造措施和施工措施减少温度和收缩应力时，可适当增大伸缩缝的间距： 1）在温度变化影响较大的部位提高配筋率。如顶层、底层、山墙、纵墙端开间。对于剪力墙结构，这些部位的最小构造的配筋率为 0.25%，实际工程一般都为 0.3%以上 2）顶层加强保温隔热措施，或设置架空通风屋面，避免屋面结构温度梯度过大。外墙可设置保温层 3）顶层可以局部改变为刚度较小的形式(如剪力墙结构顶层局部改为框架)，或顶层设温度缝，将结构划分为长度较短的区段 4）施工中留后浇带。一般每隔 30～40m 设一道，后浇带宽 800～1000mm，混凝土后浇，钢筋采用搭接接头，构造如图 3-19 所示。留出后浇带后，施工过程中混凝土可以自由收缩，从而大大减少了收缩应力。混凝土的抗拉强度可以大部分用来抵抗温度应力，提高结构抵抗温度变化的能力 后浇带的混凝土可在主体混凝土施工后 60d 浇筑，至少也不应少于 30d。后浇混凝土浇筑时的温度宜低于主体混凝土浇筑时的温度。后浇带应贯通建筑物的整个横截面，将全部剪力墙、梁和板分开，使得缝两边结构都可自由伸缩。后浇带可以选择对结构影响较小的部位曲线通过，不要在一个平面内，以免全部钢筋在同一个平面内搭接。一般情况下，后浇带可设在框架梁和楼板的 1/3 跨处或剪力墙连梁跨中和内外墙连接处，如图 3-20 所示 后浇带两侧结构长期处于悬臂状态，所以支撑模板暂时不能全部拆除。当框架主梁跨度较大时，梁的钢筋可以直通而不切断，以免搭接长度过长产生施工困难，也防止悬臂状态下产生不利的内力和变形 5）采用收缩小的水泥、减少水泥用量、在混凝土中加入适宜的外加剂 6）提高每层楼板的构造配筋率或采用部分预应力结构

续表 3-14

序号	项 目	内 容
3	沉降缝	(1) 当同一建筑物中的各部分的基础发生不均匀沉降时，有可能导致结构构件较大的内力和变形。此时可采用设置沉降缝的方法将各部分分开。沉降缝不但应贯通上部结构，而且应贯通基础本身 (2) 高层建筑层数多、高度高，体量大，对不均匀沉降较敏感。特别是当房屋的地基不均匀或房屋不同部位的高差较大时，不均匀沉降的可能性更大 (3) 一般情况下，当差异沉降小于5mm时，其影响较小，可忽略不计；当已知或预知差异沉降量大于10mm时，必须计及其影响，并采取相应构造加强措施，如控制下层边柱设计轴压比，下层框架梁边支座配筋要留有余地 (4) 当高层建筑与裙房之间不设置沉降缝时，宜在裙房一侧设置后浇带，后浇带的位置宜设在距主楼边的第二跨内。后浇带混凝土宜根据实测沉降情况确定浇注时间 (5) 高层建筑在下述平面位置处，应考虑设置沉降缝： 1) 高度差异或荷载差异较大处 2) 上部不同结构体系或结构类型的相邻交界处 3) 地基土的压缩性有显著的差异处 4) 基础底面标高相差较大，或基础类型不一致处 设置沉降缝后，上部结构应在缝的两侧分别布置抗侧力结构，形成所谓双梁、双柱和双墙的现象。但将导致其他问题，如建筑立面处理困难、地下室渗漏不容易解决等 (6) 一般地，高层建筑物各部分不均匀沉降有三种处理方法： 1) 放。设沉降缝，让各部分自由沉降，互不影响，避免出现由于不均匀沉降时产生的内力，此为传统方法。缺点是在结构、建筑和施工上都较复杂，而且在高层建筑中采用此法往往使地下室容易渗水 2) 抗。采用端承桩避免显著地沉降或利用刚度很大的基础来抵抗沉降，此法消耗材料较多，不经济，只宜在一定情况下使用 3) 调。在设计和施工中，采取措施，如调整地基压力、调整施工顺序(先主楼后裙房)、预留沉降差等，这是处于“放”和“抗”之间的一种方法
4	防震缝	(1) 地震区为防止房屋或结构单元在发生地震时相互碰撞而设置的缝，称为防震缝 按抗震设计的高层建筑在下列情况下宜设防震缝： 1) 平面长度和外伸长度尺寸超出了规定限值而又没有采取加强措施时 2) 各部分结构刚度相差很远，采取不同材料和不同结构体系时 3) 各部分质量相差很大时 4) 各部分有较大错层时 (2) 抗震设计时，高层建筑宜调整平面形状和结构布置，避免设置防震缝。体型复杂、平立面不规则的建筑，应根据不规则刚度、地基基础条件和技术经济等因素的比较分析，确定是否设置防震缝 (3) 设置防震缝时，应符合下列规定： 1) 防震缝宽度应符合下列规定： ① 框架结构房屋，高度不超过15m时不应小于100mm；超过15m时，6度、7度、8度和9度分别每增加高度5m、4m、3m和2m，宜加宽20mm 详见表3-16所示 ② 框架-剪力墙结构房屋不应小于本款①项规定数值的70%，剪力墙结构房屋不应小于本款①项规定数值的50%，且二者均不宜小于100mm 2) 防震缝两侧结构体系不同时，防震缝宽度应按不利的结构类型确定 3) 防震缝两侧的房屋高度不同时，防震缝宽度可按较低的房屋高度确定 4) 8、9度抗震设计的框架结构房屋，防震缝两侧结构层高相差较大时，防震缝两侧框架柱的箍筋应沿房屋全高加密，并可根据需要沿房屋全高在缝两侧各设置不少于两道垂直于防震缝的抗撞墙 5) 当相邻结构的基础存在较大沉降差时，宜增大防震缝的宽度 6) 防震缝宜沿房屋全高设置，地下室、基础可不设防震缝，但在与上部防震缝对应处应加强构造和连接 7) 结构单元之间或主楼与裙房之间不宜采用牛腿托梁的做法设置防震缝，否则应采取可靠措施 (4) 抗震设计时，伸缩缝、沉降缝的宽度均应符合上述(3)条关于防震缝宽度的要求

伸缩缝的最大间距　　表 3-15

序号	结构体系	施工方法	最大间距(m)
1	框架结构	现浇	55
2	剪力墙结构	现浇	45

注：1. 框架-剪力墙的伸缩缝间距可根据结构的具体布置情况取表中框架结构与剪力墙结构之间的数值；
2. 当屋面无保温或隔热措施、混凝土的收缩较大或室内结构因施工外露时间较长时，伸缩缝间距应适当减小；
3. 位于气候干燥地区、夏季炎热且暴雨频繁地区的结构，伸缩缝的间距宜适当减小。

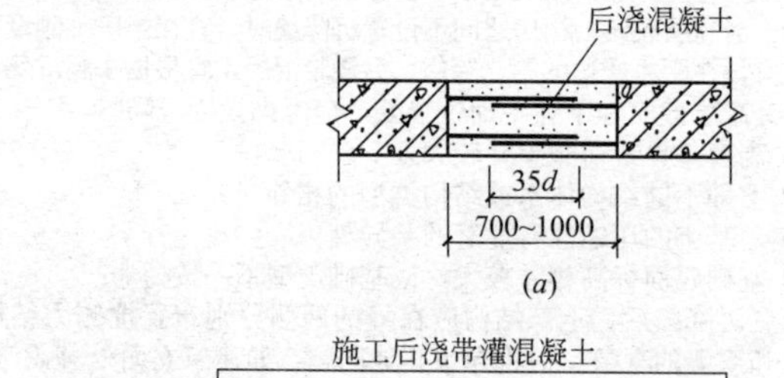

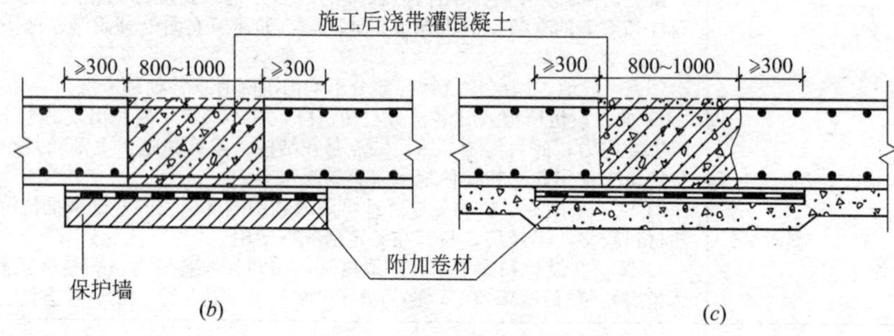

图 3-19　施工后浇带
(a)梁板；(b)外墙；(c)底板

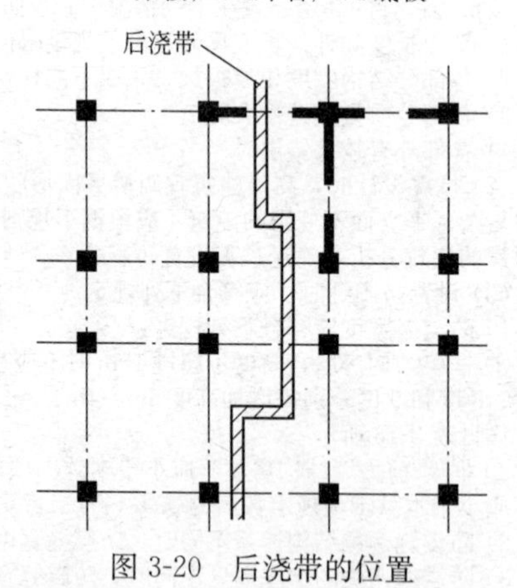

图 3-20　后浇带的位置

房屋高度超过 15m 防震缝宽度增加值(mm)　　表 3-16

序号	设防烈度		6	7	8	9
	高度每增加值(m)		5	4	3	2
1	结构类型	框架	20	20	20	20
2		框架-剪力墙	14	14	14	14
3		剪力墙	10	10	10	10

3.4　高层建筑地下室设计

3.4.1　高层建筑设置地下室的结构功能及地下室设计

高层建筑设置地下室的结构功能及地下室设计如表 3-17 所示。

高层建筑设置地下室的结构功能及地下室设计　　表 3-17

序号	项　目	内　容
1	设置地下室的结构功能	(1) 高层建筑宜设地下室 震害调查表明，有地下室的高层建筑的破坏比较轻，而且有地下室对提高地基的承载力有利，对结构抗倾覆有利。另外，现代高层建筑设置地下室也往往是建筑功能所要求的 如设置地下室，同一结构单元应全部设置地下室，不宜采用部分地下室，且地下室应当有相同的埋深 (2) 高层建筑设置地下室有如下的结构功能： 1) 利用土体的侧压力防止水平力作用下结构的滑移和倾覆 2) 减小土的重量，降低地基的附加压力 3) 提高地基土的承载能力 4) 减少地震作用对上部结构的影响
2	地下室设计	(1) 高层建筑地下室顶板作为上部结构的嵌固部位时，应符合下列规定： 1) 地下室顶板应避免开设大洞口，其混凝土强度等级应符合本书表 2-44 序号 2 的有关规定，楼盖设计应符合本书表 3-12 序号 2 之(1)条的有关规定 2) 地下一层与相邻上层的侧向刚度比应符合本书表 5-4 序号 2 之(6) 条的规定 3) 地下室顶板对应于地上框架柱的梁柱节点设计应符合下列要求之一： ① 地下一层柱截面每侧的纵向钢筋面积除应符合计算要求外，不应少于地上一层对应柱每侧纵向钢筋面积的 1.1 倍；地下一层梁端顶面和底面的纵向钢筋应比计算值增大 10%采用 ② 地下一层柱每侧的纵向钢筋面积不小于地上一层对应柱每侧纵向钢筋面积的 1.1 倍且地下室顶板梁柱节点左右梁端截面与下柱上端同一方向实配的受弯承载力之和不小于地上一层对应柱下端实配的受弯承载力的 1.3 倍 4) 地下室与上部对应的剪力墙墙肢端部边缘构件的纵向钢筋截面面积不应小于地上一层对应的剪力墙墙肢边缘构件的纵向钢筋截面面积 (2) 高层建筑地下室设计，应综合考虑上部荷载、岩土侧压力及地下水的不利作用影响。地下室应满足整体抗浮要求，可采取排水、加配重或设置抗拔锚桩(杆)等措施。当地下水具有腐蚀性时，地下室外墙及底板应采取相应的防腐蚀措施 (3) 高层建筑地下室不宜设置变形缝。当地下室长度超过伸缩缝最大间距时，可考虑利用混凝土后期强度，降低水泥用量；也可每隔 30～40m 设置贯通顶板、底部及墙板的施工后浇带。后浇带可设置在柱距三等分的中间范围内以及剪力墙附近，其方向宜与梁正交，沿竖向应在结构同跨内；底板及外墙的后浇带宜增设附加防水层；后浇带封闭时间宜滞后 45d 以上，其混凝土强度等级宜提高一级，并宜采用无收缩混凝土，低温入模 (4) 高层建筑主体结构地下室底板与扩大地下室底板交界处，其截面厚度和配筋应适当加强 (5) 高层建筑地下室外墙设计应满足水土压力及地面荷载侧压作用下承载力要求，其竖向和水平分布钢筋应双层双向布置，间距不宜大于 150mm，配筋率不宜小于 0.3% (6) 高层建筑地下室外周回填土应采用级配砂石、砂土或灰土，并应分层夯实 (7) 有窗井的地下室，应设外挡土墙，挡土墙与地下室外墙之间应有可靠连接

3.4.2　地下建筑抗震设计

地下建筑抗震设计如表 3-18 所示。

地下建筑抗震设计　　表 3-18

序号	项　目	内　容
1	一般规定	(1) 这里主要适用于地下车库、过街通道、地下变电站和地下空间综合体等单建式地下建筑。不包括地下铁道、城市公路隧道等 (2) 地下建筑宜建造在密实、均匀、稳定的地基上。当处于软弱土、液化土或断层破碎带等不利地段时，应分析其对结构抗震稳定性的影响，采取相应措施 (3) 地下建筑的建筑布置应力求简单、对称、规则、平顺；横剖面的形状和构造不宜沿纵向突变 (4) 地下建筑的结构体系应根据使用要求、场地工程地质条件和施工方法等确定，并应具有良好的整体性，避免抗侧力结构的侧向刚度和承载力突变 (5) 丙类钢筋混凝土地下结构的抗震等级，6、7 度时不应低于四级，8、9 度时不宜低于三级。乙类钢筋混凝土地下结构的抗震等级，6、7 度时不宜低于三级，8、9 度时不宜低于二级 (6) 裙房与主楼相连，除应按裙房本身确定抗震等级外，相关范围不应低于主楼的抗震等级；主楼结构在裙房顶板对应的相邻上下各一层应适当加强抗震构造措施。裙房与主楼分离时，应按裙房本身确定抗震等级 关于裙房的抗震等级。裙房与主楼相连，主楼结构在裙房顶板对应的上下各一层受刚度与承载力突变影响较大，抗震构造措施需要适当加强。裙房与主楼之间设防震缝，在大震作用下可能发生碰撞，该部位也需要采取加强措施 裙房与主楼相连的相关范围，一般可从主楼周边外延 3 跨且不小于 20m，相关范围以外的区域可按裙房自身的结构类型确定其抗震等级。裙房偏置时，其端部有较大扭转效应，也需要加强，如图 3-21*a*、*b* 所示 (7) 当地下室顶板作为上部结构的嵌固部位时，地下一层的抗震等级应与上部结构相同，地下一层以下抗震构造措施的抗震等级可逐层降低一级，但不应低于四级。地下室中无上部结构的部分，抗震构造措施的抗震等级可根据具体情况采用三级或四级 关于地下室的抗震等级。带地下室的多层和高层建筑，当地下室结构的刚度和受剪承载力比上部楼层相对较大时(见本书表 3-17 序号 2 之(1)条)，地下室顶板可视作嵌固部位，在地震作用下的屈服部位将发生在地上楼层，同时将影响到地下一层。地面以下地震响应逐渐减小，规定地下一层的抗震等级不能降低；而地下一层以下不要求计算地震作用，规定其抗震构造措施的抗震等级可逐层降低，如图 3-21*c* 所示 (8) 位于岩石中的地下建筑，其出入口通道两侧的边坡和洞口仰坡，应依据地形、地质条件选用合理的口部结构类型，提高其抗震稳定性
2	计算要点	(1) 按这里要求采取抗震措施的下列地下建筑，可不进行地震作用计算： 1) 7 度Ⅰ、Ⅱ类场地的丙类地下建筑 2) 8 度(0.20*g*)Ⅰ、Ⅱ类场地时，不超过二层、体型规则的中小跨度丙类地下建筑 (2) 地下建筑的抗震计算模型，应根据结构实际情况确定并符合下列要求： 1) 应能较准确地反映周围挡土结构和内部各构件的实际受力状况；与周围挡土结构分离的内部结构，可采用与地上建筑同样的计算模型 2) 周围地层分布均匀、规则且具有对称轴的纵向较长的地下建筑，结构分析可选择平面应变分析模型并采用反应位移法或等效水平地震加速度法、等效侧力法计算 3) 长宽比和高宽比均小于 3 及上述第 2) 款以外的地下建筑，宜采用空间结构分析计算模型并采用土层-结构时程分析法计算 (3) 地下建筑抗震计算的设计参数，应符合下列要求： 1) 地震作用的方向应符合下列规定： ① 按平面应变模型分析的地下结构，可仅计算横向的水平地震作用 ② 不规则的地下结构，宜同时计算结构横向和纵向的水平地震作用 ③ 地下空间综合体等体型复杂的地下结构，8、9 度时尚宜计及竖向地震作用 2) 地震作用的取值，应随地下的深度比地面相应减少：基岩处的地震作用可取地面的一半，地面至基岩的不同深度处可按插入法确定；地表、土层界面和基岩面较平坦时，也可采用一维波动法确定；土层界面、基岩面或地表起伏较大时，宜采用二维或三维有限元法确定 3) 结构的重力荷载代表值应取结构、构件自重和水、土压力的标准值及各可变荷载的组合值之和

续表 3-18

序号	项　　目	内　　容
2	计算要点	4）采用土层-结构时程分析法或等效水平地震加速度法时，土、岩石的动力特性参数可由试验确定 （4）地下建筑的抗震验算，除应符合本书的有关要求外，尚应符合下列规定： 1）应进行多遇地震作用下截面承载力和构件变形的抗震验算 2）对于不规则的地下建筑以及地下变电站和地下空间综合体等，尚应进行罕遇地震作用下的抗震变形验算。计算可采用本书的简化方法，混凝土结构弹塑性层间位移角限值 $[\theta_p]$ 宜取 1/250 3）液化地基中的地下建筑，应验算液化时的抗浮稳定性。液化土层对地下连续墙和抗拔桩等的摩阻力，宜根据实测的标准贯入锤击数与临界标准贯入锤击数的比值确定其液化折减系数
3	抗震构造措施和抗液化措施	（1）钢筋混凝土地下建筑的抗震构造，应符合下列要求： 1）宜采用现浇结构。需要设置部分装配式构件时，应使其与周围构件有可靠的连接 2）地下钢筋混凝土框架结构构件的最小尺寸应不低于同类地面结构构件的规定 3）中柱的纵向钢筋最小总配筋率，应增加 0.2%。中柱与梁或顶板、中间楼板及底板连接处的箍筋应加密，其范围和构造与地面框架结构的柱相同 （2）地下建筑的顶板、底板和楼板，应符合下列要求： 1）宜采用梁板结构。当采用板柱-剪力墙结构时，应在柱上板带中设构造暗梁，其构造要求与同类地面结构的相应构件相同 2）对地下连续墙的复合墙体，顶板、底板及各层楼板的负弯矩钢筋至少应有 50%锚入地下连续墙，锚入长度按受力计算确定；正弯矩钢筋需锚入内衬，并均不小于规定的锚固长度 3）楼板开孔时，孔洞宽度应不大于该层楼板宽度的 30%；洞口的布置宜使结构质量和刚度的分布仍较均匀、对称，避免局部突变。孔洞周围应设置满足构造要求的边梁或暗梁 （3）地下建筑周围土体和地基存在液化土层时，应采取下列措施： 1）对液化土层采取注浆加固和换土等消除或减轻液化影响的措施 2）进行地下结构液化上浮验算，必要时采取增设抗拔桩、配置压重等相应的抗浮措施 3）存在液化土薄夹层，或施工中深度大于 20m 的地下连续墙围护结构遇到液化土层时，可不作地基抗液化处理，但其承载力及抗浮稳定性验算应计入土层液化引起的土压力增加及摩阻力降低等因素的影响 （4）地下建筑穿越地震时岸坡可能滑动的古河道或可能发生明显不均匀沉陷的软土地带时，应采取更换软弱土或设置桩基础等措施 （5）位于岩石中的地下建筑，应采取下列抗震措施： 1）口部通道和未经注浆加固处理的断层破碎带区段采用复合式支护结构时，内衬结构应采用钢筋混凝土衬砌，不得采用素混凝土衬砌 2）采用离壁式衬砌时，内衬结构应在拱墙相交处设置水平撑抵紧围岩 3）采用钻爆法施工时，初期支护和围岩地层间应密实回填。干砌块石回填时应注浆加强

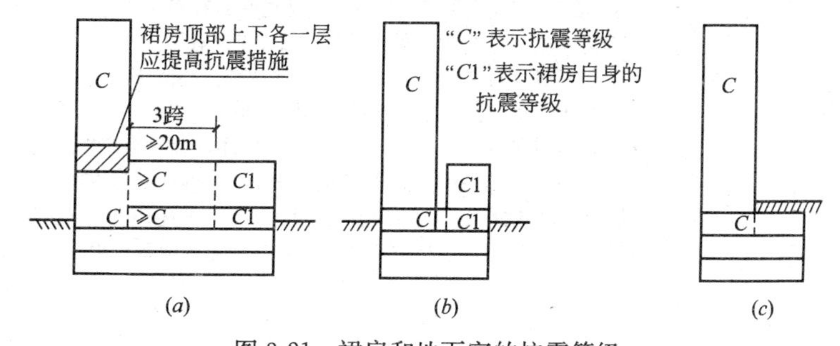

图 3-21　裙房和地下室的抗震等级

(*a*)、(*b*)裙房的抗震等级；(*c*)地下室的抗震等级

第4章　高层建筑混凝土结构荷载与地震作用

4.1　高层建筑结构竖向永久荷载

4.1.1　竖向荷载包括内容

高层建筑结构竖向荷载包括内容如表4-1所示。

高层建筑结构竖向荷载包括内容　　表4-1

序号	项　目	内　容
1	荷载作用说明	(1) 高层建筑结构一般受到竖向荷载和水平荷载的作用 (2) 竖向荷载包括结构自重及楼面、屋面活载等使用荷载和积灰荷载、雪荷载等 (3) 水平荷载的作用包括风荷载和地震作用 当房屋建筑高度不同时，结构受到的竖向力和水平力的比例不同，低层建筑中，结构主要受竖向力作用的内力控制，水平力作用下结构产生的内力和变形很小。多层建筑中，竖向力和水平力同时起控制作用；高层建筑中，水平力作用下结构内力和变形迅速增大，起控制作用的是水平力，竖向力处于第二位的作用 (4) 其他本书没提及的荷载作用见现行国家标准《建筑结构荷载规范》GB 50009—2012的规定
2	竖向永久荷载	竖向永久荷载包括结构构件(梁、板、柱、墙、支撑等)和非结构构件(抹灰、饰面材料、填充墙、吊顶等)的重量。这些重量的大小不随时间而改变，故称为永久荷载
3	竖向活荷载	竖向活荷载包括楼面活荷载、屋面活荷载(积灰、雪荷载、上人屋面、不上人屋面、屋顶停机荷载)等
4	其他荷载	(1) 施工中采用附墙塔、爬塔等对结构受力有影响的起重机械或其他施工设备时，应根据具体情况确定对结构产生的施工荷载 (2) 旋转餐厅轨道和驱动设备的自重应按实际情况确定 (3) 擦窗机等清洗设备应按其实际情况确定其自重的大小和作用位置 (4) 直升机平台的活荷载应采用下列两款中能使平台产生最大内力的荷载： 1) 直升机总重量引起的局部荷载，按由实际最大起飞重量决定的局部荷载标准值乘以动力系数确定。对具有液压轮胎起落架的直升机，动力系数可取1.4；当没有机型技术资料时，局部荷载标准值及其作用面积可根据直升机类型按表4-2取用 2) 等效均布活荷载5kN/m^2 3) 部分直升机的有关参数如表4-3所示

局部荷载标准值及其作用面积　　表 4-2

序号	直升机类型	局部荷载标准值(kN)	作用面积(m^2)
1	轻型	20.0	0.20×0.20
2	中型	40.0	0.25×0.25
3	重型	60.0	0.30×0.30

部分轻型直升机的技术数据　　表 4-3

序号	机型	生产国	空重(kN)	最大起飞重(kN)	尺寸(m)			
					旋翼直径	机长	机宽	机高
1	Z-9(直9)	中国	19.75	40.00	11.68	13.29		3.31
2	SA360 海豚	法国	18.23	34.00	11.68	11.40		3.50
3	SA315 美洲驼	法国	10.14	19.50	11.02	12.92		3.09
4	SA350 松鼠	法国	12.88	24.00	10.69	12.99	1.08	3.02
5	SA341 小羚羊	法国	9.17	18.00	10.50	11.97		3.15
6	BK-117	德国	16.50	28.50	11.00	13.00	1.60	3.36
7	BO-105	德国	12.56	24.00	9.84	8.56		3.00
8	山猫	英、法	30.70	45.35	12.80	12.06		3.66
9	S-76	美国	25.40	46.70	13.41	13.22	2.13	4.41
10	贝尔-205	美国	22.55	43.09	14.63	17.40		4.42
11	贝尔-206	美国	6.60	14.51	10.16	9.50		2.91
12	贝尔-500	美国	6.64	13.61	8.05	7.49	2.71	2.59
13	贝尔-222	美国	22.04	35.60	12.12	12.50	3.18	3.51
14	A109A	意大利	14.66	24.50	11.00	13.05	1.42	3.30

注：直9机主轮距2.03m，前后轮距3.61m。

4.1.2　竖向永久荷载计算

竖向永久荷载计算如表4-4所示。

竖向永久荷载计算　　表 4-4

序号	项　目	内　容
1	计算方法	(1) 高层建筑结构竖向永久荷载是指结构使用期间，其值不随时间变化，或其变化与平均值相比可以忽略不计的荷载 (2) 对结构自重的标准值，可按结构图纸的设计尺寸与材料单位体积、面积或长度的重力，经计算直接确定
2	常用材料和构件自重标准值	高层建筑结构常用材料和构件自重的标准值如表4-5所示

4.1.3　常用材料和构件自重标准值

高层建筑结构常用材料和构件自重标准值如表4-5所示。

常用材料和构件自重标准值　　表 4-5

类别	名称	自重	单位	备注
1. 木材	杉木	4	kN/m³	随含水率而不同
	冷杉、云杉、红松、华山松、樟子松、铁杉、拟赤杨、红椿、杨木、枫杨	4～5		随含水率而不同
	马尾松、云南松、油松、赤松、广东松、桤木、枫香、柳木、檫木、秦岭落叶松、新疆落叶松	5～6		随含水率而不同
	东北落叶松、陆均松、榆木、桦木、水曲柳、苦楝、木荷、臭椿	6～7		随含水率而不同
	锥木（栲木）、石栎、槐木、乌墨	7～8		随含水率而不同
	青冈栎（楮木）、栎木（柞木）、桉树、小麻黄	8～9		随含水率而不同
	普通木板条、椽檩木料	5		随含水率而不同
	锯末	2～2.5		加防腐剂时为 3kN/m³
	木丝板	4～5		
	软木板	2.5		
	刨花板	6		
2. 胶合板材	胶合三夹板（杨木）	0.019	kN/m²	
	胶合三夹板（椴木）	0.022		
	胶合三夹板（水曲柳）	0.028		
	胶合五夹板（杨木）	0.03		
	胶合五夹板（椴木）	0.034		
	胶合五夹板（水曲柳）	0.04		
	甘蔗板（按 10mm 厚计）	0.03		常用厚度为 13mm，15mm，19mm，25mm
	隔声板（按 10mm 厚计）	0.03		常用厚度为 13mm，20mm
	木屑板（按 10mm 厚计）	0.12		常用厚度为 6mm，10mm
3. 金属矿产	铸铁	72.5	kN/m³	
	锻铁	77.5		
	铁矿渣	27.6		
	赤铁矿	25～30		
	钢	78.5		
	纯铜、赤铜	89		
	黄铜、青铜	85		
	硫化铜矿	42		
	铝	27		

续表 4-5

类别	名称	自重	单位	备注
3. 金属矿产	铝合金	28	kN/m³	
	锌	70.5		
	亚锌矿	40.5		
	铅	114		
	方铅矿	74.5		
	金	193		
	白金	213		
	银	105		
	锡	73.5		
	镍	89		
	水银	136		
	钨	189		
	镁	18.5		
	锑	66.6		
	水晶	29.5		
	硼砂	17.5		
	硫矿	20.5		
	石棉矿	24.6		
	石棉	10		压实
	石棉	4		松散，含水量不大于 15%
	石垩(高岭土)	22		
	石膏矿	25.5		
	石膏	13～14.5		粗块堆放 $\varphi=30^\circ$ 细块堆放 $\varphi=40^\circ$
	石膏粉	9		
4. 土、砂、砂砾、岩石	腐殖土	15～16	kN/m³	干，$\varphi=40^\circ$；湿，$\varphi=35^\circ$；很湿，$\varphi=25^\circ$
	黏土	13.5		干，松，空隙比为 1.0
	黏土	16		干，$\varphi=40^\circ$，压实
	黏土	18		湿，$\varphi=35^\circ$，压实
	黏土	20		很湿，$\varphi=25^\circ$，压实
	砂土	12.2		干，松
	砂土	16		干，$\varphi=35^\circ$，压实
	砂土	18		湿，$\varphi=35^\circ$，压实
	砂土	20		很湿，$\varphi=25^\circ$，压实
	砂土	14		干，细砂

续表 4-5

类别	名称	自重	单位	备注
4. 土、砂、砂砾、岩石	砂土	17	kN/m^3	干，细砂
	卵石	16～18		干
	黏土夹卵石	17～18		干，松
	砂夹卵石	15～17		干，松
	砂夹卵石	16～19.2		干，压实
	砂夹卵石	18.9～19.2		湿
	浮石	6～8		干
	浮石填充料	4～6		
	砂岩	23.6		
	页岩	28		
	页岩	14.8		片石堆置
	泥灰石	14		$\varphi=40°$
	花岗岩、大理石	28		
	花岗岩	15.4		片石堆置
	石灰石	26.4		
	石灰石	15.2		片石堆置
	贝壳石灰岩	14		
	白云石	16		片石堆置，$\varphi=48°$
	滑石	27.1		
	火石(燧石)	35.2		
	云斑石	27.6		
	玄武岩	29.5		
	长石	25.5		
	角闪石、绿石	30		
	角闪石、绿石	17.1		片石堆置
	碎石子	14～15		堆置
	岩粉	16		黏土质或石灰质的
	多孔黏土	5～8		作填充料用，$\varphi=35°$
	硅藻土填充料	4～6		
	辉绿岩板	29.5		
5. 砖及砌块	普通砖	18	kN/m^3	240mm × 115mm × 53mm (684 块/m^3)
	普通砖	19		机器制
	缸砖	21～21.5		230mm × 110mm × 65mm (609 块/m^3)
	红缸砖	20.4		

续表 4-5

类别	名称	自重	单位	备注
5. 砖及砌块	耐火砖	19～22	kN/m^3	230mm × 110mm × 65 (609 块/m^3)
	耐酸瓷砖	23～25		230mm × 113mm × 65mm (590 块/m^3)
	灰砂砖	18		砂∶白灰=92∶8
	煤渣砖	17～18.5		
	矿渣砖	18.5		硬矿渣∶烟灰∶石灰=75∶15∶10
	焦渣砖	12～14		
	烟灰砖	14～15		炉渣∶电石渣∶烟灰=30∶40∶30
	黏土坯	12～15		
	锯末砖	9		
	焦渣空心砖	10		290mm × 290mm × 140mm (85 块/m^3)
	水泥空心砖	9.8		290mm × 290mm × 140mm (85 块/m^3)
	水泥空心砖	10.3		300mm × 250mm × 110mm (121 块/m^3)
	水泥空心砖	9.6		300mm × 250mm × 160mm (83 块/m^3)
	蒸压粉煤灰砖	14.0～16.0		干重度
	陶粒空心砌块	5.0		长 600mm、400mm，宽 150mm、250mm，高 250mm、200mm
		6.0		390mm×290mm×190mm
	粉煤灰轻渣空心砌块	7.0～8.0		390mm × 190mm × 190mm，390mm×240mm×190mm
	蒸压粉煤灰加气混凝土砌块	5.5		
	混凝土空心小砌块	11.8		390mm×190mm×190mm
	碎砖	12		堆置
	水泥花砖	19.8		200mm × 200mm × 24mm (1042 块/m^3)
	瓷面砖	19.8		150mm × 150mm × 8mm (5556 块/m^3)
	陶瓷马赛克	0.12kN/m^2		厚 5mm
6. 石灰、水泥、灰浆及混凝土	生石灰块	11	kN/m^3	堆置，$\varphi=30°$
	生石灰粉	12		堆置，$\varphi=35°$
	熟石灰膏	13.5		

续表 4-5

类别	名称	自重	单位	备注
6. 石灰、水泥、灰浆及混凝土	石灰砂浆、混合砂浆	17	kN/m³	
	水泥石灰焦砟砂浆	14		
	石灰炉渣	10～12		
	水泥炉渣	12～14		
	石灰焦砟砂浆	13		
	灰土	17.5		石灰∶土＝3∶7，夯实
	稻草石灰泥	16		
	纸筋石灰泥	16		
	石灰锯末	3.4		石灰∶锯末＝1∶3
	石灰三合土	17.5		石灰、砂子、卵石
	水泥	12.5		轻质松散，$\varphi=20°$
	水泥	14.5		散装，$\varphi=30°$
	水泥	16		袋装压实，$\varphi=40°$
	矿渣水泥	14.5		
	水泥砂浆	20		
	水泥蛭石砂浆	5～8		
	石棉水泥浆	19		
	膨胀珍珠岩砂浆	7～15		
	石膏砂浆	12		
	碎砖混凝土	18.5		
	素混凝土	22～24		振捣或不振捣
	矿渣混凝土	20		
	焦渣混凝土	16～17		承重用
	焦渣混凝土	10～14		填充用
	铁屑混凝土	28～65		
	浮石混凝土	9～14		
	沥青混凝土	20		
	无砂大孔性混凝土	16～19		
	泡沫混凝土	4～6		
	加气混凝土	5.5～7.5		单块
	石灰粉煤灰加气混凝土	6.0～6.5		
	钢筋混凝土	24～25		
	碎砖钢筋混凝土	20		
	钢丝网水泥	25		用于承重结构
	水玻璃耐酸混凝土	20～23.5		
	粉煤灰陶砾混凝土	19.5		

续表 4-5

类别	名称	自重	单位	备注
7. 沥青、煤灰、油料	石油沥青	10～11	kN/m³	根据相对密度
	柏油	12		
	煤沥青	13.4		
	煤焦油	10		
	无烟煤	15.5		整体
	无烟煤	9.5		块状堆放，$\varphi=30°$
	无烟煤	8		碎块堆放，$\varphi=35°$
	煤末	7		堆放，$\varphi=15°$
	煤球	10		堆放
	褐煤	12.5		
	褐煤	7～8		堆放
	泥炭	7.5		
	泥炭	3.2～3.4		堆放
	木炭	3～5		
	煤焦	12		
	煤焦	7		堆放，$\varphi=45°$
	焦渣	10		
	煤灰	6.5		
	煤灰	8		压实
	石墨	20.8		
	煤蜡	9		
	油蜡	9.6		
	原油	8.8		
	煤油	8		
	煤油	7.2		桶装，相对密度 0.82～0.89
	润滑油	7.4		
	汽油	6.7		
	汽油	6.4		桶装，相对密度 0.72～0.76
	动物油、植物油	9.3		
	豆油	8		大铁桶装，每桶 360kg
8. 杂项	普通玻璃	25.6	kN/m³	
	钢丝玻璃	26		
	泡沫玻璃	3～5		
	玻璃棉	0.5～1		作绝缘层填充料用
	岩棉	0.5～2.5		热导率 0.035～0.047W/(m·K)
	沥青玻璃棉	0.8～1		热导率 0.035～0.047W/(m·K)

续表 4-5

类别	名称	自重	单位	备注
8. 杂项	玻璃棉板(管套)	1～1.5	kN/m³	
	玻璃钢	14～22		
	矿渣棉	1.2～1.5		松散，热导率 0.031～0.044W/(m·K)
	矿渣棉制品(板、砖、管)	3.5～4		热导率 0.047～0.07W/(m·K)
	沥青矿渣棉	1.2～1.6		热导率 0.041～0.052W/(m·K)
	膨胀珍珠岩粉料	0.8～2.5		干，松散，热导率 0.052～0.076W/(m·K)
	水泥珍珠岩制品、憎水珍珠岩制品	3.5～4		强度 $1N/mm^2$，热导率 0.058～0.081W/(m·K)
	膨胀蛭石	0.8～2		热导率 0.052～0.07W/(m·K)
	沥青蛭石制品	3.5～4.5		热导率 0.81～0.105W/(m·K)
	水泥蛭石制品	4～6		热导率 0.093～0.14W/(m·K)
	聚氯乙烯板(管)	13.6～16		热导率不大于 0.035W/(m·K)
	聚苯乙烯泡沫塑料	0.5		含水率不大于 3%
	石棉板	13		
	乳化沥青	9.8～10.5		
	软性橡胶	9.3		
	白磷	18.3		
	松香	10.7		
	磁(性材料)	24		
	酒精	7.85		100%纯
	酒精	6.6		桶装，相对密度 0.79～0.82
	盐酸	12		质量含量 40%
	硝酸	15.1		质量含量 91%
	硫酸	17.9		质量含量 87%
	火碱	17		质量含量 60%
	氯化铵	7.5		袋装堆放
	尿素	7.5		袋装堆放
	碳酸氢铵	8		袋装堆放
	水	10		温度 4℃密度最大时
	冰	8.96		
	书籍	5		书架藏置
	道林纸	10		
	报纸	7		
	宣纸类	4		

续表 4-5

类别	名称	自重	单位	备注
8. 杂项	棉花、棉纱	4	kN/m^3	压紧平均重量
	稻草	1.2		
	建筑碎料(建筑垃圾)	15		
9. 食品	稻谷	6	kN/m^3	$\varphi=35°$
	大米	8.5		散放
	豆类	7.5～8		$\varphi=20°$
	豆类	6.8		袋装
	小麦	8		$\varphi=25°$
	面粉	7		
	玉米	7.8		$\varphi=28°$
	小米、高粱	7		散装
	小米、高粱	6		袋装
	芝麻	4.5		袋装
	鲜果	3.5		散装
	鲜果	3		箱装
	花生	2		袋装带壳
	罐头	4.5		箱装
	酒、酱、油、醋	4		成瓶箱装
	豆饼	9		圆饼放置，每块 28kg
	矿盐	10		成块
	盐	8.6		细粒散放
	盐	8.1		袋装
	砂糖	7.5		散装
	砂糖	7		袋装
10. 砌体	浆砌细方石	26.4	kN/m^3	花岗岩，方整石块
	浆砌细方石	25.6		石灰石
	浆砌细方石	22.4		砂岩
	浆砌毛方石	24.8		花岗岩，上下面大致平整
	浆砌毛方石	24		石灰石
	浆砌毛方石	20.8		砂岩
	干砌毛石	20.8		花岗岩，上下面大致平整
	干砌毛石	20		石灰石
	干砌毛石	17.6		砂岩
	浆砌普通砖	18		
	浆砌面砖	19		
	浆砌缸砖	21		

续表 4-5

类别	名称	自重	单位	备注
10. 砌体	浆砌耐火砖	22	kN/m³	
	浆砌矿渣砖	21		
	浆砌焦渣砖	12.5～14		
	土坯砖砌体	16		
	黏土砖空斗砌体	17		中填碎瓦砾，一眼一斗
	黏土砖空斗砌体	13		全斗
	黏土砖空斗砌体	12.5		不能承重
	黏土砖空斗砌体	15		能承重
	粉煤灰泡沫砌块砌体	8～8.5		粉煤灰：电石渣：废石膏＝74：22：4
	三合土	17		灰：砂：土＝1：1：9～1：1：4
11. 隔墙与墙面	双面抹灰板条隔墙	0.9	kN/m²	每面抹灰厚 16～24mm，龙骨在内
	单面抹灰板条隔墙	0.5		灰厚 16～24mm，龙骨在内
	C形轻钢龙骨隔墙	0.27		两层 12mm 纸面石膏板，无保温层
		0.32		两层 12mm 纸面石膏板，中填岩棉保温板 50mm
		0.38		三层 12mm 纸面石膏板，无保温层
		0.43		三层 12mm 纸面石膏板，中填岩棉保温板 50mm
		0.49		四层 12mm 纸面石膏板，无保温层
		0.54		四层 12mm 纸面石膏板，中填岩棉保温板 50mm
	贴瓷砖墙面	0.5		包括水泥砂浆打底，共厚 25mm
	水泥粉刷墙面	0.36		20mm 厚，水泥粗砂
	水磨石墙面	0.55		25mm 厚，包括打底
	水刷石墙面	0.5		25mm 厚，包括打底
	石灰粗砂粉刷	0.34		20mm 厚
	剁假石墙面	0.5		25mm 厚，包括打底
	外墙拉毛墙面	0.7		包括 25mm 水泥砂浆打底
12. 屋架、门窗	木屋架	$0.07+0.007l$	kN/m²	按屋面水平投影面积计算，跨度 l 以 m 计
	钢屋架	$0.12+0.011l$		无天窗，包括支撑，按屋面水平投影面积计算，跨度 l 以 m 计

续表 4-5

类别	名称	自重	单位	备注
12. 屋架、门窗	木框玻璃窗	0.2～0.3	kN/m²	
	钢框玻璃窗	0.4～0.45		
	木门	0.1～0.2		
	钢铁门	0.4～0.45		
13. 屋顶	黏土平瓦屋面	0.55	kN/m²	按实际面积计算，下同
	水泥平瓦屋面	0.5～0.55		
	小青瓦屋面	0.9～1.1		
	冷摊瓦屋面	0.5		
	石板瓦屋面	0.46		厚 6.3mm
	石板瓦屋面	0.71		厚 9.5mm
	石板瓦屋面	0.96		厚 12.1mm
	麦秸泥灰顶	0.16		以 10mm 厚计
	石棉板瓦	0.18		仅瓦自重
	波形石棉瓦	0.2		1820mm×725mm×8mm
	镀锌薄钢板	0.05		24 号
	瓦楞铁	0.05		26 号
	彩色钢板波形瓦	0.12～0.13		0.6mm 厚彩色钢板
	拱形彩色钢板屋面	0.3		包括保温及灯具重 0.15kN/m²
	有机玻璃屋面	0.06		厚 1.0mm
	玻璃屋顶	0.3		9.5mm 夹丝玻璃，框架自重在内
	玻璃砖顶	0.65		框架自重在内
	油毡防水层(包括改性沥青防水卷材)	0.05		一层油毡刷油两遍
		0.25～0.3		四层做法，一毡二油上铺小石子
		0.3～0.35		六层做法，二毡三油上铺小石子
		0.35～0.4		八层做法，三毡四油上铺小石子
	捷罗克防水层	0.1		厚 8mm
	屋顶天窗	0.35～0.4		9.5mm 夹丝玻璃，框架自重在内
14. 顶棚	钢丝网抹灰吊顶	0.45	kN/m²	
	麻刀灰板条顶棚	0.45		吊木在内，平均灰厚 20mm
	砂子灰板条顶棚	0.55		吊木在内，平均灰厚 25mm
	苇箔抹灰顶棚	0.48		吊木在内，龙骨在内

续表 4-5

类别	名称	自重	单位	备注
14. 顶棚	松木板顶棚	0.25	kN/m²	吊木在内
	三夹板顶棚	0.18		吊木在内
	马粪纸顶棚	0.15		吊木及盖缝条在内
	木丝板吊顶棚	0.26		厚25mm，吊木及盖缝条在内
	木丝板吊顶棚	0.29		厚30mm，吊木及盖缝条在内
	隔声纸板顶棚	0.17		厚10mm，吊木及盖缝条在内
	隔声纸板顶棚	0.18		厚13mm，吊木及盖缝条在内
	隔声纸板顶棚	0.2		厚20mm，吊木及盖缝条在内
	V形轻钢龙骨吊顶	0.12		一层9mm纸面石膏板，无保温层
		0.17		二层9mm纸面石膏板，有厚50mm的岩棉板保温层
		0.20		二层9mm纸面石膏板，无保温层
		0.25		二层9mm纸面石膏板，有厚50mm的岩棉板保温层
	V形轻钢龙骨及铝合金龙骨吊顶	0.1～0.12		一层矿棉吸声板厚15mm，无保温层
	顶棚上铺焦渣锯末绝缘层	0.2		厚50mm，焦渣、锯末按1∶5混合
15. 地面	地板格栅	0.2	kN/m²	仅格栅自重
	硬木地板	0.2		厚25mm，剪力撑、钉子等自重在内，不包括格栅自重
	松木地板	0.18		
	小瓷砖地面	0.55		包括水泥粗砂打底
	水泥花砖地面	0.6		砖厚25mm，包括水泥粗砂打底
	水磨石地面	0.65		10mm面层，20mm水泥砂浆打底
	油地毡	0.02～0.03		油地纸，地板表面用
	木块地面	0.7		加防腐油膏铺砌厚76mm
	菱苦土地面	0.28		厚20mm
	铸铁地面	4～5		60mm碎石垫层，60mm面层
	缸砖地面	1.7～2.1		60mm砂垫层，53mm面层，平铺
	缸砖地面	3.3		60mm砂垫层，115mm面层，侧铺
	黑砖地面	1.5		砂垫层，平铺
16. 建筑用压型钢板	单波形V-300(S-30)	0.12	kN/m²	波高173mm，板厚0.8mm
	双波形W-500	0.11		波高130mm，板厚0.8mm

续表 4-5

类别	名称	自重	单位	备注
16. 建筑用压型钢板	三波形 V-200	0.135	kN/m²	波高 70mm，板厚 1mm
	多波形 V-125	0.065		波高 35mm，板厚 0.6mm
	多波形 V-115	0.079		波高 35mm，板厚 0.6mm
17. 建筑墙板	彩色钢板金属幕墙板	0.11	kN/m²	两层，彩色钢板厚 0.6mm，聚苯乙烯芯材厚 25mm
	金属绝热材料（聚氨酯）复合板	0.14		板厚 40mm，钢板厚 0.6mm
		0.15		板厚 60mm，钢板厚 0.6mm
		0.16		板厚 80mm，钢板厚 0.6mm
	彩色钢板夹聚苯乙烯保温板	0.12～0.15		两层，彩色钢板厚 0.6mm，聚苯乙烯芯材板厚 50～250mm
	彩色钢板岩棉夹心板	0.24		板厚 100mm，两层彩色钢板，Z 形龙骨岩棉芯材
		0.25		板厚 120mm，两层彩色钢板，Z 形龙骨岩棉芯材
	GRC 增强水泥聚苯复合保温板	1.13		
	GRC 空心隔墙板	0.3		长 2400～2800mm，宽 600mm，厚 60mm
	GRC 内隔墙板	0.35		长 2400～2800mm，宽 600mm，厚 60mm
	轻质 GRC 保温板	0.14		3000mm×600mm×60mm
	轻质 GRC 空心隔墙板	0.17		3000mm×600mm×60mm
	轻质大型墙板（太空板系列）	0.7～0.9		6000mm×1500mm×120mm，高强水泥发泡芯材
	轻质条型墙板（太空板系列），厚度 80mm	0.4		标准规格 3000mm×1000(1200、1500)mm 高强水泥发泡芯材，按不同檩距及荷栽配有不同钢骨架及冷拔钢丝网
	厚度 100mm	0.45		
	厚度 120mm	0.5		
	GRC 墙板	0.11		厚 10mm
	钢丝网岩棉夹芯复合板（GY 板）	1.1		岩棉芯材厚 50mm，双面钢丝网水泥砂浆各厚 25mm
	硅酸钙板	0.08		板厚 6mm
		0.10		板厚 6mm
		0.12		板厚 10mm
	泰柏板	0.95		板厚 100mm，钢丝网片夹聚苯乙烯保温层，每面抹水泥砂浆厚 20mm
	蜂窝复合板	0.14		厚 75mm
	石膏珍珠岩空心条板	0.45		长 2500～3000mm，宽 600mm，厚 60mm
	加强型水泥石膏聚苯保温板	0.17		3000mm×600mm×60mm
	玻璃幕墙	1.0～1.5		一般可按单位面积玻璃自重增大 20%～30%采用

4.2 高层建筑结构竖向活荷载

4.2.1 高层建筑结构楼面活荷载

高层建筑结构楼面活荷载如表 4-6 所示。

高层建筑结构楼面活荷载 **表 4-6**

序号	项目	内容
1	民用建筑楼面均布活荷载的标准值及其组合值、频遇值和准永久值系数	高层建筑多以民用建筑为主。常用的民用建筑楼面均布活荷载的标准值及其组合值、频遇值和准永久值系数，应按表 4-7 的规定采用
2	楼面活荷载标准值的折减系数	考虑实际荷载沿楼面分布的变异情况，设计楼面梁、墙、柱及基础中的楼面活荷载标准值应乘以表 4-8 中的折减系数
3	荷载布置	计算多层建筑结构在竖向荷载作用下产生的内力时，一般应考虑活荷载的不利布置，尤其在多层工业厂房使用荷载往往较大的情况下。而计算高层建筑结构在竖向荷载作用下产生的内力时，一般可以不考虑活荷载的不利布置，而按满布考虑。这是因为高层民用建筑楼面活荷载不大(一般为 2～2.5kN/m²)，只占全部竖向荷载的 15%～20%，不利布置产生的影响很小，其次是由于高层建筑结构是复杂的空间体系，层数、跨数很多，计算工作量极大，为简化起见，计算高层建筑竖向荷载作用下产生的内力时，一般可以不考虑活荷载的不利布置。在活荷载较大的情况下，可以把满布荷载计算的梁跨中弯矩和支座截面弯矩乘以 1.1～1.3 的放大系数

民用建筑楼面均布活荷载标准值及其组合值、频遇值和准永久值系数 **表 4-7**

序号	类别	标准值(kN/m²)	组合值系数 Ψ_c	频遇值系数 Ψ_f	准永久值系数 Ψ_q
1	(1) 住宅、宿舍、旅馆、办公楼、医院病房、托儿所、幼儿园 (2) 试验室、阅览室、会议室、医院门诊室	2.0	0.7	0.5 0.6	0.4 0.5
2	教室、食堂、餐厅、一般资料档案室	2.5	0.7	0.6	0.5
3	(1) 礼堂、剧场、影院、有固定座位的看台 (2) 公共洗衣房	3.0 3.0	0.7 0.7	0.5 0.6	0.3 0.5
4	(1) 商店、展览厅、车站、港口、机场大厅及其旅客等候室 (2) 无固定座位的看台	3.5 3.5	0.7 0.7	0.6 0.5	0.5 0.3
5	(1) 健身房、演出舞台 (2) 运动场、舞厅	4.0 4.0	0.7 0.7	0.6 0.6	0.5 0.3
6	(1) 书库、档案库、贮藏室 (2) 密集柜书库	5.0 12.0	0.9	0.9	0.8
7	通风机房、电梯机房	7.0	0.9	0.9	0.8
8	汽车通道及客车停车库： (1) 单向板楼盖(板跨不小于 2m)和双向板楼盖(板跨不小于 3m×3m) 客车 消防车 (2) 双向板楼盖(板跨不小于 6m×6m)和无梁楼盖(柱网不小于 6m×6m) 客车 消防车	4.0 35.0 2.5 20.0	0.7 0.7 0.7 0.7	0.7 0.5 0.7 0.5	0.6 0.0 0.6 0.0

续表 4-7

序号	类别	标准值 (kN/m^2)	组合值系数 Ψ_c	频遇值系数 Ψ_f	准永久值系数 Ψ_q
9	厨房： (1) 其他 (2) 餐厅	2.0 4.0	0.7 0.7	0.6 0.7	0.5 0.7
10	浴室、厕所、盥洗室	2.5	0.7	0.6	0.5
11	走廊、门厅、楼梯： (1) 宿舍、旅馆、医院病房、托儿所、幼儿园、住宅、楼梯(多层住宅) (2) 办公楼、餐厅，医院门诊部 (3) 教学楼及其他当人流可能密集时、楼梯(其他)	2.0 2.5 3.5	0.7 0.7 0.7	0.5 0.6 0.5	0.4 0.5 0.3
12	阳台： (1) 其他 (2) 当人群有可能密集时	2.5 3.5	0.7	0.6	0.5

注：1. 本表所给各项活荷载适用于一般使用条件，当使用荷载较大或情况特殊时，应按实际情况采用；
2. 序号 6 中书库活荷载当书架高度大于 2m 时，书库活荷载尚应按每米书架高度不小于 2.5kN/m^{2}确定；
3. 序号 8 中的客车活荷载只适用于停放载人少于 9 人的客车；消防车活荷载是适用于满载总重为 300kN 的大型车辆；当不符合本表的要求时，应将车轮的局部荷载按结构效应的等效原则，换算为等效均布荷载；
4. 序号 11 楼梯活荷载，对预制楼梯踏步平板，尚应按 1.5kN 集中荷载验算；
5. 本表各项荷载不包括隔墙自重和二次装修荷载。对固定隔墙的自重应按恒荷载考虑，当隔墙位置可灵活自由布置时，非固定隔墙的自重应取每延米长墙重(kN/m)的 1/3 作为楼面活荷载的附加值(kN/m^2)计入，附加值不小于 1.0kN/m^2。

楼面均布活荷载标准值折减系数　　**表 4-8**

<table>
<tr><th>序号</th><th>构件</th><th>表 4-7 中的序号</th><th colspan="4">设计折减条件</th><th>折减系数</th></tr>
<tr><td>1</td><td rowspan="6">楼面梁</td><td>1(1)</td><td colspan="4">当楼面梁从属面积超过 25m^2 时</td><td>0.9</td></tr>
<tr><td>2</td><td>1(2)～7</td><td colspan="4">当楼面梁从属面积超过 50m^2 时</td><td>0.9</td></tr>
<tr><td>3</td><td rowspan="3">8</td><td colspan="4">单向板楼盖的次梁和槽形板的纵肋</td><td>0.8</td></tr>
<tr><td>4</td><td colspan="4">单向板楼盖的主梁</td><td>0.6</td></tr>
<tr><td>5</td><td colspan="4">双向板楼盖的梁</td><td>0.8</td></tr>
<tr><td>6</td><td>9～12</td><td colspan="5">采用与所属房屋类别相同的折减系数</td></tr>
<tr><td>7</td><td rowspan="11">墙、柱、基础</td><td rowspan="7">1(1)</td><td rowspan="7">当墙、柱、基础计算截面以上的层数为</td><td rowspan="2">1 层</td><td rowspan="2">当楼面梁从属面积</td><td>≤25m^2</td><td>1.00</td></tr>
<tr><td>8</td><td>>25m^2</td><td>0.90</td></tr>
<tr><td>9</td><td colspan="3">2～3 层</td><td>0.85</td></tr>
<tr><td>10</td><td colspan="3">4～5 层</td><td>0.70</td></tr>
<tr><td>11</td><td colspan="3">6～8 层</td><td>0.65</td></tr>
<tr><td>12</td><td colspan="3">9～20 层</td><td>0.60</td></tr>
<tr><td>13</td><td colspan="3">>20 层</td><td>0.55</td></tr>
<tr><td>14</td><td>1(2)～7</td><td colspan="5">采用与楼面梁相同的折减系数</td></tr>
<tr><td>15</td><td rowspan="2">8</td><td colspan="4">(1) 单向板楼盖</td><td>0.5</td></tr>
<tr><td>16</td><td colspan="4">(2) 双向板楼盖和无梁楼盖</td><td>0.8</td></tr>
<tr><td>17</td><td>9～12</td><td colspan="5">采用与所属房屋类别相同的折减系数</td></tr>
</table>

注：1. 楼面梁的从属面积是指向梁两侧各延伸二分之一梁间距范围内的实际面积；
2. 设计物资仓库的楼面梁、柱、墙及基础时，楼面等效均布活荷载标准值不折减。

4.2.2 高层建筑结构屋面活荷载和屋面积灰荷载

屋面活荷载和屋面积灰荷载如表 4-9 所示。

屋面活荷载和屋面积灰荷载 **表 4-9**

序号	项　目	内　容
1	屋面活荷载	(1) 房屋建筑的屋面，其水平投影面上的屋面均布活荷载，应按表 4-10 采用屋面均布活荷载，不应与雪荷载同时组合 (2) 屋面直升机停机坪荷载应根据直升机总重按局部荷载考虑，同时其等效均布荷载不低于 5.0kN/m² 局部荷载应按直升机实际最大起飞重量确定，当没有机型技术资料时，一般可依据轻、中、重三种类型的不同要求，按下述规定选用局部荷载标准值及作用面积： 1) 轻型，最大起飞重量 2t，局部荷载标准值取 20kN，作用面积 0.20m×0.20m 2) 中型，最大起飞重量 4t，局部荷载标准值取 40kN，作用面积 0.25m×0.25m 3) 重型，最大起飞重量 6t，局部荷载标准值取 60kN，作用面积 0.30m×0.30m 荷载的组合值系数应取 0.7，频遇值系数应取 0.6，准永久值系数应取 0
2	屋面积灰荷载	(1) 设计生产中有大量排灰的厂房及其邻近建筑时，对于具有一定除尘设施和保证清灰制度的机械、冶金、水泥等的厂房屋面，其水平投影面上的屋面积灰荷载，应分别按表 4-11 和表 4-12 采用 (2) 对于屋面上易形成灰堆处，当设计屋面板、檩条时，积灰荷载标准值可乘以下列规定的增大系数： 在高低跨处两倍于屋面高差但不大于 6.0m 的分布宽度内取 2.0 在天沟处不大于 3.0m 的分布宽度内取 1.4 (3) 积灰荷载应与雪荷载或不上人的屋面均布活荷载两者中的较大值同时考虑

屋面均布活荷载 **表 4-10**

序号	类别	标准值(kN/m²)	组合值系数 Ψ_c	频遇值系数 Ψ_f	准永久值系数 Ψ_q
1	不上人的屋面	0.5	0.7	0.5	0
2	上人的屋面	2.0	0.7	0.5	0.4
3	屋顶花园	3.0	0.7	0.6	0.5

注：1. 不上人的屋面，当施工或维修荷载较大时，应按实际情况采用；对不同结构应按有关设计的规定，但不得低于 0.3kN/m²；
2. 上人的屋面，当兼作其他用途时，应按相应楼面活荷载采用；
3. 对于因屋面排水不畅、堵塞等引起的积水荷载，应采取构造措施加以防止；必要时，应按积水的可能深度确定屋面活荷载；
4. 屋顶花园活荷载不包括花圃土石等材料自重；
5. 屋顶运动场地，取值与表 4-10 序号 3 相同，仅 Ψ_q 取值 0.4。

屋面积灰荷载 **表 4-11**

<table>
<tr><th rowspan="3">序号</th><th rowspan="3">类别</th><th colspan="3">标准值(kN/m²)</th><th rowspan="3">组合值系数 Ψ_c</th><th rowspan="3">频遇值系数 Ψ_f</th><th rowspan="3">准永久值系数 Ψ_q</th></tr>
<tr><th rowspan="2">屋面无挡风板</th><th colspan="2">屋面有挡风板</th></tr>
<tr><th>挡风板内</th><th>挡风板外</th></tr>
<tr><td>1</td><td>机械厂铸造车间(冲天炉)</td><td>0.50</td><td>0.75</td><td>0.30</td><td rowspan="5">0.9</td><td rowspan="5">0.9</td><td rowspan="5">0.8</td></tr>
<tr><td>2</td><td>炼钢车间(氧气转炉)</td><td>—</td><td>0.75</td><td>0.30</td></tr>
<tr><td>3</td><td>锰、铬铁合金车间</td><td>0.75</td><td>1.00</td><td>0.30</td></tr>
<tr><td>4</td><td>硅、钨铁合金车间</td><td>0.30</td><td>0.50</td><td>0.30</td></tr>
<tr><td>5</td><td>烧结室、一次混合室</td><td>0.50</td><td>1.00</td><td>0.20</td></tr>
</table>

续表 4-11

<table>
<tr><th rowspan="3">序号</th><th rowspan="3">类别</th><th colspan="3">标准值(kN/m²)</th><th rowspan="3">组合值系数 Ψ_c</th><th rowspan="3">频遇值系数 Ψ_f</th><th rowspan="3">准永久值系数 Ψ_q</th></tr>
<tr><th rowspan="2">屋面无挡风板</th><th colspan="2">屋面有挡风板</th></tr>
<tr><th>挡风板内</th><th>挡风板外</th></tr>
<tr><td>6</td><td>烧结厂通廊及其他车间</td><td>0.30</td><td>—</td><td>—</td><td rowspan="3">0.9</td><td rowspan="3">0.9</td><td rowspan="3">0.8</td></tr>
<tr><td>7</td><td>水泥厂有灰源车间(窑房、磨房、联合贮库、烘干房、破碎房)</td><td>1.00</td><td>—</td><td>—</td></tr>
<tr><td>8</td><td>水泥厂无灰源车间(空气压缩机站、机修间、材料库、配电站)</td><td>0.50</td><td>—</td><td>—</td></tr>
</table>

注：1. 表中的积灰均布荷载，仅应用于屋面坡度 $\alpha \leqslant 25°$；当 $\alpha \geqslant 45°$时，可不考虑积灰荷载；当 $25° < \alpha < 45°$时，可按插值法取值；

2. 清灰设施的荷载另行考虑；

3. 对序号 1～4 的积灰荷载，仅应用于距烟囱中心 20m 半径范围内的屋面；当邻近建筑在该范围内时，其积灰荷载对序号 1、3、4 应按车间屋面无挡风板的采用，对序号 2 应按车间屋面挡风板外的采用。

高炉邻近建筑的屋面积灰荷载　　**表 4-12**

<table>
<tr><th rowspan="3">序号</th><th rowspan="3">高炉容积(m³)</th><th colspan="3">标准值(kN/m²)</th><th rowspan="3">组合值系数 Ψ_c</th><th rowspan="3">频遇值系数 Ψ_f</th><th rowspan="3">准永久值系数 Ψ_q</th></tr>
<tr><th colspan="3">屋面离高炉距离(m)</th></tr>
<tr><th>≤50</th><th>100</th><th>200</th></tr>
<tr><td>1</td><td><255</td><td>0.50</td><td>—</td><td>—</td><td rowspan="3">1.0</td><td rowspan="3">1.0</td><td rowspan="3">1.0</td></tr>
<tr><td>2</td><td>255～620</td><td>0.75</td><td>0.30</td><td>—</td></tr>
<tr><td>3</td><td>>620</td><td>1.00</td><td>0.50</td><td>0.30</td></tr>
</table>

注：1. 表 4-11 中的注 1 和注 2 也适用本表；

2. 当邻近建筑屋面离高炉距离为表内中间值时，可按插入法取值。

4.2.3 高层建筑屋面雪荷载

高层建筑屋面雪荷载如表 4-13 所示。

高层建筑屋面雪荷载　　**表 4-13**

序号	项　目	内　容
1	雪荷载标准值	(1) 屋面水平投影面上的雪荷载标准值，应按下式计算： $$s_k = \mu_r s_0 \quad (4\text{-}1)$$ 式中 s_k——雪荷载标准值(kN/m²) μ_r——屋面积雪分布系数，按现行国家标准《建筑结构荷载规范》GB 50009—2012 有关规定采用 s_0——基本雪压(kN/m²) (2) 基本雪压应按表 4-15 给出的重现期 n 为 10 年、50 年及 100 年一遇的雪压采用 对雪荷载敏感的结构，基本雪压应适当提高，并应由有关的结构设计规范具体规定
2	组合值系数、频遇值系数及准永久值系数	雪荷载的组合值系数可取 0.7；频遇值系数可取 0.6；准永久值系数应按雪荷载分区Ⅰ、Ⅱ和Ⅲ的不同，分别取 0.5、0.2 和 0；雪荷载分区应按表 4-15 中给出的规定采用
3	山区雪荷载	山区的雪荷载应通过实际调查确定。当无实测资料时，可按当地邻近空旷平坦地面的雪荷载值乘以系数 1.2 采用

4.3　高层建筑结构风荷载作用

4.3.1　风荷载标准值计算及基本风压的取值

风荷载标准值计算及基本风压的取值如表 4-14 所示。

风荷载标准值计算及基本风压的取值　　表 4-14

序号	项　目	内　容
1	说明	(1) 沿水平方向运动的大气称为风。风给予建筑物的风压随着风速、风向的紊乱变化而不停地改变着。通常将风压作用的平均值视为稳定风荷载，它对建筑物的作用使建筑物产生静侧移，实际风速在平均风速附近波动，风压也在平均风压附近波动，称为波动风压 (2) 为了保证安全性，世界第一高楼哈利法塔的设计标准是能在 55m/s 的大风中保持稳定，在高楼中办公的人完全感觉不到大风的影响。在大楼的施工过程中，尽管迪拜的地面温度是摄氏 43 度，没有一丝风，但在 100 层以上的施工现场，则完全是另一番景象，风速通常在 30m/s。虽然高层安装有安全网，但“有可能让狂风刮走的恐惧让人双腿打战”。一旦风速超过 70m/s，就必须停止施工，因为在这种风力下，把工人运到 100 层以上的电梯就不能运行了。因此，在高层建筑的施工现场常安装风速计，即时测定风速并报警 (3) 由于高层建筑的设计使用年限一般在 50 年以上，因此风荷载的作用不可忽视，而且往往起决定性作用。风对高层建筑作用具有如下特点： 1) 风荷载作用与建筑物的外形有关，圆形与正多边形受到风力较小，对抗风有利；相反，平面凹凸多变的复杂建筑物受到的风力较大；而且容易产生风力扭转作用，对抗风不利 2) 风力受建筑物周围环境影响较大：处于高层建筑群中的高层建筑，有时会出现受力更为不利的情况。例如，由于不对称遮挡而使风力偏心产生扭转；相邻建筑物之间的狭缝风力增大，使建筑物产生扭转等 3) 风力在建筑物表面的分布很不均匀，在角区和建筑物内收的局部区域，会产生较大的风力，而且，随着建筑物高度的增加，建筑物所受到的风荷载增大 4) 与地震作用相比，风力作用持续时间较长，其作用更接近于静力荷载，但对建筑物的作用期间出现较大风力的次数较多，因此风荷载具有静力作用与动力作用两重性。一般地，建筑结构分析时将风荷载作为静荷载考虑，但是波动风压对建筑物的动力效应在高层建筑设计时不能忽略，一般采用加大稳定风荷载的方法来考虑，即在按规定求得的一般风荷载值上乘以大于 1 的风振系数 5) 风压引起建筑物过度的侧向位移可能引起隔墙、外墙的开裂，机械系统的失调；还可能产生住户不舒适的摇摆频率和幅度。对电梯运行，建筑物周围的行人都具有影响，因此在高层建筑结构设计中必须考虑风荷载
2	风荷载标准值计算	(1) 主体结构计算时，风荷载作用面积应取垂直于风向的最大投影面积，垂直于建筑物表面的单位面积风荷载标准值应按下列公式计算： $w_k=\beta_z\mu_s\mu_z w_0$　　(4-2) 式中　w_k——风荷载标准值(kN/m^2) w_0——基本风压(kN/m^2)应按本表序号 3 的规定采用 μ_z——风压高度变化系数，应按现行国家标准《建筑结构荷载规范》GB 50009—2012 的有关规定采用 μ_s——风荷载体型系数，应按本书表 4-16 序号 2 的规定采用 β_z——z 高度处的风振系数，应按现行国家标准《建筑结构荷载规范》GB 50009—2012 的有关规定采用 (2) 风荷载的组合值、频遇值和准永久值系数可分别取 0.6、0.4 和 0
3	基本风压的取值	(1) 直接按规定取值，在表 4-15 中列出了重现期 n 为 10 年、50 年、100 年的风压值。一般高层建筑取重现期 n 为 50 年的风压值计算风荷载，对于特别重要或有特殊要求的高层建筑，取重现期 n 为 100 年的风压值计算风荷载 在任何情况下对 50 年一遇的基本风压(表 4-15)取值不得小于 0.3kN/m^2 (2) 基本风压应按照现行国家标准《建筑结构荷载规范》GB 50009—2012 的规定采用。对风荷载比较敏感的高层建筑，承载力设计时应按基本风压的 1.1 倍采用

全国各城市的 n 年一遇雪压和风压 **表 4-15**

序号	省市名	城市名	海拔高度/m	风压/(kN/m²)			雪压/(kN/m²)			雪荷载准永久值系数分区
				n=10	n=50	n=100	n=10	n=50	n=100	
1	北京		54.0	0.30	0.45	0.50	0.25	0.40	0.45	Ⅱ
2	天津	天津市	3.3	0.30	0.50	0.60	0.25	0.40	0.45	Ⅱ
3		塘沽	3.2	0.40	0.55	0.65	0.20	0.35	0.40	Ⅱ
4	上海		2.8	0.40	0.55	0.60	0.10	0.20	0.25	Ⅲ
5	重庆		259.1	0.25	0.40	0.45				
6	河北	石家庄市	80.5	0.25	0.35	0.40	0.20	0.30	0.35	Ⅱ
7		蔚县	909.5	0.20	0.30	0.35	0.20	0.30	0.35	Ⅱ
8		邢台市	76.8	0.20	0.30	0.35	0.25	0.35	0.40	Ⅱ
9		丰宁	659.7	0.30	0.40	0.45	0.15	0.25	0.30	Ⅱ
10		围场	842.8	0.35	0.45	0.50	0.20	0.30	0.35	Ⅱ
11		张家口市	724.2	0.35	0.55	0.60	0.15	0.25	0.30	Ⅱ
12		怀来	536.8	0.25	0.35	0.40	0.15	0.20	0.25	Ⅱ
13		承德市	377.2	0.30	0.40	0.45	0.20	0.30	0.35	Ⅱ
14		遵化	54.9	0.30	0.40	0.45	0.25	0.40	0.50	Ⅱ
15		青龙	227.2	0.25	0.30	0.35	0.25	0.40	0.45	Ⅱ
16		秦皇岛市	2.1	0.35	0.45	0.50	0.15	0.25	0.30	Ⅱ
17		霸县	9.0	0.25	0.40	0.45	0.20	0.30	0.35	Ⅱ
18		唐山市	27.8	0.30	0.40	0.45	0.20	0.35	0.40	Ⅱ
19		乐亭	10.5	0.30	0.40	0.45	0.25	0.40	0.45	Ⅱ
20		保定市	17.2	0.30	0.40	0.45	0.20	0.35	0.40	Ⅱ
21		饶阳	18.9	0.30	0.35	0.40	0.20	0.30	0.35	Ⅱ
22		沧州市	9.6	0.30	0.40	0.45	0.20	0.30	0.35	Ⅱ
23		黄骅	6.6	0.30	0.40	0.45	0.20	0.30	0.35	Ⅱ
24		南宫市	27.4	0.25	0.35	0.40	0.15	0.25	0.30	Ⅱ
25	山西	太原市	778.3	0.30	0.40	0.45	0.25	0.35	0.40	Ⅱ
26		右玉	1345.8				0.20	0.30	0.35	Ⅱ
27		大同市	1067.2	0.35	0.55	0.65	0.15	0.25	0.30	Ⅱ
28		河曲	861.5	0.30	0.50	0.60	0.20	0.30	0.35	Ⅱ
29		五寨	1401.0	0.30	0.40	0.45	0.20	0.25	0.30	Ⅱ
30		兴县	1012.6	0.25	0.45	0.55	0.20	0.25	0.30	Ⅱ
31		原平	828.2	0.30	0.50	0.60	0.20	0.30	0.35	Ⅱ
32		离石	950.8	0.30	0.45	0.50	0.20	0.30	0.35	Ⅱ
33		阳泉市	741.9	0.30	0.40	0.45	0.20	0.35	0.40	Ⅱ
34		榆社	1041.4	0.20	0.30	0.35	0.20	0.30	0.35	Ⅱ
35		隰县	1052.7	0.25	0.35	0.40	0.20	0.30	0.35	Ⅱ

续表 4-15

序号	省市名	城市名	海拔高度/m	风压/(kN/m²)			雪压/(kN/m²)			雪荷载准永久值系数分区
				n=10	n=50	n=100	n=10	n=50	n=100	
36	山西	介休	743.9	0.25	0.40	0.45	0.20	0.30	0.35	Ⅱ
37		临汾市	449.5	0.25	0.40	0.45	0.15	0.25	0.30	Ⅱ
38		长治县	991.8	0.30	0.50	0.60				
39		运城市	376.0	0.30	0.45	0.50	0.15	0.25	0.30	Ⅱ
40		阳城	659.5	0.30	0.45	0.50	0.20	0.30	0.35	Ⅱ
41	内蒙古	呼和浩特市	1063.0	0.35	0.55	0.60	0.25	0.40	0.45	Ⅱ
42		额右旗拉布达林	581.4	0.35	0.50	0.60	0.35	0.45	0.50	Ⅰ
43		牙克石市图里河	732.6	0.30	0.40	0.45	0.40	0.60	0.70	Ⅰ
44		满洲里市	661.7	0.50	0.65	0.70	0.20	0.30	0.35	Ⅰ
45		海拉尔市	610.2	0.45	0.65	0.75	0.35	0.45	0.50	Ⅰ
46		鄂伦春小二沟	286.1	0.30	0.40	0.45	0.35	0.50	0.55	Ⅰ
47		新巴尔虎右旗	554.2	0.45	0.60	0.65	0.25	0.40	0.45	Ⅰ
48		新巴尔虎左旗阿木古朗	642.0	0.40	0.55	0.60	0.25	0.35	0.40	Ⅰ
49		牙克石市博克图	739.7	0.40	0.55	0.60	0.35	0.55	0.65	Ⅰ
50		扎兰屯市	306.5	0.30	0.40	0.45	0.35	0.55	0.65	Ⅰ
51		科右翼前旗阿尔山	1027.4	0.35	0.50	0.55	0.45	0.60	0.70	Ⅰ
52		科右翼前旗索伦	501.8	0.45	0.55	0.60	0.25	0.35	0.40	Ⅰ
53		乌兰浩特市	274.7	0.40	0.55	0.60	0.20	0.30	0.35	Ⅰ
54		东乌珠穆沁旗	838.7	0.35	0.55	0.65	0.20	0.30	0.35	Ⅰ
55		额济纳旗	940.50	0.40	0.60	0.70	0.05	0.10	0.15	Ⅱ
56		额济纳旗拐予湖	960.0	0.45	0.55	0.60	0.10	0.15	0.20	Ⅱ
57		阿左旗巴彦毛道	1328.1	0.40	0.55	0.60	0.05	0.10	0.15	Ⅱ
58		阿拉善右旗	1510.1	0.45	0.55	0.60	0.05	0.10	0.10	Ⅱ
59		二连浩特市	964.7	0.55	0.65	0.70	0.15	0.25	0.30	Ⅱ
60		那仁宝力格	1181.6	0.40	0.55	0.60	0.20	0.30	0.35	Ⅰ
61		达茂旗满都拉	1225.2	0.50	0.75	0.85	0.15	0.20	0.25	Ⅱ
62		阿巴嘎旗	1126.1	0.35	0.50	0.55	0.30	0.45	0.50	Ⅰ
63		苏尼特左旗	1111.4	0.40	0.50	0.55	0.25	0.35	0.40	Ⅰ
64		乌拉特后旗海力素	1509.6	0.45	0.50	0.55	0.10	0.15	0.20	Ⅱ
65		苏尼特右旗朱日和	1150.8	0.50	0.65	0.75	0.15	0.20	0.25	Ⅱ
66		乌拉特中旗海流图	1288.0	0.45	0.60	0.65	0.20	0.30	0.35	Ⅱ
67		百灵庙	1376.6	0.50	0.75	0.85	0.25	0.35	0.40	Ⅱ
68		四子王旗	1490.1	0.40	0.60	0.70	0.30	0.45	0.55	Ⅱ
69		化德	1482.7	0.45	0.75	0.85	0.15	0.25	0.30	Ⅱ
70		杭锦后旗陕坝	1056.7	0.30	0.45	0.50	0.15	0.20	0.25	Ⅱ

续表 4-15

序号	省市名	城市名	海拔高度/m	风压/(kN/m²)			雪压/(kN/m²)			雪荷载准永久值系数分区
				n=10	n=50	n=100	n=10	n=50	n=100	
71	内蒙古	包头市	1067.2	0.35	0.55	0.60	0.15	0.25	0.30	Ⅱ
72		集宁市	1419.3	0.40	0.60	0.70	0.25	0.35	0.40	Ⅱ
73		阿拉善左旗吉兰泰	1031.8	0.35	0.50	0.55	0.05	0.10	0.15	Ⅱ
74		临河市	1039.3	0.30	0.50	0.60	0.15	0.25	0.30	Ⅱ
75		鄂托克旗	1380.3	0.35	0.55	0.65	0.15	0.20	0.20	Ⅱ
76		东胜市	1460.4	0.30	0.50	0.60	0.25	0.35	0.40	Ⅱ
77		阿腾席连	1329.3	0.40	0.50	0.55	0.20	0.30	0.35	Ⅱ
78		巴彦浩特	1561.4	0.40	0.60	0.70	0.15	0.20	0.25	Ⅱ
79		西乌珠穆沁旗	995.9	0.45	0.55	0.60	0.30	0.40	0.45	Ⅰ
80		扎鲁特鲁北	265.0	0.40	0.55	0.60	0.20	0.30	0.35	Ⅱ
81		巴林左旗林东	484.4	0.40	0.55	0.60	0.20	0.30	0.35	Ⅱ
82		锡林浩特市	989.5	0.40	0.55	0.60	0.20	0.40	0.45	Ⅰ
83		林西	799.0	0.45	0.60	0.70	0.25	0.40	0.45	Ⅰ
84		开鲁	241.0	0.40	0.55	0.60	0.20	0.30	0.35	Ⅱ
85		通辽市	178.5	0.40	0.55	0.60	0.20	0.30	0.35	Ⅱ
86		多伦	1245.4	0.40	0.55	0.60	0.20	0.30	0.35	Ⅰ
87		翁牛特旗乌丹	631.8				0.20	0.30	0.35	Ⅱ
88		赤峰市	571.1	0.30	0.55	0.65	0.20	0.30	0.35	Ⅱ
89		敖汉旗宝国图	400.5	0.40	0.50	0.55	0.25	0.40	0.45	Ⅱ
90	辽宁	沈阳市	42.8	0.40	0.55	0.60	0.30	0.50	0.55	Ⅰ
91		彰武	79.4	0.35	0.45	0.50	0.20	0.30	0.35	Ⅱ
92		阜新市	144.0	0.40	0.60	0.70	0.25	0.40	0.45	Ⅱ
93		开原	98.2	0.30	0.45	0.50	0.35	0.45	0.55	Ⅰ
94		清原	234.1	0.25	0.40	0.45	0.45	0.70	0.80	Ⅰ
95		朝阳市	169.2	0.40	0.55	0.60	0.30	0.45	0.55	Ⅱ
96		建平县叶柏寿	421.7	0.30	0.35	0.40	0.25	0.35	0.40	Ⅱ
97		黑山	37.5	0.45	0.65	0.75	0.30	0.45	0.50	Ⅱ
98		锦州市	65.9	0.40	0.60	0.70	0.30	0.40	0.45	Ⅱ
99		鞍山市	77.3	0.30	0.50	0.60	0.30	0.45	0.55	Ⅱ
100		本溪市	185.2	0.35	0.45	0.50	0.40	0.55	0.60	Ⅰ
101		抚顺市章党	118.5	0.30	0.45	0.50	0.35	0.45	0.50	Ⅰ
102		桓仁	240.3	0.25	0.30	0.35	0.35	0.50	0.55	Ⅰ
103		绥中	15.3	0.25	0.40	0.45	0.25	0.35	0.40	Ⅱ
104		兴城市	8.8	0.35	0.45	0.50	0.20	0.30	0.35	Ⅱ
105		营口市	3.3	0.40	0.65	0.75	0.30	0.40	0.45	Ⅱ

续表 4-15

序号	省市名	城市名	海拔高度/m	风压/(kN/m²)			雪压/(kN/m²)			雪荷载准永久值系数分区
				n=10	n=50	n=100	n=10	n=50	n=100	
106	辽宁	盖县熊岳	20.4	0.30	0.40	0.45	0.25	0.40	0.45	Ⅱ
107		本溪县草河口	233.4	0.25	0.45	0.55	0.35	0.55	0.60	Ⅰ
108		岫岩	79.3	0.30	0.45	0.50	0.35	0.50	0.55	Ⅱ
109		宽甸	260.1	0.30	0.50	0.60	0.40	0.60	0.70	
110		丹东市	15.1	0.35	0.55	0.65	0.30	0.40	0.45	Ⅱ
111		瓦房店市	29.3	0.35	0.50	0.55	0.20	0.30	0.35	Ⅱ
112		新金县皮口	43.2	0.35	0.50	0.55	0.20	0.30	0.35	Ⅱ
113		庄河	34.8	0.35	0.50	0.55	0.25	0.35	0.40	Ⅱ
114		大连市	91.5	0.40	0.65	0.75	0.25	0.40	0.45	Ⅱ
115	吉林	长春市	236.8	0.45	0.65	0.75	0.30	0.45	0.50	Ⅰ
116		白城市	155.4	0.45	0.65	0.75	0.15	0.20	0.25	Ⅱ
117		乾安	146.3	0.35	0.45	0.55	0.15	0.20	0.23	Ⅱ
118		前郭尔罗斯	134.7	0.30	0.45	0.50	0.15	0.25	0.30	Ⅱ
119		通榆	149.5	0.35	0.50	0.55	0.15	0.25	0.30	Ⅱ
120		长岭	189.3	0.30	0.45	0.50	0.15	0.20	0.25	Ⅱ
121		扶余市三岔河	196.6	0.35	0.55	0.65	0.20	0.35	0.40	Ⅰ
122		双辽	114.9	0.35	0.50	0.55	0.20	0.30	0.35	Ⅱ
123		四平市	164.2	0.40	0.55	0.60	0.20	0.35	0.40	Ⅰ
124		磐石县烟筒山	271.6	0.30	0.40	0.45	0.25	0.40	0.45	Ⅰ
125		吉林市	183.4	0.40	0.50	0.55	0.30	0.45	0.50	Ⅰ
126		蛟河	295.0	0.30	0.45	0.50	0.50	0.75	0.85	Ⅰ
127		敦化市	523.7	0.30	0.45	0.50	0.30	0.50	0.60	Ⅰ
128		梅河口市	339.9	0.30	0.40	0.45	0.30	0.45	0.50	Ⅰ
129		桦甸	263.8	0.30	0.40	0.45	0.40	0.65	0.75	Ⅰ
130		靖宇	549.2	0.25	0.35	0.40	0.40	0.60	0.70	Ⅰ
131		扶松县东岗	774.2	0.30	0.45	0.55	0.80	1.15	1.30	Ⅰ
132		延吉市	176.8	0.35	0.50	0.55	0.35	0.55	0.65	Ⅰ
133		通化市	402.9	0.30	0.50	0.60	0.50	0.80	0.90	Ⅰ
134		浑江市临江	332.7	0.20	0.30	0.30	0.45	0.70	0.80	Ⅰ
135		集安市	177.7	0.20	0.30	0.35	0.45	0.70	0.80	Ⅰ
136		长白	1016.7	0.35	0.45	0.50	0.40	0.60	0.70	Ⅰ
137	黑龙江	哈尔滨市	142.3	0.35	0.55	0.70	0.30	0.45	0.50	Ⅰ
138		漠河	296.0	0.25	0.35	0.40	0.60	0.75	0.85	Ⅰ
139		塔河	357.4	0.25	0.30	0.35	0.50	0.65	0.75	Ⅰ
140		新林	494.6	0.25	0.35	0.40	0.50	0.65	0.75	Ⅰ

续表 4-15

序号	省市名	城市名	海拔高度/m	风压/(kN/m²)			雪压/(kN/m²)			雪荷载准永久值系数分区
				n=10	n=50	n=100	n=10	n=50	n=100	
141	黑龙江	呼玛	177.4	0.30	0.50	0.60	0.45	0.60	0.70	Ⅰ
142		加格达奇	371.7	0.25	0.35	0.40	0.45	0.65	0.70	Ⅰ
143		黑河市	166.4	0.35	0.50	0.55	0.60	0.75	0.85	Ⅰ
144		嫩江	242.2	0.40	0.55	0.60	0.40	0.55	0.60	Ⅰ
145		孙吴	234.5	0.40	0.60	0.70	0.45	0.60	0.70	Ⅰ
146		北安市	269.7	0.30	0.50	0.60	0.40	0.55	0.60	Ⅰ
147		克山	234.6	0.30	0.45	0.50	0.30	0.50	0.55	Ⅰ
148		富裕	162.4	0.30	0.40	0.45	0.25	0.35	0.40	Ⅰ
149		齐齐哈尔市	145.9	0.35	0.45	0.50	0.25	0.40	0.45	Ⅰ
150		海伦	239.2	0.35	0.55	0.65	0.30	0.40	0.45	Ⅰ
151		明水	249.2	0.35	0.45	0.50	0.25	0.40	0.45	Ⅰ
152		伊春市	240.9	0.25	0.35	0.40	0.50	0.65	0.75	Ⅰ
153		鹤岗市	227.9	0.30	0.40	0.45	0.45	0.65	0.70	Ⅰ
154		富锦	64.2	0.30	0.45	0.50	0.40	0.55	0.60	Ⅰ
155		泰来	149.5	0.30	0.45	0.50	0.20	0.30	0.35	Ⅰ
156		绥化市	179.6	0.35	0.55	0.65	0.35	0.50	0.60	Ⅰ
157		安达市	149.3	0.35	0.55	0.65	0.20	0.30	0.35	Ⅰ
158		铁力	210.5	0.25	0.35	0.40	0.50	0.75	0.85	Ⅰ
159		佳木斯市	81.2	0.40	0.65	0.75	0.60	0.85	0.95	Ⅰ
160		依兰	100.1	0.45	0.65	0.75	0.30	0.45	0.50	Ⅰ
161		宝清	83.0	0.30	0.40	0.45	0.55	0.85	1.00	Ⅰ
162		通河	108.6	0.35	0.50	0.55	0.50	0.75	0.85	Ⅰ
163		尚志	189.7	0.35	0.55	0.60	0.40	0.55	0.60	Ⅰ
164		鸡西市	233.6	0.40	0.55	0.65	0.45	0.65	0.75	Ⅰ
165		虎林	100.2	0.35	0.45	0.50	0.95	1.40	1.60	Ⅰ
166		牡丹江市	241.4	0.35	0.50	0.55	0.50	0.75	0.85	Ⅰ
167		绥芬河市	496.7	0.40	0.60	0.70	0.60	0.75	0.85	Ⅰ
168	山东	济南市	51.6	0.30	0.45	0.50	0.20	0.30	0.35	Ⅱ
169		德州市	21.2	0.30	0.45	0.50	0.20	0.35	0.40	Ⅱ
170		惠民	11.3	0.40	0.50	0.55	0.25	0.35	0.40	Ⅱ
171		寿光县羊角沟	4.4	0.30	0.45	0.50	0.15	0.25	0.30	Ⅱ
172		龙口市	4.8	0.45	0.60	0.65	0.25	0.35	0.40	Ⅱ
173		烟台市	46.7	0.40	0.55	0.60	0.30	0.40	0.45	Ⅱ
174		威海市	46.6	0.45	0.65	0.75	0.30	0.50	0.60	Ⅱ
175		荣成市成山头	47.7	0.60	0.70	0.75	0.25	0.40	0.45	Ⅱ

续表 4-15

序号	省市名	城市名	海拔高度/m	风压/(kN/m²)			雪压/(kN/m²)			雪荷载准永久值系数分区
				n=10	n=50	n=100	n=10	n=50	n=100	
176	山东	莘县朝城	42.7	0.35	0.45	0.50	0.25	0.35	0.40	Ⅱ
177		泰安市泰山	1533.7	0.65	0.85	0.95	0.40	0.55	0.60	Ⅱ
178		泰安市	128.8	0.30	0.40	0.45	0.20	0.35	0.40	Ⅱ
179		淄博市张店	34.0	0.30	0.40	0.45	0.30	0.45	0.50	Ⅱ
180		沂源	304.5	0.30	0.35	0.40	0.20	0.30	0.35	Ⅱ
181		潍坊市	44.1	0.30	0.40	0.45	0.25	0.35	0.40	Ⅱ
182		莱阳市	30.5	0.30	0.40	0.45	0.15	0.25	0.30	Ⅱ
183		青岛市	76.0	0.45	0.60	0.70	0.15	0.20	0.25	Ⅱ
184		海阳	65.2	0.40	0.55	0.60	0.10	0.15	0.15	Ⅱ
185		荣成市石岛	33.7	0.40	0.55	0.65	0.10	0.15	0.15	Ⅱ
186		菏泽市	49.7	0.25	0.40	0.45	0.20	0.30	0.35	Ⅱ
187		兖州	51.7	0.25	0.40	0.45	0.25	0.35	0.45	Ⅱ
188		莒县	107.4	0.25	0.35	0.40	0.20	0.35	0.40	Ⅱ
189		临沂	87.9	0.30	0.40	0.45	0.25	0.40	0.45	Ⅱ
190		日照市	16.1	0.30	0.40	0.45				
191	江苏	南京市	8.9	0.25	0.40	0.45	0.40	0.65	0.75	Ⅱ
192		徐州市	41.0	0.25	0.35	0.40	0.25	0.35	0.40	Ⅱ
193		赣榆	2.1	0.30	0.45	0.50	0.25	0.35	0.40	Ⅱ
194		盱眙	34.5	0.25	0.35	0.40	0.20	0.30	0.35	Ⅱ
195		淮阴市	17.5	0.25	0.40	0.45	0.25	0.40	0.45	Ⅱ
196		射阳	2.0	0.30	0.40	0.45	0.15	0.20	0.25	Ⅲ
197		镇江	26.5	0.30	0.40	0.45	0.25	0.35	0.40	Ⅲ
198		无锡	6.7	0.30	0.45	0.50	0.30	0.40	0.45	Ⅲ
199		泰州	6.6	0.25	0.40	0.45	0.25	0.35	0.40	Ⅲ
200		连云港	3.7	0.35	0.55	0.65	0.25	0.40	0.45	Ⅱ
201		盐城	3.6	0.25	0.45	0.55	0.20	0.35	0.40	Ⅲ
202		高邮	5.4	0.25	0.40	0.45	0.20	0.35	0.40	Ⅲ
203		东台市	4.3	0.30	0.40	0.45	0.20	0.30	0.35	Ⅲ
204		南通市	5.3	0.30	0.45	0.50	0.15	0.25	0.30	Ⅲ
205		启东县吕泗	5.5	0.35	0.50	0.55	0.10	0.20	0.25	Ⅲ
206		常州市	4.9	0.25	0.40	0.45	0.20	0.35	0.40	Ⅲ
207		溧阳	7.2	0.25	0.40	0.45	0.30	0.50	0.55	Ⅲ
208		吴县东山	17.5	0.30	0.45	0.50	0.25	0.40	0.45	Ⅲ
209	浙江	杭州市	41.7	0.30	0.45	0.50	0.30	0.45	0.50	Ⅲ
210		临安县天目山	1505.9	0.55	0.75	0.85	1.00	1.60	1.85	Ⅱ

续表 4-15

序号	省市名	城市名	海拔高度/m	风压/(kN/m²)			雪压/(kN/m²)			雪荷载准永久值系数分区
				$n=10$	$n=50$	$n=100$	$n=10$	$n=50$	$n=100$	
211	浙江	平湖县乍浦	5.4	0.35	0.45	0.50	0.25	0.35	0.40	Ⅲ
212		慈溪市	7.1	0.30	0.45	0.50	0.25	0.35	0.40	Ⅲ
213		嵊泗	79.6	0.85	1.30	1.55				
214		嵊泗县嵊山	124.6	1.00	1.65	1.95				
215		舟山市	35.7	0.50	0.85	1.00	0.30	0.50	0.60	Ⅲ
216		金华市	62.6	0.25	0.35	0.40	0.35	0.55	0.65	Ⅲ
217		嵊县	104.3	0.25	0.40	0.50	0.35	0.55	0.65	Ⅲ
218		宁波市	4.2	0.30	0.50	0.60	0.20	0.30	0.35	Ⅲ
219		象山县石浦	128.4	0.75	1.20	1.45	0.20	0.30	0.35	Ⅲ
220		衢州市	66.9	0.25	0.35	0.40	0.30	0.50	0.60	Ⅲ
221		丽水市	60.8	0.20	0.30	0.35	0.30	0.45	0.50	Ⅲ
222		龙泉	198.4	0.20	0.30	0.35	0.35	0.55	0.65	Ⅲ
223		临海市括苍山	1383.1	0.60	0.90	1.05	0.45	0.65	0.75	Ⅲ
224		温州市	6.0	0.35	0.60	0.70	0.25	0.35	0.40	Ⅲ
225		椒江市洪家	1.3	0.35	0.55	0.65	0.20	0.30	0.35	Ⅲ
226		椒江市下大陈	86.2	0.95	1.45	1.75	0.25	0.35	0.40	Ⅲ
227		玉环县坎门	95.9	0.70	1.20	1.45	0.20	0.35	0.40	Ⅲ
228		瑞安市北麂	42.3	1.00	1.80	2.20				
229	安徽	合肥市	27.9	0.25	0.35	0.40	0.40	0.60	0.70	Ⅱ
230		砀山	43.2	0.25	0.35	0.40	0.25	0.40	0.45	Ⅱ
231		亳州市	37.7	0.25	0.45	0.55	0.25	0.40	0.45	Ⅱ
232		宿县	25.9	0.25	0.40	0.50	0.25	0.40	0.45	Ⅱ
233		寿县	22.7	0.25	0.35	0.40	0.30	0.50	0.55	Ⅱ
234		蚌埠市	18.7	0.25	0.35	0.40	0.30	0.45	0.55	Ⅱ
235		滁县	25.3	0.25	0.35	0.40	0.30	0.50	0.60	Ⅱ
236		六安市	60.5	0.20	0.35	0.40	0.35	0.55	0.60	Ⅱ
237		霍山	68.1	0.20	0.35	0.40	0.45	0.65	0.75	Ⅱ
238		巢县	22.4	0.25	0.35	0.40	0.30	0.45	0.50	Ⅱ
239		安庆市	19.8	0.25	0.40	0.45	0.20	0.35	0.40	Ⅲ
240		宁国	89.4	0.25	0.35	0.40	0.30	0.50	0.55	Ⅲ
241		黄山	1840.4	0.50	0.70	0.80	0.35	0.45	0.50	Ⅲ
242		黄山市	142.7	0.25	0.35	0.40	0.30	0.45	0.50	Ⅲ
243		阜阳市	30.6				0.35	0.55	0.60	Ⅱ
244	江西	南昌市	46.7	0.30	0.45	0.55	0.30	0.45	0.50	Ⅲ
245		修水	146.8	0.20	0.30	0.35	0.25	0.40	0.50	Ⅲ

续表 4-15

序号	省市名	城市名	海拔高度/m	风压/(kN/m²)			雪压/(kN/m²)			雪荷载准永久值系数分区
				n=10	n=50	n=100	n=10	n=50	n=100	
246	江西	宜春市	131.3	0.20	0.30	0.35	0.25	0.40	0.45	Ⅲ
247		占安	76.4	0.25	0.30	0.35	0.25	0.35	0.45	Ⅲ
248		宁冈	263.1	0.20	0.30	0.35	0.30	0.45	0.50	Ⅲ
249		遂川	126.1	0.20	0.30	0.35	0.30	0.45	0.55	Ⅲ
250		赣州市	123.8	0.20	0.30	0.35	0.20	0.35	0.40	Ⅲ
251		九江	36.1	0.25	0.35	0.40	0.30	0.40	0.45	Ⅲ
252		庐山	1164.5	0.40	0.55	0.60	0.60	0.95	1.05	Ⅲ
253		波阳	40.1	0.25	0.40	0.45	0.35	0.60	0.70	Ⅲ
254		景德镇市	61.5	0.25	0.35	0.40	0.25	0.35	0.40	Ⅲ
255		樟树市	30.4	0.20	0.30	0.35	0.25	0.40	0.45	Ⅲ
256		贵溪	51.2	0.20	0.30	0.35	0.35	0.50	0.60	Ⅲ
257		玉山	116.3	0.20	0.30	0.35	0.35	0.55	0.65	Ⅲ
258		南城	80.8	0.25	0.30	0.35	0.20	0.35	0.40	Ⅲ
259		广昌	143.8	0.20	0.30	0.35	0.30	0.45	0.50	Ⅲ
260		寻乌	303.9	0.25	0.30	0.35				
261	福建	福州市	83.8	0.40	0.70	0.85				
262		邵武市	191.5	0.20	0.30	0.35	0.25	0.35	0.40	Ⅲ
263		铅山县七仙山	1401.9	0.55	0.70	0.80	0.40	0.60	0.70	Ⅲ
264		浦城	276.9	0.20	0.30	0.35	0.35	0.55	0.65	Ⅲ
265		建阳	196.9	0.25	0.35	0.40	0.35	0.50	0.55	Ⅲ
266		建瓯	154.9	0.25	0.35	0.40	0.25	0.35	0.40	Ⅲ
267		福鼎	36.2	0.35	0.70	0.90				
268		泰宁	342.9	0.20	0.30	0.35	0.30	0.50	0.60	Ⅲ
269		南平市	125.6	0.20	0.35	0.45				
270		福鼎县台山	106.6	0.75	1.00	1.10				
271		长汀	310.0	0.20	0.35	0.40	0.15	0.25	0.30	Ⅲ
272		上杭	197.9	0.25	0.30	0.35				
273		永安市	206.0	0.25	0.40	0.45				
274		龙岩市	342.3	0.20	0.35	0.45				
275		德化县九仙山	1653.5	0.60	0.80	0.90	0.25	0.40	0.50	Ⅲ
276		屏南	896.5	0.20	0.30	0.35	0.25	0.45	0.50	Ⅲ
277		平潭	32.4	0.75	1.30	1.60				
278		崇武	21.8	0.55	0.85	1.05				
279		厦门市	139.4	0.50	0.80	0.95				
280		东山	53.3	0.80	1.25	1.45				

续表 4-15

序号	省市名	城市名	海拔高度/m	风压/(kN/m²)			雪压/(kN/m²)			雪荷载准永久值系数分区
				$n=10$	$n=50$	$n=100$	$n=10$	$n=50$	$n=100$	
281	陕西	西安市	397.5	0.25	0.35	0.40	0.20	0.25	0.30	Ⅱ
282		榆林市	1057.5	0.25	0.40	0.45	0.20	0.25	0.30	Ⅱ
283		吴旗	1272.6	0.25	0.40	0.50	0.15	0.20	0.20	Ⅱ
284		横山	1111.0	0.30	0.40	0.45	0.15	0.25	0.30	Ⅱ
285		绥德	929.7	0.30	0.40	0.45	0.20	0.35	0.40	Ⅱ
286		延安市	957.8	0.25	0.35	0.40	0.15	0.25	0.30	Ⅱ
287		长武	1206.5	0.20	0.30	0.35	0.20	0.30	0.35	Ⅱ
288		洛川	1158.3	0.25	0.35	0.40	0.25	0.35	0.40	Ⅱ
289		铜川市	978.9	0.20	0.35	0.40	0.15	0.20	0.25	Ⅱ
290		宝鸡市	612.4	0.20	0.35	0.40	0.15	0.20	0.25	Ⅱ
291		武功	447.8	0.20	0.35	0.40	0.20	0.25	0.30	Ⅱ
292		华阴县华山	2064.9	0.40	0.50	0.55	0.50	0.70	0.75	Ⅱ
293		略阳	794.2	0.25	0.35	0.40	0.10	0.15	0.15	Ⅲ
294		汉中市	508.4	0.20	0.30	0.35	0.15	0.20	0.25	Ⅲ
295		佛坪	1087.7	0.25	0.35	0.45	0.15	0.25	0.30	Ⅲ
296		商州市	742.2	0.25	0.30	0.35	0.20	0.30	0.35	Ⅱ
297		镇安	693.7	0.20	0.35	0.40	0.20	0.30	0.35	Ⅲ
298		石泉	484.9	0.20	0.30	0.35	0.20	0.30	0.35	Ⅲ
299		安康市	290.8	0.30	0.45	0.50	0.10	0.15	0.20	Ⅲ
300	甘肃	兰州市	1517.2	0.20	0.30	0.35	0.10	0.15	0.20	Ⅱ
301		吉诃德	966.5	0.45	0.55	0.60				
302		安西	1170.8	0.40	0.55	0.60	0.10	0.20	0.25	Ⅱ
303		酒泉市	1477.2	0.40	0.55	0.60	0.20	0.30	0.35	Ⅱ
304		张掖市	1482.7	0.30	0.50	0.60	0.05	0.10	0.15	Ⅱ
305		武威市	1530.9	0.35	0.55	0.65	0.15	0.20	0.25	Ⅱ
306		民勤	1367.0	0.40	0.50	0.55	0.05	0.10	0.10	Ⅱ
307		乌鞘岭	3045.1	0.35	0.40	0.45	0.35	0.55	0.60	Ⅱ
308		景泰	1630.5	0.25	0.40	0.45	0.10	0.15	0.20	Ⅱ
309		靖远	1398.2	0.20	0.30	0.35	0.15	0.20	0.25	Ⅱ
310		临夏市	1917.0	0.20	0.30	0.35	0.15	0.25	0.30	Ⅱ
311		临洮	1886.6	0.20	0.30	0.35	0.30	0.50	0.55	Ⅱ
312		华家岭	2450.6	0.30	0.40	0.45	0.25	0.40	0.45	Ⅱ
313		环县	1255.6	0.20	0.30	0.35	0.15	0.25	0.30	Ⅱ
314		平凉市	1346.6	0.25	0.30	0.35	0.15	0.25	0.30	Ⅱ
315		西峰镇	1421.0	0.20	0.30	0.35	0.25	0.40	0.45	Ⅱ

续表 4-15

序号	省市名	城市名	海拔高度/m	风压/(kN/m²)			雪压/(kN/m²)			雪荷载准永久值系数分区
				n=10	n=50	n=100	n=10	n=50	n=100	
316	甘肃	玛曲	3471.4	0.25	0.30	0.35	0.15	0.20	0.25	Ⅱ
317		夏河县合作	2910.0	0.25	0.30	0.35	0.25	0.40	0.45	Ⅱ
318		武都	1079.1	0.25	0.35	0.40	0.05	0.10	0.15	Ⅲ
319		天水市	1141.7	0.20	0.35	0.40	0.15	0.20	0.25	Ⅱ
320		马宗山	1962.7				0.10	0.15	0.20	Ⅱ
321		敦煌	1139.0				0.10	0.15	0.20	Ⅱ
322		玉门市	1526.0				0.15	0.20	0.25	Ⅱ
323		金塔县鼎新	1177.4				0.05	0.10	0.15	Ⅱ
324		高台	1332.2				0.10	0.15	0.20	Ⅱ
325		山丹	1764.6				0.15	0.20	0.25	Ⅱ
326		永昌	1976.1				0.10	0.15	0.20	Ⅱ
327		榆中	1874.1				0.15	0.20	0.25	Ⅱ
328		会宁	2012.2				0.20	0.30	0.35	Ⅱ
329		岷县	2315.0				0.10	0.15	0.20	Ⅱ
330	宁夏	银川市	1111.4	0.40	0.65	0.75	0.15	0.20	0.25	Ⅱ
331		惠农	1091.0	0.45	0.65	0.70	0.05	0.10	0.10	Ⅱ
332		陶乐	1101.6				0.05	0.10	0.10	Ⅱ
333		中卫	1225.7	0.30	0.45	0.50	0.05	0.10	0.15	Ⅱ
334		中宁	1183.3	0.30	0.35	0.40	0.10	0.15	0.20	Ⅱ
335		盐池	1347.8	0.30	0.40	0.45	0.20	0.30	0.35	Ⅱ
336		海源	1854.2	0.25	0.35	0.40	0.25	0.40	0.45	Ⅱ
337		同心	1343.9	0.20	0.30	0.35	0.10	0.10	0.15	Ⅱ
338		固原	1753.0	0.25	0.35	0.40	0.30	0.40	0.45	Ⅱ
339		西吉	1916.5	0.20	0.30	0.35	0.15	0.20	0.20	Ⅱ
340	青海	西宁市	2261.2	0.25	0.35	0.40	0.15	0.20	0.25	Ⅱ
341		茫崖	3138.5	0.30	0.40	0.45	0.05	0.10	0.10	Ⅱ
342		冷湖	2733.0	0.40	0.55	0.60	0.05	0.10	0.10	Ⅱ
343		祁连县托勒	3367.0	0.30	0.40	0.45	0.20	0.25	0.30	Ⅱ
344		祁连县野牛沟	3180.0	0.30	0.40	0.45	0.15	0.20	0.20	Ⅱ
345		祁连	2787.4	0.30	0.35	0.40	0.10	0.15	0.15	Ⅱ
346		格尔木市小灶火	2767.0	0.30	0.40	0.45	0.05	0.10	0.10	Ⅱ
347		大柴旦	3173.2	0.30	0.40	0.45	0.10	0.15	0.15	Ⅱ
348		德令哈市	2981.5	0.25	0.35	0.40	0.10	0.15	0.20	Ⅱ
349		刚察	3301.5	0.25	0.35	0.40	0.20	0.25	0.30	Ⅱ
350		门源	2850.0	0.25	0.35	0.40	0.20	0.30	0.30	Ⅱ

续表 4-15

序号	省市名	城市名	海拔高度/m	风压/(kN/m²)			雪压/(kN/m²)			雪荷载准永久值系数分区
				$n=10$	$n=50$	$n=100$	$n=10$	$n=50$	$n=100$	
351	青海	格尔木市	2807.6	0.30	0.40	0.45	0.10	0.20	0.25	Ⅱ
352		都兰县诺木洪	2790.4	0.35	0.50	0.60	0.05	0.10	0.10	Ⅱ
353		都兰	3191.1	0.30	0.45	0.55	0.20	0.25	0.30	Ⅱ
354		乌兰县茶卡	3087.6	0.25	0.35	0.40	0.15	0.20	0.25	Ⅱ
355		共和县恰卜恰	2835.0	0.25	0.35	0.40	0.10	0.15	0.20	Ⅱ
356		贵德	2237.1	0.25	0.30	0.35	0.05	0.10	0.10	Ⅱ
357		民和	1813.9	0.20	0.30	0.35	0.10	0.10	0.15	Ⅱ
358		唐古拉山五道梁	4612.2	0.35	0.45	0.50	0.20	0.25	0.30	Ⅰ
359		兴海	3323.2	0.25	0.35	0.40	0.15	0.20	0.20	Ⅱ
360		同德	3289.4	0.25	0.35	0.40	0.20	0.30	0.35	Ⅱ
361		泽库	3662.8	0.25	0.30	0.35	0.30	0.40	0.45	Ⅱ
362		格尔木市托托河	4533.1	0.40	0.50	0.55	0.25	0.35	0.40	Ⅰ
363		治多	4179.0	0.25	0.30	0.35	0.15	0.20	0.25	Ⅰ
364		杂多	4066.4	0.25	0.35	0.40	0.20	0.25	0.30	Ⅱ
365		曲麻莱	4231.2	0.25	0.35	0.40	0.15	0.25	0.30	Ⅰ
366		玉树	3681.2	0.20	0.30	0.35	0.15	0.20	0.25	Ⅱ
367		玛多	4272.3	0.30	0.40	0.45	0.25	0.35	0.40	Ⅰ
368		称多县清水河	4415.4	0.25	0.30	0.35	0.25	0.30	0.35	Ⅰ
369		玛沁县仁峡姆	4211.1	0.30	0.35	0.40	0.20	0.30	0.35	Ⅰ
370		达日县吉迈	3967.5	0.25	0.35	0.40	0.20	0.25	0.30	Ⅰ
371		河南	3500.0	0.25	0.40	0.45	0.20	0.25	0.30	Ⅱ
372		久治	3628.5	0.20	0.30	0.35	0.20	0.25	0.30	Ⅱ
373		昂欠	3643.7	0.25	0.30	0.35	0.10	0.20	0.25	Ⅱ
374		班玛	3750.0	0.20	0.30	0.35	0.15	0.20	0.25	Ⅱ
375	新疆	乌鲁木齐市	917.9	0.40	0.60	0.70	0.65	0.90	1.00	Ⅰ
376		阿勒泰市	735.3	0.40	0.70	0.85	1.20	1.65	1.85	Ⅰ
377		博乐市阿拉山口	284.8	0.95	1.35	1.55	0.20	0.25	0.25	Ⅰ
378		克拉玛依市	427.3	0.65	0.90	1.00	0.20	0.30	0.35	Ⅰ
379		伊宁市	662.5	0.40	0.60	0.70	1.00	1.40	1.55	Ⅰ
380		昭苏	1851.0	0.25	0.40	0.45	0.65	0.85	0.95	Ⅰ
381		达坂城	1103.5	0.55	0.80	0.90	0.15	0.20	0.20	Ⅰ
382		巴音布鲁克	2458.0	0.25	0.35	0.40	0.55	0.75	0.85	Ⅰ
383		吐鲁番市	34.5	0.50	0.85	1.00	0.15	0.20	0.25	Ⅱ
384		阿克苏市	1103.8	0.30	0.45	0.50	0.15	0.25	0.30	Ⅱ
385		库车	1099.0	0.35	0.50	0.60	0.15	0.20	0.30	Ⅱ

续表 4-15

序号	省市名	城市名	海拔高度/m	风压/(kN/m²)			雪压/(kN/m²)			雪荷载准永久值系数分区
				n=10	n=50	n=100	n=10	n=50	n=100	
386	新疆	库尔勒市	931.5	0.30	0.45	0.50	0.15	0.25	0.30	Ⅱ
387		乌恰	2175.7	0.25	0.35	0.40	0.35	0.50	0.60	Ⅱ
388		喀什市	1288.7	0.35	0.55	0.65	0.30	0.45	0.50	Ⅱ
389		阿合奇	1984.9	0.25	0.35	0.40	0.25	0.35	0.40	Ⅱ
390		皮山	1375.4	0.20	0.30	0.35	0.15	0.20	0.25	Ⅱ
391		和田	1374.6	0.25	0.40	0.45	0.10	0.20	0.25	Ⅱ
392		民丰	1409.3	0.20	0.30	0.35	0.10	0.15	0.15	Ⅱ
393		民丰县安的河	1262.8	0.20	0.30	0.35	0.05	0.05	0.05	Ⅱ
394		于田	1422.0	0.20	0.30	0.35	0.10	0.15	0.15	Ⅱ
395		哈密	737.2	0.40	0.60	0.70	0.15	0.25	0.30	Ⅱ
396		哈巴河	532.6				0.70	1.00	1.15	Ⅰ
397		吉木乃	984.1				0.85	1.15	1.35	Ⅰ
398		福海	500.9				0.30	0.45	0.50	Ⅰ
399		富蕴	807.5				0.95	1.35	1.50	Ⅰ
400		塔城	534.9				1.10	1.55	1.75	Ⅰ
401		和布克赛尔	1291.6				0.25	0.40	0.45	Ⅰ
402		青河	1218.2				0.90	1.30	1.45	Ⅰ
403		托里	1077.8				0.55	0.75	0.85	Ⅰ
404		北塔山	1653.7				0.55	0.65	0.70	Ⅰ
405		温泉	1354.6				0.35	0.45	0.50	Ⅰ
406		清河	320.1				0.20	0.30	0.35	Ⅰ
407		乌苏	478.7				0.40	0.55	0.60	Ⅰ
408		石河子	442.9				0.50	0.70	0.80	Ⅰ
409		蔡家湖	440.5				0.40	0.50	0.55	Ⅰ
410		奇台	793.5				0.55	0.75	0.85	Ⅰ
411		巴仑台	1752.5				0.20	0.30	0.35	Ⅱ
412		七角井	873.2				0.05	0.10	0.15	Ⅱ
413		库米什	922.4				0.05	0.10	0.10	Ⅱ
414		焉耆	1055.8				0.15	0.20	0.25	Ⅱ
415		拜城	1229.2				0.20	0.30	0.35	Ⅱ
416		轮台	976.1				0.15	0.20	0.30	Ⅱ
417		吐尔格特	3504.4				0.40	0.55	0.65	Ⅱ
418		巴楚	1116.5				0.10	0.15	0.20	Ⅱ
419		柯坪	1161.8				0.05	0.10	0.15	Ⅱ
420		阿拉尔	1012.2				0.05	0.10	0.10	Ⅱ

续表 4-15

序号	省市名	城市名	海拔高度/m	风压/(kN/m²)			雪压/(kN/m²)			雪荷载准永久值系数分区
				n=10	n=50	n=100	n=10	n=50	n=100	
421	新疆	铁干里克	846.0				0.10	0.15	0.15	Ⅱ
422		若羌	888.3				0.10	0.15	0.20	Ⅱ
423		塔吉克	3090.9				0.15	0.25	0.30	Ⅱ
424		莎车	1231.2				0.15	0.20	0.25	Ⅱ
425		且末	1247.5				0.10	0.15	0.20	Ⅱ
426		红柳河	1700.0				0.10	0.15	0.15	Ⅱ
427	河南	郑州市	110.4	0.30	0.45	0.50	0.25	0.40	0.45	Ⅱ
428		安阳市	75.5	0.25	0.45	0.55	0.25	0.40	0.45	Ⅱ
429		新乡市	72.7	0.30	0.40	0.45	0.20	0.30	0.35	Ⅱ
430		三峡市	410.1	0.25	0.40	0.45	0.15	0.20	0.25	Ⅱ
431		卢氏	568.8	0.20	0.30	0.35	0.20	0.30	0.35	Ⅱ
432		孟津	323.3	0.30	0.45	0.50	0.30	0.40	0.50	Ⅱ
433		洛阳市	137.1	0.25	0.40	0.45	0.25	0.35	0.40	Ⅱ
434		栾川	750.1	0.20	0.30	0.35	0.25	0.40	0.45	Ⅱ
435		许昌市	66.8	0.30	0.40	0.45	0.25	0.40	0.45	Ⅱ
436		开封市	72.5	0.30	0.45	0.50	0.20	0.30	0.35	Ⅱ
437		西峡	250.3	0.25	0.35	0.40	0.20	0.30	0.35	Ⅱ
438		南阳市	129.2	0.25	0.35	0.40	0.30	0.45	0.50	Ⅱ
439		宝丰	136.4	0.25	0.35	0.40	0.20	0.30	0.35	Ⅱ
440		西华	52.6	0.25	0.45	0.55	0.30	0.45	0.50	Ⅱ
441		驻马店市	82.7	0.25	0.40	0.45	0.30	0.45	0.50	Ⅱ
442		信阳市	114.5	0.25	0.35	0.40	0.35	0.55	0.65	Ⅱ
443		商丘市	50.1	0.20	0.35	0.45	0.30	0.45	0.50	Ⅱ
444		固始	57.1	0.20	0.35	0.40	0.35	0.50	0.60	Ⅱ
445	湖北	武汉市	23.3	0.25	0.35	0.40	0.30	0.50	0.60	Ⅱ
446		郧县	201.9	0.20	0.30	0.35	0.25	0.40	0.45	Ⅱ
447		房县	434.4	0.20	0.30	0.35	0.20	0.30	0.35	Ⅲ
448		老河口市	90.0	0.20	0.30	0.35	0.25	0.35	0.40	Ⅱ
449		枣阳市	125.5	0.25	0.40	0.45	0.25	0.40	0.45	Ⅱ
450		巴东	294.5	0.15	0.30	0.35	0.15	0.20	0.25	Ⅲ
451		钟祥	65.8	0.20	0.30	0.35	0.25	0.35	0.40	Ⅱ
452		麻城市	59.3	0.20	0.35	0.45	0.35	0.55	0.65	Ⅱ
453		恩施市	457.1	0.20	0.30	0.35	0.15	0.20	0.25	Ⅲ
454		巴东县绿葱坡	1819.3	0.30	0.35	0.40	0.55	0.75	0.85	Ⅲ
455		五峰县	908.4	0.20	0.30	0.35	0.25	0.35	0.40	Ⅲ

续表 4-15

序号	省市名	城市名	海拔高度/m	风压/(kN/m²)			雪压/(kN/m²)			雪荷载准永久值系数分区
				n=10	n=50	n=100	n=10	n=50	n=100	
456	湖北	宜昌市	133.1	0.20	0.30	0.35	0.20	0.30	0.35	Ⅲ
457		江陵县荆州	32.6	0.20	0.30	0.35	0.25	0.40	0.45	Ⅱ
458		天门市	34.1	0.20	0.30	0.35	0.25	0.35	0.45	Ⅱ
459		来凤	459.5	0.20	0.30	0.35	0.15	0.20	0.25	Ⅲ
460		嘉鱼	36.0	0.20	0.35	0.45	0.25	0.35	0.40	Ⅲ
461		英山	123.8	0.20	0.30	0.35	0.25	0.40	0.45	Ⅲ
462		黄石市	19.6	0.25	0.35	0.40	0.25	0.35	0.40	Ⅲ
463	湖南	长沙市	44.9	0.25	0.35	0.40	0.30	0.45	0.50	Ⅲ
464		桑植	322.2	0.20	0.30	0.35	0.25	0.35	0.40	Ⅲ
465		石门	116.9	0.25	0.30	0.35	0.25	0.35	0.40	Ⅲ
466		南县	36.0	0.25	0.40	0.50	0.30	0.45	0.50	Ⅲ
467		岳阳市	53.0	0.25	0.40	0.45	0.35	0.55	0.65	Ⅲ
468		吉首市	206.6	0.20	0.30	0.35	0.20	0.30	0.35	Ⅲ
469		沅陵	151.6	0.20	0.30	0.35	0.20	0.35	0.40	Ⅲ
470		常德市	35.0	0.25	0.40	0.50	0.30	0.50	0.60	Ⅱ
471		安化	128.3	0.20	0.30	0.35	0.30	0.45	0.50	Ⅱ
472		沅江市	36.0	0.25	0.40	0.45	0.35	0.55	0.65	Ⅲ
473		平江	106.3	0.20	0.30	0.35	0.25	0.40	0.45	Ⅲ
474		芷江	272.2	0.20	0.30	0.35	0.25	0.35	0.45	Ⅲ
475		雪峰山	1404.9				0.50	0.75	0.85	Ⅱ
476		邵阳市	248.6	0.20	0.30	0.35	0.20	0.30	0.35	Ⅲ
477		双峰	100.0	0.20	0.30	0.35	0.25	0.40	0.45	Ⅲ
478		南岳	1265.9	0.60	0.75	0.85	0.50	0.75	0.85	Ⅲ
479		通道	397.5	0.25	0.30	0.35	0.15	0.25	0.30	Ⅲ
480		武岗	341.0	0.20	0.30	0.35	0.20	0.30	0.35	Ⅲ
481		零陵	172.6	0.25	0.40	0.45	0.15	0.25	0.30	Ⅲ
482		衡阳市	103.2	0.25	0.40	0.45	0.20	0.35	0.40	Ⅲ
483		道县	192.2	0.25	0.35	0.40	0.15	0.20	0.25	Ⅲ
484		郴州市	184.9	0.20	0.30	0.35	0.20	0.30	0.35	Ⅲ
485	广东	广州市	6.6	0.30	0.50	0.60				
486		南雄	133.8	0.20	0.30	0.35				
487		连县	97.6	0.20	0.30	0.35				
488		韶关	69.3	0.20	0.35	0.45				
489		佛岗	67.8	0.20	0.30	0.35				
490		连平	214.5	0.20	0.30	0.35				

续表 4-15

序号	省市名	城市名	海拔高度/m	风压/(kN/m²)			雪压/(kN/m²)			雪荷载准永久值系数分区
				$n=10$	$n=50$	$n=100$	$n=10$	$n=50$	$n=100$	
491	广东	梅县	87.8	0.20	0.30	0.35				
492		广宁	56.8	0.20	0.30	0.35				
493		高要	7.1	0.30	0.50	0.60				
494		河源	40.6	0.20	0.30	0.35				
495		惠阳	22.4	0.35	0.55	0.60				
496		五华	120.9	0.20	0.30	0.35				
497		汕头市	1.1	0.50	0.80	0.95				
498		惠来	12.9	0.45	0.75	0.90				
499		南澳	7.2	0.50	0.80	0.95				
500		信宜	84.6	0.35	0.60	0.70				
501		罗定	53.3	0.20	0.30	0.35				
502		台山	32.7	0.35	0.55	0.65				
503		深圳市	18.2	0.45	0.75	0.90				
504		汕尾	4.6	0.50	0.85	1.00				
505		湛江市	25.3	0.50	0.80	0.95				
506		阳江	23.3	0.45	0.75	0.90				
507		电白	11.8	0.45	0.70	0.80				
508		台山县上川岛	21.5	0.75	1.05	1.20				
509		徐闻	67.9	0.45	0.75	0.90				
510	广西	南宁市	73.1	0.25	0.35	0.40				
511		桂林市	164.4	0.20	0.30	0.35				
512		柳州市	96.8	0.20	0.30	0.35				
513		蒙山	145.7	0.20	0.30	0.35				
514		贺山	108.8	0.20	0.30	0.35				
515		百色市	173.5	0.25	0.45	0.55				
516		靖西	739.4	0.20	0.30	0.35				
517		桂平	42.5	0.20	0.30	0.35				
518		梧州市	114.8	0.20	0.30	0.35				
519		龙州	128.8	0.20	0.30	0.35				
520		灵山	66.0	0.20	0.30	0.35				
521		玉林	81.8	0.20	0.30	0.35				
522		东兴	18.2	0.45	0.75	0.90				
523		北海市	15.3	0.45	0.75	0.90				
524		涠洲岛	55.2	0.70	1.00	1.15				
525	海南	海口市	14.1	0.45	0.75	0.90				
526		东方	8.4	0.55	0.85	1.00				

续表 4-15

序号	省市名	城市名	海拔高度/m	风压/(kN/m²)			雪压/(kN/m²)			雪荷载准永久值系数分区
				n=10	n=50	n=100	n=10	n=50	n=100	
527	海南	儋县	168.7	0.40	0.70	0.85				
528		琼中	250.9	0.30	0.45	0.55				
529		琼海	24.0	0.50	0.85	1.05				
530		三亚市	5.5	0.50	0.85	1.05				
531		陵水	13.9	0.50	0.85	1.05				
532		西沙岛	4.7	1.05	1.80	2.20				
533		珊瑚岛	4.0	0.70	1.10	1.30				
534	四川	成都市	506.1	0.20	0.30	0.35	0.10	0.10	0.15	Ⅲ
535		石渠	4200.0	0.25	0.30	0.35	0.35	0.50	0.60	Ⅱ
536		若尔盖	3439.6	0.25	0.30	0.35	0.30	0.40	0.45	Ⅱ
537		甘孜	3393.5	0.35	0.45	0.50	0.30	0.50	0.55	Ⅱ
538		都江堰市	706.7	0.20	0.30	0.35	0.15	0.25	0.30	Ⅲ
539		绵阳市	470.8	0.20	0.30	0.35				
540		雅安市	627.6	0.20	0.30	0.35	0.10	0.20	0.20	Ⅲ
541		资阳	357.0	0.20	0.30	0.35				
542		康定	2615.7	0.30	0.35	0.40	0.30	0.50	0.55	Ⅱ
543		汉源	795.9	0.20	0.30	0.35				
544		九龙	2987.3	0.20	0.30	0.35	0.15	0.20	0.20	Ⅲ
545		越西	1659.0	0.25	0.30	0.35	0.15	0.25	0.30	Ⅲ
546		昭觉	2132.4	0.25	0.30	0.35	0.25	0.35	0.40	Ⅲ
547		雷波	1474.9	0.20	0.30	0.40	0.20	0.30	0.35	Ⅲ
548		宜宾市	340.8	0.20	0.30	0.35				
549		盐源	2545.0	0.20	0.30	0.35	0.20	0.30	0.35	Ⅲ
550		西昌市	1590.9	0.20	0.30	0.35	0.20	0.30	0.35	Ⅲ
551		会理	1787.1	0.20	0.30	0.35				
552		万源	674.0	0.20	0.30	0.35	0.05	0.10	0.15	Ⅲ
553		阆中	382.6	0.20	0.30	0.35				
554		巴中	358.9	0.20	0.30	0.35				
555		达县市	310.4	0.20	0.35	0.45				
556		奉节	607.3	0.25	0.35	0.40	0.20	0.35	0.40	Ⅲ
557		遂宁市	278.2	0.20	0.30	0.35				
558		南充市	309.3	0.20	0.30	0.35				
559		梁平	454.6	0.20	0.30	0.35				
560		万县市	186.7	0.15	0.30	0.35				
561		内江市	347.1	0.25	0.40	0.50				

续表 4-15

序号	省市名	城市名	海拔高度/m	风压/(kN/m²)			雪压/(kN/m²)			雪荷载准永久值系数分区
				n=10	n=50	n=100	n=10	n=50	n=100	
562	四川	涪陵市	273.5	0.20	0.30	0.35				
563		泸州市	334.8	0.20	0.30	0.35				
564		叙永	377.5	0.20	0.30	0.35				
565		德格	3201.2				0.15	0.20	0.25	Ⅱ
566		色达	3893.9				0.30	0.40	0.45	Ⅱ
567		道孚	2957.2				0.15	0.20	0.25	Ⅱ
568		阿坝	3275.1				0.25	0.40	0.45	Ⅱ
569		马尔康	2664.4				0.15	0.25	0.30	Ⅱ
570		红原	3491.6				0.25	0.40	0.45	Ⅱ
571		小金	2369.2				0.10	0.15	0.15	Ⅱ
572		松潘	2850.7				0.20	0.30	0.35	Ⅱ
573		新龙	3000.0				0.10	0.15	0.15	Ⅱ
574		理塘	3948.9				0.35	0.50	0.60	Ⅱ
575		稻城	3727.7				0.20	0.30	0.30	Ⅲ
576		峨眉山	3047.4				0.40	0.55	0.60	Ⅱ
577		金佛山	1905.9				0.35	0.50	0.60	Ⅱ
578	贵州	贵阳市	1074.3	0.20	0.30	0.35	0.10	0.20	0.25	Ⅲ
579		威宁	2237.5	0.25	0.35	0.40	0.25	0.35	0.40	Ⅲ
580		盘县	1515.2	0.25	0.35	0.40	0.25	0.35	0.45	Ⅲ
581		桐梓	972.0	0.20	0.30	0.35	0.10	0.15	0.20	Ⅲ
582		习水	1180.2	0.20	0.30	0.35	0.15	0.20	0.25	Ⅲ
583		毕节	1510.6	0.20	0.30	0.35	0.15	0.25	0.30	Ⅲ
584		遵义市	843.9	0.20	0.30	0.35	0.10	0.15	0.20	Ⅲ
585		湄潭	791.8				0.15	0.20	0.25	Ⅲ
586		思南	416.3	0.20	0.30	0.35	0.10	0.20	0.25	Ⅲ
587		铜仁	279.7	0.20	0.30	0.35	0.20	0.30	0.35	Ⅲ
588		黔西	1251.8				0.15	0.20	0.25	Ⅲ
589		安顺市	1392.9	0.20	0.30	0.35	0.20	0.30	0.35	Ⅲ
590		凯里市	720.3	0.20	0.30	0.35	0.15	0.20	0.25	Ⅲ
591		三穗	610.5				0.20	0.30	0.35	Ⅲ
592		兴仁	1378.5	0.20	0.30	0.35	0.20	0.35	0.40	Ⅲ
593		罗甸	440.3	0.20	0.30	0.35				
594		独山	1013.3				0.20	0.30	0.35	Ⅲ
595		榕江	285.7				0.10	0.15	0.20	Ⅲ
596	云南	昆明市	1891.4	0.20	0.30	0.35	0.20	0.30	0.35	Ⅲ
597		德钦	3485.0	0.25	0.35	0.40	0.60	0.90	1.05	Ⅱ

续表 4-15

序号	省市名	城市名	海拔高度/m	风压/(kN/m²)			雪压/(kN/m²)			雪荷载准永久值系数分区
				n=10	n=50	n=100	n=10	n=50	n=100	
598	云南	贡山	1591.3	0.20	0.30	0.35	0.45	0.75	0.90	Ⅱ
599		中甸	3276.1	0.20	0.30	0.35	0.50	0.80	0.90	Ⅱ
600		维西	2325.6	0.20	0.30	0.35	0.45	0.65	0.75	Ⅲ
601		昭通市	1949.5	0.25	0.35	0.40	0.15	0.25	0.30	Ⅲ
602		丽江	2393.2	0.25	0.30	0.35	0.20	0.30	0.35	Ⅲ
603		华坪	1244.8	0.30	0.45	0.55				
604		会泽	2109.5	0.25	0.35	0.40	0.25	0.35	0.40	Ⅲ
605		腾冲	1654.6	0.20	0.30	0.35				
606		泸水	1804.9	0.20	0.30	0.35				
607		保山市	1653.5	0.20	0.30	0.35				
608		大理市	1990.5	0.45	0.65	0.75				
609		元谋	1120.2	0.25	0.35	0.40				
610		楚雄市	1772.0	0.20	0.35	0.40				
611		曲靖市沾益	1898.7	0.25	0.30	0.35	0.25	0.40	0.45	Ⅲ
612		瑞丽	776.6	0.20	0.30	0.35				
613		景东	1162.3	0.20	0.30	0.35				
614		玉溪	1636.7	0.20	0.30	0.35				
615		宜良	1532.1	0.25	0.45	0.55				
616		泸西	1704.3	0.25	0.30	0.35				
617		孟定	511.4	0.25	0.40	0.45				
618		临沧	1502.4	0.20	0.30	0.35				
619		澜沧	1054.8	0.20	0.30	0.35				
620		景洪	552.7	0.20	0.40	0.50				
621		思茅	1302.1	0.25	0.45	0.50				
622		元江	400.9	0.25	0.30	0.35				
623		勐腊	631.9	0.20	0.30	0.35				
624		江城	1119.5	0.20	0.40	0.50				
625		蒙自	1300.7	0.25	0.35	0.45				
626		屏边	1414.1	0.20	0.30	0.35				
627		文山	1271.6	0.20	0.30	0.35				
628		广南	1249.6	0.25	0.35	0.40				
629	西藏	拉萨市	3658.0	0.20	0.30	0.35	0.10	0.15	0.20	Ⅲ
630		班戈	4700.0	0.35	0.55	0.65	0.20	0.25	0.30	Ⅰ
631		安多	4800.0	0.45	0.75	0.90	0.25	0.40	0.45	Ⅰ
632		那曲	4507.0	0.30	0.45	0.50	0.30	0.40	0.45	Ⅰ

续表 4-15

序号	省市名	城市名	海拔高度/m	风压/(kN/m²)			雪压/(kN/m²)			雪荷载准永久值系数分区
				n=10	n=50	n=100	n=10	n=50	n=100	
633	西藏	日喀则市	3836.0	0.20	0.30	0.35	0.10	0.15	0.15	Ⅲ
634		乃东县泽当	3551.7	0.20	0.30	0.35	0.10	0.15	0.15	Ⅲ
635		隆子	3860.0	0.30	0.45	0.50	0.10	0.15	0.20	Ⅲ
636		索县	4022.8	0.30	0.40	0.50	0.20	0.25	0.30	Ⅰ
637		昌都	3306.0	0.20	0.30	0.35	0.15	0.20	0.20	Ⅱ
638		林芝	3000.0	0.25	0.35	0.45	0.10	0.15	0.15	Ⅲ
639		葛尔	4278.0				0.10	0.15	0.15	Ⅰ
640		改则	4414.9				0.20	0.30	0.35	Ⅰ
641		普兰	3900.0				0.50	0.70	0.80	Ⅰ
642		申扎	4672.0				0.15	0.20	0.20	Ⅰ
643		当雄	4200.0				0.30	0.45	0.50	Ⅱ
644		尼木	3809.4				0.15	0.20	0.25	Ⅲ
645		聂拉木	3810.0				2.00	3.30	3.75	Ⅰ
646		定日	4300.0				0.15	0.25	0.30	Ⅱ
647		江孜	4040.0				0.10	0.10	0.15	Ⅲ
648		措那	4280.0				0.60	0.90	1.00	Ⅲ
649		帕里	4300.0				0.95	1.50	1.75	Ⅱ
650		丁青	3873.1				0.25	0.35	0.40	Ⅱ
651		波密	2736.0				0.25	0.35	0.40	Ⅱ
652		察隅	2327.6				0.35	0.55	0.65	Ⅲ
653	台湾	台北	8.0	0.40	0.70	0.85				
654		新竹	8.0	0.50	0.80	0.95				
655		宜兰	9.0	1.10	1.85	2.30				
656		台中	78.0	0.50	0.80	0.90				
657		花莲	14.0	0.40	0.70	0.85				
658		嘉义	20.0	0.50	0.80	0.95				
659		马公	22.0	0.85	1.30	1.55				
660		台东	10.0	0.65	0.90	1.05				
661		冈山	10.0	0.55	0.80	0.95				
662		恒春	24.0	0.70	1.05	1.20				
663		阿里山	2406.0	0.25	0.35	0.40				
664		台南	14.0	0.60	0.85	1.00				
665	香港	香港	50.0	0.80	0.90	0.95				
666		横澜岛	55.0	0.95	1.25	1.40				
667	澳门		57.0	0.75	0.85	0.90				

4.3.2 风荷载体型系数及其他要求

风荷载体型系数及其他要求如表 4-16 所示。

风荷载体型系数及其他要求 **表 4-16**

序号	项　目	内　容
1	说明	(1) 风荷载体型系数 μ_s 在建筑物表面上分布很不均匀，风的作用力随建筑物的体型、尺度、表面位置、表面状况而改变，一般取决于建筑的平面外形、建筑的高宽比、风向与受力墙面所成的角度、建筑物的立面处理、周围建筑物密集程度及其高低等。通常，在迎风面上产生压力，侧风面和背风面产生风吸力 (2) 风荷载体型系数 μ_s 用来表示不同体型建筑物表面风力的大小。体型系数通常由建筑物的风压现场实测或由建筑物模型的风洞试验求得
2	风荷载体型系数	计算主体结构的风荷载效应时，风荷载体型系数 μ_s 可按下列规定采用： (1) 圆形平面建筑取 0.8 (2) 正多边形及截角三角形平面建筑，由下列公式计算： $$\mu_s=0.8+\frac{1.2}{\sqrt{n}} \quad (4\text{-}3)$$ 式中　n——多边形的边数 (3) 高宽比 H/B 不大于 4 的矩形、方形、十字形平面建筑取 1.3 (4) 下列建筑取 1.4： ① V 形、Y 形、弧形、双十字形、井字形平面建筑 ② L 形、槽形和高宽比 H/B 大于 4 的十字形平面建筑 ③ 高宽比 H/B 大于 4，长宽比 L/B 不大于 1.5 的矩形、鼓形平面建筑 (5) 在需要更细致进行风荷载计算的场合，风荷载体型系数可按本书表 4-17 采用，或由风洞试验确定
3	其他要求	(1) 当多栋或群集的高层建筑相互间距较近时，宜考虑风力相互干扰的群体效应。一般可将单栋建筑的体型系数 μ_s 乘以相互干扰增大系数，该系数可参考类似条件的试验资料确定；必要时宜通过风洞试验确定 (2) 横风向振动效应或扭转风振效应明显的高层建筑，应考虑横风向风振或扭转风振的影响。横风向风振或扭转风振的计算范围、方法以及顺风向与横风向效应的组合方法应符合现行国家标准《建筑结构荷载规范》GB 50009—2012 的有关规定 (3) 考虑横风向风振或扭转风振影响时，结构顺风向及横风向的侧向位移应分别符合本书表 2-75 序号 3 的规定 (4) 房屋高度大于 200m 或有下列情况之一时，宜进行风洞试验判断确定建筑物的风荷载： 1) 平面形状或立面形状复杂 2) 立面开洞或连体建筑 3) 周围地形和环境较复杂 (5) 檐口、雨篷、遮阳板、阳台等水平构件，计算局部上浮风荷载时，风荷载体型系数 μ_s 不宜小于 2.0 (6) 设计高层建筑的幕墙结构时，风荷载应按国家现行标准《建筑结构荷载规范》GB 50009—2012、《玻璃幕墙工程技术规范》JGJ102、《金属与石材幕墙工程技术规范》JGJ 133 的有关规定采用

风载体型系数 μ_s　　**表 4-17**

<table>
<tr><th>序号</th><th>名称</th><th>建筑体型及体型系数 μ_s</th></tr>
<tr><td>1</td><td>矩形平面</td><td>
<table>
<tr><td>μ_{s1}</td><td>μ_{s2}</td><td>μ_{s3}</td><td>μ_{s4}</td></tr>
<tr><td>0.80</td><td>$-\left(0.48+0.03\frac{H}{L}\right)$</td><td>−0.60</td><td>−0.60</td></tr>
</table>
注：H 为房屋高度。
</td></tr>
<tr><td>2</td><td>L 形平面</td><td>
<table>
<tr><td>α \ μ_s</td><td>μ_{s1}</td><td>μ_{s2}</td><td>μ_{s3}</td><td>μ_{s4}</td><td>μ_{s5}</td><td>μ_{s6}</td></tr>
<tr><td>0°</td><td>0.80</td><td>−0.70</td><td>−0.60</td><td>−0.50</td><td>−0.50</td><td>−0.60</td></tr>
<tr><td>45°</td><td>0.50</td><td>0.50</td><td>−0.80</td><td>−0.70</td><td>−0.70</td><td>−0.80</td></tr>
<tr><td>225°</td><td>−0.60</td><td>−0.60</td><td>0.30</td><td>0.90</td><td>0.90</td><td>0.30</td></tr>
</table>
</td></tr>
<tr><td>3</td><td>槽形平面</td><td></td></tr>
<tr><td>4</td><td>正多边形
平面、圆形平面</td><td>(1) $\mu_s=0.8+\frac{1.2}{\sqrt{n}}$（$n$ 为边数）；
(2) 当圆形高层建筑表面较粗糙时，$\mu_s=0.8$。</td></tr>
<tr><td>5</td><td>扇形平面</td><td></td></tr>
</table>

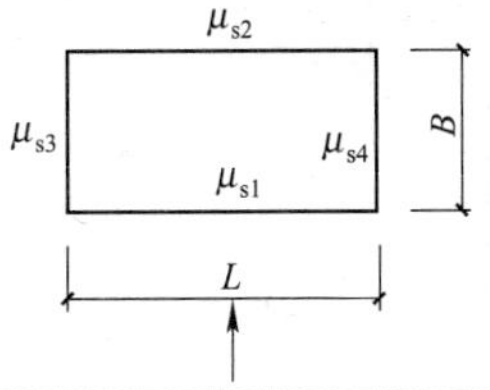

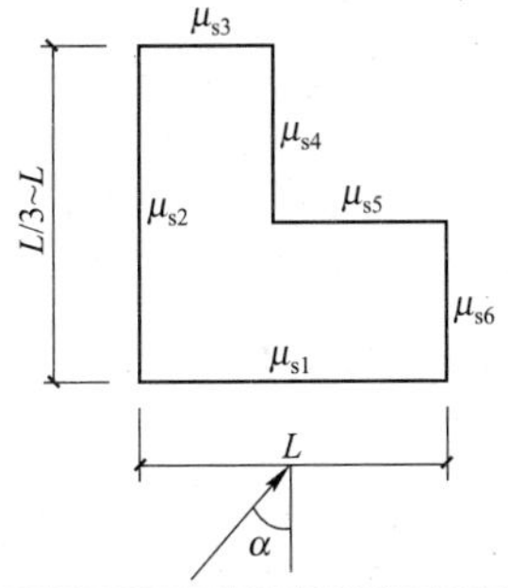

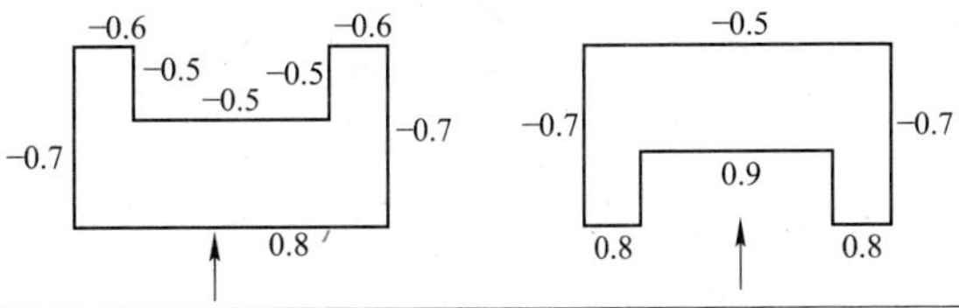

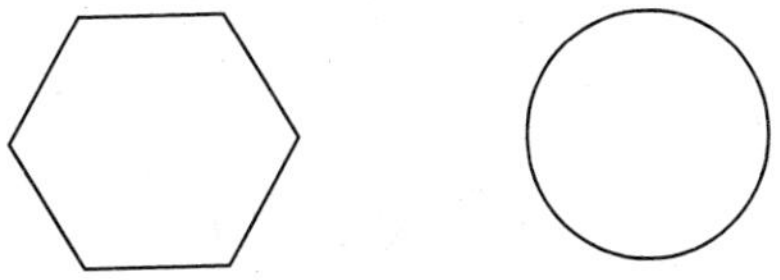

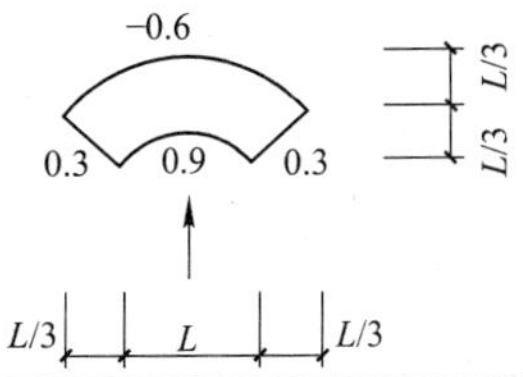

续表 4-17

序号	名称	建筑体型及体型系数 μ_s
6	梭形平面	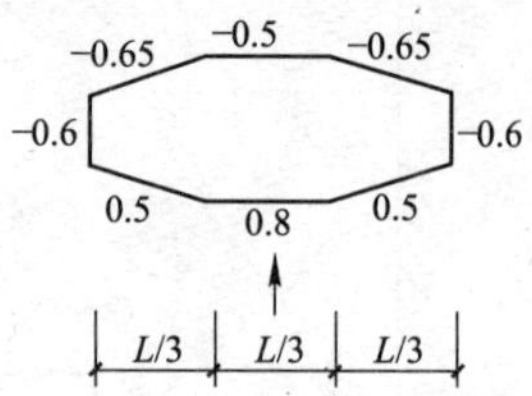
7	十字形平面	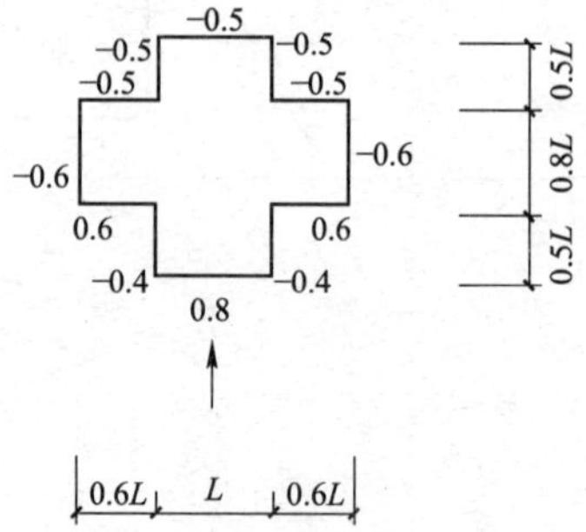
8	井字形平面	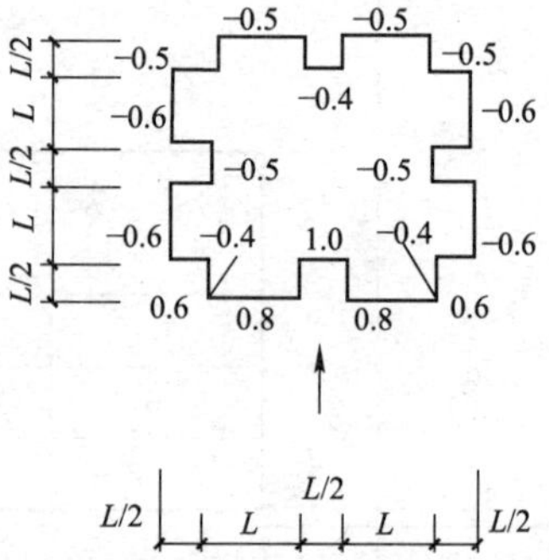
9	X形平面	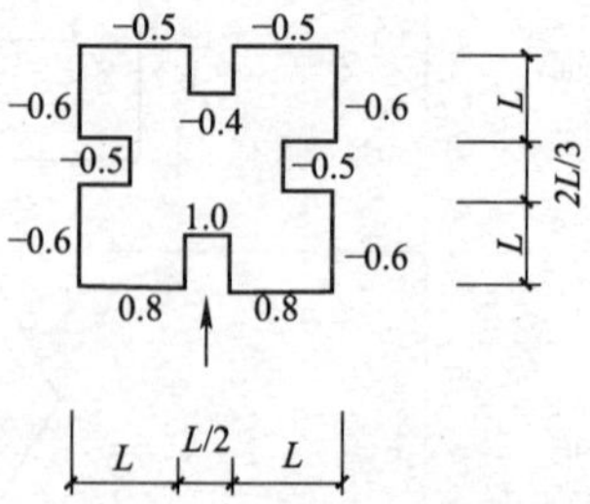
10	#形平面	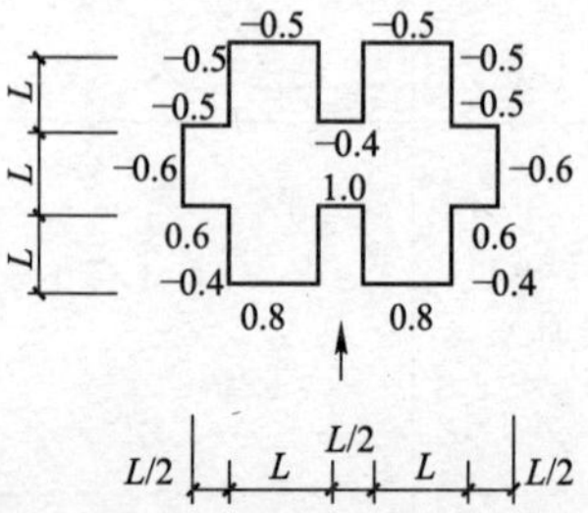

续表 4-17

序号	名称	建筑体型及体型系数 μ_s
11	六角形平面	

L　μ_{s4}　μ_{s3}　μ_{s5}　μ_{s6}　μ_{s2}　$L/2$　μ_{s1}　α

μ_s / α	μ_{s1}	μ_{s2}	μ_{s3}	μ_{s4}	μ_{s5}	μ_{s6}
0°	0.80	−0.45	−0.50	−0.60	−0.50	−0.45
30°	0.70	0.40	−0.55	−0.50	−0.55	−0.55

序号	名称	建筑体型及体型系数 μ_s
12	Y 形平面	

$0.8L$　μ_{S7}　μ_{S8}　μ_{S6}　L　L　μ_{S9}　μ_{S5}　μ_{S4}　μ_{S10}　μ_{S1}　μ_{S2}　μ_{S11}　μ_{S12}　μ_{S3}　α　$0.4L$

α / μ_s	0°	10°	20°	30°	40°	50°	60°
μ_{s1}	1.05	1.05	1.00	0.95	0.90	0.50	−0.15
μ_{s2}	1.00	0.95	0.90	0.85	0.80	0.40	−0.10
μ_{s3}	−0.70	−0.10	0.30	0.50	0.70	0.85	0.95
μ_{s4}	−0.50	−0.50	−0.55	−0.60	−0.75	−0.40	−0.10
μ_{s5}	−0.50	−0.55	−0.60	−0.65	−0.75	−0.45	−0.15
μ_{s6}	−0.55	−0.55	−0.60	−0.70	−0.65	−0.15	−0.35
μ_{s7}	−0.50	−0.50	−0.50	−0.55	−0.55	−0.55	−0.55
μ_{s8}	−0.55	−0.55	−0.55	−0.50	−0.50	−0.50	−0.50
μ_{s9}	−0.50	−0.50	−0.50	−0.50	−0.50	−0.50	−0.50
μ_{s10}	−0.50	−0.50	−0.50	−0.50	−0.50	−0.50	−0.50
μ_{s11}	−0.70	−0.60	−0.55	−0.55	−0.55	−0.55	−0.55
μ_{s12}	1.00	0.95	0.90	0.80	0.75	0.65	0.35

4.4 高层建筑地震作用

4.4.1 地震影响

地震影响如表 4-18 所示。

地 震 影 响 **表 4-18**

序号	项 目	内 容
1	说明	(1) 地球在不停地运动过程中，深部岩石的应变超过容许值时，岩层将发生断裂、错动和碰撞，从而引发地面振动，称之为地震或构造地震。此外，火山喷发和地面塌陷也将引起地面振动，但其影响较小，因此，通常所说的地震是指构造地震。强烈的构造地震影响面广，破坏性大，发生的频率高，约占破坏性地震总量的 90%以上 地震像刮风和下雨一样，是一种自然现象。地球上每年都有许许多多次地震发生，只不过它们之中绝大部分是人们难于感觉得到而已 地壳深处岩层发生断裂、错动和碰撞的地方称为震源。震源深度小于 60km 的称为浅源地震；震源深度为 60～300km 的称为中源地震；震源深度大于 300km 的称为深源地震。浅源地震造成的地面破坏比中源地震和深源地震大。我国发生的地震绝大多数属浅源地震 震源正上方的地面为震中。地面上某点至震中的距离称为震中距。一般地说，震中距愈远，所遭受的地震破坏愈小 (2) 震级是表示地震本身大小的尺度，是按一次地震本身强弱程度而定的等级。震级是衡量一次地震释放能量大小的等级，所以一次地震只有一个震级 衡量地震释放能量大小的等级，称为震级，用符号 M 表示 1935 年，里克特首先提出震级的确定方法，称为里氏震级。里氏震级的定义是：用周期为 0.8s、阻尼系数为 0.8 和放大倍数为 2800 的标准地震仪，在距震中为 100km 处记录的以微米(μm，1μm$=1\times10^{-3}$mm)为单位的最大水平地面位移(振幅)A 的常用对数值，表达式为 $$M=\lg A \quad (4\text{-}4)$$ $M<2$ 的地震称为微震或无感地震；$M=2\sim4$ 的地震称为有感地震；$M>5$ 的地震称为破坏性地震；$M>7$ 的地震称为强震或大地震；$M>8$ 的地震称为特大地震 目前，世界上已记录到的最大地震震级为 9 级 (3) 地震烈度是指地震时在一定地点震动的强烈程度。有关规定将地震烈度分为 12 度，震中的烈度称“震中烈度”。震级 M 与震中烈度 I_0的对应关系如表 4-19 所示 (4) 50 年内超越概率约为 63%的地震烈度为对应于统计“众值”的烈度，比基本烈度约低一度半，取为第一水准烈度，称为“多遇地震” 50 年超越概率约 10%的地震烈度，即 1990 中国地震区划图规定的“地震基本烈度”或中国地震动参数区划图规定的峰值加速度所对应的烈度，取为第二水准烈度，称为“设防地震” 50 年超越概率 2%～3%的地震烈度，取为第三水准烈度，称为“罕遇地震”，当基本烈度 6 度时为 7 度强，7 度时为 8 度强，8 度时为 9 度弱，9 度时为 9 度强
2	地震影响	(1) 建筑所在地区遭受的地震影响，应采用相应于抗震设防烈度的设计基本地震加速度和特征周期表征 (2) 抗震设防烈度和设计基本地震加速度取值的对应关系，应符合表 4-20 的规定。设计基本地震加速度为 0.15g 和 0.30g 地区内的建筑，除本书另有规定外，应分别按抗震设防烈度 7 度和 8 度的要求进行抗震设计 设计基本地震加速度取值为 50 年设计基准期超越概率 10%的地震加速度的设计取值 (3) 特征周期 1) 地震影响的特征周期应根据建筑所在地的设计地震分组和场地类别确定。本书的设计地震共分为三组(详见表 4-24)，其特征周期应按下述的有关规定采用

续表 4-18

序号	项　目	内　容
2	地震影响	2）建筑的场地类别，应根据土层等效剪切波速和场地覆盖层厚度按表 4-21 划分为四类，其中Ⅰ类分为$Ⅰ_0$、$Ⅰ_1$两个亚类。当有可靠的剪切波速和覆盖层厚度且其值处于表 4-21 所列场地类别的分界线附近时，应允许按插值方法确定地震作用计算所用的特征周期 3）建筑结构的地震影响系数应根据烈度、场地类别、设计地震分组和结构自振周期以及阻尼比确定。其水平地震影响系数最大值应按表 4-22 采用；特征周期应根据场地类别和设计地震分组按表 4-23 采用，计算罕遇地震作用时，特征周期应增加 0.05s 周期大于 6.0s 的建筑结构所采用的地震影响系数应专门研究

震级与震中烈度的对应关系　　表 4-19

震级 M	$4\frac{3}{4}\sim5\frac{1}{4}$	$5\frac{1}{2}\sim5\frac{3}{4}$	$6\sim6\frac{1}{2}$	$6\frac{3}{4}\sim7$	$7\frac{1}{4}\sim7\frac{3}{4}$	$8\sim8\frac{1}{8}$	$8\frac{1}{2}\sim8.9$
震中烈度 I_0	6	7	8	9	10	11	12

抗震设防烈度和设计基本地震加速度值的对应关系　　表 4-20

序号	抗震设防烈度	6	7	8	9
1	设计基本地震加速度值	0.05g	0.10(0.15)g	0.20(0.30)g	0.40g

注：g 为重力加速度。

各类建筑场地的覆盖层厚度(m)　　表 4-21

序号	岩石的剪切波速或土的等效剪切波速(m/s)	场地类别				
		$Ⅰ_0$	$Ⅰ_1$	Ⅱ	Ⅲ	Ⅳ
1	$\nu_S>800$	0				
2	$800\geqslant\nu_S>500$		0			
3	$500\geqslant\nu_{se}>250$		<5	≥5		
4	$250\geqslant\nu_{se}>150$		<3	3～50	>50	
5	$\nu_{se}\leqslant150$		<3	3～15	15～80	>80

注：表 ν_S 系岩石的剪切波速。

水平地震影响系数最大值　　表 4-22

序号	地震影响	6 度	7 度	8 度	9 度
1	多遇地震	0.04	0.08(0.12)	0.16(0.24)	0.32
2	罕遇地震	0.28	0.50(0.72)	0.90(1.2)	1.40

注：括号中数值分别用于设计基本地震加速度为 0.15g 和 0.30g 的地区。

特征周期值(s)　　表 4-23

序号	设计地震分组	场地类别				
		$Ⅰ_0$	$Ⅰ_1$	Ⅱ	Ⅲ	Ⅳ
1	第一组	0.20	0.25	0.35	0.45	0.65
2	第二组	0.25	0.30	0.40	0.55	0.75
3	第三组	0.30	0.35	0.45	0.65	0.90

4.4.2 我国主要城镇的设计地震分组

我国主要城镇(县级及县级以上城镇)中心地区的抗震设防烈度、设计基本地震加速度值和所属的设计地震分组，可按表4-24采用。

我国主要城镇抗震设防烈度、设计基本地震加速度和设计地震分组　　表4-24

序号	省、市	内　容
1	首都和直辖市	(1) 抗震设防烈度为8度，设计基本地震加速度值为0.20g： 第一组：北京(东城、西城、崇文、宣武、朝阳、丰台、石景山、海淀、房山、通州、顺义、大兴、平谷)，延庆，天津(汉沽)，宁河 (2) 抗震设防烈度为7度，设计基本地震加速度值为0.15g： 第二组：北京(昌平、门头沟、怀柔)，密云；天津(和平、河东、河西、南开、河北、红桥、塘沽、东丽、西青、津南、北辰、武清、宝坻)，蓟县，静海 (3) 抗震设防烈度为7度，设计基本地震加速度值为0.10g： 第一组：上海(黄浦、卢湾、徐汇、长宁、静安、普陀、闸北、虹口、杨浦、闵行、宝山、嘉定、浦东、松江、青浦、南汇、奉贤) 第二组：天津(大港) (4) 抗震设防烈度为6度，设计基本地震加速度值为0.05g： 第一组：上海(金山)，崇明；重庆(渝中、大渡口、江北、沙坪坝、九龙坡、南岸、北碚、万盛、双桥、渝北、巴南、万州、涪陵、黔江、长寿、江津、合川、永川、南川)，巫山，奉节，云阳，忠县，丰都，壁山，铜梁，大足，荣昌，綦江，石柱，巫溪* 注：1. 仅提供我国抗震设防区各县级及县级以上城镇的中心地区建筑工程抗震设计时所采用的抗震设防烈度、设计基本地震加速度值和所属的设计地震分组。下同。 2. 上标*指该城镇的中心位于本设防区和较低设防区的分界线。下同。 3. 一般把“设计地震第一、二、三组”简称为“第一组、第二组、第三组”。下同。
2	河北省	(1) 抗震设防烈度为8度，设计基本地震加速度值为0.20g： 第一组：唐山(路北、路南、古冶、开平、丰润、丰南)，三河，大厂，香河，怀来，涿鹿 第二组：廊坊(广阳、安次) (2) 抗震设防烈度为7度，设计基本地震加速度值为0.15g： 第一组：邯郸(丛台、邯山、复兴、峰峰矿区)，任丘，河间，大城，滦县，蔚县，磁县，宣化县，张家口(下花园、宣化区)，宁晋* 第二组：涿州，高碑店，涞水，固安，永清，文安，玉田，迁安，卢龙，滦南，唐海，乐亭，阳原，邯郸县，大名，临漳，成安 (3) 抗震设防烈度为7度，设计基本地震加速度值为0.10g： 第一组：张家口(桥西、桥东)，万全，怀安，安平，饶阳，晋州，深州，辛集，赵县，隆尧，任县，南和，新河，肃宁，柏乡 第二组：石家庄(长安、桥东、桥西、新华、裕华、井陉矿区)，保定(新市、北市、南市)，沧州(运河、新华)，邢台(桥东、桥西)，衡水，霸州，雄县，易县，沧县，张北，兴隆，迁西，抚宁，昌黎，青县，献县，广宗，平乡，鸡泽，曲周，肥乡，馆陶，广平，高邑，内丘，邢台县，武安，涉县，赤城，定兴，容城，徐水，安新，高阳，博野，蠡县，深泽，魏县，藁城，栾城，武强，冀州，巨鹿，沙河，临城，泊头，永年，崇礼，南宫* 第三组：秦皇岛(海港、北戴河)，清苑，遵化，安国，涞源，承德(鹰手营子*) (4) 抗震设防烈度为6度，设计基本地震加速度值为0.05g： 第一组：围场，沽源 第二组：正定，尚义，无极，平山，鹿泉，井陉县，元氏，南皮，吴桥，景县，东光 第三组：承德(双桥、双滦)，秦皇岛(山海关)，承德县，隆化，宽城，青龙，阜平，满城，顺平，唐县，望都，曲阳，定州，行唐，赞皇，黄骅，海兴，孟村，盐山，阜城，故城，清河，新乐，武邑，枣强，威县，丰宁，滦平，平泉，临西，灵寿，邱县

续表 4-24

序号	省、市	内 容
3	山西省	(1) 抗震设防烈度为8度，设计基本地震加速度值为0.20*g*： 第一组：太原(杏花岭、小店、迎泽、尖草坪、万柏林、晋源)，晋中，清徐，阳曲，忻州，定襄，原平，介休，灵石，汾西，代县，霍州，古县，洪洞，临汾，襄汾，浮山，永济； 第二组：祁县，平遥，太谷 (2) 抗震设防烈度为7度，设计基本地震加速度值为0.15*g*： 第一组：大同(城区、矿区、南郊)，大同县，怀仁，应县，繁峙，五台，广灵，灵丘，芮城，翼城 第二组：朔州(朔城区)，浑源，山阴，古交，交城，文水，汾阳，孝义，曲沃，侯马，新绛，稷山，绛县，河津，万荣，闻喜，临猗，夏县，运城，平陆，沁源*，宁武* (3) 抗震设防烈度为7度，设计基本地震加速度值为0.10*g*： 第一组：阳高，天镇 第二组：大同(新荣)，长治(城区、郊区)，阳泉(城区、矿区、郊区)，长治县，左云，右玉，神池，寿阳，昔阳，安泽，平定，和顺，乡宁，垣曲，黎城，潞城，壶关 第三组：平顺，榆社，武乡，娄烦，交口，隰县，蒲县，吉县，静乐，陵川，盂县，沁水，沁县，朔州(平鲁) (4) 抗震设防烈度为6度，设计基本地震加速度值为0.05*g*： 第三组：偏关，河曲，保德，兴县，临县，方山，柳林，五寨，岢岚，岚县，中阳，石楼，永和，大宁，晋城，吕梁，左权，襄垣，屯留，长子，高平，阳城，泽州
4	内蒙古自治区	(1) 抗震设防烈度为8度，设计基本地震加速度值为0.30*g*： 第一组：土墨特右旗，达拉特旗* (2) 抗震设防烈度为8度，设计基本地震加速度值为0.20*g*： 第一组：呼和浩特(新城、回民、玉泉、赛罕)，包头(昆都仑、东河、青山、九原)，乌海(海勃湾、海南、乌达)，土墨特左旗，杭锦后旗，磴口，宁城 第二组：包头(石拐)，托克托* (3) 抗震设防烈度为7度，设计基本地震加速度值为0.15*g*： 第一组：赤峰(红山*，元宝山区)，喀喇沁旗，巴彦淖尔(临河)，五原，乌拉特前旗，凉城 第二组：固阳，武川，和林格尔 第三组：阿拉善左旗 (4) 抗震设防烈度为7度，设计基本地震加速度值为0.10*g*： 第一组：赤峰(松山区)，察右前旗，开鲁，傲汉旗，扎兰屯，通辽* 第二组：清水河，乌兰察布，卓资，丰镇，乌拉特后旗，乌拉特中旗 第三组：鄂尔多斯，准格尔旗 (5) 抗震设防烈度为6度，设计基本地震加速度值为0.05*g*： 第一组：满洲里，新巴尔虎右旗，莫力达瓦旗，阿荣旗，扎赉特旗，翁牛特旗，商都，乌审旗，科左中旗，科左后旗，奈曼旗，库伦旗，苏尼特右旗 第二组：兴和，察右后旗 第三组：达尔罕茂明安联合旗，阿拉善右旗，鄂托克旗，鄂托克前旗，包头(白云矿区)，伊金霍洛旗，杭锦旗，四子王旗，察右中旗
5	辽宁省	(1) 抗震设防烈度为8度，设计基本地震加速度值为0.20*g*： 第一组：普兰店，东港 (2) 抗震设防烈度为7度，设计基本地震加速度值为0.15*g*： 第一组：营口(站前、西市、鲅鱼圈、老边)，丹东(振兴、元宝、振安)，海城，大石桥，瓦房店，盖州，大连(金州)

续表 4-24

序号	省、市	内　　容
5	辽宁省	(3) 抗震设防烈度为7度，设计基本地震加速度值为0.10g： 第一组：沈阳(沈河、和平、大东、皇姑、铁西、苏家屯、东陵、沈北、于洪)，鞍山(铁东、铁西、立山、千山)，朝阳(双塔、龙城)，辽阳(白塔、文圣、宏伟、弓长岭、太子河)，抚顺(新抚、东洲、望花)，铁岭(银州、清河)，盘锦(兴隆台、双台子)，盘山，朝阳县，辽阳县，铁岭县，北票，建平，开原，抚顺县*，灯塔，台安，辽中，大洼 第二组：大连(西岗、中山、沙河口、甘井子、旅顺)，岫岩，凌源 (4) 抗震设防烈度为6度，设计基本地震加速度值为0.05g： 第一组：本溪(平山、溪湖、明山、南芬)，阜新(细河、海州、新邱、太平、清河门)，葫芦岛(龙港、连山)，昌图，西丰，法库，彰武，调兵山，阜新县，康平，新民，黑山，北宁，义县，宽甸，庄河，长海，抚顺(顺城) 第二组：锦州(太和、古塔、凌河)，凌海，凤城，喀喇沁左翼 第三组：兴城，绥中，建昌，葫芦岛(南票)
6	吉林省	(1) 抗震设防烈度为8度，设计基本地震加速度值为0.20g：前郭尔罗斯，松原 (2) 抗震设防烈度为7度，设计基本地震加速度值为0.15g： 大安* (3) 抗震设防烈度为7度，设计基本地震加速度值为0.10g： 长春(南关、朝阳、宽城、二道、绿园、双阳)，吉林(船营、龙潭、昌邑、丰满)，白城，乾安，舒兰，九台，永吉* (4) 抗震设防烈度为6度，设计基本地震加速度值为0.05g： 四平(铁西、铁东)，辽源(龙山、西安)，镇赉，洮南，延吉，汪清，图们，珲春，龙井，和龙，安图，蛟河，桦甸，梨树，磐石，东丰，辉南，梅河口，东辽，榆树，靖宇，抚松，长岭，德惠，农安，伊通，公主岭，扶余，通榆* 注：全省县级及县级以上设防城镇，设计地震分组均为第一组
7	黑龙江省	(1) 抗震设防烈度为7度，设计基本地震加速度值为0.10g： 绥化，萝北，泰来 (2) 抗震设防烈度为6度，设计基本地震加速度值为0.05g： 哈尔滨(松北、道里、南岗、道外、香坊、平房、呼兰、阿城)，齐齐哈尔(建华、龙沙、铁锋、昂昂溪、富拉尔基、碾子山、梅里斯)，大庆(萨尔图、龙凤、让胡路、大同、红岗)，鹤岗(向阳、兴山、工农、南山、兴安、东山)，牡丹江(东安、爱民、阳明、西安)，鸡西(鸡冠、恒山、滴道、梨树、城子河、麻山)，佳木斯(前进、向阳、东风、郊区)，七台河(桃山、新兴、茄子河)，伊春(伊春区，乌马、友好)，鸡东，望奎，穆棱，绥芬河，东宁，宁安，五大连池，嘉荫，汤原，桦南，桦川，依兰，勃利，通河，方正，木兰，巴彦，延寿，尚志，宾县，安达，明水，绥棱，庆安，兰西，肇东，肇州，双城，五常，讷河，北安，甘南，富裕，龙江，黑河，肇源，青冈*，海林* 注：全省县级及县级以上设防城镇，设计地震分组均为第一组
8	江苏省	(1) 抗震设防烈度为8度，设计基本地震加速度值为0.30g： 第一组：宿迁(宿城、宿豫*) (2) 抗震设防烈度为8度，设计基本地震加速度值为0.20g： 第一组：新沂，邳州，睢宁 (3) 抗震设防烈度为7度，设计基本地震加速度值为0.15g： 第一组：扬州(维扬、广陵、邗江)，镇江(京口、润州)，泗洪，江都 第二组：东海，沭阳，大丰

续表 4-24

序号	省、市	内　容
8	江苏省	(4) 抗震设防烈度为 7 度，设计基本地震加速度值为 0.10g： 第一组：南京(玄武、白下、秦淮、建邺、鼓楼、下关、浦口、六合、栖霞、雨花台、江宁)，常州(新北、钟楼、天宁、戚墅堰、武进)，泰州(海陵、高港)，江浦，东台，海安，姜堰，如皋，扬中，仪征，兴化，高邮，六合，句容，丹阳，金坛，镇江(丹徒)，溧阳，溧水，昆山，太仓 第二组：徐州(云龙、鼓楼、九里、贾汪、泉山)，铜山，沛县，淮安(清河、青浦、淮阴)，盐城(亭湖、盐都)，泗阳，盱眙，射阳，赣榆，如东 第三组：连云港(新浦、连云、海州)，灌云 (5) 抗震设防烈度为 6 度，设计基本地震加速度值为 0.05g： 第一组：无锡(崇安、南长、北塘、滨湖、惠山)，苏州(金阊、沧浪、平江、虎丘、吴中、相成)，宜兴，常熟，吴江，泰兴，高淳 第二组：南通(崇川、港闸)，海门，启东，通州，张家港，靖江，江阴，无锡(锡山)，建湖，洪泽，丰县 第三组：响水，滨海，阜宁，宝应，金湖，灌南，涟水，楚州
9	浙江省	(1) 抗震设防烈度为 7 度，设计基本地震加速度值为 0.10g： 第一组：岱山，嵊泗，舟山(定海、普陀)，宁波(北仑、镇海) (2) 抗震设防烈度为 6 度，设计基本地震加速度值为 0.05g： 第一组：杭州(拱墅、上城、下城、江干、西湖、滨江、余杭、萧山)，宁波(海曙、江东、江北、鄞州)，湖州(吴兴、南浔)，嘉兴(南湖、秀洲)，温州(鹿城、龙湾、瓯海)，绍兴，绍兴县，长兴，安吉，临安，奉化，象山，德清，嘉善，平湖，海盐，桐乡，海宁，上虞，慈溪，余姚，富阳，平阳，苍南，乐清，永嘉，泰顺，景宁，云和，洞头 第二组：庆元，瑞安
10	安徽省	(1) 抗震设防烈度为 7 度，设计基本地震加速度值为 0.15g： 第一组：五河，泗县 (2) 抗震设防烈度为 7 度，设计基本地震加速度值为 0.10g： 第一组：合肥(蜀山、庐阳、瑶海、包河)，蚌埠(蚌山、龙子湖、禹会、淮山)，阜阳(颍州、颍东、颍泉)，淮南(田家庵、大通)，枞阳，怀远，长丰，六安(金安、裕安)，固镇，凤阳，明光，定远，肥东，肥西，舒城，庐江，桐城，霍山，涡阳，安庆(大观、迎江、宜秀)，铜陵县* 第二组：灵璧 (3) 抗震设防烈度为 6 度，设计基本地震加速度值为 0.05g： 第一组：铜陵(铜官山、狮子山、郊区)，淮南(谢家集、八公山、潘集)，芜湖(镜湖、戈江、三江、鸠江)，马鞍山(花山、雨山、金家庄)，芜湖县，界首，太和，临泉，阜南，利辛，凤台，寿县，颍上，霍邱，金寨，含山，和县，当涂，无为，繁昌，池州，岳西，潜山，太湖，怀宁，望江，东至，宿松，南陵，宣城，郎溪，广德，泾县，青阳，石台 第二组：滁州(琅琊、南谯)，来安，全椒，砀山，萧县，蒙城，亳州，巢湖，天长 第三组：濉溪，淮北，宿州
11	福建省	(1) 抗震设防烈度为 8 度，设计基本地震加速度值为 0.20g： 第二组：金门* (2) 抗震设防烈度为 7 度，设计基本地震加速度值为 0.15g： 第一组：漳州(芗城、龙文)，东山，诏安，龙海 第二组：厦门(思明、海沧、湖里、集美、同安、翔安)，晋江，石狮，长泰，漳浦 第三组：泉州(丰泽、鲤城、洛江、泉港)

续表 4-24

序号	省、市	内容
11	福建省	(3) 抗震设防烈度为7度，设计基本地震加速度值为0.10g： 第二组：福州(鼓楼、台江、仓山、晋安)，华安，南靖，平和，云宵 第三组：莆田(城厢、涵江、荔城、秀屿)，长乐，福清，平潭，惠安，南安，安溪，福州(马尾) (4) 抗震设防烈度为6度，设计基本地震加速度值为0.05g： 第一组：三明(梅列、三元)，屏南，霞浦，福鼎，福安，柘荣，寿宁，周宁，松溪，宁德，古田，罗源，沙县，尤溪，闽清，闽侯，南平，大田，漳平，龙岩，泰宁，宁化，长汀，武平，建宁，将乐，明溪，清流，连城，上杭，永安，建瓯 第二组：政和，永定 第三组：连江，永泰，德化，永春，仙游，马祖
12	江西省	(1) 抗震设防烈度为7度，设计基本地震加速度值为0.10g： 寻乌，会昌 (2) 抗震设防烈度为6度，设计基本地震加速度值为0.05g： 南昌(东湖、西湖、青云谱、湾里、青山湖)，南昌县，九江(浔阳、庐山)，九江县，进贤，余干，彭泽，湖口，星子，瑞昌，德安，都昌，武宁，修水，靖安，铜鼓，宜丰，宁都，石城，瑞金，安远，定南，龙南，全南，大余 注：全省县级及县级以上设防城镇，设计地震分组均为第一组
13	山东省	(1) 抗震设防烈度为8度，设计基本地震加速度值为0.20g： 第一组：郯城，临沭，莒南，莒县，沂水，安丘，阳谷，临沂(河东) (2) 抗震设防烈度为7度，设计基本地震加速度值为0.15g： 第一组：临沂(兰山、罗庄)，青州，临朐，菏泽，东明，聊城，莘县，鄄城 第二组：潍坊(奎文、潍城、寒亭、坊子)，苍山，沂南，昌邑，昌乐，诸城，五莲，长岛，蓬莱，龙口，枣庄(台儿庄)，淄博(临淄*)，寿光* (3) 抗震设防烈度为7度，设计基本地震加速度值为0.10g： 第一组：烟台(莱山、芝罘、牟平)，威海，文登，高唐，茌平，定陶，成武 第二组：烟台(福山)，枣庄(薛城、市中、峄城、山亭*)，淄博(张店、淄川、周村)，平原，东阿，平阴，梁山，郓城，巨野，曹县，广饶，博兴，高青，桓台，蒙阴，费县，微山，禹城，冠县，单县*，夏津*，莱芜(莱城*、钢城) 第三组：东营(东营、河口)，日照(东港、岚山)，沂源，招远，新泰，栖霞，莱州，平度，高密，垦利，淄博(博山)，滨州*，平邑* (4) 抗震设防烈度为6度，设计基本地震加速度值为0.05g： 第一组：荣成 第二组：德州，宁阳，曲阜，邹城，鱼台，乳山，兖州 第三组：济南(市中、历下、槐荫、天桥、历城、长清)，青岛(市南、市北、四方、黄岛、崂山、城阳、李沧)，泰安(泰山、岱岳)，济宁(市中、任城)，乐陵，庆云，无棣，阳信，宁津，沾化，利津，武城，惠民，商河，临邑，济阳，齐河，章丘，泗水，莱阳，海阳，金乡，滕州，莱西，即墨，胶南，胶州，东平，汶上，嘉祥，临清，肥城，陵县，邹平
14	河南省	(1) 抗震设防烈度为8度，设计基本地震加速度值为0.20g： 第一组：新乡(卫滨、红旗、凤泉、牧野)，新乡县，安阳(北关、文峰、殷都、龙安)，安阳县，淇县，卫辉，辉县，原阳，延津，获嘉，范县 第二组：鹤壁(淇滨、山城*、鹤山*)，汤阴 (2) 抗震设防烈度为7度，设计基本地震加速度值为0.15g： 第一组：台前，南乐，陕县，武陟 第二组：郑州(中原、二七、管城、金水、惠济)，濮阳，濮阳县，长桓，封丘，修武，内黄，浚县，滑县，清丰，灵宝，三门峡，焦作(马村*)，林州* (3) 抗震设防烈度为7度，设计基本地震加速度值为0.10g：

续表 4-24

序号	省、市	内　容
14	河南省	第一组：南阳(卧龙、宛城)，新密，长葛，许昌*，许昌县* 第二组：郑州(上街)，新郑，洛阳(西工、老城、瀍河、涧西、吉利、洛龙*)，焦作(解放、山阳、中站)，开封(鼓楼、龙亭、顺河、禹王台、金明)，开封县，民权，兰考，孟州，孟津，巩义，偃师，沁阳，博爱，济源，荥阳，温县，中牟，杞县* (4) 抗震设防烈度为6度，设计基本地震加速度值为0.05*g*： 第一组：信阳(浉河、平桥)，漯河(郾城、源汇、召陵)，平顶山(新华、卫东、湛河、石龙)，汝阳，禹州，宝丰，鄢陵，扶沟，太康，鹿邑，郸城，沈丘，项城，淮阳，周口，商水，上蔡，临颍，西华，西平，栾川，内乡，镇平，唐河，邓州，新野，社旗，平舆，新县，驻马店，泌阳，汝南，桐柏，淮滨，息县，正阳，遂平，光山，罗山，潢川，商城，固始，南召，叶县*，舞阳* 第二组：商丘(梁园、睢阳)，义马，新安，襄城，郏县，嵩县，宜阳，伊川，登封，柘城，尉氏，通许，虞城，夏邑，宁陵 第三组：汝州，睢县，永城，卢氏，洛宁，渑池
15	湖北省	(1) 抗震设防烈度为7度，设计基本地震加速度值为0.10*g*： 竹溪，竹山，房县 (2) 抗震设防烈度为6度，设计基本地震加速度值为0.05*g*： 武汉(江岸、江汉、硚口、汉阳、武昌、青山、洪山、东西湖、汉南、蔡甸、江夏、黄陂、新洲)，荆州(沙市、荆州)，荆门(东宝、掇刀)，襄樊(襄城、樊城、襄阳)，十堰(茅箭、张湾)，宜昌(西陵、伍家岗、点军、猇亭、夷陵)，黄石(下陆、黄石港、西塞山、铁山)，恩施，咸宁，麻城，团风，罗田，英山，黄冈，鄂州，浠水，蕲春，黄梅，武穴，郧西，郧县，丹江口，谷城，老河口，宜城，南漳，保康，神农架，钟祥，沙洋，远安，兴山，巴东，秭归，当阳，建始，利川，公安，宣恩，咸丰，长阳，嘉鱼，大冶，宜都，枝江，松滋，江陵，石首，监利，洪湖，孝感，应城，云梦，天门，仙桃，红安，安陆，潜江，通山，赤壁，崇阳，通城，五峰*，京山* 注：全省县级及县级以上设防城镇，设计地震分组均为第一组
16	湖南省	(1) 抗震设防烈度为7度，设计基本地震加速度值为0.15*g*： 常德(武陵、鼎城) (2) 抗震设防烈度为7度，设计基本地震加速度值为0.10*g*： 岳阳(岳阳楼、君山*)，岳阳县，汨罗，湘阴，临澧，澧县，津市，桃源，安乡，汉寿 (3) 抗震设防烈度为6度，设计基本地震加速度值为0.05*g*： 长沙(岳麓、芙蓉、天心、开福、雨花)，长沙县，岳阳(云溪)，益阳(赫山、资阳)，张家界(永定、武陵源)，郴州(北湖、苏仙)，邵阳(大祥、双清、北塔)，邵阳县，泸溪，沅陵，娄底，宜章，资兴，平江，宁乡，新化，冷水江，涟源，双峰，新邵，邵东，隆回，石门，慈利，华容，南县，临湘，沅江，桃江，望城，溆浦，会同，靖州，韶山，江华，宁远，道县，临武，湘乡*，安化*，中方*，洪江* 注：全省县级及县级以上设防城镇，设计地震分组均为第一组
17	广东省	(1)抗震设防烈度为8度，设计基本地震加速度值为0.20*g*： 汕头(金平、濠江、龙湖、澄海)，潮安，南澳，徐闻，潮州* (2) 抗震设防烈度为7度，设计基本地震加速度值为0.15*g*： 揭阳，揭东，汕头(潮阳、潮南)，饶平 (3) 抗震设防烈度为7度，设计基本地震加速度值为0.10*g*：

续表 4-24

序号	省、市	内　容
17	广东省	广州(越秀、荔湾、海珠、天河、白云、黄埔、番禺、南沙、萝岗)，深圳(福田、罗湖、南山、宝安、盐田)，湛江(赤坎、霞山、坡头、麻章)，汕尾，海丰，普宁，惠来，阳江，阳东，阳西，茂名(茂南、茂港)，化州，廉江，遂溪，吴川，丰顺，中山，珠海(香洲、斗门、金湾)，电白，雷州，佛山(顺德、南海、禅城*)，江门(蓬江、江海、新会)*，陆丰* (4) 抗震设防烈度为6度，设计基本地震加速度值为0.05g： 韶关(浈江、武江、曲江)，肇庆(端州、鼎湖)，广州(花都)，深圳(龙岗)，河源，揭西，东源，梅州，东莞，清远，清新，南雄，仁化，始兴，乳源，英德，佛冈，龙门，龙川，平远，从化，梅县，兴宁，五华，紫金，陆河，增城，博罗，惠州(惠城、惠阳)，惠东，四会，云浮，云安，高要，佛山(三水、高明)，鹤山，封开，郁南，罗定，信宜，新兴，开平，恩平，台山，阳春，高州，翁源，连平，和平，蕉岭，大埔，新丰* 注：全省县级及县级以上设防城镇，除大埔为设计地震第二组外，均为第一组
18	广西壮族自治区	(1) 抗震设防烈度为7度，设计基本地震加速度值为0.15g： 灵山，田东 (2) 抗震设防烈度为7度，设计基本地震加速度值为0.10g： 玉林，兴业，横县，北流，百色，田阳，平果，隆安，浦北，博白，乐业* (3) 抗震设防烈度为6度，设计基本地震加速度值为0.05g： 南宁(青秀、兴宁、江南、西乡塘、良庆、邕宁)，桂林(象山、叠彩、秀峰、七星、雁山)，柳州(柳北、城中、鱼峰、柳南)，梧州(长洲、万秀、蝶山)，钦州(钦南、钦北)，贵港(港北、港南)，防城港(港口、防城)，北海(海城、银海)，兴安，灵川，临桂，永福，鹿寨，天峨，东兰，巴马，都安，大化，马山，融安，象州，武宣，桂平，平南，上林，宾阳，武鸣，大新，扶绥，东兴，合浦，钟山，贺州，藤县，苍梧，容县，岑溪，陆川，凤山，凌云，田林，隆林，西林，德保，靖西，那坡，天等，崇左，上思，龙州，宁明，融水，凭祥，全州 注：全自治区县级及县级以上设防城镇，设计地震分组均为第一组
19	海南省	(1) 抗震设防烈度为8度，设计基本地震加速度值为0.30g： 海口(龙华、秀英、琼山、美兰) (2) 抗震设防烈度为8度，设计基本地震加速度值为0.20g： 文昌，定安 (3) 抗震设防烈度为7度，设计基本地震加速度值为0.15g： 澄迈 (4) 抗震设防烈度为7度，设计基本地震加速度值为0.10g： 临高，琼海，儋州，屯昌 (5) 抗震设防烈度为6度，设计基本地震加速度值为0.05g： 三亚，万宁，昌江，白沙，保亭，陵水，东方，乐东，五指山，琼中 注：全省县级及县级以上设防城镇，除屯昌、琼中为设计地震第二组外，均为第一组
20	四川省	(1) 抗震设防烈度不低于9度，设计基本地震加速度值不小于0.40g： 第二组：康定，西昌 (2) 抗震设防烈度为8度，设计基本地震加速度值为0.30g： 第二组：冕宁* (3) 抗震设防烈度为8度，设计基本地震加速度值为0.20g： 第一组：茂县，汶川，宝兴 第二组：松潘，平武，北川(震前)，都江堰，道孚，泸定，甘孜，炉霍，喜德，普格，宁南，理塘 第三组：九寨沟，石棉，德昌

续表 4-24

序号	省、市	内　容
20	四川省	(4) 抗震设防烈度为 7 度，设计基本地震加速度值为 0.15g： 第二组：巴塘，德格，马边，雷波，天全，芦山，丹巴，安县，青川，江油，绵竹，什邡，彭州，理县，剑阁* 第三组：荥经，汉源，昭觉，布拖，甘洛，越西，雅江，九龙，木里，盐源，会东，新龙 (5) 抗震设防烈度为 7 度，设计基本地震加速度值为 0.10g： 第一组：自贡(自流井、大安、贡井、沿滩) 第二组：绵阳(涪城、游仙)，广元(利州、元坝、朝天)，乐山(市中、沙湾)，宜宾，宜宾县，峨边，沐川，屏山，得荣，雅安，中江，德阳，罗江，峨眉山，马尔康 第三组：成都(青羊、锦江、金牛、武侯、成华、龙泽驿、青白江、新都、温江)，攀枝花(东区、西区、仁和)，若尔盖，色达，壤塘，石渠，白玉，盐边，米易，乡城，稻城，双流，乐山(金口河、五通桥)，名山，美姑，金阳，小金，会理，黑水，金川，洪雅，夹江，邛崃，蒲江，彭山，丹棱，眉山，青神，郫县，大邑，崇州，新津，金堂，广汉 (6) 抗震设防烈度为 6 度，设计基本地震加速度值为 0.05g： 第一组：泸州(江阳、纳溪、龙马潭)，内江(市中、东兴)，宣汉，达州，达县，大竹，邻水，渠县，广安，华蓥，隆昌，富顺，南溪，兴文，叙永，古蔺，资中，通江，万源，巴中，阆中，仪陇，西充，南部，射洪，大英，乐至，资阳 第二组：南江，苍溪，旺苍，盐亭，三台，简阳，泸县，江安，长宁，高县，珙县，仁寿，威远 第三组：犍为，荣县，梓潼，筠连，井研，阿坝，红原
21	贵州省	(1) 抗震设防烈度为 7 度，设计基本地震加速度值为 0.10g： 第一组：望谟 第三组：威宁 (2) 抗震设防烈度为 6 度，设计基本地震加速度值为 0.05g： 第一组：贵阳(乌当*、白云*、小河、南明、云岩、花溪)，凯里，毕节，安顺，都匀，黄平，福泉，贵定，麻江，清镇，龙里，平坝，纳雍，织金，普定，六枝，镇宁，惠水，长顺，关岭，紫云，罗甸，兴仁，贞丰，安龙，金沙，印江，赤水，习水，思南* 第二组：六盘水，水城，册亨 第三组：赫章，普安，晴隆，兴义，盘县
22	云南省	(1) 抗震设防烈度不低于 9 度，设计基本地震加速度值不小于 0.40g： 第二组：寻甸，昆明(东川) 第三组：澜沧 (2) 抗震设防烈度为 8 度，设计基本地震加速度值为 0.30g： 第二组：剑川，嵩明，宜良，丽江，玉龙，鹤庆，永胜，潞西，龙陵，石屏，建水 第三组：耿马，双江，沧源，勐海，西盟，孟连 (3) 抗震设防烈度为 8 度，设计基本地震加速度值为 0.20g： 第二组：石林，玉溪，大理，巧家，江川，华宁，峨山，通海，洱源，宾川，弥渡，祥云，会泽，南涧 第三组：昆明(盘龙、五华、官渡、西山)，普洱(原思茅市)，保山，马龙，呈贡，澄江，晋宁，易门，漾濞，巍山，云县，腾冲，施甸，瑞丽，梁河，安宁，景洪，永德，镇康，临沧，凤庆*，陇川* (4) 抗震设防烈度为 7 度，设计基本地震加速度值为 0.15g： 第二组：香格里拉，泸水，大关，永善，新平* 第三组：曲靖，弥勒，陆良，富民，禄劝，武定，兰坪，云龙，景谷，宁洱(原普洱)，沾益，个旧，红河，元江，禄丰，双柏，开远，盈江，永平，昌宁，宁蒗，南华，楚雄，勐腊，华坪，景东* (5) 抗震设防烈度为 7 度，设计基本地震加速度值为 0.10g：

续表 4-24

序号	省、市	内　　容
22	云南省	第二组：盐津，绥江，德钦，贡山，水富 第三组：昭通，彝良，鲁甸，福贡，永仁，大姚，元谋，姚安，牟定，墨江，绿春，镇沅，江城，金平，富源，师宗，泸西，蒙自，元阳，维西，宣威 (6) 抗震设防烈度为 6 度，设计基本地震加速度值为 0.05g： 第一组：威信，镇雄，富宁，西畴，麻栗坡，马关 第二组：广南 第三组：丘北，砚山，屏边，河口，文山，罗平
23	西藏自治区	(1) 抗震设防烈度不低于 9 度，设计基本地震加速度值不小于 0.40g： 第三组：当雄，墨脱 (2) 抗震设防烈度为 8 度，设计基本地震加速度值为 0.30g： 第二组：申扎 第三组：米林，波密 (3) 抗震设防烈度为 8 度，设计基本地震加速度值为 0.20g： 第二组：普兰，聂拉木，萨嘎 第三组：拉萨，堆龙德庆，尼木，仁布，尼玛，洛隆，隆子，错那，曲松，那曲，林芝(八一镇)，林周 (4) 抗震设防烈度为 7 度，设计基本地震加速度值为 0.15g： 第二组：札达，吉隆，拉孜，谢通门，亚东，洛扎，昂仁； 第三组：日土，江孜，康马，白朗，扎囊，措美，桑日，加查，边坝，八宿，丁青，类乌齐，乃东，琼结，贡嘎，朗县，达孜，南木林，班戈，浪卡子，墨竹工卡，曲水，安多，聂荣，日喀则*，噶尔* (5) 抗震设防烈度为 7 度，设计基本地震加速度值为 0.10g： 第一组：改则 第二组：措勤，仲巴，定结，芒康 第三组：昌都，定日，萨迦，岗巴，巴青，工布江达，索县，比如，嘉黎，察雅，左贡，察隅，江达，贡觉 (6) 抗震设防烈度为 6 度，设计基本地震加速度值为 0.05g： 第二组：革吉
24	陕西省	(1) 抗震设防烈度为 8 度，设计基本地震加速度值为 0.20g： 第一组：西安(未央、莲湖、新城、碑林、灞桥、雁塔、阎良*、临潼)，渭南，华县，华阴，潼关，大荔 第三组：陇县 (2) 抗震设防烈度为 7 度，设计基本地震加速度值为 0.15g： 第一组：咸阳(秦都、渭城)，西安(长安)，高陵，兴平，周至，户县，蓝田 第二组：宝鸡(金台、渭滨、陈仓)，咸阳(杨凌特区)，千阳，岐山，凤翔，扶风，武功，眉县，三原，富平，澄城，蒲城，泾阳，礼泉，韩城，合阳，略阳 第三组：凤县 (3) 抗震设防烈度为 7 度，设计基本地震加速度值为 0.10g： 第一组：安康，平利 第二组：洛南，乾县，勉县，宁强，南郑，汉中 第三组：白水，淳化，麟游，永寿，商洛(商州)，太白，留坝，铜川(耀州、王益、印台*)，柞水* (4) 抗震设防烈度为 6 度，设计基本地震加速度值为 0.05g： 第一组：延安，清涧，神木，佳县，米脂，绥德，安塞，延川，延长，志丹，甘泉，商南，紫阳，镇巴，子长*，子洲* 第二组：吴旗，富县，旬阳，白河，岚皋，镇坪 第三组：定边，府谷，吴堡，洛川，黄陵，旬邑，洋县，西乡，石泉，汉阴，宁陕，城固，宜川，黄龙，宜君，长武，彬县，佛坪，镇安，丹凤，山阳

续表 4-24

序号	省、市	内　容
25	甘肃省	(1) 抗震设防烈度不低于 9 度，设计基本地震加速度值不小于 0.40g： 第二组：古浪 (2) 抗震设防烈度为 8 度，设计基本地震加速度值为 0.30g： 第二组：天水(秦州、麦积)，礼县，西和 第三组：白银(平川区) (3) 抗震设防烈度为 8 度，设计基本地震加速度值为 0.20g： 第二组：宕昌，肃北，陇南，成县，徽县，康县，文县 第三组：兰州(城关、七里河、西固、安宁)，武威，永登，天祝，景泰，靖远，陇西，武山，秦安，清水，甘谷，漳县，会宁，静宁，庄浪，张家川，通渭，华亭，两当，舟曲 (4) 抗震设防烈度为 7 度，设计基本地震加速度值为 0.15g： 第二组：康乐，嘉峪关，玉门，酒泉，高台，临泽，肃南 第三组：白银(白银区)，兰州(红古区)，永靖，岷县，东乡，和政，广河，临潭，卓尼，迭部，临洮，渭源，皋兰，崇信，榆中，定西，金昌，阿克塞，民乐，永昌，平凉 (5) 抗震设防烈度为 7 度，设计基本地震加速度值为 0.10g： 第二组：张掖，合作，玛曲，金塔 第三组：敦煌，瓜洲，山丹，临夏，临夏县，夏河，碌曲，泾川，灵台，民勤，镇原，环县，积石山 (6) 抗震设防烈度为 6 度，设计基本地震加速度值为 0.05g： 第三组：华池，正宁，庆阳，合水，宁县，西峰
26	青海省	(1) 抗震设防烈度为 8 度，设计基本地震加速度值为 0.20g： 第二组：玛沁 第三组：玛多，达日 (2) 抗震设防烈度为 7 度，设计基本地震加速度值为 0.15g： 第二组：祁连 第三组：甘德，门源，治多，玉树 (3) 抗震设防烈度为 7 度，设计基本地震加速度值为 0.10g： 第二组：乌兰，称多，杂多，囊谦 第三组：西宁(城中、城东、城西、城北)，同仁，共和，德令哈，海晏，湟源，湟中，平安，民和，化隆，贵德，尖扎，循化，格尔木，贵南，同德，河南，曲麻莱，久治，班玛，天峻，刚察，大通，互助，乐都，都兰，兴海 (4) 抗震设防烈度为 6 度，设计基本地震加速度值为 0.05g： 第三组：泽库
27	宁夏回族自治区	(1) 抗震设防烈度为 8 度，设计基本地震加速度值为 0.30g： 第二组：海原 (2) 抗震设防烈度为 8 度，设计基本地震加速度值为 0.20g： 第一组：石嘴山(大武口、惠农)，平罗 第二组：银川(兴庆、金凤、西夏)，吴忠，贺兰，永宁，青铜峡，泾源，灵武，固原 第三组：西吉，中宁，中卫，同心，隆德 (3) 抗震设防烈度为 7 度，设计基本地震加速度值为 0.15g： 第三组：彭阳 (4) 抗震设防烈度为 6 度，设计基本地震加速度值为 0.05g： 第三组：盐池

续表 4-24

序号	省、市	内容
28	新疆维吾尔自治区	(1) 抗震设防烈度不低于9度，设计基本地震加速度值不小于0.40g： 第三组：乌恰，塔什库尔干 (2) 抗震设防烈度为8度，设计基本地震加速度值为0.30g： 第三组：阿图什，喀什，疏附 (3) 抗震设防烈度为8度，设计基本地震加速度值为0.20g： 第一组：巴里坤 第二组：乌鲁木齐(天山、沙依巴克、新市、水磨沟、头屯河、米东)，乌鲁木齐县，温宿，阿克苏，柯坪，昭苏，特克斯，库车，青河，富蕴，乌什* 第三组：尼勒克，新源，巩留，精河，乌苏，奎屯，沙湾，玛纳斯，石河子，克拉玛依(独山子)，疏勒，伽师，阿克陶，英吉沙 (4) 抗震设防烈度为7度，设计基本地震加速度值为0.15g： 第一组：木垒* 第二组：库尔勒，新和，轮台，和静，焉耆，博湖，巴楚，拜城，昌吉，阜康* 第三组：伊宁，伊宁县，霍城，呼图壁，察布查尔，岳普湖 (5) 抗震设防烈度为7度，设计基本地震加速度值为0.10g： 第一组：鄯善 第二组：乌鲁木齐(达坂城)，吐鲁番，和田，和田县，吉木萨尔，洛浦，奇台，伊吾，托克逊，和硕，尉犁，墨玉，策勒，哈密* 第三组：五家渠，克拉玛依(克拉玛依区)，博乐，温泉，阿合奇，阿瓦提，沙雅，图木舒克，莎车，泽普，叶城，麦盖堤，皮山 (6) 抗震设防烈度为6度，设计基本地震加速度值为0.05g： 第一组：额敏，和布克赛尔 第二组：于田，哈巴河，塔城，福海，克拉玛依(马尔禾) 第三组：阿勒泰，托里，民丰，若羌，布尔津，吉木乃，裕民，克拉玛依(白碱滩)，且末，阿拉尔
29	港澳特区和台湾省	(1) 抗震设防烈度不低于9度，设计基本地震加速度值不小于0.40g： 第二组：台中 第三组：苗栗，云林，嘉义，花莲 (2) 抗震设防烈度为8度，设计基本地震加速度值为0.30g： 第二组：台南 第三组：台北，桃园，基隆，宜兰，台东，屏东 (3) 抗震设防烈度为8度，设计基本地震加速度值为0.20g： 第三组：高雄，澎湖 (4) 抗震设防烈度为7度，设计基本地震加速度值为0.15g： 第一组：香港 (5) 抗震设防烈度为7度，设计基本地震加速度值为0.10g： 第一组：澳门

4.4.3 场地和地基

场地和地基如表4-25所示。

场地和地基 **表4-25**

序号	项目	内容
1	场地选择	(1) 选择建筑场地时，应根据工程需要和地震活动情况、工程地质和地震地质的有关资料，对抗震有利、一般、不利和危险地段做出综合评价。对不利地段，应提出避开要求；当无法避开时应采取有效的措施。对危险地段，严禁建造甲、乙类的建筑，不应建造丙类的建筑 1) 选择建筑场地时，应按表4-26划分对建筑抗震有利、一般、不利和危险的地段

续表 4-25

序号	项　　目	内　　容
1	场地选择	2）建筑场地的类别划分，应以土层等效剪切波速和场地覆盖层厚度为准 3）土层剪切波速的测量，应符合下列要求： ① 在场地初步勘察阶段，对大面积的同一地质单元，测试土层剪切波速的钻孔数量不宜少于 3 个 ② 在场地详细勘察阶段，对单幢建筑，测试土层剪切波速的钻孔数量不宜少于 2 个，测试数据变化较大时，可适量增加；对小区中处于同一地质单元内的密集建筑群，测试土层剪切波速的钻孔数量可适量减少，但每幢高层建筑和大跨空间结构的钻孔数量均不得少于 1 个 ③ 对丁类建筑及丙类建筑中层数不超过 10 层、高度不超过 24m 的多层建筑，当无实测剪切波速时，可根据岩土名称和性状，按表 4-27 划分土的类型，再利用当地经验在表 4-27 的剪切波速范围内估算各土层的剪切波速 4）在抗震设计中，场地指具有相似的反应谱特征的房屋群体所在地，不仅仅是房屋基础下的地基土，其范围相当于厂区、居民点和自然村，在平坦地区面积一般不小于 1km×1km （2）建筑场地为Ⅰ类时，对甲、乙类的建筑应允许仍按本地区抗震设防烈度的要求采取抗震构造措施；对丙类的建筑应允许按本地区抗震设防烈度降低一度的要求采取抗震构造措施，但抗震设防烈度为 6 度时仍应按本地区抗震设防烈度的要求采取抗震构造措施 （3）建筑场地为Ⅲ、Ⅳ类时，对设计基本地震加速度为 0.15g 和 0.30g 的地区，除本书另有规定外，宜分别按抗震设防烈度 8 度(0.20g)和 9 度(0.40g)时各抗震设防类别建筑的要求采取抗震构造措施 （4）甲类、乙类、及丙类建筑的抗震设防标准如表 2-34 所示，而地震作用、抗震措施和抗震构造措施要求依次如表 2-35、表 2-36 和表 2-37 所示
2	地基和基础	地基和基础设计应符合下列要求： （1）同一结构单元的基础不宜设置在性质截然不同的地基上 （2）同一结构单元不宜部分采用天然地基部分采用桩基；当采用不同基础类型或基础埋深显著不同时，应根据地震时两部分地基基础的沉降差异，在基础、上部结构的相关部位采取相应措施 （3）地基为软弱黏性土、液化土、新近填土或严重不均匀土时，应根据地震时地基不均匀沉降和其他不利影响，采取相应的措施
3	山区建筑的场地和地基基础	山区建筑的场地和地基基础应符合下列要求： （1）山区建筑场地勘察应有边坡稳定性评价和防治方案建议；应根据地质、地形条件和使用要求，因地制宜设置符合抗震设防要求的边坡工程 （2）边坡设计应符合现行国家标准《建筑边坡工程技术规范》GB 50330 的要求；其稳定性验算时，有关的摩擦角应按设防烈度的高低相应修正 （3）边坡附近的建筑基础应进行抗震稳定性设计。建筑基础与土质、强风化岩质边坡的边缘应留有足够的距离，其值应根据设防烈度的高低确定，并采取措施避免地震时地基基础破坏

有利、一般、不利和危险地段的划分　　　　表 4-26

序号	地段类别	地质、地形、地貌
1	有利地段	稳定基岩，坚硬土，开阔、平坦、密实、均匀的中硬土等
2	一般地段	不属于有利、不利和危险的地段
3	不利地段	软弱土，液化土，条状突出的山嘴，高耸孤立的山丘，陡坡，陡坎，河岸和边坡的边缘，平面分布上成因、岩性、状态明显不均匀的土层(含故河道、疏松的断层破碎带、暗埋的塘浜沟谷和半填半挖地基)，高含水量的可塑黄土，地表存在结构性裂缝等
4	危险地段	地震时可能发生滑坡、崩塌、地陷、地裂、泥石流等及发震断裂带上可能发生地表位错的部位

土的类型划分和剪切波速范围　　**表 4-27**

序号	土的类型	岩土名称和性状	土层剪切波速范围(m/s)
1	岩石	坚硬、较硬且完整的岩石	$\nu_S>800$
2	坚硬土或软质岩石	破碎和较破碎的岩石或软和较软的岩石，密实的碎石土	$800\geqslant\nu_S>500$
3	中硬土	中密、稍密的碎石土，密实、中密的砾、粗、中砂，$f_{ak}>150$ 的黏性土和粉土，坚硬黄土	$500\geqslant\nu_S>250$
4	中软土	稍密的砾、粗、中砂，除松散外的细、粉砂，$f_{ak}\leqslant150$ 的黏性土和粉土，$f_{ak}>130$ 的填土，可塑新黄土	$250\geqslant\nu_S>150$
5	软弱土	淤泥和淤泥质土，松散的砂，新近沉积的黏性土和粉土，$f_{ak}\leqslant130$ 的填土，流塑黄土	$\nu_S\leqslant150$

注：f_{ak}为由载荷试验等方法得到的地基承载力特征值(kN/m²)；ν_S 为岩土剪切波速。

4.4.4　各抗震设防类别高层建筑的地震作用及计算规定

各抗震设防类别高层建筑的地震作用及计算规定如表 4-28 所示。

各抗震设防类别高层建筑的地震作用及计算规定　　**表 4-28**

序号	项　目	内　容
1	各抗震设防类别高层建筑的地震作用规定	(1) 甲类建筑。应按批准的地震安全性评价结果且高于本地区抗震设防烈度的要求确定 (2) 乙、丙类建筑。应按本地区抗震设防烈度计算 (3) 其他详见表 2-33 的有关规定
2	高层建筑结构的地震作用计算规定	(1) 高层建筑结构的地震作用计算应符合下列规定： 1) 一般情况下，应至少在结构两个主轴方向分别计算水平地震作用；有斜交抗侧力构件的结构，当相交角度大于 15°时，应分别计算各抗侧力构件方向的水平地震作用 2) 质量与刚度分布明显不对称的结构，应计算双向水平地震作用下的扭转影响；其他情况，应计算单向水平地震作用下的扭转影响 3) 高层建筑中的大跨度、长悬臂结构，7 度(0.15g)、8 度抗震设计时应计入竖向地震作用 4) 9 度抗震设计时应计算竖向地震作用 (2) 计算单向地震作用时应考虑偶然偏心的影响。每层质心沿垂直于地震作用方向的偏移值可按下列公式采用： $$e_i=\pm0.05L_i \tag{4-5}$$ 式中　e_i——第 i 层质心偏移值(m)，各楼层质心偏移方向相同 L_i——第 i 层垂直于地震作用方向的建筑物总长度(m)

4.4.5　高层建筑结构地震作用计算方法与进行结构时程分析时的要求

高层建筑结构地震作用计算方法与进行结构时程分析时的要求如表 4-29 所示。

高层建筑结构地震作用计算方法与进行结构时程分析时的要求 **表4-29**

序号	项 目	内 容
1	高层建筑结构地震作用计算方法	高层建筑结构应根据不同情况，分别采用下列地震作用计算方法： (1) 高层建筑结构宜采用振型分解反应谱法；对质量和刚度不对称、不均匀的结构以及高度超过100m的高层建筑结构应采用考虑扭转耦联振动影响的振型分解反应谱法 (2) 高度不超过40m、以剪切变形为主且质量和刚度沿高度分布比较均匀的高层建筑结构，可采用底部剪力法 (3) 7～9度抗震设防的高层建筑，下列情况应采用弹性时程分析法进行多遇地震下的补充计算： 1) 甲类高层建筑结构 2) 表4-30所列的乙、丙类高层建筑结构 3) 不满足本书表3-10序号1之(2)～(6)条规定的高层建筑结构 4) 本书第11章规定的复杂高层建筑结构
2	进行结构时程分析时的要求	进行结构时程分析时，应符合下列要求： (1) 应按建筑场地类别和设计地震分组选取实际地震记录和人工模拟的加速度时程曲线，其中实际地震记录的数量不应少于总数量的2/3，多组时程曲线的平均地震影响系数曲线应与振型分解反应谱法所采用的地震影响系数曲线在统计意义上相符；弹性时程分析时，每条时程曲线计算所得结构底部剪力不应小于振型分解反应谱法计算结果的65%，多条时程曲线计算所得结构底部剪力的平均值不应小于振型分解反应谱法计算结果的80% (2) 地震波的持续时间不宜小于建筑结构基本自振周期的5倍和15s，地震波的时间间距可取0.01s或0.02s (3) 输入地震加速度的最大值可按表4-31采用 (4) 当取三组时程曲线进行计算时，结构地震作用效应宜取时程法计算结果的包络值与振型分解反应谱法计算结果的较大值；当取七组及七组以上时程曲线进行计算时，结构地震作用效应可取时程法计算结果的平均值与振型分解反应谱法计算结果的较大值

采用时程分析法的高层建筑结构 **表4-30**

序号	设防烈度、场地类别	建筑高度范围
1	8度Ⅰ、Ⅱ类场地和7度	＞100m
2	8度Ⅲ、Ⅳ类场地	＞80m
3	9度	＞60m

注：场地类别应按本书表4-21的规定来用。

时程分析时输入地震加速度的最大值(cm/s^2) **表4-31**

序号	设防烈度	6度	7度	8度	9度
1	多遇地震	18	35(55)	70(110)	140
2	设防地震	50	100(150)	200(300)	400
3	罕遇地震	125	220(310)	400(510)	620

注：7、8度时括号内数值分别用于设计基本地震加速度为0.15g和0.30g的地区，此处g为重力加速度。

4.4.6 计算地震作用时的建筑结构重力荷载代表值与地震影响系数及地震影响系数曲线

计算地震作用时的建筑结构重力荷载代表值与地震影响系数及地震影响系数曲线如表 4-32所示。

计算地震作用时的建筑结构重力荷载代表值与地震影响系数及地震影响系数曲线　　表 4-32

序号	省、市	内　容
1	建筑结构的重力荷载代表值	计算地震作用时，建筑结构的重力荷载代表值应取永久荷载标准值和可变荷载组合值之和。可变荷载的组合值系数应按下列规定采用： (1) 雪荷载取 0.5 (2) 楼面活荷载按实际情况计算时取 1.0；按等效均布活荷载计算时，藏书库、档案库、库房取 0.8，一般民用建筑取 0.5
2	建筑结构的地震影响系数	建筑结构的地震影响系数应根据烈度、场地类别、设计地震分组和结构自振周期及阻尼比确定。其水平地震影响系数最大值 α_{max}应按表 4-33 采用；特征周期应根据场地类别和设计地震分组按表 4-34 采用，计算罕遇地震作用时，特征周期应增加 0.05s 周期大于 6.0s 的高层建筑结构所采用的地震影响系数应做专门研究
3	建筑结构地震影响系数曲线	高层建筑结构地震影响系数曲线(图 4-1)的形状参数和阻尼调整应符合下列规定： (1) 除有专门规定外，钢筋混凝土高层建筑结构的阻尼比应取 0.05，此时阻尼调整系数 η_2 应取 1.0，形状参数应符合下列规定： 1) 直线上升段，周期小于 0.1s 的区段 2) 水平段，自 0.1s 至特征周期 T_g 的区段，地震影响系数应取最大值 α_{max} 3) 曲线下降段，自特征周期至 5 倍特征周期的区段，衰减指数 γ 应取 0.9 4) 直线下降段，自 5 倍特征周期至 6.0s 的区段，下降斜率调整系数 η_1 应取 0.02 (2) 当建筑结构的阻尼比不等于 0.05 时，地震影响系数曲线的分段情况与本条第 1 款相同，但其形状参数和阻尼调整系数 η_2 应符合下列规定： 1) 曲线下降段的衰减指数应按下列公式确定： $\gamma=0.9+\frac{0.05-\zeta}{0.3+6\zeta}$　　(4-6) 式中　γ——曲线下降段的衰减指数 ζ——阻尼比 2) 直线下降段的下降斜率调整系数应按下列公式确定： $\eta_1=0.02+\frac{0.05-\zeta}{4+32\zeta}$　　(4-7) 式中　η_1——直线下降段的斜率调整系数，小于 0 时应取 0 3) 阻尼调整系数应按下列公式确定； $\eta_2=1+\frac{0.05-\zeta}{0.08+1.6\zeta}$　　(4-8) 式中　η_2——阻尼调整系数，当 η_2 小于 0.55 时，应取 0.55

水平地震影响系数最大值 α_{max}　　表 4-33

序号	设防烈度	6 度	7 度	8 度	9 度
1	多遇地震	0.04	0.08(0.12)	0.16(0.24)	0.32
2	设防地震	0.12	0.23(0.34)	0.45(0.68)	0.90
3	罕遇地震	0.28	0.50(0.72)	0.90(1.20)	1.40

注：7、8 度时括号内数值分别用于设计基本地震加速度为 0.15g 和 0.30g 的地区。

特征周期值 T_g(s)　　表 4-34

序号	设计地震 \ 场地类别	I_0	I_1	Ⅱ	Ⅲ	Ⅳ
1	第一组	0.20	0.25	0.35	0.45	0.65
2	第二组	0.25	0.30	0.40	0.55	0.75
3	第三组	0.30	0.35	0.45	0.65	0.90

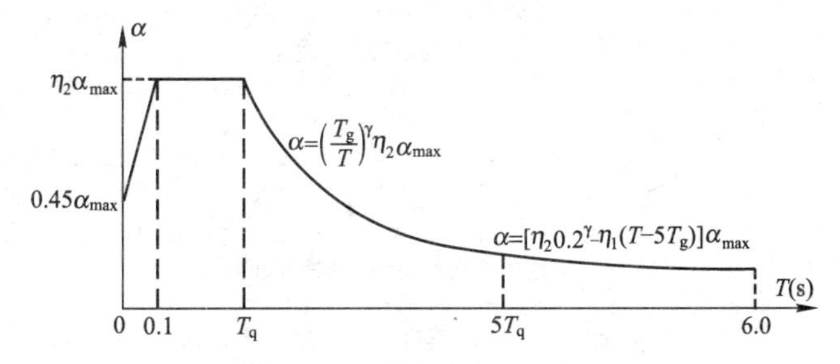

图 4-1　地震影响系数曲线

α—地震影响系数；α_{max}—地震影响系数最大值；

η_1—直线下降段的下降斜率调整系数；γ—衰减指数；

T_g—特征周期；η_2—阻尼调整系数；T—结构自振周期

4.4.7　底部剪力法与振型分解反应谱法及时程分析法

应用底部剪力法与振型分解反应谱法及时程分析法时应符合本书中的有关规定。

底部剪力法与振型分解反应谱法及时程分析法的计算方法如表 4-35 所示。

底部剪力法与振型分解反应谱法及时程分析法的计算方法　　表 4-35

序号	项　目	内　容
1	底部剪力法	(1) 采用底部剪力法计算高层建筑结构的水平地震作用时，各楼层在计算方向可仅考虑一个自由度(图 4-2)，并应符合下列规定： 1) 结构总水平地震作用标准值应按下列公式计算： $F_{Ek}=\alpha_1 G_{eq}$　(4-9) $G_{eq}=0.85G_E$　(4-10) 式中　F_{Ek}——结构总水平地震作用标准值 α_1——相应于结构基本自振周期 T_1 的水平地震影响系数，应按本书表 4-32 序号 3 确定；结构基本自振周期 T_1 可按下述(2)条近似计算，并应考虑非承重墙体的影响予以折减 G_{eq}——计算地震作用时，结构等效总重力荷载代表值 G_E——计算地震作用时，结构总重力荷载代表值，应取各质点重力荷载代表值之和 2) 质点 i 的水平地震作用标准值可按下列公式计算： $F_i=\frac{G_iH_i}{\sum_{j=1}^{n}G_jH_j}F_{Ek}(1-\delta_n)\quad(i=1,2,\cdots,n)$　(4-11) 式中　F_i——质点 i 的水平地震作用标准值 G_i、G_j——分别为集中于质点 i、j 的重力荷载代表值，应按本书表 4-32 序号 1 的规定确定 H_i、H_j——分别为质点 i、j 的计算高度 δ_n——顶部附加地震作用系数，可按表 4-36 采用 3) 主体结构顶层附加水平地震作用标准值可按下列公式计算： $\Delta F_n=\delta_n F_{Ek}$　(4-12)

续表 4-35

<table>
<tr><th>序号</th><th>项　目</th><th>内　容</th></tr>
<tr><td>1</td><td>底部剪力法</td><td>式中　ΔF_n——主体结构顶层附加水平地震作用标准值
（2）对于质量和刚度沿高度分布比较均匀的框架结构、框架-剪力墙结构和剪力墙结构，其基本自振周期可按下列公式计算：
$$T_1=1.7\Psi_T\sqrt{u_T} \quad (4\text{-}13)$$
式中　T_1——结构基本自振周期（s）
u_T——假想的结构顶点水平位移（m），即假想把集中在各楼层处的重力荷载代表值G_i作为该楼层水平荷载，并按本书表5-1的有关规定计算的结构顶点弹性水平位移
Ψ_T——考虑非承重墙刚度对结构自振周期影响的折减系数，可按本书表4-41序号2之（2）条确定
（3）高层建筑采用底部剪力法计算水平地震作用时，突出屋面房屋（楼梯间、电梯间、水箱间等）宜作为一个质点参加计算，计算求得的水平地震作用标准值应增大，增大系数β_n可按表4-37采用。增大后的地震作用仅用于突出屋面房屋自身以及与其直接连接的主体结构构件的设计</td></tr>
<tr><td>2</td><td>振型分解反应谱法</td><td>（1）采用振型分解反应谱方法时，对于不考虑扭转耦联振动影响的结构，应按下列规定进行地震作用和作用效应的计算：
1）结构第j振型i层的水平地震作用的标准值应按下列公式确定：
$$F_{ji}=\alpha_j\gamma_jX_{ji}G_i \quad (4\text{-}14)$$
$$\gamma_j=\frac{\sum_{i=1}^{n}X_{ji}G_i}{\sum_{i=1}^{n}X_{ji}^2G_i} \quad (i=1,2,\cdots,n;j=1,2,\cdots,m) \quad (4\text{-}15)$$
式中　G_i——i层的重力荷载代表值，应按本书表4-32序号1规定确定
F_{ji}——第j振型i层水平地震作用的标准值
α_j——相应于j振型自振周期的地震影响系数，应按本书表4-32序号2、序号3确定
X_{ji}——j振型i层的水平相对位移
γ_j——j振型的参与系数
n——结构计算总层数，小塔楼宜每层作为一个质点参与计算
m——结构计算振型数。规则结构可取3，当建筑较高、结构沿竖向刚度不均匀时可取5～6
2）水平地震作用效应，当相邻振型的周期比小于0.85时，可按下列公式计算：
$$S=\sqrt{\sum_{j=1}^{m}S_j^2} \quad (4\text{-}16)$$
式中　S——水平地震作用标准值的效应
S_j——j振型的水平地震作用标准值的效应（弯矩、剪力、轴向力和位移等）
（2）考虑扭转影响的平面、竖向不规则结构，按扭转耦联振型分解法计算时，各楼层可取两个正交的水平位移和一个转角位移共三个自由度，并应按下列规定计算地震作用和作用效应。确有依据时，可采用简化计算方法确定地震作用
1）j振型i层的水平地震作用标准值，应按下列公式确定：
$$\begin{aligned}F_{xji}&=\alpha_j\gamma_{tj}X_{ji}G_i\\F_{yji}&=\alpha_j\gamma_{tj}Y_{ji}G_i \quad (i=1,2,\cdots,n;\ j=1,2,\cdots,m)\\F_{tji}&=\alpha_j\gamma_{tj}r_i^2\varphi_{ji}G_i\end{aligned} \quad (4\text{-}17)$$
式中　F_{xji}、F_{yji}、F_{tji}——分别为j振型i层的x方向、y方向和转角方向的地震作用标准值
X_{ji}、Y_{ji}——分别为j振型i层质心在x、y方向的水平相对位移
φ_{ji}——j振型i层的相对扭转角
r_i——i层转动半径，取i层绕质心的转动惯量除以该层质量的商的正二次方根
α_j——相应于第j振型自振周期T_j的地震影响系数，应按本书表4-32序号2、序号3确定</td></tr>
</table>

续表 4-35

序号	项　目	内　容
2	振型分解反应谱法	γ_{tj}——考虑扭转的 j 振型参与系数，可按本书公式(4-18)～公式(4-20)确定 n——结构计算总质点数，小塔楼宜每层作为一个质点参加计算 m——结构计算振型数，一般情况下可取 9～15，多塔楼建筑每个塔楼的振型数不宜小于 9 当仅考虑 x 方向地震作用时： $\gamma_{tj}=\dfrac{\sum_{i=1}^{n}X_{ji}G_i}{\sum_{i=1}^{n}(X_{ji}^2+Y_{ji}^2+\varphi_{ji}^2r_i^2)G_i}$　(4-18) 当仅考虑 y 方向地震作用时： $\gamma_{tj}-\dfrac{\sum_{i=1}^{n}Y_{ji}G_i}{\sum_{i=1}^{n}(X_{ji}^2+Y_{ji}^2+\varphi_{ji}^2r_i^2)G_i}$　(4-19) 当考虑与 x 方向夹角为 θ 的地震作用时： $\gamma_{tj}=\gamma_{xj}\cos\theta+\gamma_{yj}\sin\theta$　(4-20) 式中　γ_{xj}、γ_{yj}——分别为由公式(4-18)、公式(4-19)求得的振型参与系数 2) 单向水平地震作用下，考虑扭转耦联的地震作用效应，应按下列公式确定： $S=\sqrt{\sum_{j=1}^{m}\sum_{k=1}^{m}\rho_{jk}S_jS_k}$　(4-21) $\rho_{jk}=\dfrac{8\sqrt{\zeta_j\zeta_k}(\zeta_j+\lambda_T\zeta_k)\lambda_T^{1.5}}{(1-\lambda_T^2)^2+4\zeta_j\zeta_k(1+\lambda_T^2)\lambda_T+4(\zeta_j^2+\zeta_k^2)\lambda_T^2}$　(4-22) 式中　S——考虑扭转的地震作用标准值的效应 S_j、S_k——分别为 j、k 振型地震作用标准值的效应 ρ_{jk}——j 振型与 k 振型的耦联系数 λ_T——k 振型与 j 振型的自振周期比 ζ_j、ζ_k——分别为 j、k 振型的阻尼比 3) 考虑双向水平地震作用下的扭转地震作用效应。应按下列公式中的较大值确定： $S=\sqrt{S_x^2+(0.85S_y)^2}$　(4-23) 或　$S=\sqrt{S_y^2+(0.85S_x)^2}$　(4-24) 式中　S_x——仅考虑 x 向水平地震作用时的地震作用效应，按公式(4-23)计算 S_y——仅考虑 y 向水平地震作用时的地震作用效应，按公式(4-24)计算
3	时程分析法	(1) 振型分解法仅限于计算结构在地震作用下的弹性地震反应。如果有构件开裂或屈服，则结构就进入非弹性阶段，其刚度不再保持为常量，结构的最大反应将与加载过程有关，以叠加原理为基础的振型分解法就不适用了。这时，可以将时间增量划分较细(如 $\Delta t=0.01s$)，假定在 Δt 范围内结构阻尼、刚度保持为常量，将动力方程在地震加速度输入下直接积分，便求得动力反应(位移、速度、加速度)，获得动力反应与时间过程的关系。即由初始状态开始一步一步地积分直到地震波终止，求出结构在地震作用下从静止到振动，以及达到最终状态的全过程。由此可见，时程分析方法适合于计算弹性、弹塑性、非弹性问题。对于每条地震输入，都可用这一方法计算出结构计算模型的地震反应时间过程 (2) 时程分析法是根据选定的地震波和结构恢复力特性曲线，对动力方程进行直接积分，采用逐步积分的方法计算地震过程中每一瞬时结构的位移、速度和加速度反应，从而可观察到结构在强震作用下弹性和非弹性阶段的内力变化以及构件开裂、损坏直至结构倒塌的全过程。但此法的计算工作十分繁重，须借助计算机，费用较高，且确定计算参数尚有许多困难，目前仅在一些重要的、特殊的、复杂的以及高层建筑结构的抗震设计中应用 (3) 应符合本书表 4-29 中的有关规定

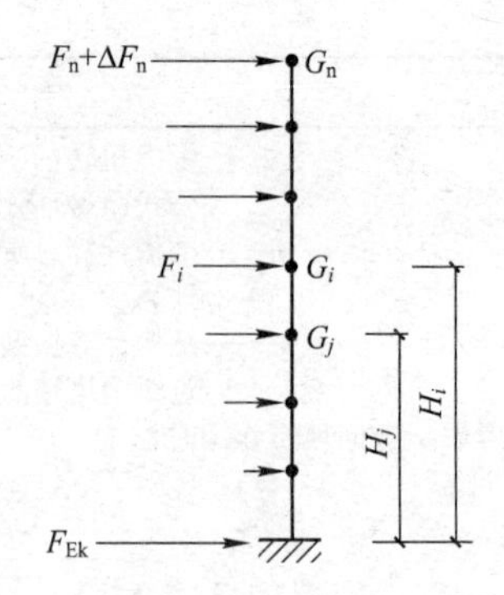

图 4-2　底部剪力法计算示意

顶部附加地震作用系数 δ_n　　表 4-36

序号	T_g(s)	$T_1>1.4T_g$	$T_1\leqslant 1.4T_g$
1	不大于 0.35	$0.08T_1+0.07$	不考虑
2	大于 0.35 但不大于 0.55	$0.08T_1+0.01$	
3	大于 0.55	$0.08T_1-0.02$	

注：1. T_g为场地特征周期；

2. T_1 为结构基本自振周期，可按本书表 4-35 序号 1 之(2)条计算，也可采用根据实测数据并考虑地震作用影响的其他方法计算。

突出屋面房屋地震作用增大系数 β_n　　表 4-37

序号	结构基本自振周期 T_1(s)	K_n/K / G_n/G	0.001	0.010	0.050	0.100
1	0.25	0.01	2.0	1.6	1.5	1.5
2		0.05	1.9	1.8	1.6	1.6
3		0.10	1.9	1.8	1.6	1.5
4	0.50	0.01	2.6	1.9	1.7	1.7
5		0.05	2.1	2.4	1.8	1.8
6		0.10	2.2	2.4	2.0	1.8
7	0.75	0.01	3.6	2.3	2.2	2.2
8		0.05	2.7	3.4	2.5	2.3
9		0.10	2.2	3.3	2.5	2.3
10	1.00	0.01	4.8	2.9	2.7	2.7
11		0.05	3.6	4.3	2.9	2.7
12		0.10	2.4	4.1	3.2	3.0
13	1.50	0.01	6.6	3.9	3.5	3.5
14		0.05	3.7	5.8	3.8	3.6
15		0.10	2.4	5.6	4.2	3.7

注：1. K_n、G_n 分别为突出屋面房屋的侧向刚度和重力荷载代表值，K、G 分别为主体结构层侧向刚度和重力荷载代表值，可取各层的平均值；

2. 楼层侧向刚度可由楼层剪力除以楼层层间位移计算。

4.4.8　多遇地震水平地震作用计算及地基与结构的相互作用

多遇地震水平地震作用计算及地基与结构的相互作用计算如表 4-38 所示。

多遇地震水平地震作用计算及地基与结构的相互作用计算　　表 4-38

序号	项　目	内　容
1	多遇地震水平地震作用计算	多遇地震水平地震作用计算时，结构各楼层对应于地震作用标准值的剪力应符合下列公式要求： $$V_{\mathrm{E}ki} \geqslant \lambda \sum_{j=i}^{n} G_j \quad (4\text{-}25)$$ 式中　$V_{\mathrm{E}ki}$——第 i 层对应于水平地震作用标准值的剪力 λ——水平地震剪力系数，不应小于表 4-39 规定的值；对于竖向不规则结构的薄弱层，尚应乘以 1.15 的增大系数 G_j——第 j 层的重力荷载代表值 n——结构计算总层数
2	地基与结构的相互作用	结构抗震计算，一般情况下可不计入地基与结构相互作用的影响；8 度和 9 度时建造于Ⅲ、Ⅳ类场地，采用箱基、刚性较好的筏基和桩箱联合基础的钢筋混凝土高层建筑，当结构基本自振周期处于特征周期的 1.2 倍至 5 倍范围时，若计入地基与结构动力相互作用的影响，对刚性地基假定计算的水平地震剪力可按下列规定折减，其层间变形可按折减后的楼层剪力计算 （1）高宽比小于 3 的结构，各楼层水平地震剪力的折减系数，可按下列公式计算： $$\psi = \left(\frac{T_1}{T_1 + \Delta T}\right)^{0.9} \quad (4\text{-}26)$$ 式中　ψ——计入地基与结构动力相互作用后的地震剪力折减系数 T_1——按刚性地基假定确定的结构基本自振周期(s) ΔT——计入地基与结构动力相互作用的附加周期(s)，可按表 4-40 采用 （2）高宽比不小于 3 的结构，底部的地震剪力按上述（1）的规定折减，顶部不折减、中间各层按线性插入值折减 （3）折减后各楼层的水平地震剪力，应符合本表序号 1 的规定

楼层最小地震剪力系数值　　表 4-39

序号	类　别	6 度	7 度	8 度	9 度
1	扭转效应明显或基本周期小于 3.5s 的结构	0.008	0.016(0.024)	0.032(0.048)	0.064
2	基本周期大于 5.0s 的结构	0.006	0.012(0.018)	0.024(0.036)	0.048

注：1. 基本周期介于 3.5s 和 5.0s 之间的结构，应允许线性插入取值；

2. 7、8 度时括号内数值分别用于设计基本地震加速度为 0.15g 和 0.30g 的地区。

附 加 周 期 (s)　　表 4-40

序号	烈度	场地类别	
		Ⅲ	Ⅳ
1	8	0.08	0.20
2	9	0.10	0.25

4.4.9 结构竖向地震作用及结构自振周期折减

结构竖向地震作用及结构自振周期折减如表 4-41 所示。

结构竖向地震作用及结构自振周期折减 **表 4-41**

序号	项 目	内 容
1	结构竖向地震作用	(1) 结构竖向地震作用标准值可采用时程分析方法或振型分解反应谱方法计算，也可按下列规定计算(图 4-3)： 1) 结构总竖向地震作用标准值可按下列公式计算： $$F_{Evk}=\alpha_{vmax}G_{eq} \quad (4\text{-}27)$$ $$G_{eq}=0.75G_E \quad (4\text{-}28)$$ $$\alpha_{vmax}=0.65\alpha_{max} \quad (4\text{-}29)$$ 式中 F_{Evk}——结构总竖向地震作用标准值 α_{vmax}——结构竖向地震影响系数最大值 G_{eq}——结构等效总重力荷载代表值 G_E——计算竖向地震作用时，结构总重力荷载代表值，应取各质点重力荷载代表值之和 2) 结构质点 i 的竖向地震作用标准值可按下列公式计算： $$F_{vi}=\frac{G_iH_i}{\sum_{j=1}^{n}G_jH_j}F_{Evk} \quad (4\text{-}30)$$ 式中 F_{vi}——质点 i 的竖向地震作用标准值 G_i、G_j——分别为集中于质点 i、j 的重力荷载代表值，应按本书表 4-32 序号 1 的规定计算 H_i、H_j——分别为质点 i、j 的计算高度 3) 楼层各构件的竖向地震作用效应可按各构件承受的重力荷载代表值比例分配，并宜乘以增大系数 1.5 (2) 跨度大于 24m 的楼盖结构、跨度大于 12m 的转换结构和连体结构、悬挑长度大于 5m 的悬挑结构，结构竖向地震作用效应标准值宜采用时程分析方法或振型分解反应谱方法进行计算。时程分析计算时输入的地震加速度最大值可按规定的水平输入最大值的 65%采用，反应谱分析时结构竖向地震影响系数最大值可按水平地震影响系数最大值的 65%采用，但设计地震分组可按第一组采用 (3) 高层建筑中，大跨度结构、悬挑结构、转换结构、连体结构的连接体的竖向地震作用标准值，不宜小于结构或构件承受的重力荷载代表值与表 4-42 所规定的竖向地震作用系数的乘积
2	结构自振周期的折减	(1) 计算各振型地震影响系数所采用的结构周期应考虑非承重墙体的刚度影响予以折减 (2) 当非承重墙体为砌体墙时，高层建筑结构的计算自振周期折减系数可按下列规定取值： 1) 框架结构可取 0.6～0.7 2) 框架-剪力墙结构可取 0.7～0.8 3) 框架-核心筒结构可取 0.8～0.9 4) 剪力墙结构可取 0.8～1.0 对于其他结构体系或采用其他非承重墙体时，可根据工程情况确定周期折减系数

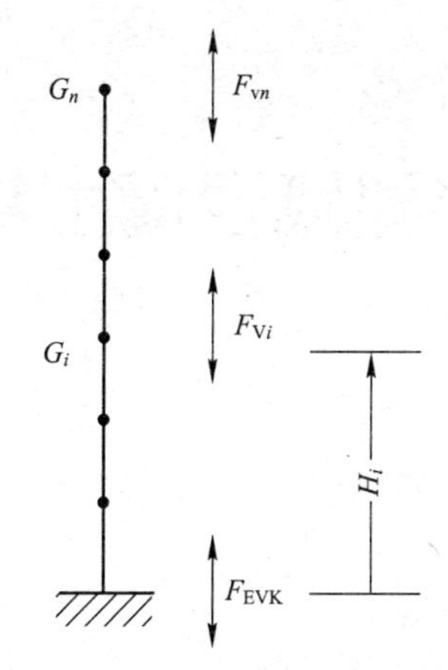

图 4-3　结构竖向地震作用计算示意

竖向地震作用系数　　**表 4-42**

序号	设防烈度	7 度	8 度		9 度
1	设计基本地震加速度	0.15g	0.20g	0.30g	0.40g
2	竖向地震作用系数	0.08	0.10	0.15	0.20

注：g 为重力加速度。

第 5 章　高层建筑混凝土结构计算分析

5.1　高层建筑结构计算分析一般规定

5.1.1　高层建筑结构一般计算规定

高层建筑结构一般计算规定如表 5-1 所示。

高层建筑结构一般计算规定　　表 5-1

序号	项　目	内　容
1	应符合的规定	(1) 高层建筑是复杂的空间结构体系，建筑平、立面复杂多变、混凝土材料特性也是不断变化的。工程设计中，常采用机算和手算两种方法，机算一般利用计算机按三维空间结构进行分析，用矩阵位移法求解，手算常采用结构力学中的近似方法如分层法、D 值法等，是非矩阵方法。一般而言，手算方法是机算方法的基础，也是校核机算方法计算结果合理性的一种有效手段 关于手算的计算方法，如力矩分配法、分层法、反弯点法及 D 值法等，可见国振喜、张树义主编《实用建筑结构静力计算手册》一书，机械工业出版社，2011 年 10 月出版 对结构分析软件的计算结果，应进行分析判断，确认其合理性、有效性 在计算机和计算机软件广泛应用的条件下，除了要根据具体工程情况，选择使用合适、可靠的计算分析软件外，还应对计算软件产生的计算结果从力学概念和工程经验等方面加以分析判断，确认其合理性和可靠性，方可用于工程设计。工程经验上的判断一般包括：结构整体位移、结构楼层剪力、振型形态和位移形态、结构自振周期、超筋超限情况等 (2) 高层建筑结构的荷载和地震作用应按本书第 4 章的有关规定进行计算 (3) 复杂结构和混合结构高层建筑的计算分析，除应符合本章规定外，尚应符合本书第 11 章和第 12 章的有关规定 (4) 高层建筑结构应根据实际情况进行重力荷载、风荷载和(或)地震作用效应分析，并应按本书表 5-8 的规定进行荷载效应和作用效应计算 (5) 高层建筑结构进行风作用效应计算时，正反两个方向的风作用效应宜按两个方向计算的较大值采用；体型复杂的高层建筑，应考虑风向角的不利影响 (6) 抗震设计时，B 级高度的高层建筑结构、混合结构和本书第 11 章规定的复杂高层建筑结构，尚应符合下列规定： 1) 宜考虑平扭耦联计算结构的扭转效应，振型数不应小于 15，对多塔楼结构的振型数不应小于塔楼数的 9 倍。且计算振型数应使各阵型参与质量之和不小于总质量的 90% 2) 应采用弹性时程分析法进行补充计算 3) 宜采用弹塑性静力或弹塑性动力分析方法补充计算 (7) 对受力复杂的结构构件，宜按应力分析的结果校核配筋设计 (8) 对结构分析软件的计算结果，应进行分析判断，确认其合理、有效后方可作为工程设计的依据
2	内力与变形计算规定	(1) 高层建筑结构的变形和内力可按弹性方法计算。框架梁及连梁等构件可考虑塑性变形引起的内力重分布 (2) 进行高层建筑内力与位移计算时，可假定楼板在其自身平面内为无限刚性，设计时应采取相应的措施保证楼板平面内的整体刚度

续表 5-1

序号	项　目	内　容
2	内力与变形计算规定	当楼板可能产生较明显的面内变形时，计算时应考虑楼板的面内变形影响或对采用楼板面内无限刚性假定计算方法的计算结果进行适当调整 (3) 高层建筑结构按空间整体工作计算分析时，应考虑下列变形： 1) 梁的弯曲、剪切、扭转变形，必要时考虑轴向变形 2) 柱的弯曲、剪切、轴向、扭转变形 3) 墙的弯曲、剪切、轴向、扭转变形 (4) 高层建筑结构内力计算中，当楼面活荷载大于 $4kN/m^2$ 时，应考虑楼面活荷载不利布置引起的结构内力的增大；当整体计算中未考虑楼面活荷载不利布置时，应适当增大楼面梁的计算弯矩 (5) 结构整体内力与位移计算中，型钢混凝土和钢管混凝土构件宜按实际情况直接参与计算，并应按本书第 12 章的有关规定进行截面设计

5.1.2　高层建筑结构分析模型计算规定

高层建筑结构分析模型计算规定如表 5-2 所示。

高层建筑结构分析模型计算规定　　**表 5-2**

序号	项　目	内　容
1	计算模型的确定	(1) 高层建筑结构分析模型应根据结构实际情况确定。所选取的分析模型应能较准确地反映结构中各构件的实际受力状况 高层建筑结构分析，可选择平面结构空间协同、空间杆系、空间杆-薄壁杆系、空间杆-墙板元及其他组合有限元等计算模型 (2) 对于平面和立面布置简单规则的框架结构、框架-剪力墙结构宜采用空间分析模型，可采用平面框架空间协同模型；对剪力墙结构、筒体结构和复杂布置的框架结构、框架-剪力墙结构应采用空间分析模型。目前国内商品化的结构分析软件所采用的力学模型主要有：空间杆系模型、空间杆-薄壁杆系模型、空间杆-墙板元模型及其他组合有限元模型
2	其他要求	(1) 高层建筑结构在进行重力荷载作用效应分析时，柱、墙、斜撑等构件的轴向变形宜采用适当的计算模型考虑施工过程的影响；复杂高层建筑及房屋高度大于 150m 的其他高层建筑结构，应考虑施工过程的影响 高层建筑结构是逐层施工完成的，其竖向刚度和竖向荷载(如自重和施工荷载)也是逐层形成的。这种情况与结构刚度一次形成、竖向荷载一次施加的计算方法存在较大差异。因此对于层数较多的高层建筑，其重力荷载作用效应分析时，柱、墙轴向变形宜考虑施工过程的影响。施工过程的模拟可根据需要采用适当的方法考虑，如结构竖向刚度和竖向荷载逐层形成、逐层计算的方法等 (2) 体型复杂、结构布置复杂以及 B 级高度高层建筑结构，应采用至少两个不同力学模型的结构分析软件进行整体计算分析，可以相互比较和分析，以保证力学分析结构的可靠性 (3) 对多塔楼结构，宜按整体模型和各塔楼分开的模型分别计算，并采用较不利的结果进行结构设计。当塔楼周边的裙楼超过两跨时，分塔楼模型宜至少附带两跨的裙楼结构 多塔楼结构振动形态复杂，整体模型计算有时不容易判断结果的合理性；辅以分塔楼模型计算分析，取二者的不利结果进行设计较为妥当

5.2　高层建筑结构计算参数与计算简图处理

5.2.1　高层建筑计算参数处理

高层建筑计算参数处理如表 5-3 所示。

高层建筑计算参数处理　　表 5-3

序号	项　目	内　容
1	说明	在结构的简化计算中，由于进行了一些简化和假设，计算结果与实际情况会有一定的差异，为了减少这种差异，在计算过程中，必须对计算参数进行一些处理
2	计算参数处理	(1) 高层建筑结构地震作用效应计算时，可对剪力墙连梁刚度予以折减，折减系数不宜小于 0.5 (2) 在结构内力与位移计算中，现浇楼盖和装配整体式楼盖中，梁的刚度可考虑翼缘的作用予以增大。近似考虑时，楼面梁刚度增大系数可根据翼缘情况取 1.3～2.0 对于无现浇面层的装配式楼盖，不宜考虑楼面梁刚度的增大 (3) 在竖向荷载作用下，可考虑框架梁端塑性变形内力重分布对梁端负弯矩乘以调幅系数进行调幅，并应符合下列规定： 1) 装配整体式框架梁端负弯矩调幅系数可取为 0.7～0.8，现浇框架梁端负弯矩调幅系数可取为 0.8～0.9 2) 框架梁端负弯矩调幅后，梁跨中弯矩应按平衡条件相应增大 3) 应先对竖向荷载作用下框架梁的弯矩进行调幅，再与水平作用产生的框架梁弯矩进行组合 4) 截面设计时，框架梁跨中截面正弯矩设计值不应小子竖向荷载作用下按简支梁计算的跨中弯矩设计值的 50% (4) 高层建筑结构楼面梁受扭计算时应考虑现浇楼盖对梁的约束作用。当计算中未考虑现浇楼盖对梁扭转的约束作用时，可对梁的计算扭矩予以折减。梁扭矩折减系数应根据梁周围楼盖的约束情况确定

5.2.2　高层建筑结构计算简图处理

高层建筑结构计算简图处理如表 5-4 所示。

高层建筑结构计算简图处理　　表 5-4

序号	项　目	内　容
1	计算简图	(1) 高层建筑结构分析计算时宜对结构进行力学上的简化处理，使其既能反映结构的受力性能，又适应于所选用的计算分析软件的力学模型 (2) 高层建筑是三维空间结构，构件多，受力复杂；结构计算分析软件都有其适用条件，使用不当，可能导致结构设计的不合理甚至不安全。因此，结构计算分析时，应结合结构的实际情况和所采用的计算软件的力学模型要求，对结构进行力学上的适当简化处理，使其既能比较正确地反映结构的受力性能，又适应于所选用的计算分析软件的力学模型，从根本上保证结构分析结果的可靠性 (3) 结构计算简图是为达到简化分析的一种方法和手段，它应根据结构的实际形状和尺寸、构件的连接构造、支承条件和边界条件、构件的受力和变形特点等合理地确定
2	计算简图处理	(1) 楼面梁与竖向构件的偏心以及上、下层竖向构件之间的偏心宜按实际情况计入结构的整体计算。当结构整体计算中未考虑上述偏心时，应采用柱、墙端附加弯矩的方法予以近似考虑 (2) 在结构整体计算中，密肋板楼盖宜按实际情况进行计算。当不能按实际情况计算时，可按等刚度原则对密肋梁进行适当简化后再行计算 对平板无梁楼盖，在计算中应考虑板的面外刚度影响，其面外刚度可按有限元方法计算或近似将柱上板带等效为框架梁计算 密肋板楼盖简化计算时，可将密肋梁均匀等效为柱上框架梁，其截面宽度可取被等效的密肋梁截面宽度之和 平板无梁楼盖的面外刚度由楼板提供，计算时必须考虑。当采用近似方法考虑时，其柱上板带可等效为框架梁计算，等效框架梁的截面宽度可取等代框架方向板跨的 3/4 及垂直于等代框架方向板跨的 1/2 两者的较小值

续表 5-4

序号	项　目	内　容
2	计算简图处理	(3) 在结构整体计算中，宜考虑框架或壁式框架梁、柱节点区的刚域(图 5-1)影响，梁端截面弯矩可取刚域端截面的弯矩计算值。刚域的长度可按下列公式计算： $l_{b1}=a_1-0.25h_b$　(5-1) $l_{b2}=a_2-0.25h_b$　(5-2) $l_{c1}=c_1-0.25b_c$　(5-3) $l_{c2}=c_2-0.25b_c$　(5-4) 当计算的刚域长度为负值时，应取为零 当构件截面相对其宽度较大时，构件交点处会形成相对的刚性节点区域。刚域尺寸的合理确定、会在一定程度上影响结构的整体分析结果，这里给出的计算公式(5-1)～公式(5-4)是近似公式，但在实际工程中已有多年应用，有一定的代表性。确定计算模型时，壁式框架梁、柱轴线可取为剪力墙连梁和墙肢的形心线 这里规定，考虑刚域后梁端截面计算弯矩可以取刚域端截面的弯矩值，而不再取轴线截面的弯矩值，在保证安全的前提下，可以适当减小梁端截面的弯矩值，从而减少配筋量 (4) 在结构整体计算中，转换层结构、加强层结构、连体结构、竖向收进结构(含多塔楼结构)，应选用合适的计算模型进行分析。在整体计算中对转换层、加强层、连接体等做简化处理的，宜对其局部进行更细致的补充计算分析 (5) 复杂平面和立面的剪力墙结构，应采用合适的计算模型进行分析。当采用有限元模型时，应在截面变化处合理地选择和划分单元；当采用杆系模型计算时，对错洞墙、叠合错洞墙可采取适当的模型化处理，并应在整体计算的基础上对结构局部进行更细致的补充计算分析 (6) 高层建筑结构整体计算中，当地下室顶板作为上部结构嵌固部位时，地下一层与首层侧向刚度比不宜小于 2

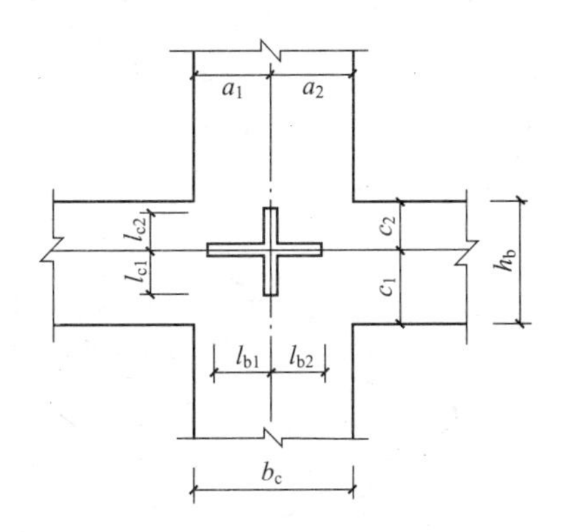

图 5-1　节点刚域长度

5.3　高层建筑结构重力二阶效应及结构稳定与结构弹塑性分析及薄弱层弹塑性变形验算

5.3.1　高层建筑结构重力二阶效应及结构稳定

高层建筑结构重力二阶效应及结构稳定如表 5-5 所示。

高层建筑结构重力二阶效应及结构稳定 **表 5-5**

序号	项　目	内　容
1	说明	（1）所谓重力二阶效应，一般包括两部分：一是由于构件自身挠曲引起的附加重力效应，即挠曲重力二阶效应 P-δ 效应，二阶内力与构件挠曲形态有关，一般中部大，端部为零(图 5-2)；二是结构在水平风荷载或地震作用下产生水平位移后，重力荷载由于该侧移而引起附加弯矩 $P\Delta$(图 5-3)，即侧移重力二阶 P-Δ 效应 （2）对于一般高层建筑结构而言，由于构件的长细比不大，其 P-δ 二阶效应的影响相对较小，结构仅在竖向荷载作用下产生整体失稳的可能性很小；由结构的水平侧移和重力引起的 P-Δ 效应相对较明显，可使结构的位移和内力增加很多，甚至导致结构整体失稳倒塌。因此，高层建筑混凝土结构的稳定设计，主要是控制和验算结构在风或地震作用下，重力荷载产生的 P-Δ 效应对结构性能降低的影响，以及由此引起的结构失稳
2	重力二阶效应及结构稳定	（1）高层建筑结构只要有水平侧移，就会引起重力荷载作用下的 P-Δ 效应，因此，结构的侧向刚度和重力荷载是影响结构稳定和重力 P-Δ 效应的主要因素。侧向刚度与重力荷载的比值称之为结构的刚重比，结构的刚重比是影响重力 P-Δ 效应的主要参数。可通过控制结构的刚重比来减小重力二阶效应，保证结构的整体稳定性 （2）在水平荷载作用下，当高层建筑结构满足下列规定时，重力二阶效应较小，可以忽略不计 1）框架结构： $$D_i \geqslant 20\sum_{j=i}^{n}G_j/h_i \quad (i=1,2,\cdots,n) \tag{5-5}$$ 2）剪力墙结构、框架-剪力墙结构、板柱剪力墙结构、筒体结构： $$EJ_{\mathrm{d}} \geqslant 2.7H^2\sum_{i=1}^{n}G_i \tag{5-6}$$ 结构的弹性等效侧向刚度 EJ_{d}，可近似按倒三角形分布荷载作用下结构顶点位移相等的原则，将结构的侧向刚度折算为竖向悬臂受弯构件的等效侧向刚度。假定倒三角形分布荷载的最大值为 q，在该荷载作用下结构顶点质心的弹性水平位移为 u，房屋高度为 H，则结构的弹性等效侧向刚度 EJ_{d} 可按下列公式计算： $$EJ_{\mathrm{d}}=\frac{11qH^4}{120u} \tag{5-7}$$ 式中　EJ_{d}——结构一个主轴方向的弹性等效侧向刚度，可按倒三角形分布荷载作用下结构顶点位移相等的原则，将结构的侧向刚度折算为竖向悬臂受弯构件的等效侧向刚度 H——房屋高度 G_i、G_j——分别为第 i、j 楼层重力荷载设计值，取 1.2 倍的永久荷载标准值与 1.4 倍的楼面可变荷载标准值的组合值 h_i——第 i 楼层层高 D_i——第 i 楼层的弹性等效侧向刚度，可取该层剪力与层间位移的比值 n——结构计算总层数 （3）为保证高层建筑的整体稳定性应符合下列规定： 1）框架结构应符合下列公式要求： $$D_i \geqslant 10\sum_{j=i}^{n}G_j/h_i \quad (i=1,2,\cdots,n) \tag{5-8}$$ 2）剪力墙结构、框架-剪力墙结构、筒体结构应符合下列公式要求： $$EJ_{\mathrm{d}} \geqslant 1.4H^2\sum_{i=1}^{n}G_i \tag{5-9}$$

续表 5-5

序号	项　目	内　容
3	重力二阶效应计算	(1) 当高层建筑结构不满足本书公式(5-5)或公式(5-6)的规定时，结构弹性计算时应考虑重力二阶效应对水平力作用下结构内力和位移的不利影响 (2) 高层建筑结构的重力二阶效应可采用有限元方法进行计算；也可采用对未考虑重力二阶效应的计算结果乘以增大系数的方法近似考虑。近似考虑时，结构位移增大系数 F_1、F_{1i} 以及结构构件弯矩和剪力增大系数 F_2、F_{2i} 可分别按下列规定计算，位移计算结果仍应满足本书表 2-75 序号 3 的规定 1) 对框架结构，可按下列公式计算： $$F_{1i}=\frac{1}{1-\sum_{j=i}^{n}G_j/(D_ih_i)}(i=1,2,\cdots,n) \quad (5\text{-}10)$$ $$F_{2i}=\frac{1}{1-2\sum_{j=i}^{n}G_j/(D_ih_i)}(i=1,2,\cdots,n) \quad (5\text{-}11)$$ 2) 对剪力墙结构、框架-剪力墙结构、筒体结构，可按下列公式计算： $$F_1=\frac{1}{1-0.14H^2\sum_{i=1}^{n}G_i/(EJ_d)} \quad (5\text{-}12)$$ $$F_2=\frac{1}{1-0.28H^2\sum_{i=1}^{n}G_i/(EJ_d)} \quad (5\text{-}13)$$ 式中　F_{1i}、F_{2i}——分别为框架结构 i 层的位移增大系数和 i 层结构构件的弯矩和剪力增大系数 F_1、F_2——分别为剪力墙结构、框架-剪力墙结构、筒体结构的位移增大系数和相应结构构件的弯矩和剪力增大系数

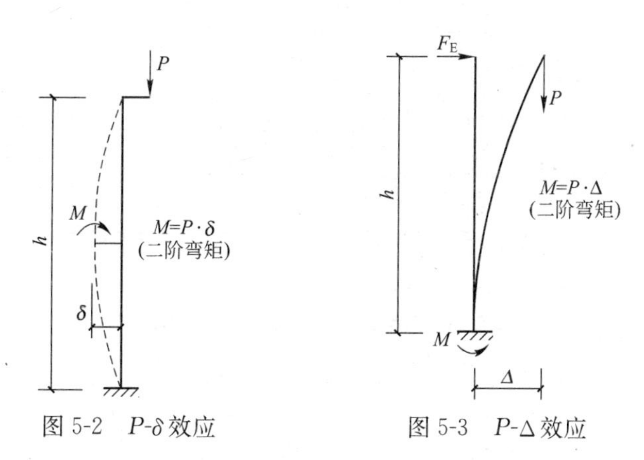

图 5-2　P-δ 效应　　图 5-3　P-Δ 效应

5.3.2　高层建筑结构弹塑性分析及薄弱层弹塑性变形验算

高层建筑结构弹塑性分析及薄弱层弹塑性变形验算如表 5-6 所示。

高层建筑结构弹塑性分析及薄弱层弹塑性变形验算　　表 5-6

序号	项　目	内　容
1	应符合的规定	高层建筑混凝土结构进行弹塑性计算分析时，可根据实际工程情况采用静力或动力时程分析方法，并应符合下列规定： (1) 当采用结构抗震性能设计时，应根据本书表 2-83 的有关规定预定结构的抗震性能目标 (2) 梁、柱、斜撑、剪力墙、楼板等结构构件，应根据实际情况和分析精度要求采用合适的简化模型

续表 5-6

序号	项　目	内　容
1	应符合的规定	(3) 构件的几何尺寸、混凝土构件所配的钢筋和型钢、混合结构的钢构件应按实际情况参与计算 (4) 应根据预定的结构抗震性能目标，合理取用钢筋、钢材、混凝土材料的力学性能指标以及本构关系。钢筋和混凝土材料的本构关系可按现行的有关规定采用 (5) 应考虑几何非线性影响 (6) 进行动力弹塑性计算时，地面运动加速度时程的选取、预估罕遇地震作用时的峰值加速度取值以及计算结果的选用应符合本书表 4-29 序号 2 的规定 (7) 应对计算结果的合理性进行分析和判断 对上述的理解与应用： 对重要的建筑结构、超高层建筑结构、复杂高层建筑结构进行弹塑性计算分析，可以分析结构的薄弱部位、验证结构的抗震性能，是目前应用越来越多的一种方法 在进行结构弹塑性计算分析时，应根据工程的重要性、破坏后的危害性及修复的难易程度，设定结构的抗震性能目标，这部分内容可按本书表 2-83 的有关规定执行 建立结构弹塑性计算模型时，可根据结构构件的性能和分析精度要求，采用恰当的分析模型。如梁、柱、斜撑可采用一维单元；墙、板可采用二维或三维单元。结构的几何尺寸、钢筋、型钢、钢构件等应按实际设计情况采用，不应简单采用弹性计算软件的分析结果 结构材料(钢筋、型钢、混凝土等)的性能指标(如弹性模量、强度取值等)以及本构关系，与预定的结构或结构构件的抗震性能目标有密切关系，应根据实际情况合理选用。如材料强度可分别取用设计值、标准值、抗拉极限值或实测值、实测平均值等，与结构抗震性能有关。结构材料的本构关系直接影响弹塑性分析结果，选择时应特别注意；钢筋和混凝土的本构关系，可按现行的有关规定使用 结构弹塑性变形往往比弹性变形大很多，考虑结构几何非线性进行计算是必要的，结果的可靠性也会因此有所提高 与弹性静力分析计算相比，结构的弹塑性分析具有更大的不确定性，不仅与上述因素有关，还与分析软件的计算模型以及结构阻尼选取、构件破损程度的衡量、有限元的划分等有关，存在较多的人为因素和经验因素。因此，弹塑性计算分析首先要了解分析软件的适用性，选用适合于所设计工程的软件，然后对计算结果的合理性进行分析判断。工程设计中有时会遇到计算结果出现不合理或怪异现象，需要结构工程师与软件编制人员共同研究解决
2	弹塑性变形计算方法	在预估的罕遇地震作用下，高层建筑结构薄弱层(部位)弹塑性变形计算可采用下列方法： (1) 不超过 12 层且层侧向刚度无突变的框架结构可采用本表序号 3 规定的简化计算法 (2) 除上述(1)以外的建筑结构可采用弹塑性静力或动力分析方法 (3) 哪些结构需要进行弹塑性计算分析，在本书表 2-75 序号 4、表 5-1 序号 1 之(6)条等有专门规定
3	弹塑性层间位移的简化计算	结构薄弱层(部位)的弹塑性层间位移的简化计算，宜符合下列规定： (1) 结构薄弱层(部位)的位置可按下列情况确定： 1) 楼层屈服强度系数沿高度分布均匀的结构，可取底层 2) 楼层屈服强度系数沿高度分布不均匀的结构，可取该系数最小的楼层(部位)和相对较小的楼层，一般不超过 2～3 处 (2) 弹塑性层间位移可按下列公式计算： $\Delta u_p = \eta_p \Delta u_e$　　(5-14) 或　$\Delta u_p = \mu \Delta u_y = \frac{\eta_p}{\xi_y} \Delta u_y$　　(5-15)

续表 5-6

序号	项　目	内　容
3	弹塑性层间位移的简化计算	式中 Δu_p——弹塑性层间位移(mm) Δu_y——层间屈服位移(mm) μ——楼层延性系数 Δu_e——罕遇地震作用下按弹性分析的层间位移(mm)。计算时，水平地震影响系数最大值应按本书表 4-33 采用 η_p——弹塑性位移增大系数，当薄弱层(部位)的屈服强度系数不小于相邻层(部位)该系数平均值的 0.8 时，可按表 5-7 采用；当不大于该平均值的 0.5 时，可按表内相应数值的 1.5 倍采用；其他情况可采用内插法取值 ξ_y——楼层屈服强度系数

结构的弹塑性位移增大系数 η_p　　　表 5-7

序号	ξ_y	0.5	0.4	0.3
1	η_p	1.8	2.0	2.2

5.4 高层建筑结构荷载组合和地震作用组合的效应

5.4.1 高层建筑结构荷载无地震作用组合的效应

高层建筑结构荷载无地震作用组合的效应如表 5-8 所示。

高层建筑结构荷载无地震作用组合的效应　　　表 5-8

序号	项　目	内　容
1	荷载基本组合的效应设计值	持久设计状况和短暂设计状况下，当荷载与荷载效应按线性关系考虑时，荷载基本组合的效应设计值应按下列公式确定： $$S_d=\gamma_G S_{Gk}+\gamma_L \psi_Q \gamma_Q S_{Qk}+\psi_w \gamma_w S_{wk} \quad (5\text{-}16)$$ 式中 S_d——荷载组合的效应设计值 γ_G——永久荷载分项系数 γ_Q——楼面活荷载分项系数 γ_w——风荷载的分项系数 γ_L——考虑结构设计使用年限的荷载调整系数，设计使用年限为 50 年时取 1.0，设计使用年限为 100 年时取 1.1 S_{Gk}——永久荷载效应标准值 S_{Qk}——楼面活荷载效应标准值 S_{wk}——风荷载效应标准值 ψ_Q、ψ_w——分别为楼面活荷载组合值系数和风荷载组合值系数，当永久荷载效应起控制作用时应分别取 0.7 和 0.0；当可变荷载效应起控制作用时应分别取 1.0 和 0.6 或 0.7 和 1.0 对书库、档案库、储藏室、通风机房和电梯机房，本条楼面活荷载组合值系数取 0.7 的场合应取为 0.9
2	荷载基本组合的分项系数	持久设计状况和短暂设计状况下，荷载基本组合的分项系数应按下列规定采用： (1) 永久荷载的分项系数 γ_G：当其效应对结构承载力不利时，对由可变荷载效应控制的组合应取 1.2，对由永久荷载效应控制的组合应取 1.35；当其效应对结构承载力有利时，应取 1.0 (2) 楼面活荷载的分项系数 γ_Q：一般情况下应取 1.4 (3) 风荷载的分项系数 γ_w 应取 1.4

5.4.2　高层建筑结构荷载有地震作用组合的效应

高层建筑结构荷载有地震作用组合的效应如表 5-9 所示。

高层建筑结构荷载有地震作用组合的效应　　表 5-9

序号	项　目	内　容
1	荷载和地震作用基本组合效应	地震设计状况下，当作用与作用效应按线性关系考虑时，荷载和地震作用基本组合的效应设计值应按下列公式确定： $$S_d=\gamma_G S_{GE}+\gamma_{Eh}S_{Ehk}+\gamma_{Ev}S_{Evk}+\psi_w\gamma_w S_{wk} \quad (5\text{-}17)$$ 式中　S_d——荷载和地震作用组合的效应设计值 S_{GE}——重力荷载代表值的效应 S_{Ehk}——水平地震作用标准值的效应，尚应乘以相应的增大系数、调整系数 S_{Evk}——竖向地震作用标准值的效应，尚应乘以相应的增大系数、调整系数 γ_G——重力荷载分项系数 γ_w——风荷载分项系数 γ_{Eh}——水平地震作用分项系数 γ_{Ev}——竖向地震作用分项系数 ψ_w——风荷载的组合值系数，应取 0.2
2	荷载和地震作用基本组合分项系数	地震设计状况下．荷载和地震作用基本组合的分项系数应按表 5-10 采用。当重力荷载效应对结构的承载力有利时，表 5-10 中 γ_G不应大于 1.0
3	有关说明	对非抗震设计的高层建筑结构，应按公式(5-16)计算荷载效应的组合；对抗震设计的高层建筑结构，应同时按公式(5-16)和公式(5-17)计算荷载效应和地震作用效应组合，并按本书的有关规定(如强柱弱梁、强剪弱弯等)，对组合内力进行必要的调整。同一构件的不同截面或不同设计要求，可能对应不同的组合工况，应分别进行验算

地震设计状况时荷载和作用的分项系数　　表 5-10

序号	参与组合的荷载和作用	γ_G	γ_{Eh}	γ_{Ev}	γ_w	说　明
1	重力荷载及水平地震作用	1.2	1.3	—	—	抗震设计的高层建筑结构均应考虑
2	重力荷载及竖向地震作用	1.2	—	1.3	—	9 度抗震设计时考虑；水平长悬臂和大跨度结构 7 度(0.15g)、8 度、9 度抗震设计时考虑
3	重力荷载、水平地震及竖向地震作用	1.2	1.3	0.5	—	9 度抗震设计时考虑；水平长悬臂和大跨度结构 7 度(0.15g)、8 度、9 度抗震设计时考虑
4	重力荷载、水平地震作用及风荷载	1.2	1.3	—	1.4	60m 以上的高层建筑考虑
5	重力荷载、水平地震作用、竖向地震作用及风荷载	1.2	1.3	0.5	1.4	60m 以上的高层建筑，9 度抗震设计时考虑；水平长悬臂和大跨度结构 7 度(0.15g)、8 度、9 度抗震设计时考虑
6		1.2	0.5	1.3	1.4	水平长悬臂结构和大跨度结构，7 度(0.15g)、8 度、9 度抗震设计时考虑

注：1. g 为重力加速度；

2. “—”表示组合中不考虑该项荷载或作用效应。

第 6 章　高层建筑混凝土现浇楼盖结构设计

6.1　高层建筑混凝土现浇楼盖结构设计简述

6.1.1　结构的功能与作用及设计要求

结构的功能与作用及设计要求如表 6-1 所示。

结构的功能与作用及设计要求　　**表 6-1**

序号	项　　目	内　　容
1	说明	(1) 楼盖、屋盖(以下简称"楼盖")是组成建筑结构的水平分体系，是结构的重要组成部分。无论何种房屋，它都是必不可少的 (2) 在整个房屋的材料用量和造价方面楼盖所占的比例都是相当大的。例如，在建筑结构中，混凝土楼盖的造价约占土建总造价的 20%～30%；在高层建筑中，混凝土楼盖的自重约占总自重的 50%～60%，因此，合理进行楼盖设计，对降低建筑物的造价、减轻结构自重、减小地震作用至关重要 (3) 现浇混凝土结构楼盖是指在施工现场支模并整体浇筑而成的楼盖。它具有整体性好、耐火、耐久、刚度大、防水性能好等特点，可适于各种形式的结构布置，不需要大型吊装机具等优点，多用于对抗震、防渗、防漏和刚度要求较高以及平面形状复杂的建筑结构；但也存在着耗费模板较多、工期较长、受施工季节影响较大等缺点
2	结构的功能与作用	楼盖结构功能与作用为： (1) 竖向传力作用。将作用在楼盖、屋盖上的竖向荷载传递给竖向分体系 (2) 水平隔板作用。将水平作用分配并传递给竖向分体系构件 (3) 连接和支撑作用。是竖向结构构件的水平联系和支撑，对提高建筑结构的整体刚度起着关键作用
3	对楼盖结构的设计要求	对楼盖结构的设计要求为： (1) 在竖向荷载作用下，满足承载力、变形和裂缝宽度要求；通过结构计算得以满足 (2) 楼盖在自身平面内要有足够的水平刚度和整体性；主要通过楼盖的结构选型、布置和构造措施来保证 (3) 与竖向结构构件有可靠连接；主要靠合理的构造措施来保证

6.1.2　现浇混凝土结构楼盖类型

现浇混凝土结构楼盖类型如表 6-2 所示。

现浇混凝土结构楼盖类型　　**表 6-2**

序号	项　　目	内　　容
1	说明	(1) 楼盖结构是典型的梁板结构，是由梁和板组成的水平承重结构，是典型的受弯构件，其设计原理具有代表性。工程中广泛采用的桥面结构、挡土墙、筏式基础以及水池的顶盖、池壁、底板等均属于梁板结构 (2) 钢筋混凝土肋梁楼盖由板、次梁和主梁组成，楼面荷载依次从板传给次梁、主梁，最后传至柱、基础等。它可以用作各种房屋的楼盖，是应用最广泛的一种现浇楼盖形式

续表 6-2

序号	项　目	内　容
1	说明	(3) 内力计算 1) 混凝土现浇楼盖结构的板、梁等的内力计算可按弹性理论方法计算，也可按考虑塑性内力重分布方法计算。采用哪种计算方法计算，可由设计人员根据具体情况确定计算方法 2) 板、梁的弹性理论、塑性理论的计算方法及计算用表，可见国振喜、张树义主编《实用建筑结构静力计算手册》一书，机械工业出版社，2011 年 10 月出版 3) 考虑内力重分布是以形成塑性铰为前提的，因此下列情况不宜采用： ① 在使用阶段不允许出现裂缝或对裂缝扩展有较严格限制的结构，如水池池壁、自防水屋面，以及处于侵蚀性环境中的结构 ② 直接承受动力和重复荷载的结构 ③ 预应力结构和二次受力叠合结构 ④ 要求有较高安全储备的结构 ⑤ 对处于三 a、三 b 类环境情况下的结构 (4) 混凝土现浇楼盖的板、梁等的承载力计算见本书第 7 章中有关规定及计算方法
2	楼盖类型	(1) 按结构形式分 按结构形式，可分为单向板肋梁楼盖(图 6-1*a*)、双向板肋梁楼盖(图 6-1*b*)、扁梁楼盖(图 6-1*c*)、井式楼盖(图 6-1*d*)、密肋楼盖(图 6-1*e*)和无梁楼盖(图 6-1*f*)等 由板和支撑梁组成的肋梁楼盖是最常见的楼盖结构形式。梁通常双向正交布置，将板划分为矩形区格，形成四边支撑的连续或单块板。受垂直荷载作用的四边支撑板，其两个方向均发生弯曲变形，同时将板上荷载传递给四边的支撑梁。四边支撑矩形板的长边和短边的比值不同，板的受力不同。根据板的受力特点，肋梁楼盖又分为单向板肋梁楼盖、双向板肋梁楼盖。肋梁楼盖结构布置灵活，施工方便，广泛应用于各类建筑中 为了降低构件的高度，增加建筑的净高或提高建筑的空间利用率，楼板的支承主梁做成宽扁形式，梁宽大于柱宽，就像放倒的梁，这样的楼盖称为扁梁楼盖 井式楼盖结构采用方形或近似方形(也有采用三角形或六边形)的板格，两个方向的梁的截面相同，不分主次梁。其特点是跨度较大，具有较强的装饰性，多用于公共建筑的门厅或大厅 密肋楼盖又分为单向和双向密肋楼盖。密肋楼盖可视为在实心板中挖凹槽，省去了受拉区混凝土，没有挖空部分就是小梁或称为肋，而柱顶区域一般保持为实心，起到柱帽的作用，也有柱间板带都为实心的，这样在柱网轴线上就形成了暗梁。密肋楼盖的肋距一般为 0.9～1.5m，采用预制模壳(由塑料、钢、玻璃钢或钢筋混凝土制成)现浇混凝土形成密肋楼盖，适用于中等或大跨度的公共建筑。对于普通混凝土结构，跨度一般不大于 9m，对于预应力混凝土结构，跨度不大于 12m 无梁楼盖不设梁，将板直接支撑在柱上，通常在柱顶设置柱帽以提高柱顶处平板的冲切承载力及降低板中的弯矩。不设梁可以增大建筑的净高，故多用于对空间利用率要求较高的冷库、藏书库等建筑。震害表明，无梁楼盖的板与柱连接节点抗震性能差，因此在地震区，此类楼板应与剪力墙结合，形成板柱-剪力墙结构 现浇空心板无梁楼盖是为减轻楼盖结构自重而研发的一种新型楼盖结构体系。它是一种由高强复合薄壁管现浇成孔的空心梁板和暗梁组成的楼盖，它减轻了结构自重，增加了建筑的净高，通风、电器、水道管道的布置也很方便，具有较好的综合效益 (2) 按预加应力情况分 按预加应力情况，可分为普通钢筋混凝土楼盖和预应力钢筋混凝土楼盖两种

续表 6-2

序号	项　　目	内　　容
2	楼盖类型	预应力混凝土楼盖具有降低层高和减轻自重，增大楼板的跨度，改善结构的使用功能，节约材料等优点。它成为适应于大开间、大柱网、大空间要求、高层及超高层建筑的主要楼盖结构体系之一。预应力混凝土结构分有粘结预应力混凝土和无粘结预应力混凝土结构两种，在预应力混凝土楼盖结构中，多采用无粘结预应力混凝土结构 预应力空腹楼盖是一种新型楼盖结构体系，它是一种由上、下薄板和连接于其中用以保证上、下层板共同工作的短柱所组成的结构，上、下层板为预应力混凝土平板或带肋平板。这样的结构具有截面效率高、重量轻等特点。预应力空腹楼盖是一种综合经济指标较好、可以满足大跨度需要的楼盖结构 混合配筋预应力混凝土框架扁梁楼盖利用扁梁和柱形成框架，具有降低结构层高，减轻结构自重的特点 （3）按施工方法分 按施工方法，可分为现浇式、装配式和装配整体式楼盖 现浇楼盖的刚度大，整体性好，抗震和抗冲击性能好，对不规则平面的适应性强，楼板开洞方便，其缺点是模板消耗量大，施工工期长。由于商品混凝土以及工具式模板的广泛应用，国内外的钢筋混凝土结构大多采用现浇式楼盖。见本书表 3-12 序号 1 中有关规定 我国的钢筋混凝土高层建筑中，多采用现浇混凝土结构楼盖 装配式楼盖由预制构件装配而成，便于机械化生产和施工，可以缩短工期。但装配式楼盖结构的整体性较差，防水性较差，不便于板上开洞。多用于结构简单、规则的工业建筑 装配整体式楼盖是由预制构件装配好后，由现浇混凝土面层或连接部位构成整体而成。它兼具现浇楼盖和装配式楼盖的部分优点，但施工较复杂 楼盖结构选型要满足房屋的使用要求和建筑造型要求，合理控制楼层的净高度

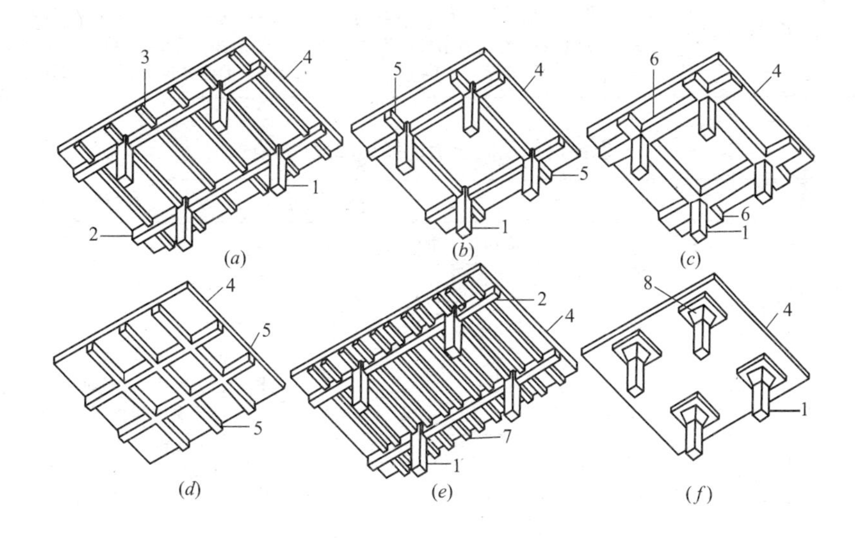

图 6-1　楼盖结构形式

(a)单向板肋梁楼盖；(b)双向板肋梁楼盖；(c)扁梁楼盖；(d)井式楼盖；(e)密肋楼盖；(f)无梁楼盖

1—柱；2—主梁；3—次梁；4—板；5—梁；6—扁梁；7—柱帽；8—柱托

6.1.3　楼盖构件及截面尺寸

楼盖构件及截面尺寸如表 6-3 所示。

楼盖构件及截面尺寸 **表 6-3**

序号	项目	内容
1	楼盖构件设计要求	(1) 混凝土板按下列原则进行计算： 1) 两对边支承的板应按单向板计算 2) 四边支承的板应按下列规定计算 ① 当长边与短边长度之比不大于 2.0 时，应按双向板计算 ② 当长边与短边长度之比大于 2.0，但小于 3.0 时，宜按双向板计算 ③ 当长边与短边长度之比不小于 3.0 时，宜按沿短边方向受力的单向板计算，并应沿长边方向布置构造钢筋 (2) 现浇混凝土板的尺寸宜符合下列规定： 1) 板的跨厚比：钢筋混凝土单向板不大于 30，双向板不大于 40；无梁支承的有柱帽板不大于 35，无梁支承的无柱帽板不大于 30。预应力板可适当增加；当板的荷载、跨度较大时宜适当减小 2) 现浇钢筋混凝土板的厚度不应小于表 6-4 规定的数值 (3) 单向板肋梁楼盖，可按以下步骤进行设计： 1) 结构平面布置，确定板厚和主、次梁的截面尺寸 2) 确定板和主、次梁的计算简图 3) 荷载及内力计算 4) 截面承载力计算，对跨度大、荷载大或情况特殊的梁、板还需进行变形和裂缝宽度验算 5) 根据计算结果及构造要求绘制施工图 单向板肋梁楼盖由板、次梁和主梁构成。次梁间距决定板的跨度，主梁间距决定次梁的跨度，柱网尺寸则决定主梁的跨度。梁格及柱网的布置应力求简单、规整、统一，方便设计和施工 (4) 梁、板的支承情况按表 6-5 采用 (5) 梁、板的计算跨度 l_0 是指在内力计算时所采用的跨间长度。按弹性理论进行计算时，计算跨度一般应取两支座反力之间的距离；按塑性理论进行计算时，计算跨度应取两塑性铰之间的距离。计算跨度的取值如表 6-6 所示
2	楼盖构件截面尺寸	在进行内力分析之前，必须先确定梁、板的截面尺寸。梁、板的截面尺寸应根据设计计算确定。根据设计实践经验，板的最小厚度应满足表 6-4 的要求；梁的截面尺寸应满足表 6-7 的要求，当满足表 6-7 的要求时，通常可不做挠度验算

现浇钢筋混凝土板的最小厚度(mm) **表 6-4**

序号	板的类别		最小厚度	高层建筑结构
1	单向板	屋面板	60	(1) 一般楼层应≥80mm (2) 板内有暗管时不宜小于 100mm (3) 顶层楼板不宜小于 120mm (4) 一般地下室顶板厚度不宜小于 160mm，作为上部结构嵌固部位的地下室顶板厚度不宜小于 180mm (5) 现浇预应力楼板不宜小于 150mm (6) 见本书中其他有关规定
2		民用建筑楼板	60	
3		工业建筑楼板	70	
4		行车道下的楼板	80	
5	双向板		80	
6	密肋楼盖	面板	50	
7		肋高	250	
8	悬臂板(根部)	悬臂长度不大于 500mm	60	
9		悬臂长度 1200mm	100	
10	无梁楼板		150	
11	现浇空心楼盖		200	

注：1. 单向板跨度 1.7～2.7m 较为经济合理，不宜超过 3m；

2. 单向板的经济配筋率为 0.4%～0.8%。

连续板、梁的支承　　**表 6-5**

序号	构件类型	边支座		中间支座	
		砌体	梁或柱	梁或砌体	柱
1	板	简支	固端	支承链杆	
2	次梁	简支	固端	支承链杆	
3	主梁	简支	$i_l/i_c>5$ 简支		$i_l/i_c>5$ 支承链杆
4			$i_l/i_c\leqslant5$ 框架梁		$i_l/i_c\leqslant5$ 框架梁

注：i_l、i_c 分别为主梁和柱的抗弯线刚度；支承链杆是位于支座宽度中点的能自由转动的刚杆。

梁、板的计算跨度 l_0　　**表 6-6**

序号	计算理论	构件名称	支承情况	计算跨度(l_0)
1	按弹性理论计算	单跨	两端搁置	板：$l_0=l_n+a$ 且 $l_0\leqslant l_n+h$ 梁：$l_0=l_n+a$ 且 $l_0\leqslant1.05l_n$
2			一端与支承构件整体连接，另一端搁置	板：$l_0=l_n+a/2$ 且 $l_0\leqslant l_n+h/2$ 梁：$l_0=l_n+a/2$ 且 $l_0\leqslant1.025l_n$
3			两端与支承构件整体连接	$l_0=l_n$
4		多跨	边跨	板：$l_0=l_n+a/2+b/2$ 且 $l_0\leqslant l_n+h/2+b/2$ 梁：$l_0=l_n+a/2+b/2$ 且 $l_0\leqslant1.025l_n+b/2$
5			中间跨	板：$l_0=l_c$ 且 $l_0\leqslant1.1l_n$ 梁：$l_0=l_c$ 且 $l_0\leqslant1.05l_n$
6	按塑性理论计算	两端搁置		板：$l_0=l_n+a$ 且 $l_0\leqslant l_n+h$ 梁：$l_0=l_n+a$ 且 $l_0\leqslant1.05l_n$
7		一端与支承构件整体连接，另一端搁置		板：$l_0=l_n+a/2$ 且 $l_0\leqslant l_n+h/2$ 梁：$l_0\leqslant1.025l_n$
8		两端与支承构件整体连接		$l_0=l_n$

注：表中的 l_0 为梁板的计算跨度；l_c 为支座中心线间的距离；l_n 为净跨；h 为板厚；a 为板、梁在墙上的支承长度；b 为中间支座宽度。

钢筋混凝土梁截面尺寸一般规定　　**表 6-7**

序号	梁的种类	梁的截面高度(h)	梁的截面宽度(b)	梁的常用跨度(l)
1	多跨连续次梁	$h=\left(\frac{1}{12}\sim\frac{1}{18}\right)l$	$b=\left(\frac{1}{2}\sim\frac{1}{3}\right)h$	$l=4\sim6$m
2	多跨连续主梁	$h=\left(\frac{1}{8}\sim\frac{1}{14}\right)l$	$b=\left(\frac{1}{2}\sim\frac{1}{3}\right)h$	$l=5\sim8$m
3	单跨简支梁	$h=\left(\frac{1}{8}\sim\frac{1}{14}\right)l$	$b=\left(\frac{1}{2}\sim\frac{1}{3}\right)h$	$l=5\sim8$m
4	框架梁	$h=\left(\frac{1}{10}\sim\frac{1}{18}\right)l$	$b=\left(\frac{1}{2}\sim\frac{1}{3}\right)h$ $b\geqslant200$mm	$l=5\sim8$m
5	悬臂梁	$h=\left(\frac{1}{5}\sim\frac{1}{6}\right)l$		$l\leqslant4$m
6	框支梁	$h=\left(\frac{1}{6}\sim\frac{1}{8}\right)l$		$l\leqslant9$m

注：1. 表中 h 为梁的截面高度，b 为梁的截面宽度，l 为梁的计算跨度；

2. 如构件计算长度 $l\geqslant9$m 时，表中的数值应乘以系数 1.2；

3. 现浇钢筋混凝土结构中，如主梁下部钢筋为单层配置时，一般主梁至少应比次梁高出 50mm，并应将次梁下部纵向钢筋设置在主梁下部纵向钢筋上面，以保证次梁支座反力传给主梁。如主梁下部钢筋为双层配置，或附加横向钢筋采用吊筋时，主梁应比次架高出 100mm；当次梁高度大于主梁时，应将次梁接近支座(主梁)附近设计成变截面，使主梁比次梁高出不小于 50mm；如主梁与次梁必须等高时，次梁底层钢筋应置于主梁底层钢筋上面并加强主梁在该处的箍筋或设置吊筋。

6.1.4 现浇单向肋梁楼盖结构平面布置及注意事项

现浇单向肋梁楼盖结构平面布置及注意事项如表 6-8 所示。

现浇单向肋梁楼盖结构平面布置及注意事项　　表 6-8

序号	项　目	内　容
1	结构平面布置	单向板肋梁楼盖结构平面布置方案通常有以下三种： （1）主梁横向布置，次梁纵向布置，如图 6-2*a* 所示。其优点是主梁和柱可形成横向框架，横向抗侧移刚度大。各榀横向框架间由纵向的次梁相连。房屋的整体性较好。此外，由于外纵墙处仅设次梁，故窗户高度可开得大些，对采光有利 （2）主梁纵向布置，次梁横向布置，如图 6-2*b* 所示。这种布置适用于横向柱距比纵向柱距大得多的情况。它的优点是减小了主梁的截面高度，增加室内净高 （3）只布置次梁，不设主梁，如图 6-2*c* 所示。它仅适用于有中间走道的砌体墙承重的混合结构房屋
2	注意事项	在进行楼盖的结构平面布置时，应注意以下问题： （1）受力合理。荷载传递要简捷，梁宜拉通，避免凌乱；主梁跨间最好不要只布置 1 根次梁、以减小主梁跨间弯矩的不均匀；要考虑建筑效果，尽量避免把梁，特别是主梁搁置在门、窗过梁上；在楼、屋面上有机器设备、冷却塔、悬挂装置等荷载比较大的地方，宜设次梁；楼板上开有较大尺寸(大于 800mm)的洞口时，应在洞口周边设置加劲的小梁 （2）满足建筑要求。不封闭的阳台、厨房间和卫生间的板面标高宜低于其他部位 30～50mm(现时，有室内地面装修的，也常做平)；当不做吊顶时，一个房间平面内不宜只放 1 根梁 （3）施工方便。梁的截面种类不宜过多，梁的布置尽可能规则、梁截面尺寸应考虑设置模板的方便，特别是采用钢模板时

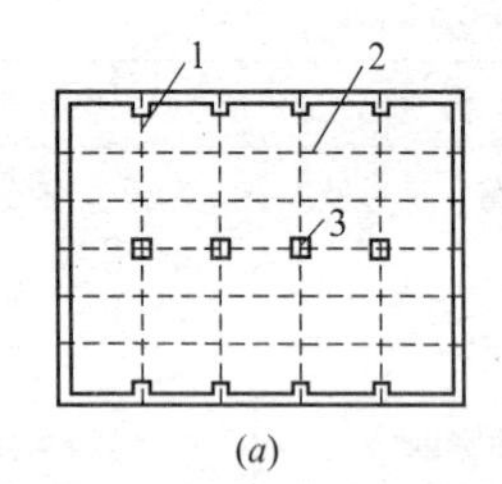

(*a*)

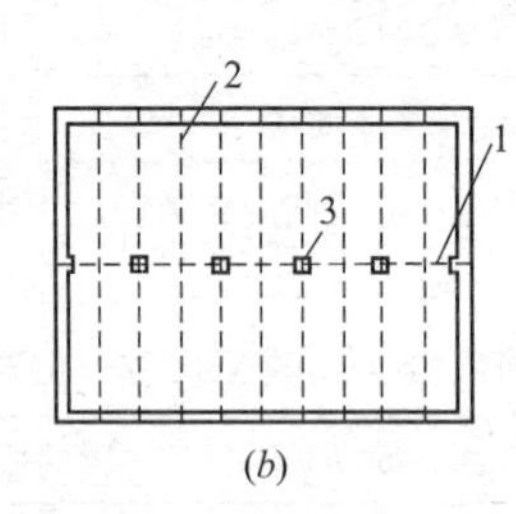

(*b*)

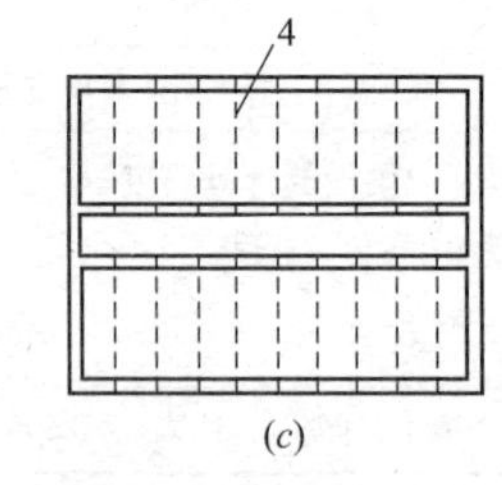

(*c*)

图 6-2　单向板肋梁楼盖结构布置方案

(*a*)主梁沿横向布置；(*b*)主梁沿纵向布置；(*c*)有中间走廊

1—主梁；2—次梁；3—柱；4—梁

6.2　高层建筑混凝土结构现浇单向板钢筋配置及图例

6.2.1 现浇混凝土结构单向板钢筋配置

现浇混凝土结构单向板钢筋配置如表 6-9 所示。

现浇混凝土结构单向板钢筋配置　　表 6-9

序号	项　目	内　容
1	板的受力钢筋配置	（1）板的受力钢筋的配置应由受弯承载力计算确定，并满足有关的构造要求 （2）现浇板中受力钢筋的直径如表 6-10 所示 （3）现浇板中采用绑扎钢筋作配筋时，其受力钢筋的间距应根据计算确定，但还应符合表 6-11 的规定

续表 6-9

序号	项　目	内　容
2	板的构造钢筋配置	(1) 按简支边或非受力边设计的现浇混凝土板，当与混凝土梁、墙整体浇筑或嵌固在砌体墙内时，应设置板面构造钢筋，并符合下列要求： 1) 钢筋直径不宜小于 8mm，间距不宜大于 200mm，且单位宽度内的配筋面积不宜小于跨中相应方向板底钢筋截面面积的 1/3。与混凝土梁、混凝土墙整体浇筑单向板的非受力方向，钢筋截面面积尚不宜小于受力方向跨中板底钢筋截面面积的 1/3 2) 钢筋从混凝土梁边、柱边、墙边伸入板内的长度不宜小于 $l_0/4$，砌体墙支座处钢筋伸入板边的长度不宜小于 $l_0/7$，其中计算跨度 l_0 对单向板按受力方向考虑，对双向板按短边方向考虑 3) 在楼板角部，宜沿两个方向正交、斜向平行或放射状布置附加钢筋 4) 钢筋应在梁内、墙内或柱内可靠锚固 (2) 当按单向板设计时，应在垂直于受力的方向布置分布钢筋，单位宽度上的配筋不宜小于单位宽度上的受力钢筋的 15%，且配筋率不宜小于 0.15%；分布钢筋直径不宜小于 6mm，间距不宜大于 250mm；当集中荷载较大时，分布钢筋的配筋面积尚应增加，且间距不宜大于 200mm 当有实践经验或可靠措施时，预制单向板的分布钢筋可不受本条的限制 (3) 在温度、收缩应力较大的现浇板区域，应在板的表面双向配置防裂构造钢筋。配筋率均不宜小于 0.10%，间距不宜大于 200mm。防裂构造钢筋可利用原有钢筋贯通布置，也可另行设置钢筋并与原有钢筋按受拉钢筋的要求搭接或在周边构件中锚固 楼板平面的瓶颈部位宜适当增加板厚和配筋。沿板的洞边、凹角部位宜加配防裂构造钢筋，并采取可靠的锚固措施 (4) 混凝土厚板及卧置于地基上的基础筏板，当板的厚度大于 2m 时，除应沿板的上、下表面布置的纵、横方向钢筋外，尚宜在板厚度不超过 1m 范围内设置与板面平行的构造钢筋网片，网片钢筋直径不宜小于 12mm，纵横方向的间距不宜大于 300mm (5) 当混凝土板的厚度不小于 150mm 时，对板的无支承边的端部，宜设置 U 形构造钢筋并与板顶、板底的钢筋搭接，搭接长度不宜小于 U 形构造钢筋直径的 15 倍且不宜小于 200mm；也可采用板面、板底钢筋分别向下、上弯折搭接的形式

现浇板中受力钢筋的直径(mm)　　　**表 6-10**

序号	钢筋直径	支承板			悬臂板		预制板
		板厚			悬出长度		板厚
		$h<100$	$100\leqslant h\leqslant 150$	$h>150$	$l\leqslant 500$	$l>500$	$h\leqslant 50$
1	最小钢筋直径	6	8	12	6	8	4
2	常用钢筋直径	6，8，10	8，10，12	12，14，16	8，10	8，10，12	4，5，6

注：现浇板中受力钢筋一般只配一种钢筋直径。

现浇板中受力钢筋的间距(mm)　　　**表 6-11**

序号	钢筋间距	跨中		支座	
		板厚 $h\leqslant 150$	板厚 $h>150$	下部	上部
1	最大钢筋间距	200	$1.5h$ 及$\leqslant 250$中的较小者	400	200
2	最小钢筋间距	70	70	70	70

注：1. 表中支座处下部受力钢筋截面面积不应小于跨中受力钢筋截面面积的 1/3；

2. 板中受力钢筋一般距墙边或梁边 50mm 开始配置，如图 6-3 所示。

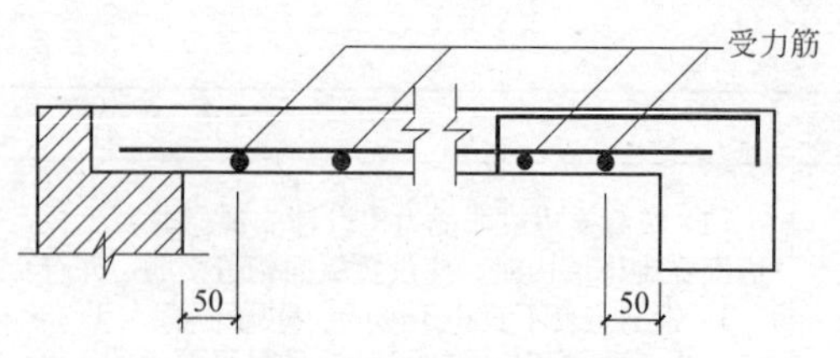

图 6-3　板中受力钢筋位置

6.2.2　现浇混凝土结构单向板配筋图例

现浇混凝土结构单向板配筋图例如表 6-12 所示。

现浇混凝土结构单向板配筋图例　　表 6-12

序号	项　目	内　容
1	分离式配筋	(1) 分离式配筋一般用于板厚 $h \leqslant 150$mm 的板 (2) 当多跨单向板采用分离式配筋时，跨中正弯矩钢筋宜全部伸入支座，支座负弯矩钢筋向跨内的延伸长度应满足覆盖负弯矩图和钢筋锚固的要求 (3) 单跨板的分离式配筋形式如图 6-4 所示 (4) 考虑塑性内力重分布设计的等跨连续板的分离式配筋形式如图 6-5 所示。板中的下部受力钢筋根据实际长度也可以采取连续配筋，不在中间支座处截断 (5) 跨度相差不大于 20%的不等跨连续板，考虑塑性内力重分布设计的分离式配筋形式如图 6-6 所示。板中下部钢筋根据实际长度可以采取连续配筋。当跨度相差大于 20%时，上部受力钢筋伸过支座边缘的长度应根据弯矩图形确定，并满足延伸长度的要求
2	弯起式配筋	(1) 弯起式配筋一般用于板厚 $h>150$mm 及经常承受动荷载的板 (2) 弯起配置时，钢筋弯起数量一般为 1/2，且不超过 2/3，弯起角度板厚不大于 200mm 时可采用 30°，板厚大于 200mm 时采用 45° (3) 单跨板的弯起式配筋形式如图 6-7 所示 (4) 等跨连续板的弯起式配筋形式如图 6-8 所示 (5) 跨度相差不大于 20%的不等跨连续板的弯起式配筋形式如图 6-9 所示。当跨度相差大于 20%时，上部受力钢筋伸过支座边缘的长度，应根据弯矩图形确定，并满足延伸长度的要求

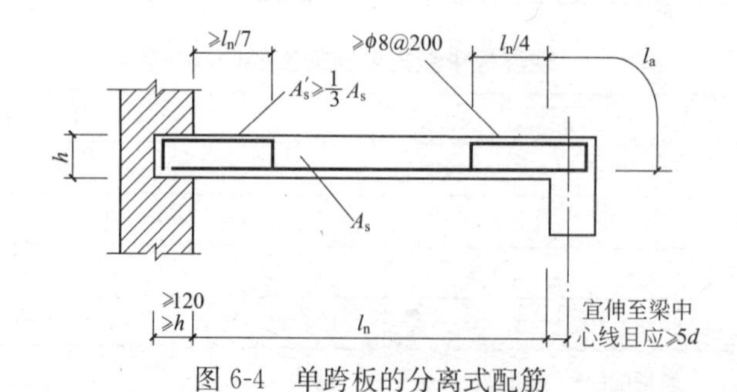

图 6-4　单跨板的分离式配筋

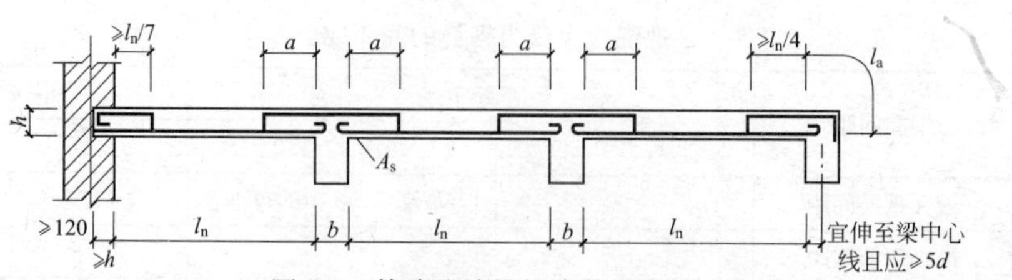

图 6-5　等跨连续板的分离式配筋

当 $q \leqslant 3g$ 时，$a \geqslant l_n/4$；当 $q>3g$ 时，$a \geqslant l_n/3$

式中　q——均布活荷载设计值；g——均布永久荷载设计值

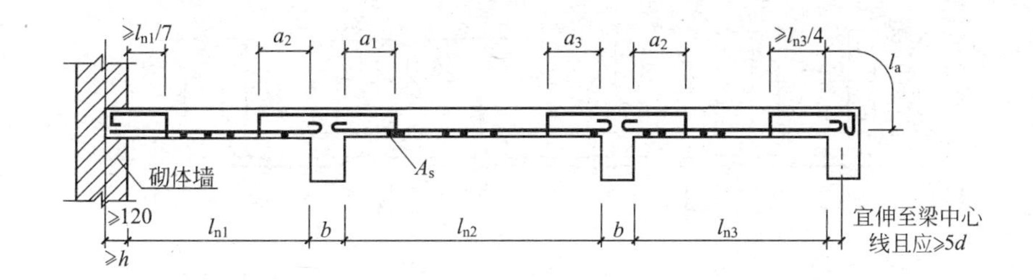

图 6-6　跨度相差不大于 20%的不等跨连续板的分离式配筋

当 $q \leqslant 3g$ 时，$a_1 \geqslant l_{n1}/4$，$a_2 \geqslant l_{n2}/4$，$a_3 = l_{n3}/4$；当 $q > 3g$ 时，$a_1 \geqslant l_{n1}/3$，$a_2 \geqslant l_{n2}/3$，$a_3 \geqslant l_{n3}/3$

式中　q——均布活荷载设计值；g——均布永久荷载设计值

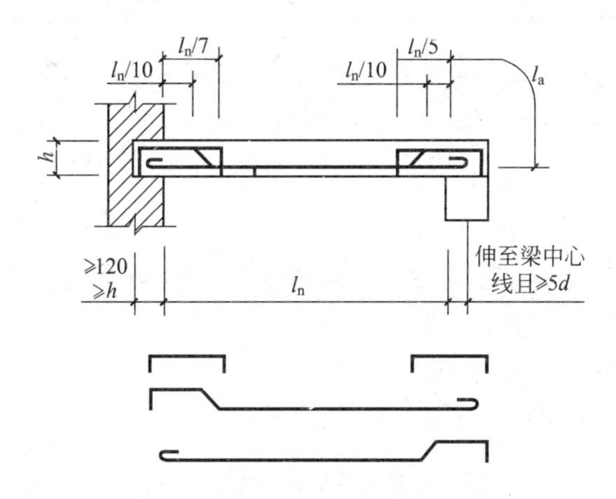

图 6-7　单跨板的弯起式配筋

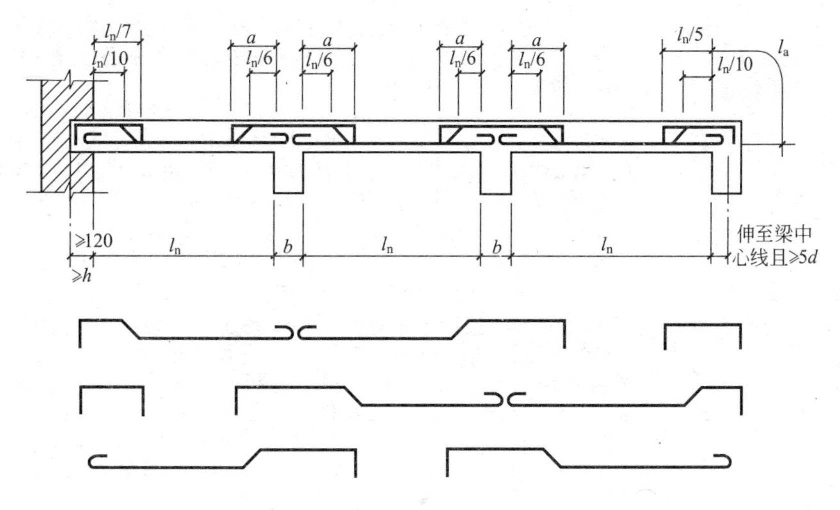

图 6-8　等跨连续板的弯起式配筋

当 $q \leqslant 3g$ 时，$a = l_n/4$；当 $q > 3g$ 时，$a = l_n/3$

式中　q——均布活荷载设计值；g——均布恒荷载设计值

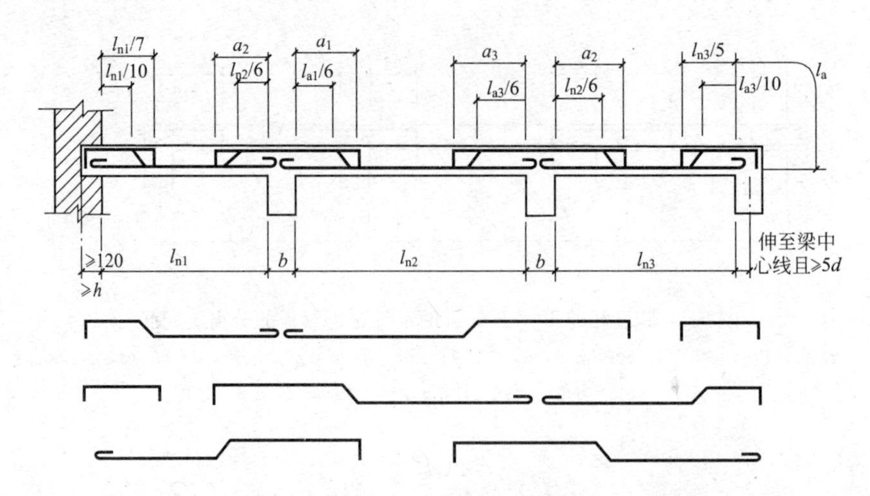

图 6-9 跨度相差不大于 20%的不等跨连续板的弯起式配筋

当 $q \leqslant 3g$ 时，$a_1 = l_{n1}/4$，$a_2 = l_{n2}/4$，$a_3 = l_{n3}/4$；当 $q > 3g$ 时，$a_1 = l_{n1}/3$，$a_2 = l_{n2}/3$，$a_3 = l_{n3}/3$

式中 q——均布活荷载设计值；g——均布恒荷载设计值

6.3 高层建筑混凝土结构现浇双向板钢筋配置及图例

6.3.1 现浇混凝土结构双向板钢筋配置

现浇混凝土结构双向板钢筋配置如表 6-13 所示。

现浇混凝土结构双向板钢筋配置 表 6-13

序号	项 目	内 容
1	定义、计算及配筋	(1) 在肋梁楼(屋)盖中，四边都支承在墙(或梁)上的钢筋混凝土矩形区格板，在均布荷载作用下其长边 l_2 与短边 l_1 的长度比值小于 3，但大于 2 时的板称为双向板，如图 6-10 所示 (2) 四边支承板应按以下原则计算：当长边与短边长度比值不小于 3 时，可按沿短边方向受力的单向板计算；当长边与短边长度比值大于 2，但小于 3 时，宜按双向板计算；其中当长边与短边长度比值介于 2 到 3 之间时，亦可按沿短边方向的单向板计算，但应沿长边方向布置足够数量的构造钢筋；当长边与短边长度比值不大于 2 时，应按双向板计算 (3) 当按双向板设计时，应沿两个相互垂直的方向布置受力钢筋
2	板带的划分及配筋	(1) 按弹性理论计算的双向板，当短边跨度 $l_1 \geqslant 2500$mm 时，为节省板底部钢筋可将板在两个方向各分为三个板带。两边板带的宽度均为短边跨度 l_1 的 1/4，其余则为中间板带，如图 6-11 所示。在中间板带内，应按最大跨中计算弯矩配筋，而在边板带内的配筋各为其相应中间板带的一半，且每米宽度内的钢筋间距应符合表 6-11 的要求。此时，连续板的中间支座按最大计算负弯矩配筋，可不分板带均匀配置。当短边跨度 $l_1 < 2500$mm 时，则不分板带。跨中及支座均按计算弯矩均匀配筋 (2) 按塑性理论计算的双向板，为施工方便，跨中及支座钢筋皆可均匀配置而不分板带(跨中钢筋的全部或一半伸入支座) (3) 双向板当同一截面部位的纵横两个方向弯矩同号时，纵横钢筋必须分别选置，此时应将较大弯矩方向的受力钢筋配置在外层，另一方向的受力钢筋设在内层 (4) 板的最小厚度应符合本书中的有关规定

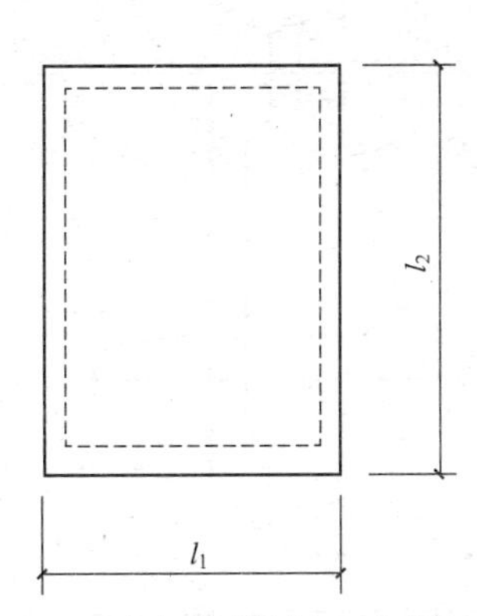

图 6-10　四边支承(简支)双向板($l_1 < l_2$)

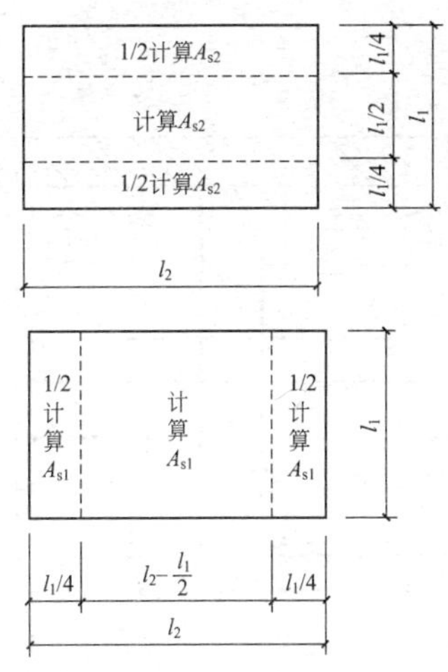

图 6-11　双向板的板带划分($l_1 < l_2$)

6.3.2　现浇混凝土结构双向板配筋图例

现浇混凝土结构双向板配筋图例如表 6-14 所示。

现浇混凝土结构双向板配筋图例　　表 6-14

序号	项　目	内　容
1	分离式配筋	(1) 按弹性理论计算，板的底部钢筋均匀配置的四边支承单跨双向板的分离式配筋形式如图 6-12 所示 (2) 按弹性理论计算，板的底部钢筋均匀配置的四边支承连续双向板的分离式配筋形式如图 6-13 所示
2	弯起式配筋	(1) 钢筋混凝土四边支承单跨双向板的弯起式配筋形式如图 6-14 所示 (2) 钢筋混凝土四边支承多跨双向板的弯起式配筋形式如图 6-15 及图 6-16 所示
3	其他要求	(1) 现浇双向板受力钢筋的配置分为分离式和弯起式两种。跨中受力钢筋小跨度方向布置在下，大跨度方向布置在上。支座上部钢筋，分离式配置时，可按图 6-12 和图 6-13 所示；弯起式配置时，支座上部除利用跨中弯起的 1/2～1/3 外，不足时可增设直钢筋(图 6-14、图 6-15 及图 6-16) (2) 现浇双向板，当跨中设置后浇带时，相邻两边的上部钢筋应考虑施工后浇带灌混凝土前的悬臂作用而予以适当加强 (3) 板内埋设机电暗管时，管外径不得大于板厚的 1/3，管子交叉处可不受此限制

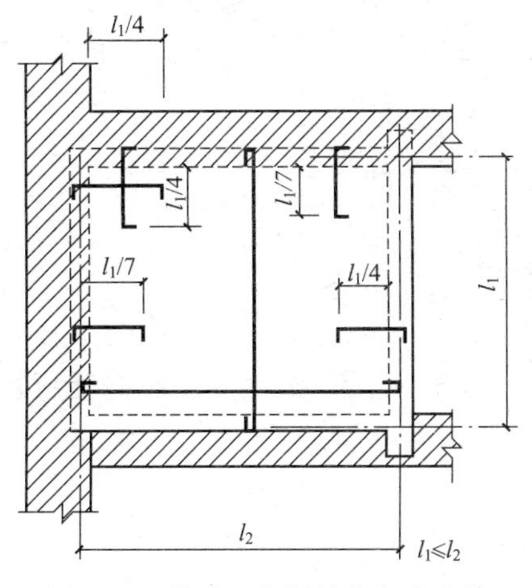

图 6-12　单跨双向板的分离式配筋

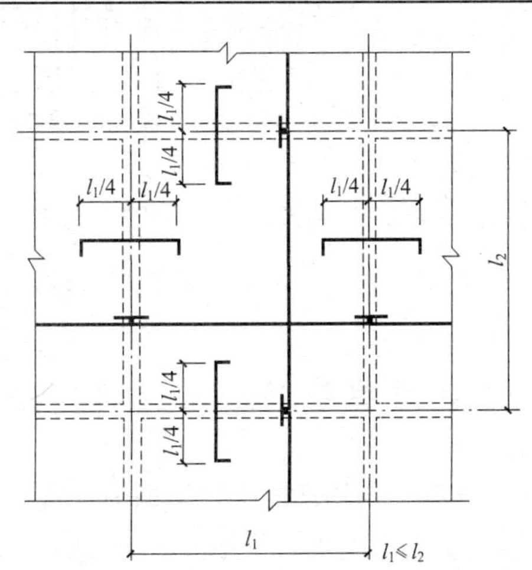

图 6-13　连续双向板的分离式配筋

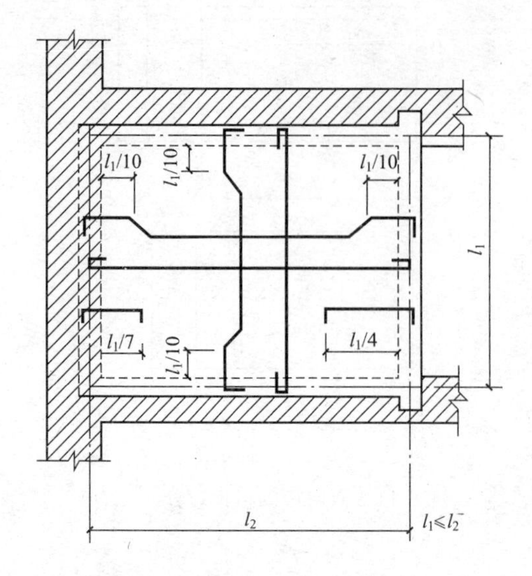

图 6-14　单跨双向板的弯起式配筋

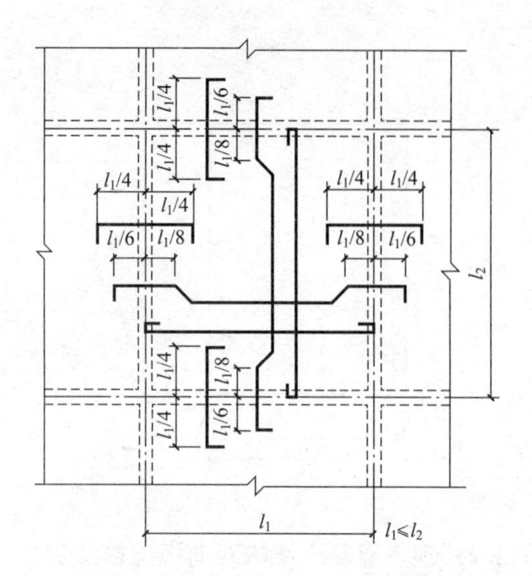

图 6-15　多跨双向板弯起式配筋图(1)

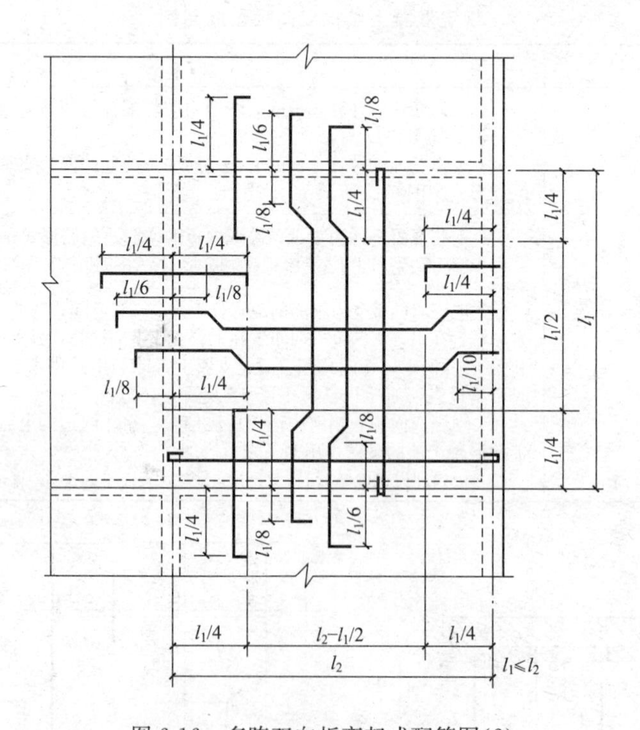

图 6-16　多跨双向板弯起式配筋图(2)

6.4　高层建筑混凝土结构现浇楼盖梁钢筋配置及主次梁截面设计

6.4.1　混凝土结构现浇楼盖梁钢筋配置

混凝土结构现浇楼盖梁钢筋配置要求如表 6-15 所示。

混凝土结构现浇楼盖梁钢筋配置要求　　表 6-15

序号	项　目	内　容
1	梁的纵向钢筋配置	(1) 梁的纵向受力钢筋应符合下列规定： 1) 伸入梁支座范围内的钢筋不应少于 2 根 2) 梁高不小于 300mm 时，钢筋直径不应小于 10mm；梁高小于 300mm 时，钢筋直径不应小于 8mm 3) 梁上部钢筋水平方向的净间距不应小于 30mm 和 1.5d；梁下部钢筋水平方向的净间距不应小于 25mm 和 d。当下部钢筋多于 2 层时，2 层以上钢筋水平方向的中距应比下面 2 层的中距增大一倍；各层钢筋之间的净间距不应小于 25mm 和 d，d 为钢筋的最大直径 4) 在梁的配筋密集区域宜采用并筋的配筋形式 (2) 钢筋混凝土简支梁和连续梁简支端的下部纵向受力钢筋，从支座边缘算起伸入支座内的锚固长度应符合下列规定： 1) 当 V 不大于 $0.7f_tbh_0$ 时，不小于 $5d$；当 V 大于 $0.7f_tbh_0$ 时，对带肋钢筋不小于 $12d$，对光圆钢筋不小于 $15d$，d 为钢筋的最大直径 2) 如纵向受力钢筋伸入梁支座范围内的锚固长度不符合本条第 1)款要求时，可采取弯钩或机械锚固措施，并应满足本书表 2-58 序号 2 的规定采取有效的锚固措施 3) 支承在砌体结构上的钢筋混凝土独立梁，在纵向受力钢筋的锚固长度范围内应配置不少于 2 个箍筋，其直径不宜小于 $d/4$，d 为纵向受力钢筋的最大直径；间距不宜大于 $10d$，当采取机械锚固措施时箍筋间距尚不宜大于 $5d$，d 为纵向受力钢筋的最小直径 混凝土强度等级为 C25 及以下的简支梁和连续梁的简支端，当距支座边 1.5h 范围内作用有集中荷载，且 V 大于 $0.7f_tbh_0$ 时，对带肋钢筋宜采取有效的锚固措施，或取锚固长度不小于 $15d$，d 为锚固钢筋的直径 (3) 钢筋混凝土梁支座截面负弯矩纵向受拉钢筋不宜在受拉区截断，当需要截断时，应符合以下规定： 1) 当 V 不大于 $0.7f_tbh_0$ 时，应延伸至按正截面受弯承载力计算不需要该钢筋的截面以外不小于 $20d$ 处截断，且从该钢筋强度充分利用截面伸出的长度不应小于 $1.2l_a$ 2) 当 V 大于 $0.7f_tbh_0$ 时，应延伸至按正截面受弯承载力计算不需要该钢筋的截面以外不小于 h_0 且不小于 $20d$ 处截断，且从该钢筋强度充分利用截面伸出的长度不应小于 $1.2l_a$ 与 h_0 之和 3) 若按本条上述第 1)、2)款确定的截断点仍位于负弯矩对应的受拉区内，则应延伸至按正截面受弯承载力计算不需要该钢筋的截面以外不小于 $1.3h_0$ 且不小于 $20d$ 处截断，且从该钢筋强度充分利用截面伸出的长度不应小于 $1.2l_a$ 与 $1.7h_0$ 之和 (4) 在钢筋混凝土悬臂梁中，应有不少于 2 根上部钢筋伸至悬臂梁外端，并向下弯折不小于 $12d$；其余钢筋不应在梁的上部截断，而应按本表序号 2 之(2)条规定的弯起点位置向下弯折，并按本表序号 2 之(1)条的规定在梁的下边锚固 (5) 梁内受扭纵向钢筋的最小配筋率 $\rho_{tl,min}$ 应符合表 2-93 的规定 (6) 梁的上部纵向构造钢筋应符合下列要求： 1) 当梁端按简支计算但实际受到部分约束时，应在支座区上部设置纵向构造钢筋。其截面面积不应小于梁跨中下部纵向受力钢筋计算所需截面面积的 1/4，且不应少于 2 根。该纵向构造钢筋自支座边缘向跨内伸出的长度不应小于 $l_0/5$，l_0 为梁的计算跨度 2) 对架立钢筋，当梁的跨度小于 4m 时，直径不宜小于 8mm；当梁的跨度为 4～6m 时，直径不应小于 10mm；当梁的跨度大于 6m 时，直径不宜小于 12mm
2	梁中横向配筋	(1) 混凝土梁宜采用箍筋作为承受剪力的钢筋 当采用弯起钢筋时，弯起角宜取 45°或 60°；在弯终点外应留有平行于梁轴线方向的锚固长度，且在受拉区不应小于 $20d$，在受压区不应小于 $10d$，d 为弯起钢筋的直径；梁底层钢筋中的角部钢筋不应弯起，顶层钢筋中的角部钢筋不应弯下 (2) 在混凝土梁的受拉区中，弯起钢筋的弯起点可设在按正截面受弯承载力计算不需要该钢筋的截面之前，但弯起钢筋与梁中心线的交点应位于不需要该钢筋的截面之外(图 6-17)；同时弯起点与按计算充分利用该钢筋的截面之间的距离不应小于 $h_0/2$

续表 6-15

序号	项　目	内　容
2	梁中横向配筋	当按计算需要设置弯起钢筋时，从支座起前一排的弯起点至后一排的弯终点的距离不应大于下述(3)中“$V>0.7f_tbh_0$”时的箍筋最大间距。弯起钢筋不得采用浮筋 (3) 梁中箍筋的配置应符合下列规定： 1) 按承载力计算不需要箍筋的梁，当截面高度大于300mm时，应沿梁全长设置构造箍筋；当截面高度h=150～300mm时，可仅在构件端部$l_0/4$范围内设置构造箍筋，l_0为跨度。但当在构件中部$l_0/2$范围内有集中荷载作用时，则应沿梁全长设置箍筋。当截面高度小于150mm时，可以不设置箍筋 2) 截面高度大于800mm的梁，箍筋直径不宜小于8mm；对截面高度不大于800mm的梁，不宜小于6mm。梁中配有计算需要的纵向受压钢筋时，箍筋直径尚不应小于$d/4$，d为受压钢筋最大直径 3) 梁中箍筋的最大间距宜符合表6-16的规定；当V大于$0.7f_tbh_0$时，箍筋的配筋率$\rho_{sv}[\rho_{sv}=A_{sv}/(bs)]$尚不应小于$0.24f_t/f_{yv}$(表2-95) 4) 当梁中配有按计算需要的纵向受压钢筋时，箍筋应符合以下规定： ① 箍筋应做成封闭式，且弯钩直线段长度不应小于$5d$，d为箍筋直径 ② 箍筋的间距不应大于$15d$，并不应大于400mm。当一层内的纵向受压钢筋多于5根且直径大于18mm时，箍筋间距不应大于$10d$，d为纵向受压钢筋的最小直径 ③ 当梁的宽度大于400mm且一层内的纵向受压钢筋多于3根时，或当梁的宽度不大于400mm但一层内的纵向受压钢筋多于4根时，应设置复合箍筋 (4) 在弯剪扭构件中，箍筋的配筋率ρ_{sv}不应小于$0.28f_t/f_{yv}$(见表2-95) 箍筋间距应符合表6-16的规定，其中受扭所需的箍筋应做成封闭式，且应沿截面周边布置。当采用复合箍筋时，位于截面内部的箍筋不应计入受扭所需的箍筋面积。受扭所需箍筋的末端应做成135°弯钩，弯钩端头平直段长度不应小于$10d$，d为箍筋直径 在超静定结构中，考虑协调扭转而配置的箍筋，其间距不宜大于$0.75b$，此处b按本书表6-30序号1的规定取用，但对箱形截面构件，b均应以b_h代替
3	梁的局部配筋	(1) 位于梁下部或梁截面高度范围内的集中荷载，应全部由附加横向钢筋承担；附加横向钢筋宜采用箍筋 箍筋应布置在长度为$2h_1$与$3b$之和的范围内(图6-18)。当采用吊筋时，弯起段应伸至梁的上边缘，且末端水平段长度不应小于本表序号1之(1)条的规定 附加横向钢筋所需的总截面面积应符合下列规定： $$A_{sv}\geqslant\frac{F}{f_{yv}\sin\alpha} \quad (6\text{-}1)$$ 式中 A_{sv}——承受集中荷载所需的附加横向钢筋总截面面积；当采用附加吊筋时，A_{sv}应为左、右弯起段截面面积之和 F——作用在梁的下部或梁截面高度范围内的集中荷载设计值 α——附加横向钢筋与梁轴线间的夹角 由公式(6-1)得制表公式为 $$F=A_{sv}f_{yv}\sin\alpha=[F] \quad (6\text{-}2)$$ 附加箍筋承载力计算用表，如表6-17所示 附加吊筋承载力计算用表，如表6-18所示 (2) 折梁的内折角处应增设箍筋(图6-19)。箍筋应能承受未在压区锚固纵向受拉钢筋的合力，且在任何情况下不应小于全部纵向钢筋合力的35% 由箍筋承受的纵向受拉钢筋的合力按下列公式计算： 未在受压区锚固的纵向受拉钢筋的合力为： $$N_{s1}=2f_yA_{s1}\cos\frac{\alpha}{2} \quad (6\text{-}3)$$ 全部纵向受拉钢筋合力的35%为： $$N_{s2}=0.7f_yA_s\cos\frac{\alpha}{2} \quad (6\text{-}4)$$ 式中 A_s——全部纵向受拉钢筋的截面面积 A_{s1}——未在受压区锚固的纵向受拉钢筋的截面面积 α——构件的内折角

续表 6-15

序号	项　目	内　容
3	梁的局部配筋	按上述条件求得的箍筋应设置在长度 s 等于 $h\tan(3\alpha/8)$ 的范围内 （3）梁的腹板高度 h_w 不小于 450mm 时，在梁的两个侧面应沿高度配置纵向构造钢筋。每侧纵向构造钢筋（不包括梁上、下部受力钢筋及架立钢筋）的间距不宜大于 200mm，截面面积不应小于腹板截面面积（bh_w）的 0.1%，但当梁宽较大时可以适当放宽。此处，腹板高度 h_w 按本书表 7-20 序号 2 有关的规定取用 （4）薄腹梁或需作疲劳验算的钢筋混凝土梁，应在下部 1/2 梁高的腹板内沿两侧配置直径 8～14mm 的纵向构造钢筋，其间距为 100～150mm 并按下密上疏的方式布置。在上部 1/2 梁高的腹板内，纵向构造钢筋可按上述（3）条的规定配置 （5）当梁的混凝土保护层厚度大于 50mm 且配置表层钢筋网片时，应符合下列规定： 1）表层钢筋宜采用焊接网片，其直径不宜大于 8mm，间距不应大于 150mm；网片应配置在梁底和梁侧，梁侧的网片钢筋应延伸至梁高的 2/3 处 2）两个方向上表层网片钢筋的截面积均不应小于相应混凝土保护层（图 6-20 阴影部分）面积的 1%

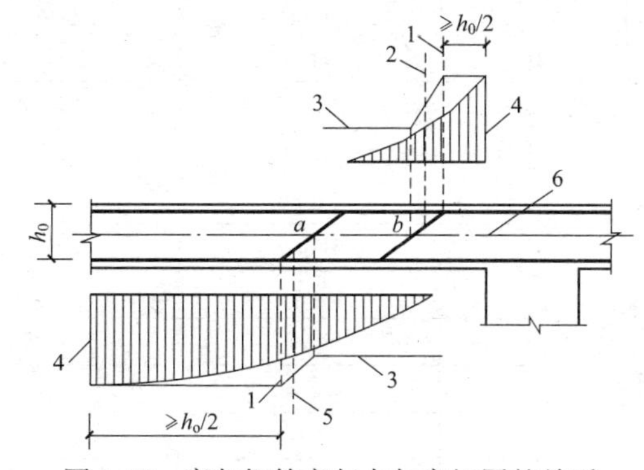

图 6-17　弯起钢筋弯起点与弯矩图的关系

1—受拉区的弯起点；2—按计算不需要钢筋“b”的截面；3—正截面受弯承载力图；4—按计算充分利用钢筋“a”或“b”强度的截面；5—按计算不需要钢筋“a”的截面，6—梁中心线

梁中箍筋的最大间距（mm）　**表 6-16**

序号	梁高 h	$V>0.7f_tbh_0$	$V\leqslant0.7f_tbh_0$
1	$150<h\leqslant300$	150	200
2	$300<h\leqslant500$	200	300
3	$500<h\leqslant800$	250	350
4	$h>800$	300	400

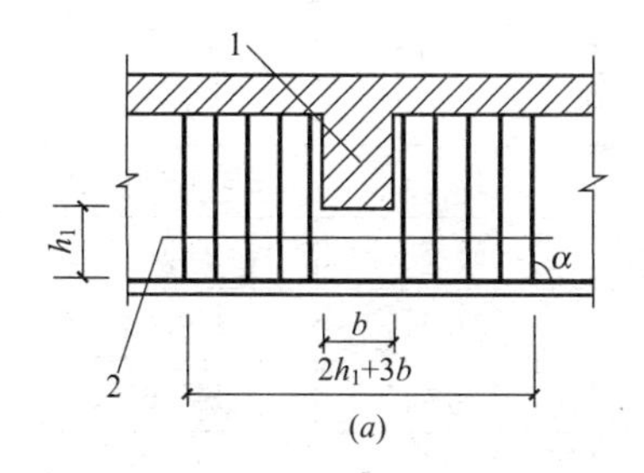

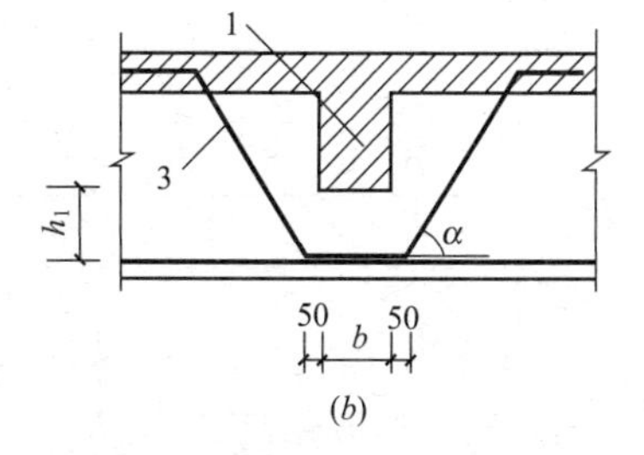

图 6-18　梁截面高度范围内有集中荷载作用时附加横向钢筋的布置

注：图中尺寸单位 mm。

（a）附加箍筋；（b）附加吊筋

1—传递集中荷载的位置；2—附加箍筋；3—附加吊筋

附加箍筋承受集中荷载承载力［F］(kN) 表 6-17

钢筋强度设计值	箍筋		箍筋个数		
	肢数	直径(mm)	每边1个(共2个)	每边2个(共4个)	每边3个(共6个)
$f_{yv}=270N/mm^2$	双肢	6	30.6	61.1	91.7
		8	54.3	108.6	163.0
		10	84.8	169.6	254.3
		12	122.1	244.3	366.4
	四肢	6	61.1	122.3	183.4
		8	108.6	217.3	325.9
		10	169.6	339.1	508.7
		12	244.3	488.6	732.9
$f_{yv}=300N/mm^2$	双肢	6	33.9	67.9	101.8
		8	60.3	120.6	181.0
		10	94.2	188.5	282.7
		12	135.7	271.4	407.2
	四肢	6	67.9	135.7	203.6
		8	120.6	241.3	361.9
		10	188.5	377.0	565.5
		12	271.4	542.9	814.3
$f_{yv}=360N/mm^2$	双肢	6	40.8	81.5	122.3
		8	72.4	144.9	217.3
		10	113.0	226.1	339.1
		12	162.9	325.7	488.6
	四肢	6	81.5	163.0	244.5
		8	144.9	189.7	434.6
		10	226.1	452.2	678.2
		12	325.7	651.5	977.2

注：见图 6-18(a)。

附加吊筋承受集中荷载承载力［F］(kN) 表 6-18

钢筋强度设计值	钢筋直径(mm)	弯起角度			
		$\alpha=45°$		$\alpha=60°$	
		1根	2根	1根	2根
$f_{yv}=270N/mm^2$	12	43.19	86.37	52.89	105.78
	14	58.76	117.53	71.97	143.94
	16	76.78	153.58	94.05	188.09
	18	97.18	194.36	119.02	338.04
	20	119.97	239.95	146.94	293.87
	22	145.14	290.27	177.76	355.51
	25	187.44	374.89	229.57	459.14
	28	235.14	470.27	287.98	575.96
	32	307.07	614.15	376.09	752.17

续表 6-18

钢筋强度设计值	钢筋直径(mm)	弯起角度			
		$\alpha=45°$		$\alpha=60°$	
		1 根	2 根	1 根	2 根
$f_{yv}=300N/mm^2$	12	47.98	95.97	58.77	117.53
	14	65.31	130.62	79.99	159.98
	16	85.30	170.61	104.47	208.95
	18	107.96	215.92	132.23	264.45
	20	133.29	266.57	163.24	326.48
	22	161.28	322.55	197.52	395.05
	25	208.26	416.52	255.07	510.13
	28	261.24	522.48	319.95	639.91
	32	341.21	682.43	417.90	835.80
$f_{yv}=360N/mm^2$	12	57.58	115.16	70.52	141.04
	14	78.35	156.71	95.96	191.93
	16	102.38	204.77	125.39	250.79
	18	129.57	259.14	158.69	317.38
	20	159.56	319.93	195.92	391.83
	22	193.52	387.03	237.01	474.01
	25	249.93	499.85	306.09	612.19
	28	313.51	627.03	383.97	767.95
	32	409.43	818.86	501.45	1002.90

注：见图 6-18(b)。

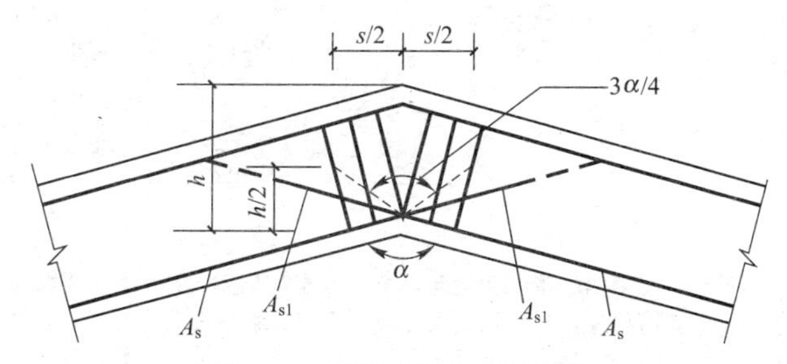

图 6-19　折梁内折角处的配筋

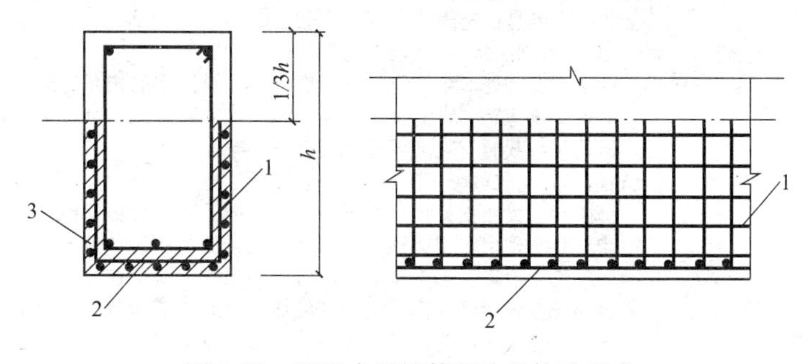

图 6-20　配置表层钢筋网片的构造要求

1—梁侧表层钢筋网片；2—梁底表层钢筋网片；3—配置网片钢筋区域

6.4.2　现浇混凝土楼盖次梁和主梁的截面设计

现浇混凝土楼盖次梁和主梁的截面设计如表 6-19 所示。

现浇混凝土楼盖次梁和主梁的截面设计　表 6-19

序号	项　目	内　容
1	次梁	(1) 设计要点 次梁的跨度和截面要求如表 6-7 所示。纵向钢筋的配筋率一般为 0.6%～1.5% 在现浇助梁楼盖中，板可作为次梁的上翼缘。在跨内正弯矩区段，板位于受压区，故应按 T 形截面计算，翼缘计算宽度 b_f' 可按表 6-20 的有关规定确定；在支座附近的负弯矩区段，板处于受拉区，应按矩形截面计算 当次梁考虑塑性内力重分布时，调幅截面的相对受压区高度应满足 $\xi \leqslant 0.35h_0$ 的限制，此外在斜截面受剪承载力计算中，为避免梁因出现剪切破坏而影响其内力重分布，应将计算所需的箍筋面积增大 20%。增大范围如下：当为集中荷载时，取支座边至最近一个集中荷载之间的区段；当为均布荷载时，取 $1.05h_0$，此处 h_0 为梁截面有效高度 (2) 配筋构造 次梁的一般构造要求与受弯构件的配筋构造相同。次梁的配筋方式也有弯起式和连续式，如图 6-21 所示。沿梁长纵向钢筋的弯起和切断，原则上应按弯矩及剪力包络图确定。但对于相邻跨跨度相差不超过 20%，活荷载和恒荷载的比值 $q/g \leqslant 3$ 的连续梁，可参考图 6-21 布置钢筋 按图 6-21a，中间支座负钢筋的弯起，第一层的上弯点距支座边缘为 50mm；第二层、第三层上弯点距支座边缘分别为 h 和 $2h$ 支座处上部受力钢筋总面积为 A_s，则第一批截断的钢筋面积不得超过 $A_s/2$，延伸长度从支座边缘起不小于 $l_n/5+20d$（d 为截断钢筋的直径）；第二批截断的钢筋面积不得超过 $A_s/4$，延伸长度不小于 $l_n/3$。所余下的纵筋面积不小于 $A_s/4$，且不少于两根，可用来承担部分负弯矩并兼作架立钢筋，其伸入边支座的锚固长度不得小于 l_a 位于次梁下部的纵向钢筋除弯起的外，应全部伸入支座，不得在跨间截断。下部纵筋伸入边支座和中间支座的锚固长度详见本书的有关规定 连续次梁因截面上、下均配置受力钢筋，所以一般均沿梁全长配置封闭式箍筋，第一根箍筋可距支座边 50mm 处开始布置，同时在简支端的支座范围内，一般宜布置一根箍筋
2	主梁	主梁的跨度和截面要求如表 6-7 所示。主梁除承受自重和直接作用在主梁上的荷载外，主要是次梁传来的集中荷载。为简化计算，可将主梁的自重等效成集中荷载，其作用点与次梁的位置相同。因梁、板整体浇筑，故主梁跨内截面按 T 形截面计算，支座截面按矩形截面计算 如果主梁是框架横梁，水平荷载(如风载、水平地震作用等)也会在梁中产生弯矩和剪力，此时，应按框架梁设计 在主梁支座处，主梁与次梁截面的上部纵向钢筋相互交叉重叠(图 6-22)，致使主梁承受负弯矩的纵筋位置下移，梁的有效高度减小。所以在计算主梁支座截面负钢筋时，截面有效高度 h_0 应取：一排钢筋时，$h_0=h-(50\sim60)$mm；两排钢筋时，$h_0=h-(70\sim80)$mm，h 是截面高度 次梁与主梁相交处，在主梁高度范围内受到次梁传来的集中荷载的作用。此集中荷载并非作用在主梁顶面，而是靠次梁的剪压区传递至主梁的腹部。所以在主梁局部长度上将引起主拉应力，特别是当集中荷载作用在主梁的受拉区时，会在梁腹部产生斜裂缝，而引起局部破坏。为此，需设置附加横向钢筋，把此集中荷载传递到主梁顶部受压区。详见表 6-15 序号 3 之(1)的规定

T 形及倒 L 形截面受弯构件翼缘计算宽度 b_f'　　　　**表 6-20**

序号	考虑情况		T 形或 I 形截面		倒 L 形截面
			肋形梁（板）	独立梁	肋形梁（板）
1	按计算跨度 l_0 考虑		$l_0/3$	$l_0/3$	$l_0/6$
2	按梁（肋）净距 S_n 考虑		$b+S_n$	—	$b+S_n/2$
3	按翼缘高度 h_f' 考虑	当 $h_f'/h_0 \geqslant 0.1$	—	$b+12h_f'$	—
		当 $0.1>h_f'/h_0 \geqslant 0.05$	$b+12h_f'$	$b+6h_f'$	$b+5h_f'$
		当 $h_f'/h_0<0.05$	$b+12h_f'$	b	$b+5h_f'$

注：1. 表中 b 为梁（肋）的腹板宽度；

2. 对有加腋的 T 形和倒 L 形截面，当受压区加腋的高度 $h_b \geqslant h_f'$ 且加腋的长度 $b_h \leqslant 3h_f$ 时，则其翼缘计算宽度可按表中序号 3 的规定分别增加 $2b_n$（T 形截面）和 b_h（倒 L 形截面）；

3. 如肋形梁在梁跨内设有间距小于纵肋间距的横肋时，可不遵守表中序号 3 的规定；

4. 独立梁受压区的翼缘板在荷载作用下，经验算沿纵肋方向可能产生裂缝时，则计算宽度取为腹板宽度。

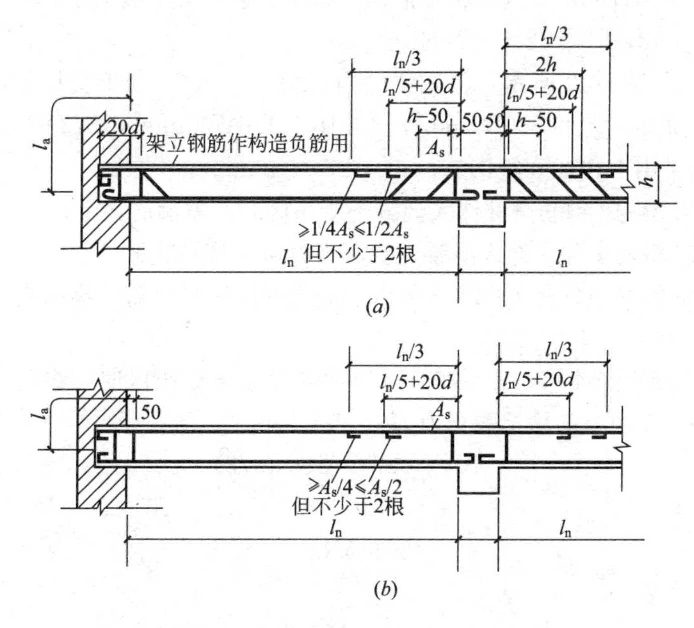

图 6-21　次梁的钢筋布置

(a)有弯起钢筋；(b)无弯起钢筋

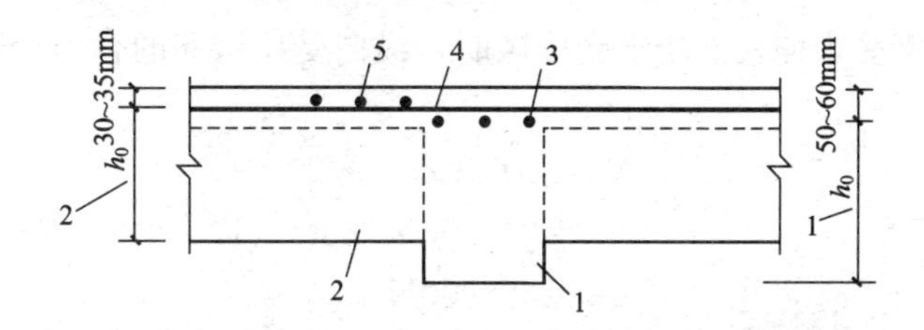

图 6-22　主梁与次梁节点处的截面有效高度

1—主梁；2—次梁；3—主梁钢筋；4—次梁钢筋；5—板钢筋

6.4.3 计算例题

【例题 6-1】 已知 $F=243kN$，采用附加箍筋，$\alpha=90°$，钢筋种类为 HPB300 级钢筋，$f_{yv}=270N/mm^2$。试求附加箍筋的数量。

【解】 由公式(6-1)计算，得

$$A_{sv}=\frac{F}{f_{yv}\text{Sin}\alpha}=\frac{243000}{270\times\text{Sin}90°}=900mm^2$$

选用 8Φ12，$A_{sv}=904mm^2$，因系双肢箍，故取 4Φ12，即每边 2Φ12。查表 6-17 可得同样结果(每边 2Φ12，[F]=244.3kN>243kN)。

【例题 6-2】 已知 $F=215kN$，采用附加吊筋，$\alpha=45°$，钢筋种类为 HRB335 级钢筋，$f_{yv}=300N/mm^2$。试求附加吊筋的数量。

【解】 由公式(6-1)计算，得

$$A_{sv}=\frac{F}{f_{yv}\text{Sin}\alpha}=\frac{215000}{300\times\text{Sin}45°}=1014mm^2$$

选用 4Φ18，$A_{sv}=1017mm^2$，因每根吊筋两边都有弯起部分，故取 2Φ18 吊筋。查表 6-18 可得同样结果(2Φ18，[F]=215.92kN>215kN)。

【例题 6-3】 如图 6-19 所示，已知梁的内折角 $\alpha=120°$，处于受拉区，纵向受拉钢筋采用 HRB335 级钢筋，$f_y=300N/mm^2$，3Φ18，$A_s=763mm^2$，$S/2=346.5mm$，$h/2=346.5mm$。箍筋采用 HPB300 级钢筋，$f_{yv}=270N/mm^2$。

试求：(1) 当 3Φ18 钢筋全部伸入混凝土受压区时所需箍筋数量；

(2) 当 3Φ18 钢筋全部未伸入混凝土受压区时所需箍筋数量；

(3) 当 3Φ18 钢筋中只有 1Φ18 未伸入混凝土受压区时所需的箍筋数量。

【解】

(1) 全部纵向钢筋 3Φ18($A_s=763mm^2$)伸入混凝土受压区时，纵向受拉钢筋合力的 35%由箍筋承担，需由箍筋承担的合力为

$$\begin{aligned}N_{s2}&=0.7f_yA_s\cos(\alpha/2)\\&=0.7\times300\times763\cos(120°/2)\\&=80115N\end{aligned}$$

应增设箍筋面积：

$$A_{sv}=N_{s2}/f_{yv}=80115/270=297mm^2$$

选用 3Φ8 双肢箍筋，$A_{sv}=302mm^2$，箍筋设置范围的长度为

$$S=h\text{tg}(3\alpha/8)=693\times\text{tg}(3\times120°/8)=693mm$$

(2) 全部纵向钢筋未伸入混凝土受压区时，纵向受拉钢筋的合力全部由箍筋承担，其合力数为

$$\begin{aligned}N_{s1}&=2f_yA_s\cos(\alpha/2)\\&=2\times300\times763\cos(120°/2)\\&=228900N\end{aligned}$$

应增设箍筋面积：

$$A_{sv}=N_{s1}/f_{yv}=228900/270=848mm^2$$

选用 6Φ10 双肢箍筋，$A_{sv}=942mm^2>848mm^2$，箍筋设置范围的长度为

$$s=h\text{tg}(3\alpha/8)=693\times\text{tg}(3\times120^\circ/8)=693\text{mm}$$

(3) 当3Φ18钢筋中只有1Φ18($A_{s1}=254.5\text{mm}^2$)钢筋未伸入混凝土受压区时，箍筋承担纵向钢筋合力为

$$N_{s3}=2f_yA_{s1}\cos(\alpha/2)+0.7f_yA_s\cos(\alpha/2)$$
$$=2\times300\times254.5\cos(120^\circ/2)+0.7\times300\times509\cos(120^\circ/2)$$
$$=129795\text{N}$$

应增设箍筋面积：

$$A_{sv}=N_{s3}/f_{yv}=129795/270=481\text{mm}^2$$

选用4Φ10双肢箍筋，$A_{sv}=628\text{mm}^2$，箍筋设置范围的长度为$s=693\text{mm}$。

6.5　高层建筑混凝土现浇无梁楼盖

6.5.1　现浇无梁楼盖简述

现浇无梁楼盖简述如表6-21所示。

现浇无梁楼盖简述　　**表6-21**

序号	项　目	内　容
1	一般说明	(1) 所谓无梁楼盖，就是在楼盖中不设梁肋，而将板直接支承在柱上，它与柱组成板柱结构体系。无梁楼盖与相同柱网尺寸的双向板肋梁楼盖相比，其板厚要大。根据经验，当楼面可变荷载标准值在5kN/m²以上、跨度在6m以内时，无梁楼盖较肋梁楼盖经济 (2) 无梁楼盖的主要优点是结构高度小、板底平整、构造简单、施工方便、无梁楼盖常用于多层厂房、商场、库房等建筑 (3) 无梁楼盖结构的主要缺点是由于取消了肋梁，无梁楼盖的抗弯刚度减小、挠度增大；柱子周边的剪应力高度集中，可能会引起板的局部冲切破坏。通过在柱的上端设置柱帽、托板可以减小板的挠度，提高板柱连接处的受冲切承载力。当冲切承载力不能满足要求时，可采取在板柱连接处配置抗冲切钢筋或节点处采用钢纤维混凝土等措施来满足要求。通过施加预应力或采用密肋板也能有效增加板的刚度、减小板的挠度，而不增加自重。柱和柱帽的截面形状可根据建筑使用要求设计成矩形或圆形 (4) 无梁板与柱构成的板柱结构体系，由于侧向刚度较差，只有在层数较少的建筑中才靠板柱结构本身来抵抗水平荷载。高层建筑有抗震设防要求时，一般需设置剪力墙、筒体等来增加侧向刚度 (5) 无梁楼盖是一种双向受力楼盖，每一方向的跨数一般不少于三跨，可为等跨或不等跨。柱网通常布置成正方形或矩形，以正方形最为经济。楼盖的四周可支承在墙或边梁上，或悬臂伸出边柱以外。悬臂板挑出适当的距离，能减少边跨的跨中弯矩。无梁楼盖可以是整浇的，也可以是预制装配的
2	应用与布置	(1) 高层建筑的现浇无梁搂盖，常应用在带有剪力墙的板柱结构和板柱筒体结构中 无梁楼盖的柱网通常布置成正方形或矩形。楼盖的四周可支承在墙上或支承在边柱的梁上，也可悬臂伸出边柱以外(图6-23) (2) 无梁楼盖的柱截面可按建筑设计采用方形、矩形、圆形和多边形。柱的构造要求、截面设计与其他楼盖的柱相同 无梁楼盖板的最小厚度和板的厚度如表6-4所示 无梁楼盖板的厚度h由受弯、受冲切计算确定，非抗震设计时不应小于150mm，抗震设计时不应小于200mm；板的厚度h与区格长边计算跨度l_0的比值为：有柱帽无梁楼板h/l_0不小于1/35，无柱帽无梁楼板h/l_0不小于1/30 (3) 无梁楼盖根据使用功能要求和建筑室内装饰需要，可设计成有柱帽无梁楼盖和无柱帽无梁楼盖。高层建筑中常采用无柱帽无梁楼盖。柱帽形式常用的有如图6-24所示3种

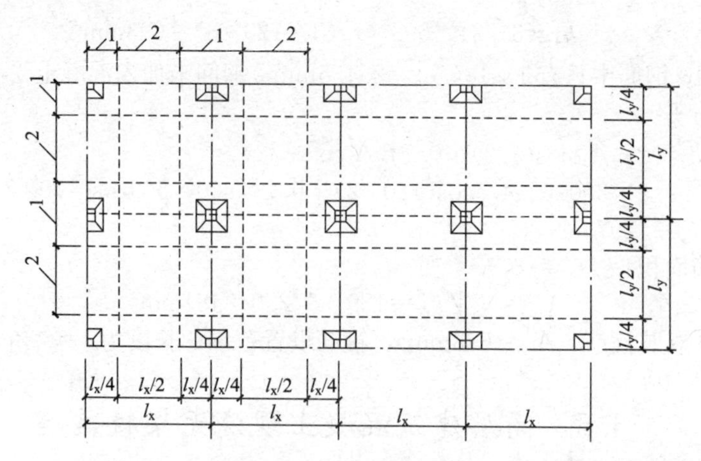

图 6-23　无梁楼盖的柱上板带和跨中板带的划分

1—柱上板带；2—跨中板带

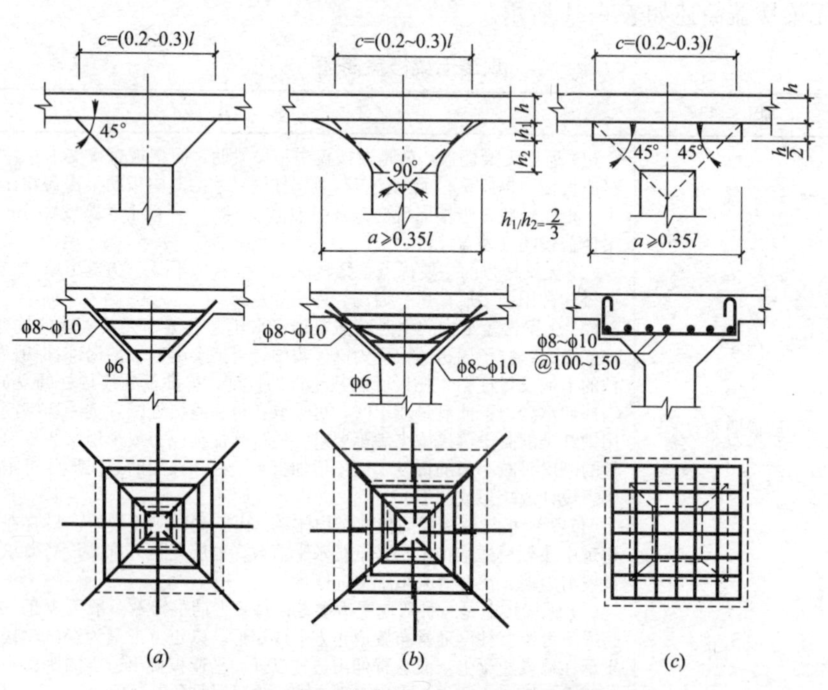

图 6-24　无梁楼板柱帽的柱帽形式及配筋

(a)用于轻荷载；(b)用于重荷载；(c)用于受力要求稍次于(b)的重荷载

6.5.2　板柱节点的结构形式及板柱-剪力墙结构抗震设计要求

板柱节点的结构形式及板柱-剪力墙结构抗震设计要求如表 6-22 所示。

板柱节点的结构形式及板柱-剪力墙结构抗震设计要求　　**表 6-22**

序号	项　目	内　容
1	板柱节点的结构形式	板柱节点可采用带柱帽或托板的结构形式。板柱节点的形状、尺寸应包容 45°的冲切破坏锥体，并应满足受冲切承载力的要求 柱帽的高度不应小于板的厚度 h；托板的厚度不应小于 $h/4$。柱帽或托板在平面两个方向上的尺寸均不宜小于同方向上柱截面宽度 b 与 $4h$ 的和(图 6-25)

续表 6-22

序号	项　目	内　容
2	板柱-剪力墙结构抗震设计要求	(1) 板柱-剪力墙结构的剪力墙，其抗震构造措施规定及柱(包括剪力墙端柱)和梁的抗震构造措施应符合本书的有关规定 (2) 板柱-剪力墙的结构布置，尚应符合下列要求： 1) 剪力墙厚度不应小于 180mm，且不宜小于层高或无支长度的 1/20；房屋高度大于 12m 时，墙厚不应小于 200mm 2) 房屋的周边应采用有梁框架，楼、电梯洞口周边宜设置边框梁 3) 8 度时宜采用有托板或柱帽的板柱节点，托板或柱帽根部的厚度(包括板厚)不宜小于柱纵筋直径的 16 倍，托板或柱帽的边长不宜小于 4 倍板厚和柱截面对应边长之和 4) 房屋的地下一层顶板，宜采用梁板结构 (3) 板柱-剪力墙结构的抗震计算，应符合下列要求： 1) 房屋高度大于 12m 时，剪力墙应承担结构的全部地震作用；房屋高度不大于 12m 时，剪力墙宜承担结构的全部地震作用。各层板柱和框架部分应能承担不少于本层地震剪力的 20% 2) 板柱结构在地震作用下按等效平面框架分析时，其等效梁的宽度宜采用垂直于等效平面框架方向两侧柱距各 1/4 3) 板柱节点应进行冲切承载力的抗震验算，应计入不平衡弯矩引起的冲切，节点处地震作用组合的不平衡弯矩引起的冲切反力设计值应乘以增大系数，一、二、三级板柱的增大系数可分别取 1.7、1.5、1.3 (4) 板柱-剪力墙结构的板柱节点构造应符合下列要求； 1) 无柱帽平板应在柱上板带中设构造暗梁，暗梁宽度可取柱宽及柱两侧各不大于 1.5 倍板厚。暗梁支座上部钢筋面积应不小于柱上板带钢筋面积的 50%，暗梁下部钢筋不宜少于上部钢筋的 1/2；箍筋直径不应小于 8mm，间距不宜大于 3/4 倍板厚，肢距不宜大于 2 倍板厚，在暗梁两端应加密 2) 无柱帽柱上板带的板底钢筋，宜在距柱面为 2 倍板厚以外连接，采用搭接时钢筋端部宜有垂直于板面的弯钩 3) 沿两个主轴方向通过柱截面的板底连续钢筋的总截面面积，应符合下列公式要求 $$A_s \geqslant N_G / f_y \tag{6-5}$$ 式中　A_s——板底连续钢筋总截面面积 N_G——在本层楼板重力荷载代表值(8 度时尚宜计入竖向地震)作用下的柱轴压力设计值 f_y——楼板钢筋的抗拉强度设计值 4) 板柱节点应根据抗冲切承载力要求，配置抗剪栓钉或抗冲切钢筋

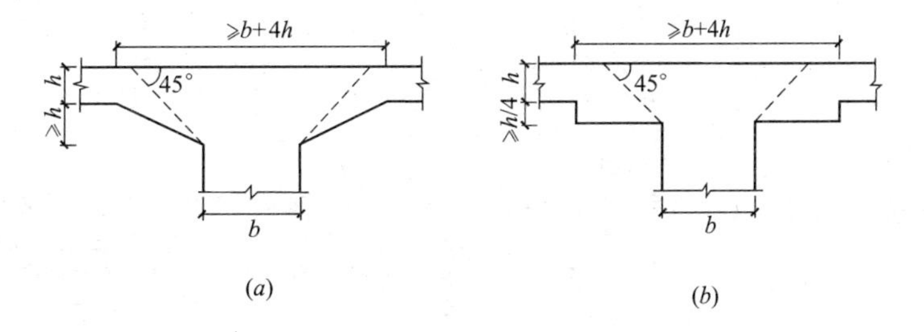

图 6-25　带柱帽或托板的板柱结构

(a)柱帽；(b)托板

6.5.3　无梁楼盖受力特点及内力计算

无梁楼盖受力特点及内力计算如表 6-23 所示。

无梁楼盖受力特点及内力计算 **表 6-23**

序号	项　目	内　　容
1	受力特点	为了解无梁楼盖的受力特点，根据其破坏、变形特点，可将无梁楼盖按柱网划分成若干区格，将其视为由支承在柱上的“柱上板带”和弹性支承于“柱上板带”的“跨中板带”组成的水平结构，如图 6-23 所示。柱轴线两侧各 $l_x/4$（或 $l_y/4$）范围内的板带称为“柱上板带（宽 $l_x/2$ 或 $l_y/2$）”。柱距中间 $l_x/2$（或 $l_y/2$）范围内的板带称为“跨中板带”。“柱上板带”相当于以柱为支承点的连续梁（柱的线刚度相对较小时）或与柱整体连接的框架扁梁（柱的线刚度相对较大时），而“跨中板带”则相当于弹性支承在另一方向柱上板带上的连续梁。无梁板虽然是双向受力，但其受力特点却更接近于单向板，只不过单向板是一个方向由板受弯、另一个方向由梁受弯；而无梁板楼盖在两个方向都是由板受弯。与单向板不同的是，在无梁板计算跨度内的任一截面，内力与变形沿宽度方向是处处不同的。在工程实际中；考虑到钢筋混凝土板的塑性内力重分布，可以假定在同一种板带宽度内，内力的数值是相等的，钢筋也可以均匀布置
2	内力计算	（1）说明 无梁楼盖的内力计算方法也有按弹性理论和塑性绞线法两种计算方法。按弹性理论的计算方法中，有精确计算法、等效框架法、经验系数法等。这里简单介绍工程设计中常用的经验系数法和等效框架法 （2）经验系数法 1）应满足的条件 为了使各截面的弯矩设计值适应各种活荷载的不利布置，在应用该法时，要求无梁楼盖的布置必须满足下列条件： ① 每个方向至少应有三个连续跨 ② 同方向相邻跨度的差值不超过较长跨度的 1/3 ③ 任一区格板的长边与短边之比值 $l_x/l_y \leqslant 2$ ④ 可变荷载和永久荷载之比值 $q/g \leqslant 3$ 2）计算方法与步骤 经验系数法又称总弯矩法或直接设计法。该方法先计算两个方向的截面总弯矩，再将截面总弯矩分配给同一方向的柱上板带和跨中板带 用该方法计算时，只考虑全部均布荷载，不考虑活荷载的不利布置 弯矩系数法的计算步骤如下： ① 分别按下列公式计算每个区格两个方向的总弯矩设计值为 x 方向　$M_{0x}=\frac{1}{8}(g+q)l_y\left(l_x-\frac{2}{3}c\right)^2$　(6-6) y 方向　$M_{0y}=\frac{1}{8}(g+q)l_x\left(l_y-\frac{2}{3}c\right)^2$　(6-7) 式中　l_x，l_y——分别为沿 x、y 方向的柱网轴线尺寸 g、q——板单位面积上作用的永久荷载和可变荷载设计值 c——柱帽在计算弯矩方向的有效宽度，按图 6-24 确定 ② 将每一方向的总弯矩，分别分配给柱上板带和跨中板带的支座截面和跨中截面，即将总弯矩（M_{0x}或 M_{0y}）乘以表 6-24 中所列系数 ③ 在保持总弯矩值不变的情况下，允许将柱上板带负弯矩的 10%分配给跨中板带负弯矩 （3）等效框架法 当无梁板结构不符合弯矩系数法所要求的应用条件时，可采用等效框架法计算结构的内力（当然，等效框架法也能用于符合弯矩系数法应用条件的场合）。等效框架法，即将整个无梁板结构分别沿纵横柱列方向划分为具有“等效柱”和“等效梁”的纵向和横向框架。等效框架的划分，如图 4-26 所示 1）等效梁的高度取为板的厚度。等效梁的宽度，在竖向荷载作用下，取与梁跨方向垂直的板跨中心线间的距离。在水平荷载作用下，等效梁的刚度取值对计算结果影响很大，考虑到无梁板结构中，板的实际刚度比按板中心线间的全宽计算的刚度小得多，取板跨中心线间距离的一半作为水平荷载作用下等效梁的宽度。等效框架梁的计算跨度，在两个方向分别取（$l_x-2c/3$）和（$l_y-2c/3$） 2）等效框架柱的截面取柱本身的截面。柱的计算高度，对于一般层，取层高减去柱帽的高度；对于底层，取基础顶面至底层楼面的高度减去柱帽高度

续表 6-23

序号	项　目	内　容
2	内力计算	3）当仅有竖向荷载作用时，可用分层法计算 按等效框架计算时，应考虑活荷载的最不利组合。当活荷载不超过恒荷载的75%时，也可按满荷载法计算 按框架内力分析得出的柱内力，可以直接用于柱截面设计。对于梁的内力，还需分配给不同的板带。梁的弯矩乘以表 6-25 的系数（该系数是根据试验研究得出的）后，就得到柱上板带和跨中板带的弯矩，依此进行板带的截面设计。等效框架法适用于任一区格长短跨之比不大于 2 的情况。当区格板的长短边之比不等于 1 时，应采用表 6-26 所列的分配比值

无梁双向板的弯矩计算系数　　表 6-24

序号	截面	边跨			内跨	
		边支座	跨中	内支座	跨中	支座
1	柱上板带	−0.48	0.22	−0.50	0.18	−0.50
2	跨中板带	−0.05	0.18	−0.17	0.15	−0.17

注：1. 表中系数适用于长跨（l_y）和短跨（l_x）之比小于 1.5 的情况；

2. 表中系数为无悬挑板时的经验值，当有较小悬挑板时仍可采用；如果悬挑板挑出较大且负弯矩大于边支座截面负弯矩时，应考虑悬臂弯矩对边支座及内跨弯矩的影响；

3. 考虑到沿外边缘设置的圈梁的承荷作用，沿外边缘（靠墙）平行于圈梁的跨中板带和半柱上板带的截面弯矩，比中区格和边区格的相应系数值有所降低。一般可采用下列方法确定：跨中板带每米宽的正、负弯矩为中区格和边区格跨中板带每米宽相应弯矩的 80%；柱上板带每米宽的正、负弯矩为中区格和边区格柱上板带每米宽相应弯矩的 50%。对于有柱帽的板，考虑拱作用的有利影响，在计算钢筋截面面积时，除边缘及边支座外，可将上述方法确定的弯矩再乘以折减系数 0.8 后作为截面的弯矩设计值。

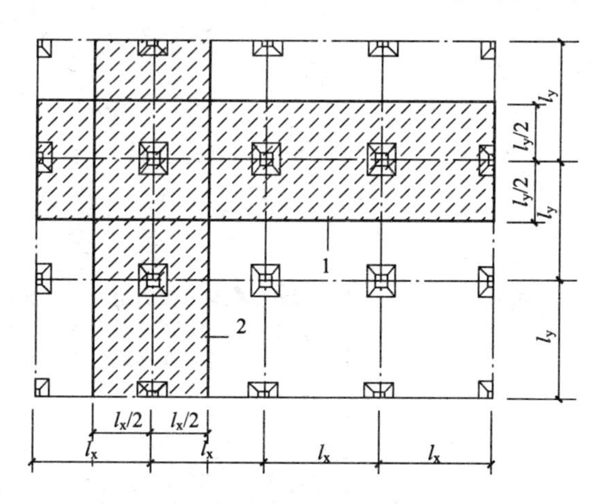

图 6-26　等效框架的划分

1—纵向等效框架；2—横向等效框架

方形板的柱上板带和跨中板带的弯矩分配比值　　表 6-25

序号	截面	边跨			内跨	
		边支座	跨中	内支座	跨中	支座
1	柱上板带	0.9	0.55	0.75	0.55	0.75
2	跨中板带	0.10	0.45	0.25	0.45	0.25

注：本表适用于周边连续板。

矩形板的柱上板带和跨中板带的弯矩分配比值　　表 6-26

序号	l_x/l_y	0.50～0.60		0.60～0.75		0.75～1.33		1.33～1.67		1.67～2.0	
1	弯矩	$-M$	M	$-M$	M	$-M$	M	$-M$	M	$-M$	M
2	柱上板带	0.55	0.50	0.65	0.55	0.70	0.60	0.80	0.75	0.85	0.85
3	跨中板带	0.45	0.50	0.35	0.45	0.30	0.40	0.20	0.25	0.15	0.15

注：1. 本表适用于周边连续板；

2. 对有柱帽的平板，表中分配比值应做如下修正：

负弯矩：柱上板带＋0.05，跨中板带－0.05；

正弯矩：柱上板带－0.05，跨中板带＋0.05。

3. 在保持总弯矩值不变的情况下，允许在板带之间或支座弯矩与跨中弯矩之间相应调整 10%。

6.5.4　钢筋混凝土板受冲切承载力计算

钢筋混凝土板受冲切承载力计算如表 6-27 所示。

钢筋混凝土板受冲切承载力计算　　表 6-27

序号	项　目	内　容
1	简述	钢筋混凝土板、双向板、无梁楼盖等构件在集中荷载作用下，经常有可能由于受冲切承载力不足而沿着闭合表面在板内发生冲切锥体斜锥面破坏。受冲切破坏是一种脆性破坏，其破坏形态类似于梁的斜拉破坏。试验表明，受冲切破坏锥体斜截面大体呈 45°的倾角，倾角大小随板厚而变化，薄板的倾角小于 45°，厚板的倾角大于 45°
2	不配置箍筋或弯起钢筋的钢筋混凝土板计算	(1) 在局部荷载或集中反力作用下，不配置箍筋或弯起钢筋的板的受冲切承载力应符合下列规定(图 6-27)： 1) 无地震作用组合时： $$F_l \leqslant 0.7\beta_h f_t \eta u_m h_0 \quad (6\text{-}8)$$ 2) 有地震作用组合时： $$F_l \leqslant \frac{1}{\gamma_{RE}}(0.7\beta_h f_t \eta u_m h_0) \quad (6\text{-}9)$$ 公式(6-8)、公式(6-9)中的系数 η，应按下列两个公式计算，并取其中较小值： $$\eta_1 = 0.4 + \frac{1.2}{\beta_s} \quad (6\text{-}10)$$ $$\eta_2 = 0.5 + \frac{\alpha_s h_0}{4u_m} \quad (6\text{-}11)$$ 式中　F_l——局部荷载设计值或集中反力设计值；板柱节点，取柱所承受的轴向压力设计值的层间差值减去柱顶冲切破坏锥体范围内板所承受的荷载设计值；当有不平衡弯矩时，应按本表序号 5 的规定确定 β_h——截面高度影响系数：当 h 不大于 800mm 时，取 β_h 为 1.0；当 h 不小于 2000mm 时，取 β_h 为 0.9，其间按线性内插法取用 u_m——计算截面的周长，取距离局部荷载或集中反力作用面积周边 $h_0/2$ 处板垂直截面的最不利周长 h_0——截面有效高度，取两个方向配筋的截面有效高度平均值 η_1——局部荷载或集中反力作用面积形状的影响系数 η_2——计算截面周长与板截面有效高度之比的影响系数 β_s——局部荷载或集中反力作用面积为矩形时的长边与短边尺寸的比值，β_s 不宜大于 4；当 β_s 小于 2 时取 2；对圆形冲切面，β_s 取 2 α_s——柱位置影响系数：中柱，α_s 取 40；边柱，α_s 取 30；角柱，α_s 取 20 (2) 当板开有孔洞且孔洞至局部荷载或集中反力作用面积边缘的距离不大于 $6h_0$ 时，受冲切承载力计算中取用的计算截面周长 u_m，应扣除局部荷载或集中反力作用面积中心至开孔外边画出两条切线之间所包含的长度(图 6-28，当图中 l_1 大于 l_2 时，孔洞边长 l_2 用 $\sqrt{l_1 l_2}$ 代替)

续表 6-27

序号	项　目	内　容
3	配置箍筋或弯起钢筋的钢筋混凝土板计算	（1）在局部荷载或集中反力作用下，当受冲切承载力不满足本表序号2之(1)条的要求且板厚受到限制时，可配置箍筋或弯起钢筋，并应符合本表序号4的构造规定。此时，受冲切截面及受冲切承载力应符合下列要求： 1）受冲切截面 ① 无地震作用组合时： $F_l \leqslant 1.2 f_t \eta u_m h_0$　（6-12） ② 有地震作用组合时： $F_l \leqslant \frac{1}{\gamma_{RE}}(1.2 f_t \eta u_m h_0)$　（6-13） 2）配置箍筋、弯起钢筋时的受冲切承载力 ① 无地震作用组合时： $F_l \leqslant 0.5 f_t \eta u_m h_0 + 0.8 f_{yv} A_{svu} + 0.8 f_y A_{sbu} \sin\alpha$　（6-14） ② 有地震作用组合时： $F_l \leqslant \frac{1}{\gamma_{RE}}(0.5 f_t \eta u_m h_0 + 0.8 f_{yv} A_{svu} + 0.5 f_y A_{sbu} \sin\alpha)$　（6-15） 式中：f_{yv}——箍筋的抗拉强度设计值，按本书表2-19的规定采用 A_{svu}——与呈45°冲切破坏锥体斜截面相交的全部箍筋截面面积 A_{sbu}——与呈45°冲切破坏锥体斜截面相交的全部弯起钢筋截面面积 α——弯起钢筋与板底面的夹角 当有条件时，可采取配置栓钉、型钢剪力架等形式的抗冲切措施 （2）配置抗冲切钢筋的冲切破坏锥体以外的截面，尚应按本表序号2之(1)条的规定进行受冲切承载力计算，此时，u_m 应取配置抗冲切钢筋的冲切破坏锥体以外 $0.5h_0$ 处的最不利周长
4	板柱结构构造要求	混凝土板中配置抗冲切箍筋或弯起钢筋时，应符合下列构造要求： （1）板的厚度不应小于150mm （2）按计算所需的箍筋及相应的架立钢筋应配置在与45°冲切破坏锥面相交的范围内，且从集中荷载作用面或柱截面边缘向外的分布长度不应小于 $1.5h_0$（图6-29*a*）；箍筋直径不应小于6mm，且应做成封闭式，间距不应大于 $h_0/3$，且不应大于100mm （3）按计算所需弯起钢筋的弯起角度可根据板的厚度在30°～45°之间选取；弯起钢筋的倾斜段应与冲切破坏锥面相交（图6-29*b*），其交点应在集中荷载作用面或柱截面边缘以外(1/2～2/3)h 的范围内。弯起钢筋直径不宜小于12mm，且每一方向不宜少于3根
5	板柱节点计算用等效集中反力设计值	在竖向荷载、水平荷载作用下，当考虑板柱节点计算截面上的剪应力传递不平衡弯矩时，其集中反力设计值 F_l 应以等效集中反力设计值 $F_{l,eq}$ 代替 在竖向荷载、水平荷载作用下的板柱节点，其受冲切承载力计算中所用的等效集中反力设计值 $F_{l,eq}$ 可按下列情况确定： （1）传递单向不平衡弯矩的板柱节点 当不平衡弯矩作用平面与柱矩形截面两个轴线之一相重合时，可按下列两种情况进行计算： 1）由节点受剪传递的单向不平衡弯矩 $\alpha_0 M_{unb}$，当其作用的方向指向图6-30的 AB 边时，等效集中反力设计值可按下列公式计算： ① 无地震作用组合时： $F_{l,eq} = F_l + \frac{\alpha_0 M_{unb} a_{AB}}{I_c} u_m h_0$　（6-16）

续表 6-27

序号	项　目	内　容
5	板柱节点计算用等效集中反力设计值	② 有地震作用组合时： $F_{l,eq}=F_l+\left(\frac{\alpha_0 M_{unb}a_{AB}}{I_c}u_m h_0\right)\eta_{vb}$　(6-17) $M_{unb}=M_{unb,c}-F_l e_g$　(6-18) 2）由节点受剪传递的单向不平衡弯矩 $\alpha_0 M_{unb}$，当其作用的方向指向图 6-30 的 CD 边时，等效集中反力设计值可按下列公式计算： ① 无地震作用组合时： $F_{l,eq}=F_l+\frac{\alpha_0 M_{unb}a_{CD}}{I_c}u_m h_0$　(6-19) ② 有地震作用组合时： $F_{l,eq}=F_l+\left(\frac{\alpha_0 M_{unb}a_{CD}}{I_c}u_m h_0\right)\eta_{vb}$　(6-20) $M_{unb}=M_{unb,c}+F_l e_g$　(6-21) 式中　F_l——在竖向荷载、水平荷载作用下，柱所承受的轴向压力设计值的层间差值减去柱顶冲切破坏锥体范围内板所承受的荷载设计值 α_0——计算系数，按这里下面(2)条计算 M_{unb}——竖向荷载、水平荷载引起对临界截面周长重心轴（图 6-30）中的轴线 2 处的不平衡弯矩设计值 $M_{unb,c}$——竖向荷载、水平荷载引起对柱截面重心轴（图 6-30）中的轴线 1 处的不平衡弯矩设计值 a_{AB}、a_{CD}——临界截面周长重心轴至 AB、CD 边缘的距离 I_c——按临界截面计算的类似极惯性矩，按这里下面(4)条计算 e_g——在弯矩作用平面内柱截面重心轴至临界截面周长重心轴的距离，按这里下面(4)条计算；对中柱截面和弯矩作用平面平行于自由边的边柱截面，$e_g=0$ η_{vb}——板柱节点剪力增大系数，一级 1.7，二级 1.5，三级 1.3 (2) 传递双向不平衡弯矩的板柱节点 当节点受剪传递到临界截面周长两个方向的不平衡弯矩为 $\alpha_{0x}M_{unb,x}$、$\alpha_{0y}M_{unb,y}$ 时，等效集中反力设计值可按下列公式计算： 1）无地震作用组合时： $F_{l,eq}=F_l+\tau_{unb,max}u_m h_0$　(6-22) 2）有地震作用组合时： $F_{l,eq}=F_l+(\tau_{unb,max}u_m h_0)\eta_{vb}$　(6-23) $\tau_{unb,max}=\frac{\alpha_{0x}M_{unb,x}a_x}{I_{cx}}+\frac{\alpha_{0y}M_{unb,y}a_y}{I_{cy}}$　(6-24) 式中　$\tau_{unb,max}$——由受剪传递的双向不平衡弯矩在临界截面上产生的最大剪应力设计值 $M_{unb,x}$、$M_{unb,y}$——竖向荷载、水平荷载引起对临界截面周长重心处 x 轴、y 轴方向的不平衡弯矩设计值，可按公式(6-18)或公式(6-21)同样的方法确定 α_{0x}、α_{0y}——x 轴、y 轴的计算系数，按这里第(4)条和第(5)条确定 I_{cx}、I_{cy}——对 x 轴、y 轴按临界截面计算的类似极惯性矩，按这里第(4)条和第(5)条确定 a_x、a_y——最大剪应力 τ_{max} 的作用点至 x 轴、y 轴的距离 (3) 当考虑不同的荷载组合时，应取其中的较大值作为板柱节点受冲切承载力计算用的等效集中反力设计值 (4) 板柱节点考虑受剪传递单向不平衡弯矩的受冲切承载力计算中，与等效集中反力设计值 $F_{l,eq}$ 有关的参数和图 6-30 中所示的几何尺寸，可按下列公式计算： 1）中柱处临界截面的类似极惯性矩、几何尺寸及计算系数可按下列公式计算（图 6-30a）：

续表 6-27

序号	项 目	内 容
5	板柱节点计算用等效集中反力设计值	$I_c=\frac{h_0a_t^3}{6}+2h_0a_m\left(\frac{a_t}{2}\right)^2$ (6-25) $a_{AB}=a_{CD}=\frac{a_t}{2}$ (6-26) $e_g=0$ (6-27) $\alpha_0=1-\frac{1}{1+\frac{2}{3}\sqrt{\frac{h_c+h_0}{b_c+h_0}}}$ (6-28) 2) 边柱处临界截面的类似极惯性矩、几何尺寸及计算系数可按下列公式计算： ① 弯矩作用平面垂直于自由边(图 6-30*b*) $I_c=\frac{h_0a_t^3}{6}+h_0a_ma_{AB}^2+2h_0a_t\left(\frac{a_t}{2}-a_{AB}\right)^2$ (6-29) $a_{AB}=\frac{a_t^2}{a_m+2a_t}$ (6-30) $a_{CD}=a_t-a_{AB}$ (6-31) $e_g=a_{CD}-\frac{h_c}{2}$ (6-32) $\alpha_0=1-\frac{1}{1+\frac{2}{3}\sqrt{\frac{h_c+h_0/2}{b_c+h_0}}}$ (6-33) ② 弯矩作用平面平行于自由边(图 6-30*c*) $I_c=\frac{h_0a_t^3}{12}+2h_0a_m\left(\frac{a_t}{2}\right)^2$ (6-34) $a_{AB}=a_{CD}=\frac{a_t}{2}$ (6-35) $e_g=0$ (6-36) $\alpha_0=1-\frac{1}{1+\frac{2}{3}\sqrt{\frac{h_c+h_0}{b_c+h_0/2}}}$ (6-37) 3) 角柱处临界截面的类似极惯性矩、几何尺寸及计算系数可按下列公式计算(图 6-30*d*)： $I_c=\frac{h_0a_t^3}{12}+h_0a_ma_{AB}^2+h_0a_t\left(\frac{a_t}{2}-a_{AB}\right)^2$ (6-38) $a_{AB}=\frac{a_t^2}{2(a_m+a_t)}$ (6-39) $a_{CD}=a_t-a_{AB}$ (6-40) $e_g=a_{CD}-\frac{h_c}{2}$ (6-41) $\alpha_0=1-\frac{1}{1+\frac{2}{3}\sqrt{\frac{h_c+h_0/2}{b_c+h_0/2}}}$ (6-42) (5) 在按公式(6-22)、公式(6-24)进行板柱节点考虑传递双向不平衡弯矩的受冲切承载力计算中，如将这里(4)条的规定视作 x 轴(或 y 轴)的类似极惯性矩、几何尺寸及计算系数，则与其相应的 y 轴(或 x 轴)的类似极惯性矩、几何尺寸及计算系数，可将前述的 x 轴(或 y 轴)的相应参数进行置换确定 (6) 当边柱、角柱部位有悬臂板时，临界截面周长可计算至垂直于自由边的板端处，按此计算的临界截面周长应与按中柱计算的临界面周长相比较，并取两者中的较小值。在此基础上，应按这里第(4)条和第(5)条的原则，确定板柱节点考虑受剪传递不平衡弯矩的受冲切承载力计算所用等效集中反力设计值 $F_{l,eq}$ 的有关参数

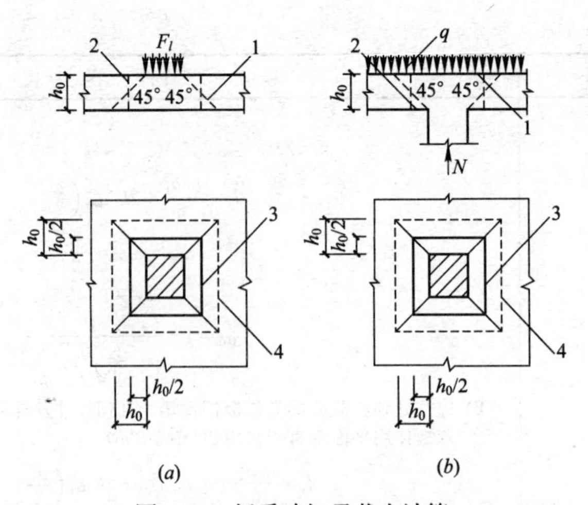

图 6-27 板受冲切承载力计算

(a) 局部荷载作用下；(b) 集中反力作用下

1—冲切破坏锥体的斜截面；2—计算截面；3—计算截面的周长；4—冲切破坏锥体的底面线

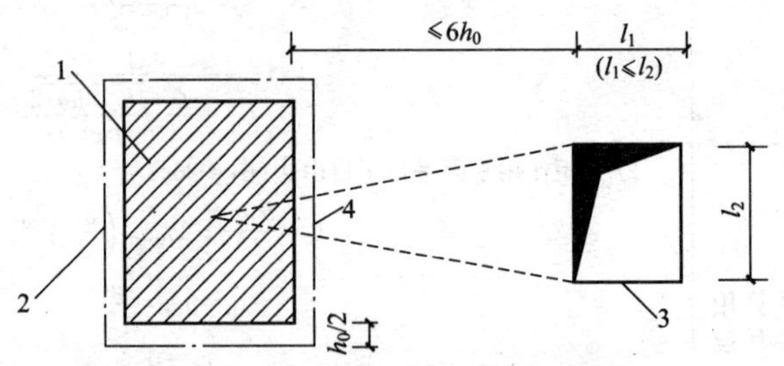

图 6-28 邻近孔洞时的计算截面周长

1—局部荷载或集中反力作用面；2—计算截面周长；3—孔洞；4—应扣除的长度

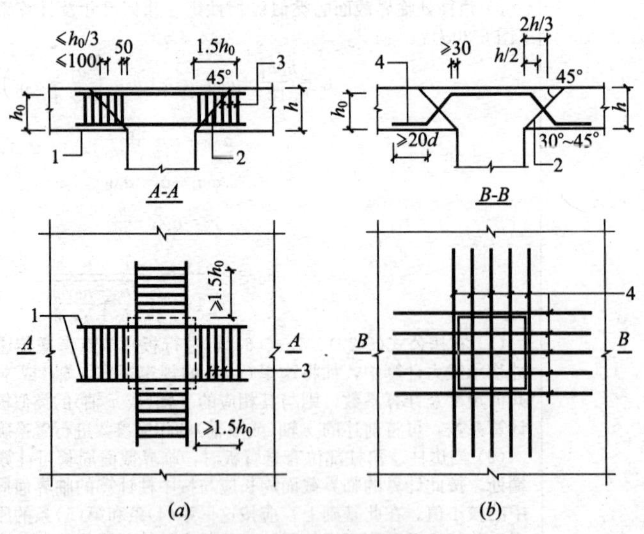

图 6-29 板中抗冲切钢筋布置

注：图中尺寸单位 mm。

(a)用箍筋作抗冲切钢筋；(b)用弯起钢筋作抗冲钢筋

1—架立钢筋；2—冲切破坏锥面；3—箍筋；4—弯起钢筋

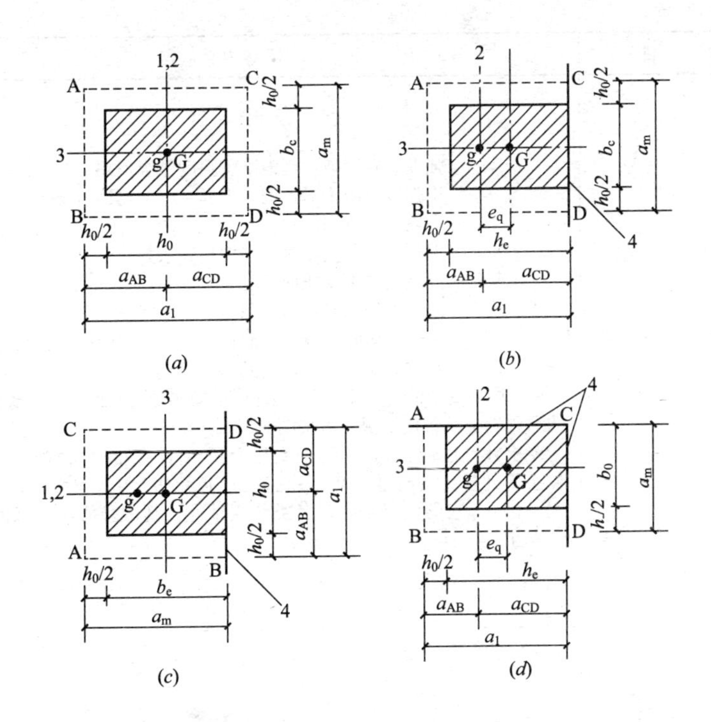

图 6-30　矩形柱及受冲切承载力计算的几何参数

(a)中柱截面；(b)边柱截面(弯矩作用平面垂直于自由边)；(c)边柱截面(弯矩作用平面平行于自由边)；(d)角柱截面

1—柱截面重心 G 的轴线；2—临界截面周长重心 g 的轴线；3—不平衡弯矩作用平面；4—自由边

6.5.5　钢筋混凝土板局部受压承载力计算

钢筋混凝土局部受压承载力计算如表 6-28 所示。

局部受压承载力计算方法　　**表 6-28**

序号	项　目	内　容
1	简述	局部受压是建筑工程中常见的受力形式之一，如承重结构的支座，装配式柱子接头，刚架或拱结构的铰支承等均属局部受压受力形式。在工程实践中，因局部受压混凝土开裂或受局部受压承载力不足而引起的质量事故也屡有发生
2	局部受压区的尺寸要求	(1) 试验表明，当局部受压区达到承载力时，如果配置间接钢筋过多，则局部受压的垫板会产生过大的下沉。为了限制这种情况，配置间接钢筋的混凝土结构构件，其局部受压区的截面尺寸应符合下列要求： $F_l \leqslant 1.35\beta_c\beta_l f_c A_{ln}$　(6-43) $\beta_l=\sqrt{\frac{A_b}{A_l}}$　(6-44) 式中　F_l——局部受压面上作用的局部荷载或局部压力设计值 f_c——混凝土轴心抗压强度设计值

续表 6-28

序号	项　　目	内　　容
2	局部受压区的尺寸要求	β_c——强度影响系数：当混凝土强度等级不超过C50时，取$\beta_c=1$；当混凝土强度等级为C80时，取$\beta_c=0.8$，其间按线性内插法取用，详见本书表7-21所示 β_l——混凝土局部受压时的强度提高系数 A_l——混凝土局部受压面积 A_{ln}——混凝土局部受压净面积 A_b——局部受压时的计算底面积，可由局部受压面积与计算底面积按同心、对称的原则确定，详见下述(2)条 (2) 局部受压的计算底面积A_b，可由局部受压面积与计算底面积按同心、对称的原则确定；常用情况，可按图6-31取用 要求计算底面积A_b与局部受压面积A_l具有相同的重心位置且对称；沿A_l各边向外扩大的有效距离不超过受压板短边尺寸，对圆形受压板可沿周边扩大一倍b。它的优点是，对各类垫板试件，其试验值与计算值符合较好，且偏于安全
3	配筋混凝土局部受压计算	(1) 配置方格网式或螺旋式间接钢筋(图6-32)的局部受压承载力应符合下列规定： $$F_l \leqslant 0.9(\beta_c\beta_l f_c + 2\alpha\rho_v\beta_{cor}f_{yv})A_{ln} \quad (6\text{-}45)$$ 当为方格网式配筋时(图6-32a)，钢筋网两个方向上单位长度内钢筋截面面积的比值不宜大于1.5，其体积配筋率ρ_v应按下列公式计算： $$\rho_v = \frac{n_1A_{s1}l_1 + n_2A_{s2}l_2}{A_{cor}s} \quad (6\text{-}46)$$ (2) 当为螺旋式配筋时(图6-32b)，其体积配筋率ρ_v应按下列公式计算： $$\rho_v = \frac{4A_{ss1}}{d_{cor}s} \quad (6\text{-}47)$$ 式中　β_{cor}——配置间接钢筋的局部受压承载力提高系数，可按公式(6-44)计算，但公式中A_b应代之以A_{cor}，且当A_{cor}大于A_b时，A_{cor}取A_b；当A_{cor}不大于混凝土局部受压面积A_l的1.25倍时，β_{cor}取1.0 α——间接钢筋对混凝土约束的折减系数，按本书表7-21序号2的规定取用 f_{yv}——间接钢筋的抗拉强度设计值，按本书表2-19的规定采用 A_{cor}——方格网式或螺旋式间接钢筋内表面范围内的混凝土核心截面面积，应大于混凝土局部受压面积A_l，其重心应与A_l的重心重合，计算中按同心、对称的原则取值 ρ_v——间接钢筋的体积配筋率 n_1、A_{s1}——分别为方格网沿l_1方向的钢筋根数、单根钢筋的截面面积 n_2、A_{s2}——分别为方格网沿l_2方向的钢筋根数、单根钢筋的截面面积 A_{ss1}——单根螺旋式间接钢筋的截面面积 d_{cor}——螺旋式间接钢筋内表面范围内的混凝土截面直径 s——方格网式或螺旋式间接钢筋的间距，宜取30～80mm (3) 间接钢筋应配置在图6-32所规定的高度h范围内，方格网式钢筋，不应少于4片；螺旋式钢筋，不应少于4圈。柱接头，h尚不应小于$15d$，d为柱的纵向钢筋直径

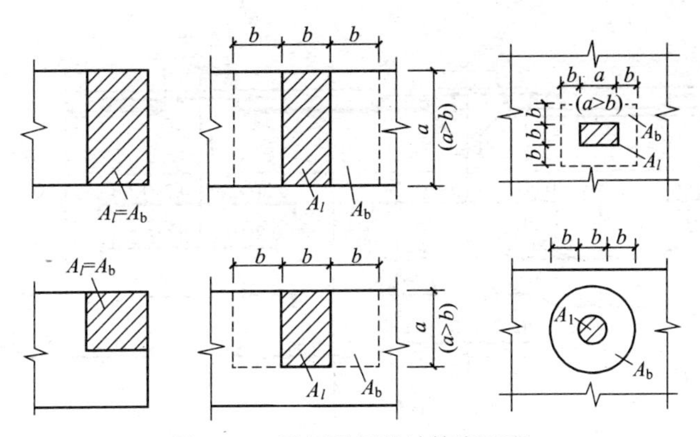

图 6-31　局部受压的计算底面积

A_l—混凝土局部受压面积；A_b—局部受压的计算底面积

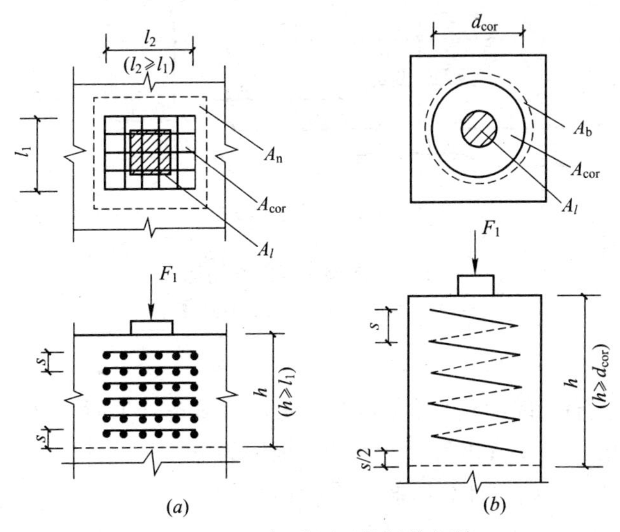

图 6-32　局部受压区的间接钢筋

(a)方格网式配筋；(b)螺旋式配筋

A_l—混凝土局部受压面积；A_b—局部受压的计算底面积；A_{cor}—方格网式或螺旋式间接钢筋内表面范围内的混凝土核心面积

6.5.6　无梁楼板配筋构造要求

无梁楼板配筋构造要求如表 6-29 所示。

无梁楼板配筋构造要求　　**表 6-29**

序号	项　　目	内　　容
1	基本要求	(1) 板厚见表 6-21 中的有关规定 (2) 柱帽形式及配筋要求如图 6-24 所示 (3) 柱帽或托板的板柱结构如图 6-25 所示 (4) 板中抗冲切钢筋布置如图 6-29 所示 (5) 板带的划分如图 6-23 所示
2	板带的配筋	根据柱上和跨中板带截面弯矩算得的钢筋，可沿纵、横两个方向均匀布置于各自的板面上 板的配筋通常采用绑扎钢筋的双向配筋方式。钢筋的直径、间距与一般的双向板相同。为减少钢筋类型，又便于施工，一般采用一端弯起、另一端直线段的弯起式配筋。钢筋弯起和切断点的位置，必须满足图 6-33 的构造要求。对于支座上承受负弯矩的钢筋，为使其在施工阶段具有一定的刚性，其直径不宜小于 12mm

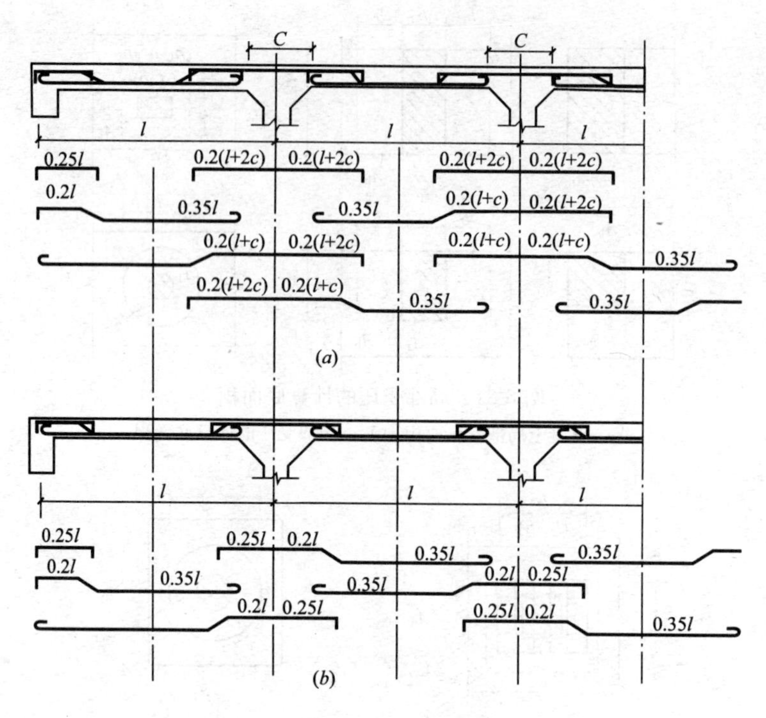

图 6-33　无梁楼板的配筋构造

(a)柱上板带配筋；(b)跨中板带配筋

6.5.7　计算例题

【例题 6-4】 一受有局部荷载的钢筋混凝土板，如图 6-34 所示。该荷载均布于 300mm×700mm 范围内。板的混凝土强度等级为 C30，板厚为 120mm。求板按受冲切承载力计算所能承受的最大均布荷载设计值(包括自重)。

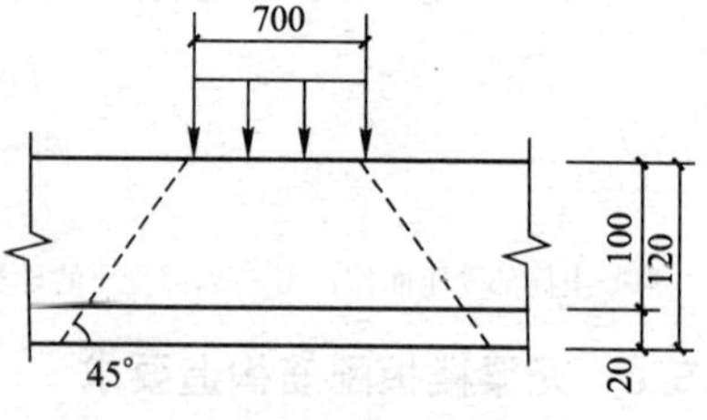

图 6-34　【例题 6-4】简图

【解】

(1) 计算数据

由 C30 混凝土，得 $f_t=1.43\text{N/mm}^2$，且 $\beta_h=1.0$。$h_0=120-20=100\text{mm}$，取另一个配筋方向 $h_0=120-30=90\text{mm}$，平均值为 $h_0=95\text{mm}$。

又

$$\beta_s=\frac{700}{300}=2.33\begin{matrix}>2\\<4\end{matrix}$$

$$\eta=0.4+\frac{1.2}{\beta_s}=0.4+\frac{1.2}{2.33}=0.915$$

$$u_m=2\times(300+h_0+700+h_0)=2\times(300+95+700+95)=2380\text{mm}$$

(2) 承载力计算

应用公式(6-8)计算，为

$$0.7\beta_h f_t \eta u_m h_0=0.7\times1.0\times1.43\times0.915\times2380\times95=207\text{kN}$$

所以该板能承受的最大均布荷载设计值为

$$q=\frac{0.7\beta_h f_t \eta u_m h_0}{0.3\times0.7}=\frac{207}{0.3\times0.7}=986\text{kN/m}^2$$

【例题 6-5】 如图 6-35 所示，一钢筋混凝土无梁楼盖，柱网尺寸为 6m×6m，柱的截面尺寸 450mm×450mm，柱帽高度为 400mm，柱帽宽度为 1200mm，楼板上作用有荷载设计值 $q=20\text{kN/m}^2$(包括自重)，混凝土强度等级为 C25，$f_t=1.27\text{N/mm}^2$。使用环境类别为一类。试验算板边与柱边受冲切承载力。

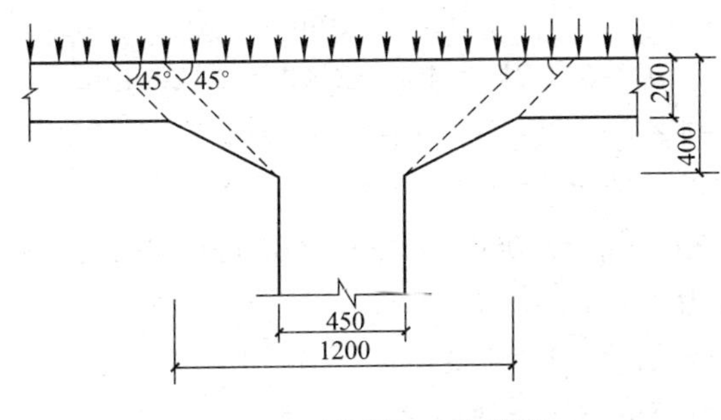

图 6-35 【例题 6-5】简图

【解】

(1) 查表 2-57 得板的保护层厚度 $c=20\text{mm}$。

设纵向钢筋合力中心到近边距离 $a_s=25\text{mm}$。

(2) 计算柱所承受的轴力 N 为

$$N=6\times6\times20=720\text{kN}$$

(3) 验算柱帽上边缘与板交接处的受冲切承载力(板边)

1) 确定基本尺寸

冲切破坏锥体有效高度 $h_0=h-a_s=200-25=175\text{mm}$

冲切破坏锥体斜截面的短边长 $b_t=1200\text{mm}$

冲切破坏锥体斜截面的长边长

$$b_b=b_t+2h_0=1200+2\times175=1550\text{mm}$$

距冲切破坏锥体斜截面短边 $h_0/2$ 的周长

$$u_m=4\times(b_t+2h_0/2)=4\times(1200+175)=5500\text{mm}$$

2) 所受的集中反力设计值 F_l

集中反力设计值为柱所承受的轴力 N 减去冲切破坏锥体范围的荷载设计值为

$$F_l=N-b_b^2q=720000-1550^2\times0.020=671.95\times10^3\text{N}$$

3) 验算受冲切承载力计算

采用公式(6-8)计算，则因板厚 $h=200\text{mm}<800\text{mm}$，故 $\beta_h=1.0$。

因集中反力作用面积为矩形，长边与短边尺寸的比值相等故取 $\beta_h=2$，由公式(6-10)得 $\eta_1=0.4+\frac{1.2}{\beta_s}=1.0$。

因该柱为中柱，取 $\alpha_s=40$，由公式(6-11)计算，得

$$\eta_2=0.5+\frac{\alpha_s h_0}{4u_m}=0.5+\frac{40\times175}{4\times5500}=0.82$$

因 $\eta_2=0.82<\eta_1=1.0$，故取 $\eta=0.82$。

代入公式(6-8)计算，得

$F_l=0.7\beta_h f_t \eta\mu_m h_0=0.7\times1.0\times1.27\times0.82\times5500\times175=701.64\text{kN}>671.95\text{kN}$

则满足要求。

(4) 验算柱帽下边缘与板交接处的受冲切承载力(柱边)

1)确定基本尺寸

$$h_0=h-a_s=400-25=375\text{mm}$$

$$b_t=450\text{mm}$$

$$b_b=b_t+2h_0=450+2\times375=1200\text{mm}$$

$$u_m=4\times(b_t+2\times h_0/2)=4\times(450+375)=3300\text{mm}$$

2) 所受的集中反力设计值 F_l

$$F_l=N-b_b^2 q=720000-1200^2\times0.020=691.2\times10^3\text{N}$$

3) 验算受冲切承载力

因 $h=400\text{mm}<800\text{mm}$，取 $\beta_h=1.0$

因集中反力作用面积为正方形，故取 $\beta_s=2$

由公式(6-10)计算，得 $\eta_1=1.0$。

因为是中柱，$\alpha_s=40$，由公式(6-11)计算，得

$$\eta_2=0.5+\frac{\alpha_s h_0}{4u_m}=0.5+\frac{40\times375}{4\times3300}=1.64$$

因 $\eta_1=1.0<\eta_2=1.64$，故取 $\eta=1.0$。

代入公式(6-8)计算，得

$$F_l=0.7\times1.0\times1.27\times1\times3300\times375=1100.1\text{kN}>691.2\text{kN}$$

则满足要求。

【例题 6-6】 已知一无梁楼板，柱网尺寸为 5.5m×5.5m，板厚为 180mm，中柱截面尺寸为 400mm×400mm；楼面荷载设计值(包括自重在内)为 8kN/m²；混凝土为 C30 级($f_t=1.43\text{N/mm}^2$)，在距柱边 575mm 处开有一 700mm×500mm 的孔洞(图 6-36)，使用环境类别为一类。试验算板的受冲切承载力是否安全。

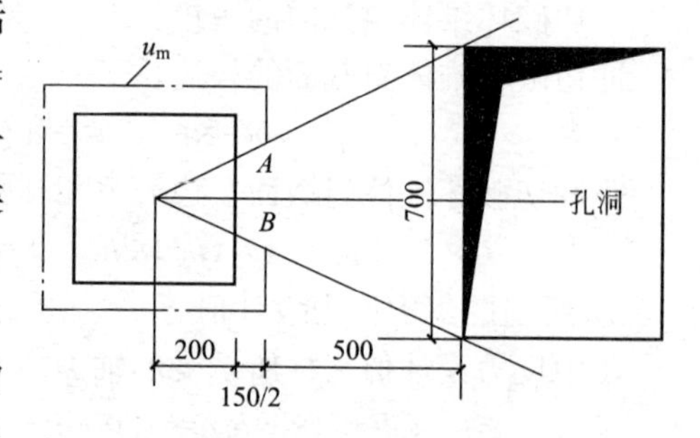

图 6-36 【例题 6-6】简图

【解】

(1) 查表 2-57 知混凝土保护层厚度为 15mm，设纵向钢筋合力点到近边距离 $a_s=30\text{mm}$，$h_0=h-a_s=180-30=150\text{mm}$。

(2) 计算 F_l

柱轴压力 $N=8\times5.5\times5.5=242\text{kN}$

冲切集中反力 $F_l=N-q(b+2h_0)^2=242-8\times(0.4+2\times0.150)^2=238.1\text{kN}$

(3) 求 u_m，根据表 6-27 序号 2 之(1)条的规定计算，得

$$u_m=4\times(b+2\times h_0/2)=4\times(0.4+0.150)=2.2\text{m}=2200\text{mm}$$

但板开洞口因 $6h_0=6\times150=900\text{mm}>575\text{mm}$，根据表 6-27 序号 2 之(2)条的规定，尚应考虑开洞的影响。由图 6-36 可知

$$\frac{AB}{700}=\frac{200+75}{200+75+500}$$

$$AB=248\text{mm}$$

$$u_m=2200-248=1952\text{mm}$$

因集中反力作用面积为正方形，故取$\beta_s=2$，按公式(6-10)计算，得

$$\eta_1=0.4+\frac{1.2}{\beta_s}=0.4+\frac{1.2}{2}=1.0$$

因该柱为中柱，故取$\alpha_s=40$。

按公式(6-11)计算，得

$$\eta_2=0.5+\frac{\alpha_s h_0}{4u_m}=0.5+\frac{40\times150}{4\times1952}=1.268$$

因$\eta_1=1.0<\eta_2=1.268$，故取$\eta=1.0$。

(4) 求冲切承载力

因板厚$h=180\text{mm}<800\text{mm}$，根据表6-27序号2之(1)条的规定，取$\beta_h=1.0$。按公式(6-8)计算，得

$$0.7\beta_h f_t \eta u_m h_0=0.7\times1.0\times1.43\times1.0\times1952\times150=293.1\text{kN}>238.1\text{kN}$$

则满足要求。

【例题6-7】 已知一钢筋混凝土无柱帽无梁楼盖，中柱网尺寸为6m×6m，柱的截面尺寸为0.45m×0.45m，楼板厚200mm，楼板上作用有荷载设计值14kN/m²(包括自重)，混凝土强度等级为C30($f_t=1.43\text{N/mm}^2$)。箍筋采用HPB300级钢筋($f_{yv}=270\text{N/mm}^2$)，弯起钢筋采用HRB335级钢筋($f_y=300\text{N/mm}^2$)，试求配置箍筋时箍筋截面面积或配置弯起钢筋时的弯起钢筋截面面积。

【解】

(1) 求集中反力设计值F_l。柱子承受的轴向力设计值$N=6\times6\times14=504\text{kN}$，无梁楼板承受的集中反力设计值为

$$F_l=N-(0.45+2\times0.18)^2\times14=494.8\text{kN}$$

(2) 验算柱边冲切强度

$$h_0=200-20=180\text{mm}$$

$$u_m=4\times(450+180)=2520\text{mm}$$

应用公式(6-10)、公式(6-11)及公式(6-8)计算为

$$\eta_1=0.4+\frac{1.2}{\beta_s}=0.4+\frac{1.2}{2}=1.0$$

$$\eta_2=0.5+\frac{\alpha_s h_0}{4u_m}=0.5+\frac{40\times180}{4\times2520}=1.2$$

取上述两者中的小者，故取$\eta=1.0$。

再应用公式(6-8)计算，得

$$F_l=0.7\beta_h f_t \eta u_m h_0==0.7\times1\times1.43\times1\times2520\times180=454.1\text{kN}<494.8\text{kN}$$

不满足要求，需配置受冲切钢筋。

(3) 验算板厚。应用公式(6-12)计算，得

$$1.2f_t \eta u_m h_0=1.2\times1.43\times1\times2520\times180=778.4\text{kN}>494.8\text{kN}$$

板厚满足要求。

(4) 计算配置箍筋时的截面面积 A_{svu}。根据公式(6-14)计算，得

$$A_{svu}=\frac{F_l-0.5f_t\eta u_m h_0}{0.8f_{yv}}=\frac{494800-0.5\times1.43\times1\times2520\times180}{0.8\times270}=789mm^2$$

$789mm^2$ 即为所求穿过受冲切破坏锥体斜截面的全部箍筋截面面积。

(5)计算配置弯起钢筋时的截面面积 A_{sbu}。根据公式(6-14)计算，得

$$A_{sbu}=\frac{F_l-0.5f_t\eta u_m h_0}{0.8f_y\sin\alpha}=\frac{494800-0.5\times1.43\times1\times2520\times180}{0.8\times300\times\sin45^\circ}=1005mm^2$$

$1005mm^2$ 即为所求穿过受冲切锥体斜截面的全部弯起钢筋截面面积。

【例题 6-8】 某板柱-剪力墙结构，抗震等级为一级，某一楼层中柱的截面尺寸为 500mm×500mm，所承受的轴向压力设计值层间差值 $N=910kN$，由水平地震作用产生的节点不平衡弯矩设计值 $M_{unb,c}=131kN\cdot m$，板厚 250mm，板所承受的荷载设计值 $q=13kN/m^2$（包括自重），平托板尺寸如图 6-37 所示，混凝土强度等级 C30。试验算板柱节点存在不平衡弯矩时板的受冲切承载力。

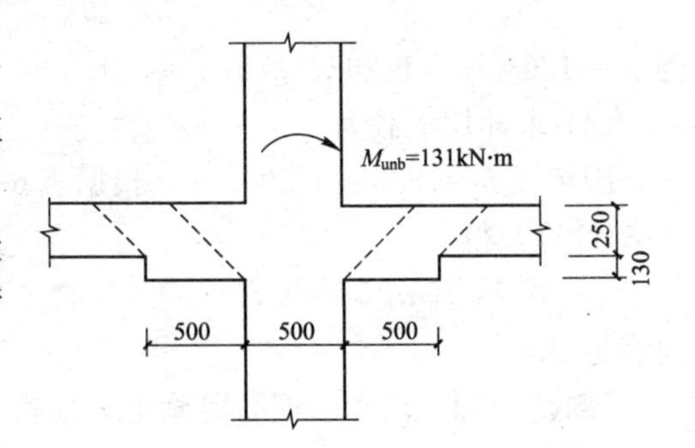

图 6-37 【例题 6-8】简图

【解】

(1) 计算数据：查表 2-11、表 2-43，得 $f_t=1.43N/mm^2$，$\gamma_{RE}=0.85$。

(2) 验算平托板受冲切承载力：

$$h_0=350mm$$
$$u_m=4\times(500+350)=3400mm$$
$$h_c=b_c=500mm$$
$$a_t=a_m=500+350=850mm$$
$$a_t=a_{CD}=a_t/2=850/2=425mm$$
$$e_g=0$$

由公式(6-28)计算，得

$$\alpha_0=1-\frac{1}{1+\frac{2}{3}\sqrt{\frac{h_c+h_0}{b_c+h_0}}}=1-\frac{1}{1+\frac{2}{3}\sqrt{\frac{500+350}{500+350}}}=0.4$$

由公式(6-25)计算，得

$$I_c=\frac{h_0a_t^3}{6}+2h_0a_m\left(\frac{a_t}{2}\right)^2=\frac{350\times850^3}{6}+2\times350\times850\times\left(\frac{850}{2}\right)^2=14.33\times10^{10}mm^4$$

$$F_l=910-13\times[(0.5+0.70)^2-0.5^2]=894.53kN$$

$$M_{unb}=M_{unb,c}=131kN\cdot m$$

由公式(6-17)计算，得

$$F_{l,eq}=F_l+\left(\frac{\alpha_0M_{unb}a_{AB}}{I_c}u_mh_0\right)\eta_{vb}$$

$$=894530+\left(\frac{0.4\times131\times10^6\times425}{14.33\times10^{10}}\times3400\times350\right)\times1.7=1208921N$$

$$\alpha_s=40$$

由于
$$\beta_s=\frac{500}{500}=1<2$$

取
$$\beta_s=2$$

由于
$$\eta_1=0.4+\frac{1.2}{\beta_s}=0.4+\frac{1.2}{2}=1.0$$

$$\eta_2=0.5+\frac{\alpha_s h_0}{4u_m}=0.5+\frac{4.0\times340}{4\times3360}=1.51$$

取
$$\eta=1.0$$

由于
$$h=380\text{mm}<800\text{mm}$$

取
$$\beta_h=1.0$$

由公式(6-9)计算，得

$$\frac{1}{\gamma_{RE}}0.7\beta_h f_t\eta u_m h_0=\frac{1}{0.85}\times0.7\times1.0\times1.43\times1.0\times3400\times350=1401400\text{N}>F_{l,eq}=1208921\text{N}$$

所以平托板受冲切承载力满足要求。

(3) 验算平托板边受冲切承载力：

$$h_0=220\text{mm}$$

$$u_m=4\times(500+2\times500+220)=6880\text{mm}$$

$$h_c=b_c=1500\text{mm}$$

$$a_t=a_m=1500+220=1720\text{mm}$$

$$a_{AB}=a_{CD}=a_t/2=1720/2=860$$

$$e_g=0$$

由公式(6-28)计算，得

$$\alpha_0=1-\frac{1}{1+\frac{2}{3}\sqrt{\frac{h_c+h_0}{b_c+h_0}}}=1-\frac{1}{1+\frac{2}{3}\sqrt{\frac{1500+220}{1500+220}}}=0.4$$

由公式(6-25)计算，得

$$I_c=\frac{h_0 a_t^3}{6}+2h_0 a_m\left(\frac{a_t}{2}\right)^2=\frac{220\times1720^3}{6}+2\times220\times1720\times\left(\frac{1720}{2}\right)^2=76.63\times10^{10}\text{mm}^4$$

$$F_l=910-13\times[(1.5+0.44)^2-(0.5)^2]=864.3\text{kN}$$

$$M_{unb}=M_{unb,c}=131\text{kN}\cdot\text{m}$$

$$F_{l,eq}=F_l+\left(\frac{\alpha_0 M_{unb}a_{AB}}{I_c}u_m h_0\right)\eta_{vb}$$

$$=864300+\left(\frac{0.4\times131\times10^6\times860}{74.63\times10^{10}}\times6880\times2250\right)\times1.7=1019673\text{N}$$

$$\alpha_s=40$$

由于
$$\beta_s=\frac{500}{500}=1<2$$

取
$$\beta_s=2$$

由于
$$\eta_1=0.4+\frac{1.2}{\beta_s}=0.4+\frac{1.2}{2}=1.0$$

$$\eta_2=0.5+\frac{\alpha_s h_0}{4u_m}=0.5+\frac{40\times220}{4\times6880}=0.82$$

取
$$\eta=0.82$$
由于
$$h=250\text{mm}<800\text{mm}$$
取
$$\beta_h=1.0$$

由公式(6-9)计算，得

$$\frac{1}{\gamma_{RE}}0.7\beta_h f_t \eta u_m h_0=\frac{1}{0.85}\times0.7\times1.0\times1.43\times0.82\times6880\times220=1461639\text{N}>F_{l,eq}=1019673\text{N}$$

所以平托板受冲切承载力满足要求。

【例题 6-9】 已知构件局部受压面积为 250mm×200mm，焊接钢筋网片为 500mm×400mm，钢筋直径为φ 6mm，网片间距为 s=80mm，混凝土强度等级 C30(f_c=14.3N/mm²)，承受轴向力设计值 F_l=2000kN(见图 6-32a)，试验算局部受压承载力。

【解】

(1) 计算局部受压承载力提高系数 β 及 β_{cor}。应用公式(6-44)计算，得

$$\beta_l=\sqrt{\frac{A_b}{A_l}}=\sqrt{\frac{600\times650}{250\times200}}=2.79$$

$$\beta_{cor}=\sqrt{\frac{A_{cor}}{A_l}}=\sqrt{\frac{500\times400}{250\times200}}=2$$

(2) 计算间接钢筋的体积配筋率 ρ_v。应用公式(6-46)计算，得

$$\rho_v=\frac{n_1A_{s1}l_1+n_2A_{s2}l_2}{A_{cor}s}=\frac{5\times28.3\times400+6\times28.3\times500}{500\times400\times80}=0.0088$$

(3) 验算截面限制条件。应用公式(6-43)计算，得

$$1.35\beta_c\beta_l f_c A_{ln}=1.35\times1\times2.79\times14.3\times250\times200=2693\text{kN}>F_l=2000\text{kN}$$

满足要求。

(4) 验算局部受压承载力。应用公式(6-45)计算，得

$$0.9(\beta_c\beta_l f_c+2\alpha\rho_v\beta_{cor}f_{yv})A_{ln}=0.9\times(1\times2.79\times14.3+2\times1\times0.0088\times2\times270)\times250\times200$$
$$=2223\text{kN}>F_l=2000\text{kN}$$

满足要求。

【例题 6-10】 已知构件的局部受压直径为 300mm，间接钢筋用直径 6mm 的 HPB300 级钢筋，螺旋式配筋以内的混凝土直径为 d_{cor}=450mm，间距 s=50mm，混凝土强度等级 C25(f_c=11.9N/mm²)，承受轴向力设计值 F_l=2000kN(见图 6-32b)。

试验算局部受压承载力。

【解】

(1) 确定受压面积

$$A_{ln}=\frac{\pi d^2}{4}=\frac{3.14\times300^2}{4}=7065\text{mm}^2$$

$$A_b=\frac{\pi(3d)^2}{4}=\frac{3.14\times(3\times300)^2}{4}=635850\text{mm}^2$$

$$A_{cor}=\frac{\pi d_{cor}^2}{4}=\frac{\pi\times450^2}{4}=158962\text{mm}^2$$

（2）计算局部受压承载力提高系数

$$\beta_l=\sqrt{\frac{A_b}{A_l}}=\sqrt{\frac{635850}{70650}}=3,\quad \beta_{cor}=\sqrt{\frac{A_{cor}}{A_l}}=\sqrt{\frac{158962}{70650}}=1.5$$

（3）计算间接钢筋的体积配筋率 ρ_v。应用公式(6-47)计算，得

$$\rho_v=\frac{4A_{ss1}}{d_{cor}s}=\frac{4\times28.3}{450\times50}=0.00503$$

（4）验算截面限值条件。应用公式(6-43)计算，得

$1.35\beta_c\beta_l f_c A_{ln}=1.35\times1\times3\times11.9\times70650=3405\text{kN}>F_l=2000\text{kN}$，满足要求。

（5）验算局部受压承载力。应用公式(6-45)计算，得

$$0.9(\beta_c\beta_l f_c+2\alpha\rho_v\beta_{cor}f_{yv})A_{ln}=0.9\times(1\times3\times11.9+2\times1\times0.00503\times1.5\times270)\times70650$$
$$=2529\text{kN}>F_l=2000\text{kN}$$

满足要求。

6.6　高层建筑混凝土构件受扭曲截面承载力计算

6.6.1　受扭曲截面符合条件及相关承载力基本计算公式

受扭曲截面符合条件及相关承载力基本计算公式如表 6-30 所示。

受扭曲截面符合条件及相关承载力基本计算公式　　表 6-30

序号	项　目	内　容
1	截面符合条件	在弯矩、剪力和扭矩共同作用下，h_w/b 不大于 6 的矩形、T 形、I 形截面和 h_w/t_w 不大于 6 的箱形截面构件(图 6-38)，其截面应符合下列条件： 当 h_w/b(或 h_w/t_w)不大于 4 时 $\frac{V}{bh_0}+\frac{T}{0.8W_t}\leqslant0.25\beta_c f_c$　(6-48) 当 h_w/b(或 h_w/t_w)等于 6 时 $\frac{V}{bh_0}+\frac{T}{0.8W_t}\leqslant0.2\beta_c f_c$　(6-49) 当 h_w/b(或 h_w/t_w)大于 4 但小于 6 时，按线性内插法确定 式中　T——扭矩设计值 b——矩形截面的宽度，T 形或 I 型截面取腹板宽度，箱形截面取两侧壁总厚度 $2t_w$ W_t——受扭构件的截面受扭塑性抵抗矩，按本表序号 3 的规定计算 h_w——截面的腹板高度：对矩形截面，取有效高度 h_0；对 T 形截面，取有效高度减去翼缘高度；对 I 形和箱形截面，取腹板净高 t_w——箱形截面壁厚，其值不应小于 $b_h/7$，此处，b_h 为箱形截面的宽度 当 h_w/b 大于 6 或 h_w/t_w 大于 6 时，受扭构件的截面尺寸要求及扭曲截面承载力计算应符合专门规定
2	可不进行构件受剪扭承载力计算的条件	在弯矩、剪力和扭矩共同作用下的构件，当符合下列要求时，可不进行构件受剪扭承载力计算，但应按本书表 6-15 序号 1 之(5)条及表 6-15 序号 2 之(3)条、(4)条的规定配置构造纵向钢筋和箍筋 $\frac{V}{bh_0}+\frac{T}{W_t}\leqslant0.7f_t$　(6-50) 或 $\frac{V}{bh_0}+\frac{T}{W_t}\leqslant0.7f_t+0.07\frac{N}{bh_0}$　(6-51) 式中　N——与剪力、扭矩设计值 V、T 相应的轴向压力设计值，当 N 大于 $0.3f_cA$ 时，取 $0.3f_cA$，此处，A 为构件的截面面积

续表 6-30

序号	项　目	内　容
3	截面受扭塑性抵抗矩	受扭构件的截面受扭塑性抵抗矩可按下列规定计算： (1) 矩形截面 $$W_t=\frac{b^2}{6}(3h-b) \quad (6\text{-}52)$$ 式中　b、h——分别为矩形截面的短边尺寸、长边尺寸 (2) T形和I形截面 $$W_t=W_{tw}+W'_{tf}+W_{tf} \quad (6\text{-}53)$$ 腹板、受压翼缘及受拉翼缘部分的矩形截面受扭塑性抵抗矩 W_{tw}、W'_{tf}和 W_{tf}，可按下列规定计算： 1) 腹板 $$W_{tw}=\frac{b^2}{6}(3h-b) \quad (6\text{-}54)$$ 2) 受压翼缘 $$W'_{tf}=\frac{h'^2_f}{6}(b'_f-b) \quad (6\text{-}55)$$ 3) 受拉翼缘 $$W_{tf}=\frac{h^2_f}{6}(b_f-b) \quad (6\text{-}56)$$ 式中　b、h——分别为截面的腹板宽度、截面高度 b'_f、b_f——分别为截面受压区、受拉区的翼缘宽度 h'_f、h_f——分别为截面受压区、受拉区的翼缘高度 计算时取用的翼缘宽度尚应符合 b'_f不大于 $b+6h'_f$及 b_f 不大于 $b+6h_f$ 的规定 (3) 箱形截面 $$W_t=\frac{b^2_h}{6}(3h_h-b_h)-\frac{(b_h-2t_w)^2}{6}[3h_w-(b_h-2t_w)] \quad (6\text{-}57)$$ 式中　b_h、h_h——分别为箱形截面的短边尺寸、长边尺寸
4	T形和工形截面纯扭构件总扭矩设计值的分配	T形和I形截面纯扭构件，可将其截面划分为几个矩形截面，分别按本书表 6-31 序号 1 的规定进行受扭承载力计算。每个矩形截面的扭矩设计值可按下列规定计算： (1) 腹板 $$T_w=\frac{W_{tw}}{W_t}T \quad (6\text{-}58)$$ (2) 受压翼缘 $$T'_f=\frac{W'_{tf}}{W_t}T \quad (6\text{-}59)$$ (3) 受拉翼缘 $$T_f=\frac{W_{tw}}{W_t}T \quad (6\text{-}60)$$ 式中　T_w——腹板所承受的扭矩设计值 T'_f、T_f——分别为受压翼缘、受拉翼缘所承受的扭矩设计值

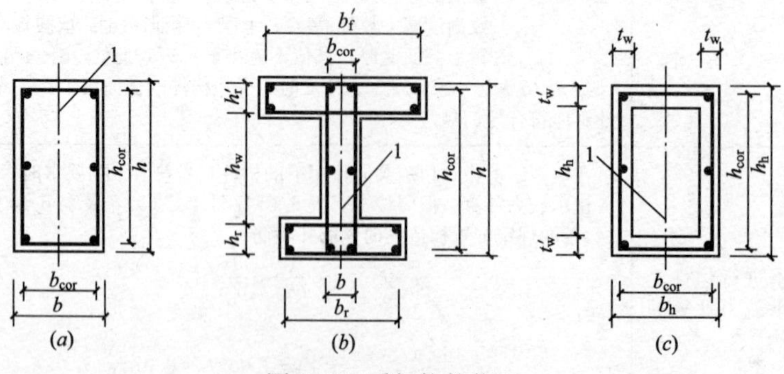

图 6-38　受扭构件截面

(*a*)矩形截面；(*b*)T形、I形截面；(c)箱形截面($t_w \leqslant t'_w$)

1—弯矩、剪力作用平面

6.6.2　矩形截面纯扭构件的受扭承载力计算

矩形截面纯扭构件的受扭承载力计算如表 6-31 所示。

矩形截面纯扭构件的受扭承载力计算　表 6-31

序号	项　目	内　容
1	应符合的计算规定	矩形截面纯扭构件的受扭承载力应符合下列规定： $$T\leqslant 0.35f_tW_t+1.2\sqrt{\zeta}f_{yv}\frac{A_{st1}A_{cor}}{s}\quad(6\text{-}61)$$ 式中　ζ——受扭的纵向普通钢筋与箍筋的配筋强度比值，计算公式为 $$\zeta=\frac{f_yA_{stl}S}{f_{yv}A_{st1}u_{cor}}\quad(6\text{-}62)$$ 同时应使 ζ 符合 $0.6\leqslant\zeta\leqslant1.7$ 的要求，当 $\zeta>1.7$ 时，计算中取 $\zeta=1.7$；工程设计中配筋强度比的常用范围为 $\zeta=1.0\sim1.3$ W_t —受扭构件的截面受扭塑性抵抗矩，计算公式为 $$W_t=\frac{b^2}{6}(3h-b)\quad(6\text{-}52)$$ f_t——混凝土抗拉强度设计值 T——扭矩设计值 f_y、f_{yv}——分别为受扭纵向钢筋及箍筋的抗拉强度设计值，按表 2-19 采用 A_{st1}——受扭计算中沿截面周边所配置箍筋的单肢截面面积 A_{cor}——截面核心部分的面积（见图 6-38a），计算公式为 $$A_{cor}=b_{cor}h_{cor}\quad(6\text{-}63)$$ 此处 b_{cor} 和 h_{cor} 为箍筋内表面计算的截面核心部分的短边和长边的尺寸 A_{stl}——受扭计算中取对称布置的全部纵向普通钢筋的截面面积 s——受扭箍筋间距 u_{cor}——截面核心部分的周长。所谓受扭构件的"截面核心"是指箍筋内皮以内的截面面积。对于矩形截面（见图 6-38a）计算公式为 $$u_{cor}=2(b_{cor}+h_{cor})\quad(6\text{-}64)$$
2	截面尺寸符合条件	为保证构件受扭时混凝土不首先被压碎，即防止完全超筋破坏，矩形截面钢筋混凝土构件，当 $h_0/b<6$ 时，根据公式(6-48)其截面（见图 6-38a）应符合下列要求为 $$T/0.8W_t\leqslant0.25\beta_cf_c\quad(6\text{-}65)$$ 若不满足公式(6-65)时，应加大矩形截面尺寸或提高混凝土强度等级
3	按构造配筋的条件	矩形截面钢筋混凝土受扭构件，根据公式(6-50)如符合下列条件 $$T/W_t\leqslant0.7f_t\quad(6\text{-}66)$$ 时，则可不进行构件受扭承载力计算，而只需按有关构造规定配置钢筋
4	箍筋和纵向钢筋的最小配筋率	纯扭构件矩形截面钢筋混凝土构件箍筋和纵向钢筋的最小配筋要求为 箍筋（见表 2-95）： $$\rho_{sv,min}=0.28\frac{f_t}{f_{yv}},\ \left(\rho_{sv}=\frac{nA_{sv1}}{bs}\right)\quad(6\text{-}67)$$ 纵向钢筋（见表 2-94）： $$\rho_{tl,min}=0.6\sqrt{\frac{T}{Vb}}\frac{f_t}{f_y},\ \left(\rho_{sl}=\frac{nA_{stl}}{bh}\right)\quad(6\text{-}68)$$

6.6.3　矩形截面压扭构件的受扭承载力计算

矩形截面压扭构件的受扭承载力计算如表 6-32 所示。

矩形截面压扭构件的受扭承载力计算 表 6-32

序号	项目	内容
1	基本计算公式	试验表明，具有轴向压力的受扭构件，其轴向压力可以提高受扭承载力。这是因为轴向压力可改善混凝土的相互咬合作用和纵向钢筋的暗销作用 在轴向压力和扭矩共同作用下的矩形截面钢筋混凝土构件，其受扭承载力应符合下列规定： $$T\leqslant\left(0.35f_t+0.07\frac{N}{A}\right)W_t+1.2\sqrt{\zeta}f_{yv}\frac{A_{st1}A_{cor}}{s} \quad (6\text{-}69)$$ 式中 N——与扭矩设计值 T 相应的轴向压力设计值，当 N 大于 $0.3f_cA$ 时，取 $0.3f_cA$ A——构件截面面积
2	其他要求	(1) 公式(6-69)中 ζ 值按公式(6-62)计算，且应符合 $N/A\leqslant0.3f_c$ 及 $0.6\leqslant\zeta\leqslant1.7$ 的要求。当 $\zeta>1.7$ 时，取 $\zeta=1.7$ (2) 截面尺寸应符合的要求为 $$\frac{T}{0.8W_t}\leqslant0.25\beta_cf_c \quad (6\text{-}70)$$ (3) 当满足下列公式要求 $$T\leqslant0.7f_tW_t+0.07\frac{N}{A}W_t \quad (6\text{-}71)$$ 时，可按最小配筋率和构造要求配置受扭钢筋 (4) 按本书表 6-31 序号 1 的要求计算

6.6.4 矩形截面剪扭构件的受剪扭承载力计算

矩形截面剪扭构件的受剪扭承载力计算如表 6-33 所示。

矩形截面剪扭构件的受剪扭承载力计算 表 6-33

序号	项目	内容
1	截面尺寸符合条件	在剪力和扭矩共同作用下的钢筋混凝土矩形截面剪扭一般构件，当 $h_0/b<6$ 时，其截面(见图 6-38a)应符合下列要求 $$\frac{V}{bh_0}+\frac{T}{0.8W_t}\leqslant0.25\beta_cf_c \quad (6\text{-}72)$$ 式中 b——矩形截面宽度 h_0——矩形截面有效高度 若不满足公式(6-72)时，应对构件截面尺寸或混凝土强度等级作适当调整
2	按构造配筋的条件	在弯矩、剪力和扭矩共同作用下的矩形截面钢筋混凝土构件(见图 6-38a)，当符合下列条件 $$\frac{V}{bh_0}+\frac{T}{W_t}\leqslant0.7f_t \quad (6\text{-}73)$$ 或 $$\frac{V}{bh_0}+\frac{T}{W_t}\leqslant0.7f_t+0.07\frac{N}{bh_0} \quad (6\text{-}74)$$ 时，则可不进行构件受剪扭承载力计算，而仅需根据有关的规定，按构造要求配置钢筋。公式(6-73)和公式(6-74)中的 N 是与剪力、扭矩设计值 V、T 相应的轴向压力设计值，当 N 大于 $0.3f_cA$ 时，取 N 等于 $0.3f_cA$
3	剪扭构件其受剪扭承载力计算	在剪力和扭矩共同作用下的矩形截面剪扭构件，其受剪扭承载力应符合下列规定： (1) 一般剪扭构件 1) 受剪承载力 $$V\leqslant0.7(1.5-\beta_t)f_tbh_0+f_{yv}\frac{A_{sv}}{s}h_0 \quad (6\text{-}75)$$ $$\beta_t=\frac{1.5}{1+0.5\frac{VW_t}{Tbh_0}} \quad (6\text{-}76)$$

续表 6-33

序号	项　目	内　容
3	剪扭构件其受剪扭承载力计算	式中　A_{sv}——受剪承载力所需的箍筋截面面积 β_t——一般剪扭构件混凝土受扭承载力降低系数：当 β_t 小于 0.5 时，取 0.5；当 β_t 大于 1.0 时，取 1.0。 2）受扭承载力 $$T\leqslant 0.35\beta_t f_t W_t + 1.2\sqrt{\zeta} f_{yv}\frac{A_{st1}A_{cor}}{s} \quad (6\text{-}77)$$ 式中　ζ——同本书公式(6-62) （2）集中荷载作用下的独立剪扭构件 1）受剪承载力 $$V\leqslant\frac{1.75}{\lambda+1}(1.5-\beta_t)f_t bh_0 + f_{yv}\frac{A_{sv}}{s}h_0 \quad (6\text{-}78)$$ $$\beta_t=\frac{1.5}{1+0.2(\lambda+1)\frac{VW_t}{Tbh_0}} \quad (6\text{-}79)$$ 式中　λ——计算截面的剪跨比，可取 λ 等于 a/h_0；a 为计算截面至支座截面或节点边缘的距离；计算截面取集中荷载作用点处的截面；当 λ 小于 1.5 时，取 λ 等于 1.5，当 λ 大于 3 时，取 λ 等于 3 β_t——集中荷载作用下剪扭构件混凝土受扭承载力降低系数；当 β_t 小于 0.5 时，取 0.5；当 β_t 大于 1.0 时，取 1.0 2）受扭承载力 受扭承载力仍应按公式(6-77)计算，但式中的 β_t 应按公式(6-79)计算

6.6.5　矩形截面弯剪扭构件的承载力计算

矩形截面弯剪扭构件的承载力计算如表 6-34 所示。

矩形截面弯剪扭构件的承载力计算　　**表 6-34**

序号	项　目	内　容
1	验算截面符合条件	在弯矩、剪力和扭矩共同作用下的矩形截面受扭构件，其截面符合条件仍为计算公式(6-48)、公式(6-49)，其公式中的 W_t 值按公式(6-52)计算。如不满足计算公式(6-48)的条件，则应增大构件截面尺寸或提高混凝土强度等级
2	承载力计算规定与计算方法	在弯矩、剪力和扭矩共同作用下的矩形截面的弯剪扭构件，可按下列规定进行承载力计算： （1）不考虑剪力影响的条件。当剪力设计值 $$V\leqslant 0.35 f_t bh_0 \quad (6\text{-}80)$$ 或以集中荷载为主(包括作用有多种荷载，且其中集中荷载对支座截面或节点边缘所产生的剪力值占总剪力值的 75%以上的情况)的构件，当剪力设计值满足条件 $$V\leqslant\frac{0.875}{\lambda+1}f_t bh_0 \quad (6\text{-}81)$$ 时，可仅按受弯构件的正截面受弯承载力和纯扭构件的受扭承载力分别进行计算 公式(6-81)中的 λ 值的要求与取法同公式(6-79) （2）不考虑扭矩影响的条件。当剪扭设计值 $$T\leqslant 0.175 f_t W_t \quad (6\text{-}82)$$ 时，可仅按受弯构件的正截面受弯承载力和斜截面受剪承载力分别进行计算 （3）受弯剪扭构件承载力的计算方法。矩形截面钢筋混凝土构件，在弯矩、剪力和扭矩共同作用下的计算方法为： 1）纵向钢筋应分别按受弯构件的正截面受弯承载力和剪扭构件的受扭承载力分别按所需的钢筋截面面积和相应的位置进行配置 2）箍筋应分别按剪扭构件的受剪承载力和受扭承载力求得各自所需的箍筋截面面积和相应的位置进行配置

续表 6-34

序号	项目	内容
3	承载力计算步骤	当矩形截面钢筋混凝土构件同时承受弯矩设计值 M、剪力设计值 V 和扭矩设计值 T 作用时，承载力计算步骤如下； (1) 按弯矩设计值 M 进行受弯构件正截面承载力设计，确定受弯纵筋 A_s 和 A_s' (2) 按剪扭构件计算受扭箍筋 A_{st1}、受剪箍筋 A_{sv1} 以及受扭纵筋 A_{stl}： 1) 受扭箍筋。由公式(6-77)计算，得受扭箍筋的计算公式为 $$\frac{A_{st1}}{s}=\frac{T-0.35\beta_t f_t W_t}{1.2\sqrt{\zeta}f_{yv}A_{cor}} \quad (6\text{-}83)$$ 2) 受剪箍筋。由公式(6-75)计算，得受剪箍筋的计算公式为 $$\frac{nA_{sv1}}{s}=\frac{V-0.7(1.5-\beta_t)f_t bh_0}{f_{yv}h_0} \quad (6\text{-}84)$$ 或由公式(6-78)(集中荷载作用)计算，得受剪箍筋的计算公式为 $$\frac{nA_{sv1}}{s}=\frac{V-(1.5-\beta_t)\frac{1.75}{\lambda+1}f_t bh_0}{f_{yv}h_0} \quad (6\text{-}85)$$ 3) 受扭纵筋。由公式(6-62)计算，得受扭纵筋计算公式为 $$A_{stl}=\zeta\frac{A_{st1}}{s}\cdot\frac{f_{yv}}{f_y}u_{cor} \quad (6\text{-}86)$$ (3) 将上述第(1)步和第(2)步计算所得的纵筋进行叠加：受弯纵筋 A_s 和 A_s'分别布置在截面的受拉侧(底部)和受压侧(顶部)，如图 6-39(a)所示；受扭纵筋应沿截面四周均匀配置，如图 6-39(b)所示；叠加这两部分纵筋，配置结果如图 6-39(c)所示 (4) 将上述第(1)步和第(2)步计算所得的箍筋进行叠加：受剪箍筋$\frac{nA_{sv1}}{s}$的配置(n=4)如图 6-40(a)所示；受扭箍筋$\frac{A_{st1}}{s}$沿截面周边配置，如图 6-40(b)所示；叠加这两部分箍筋，配置结果如图 6-40(c)所示

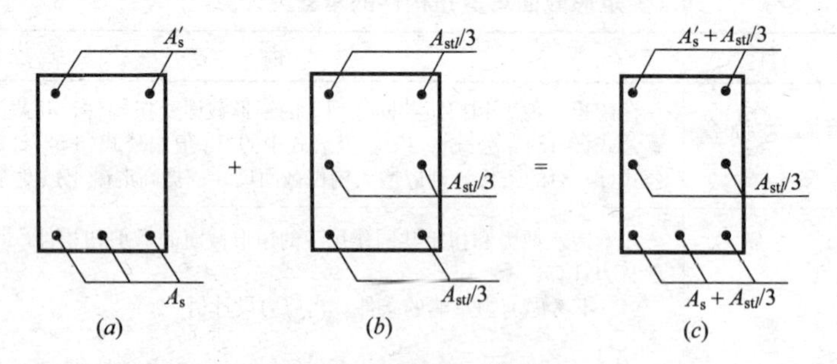

图 6-39 弯扭纵筋的叠加

(a)受弯纵筋；(b)受扭纵筋；(c)纵筋叠加

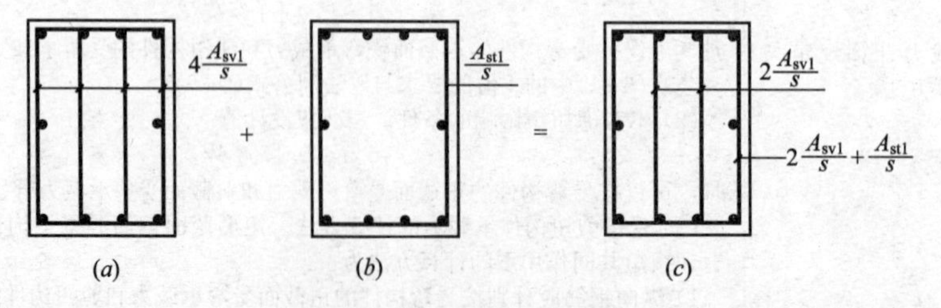

图 6-40 剪扭箍筋的叠加

(a)受剪箍筋；(b)受扭箍筋；(c)箍筋叠加

6.6.6　钢筋混凝土矩形截面框架柱受扭截面承载力计算

钢筋混凝土矩形截面框架柱受扭截面承载力计算如表6-35所示。

钢筋混凝土矩形截面框架柱受扭截面承载力计算　　表6-35

序号	项　目	内　容
1	剪扭承载力计算(1)	(1)在轴向压力、弯矩、剪力和扭矩共同作用下的钢筋混凝土矩形截面框架柱，其受剪扭承载力可按下列规定计算： 1)受剪承载力 $$V\leqslant(1.5-\beta_t)\left(\frac{1.75}{\lambda+1}f_tbh_0+0.07N\right)+f_{yv}\frac{A_{sv}}{s}h_0 \quad (6\text{-}87)$$ 2)受扭承载力 $$T\leqslant\beta_t\left(0.35f_t+0.07\frac{N}{A}\right)W_t+1.2\sqrt{\zeta}f_{yv}\frac{A_{st1}A_{cor}}{s} \quad (6\text{-}88)$$ 式中　λ——计算截面的剪跨比，按本书的有关规定确定 β_t——按本书表6-33序号3的规定计算并符合相关要求 ζ——按本书表6-31序号1的规定采用 (2)在轴向压力、弯矩、剪力和扭矩共同作用下的钢筋混凝土矩形截面框架柱，当满足下列公式为 $$T\leqslant(0.175f_t+0.035N/A)W_t \quad (6\text{-}89)$$ 时，可仅计算偏心受压构件的正截面承载力和斜截面受剪承载力 (3)在轴向压力、弯矩、剪力和扭矩共同作用下的钢筋混凝土矩形截面框架柱，其纵向普通钢筋截面面积应分别按偏心受压构件的正截面承载力和剪扭构件的受扭承载力计算确定，并应配置在相应的位置；箍筋截面面积应分别按剪扭构件的受剪承载力和受扭承载力计算确定，并应配置在相应的位置
2	弯扭承载力计算(2)	(1)在轴向拉力、弯矩、剪力和扭矩共同作用下的钢筋混凝土矩形截面框架柱，其受剪扭承载力应符合下列规定： 1)受剪承载力 $$V\leqslant(1.5-\beta_t)\left(\frac{1.75}{\lambda+1}f_tbh_0-0.2N\right)+f_{yv}\frac{A_{sv}}{s}h_0 \quad (6\text{-}90)$$ 2)受扭承载力 $$T\leqslant\beta_t\left(0.35f_t-0.2\frac{N}{A}\right)W_t+1.2\sqrt{\zeta}f_{yv}\frac{A_{st1}A_{cor}}{s} \quad (6\text{-}91)$$ 当公式(6-90)右边的计算值小于$f_{yv}\frac{A_{sv}}{s}h_0$时，取$f_{yv}\frac{A_{sv}}{s}h_0$；当公式(6-91)右边的计算值小于$1.2\sqrt{\zeta}f_{yv}\frac{A_{st1}A_{cor}}{s}$时，取$1.2\sqrt{\zeta}f_{yv}\frac{A_{st1}A_{cor}}{s}$ 式中　λ——计算截面的剪跨比，按本书的有关规定确定 A_{sv}——受剪承载力所需的箍筋截面面积 N——与剪力、扭矩设计值V、T相应的轴向拉力设计值 β_t——按本书表6-33序号3的规定计算并符合相关要求 ζ——按本书表6-31序号为1的规定采用 (2)在轴向拉力、弯折、剪力和扭矩共同作用下的钢筋混凝土矩形截面框架柱，当满足下列公式为 $$T\leqslant(0.175f_t-0.1N/A)W_t \quad (6\text{-}92)$$ 时，可仅计算偏心受拉构件的正截面承载力和斜截面受剪承载力 (3)在轴向拉力、弯矩、剪力和扭矩共同作用下的钢筋混凝土矩形截面框架柱，其纵向普通钢筋截面面积应分别按偏心受拉构件的正截面承载力和剪扭构件的受扭承载力计算确定，并应配置在相应的位置；箍筋截面面积应分别按剪扭构件的受剪承载力和受扭承载力计算确定，并应配置在相应的位置

6.6.7　箱形截面构件的受扭承载力计算

箱形截面构件的受扭承载力计算如表6-36所示。

箱形截面构件的受扭承载力计算　表 6-36

序号	项　目	内　容
1	截面符合条件	(1) 箱形截面受扭构件的截面符合条件可按本书表 6-30 序号 1 中的公式(6-48)、公式(6-49)确定，并遵照文内的相应规定应用 (2) 箱形截面的弯剪扭构件，进行承载力计算时，应按本书表 6-34 序号 2 中的公式(6-80)、公式(6-81)与公式(6-82)进行计算，或按下列公式进行计算，即 $T \leqslant 0.175\alpha_h f_t W_t$　(6-93) 可仅验算受弯构件的正截面受弯承载力和斜截面受剪承载力 (3) 矩形、T形、I形和箱形截面弯剪扭构件，其纵向钢筋截面面积应分别按受弯构件的正截面受弯承载力和剪扭构件的受扭承载力计算确定，并应配置在相应的位置；箍筋截面面积应分别按剪扭构件的受剪承载力和受扭承载力计算确定，并应配置在相应的位置
2	纯扭构件的计算	箱形截面钢筋混凝土纯扭构件的受扭承载力应符合下列规定： $T \leqslant 0.35\alpha_h f_t W_t + 1.2\sqrt{\zeta} f_{yv} \dfrac{A_{st1} A_{cor}}{s}$　(6-94) $\alpha_h = 2.5 t_w / b_h$　(6-95) 式中　α_h——箱形截面壁厚影响系数，当 α_h 大于 1.0 时，取 1.0 ζ——同本书表 6-31 序号 1 应用
3	弯扭构件计算	箱形截面钢筋混凝土剪扭构件的受剪扭承载力可按下列规定计算： (1) 一般剪扭构件 1) 受剪承载力 $V \leqslant 0.7(1.5-\beta_t) f_t b h_0 + f_{yv} \dfrac{A_{sv}}{s} h_0$　(6-96) 2) 受扭承载力 $T \leqslant 0.35\alpha_h \beta_t f_t W_t + 1.2\sqrt{\zeta} f_{yv} \dfrac{A_{st1} A_{cor}}{s}$　(6-97) 式中　β_t——按本书表 6-33 序号 3 中公式(6-76)计算，但公式中的 W_t 应代之以 $\alpha_h W_t$，计算公式为 $\beta_t = \dfrac{1.5}{1+0.5\dfrac{V}{T} \cdot \dfrac{\alpha_h W_t}{b h_0}}$　(6-98) α_h——按本表序号 2 公式(6-95)的规定确定 ζ——按本书表 6-31 序号 1 的规定确定 (2) 集中荷载作用下的独立剪扭构件 1) 受剪承载力 $V \leqslant (1.5-\beta_t) \dfrac{1.75}{\lambda+1} f_t b h_0 + f_{yv} \dfrac{A_{sv}}{s} h_0$　(6-99) 式中　β_t——按本书表 6-33 序号 3 公式(6-79)计算，但公式中的 W_t 应代之以 $\alpha_h W_t$，计算公式为 $\beta_t = \dfrac{1.5}{1+0.2(\lambda+1)\dfrac{V}{T} \cdot \dfrac{\alpha_h W_t}{b h_0}}$　(6-100) 2) 受扭承载力 受扭承载力仍应按公式(6-97)计算，但公式中的 β_t 值应按本书表 6-33 中公式(6-79)计算
4	塑性抵抗矩计算	按本书表 6-30 序号 3 公式(6-57)计算

6.6.8　T形和工形截面构件的纯扭承载力计算

T形和工形截面构件的纯扭承载力计算如表 6-37 所示。

T形和工形截面构件的纯扭承载力计算　　表6-37

序号	项　目	内　容
1	计算原则	T形和工形截面纯扭构件，可将其截面划分为几个矩形截面，其划分方法为，首先满足腹板矩形截面的完整性，即按图6-41所示的方法进行划分 T形截面划分为两个矩形截面；工形截面划分为三个矩形截面。将扭矩设计值分配给每个矩形截面，分别进行配筋计算，最后将计算所得的纵筋和箍筋的相应截面面积分别叠加
2	计算截面受扭塑性抵抗矩	按本书表6-30序号3的有关计算规定计算
3	分配扭矩的计算	按本书表6-30序号4的有关计算规定计算
4	截面尺寸符合条件	对$h_w/b<6$的T形、工形截面(图6-41)应符合下列要求： $$\frac{T}{0.8W_t}\leqslant 0.25\beta_c f_c \quad (6\text{-}101)$$ 式中　h_w——截面的腹板高度，T形截面取有效高度减去翼缘高度，工形截面取腹板净高 b——T形或工形截面的腹板宽度 若不满足公式(6-101)时，应改变T形、工形截面尺寸或提高混凝土强度等级。公式(6-101)中W_t按公式(6-53)计算
5	按构造配筋的条件	如T形或工形钢筋混凝土受扭构件，符合条件 $$T/W_t\leqslant 0.7f_t \quad (6\text{-}102)$$ 时，则不需进行受扭计算，可按有关构造要求配置受扭钢筋 公式(6-102)中W_t按公式(6-53)进行计算
6	受扭承载力计算	T形和工形截面的各个矩形截面的受扭承载力计算公式和一般矩形截面纯扭构件的受扭承载力计算公式相同。计算腹板受扭承载力时，以T_w和W_{tw}代替公式(6-61)的T和W_t。对翼缘则以T'_f、T_f和W'_{tf}、W_{tf}代替公式(6-61)中的T和W_t。计算表达式为 (1) 腹板受扭承载力T_w计算公式为 $$T_w\leqslant 0.35f_tW_{tw}+1.2\sqrt{\zeta}f_{yv}\frac{A_{st1}A_{cor}}{s} \quad (6\text{-}103)$$ (2) 受压翼缘受扭承载力T'_f计算公式为 $$T'_f\leqslant 0.35f_tW'_{tf}+1.2\sqrt{\zeta}f_{yv}\frac{A'_{st1}A'_{f,cor}}{s} \quad (6\text{-}104)$$ (3) 受拉翼缘受扭承载力T_f计算公式为 $$T_f\leqslant 0.35f_tW_{tf}+1.2\sqrt{\zeta}f_{yv}\frac{A_{st1}A_{f,cor}}{s} \quad (6\text{-}105)$$ T形截面没有公式(6-105)

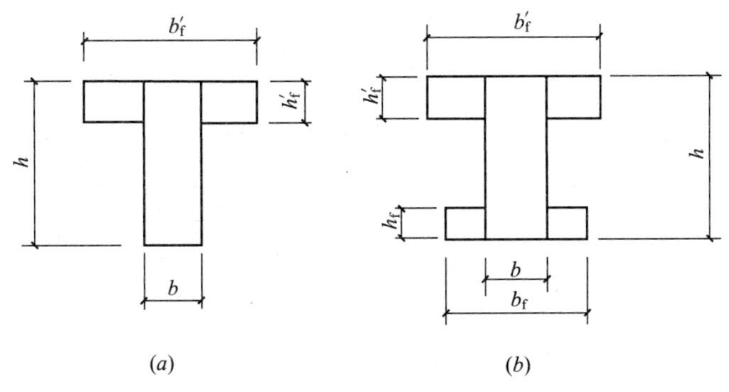

图6-41　T形和工形截面划分为矩形截面

(a)T形截面；(b)工形截面

6.6.9 T形和工形截面构件剪扭承载力计算

T形和工形截面构件剪扭承载力计算如表6-38所示。

T形和工形截面构件剪扭承载力计算 **表6-38**

序号	项目	内容
1	截面尺寸符合条件	在剪力和扭矩共同作用下的钢筋混凝土T形和工形截面构件(见图6-41),其截面应符合本书表6-30序号1中公式(6-48)、公式(6-49)的有关规定要求 若不满足公式(6-48)、公式(6-49)的要求时,应对构件截面尺寸或混凝土强度等级作适当调整
2	按构造配筋的条件	在弯矩、剪力和扭矩共同作用下的T形和工形钢筋混凝土构件(图6-41),当符合本书表6-30序号2中公式(6-50)、公式(6-51)的条件时,则可不进行构件承载力计算,而仅需根据有关的规定,按构造要求配置钢筋
3	腹板计算	(1) 腹板受剪承载力计算。T形和工形截面钢筋混凝土剪扭构件的剪力设计值主要靠腹板承受,其受剪承载力计算公式为 $$V \leqslant 0.7(1.5-\beta_t)f_t b h_0 + f_{yv}\frac{A_{sv}}{s}h_0 \quad (6\text{-}106)$$ 公式(6-106)中之β_t计算公式为 $$\beta_t=\frac{1.5}{1+0.5\frac{VW_{tw}}{T_{tw}bh_0}} \quad (6\text{-}107)$$ 当$\beta_t<0.5$时,取$\beta_t=0.5$;当$\beta_t>1$时,取$\beta_t=1$ 对集中荷载(包括作用有多种荷载,且其中集中荷载对支座截面或节点边缘所产生的剪力值占总剪力值75%以上的情况)作用的剪扭构件,则 $$V \leqslant \frac{1.75}{\lambda+1}(1.5-\beta_t)f_t b h_0 + f_{yv}\frac{A_{sv}}{s}h_0 \quad (6\text{-}108)$$ 式中,$\lambda<1.5$时,取$\lambda=1.5$;$\lambda>3$时,取$\lambda=3$ 公式(6-108)中之β_t计算公式为 $$\beta_t=\frac{1.5}{1+0.2(\lambda+1)\frac{VW_{tw}}{T_{tw}bh_0}} \quad (6\text{-}109)$$ 当$\beta_t<0.5$时,取$\beta_t=0.5$;当$\beta_t>1$时,取$\beta_t=1.0$ (2) 腹板受扭承载力计算。T形和工形截面钢筋混凝土剪扭构件的腹板受扭承载力为 $$T_w \leqslant 0.35\beta_t f_t W_{tw} + 1.2\sqrt{\zeta} f_{yv}\frac{A_{st1}A_{cor}}{s} \quad (6\text{-}110)$$ 公式(6-110)中之β_t、ζ计算公式为 $$\beta_t=\frac{1.5}{1+0.5\frac{VW_{tw}}{T_{tw}bh_0}} \quad (6\text{-}111)$$ $$\zeta=\frac{f_y A_{stl} s}{f_{yv} A_{st1} u_{cor}} \quad (6\text{-}112)$$
4	翼缘计算	翼缘为纯扭构件受扭承载力计算公式为: (1) 受压翼缘 $$T'_f \leqslant 0.35 f_t W'_{tf} + 1.2\sqrt{\zeta} f_{yv}\frac{A'_{st1}A'_{f,cor}}{s} \quad (6\text{-}113)$$ 公式(6-113)中之ζ计算公式为 $$\zeta=\frac{f_y A'_{stl} s}{f_{yv} A'_{st1} u'_{f,cor}} \quad (6\text{-}114)$$ (2) 受拉翼缘 $$T_w \leqslant 0.35 f_t W_{tf} + 1.2\sqrt{\zeta} f_{yv}\frac{A_{st1}A_{f,cor}}{s} \quad (6\text{-}115)$$ 公式(6-115)中之ζ计算公式为 $$\zeta=\frac{f_y A_{f,stl} s}{f_{yv} A_{f,st1} u_{f,cor}} \quad (6\text{-}116)$$

6.6.10　T形和工形截面构件弯剪扭承载力计算

T形和工形截面构件弯剪扭承载力计算如表6-39所示。

T形和工形截面构件弯剪扭承载力计算　　表6-39

序号	项　目	内　容
1	计算规定	在弯矩、剪力和扭矩共同作用下的T形和工形截面的钢筋混凝土弯剪扭构件，可按下列规定进行承载力计算： (1) 不考虑剪力影响的条件，当剪力设计值 $V \leqslant 0.35 f_t b h_0$　(6-117) 或　$V \leqslant \frac{0.875}{\lambda+1} f_t b h_0$　(6-118) 时，可仅按受弯构件的正截面受弯承载力和纯扭构件的受扭承载力分别进行计算 (2) 不考虑扭矩影响的条件 当扭矩设计值 $T \leqslant 0.175 f_t W_t$　(6-119) 时，可仅按受弯构件的正截面受弯承载力和斜截面受剪承载力分别进行计算
2	计算方法	受弯剪扭构件承载力的计算方法。T形和工形截面钢筋混凝土构件，在弯矩、剪力和扭矩共同作用下的计算方法为： (1) 纵向钢筋应分别按受弯构件的正截面受弯承载力和剪扭构件的受扭承载力分别按所需的截面面积和相应的位置进行配置 (2) 箍筋应分别按剪扭构件的受剪承载力和受扭承载力求得各自所需的箍筋截面面积和相应的位置进行配置

6.6.11　计算例题

【例题6-11】 一钢筋混凝土矩形截面梁，截面尺寸为$b \times h = 250\text{mm} \times 500\text{mm}$，承受扭矩设计值$T = 11\text{kN.m}$，混凝土强度等级为C20($f_c = 9.6\text{N/mm}^2$，$f_t = 1.1\text{N/mm}^2$)，钢筋采用HPB300级钢筋($f_y = 270\text{N/mm}^2$，$f_{yv} = 270\text{N/mm}^2$)，试求纵向钢筋及箍筋用量。

【解】

(1) 截面尺寸计算

$$h_0 = h - 40 = 500 - 40 = 460\text{mm}$$

$$h_{cor} = h - 2 \times 30 = 500 - 60 = 440\text{mm}$$

$$b_{cor} = b - 2 \times 30 = 250 - 60 = 190\text{mm}$$

(2) 计算截面受扭塑性抵抗矩W_t。由公式(6-52)计算，得

$$W_t = \frac{b^2}{6}(3h - b) = \frac{250^2}{6} \times (3 \times 500 - 250) = 13020833\text{mm}^3$$

(3) 验算适用条件。由公式(6-65)计算，得

$$0.25 \times 0.8 \beta_c f_c W_t = 0.25 \times 0.8 \times 1 \times 9.6 \times 13020833 = 25\text{kN} \cdot \text{m} > 11\text{kN} \cdot \text{m}$$

则截面尺寸满足要求。

由公式(6-66)计算，得

$$0.7 f_t W_t = 0.7 \times 1.1 \times 13020833 = 10\text{kN} \cdot \text{m} < 11\text{kN} \cdot \text{m}$$

则需要按计算配置受扭钢筋。

(4) 计算箍筋。设纵向钢筋与箍筋的配筋强度比值为$\zeta = 1.0$。

由公式(6-61)，即

$$T \leqslant 0.35 f_t W_t + 1.2 \sqrt{\zeta} \frac{f_{yv} A_{st1} A_{cor}}{s}$$

故 $\frac{A_{st1}}{s} \geqslant \frac{T-0.35 f_t W_t}{1.2\sqrt{\zeta} b_{cor} h_{cor} f_{yv}} = \frac{11000000-0.35\times1.1\times13020833}{1.2\times1.0\times1.9\times440\times270} = 0.22\text{mm}$

取ϕ 8@200mm

$$\frac{A_{st1}}{s} = \frac{50.3}{200} = 0.25\text{mm} > 0.22\text{mm}$$

实际配筋率为

$$\rho_{sv} = \frac{nA_{st1}}{sb} = \frac{2\times50.3}{200\times250} = 0.20\% > 0.28\frac{f_t}{f_{yv}} = 0.11\%$$

满足要求。

(5) 计算受扭纵向钢筋。由公式(6-62)，即

$$\zeta = \frac{f_y A_{stl} s}{f_{yv} A_{st1} u_{cor}}$$

算得 $A_{stl} = \frac{\zeta f_{yv} A_{st1} u_{cor}}{s f_y}$

$$= \frac{1.2\times270\times50.3\times2\times(190+440)}{200\times270} = 317\text{mm}^2$$

选用 6ϕ 12，$A_{stl}=678\text{mm}^2$，截面配筋如图 6-42 所示。

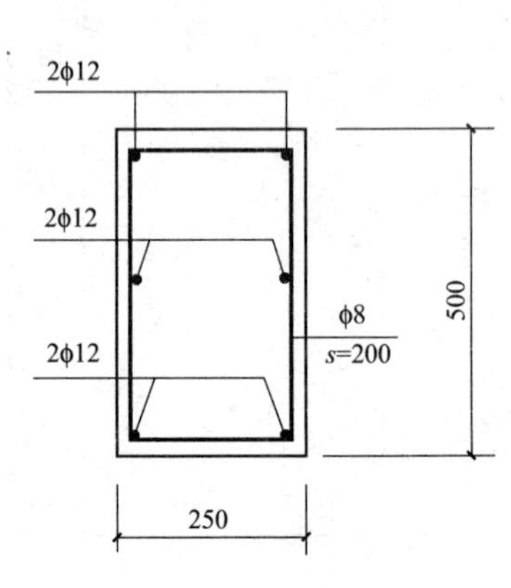

图 6-42 【例题 6-11】截面配筋

配筋率验算

$$\rho_{tl} = \frac{A_{stl}}{bh} = \frac{678}{250\times500} = 0.54\% > 0.85\frac{f_t}{f_y} = 0.35\%$$

满足要求。

【例题 6-12】 一矩形截面钢筋混凝土构件，截面尺寸为 $b\times h=400\text{mm}\times600\text{mm}$，$a_s=40\text{mm}$，承受弯矩设计值为 $M=152\times10^6\text{N}\cdot\text{mm}$，剪力设计值为 $V=150\times10^3\text{N}$，扭矩设计值为 $T=30\times10^6\text{N}\cdot\text{mm}$，混凝土强度等级为 C25，($f_c=11.9\text{N/mm}^2$，$f_t=1.27\text{N/mm}^2$，$\beta_c=1$，$\alpha_1=1$)。纵向钢筋采用 HRB335 级钢筋($f_y=300\text{N/mm}^2$)，箍筋采用 HPB300 级钢筋($f_{yv}=270\text{N/mm}^2$)。求所需的箍筋和纵向钢筋。

【解】

(1) 计算截面尺寸

$$h_0 = h - a_s = 600 - 40 = 560\text{mm}$$

$$b_{cor} = b - 2\times30 = 400 - 60 = 340\text{mm}$$

$$h_{cor} = h - 2\times30 = 600 - 60 = 540\text{mm}$$

$$A_{cor} = b_{cor} h_{cor} = 340\times540 = 183600\text{mm}^2$$

$$u_{cor} = 2(b_{cor} + h_{cor}) = 2\times(340+540) = 1760\text{mm}$$

(2) 验算截面尺寸符合条件。由公式(6-52)计算，得

$$W_t = \frac{b^2}{6}(3h-b) = \frac{400^2}{6}\times(3\times600-400) = 37333333\text{mm}^3$$

由公式(6-72)计算，得

$$\frac{V}{bh_0} + \frac{T}{0.8W_t} = \frac{150\times10^3}{400\times560} + \frac{30\times10^6}{0.8\times37333333} = 1.674\text{N/mm}^2$$

$$< 0.25\beta_c f_c = 0.25\times1.0\times11.9 = 2.975\text{N/mm}^2$$

截面尺寸符合要求。

(3) 验算是否考虑剪力计算。由公式(6-80)计算，得

$$V=150\times10^3\mathrm{N}>0.35f_tbh_0=0.35\times1.27\times400\times560=99568\mathrm{N}$$

故需做受剪计算。

(4) 验算是否考虑扭矩计算。由公式(6-82)计算，得

$$T=30\times10^6\mathrm{N\cdot mm}>0.175f_tW_t=0.175\times1.27\times37333333=8297333\mathrm{N\cdot mm}$$

故需做受扭计算。

(5) 验算是否需要进行剪扭计算。由公式(6-73)计算，得

$$\frac{V}{bh_0}+\frac{T}{W_t}=1.473\mathrm{N/mm^2}>0.7f_t=0.7\times1.27=0.889\mathrm{N/mm^2}$$

故需计算受剪及受扭箍筋。

(6) 计算受弯纵向钢筋用量。应用公式(7-26)计算，得

$$\begin{aligned}A_s&=\frac{\alpha_1f_cb}{f_y}\left(h_0-\sqrt{h_0^2-\frac{2M}{\alpha_1f_cb}}\right)\\&=\frac{1.0\times11.9\times400}{300}\left(560-\sqrt{560^2-\frac{2\times152\times10^6}{1.0\times11.9\times400}}\right)\\&=956\mathrm{mm^2}\end{aligned}$$

(7) 计算受扭钢筋。由公式(6-76)计算剪扭构件受扭承载力降低系数β_t为

$$\beta_t=\frac{1.5}{1+0.5\dfrac{V}{T}\dfrac{W_t}{bh_0}}=\frac{1.5}{1+0.5\times\dfrac{150\times10^3}{30\times10^6}\times\dfrac{37333333}{400\times560}}=1.059>1$$

故取$\beta_t=1$，取$\zeta=1.2$。

1) 由公式(6-83)计算受扭箍筋，得

$$\begin{aligned}\frac{A_{st1}}{s}&=\frac{T-0.35\beta_tf_tW_t}{1.2\sqrt{\zeta}f_{yv}A_{cor}}\\&=\frac{30\times10^6-0.35\times1\times1.27\times37333333}{1.2\times\sqrt{1.2}\times270\times183600}\\&=0.206\end{aligned}$$

2) 由公式(6-86)计算受扭纵向钢筋为

$$A_{stl}=\zeta\frac{f_{yv}}{f_y}u_{cor}\frac{A_{st1}}{s}=1.2\times\frac{270}{300}\times1760\times0.206=392\mathrm{mm^2}$$

验算

$$\rho_{tl}=\frac{A_{stl}}{bh}=\frac{392}{400\times600}=0.163\%<0.359\%$$

取

$$A_{stl}=\rho_{tl,\min}bh=0.359\%\times400\times600=862\mathrm{mm^2}$$

(8) 计算受剪箍筋。由公式(6-84)计算，得

$$\begin{aligned}\frac{A_{sv}}{s}&=\frac{V-0.7(1.5-\beta_t)f_tbh_0}{f_{yv}h_0}\\&=\frac{150\times10^3-0.7\times(1.5-1.0)\times1.27\times400\times560}{270\times560}\\&=0.334\mathrm{mm}\end{aligned}$$

$$\frac{A_{sv1}}{s}=\frac{A_{sv}}{2s}=0.172\mathrm{mm}$$

(9) 最后计算所需的钢筋配置

1) 所需箍筋配置

① 单肢箍筋

$$\frac{A_{st1}}{s}+\frac{A_{sv1}}{s}=0.206+0.167=0.373\text{mm}$$

箍筋配筋率为

$$\rho_{sv}=\frac{2(A_{st1}+A_{sv1})}{bs}=\frac{2\times0.373}{400}=0.187\%>\rho_{sv,min}=0.132\%$$

② 箍筋选用

选用双肢箍筋，Φ10mm，$s=200$mm，则配筋率为

$$\rho_{sv}=\frac{157}{400\times200}=0.196\%$$

满足要求。

2) 所需纵向钢筋配置

① 受扭纵向钢筋。由 $A_{stl}=862\text{mm}^2$，选用 10Φ12，$A_s=1131\text{mm}^2$，沿周边均匀对称放置，即梁顶 3Φ12，梁截面中间 4Φ12，梁底 3Φ12。

② 梁底最后配置的纵向钢筋为

$$A_s+\frac{A_{stl}}{3}=956+339=1295\text{mm}^2$$

实配 4Φ20，$A_s=1257\text{mm}^2$；截面配筋简图如图 6-43 所示。

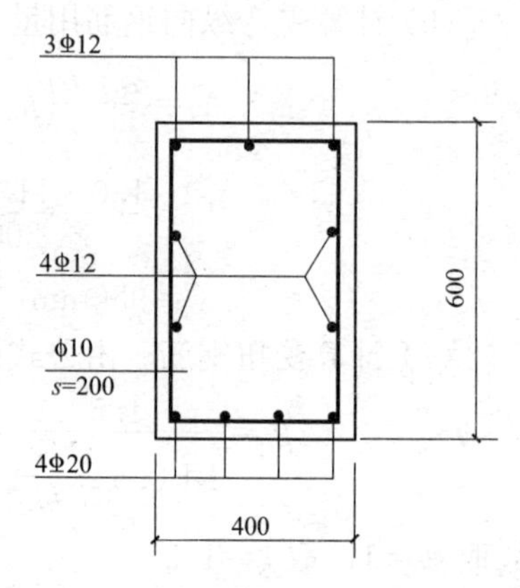

图 6-43 【例题 6-12】截面配筋

【例题 6-13】 已知一钢筋混凝土 T 形截面梁，截面尺寸为 $b'_f=400$mm，$h'_f=120$mm，$b=200$mm，$h=500$mm，在均布荷载作用下，承受弯矩设计值为 $M=98\times10^6\text{N}\cdot\text{mm}$，剪力设计值为 $V=67\times10^3\text{N}$，扭矩设计值为 $T=8\times10^6\text{N}\cdot\text{mm}$，混凝土强度等级采用 C25 ($f_t=1.27\text{N/mm}^2$，$f_c=11.9\text{N/mm}^2$，$\alpha_1=1$)，箍筋采用 HPB300 级钢筋($f_{yv}=270\text{N/mm}^2$)，纵筋采用 HRB335 级钢筋($f_y=300\text{N/mm}^2$)。求箍筋和纵筋用量。

【解】

(1) 计算截面尺寸

$$h_0=h-a_s=500-35=465\text{mm}$$

$$b_{cor}=b-2\times25=200-50=150\text{mm}$$

$$h_{cor}=h-2\times25=500-50=450\text{mm}$$

$$A_{cor}=b_{cor}h_{cor}=150\times450=67500\text{mm}^2$$

$$u_{cor}=2(b_{cor}+h_{cor})=2\times(150+450)=1200\text{mm}$$

$$b'_{fcor}=b'_f-b-2\times25=400-200-50=150\text{mm}$$

$$h'_{fcor}=h'_f-2\times25=120-50=70\text{mm}$$

$$A'_{cor}=h'_{fcor}b'_{fcor}=150\times70=10500\text{mm}^2$$

$$u'_{fcor}=2(b'_{fcor}+h'_{fcor})=2\times(150+70)=440\text{mm}$$

(2) 求截面受扭塑性抵抗矩。由公式(6-54)、公式(6-55)计算，得

$$W_{tw}=\frac{b^2}{6}(3h-b)=\frac{200\times200}{6}\times(3\times500-200)=8.667\times10^6\text{mm}^3$$

$$W'_{tf}=\frac{h'^2_f}{6}(b'_f-b)=\frac{120\times120}{2}\times(400-200)=1.44\times10^6\text{mm}^3$$

由公式(6-53)计算，得

$$W_t=W_{tw}+W'_{tf}=8.667\times10^6+1.44\times10^6=10.107\times10^6\text{mm}^3$$

(3) 验算适用条件

$$h_w=h_0-h'_f=465-120=345\text{mm}$$

$$h_w/b=345/200=1.37<6$$

由公式(6-48)计算，得

$$\frac{V}{bh_0}+\frac{T}{0.8W_t}=\frac{64000}{200\times465}+\frac{8\times10^6}{0.8\times10.107\times10^6}=1.71\text{N/mm}^2<0.25\beta_c f_c$$

$$=0.25\times1\times11.9=3\text{N/mm}^2$$

符合截面尺寸要求。

$$\frac{V}{bh_0}+\frac{T}{W_t}=1.51\text{N/mm}^2>0.7f_t=0.7\times1.27=0.89\text{N/mm}^2$$

需按计算确定钢筋面积。

(4) 验算是否考虑剪力计算

$$V=67000\text{N}>0.35f_tbh_0=0.35\times1.27\times200\times465=43700\text{N}$$

需要考虑剪力计算。

(5) 验算是否考虑扭矩计算

$$T=8\times10^6\text{N}\cdot\text{mm}>0.175f_tW_t=0.175\times1.27\times10.107\times10^6=2.246\times10^6\text{N}\cdot\text{mm}$$

需要考虑扭矩计算。

(6) 计算受弯纵向钢筋。假定中和轴位于翼缘和肋部交界处时，截面承受的弯矩值为 $\alpha_1 f_c b'_f h'_f(h_0-0.5h'_f)=1\times11.9\times400\times120\times(465-0.5\times20)=231.336\text{kN}\cdot\text{m}>98\text{kN}\cdot\text{m}$ 故中和轴在翼缘内通过，截面计算宽度按 b'_f 的矩形截面进行计算。

应用公式(7-26)计算，得

$$A_s=\frac{\alpha_1 f_c b'_f}{f_y}\left(h_0-\sqrt{h_0^2-\frac{2M}{\alpha_1 f_c b'_f}}\right)$$

$$=\frac{1\times11.9\times400}{300}\times\left(465-\sqrt{465\times465-\frac{2\times98\times10^6}{1\times11.9\times400}}\right)$$

$$=740\text{mm}^2$$

$$A_{s,min}=0.002\times200\times500=200\text{mm}^2<A_s=740\text{mm}^2$$

(7) 分配扭矩。由公式(6-58)计算，得

$$T_w=\frac{W_{tw}}{W_t}T=\frac{8.667\times10^6\times8\times10^6}{10.107\times10^6}=6.86\times10^6\text{N/mm}^2$$

由公式(6-59)计算，得

$$T'_f=\frac{W'_{tf}}{W_t}T=\frac{1.44\times10^6\times8\times10^6}{10.107\times10^6}=1.14\times10^6\text{N/mm}^2$$

(8) 腹板配筋计算，取 $\zeta=1$。

1）计算受剪箍筋。由公式(6-107)计算，得

$$\beta_t=\frac{1.5}{1+0.5\dfrac{VW_{tw}}{T_w bh_0}}=\frac{1.5}{1+0.5\dfrac{64\times10^3\times8.667\times10^6}{6.86\times10^6\times200\times465}}=1.05>1,\quad 取\beta_t=1$$

由公式(6-106)计算，得

$$\frac{A_{sv}}{s}=\frac{V-0.7(1.5-\beta_t)f_t bh_0}{f_{yv}h_0}=\frac{67000-0.7\times(1.5-1)\times1.27\times200\times465}{270\times465}=0.204$$

$$\frac{A_{sv1}}{s}=\frac{A_{sv}}{2s}=0.102$$

2）计算受扭箍筋。由公式(6-110)计算，得

$$\frac{A_{st1}}{s}=\frac{T_w-0.35\beta_t f_t W_{tw}}{1.2\sqrt{\zeta}f_{yv}A_{cor}}=\frac{6.86\times10^6-0.35\times1\times1.27\times8.667\times10^6}{1.2\times1\times270\times67500}=0.138\text{mm}$$

3）所需受剪及受扭单肢箍筋的总用量及选用箍筋

$$\frac{A_{sv1}}{s}+\frac{A_{st1}}{s}=0.102+0.138=0.240\text{mm}$$

选用ϕ 8mm 箍筋，间距 $s=150$mm

$$\frac{A_{st1}}{s}=\frac{50.3}{150}=0.335\text{mm}$$

4）计算受扭纵向钢筋。由公式(6-112)计算，得

$$A_{stl}=\frac{\zeta f_{yv}A_{st1}u_{cor}}{f_y s}=\frac{1\times270\times0.335\times1200}{300}=362\text{mm}^2$$

选用 6Φ10($A_{stl}=471\text{mm}^2$)，沿腹板截面周边均匀对称配置，其中截面受拉区的受弯纵向钢筋截面面积可与受扭纵向钢筋 2Φ10 合并一起配置。

5）腹板弯曲受拉区所需纵向钢筋总截面面积为

$$A_s=740+157=897\text{mm}^2$$

选用 3Φ20，$A_s=942\text{mm}^2$。

(9) 弯曲受压翼缘配筋计算

1）受压翼缘箍筋计算。由公式(6-113)计算，得

$$\frac{A_{st1}}{s}=\frac{T'_f-0.35f_t W'_{tf}}{1.2\sqrt{\zeta}f_{yv}A'_{cor}}$$

$$=\frac{1.14\times10^6-0.35\times1.27\times1.44\times10^6}{1.2\times1\times270\times10500}=0.147\text{mm}$$

选用ϕ 8，间距 $s=150$mm，$A_{st1}/s=50.3/150=0.335\text{mm}^2$。

2）受压翼缘纵筋计算。由公式(6-114)计算，得

$$A'_{stl}=\frac{\zeta f_{yv}u'_{cor}}{f_y}\frac{A'_{st1}}{s}=\frac{1\times270\times440\times0.335}{300}=133\text{mm}^2$$

选用 4Φ8，$A'_{stl}=201\text{mm}^2$，配置在受压翼缘的四角。

(10) 截面配筋。截面配筋简图如图 6-44 所示。

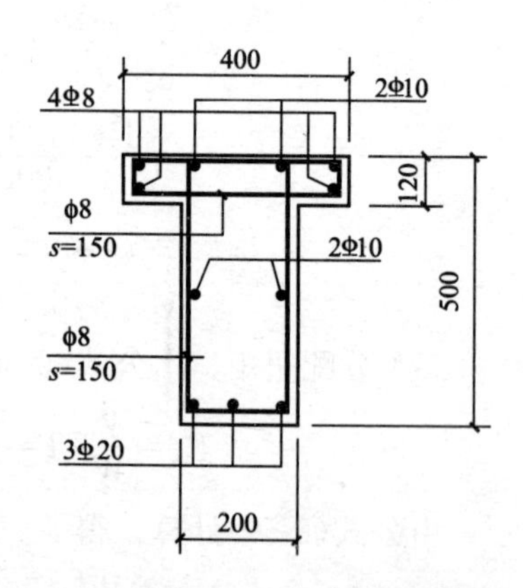

图 6-44 【例题 6-13】截面配筋简图

6.7　钢筋混凝土构件裂缝宽度与挠度验算

6.7.1　钢筋混凝土构件裂缝宽度的计算

钢筋混凝土构件裂缝宽度的计算如表 6-40 所示。

钢筋混凝土构件裂缝宽度的计算　　**表 6-40**

序号	项　目	内　容
1	计算原则	钢筋混凝土受弯构件按所处环境类别和使用要求，应验算裂缝宽度。按荷载的效应组合影响所求得的最大裂缝宽度 w_{max}，不应超过表 2-52 规定的限值
2	计算方法	(1) 在矩形、T 形、倒 T 形和 I 形截面的钢筋混凝土受拉、受弯和偏心受压构件，按荷载效应准永久组合作用影响的最大裂缝宽度可按下列公式计算 $w_{max}=\alpha_{cr}\psi\frac{\sigma_{sq}}{E_s}\left(1.9c_s+0.08\frac{d_{eq}}{\rho_{te}}\right)$ (6-120) $\psi=1.1-\frac{0.65f_{tk}}{\rho_{te}\sigma_{sq}}$ (6-121) $d_{eq}=\frac{\sum n_i d_i^2}{\sum n_i \nu_i d_i^2}$ (6-122) $\rho_{te}=\frac{A_s}{A_{te}}$ (6-123) 式中 α_{cr}——构件受力特征系数，对受弯、偏心受压，取 $\alpha_{cr}=1.9$；对偏心受拉构件，取 $\alpha_{cr}=2.4$；对轴心受拉构件，取 $\alpha_{cr}=2.7$ ψ——裂缝间纵向受拉钢筋应变不均匀系数：当 $\psi<0.2$ 时，取 $\psi=0.2$；当 $\psi>1.0$ 时，取 $\psi=1.0$；对直接承受重复荷载的构件，取 $\psi=1.0$ σ_{sq}——按荷载准永久组合计算的钢筋混凝土构件纵向受拉普通钢筋应力 E_s——钢筋的弹性模量，按本书表 2-21 采用 c_s——最外层纵向受拉钢筋外边缘至受拉区底边的距离(mm)：当 $c_s<20$ 时，取 $c_s=20$；当 $c_s>65$ 时，取 $c_s=65$ ρ_{te}——按有效受拉混凝土截面面积计算的纵向受拉钢筋配筋率；在最大裂缝宽度计算中，当 $\rho_{te}<0.01$ 时，取 $\rho_{te}=0.01$ A_{te}——有效受拉混凝土截面面积：对轴心受拉构件，取构件截面面积；对受弯、偏心受压和偏心受拉构件计算公式为(见图 6-45) $A_{te}=0.5b+(b_f-b)h_f$ (6-124) 此处，b_f、h_f为受拉翼缘的宽度、高度 A_s——受拉区纵向普通钢筋截面面积 d_{eq}——受拉区纵向钢筋的等效直径(mm) d_i——受拉区第 i 种纵向钢筋的公称直径 n_i——受拉区第 i 种纵向钢筋的根数 ν_i——受拉区第 i 种纵向钢筋的相对粘结特性系数，按表 6-41 采用 (2) 在荷载准永久组合下钢筋混凝土构件受拉区纵向普通钢筋的应力计算： 1) 轴心受拉构件 $\sigma_{sq}=\frac{N_q}{A_s}$ (6-125) 2) 偏心受拉构件 $\sigma_{sq}=\frac{N_q e'}{A_s(h_0-a'_s)}$ (6-126) 3) 受弯构件 $\sigma_{sq}=\frac{M_q}{0.87h_0A_s}$ (6-127) 4) 偏心受压构件 $\sigma_{sq}=\frac{N_q(e-z)}{A_s z}$ (6-128) $z=\left[0.87-0.12(1-\gamma'_f)\left(\frac{h_0}{e}\right)^2\right]h_0$ (6-129)

续表 6-40

<table>
<tr><th>序号</th><th>项 目</th><th>内 容</th></tr>
<tr><td>2</td><td>计算方法</td><td>$$e=\eta_s e_0+y_s \tag{6-130}$$
$$\gamma_f'=\frac{(b_f'-b)h_f'}{bh_0} \tag{6-131}$$
$$\eta_s=1+\frac{1}{4000e_0/h_0}\left(\frac{l_0}{h}\right)^2 \tag{6-132}$$
式中 A_s——受拉区纵向普通钢筋截面面积：对轴心受拉构件，取全部纵向普通钢筋截面面积；对偏心受拉构件，取受拉较大边的纵向普通钢筋截面面积；对受弯、偏心受压构件，取受拉区纵向普通钢筋截面面积
N_q、M_q——按荷载准永久组合计算的轴向力值、弯矩值
e'——轴向拉力作用点至受压区或受拉较小边纵向普通钢筋合力点的距离
e——轴向压力作用点至纵向受拉普通钢筋合力点的距离
e_0——荷载准永久组合下的初始偏心距，取为 M_q/N_q
z——纵向受拉普通钢筋合力点至截面受压区合力点的距离，且不大于 $0.87h_0$
η_s——使用阶段的轴向压力偏心距增大系数，当 l_0/h 不大于 14 时，取 1.0
y_s——截面重心至纵向受拉普通钢筋合力点的距离
γ_f'——受压翼缘截面面积与腹板有效截面面积的比值
b_f'、h_f'——分别为受压区翼缘的宽度、高度(图 6-46)；在公式(6-131)中，当 h_f' 大于 $0.2h_0$ 时，取 $0.2h_0$</td></tr>
</table>

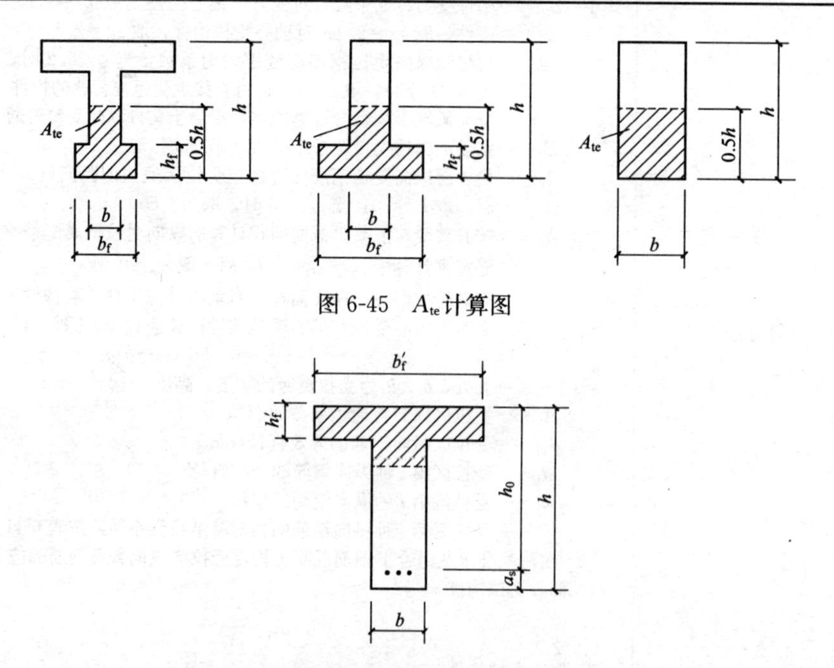

图 6-45 A_{te} 计算图

图 6-46 受压翼缘面积与腹板面积比值计算图

钢筋的相对粘结特性系数 **表 6-41**

序号	钢筋类别	钢筋		先张法预应力筋			后张法预应力筋		
		光圆钢筋	带肋钢筋	带肋钢筋	螺旋肋钢丝	钢绞线	带肋钢筋	钢绞线	光面钢丝
1	ν_i	0.7	1.0	1.0	0.8	0.6	0.8	0.5	0.4

注：对环氧树脂涂层带肋钢筋，其相对粘结特性系数应按表中系数的 80％取用。

6.7.2　受弯构件的挠度验算

受弯构件的挠度验算如表 6-42 所示。

受弯构件的挠度验算　表 6-42

序号	项　目	内　容
1	计算原则	（1）钢筋混凝土和预应力混凝土受弯构件的挠度可按照结构力学方法计算，且不应超过本书表 2-51 规定的限值 （2）在等截面构件中，可假定各同号弯矩区段内的刚度相等，并取用该区段内最大弯矩处的刚度。当计算跨度内的支座截面刚度不大于跨中截面刚度的 2 倍或不小于跨中截面刚度的 1/2 时，该跨也可按等刚度构件进行计算，其构件刚度可取跨中最大弯矩截面的刚度 （3）匀质弹性材料受弯构件的挠度可由材料力学的公式求出，如计算跨度为 l、承受均布荷载为 q 的简支梁的跨中挠度，可由下列公式求得： $$f=\frac{5ql^4}{384EI} \quad (6\text{-}133)$$ 式中　E——材料的弹性模量 I——截面的惯性矩 EI——截面的抗弯刚度 各种荷载作用下的受弯构件的挠度计算公式可见国振喜、张树义主编《实用建筑结构静力计算手册》机械工业出版社，2011 年
2	计算方法	（1）钢筋混凝土受弯构件的长期刚度 钢筋混凝土受弯构件在荷载长期作用下，受压区混凝土将发生徐变，即荷载不增加而混凝土的应变将随时间增长。裂缝间受拉混凝土的应力松弛以及混凝土和钢筋之间的徐变滑移，使受拉混凝土不断退出工作，导致受拉钢筋的平均应变也随时间增长，因而在荷载长期作用下，构件的曲率增大，刚度降低，挠度增加 （2）矩形、T 形、倒 T 形和 I 形截面钢筋混凝土受弯构件的挠度按荷载效应的准永久组合并考虑荷载长期作用影响的长期刚度 B 计算公式为 $$B=\frac{B_s}{\theta} \quad (6\text{-}134)$$ 式中　θ——考虑荷载长期作用对挠度增大的影响系数： 对钢筋混凝土受弯构件： 当　$\rho'=0$ 时，取 $\theta=2.0$　(6-134*a*) 当　$\rho'=\rho$ 时，取 $\theta=1.6$　(6-134*b*) 当 ρ' 为中间值时，θ 按线性内插法取用，即 $\theta=1.6+0.4(1-\rho'/\rho)$　(6-134*c*) 此处 $\rho'=A'_s/(bh_0)$，$\rho=A_s/(bh_0)$。对于翼缘位于受拉区的倒 T 形截面，θ 应增加 20% B_s——按荷载准永久组合计算的构件混凝土受弯构件的短期刚度，按公式(6-135)计算 （3）按裂缝控制等级要求的荷载组合作用下，钢筋混凝土受弯构件的短期刚度 B_s，可按下列公式计算： $$B_s=\frac{E_sA_sh_0^2}{1.15\psi+0.2+\frac{6\alpha_E\rho}{1+3.5\gamma_f'}} \quad (6\text{-}135)$$ 式中　γ_f'——受压翼缘面积与腹板有效面积的比值，按公式(6-131)计算 ψ——裂缝间纵向受拉钢筋应变不均匀系数，按公式(6-121)计算 ρ——纵向受拉钢筋配筋率，对钢筋混凝土受弯构件，取 $\rho=A_s/bh_0$ α_E——钢筋弹性模量与混凝土弹性模量的比值$\left(\alpha_E=\frac{E_s}{E_c}\right)$

6.7.3　计算例题

【例题 6-14】　某矩形截面钢筋混凝土梁如图 6-47 所示，截面尺寸为 200mm×500mm，环境类别为一类，混凝土设计强度等级为 C40，梁底配 2Φ16+2Φ20HRB500 级纵向受力钢筋，保护层厚度 c_s=25mm，承受荷载效应的准永久组合弯矩 M_q=120kN·m，最大裂缝宽度限值 w_{lim}=0.3mm，试验算最大裂缝宽度是否满足要求。

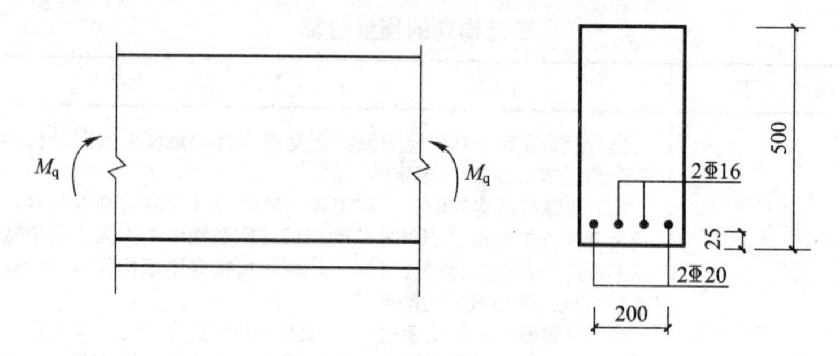

图 6-47 【例题 6-14】计算简图

【解】

(1) 计算数据

对受弯构件，α_{cr}=1.9；查表 2-27，受拉区纵向钢筋(2Φ16+2Φ20)截面面积为 A_s=1030mm²。

钢筋弹性模量，查表 2-21，$E_s=2\times10^5$N/mm²；C40 混凝土，查表 2-9，f_{tk}=2.39N/mm²；HRB500 级热轧带肋钢筋，查表 6-41，相对粘结特征系数 ν_i=1.0，取 h_0=465mm。

(2) 计算与计算方法

由公式(6-123)计算有效受拉混凝土截面面积的纵向受拉钢筋的配筋率：

$$\rho_{te}=\frac{A_s}{0.5bh}=\frac{1030}{0.5\times200\times500}=0.0206>0.01$$

由公式(6-122)计算纵向受拉钢筋的等效直径：

$$d_{eq}=\frac{\sum n_i d_i^2}{\sum n_i \nu_i d_i^2}=\frac{2\times16^2+2\times20^2}{2\times1.0\times16+2\times1.0\times20}=18.22(\text{mm})$$

由公式(6-127)计算纵向受拉钢筋的应力：

$$\sigma_{eq}=\frac{M_q}{0.87A_s h_0}=\frac{120\times10^6}{0.87\times1030\times465}=287.99(\text{N/mm}^2)$$

由公式(6-121)计算裂缝间纵向受拉钢筋应变不均匀系数：

$$\psi=1.1-\frac{0.65f_{tk}}{\rho_{te}\sigma_{sq}}=1.1-\frac{0.65\times2.39}{0.0206\times287.99}=0.838 \quad (0.2<\psi<1)$$

则由公式(6-120)计算，得：

$$w_{max}=\alpha_{cr}\psi\frac{\sigma_{sq}}{E_s}\left(1.9c_s+0.08\frac{d_{eq}}{\rho_{te}}\right)$$

$$=1.9\times0.838\times\frac{287.99}{2\times10^5}\times\left(1.9\times25+0.08\times\frac{18.22}{0.0206}\right)=0.271\text{mm}<w_{lim}=0.3\text{mm}$$

满足要求。

【例题 6-15】 已知一矩形截面受弯构件的截面尺寸为 b=200mm，h=500mm，环境类别为二 a 类，混凝土强度等级为 C30，钢筋为 HRB335 级，配以 4Φ20，混凝土保护层厚度 c_s=25mm，按荷载效应的准永久组合计算的弯矩值 M_q=99.1kN·m，最大裂缝宽度限值 w_{lim}=0.2mm。试验算裂缝宽度是否满足要求。

【解】

(1) 计算数据。混凝土强度等级 C30，查表 2-9 得混凝土轴心抗拉强度标准值 $f_{tk}=2.01\text{N/mm}^2$；查表 2-21 得 HRB335 级钢筋弹性模量为 $E_s=2\times10^5\text{N/mm}^2$；梁截面有效高度 $h_0=h-a_s=500-40=460\text{mm}$；查表 2-27，得受拉钢筋截面面积 $A_s=1257\text{mm}^2$。

(2) 计算 w_{max} 值。由公式(6-124)计算有效受拉混凝土截面面积 A_{te} 为

$$A_{te}=0.5bh=0.5\times200\times500=50000\text{mm}^2$$

由公式(6-123)计算有效受拉混凝土截面面积的纵向钢筋配筋率为

$$\rho_{te}=\frac{A_s}{A_{te}}=\frac{1257}{50000}=0.0251$$

按公式(6-127)计算纵向受拉钢筋应力为

$$\sigma_{sq}=\frac{M_q}{0.87h_0A_s}=\frac{99.1\times10^6}{0.87\times460\times1256}=197.15\text{N/mm}^2$$

按公式(6-121)计算裂缝间纵向受拉钢筋应变不均匀系数为

$$\psi=1.1-\frac{0.65f_{tk}}{\rho_{te}\sigma_{sq}}=1.1-\frac{0.65\times2.01}{0.0251\times197.15}=0.836$$

按公式(6-120)计算最大裂缝宽度为

$$\begin{aligned}w_{max}&=1.9\psi\frac{\sigma_{sq}}{E_s}\left(1.9c_s+0.08\frac{d_{eq}}{\rho_{te}}\right)\\&=1.9\times0.836\times\frac{197.15}{2\times10^5}\times\left(1.9\times25+0.08\times\frac{20}{0.0251}\right)\\&=0.174\text{mm}\end{aligned}$$

由于 $w_{max}=0.174\text{mm}$，所以 $w_{max}<w_{lim}$，裂缝宽度满足设计要求。

【例题 6-16】 已知工形屋面梁，截面尺寸如图 6-48 所示。混凝土强度等级 C30($f_{tk}=2.01\text{N/mm}^2$)；受拉钢筋为 HRB335 级钢筋($E_s=2\times10^5\text{N/mm}^2$)，分两层布置，6⌀25($A_s=2945\text{mm}^2$)，混凝土保护层厚度 $c_s=25\text{mm}$；按荷载效应的准永久组合计算的弯矩值 $M_q=610\text{kN}\cdot\text{m}$；最大裂缝宽度限值 $w_{lim}=0.3\text{mm}$。试验算裂缝宽度是否满足要求。

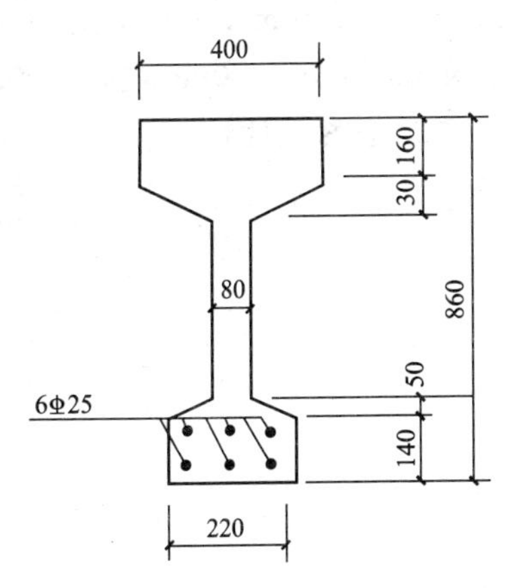

图 6-48 【例题 6-16】截面配筋

【解】

(1) 计算数据。混凝土强度等级 C30，$f_{tk}=2.0\text{N/mm}^2$；HRB335 级钢筋，$E_s=2\times10^5\text{N/mm}^2$；混凝土保护层厚度 $c_s=25\text{mm}$；受拉纵向钢筋分两层布置，6⌀25，$A_s=2945\text{mm}^2$；按荷载效应的准永久组合计算的弯矩值 $M_q=610\text{kN}\cdot\text{m}$；$h_0=h-a_s=860-70=790\text{mm}$。

(2) 计算 w_{max} 值

由公式(6-124)计算有效受拉混凝土截面面积 A_{te}，即

$$A_{te}=0.5bh+(b_f-b)h_f=0.5\times80\times860+(220-80)\left(140+\frac{50}{2}\right)=57500\text{mm}^2$$

由公式(6-123)计算按有效受拉混凝土截面面积的纵向钢筋配筋率，即

$$\rho_{te}=\frac{A_s}{A_{te}}=\frac{2945}{57500}=0.0512$$

按公式(6-127)计算纵向受拉钢筋应力，即

$$\sigma_{sq}=\frac{M_q}{0.87h_0A_s}=\frac{61\times10^7}{0.87\times790\times2945}=301.4\text{N/mm}^2$$

按公式(6-121)计算裂缝间纵向受拉钢筋应变不均匀系数，即

$$\psi=1.1-0.65\frac{f_{tk}}{\rho_{te}\sigma_{sq}}=1.1-\frac{0.65\times2.01}{0.0512\times301.4}=1.015>1,\quad 取\ \psi=1$$

按公式(6-120)计算最大裂缝宽度，即

$$\begin{aligned}w_{max}&=1.9\psi\frac{\sigma_{sq}}{E_s}\left(1.9c_s+0.08\frac{d_{eq}}{\rho_{te}}\right)\\&=1.9\times1\times\frac{301.4}{2\times10^5}\times\left(1.9\times25+0.08\times\frac{20}{0.0512}\right)\\&=0.248\text{mm}\end{aligned}$$

由于 $w_{max}=0.248$mm，所以 $w_{max}<w_{lim}=3$mm，满足设计要求。

【例题 6-17】 某矩形截面钢筋混凝土简支梁截面如图 6-49 所示，计算跨度 $l_0=6$m，截面尺寸为 200mm×500mm，环境类别为一类，混凝土设计强度等级为 C40，梁底配 2Φ16＋2Φ20 HRB500 级纵向受拉钢筋，梁项配 2Φ14 HRB500 级纵向受压钢筋，保护层厚度 $c_s=25$mm，承受荷载效应的准永久组合弯矩 $M_q=110$kN·m，挠度限值 $f_{lim}=l_0/200$，试验算挠度是否满足要求。

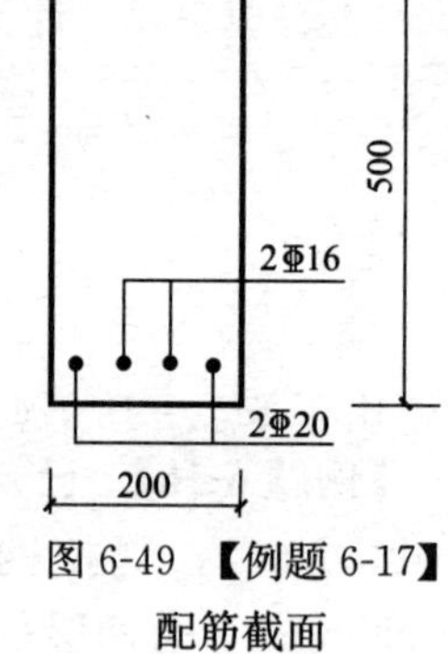

图 6-49 【例题 6-17】配筋截面

【解】

(1) 由题目已知条件

$A_s=1030\text{mm}^2$，(2Φ16＋2Φ20)，$A_s'=308\text{mm}^2$(2Φ14)，$E_s=2.00\times10^5\text{N/mm}^2$；C40 混凝土，$f_{tk}=2.39\text{N/mm}^2$；$E_c=3.00\times10^4\text{N/mm}^2$；$b=200$mm，$h=500$mm，$h_0=465$mm。

(2) 各参数计算

$$\alpha_E=\frac{E_s}{E_c}=\frac{2\times10^5}{3.25\times10^4}=6.15$$

$$\rho=\frac{A_s}{bh_0}=\frac{1030}{200\times465}=0.0111$$

$$\rho'=\frac{A_s'}{bh_0}=\frac{308}{200\times465}=0.0033$$

$$\rho_{te}=\frac{A_s}{0.5bh_0}=\frac{1030}{0.5\times200\times465}=0.0206$$

$$\sigma_{sq}=\frac{M_q}{0.87A_sh_0}=\frac{110\times10^6}{0.87\times1030\times465}=263.99\text{N/mm}^2$$

$$\psi=1.1-0.65\frac{f_{tk}}{\rho_{te}\sigma_{sq}}=1.1-\frac{0.65\times2.39}{0.0206\times263.99}=0.814\quad(0.2<\psi<1)$$

(3) 计算刚度

1) 矩形截面 $\gamma_f'=0$，则短期刚度为：

$$B_s=\frac{E_sA_sh_0^2}{1.15\psi+0.2+\dfrac{6\alpha_E\rho}{1+3.5\gamma_f'}}$$

$$=\frac{2.0\times10^{5}\times1030\times465^{2}}{1.15\times0.814+0.2+\dfrac{6\times6.15\times0.0111}{1+3.5\times0}}$$

$$=2.882\times10^{13}\text{N}\cdot\text{mm}^{2}$$

$$\theta=1.6+0.4\times\left(1-\frac{\rho'}{\rho}\right)=1.6+0.4\times\left(1-\frac{0.0033}{0.0111}\right)=1.881$$

2）长期刚度为：

$$B=\frac{B_{s}}{\theta}=\frac{2.882\times10^{13}}{1.881}=1.523\times10^{13}\text{N}\cdot\text{mm}^{2}$$

（4）挠度计算为

$$f_{\max}=\frac{5}{48}\frac{M_{q}l_{0}^{2}}{B}=\frac{5}{48}\times\frac{110\times10^{6}\times6000^{2}}{1.532\times10^{13}}=26.93\text{mm}<f_{\lim}=\frac{l_{0}}{200}=30\text{mm}$$

满足要求。

【例题 6-18】 某楼盖的一根钢筋混凝土矩形截面的简支梁，梁宽 $b=250$mm，梁高 $h=700$mm，梁的正截面受拉钢筋为 HRB335 级(2Φ20+2Φ22)，如图 6-50 所示。混凝土强度等级采用 C40，梁的计算跨度 $l_0=7.5$m。梁承受荷载效应的准永久组合弯矩 $M_q=176$kN·m，挠度限值 $f_{\lim}=l_0/250$，试验算挠度是否满足要求。

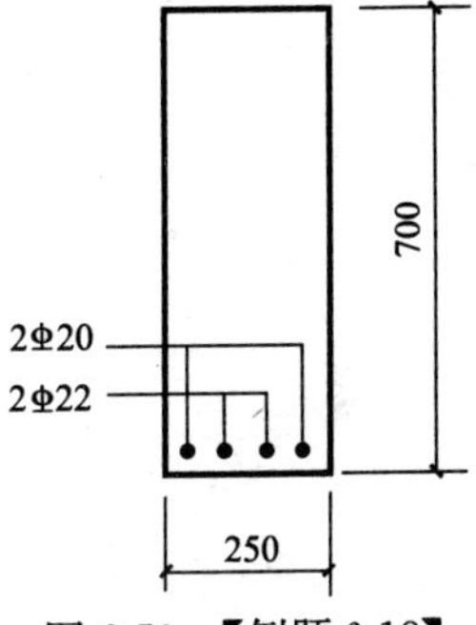

图 6-50 【例题 6-18】配筋截面

【解】

（1）计算数据

混凝土 C40，$f_{tk}=2.39\text{N/mm}^2$，$E_c=3.25\times10^4\text{N/mm}^2$；HRB335 级钢筋，$E_s=2\times10^5\text{N/mm}^2$，$A_s=1388\text{mm}^2$（2Φ20+2Φ22），$A_s'=0$。

$b=250$mm，　$b=700$mm，　取 $a_s=40$mm，　$h_0=660$mm，　$M_q=176$kN·m

（2）参数计算

$$\alpha_E=\frac{E_s}{E_c}=\frac{2\times10^5}{3.25\times10^4}=6.15,\quad \rho=\frac{A_s}{bh_0}=\frac{1388}{250\times660}=0.0084,$$

$$\rho'=\frac{A_s'}{bh_0}=\frac{0}{bh_0}=0,\quad \rho_{te}=\frac{A_s}{0.5bh}=\frac{1388}{0.5\times250\times700}=0.0159。$$

$$\sigma_{sq}=\frac{M_q}{0.87A_sh_0}=\frac{176\times10^6}{0.87\times1388\times660}=220.83\text{N/mm}^2$$

$$\psi=1.1-0.65\frac{f_{tk}}{\rho_{te}\sigma_{sq}}=1.1-\frac{0.65\times2.39}{0.0159\times220.83}=0.658$$

（3）计算刚度

1）矩形截面，$\gamma_f'=0$，则应用公式(6-135)计算短期刚度为

$$B_s=\frac{E_sA_sh_0^2}{1.15\psi+0.2+6\alpha_E\rho}=\frac{2\times10^5\times1388\times660^2}{1.15\times0.658+0.2+6\times6.15\times0.0084}=9.547\times10^{13}\text{N}\cdot\text{mm}^2$$

由公式(6-134a)有　　　　$\theta=2$

2）长期刚度计算

由公式(6-134)计算，得

$$B=\frac{B_s}{\theta}=\frac{9.547\times10^{13}}{2}=4.773\times10^{13}\text{N}\cdot\text{mm}^2$$

(4) 挠度计算

由公式(6-133)计算，得

$$f_{\max}=\frac{5}{48}\frac{M_q l_0^2}{B}=\frac{5}{48}\times\frac{176\times10^6\times7500^2}{4.773\times10^{13}}=21.60\text{mm}<f_{\lim}=\frac{7500}{250}=30\text{mm}$$

满足要求。

第7章 高层建筑混凝土框架结构设计

7.1 高层建筑混凝土框架结构设计简述

7.1.1 混凝土框架结构的组成

混凝土框架结构的组成如表7-1所示。

混凝土框架结构的组成 表7-1

序号	项目	内容
1	混凝土框架结构的组成构件	框架结构是由梁和柱连接而成的承受竖向和水平作用的结构。梁柱交接处的框架节点通常为刚性连接，有时也将部分节点做成铰接或半铰接。柱底一般为固定支座，必要时也设计成铰支座。为利于结构受力，框架梁宜拉通、对直，框架柱宜纵横对齐、上下对中，梁柱轴线宜在同一竖向平面内。有时由于使用功能或建筑造型上的要求，框架结构也可做成缺梁、内收或梁斜向布置等，如图7-1所示 框架结构是高次超静定结构，既承受竖向荷载，又承受侧向作用力，如风荷载或水平地震作用等。一般情况下，计算时不考虑填充墙对框架抗侧力的作用，因为填充墙的存在在建筑物的使用过程中具有不确定性，而且填充墙常常采用轻质材料，或在柱与墙之间留有缝隙仅通过钢筋柔性连接。但当填充墙采用砌体墙并与框架结构为刚性连接时，例如砌体填充墙的上部与框架梁底之间充分“塞紧”，或采用先砌墙后浇梁的施工顺序时，则在水平地震作用下，框架结构将发生侧向变形，填充墙将起斜压杆的作用。在水平地震作用下，刚性填充墙对框架侧向刚度有较大贡献，要注意尽量使结构的整体抗侧刚度对称，以免地震时产生过大的整体扭转
2	混凝土框架结构分类	(1) 混凝土结构按施工方法的不同可分为现浇式、装配式和装配整体式等 (2) 现浇式框架即梁、柱、楼盖均为现浇钢筋混凝土结构。一般做法是每层的柱与其上部的梁板同时支模、绑扎钢筋，然后一次浇筑混凝土。板中的钢筋伸入梁内锚固，梁的纵向钢筋伸入柱内锚固。因此，全现浇式框架结构的整体性强、抗震(振)性能好，其缺点是现场施工的工作量大、工期长、需要大量的模板 (3) 装配式框架是指梁、柱、楼板均为预制，通过焊接拼装连接成整体的框架结构。由于所有构件均为预制，可实现标准化、工厂化、机械化生产。因此，施工速度快、效率高。但由于在焊接接头处需预埋连接件，增加了用钢量。装配式框架结构的整体性较差，抗震(振)能力弱，不宜在地震区应用 (4) 装配整体式框架是指梁、柱、楼板均为预制，在构件吊装就位后，焊接或绑扎节点区钢筋，浇筑节点区混凝土，从而将梁、柱、楼板连成整体框架结构。装配整体式框架既具有较好的整体性和抗震(振)能力，又可采用预制构件，减少现场浇筑混凝土的工作量。因此它兼有现浇式框架和装配式框架的优点，但节点区现场浇筑混凝土施工复杂是其缺点 (5) 目前国内外大多采用现浇式混凝土框架结构

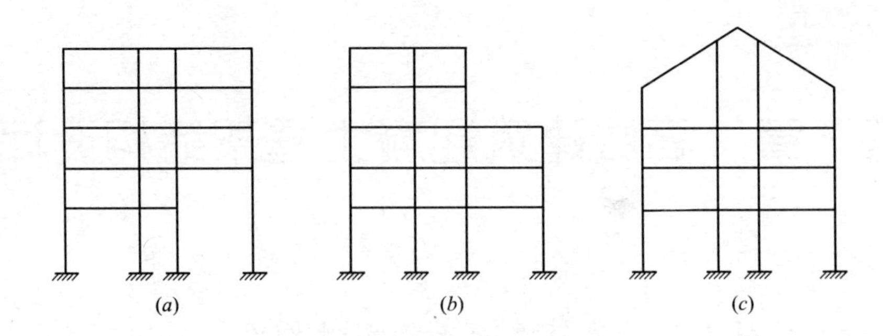

图 7-1　框架结构示例
(a)缺梁的框架；(b)内收的框架；(c)有斜梁的框架

7.1.2　混凝土框架结构设计一般规定

混凝土框架结构设计一般规定如表 7-2 所示。

混凝土框架结构设计一般规定　　表 7-2

序号	项　目	内　容
1	双向梁柱抗侧力体系	(1) 框架结构应设计成双向梁柱抗侧力体系。主体结构除个别部位外，不应采用铰接 (2)抗震设计的框架结构不应采用单跨框架 震害调查表明，单跨框架结构，尤其是层数较多的高层建筑，震害比较严重。因此，抗震设计的框架结构不应采用冗余度低的单跨框架 单跨框架结构是指整栋建筑全部或绝大部分采用单跨框架的结构，不包括仅局部为单跨框架的框架结构
2	填充墙及隔墙	(1) 框架结构的填充墙及隔墙宜选用轻质墙体。抗震设计时，框架结构如采用砌体填充墙，其布置应符合下列规定： 1) 避免形成上、下层刚度变化过大 2) 避免形成短柱 3) 减少因抗侧刚度偏心而造成的结构扭转 框架结构如采用砌体填充墙，当布置不当时，常能造成结构竖向刚度变化过大；或形成短柱；或形成较大的刚度偏心。由于填充墙是由建筑专业布置，结构图纸上不予表示，容易被忽略。国内、外皆有由此而造成震害的例子。本条目的是提醒结构工程师注意防止砌体(尤其是砖砌体)填充墙对结构设计的不利影响 (2) 抗震设计时，砌体填充墙及隔墙应具有自身稳定性，并应符合下列规定： 1) 砌体的砂浆强度等级不应低于 M5，当采用砖及混凝土砌块时，砌块的强度等级不应低于 MU5；采用轻质砌块时，砌块的强度等级不应低于 MU2.5。墙顶应与框架梁或楼板密切结合 2) 砌体填充墙应沿框架柱全高每隔 500mm 左右设置 2 根直径 6mm 的拉筋，6 度时拉筋宜沿墙全长贯通，7、8、9 度时拉筋应沿墙全长贯通 3) 墙长大于 5m 时，墙顶与梁(板)宜有钢筋拉结；墙长大于 8m 或层高的 2 倍时，宜设置间距不大于 4m 的钢筋混凝土构造柱；墙高超过 4m 时，墙体半高处(或门洞上皮)宜设置与柱连接且沿墙全长贯通的钢筋混凝土水平系梁 4) 楼梯间采用砌体填充墙时，应设置间距不大于层高且不大于 4m 的钢筋混凝土构造柱，并应采用钢丝网砂浆面层加强
3	楼梯间、电梯间	(1) 抗震设计时，框架结构的楼梯间应符合下列规定： 1) 楼梯间的布置应尽量减小其造成的结构平面不规则 2) 宜采用现浇钢筋混凝土楼梯，楼梯结构应有足够的抗倒塌能力 3) 宜采取措施减小楼梯对主体结构的影响

续表 7-2

序号	项　目	内　容
3	楼梯间、电梯间	4）当钢筋混凝土楼梯与主体结构整体连接时，应考虑楼梯对地震作用及其效应的影响，并应对楼梯构件进行抗震承载力验算 2008 年汶川地震震害进一步表明，框架结构中的楼梯及周边构件破坏严重。抗震设计时，楼梯间为主要疏散通道，其结构应有足够的抗倒塌能力，楼梯应作为结构构件进行设计。框架结构中楼梯构件的组合内力设计值应包括与地震作用效应的组合，楼梯梁、柱的抗震等级应与框架结构本身相同 框架结构中，钢筋混凝土楼梯自身的刚度对结构地震作用和地震反应有着较大的影响，若楼梯布置不当会造成结构平面不规则，抗震设计时应尽量避免出现这种情况 震害调查中发现框架结构中的楼梯板破坏严重，被拉断的情况非常普遍，因此应进行抗震设计，并加强构造措施，宜采用双排配筋 （2）框架结构按抗震设计时，不应采用部分由砌体墙承重之混合形式。框架结构中的楼、电梯间及局部出屋顶的电梯机房、楼梯间、水箱间等，应采用框架承重，不应采用砌体墙承重 框架结构与砌体结构是两种截然不同的结构体系，其抗侧刚度、变形能力等相差很大，这两种结构在同一建筑物中混合使用，对建筑物的抗震性能将产生很不利的影响，甚至造成严重破坏
4	框架梁、柱中心线	（1）框架梁、柱中心线宜重合。当梁柱中心线不能重合时，在计算中应考虑偏心对梁柱节点核心区受力和构造的不利影响，以及梁荷载对柱子的偏心影响 梁、柱中心线之间的偏心距，9 度抗震设计时不应大于柱截面在该方向宽度的 1/4；非抗震设计和 6～8 度抗震设计时不宜大于柱截面在该方向宽度的 1/4，如偏心距大于该方向柱宽的 1/4 时，可采取增设梁的水平加腋(图 7-2)等措施。设置水平加腋后，仍需考虑梁柱偏心的不利影响 1）梁的水平加腋厚度可取梁截面高度，其水平尺寸宜满足下列要求： $$b_x/l_x \leqslant 1/2 \quad (7\text{-}1)$$ $$b_x/b_b \leqslant 2/3 \quad (7\text{-}2)$$ $$b_b+b_x+x \geqslant b_c/2 \quad (7\text{-}3)$$ 式中　b_x——梁水平加腋宽度(mm) l_x——梁水平加腋长度(mm) b_b——梁截面宽度(mm) b_c——沿偏心方向柱截面宽度(mm) x——非加腋侧梁边到柱边的距离(mm) 2）梁采用水平加腋时，框架节点有效宽度 b_j 宜符合下列公式要求： ① 当 $x=0$ 时，b_j 按下列公式计算： $$b_j \leqslant b_b+b_x \quad (7\text{-}4)$$ ② 当 $x \neq 0$ 时，b_j 取公式(7-5)和公式(7-6)二公式计算的较大值，且应满足公式(7-7)的要求： $$b_j \leqslant b_b+b_x+x \quad (7\text{-}5)$$ $$b_j \leqslant b_b+2x \quad (7\text{-}6)$$ $$b_j \leqslant b_b+0.5h_c \quad (7\text{-}7)$$ 式中　h_c——柱截面高度(mm) （2）不与框架柱相连的次梁，可按非抗震要求进行设计 不与框架柱(包括框架-剪力墙结构中的柱)相连的次梁，可按非抗震设计 图 7-3 为框架楼层平面中的一个区格。图中梁 L_1、L_3 两端不与框架柱相连，因而不参与抗震，所以梁 L_1 的构造可按非抗震要求。例如，梁端箍筋不需要按抗震要求加密，仅需满足抗剪强度的要求，其间距也可按非抗震构件的要求；箍筋无需弯 135°钩，弯 90°钩即可；纵筋的锚固、搭接等都可按非抗震要求。图中梁 L_2 与 L_1 不同，其一端与框架柱相连，另一端与梁相连；与框架柱相连端应按抗震设计，其要求应与框架梁相同，与梁相连端构造可同 L_1 梁
5	延性耗能框架的概念设计	（1）为实现抗震设防目标，钢筋混凝土框架除了必须具有足够的承载力和刚度外，还应具有良好的延性和耗能能力。延性是指强度或承载力没有大幅度下降情况下的屈服后变形能力。耗能能力在往复荷载作用下构件或结构的力-变形滞回曲线包含的面积度量。在变形相同的情况下，滞回曲线包含的面积越大，则耗能能力越大，对抗震越有利

续表 7-2

序号	项　目	内　容
5	延性耗能框架的概念设计	(2) 钢筋混凝土框架应具有下列抗震性能： 1) 梁铰机制(整体机制)优于柱铰机制(局部机制) 梁铰机制(图 7-4*a*)是指塑性铰出在梁端，除柱脚外，柱端无塑性铰；柱铰机制(图 7-4*b*)是指在同一层所有柱的上、下端形成塑性铰。梁铰机制之所以优于柱铰机制是因为：梁铰分散在各层，即塑性变形分散在各层，不至于形成倒塌机构；而柱铰集中在某一层，塑性变形集中在该层，该层为柔软层或薄弱层，形成倒塌机构；梁铰的数量远多于柱铰的数量，在同样大小的塑性变形和耗能要求下，对梁铰的塑性转动能力要求低，对柱铰的塑性转动能力要求高；梁是受弯构件，容易实现大的延性和耗能能力，柱是压弯构件，尤其是轴压比大的柱，不容易实现大的延性和耗能能力。实际工程设计中，很难实现完全梁铰机制，往往是既有梁铰、又有柱铰的混合铰机制(图 7-4*c*)。设计中，需要通过加大柱脚固定端截面的承载力，推迟柱脚出铰；通过“强柱弱梁”，尽量减少柱铰 2) 弯曲(压弯)破坏优于剪切破坏 梁、柱剪切破坏是脆性破坏，延性小，力-变形滞回曲线“捏拢”严重，构件的耗能能力差；而弯曲破坏为延性破坏，滞回曲线呈“梭形”或捏拢不严重，构件的耗能能力大。因此，梁、柱构件应按“强剪弱弯”设计 3) 大偏压破坏优于小偏压破坏 钢筋混凝土小偏心受压柱的延性和耗能能力显著低于大偏心受压柱，主要是因为小偏压柱相对受压区高度大，延性和耗能能力降低。因此，要限制抗震设计的框架柱的轴压比(平均轴向压应力与混凝土轴心抗压强度之比)，并采取配置足够箍筋等措施，以获得较大的延性和耗能能力 4) 不允许核芯区破坏以及纵向钢筋在核芯区的锚固破坏 梁、柱核芯区的破坏为剪切破坏，可能导致框架失效。在地震往复作用下，伸入核芯区的纵向钢筋与混凝土之间的粘结破坏，会导致梁端转角增大，从而增大层间位移。因此，框架设计的重要环节之一是避免梁柱核芯区破坏以及纵向钢筋在核芯区锚固破坏 (3) 框架结构的抗震设计必须遵循以下原则，才有可能形成延性耗能框架： 1) 强柱弱梁。以保证塑性铰出现在梁端而不是在柱端，使结构形成梁铰机制，借以利用适筋梁良好的变形性能，吸收和耗散尽可能多的地震能量 2) 强剪弱弯。以保证构件(包括框架梁和柱)受弯破坏而不是受剪破坏，使构件处于良好的变形性能下、尽可能多地吸收和耗散地震能量 3) 强核芯区、强锚固。核心区的受剪承载力应大于汇交在同一节点的两侧梁达到受弯承载力时对应的核芯区的剪力。在梁、柱塑性铰充分发展前，核芯区不破坏。伸入核芯区的梁、柱纵向钢筋，在核芯区内应有足够的锚固长度，避免因粘结、锚固破坏而增大层间位移，以保证结构的整体性 4) 强压弱拉。以保证梁、柱各构件的受拉钢筋屈服早于混凝土的压溃和保证形成塑性铰。为此，构件的含钢率需介于它的最大与最小含钢率之间 5) 局部加强。提高和加强柱根部以及角柱、框支柱等受力不利部位的承载力和抗震构造措施，推迟或避免其过早破坏 6) 限制柱轴压比，加强柱箍筋对混凝土的约束

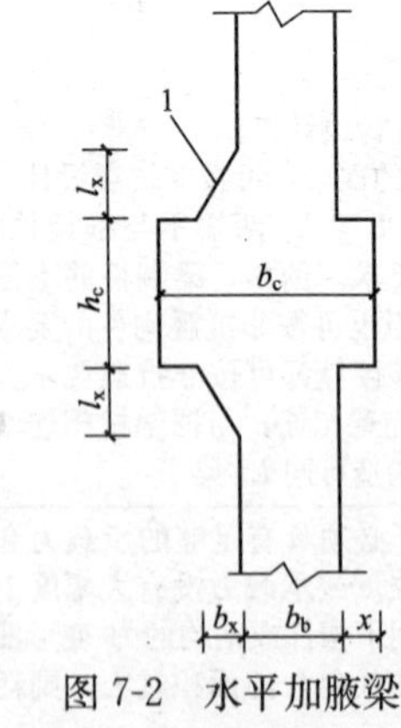

图 7-2　水平加腋梁

1—梁水平加腋

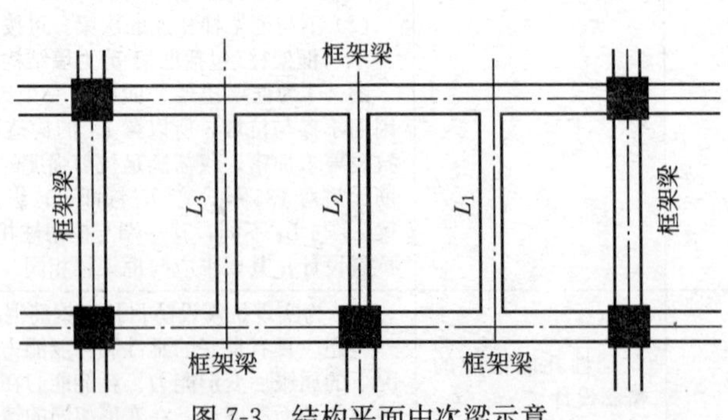

图 7-3　结构平面中次梁示意

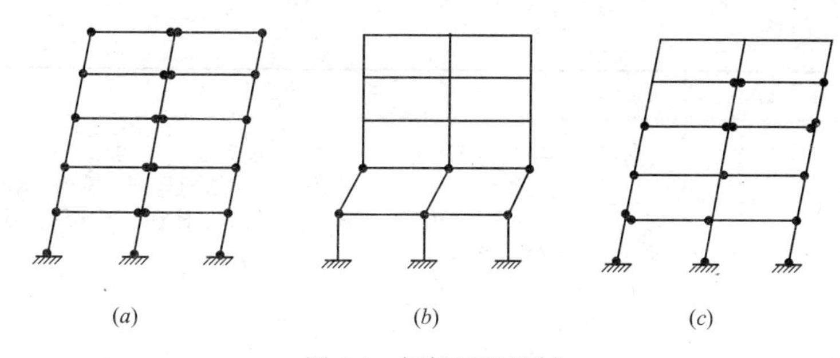

图 7-4　框架屈服机制
(a)梁铰机制；(b)柱铰机制；(c)混合铰机制

7.2　高层建筑混凝土框架结构布置及内力计算与截面设计

7.2.1　混凝土框架结构布置

混凝土框架结构布置如表 7-3 所示。

混凝土框架结构布置　　**表 7-3**

序号	项　目	内　容
1	一般说明	(1) 框架结构的布置既要满足建筑功能的要求，又要使结构体形规则、受力合理、施工方便。框架结构布置包括平面布置、竖向布置和构件选型 (2) 高层框架结构应双向布置框架(图 7-5)。主体结构除个别部位外，不应采用铰接 (3) 柱网尺寸不宜大于 10m×10m，柱网尺寸太大时，梁板截面尺寸大，不经济。墙下应设梁支承；梁柱轴线宜重合在一个平面内。当梁柱轴线不在一个平面内时，偏心距不宜大于柱截面在该方向边长的 1/4 (4) 如偏心距大于该方向柱宽的 1/4 时，可采用增设梁的水平加腋等措施(图 7-2)。设置水平加腋后，仍需考虑梁柱偏心的不利影响 (5) 应符合表 7-2 的有关规定
2	结构平面布置	(1) 柱网布置 结构平面的长边方向称为纵向，短边方向称为横向。平面布置首先是确定柱网。所谓柱网，就是柱在平面图上的位置，因经常布置成矩形网格而得名。柱网尺寸(开间、进深)主要由使用要求决定。民用建筑的开间常为 3.8～7.2m，进深为 4.5～7.0m (2) 承重框架的布置 一般情况下，柱在纵、横两个方向均应有梁拉结，这样就构成沿纵向的纵向框架和沿横向的横向框架，两者共同构成空间受力体系。该体系中承受绝大部分竖向荷载的框架称为承重框架。楼盖形式不同，竖向荷载的传递途径不同，可以有不同的承重框架布置方案，即横向框架承重、纵向框架承重和纵、横向框架混合承重方案。纵、横向梁柱连接除个别部位外，不应采用铰接 1) 横向框架承重方案。在横向布置主梁、楼板平行于长轴布置、在纵向布置连系梁构成横向框架承重方案，如图 7-5*a* 所示。横向框架往往跨数少，主梁沿横向布置有利于提高结构的横向抗侧刚度。另外，主梁沿横向布置还有利于室内的采光与通风，对预制楼板而言，传力明确 2) 纵向框架承重方案。在纵向布置主梁、楼板平行于短轴布置、在横向布置连系梁构成纵向框架承重方案(图 7-5*b*)，横向框架梁与柱必须形成刚接。该方案楼面荷载由纵向梁传至柱子，所以横向梁的高度较小，有利于设备管线的穿行。当在房屋纵向需要较大空间时，纵向框架承重方案可获得较高的室内净高。利用纵向框架的刚度还可调整该方向的不均匀沉降。此外，该承重方案还具有传力明确的优点。纵向框架承重方案的缺点是房屋的横向刚度较小 3) 纵、横向框架混合承重方案。在纵、横两个方向上均布置主梁以承受楼面荷载就构成纵、横向框架混合承重方案，如图 7-5*c*(采用预制板楼盖)和图 7-5*d*(采用现浇楼盖)所示。纵、横向框架混合承重方案具有较好的整体工作性能

续表 7-3

序号	项　目	内　容
3	结构竖向布置	房屋的层高应满足建筑功能要求，一般为 2.8～4.2m，通常以 300mm 为模数。在满足建筑功能要求的同时，应尽可能使结构规则、简单、刚度、质量变化均匀。从有利于结构受力角度考虑，沿竖向框架柱宜上下连续贯通，结构的侧向刚度宜下大上小
4	结构构件选型	(1) 构件选型包括确定构件的形式和尺寸。框架一般是高次超静定结构，因此，必须确定构件的截面形式和几何尺寸后才能进行受力分析。框架梁的截面一般为矩形。当楼盖为现浇板时，楼板的一部分可作为梁的翼缘。则梁的截面就成为 T 形或 L 形。当采用预制板楼盖时，为减小楼盖结构高度和增加建筑净空，梁的截面常取为十字形(图 7-6*a*)或花篮形(图 7-6*b*)；也可采用如图 7-6*c* 所示的叠合梁，其中预制梁做成 T 形截面，在预制梁和预制板安装就位后，再现浇部分混凝土，使后浇混凝土与预制梁形成整体 (2) 框架柱的截面形式常为矩形或正方形。有时由于建筑上的需要，也可设计成圆形、八角形、T 形、L 形、十字形等，其中 T 形、L 形、十字形也称异形柱 (3) 构件的尺寸一般凭经验确定。如果选取不恰当，就无法满足承载力或变形限值的要求，造成返工。确定构件尺寸时，首先要满足构造要求，并参照过去的经验初步选定尺寸，然后再进行承载力的估算，并验算有关尺寸限值。楼盖部分构件的尺寸可按梁板结构的方法确定；柱的截面尺寸可先根据其所受的轴力按轴压比公式估算出，再乘以适当的放大系数(1.2～1.5)以考虑弯矩的影响

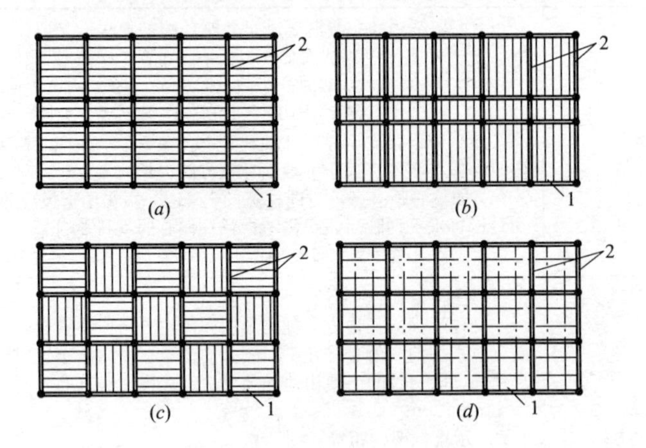

图 7-5　承重框架的布置方案

(*a*)横向承重；(*b*)纵向承重；(*c*)纵、横向承重(预制板)；

(*d*)纵、横向承重(现浇楼盖)

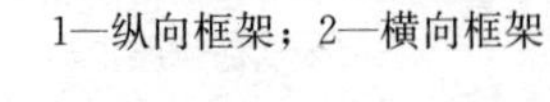

1—纵向框架；2—横向框架

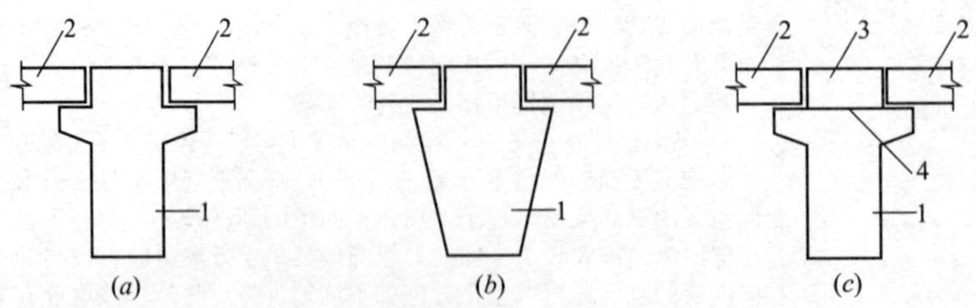

图 7-6　预制梁和叠合梁的截面形式

(*a*)十字形；(*b*)花篮形；(*c*)叠合梁

1—预制梁；2—预制板；3—后浇混凝土；4—叠合面

7.2.2　混凝土框架结构内力计算与截面设计

混凝土框架结构内力计算与截面设计如表7-4所示。

混凝土框架结构内力计算与截面设计　**表7-4**

序号	项　目	内　容
1	内力计算简图	(1) 计算单元 当框架间距相同、荷载相等、截面尺寸一样时，可取出一榀框架进行计算，如横向计算单元，纵向计算单元(图7-7) (2) 各跨梁的计算跨度为每跨柱形心线至形心线的距离。底层的层高为基础顶面至第2层楼面的距离，中间层的层高为该层楼面至上层楼面的距离，顶层的层高为顶层楼面至屋面的距离(图7-8)。需注意下列事项： 1) 当上下柱截面发生改变时，取截面小的形心线进行整体分析，计算杆件内力时要考虑偏心影响 2) 当框架梁的坡度 $i \leqslant 1/8$ 时，可近似按水平梁计算 3) 当各跨跨长相差≤10%时，可近似按等跨梁计算 4) 当梁端加腋，且截面高度之比相差≤1.6时，可按等截面计算 基顶高度应根据基础形式及基础埋置深度而定，要尽量采用浅基础 (3) 楼面荷载分配 进行框架结构在竖向荷载作用下的内力计算前，先要将楼面上的竖向荷载分配给支承它的框架梁 楼面荷载的分配与楼盖的构造有关。当采用装配式或装配整体式楼盖时，板上荷载通过预制板的两端传递给它的支承结构。如果采用现浇楼盖时，楼面上的恒荷载和活荷载根据每个区格板两个方向的边长之比，沿单向或双向传递。区格板长边边长与短边边长之比大于3时沿单向传递，小于或等于3时沿双向传递 当板上荷载沿双向传递时，可以按双向板楼盖中的荷载分析原则，从每个区格板的四个角点作45°线将板划成四块，每个分块上的恒荷载和活荷载向与之相邻的支承结构上传递。此时，由板传递给框架梁上的荷载为三角形或梯形
2	框架结构内力计算	(1) 高层建筑结构是一个高次超静定结构，目前已有许多计算机程序供内力、位移计算和截面设计。尽管如此，作为初学者，应该学习和掌握一些简单的手算方法。通过手算，不但可以了解各类高层建筑结构的受力特点，还可以对电算结果的正确与否有一个基本的判别力。除此之外，手算方法在初步设计中作为快速估算结构的内力和变形也十分有用 (2) 在竖向荷载作用下，多层框架结构的内力分析可用力法、位移法等结构力学方法计算。在做初步设计时，如采用手算，可用更为简化的分层法计算 (3) 水平荷载(风荷载或地震作用)一般都可简化为作用于框架节点上的水平力。但有些近似的手算方法目前仍为工程师们所常用，这些方法概念清楚、计算简单，计算结果易于分析与判断，能反映刚架受力的基本特点。如在水平荷载作用下的反弯点法和D值法等 (4) 关于分层法、反弯点法和D值法的计算方法，见国振喜、张树义主编《实用建筑结构静力计算手册》，机械工业出版社，2011年
3	框架结构截面设计	(1) 抗震设计时，除顶层、柱轴压比小于0.15者及框支梁柱节点外，框架的梁、柱节点处考虑地震作用组合的柱端弯矩设计值应符合下列要求： 1) 一级框架结构及9度时的框架： $$\Sigma M_c = 1.2\Sigma M_{bua} \quad (7\text{-}8)$$ 2) 其他情况： $$\Sigma M = \eta_c \Sigma M_b \quad (7\text{-}9)$$ 式中　ΣM_c——节点上、下柱端截面顺时针或逆时针方向组合弯矩设计值之和；上、下柱端的弯矩设计值，可按弹性分析的弯矩比例进行分配 ΣM_b——节点左、右梁端截面逆时针或顺时针方向组合弯矩设计值之和；当抗震等级为一级且节点左、右梁端均为负弯矩时，绝对值较小的弯矩应取零

续表 7-4

<table>
<tr><th>序号</th><th>项　目</th><th>内　容</th></tr>
<tr><td>3</td><td>框架结构截面设计</td><td>

ΣM_{bua}——节点左、右梁端逆时针或顺时针方向实配的正截面抗震受弯承载力所对应的弯矩值之和，可根据实际配筋面积（计入受压钢筋和梁有效翼缘宽度范围内的楼板钢筋）和材料强度标准值并考虑承载力抗震调整系数计算
η_c——柱端弯矩增大系数；对框架结构，二、三级分别取 1.5 和 1.3；对其他结构中的框架，一、二、三、四级分别取 1.4、1.2、1.1 和 1.1
(2) 抗震设计时，一、二、三级框架结构的底层柱底截面的弯矩设计值，应分别采用考虑地震作用组合的弯矩值与增大系数 1.7、1.5、1.3 的乘积。底层框架柱纵向钢筋应按上、下端的不利情况配置
(3) 抗震设计的框架柱、框支柱端部截面的剪力设计值，一、二、三、四级时应按下列公式计算：
1) 一级框架结构和 9 度时的框架：
$$V=\frac{1.2(M_{cua}^{t}+M_{cua}^{b})}{H_n} \tag{7-10}$$
2) 其他情况：
$$V=\frac{\eta_{vc}(M_c^t+M_c^b)}{H_n} \tag{7-11}$$
式中　M_c^t、M_c^b——分别为柱上、下端顺时针或逆时针方向截面组合的弯矩设计值，应符合上述(1)条、(2)条的规定
M_{cua}^{t}、M_{cua}^{b}——分别为柱上、下端顺时针或逆时针方向实配的正截面抗震受弯承载力所对应的弯矩值，可根据实配钢筋面积、材料强度标准值和重力荷载代表值产生的轴向压力设计值并考虑承载力抗震调整系数计算
H_n——柱的净高
η_{vc}——柱端剪力增大系数。对框架结构，二、三级分别取 1.3、1.2；对其他结构类型的框架，一、二级分别取 1.4 和 1.2，三、四级均取 1.1
(4) 抗震设计时，框架角柱应按双向偏心受力构件进行正截面承载力设计。一、二、三、四级框架角柱经按上述(1)条、(2)条及(3)条调整后的弯矩、剪力设计值应乘以不小于 1.1 的增大系数
(5) 抗震设计时，框架梁端部截面组合的剪力设计值，一、二、三级应按下列公式计算；四级时可直接取考虑地震作用组合的剪力计算值
1) 一级框架结构及 9 度时的框架：
$$V=\frac{1.1(M_{bua}^{l}+M_{bua}^{r})}{l_n}+V_{Gb} \tag{7-12}$$
2) 其他情况：
$$V=\frac{\eta_{vb}(M_b^l+M_b^r)}{l_n}+V_{Gb} \tag{7-13}$$
式中　M_b^l、M_b^r——分别为梁左、右端逆时针或顺时针方向截面组合的弯矩设计值。当抗震等级为一级且梁两端弯矩均为负弯矩时，绝对值较小一端的弯矩应取零
M_{bua}^{l}、M_{bua}^{r}——分别为梁左、右端逆时针或顺时针方向实配的正截面抗震受弯承载力所对应的弯矩值，可根据实配钢筋面积（计入受压钢筋，包括有效翼缘宽度范围内的楼板钢筋）和材料强度标准值并考虑承载力抗震调整系数计算
l_n——梁的净跨
V_{Gb}——梁在重力荷载代表值（9 度时还应包括竖向地震作用标准值）作用下，按简支梁分析的梁端截面剪力设计值
η_{vb}——梁剪力增大系数，一、二、三级分别取 1.3、1.2 和 1.1

</td></tr>
</table>

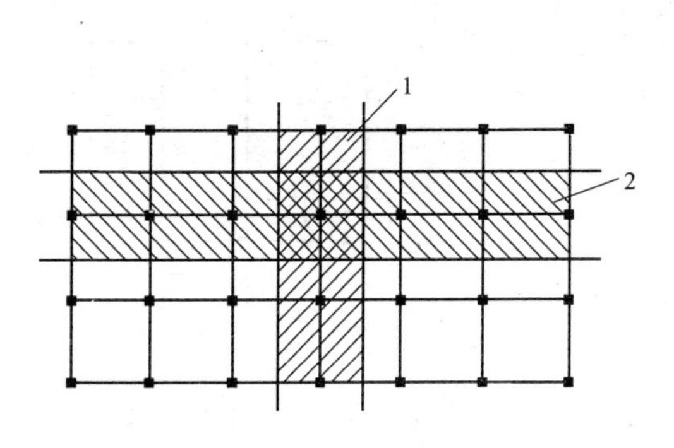

图 7-7　框架结构计算单元

1—横向计算单元；2—纵向计算单元

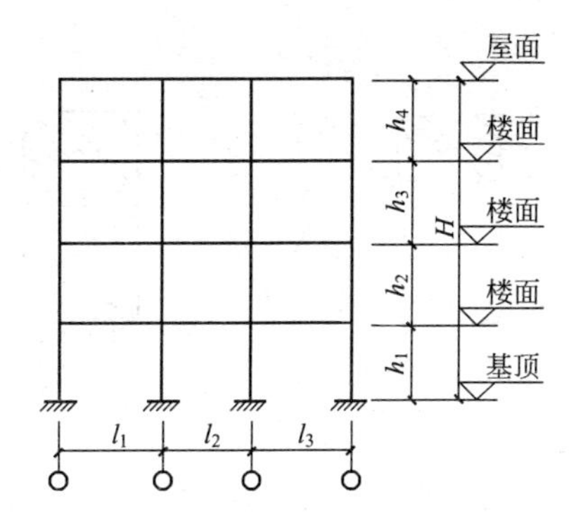

图 7-8　框架结构计算简图

7.3　高层建筑钢筋混凝土梁正截面受弯承载力计算

7.3.1　钢筋混凝土梁正截面受弯承载力计算简述

钢筋混凝土梁正截面受弯承载力计算简述如表 7-5 所示。

梁正截面受弯承载力计算简述　　**表 7-5**

序号	项目	内　容
1	梁受弯构件计算内容	受弯构件是钢筋混凝土结构中用量最大的一种构件，是仅承受弯矩和剪力作用的构件，板、梁是典型的受弯构件 在荷载作用下，受弯构件通常需进行： (1) 正截面(即垂直于梁纵向轴线的截面)受弯承载力计算(按控制截面的弯矩设计值确定截面尺寸及纵向受力钢筋的数量) (2) 斜截面(即斜交于梁纵向轴线的截面)受剪承载力计算(按剪力设计值复核截面尺寸，并确定抗剪所需的箍筋及弯起钢筋的数量) (3) 根据正常使用极限状态的要求，需进行变形和裂缝宽度的验算，也就是按荷载的效应的准永久组合并考虑长期效应组合的影响进行计算，使其计算值控制在规定的限值之内。例如，表 2-51 给出了对一般梁、板和工业厂房吊车梁等所规定的挠度限值。又例如，表 2-52 给出了钢筋混凝土结构构件最大裂缝宽度限值，供设计中选用
2	单筋截面梁与双筋截面梁	在受弯构件配置纵向钢筋主要是为了承受构件截面受拉区中的拉力。因此构件中的受拉钢筋都是沿受拉边缘设置的。把受弯构件的这种仅在受拉区配置钢筋的垂直截面(正截面)称为单筋截面，如图 7-9*a* 所示。在某些钢筋混凝土梁中，有时还可能沿受压区边缘配置一定数量的钢筋来协助混凝土承受压力。这种同时配有受拉和受压钢筋的垂直截面则称为双筋截面，如图 7-9*b* 所示
3	配筋率	在单筋截面梁中，配筋率是指受拉钢筋截面面积 A_s 与梁截面有效面积 bh_0(见图 7-10)的比值，常以 ρ 表示，表达式为 $$\rho=\frac{A_s}{bh_0} \qquad (7\text{-}14)$$ 受弯构件最小配筋率 ρ_{min} 如表 2-89 序号 5 所示。由公式(7-17)及公式(7-14)可得 $$\frac{x}{h_0}=\frac{A_s f_y}{\alpha_1 f_c bh_0}=\rho\frac{f_y}{\alpha_1 f_c} \qquad (7\text{-}15)$$ 再由公式(7-15)可求得受弯构件截面的最大配筋率 ρ_{max}，计算公式为 $$\rho_{max}=\xi_b\frac{\alpha_1 f_c}{f_y} \qquad (7\text{-}16)$$ ρ_{max} 计算值见表 2-92 所示

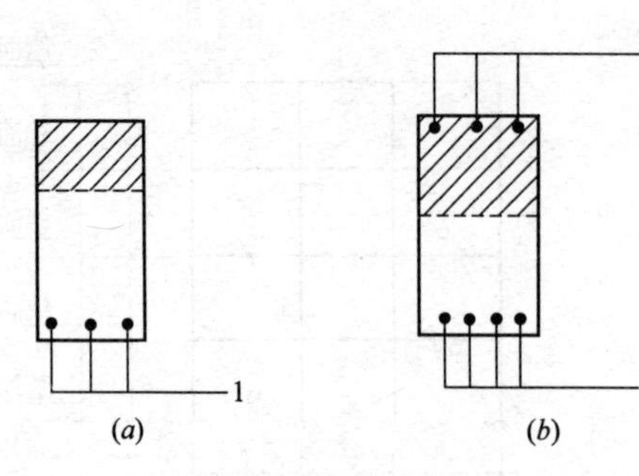

图 7-9　单筋截面梁与双筋截面梁
(a)单筋截面梁；(b)双筋截面梁
1—受拉钢筋；2—受压钢筋

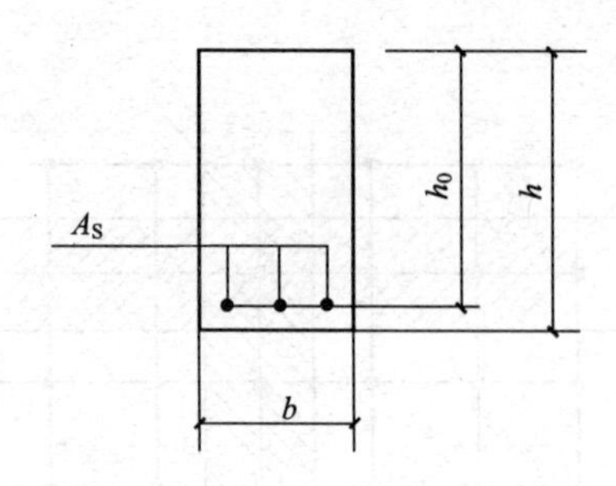

图 7-10　梁正截面示意

7.3.2　单筋矩形截面梁正截面受弯承载力计算

单筋矩形截面梁正截面受弯承载力计算如表 7-6 所示。

单筋矩形截面梁正截面受弯承载力计算　　**表 7-6**

序号	项　目	内　容
1	基本计算公式的建立	对于仅配受拉钢筋的单筋矩形截面适筋受弯构件，建立受弯构件正截面承载力计算公式的等效应力图如图 7-11 所示 根据承载能力极限状态设计表达式 M 或 $\gamma_{RE}M \leqslant M_u$，受弯构件正截面承载力计算的基本公式为 $\alpha_1 f_c bx = f_y A_s$　(7-17) $x = \dfrac{f_y A_s}{\alpha_1 f_c b}$　(7-18) M 或 $\gamma_{RE}M \leqslant M_u = \alpha_1 f_c bx\left(h_0 - \dfrac{x}{2}\right)$　(7-19) M 或 $\gamma_{RE}M \leqslant M_u = f_y A_s\left(h_0 - \dfrac{x}{2}\right)$　(7-20) M 或 $\gamma_{RE}M \leqslant M_u = f_y A_s\left(h_0 - \dfrac{f_y A_s}{2\alpha_1 f_c b}\right)$　(7-21) 式中　M——无地震作用组合弯矩设计值，通常取计算截面(最大弯矩截面)的弯矩效应组合 $\gamma_{RE}M$—　此中 M 为有地震作用组合弯矩设计值，γ_{RE}为承载力抗震调整系数，取 0.75 M_u——正截面极限抵抗弯矩设计值，取决于构件截面尺寸和混凝土及钢筋强度 f_y——钢筋抗拉强度设计值，按表 2-19 采用 f_c——混凝土轴心抗压强度设计值，按表 2-10 采用 A_s——受拉区纵向普通钢筋截面面积 b——构件截面宽度 h——构件截面高度 x——等效矩形应力图受压区高度，由公式(7-18)计算 h_0——构件截面有效高度，$h_0 = h - a_s$ ξ——相对受压区高度，$\xi = \dfrac{x}{h_0}$ a_s——受拉钢筋形心到截面受拉边缘的距离
2	适用条件	为了符合适筋梁的情况，公式(7-17)～公式(7-21)适用条件为 $x \leqslant \xi_b h_0$　(7-22) $A_s \leqslant \rho_{max} bh_0$　(7-23) $A_s \geqslant \rho_{min} bh$　(7-24)

续表 7-6

序号	项　目	内　容
2	适用条件	式中　ξ_b——相对界限受拉区高度，由表 2-6 查得 ρ_{min}——最小配筋百分率，由表 2-90 查得 若将 $x \leqslant \xi_b h_0$ 代入公式(7-19)，即可求得当把构件截面配筋率提高到最大配筋率 ρ_{max}时，单筋矩形截面梁在纵向受拉钢筋达到充分发挥作用或不出现超筋破坏所能承受的最大弯矩设计值 $M_{u,max}$。因此 $M_{u,max}$也就是在截面尺寸及材料强度已定时，单筋矩形截面充分增加配筋后所能发挥的最大受弯承载力，其表达式为 $$M_{u,max}=\alpha_1 f_c b h_0^2 \xi_b (1-0.5\xi_b) \qquad (7\text{-}25)$$
3	计算方法	计算受弯构件梁时，对基本计算公式的应用有两种不同的计算方法：即截面复核和截面设计 (1) 截面复核 在实际工程中也会对某个已经建成的建筑中的构件截面或设计图样中已经选定了截面尺寸和配筋的构件截面进行受弯承载力复核的工作。此时，若截面中的弯矩设计值为已知，则可以把问题理解为复核截面是否安全。这时计算截面所能承受的弯矩值 M_u，或复核截面承受某个弯矩设计值 M 或 $\gamma_{RE}M$ 是否安全 详见［例题 7-1］和［例题 7-2］ (2) 截面设计 截面设计与截面复核的情况恰好相反，截面需承受的弯矩设计值 M 或 $\gamma_{RE}M$ 为已知，而材料强度等级及截面尺寸可由设计者选用，要求确定截面需配置的纵向受拉钢筋 当已知梁的截面尺寸 b、h、a_s 和材料强度 f_y、f_c，求在弯矩设计值 M 或 $\gamma_{RE}M$ 作用下的受拉钢筋截面面积 A_s 时，可采用下列公式计算 $$A_s=\frac{\alpha_1 f_c b}{f_y}\left[h_0-\sqrt{h_0^2-\frac{2M \text{或} 2\gamma_{RE}M}{\alpha_1 f_c b}}\right] \qquad (7\text{-}26)$$ $$\rho_{min} bh \leqslant A_s \leqslant \rho_{max} b h_0 \qquad (7\text{-}27)$$
4	其他说明	由于对单筋矩形截面受弯承载力在计算中假定受拉区混凝土开裂而不参加工作，因而受拉区的形状对于截面的受弯承载力没有任何影响。图 7-12 所示的十字形、倒 T 形、花篮形等的三个截面高度，受压区宽度和受拉钢筋用量相同，但受拉区形状各不相同的截面，其受弯承载力是完全相同的。所以，只要能判断受压区为矩形截面，则无论受拉区截面形状如何，构件截面都应按矩形截面进行受弯承载力计算

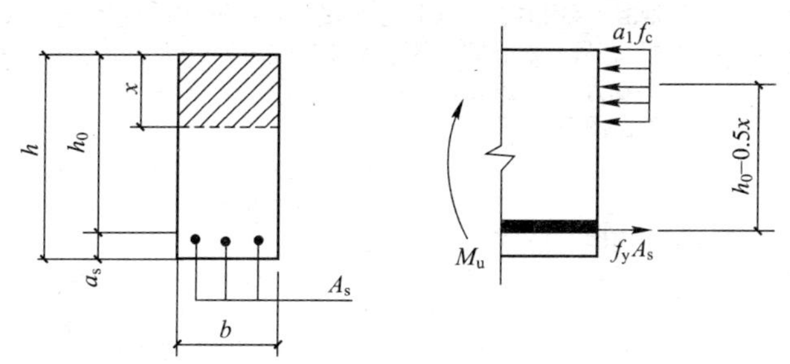

图 7-11　单筋矩形截面受弯构件正截面受弯承载力计算

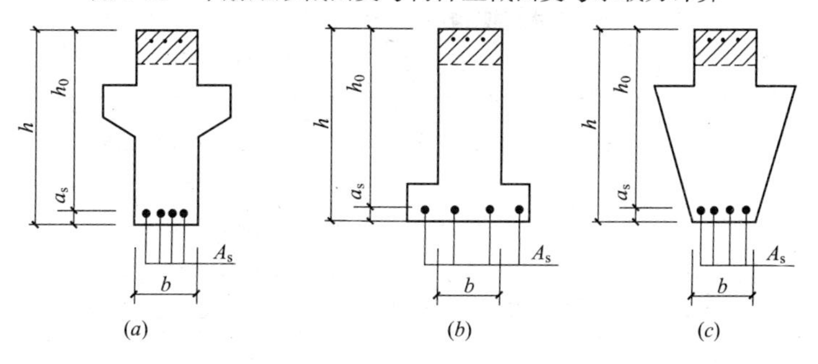

图 7-12　受压区为矩形的三种图形

(a)十字形；(b)倒 T 形；(c)花篮形

7.3.3 双筋矩形截面梁正截面受弯承载力计算

双筋矩形截面梁正截面受弯承载力计算如表 7-7 所示。

双筋矩形截面梁正截面受弯承载力计算 表 7-7

序号	项　目	内　容
1	双筋截面构件	受弯构件中，不仅在截面受拉区配置纵向受力钢筋承受拉力，而且由于受压区混凝土受压强度不足，在受压区也配置受力钢筋以承受压力的矩形截面受弯构件，称为双筋矩形截面受弯构件。在受弯构件中用钢筋来帮助混凝土承受压力，称这类钢筋为受压钢筋，用 A'_s表示。双筋截面指同时配置受拉和受压钢筋的情况，如图 7-9*b* 所示。采用双筋截面一般说是不经济的，因此，通常不宜采用双筋截面。但在下列特殊情况下，为了满足使用要求，应采用双筋截面： (1) 当受弯构件所承受的荷载较大，而截面高度又因受到建筑净空的限制，截面尺寸因而不能增大，而混凝土强度等级也不宜再提高时，以致采用单筋截面已不能满足适筋梁的适用条件而成为超筋梁时($\rho>\rho_{max}$，或 $\xi>\xi_b$)，此时应采用双筋截面 (2) 当受弯构件的截面在不同的荷载组合情况下产生变号弯矩，如在风力或地震作用下的框架横梁。这时，为了承受正负弯矩分别作用时截面出现的拉力，需在截面顶部及底部均配置纵向钢筋，也应将该构件设计成双筋截面。此外，受压钢筋的存在可以提高截面延性，因此，抗震设计中要求框架梁必须配置一定比例的纵向受压钢筋
2	基本计算公式的建立	双筋矩形截面受弯承载力的计算简图如图 7-13*a* 所示。由平衡条件可写出双筋矩形截面承载力的基本计算公式为 $\alpha_1 f_c bx + f'_y A'_s = f_y A_s$　　(7-28) M 或 $\gamma_{RE}M < M_u = \alpha_1 f_c bx\left(h_0 - \frac{x}{2}\right) + f'_y A'_s (h_0 - a'_s)$　　(7-29) 式中　f'_y——普通钢筋抗压强度设计值，按表 2-19 采用 A'_s——纵向受压钢筋截面面积 a'_s——纵向受压钢筋形心到截面受压边缘的距离 为了计算方便，可把双筋截面的受弯承载力 M_u 分解成两部分考虑。一是受压区混凝土和相应的一部分受力钢筋 A_{s1}的拉力所承担的受弯承载力 M_{u1}(如图 7-13*b* 所示)；另一是由受压钢筋 A'_s和相应的另一部分受拉钢筋 A_{s2}的拉力所承担的受弯承载力 M_{u2}(如图 7-13*c* 所示) 由图 7-13*b* 得 $\alpha_1 f_c hx = f_y A_{s1}$　　(7-30) $M_{u1} = \alpha_1 f_c bx(h_0 - 0.5x)$　　(7-31) 由图 7-13*c* 得 $f'_y A'_s = f_y A_{s2}$　　(7-32) $M_{u2} = f'_y A'_s (h_0 - a_s) = f_y A_{s2}(h_0 - a'_s)$　　(7-33) $M_u = M_{u1} + M_{u2}$　　(7-34) 即　M 或 $\gamma_{RE}M \leqslant M_u$ 受拉钢筋总截面面积为 $A_s = A_{s1} + A_{s2}$　　(7-35)
3	适用条件	基本计算公式(7-28)及公式(7-29)必须符合下列条件： $x \leqslant \xi_b bh_0$　　(7-36) 或　$\rho = \frac{A_{s1}}{bh_0} \leqslant \xi_b(1-0.5\xi_b)$　　(7-37) 或　$M_{u1} \leqslant \alpha_1 f_c bh_0^2 \xi_b (1-0.5\xi_b)$　　(7-38) 为了保证受压钢筋达到规定的抗压强度设计值，应满足 $x \geqslant 2a'_s$　　(7-39) 或　$x \leqslant h_0 - a'_s$　　(7-40)

续表 7-7

序号	项　　目	内　　容
3	适用条件	在实际设计中，若不能满足公式(7-39)的规定，则仍按公式(7-39)计算，近似取 $x=2a_s'$(或 $z=h_0-a_s'$)，即受压钢筋合力点与混凝土受压区的合力点重合，如图 7-14 所示。偏于安全地对受压钢筋合力点取矩，得出这种情况下的计算公式为 M 或 $\gamma_{RE}M \leqslant M_u$ $M_u=f_yA_s(h_0-a_s')$　　(7-41)
4	计算方法	(1) 截面复核 已知：受弯构件截面尺寸 b、h、a_s、a_s'，材料强度设计值 a_1、f_c、f_y 及 f_y'，和纵向受拉与受压钢筋截面面积 A_s 与 A_s' 求：计算此截面所能承受的 M 或 $\gamma_{RE}M$ 弯矩设计值 首先可初步假定 A_s 及 A_s'均到达其强度设计值 f_y 及 f_y'，将已知计算数据代入基本计算公式(7-28)，求解受压区高度 x。如 x 符合条件式(7-36)及公式(7-39)，可代入公式(7-29)求得 M_u；如 $x>\xi_bh_0$，说明截面已超筋，此时可应用公式(7-38)计算 M_{u1}，用公式(7-32)求出 A_{s2}，并应用公式(7-33)计算出相应的 M_{u2}，把 M_{u1} 与 M_{u2} 相加，即可求得截面所能承担的弯矩设计值 M_u；如 $x<2a_s'$，则应用公式(7-41)计算截面受弯承载力 (2) 截面设计 在双筋截面的计算中，可能遇到下列两种情况： 1) 已知弯矩设计值 M 或 $\gamma_{RE}M$、混凝土强度等级、钢筋种类、构件截面尺寸 b 和 h。求受拉钢筋截面面积 A_s 和受压钢筋截面面积 A_s' 这样，在两个基本方程中有三个未知数，即 A_s、A_s'和 x，所以需要补充一个条件才能求解。在实际设计中，对 HPB300 级钢筋可取 $x=h/2$，对 HRB335 级和 HRB400、RRB400 级钢筋可取 $x=\xi_bh_0$，然后再以此为基础，求 A_s 和 A_s'。这样，得出的总用钢筋量较经济，而计算步骤相对比较简单。详见［例题 7-3］ 2) 已知弯矩设计值 M 或 $\gamma_{RE}M$、混凝土强度等级、受压钢筋截面面积 A_s'、构件截面尺寸 b 和 h。求受拉钢筋截面面积 A_s 由图 7-13 可以看出，M_{u1}的内力臂$(h_0-0.5x)$通常小于 M_{u2}的内力臂(h_0-a_s')。因此，在这种情况下，应先利用受压钢筋的强度，即用公式(7-32)和公式(7-33)求得 A_{s2}和 M_{u2}，再用公式(7-34)求出 M_{u1}，并利用与单筋矩形截面同样的方法求得所需的 A_{s1}。若出现不满足公式(7-39)的情况，则 A_s 应改用公式(7-41)计算。详见［例题 7-4］

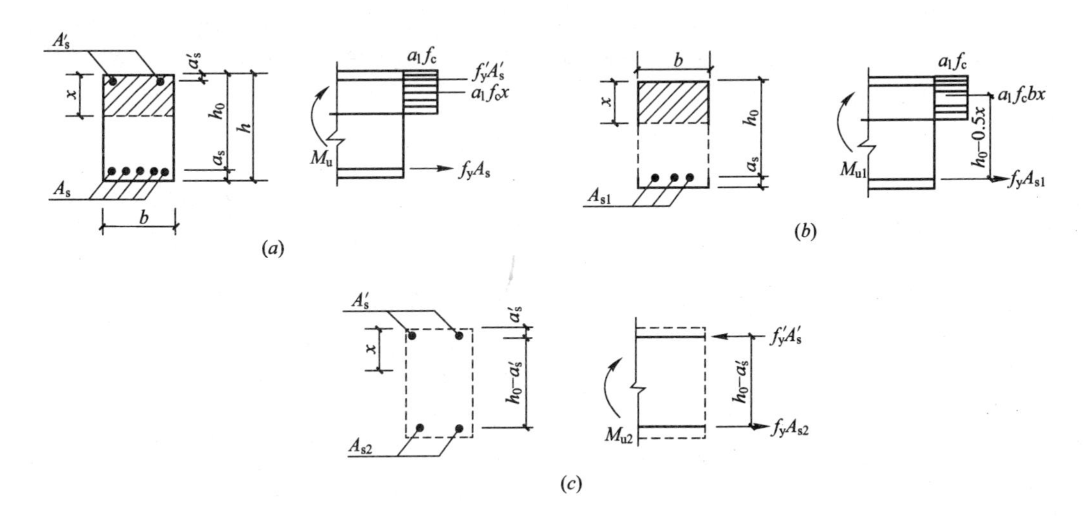

图 7-13　双筋矩形截面计算(1)

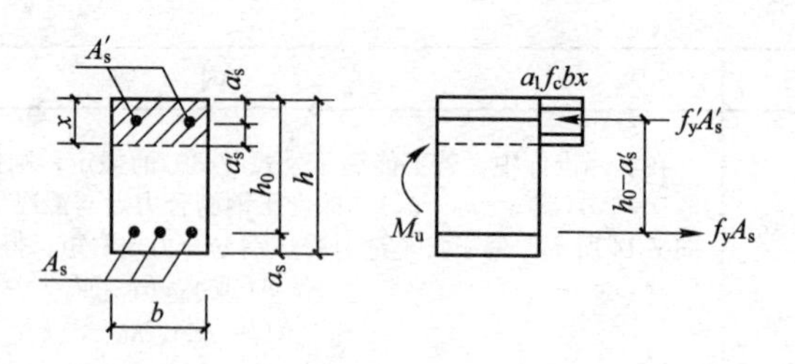

图 7-14　双筋矩形截面计算(2)

7.3.4　单筋 T 形截面梁正截面受弯承载力计算

单筋 T 形截面梁正截面受弯承载力计算如表 7-8 所示。

单筋 T 形截面梁正截面受弯承载力计算　　　**表 7-8**

序号	项　目	内　容
1	单筋 T 形截面构件	由于矩形受弯构件受拉区混凝土对于截面的受弯承载力不起任何作用，反而多消耗材料，增加构件自重；为了节约材料及减轻构件自重，可以把单筋矩形截面受弯构件的受拉钢筋布置得紧密一些，把受拉区混凝土挖去一部分，即形成图 7-15 所示的 T 形截面 T 形截面是由翼缘和腹板(即梁肋)两部分组成的。通常用 h_f'和 b_f'(见表 6-20)分别表示受压翼缘的厚度和宽度，而用 h 和 b 分别表示梁高和腹板厚度(或称肋宽) 在工程实践中，T 形截面受弯构件应用很广泛。常遇到的 T 形截面受弯构件，可以为独立的梁或板，例如：吊车梁、屋面薄腹梁、肋形梁、空心板等。也常见于现浇楼盖中，楼板与梁浇在一起，则就成为 T 形截面或半 T 形截面(边梁时) 必须指出，当 T 形截面的翼板处于构件截面的受拉区时，因为正截面计算时不考虑受拉区混凝土的作用，而受压区面积与矩形截面受弯构件相同，故仍应按同宽度的矩形截面进行计算。另外，截面形状虽不是 T 形，如薄腹梁为 I 形，空心板可折算成 I 形。但在进行正截面承载力计算时，由于不考虑受拉区混凝土的作用，故仍按 T 形截面进行计算
2	基本计算公式的建立及适用条件	根据受压区应力图形为矩形时中和轴位置不同，可将 T 形截面分为“第一类 T 形截面”($x \leqslant h_f'$属于第一类 T 形截面)和“第二类 T 形截面”($x > h_f'$属于第二类 T 形截面)两大类。 (1) 第一类 T 形截面($x \leqslant h_f'$) 1) 基本计算公式的建立，如图 7-16 所示，由于 $x \leqslant h_f'$，所以可按以 b_f'为宽度的矩形截面进行受弯承载力计算，这样单筋矩形截面的基本计算公式，将其中的 b 以 b_f'代替，便可得出第一类 T 形截面(即 $x \leqslant h_f'$)的基本计算公式，即 $$\alpha_1 f_c b_f' x = f_y A_s \quad (7\text{-}42)$$ $$M \text{或} \gamma_{RE} M \leqslant M_u = \alpha_1 f_c b_f' x(h-0.5x) \quad (7\text{-}43)$$ $$M \text{或} \gamma_{RE} M \leqslant M_u = f_y A_s(h-0.5x) \quad (7\text{-}44)$$ 2) 适用条件 ① $x \leqslant \xi_b h_0$，一般条件下第一类 T 形截面均能符合这个条件 ② $A_s \geqslant \rho_{min} bh$，这里 b 是 T 形截面的肋宽，而不是受压区面积的宽度 b_f'。这是因为受弯构件纵筋的最小配筋率是根据钢筋混凝土梁的受弯承载力等于同样截面，同样混凝土强度等级的素混凝土梁的承载力这一条件确定的。而素混凝土梁的承载力只取决于拉区混凝土面积。T 形截面素混凝土梁的破坏弯矩比高度同为 h、宽度为 b_f'的矩形截面素混凝土梁的破坏弯矩小很多，而接近于高度为 h、宽度为肋宽 b 的矩形截面素混凝土梁的破坏作用 (2) 第二类 T 形截面($x > h_f'$) 1) 基本计算公式的建立，如图 7-17a 所示，由于 $x > h_f'$，所以中和轴在肋部通过，受压区为 T 形，故为真正的 T 形截面。这类 T 形截面的基本计算公式可以表达为

续表 7-8

序号	项　目	内　容
2	基本计算公式的建立及适用条件	$\alpha_1 f_c bx+\alpha_1 f_c(b_f'-b)h_f'=f_y A_s$　(7-45) M 或 $\gamma_{RE}M\leqslant M_u=\alpha_1 f_c bx(h_0-0.5x)+\alpha_1 f_c(b_f'-b)h_f'(h_0-0.5h_f')$　(7-46) 为了便于计算，则仿照双筋截面的计算方法将截面的受弯承载力分为两部分计算。第一部分为由肋部受压区混凝土的压力和与其相对应的那一部分受拉钢筋 A_{s1} 的拉力形成的受弯承载力，如图 7-17*b* 所示。其计算表达式为 $\alpha_1 f_c bx=f_y A_{s1}$　(7-47) M_1 或 $\gamma_{RE}M_1\leqslant M_{u1}=\alpha_1 f_c bx(h_0-0.5x)=f_y A_{s1}(h_0-0.5x)$　(7-48) 第二部分则是由翼缘的受压区混凝土所承受的压力和与其相对应的另一部分受拉钢筋 A_{s2} 所承受的拉力形成的受弯承载力，如图 7-17*c* 所示。具体计算表达式为 $\alpha_1 f_c(b_f'-b)h_f'=f_y A_{s2}$　(7-49) M_2 或 $\gamma_{RE}M_2\leqslant M_{u2}=\alpha_1 f_c(b_f'-b)h_f'(h_0-0.5h_f')$　(7-50) 则整个 T 形截面的受弯承载力即为 M 或 $\gamma_{RE}M=M_1$ 或 $\gamma_{RE}M_1+M_2$ 或 $\gamma_{RE}M_2$　$M_u=M_{u1}+M_{u2}$　(7-51) 而受拉钢筋的总截面面积为 $A_s=A_{s1}+A_{s2}$　(7-52) 2) 适用条件 ①　$x\leqslant\xi_b h_0$ 或 $A_{s1}\leqslant\dfrac{\xi_b\alpha_1 f_c bh_0}{f_y}$　(7-53) ②　$A_s=A_{s1}+A_{s2}\geqslant\rho_{min}bh$　(7-54)
3	T 形截面的计算宽度	按本书表 6-20 的规定采用
4	计算方法	在进行对 T 形截面的计算时，首先需要判断是属于第一类 T 形(中和轴位于翼缘高度内)还是属于第二类 T 形(中和轴位于肋部)。下面给出中和轴恰好通过翼缘下边缘的这种界线情况(见图 7-18)的表达式及计算方法 (1) 由平衡条件得 $\alpha_1 f_c b_f' h_f'=f_y A_s$　(7-55) 而在复核 T 形截面时，由于已知受拉钢筋截面面积 A_s，即可按如下方程式对 T 形截面进行判断： 1) 当　$A_s\leqslant\dfrac{\alpha_1 f_c b_f' h_f'}{f_y}$　(7-56) 时，则属于第一类 T 形截面 2) 当　$A_s>\dfrac{\alpha_1 f_c b_f' h_f'}{f_y}$　(7-57) 时，则属于第二类 T 形截面 3) 若满足公式(7-56)，则为第一类 T 形截面，按 $h_f'\times h$ 单筋矩形截面计算 M_u 4) 若满足公式(7-57)，则为第二类 T 形截面，截面复核计算步骤如下： ① 由公式(7-49)、公式(7-50)计算 A_{s2} 及 M_2 或 $\gamma_{RE}M_2$ 为 $A_{s2}=\dfrac{\alpha_1 f_c(b_f'-b)h_f'}{f_y}$　(7-58) M_2 或 $\gamma_{RE}M_2\leqslant M_{u2}=A_{s2}f_y(h_0-0.5h_f')$　(7-59) ② 计算 $A_{s1}=A_s-A_{s2}$，然后按单筋矩形截面复核方法计算 M_1 或 $\gamma_{RE}M_1$ ③ 计算总抵抗弯矩 M 或 $\gamma_{RE}M=M_1$ 或 $\gamma_{RE}M_1+M_2$ 或 $\gamma_{RE}M_2$ (2) 由平衡条件得 $M_u=\alpha_1 f_c b_f' h_f'(h_0-0.5h_f')$　(7-60) 因此，在设计 T 形截面时，如果已知弯矩设计值 M 或 $\gamma_{RE}M$，即可按如下方程式对 T 形截面进行判断： 1) 当　M 或 $\gamma_{RE}M\leqslant M_u$，　$M_u=\alpha_1 f_c b_f' h_f'(h_0-0.5h_f')$　(7-61) 时，则属于第一类 T 形截面。 2) 当　M 或 $\gamma_{RE}M>M_u$，　$M_u=\alpha_1 f_c b_f' h_f'(h_0-0.5h_f')$　(7-62) 时，则属于第二类 T 形截面。

续表 7-8

序号	项　目	内　容
4	计算方法	3）若 M 或 $\gamma_{RE}M\leqslant M_f'$，则为第一类 T 形截面，按 $b_f'\times h$ 单筋矩形截面计算 A_s，并验算是否满足最小配筋率要求 4）若 M 或 $\gamma_{RE}M>M_f'$，则为第二类 T 形截面，截面设计计算方法与双筋截面已知 A_s' 情况的计算类似，计算步骤为 ① 由公式(7-49)、公式(7-50)计算 M_2 及 A_{s2} 为 $A_{s2}=\frac{\alpha_1 f_c(b_f'-b)h_f'}{f_y}$ (7-63) M_2 或 $\gamma_{RE}M\leqslant M_{u2}=\alpha_1 f_c(b_f'-b)h_f'(h_0-0.5h_f')$ (7-64) ② 计算 M_1 或 $\gamma_{RE}M_1=M$ 或 $\gamma_{RE}M-M_2$ 或 $\gamma_{RE}M_2$，然后按单筋矩形截面计算钢筋面积 A_{s1}，并验算适用条件 $\xi\leqslant\xi_b$ ③ 计算总配筋面积 $A_s=A_{s1}+A_{s2}$

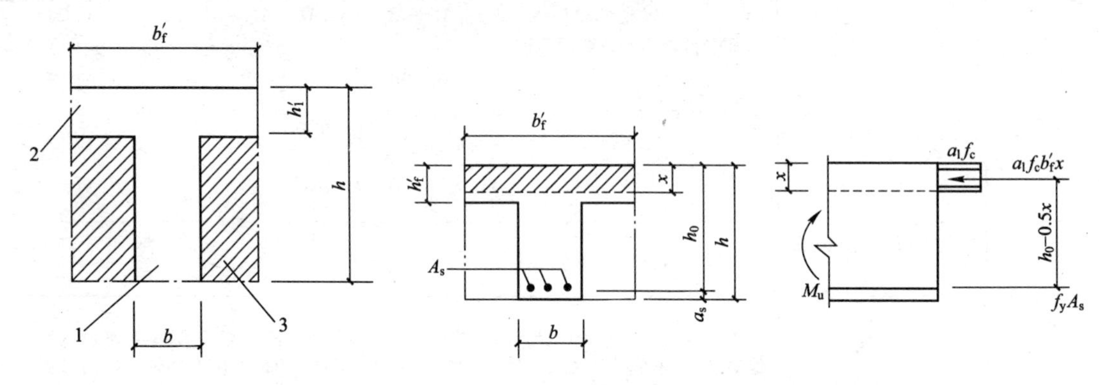

图 7-15　T 形截面图

1—梁肋；2—翼缘；3—挖去部分

图 7-16　第一类 T 形面计算图示

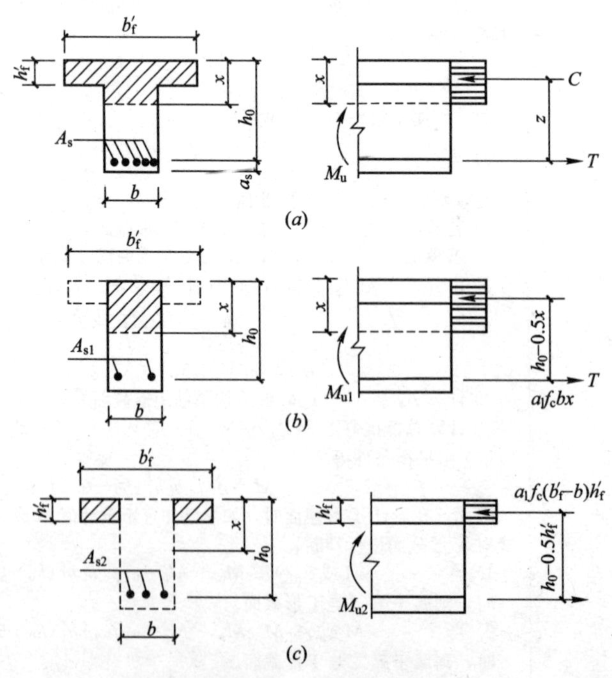

图 7-17　第二类 T 形截面计算图示

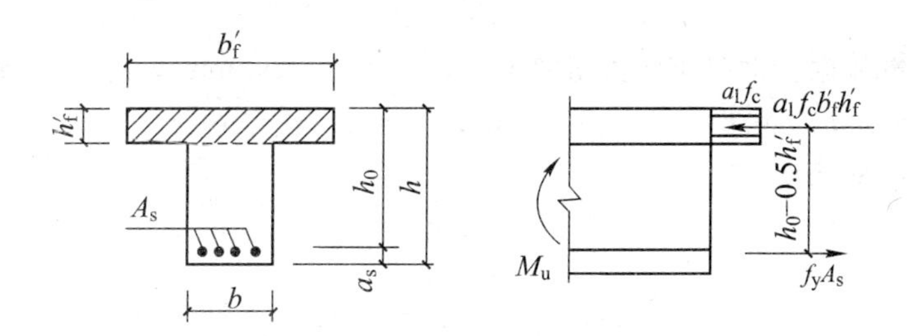

图 7-18　中和轴通过翼缘下边缘的 T 形截面计算

7.3.5　计算例题

【例题 7-1】 已知某单筋矩形截面梁，截面尺寸为 $b \times h = 300\text{mm} \times 600\text{mm}$，一类使用环境，混凝土强度等级为 C30，纵向受拉钢筋为 HRB335 级 4Φ22，如图 7-19 所示。求此截面所能承受的弯矩设计值。

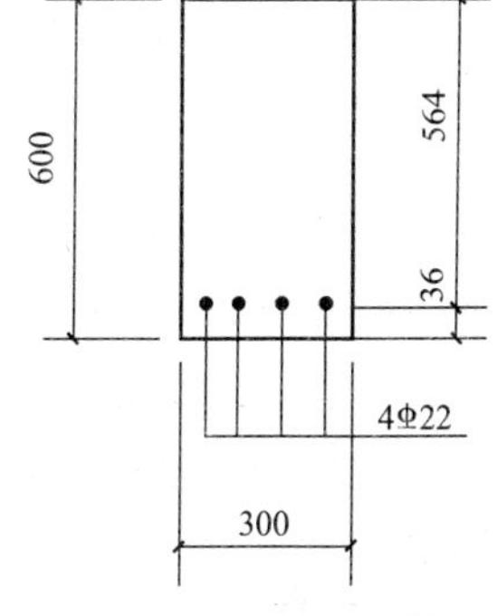

图 7-19　【例题 7-1】截面配筋图

【解】

(1) 已知计算数据。混凝土强度等级 C30，$f_c = 14.3\text{N/mm}^2$，$\alpha_1 = 1$；钢筋为 HRB335 级，$f_y = 300\text{N/mm}^2$，4Φ22，$A_s = 1520\text{mm}^2$，$\xi_b = 0.550$。

(2) 验算最小配筋率

$$\rho_{min} = \frac{A_s}{bh} = \frac{1520}{300 \times 600} = 0.00844$$

$\rho_{min} > 0.00215$(即配筋百分率 0.215%)

满足公式(7-24)条件，可按钢筋混凝土截面计算受弯承载力。

(3) 计算受压区高度，取 $a_s = 36\text{mm}$。

$$h_0 = h - a_s = 600 - 36 = 564\text{mm}$$

由公式(7-18)计算，得

$$x = \frac{f_y A_s}{\alpha_1 f_c b} = \frac{300 \times 1520}{1 \times 14.3 \times 300} = 106.29\text{mm}$$

$$\xi_b h_0 = 0.550 \times 564 = 310.2\text{mm}$$

$$x < \xi_b h_0$$

满足公式(7-22)条件。

(4) 求弯矩设计值 M

由公式(7-20)计算，得

$$M_u = f_y A_s (h_0 - 0.5x) = 300 \times 1520 \times (564 - 0.5 \times 106.29) = 232.95\text{kN} \cdot \text{m}$$

即为所求。

【例题 7-2】 已知某单筋矩形截面梁，截面尺寸为 $300\text{mm} \times 600\text{mm}$，一类使用环境，混凝土强度等级为 C30，纵向受拉钢筋为 HRB335 级 8Φ28，如图 7-20 所示。求此梁截面所能承受的弯矩设计值 M。

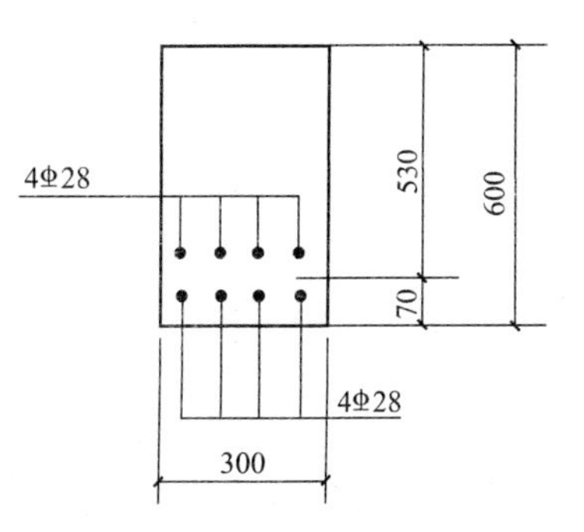

图 7-20　【例题 7-2】截面配筋图

【解】

(1) 已知计算数据。混凝土强度等级C30，$f_c=14.3\text{N/mm}^2$，$\alpha_1=1$，钢筋为HRB335级，$f_y=300\text{N/mm}^2$，8Φ28，$A_s=4926\text{mm}^2$，$\xi_b=0.550$。

(2) 验算最小配筋率

$$\rho_{min}=\frac{A_s}{bh}=\frac{4926}{300\times600}=0.02737$$

$$\rho_{min}>0.00215(\text{即配筋百分率}\ 0.215\%)$$

满足公式(7-24)条件，可按钢筋混凝土截面计算受弯承载力。

(3) 计算受压区高度。取$a_s=70\text{mm}$。

$$h_0=h-a_s=600-70=530\text{mm}$$

由公式(7-18)计算，得

$$x=\frac{f_yA_s}{\alpha_1f_cb}=\frac{300\times4926}{1\times14.3\times300}=344.48\text{mm}$$

$$\xi_bh_0=0.550\times530=291.5\text{mm}$$

不满足公式(7-22)条件，此梁配筋属于超筋梁，则按公式(7-25)计算该梁截面所能承受的最大弯矩设计值为

$$\begin{aligned}M_{u,max}&=\alpha_1f_cbh_0^2\xi_b(1-0.5\xi_b)=1\times14.3\times300\times530^2\times0.550\times(1-0.5\times0.550)\\&=480.52\text{kN}\cdot\text{m}\end{aligned}$$

即为所求。

【例题7-3】 已知梁截面尺寸为$b=250\text{mm}$，$h=500\text{mm}$，一类使用环境，混凝土强度等级选用C25，$\alpha_1=1$，$f_c=11.9\text{N/mm}^2$，纵向钢筋选用HRB335级，$f_y=f'_y=300\text{N/mm}^2$。若此梁承受的弯矩设计值为$M=243\text{kN}\cdot\text{m}$。试求此梁的纵向受拉钢筋截面面积$A_s$和受压钢筋截面面积$A'_s$。

【解】

(1) 验算是否需要采用双筋截面。因弯矩设计值较大，预计钢筋需排成两层，故取$h_0=h-a_s=500-60=440\text{mm}$。根据公式(7-25)单筋矩形截面所能承受的最大弯矩设计值为

$$\begin{aligned}M_{u,max}&=\alpha_1f_cbh_0^2\xi_b(1-0.5\xi_b)=1\times11.9\times250\times440^2\times0.550(1-0.5\times0.550)\\&=229.66\text{kN}\cdot\text{m}\end{aligned}$$

其中ξ_b由表2-6查得。计算结果说明需要采用双筋截面。

(2) 为使钢筋总用量最少，可令$x=\xi_bh_0$，于是

$$M_{u1}=\alpha_1f_cbh_0{}^2\xi_b(1-0.5\xi_b)=229.66\text{kN}\cdot\text{m}$$

$$A_{s1}=\xi_bbh_0\frac{\alpha_1f_c}{f_y}=0.550\times250\times440\times\frac{1\times11.9}{300}=2400\text{mm}^2$$

(3) 由受压钢筋及相应的受拉钢筋承受的弯矩设计值为

$$M_{u2}=M-M_{u1}=243-229.66=13.34\text{kN}\cdot\text{m}$$

因此所需的受压钢筋为

$$A'_s=\frac{M_{u2}}{f'_y(h_0-a'_s)}=\frac{13.34\times10^6}{300\times(440-35)}=110\text{mm}^2$$

与其对应的那部分受拉钢筋截面面积为

$$A_{s2}=A'_s=110\text{mm}^2$$

(4) 纵向受拉钢筋总截面面积为

$$A_s = A_{s1} + A_{s2} = 2400 + 110 = 2510\text{mm}^2$$

(5) 实际选用受压钢筋 2Φ12($A_s' = 226\text{mm}^2$)，受拉钢筋 8Φ20($A_s = 2513\text{mm}^2$)。截面配筋如图 7-21 所示。

【例题 7-4】 已知数据同【例题 7-3】。此外，还已知梁的受压区已配置受压纵向钢筋 3Φ20($A_s' = 942\text{mm}^2$)。

求此梁的纵向受拉钢筋截面面积。

【解】

(1) 为充分发挥受压钢筋 A_s' 的作用，于是取

$$A_{s2} = A_s' = 942\text{mm}^2$$

$$M_{u2} = f_y' A_s'(h_0 - a_s')$$

$$= 300 \times 942 \times (440 - 35)$$

$$= 114.33\text{kN} \cdot \text{m}$$

(2) 由弯矩 M_{u1} 按单筋矩形截面求 A_{s1}

$$M_{u1} = M - M_{u2} = 243 - 114.33 = 128.67\text{kN} \cdot \text{m}$$

应用公式(7-26)，求 A_{s1} 为

$$A_{s1} = \frac{\alpha_1 f_c b}{f_y}\left(h_0 - \sqrt{h_0^2 - \frac{2M}{\alpha_1 f_c b}}\right) = \frac{1 \times 11.9 \times 250}{300} \times \left(440 - \sqrt{440^2 - \frac{2 \times 128.67 \times 10^6}{1 \times 11.9 \times 250}}\right) = 1118\text{mm}^2$$

(3) 纵向受拉钢筋总截面面积为

$$A_s = A_{s1} + A_{s2} = 1118 + 941 = 2059\text{mm}^2$$

(4) 实际选用 6Φ22($A_s = 2281\text{mm}^2$)。截面配筋如图 7-22 所示。

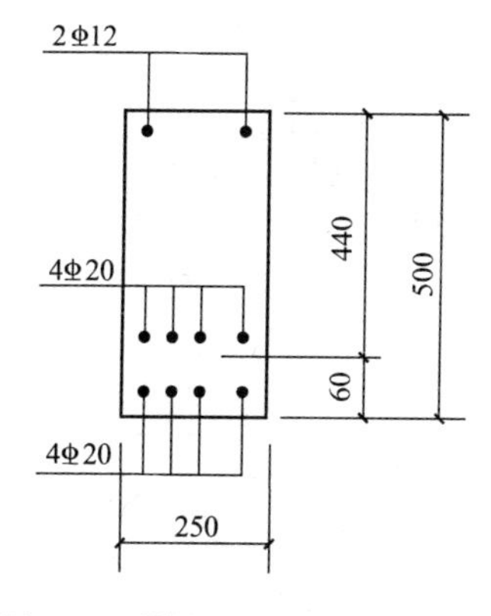

图 7-21 【例题 7-3】截面配筋图

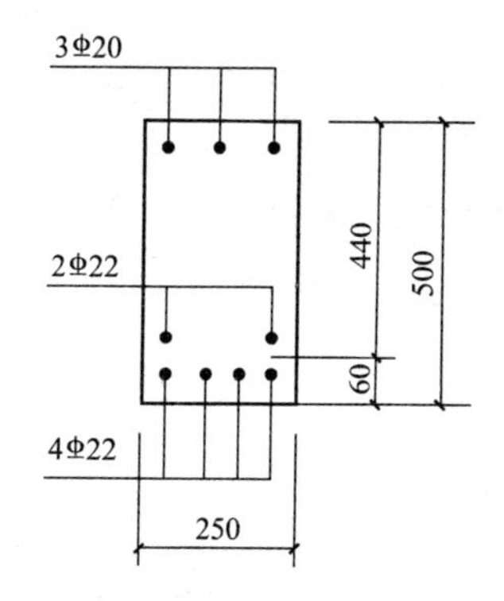

图 7-22 【例题 7-4】截面配筋图

(5) 比较【例题 7-3】与【例题 7-4】两例题可以看出，由于【例题 7-3】充分利用了混凝土的受压承载力，其计算总用钢量($A_s + A_s' = 2510 + 110 = 2620\text{mm}^2$)比【例题 7-4】($A_s + A_s' = 2059 + 941 = 3000\text{mm}^2$)较为节省。

(6) 验算受压区高度

应用公式(7-18)计算，得

$$x=\frac{f_{y}A_{s1}}{\alpha_{1}f_{c}b}=\frac{300\times840}{1\times11.9\times250}=85\text{mm}$$

$$2a_{s}'=2\times35=70\text{mm}$$

$$x>2a_{s}'$$

所以满足公式(7-39)条件。

【例题 7-5】 已知梁的截面尺寸 $bh=250\text{mm}\times500\text{mm}$，一类使用环境，作用弯矩设计值为 $M=150\text{kN}\cdot\text{m}$，配有纵向受压钢筋 2Φ20，$A_{s}'=628\text{mm}^2$，混凝土强度等级 C25，采用 HRB335 级钢筋，求纵向受拉钢筋截面面积 A_s。

【解】

(1) 已知计算数据。$b=250\text{mm}$；$h=500\text{mm}$，$a_s=a_s'=35\text{mm}$，$h_0=h-a_s=465\text{mm}$，$M=150\times10^6\text{N}\cdot\text{mm}$，HRB335 级钢筋，$f_y=f_y'=300\text{N/mm}^2$，$\xi_b=0.550$，纵向受压钢筋为 2Φ20，$A_s'=628\text{mm}^2$，混凝土强度等级 C25，$\alpha_1=1$，$f_c=11.9\text{N/mm}^2$。

(2) 求受压区高度 x。把已知计算数据代入公式(7-29)计算，得

$$M=\alpha_{1}f_{c}bx(h_{0}-0.5x)+f_{y}'A_{s}'(h_{0}-a_{s}')$$

$$150\times10^{6}=1\times11.9\times250x(465-0.5x)+300\times628(465-35)$$

解得

$$x=53\text{mm}$$

(3) 验算及求 A_s 值

$$x=53\text{mm},\ \xi_{b}h_{0}=0.550\times465=256\text{mm}$$

$$x<\xi_{b}h_{0}$$

$$x=53\text{mm},\ 2a_{s}'=2\times35=70\text{mm}$$

$$x<2a_{s}'$$

$$A_{s}=\frac{M}{f_{y}(h_{0}-a_{s}')}=\frac{105\times10^{6}}{300\times(465-35)}=1163\text{mm}^{2}$$

(4) 配筋示图。选用 3Φ22，$A_s=1140\text{mm}^2$，配筋示图如图 7-23 所示。

【例题 7-6】 某 T 形截面梁，已知截面尺寸 $b\times h=250\text{mm}\times600\text{mm}$，$b_f'=500\text{mm}$，$h_f'=100\text{mm}$，参见图 7-16，配有 4Φ25，$A_s=1964\text{mm}^2$，采用 C30 混凝土，HRB400 级钢筋，混凝土保护层为 20mm(一类环境)，试计算该梁能承受的设计弯矩。

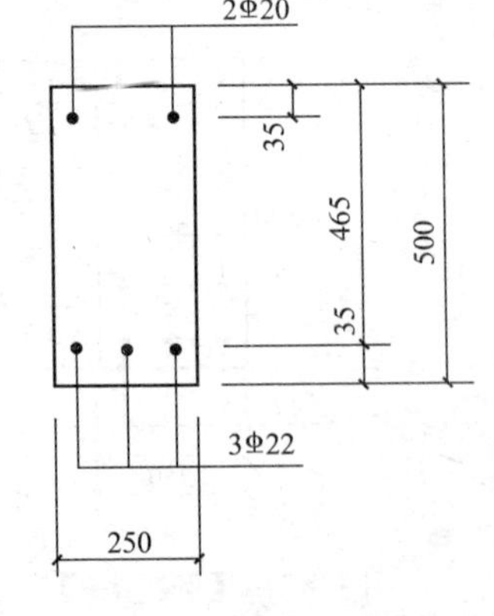

图 7-23　【例题 7-5】截面配筋图

【解】

(1) 设计参数

C30 混凝土，$f_c=14.3\text{N/mm}^2$，HRB400 级钢筋，$f_y=360\text{N/mm}^2$，4Φ25，$A_s=1964\text{mm}^2$，设钢筋一层放置，取 $a_s=40\text{mm}$，截面有效高度 $h_0=600-40=560\text{mm}$。$\xi_b=0.518$，$\alpha_1=1.0$。

(2) 判别 T 形截面类型

应用公式(7-56)、公式(7-57)判别 T 形截面类型为

$$\frac{\alpha_{1}f_{c}b_{f}'h_{f}'}{f_{y}}=\frac{1.0\times14.3\times500\times100}{360}=1986\text{mm}^{2}>A_{s}=1964\text{mm}^{2}$$

则属于第一类 T 形截面，故按截面宽度 $b_f'=500\text{mm}$ 的矩形截面进行计算。

(3) 求极限弯矩设计值 M_u

应用公式(7-42)求受压区高度 x 为

$$x=\frac{f_y A_s}{\alpha_1 f_c b_f'}=\frac{360\times1964}{1.0\times14.3\times500}=98.9\text{mm}$$

应用公式(7-43)可求得极限弯矩设计值 M_u 为

$$M_u=\alpha_1 f_c b_f' x(h_0-0.5x)=1.0\times14.3\times500\times98.9\times(560-0.5\times98.9)=361\text{kN}\cdot\text{m}$$

即为所求。

【例题 7-7】 已知 T 形截面 $b=250$mm，$h=800$mm，$b_f'=600$mm，$h_f'=100$mm。一类使用环境。弯矩设计值 $M=486$kN·m，混凝土强度等级 C25，纵向钢筋为 HRB335 级。求此截面梁所需配置的纵向钢筋截面面积 A_s。

【解】

(1) 已知计算数据。$b=250$mm，$h=800$mm，$b_f'=600$mm，$h_f'=100$mm，$M=486$kN·m，混凝土强度等级 C25，$f_c=11.9\text{N/mm}^2$，$\alpha_1=1$，HRB335 级钢筋，$f_y=300\text{N/mm}^2$，$\xi_b=0.550$。

(2) 判断 T 形截面类型

设 $h_0=h-a_s=800-60=740$mm，应用公式(7-60)计算，得

$$M_u=\alpha_1 f_c b_f' h_f'(h_0-0.5h_f')=1\times11.9\times600\times100\times(740-0.5\times100)=482.66\text{kN}\cdot\text{m}$$

$$M>M_u$$

属于第二类 T 形截面。

(3) 计算与挑出翼缘相对应的受拉钢筋截面面积 A_{s2} 及挑出翼缘和 A_{s2} 共同承受的弯矩承载力设计值 M_{u2}。由公式(7-49)及公式(7-50)依次计算，得

$$A_{s2}=\frac{\alpha_1 f_c(b_f'-b)h_f'}{f_y}=\frac{1.0\times11.9\times(600-250)\times100}{300}=1388\text{mm}^2$$

$$M_{u2}=\alpha_1 f_c(b_f'-b)h_f'(h_0-0.5h_f')=1\times11.9\times(600-250)\times100\times(740-0.5\times100)$$
$$=287.39\text{kN}\cdot\text{m}$$

(4) 计算由梁肋承受的弯矩设计值 M_{u1} 和相应的受拉钢筋截面面积 A_{s1} 为

$$M_{u1}=M-M_{u2}=486-287.39=198.61\text{kN}\cdot\text{m}$$

(5) 应用公式(7-26)求 A_{s1}，得

$$A_{s1}=\frac{\alpha_1 f_c b}{f_y}\left(h_0-\sqrt{h_0^2-\frac{2M_{u1}}{\alpha_1 f_c b}}\right)=\frac{1\times11.9\times250}{300}$$
$$\times\left(740-\sqrt{740^2-\frac{2\times198.61\times10^6}{1\times11.9\times250}}\right)=957\text{mm}^2$$

验算

$$\rho_{max}bh_0=0.02182\times250\times740=4037\text{mm}^2>A_{s1}$$
$$=975\text{mm}^2$$

满足适用条件。

(6) 求 A_s 及截面配筋图

$$A_s=A_{s1}+A_{s2}=957+1388=2345\text{mm}^2$$

选用 8Φ20，$A_s=2513\text{mm}^2$，截面配筋如图 7-24 所示。

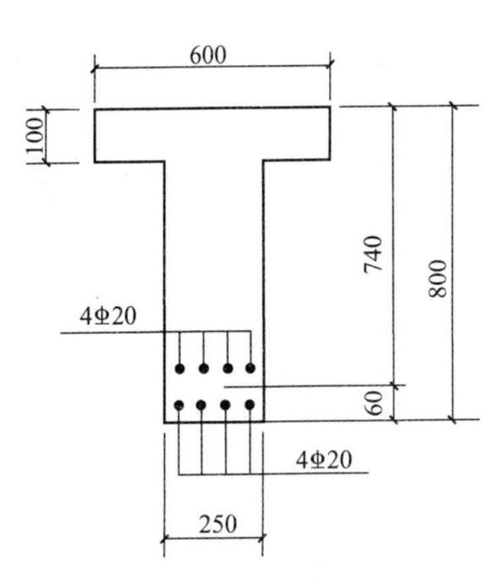

图 7-24 【例题 7-7】截面配筋图

7.4 高层建筑钢筋混凝土梁正截面受弯承载力计算用表

7.4.1 矩形截面梁正截面受弯承载力 $\boldsymbol{\alpha_s}$、$\boldsymbol{\beta_s}$、$\boldsymbol{\gamma_s}$ 计算用表

矩形截面梁正截面受弯承载力 α_s、β_s、γ_s 计算用表如表 7-9 所示。

矩形截面梁正截面受弯承载力 α_s、β_s、γ_s 计算用表 **表 7-9**

序号	项目	内容
1	制表公式	由公式(7-17)，即得公式(7-18)，重新编公式号 $\alpha_1 f_c bx = f_y A_s$ 有 $x=\dfrac{f_y A_s}{\alpha_1 f_c b}$ (7-65) 由于 $\xi=\dfrac{x}{h_0}$ (7-66) 有 $x=\xi h_0$ (7-67) 把公式(7-19)、公式(7-20)依次按等式关系写出，得 M 或 $\gamma_{RE} M=\alpha_1 f_c bx(h_0-0.5x)$ (7-68) M 或 $\gamma_{RE} M=f_y A_s(h_0-0.5x)$ (7-69) 把公式(7-67)代入公式(7-68)，得 M 或 $\gamma_{RE} M=\alpha_1 f_c bx(h_0-0.5x)=\xi(1-0.5\xi)\alpha_1 f_c bh_0^2$ 即 M 或 $\gamma_{RE}M=\alpha_s\alpha_1 f_c bh_0{}^2$ (7-70) 式中 $\alpha_s=\xi(1-0.5\xi)$ (7-71) 把公式(7-65)代入公式(7-66)，得 $\xi=\dfrac{x}{h_0}=\dfrac{f_y A_s}{\alpha_1 f_c bh_0}$ (7-72) 由公式(7-70)，即 M 或 $\gamma_{RE}M=\xi(1-0.5\xi)\alpha_1 f_c bh_0^2$ 还可推导，得 $h_0=\dfrac{1}{\sqrt{\xi(1-0.5\xi)}}\sqrt{\dfrac{M\text{或}\gamma_{RE}M}{\alpha_1 f_c b}}$ 即 $h_0=\beta_s\sqrt{\dfrac{M\text{或}\gamma_{RE}M}{\alpha_1 f_c b}}$ (7-73) 式中 $\beta_s=\dfrac{1}{\sqrt{\xi(1-0.5\xi)}}$ (7-74) 把公式(7-67)代入公式(7-69)，得 M 或 $\gamma_{RE}M=f_y A_s(h_0-0.5x)=f_y A_s(h_0-0.5\xi h_0)=(1-0.5\xi)f_y A_s h_0=\gamma_s f_y A_s h_0$ 即 M 或 $\gamma_{RE}M=\gamma_s f_y A_s h_0$ (7-75) 式中 $\gamma_s=(1-0.5\xi)$ (7-76) 根据公式(7-75)，可求得 A_s 的表达式 $A_s=\dfrac{M\text{或}\gamma_{RE}M}{\gamma_s f_y h_0}$ (7-77) 再由公式(7-65)，并根据公式(7-66)及公式(7-14)，可求得 $\xi=\dfrac{x}{h_0}=\dfrac{f_y A_s}{\alpha_1 f_c bh_0}=\rho\dfrac{f_y}{\alpha_1 f_c}$ (7-78) $\xi=\dfrac{f_y A_s}{\alpha_1 f_c bh_0}$ (7-79) $A_s=\xi\dfrac{\alpha_1 f_c bh_0}{f_y}$ (7-80) $\xi=\dfrac{\rho f_y}{\alpha_1 f_c}$ (7-81) $\rho=\xi\dfrac{\alpha_1 f_c}{f_y}$ (7-82)

续表 7-9

序号	项　目	内　容
2	受弯承载力计算系数用表	根据公式(7-66)、公式(7-71)、公式(7-74)及公式(7-76)编制成适用于钢筋混凝土矩形截面受弯构件正截面承载力计算系数用表，即表 7-10。公式(7-70)、公式(7-75)中的系数 α_s，γ_s 具有明显的物理意义。公式(7-70)中的 $\alpha_s\alpha_1 bh_0^2$ 相当于钢筋混凝土梁的截面抵抗矩，可把系数 α_s 称为"截面抵抗矩系数"。公式(7-75)中的系数 $\gamma_s h_0$ 相当于截面的内力臂 z，因此可把 γ_s 称为"内力臂系数" 在表 7-10 中，与各普通钢筋等级对应的 ξ_b 值，如表 2-6 所示，因此，当计算出的相应系数值未超出表 2-6 规定的值就自然满足第一个适用条件；而大于或等于最小配筋的第二个适用条件如表 7-11 所示

钢筋混凝土矩形截面梁正截面受弯承载力 α_s、β_s、γ_s 计算系数　　表 7-10

序号	ξ		0	1	2	3	4	5	6	7	8	9
1	0.010	α_s	0.010	0.011	0.012	0.013	0.014	0.015	0.016	0.017	0.018	0.019
		β_s	10.025	9.561	9.156	8.799	8.481	8.196	7.938	7.702	7.487	7.289
		γ_s	0.995	0.995	0.994	0.994	0.993	0.993	0.992	0.992	0.991	0.991
2	0.020	α_s	0.020	0.021	0.022	0.023	0.024	0.025	0.026	0.027	0.028	0.029
		β_s	7.107	6.937	6.779	6.632	6.494	6.364	6.242	6.127	6.018	5.915
		γ_s	0.990	0.990	0.989	0.989	0.988	0.988	0.987	0.987	0.986	0.986
3	0.030	α_s	0.030	0.031	0.031	0.032	0.033	0.034	0.035	0.036	0.037	0.038
		β_s	5.817	5.724	5.635	5.551	5.470	5.393	5.319	5.248	5.179	5.114
		γ_s	0.985	0.985	0.984	0.984	0.983	0.983	0.982	0.982	0.981	0.981
4	0.040	α_s	0.039	0.040	0.041	0.042	0.043	0.044	0.045	0.046	0.047	0.048
		β_s	5.051	4.990	4.932	4.875	4.821	4.768	4.717	4.668	4.620	4.574
		γ_s	0.980	0.980	0.979	0.979	0.978	0.978	0.977	0.977	0.976	0.976
5	0.050	α_s	0.049	0.050	0.051	0.052	0.053	0.053	0.054	0.055	0.056	0.057
		β_s	4.529	4.486	4.443	4.402	4.363	4.324	4.286	4.250	4.214	4.179
		γ_s	0.975	0.975	0.974	0.974	0.973	0.973	0.972	0.972	0.971	0.971
6	0.060	α_s	0.058	0.059	0.060	0.061	0.062	0.063	0.064	0.065	0.066	0.067
		β_s	4.145	4.112	4.080	4.048	4.018	3.988	3.958	3.930	3.902	3.874
		γ_s	0.970	0.970	0.969	0.969	0.968	0.968	0.967	0.967	0.966	0.966
7	0.070	α_s	0.068	0.068	0.069	0.070	0.071	0.072	0.073	0.074	0.075	0.076
		β_s	3.848	3.821	3.796	3.771	3.746	3.722	3.698	3.675	3.653	3.630
		γ_s	0.965	0.965	0.964	0.964	0.963	0.963	0.962	0.962	0.961	0.961
8	0.080	α_s	0.077	0.078	0.079	0.080	0.080	0.081	0.082	0.083	0.084	0.085
		β_s	3.608	3.587	3.566	3.545	3.525	3.505	3.486	3.467	3.448	3.429
		γ_s	0.960	0.960	0.959	0.959	0.958	0.958	0.957	0.957	0.956	0.956

续表 7-10

序号	ξ		0	1	2	3	4	5	6	7	8	9
9	0.090	α_s	0.086	0.087	0.088	0.089	0.090	0.090	0.091	0.092	0.093	0.094
		β_s	3.411	3.393	3.375	3.358	3.341	3.324	3.308	3.292	3.276	3.260
		γ_s	0.955	0.955	0.954	0.954	0.953	0.953	0.952	0.952	0.951	0.951
10	0.100	α_s	0.095	0.096	0.097	0.098	0.099	0.099	0.100	0.101	0.102	0.103
		β_s	3.244	3.229	3.214	3.199	3.185	3.170	3.156	3.142	3.129	3.115
		γ_s	0.950	0.950	0.949	0.949	0.948	0.948	0.947	0.947	0.946	0.946
11	0.110	α_s	0.104	0.105	0.106	0.107	0.108	0.108	0.109	0.110	0.111	0.112
		β_s	3.102	3.088	3.075	3.063	3.050	3.037	3.025	3.013	3.001	2.989
		γ_s	0.945	0.945	0.944	0.944	0.943	0.943	0.942	0.942	0.941	0.941
12	0.120	α_s	0.113	0.114	0.115	0.115	0.116	0.117	0.118	0.119	0.120	0.121
		β_s	2.977	2.966	2.955	2.943	2.932	2.921	2.910	2.900	2.889	2.879
		γ_s	0.940	0.940	0.939	0.939	0.938	0.938	0.937	0.937	0.936	0.936
13	0.130	α_s	0.122	0.122	0.123	0.124	0.125	0.126	0.127	0.128	0.128	0.129
		β_s	2.868	2.858	2.848	2.838	2.828	2.818	2.809	2.799	2.790	2.781
		γ_s	0.935	0.935	0.934	0.934	0.933	0.933	0.932	0.932	0.931	0.931
14	0.140	α_s	0.130	0.131	0.132	0.133	0.134	0.134	0.135	0.136	0.137	0.138
		β_s	2.771	2.762	2.753	2.744	2.736	2.727	2.718	2.710	2.701	2.693
		γ_s	0.930	0.930	0.929	0.929	0.928	0.928	0.927	0.927	0.926	0.926
15	0.150	α_s	0.139	0.140	0.140	0.141	0.142	0.143	0.144	0.145	0.146	0.146
		β_s	2.685	2.676	2.668	2.660	2.652	2.645	2.637	2.629	2.621	2.614
		γ_s	0.925	0.925	0.924	0.924	0.923	0.923	0.922	0.922	0.921	0.921
16	0.160	α_s	0.147	0.148	0.149	0.150	0.151	0.151	0.152	0.153	0.154	0.155
		β_s	2.606	2.599	2.592	2.584	2.577	2.570	2.563	2.556	2.549	2.542
		γ_s	0.920	0.920	0.919	0.919	0.918	0.918	0.917	0.917	0.916	0.916
17	0.170	α_s	0.156	0.156	0.157	0.158	0.159	0.160	0.161	0.161	0.162	0.163
		β_s	2.536	2.529	2.522	2.515	2.509	2.502	2.496	2.490	2.483	2.477
		γ_s	0.915	0.915	0.914	0.914	0.913	0.913	0.912	0.912	0.911	0.911
18	0.180	α_s	0.164	0.165	0.165	0.166	0.167	0.168	0.169	0.170	0.170	0.171
		β_s	2.471	2.465	2.459	2.453	2.447	2.441	2.435	2.429	2.423	2.417
		γ_s	0.910	0.910	0.909	0.909	0.908	0.908	0.907	0.907	0.906	0.906
19	0.190	α_s	0.172	0.173	0.174	0.174	0.175	0.176	0.177	0.178	0.178	0.179
		β_s	2.412	2.406	2.400	2.395	2.389	2.384	2.378	2.373	2.368	2.362
		γ_s	0.905	0.905	0.904	0.904	0.903	0.903	0.902	0.902	0.901	0.901
20	0.200	α_s	0.180	0.181	0.182	0.182	0.183	0.184	0.185	0.186	0.186	0.187
		β_s	2.357	2.352	2.347	2.341	2.336	2.331	2.326	2.321	2.316	2.312
		γ_s	0.900	0.900	0.899	0.899	0.898	0.898	0.897	0.897	0.896	0.896

续表 7-10

序号	ξ		0	1	2	3	4	5	6	7	8	9
21	0.210	α_s	0.188	0.189	0.190	0.190	0.191	0.192	0.193	0.193	0.194	0.195
		β_s	2.307	2.302	2.297	2.292	2.288	2.283	2.278	2.274	2.269	2.264
		γ_s	0.895	0.895	0.894	0.894	0.893	0.893	0.892	0.892	0.891	0.891
22	0.220	α_s	0.196	0.197	0.197	0.198	0.199	0.200	0.200	0.201	0.202	0.203
		β_s	2.260	2.255	2.251	2.247	2.242	2.238	2.233	2.229	2.225	2.221
		γ_s	0.890	0.890	0.889	0.889	0.888	0.888	0.887	0.887	0.886	0.886
23	0.230	α_s	0.204	0.204	0.205	0.206	0.207	0.207	0.208	0.209	0.210	0.210
		β_s	2.216	2.212	2.208	2.204	2.200	2.196	2.192	2.188	2.184	2.180
		γ_s	0.885	0.885	0.884	0.884	0.883	0.883	0.882	0.882	0.881	0.881
24	0.240	α_s	0.211	0.212	0.213	0.213	0.214	0.215	0.216	0.216	0.217	0.218
		β_s	2.176	2.172	2.168	2.164	2.161	2.157	2.153	2.149	2.145	2.142
		γ_s	0.880	0.880	0.879	0.879	0.878	0.878	0.877	0.877	0.876	0.876
25	0.250	α_s	0.219	0.219	0.220	0.221	0.222	0.222	0.223	0.224	0.225	0.225
		β_s	2.138	2.134	2.131	2.127	2.124	2.120	2.117	2.113	2.110	2.106
		γ_s	0.875	0.875	0.874	0.874	0.873	0.873	0.872	0.872	0.871	0.871
26	0.260	α_s	0.226	0.227	0.228	0.228	0.229	0.230	0.231	0.231	0.232	0.233
		β_s	2.103	2.099	2.096	2.092	2.089	2.086	2.082	2.079	2.076	2.072
		γ_s	0.870	0.870	0.869	0.869	0.868	0.868	0.867	0.867	0.866	0.866
27	0.270	α_s	0.234	0.234	0.235	0.236	0.236	0.237	0.238	0.239	0.239	0.240
		β_s	2.069	2.066	2.063	2.060	2.056	2.053	2.050	2.047	2.044	2.041
		γ_s	0.865	0.865	0.864	0.864	0.863	0.863	0.862	0.862	0.861	0.861
28	0.280	α_s	0.241	0.242	0.242	0.243	0.244	0.244	0.245	0.246	0.247	0.247
		β_s	2.038	2.035	2.032	2.029	2.026	2.023	2.020	2.017	2.014	2.011
		γ_s	0.860	0.860	0.859	0.859	0.858	0.858	0.857	0.857	0.856	0.856
29	0.290	α_s	0.248	0.249	0.249	0.250	0.251	0.251	0.252	0.253	0.254	0.254
		β_s	2.008	2.005	2.003	2.000	1.997	1.994	1.991	1.989	1.986	1.983
		γ_s	0.855	0.855	0.854	0.854	0.853	0.853	0.852	0.852	0.851	0.851
30	0.300	α_s	0.255	0.256	0.256	0.257	0.258	0.258	0.259	0.260	0.261	0.261
		β_s	1.980	1.978	1.975	1.972	1.970	1.967	1.964	1.962	1.959	1.956
		γ_s	0.850	0.850	0.849	0.849	0.848	0.848	0.847	0.847	0.846	0.846
31	0.310	α_s	0.262	0.263	0.263	0.264	0.265	0.265	0.266	0.267	0.267	0.268
		β_s	1.954	1.951	1.949	1.946	1.944	1.941	1.939	1.936	1.934	1.931
		γ_s	0.845	0.845	0.844	0.844	0.843	0.843	0.842	0.842	0.841	0.841
32	0.320	α_s	0.269	0.269	0.270	0.271	0.272	0.272	0.273	0.274	0.274	0.275
		β_s	1.929	1.926	1.924	1.922	1.919	1.917	1.914	1.912	1.910	1.907
		γ_s	0.840	0.840	0.839	0.839	0.838	0.838	0.837	0.837	0.836	0.836

续表 7-10

序号	ξ		0	1	2	3	4	5	6	7	8	9
33	0.330	α_s	0.276	0.276	0.277	0.278	0.278	0.279	0.280	0.280	0.281	0.282
		β_s	1.905	1.903	1.900	1.898	1.896	1.894	1.891	1.889	1.887	1.885
		γ_s	0.835	0.835	0.834	0.834	0.833	0.833	0.832	0.832	0.831	0.831
34	0.340	α_s	0.282	0.283	0.284	0.284	0.285	0.285	0.286	0.287	0.287	0.288
		β_s	1.882	1.880	1.878	1.876	1.874	1.872	1.869	1.867	1.865	1.863
		γ_s	0.830	0.830	0.829	0.829	0.828	0.828	0.827	0.827	0.826	0.826
35	0.350	α_s	0.289	0.289	0.290	0.291	0.291	0.292	0.293	0.293	0.294	0.295
		β_s	1.861	1.859	1.857	1.855	1.853	1.851	1.849	1.847	1.845	1.843
		γ_s	0.825	0.825	0.824	0.824	0.823	0.823	0.822	0.822	0.821	0.821
36	0.360	α_s	0.295	0.296	0.296	0.297	0.298	0.298	0.299	0.300	0.300	0.301
		β_s	1.841	1.839	1.837	1.835	1.833	1.831	1.829	1.827	1.825	1.823
		γ_s	0.820	0.820	0.819	0.819	0.818	0.818	0.817	0.817	0.816	0.816
37	0.370	α_s	0.302	0.302	0.303	0.303	0.304	0.305	0.305	0.306	0.307	0.307
		β_s	1.821	1.819	1.817	1.815	1.814	1.812	1.810	1.808	1.806	1.804
		γ_s	0.815	0.815	0.814	0.814	0.813	0.813	0.812	0.812	0.811	0.811
38	0.380	α_s	0.308	0.308	0.309	0.310	0.310	0.311	0.312	0.312	0.313	0.313
		β_s	1.802	1.801	1.799	1.797	1.795	1.793	1.792	1.790	1.788	1.786
		γ_s	0.810	0.810	0.809	0.809	0.808	0.808	0.807	0.807	0.806	0.806
39	0.390	α_s	0.314	0.315	0.315	0.316	0.316	0.317	0.318	0.318	0.319	0.319
		β_s	1.785	1.783	1.781	1.780	1.778	1.776	1.774	1.773	1.771	1.769
		γ_s	0.805	0.805	0.804	0.804	0.803	0.803	0.802	0.802	0.801	0.801
40	0.400	α_s	0.320	0.321	0.321	0.322	0.322	0.323	0.324	0.324	0.325	0.325
		β_s	1.768	1.766	1.764	1.763	1.761	1.760	1.758	1.756	1.755	1.753
		γ_s	0.800	0.800	0.799	0.799	0.798	0.798	0.797	0.797	0.796	0.796
41	0.410	α_s	0.326	0.327	0.327	0.328	0.328	0.329	0.329	0.330	0.331	0.331
		β_s	1.752	1.750	1.748	1.747	1.745	1.744	1.742	1.741	1.739	1.738
		γ_s	0.795	0.795	0.794	0.794	0.793	0.793	0.792	0.792	0.791	0.791
42	0.420	α_s	0.332	0.332	0.333	0.334	0.334	0.335	0.335	0.336	0.336	0.337
		β_s	1.736	1.735	1.733	1.732	1.730	1.729	1.727	1.726	1.724	1.723
		γ_s	0.790	0.790	0.789	0.789	0.788	0.788	0.787	0.787	0.786	0.786
43	0.430	α_s	0.338	0.338	0.339	0.339	0.340	0.340	0.341	0.342	0.342	0.343
		β_s	1.721	1.720	1.718	1.717	1.715	1.714	1.713	1.711	1.710	1.708
		γ_s	0.785	0.785	0.784	0.784	0.783	0.783	0.782	0.782	0.781	0.781
44	0.440	α_s	0.343	0.344	0.344	0.345	0.345	0.346	0.347	0.347	0.348	0.348
		β_s	1.707	1.706	1.704	1.703	1.701	1.700	1.699	1.697	1.696	1.695
		γ_s	0.780	0.780	0.779	0.779	0.778	0.778	0.777	0.777	0.776	0.776

续表 7-10

序号	ξ		0	1	2	3	4	5	6	7	8	9
45	0.450	α_s	0.349	0.349	0.350	0.350	0.351	0.351	0.352	0.353	0.353	0.354
		β_s	1.693	1.692	1.691	1.689	1.688	1.687	1.685	1.684	1.683	1.682
		γ_s	0.775	0.775	0.774	0.774	0.773	0.773	0.772	0.772	0.771	0.771
46	0.460	α_s	0.354	0.355	0.355	0.356	0.356	0.357	0.357	0.358	0.358	0.359
		β_s	1.680	1.679	1.678	1.676	1.675	1.674	1.673	1.671	1.670	1.669
		γ_s	0.770	0.770	0.769	0.769	0.768	0.768	0.767	0.767	0.766	0.766
47	0.470	α_s	0.360	0.360	0.361	0.361	0.362	0.362	0.363	0.363	0.364	0.364
		β_s	1.668	1.666	1.665	1.664	1.663	1.662	1.660	1.659	1.658	1.657
		γ_s	0.765	0.765	0.764	0.764	0.763	0.763	0.762	0.762	0.761	0.761
48	0.480	α_s	0.365	0.365	0.366	0.366	0.367	0.367	0.368	0.368	0.369	0.369
		β_s	1.656	1.654	1.653	1.652	1.651	1.650	1.649	1.648	1.646	1.645
		γ_s	0.760	0.760	0.759	0.759	0.758	0.758	0.757	0.757	0.756	0.756
49	0.490	α_s	0.370	0.370	0.371	0.371	0.372	0.372	0.373	0.373	0.374	0.374
		β_s	1.644	1.643	1.642	1.641	1.640	1.638	1.637	1.636	1.635	1.634
		γ_s	0.755	0.755	0.754	0.754	0.753	0.753	0.752	0.752	0.751	0.751
50	0.500	α_s	0.375	0.375	0.376	0.376	0.377	0.377	0.378	0.378	0.379	0.379
		β_s	1.633	1.632	1.631	1.630	1.629	1.628	1.627	1.625	1.624	1.623
		γ_s	0.750	0.750	0.749	0.749	0.748	0.748	0.747	0.747	0.746	0.746
51	0.510	α_s	0.380	0.380	0.381	0.381	0.382	0.382	0.383	0.383	0.384	0.384
		β_s	1.622	1.621	1.620	1.619	1.618	1.617	1.616	1.615	1.614	1.613
		γ_s	0.745	0.745	0.744	0.744	0.743	0.743	0.742	0.742	0.741	0.741
52	0.520	α_s	0.385	0.385	0.386	0.386	0.387	0.387	0.388	0.388	0.389	0.389
		β_s	1.612	1.611	1.610	1.609	1.608	1.607	1.606	1.605	1.604	1.603
		γ_s	0.740	0.740	0.739	0.739	0.738	0.738	0.737	0.737	0.736	0.736
53	0.530	α_s	0.390	0.390	0.390	0.391	0.391	0.392	0.392	0.393	0.393	0.394
		β_s	1.602	1.601	1.600	1.599	1.598	1.597	1.596	1.596	1.595	1.594
		γ_s	0.735	0.735	0.734	0.734	0.733	0.733	0.732	0.732	0.731	0.731
54	0.540	α_s	0.394	0.395	0.395	0.396	0.396	0.396	0.397	0.397	0.398	0.398
		β_s	1.593	1.592	1.591	1.590	1.589	1.588	1.587	1.586	1.585	1.585
		γ_s	0.730	0.730	0.729	0.729	0.728	0.728	0.727	0.727	0.726	0.726
55	0.550	α_s	0.399	0.399	0.400	0.400	0.401	0.401	0.401	0.402	0.402	0.403
		β_s	1.584	1.583	1.582	1.581	1.580	1.579	1.578	1.577	1.577	1.576
		γ_s	0.725	0.725	0.724	0.724	0.723	0.723	0.722	0.722	0.721	0.721
56	0.560	α_s	0.403	0.404	0.404	0.405	0.405	0.405	0.406	0.406	0.407	0.407
		β_s	1.575	1.574	1.573	1.572	1.571	1.571	1.570	1.569	1.568	1.567
		γ_s	0.720	0.720	0.719	0.719	0.718	0.718	0.717	0.717	0.716	0.716

续表 7-10

序号	ξ		0	1	2	3	4	5	6	7	8	9
57	0.570	α_s	0.408	0.408	0.408	0.409	0.409	0.410	0.410	0.411	0.411	0.411
		β_s	1.566	1.566	1.565	1.564	1.563	1.562	1.562	1.561	1.560	1.559
		γ_s	0.715	0.715	0.714	0.714	0.713	0.713	0.712			

注：1. 查表应用的计算公式为公式(7-70)、公式(7-72)、公式(7-73)、公式(7-77)及公式(7-80)依次为

$$M\text{或}\gamma_{RE}M=\alpha_s\alpha_1 f_c bh_0^2$$

$$\xi=\frac{x}{h_0}=\frac{f_y A_s}{\alpha_1 f_c bh_0}$$

$$h_0=\beta_s\sqrt{\frac{M\text{或}\gamma_{RE}M}{\alpha_1 f_c b}}$$

$$A_s=\frac{M\text{或}\gamma_{RE}M}{\gamma_s f_y h_0}$$

$$A_s=\frac{\xi\alpha_1 f_c bh_0}{f_y}$$

2. 应用表 7-10 时需与表 7-11 配合应用。

满足最小配筋率要求的 α_s 值(不小于)　　**表 7-11**

f_y (N/mm²)	混凝土强度等级						
	C15	C20	C25	C30	C35	C40	C45
270	0.072	0.055	0.047	0.044	0.041	0.039	0.038
300		0.061	0.049	0.044	0.041	0.039	0.038
360		0.072	0.059	0.049	0.042	0.040	0.038
435		0.087	0.070	0.059	0.051	0.045	0.040
f_y (N/mm²)	混凝土强度等级						
	C50	C55	C60	C65	C70	C75	C80
270	0.036	0.035	0.033	0.032	0.031	0.030	0.029
300	0.036	0.035	0.033	0.032	0.031	0.030	0.029
360	0.036	0.035	0.033	0.032	0.031	0.030	0.029
435	0.037	0.035	0.033	0.032	0.031	0.030	0.029

注：与表 7-10 配合应用。

7.4.2 矩形截面梁正截面受弯承载力 $A_0-\xi$ 值计算用表

矩形截面梁正截面受弯承载力 $A_0-\xi$ 值计算用表如表 7-12 所示。

矩形截面梁正截面受弯承载力 $A_0-\xi$ 值计算用表　　**表 7-12**

序号	项　目	内　容
1	制表公式	应用公式(7-70)、公式(7-72)等可表达为如下计算公式： $A_0=\frac{M\text{或}\gamma_{RE}M}{\alpha_1 f_c bh_0^2}$　(7-83) $\xi=1-\sqrt{1-2A_0}$　(7-84) $A_s=\frac{\xi\alpha_1 f_c bh_0}{f_y}$　(7-85) $x=\xi h_0$　(7-86) 式中　M或$\gamma_{RE}M$——弯矩设计值 b——矩形截面宽度或 T 形截面受压翼缘宽度 h_0——截面有效高度 h_f'——T 形截面受压翼缘高度 A_0——ξ 值计算系数用表如表 7-13 所示

续表 7-12

序号	项　目	内　容
2	应用要求	（1）按公式(7-85)计算的 A_s 值应满足 $$A_s \geqslant \rho_{min} bh \quad (7\text{-}87)$$ 式中　ρ_{min}——最小配筋率，按表 2-90 采用 b——矩形截面宽度，对 T 形截面取用肋宽 当 A_s 不满足公式(7-87)时取用 $A_s = \rho_{min} bh$ （2）应用表 7-13 时应满足下列公式要求： $$\xi \leqslant \xi_b \quad (7\text{-}88)$$ $$A_0 \leqslant A_{0max} \quad (7\text{-}89)$$ $$A_{0max} = \xi_b (1 - 0.5\xi_b) \quad (7\text{-}90)$$ 式中 ξ_b 值按表 2-6 采用，A_{0max} 如表 7-14 所示

矩形截面受弯构件正截面承载力 A_0—ξ 值强度计算　　表 7-13

序号	A_0 \ ξ \ A_0	0	1	2	3	4	5	6	7	8	9
1	0.010	0.010	0.011	0.012	0.013	0.014	0.015	0.016	0.017	0.018	0.019
2	0.020	0.020	0.021	0.022	0.023	0.024	0.025	0.026	0.027	0.028	0.029
3	0.030	0.030	0.031	0.033	0.034	0.035	0.036	0.037	0.038	0.039	0.040
4	0.040	0.041	0.042	0.043	0.044	0.045	0.046	0.047	0.048	0.049	0.050
5	0.050	0.051	0.052	0.053	0.054	0.056	0.057	0.058	0.059	0.060	0.061
6	0.060	0.062	0.063	0.064	0.065	0.066	0.067	0.068	0.069	0.070	0.072
7	0.070	0.073	0.074	0.075	0.076	0.077	0.078	0.079	0.080	0.081	0.082
8	0.080	0.083	0.085	0.086	0.087	0.088	0.089	0.090	0.091	0.092	0.093
9	0.090	0.094	0.096	0.097	0.098	0.099	0.100	0.101	0.102	0.103	0.104
10	0.100	0.106	0.107	0.108	0.109	0.110	0.111	0.112	0.113	0.115	0.116
11	0.110	0.117	0.118	0.119	0.120	0.121	0.123	0.124	0.125	0.126	0.127
12	0.120	0.128	0.129	0.131	0.132	0.133	0.134	0.135	0.136	0.137	0.139
13	0.130	0.140	0.141	0.142	0.143	0.144	0.146	0.147	0.148	0.149	0.150
14	0.140	0.151	0.153	0.154	0.155	0.156	0.157	0.159	0.160	0.161	0.162
15	0.150	0.163	0.165	0.166	0.167	0.168	0.169	0.171	0.172	0.173	0.174
16	0.160	0.175	0.177	0.178	0.179	0.180	0.181	0.183	0.184	0.185	0.186
17	0.170	0.188	0.189	0.190	0.191	0.193	0.194	0.195	0.196	0.198	0.199
18	0.180	0.200	0.201	0.203	0.204	0.205	0.206	0.208	0.209	0.210	0.211
19	0.190	0.213	0.214	0.215	0.216	0.218	0.219	0.220	0.222	0.223	0.224
20	0.200	0.225	0.227	0.228	0.229	0.231	0.232	0.233	0.234	0.236	0.237
21	0.210	0.238	0.240	0.241	0.242	0.244	0.245	0.246	0.248	0.249	0.250
22	0.220	0.252	0.253	0.254	0.256	0.257	0.258	0.260	0.261	0.262	0.264

续表 7-13

序号	ξ \ A_0	0	1	2	3	4	5	6	7	8	9
23	0.230	0.265	0.267	0.268	0.269	0.271	0.272	0.273	0.275	0.276	0.278
24	0.240	0.279	0.280	0.282	0.283	0.284	0.286	0.287	0.289	0.290	0.291
25	0.250	0.293	0.294	0.296	0.297	0.299	0.300	0.301	0.303	0.304	0.306
26	0.260	0.307	0.309	0.310	0.312	0.313	0.314	0.316	0.317	0.319	0.320
27	0.270	0.322	0.323	0.325	0.326	0.328	0.329	0.331	0.332	0.334	0.335
28	0.280	0.337	0.338	0.340	0.341	0.343	0.344	0.346	0.347	0.349	0.350
29	0.290	0.352	0.353	0.355	0.357	0.358	0.360	0.361	0.363	0.364	0.366
30	0.300	0.368	0.369	0.371	0.372	0.374	0.376	0.377	0.379	0.380	0.382
31	0.310	0.384	0.385	0.387	0.388	0.390	0.392	0.393	0.395	0.397	0.398
32	0.320	0.400	0.402	0.403	0.405	0.407	0.408	0.410	0.412	0.413	0.415
33	0.330	0.417	0.419	0.420	0.422	0.424	0.426	0.427	0.429	0.431	0.433
34	0.340	0.434	0.436	0.438	0.440	0.441	0.443	0.445	0.447	0.449	0.450
35	0.350	0.452	0.454	0.456	0.458	0.460	0.461	0.463	0.465	0.467	0.469
36	0.360	0.471	0.473	0.475	0.477	0.478	0.480	0.482	0.484	0.486	0.488
37	0.370	0.490	0.492	0.494	0.496	0.498	0.500	0.502	0.504	0.506	0.508
38	0.380	0.510	0.512	0.514	0.516	0.518	0.520	0.523	0.525	0.527	0.529
39	0.390	0.531	0.533	0.535	0.537	0.540	0.542	0.544	0.546	0.548	0.551
40	0.400	0.553	0.555	0.557	0.560	0.562	0.564	0.566	0.569	0.571	0.573
41	0.410	0.576									

ξ_b、A_{0max}值 **表 7-14**

序号	钢筋牌号	HPB300						
1	混凝土强度等级	C20～C50	C55	C60	C65	C70	C75	C80
2	ξ_b	0.576	0.566	0.556	0.547	0.537	0.528	0.518
3	A_{0max}	0.410	0.406	0.401	0.397	0.393	0.389	0.384
序号	钢筋牌号	HRB335、HRBF335						
1	混凝土强度等级	C20～C50	C55	C60	C65	C70	C75	C80
2	ξ_b	0.550	0.541	0.531	0.522	0.512	0.503	0.493
3	A_{0max}	0.399	0.395	0.390	0.386	0.381	0.376	0.371
序号	钢筋牌号	HRB400、HRBF400、RRB400						
1	混凝土强度等级	C20～C50	C55	C60	C65	C70	C75	C80
2	ξ_b	0.518	0.508	0.499	0.490	0.481	0.472	0.462
3	A_{0max}	0.384	0.379	0.374	0.370	0.365	0.361	0.355

续表 7-14

序号	钢筋牌号	HRB500、HRBF500						
1	混凝土强度等级	C20～C50	C55	C60	C65	C70	C75	C80
2	ξ_b	0.482	0.473	0.464	0.455	0.447	0.438	0.429
3	A_{0max}	0.366	0.361	0.356	0.351	0.347	0.342	0.337

7.4.3 矩形截面梁正截面受弯承载力配筋计算系数用表

矩形截面梁正截面受弯承载力配筋计算系数用表如表 7-15 所示。

矩形截面梁正截面受弯承载力配筋计算系数用表　　表 7-15

序号	项　目	内　容
1	制表公式	(1) 应用计算公式(7-14)及公式(7-76)、公式(7-65)、公式(7-66)及公式(7-70)等可推得这里的计算公式为 $$\gamma=1-0.5\frac{f_y}{\alpha_1 f_c}\rho(\%) \quad (7\text{-}91)$$ $$\rho=\frac{f_c}{0.5f_y}(1-\gamma)\times 100 \quad (7\text{-}92)$$ $$\alpha=f_y\gamma\rho(\%) \quad (7\text{-}93)$$ (2) 计算步骤为: 1) 求出 $\alpha=\frac{M或\gamma_{RE}M}{bh_0^2}$ 2) 由表 7-16、表 7-17、表 7-18 及表 7-19 查得对应于 α 值的系数 $1000/f_y\gamma$ 或相对应的配筋百分率 ρ 3) 计算 $A_s=\frac{M或\gamma_{RE}M}{h_0}\cdot\frac{1000}{f_y\gamma}$ 或 $A_s=bh_0\rho(\%)$ 此步中 M 或 $\gamma_{RE}M$ 以 kN·m、h_0 以 m 代入得到 A_s 为 mm² 4) 当采用双筋梁，已知 A_s'、f_y'时，计算得 $M_{u2}=A_s'f_y'(h_0-a_s')$，$M_1=M-M_{u2}$ 或 $M_1=\gamma_{RE}M-M_{u2}$，$\alpha_1=\frac{M_1}{bh_0^2}$，由表 7-16、表 7-17、表 7-18 及表 7-19 查得对应于 α 的系数 $1000/f_y\gamma$，$A_{s1}=\frac{M_1}{h_0}\cdot\frac{1000}{f_y\gamma}$，$A_s=A_{s1}+A_{s2}$。详见本书表 7-7 序号 2 的计算规定
2	计算用表	(1) HPB300(f_y=270N/mm²)级钢筋，矩形截面受弯构件正截面承载力配筋系数如表 7-16 所示 (2) HRB335、HRBF335(f_y=300N/mm²)级钢筋，矩形截面受弯构件正截面承载力配筋系数如表 7-17 所示 (3) HRB400、HRBF400、RRB400(f_y=360N/mm²)级钢筋，矩形截面受弯构件正截面承载力配筋系数如表 7-18 所示 (4) HRB500、HRBF500(f_y=435N/mm²)级钢筋，矩形截面受弯构件正截面承载力配筋系数如表 7-19 所示 采用表 7-16、表 7-17、表 7-18 及表 7-19 计算梁截面配筋比较简捷，当求出 α 值可直接取用邻近的较大系数 $1000/f_y\gamma$，或 ρ，无需再线性插入，误差极小

HPB300(f_y=270N/mm²)级钢筋矩形截面受弯构件正截面承载力配筋系数 表 7-16

序号		$1000/f_y\gamma$	3.79	3.80	3.85	3.90	3.95	4.00	4.05	4.10	4.15	4.20	4.25	4.30	4.35	4.40	4.45
		γ	0.977	0.975	0.962	0.950	0.938	0.926	0.914	0.903	0.892	0.882	0.871	0.861	0.851	0.842	0.832
1	C20	α	0.527	0.527	0.701	0.913	1.117	1.315	1.510	1.682	1.850	1.998	2.157	2.297	2.436	2.555	2.684
2		ρ	0.200	0.200	0.270	0.356	0.441	0.526	0.612	0.690	0.768	0.839	0.917	0.988	1.060	1.124	1.195
3	C25	α	0.559	0.579	0.870	1.131	1.385	1.630	1.871	2.085	2.293	2.477	2.674	2.848	3.017	3.167	3.327
4		ρ	0.212	0.220	0.335	0.441	0.547	0.652	0.758	0.855	0.952	1.040	1.137	1.225	1.313	1.393	1.481
5	C30	α	0.628	0.698	1.047	1.359	1.664	1.960	2.248	2.504	2.755	2.977	3.212	3.422	3.626	3.806	3.999
6		ρ	0.238	0.265	0.403	0.530	0.657	0.784	0.911	1.027	1.144	1.250	1.366	1.472	1.578	1.674	1.780
7	C35	α	0.691	0.813	1.221	1.588	1.943	2.288	2.626	2.926	3.218	3.477	3.753	3.996	4.235	4.444	4.668
8		ρ	0.262	0.309	0.470	0.619	0.767	0.915	1.064	1.200	1.336	1.460	1.596	1.719	1.843	1.955	2.078
9	C40	α	0.752	0.932	1.397	1.813	2.221	2.618	3.003	3.345	3.680	3.975	4.292	4.573	4.844	5.081	5.340
10		ρ	0.285	0.354	0.538	0.707	0.877	1.047	1.217	1.372	1.528	1.669	1.825	1.967	2.108	2.235	2.377
11	C45	α	0.791	1.029	1.543	2.003	2.454	2.893	3.317	3.696	4.065	4.391	4.741	5.052	5.351	5.613	5.899
12		ρ	0.300	0.391	0.594	0.781	0.969	1.157	1.344	1.516	1.688	1.844	2.016	2.173	2.329	2.469	2.626
13	C50	α	0.831	1.127	1.688	2.196	2.687	3.165	3.633	4.047	4.451	4.808	5.190	5.528	5.859	6.147	6.458
14		ρ	0.315	0.428	0.650	0.856	1.061	1.266	1.472	1.660	1.848	2.019	2.207	2.378	2.550	2.704	2.875

序号		$1000/f_y\gamma$	4.50	4.55	4.60	4.65	4.70	4.75	4.80	4.85	4.90	4.95	5.00	5.05	5.10	5.15	5.20
		γ	0.823	0.814	0.805	0.796	0.788	0.780	0.772	0.764	0.756	0.748	0.741	0.733	0.726	0.719	0.712
1	C20	α	2.798	2.908	3.015	3.118	3.208	3.297	3.379	3.461	3.541	3.619	3.685	3.758	3.818	3.879	3.937
2		ρ	1.259	1.323	1.387	1.451	1.508	1.564	1.621	1.678	1.735	1.792	1.842	1.899	1.948	1.998	2.048
3	C25	α	3.466	3.604	3.736	3.864	3.976	4.084	4.190	4.291	4.391	4.486	4.568	4.659	4.734	4.809	4.881
4		ρ	1.560	1.640	1.719	1.798	1.869	1.939	2.010	2.080	2.151	2.221	2.283	2.354	2.415	2.477	2.539
5	C30	α	4.166	4.330	4.490	4.644	4.779	4.907	5.034	5.157	5.277	5.390	5.488	5.597	5.689	5.779	5.865
6		ρ	1.875	1.970	2.066	2.161	2.246	2.330	2.415	2.500	2.585	2.669	2.743	2.828	2.902	2.977	3.051
7	C35	α	4.866	5.057	5.242	5.425	5.581	5.730	5.878	6.021	6.160	6.295	6.410	6.537	6.643	6.748	6.850
8		ρ	2.190	2.301	2.412	2.524	2.623	2.721	2.820	2.919	3.018	3.117	3.204	3.303	3.389	3.476	3.563
9	C40	α	5.564	5.785	5.997	6.203	6.381	6.556	6.724	6.888	7.046	7.200	7.331	7.477	7.600	7.719	7.834
10		ρ	2.504	2.632	2.759	2.886	2.999	3.113	3.226	3.339	3.452	3.565	3.664	3.778	3.877	3.976	4.075
11	C45	α	6.146	6.389	6.625	6.852	7.049	7.243	7.429	7.610	7.785	7.955	8.099	8.259	8.396	8.526	8.653
12		ρ	2.766	2.907	3.048	3.188	3.313	3.439	3.564	3.689	3.814	3.939	4.048	4.173	4.283	4.392	4.501
13	C50	α	6.731	6.996	7.253	7.503	7.719	7.927	8.131	8.330	8.522	8.709	8.867	9.043	9.189	9.334	9.474
14		ρ	3.029	3.183	3.337	3.491	3.628	3.764	3.901	4.038	4.175	4.312	4.432	4.569	4.688	4.808	4.928

注：1. $\alpha=\dfrac{M或\gamma_{RE}M}{bh_0^2}$，此求公式中：$M$以N·mm，$b$、$h_0$以mm代入；

2. $A_s=\dfrac{M或\gamma_{RE}M}{h_0}\cdot\dfrac{1000}{f_y\gamma}$，此求$A_s$公式中：$M$以KN·m，$h_0$以m代入，得$A_s$为mm²；

3. $A_s=bh_0\rho\%$，此求A_s公式中，b、h_0均以mm代入，得A_s为mm²；

4. ρ为普通纵向受力钢筋配筋百分率；

5. 按此表所求得的A_s值均在适筋范围内。

HRB335、HRBF335（f_y=300N/mm²）级钢筋矩形截面受弯构件正截面承载力配筋系数　　**表 7-17**

序号	$1000/f_y\gamma$		3.42	3.45	3.48	3.50	3.55	3.60	3.65	3.70	3.75	3.80	3.85	3.90	3.95
	γ		0.975	0.966	0.958	0.952	0.939	0.926	0.913	0.901	0.889	0.877	0.866	0.855	0.844
1	C20	α	0.585	0.632	0.773	0.877	1.099	1.317	1.526	1.714	1.894	2.071	2.229	2.380	2.527
2		ρ	0.200	0.218	0.269	0.307	0.390	0.474	0.557	0.634	0.710	0.787	0.858	0.928	0.998
3	C25	α	0.585	0.782	0.957	1.088	1.363	1.631	1.890	2.122	2.350	2.568	2.762	2.950	3.135
4		ρ	0.200	0.270	0.333	0.381	0.484	0.587	0.690	0.785	0.881	0.976	1.063	1.150	1.238
5	C30	α	0.626	0.939	1.150	1.308	1.639	1.958	2.271	2.552	2.822	3.086	3.318	3.545	3.765
6		ρ	0.214	0.324	0.400	0.458	0.582	0.705	0.829	0.944	1.058	1.173	1.277	1.382	1.487
7	C35	α	0.690	1.098	1.345	1.525	1.913	2.289	2.654	2.979	2.296	3.602	3.876	4.140	4.398
8		ρ	0.236	0.379	0.468	0.534	0.679	0.824	0.969	1.102	1.236	1.369	1.492	1.614	1.737
9	C40	α	0.749	1.255	1.538	1.745	2.189	2.617	3.035	3.408	3.768	4.120	4.432	4.735	5.029
10		ρ	0.256	0.433	0.535	0.611	0.777	0.942	1.108	1.261	1.413	1.566	1.706	1.846	1.986
11	C45	α	0.790	1.385	1.699	1.928	2.417	2.892	3.353	3.765	4.163	4.552	4.897	5.233	5.555
12		ρ	0.270	0.478	0.591	0.675	0.858	1.041	1.224	1.393	1.561	1.730	1.885	2.040	2.194
13	C50	α	0.831	1.519	1.859	2.111	5.645	3.167	3.670	4.122	4.558	4.983	5.362	5.728	6.082
14		ρ	0.284	0.524	0.647	0.739	0.939	1.140	1.340	1.525	1.709	1.894	2.064	2.233	2.402

序号	$1000/f_y\gamma$		4.00	4.05	4.10	4.15	4.20	4.25	4.30	4.35	4.40	4.45	4.50	4.55	4.60
	γ		0.833	0.823	0.813	0.803	0.794	0.784	0.775	0.766	0.758	0.749	0.741	0.733	0.725
1	C20	α	2.671	2.797	2.919	3.038	3.139	3.250	3.348	3.442	3.522	3.609	3.686	3.758	3.828
2		ρ	1.069	1.133	1.197	1.261	1.318	1.382	1.440	1.498	1.549	1.606	1.658	1.709	1.760
3	C25	α	3.311	3.466	3.619	3.765	3.892	4.031	4.150	4.265	4.366	4.474	4.568	4.657	4.746
4		ρ	1.325	1.404	1.484	1.563	1.634	1.714	1.785	1.856	1.920	1.991	2.055	2.118	2.182
5	C30	α	3.978	4.165	4.349	4.524	4.678	4.843	4.987	5.127	5.246	5.377	5.489	5.596	5.703
6		ρ	1.592	1.687	1.783	1.878	1.964	2.059	2.145	2.231	2.307	2.393	2.469	2.545	2.622
7	C35	α	4.646	4.866	5.078	5.283	5.462	5.657	5.824	5.986	6.126	6.278	6.411	6.538	6.660
8		ρ	1.859	1.971	2.082	2.193	2.293	2.405	2.505	2.605	2.694	2.794	2.884	2.973	3.062
9	C40	α	5.313	5.565	5.807	6.042	6.248	6.468	6.661	6.848	7.006	7.181	7.331	7.477	7.617
10		ρ	2.126	2.254	2.381	2.508	2.623	2.750	2.865	2.980	3.081	3.196	3.298	3.400	3.502
11	C45	α	5.870	6.148	6.415	6.675	6.903	7.145	7.359	7.565	7.741	7.934	8.098	8.259	8.413
12		ρ	2.349	2.490	2.630	2.771	2.898	3.038	3.165	3.292	3.404	3.531	3.643	3.756	3.868
13	C50	α	6.427	6.730	7.024	7.309	7.556	7.823	8.056	8.282	8.475	8.685	8.868	9.042	9.211
14		ρ	2.572	2.726	2.880	3.034	3.172	3.326	3.465	3.604	3.727	3.865	3.989	4.112	4.235

注：1. $\alpha=\dfrac{M或\gamma_{RE}M}{bh_0^2}$，此求公式中：$M$ 以 N·mm，b、h_0 以 mm 代入；

2. $A_s=\dfrac{M或\gamma_{RE}M}{h_0}\cdot\dfrac{1000}{f_y\gamma}$，此求 A_s 公式中：M 以 kN·m，h_0 以 m 代入，得 A_s 为 mm²；

3. $A_s=bh_0\rho\%$，此求 A_s 公式中，b、h_0 均以 mm 代入，得 A_s 为 mm²；

4. ρ 为普通纵向受力钢筋配筋百分率；

5. 按此表所求得的 A_s 值均在适筋范围内。

HRB400、HRBF400、RRB400（$f_y=360\text{N/mm}^2$）级钢筋矩形截面受弯构件正截面承载力配筋系数 表 7-18

序号	$1000/f_y\gamma$		2.85	2.87	2.90	2.95	3.00	3.05	3.10	3.15	3.20	3.25	3.30	3.35	3.40	3.45	3.50	3.55	3.60	3.65	3.70	3.75
	γ		0.975	0.968	0.958	0.942	0.926	0.911	0.896	0.882	0.868	0.855	0.842	0.829	0.817	0.805	0.794	0.782	0.772	0.761	0.751	0.741
1	C25	α	0.702	0.739	0.959	1.299	1.630	1.928	2.219	2.477	2.728	2.952	3.168	3.375	3.559	3.736	3.893	4.057	4.188	4.329	4.450	4.567
2		ρ	0.200	0.212	0.278	0.383	0.489	0.588	0.688	0.780	0.873	0.959	1.045	1.131	1.210	1.289	1.362	1.441	1.507	1.580	1.646	1.712
3	C30	α	0.702	0.885	1.152	1.563	1.960	2.319	2.664	2.975	3.278	3.546	3.804	4.053	4.277	4.489	4.679	4.876	5.033	5.203	5.348	5.490
4		ρ	0.200	0.254	0.334	0.461	0.588	0.707	0.826	0.937	1.049	1.152	1.255	1.358	1.454	1.549	1.637	1.732	1.811	1.899	1.978	2.058
5	C35	α	0.702	1.035	1.345	1.824	2.290	2.709	3.113	3.477	3.828	4.140	4.444	4.733	4.994	5.242	5.462	5.695	5.878	6.074	6.245	6.410
6		ρ	0.200	0.297	0.390	0.538	0.687	0.826	0.965	1.095	1.225	1.345	1.466	1.586	1.698	1.809	1.911	2.023	2.115	2.217	2.310	2.403
7	C40	α	0.751	1.185	1.538	2.086	2.617	3.096	3.561	3.975	4.378	4.737	5.083	5.414	5.712	5.996	6.248	6.512	6.723	6.948	7.143	7.331
8		ρ	0.214	0.340	0.446	0.615	0.785	0.944	1.104	1.252	1.401	1.539	1.677	1.814	1.942	2.069	2.186	2.313	2.419	2.536	5.642	2.748
9	C45	α	0.790	1.307	1.697	2.306	2.890	3.421	3.932	4.391	4.834	5.233	5.614	5.981	6.309	6.625	6.903	7.193	7.429	7.676	7.892	8.099
10		ρ	0.225	0.375	0.492	0.680	0.867	1.043	1.219	1.383	1.547	1.700	1.852	2.004	2.145	2.286	2.415	2.555	2.673	2.802	2.919	3.036
11	C50	α	0.828	1.432	1.859	2.523	3.167	3.745	4.306	4.807	5.293	5.728	6.147	6.548	6.906	7.251	7.558	7.877	8.132	8.402	8.641	8.867
12		ρ	0.236	0.411	0.539	0.744	0.950	1.142	1.335	1.514	1.694	1.861	2.028	2.194	2.348	2.502	2.644	2.798	2.926	3.067	3.196	3.324

注：1. $\alpha=\dfrac{M\text{或}\gamma_{RE}M}{bh_0^2}$，此求公式中：$M$以N·mm，$b$、$h_0$以mm代入；

2. $A_s=\dfrac{M\text{或}\gamma_{RE}M}{h_0}\cdot\dfrac{1000}{f_y\gamma}$，此求$A_s$公式中：$M$以kN·m，$h_0$以m代入，得$A_s$为$\text{mm}^2$；

3. $A_s=bh_0\rho\%$，此求A_s公式中，b、h_0均以mm代入，得A_s为mm^2；

4. ρ为普通纵向受力钢筋配筋百分率；

5. 按此表所求得的A_s值均在适筋范围内。

HRB500、HRBF500(f_y=435N/mm^2)级钢筋矩形截面受弯构件正截面承载力配筋系数 **表 7-19**

序号	$1000/f_y\gamma$		2.37	2.40	2.43	2.45	2.47	2.50	2.53	2.55	2.57	2.60	2.63	2.65	2.70	2.75	2.80	2.85	2.90	2.95	3.00	3.03
	γ		0.970	0.958	0.946	0.938	0.931	0.920	0.909	0.902	0.894	0.884	0.874	0.867	0.851	0.836	0.821	0.807	0.793	0.779	0.766	0.759
1	C25	α	0.844	0.958	1.214	1.383	1.531	1.753	1.969	2.103	2.256	2.442	2.620	2.746	3.017	3.262	3.496	3.707	3.908	4.097	4.265	4.355
2		ρ	0.200	0.230	0.295	0.339	0.378	0.438	0.498	0.536	0.580	0.635	0.689	0.728	0.815	0.897	0.979	1.056	1.133	1.209	1.280	1.319
3	C30	α	0.844	1.150	1.461	1.665	1.839	2.105	2.365	2.527	2.711	2.934	3.148	3.296	3.628	3.920	4.203	4.455	4.695	4.924	5.125	5.233
4		ρ	0.200	0.276	0.355	0.408	0.454	0.526	0.598	0.644	0.697	0.763	0.828	0.874	0.980	1.078	1.177	1.269	1.361	1.453	1.538	1.585
5	C35	α	0.844	1.342	1.708	1.942	2.146	2.457	2.764	2.951	3.166	3.426	3.676	3.851	4.235	4.578	4.907	5.202	5.481	5.751	5.988	6.108
6		ρ	0.200	0.322	0.415	0.476	0.530	0.614	0.699	0.752	0.814	0.891	0.967	1.021	1.144	1.259	1.374	1.482	1.589	1.697	1.797	1.850
7	C40	α	0.844	1.538	1.951	2.220	2.454	2.813	3.159	3.378	3.621	3.918	4.205	4.405	4.842	5.237	5.614	5.950	6.271	6.577	6.847	6.986
8		ρ	0.200	0369	0.474	0.544	0.606	0.703	0.799	0.861	0.931	1.019	1.106	1.168	1.308	1.440	1.572	1.695	1.818	1.941	2.055	2.116
9	C45	α	0.844	1.696	2.156	2.452	2.709	3.106	3.492	3.371	3.998	4.326	4.646	4.865	5.349	5.786	6.203	6.572	6.927	7.265	7.564	7.719
10		ρ	0.200	0.407	0.524	0.601	0.669	0.776	0.883	0.951	1.028	1.125	1.222	1.290	1.445	1.591	1.737	1.872	2.008	2.144	2.270	2.338
11	C50	α	0.844	1.859	2.362	2.685	2.969	3.402	3.820	4.085	4.379	4.738	5.087	5.329	5.856	6.335	6.789	7.196	7.582	7.953	8.280	8.452
12		ρ	0.200	0.446	0.574	0.658	0.733	0.850	0.966	1.041	1.126	1.232	1.338	1.413	1.582	1.742	1.901	2.050	2.198	2.347	2.485	2.560

注：1. $\alpha=\frac{M或\gamma_{RE}M}{bh_0^2}$，此求公式中：$M$以N·mm，$b$、$h_0$以mm代入；

2. $A_s=\frac{M或\gamma_{RE}M}{h_0}\cdot\frac{1000}{f_y\gamma}$，此求$A_s$公式中：$M$以kN·m，$h_0$以m代入，得$A_s$为$mm^2$；

3. $A_s=bh_0\rho\%$，此求A_s公式中，b、h_0均以mm代入，得A_s为mm^2；

4. ρ为普通纵向受力钢筋配筋百分率；

5. 按此表所求得的A_s值均在适筋范围内。

7.4.4 计算例题

【例题 7-8】 已知某钢筋混凝土梁截面尺寸为 $b=220\text{mm}$，$h=500\text{mm}$，一类使用环境，混凝土强度等级为 C25，采用 HRB400 级钢筋。承受弯矩设计值（包括梁自重）$M=246.3\text{kN}\cdot\text{m}$。试求梁截面配筋。

【解】

(1) 已知计算数据。$b=220\text{mm}$，$h=500\text{mm}$，混凝土强度等级为 C25，$\alpha_1=1$，$f_c=11.9\text{N/mm}^2$，钢筋 HRB400，$f_y=f_y'=360\text{N/mm}^2$，$\xi_b=0.518$，$M=246.3\text{kN}\cdot\text{m}$。

(2) 验算。因弯矩设计值比较大，验算是否需要双筋截面。

设 $h_0=h-a_s=500-60=440\text{mm}$，应用公式(7-25)求单筋截面的最大受弯承载力：

$$M=246.3\text{kN}\cdot\text{m}$$

$$M_{u,max}=\alpha_1 f_c b h_0^2 \xi_b(1-0.5\xi_b)=1\times11.9\times220\times440^2\times0.518\times(1-0.5\times0.518)$$
$$=194.55\text{kN}\cdot\text{m}$$

则

$$M_{u,max}<M$$

需要采用双筋截面。

(3) 计算 M_{u1} 和 A_{s1}，取 $\xi=\xi_b=0.518$，则

$$M_{u1}=M_{u,max}=194.55\text{kN}\cdot\text{m}$$

由表 7-10 查得 $\gamma_s=0.741$，再应用公式(7-77)计算，得

$$A_{s1}=\frac{M_{u1}}{\gamma_s f_y h_0}=\frac{194.55\times10^6}{0.741\times360\times440}=1658\text{mm}^2$$

(4) 计算 M_{u2} 和 A_{s2} 由 A_s' 和 A_{s2} 承受的弯矩设计值为

$$M_{u2}=M-M_{u1}=246.3-194.55=51.75\text{kN}\cdot\text{m}$$

则

$$A_{s2}=A_s'=\frac{M_{u2}}{f_y(h_0-a_s')}=\frac{51.75\times10^6}{360\times(440-35)}=355\text{mm}^2$$

(5) 求 A_s

$A_s=A_{s1}+A_{s2}=1658+355=2013\text{mm}^2$

(6) 选用钢筋

受拉钢筋：4⌀22+2⌀18($A_s=1520+509=2029\text{mm}^2$)

受压钢筋：2⌀16($A_s=402\text{mm}^2$)

截面配筋如图 7-25 所示。

【例题 7-9】 如图 7-26 所示的 T 形截面，$b=200\text{mm}$，$h=500\text{mm}$，$b_f'=400\text{mm}$，$h_f'=$

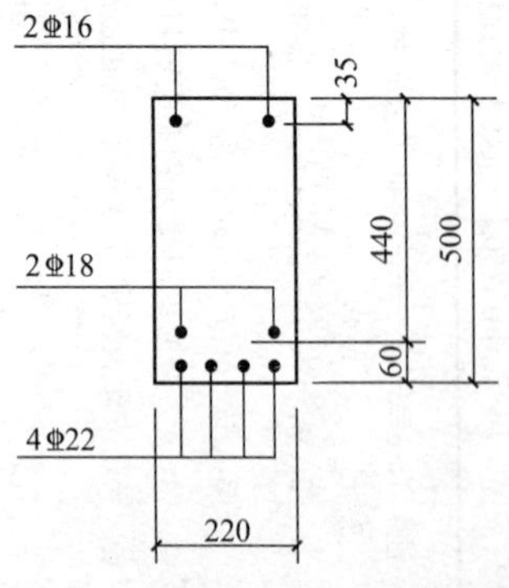

图 7-25 【例题 7-8】截面配筋图

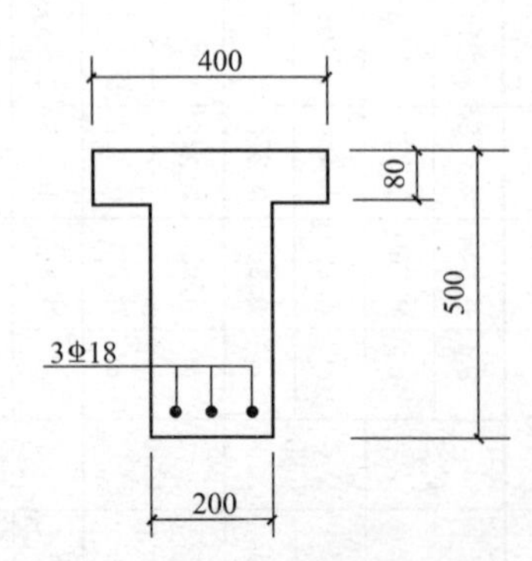

图 7-26 【例题 7-9】截面配筋图

80mm，作用截面上的弯矩设计值为 $M=102\text{kN}\cdot\text{m}$，一类使用环境，混凝土强度等级为 C25，钢筋采用 HRB335 级。试求纵向受拉钢筋截面面积。

【解】

(1) 已知计算数据。$b=200\text{mm}$，$h=500\text{mm}$，$b_f'=400\text{mm}$，$h_f'=80\text{mm}$；$M=102\text{kN}\cdot\text{m}$；一类使用环境；混凝土强度等级为 C25，$\alpha_1=1$，$f_c=11.9\text{N/mm}^2$；钢筋为 HRB335 级，$f_y=300\text{N/mm}^2$。

(2) 判断 T 形截面类型

设
$$h_0=h-a_s=500-35=465\text{mm}$$

$$\alpha_1 f_c b_f' h_f'(h_0-0.5h_f')=1\times 11.9\times 400\times 80\times(465-0.5\times 80)=161.84\text{kN}\cdot\text{m}>M$$
$$=102.5\text{kN}\cdot\text{m}$$

属于第一类 T 形截面。

(3) 求 A_s。应用公式(7-70)求得

$$\alpha_s=\frac{M}{\alpha_1 f_c b_f' h_0^2}=\frac{102\times 10^6}{1\times 11.9\times 400\times 465^2}=0.099$$

查表 7-10，得 $\gamma_s=0.948$，应用公式(7-77)计算，得

$$A_s=\frac{M}{\gamma_s f_y h_0}=\frac{102\times 10^6}{0.948\times 300\times 465}=760\text{mm}$$

(4) 验算适用条件。由表 7-11 查得满足最小配筋率的 a_s 应不小于 0.049，则计算的 $a_s>0.049$，满足适用条件要求。

(5) 选用钢筋。选用 3Φ18($A_s=763\text{mm}^2$)。截面配筋如图 7-26 所示。

【例题 7-10】 已知一钢筋混凝土矩形截面梁，梁宽 $b=250\text{mm}$，梁高 $h=500\text{mm}$，混凝土强度等级采用 C30($f_c=14.3\text{N/mm}^2$，$\alpha_1=1.0$)，采用 HRB400 级普通钢筋($f_y=360\text{N/mm}^2$)，一类使用环境，作用在梁上的弯矩设计值 $M=150.7\text{kN}\cdot\text{m}$，求纵向受拉钢筋截面面积 A_s。

【解】

按纵向受拉钢筋排一层计算，取 $a_s=40\text{mm}$，$h_0=500-40=460\text{mm}$。应用计算公式(7-83)求 A_0 值为

$$A_0=\frac{M}{\alpha_1 f_c b h_0^2}=\frac{150.7\times 10^6}{1.0\times 14.3\times 250\times 460^2}=0.199$$

则查表 7-14，得　　$A_0=0.199<A_{0\max}=0.384$

满足要求。

由 $A_0=0.199$，查表 7-13，得 $\xi=0.224$，将其代入计算公式(7-85)计算，得

$$A_s=\frac{\xi\alpha_1 f_c b h_0}{f_y}=\frac{0.224\times 1.0\times 14.3\times 250\times 460}{360}=1023\text{mm}^2$$

即为所求。

【例题 7-11】 已知一钢筋混凝土 T 形截面梁的截面尺寸为 $b=250\text{mm}$，$h=600\text{mm}$，$b_f'=2000\text{mm}$，$h_f'=70\text{mm}$，混凝土强度等级采用 C30($f_c=14.3\text{N/mm}^2$，$\alpha_1=1$)，采用 HRB335 级普通钢筋($f_y=300\text{N/mm}^2$)，一类使用环境，作用在梁上的弯矩设计值 $M=490.06\text{kN}\cdot\text{m}$，求纵向受拉钢筋截面面积 A_s。

【解】

按纵向受拉钢筋排二层计算，取 $a_s=70$mm，$h_0=600-70=530$mm，应用计算公式(7-83)求 A_0 值为

$$A_0=\frac{M}{\alpha_1 f_c b_f' h_0^2}=\frac{490.06\times10^6}{1.0\times14.3\times2000\times530^2}=0.061$$

查表 7-14，得　　$A_0=0.061<A_{0max}=0.399$

满足要求。

由 $A_0=0.061$，查表 7-13，得 $\xi=0.063$，将其代入计算公式(7-85)计算，得

$$A_s=\frac{\xi\alpha_1 f_c b_f' h_0}{f_y}=\frac{0.063\times1.0\times14.3\times2000\times530}{300}=3183\text{mm}^2$$

即为所求。

【例题 7-12】 已知单筋矩形截面梁的尺寸为 $b=250$mm，$h=600$mm，$a_s=36$mm，一类使用环境，混凝土强度等级为 C30，纵向受拉钢筋采用 HRB335 级钢筋，梁承受的弯矩设计值为 $M=210$kN·m。求此梁截面配筋 A_s。

【解】

(1) 已知计算数据。混凝土强度等级 C30，$f_c=14.3\text{N/mm}^2$，$\alpha_1=1$，钢筋为 HRB335 级，$f_y=300\text{N/mm}^2$，$M=210$kN·m，$\xi_b=0.550$，$b=250$mm，$h=600$mm，$a_s=36$mm，$h_0=h-a_s=600-36=564$mm。

(2) 求梁截面纵向受拉钢筋 A_s。应用公式(7-26)计算，得

$$A_s=\frac{\alpha_1 f_c b}{f_y}\left(h_0-\sqrt{h_0^2-\frac{2M}{\alpha_1 f_c b}}\right)$$

$$=\frac{1\times14.3\times250}{300}\left(564-\sqrt{564^2-\frac{2\times210\times10^6}{1\times14.3\times250}}\right)=1384\text{mm}^2$$

(3) 应用计算表计算。根据已给条件，应用表 7-17 进行计算如下：

1)
$$\alpha=\frac{M}{bh_0^2}=\frac{210\times10^6}{250\times564^2}=2.641$$

查表 7-17，C30 级混凝土，得对应 $\alpha=2.641$ 邻近的较大值为 2.822 的系数 $1000/f_y\gamma=3.75$，则可求得受拉钢筋的截面面积 A_s 为

$$A_s=\frac{M}{\alpha_1 h_0}\cdot\frac{1000}{f_y\gamma}=\frac{210}{1.0\times0.564}\times3.75=1396\text{mm}^2$$

2) 如用插入法，可求得 $\alpha=2.641$ 对应的 $1000/f_y\gamma=3.713$，则可求得受拉钢筋的截面面积 A_s 为

$$A_s=\frac{M}{\alpha_1 h_0}\cdot\frac{1000}{f_y\gamma}=\frac{210}{1.0\times0.564}\times3.713=1383\text{mm}^2$$

3) 如用 $1000/f_y\gamma=3.713$，求得对应的 $\rho=0.9724(\%)$，则可求得受拉钢筋的截面面积 A_s 为

$$A_s=bh_0\rho=250\times564\times0.9724(\%)=1371\text{mm}^2$$

通过本例题的上述计算结果，可看出公式(7-26)计算得出的 $A_s=1384\text{mm}^2$ 与本例题上述三种方法计算求得的 A_s 值基本一样，都在允许范围内。最接近的就是本例题的第 2) 种计算方法，求得的 $A_s=1383\text{mm}^2$，可以说是与用公式(7-26)计算的 A_s 值是一样的。

【例题 7-13】 已知一钢筋混凝土梁的截面尺寸为 $b=250\text{mm}$，$h=500\text{mm}$，一类使用环境。选用C30级混凝土，$f_c=14.3\text{N/mm}^2$；纵向钢筋选用HRB400级钢筋，$f_y=f'_y=360\text{N/mm}^2$；若此梁承受的弯矩设计值为 $M=305.64\text{kN}\cdot\text{m}$，已知在梁的受压区配置纵向受压钢筋3Φ20（$A'_s=942\text{mm}^2$）。试求此梁所需的纵向受拉钢筋截面面积 A_s。

【解】

（1）取 $a'_s=35\text{mm}$，$a_s=60\text{mm}$（按纵向受拉钢筋为二层），$h_0=h-60=500-60=440\text{mm}$。为充分发挥受压钢筋 A'_s 的作用，于是取

$$A_{s2}=A'_s=942\text{mm}^2$$

$$M_{s2}=f'_yA'_s(h_0-a'_s)=360\times942\times(440-35)=137.34\text{kN}\cdot\text{m}$$

（2）由弯矩 M_{u1} 按单筋矩形截面求 A_{s1} 为

$$M_1=M-M_{u2}=305.64-137.34=168.30\text{kN}\cdot\text{m}$$

（3）根据已知条件，应用表7-18求 A_{s1} 如下：

$$\alpha=\frac{M_1}{\alpha_1bh_0^2}=\frac{168.30\times10^6}{1.0\times250\times440^2}=3.477$$

查表7-18，C30级混凝土，得对应 $\alpha=3.477$ 邻近的较大值为3.546的系数 $1000/f_y\gamma=3.25$，则可求得纵向受拉钢筋的截面面积 A_{s1} 为

$$A_{s1}=\frac{M_1}{\alpha_1h_0}\cdot\frac{1000}{f_y\gamma}=\frac{168.360}{1.0\times0.440}\times3.25=1243\text{mm}^2$$

（4）最后求得此梁所需的纵向受拉钢筋截面面积 A_s 为

$$A_s=A_{s1}+A_{s2}=1243+942=2185\text{mm}^2$$

即为所求。

7.5 高层建筑钢筋混凝土梁斜截面受剪承载力计算

7.5.1 钢筋混凝土框架梁斜截面受剪承载力计算

钢筋混凝土框架梁斜截面受剪承载力计算如表7-20所示。

钢筋混凝土框架梁斜截面受剪承载力计算　　表7-20

序号	项　目	内　容
1	梁端剪力设计值计算规定	根据本书表7-4序号3之(5)条规定，这里再具体表述如下： 框架梁考虑抗震等级的梁端剪力设计值 V_b 应按下列规定计算： （1）9度设防烈度的各类框架和一级抗震等级的框架结构： $V_b=1.1\frac{M^l_{bua}和M^r_{bua}}{l_n}+V_{Gb}$　（7-94） 且不小于按公式(7-95)求得的 V_b 值 （2）其他情况： 一级抗震等级 $V_b=1.3\frac{M^l_b+M^r_b}{l_n}+V_{Gb}$　（7-95） 二级抗震等级 $V_b=1.2\frac{M^l_b+M^r_b}{l_n}+V_{Gb}$　（7-96） 三级抗震等级

续表 7-20

序号	项　目	内　容
1	梁端剪力设计值计算规定	$$V_b=1.1\frac{M_b^l+M_b^r}{l_n}+V_{Gb} \quad (7\text{-}97)$$ 对四级抗震等级，取地震作用组合下的剪力设计值 式中　M_{bua}^l、M_{bua}^r——框架梁左、右端考虑承载力抗震调整系数的正截面受弯承载力值 M_b^l、M_b^r——考虑地震作用组合的框架梁左、右端弯矩设计值 V_{Gb}——考虑地震作用组合时的重力荷载代表值产生的剪力设计值，可按简支梁计算确定 l_n——梁的净跨 在公式(7-94)中，M_{bua}^l与M_{bua}^r之和，应分别按顺时针和逆时针方向进行计算，并取其较大值。每端的M_{bua}值可按表 7-6 和表 7-7 中有关公式计算，但在计算中应将纵向受拉钢筋的强度设计值以强度标准值代替，并取实配的纵向钢筋截面面积，不等式改为等式，并在等式右边除以梁的正截面承载力抗震调整系数 公式(7-95)、公式(7-96)、公式(7-97)中，M_b^l与M_b^r之和，应分别按顺时针方向和逆时针方向进行计算，并取其较大值
2	梁的受剪截面符合条件	在对矩形、T 形和工形截面受弯构件的斜截面受剪承载力计算时，其受剪截面尺寸首先应符合下列条件要求： (1) 无地震作用组合时 当 $h_w/b\leqslant4$　　$V\leqslant0.25\beta_c f_c bh_0=[V_{max}]$　(7-98) 当 $h_w/b\geqslant6$　　$V\leqslant0.2\beta_c f_c bh_0=0.8[V_{max}]$　(7-99) (2) 有地震作用组合时 1) 跨高比大于 2.5 的梁： $$V_1\leqslant\frac{1}{\gamma_{RE}}(0.2\beta_c f_c bh_0)=0.941[V_{max}] \quad (7\text{-}100)$$ 2) 跨高比不大于 2.5 的梁： $$V_1\leqslant\frac{1}{\gamma_{RE}}(0.15\beta_c f_c bh_0)=0.706[V_{max}] \quad (7\text{-}101)$$ 当梁端的剪力设计值$V>[V_{max}]$ 或$V_1>0.941[V_{max}]$ 或$V_1>0.706[V_{max}]$ 时，则应加大梁的截面尺寸或提高混凝土强度等级 式中　V——无地震作用组合时梁计算截面的剪力设计值 V_1——有地震作用组合时梁计算截面的剪力设计值 β_c——混凝土强度影响系数：当混凝土强度等级不超过 C50 时，取$\beta_c=1$；当混凝土强度等级为 C80 时，取$\beta_c=0.8$，其间按线性内插法取用，如表 7-21 所示 f_c——混凝土轴心抗压强度设计值，按表 2-10 采用 b——矩形截面的宽度，T 形截面或工形截面的腹板宽度 h_0——截面的有效高度 h_w——截面的腹板高度；矩形截面取有效高度h_0，T 形截面取有效高度减去翼缘高度，工形截面取腹板净高 γ_{RE}——构件承载力抗震调整系数，取 0.85
3	可不进行斜截面受剪承载力计算的条件	在对矩形、T 形和工形截面的一般受弯构件的斜截面受剪承载力计算时，如能满足条件时，则可不必进行斜截面的受剪承载力计算，可按本书表 6-15 序号 2 之(3)条的规定按构造要求配置箍筋 (1) 无地震作用组合时 $$V\leqslant0.7f_t bh_0=[V_c] \quad (7\text{-}102)$$ 对集中荷载作用下的独立梁(包括作用有多种荷载，且其中集中荷载对支座截面或节点边缘所产生的剪力值占总剪力值的 75%以上的情况)，则验算构造配筋条件的公式(7-102)应改为

续表 7-20

序号	项　目	内　容
3	可不进行斜截面受剪承载力计算的条件	$V\leqslant\frac{1.75}{\lambda+1}f_tbh_0=\beta[V_c]=[V_{c1}]$　(7-103) 式中　λ——计算截面的剪跨比，可取λ等于a/h_0，a为计算截面至支座截面或节点边缘的距离；计算截面取集中荷载作用点处的截面；当λ小于1.5时，取λ等于1.5，当λ大于3时，取λ等于3；计算截面至支座之间的箍筋，应均匀配置 β——与计算截面剪跨比λ值相关系数，其值见表7-22所示 (2) 有地震作用组合时 1) 均布荷载作用下 $V_1\leqslant\frac{1}{\gamma_{RE}}(0.42f_tbh_0)=0.706[V_c]=[V_{1c}]$　(7-104) 2) 集中荷载作用下 $V_1\leqslant\frac{1}{\gamma_{RE}}\left(\frac{1.05}{\lambda+1}f_tbh_0\right)=0.706\beta[V_c]=[V_{1c1}]$　(7-105) 当一般受弯构件$V\leqslant[V_c]$或$V\leqslant[V_{1c}]$或$V_1\leqslant0.706[V_c]$或$V_1\leqslant[V_{1c1}]$时，箍筋可按本书表6-15序号2之(3)条的规定配置
4	梁仅配箍筋的斜截面受剪承载力计算	(1) 无地震作用组合时 1) 一般受弯构件为 $V\leqslant0.7f_tbh_0+f_{yv}\frac{A_{sv}}{s}h_0=[V_c]+[V_s]=[V_{cs}]$　(7-106) 其中　$[V_s]=f_{yv}\frac{A_{sv}}{s}h_0$　(7-107) 2) 对集中荷载作用下的梁为 $V\leqslant\frac{1.75}{\lambda+1}f_tbh_0+f_{yv}\frac{A_{sv}}{s}h_0=\beta[V_c]+[V_s]=[V_{cs1}]$　(7-108) (2) 有地震作用组合时 1) 一般受弯构件为 $V_1\leqslant\frac{1}{\gamma_{RE}}\left(0.42f_tbh_0+f_{yv}\frac{A_{sv}}{s}h_0\right)=0.706[V_c]+[V_s]=[V_{1cs}]$　(7-109) 2) 对集中荷载作用下的梁为 $V_1\leqslant\frac{1}{\gamma_{RE}}\left(\frac{1.05}{\lambda+1}f_tbh_0+f_{yv}\frac{A_{sv}}{s}h_0\right)=0.706\beta[V_c]+1.176[V_s]=[V_{1cs1}]$　(7-110) 式中　V——构件斜截面上的最大剪力设计值 V_{cs}——构件斜截面上混凝土和箍筋的受剪承载力设计值 A_{sv}——配置在同一截面内箍筋各肢的全部截面面积，$A_{sv}=nA_{sv1}$，其中，n为在同一个截面内箍筋的肢数，A_{sv1}为单肢箍筋的截面面积 s——沿构件长度方向箍筋的间距 f_{yv}——箍筋的抗拉强度设计值，一般可取$f_{yv}=f_y$，但当$f_y>360N/mm^2$(如$500N/mm^2$级钢筋)时，应取$360N/mm^2$ 当$[V_c]<V\leqslant[V_{max}]$或$[V_{1c}]<V_1\leqslant0.941[V_{cs}]$时，一般受弯构件，按$V\leqslant[V_{cs}]$和$V_1\leqslant[V_{1cs}]$条件，选择合适的箍筋直径及间距；对集中荷载作用下的梁，按$V\leqslant[V_{cs1}]$和$V_1\leqslant[V_{1cs1}]$条件，选择合适的箍筋直径及间距
5	配置箍筋和弯起钢筋时的受剪承载力计算	(1) 当配置箍筋和弯起钢筋时，矩形、T形和I形截面受弯构件的斜截面受剪承载力应符合下列规定： $V\leqslant0.7f_tbh_0+f_{yv}\frac{A_{sv}}{s}h_0+0.8f_{yv}A_{sb}\sin\alpha_s$　(7-111) 或　$V\leqslant[V_{cs}]+[V_{as}]$　(7-112) $[V_{as}]=0.8f_{yv}A_{sb}\sin\alpha_s$　(7-113)

续表 7-20

序号	项　目	内　容
5	配置箍筋和弯起钢筋时的受剪承载力计算	式中　V——配置弯起钢筋处的剪力设计值，按有关的规定取用 A_{sb}——为同一平面内的弯起普通钢筋的截面面积 α_s——为斜截面上弯起普通钢筋的切线与构件纵轴线的夹角 f_{yv}——弯起钢筋用于抗剪计算时的抗拉强度设计值，一般可取 $f_{yv}=f_y$，当 $f_y>360\text{N/mm}^2$ 时，取 360N/mm^2 (2) 对集中荷载作用下(包括作用有多种荷载，其中集中荷载对支座截面或节点边缘所产生的剪力值占总剪力的75%以上的情况)的独立梁，按下列公式计算为 $$V\leqslant\frac{1.75}{\lambda+1.0}f_tbh_0+f_{yv}\frac{A_{sv}}{s}h_0+0.8f_{yv}A_{sb}\sin\alpha_s \quad (7\text{-}114)$$

β_c、α 值　　**表 7-21**

序号	混凝土强度等级	C20～C50	C55	C60	C65	C70	C75	C80
1	β_c	1	0.97	0.93	0.90	0.87	0.83	0.80
2	α	1	0.975	0.950	0.925	0.900	0.875	0.85

β 值　　**表 7-22**

λ	1.0	1.1	1.2	1.3	1.4	1.5	1.6	1.7	1.8	1.9	2.0
β	1.250	1.190	1.136	1.087	1.042	1.000	0.962	0.926	0.893	0.862	0.833
λ	2.1	2.2	2.3	2.4	2.5	2.6	2.7	2.8	2.9	3.0	
β	0.806	0.781	0.758	0.735	0.714	0.694	0.676	0.658	0.641	0.625	

7.5.2　钢筋混凝土框架梁斜截面受剪承载力计算用表

钢筋混凝土框架梁斜截面受剪承载力计算用表如表 7-23 所示。

钢筋混凝土框架梁斜截面受剪承载力计算用表　　**表 7-23**

序号	项　目	内　容
1	制表计算公式	根据公式(7-98)、公式(7-102)、公式(7-107)及公式(7-113)等可依次表达的制表计算公式为 $$[V_{max}]=0.25\beta_cf_cbh_0 \quad (7\text{-}115)$$ $$[V_c]=0.7f_tbh_0 \quad (7\text{-}116)$$ $$[V_s]=f_{yv}\frac{nA_{sv1}}{s}h_0 \quad (7\text{-}117)$$ $$[V_{as}]=0.8f_{yv}A_{sb}\sin\alpha_s \quad (7\text{-}118)$$
2	计算用表	(1) $[V_{max}]$、$[V_c]$ 计算用表如表 7-24 所示 (2) $[V_s]$ 计算用表如表 7-25、表 7-26 及表 7-27 所示 (3) $[V_{as}]$ 计算用表如表 7-28 所示
3	用表说明	(1) 当梁截面高 $h\leqslant1000\text{mm}$ 时，一层纵向受拉钢筋 $h_0=h-40\text{mm}$；二层纵向受拉钢筋 $h=h_0-65\text{mm}$ (2) 当梁截面高 $h>1000\text{mm}$ 时，一层纵向受拉钢筋 $h_0=h-45\text{mm}$；二层纵向受拉钢筋 $h=h_0-75\text{mm}$ (3) 表 7-24 为按纵向受拉钢筋层数为一层计算的，二层钢筋系数如表 7-29 所示 (4) 表 7-24～表 7-27 的应用方法说明： 1) 验算截面尺寸条件

续表 7-23

序号	项　目	内　容
3	用表说明	当 $V>[V_{max}]$ (7-119) 时，则应加大梁的截面尺寸或提高混凝土强度等级 2）按构造要求配制箍筋的条件 当 $V\leqslant[V_c]=0.7f_tbh_0$ (7-120) 时，可按构造要求配置箍筋 3）当 $[V_c]<V\leqslant[V_{max}]$ 时，按 $V<[V_{cs}]$ 的条件，在表 7-24～表 7-27 中，选择合适的箍筋直径和间距，也可根据已知的箍筋直径及间距进行验算 4）当配置箍筋和弯起钢筋时，则 $V\leqslant[V_{cs}]+[V_{as}]$ (7-121) $[V_{cs}]=[V_c]+[V_s]$ (7-122) （5）结合本书表 7-20 的有关规定应用

矩形截面钢筋混凝土受弯构件的斜截面受剪承载力设计值 $[V_{max}]$、$[V_c]$（kN）　表 7-24

梁截面（mm×mm）		混凝土强度等级													
		C20		C25		C30		C35		C40		C45		C50	
b	h	$[V_{max}]$	$[V_c]$	$[V_{max}]$	$[V_c]$	$[V_{max}]$	$[V_c]$	$[V_{max}]$	$[V_c]$	$[V_{max}]$	$[V_c]$	$[V_{max}]$	$[V_c]$	$[V_{max}]$	$[V_c]$
180	200	69.1	22.2	85.7	25.6	103.0	28.8	120.2	31.7	137.5	34.5	151.9	36.3	166.3	38.1
	250	90.7	29.1	112.5	33.6	135.1	37.8	157.8	41.5	180.5	45.2	199.4	47.6	218.3	50.0
	300	112.3	36.0	139.2	41.6	167.3	46.8	195.4	51.4	223.5	56.0	246.9	59.0	270.3	61.9
	350	133.9	43.0	166.0	49.6	199.5	55.9	233.0	61.3	266.4	66.8	294.3	70.3	322.2	73.8
	400	155.5	49.9	192.8	57.6	231.7	64.9	270.5	71.2	309.4	77.6	341.8	81.6	374.2	85.7
	450	177.1	56.8	219.6	65.6	263.8	73.9	308.1	81.1	352.4	88.3	389.3	93.0	426.2	97.6
	500	198.7	63.8	246.3	73.6	296.0	82.9	345.7	91.0	395.4	99.1	436.8	104.3	478.2	109.5
	550	220.3	70.7	273.1	81.6	328.2	91.9	383.3	100.9	438.3	109.9	484.2	115.7	530.1	121.5
	600	241.9	77.6	299.9	89.6	360.4	100.9	420.8	110.8	481.3	120.7	531.7	127.0	582.1	133.4
	650	263.5	84.5	326.7	97.6	392.5	109.9	458.4	120.7	524.3	131.4	579.2	138.3	634.1	145.3
	700	285.1	91.5	353.4	105.6	424.7	118.9	496.0	130.6	567.3	142.2	626.7	149.7	686.1	157.2
200	250	100.8	32.3	125.0	37.3	150.2	42.0	175.4	46.2	200.6	50.3	221.6	52.9	242.6	55.6
	300	124.8	40.0	154.7	46.2	185.9	52.1	217.1	57.1	248.3	62.2	274.3	65.5	300.3	68.8
	350	148.8	47.7	184.5	55.1	221.7	62.1	258.9	68.1	296.1	74.2	327.1	78.1	358.1	82.0
	400	172.8	55.4	214.2	64.0	257.4	72.1	300.6	79.1	343.8	86.2	379.8	90.7	415.8	95.3
	450	196.8	63.1	244.0	72.9	293.2	82.1	342.4	90.1	391.6	98.2	432.6	103.3	473.6	108.5
	500	220.8	70.8	273.7	81.8	328.9	92.1	384.1	101.1	439.3	110.1	485.3	115.9	531.3	121.7
	550	244.8	78.5	303.5	90.7	364.7	102.1	425.9	112.1	487.1	122.1	538.1	128.5	589.1	134.9
	600	268.8	86.2	333.2	99.6	400.4	112.1	467.6	123.1	534.8	134.1	590.8	141.1	646.8	148.2
	650	292.8	93.9	363.0	108.5	436.2	122.1	509.4	134.1	582.6	146.0	643.6	153.7	704.6	161.4
	700	316.8	101.6	392.7	117.3	471.9	132.1	551.1	145.1	630.3	158.0	696.3	166.3	762.3	174.6
	750	340.8	109.3	422.5	126.2	507.7	142.1	592.9	156.1	678.1	170.0	749.1	178.9	820.1	187.9
	800	364.8	117.0	452.2	135.1	543.4	152.2	634.6	167.0	725.8	181.9	801.8	191.5	877.8	201.1
220	250	110.9	35.6	137.4	41.1	165.2	46.2	192.9	50.8	220.6	55.3	243.7	58.2	266.8	61.1
	300	137.3	44.0	170.2	50.9	204.5	57.3	238.8	62.9	273.1	68.5	301.7	72.1	330.3	75.7
	350	163.7	52.5	202.9	60.6	243.8	68.3	284.7	75.0	325.7	81.6	359.8	85.9	393.9	90.2

续表 7-24

梁截面 (mm×mm)		混凝土强度等级													
		C20		C25		C30		C35		C40		C45		C50	
b	h	$[V_{max}]$	$[V_c]$	$[V_{max}]$	$[V_c]$	$[V_{max}]$	$[V_c]$	$[V_{max}]$	$[V_c]$	$[V_{max}]$	$[V_c]$	$[V_{max}]$	$[V_c]$	$[V_{max}]$	$[V_c]$
220	400	190.1	61.0	235.6	70.4	283.1	79.3	330.7	87.0	378.2	94.8	417.8	99.8	457.4	104.8
	450	216.5	69.5	268.3	80.2	322.5	90.3	376.6	99.1	430.7	108.0	475.8	113.7	520.9	119.3
	500	242.9	77.9	301.1	90.0	361.8	101.3	422.5	111.2	483.2	121.1	533.8	127.5	584.4	133.9
	550	269.3	86.4	333.8	99.7	401.1	112.3	468.4	123.3	535.8	134.3	591.9	141.4	648.0	148.4
	600	295.7	94.9	366.5	109.5	440.4	123.3	514.4	135.4	588.3	147.5	649.9	155.2	711.5	163.0
	650	322.1	103.3	399.2	119.3	479.8	134.3	560.3	147.5	640.8	160.6	707.9	169.1	775.0	177.5
	700	348.5	111.8	432.0	129.1	519.1	145.3	606.2	159.6	693.3	173.8	765.9	183.0	838.5	192.1
	750	374.9	120.3	464.7	138.9	558.4	156.4	652.1	171.7	745.9	187.0	824.0	196.8	902.1	206.7
	800	401.3	128.7	497.4	148.6	597.7	167.4	698.1	183.8	798.4	200.1	882.0	210.7	965.6	221.2
	850	427.7	137.2	530.1	158.4	637.1	178.4	744.0	195.8	850.9	213.3	940.0	224.5	1029.1	235.8
	900	454.1	145.7	562.9	168.2	676.4	189.4	789.9	207.9	903.4	226.5	998.0	238.4	1092.6	250.3
250	300	156.0	50.1	193.4	57.8	232.4	65.1	271.4	71.4	310.4	77.8	342.9	81.9	375.4	86.0
	350	186.0	59.7	230.6	68.9	277.1	77.6	323.6	85.2	370.1	92.8	408.8	97.7	447.6	102.5
	400	216.0	69.3	267.8	80.0	321.8	90.1	375.8	98.9	429.8	107.7	474.8	113.4	519.8	119.1
	450	246.0	78.9	304.9	91.1	366.4	102.6	427.9	112.6	489.4	122.7	540.7	129.2	591.9	135.6
	500	276.0	88.6	342.1	102.2	411.1	115.1	480.1	126.4	549.1	137.7	606.6	144.9	664.1	152.1
	550	306.0	98.2	379.3	113.3	455.8	127.6	532.3	140.1	608.8	152.6	672.6	160.7	736.3	168.7
	600	336.0	107.8	416.5	124.5	500.5	140.1	584.5	153.9	668.5	167.6	738.5	176.4	808.5	185.2
	650	366.0	117.4	453.7	135.6	545.2	152.7	636.7	167.6	728.2	182.5	804.4	192.2	880.7	201.8
	700	396.0	127.1	490.9	146.7	589.9	165.2	688.9	181.3	787.9	197.5	870.4	207.9	952.9	218.3
	750	426.0	136.7	528.1	157.8	634.6	177.7	741.1	195.1	847.6	212.5	936.3	223.7	1025.1	234.8
	800	456.0	146.3	565.3	168.9	679.3	190.2	793.3	208.8	907.3	227.4	1002.3	239.4	1097.3	251.4
	850	486.0	155.9	602.4	180.0	723.9	202.7	845.4	222.5	966.9	242.4	1068.2	255.2	1169.4	267.9
	900	516.0	165.6	639.6	191.1	768.6	215.2	897.6	236.3	1026.6	257.4	1134.1	270.9	1241.6	284.4
	950	546.0	175.2	676.8	202.2	813.3	227.7	949.8	250.0	1086.3	272.3	1200.1	286.7	1313.8	301.0
	1000	576.0	184.8	714.0	213.4	858.0	240.2	1002.0	263.8	1146.0	287.3	1266.0	302.4	1386.0	317.5
300	350	223.2	71.6	276.7	82.7	332.5	93.1	388.3	102.2	444.1	111.3	490.6	117.2	537.1	123.0
	400	259.2	83.2	321.3	96.0	386.1	108.1	450.9	118.7	515.7	129.3	569.7	136.1	623.7	142.9
	450	295.2	94.7	365.9	109.3	439.7	123.1	513.5	135.2	587.3	147.2	648.8	155.0	710.3	162.7
	500	331.2	106.3	410.6	122.7	493.4	138.1	576.2	151.7	659.0	165.2	728.0	173.9	797.0	182.6
	550	367.2	117.8	455.2	136.0	547.0	153.2	638.8	168.1	730.6	183.1	807.1	192.8	883.6	202.4
	600	403.2	129.4	499.8	149.4	600.6	168.2	701.4	184.6	802.2	201.1	886.2	211.7	970.2	222.3
	650	439.2	140.9	544.4	162.7	654.2	183.2	764.0	201.1	873.8	219.1	965.3	230.6	1056.8	242.1
	700	475.2	152.5	589.1	176.0	707.9	198.2	826.7	217.6	945.5	237.0	1044.5	249.5	1143.5	262.0
	750	511.2	164.0	633.7	189.4	761.5	213.2	889.3	234.1	1017.1	255.0	1123.6	268.4	1230.1	281.8
	800	547.2	175.6	678.3	202.7	815.1	228.2	951.9	250.6	1088.7	272.9	1202.7	287.3	1316.7	301.6
	850	583.2	187.1	722.9	216.0	868.7	243.2	1014.5	267.1	1160.3	290.9	1281.8	306.2	1403.3	321.5
	900	619.2	198.7	767.6	229.4	922.4	258.3	1077.2	283.5	1232.0	308.8	1361.0	325.1	1490.0	341.3
	950	655.2	210.2	812.2	242.7	976.0	273.3	1139.8	300.0	1303.6	326.8	1440.1	344.0	1576.6	361.2

续表 7-24

梁截面（mm×mm）		混凝土强度等级													
		C20		C25		C30		C35		C40		C45		C50	
b	h	$[V_{max}]$	$[V_c]$	$[V_{max}]$	$[V_c]$	$[V_{max}]$	$[V_c]$	$[V_{max}]$	$[V_c]$	$[V_{max}]$	$[V_c]$	$[V_{max}]$	$[V_c]$	$[V_{max}]$	$[V_c]$
300	1000	691.2	221.8	856.8	256.0	1029.6	288.3	1202.4	316.5	1375.2	344.7	1519.2	362.9	1663.2	381.0
	1100	759.6	243.7	941.6	281.4	1131.5	316.8	1321.4	347.8	1511.3	378.9	1669.5	398.8	1827.8	418.7
	1200	831.6	266.8	1030.8	308.0	1238.7	346.8	1446.6	380.8	1654.5	414.8	1827.8	436.6	2001.0	458.4
350	400	302.4	97.0	374.9	112.0	450.5	126.1	526.1	138.5	601.7	150.8	664.7	158.8	727.7	166.7
	450	344.4	110.5	426.9	127.6	513.0	143.6	599.1	157.7	685.2	171.8	757.0	180.8	828.7	189.9
	500	386.4	124.0	479.0	143.1	575.6	161.2	672.2	176.9	768.8	192.7	849.3	202.9	929.8	213.0
	550	428.4	137.4	531.0	158.7	638.1	178.7	745.2	196.2	852.3	213.7	941.6	224.9	1030.8	236.2
	600	470.4	150.9	583.1	174.2	700.7	196.2	818.3	215.4	935.9	234.6	1033.9	247.0	1131.9	259.3
	650	512.4	164.4	635.2	189.8	763.3	213.7	891.4	234.6	1019.5	255.6	1126.2	269.0	1233.0	282.5
	700	554.4	177.9	687.2	205.4	825.8	231.2	964.4	253.9	1103.0	276.5	1218.5	291.1	1334.0	305.6
	750	596.4	191.3	739.3	220.9	888.4	248.7	1037.5	273.1	1186.6	297.5	1310.8	313.1	1435.1	328.8
	800	638.4	204.8	791.4	236.5	951.0	266.3	1110.6	292.3	1270.2	318.4	1403.2	335.2	1536.2	351.9
	850	680.4	218.3	843.4	252.0	1013.5	283.8	1183.6	311.6	1353.7	339.3	1495.5	357.2	1637.2	375.1
	900	722.4	231.8	895.5	267.6	1076.1	301.3	1256.7	330.8	1437.3	360.3	1587.8	379.3	1738.3	398.2
	950	764.4	245.2	947.5	283.1	1138.6	318.8	1329.7	350.0	1520.8	381.2	1680.1	401.3	1839.3	421.4
	1000	806.4	258.7	999.6	298.7	1201.2	336.3	1402.8	369.3	1604.4	402.2	1772.4	423.4	1940.4	444.5
	1100	886.2	284.3	1098.5	328.3	1320.1	369.6	1541.6	405.8	1763.2	442.0	1947.8	465.3	2132.4	488.5
	1200	970.2	311.3	1202.6	359.4	1445.2	404.7	1687.7	444.3	1930.3	483.9	2132.4	509.4	2334.5	534.8
	1300	1054.2	338.2	1306.8	390.5	1570.3	439.7	1833.9	482.7	2097.4	525.8	2317.0	553.5	2536.7	581.1
	1400	1138.2	365.2	1410.9	421.6	1695.4	474.7	1980.0	521.2	2264.5	567.7	2501.7	597.6	2738.8	627.4
400	450	393.6	126.3	487.9	145.8	586.3	164.2	684.7	180.2	783.1	196.3	865.1	206.6	947.1	217.0
	500	441.6	141.7	547.4	163.6	657.8	184.2	768.2	202.2	878.6	220.2	970.6	231.8	1062.6	243.4
	550	489.6	157.1	606.9	181.4	729.3	204.2	851.7	224.2	974.1	244.2	1076.1	257.0	1178.1	269.9
	600	537.6	172.5	666.4	199.1	800.8	224.2	935.2	246.2	1069.6	268.1	1181.6	282.2	1293.6	296.4
	650	585.6	187.9	725.9	216.9	872.3	244.2	1018.7	268.2	1165.1	292.1	1287.1	307.4	1409.1	322.8
	700	633.6	203.3	785.4	234.7	943.8	264.3	1102.2	290.1	1260.6	316.0	1392.6	332.6	1524.6	349.3
	750	681.6	218.7	844.9	252.5	1015.3	284.3	1185.7	312.1	1356.1	339.9	1498.1	357.8	1640.1	375.7
	800	729.6	234.1	904.4	270.3	1086.8	304.3	1269.2	334.1	1451.6	363.9	1603.6	383.0	1755.6	402.2
	850	777.6	249.5	963.9	288.0	1158.3	324.3	1352.7	356.1	1547.1	387.8	1709.1	408.2	1871.1	428.7
	900	825.6	264.9	1023.4	305.8	1229.8	344.3	1436.2	378.1	1642.6	411.8	1814.6	433.4	1986.6	455.1
	950	873.6	280.3	1082.9	323.6	1301.3	364.4	1519.7	400.0	1738.1	435.7	1920.1	458.6	2102.1	481.6
	1000	921.6	295.7	1142.4	341.4	1372.8	384.4	1603.2	422.0	1833.6	459.6	2025.6	483.8	2217.6	508.0
	1100	1012.8	324.9	1255.5	375.2	1508.7	422.4	1761.9	463.8	2015.1	505.1	2226.1	531.7	2437.1	558.3
	1200	1108.8	355.7	1374.5	410.7	1651.7	462.5	1928.9	507.7	2206.1	553.0	2437.1	582.1	2668.1	611.2
	1300	1204.8	386.5	1493.5	446.3	1794.7	502.5	2095.9	551.7	2397.1	600.9	2648.1	632.5	2899.1	664.1
	1400	1300.8	417.3	1612.5	481.8	1937.7	542.5	2262.9	595.7	2588.1	648.8	2859.1	682.9	3130.1	717.1
	1500	1396.8	448.1	1731.5	517.4	2080.7	582.6	2429.9	639.6	2779.1	696.7	3070.1	733.3	3361.1	770.0

续表 7-24

梁截面(mm×mm)		混凝土强度等级													
		C20		C25		C30		C35		C40		C45		C50	
b	h	[V_{max}]	[V_c]	[V_{max}]	[V_c]	[V_{max}]	[V_c]	[V_{max}]	[V_c]	[V_{max}]	[V_c]	[V_{max}]	[V_c]	[V_{max}]	[V_c]
450	500	496.8	159.4	615.8	184.0	740.0	207.2	864.2	227.5	988.4	247.8	1091.9	260.8	1195.4	273.9
	550	550.8	176.7	682.8	204.0	820.5	229.7	958.2	252.2	1095.9	274.7	1210.6	289.2	1325.4	303.6
	600	604.8	194.0	749.7	224.0	900.9	252.3	1052.1	276.9	1203.3	301.6	1329.3	317.5	1455.3	333.4
	650	658.8	211.4	816.6	244.0	981.3	274.8	1146.0	301.7	1310.7	328.6	1448.0	345.9	1585.2	363.2
	700	712.8	228.7	883.6	264.0	1061.8	297.3	1240.0	326.4	1418.2	355.5	1566.7	374.2	1715.2	392.9
	750	766.8	246.0	950.5	284.0	1142.2	319.8	1333.9	351.1	1525.6	382.4	1685.4	402.6	1845.1	422.7
	800	820.8	263.3	1017.5	304.0	1222.7	342.3	1427.9	375.9	1633.1	409.4	1804.1	430.9	1975.1	452.5
	850	874.8	280.7	1084.4	324.0	1303.1	364.9	1521.8	400.6	1740.5	436.3	1922.7	459.3	2105.0	482.2
	900	928.8	298.0	1151.3	344.0	1383.5	387.4	1615.7	425.3	1847.9	463.2	2041.4	487.6	2234.9	512.0
	950	982.8	315.3	1218.3	364.0	1464.0	409.9	1709.7	450.0	1955.4	490.2	2160.1	516.0	2364.9	541.8
	1000	1036.8	332.6	1285.2	384.0	1544.4	432.4	1803.6	474.8	2062.8	517.1	2278.8	544.3	2494.8	571.5
	1100	1139.4	365.6	1412.4	422.1	1697.2	475.2	1982.1	521.8	2266.9	568.3	2504.3	598.2	2741.7	628.1
	1200	1247.4	400.2	1546.3	462.1	1858.1	520.3	2170.0	571.2	2481.8	622.1	2741.7	654.9	3001.6	687.6
	1300	1355.4	434.9	1680.1	502.1	2019.0	565.3	2357.8	620.7	2696.7	676.0	2979.1	711.6	3261.4	747.2
	1400	1463.4	469.5	1814.0	542.1	2179.9	610.4	2545.7	670.1	2911.6	729.9	3216.4	768.3	3521.3	806.7
	1500	1571.4	504.2	1947.9	582.1	2340.7	655.4	2733.6	719.6	3126.4	783.7	3453.8	825.0	3781.2	866.2
	1600	1679.4	538.8	2081.8	622.1	2501.6	700.4	2921.5	769.0	3341.3	837.6	3691.2	881.7	4041.1	925.8
	1700	1787.4	573.5	2215.6	662.1	2662.5	745.5	3109.3	818.5	3556.2	891.5	3928.6	938.4	4300.9	985.3
	1800	1895.4	608.1	2349.5	702.1	2823.4	790.5	3297.2	867.9	3771.1	945.3	4165.9	995.1	4560.8	1044.8
500	550	612.0	196.4	758.6	226.7	911.6	255.3	1064.6	280.2	1217.6	305.2	1345.1	321.3	1472.6	337.4
	600	672.0	215.6	833.0	248.9	1001.0	280.3	1169.0	307.7	1337.0	335.2	1477.0	352.8	1617.0	370.4
	650	732.0	234.9	907.4	271.1	1090.4	305.3	1273.4	335.2	1456.4	365.1	1608.9	384.3	1761.4	403.5
	700	792.0	254.1	981.8	293.4	1179.8	330.3	1377.8	362.7	1575.8	395.0	1740.8	415.8	1905.8	436.6
	750	852.0	273.4	1056.1	315.6	1269.1	355.4	1482.1	390.1	1695.1	424.9	1872.6	447.3	2050.1	469.7
	800	912.0	292.6	1130.5	337.8	1358.5	380.4	1586.5	417.6	1814.5	454.9	2004.5	478.8	2194.5	502.7
	850	972.0	311.9	1204.9	360.0	1447.9	405.4	1690.9	445.1	1933.9	484.8	2136.4	510.3	2338.9	535.8
	900	1032.0	331.1	1279.3	382.3	1537.3	430.4	1795.3	472.6	2053.3	514.7	2268.3	541.8	2483.3	568.9
	950	1092.0	350.4	1353.6	404.5	1626.6	455.5	1899.6	500.0	2172.6	544.6	2400.1	573.3	2627.6	602.0
	1000	1152.0	369.6	1428.0	426.7	1716.0	480.5	2004.0	527.5	2292.0	574.6	2532.0	604.8	2772.0	635.0
	1100	1266.0	406.2	1569.3	468.9	1885.8	528.0	2202.3	579.7	2518.8	631.4	2782.6	664.7	3046.3	697.9
	1200	1386.0	444.7	1718.1	513.4	2064.6	578.1	2411.1	634.7	2757.6	691.3	3046.3	727.7	3335.1	764.0
	1300	1506.0	483.2	1866.8	557.8	2243.3	628.1	2619.8	689.6	2996.3	751.1	3310.1	790.7	3623.8	830.2
	1400	1626.0	521.7	2015.6	602.3	2422.1	678.2	2828.6	744.6	3235.1	811.0	3573.8	853.7	3912.6	896.3
	1500	1746.0	560.2	2164.3	646.7	2600.8	728.2	3037.3	799.5	3473.8	870.8	3837.6	916.7	4201.3	962.5
	1600	1866.0	598.7	2313.1	691.2	2779.6	778.3	3246.1	854.5	3712.6	930.7	4101.3	979.7	4490.1	1028.6
	1700	1986.0	637.2	2461.8	735.6	2958.3	828.3	3454.8	909.4	3951.3	990.5	4365.1	1042.7	4778.8	1094.8
	1800	2106.0	675.7	2610.6	780.1	3137.1	878.4	3663.6	964.4	4190.1	1050.4	4628.8	1105.7	5067.6	1160.9

矩形截面受弯构件斜截面箍筋受剪承载力设计值 $[V_s]$(kN) $f_{yv}=270N/mm^2$ 上行为双肢箍筋值 下行为四肢箍筋值 **表 7-25**

$$[V_s]=f_{yv}\frac{nA_{sv1}}{s}h_0$$

梁截面高 h (mm)	Φ6，箍距 s(mm)为					Φ8，箍距 s(mm)为					Φ10，箍距 s(mm)为					Φ12，箍距 s(mm)为				
	100	150	200	250	300	100	150	200	250	300	100	150	200	250	300	100	150	200	250	300
300	39.7	26.5				70.6	47.1				110.3	73.5				158.8	105.9			
	79.4	52.9				141.2	94.1				220.5	147.0				317.6	211.7			
350	47.3	31.5	23.7			84.2	56.1	42.1			131.5	87.7	65.7			189.3	126.2	94.7		
	94.6	63.1	47.3			168.3	112.2	84.2			263.0	175.3	131.5			378.7	252.4	189.3		
400	55.0	36.6	27.5			97.7	65.1	48.9			152.7	101.8	76.3			219.9	146.6	109.9		
	109.9	73.3	55.0			195.4	130.3	97.7			305.4	203.6	152.7			439.7	293.2	219.9		
450	62.6	41.7	31.3			111.3	74.2	55.6			173.9	115.9	86.9			250.4	166.9	125.2		
	125.2	83.5	62.6			222.6	148.4	111.3			347.8	231.9	173.9			500.8	333.9	250.4		
500	70.2	46.8	35.1			124.9	83.2	62.4			195.1	130.1	97.5			280.9	187.3	140.5		
	140.4	93.6	70.2			249.7	166.5	124.9			390.2	260.1	195.1			561.9	374.6	280.9		
550	77.9	51.9	38.9	31.1		138.4	92.3	69.2	55.4		216.3	144.2	108.1	86.5		311.5	207.7	155.7	124.6	
	155.7	103.8	77.9	62.3		276.9	184.6	138.4	110.8		432.6	288.4	216.3	173.0		623.0	415.3	311.5	249.2	
600	85.5	57.0	42.7	34.2		152.0	101.3	76.0	60.8		237.5	158.3	118.8	95.0		342.0	228.0	171.0	136.8	
	171.0	114.0	85.5	68.4		304.0	202.7	152.0	121.6		475.0	316.7	237.5	190.0		684.0	456.0	342.0	273.6	
650	93.1	62.1	46.6	37.2		165.6	110.4	82.8	66.2		258.7	172.5	129.4	103.5		372.6	248.4	186.3	149.0	
	186.2	124.2	93.1	74.5		331.2	220.8	165.6	132.5		517.4	344.9	258.7	207.0		745.1	496.7	372.6	298.0	
700	100.8	67.2	50.4	40.3		179.2	119.4	89.6	71.7		279.9	186.6	140.0	112.0		403.1	268.7	201.5	161.2	
	201.5	134.3	100.8	80.6		358.3	238.9	179.2	143.3		559.8	373.2	279.9	223.9		806.2	537.5	403.1	322.5	
750	108.4	72.3	54.2	43.4		192.7	128.5	96.4	77.1		301.1	200.7	150.6	120.4		433.6	289.1	216.8	173.5	
	216.8	144.5	108.4	86.7		385.5	257.0	192.7	154.2		602.2	401.5	301.1	240.9		867.3	578.2	433.6	346.9	
800	116.0	77.3	58.0	46.4		206.3	137.5	103.2	82.5		322.3	214.9	161.2	128.9		464.2	309.4	232.1	185.7	
	232.0	154.7	116.0	92.8		412.6	275.1	206.3	165.0		644.7	429.8	322.3	257.9		928.3	618.9	464.2	371.3	

续表 7-25

梁截面高 h (mm)	$[V_s]=f_{yv}\frac{nA_{sv1}}{s}h_0$																			
	Φ6，箍距 s(mm)为					Φ8，箍距 s(mm)为					Φ10，箍距 s(mm)为					Φ12，箍距 s(mm)为				
	100	150	200	250	300	100	150	200	250	300	100	150	200	250	300	100	150	200	250	300
850						219.9	146.6	109.9	88.0	73.3	343.5	229.0	171.8	137.4	114.5	494.7	329.8	247.3	197.9	164.9
						439.8	293.2	219.9	175.9	146.6	687.1	458.0	343.5	274.8	229.0	989.4	659.6	494.7	395.8	329.8
900						233.5	155.6	116.7	93.4	77.8	364.7	243.2	182.4	145.9	121.6	525.2	350.2	262.6	210.1	175.1
						466.9	311.3	233.5	186.8	155.6	729.5	486.3	364.7	291.8	243.2	1050.5	700.3	525.2	420.2	350.2
950						247.0	164.7	123.5	98.8	82.3	385.9	257.3	193.0	154.4	128.6	555.8	370.5	277.9	222.3	185.3
						494.1	329.4	247.0	197.6	164.7	771.9	514.6	385.9	308.8	257.3	1111.5	741.0	555.8	444.6	370.5
1000						260.6	173.7	130.3	104.2	86.9	407.2	271.4	203.6	162.9	135.7	586.3	390.9	293.2	234.5	195.4
						521.2	347.5	260.6	208.5	173.7	814.3	542.9	407.2	325.7	271.4	1172.6	781.7	586.3	469.0	390.9
1100						286.4	190.9	143.2	114.6	95.5	447.4	298.3	223.7	179.0	149.1	644.3	431.6	323.7	259.0	215.8
						572.8	381.9	286.4	229.1	190.9	894.9	596.6	447.4	358.0	298.3	1288.7	859.1	644.3	515.5	429.6
1200						313.5	209.0	156.8	125.4	104.5	489.9	326.6	244.9	195.9	163.3	705.4	470.3	352.7	282.2	235.1
						627.1	418.0	313.5	250.8	209.0	979.7	653.1	489.9	391.9	326.6	1410.8	940.5	705.4	564.3	470.3
1300						340.7	227.1	170.3	136.3	113.6	532.3	354.8	266.1	212.9	177.4	766.5	511.0	383.2	306.6	255.5
						681.4	454.2	340.7	272.5	227.1	1064.5	709.7	532.3	425.8	354.8	1533.0	1022.0	766.5	613.2	511.0
1400						367.8	245.2	183.9	147.1	122.6	574.7	383.1	287.3	229.9	191.6	827.6	551.7	413.8	331.0	275.9
						735.7	490.4	367.8	294.3	245.2	1149.4	766.2	574.7	459.7	383.1	1655.1	1103.4	827.6	662.0	551.7
1500						395.0	263.3	197.5	158.0	131.7	617.1	411.4	308.5	246.8	205.7	888.6	592.4	444.3	355.5	296.2
						789.9	526.6	395.0	316.0	263.3	1234.2	822.8	617.1	493.7	411.4	1777.3	1184.8	888.6	710.9	592.4
1600						422.1	281.4	211.1	168.8	140.7	659.5	439.7	329.8	263.8	219.8	949.7	633.1	474.9	379.9	316.6
						844.2	562.8	422.1	337.7	281.4	1319.0	879.3	659.5	527.6	439.7	1899.4	1266.3	949.7	759.8	633.1
1700						449.3	299.5	224.6	179.7	149.8	701.9	467.9	351.0	280.8	234.0	1010.8	673.8	505.4	404.3	336.9
						898.5	599.0	449.3	359.4	299.5	1403.8	935.9	701.9	561.5	467.9	2021.5	1347.7	1010.8	808.6	673.8
1800						476.4	317.6	238.2	190.6	158.8	744.3	496.2	372.2	297.7	248.1	1071.8	714.6	535.9	428.7	357.3
						952.8	635.2	476.4	381.1	317.6	1488.6	992.4	744.3	595.5	496.2	2143.7	1429.1	1071.8	857.5	714.6

矩形截面受弯构件斜截面箍筋受剪承载力设计值 $[V_s]$(kN)　$f_{yv}=300N/mm^2$　上行为双肢箍筋值　下行为四肢箍筋值　**表 7-26**

梁截面高 h (mm)	$[V_s]=f_{yv}\frac{nA_{sv1}}{s}h_0$																	
	Φ8，箍距 s(mm)为						Φ10，箍距 s(mm)为						Φ12，箍距 s(mm)为					
	100	125	150	200	250	300	100	125	150	200	250	300	100	125	150	200	250	300
300	78.4	62.7	52.3				122.5	98.0	81.7				176.4	141.1	117.6			
	156.8	125.5	104.6				245.0	196.0	163.4				352.9	282.3	235.2			
350	93.5	74.8	62.3	46.8			146.1	116.9	97.4	73.0			210.4	168.3	140.2	105.2		
	187.0	149.6	124.7	93.5			292.2	233.7	194.8	146.1			420.7	336.6	280.5	210.4		
400	108.6	86.9	72.4	54.3			169.6	135.7	113.1	84.8			244.3	195.4	162.9	122.1		
	217.2	173.7	144.8	108.6			339.3	271.4	226.2	169.6			488.6	390.9	325.7	244.3		
450	123.7	98.9	82.4	61.8			193.2	154.6	128.8	96.6			278.2	222.6	185.5	139.1		
	247.3	197.9	164.9	123.7			386.4	309.1	257.6	193.2			556.5	445.2	371.0	278.2		
500	138.7	111.0	92.5	69.4			216.8	173.4	144.5	108.4			312.2	249.7	208.1	156.1		
	277.5	222.0	185.0	138.7			433.5	346.8	289.0	216.8			624.3	499.4	416.2	312.2		
550	153.8	123.1	102.6	76.9	61.5		240.3	192.3	160.2	120.2	96.1		346.1	276.9	230.7	173.0	138.4	
	307.7	246.1	205.1	153.8	123.1		480.7	384.5	320.4	240.3	192.3		692.2	553.7	461.4	346.1	276.9	
600	168.9	135.1	112.6	84.5	67.6		263.9	211.1	175.9	131.9	105.6		380.0	304.0	253.3	190.0	152.0	
	337.8	270.3	225.2	168.9	135.1		527.8	422.2	351.9	263.9	211.1		760.0	608.0	506.7	380.0	304.0	
650	184.0	147.2	122.7	92.0	73.6		287.5	230.0	191.6	143.7	115.0		413.9	331.2	276.0	207.0	165.6	
	368.0	294.4	245.3	184.0	147.2		574.9	459.9	383.3	287.5	230.0		827.9	662.3	551.9	413.9	331.2	
700	199.1	159.3	132.7	99.5	79.6		311.0	248.8	207.3	155.5	124.4		447.9	358.3	298.6	223.9	179.2	
	398.1	318.5	265.4	199.1	159.3		622.0	497.6	414.7	311.0	248.8		895.8	716.6	597.2	447.9	358.3	
750	214.2	171.3	142.8	107.1	85.7		334.6	267.7	223.1	167.3	133.8		481.8	385.4	321.2	240.9	192.7	
	428.3	342.6	285.5	214.2	171.3		669.2	535.3	446.1	334.6	267.7		963.6	770.9	642.4	481.8	385.4	
800	229.2	183.4	152.8	114.6	91.7		358.1	286.5	238.8	179.1	143.3		515.7	412.6	343.8	257.9	206.3	
	458.5	366.8	305.6	229.2	183.4		716.3	573.0	477.5	358.1	286.5		1031.5	825.2	687.6	515.7	412.6	

续表 7-26

梁截面高 h (mm)	$[V_s]=f_{yv}\frac{nA_{sv1}}{s}h_0$																	
	Φ8，箍距 s(mm)为						Φ10，箍距 s(mm)为						Φ12，箍距 s(mm)为					
	100	125	150	200	250	300	100	125	150	200	250	300	100	125	150	200	250	300
850	244.3	195.4	162.9	122.2	97.7	81.4	381.7	305.4	254.5	190.9	152.7	127.2	549.7	439.7	366.4	274.8	219.9	183.2
	488.6	390.9	325.7	244.3	195.4	162.9	763.4	610.7	508.9	381.7	305.4	254.5	1099.3	879.5	732.9	549.7	439.7	366.4
900	259.4	207.5	172.9	129.7	103.8	86.5	405.3	324.2	270.2	202.6	162.1	135.1	583.6	466.9	389.1	291.8	233.4	194.5
	518.8	415.0	345.9	259.4	207.5	172.9	810.5	648.4	540.4	405.3	324.2	270.2	1167.2	933.8	778.1	583.6	466.9	389.1
950	274.5	219.6	183.0	137.2	109.8	91.5	428.8	343.1	285.9	214.4	171.5	142.9	617.5	494.0	411.7	308.8	247.0	205.8
	548.9	439.2	366.0	274.5	219.6	183.0	857.7	686.1	571.8	428.8	343.1	285.9	1235.1	988.0	823.4	617.5	494.0	411.7
1000	289.6	231.6	193.0	144.8	115.8	96.5	452.4	361.9	301.6	226.2	181.0	150.8	651.5	521.2	434.3	325.7	260.6	217.2
	579.1	463.3	386.1	289.6	231.6	193.0	904.8	723.8	603.2	452.4	361.9	301.6	1302.9	1042.3	868.6	651.5	521.2	434.3
1100	318.2	254.6	212.1	159.1	127.3	106.1	497.2	397.7	331.4	248.6	198.9	165.7	715.9	572.7	477.3	358.0	286.4	238.6
	636.4	509.1	424.3	318.2	254.6	212.1	994.3	795.5	662.9	497.2	397.7	331.4	1431.8	1145.5	954.6	715.9	572.7	477.3
1200	348.4	278.7	232.2	174.2	139.3	116.1	544.3	435.4	362.9	272.1	217.7	181.4	783.8	627.0	522.5	391.9	313.5	261.3
	696.7	557.4	464.5	348.4	278.7	232.2	1088.6	870.9	725.7	544.3	435.4	362.9	1567.6	1254.1	1045.0	783.8	627.0	522.5
1300	378.5	302.8	252.4	189.3	151.4	126.2	591.4	473.1	394.3	295.7	236.6	197.1	851.6	681.3	567.8	425.8	340.7	283.9
	757.1	605.7	504.7	378.5	302.8	252.4	1182.8	946.2	788.5	591.4	473.1	394.3	1703.3	1362.6	1135.5	851.6	681.3	567.8
1400	408.7	327.0	272.5	204.3	163.5	136.2	638.5	510.8	425.7	319.3	255.4	212.8	919.5	735.6	613.0	459.8	367.8	306.5
	817.4	653.9	544.9	408.7	327.0	272.5	1277.1	1021.6	851.4	638.5	510.8	425.7	1839.0	1471.2	1226.0	919.5	735.6	613.0
1500	438.9	351.1	292.6	219.4	175.5	146.3	685.7	548.5	457.1	342.8	274.3	228.6	987.4	789.9	658.2	493.7	394.9	329.1
	877.7	702.2	585.1	438.9	351.1	292.6	1371.3	1097.0	914.2	685.7	548.5	457.1	1974.7	1579.8	1316.5	987.4	789.9	658.2
1600	469.0	375.2	312.7	234.5	187.6	156.3	732.8	586.2	488.5	366.4	293.1	244.3	1055.2	844.2	703.5	527.6	422.1	351.7
	938.0	750.4	625.4	469.0	375.2	312.7	1465.6	1172.4	977.0	732.8	586.2	488.5	2110.4	1688.4	1407.0	1055.2	844.2	703.5
1700	499.2	399.3	332.8	249.6	199.7	166.4	779.9	623.9	519.9	390.0	312.0	260.0	1123.1	898.5	748.7	561.5	449.2	374.4
	998.4	798.7	665.6	499.2	399.3	332.8	1559.8	1247.8	1039.9	779.9	623.9	519.9	2246.2	1796.9	1497.4	1123.1	898.5	748.7
1800	529.3	423.5	352.9	264.7	211.7	176.4	827.0	661.6	551.4	413.5	330.8	275.7	1190.9	952.8	794.0	595.5	476.4	397.0
	1058.7	846.9	705.8	529.3	423.5	352.9	1654.1	1323.2	1102.7	827.0	661.6	551.4	2381.9	1905.5	1587.9	1190.9	952.8	794.0

矩形截面受弯构件斜截面箍筋受剪承载力设计值［V_s］（kN） $f_{yv}=360N/mm^2$ 上行为双肢箍筋值 下行为四肢箍筋值 表 7-27

梁截面高 h (mm)	$[V_s]=f_{yv}\frac{nA_{sv1}}{s}h_0$																	
	Φ8，箍距 s(mm)为						Φ10，箍距 s(mm)为						Φ12，箍距 s(mm)为					
	100	125	150	200	250	300	100	125	150	200	250	300	100	125	150	200	250	300
300	94.1	75.3	62.7				147.0	117.6	98.0				211.7	169.4	141.1			
	188.2	150.6	125.5				294.1	235.2	196.0				423.4	338.8	282.3			
350	112.2	89.8	74.8	56.1			175.3	140.2	116.9	87.7			252.4	202.0	168.3	126.2		
	224.4	179.5	149.6	112.2			350.6	280.5	233.7	175.3			504.9	403.9	336.6	252.4		
400	130.3	104.2	86.9	65.1			203.6	162.9	135.7	101.8			293.2	234.5	195.4	146.6		
	260.6	208.5	173.7	130.3			407.2	325.7	271.4	203.6			586.3	469.0	390.9	293.2		
450	148.4	118.7	98.9	74.2			231.9	185.5	154.6	115.9			333.9	267.1	222.6	166.9		
	296.8	237.4	197.9	148.4			463.7	371.0	309.1	231.9			667.7	534.2	445.2	333.9		
500	166.5	133.2	111.0	83.2			260.1	208.1	173.4	130.1			374.6	299.7	249.7	187.3		
	333.0	266.4	222.0	166.5			520.2	416.2	346.8	260.1			749.2	599.3	499.4	374.6		
550	184.6	147.7	123.1	92.3	73.8		288.4	230.7	192.3	144.2	115.4		415.3	332.2	276.9	207.7	166.1	
	369.2	295.3	246.1	184.6	147.7		576.8	461.4	384.5	288.4	230.7		830.6	664.5	553.7	415.3	332.2	
600	202.7	162.2	135.1	101.3	81.1		316.7	253.3	211.1	158.3	126.7		456.0	364.8	304.0	228.0	182.4	
	405.4	324.3	270.3	202.7	162.2		633.3	506.7	422.2	316.7	253.3		912.0	729.6	608.0	456.0	364.8	
650	220.8	176.6	147.2	110.4	88.3		344.9	276.0	230.0	172.5	138.0		496.7	397.4	331.2	248.4	198.7	
	441.6	353.3	294.4	220.8	176.6		689.9	551.9	459.9	344.9	276.0		993.5	794.8	662.3	496.7	397.4	
700	238.9	191.1	159.3	119.4	95.6		373.2	298.6	248.8	186.6	149.3		537.5	430.0	358.3	268.7	215.0	
	477.8	382.2	318.5	238.9	191.1		746.4	597.2	497.6	373.2	298.6		1074.9	859.9	716.6	537.5	430.0	
750	257.0	205.6	171.3	128.5	102.8		401.5	321.2	267.7	200.7	160.6		578.2	462.5	385.4	289.1	231.3	
	514.0	411.2	342.6	257.0	205.6		803.0	642.4	535.3	401.5	321.2		1156.3	925.1	770.9	578.2	462.5	
800	275.1	220.1	183.4	137.5	110.0		429.8	343.8	286.5	214.9	171.9		618.9	495.1	412.6	309.4	247.6	
	550.2	440.1	366.8	275.1	220.1		859.5	687.6	573.0	429.8	343.8		1237.8	990.2	825.2	618.9	495.1	

续表 7-27

梁截面高 h (mm)	$[V_s]=f_{yv}\frac{nA_{sv1}}{s}h_0$																	
	Φ8，箍距 s(mm)为						Φ10，箍距 s(mm)为						Φ12，箍距 s(mm)为					
	100	125	150	200	250	300	100	125	150	200	250	300	100	125	150	200	250	300
850	293.2	234.5	195.4	146.6	117.3	97.7	458.0	366.4	305.4	229.0	183.2	152.7	659.6	527.7	439.7	329.8	263.8	219.9
	586.3	469.1	390.9	293.2	234.5	195.4	916.1	732.9	610.7	458.0	366.4	305.4	1319.2	1055.4	879.5	659.6	527.7	439.7
900	311.3	249.0	207.5	155.6	124.5	103.8	486.3	389.1	324.2	243.2	194.5	162.1	700.3	560.3	466.9	350.2	280.1	233.4
	622.5	498.0	415.0	311.3	249.0	207.5	972.6	778.1	648.4	486.3	389.1	324.2	1400.6	1120.5	933.8	700.3	560.3	466.9
950	329.4	263.5	219.6	164.7	131.7	109.8	514.6	411.7	343.1	257.3	205.8	171.5	741.0	592.8	494.0	370.5	296.4	247.0
	658.7	527.0	439.2	329.4	263.5	219.6	1029.2	823.4	686.1	514.6	411.7	343.1	1482.1	1185.6	988.0	741.0	592.8	494.0
1000	347.5	278.0	231.6	173.7	139.0	115.8	542.9	434.3	361.9	271.4	217.1	181.0	781.7	625.4	521.2	390.9	312.7	260.6
	694.9	555.9	463.3	347.5	278.0	231.6	1085.7	868.6	723.8	542.9	434.3	361.9	1563.5	1250.8	1042.3	781.7	625.4	521.2
1100	381.9	305.5	254.6	190.9	152.7	127.3	596.6	477.3	397.7	298.3	238.6	198.9	859.1	687.3	572.7	429.6	343.6	286.4
	763.7	611.0	509.1	381.9	305.5	254.6	1193.2	954.5	795.5	596.6	477.3	397.7	1718.2	1374.6	1145.5	859.1	687.3	572.7
1200	418.0	334.4	278.7	209.0	167.2	139.3	653.1	522.5	435.4	326.6	261.3	217.7	940.5	752.4	627.0	470.3	376.2	313.5
	836.1	668.9	557.4	418.0	334.4	278.7	1306.3	1045.0	870.9	653.1	522.5	435.4	1881.1	1504.9	1254.1	940.5	752.4	627.0
1300	454.2	363.4	302.8	227.1	181.7	151.4	709.7	567.7	473.1	354.8	283.9	236.6	1022.0	817.6	681.3	511.0	408.8	340.7
	908.5	726.8	605.7	454.2	363.4	302.8	1419.4	1135.5	946.2	709.7	567.7	473.1	2043.9	1635.2	1362.6	1022.0	817.6	681.3
1400	490.4	392.3	327.0	245.2	196.2	163.5	766.2	613.0	510.8	383.1	306.5	255.4	1103.4	882.7	735.6	551.7	441.4	367.8
	980.9	784.7	653.9	490.4	392.3	327.0	1532.5	1226.0	1021.6	766.2	613.0	510.8	2206.8	1765.4	1471.2	1103.4	882.7	735.6
1500	526.6	421.3	351.1	263.3	210.7	175.5	822.8	658.2	548.5	411.4	329.1	274.3	1184.8	947.9	789.9	592.4	473.9	394.9
	1053.3	842.6	702.2	526.6	421.3	351.1	1645.6	1316.5	1097.0	822.8	658.2	548.5	2369.7	1895.7	1579.8	1184.8	947.9	789.9
1600	562.8	450.3	375.2	281.4	225.1	187.6	879.3	703.5	586.2	439.7	351.7	293.1	1266.3	1013.0	844.2	633.1	506.5	422.1
	1125.6	900.5	750.4	562.8	450.3	375.2	1758.7	1406.9	1172.4	879.3	703.5	586.2	2532.5	2026.0	1688.4	1266.3	1013.0	844.2
1700	599.0	479.2	399.3	299.5	239.6	199.7	935.9	748.7	623.9	467.9	374.4	312.0	1347.7	1078.2	898.5	673.8	539.1	449.2
	1198.0	958.4	798.7	599.0	479.2	399.3	1871.8	1497.4	1247.8	935.9	748.7	623.9	2695.4	2156.3	1796.9	1347.7	1078.2	898.5
1800	635.2	508.2	423.5	317.6	254.1	211.7	992.4	793.9	661.6	496.2	397.0	330.8	1429.1	1143.3	952.8	714.6	571.7	476.4
	1270.4	1016.3	846.9	635.2	508.2	423.5	1984.9	1587.9	1323.2	992.4	793.9	661.6	2858.3	2286.6	1905.5	1429.1	1143.3	952.8

弯起钢筋的受剪承载力 $[V_{as}]$ (kN)　　**表 7-28**

钢筋直径(mm)	$f_{yv}=270N/mm^2$				$f_{yv}=300N/mm^2$				$f_{yv}=360N/mm^2$			
	$\alpha_s=45°$		$\alpha_s=60°$		$\alpha_s=45°$		$\alpha_s=60°$		$\alpha_s=45°$		$\alpha_s=60°$	
	1 根	2 根	1 根	2 根	1 根	2 根	1 根	2 根	1 根	2 根	1 根	2 根
12	17.3	34.5	21.2	42.3	19.2	38.4	23.5	47.0	23.0	46.1	28.2	56.4
14	23.5	47.0	28.8	57.6	26.1	52.2	32.0	64.0	31.3	62.7	38.4	76.8
16	30.7	61.4	37.6	75.2	34.1	68.2	41.8	83.6	40.9	81.9	50.1	100.3
18	38.9	77.7	47.6	95.2	43.2	86.4	52.9	105.8	51.8	103.6	63.5	126.9
20	48.0	96.0	58.8	117.5	53.3	106.6	65.3	130.6	64.0	128.0	74.8	156.7
22	58.1	116.1	71.1	142.2	64.5	129.0	79.0	158.0	77.4	154.8	94.8	189.6
25	75.0	150.0	91.8	183.7	83.3	166.6	102.0	204.1	100.0	199.9	122.4	244.9
28	94.1	188.1	115.2	230.4	104.5	209.0	128.0	256.0	125.4	250.8	153.6	307.2
32	122.8	245.7	150.4	300.9	136.5	273.0	167.2	334.3	163.8	327.6	200.6	401.2
36	155.5	310.9	190.4	380.8	172.7	345.5	211.6	423.1	207.3	414.6	253.9	507.7

注：1. 计算公式为 $V_{as}=0.8f_{yv}A_{sb}\sin\alpha_s$；
2. 位于构件侧边底层钢筋不应弯起；
3. 钢筋弯起角度一般为 45°，梁截面高大于 800mm 时，可弯起 60°；
4. 弯起钢筋的末端应留有直线段，其长度在受拉区不应小于 20d，在受压区不应小于 10d，当为构造弯起时，可适当减少。

二层纵向受拉钢筋系数　　**表 7-29**

梁截面高(mm)	二层钢筋系数	梁截面高(mm)	二层钢筋系数	梁截面高(mm)	二层钢筋系数
200	0.844	650	0.959	1200	0.974
250	0.881	700	0.962	1300	0.976
300	0.904	750	0.965	1400	0.978
350	0.919	800	0.967	1500	0.979
400	0.931	850	0.969	1600	0.981
450	0.939	900	0.971	1700	0.982
500	0.946	950	0.973	1800	0.983
550	0.951	1000	0.974	1900	0.984
600	0.955	1100	0.972	2000	0.985

7.5.3 计算例题

【例题 7-14】 已知矩形截面梁 $b=200$mm，$h=600$mm，混凝土为 C20，箍筋为 HPB300 级，一层纵向受拉钢筋，均布荷载作用下剪力设计值 $V=80$kN。

求；配箍筋。

【解】 查表 7-24 得；$[V_c]=86.2$kN。因为 $V<[V_c]$，所以，按构造配筋双肢箍ϕ 6@350mm(查表 6-16)。

【例题 7-15】 已知矩形截面梁 $b=200$mm，$h=600$mm，混凝土为 C20，箍筋为 HPB300 级，两层纵向受拉钢筋，均布荷载作用下剪力设计值 $V=120$kN。

求：配箍筋。

【解】 查表 7-24 得：$[V_c]=86.2$kN，$[V_{max}]=268.8$kN。因为 $[V_c]<V<[V_{max}]$，

所以满足截面尺寸条件。两层钢筋系数为 0.955。

$$\frac{V}{0.955}=\frac{120}{0.955}=125.7\text{kN}$$

查表 7-25 配双肢箍φ 6@200mm，得：$[V_s]=42.7\text{kN}$，所以有 $[V_{cs}]=86.2+42.7=128.9\text{kN}>125.7\text{kN}$

【例题 7-16】 已知矩形截面梁 $b=400\text{mm}$，$h=1200\text{mm}$，混凝土为 C30，箍筋为 HPB300 级，$h_0=1114\text{mm}$，配置四肢箍φ 8@250mm。

求：受剪承载力 $[V_{cs}]$ 值。

【解】 查表 7-24 得 $[V_c]=462.5\text{kN}$，查表 7-25 得 $[V_s]=250.8\text{kN}$，所以得一层纵向受拉钢筋时 $[V_{cs}]=462.5+250.8=713.3\text{kN}$。当 $h_0=1114\text{mm}$ 时，得

$$[V_{cs}]=\frac{1114}{1200-45}\times 713.3=688.0\text{kN}$$

为所求受剪承载力 $[V_{cs}]$ 值。

【例题 7-17】 已知矩形截面梁 $b=250\text{mm}$，$h=800\text{mm}$，混凝土为 C25，箍筋为 HPB300 级，两层纵向受拉钢筋(HRB335 级)，均布荷载作用下剪力设计值 $V=300\text{kN}$。

求：配箍筋和弯起钢筋。

【解】

查表 7-24 得：$[V_c]=168.9\text{k}$，$[V_{max}]=565.3\text{kN}$。因为 $[Vc]<V<[V_{max}]$，所以满足截面尺寸条件。

根据所配纵向受拉钢筋情况，$f_{yv}=300\text{N/mm}^2$，可弯起 2Φ 18，$\alpha_s=45°$，查表 7-28，得 $[V_{as}]=86.4\text{kN}$，则

$$\frac{V-[V_{as}]}{0.967}=\frac{300-86.4}{0.967}=218.9\text{kN}$$

查表 7-25 选配双肢箍φ 8@250mm，$[V_{cs}]=168.9+82.5=251.4\text{kN}>218.9\text{kN}$(安全)。

7.6 高层建筑钢筋混凝土轴心受压柱正截面受压承载力计算

7.6.1 钢筋混凝土轴心受压柱正截面受压承载力计算

钢筋混凝土轴心受压柱正截面受压承载力计算如表 7-30 所示。

钢筋混凝土轴心受压柱正截面受压承载力计算　　表 7-30

序号	项　目	内　容
1	配有箍筋的正截面轴心受压承载力计算	钢筋混凝土轴心受压构件，当配有箍筋或在纵向钢筋上焊有横向钢筋时，如图 7-27 所示，其正截面受压承载力的计算公式为 $N\leqslant 0.9\varphi(f_cA+f'_yA'_s)$　　(7-123) 式中　N——轴向压力设计值 φ——钢筋混凝土构件的稳定系数，按表 7-31 采用 f_c——混凝土轴心抗压强度设计值，按表 2-10 采用 A——构件截面面积 f'_y——纵向普通钢筋的抗压强度设计值，按表 2-19 采用 A'_s——全部纵向普通钢筋的截面面积 当纵向普通钢筋的配筋率大于 3%时，公式(7-123)中 A 应改为 A_n，即 $A_n=A-A'_s$代替

续表 7-30

序号	项　　目	内　　容
2	配有间接钢筋的受压承载力计算	(1) 基本计算公式 钢筋混凝土轴心受压构件，当配置的螺旋式或焊接环式间接钢筋符合本书表 2-58 序号 4 之(7)条的规定时，其正截面受压承载力应符合下列规定(图 7-28)： $N \leqslant 0.9(f_c A_{cor} + f'_y A'_s + 2\alpha f_{yv} A_{ss0})$　(7-124) $A_{cor} = \frac{\pi d_{cor}}{s}$　(7-125) $A_{ss0} = \frac{\pi d_{cor} A_{ss1}}{s}$　(7-126) 式中　f_{yv}——间接钢筋的抗拉强度设计值，按本书表 2-19 的规定采用 A_{cor}——构件的核心截面面积，取间接钢筋内表面范围内的混凝土截面面积 A_{ss0}——螺旋式或焊接环式间接钢筋的换算截面面积 d_{cor}——构件的核心截面直径，取间接钢筋内表面之间的距离 A_{ss1}——螺旋式或焊接环式单根间接钢筋的截面面积 s——间接钢筋沿构件轴线方向的间距 α——间接钢筋对混凝土约束的折减系数：当混凝土强度等级不超过 C50 时，取 1.0，当混凝土强度等级为 C80 时，取 0.85，其间按线性内插法确定、详见表 7-21 所示 (2) 适用条件 1) 按公式(7-124)算得的构件受压承载力设计值不应大于按本书公式(7-123)算得的构件受压承载力设计值的 1.5 倍 2) 当遇到下列任意一种情况时，不应计入间接钢筋的影响，而应按公式(7-123)的规定进行计算： ① 当 $l_0/d>12$ 时 ② 当按公式(7-124)算得的受压承载力小于按公式(7-123)算得的受压承载力时 ③ 当间接钢筋的换算截面面积 A_{ss0} 小于纵向普通钢筋的全部截面面积的 25%时

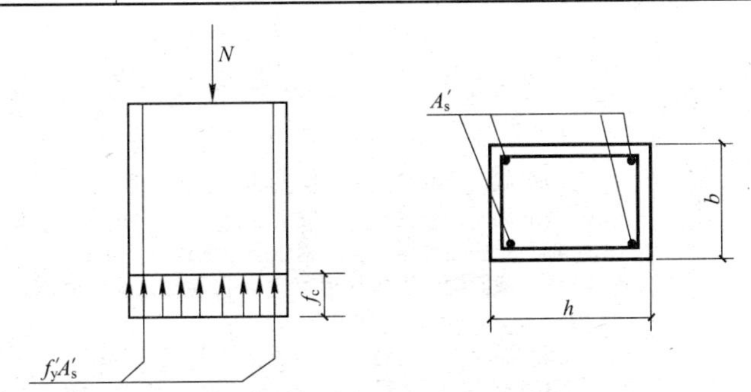

图 7-27　配置箍筋的钢筋混凝土轴心受压构件截面

钢筋混凝土轴心受压构件的稳定系数　　**表 7-31**

l_0/b	≤8	10	12	14	16	18	20	22	24	26	28
l_0/d	≤7	8.5	10.5	12	14	15.5	17	19	21	22.5	24
l_0/i	≤28	35	42	48	55	62	69	76	83	90	9
φ	1.0	0.98	0.95	0.92	0.87	0.81	0.75	0.70	0.65	0.60	0.56
l_0/b	30	32	34	36	38	40	42	44	46	48	50
l_0/d	26	28	29.5	31	33	34.6	36.5	38	40	41.5	43
l_0/i	104	111	118	125	132	139	146	153	160	167	174
φ	0.52	0.48	0.44	0.40	0.36	0.32	0.29	0.26	0.23	0.21	0.19

注：表中 l_0 为构件的计算长度；对钢筋混凝土柱可按本书表 7-50 和表 7-51 的规定确定；b 为矩形截面的短边尺寸；d 为圆形截面的直径；i 为截面最小回转半径。

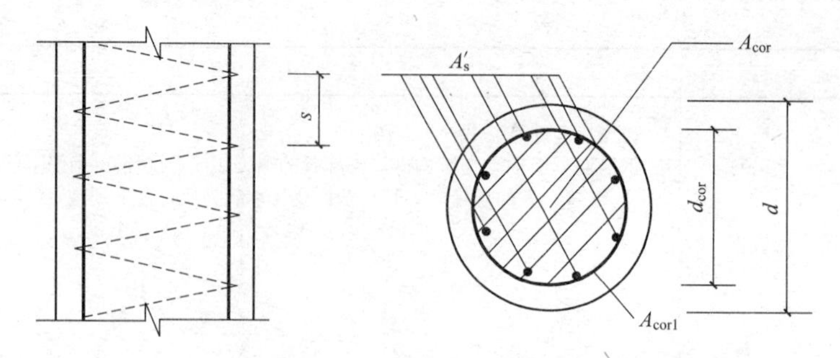

图 7-28　配置螺旋式间接钢筋的钢筋混凝土轴心受压构件

7.6.2　钢筋混凝土轴心受压柱正截面受压承载力计算用表

钢筋混凝土轴心受压柱正截面受压承载力计算用表如表 7-32 所示。

钢筋混凝土轴心受压柱正截面受压承载力计算用表　　**表 7-32**

<table>
<tr><th>序号</th><th>项　目</th><th>内　容</th></tr>
<tr><td>1</td><td>制表公式</td><td>(1) 由公式(7-123)可以写成如下计算公式为
$$\frac{N}{0.9\varphi}=f_cA+f_y'A_s'=N_c+N_s \quad (7\text{-}127)$$
(2) 由公式(7-124)及公式(7-125)可以写成如下计算公式为
$$N=0.9\times\left(f_cA_{cor}+f_y'A_s'+\frac{2\alpha f_{yv}\pi d_{cor}A_{ss1}}{s}\right)=0.9(N_{cr}+N_s+\alpha N_{ss}) \quad (7\text{-}128)$$
式中
$$N_c=f_cA \quad (7\text{-}129)$$
$$N_s=f_y'A_s' \quad (7\text{-}130)$$
$$N_{cr}=f_cA_{cor} \quad (7\text{-}131)$$
$$N_{ss}=\frac{2f_{yv}\pi d_{cor}A_{ss1}}{s} \quad (7\text{-}132)$$</td></tr>
<tr><td>2</td><td>计算用表</td><td>(1) 矩形截面轴心受压柱混凝土部分承载力设计值 N_c(kN)如表 7-33 所示
(2) 圆形截面轴心受压柱混凝土部分承载力设计值 N_c(kN)如表 7-34 所示
(3) 轴心受压构件纵向普通钢筋部分承载力设计值 N_s(kN)如表 7-35 所示
(4) 圆形截面轴心受压柱混凝土部分承载力设计值 N_{cr}(kN)，如表 7-36 所示(取 $d_{cor}=d-60$mm)
(5) 钢筋混凝土轴心受压构件配置螺旋式或焊接环式间接钢筋承载力设计值 N_{ss}(kN)如表 7-37、表 7-38 及表 7-39 所示(取 $d_{cor}=d-60$mm)</td></tr>
</table>

矩形截面轴心受压柱混凝土部分承载力设计值 N_c(kN)　　**表 7-33**

柱截面(mm)		混凝土强度等级									
b	h	C20	C25	C30	C35	C40	C45	C50	C55	C60	C70
300	300	864.0	1071.0	1287.0	1503.0	1719.0	1899.0	2079.0	2277.0	2475.0	2862.0
	350	1008.0	1249.5	1501.5	1753.5	2005.5	2215.5	2425.5	2656.5	2887.5	3339.0
	400	1152.0	1428.0	1716.0	2004.0	2292.0	2532.0	2772.0	3036.0	3300.0	3816.0
	450	1296.0	1606.5	1930.5	2254.5	2578.5	2848.5	3118.5	3415.5	3712.5	4293.0
	500	1440.0	1785.0	2145.0	2505.0	2865.0	3165.0	3465.0	3795.0	4125.0	4770.0
	550	1584.0	1963.5	2359.5	2755.5	3151.5	3481.5	3811.5	4174.5	4537.5	5247.0
	600	1728.0	2142.0	2574.0	3006.0	3438.0	3798.0	4158.0	4554.0	4950.0	5724.0

续表 7-33

柱截面(mm)		混凝土强度等级									
b	h	C20	C25	C30	C35	C40	C45	C50	C55	C60	C70
350	350	1176.0	1457.8	1751.8	2045.8	2339.8	2584.8	2829.8	3099.3	3368.8	3895.5
	400	1344.0	1666.0	2002.0	2338.0	2674.0	2954.0	3234.0	3542.0	3850.0	4452.0
	450	1512.0	1874.3	2252.3	2630.3	3008.3	3323.3	3638.3	3984.8	4331.3	5008.5
	500	1680.0	2082.5	2502.5	2922.5	3342.5	3692.5	4042.5	4427.5	4812.5	5565.0
	550	1848.0	2290.8	2752.8	3214.8	3676.8	4061.8	4446.8	4870.3	5293.8	6121.5
	600	2016.0	2499.0	3003.0	3507.0	4011.0	4431.0	4851.0	5313.0	5775.0	6678.0
	650	2184.0	2707.3	3253.3	3799.3	4345.3	4800.3	5255.3	5755.8	6256.3	7234.5
	700	2352.0	2915.5	3503.5	4091.5	4679.5	5169.5	5659.5	6198.5	6737.5	7791.0
400	400	1536.0	1904.0	2288.0	2672.0	3056.0	3376.0	3696.0	4048.0	4400.0	5088.0
	450	1728.0	2142.0	2574.0	3006.0	3438.0	3798.0	4158.0	4554.0	4950.0	5724.0
	500	1920.0	2380.0	2860.0	3340.0	3820.0	4220.0	4620.0	5060.0	5500.0	6360.0
	550	2112.0	2618.0	3146.0	3674.0	4202.0	4642.0	5082.0	5566.0	6050.0	6996.0
	600	2304.0	2856.0	3432.0	4008.0	4584.0	5064.0	5544.0	6072.0	6600.0	7632.0
	650	2496.0	3094.0	3718.0	4342.0	4966.0	5486.0	6006.0	6578.0	7150.0	8268.0
	700	2688.0	3332.0	4004.0	4676.0	5348.0	5908.0	6468.0	7084.0	7700.0	8904.0
	750	2880.0	3570.0	4290.0	5010.0	5730.0	6330.0	6930.0	7590.0	8250.0	9540.0
	800	3072.0	3808.0	4576.0	5344.0	6112.0	6752.0	7392.0	8096.0	8800.0	10176.0
450	450	1944.0	2409.8	2895.8	3381.8	3867.8	4272.8	4677.8	5123.3	5568.8	6439.5
	500	2160.0	2677.5	3217.5	3757.5	4297.5	4747.5	5197.5	5692.5	6187.5	7155.0
	550	2376.0	2945.3	3539.3	4133.3	4727.3	5222.3	5717.3	6261.8	6806.3	7870.5
	600	2592.0	3213.0	3861.0	4509.0	5157.0	5697.0	6237.0	6831.0	7425.0	8586.0
	650	2808.0	3480.8	4182.8	4884.8	5586.8	6171.8	6756.8	7400.3	8043.8	9301.5
	700	3024.0	3748.5	4504.5	5260.5	6016.5	6646.5	7276.5	7969.5	8662.5	10017.0
	750	3240.0	4016.3	4826.3	5636.3	6446.3	7121.3	7796.3	8538.8	9281.3	10732.5
	800	3456.0	4284.0	5148.0	6012.0	6876.0	7596.0	8316.0	9108.0	9900.0	11448.0
	900	3888.0	4819.5	5791.5	6763.5	7735.5	8545.5	9355.5	10246.5	11137.5	12879.0
500	500	2400.0	2975.0	3575.0	4175.0	4775.0	5275.0	5775.0	6325.0	6875.0	7950.0
	550	2640.0	3272.5	3932.5	4592.5	5252.5	5802.5	6352.5	6957.5	7562.5	8745.0
	600	2880.0	3570.0	4290.0	5010.0	5730.0	6330.0	6930.0	7590.0	8250.0	9540.0
	650	3120.0	3867.5	4647.5	5427.5	6207.5	6857.5	7507.5	8222.5	8937.5	10335.0
	700	3360.0	4165.0	5005.0	5845.0	6685.0	7385.0	8085.0	8855.0	9625.0	11130.0
	750	3600.0	4462.5	5362.5	6262.5	7162.5	7912.5	8662.5	9487.5	10312.5	11925.0
	800	3840.0	4760.0	5720.0	6680.0	7640.0	8440.0	9240.0	10120.0	11000.0	12720.0
	900	4320.0	5355.0	6435.0	7515.0	8595.0	9495.0	10395.0	11385.0	12375.0	14310.0
	1000	4800.0	5950.0	7150.0	8350.0	9550.0	10550.0	11550.0	12650.0	13750.0	15900.0

续表 7-33

柱截面(mm)		混凝土强度等级									
b	h	C20	C25	C30	C35	C40	C45	C50	C55	C60	C70
550	550	2904.0	3599.8	4325.8	5051.8	5777.8	6382.8	6987.8	7653.3	8318.8	9619.5
	600	3168.0	3927.0	4719.0	5511.0	6303.0	6963.0	7623.0	8349.0	9075.0	10494.0
	650	3432.0	4254.3	5112.3	5970.3	6828.3	7543.3	8258.3	9044.8	9831.3	11368.5
	700	3696.0	4581.5	5505.5	6429.5	7353.5	8123.5	8893.5	9740.5	10587.5	12243.0
	750	3960.0	4908.8	5898.8	6888.8	7878.8	8703.8	9528.8	10436.3	11343.8	13117.5
	800	4224.0	5236.0	6292.0	7348.0	8404.0	9284.0	10164.0	11132.0	12100.0	13992.0
	900	4752.0	5890.5	7078.5	8266.5	9454.5	10444.5	11434.5	12523.5	13612.5	15741.0
	1000	5280.0	6545.0	7865.0	9185.0	10505.0	11605.0	12705.0	13915.0	15125.0	17490.0
	1100	5808.0	7199.5	8651.5	10103.5	11555.5	12765.5	13975.5	15306.5	16637.5	19239.0
600	600	3456.0	4284.0	5148.0	6012.0	6876.0	7596.0	8316.0	9108.0	9900.0	11448.0
	650	3744.0	4641.0	5577.0	6513.0	7449.0	8229.0	9009.0	9867.0	10725.0	12402.0
	700	4032.0	4998.0	6006.0	7014.0	8022.0	8862.0	9702.0	10626.0	11550.0	13356.0
	750	4320.0	5355.0	6435.0	7515.0	8595.0	9495.0	10395.0	11385.0	12375.0	14310.0
	800	4608.0	5712.0	6864.0	8016.0	9168.0	10128.0	11088.0	12144.0	13200.0	15264.0
	900	5184.0	6426.0	7722.0	9018.0	10314.0	11394.0	12474.0	13662.0	14850.0	17172.0
	1000	5760.0	7140.0	8580.0	10020.0	11460.0	12660.0	13860.0	15180.0	16500.0	19080.0
	1100	6336.0	7854.0	9438.0	11022.0	12606.0	13926.0	15246.0	16698.0	18150.0	20988.0
	1200	6912.0	8568.0	10296.0	12024.0	13752.0	15192.0	16632.0	18216.0	19800.0	22896.0
650	650	4056.0	5027.8	6041.8	7055.8	8069.8	8914.8	9759.8	10689.3	11618.8	13435.5
	700	4368.0	5414.5	6506.5	7598.5	8690.5	9600.5	10510.5	11511.5	12512.5	14469.0
	750	4680.0	5801.3	6971.3	8141.3	9311.3	10286.3	11261.3	12333.8	13406.3	15502.5
	800	4992.0	6188.0	7436.0	8684.0	9932.0	10972.0	12012.0	13156.0	14300.0	16536.0
	900	5616.0	6961.5	8365.5	9769.5	11173.5	12343.5	13513.5	14800.5	16087.5	18603.0
	1000	6240.0	7735.0	9295.0	10855.0	12415.0	13715.0	15015.0	16445.0	17875.0	20670.0
	1100	6864.0	8508.5	10224.5	11940.5	13656.5	15086.5	16516.5	18089.5	19662.5	22737.0
	1200	7488.0	9282.0	11154.0	13026.0	14898.0	16458.0	18018.0	19734.0	21450.0	24804.0
	1300	8112.0	10055.5	12083.5	14111.5	16139.5	17829.5	19519.5	21378.5	23237.5	26871.0
700	700	4704.0	5831.0	7007.0	8183.0	9359.0	10339.0	11319.0	12397.0	13475.0	15582.0
	750	5040.0	6247.5	7507.5	8767.5	10027.5	11077.5	12127.5	13282.5	14437.5	16695.0
	800	5376.0	6664.0	8008.0	9352.0	10696.0	11816.0	12936.0	14168.0	15400.0	17808.0
	900	6048.0	7497.0	9009.0	10521.0	12033.0	13293.0	14553.0	15939.0	17325.0	20034.0
	1000	6720.0	8330.0	10010.0	11690.0	13370.0	14770.0	16170.0	17710.0	19250.0	22260.0
	1100	7392.0	9163.0	11011.0	12859.0	14707.0	16247.0	17787.0	19481.0	21175.0	24486.0
	1200	8064.0	9996.0	12012.0	14028.0	16044.0	17724.0	19404.0	21252.0	23100.0	26712.0
	1300	8736.0	10829.0	13013.0	15197.0	17381.0	19201.0	21021.0	23023.0	25025.0	28938.0

续表 7-33

柱截面(mm)		混凝土强度等级									
b	h	C20	C25	C30	C35	C40	C45	C50	C55	C60	C70
750	750	5400.0	6693.8	8043.8	9393.8	10743.8	11868.8	12993.8	14231.3	15468.8	17887.5
	800	5760.0	7140.0	8580.0	10020.0	11460.0	12660.0	13860.0	15180.0	16500.0	19080.0
	900	6480.0	8032.5	9652.5	11272.5	12892.5	14242.5	15592.5	17077.5	18562.5	21465.0
	1000	7200.0	8925.0	10725.0	12525.0	14325.0	15825.0	17325.0	18975.0	20625.0	23850.0
	1100	7920.0	9817.5	11797.5	13777.5	15757.5	17407.5	19057.5	20872.5	22687.5	26235.0
	1200	8640.0	10710.0	12870.0	15030.0	17190.0	18990.0	20790.0	22770.0	24750.0	28620.0
	1300	9360.0	11602.5	13942.5	16282.5	18622.5	20572.5	22522.5	24667.5	26812.5	31005.0
800	800	6144.0	7616.0	9152.0	10688.0	12224.0	13504.0	14784.0	16192.0	17600.0	20352.0
	900	6912.0	8568.0	10296.0	12024.0	13752.0	15192.0	16632.0	18216.0	19800.0	22896.0
	1000	7680.0	9520.0	11440.0	13360.0	15280.0	16880.0	18480.0	20240.0	22000.0	25440.0
	1100	8448.0	10472.0	12584.0	14696.0	16808.0	18568.0	20328.0	22264.0	24200.0	27984.0
	1200	9216.0	11424.0	13728.0	16032.0	18336.0	20256.0	22176.0	24288.0	26400.0	30528.0
	1300	9984.0	12376.0	14872.0	17368.0	19864.0	21944.0	24024.0	26312.0	28600.0	33072.0
850	850	6936.0	8597.8	10331.8	12065.8	13799.8	15244.8	16689.8	18279.3	19868.8	22975.5
	900	7344.0	9103.5	10939.5	12775.5	14611.5	16141.5	17671.5	19354.5	21037.5	24327.0
	1000	8160.0	10115.0	12155.0	14195.0	16235.0	17935.0	19635.0	21505.0	23375.0	27030.0
	1100	8976.0	11126.5	13370.5	15614.5	17858.5	19728.5	21598.5	23655.5	25712.5	29733.0
	1200	9792.0	12138.0	14586.0	17034.0	19482.0	21522.0	23562.0	25806.0	28050.0	32436.0
	1300	10608.0	13149.5	15801.5	18453.5	21105.5	23315.5	25525.5	27956.5	30387.5	35139.0
	1400	11424.0	14161.0	17017.0	19873.0	22729.0	25109.0	27489.0	30107.0	32725.0	37842.0
900	900	7776.0	9639.0	11583.0	13527.0	15471.0	17091.0	18711.0	20493.0	22275.0	25758.0
	1000	8640.0	10710.0	12870.0	15030.0	17190.0	18990.0	20790.0	22770.0	24750.0	28620.0
	1100	9504.0	11781.0	14157.0	16533.0	18909.0	20889.0	22869.0	25047.0	27225.0	31482.0
	1200	10368.0	12852.0	15444.0	18036.0	20628.0	22788.0	24948.0	27324.0	29700.0	34344.0
	1300	11232.0	13923.0	16731.0	19539.0	22347.0	24687.0	27027.0	29601.0	32175.0	37206.0
	1400	12096.0	14994.0	18018.0	21042.0	24066.0	26586.0	29106.0	31878.0	34650.0	40068.0
1000	1000	9600.0	11900.0	14300.0	16700.0	19100.0	21100.0	23100.0	25300.0	27500.0	31800.0
	1100	10560.0	13090.0	15730.0	18370.0	21010.0	23210.0	25410.0	27830.0	30250.0	34980.0
	1200	11520.0	14280.0	17160.0	20040.0	22920.0	25320.0	27720.0	30360.0	33000.0	38160.0
	1300	12480.0	15470.0	18590.0	21710.0	24830.0	27430.0	30030.0	32890.0	35750.0	41340.0
	1400	13440.0	16660.0	20020.0	23380.0	26740.0	29540.0	32340.0	35420.0	38500.0	44520.0
	1500	14400.0	17850.0	21450.0	25050.0	28650.0	31650.0	34650.0	37950.0	41250.0	47700.0
1100	1100	11616.0	14399.0	17303.0	20207.0	23111.0	25531.0	27951.0	30613.0	33275.0	38478.0
	1200	12672.0	15708.0	18876.0	22044.0	25212.0	27852.0	30492.0	33396.0	36300.0	41976.0
	1300	13728.0	17017.0	20449.0	23881.0	27313.0	30173.0	33033.0	36179.0	39325.0	45474.0

续表 7-33

柱截面(mm)		混凝土强度等级									
b	*h*	C20	C25	C30	C35	C40	C45	C50	C55	C60	C70
1100	1400	14784.0	18326.0	22022.0	25718.0	29414.0	32494.0	35574.0	38962.0	42350.0	48972.0
	1500	15840.0	19635.0	23595.0	27555.0	31515.0	34815.0	38115.0	41745.0	45375.0	52470.0
1200	1200	13824.0	17136.0	20592.0	24048.0	27504.0	30384.0	33264.0	36432.0	39600.0	45792.0
	1300	14976.0	18564.0	22308.0	26052.0	29796.0	32916.0	36036.0	39468.0	42900.0	49608.0
	1400	16128.0	19992.0	24024.0	28056.0	32088.0	35448.0	38808.0	42504.0	46200.0	53424.0
	1500	17280.0	21420.0	25740.0	30060.0	34380.0	37980.0	41580.0	45540.0	49500.0	57240.0
	1600	18432.0	22848.0	27456.0	32064.0	36672.0	40512.0	44352.0	48576.0	52800.0	61056.0
1300	1300	16224.0	20111.0	24167.0	28223.0	32279.0	35659.0	39039.0	42757.0	46475.0	53742.0
	1400	17472.0	21658.0	26026.0	30394.0	34762.0	38402.0	42042.0	46046.0	50050.0	57876.0
	1500	18720.0	23205.0	27885.0	32565.0	37245.0	41145.0	45045.0	49335.0	53625.0	62010.0
	1600	19968.0	24752.0	29744.0	34736.0	39728.0	43888.0	48048.0	52624.0	57200.0	66144.0
1400	1400	18816.0	23324.0	28028.0	32732.0	37436.0	41356.0	45276.0	49588.0	53900.0	62328.0
	1500	20160.0	24990.0	30030.0	35070.0	40110.0	44310.0	48510.0	53130.0	57750.0	66780.0
	1600	21504.0	26656.0	32032.0	37408.0	42784.0	47264.0	51744.0	56672.0	61600.0	71232.0
	1700	22848.0	28322.0	34034.0	39746.0	45458.0	50218.0	54978.0	60214.0	65450.0	75684.0
1500	1500	21600.0	26775.0	32175.0	37575.0	42975.0	47475.0	51975.0	56925.0	61875.0	71550.0
	1600	23040.0	28560.0	34320.0	40080.0	45840.0	50640.0	55440.0	60720.0	66000.0	76320.0
	1700	24480.0	30345.0	36465.0	42585.0	48705.0	53805.0	58905.0	64515.0	70125.0	81090.0
	1800	25920.0	32130.0	38610.0	45090.0	51570.0	56970.0	62370.0	68310.0	74250.0	85860.0

圆形截面轴心受压柱混凝土部分承载力设计值 N_c(kN) **表 7-34**

d(mm)	混凝土强度等级									
	C20	C25	C30	C35	C40	C45	C50	C55	C60	C70
300	678.6	841.2	1010.8	1180.5	1350.1	1491.5	1632.8	1788.4	1943.9	2247.8
350	923.6	1144.9	1375.8	1606.7	1837.6	2030.1	2222.5	2434.1	2645.8	3059.5
400	1206.4	1495.4	1797.0	2098.6	2400.2	2651.5	2902.8	3179.3	3455.8	3996.1
450	1526.8	1892.6	2274.3	2656.0	3037.7	3355.8	3673.9	4023.8	4373.7	5057.6
500	1885.0	2336.6	2807.8	3279.0	3750.3	4143.0	4535.7	4967.6	5399.6	6243.9
550	2280.8	2827.2	3397.4	3967.6	4537.8	5013.0	5488.2	6010.8	6533.5	7555.1
600	2714.3	3364.6	4043.2	4721.8	5400.4	5965.9	6531.4	7153.4	7775.4	8991.2
650	3185.6	3948.8	4745.2	5541.6	6338.0	7001.6	7665.3	8395.3	9125.3	10552.2
700	3694.5	4579.7	5503.3	6426.9	7350.5	8120.2	8889.9	9736.6	10583.2	12238.1
750	4241.2	5257.3	6317.5	7377.8	8438.1	9321.7	10205.3	11177.2	12149.1	14048.8
800	4825.5	5981.6	7188.0	8394.3	9600.7	10606.0	11611.3	12717.2	13823.0	15984.4
850	5447.5	6752.7	8114.5	9476.4	10838.3	11973.2	13108.1	14356.5	15604.9	18044.9
900	6107.3	7570.5	9097.3	10624.1	12150.9	13423.2	14695.6	16095.2	17494.7	20230.3
950	6804.7	8435.0	10136.2	11837.3	13538.5	14956.1	16373.8	17933.2	19492.6	22540.5

续表 7-34

d(mm)	混凝土强度等级									
	C20	C25	C30	C35	C40	C45	C50	C55	C60	C70
1000	7539.8	9346.2	11231.2	13116.1	15001.1	16571.9	18142.7	19870.6	21598.4	24975.7
1050	8312.7	10304.2	12382.4	14460.6	16538.7	18270.5	20002.3	21907.3	23812.3	27535.7
1100	9123.2	11308.9	13589.7	15870.5	18151.3	20052.0	21952.7	24043.4	26134.1	30220.6
1200	10857.3	13458.6	16172.9	18887.3	21601.6	23863.5	26125.5	28613.6	31101.8	35965.0
1300	12742.3	15795.1	18980.7	22166.3	25351.9	28006.5	30661.2	33581.3	36501.4	42208.9
1400	14778.1	18318.6	22013.1	25707.7	29402.2	32480.9	35559.7	38946.3	42333.0	48952.3
1500	16964.6	21029.0	25270.2	29511.3	33752.5	37286.8	40821.1	44708.8	48596.5	56195.2

轴心受压构件纵向普通钢筋部分承载力设计值 N_s(kN) 表 7-35

普通钢筋牌号	d(mm)	钢筋根数 n											
		4	6	8	10	12	14	16	18	20	22	24	26
HPB300 $f'_y=270N/mm^2$	12	122.1	183.2	244.3	305.4	366.4	427.5	488.6	549.7	610.7	671.8	732.9	793.9
	14	166.3	249.4	332.5	415.6	498.8	581.9	665.0	748.1	831.3	914.4	997.5	1080.6
	16	217.1	325.7	434.3	542.9	651.4	760.0	868.6	977.2	1085.7	1194.3	1302.9	1411.5
	18	274.8	412.2	549.7	687.1	824.5	961.9	1099.3	1236.7	1374.1	1511.5	1649.0	1786.4
	20	339.3	508.9	678.6	848.2	1017.9	1187.5	1357.2	1526.8	1696.5	1866.1	2035.8	2205.4
	22	410.5	615.8	821.1	1026.4	1231.6	1436.9	1642.2	1847.4	2052.7	2258.0	2463.3	2668.5
	25	530.1	795.2	1060.3	1325.4	1590.4	1855.5	2120.6	2385.6	2650.7	2915.8	3180.9	3445.9
	28	665.0	997.5	1330.0	1662.5	1995.0	2327.5	2660.0	2992.6	3325.1	3657.6	3990.1	4322.6
	32	868.6	1302.9	1737.2	2171.5	2605.8	3040.1	3474.4	3908.6	4342.9	4777.2	5211.5	5645.8
	36	1099.3	1649.0	2198.6	2748.3	3297.9	3847.6	4397.2	4946.9	5496.5	6046.2	6595.8	7145.5
	40	1357.2	2035.8	2714.3	3392.9	4071.5	4750.1	5428.7	6107.3	6785.8	7464.4	8143.0	8821.6
HRB335、HRBF335 $f'_y=300N/mm^2$	12	135.7	203.6	271.4	339.3	407.2	475.0	542.9	610.7	678.6	746.4	814.3	882.2
	14	184.7	277.1	369.5	461.8	554.2	646.5	738.9	831.3	923.6	1016.0	1108.4	1200.7
	16	241.3	361.9	482.5	603.2	723.8	844.5	965.1	1085.7	1206.4	1327.0	1447.6	1568.3
	18	305.4	458.0	610.7	763.4	916.1	1068.8	1221.5	1374.1	1526.8	1679.5	1832.2	1984.9
	20	377.0	565.5	754.0	942.5	1131.0	1319.5	1508.0	1696.5	1885.0	2073.5	2261.9	2450.4
	22	456.2	684.2	912.3	1140.4	1368.5	1596.6	1824.6	2052.7	2280.8	2508.9	2737.0	2965.0
	25	589.0	883.6	1178.1	1472.6	1767.1	2061.7	2356.2	2650.7	2945.2	3239.8	3534.3	3828.8
	28	738.9	1108.4	1477.8	1847.3	2216.7	2586.2	2955.6	3325.1	3694.5	4064.0	4433.4	4802.9
	32	965.1	1447.6	1930.2	2412.7	2895.3	3377.8	3860.4	4342.9	4825.5	5308.0	5790.6	6273.1
	36	1221.5	1832.2	2442.9	3053.6	3664.4	4275.1	4885.8	5496.5	6107.3	6718.0	7328.7	7939.4
	40	1508.0	2261.9	3015.9	3769.9	4523.9	5277.9	6031.9	6785.8	7539.8	8293.8	9047.8	9801.8
HRB400、HRBF400、RRB400 $f'_y=360N/mm^2$	12	162.9	244.3	325.7	407.2	488.6	570.0	651.4	732.9	814.3	895.7	977.2	1058.6
	14	221.7	332.5	443.3	554.2	665.0	775.8	886.7	997.5	1108.4	1219.2	1330.0	1440.9
	16	289.5	434.3	579.1	723.8	868.6	1013.4	1158.1	1302.9	1447.6	1592.4	1737.2	1881.9
	18	366.4	549.7	732.9	916.1	1099.3	1282.5	1465.7	1649.0	1832.2	2015.4	2198.6	2381.8
	20	452.4	678.6	904.8	1131.0	1357.2	1583.4	1809.6	2035.8	2261.9	2488.1	2714.3	2940.5
	22	547.4	821.1	1094.8	1368.5	1642.2	1915.9	2189.6	2463.3	2737.0	3010.7	3284.3	3558.0
	25	706.9	1060.3	1413.7	1767.1	2120.6	2474.0	2827.4	3180.9	3534.3	3887.7	4241.2	4594.6

续表 7-35

普通钢筋牌号	d(mm)	钢筋根数 n											
		4	6	8	10	12	14	16	18	20	22	24	26
HRB400、HRBF400、RRB400 $f'_y=360N/mm^2$	28	886.7	1330.0	1773.4	2216.7	2660.0	3103.4	3546.7	3990.1	4433.4	4876.8	5320.1	5763.4
	32	1158.1	1737.2	2316.2	2895.3	3474.4	4053.4	4632.5	5211.5	5790.6	6369.6	6948.7	7527.8
	36	1465.7	2198.6	2931.5	3664.4	4397.2	5130.1	5863.0	6595.8	7328.7	8061.6	8794.4	9527.3
	40	1809.6	2714.3	3619.1	4523.9	5428.7	6333.5	7238.2	8143.0	9047.8	9952.6	10857.3	11762.1
HRB500、HRBF500 $f'_y=410N/mm^2$	12	185.5	278.2	371.0	463.7	556.4	649.2	741.9	834.7	927.4	1020.1	1112.9	1205.6
	14	252.5	378.7	504.9	631.1	757.4	883.6	1009.8	1136.1	1262.3	1388.5	1514.8	1641.0
	16	329.7	494.6	659.5	824.4	989.2	1154.1	1319.0	1483.8	1648.7	1813.6	1978.4	2143.3
	18	417.3	626.0	834.7	1043.3	1252.0	1460.7	1669.3	1878.0	2086.6	2295.3	2504.0	2712.6
	20	515.2	772.8	1030.4	1288.1	1545.7	1803.3	2060.9	2318.5	2576.1	2833.7	3091.3	3348.9
	22	623.4	935.1	1246.8	1558.5	1870.3	2182.0	2493.7	2805.4	3117.1	3428.8	3740.5	4052.2
	25	805.0	1207.5	1610.1	2012.6	2415.1	2817.6	3220.1	3622.6	4025.2	4427.7	4830.2	5232.7
	28	1009.8	1514.8	2019.7	2524.6	3029.5	3534.4	4039.3	4544.3	5049.2	5554.1	6059.0	6563.9
	32	1319.0	1978.4	2637.9	3297.4	3956.9	4616.4	5275.9	5935.3	6594.8	7254.3	7913.8	8573.3
	36	1669.3	2504.0	3338.6	4173.3	5007.9	5842.6	6677.3	7511.9	8346.6	9181.2	10015.9	10850.6
	40	2060.9	3091.3	4121.8	5152.2	6182.7	7213.1	8243.5	9274.0	10304.4	11334.9	12365.3	13395.8

圆形截面轴心受压柱混凝土部分承载力设计值 N_{cr}(kN)　　**表 7-36**

d(mm)	混凝土强度等级									
	C20	C25	C30	C35	C40	C45	C50	C55	C60	C70
300	434.3	538.3	646.9	755.5	864.1	954.5	1045.0	1144.5	1244.1	1438.6
350	634.1	786.0	944.5	1103.1	1261.6	1393.7	1525.8	1671.1	1816.4	2100.5
400	871.6	1080.4	1298.3	1516.2	1734.1	1915.7	2097.3	2297.0	2496.8	2887.2
450	1146.8	1421.6	1708.3	1995.0	2281.7	2520.6	2759.5	3022.3	3285.1	3798.8
500	1459.7	1809.4	2174.4	2539.3	2904.2	3208.3	3512.4	3846.9	4181.5	4835.3
550	1810.3	2244.0	2696.6	3149.2	3601.8	3978.9	4356.1	4770.9	5185.8	5996.7
600	2198.6	2725.4	3275.0	3824.7	4374.3	4832.4	5290.4	5794.3	6298.1	7282.9
650	2624.6	3253.4	3909.6	4565.7	5221.9	5768.7	6315.5	6916.9	7518.4	8694.0
700	3088.3	3828.2	4600.3	5372.4	6144.5	6787.9	7431.2	8139.0	8846.7	10230.0
750	3589.7	4449.7	5347.2	6244.6	7142.0	7889.9	8637.7	9460.4	10283.0	11890.9
800	4128.8	5118.0	6150.2	7182.4	8214.6	9074.8	9934.9	10881.1	11827.3	13676.7
850	4705.6	5833.0	7009.4	8185.8	9362.2	10342.5	11322.9	12401.2	13479.6	15587.3
900	5320.1	6594.7	7924.7	9254.8	10584.8	11693.1	12801.5	14020.7	15239.9	17622.8
950	5972.3	7403.2	8896.2	10389.3	11882.4	13126.6	14370.8	15739.5	17108.1	19783.2
1000	6662.2	8258.3	9923.9	11589.4	13255.0	14642.9	16030.9	17557.6	19084.4	22068.5
1050	7389.8	9160.2	11007.7	12855.1	14702.6	16242.1	17781.7	19475.1	21168.6	24478.6
1100	8155.1	10108.9	12147.7	14186.4	16225.2	17924.2	19623.1	21492.0	23360.9	27013.7
1200	9798.8	12146.4	14596.1	17045.7	19495.4	21536.8	23578.2	25823.8	28069.3	32458.4
1300	11593.2	14370.8	17269.1	20167.4	23065.7	25481.0	27896.2	30553.0	33209.8	38402.6
1400	13538.5	16782.1	20166.7	23551.4	26936.0	29756.5	32577.0	35679.6	38782.2	44846.3
1500	15634.6	19380.4	23289.0	27197.6	31106.3	34363.5	37620.7	41203.6	44786.5	51789.5

表 7-37

钢筋混凝土轴心受压构件配置螺旋式或焊接环式间接钢筋承载力设计值 N_{ss}(kN)

HPB300 级钢筋　$f_{yv}=270\text{N/mm}^2$

柱直径 d(mm)	箍筋直径 6，箍距 s(mm)为					箍筋直径 8，箍距 s(mm)为					箍筋直径 10，箍距 s(mm)为					箍筋直径 12，箍距 s(mm)为				
	40	50	60	70	80	40	50	60	70	80	40	50	60	70	80	40	50	60	70	80
300	288.1	230.4	192.0	164.6	144.0	512.0	409.6	341.3	292.6	256.0	799.0	639.2	532.7	456.6	399.5	1151.2	921.0	767.5	657.8	575.6
350	348.1	278.5	232.0	198.9	174.0	618.7	494.9	412.4	353.5	309.3	965.5	772.4	643.7	551.7	482.7	1391.1	1112.8	927.4	794.9	695.5
400	408.1	326.5	272.1	233.2	204.0	725.3	580.3	483.5	414.5	362.7	1132.0	905.6	754.6	646.8	566.0	1630.9	1304.7	1087.3	931.9	815.4
450	468.1	374.5	312.1	267.5	234.0	832.0	665.6	554.7	475.4	416.0	1298.4	1038.7	865.6	742.0	649.2	1870.7	1496.6	1247.2	1069.0	935.4
500	528.1	422.5	352.1	301.8	264.1	938.7	750.9	625.8	536.4	469.3	1464.9	1171.9	976.6	837.1	732.4	2110.6	1688.5	1407.0	1206.0	1055.3
550	588.1	470.5	392.1	336.1	294.1	1045.3	836.3	696.9	597.3	522.7	1631.4	1305.1	1087.6	932.2	815.7	2350.4	1880.3	1566.9	1343.1	1175.2
600	648.1	518.5	432.1	370.4	324.1	1152.0	921.6	768.0	658.3	576.0	1797.8	1438.3	1198.5	1027.3	898.9	2590.2	2072.2	1726.8	1480.1	1295.1
650	708.1	566.5	472.1	404.7	354.1	1258.6	1006.9	839.1	719.2	629.3	1964.3	1571.4	1309.5	1122.4	982.1	2830.1	2264.1	1886.7	1617.2	1415.0
700	768.2	614.5	512.1	438.9	384.1	1365.3	1092.2	910.2	780.2	682.7	2130.8	1704.6	1420.5	1217.6	1065.4	3069.9	2455.9	2046.6	1754.2	1535.0
750	828.2	662.5	552.1	473.2	414.1	1472.0	1177.6	981.3	841.1	736.0	2297.2	1837.8	1531.5	1312.7	1148.6	3309.7	2647.8	2206.5	1891.3	1654.9
800	888.2	710.5	592.1	507.5	444.1	1578.6	1262.9	1052.4	902.1	789.3	2463.7	1970.9	1642.5	1407.8	1231.8	3549.6	2839.7	2366.4	2028.3	1774.8
850	948.2	758.6	632.1	541.8	474.1	1685.3	1348.2	1123.5	963.0	842.7	2630.1	2104.1	1753.4	1502.9	1315.1	3789.4	3031.5	2526.3	2165.4	1894.7
900	1008.2	806.6	672.1	576.1	504.1	1792.0	1433.6	1194.6	1024.0	896.0	2796.6	2237.3	1864.4	1598.1	1398.3	4029.3	3223.4	2686.2	2302.4	2014.6
950	1068.2	854.6	712.1	610.4	534.1	1898.6	1518.9	1265.8	1084.9	949.3	2963.1	2370.5	1975.4	1693.2	1481.5	4269.1	3415.3	2846.1	2439.5	2134.5
1000	1128.2	902.6	752.2	644.7	564.1	2005.3	1604.2	1336.9	1145.9	1002.6	3129.5	2503.6	2086.4	1788.3	1564.8	4508.9	3607.1	3006.0	2576.5	2254.5
1100	1236.3	989.0	824.2	706.4	618.1	2197.3	1757.8	1464.9	1255.6	1098.6	3429.2	2743.3	2286.1	1959.5	1714.6	4940.6	3952.5	3293.8	2823.2	2470.3
1200	1356.3	1085.0	904.2	775.0	678.1	2410.6	1928.5	1607.1	1377.5	1205.3	3762.1	3009.7	2508.1	2149.8	1881.1	5420.3	4336.2	3613.5	3097.3	2710.2
1300	1476.3	1181.0	984.2	843.6	738.2	2624.0	2099.2	1749.3	1499.4	1312.0	4095.0	3276.0	2730.0	2340.0	2047.5	5900.0	4720.0	3933.3	3371.4	2950.0
1400	1596.3	1277.1	1064.2	912.2	798.2	2837.3	2269.8	1891.5	1621.3	1418.6	4428.0	3542.4	2952.0	2530.3	2214.0	6379.7	5103.7	4253.1	3645.5	3189.8
1500	1716.3	1373.1	1144.2	980.8	858.2	3050.6	2440.5	2033.7	1743.2	1525.3	4760.9	3808.7	3173.9	2720.5	2380.4	6859.3	5487.5	4572.9	3919.6	3429.7
1600	1836.4	1469.1	1224.2	1049.4	918.2	3263.9	2611.2	2176.0	1865.1	1632.0	5093.8	4075.1	3395.9	2910.8	2546.9	7339.0	5871.2	4892.7	4193.7	3669.5

钢筋混凝土轴心受压构件配置螺旋式或焊接环式间接钢筋承载力设计值 N_{ss}(kN)　　表 7-38

HRB335、HRBF335 级钢筋　$f_{yv}=300N/mm^2$

柱直径 d(mm)	箍筋直径 6，箍距 s(mm)为					箍筋直径 8，箍距 s(mm)为					箍筋直径 10，箍距 s(mm)为					箍筋直径 12，箍距 s(mm)为				
	40	50	60	70	80	40	50	60	70	80	40	50	60	70	80	40	50	60	70	80
300	320.1	256.1	213.4	182.9	160.0	568.9	455.1	379.3	325.1	284.4	887.8	710.3	591.9	507.3	443.9	1279.1	1023.3	852.8	730.9	639.6
350	386.7	309.4	257.8	221.0	193.4	687.4	549.9	458.3	392.8	343.7	1072.8	858.2	715.2	613.0	536.4	1545.6	1236.5	1030.4	883.2	772.8
400	453.4	362.7	302.3	259.1	226.7	805.9	644.7	537.3	460.5	403.0	1257.7	1006.2	838.5	718.7	628.9	1812.1	1449.7	1208.1	1035.5	906.1
450	520.1	416.1	346.7	297.2	260.1	924.4	739.5	616.3	528.2	462.2	1442.7	1154.2	961.8	824.4	721.3	2078.6	1662.9	1385.7	1187.8	1039.3
500	586.8	469.4	391.2	335.3	293.4	1042.9	834.4	695.3	596.0	521.5	1627.7	1302.1	1085.1	930.1	813.8	2345.1	1876.1	1563.4	1340.0	1172.5
550	653.5	522.8	435.6	373.4	326.7	1161.5	929.2	774.3	663.7	580.7	1812.6	1450.1	1208.4	1035.8	906.3	2611.6	2089.2	1741.0	1492.3	1305.8
600	720.1	576.1	480.1	411.5	360.1	1280.0	1024.0	853.3	731.4	640.0	1997.6	1598.1	1331.7	1141.5	998.8	2878.0	2302.4	1918.7	1644.6	1439.0
650	786.8	629.5	524.6	449.6	393.4	1398.5	1118.8	932.3	799.1	699.2	2182.5	1746.0	1455.0	1247.2	1091.3	3144.5	2515.6	2096.4	1796.9	1572.3
700	853.5	682.8	569.0	487.7	426.8	1517.0	1213.6	1011.3	866.9	758.5	2367.5	1894.0	1578.3	1352.9	1183.8	3411.0	2728.8	2274.0	1949.2	1705.5
750	920.2	736.1	613.5	525.8	460.1	1635.5	1308.4	1090.4	934.6	817.8	2552.5	2042.0	1701.6	1458.6	1276.2	3677.5	2942.0	2451.7	2101.4	1838.7
800	986.9	789.5	657.9	563.9	493.4	1754.0	1403.2	1169.4	1002.3	877.0	2737.4	2189.9	1824.9	1564.2	1368.7	3944.0	3155.2	2629.3	2253.7	1972.0
850	1053.5	842.8	702.4	602.0	526.8	1872.6	1498.0	1248.4	1070.0	936.3	2922.4	2337.9	1948.3	1669.9	1461.2	4210.5	3368.4	2807.0	2406.0	2105.2
900	1120.2	896.2	746.8	640.1	560.1	1991.1	1592.9	1327.4	1137.8	995.5	3107.3	2485.9	2071.6	1775.6	1553.7	4477.0	3581.6	2984.6	2558.3	2238.5
950	1186.9	949.5	791.3	678.2	593.5	2109.6	1687.7	1406.4	1205.5	1054.8	3292.3	2633.8	2194.9	1881.3	1646.2	4743.4	3794.8	3162.3	2710.5	2371.7
1000	1253.6	1002.9	835.7	716.3	626.8	2228.1	1782.5	1485.4	1273.2	1114.1	3477.3	2781.8	2318.2	1987.0	1738.6	5009.9	4007.9	3339.9	2862.8	2505.0
1100	1373.6	1098.9	915.7	784.9	686.8	2441.4	1953.2	1627.6	1395.1	1220.7	3810.2	3048.2	2540.1	2177.3	1905.1	5489.6	4391.7	3659.7	3136.9	2744.8
1200	1507.0	1205.6	1004.6	861.1	753.5	2678.5	2142.8	1785.6	1530.6	1339.2	4180.1	3344.1	2786.7	2388.6	2090.1	6022.6	4818.1	4015.0	3441.5	3011.3
1300	1640.3	1312.3	1093.6	937.3	820.2	2915.5	2332.4	1943.7	1666.0	1457.8	4550.0	3640.0	3033.4	2600.0	2275.0	6555.5	5244.4	4370.4	3746.0	3277.8
1400	1773.7	1419.0	1182.5	1013.5	886.8	3152.5	2522.0	2101.7	1801.5	1576.3	4920.0	3936.0	3280.0	2811.4	2460.0	7088.5	5670.8	4725.7	4050.6	3544.3
1500	1907.1	1525.6	1271.4	1089.7	953.5	3389.6	2711.7	2259.7	1936.9	1694.8	5289.9	4231.9	3526.6	3022.8	2644.9	7621.5	6097.2	5081.0	4355.1	3810.7
1600	2040.4	1632.3	1360.3	1166.0	1020.2	3626.6	2901.3	2417.7	2072.3	1813.3	5659.8	4527.8	3773.2	3234.2	2829.9	8154.5	6523.6	5436.3	4659.7	4077.2

表 7-39

钢筋混凝土轴心受压构件配置螺旋式或焊接环式间接钢筋承载力设计值 N_{ss}(kN)

HRB400、HRBF400、RRB400 级钢筋 $f_{yv}=360N/mm^2$

柱直径 d(mm)	箍筋直径 6，箍距 s(mm)为					箍筋直径 8，箍距 s(mm)为					箍筋直径 10，箍距 s(mm)为					箍筋直径 12，箍距 s(mm)为				
	40	50	60	70	80	40	50	60	70	80	40	50	60	70	80	40	50	60	70	80
300	384.1	307.3	256.1	219.5	192.0	682.7	546.1	455.1	390.1	341.3	1065.4	852.3	710.3	608.8	532.7	1535.0	1228.0	1023.3	877.1	767.5
350	464.1	371.3	309.4	265.2	232.0	824.9	659.9	549.9	471.4	412.4	1287.3	1029.9	858.2	735.6	643.7	1854.7	1483.8	1236.5	1059.9	927.4
400	544.1	435.3	362.7	310.9	272.1	967.1	773.7	644.7	552.6	483.5	1509.3	1207.4	1006.2	862.4	754.6	2174.5	1739.6	1449.7	1242.6	1087.3
450	624.1	499.3	416.1	356.6	312.1	1109.3	887.5	739.5	633.9	554.7	1731.2	1385.0	1154.2	989.3	865.6	2494.3	1995.4	1662.9	1425.3	1247.2
500	704.1	563.3	469.4	402.4	352.1	1251.5	1001.2	834.4	715.2	625.8	1953.2	1562.6	1302.1	1116.1	976.6	2814.1	2251.3	1876.1	1608.0	1407.0
550	784.2	627.3	522.8	448.1	392.1	1393.8	1115.0	929.2	796.4	696.9	2175.1	1740.1	1450.1	1242.9	1087.6	3133.9	2507.1	2089.2	1790.8	1566.9
600	864.2	691.3	576.1	493.8	432.1	1536.0	1228.8	1024.0	877.7	768.0	2397.1	1917.7	1598.1	1369.8	1198.5	3453.7	2762.9	2302.4	1973.5	1726.8
650	944.2	755.4	629.5	539.5	472.1	1678.2	1342.6	1118.8	959.0	839.1	2619.0	2095.2	1746.0	1496.6	1309.5	3773.4	3018.7	2515.6	2156.2	1886.7
700	1024.2	819.4	682.8	585.3	512.1	1820.4	1456.3	1213.6	1040.2	910.2	2841.0	2272.8	1894.0	1623.4	1420.5	4093.2	3274.6	2728.8	2339.0	2046.6
750	1104.2	883.4	736.1	631.0	552.1	1962.6	1570.1	1308.4	1121.5	981.3	3063.0	2450.4	2042.0	1750.3	1531.5	4413.0	3530.4	2942.0	2521.7	2206.5
800	1184.2	947.4	789.5	676.7	592.1	2104.9	1683.9	1403.2	1202.8	1052.4	3284.9	2627.9	2189.9	1877.1	1642.5	4732.8	3786.2	3155.2	2704.4	2366.4
850	1264.3	1011.4	842.8	722.4	632.1	2247.1	1797.7	1498.0	1284.0	1123.5	3506.9	2805.5	2337.9	2003.9	1753.4	5052.6	4042.1	3368.4	2887.2	2526.3
900	1344.3	1075.4	896.2	768.2	672.1	2389.3	1911.4	1592.9	1365.3	1194.6	3728.8	2983.1	2485.9	2130.8	1864.4	5372.3	4297.9	3581.6	3069.9	2686.2
950	1424.3	1139.4	949.5	813.9	712.1	2531.5	2025.2	1687.7	1446.6	1265.8	3950.8	3160.6	2633.8	2257.5	1975.4	5692.1	4553.7	3794.8	3252.6	2846.1
1000	1504.3	1203.4	1002.9	859.6	752.2	2673.7	2139.0	1782.5	1527.8	1336.9	4172.7	3338.2	2781.8	2384.4	2086.4	6011.9	4809.5	4007.9	3435.4	3006.0
1100	1648.3	1318.7	1098.9	941.9	824.2	2929.7	2343.8	1953.2	1674.1	1464.9	4572.2	3657.8	3048.2	2612.7	2286.1	6587.5	5270.0	4391.7	3764.3	3293.8
1200	1808.4	1446.7	1205.6	1033.4	904.2	3214.2	2571.3	2142.8	1836.7	1607.1	5016.1	4012.9	3344.1	2866.4	2508.1	7227.1	5781.7	4818.1	4129.8	3613.5
1300	1968.4	1574.7	1312.3	1124.8	984.2	3498.6	2798.9	2332.4	1999.2	1749.3	5460.1	4368.0	3640.0	3120.0	2730.0	7866.6	6293.3	5244.4	4495.2	3933.3
1400	2128.4	1702.7	1419.0	1216.2	1064.2	3783.0	3026.4	2522.0	2161.7	1891.5	5904.0	4723.2	3936.0	3373.7	2952.0	8506.2	6805.0	5670.8	4860.7	4253.1
1500	2288.5	1830.8	1525.6	1307.7	1144.2	4067.5	3254.0	2711.7	2324.3	2033.7	6347.9	5078.3	4231.9	3627.4	3173.9	9145.8	7316.6	6097.2	5226.2	4572.9
1600	2448.5	1958.8	1632.3	1399.1	1224.2	4351.9	3481.5	2901.3	2486.8	2176.0	6791.8	5433.4	4527.8	3881.0	3395.9	9785.3	7828.3	6523.6	5591.6	4892.7

7.6.3 计算例题

【例题 7-18】 已知圆形截面轴心受压柱，直径 $d=400$mm，计算跨度 $l_0=5$m，混凝土强度等级为 C30，纵向钢筋用 HRB400 级，选用 6Φ20，间接钢筋 HPB300 级，采用ϕ8 螺旋式，间距 $s=50$mm。求此柱的轴向受压承载力。

【解】

(1) 已知计算数据。圆柱截面直径 $d=400$mm，$d_{cor}=400-2\times30=340$mm，计算长度 $l_0=5$m，混凝土强度等级为 C30，$f_c=14.3\text{N/mm}^2$，纵向钢筋 HRB400 级，选用 6Φ20，$A'_s=1884\text{mm}^2$，$f'_y=360\text{N/mm}^2$，间接钢筋为 HPB300 级，ϕ8 螺旋式，$A_{ss1}=50.3\text{mm}^2$，$f_{yv}=270\text{N/mm}^2$，间距 $s=50$mm。

(2) 确定是否考虑间接钢筋。因为 $l_0/d=5000/400=12.5>12$，故不考虑间接钢筋。

由 $l_0/d=12.5$，查表 7-31 得 $\varphi=0.91$。

(3) 计算柱的轴向受压承载力 N。因 $\rho=\dfrac{A'_s}{A}=\dfrac{1884}{0.25\pi\times400^2}=1.5\%<3\%$，故在构件截面面积 A 中不必减去钢筋截面面积 A'_s。

由公式(7-123)计算，得

$$N=0.9\varphi(f_cA+f'_yA'_s)=0.9\times0.91\times(14.3\times0.25\times\pi\times400^2+360\times1884)=2027\text{kN}$$

故此柱的轴向受压承载力为 2027kN。

【例题 7-19】 已知圆形截面轴心受压柱，直径 $d=350$mm，计算长度 $l_0=3.5$m，混凝土强度等级为 C25，纵向钢筋为 HRB335 级，选用 6Φ20，间接钢筋采用 HPB300 级，ϕ8 螺旋式，间距 $s=50$mm。求此柱最大轴向受压承载力。

【解】

(1) 已知计算数据。圆柱截面直径 $d=350$mm，$d_{cor}=350-2\times30=290$mm，$l_0=3.5$m，混凝土强度等级 C25，$\alpha=1$，$f_c=11.9\text{N/mm}^2$；纵向钢筋为 HRB335 级，6$\Phi$20，$A'_s=1884\text{mm}^2$，$f'_y=300\text{N/mm}^2$；间接钢筋 HPB300 级，$f_{yv}=270\text{N/mm}^2$，$\phi$8 螺旋式，$A_{ss1}=50.3\text{mm}^2$，间距 $s=50$mm。

(2) 确定是否考虑间接钢筋。$l_0/d=3500/350=10<12$，故考虑间接钢筋。

又因 $l_0/d=10$，查表 7-31，得 $\varphi=0.96$。

(3) 计算 A_{ss0}。由公式(7-126)计算间接钢筋的换算截面面积 A_{ss0}，得

$$A_{ss0}=\frac{\pi d_{cor}A_{ss1}}{s}=\frac{\pi\times290\times50.3}{50}=917\text{mm}^2$$

$$\frac{A'_s}{4}=\frac{1884}{4}=471\text{mm}^2$$

则 $917\text{mm}^2>471\text{mm}^2$，符合间接配筋条件。

(4) 求柱的轴心受压承载力 N

1) 由公式(7-124)计算，得

$$\begin{aligned}N&=0.9(f_cA_{cor}+f'_yA'_s+2\alpha f_{yv}A_{ss0})\\&=0.9\times(11.9\times0.25\times\pi\times290^2+300\times1884+2\times1\times270\times917)=1662\text{kN}\end{aligned}$$

2) 由公式(7-123)计算，得

因 $$\rho=\frac{A'_s}{0.25\pi d^2}=\frac{1884}{0.25\pi\times350^2}=1.96\%<3\%$$

故构件截面面积 A 中不必减去钢筋截面面积 A_s。

$N=0.9\varphi(f_cA+f'_yA'_s)=0.9\times0.96\times(11.9\times0.25\times\pi\times350\times350+300\times1884)=1478\text{kN}$

则 1662kN>1478kN，符合间接配筋条件。

故取此柱的最大轴向受压承载力为 1662kN。

【例题 7-20】 已知圆形截面轴心受压柱，直径为 400mm，计算长度 $l_0=4.2\text{m}$，混凝土强度等级采用 C40，纵向钢筋采用 HRB400 级 6Φ20，间接钢筋采用 HPB300 级钢筋，Φ8 螺旋式，间距 $s=60\text{mm}$。求该柱所能承受的最大轴向压力。

【解】

(1) 已知计算数据。圆柱截面直径 $d=400\text{mm}$，$d_{cor}=400-2\times30=340\text{mm}$，$l_0=4.2\text{m}$，混凝土强度等级为 C40，$\alpha=1$，$f_c=19.1\text{N/mm}^2$，纵向钢筋 HRB400 级，6Φ20，$A'_s=1884\text{mm}^2$，$f'_y=360\text{mm}^2$；间接钢筋 HPB300 级，$f_{yv}=270\text{N/mm}^2$，Φ8 螺旋式，$A_{ss1}=50.3\text{mm}^2$，间距 $s=60\text{mm}$。

(2) 确定是否考虑间接配筋。因为 $l_0/d=4200/400=10.5<12$，故考虑间接配筋。

由于 $l_0/d=10.5$，查表 7-31，得 $\varphi=0.95$。

(3) 计算 A_{ss0}。由公式(7-126)计算间接钢筋的换算截面面积 A_{ss0}，得

$$A_{ss0}=\frac{\pi d_{cor}A_{ss1}}{s}=\frac{\pi\times340\times50.3}{60}=895\text{mm}^2$$

$$\frac{A'_s}{4}=\frac{1884}{4}=471\text{mm}^2$$

则 $895\text{mm}^2>471\text{mm}^2$，符合间接配筋条件。

(4) 求柱所能承受的最大轴向压力 N

$$\begin{aligned}N&=0.9(f_cA_{cor}+f'_yA'_s+2\alpha f_{yv}A_{ss0})\\&=0.9\times(11.9\times0.25\times\pi\times340^2+360\times1884+2\times1\times270\times895)=2606\text{kN}\end{aligned}$$

(5) 由公式(7-123)计算 N。因 $\rho=\dfrac{A'_s}{0.25\pi d^2}=\dfrac{1884}{0.25\pi\times400^2}=1.5\%<3\%$，故构件截面面积 A 中不必减去钢筋截面面积 A'_s。

$N=0.9\varphi(f_cA+f'_yA'_s)=0.9\times0.95\times(19.1\times0.25\times\pi\times400^2+360\times1884)=2632\text{kN}$

则 2632kN>2606kN，故取该柱所能承受的最大轴向压力为 2632kN。

【例题 7-21】 已知一钢筋混凝土轴心受压柱，截面尺寸为 $b=400\text{mm}$，$h=400\text{mm}$，承受轴向压力设计值 $N=2380.5\text{kN}$，柱计算长度 $l_0=5.6\text{m}$，采用 C30 级混凝土、HRB335 级钢筋。试求此柱纵向配筋数量。

【解】

因为 $l_0/b=5600/400=14$，查表 7-31，得 $\varphi=0.92$

应用公式(7-127)计算，得

$$\frac{N}{0.9\varphi}=\frac{2380.5}{0.9\times0.92}=2875\text{kN}$$

查表 7-33 及表 7-35 进行计算：

查表 7-33，由 $b=400\text{mm}$，$h=400\text{mm}$，混凝土 C30，得 $N_c=2288\text{kN}$；

查表 7-35，由 $f'_y=300\text{N/mm}^2$，4Φ25 得 $N_s=589\text{kN}$，共计为 $N_c+N_s=(2288+589)\text{kN}=2877\text{kN}>2875\text{kN}$，满足要求。

【例题 7-22】 已知一钢筋混凝土柱，截面尺寸为 400mm×400mm 正方形，柱的计算高度 $l_0=5400$mm，承受轴向压力设计值 $N=2523$kN。混凝土强度等级 C30，钢筋选用 HRB400 级。试求此柱纵向配筋数量。

【解】

(1) 求 N_c。根据 400mm×400mm 正方形柱，C30 级混凝土，查表 7-33，得 $N_c=2288$kN。

(2) 求柱的稳定系数 φ。由于 $l_0/b=5400/400=13.5$，查表 7-31，得 $\varphi=0.928$

(3) 求 N_s 及柱纵向配筋量。应用公式(7-127)计算，得

$$N_s=\frac{N}{0.9\varphi}-N_c=\frac{2523\times10^3}{0.9\times0.928}-2288=732.83\text{kN}$$

查表 7-35，当选用 8⏀18，得

$$N_s=732.9\text{kN}>732.83\text{kN}$$

满足要求。

【例题 7-23】 一现浇钢筋混凝土圆柱直径 $d=400$mm，纵向钢筋采用 HRB335 级钢筋，8⏀22，$A'_s=3041\text{mm}^2$；采用螺旋式箍筋 HPB300 级钢筋，ϕ8，$s=50$mm。$l_0/d=10.5$，采用 C30 级混凝土。试求该圆柱轴心受压承载力设计值。

【解】

(1) 求间接钢筋的换算截面面积。应用公式(7-126)计算，得

$$A_{ss0}=\frac{\pi d_{cor}A_{ss1}}{s}=\frac{\pi\times340\times50.27}{50}=1073.91\text{mm}^2$$

又
$$A_{ss0}>A'_s/4=3041/4=762.25\text{mm}^2$$

(2) 查表计算

1) 查表 7-34，得　　$N_c=1797.0$kN

2) 查表 7-35，得　　$N_s=912.3$kN

3) 查表 7-36，得　　$N_{cr}=1298.3$kN

4) 查表 7-37，得　　$N_{ss}=580.3$kN

应用公式(7-128)计算，得

$$N=0.9(N_{cr}+N_s+\alpha N_{ss})=0.9(1298.3+912.3+580.3)=2511.8\text{kN}$$

(3) 按公式(7-127)计算，得

$$N_1=0.9\varphi(N_c+N_s)=0.9\times0.95\times(1797.0+912.3)=2316.5\text{kN}$$

而
$$1.5N_1=3474.7\text{kN}$$

故
$$1.5N_1=3474.7\text{kN}>N=2511.8\text{kN}$$

则取
$$N=2511.8\text{kN}$$

为该柱轴心受压承载力设计值。

7.7　高层建筑钢筋混凝土矩形截面偏心受压柱正截面对称配筋受压承载力计算

7.7.1　矩形截面偏心受压柱正截面对称配筋受压承载力计算方法

矩形截面偏心受压柱正截面对称配筋受压承载力计算方法如表 7-40 所示。

矩形截面偏心受压柱正截面对称配筋受压承载力计算方法　　表 7-40

序号	项　目	内　容
1	一般说明	正截面计算的基本假定，偏心受压长柱的受力特点及设计弯矩计算方法，附加弯矩计算规定，矩形应力图形，相对界限受压区高度及钢筋应力等的计算等，均见本书表 2-3 所示
2	大、小偏心受压破坏判别	(1) 无地震作用组合时 当满足 $$\xi=\frac{x}{h_0}=\frac{N}{\alpha_1 f_c b h_0}\leqslant\xi_b \quad (7\text{-}133)$$ 时为大偏心受压破坏 当满足 $$\xi=\frac{x}{h_0}=\frac{N}{\alpha_1 f_c b h_0}>\xi_b \quad (7\text{-}134)$$ 时为小偏心受压破坏 (2) 有地震作用组合时 当满足 $$\xi=\frac{x}{h_0}=\frac{\gamma_{RE}N_1}{\alpha_1 f_c b h_0}\leqslant\xi_b \quad (7\text{-}135)$$ 时为大偏心受压破坏 当满足 $$\xi=\frac{x}{h_0}=\frac{\gamma_{RE}N_1}{\alpha_1 f_c b h_0}>\xi_b \quad (7\text{-}136)$$ 时为小偏心受压破坏 式中　N——竖向荷载与风荷载组合的轴向压力设计值 N_1——竖向荷载与地震作用组合的轴向压力设计值 γ_{RE}——承载力抗震调整系数，取 0.8
3	大偏心受压柱的计算	(1) 承载力计算(图 7-29) 1) 无地震作用组合时 $$N\leqslant\alpha_1 f_c \xi b h_0 \quad (7\text{-}137)$$ $$Ne\leqslant\alpha_1 f_c b h_0^2\xi(1-0.5\xi)+f'_y A'_s(h_0-a'_s) \quad (7\text{-}138)$$ 2) 有地震作用组合时 $$\gamma_{RE}N_1\leqslant\alpha_1 f_c \xi b h_0 \quad (7\text{-}139)$$ $$\gamma_{RE}N_1 e\leqslant\alpha_1 f_c b h_0^2\xi(1-0.5\xi)+f'_y A'_s(h_0-a'_s) \quad (7\text{-}140)$$ (2) 对称配筋计算 1) 无地震作用组合时 $$A_s=A'_s=\frac{Ne-\alpha_1 f_c\xi(1-0.5\xi)f_c b h_0^2}{f'_y(h_0-a'_s)} \quad (7\text{-}141)$$ 或 $$A_s=A'_s=\frac{Ne-\alpha_1 f_c bx(h_0-0.5x)}{f'_y(h_0-a'_s)} \quad (7\text{-}142)$$ 2) 有地震作用组合时 $$A_s=A'_s=\frac{\gamma_{RE}N_1 e-\alpha_1 f_c\xi(1-0.5\xi)f_c b h_0^2}{f'_y(h_0-a'_s)} \quad (7\text{-}143)$$ 或 $$A_s=A'_s=\frac{\gamma_{RE}N_1 e-\alpha_1 f_c bx(h_0-0.5x)}{f'_y(h_0-a'_s)} \quad (7\text{-}144)$$ (3) 上述公式中 $$e=e_i+0.5h-a_s \quad (7\text{-}145)$$ $$e_0=M/N \quad (2\text{-}12)$$ $$e_a=\frac{h}{30}\geqslant 20\text{mm} \quad (2\text{-}13)$$ $$e_i=e_0+e_a \quad (2\text{-}14)$$ (4) 适用条件 公式(7-141)～公式(7-144)中，$x\geqslant 2a'_s$、$x\leqslant\xi_b h_0$，如果 $x<2a'_s$ 近似取为： 1) 无地震作用组合时 $$A_s=A'_s=\frac{N(e_i-0.5h_1+a'_s)}{f'_y(h_0-a'_s)} \quad (7\text{-}146)$$

续表 7-40

序号	项　目	内　容
3	大偏心受压柱的计算	2）有地震作用组合时 $$A_s=A_s'=\frac{\gamma_{RE}N_1(e_i-0.5h+a_s')}{f_y'(h_0-a_s')} \quad (7\text{-}147)$$ 式中　M——与轴向压力设计值相对应的弯矩设计值
4	小偏心受压柱的计算	（1）承载力计算 1）无地震作用组合时 $$N\leqslant\alpha_1 f_c\xi bh_0+f_y'A_s'-f_yA_s\frac{\xi-\beta_1}{\xi_b-\beta_1} \quad (7\text{-}148)$$ $$Ne\leqslant\alpha_1 f_c\xi bh_0^2(1-0.5\xi)+f_y'A_s'(h_0-a_s') \quad (7\text{-}149)$$ 2）有地震作用组合时 $$\gamma_{RE}N_1\leqslant\alpha_1 f_c\xi bh_0+f_y'A_s'-f_yA_s\frac{\xi-\beta_1}{\xi_b-\beta_1} \quad (7\text{-}150)$$ $$\gamma_{RE}N_1e\leqslant\alpha_1 f_c\xi bh_0^2(1-0.5\xi)+f_y'A_s'(h_0-a_s') \quad (7\text{-}151)$$ （2）对称配筋的计算 1）无地震作用组合时 $$A_s=A_s'=\frac{Ne-\xi(1-0.5\xi)\alpha_1 f_cbh_0^2}{f_y'(h_0-a_s')} \quad (7\text{-}152)$$ 2）有地震作用组合时 $$A_s=A_s'=\frac{\gamma_{RE}N_1e-\xi(1-0.5\xi)\alpha_1 f_cbh_0^2}{f_y'(h_0-a_s')} \quad (7\text{-}153)$$ （3）求公式(7-152)、公式(7-153)中的 ξ 值 1）公式(7-152)中的 ξ 值为 $$\xi=\frac{N-\xi_b\alpha_1 f_cbh_0}{\frac{Ne-0.43\alpha_1 f_cbh_0^2}{(\beta_1-\xi_b)(h_0-a_s')}+\alpha_1 f_cbh_0}+\xi_b \quad (7\text{-}154)$$ 2）公式(7-153)中的 ξ 值为 $$\xi=\frac{\gamma_{RE}N_1-\xi_b\alpha_1 f_cbh_0}{\frac{\gamma_{RE}N_1e-0.43\alpha_1 f_cbh_0^2}{(\beta_1-\xi_b)(h_0-a_s')}+\alpha_1 f_cbh_0}+\xi_b \quad (7\text{-}155)$$ 式中　f_c——混凝土轴心抗压强度设计值，按本书表 2-10 采用 b、h_0——矩形柱截面宽度、有效高度 ξ——相对受压区高度 ξ_b——相对界限受压区高度，按本书表 2-6 采用 β_1——混凝土强度降低系数，按本书表 2-5 采用

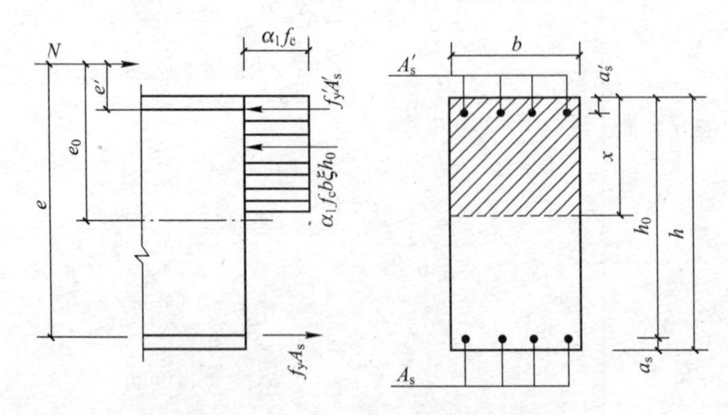

图 7-29　大偏心受压破坏计算简图

7.7.2　计算例题

【例题 7-24】　一钢筋混凝土柱，截面尺寸为 $b=400$mm，$h=500$mm，柱计算高度 $l_0=5$m，混凝土强度等级为 C30，钢筋采用 HRB400 级，$a_s=a_s'=40$mm。承受轴向力设计值

$N=550\text{kN}$，柱端较大弯矩设计值 $M_2=450\text{kN}\cdot\text{m}$(按柱两端弯矩相等 $M_1/M_2=1$ 的框架柱考虑)，采用对称配筋。试求柱纵向受力钢筋截面面积 $A_s=A_s'$。

【解】

(1) 已知计算数据。$N=550\text{kN}$，$M_2=450\text{kN}\cdot\text{m}(M_1/M_2=1)$。$b=400\text{mm}$，$h=500\text{mm}$，$a_s=a_s'=40\text{mm}$。$h_0=h-40=460\text{mm}$，$l_0=5\text{m}$。C30 混凝土，$f_c=14.3\text{N/mm}^2$；HRB400 级钢筋，$f_y=f_y'=360\text{N/mm}^2$，$\alpha_1=1$，$\beta_1=0.8$，$\xi_b=0.518$。

(2) 求框架柱产生的二阶效应后控制截面的弯矩设计值 M

由于 $M_1/M_2=1$，$i=0.289h=0.289\times500=144.5\text{mm}$，则 $l_0/i=5000/144.5=34.6>34-12(M_1/M_2)=22$，因此，需要考虑附加弯矩影响。根据公式(2-8)～公式(2-13)计算，得

$$\zeta_c=\frac{0.5f_cA}{N}=\frac{0.5\times14.3\times400\times500}{550000}=2.6>1，取\ \zeta_c=1$$

$$C_m=0.7+0.3\frac{M_1}{M_2}=1$$

$$e_a=\frac{h}{30}=\frac{500}{30}=17\text{mm}<20\text{mm}，\quad 取\ e_a=20\text{mm}$$

$$\begin{aligned}\eta_{ns}&=1+\frac{1}{1300(M_2/N+e_a)/h_0}\left(\frac{l_0}{h}\right)^2\zeta_c\\&=1+\frac{460}{1300(450\times10^6/550\times10^3+20)}\left(\frac{5000}{500}\right)^2\times1\\&=1.042\end{aligned}$$

将其代入公式(2-11)计算，得框架柱弯矩设计值 M 为

$$M=C_m\eta_{ns}M_2=1\times1.042\times450=468.9\text{kN}\cdot\text{m}$$

(3) 判别大、小偏心受压

由公式(7-133)计算，得

$$\xi=\frac{N}{\alpha_1f_cbh_0}=\frac{550\times10^3}{1.0\times14.3\times400\times460}=0.209<\xi_b=0.518$$

为大偏心受压，则有 $x=\xi h_0=0.209\times460=96.14\text{mm}>2a_s'=80\text{mm}$

(4) 求 A_s 及 A_s'

根据公式(2-12)计算，得

$$e_0=M/N=468.9/550=0.853\text{m}=853\text{mm}$$

代入公式(2-14)计算，得

$$e_i=e_0+e_a=853+20=873\text{mm}$$

再由公式(7-145)计算，得

$$e=e_i+h/2-a_s=873+250-40=1083\text{mm}$$

与其他数据一同代入公式(7-142)计算，得

$$\begin{aligned}A_s=A_s'&=\frac{Ne-\alpha_1f_cbx\left(h_0-\dfrac{x}{2}\right)}{f_y'(h_0-a_s')}\\&=\frac{550\times10^3\times1083-1.0\times14.3\times400\times96.14\times\left(460-\dfrac{96.14}{2}\right)}{360\times(460-40)}\\&=2441\text{mm}^2\end{aligned}$$

(5) 选纵向配筋及验算配筋率

每边选 5Φ25($A_s=A'_s=2454mm^2$，HRB400 级)则全部纵向钢筋的配筋率为

$$\rho=\frac{4908}{400\times500}=2.45\%>0.55\%$$

满足要求。

【例题 7-25】 已知矩形截面钢筋混凝土柱，截面尺寸为 $b=300mm$，$h=400mm$，承受轴向压力设计值 $N=330kN$，柱两端弯矩设计值分别为 $M_1=86kN\cdot m$，$M_2=88kN\cdot m$，柱计算长度 $l_0=3.1m$，混凝土强度等级为 C40，钢筋 HRB400 级，采用对称配筋。试求纵向受力钢筋截面面积 A_s 和 A'_s。

【解】

(1) 已知计算数据。$b=300mm$，$h=400mm$，$a_s=a'_s=40mm$。$h_0=h-40=360mm$，$l_0=3.1m$，$N=330kN$，$M_1=86kN\cdot m$，$M_2=88kN\cdot m$；C40 混凝土，$f_c=19.1N/mm^2$，$\alpha_1=1$；HRB400 级钢筋，$f_y=f'_y=360N/mm^2$，$\xi_b=0.518$。

(2) 求框架柱产生的二阶效应后控制截面的弯矩设计值 M

由于 $M_1/M_2=86/88=0.977$，$i=0.289h=0.289\times400=115.6mm$，则 $l_0/i=3100/115.6=27>34-12(M_1/M_2)=22mm$，因此，需要考虑附加弯矩的影响。

根据公式(2-8)～公式(2-13)计算，得

$$\zeta_c=\frac{0.5f_cA}{N}=\frac{0.5\times19.1\times300\times400}{330000}=3.47>1，取\ \zeta_c=1$$

$$C_m=0.7+0.3\frac{M_1}{M_2}=0.993$$

$$e_a=\left(20,\ \frac{h}{30}\right)_{max}=\left(20,\ \frac{400}{30}\right)_{max}=20mm$$

$$\begin{aligned}\eta_{ns}&=1+\frac{1}{1300(M_2/N+e_a)/h_0}\left(\frac{l_0}{h}\right)^2\zeta_c\\&=1+\frac{360}{1300(88\times10^6/330\times10^3+20)}\left(\frac{3100}{400}\right)^2\times1\\&=1.058\end{aligned}$$

代入公式(2-11)计算，得框架柱弯矩设计值 M 为

$$M=C_m\eta_{ns}M_2=0.993\times1.058\times88=92.45kN\cdot m$$

(3) 判别大、小偏心受压

由于

$$x=\frac{N}{\alpha_1f_cb}=\frac{330\times10^3}{1\times19.1\times300}=58mm<2a'_s=80mm$$

$$e_0=M/N=92.45/330=280mm$$

$$e_i=e_0+e_a=280+20=300mm>0.3h_0=0.3\times360=108mm$$

为大偏心受压。

(4) 求 A_s 及 A'_s

应用公式(7-146)计算，得

$$A_s=A'_s=\frac{N(e_i-0.5h+a'_s)}{f'_y(h_0-a'_s)}=\frac{330\times10^3\times(300-200+40)}{360\times(360-40)}=401mm^2$$

(5) 选纵向配筋及验算配筋率

每边选2Φ16($A_s=A_s'=402mm^2$，HRB400级)，则全部纵向钢筋的配筋率为

$$\rho=\frac{402\times2}{300\times400}=0.67\%>0.55\%$$

满足要求。

【例题7-26】 已知一钢筋混凝土偏心受压柱，柱宽$b=400mm$，柱高$h=500mm$，$a_s=a_s'=40mm$，$h_0=h-a_s=500-40=460mm$，柱计算高度$l_0=4m$，作用在柱上的荷载设计值所产生的轴向内力$N=2400kN$，两端弯矩相等为$M_1=M_2=220kN\cdot m$，钢筋采用HRB400级，混凝土采用C40，采用对称配筋，试求柱纵向受力钢筋截面面积$A_s=A_s'$。

【解】

(1) 确定钢筋和混凝土的材料强度及几何参数

C40混凝土，$f_c=19.1N/mm^2$；HRB400级钢筋，$f_y=f_y'=360N/mm^2$；$b=400mm$，$h=500mm$，$a_s=a_s'=40mm$；$h_0=h-40=460mm$；HRB400级钢筋，C40混凝土，$\alpha_1=1.0$，$\beta_1=0.8$，$\xi_b=0.518$。

(2) 求框架柱弯矩设计值M

由于$M_1/M_2=1$，$i=0.289h=144.5mm$，则$l_0/i=27.7>34-12(M_1/M_2)=22mm$，因此，需要考虑附加弯矩的影响。

根据公式(2-8)～公式(2-13)计算，得

$$\zeta_c=\frac{0.5f_cA}{N}=\frac{0.5\times19.1\times400\times500}{2400000}=0.796$$

$$C_m=0.7+0.3\frac{M_1}{M_2}=1$$

$$e_a=\left(20,\ \frac{h}{30}\right)_{max}=20mm$$

$$\eta_{ns}=1+\frac{1}{1300(M_2/N+e_a)/h_0}\left(\frac{l_0}{h}\right)^2\zeta_c$$

$$=1+\frac{460}{1300(220\times10^6/2400\times10^3+20)}\left(\frac{4000}{500}\right)^2\times0.796$$

$$=1.161$$

代入公式(2-11)计算，得框架柱弯矩设计值M为

$$M=C_m\eta_{ns}M_2=1\times1.161\times220=255.42kN\cdot m$$

(3) 判别大、小偏心受压

由公式(7-133)计算，得

$$\xi=\frac{N}{\alpha_1f_cbh_0}=\frac{2400\times10^3}{1.0\times19.1\times400\times460}=0.683>\xi_b=0.518$$

为小偏心受压。

(4) 求A_s及A_s'

应用公式(2-12)、公式(2-14)计算，得

$$e_0=\frac{M}{N}=\frac{255.42\times10^6}{2400\times10^3}=106.43mm$$

$$e_i=e_0+e_a=106.43+20=126.43mm$$

由公式(7-145)计算，得

$$e=e_i+h/2-a_s=126.43+250-40=336.43\text{mm}$$

由公式(7-154)计算，得

$$\xi=\frac{N-\alpha_1 f_c b h_0 \xi_b}{\frac{Ne-0.43\alpha_1 f_c b h_0^2}{(\beta_1-\xi_b)(h_0-a_s')}+\alpha_1 f_c b h_0}+\xi_b$$

$$=\frac{2400\times10^3-0.518\times1.0\times19.1\times400\times460}{\frac{2400\times10^3\times336.43-0.43\times1.0\times19.1\times400\times460^2}{(0.8-0.518)\times(460-40)}+1.0\times19.1\times400\times460}+0.518$$

$$=\frac{579540.8}{948021.6+3514400}+0.518=0.648$$

与其他数据一同代入公式(7-152)计算，得

$$A_s=A_s'=\frac{Ne-\alpha_1 f_c b h_0^2\xi(1-0.5\xi)}{f_y'(h_0-a_s')}$$

$$=\frac{2400\times10^3\times336.43-1.0\times19.1\times400\times460^2\times0.648\times(1-0.5\times0.648)}{360\times(460-40)}$$

$$=657\text{mm}^2>0.002bh=400\text{mm}^2$$

需按计算配筋。

(5) 选纵向配筋及验算配筋率

每边选 2⌀22($A_s=A_s'=760\text{mm}^2$，HRB400 级)，则全部纵向钢筋的配筋率为

$$\rho=\frac{760\times2}{400\times500}=0.76\%>0.55\%$$

每边配筋率为 0.38%>0.2%，满足要求。

7.8 高层建筑钢筋混凝土矩形截面对称配筋偏心受压柱正截面受压承载力计算用表

7.8.1 制表计算公式与计算用表及适用范围

矩形截面对称配筋偏心受压柱正截面受压承载力制表计算公式与计算用表及适用范围如表 7-41 所示。

矩形截面对称配筋偏心受压柱正截面受压承载力制表计算公式与计算用表及适用范围　表 7-41

序号	项　目	内　容
1	制表计算公式	矩形截面对称配筋偏心受压柱正截面受压承载力制表计算公式如下： (1) 当$\frac{N\text{或}\gamma_{RE}N_1}{\alpha_1 f_c b h_0}<2\frac{a_s}{h_0}$时 $$\rho=\frac{\frac{N\text{或}\gamma_{RE}N_1}{\alpha_1 f_c b h_0}}{\frac{f_y}{\alpha_1 f_c}\left(1-\frac{a_s}{h_0}\right)}\left[\frac{e_i}{h_0}-0.5\left(1-\frac{a_s}{h_0}\right)\right]\quad(7\text{-}156)$$ (2) 当$\frac{N\text{或}\gamma_{RE}N_1}{\alpha_1 f_c b h_0}\geqslant2\frac{a_s}{h_0}$或$\leqslant\xi_b$时 $$\rho=\frac{\frac{N\text{或}\gamma_{RE}N_1}{\alpha_1 f_c b h_0}}{\frac{f_y}{\alpha_1 f_c}\left(1-\frac{a_s}{h_0}\right)}\left[\frac{e_i}{h_0}-0.5\left(1+\frac{a_s}{h_0}\right)+\frac{0.5N\text{或}\gamma_{RE}N_1}{\alpha_1 f_c b h_0}\right]\quad(7\text{-}157)$$ (3) 当$\frac{N\text{或}\gamma_{RE}N_1}{\alpha_1 f_c b h_0}>\xi_b$时

续表 7-41

序号	项　目	内　容
1	制表计算公式	$$\xi=\frac{\frac{N\text{或}\gamma_{RE}N_1}{\alpha_1 f_c bh_0}-\xi_b}{\frac{\frac{N\text{或}\gamma_{RE}N_1}{\alpha_1 f_c bh_0}\left[\frac{e_i}{h_0}+0.5\left(1-\frac{a_s}{h_0}\right)\right]-0.43}{(\beta_1-\xi_b)\left(1-\frac{a_s}{h_0}\right)}+1}+\xi_b \quad (7\text{-}158)$$ $$\rho=\frac{\frac{N\text{或}\gamma_{RE}N_1}{\alpha_1 f_c bh_0}\left[\frac{e_i}{h_0}+0.5\left(1-\frac{a_s}{h_0}\right)\right]-\xi(1-0.5\xi)}{\frac{f_y}{\alpha_1 f_c}\left(1-\frac{a_s}{h_0}\right)} \quad (7\text{-}159)$$
2	计算用表及适用范围	计算用表及适用范围如表 7-42 所示

矩形截面对称配筋偏心受压柱正截面承载力计算用表与适用范围　　表 7-42

序号	计算用表编号	混凝土强度等级	钢筋种类 HRB400、HRBF400、RRB400	$\frac{a_s}{h_0}$
1	表 7-43a	C30，f_c=14.3N/mm^2	f_y=360N/mm^2	0.04
2	表 7-43b	C30，f_c=14.3N/mm^2	f_y=360N/mm^2	0.05
3	表 7-43c	C30，f_c=14.3N/mm^2	f_y=360N/mm^2	0.06
4	表 7-43d	C30，f_c=14.3N/mm^2	f_y=360N/mm^2	0.07
5	表 7-43e	C30，f_c=14.3N/mm^2	f_y=360N/mm^2	0.08
6	表 7-43f	C30，f_c=14.3N/mm^2	f_y=360N/mm^2	0.09
7	表 7-43g	C30，f_c=14.3N/mm^2	f_y=360N/mm^2	0.10
8	表 7-44a	C40，f_c=19.1N/mm^2	f_y=360N/mm^2	0.04
9	表 7-44b	C40，f_c=19.1N/mm^2	f_y=360N/mm^2	0.05
10	表 7-44c	C40，f_c=19.1N/mm^2	f_y=360N/mm^2	0.06
11	表 7-44d	C40，f_c=19.1N/mm^2	f_y=360N/mm^2	0.07
12	表 7-44e	C40，f_c=19.1N/mm^2	f_y=360N/mm^2	0.08
13	表 7-44f	C40，f_c=19.1N/mm^2	f_y=360N/mm^2	0.09
14	表 7-44g	C40，f_c=19.1N/mm^2	f_y=360N/mm^2	0.10
15	表 4-45a	C50，f_c=23.1N/mm^2	f_y=360N/mm^2	0.04
16	表 4-45b	C50，f_c=23.1N/mm^2	f_y=360N/mm^2	0.05
17	表 4-45c	C50，f_c=23.1N/mm^2	f_y=360N/mm^2	0.06
18	表 4-45d	C50，f_c=23.1N/mm^2	f_y=360N/mm^2	0.07
19	表 4-45e	C50，f_c=23.1N/mm^2	f_y=360N/mm^2	0.08
20	表 4-45f	C50，f_c=23.1N/mm^2	f_y=360N/mm^2	0.09
21	表 4-45g	C50，f_c=23.1N/mm^2	f_y=360N/mm^2	0.10

注：1. 表 7-43～表 7-45 中符号代表意义为：

$$n=\frac{N\text{或}\gamma_{RE}N_1}{\alpha_1 f_c bh_0},\ E=\frac{e_i}{h_0},\ \rho=\frac{A_s}{bh_0}(\%),\ A_s=A'_s,\ a_s=a'_s$$

2. 表中查得的数值为 $\rho(\%)$值；$A_s=A'_s=\rho(\%)bh_0$；
3. 配筋率的最低值为 $\rho=0.002h/h_0$(表中未列出)；
4. 表中配筋率最大的情况并不代表该构件可能承受的轴向力最大值；
5. 截面配筋简图如图 7-30 所示；
6. 当采用 HRB335、HRBF335 级钢筋，f_y=300N/mm^2 时，可将适用条件相应的表中查得的 $\rho(\%)$值乘以系数 1.20(近似)后采用。

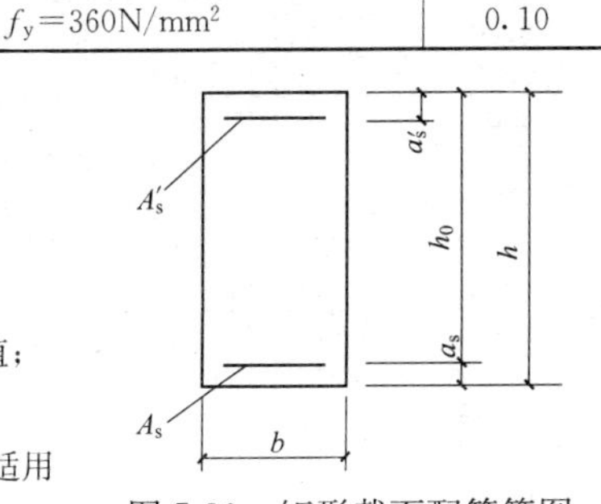

图 7-30　矩形截面配筋简图

对称配筋矩形截面偏心受压构件正截面承载力计算参数　　表 7-43a

（$f_c=14.3\text{N/mm}^2$　$f_y=360\text{N/mm}^2$　$\alpha_1=1$　$\xi_b=0.518$　$a_s/h_0=0.04$）

ρ(%) n / E	0.01	0.02	0.03	0.04	0.06	0.08	0.10	0.12	0.14	0.16	0.18	0.20
0.68												0.215
0.70											0.201	0.232
0.72											0.216	0.248
0.74											0.231	0.265
0.76										0.212	0.246	0.281
0.78										0.225	0.261	0.298
0.80									0.203	0.238	0.276	0.314
0.82									0.214	0.252	0.290	0.331
0.84									0.226	0.265	0.305	0.348
0.86									0.238	0.278	0.320	0.364
0.88								0.209	0.249	0.291	0.335	0.381
0.90								0.218	0.261	0.305	0.350	0.397
0.92								0.228	0.272	0.318	0.365	0.414
0.94								0.238	0.284	0.331	0.380	0.430
0.96							0.203	0.248	0.295	0.344	0.395	0.447
0.98							0.211	0.258	0.307	0.358	0.410	0.463
1.00							0.219	0.268	0.319	0.371	0.425	0.480
1.10						0.205	0.261	0.318	0.377	0.437	0.499	0.563
1.15						0.222	0.281	0.343	0.405	0.470	0.536	0.604
1.20						0.238	0.302	0.367	0.434	0.503	0.573	0.645
1.25						0.255	0.323	0.392	0.463	0.536	0.611	0.687
1.30					0.204	0.271	0.343	0.417	0.492	0.569	0.648	0.728
1.35					0.216	0.288	0.364	0.442	0.521	0.602	0.685	0.770
1.40					0.228	0.305	0.385	0.467	0.550	0.636	0.722	0.811
1.45					0.241	0.321	0.405	0.492	0.579	0.669	0.760	0.852
1.50					0.253	0.338	0.426	0.516	0.608	0.702	0.797	0.894
1.55					0.266	0.354	0.447	0.541	0.637	0.735	0.834	0.935
1.60					0.278	0.371	0.468	0.566	0.666	0.768	0.871	0.977
1.65					0.290	0.387	0.488	0.591	0.695	0.801	0.909	1.018
1.70				0.202	0.303	0.404	0.509	0.616	0.724	0.834	0.946	1.059
1.75				0.210	0.315	0.420	0.530	0.641	0.753	0.867	0.983	1.101
1.80				0.218	0.328	0.437	0.550	0.665	0.782	0.900	1.020	1.142
1.85				0.227	0.340	0.453	0.571	0.690	0.811	0.933	1.058	1.183
1.90				0.235	0.353	0.470	0.592	0.715	0.840	0.967	1.095	1.225
1.95				0.243	0.365	0.487	0.612	0.740	0.869	1.000	1.132	1.266
2.00				0.252	0.377	0.503	0.633	0.765	0.898	1.033	1.169	1.308
2.20			0.214	0.285	0.427	0.569	0.716	0.864	1.014	1.165	1.318	1.473
2.40			0.238	0.318	0.477	0.636	0.799	0.963	1.130	1.298	1.467	1.639
2.60			0.263	0.351	0.526	0.702	0.881	1.063	1.245	1.430	1.616	1.804
2.80			0.288	0.384	0.576	0.768	0.964	1.162	1.361	1.562	1.765	1.970
3.00		0.209	0.313	0.417	0.626	0.834	1.047	1.261	1.477	1.695	1.914	2.135
3.20		0.225	0.338	0.450	0.675	0.900	1.130	1.360	1.593	1.827	2.063	2.301
3.40		0.242	0.362	0.483	0.725	0.967	1.212	1.460	1.709	1.960	2.212	2.466
3.60		0.258	0.387	0.516	0.775	1.033	1.295	1.559	1.825	2.092	2.361	
3.80		0.275	0.412	0.549	0.824	1.099	1.378	1.658	1.941	2.224		
4.00		0.291	0.437	0.583	0.874	1.165	1.461	1.758	2.056	2.357		
4.50		0.333	0.499	0.665	0.998	1.331	1.668	2.006	2.346			
5.00		0.374	0.561	0.748	1.122	1.496	1.874	2.254				
5.50	0.208	0.415	0.623	0.831	1.246	1.662	2.081					
6.00	0.228	0.457	0.685	0.914	1.370	1.827	2.288					
7.00	0.270	0.540	0.809	1.079	1.619	2.158						
8.00	0.311	0.622	0.933	1.245	1.867	2.489						
10.00	0.394	0.788	1.182	1.576	2.363							
11.00	0.435	0.871	1.306	1.741								
12.00	0.477	0.953	1.430	1.907								

续表 7-43a

ρ(%) \ n / E	0.22	0.24	0.26	0.28	0.30	0.32	0.34	0.36	0.38	0.40	0.42	0.44
0.42												0.218
0.44											0.226	0.255
0.46									0.204	0.232	0.261	0.291
0.48								0.209	0.236	0.265	0.295	0.328
0.50							0.211	0.238	0.267	0.298	0.330	0.364
0.52						0.212	0.239	0.268	0.299	0.331	0.365	0.401
0.54					0.211	0.238	0.267	0.298	0.330	0.364	0.400	0.437
0.56				0.209	0.236	0.265	0.295	0.328	0.362	0.397	0.434	0.473
0.58			0.204	0.232	0.261	0.291	0.324	0.358	0.393	0.430	0.469	0.510
0.60			0.226	0.255	0.286	0.318	0.352	0.387	0.425	0.463	0.504	0.546
0.62		0.218	0.247	0.278	0.310	0.344	0.380	0.417	0.456	0.497	0.539	0.583
0.64	0.209	0.238	0.269	0.301	0.335	0.371	0.408	0.447	0.487	0.530	0.573	0.619
0.66	0.228	0.258	0.290	0.324	0.360	0.397	0.436	0.477	0.519	0.563	0.608	0.655
0.68	0.246	0.278	0.312	0.348	0.385	0.424	0.464	0.506	0.550	0.596	0.643	0.692
0.70	0.264	0.298	0.334	0.371	0.410	0.450	0.492	0.536	0.582	0.629	0.678	0.728
0.72	0.282	0.318	0.355	0.394	0.434	0.477	0.521	0.566	0.613	0.662	0.713	0.765
0.74	0.300	0.338	0.377	0.417	0.459	0.503	0.549	0.596	0.645	0.695	0.747	0.801
0.76	0.319	0.357	0.398	0.440	0.484	0.530	0.577	0.626	0.676	0.728	0.782	0.837
0.78	0.337	0.377	0.420	0.463	0.509	0.556	0.605	0.655	0.708	0.761	0.817	0.874
0.80	0.355	0.397	0.441	0.487	0.534	0.583	0.633	0.685	0.739	0.794	0.852	0.910
0.82	0.373	0.417	0.463	0.510	0.559	0.609	0.661	0.715	0.770	0.828	0.886	0.947
0.84	0.391	0.437	0.484	0.533	0.583	0.636	0.689	0.745	0.802	0.861	0.921	0.983
0.86	0.410	0.457	0.506	0.556	0.608	0.662	0.717	0.775	0.833	0.894	0.956	1.020
0.88	0.428	0.477	0.527	0.579	0.633	0.689	0.746	0.804	0.865	0.927	0.991	1.056
0.90	0.446	0.497	0.549	0.602	0.658	0.715	0.774	0.834	0.896	0.960	1.025	1.092
0.92	0.464	0.516	0.570	0.626	0.683	0.741	0.802	0.864	0.928	0.993	1.060	1.129
0.94	0.482	0.536	0.592	0.649	0.708	0.768	0.830	0.894	0.959	1.026	1.095	1.165
0.96	0.501	0.556	0.613	0.672	0.732	0.794	0.858	0.924	0.991	1.059	1.130	1.202
0.98	0.519	0.576	0.635	0.695	0.757	0.821	0.886	0.953	1.022	1.092	1.164	1.238
1.00	0.537	0.596	0.656	0.718	0.782	0.847	0.914	0.983	1.053	1.125	1.199	1.274
1.10	0.628	0.695	0.764	0.834	0.906	0.980	1.055	1.132	1.211	1.291	1.373	1.456
1.15	0.674	0.745	0.818	0.892	0.968	1.046	1.125	1.207	1.289	1.374	1.460	1.548
1.20	0.719	0.794	0.871	0.950	1.030	1.112	1.196	1.281	1.368	1.456	1.547	1.639
1.25	0.765	0.844	0.925	1.008	1.092	1.178	1.266	1.356	1.447	1.539	1.634	1.730
1.30	0.810	0.894	0.979	1.066	1.154	1.245	1.336	1.430	1.525	1.622	1.720	1.821
1.35	0.856	0.943	1.033	1.124	1.216	1.311	1.407	1.504	1.604	1.705	1.807	1.912
1.40	0.901	0.993	1.087	1.182	1.279	1.377	1.477	1.579	1.682	1.788	1.894	2.003
1.45	0.947	1.043	1.140	1.240	1.341	1.443	1.548	1.653	1.761	1.870	1.981	2.094
1.50	0.992	1.092	1.194	1.298	1.403	1.509	1.618	1.728	1.840	1.953	2.068	2.185
1.55	1.038	1.142	1.248	1.356	1.465	1.576	1.688	1.802	1.918	2.036	2.155	2.276
1.60	1.083	1.192	1.302	1.413	1.527	1.642	1.759	1.877	1.997	2.119	2.242	2.367
1.65	1.129	1.241	1.356	1.471	1.589	1.708	1.829	1.951	2.075	2.201	2.329	2.458
1.70	1.174	1.291	1.409	1.529	1.651	1.774	1.899	2.026	2.154	2.284	2.416	
1.75	1.220	1.341	1.463	1.587	1.713	1.840	1.970	2.100	2.233	2.367		
1.80	1.265	1.390	1.517	1.645	1.775	1.907	2.040	2.175	2.311	2.450		
1.85	1.311	1.440	1.571	1.703	1.837	1.973	2.110	2.249	2.390			
1.90	1.356	1.490	1.624	1.761	1.899	2.039	2.181	2.324	2.469			
1.95	1.402	1.539	1.678	1.819	1.961	2.105	2.251	2.398				
2.00	1.447	1.589	1.732	1.877	2.023	2.171	2.321	2.473				
2.20	1.629	1.788	1.947	2.109	2.272	2.436						
2.40	1.811	1.986	2.162	2.340								
2.60	1.994	2.185	2.378									
2.80	2.176	2.383										
3.00	2.358											

续表 7-43a

ρ(%) \ n / E	0.46	0.48	0.50	0.52	0.54	0.56	0.58	0.60	0.62	0.64	0.66	0.68
0.24												0.209
0.26											0.228	0.273
0.28									0.201	0.244	0.289	0.337
0.30								0.216	0.258	0.303	0.350	0.400
0.32							0.228	0.270	0.314	0.362	0.411	0.462
0.34					0.203	0.239	0.280	0.324	0.371	0.420	0.471	0.524
0.36				0.215	0.249	0.288	0.331	0.377	0.426	0.478	0.531	0.586
0.38			0.228	0.258	0.295	0.337	0.382	0.431	0.482	0.536	0.591	0.648
0.40	0.209	0.238	0.269	0.302	0.341	0.385	0.433	0.484	0.537	0.593	0.650	0.709
0.42	0.247	0.278	0.310	0.345	0.387	0.434	0.484	0.537	0.592	0.650	0.709	0.770
0.44	0.286	0.318	0.352	0.388	0.433	0.482	0.534	0.590	0.647	0.707	0.768	0.831
0.46	0.324	0.358	0.393	0.431	0.479	0.530	0.585	0.642	0.702	0.764	0.827	0.892
0.48	0.362	0.397	0.434	0.474	0.524	0.578	0.635	0.695	0.757	0.820	0.885	0.952
0.50	0.400	0.437	0.476	0.517	0.570	0.626	0.685	0.747	0.811	0.877	0.944	1.012
0.52	0.438	0.477	0.517	0.560	0.615	0.674	0.735	0.799	0.865	0.933	1.002	1.072
0.54	0.476	0.516	0.559	0.604	0.661	0.722	0.785	0.851	0.919	0.989	1.060	1.132
0.56	0.514	0.556	0.600	0.647	0.706	0.769	0.835	0.903	0.973	1.045	1.117	1.192
0.58	0.552	0.596	0.641	0.690	0.752	0.817	0.885	0.955	1.027	1.100	1.175	1.251
0.60	0.590	0.636	0.683	0.733	0.797	0.865	0.935	1.007	1.081	1.156	1.233	1.310
0.62	0.628	0.675	0.724	0.776	0.843	0.912	0.984	1.058	1.134	1.211	1.290	1.370
0.64	0.666	0.715	0.765	0.819	0.888	0.960	1.034	1.110	1.188	1.267	1.347	1.429
0.66	0.704	0.755	0.807	0.862	0.933	1.007	1.083	1.161	1.241	1.322	1.404	1.488
0.68	0.742	0.794	0.848	0.905	0.979	1.055	1.133	1.213	1.294	1.377	1.461	1.547
0.70	0.780	0.834	0.890	0.948	1.024	1.102	1.182	1.264	1.348	1.432	1.518	1.606
0.72	0.818	0.874	0.931	0.991	1.069	1.149	1.231	1.315	1.401	1.487	1.575	1.664
0.74	0.857	0.914	0.972	1.034	1.114	1.196	1.281	1.366	1.454	1.542	1.632	1.723
0.76	0.895	0.953	1.014	1.078	1.159	1.244	1.330	1.418	1.507	1.597	1.689	1.781
0.78	0.933	0.993	1.055	1.121	1.205	1.291	1.379	1.469	1.560	1.652	1.745	1.840
0.80	0.971	1.033	1.096	1.164	1.250	1.338	1.428	1.520	1.613	1.707	1.802	1.898
0.82	1.009	1.073	1.138	1.207	1.295	1.385	1.477	1.571	1.665	1.761	1.858	1.956
0.84	1.047	1.112	1.179	1.250	1.340	1.432	1.526	1.621	1.718	1.816	1.915	2.015
0.86	1.085	1.152	1.221	1.293	1.385	1.479	1.575	1.672	1.771	1.871	1.971	2.073
0.88	1.123	1.192	1.262	1.336	1.430	1.526	1.624	1.723	1.824	1.925	2.028	2.131
0.90	1.161	1.231	1.303	1.379	1.475	1.573	1.673	1.774	1.876	1.980	2.084	2.189
0.92	1.199	1.271	1.345	1.422	1.520	1.620	1.722	1.825	1.929	2.034	2.140	2.247
0.94	1.237	1.311	1.386	1.465	1.565	1.667	1.771	1.875	1.981	2.088	2.196	2.305
0.96	1.275	1.351	1.428	1.508	1.610	1.714	1.819	1.926	2.034	2.143	2.252	2.363
0.98	1.313	1.390	1.469	1.551	1.655	1.761	1.868	1.977	2.086	2.197	2.308	2.421
1.00	1.351	1.430	1.510	1.594	1.700	1.808	1.917	2.027	2.139	2.251	2.364	2.478
1.10	1.542	1.629	1.717	1.810	1.925	2.042	2.160	2.280	2.400			
1.15	1.637	1.728	1.821	1.917	2.037	2.159	2.282	2.406				
1.20	1.732	1.827	1.924	2.025	2.150	2.276	2.403					
1.25	1.827	1.927	2.027	2.133	2.262	2.393						
1.30	1.922	2.026	2.131	2.240	2.374							
1.35	2.018	2.125	2.234	2.348	2.486							
1.40	2.113	2.224	2.338	2.456								
1.45	2.208	2.324	2.441									
1.50	2.303	2.423										
1.55	2.398											
1.60	2.493											

续表 7-43a

ρ(%) n / E	0.70	0.72	0.74	0.76	0.78	0.80	0.82	0.84	0.86	0.88	0.90	0.92
0.10												0.215
0.12										0.213	0.257	0.302
0.14								0.206	0.251	0.297	0.343	0.389
0.16							0.241	0.287	0.333	0.380	0.428	0.476
0.18					0.226	0.272	0.319	0.366	0.415	0.463	0.512	0.562
0.20			0.209	0.254	0.301	0.348	0.397	0.446	0.496	0.546	0.596	0.648
0.22		0.233	0.279	0.326	0.375	0.424	0.474	0.525	0.576	0.628	0.680	0.733
0.24	0.254	0.301	0.349	0.398	0.448	0.499	0.551	0.603	0.656	0.710	0.764	0.818
0.26	0.320	0.369	0.418	0.469	0.521	0.574	0.627	0.681	0.736	0.791	0.847	0.903
0.28	0.386	0.436	0.487	0.540	0.594	0.648	0.703	0.759	0.815	0.872	0.929	0.987
0.30	0.450	0.503	0.556	0.610	0.666	0.722	0.779	0.836	0.894	0.953	1.012	1.071
0.32	0.515	0.569	0.624	0.680	0.738	0.795	0.854	0.913	0.973	1.033	1.093	1.154
0.34	0.579	0.635	0.692	0.750	0.809	0.868	0.929	0.990	1.051	1.113	1.175	1.238
0.36	0.643	0.701	0.759	0.819	0.880	0.941	1.003	1.066	1.129	1.192	1.256	1.321
0.38	0.706	0.766	0.827	0.888	0.951	1.014	1.077	1.142	1.207	1.272	1.337	1.403
0.40	0.770	0.831	0.893	0.957	1.021	1.086	1.151	1.217	1.284	1.351	1.418	1.486
0.42	0.832	0.896	0.960	1.025	1.091	1.158	1.225	1.293	1.361	1.430	1.499	1.568
0.44	0.895	0.960	1.026	1.093	1.161	1.229	1.298	1.368	1.438	1.508	1.579	1.650
0.46	0.958	1.025	1.092	1.161	1.231	1.301	1.371	1.443	1.514	1.586	1.659	1.732
0.48	1.020	1.089	1.158	1.229	1.300	1.372	1.444	1.517	1.591	1.665	1.739	1.813
0.50	1.082	1.152	1.224	1.296	1.369	1.443	1.517	1.592	1.667	1.742	1.818	1.894
0.52	1.144	1.216	1.289	1.364	1.438	1.514	1.590	1.666	1.743	1.820	1.898	1.976
0.54	1.205	1.280	1.355	1.431	1.507	1.584	1.662	1.740	1.819	1.898	1.977	2.056
0.56	1.267	1.343	1.420	1.498	1.576	1.655	1.734	1.814	1.894	1.975	2.056	2.137
0.58	1.328	1.406	1.485	1.564	1.644	1.725	1.806	1.888	1.970	2.052	2.135	2.218
0.60	1.389	1.469	1.550	1.631	1.713	1.795	1.878	1.961	2.045	2.129	2.213	2.298
0.62	1.450	1.532	1.614	1.697	1.781	1.865	1.950	2.035	2.120	2.206	2.292	2.378
0.64	1.511	1.595	1.679	1.764	1.849	1.935	2.021	2.108	2.195	2.282	2.370	2.458
0.66	1.572	1.657	1.743	1.830	1.917	2.004	2.092	2.181	2.270	2.359	2.449	
0.68	1.633	1.720	1.807	1.896	1.985	2.074	2.164	2.254	2.345	2.435		
0.70	1.693	1.782	1.872	1.962	2.052	2.143	2.235	2.327	2.419			
0.72	1.754	1.844	1.936	2.027	2.120	2.213	2.306	2.400	2.494			
0.74	1.814	1.907	2.000	2.093	2.187	2.282	2.377	2.472				
0.76	1.875	1.969	2.063	2.159	2.255	2.351	2.448					
0.78	1.935	2.031	2.127	2.224	2.322	2.420						
0.80	1.995	2.093	2.191	2.290	2.389	2.489						
0.82	2.055	2.155	2.255	2.355	2.456							
0.84	2.115	2.216	2.318	2.420								
0.86	2.175	2.278	2.382	2.486								
0.88	2.235	2.340	2.445									
0.90	2.295	2.401										
0.92	2.354	2.463										
0.94	2.414											
0.96	2.474											

续表 7-43a

ρ(%) ＼ n / E	0.94	0.96	0.98	1.00	1.10	1.15	1.20	1.25	1.30	1.35	1.40	1.45
0.01						0.270	0.370	0.470	0.570	0.671	0.771	0.872
0.02					0.220	0.321	0.422	0.524	0.626	0.728	0.831	0.934
0.03					0.269	0.372	0.475	0.578	0.682	0.787	0.891	0.996
0.04					0.319	0.423	0.528	0.633	0.739	0.845	0.951	1.058
0.06				0.206	0.419	0.526	0.635	0.744	0.853	0.963	1.073	1.183
0.08		0.212	0.255	0.299	0.519	0.630	0.742	0.855	0.968	1.082	1.196	1.310
0.10	0.259	0.303	0.347	0.392	0.619	0.735	0.850	0.967	1.084	1.201	1.319	1.437
0.12	0.347	0.393	0.439	0.485	0.720	0.839	0.959	1.079	1.200	1.321	1.442	1.564
0.14	0.436	0.483	0.530	0.578	0.821	0.943	1.067	1.191	1.316	1.441	1.566	1.692
0.16	0.524	0.573	0.622	0.671	0.921	1.048	1.175	1.303	1.432	1.561	1.690	1.820
0.18	0.612	0.662	0.713	0.763	1.021	1.152	1.283	1.415	1.548	1.681	1.814	1.948
0.20	0.699	0.751	0.803	0.856	1.121	1.256	1.391	1.527	1.663	1.800	1.938	2.076
0.22	0.786	0.840	0.893	0.947	1.221	1.359	1.499	1.639	1.779	1.920	2.062	2.203
0.24	0.873	0.928	0.983	1.039	1.321	1.463	1.606	1.750	1.895	2.040	2.185	2.331
0.26	0.959	1.016	1.073	1.130	1.420	1.566	1.714	1.862	2.010	2.159	2.309	2.459
0.28	1.045	1.103	1.162	1.221	1.519	1.669	1.821	1.973	2.125	2.279	2.432	
0.30	1.131	1.191	1.251	1.311	1.617	1.772	1.928	2.084	2.240	2.398		
0.32	1.216	1.277	1.339	1.402	1.716	1.875	2.034	2.194	2.355			
0.34	1.301	1.364	1.428	1.492	1.814	1.977	2.141	2.305	2.470			
0.36	1.385	1.450	1.516	1.581	1.912	2.079	2.247	2.415				
0.38	1.470	1.536	1.603	1.671	2.010	2.181	2.353					
0.40	1.554	1.622	1.691	1.760	2.107	2.282	2.458					
0.42	1.638	1.708	1.778	1.849	2.204	2.384						
0.44	1.721	1.793	1.865	1.937	2.301	2.485						
0.46	1.805	1.878	1.952	2.026	2.398							
0.48	1.888	1.963	2.038	2.114	2.495							
0.50	1.971	2.048	2.125	2.202								
0.52	2.054	2.132	2.211	2.290								
0.54	2.136	2.216	2.297	2.377								
0.56	2.219	2.301	2.383	2.465								
0.58	2.301	2.385	2.468									
0.60	2.383	2.468										
0.62	2.465											

ρ(%) ＼ n / E	1.50	1.55	1.60	1.65	1.70	1.75	1.80	1.85	1.90	1.95	2.00	2.20
0.01	0.973	1.074	1.175	1.277	1.378	1.479	1.581	1.682	1.783	1.885	1.986	2.392
0.02	1.037	1.140	1.243	1.346	1.449	1.552	1.655	1.759	1.862	1.966	2.069	2.483
0.03	1.100	1.205	1.310	1.415	1.520	1.626	1.731	1.836	1.941	2.047	2.152	
0.04	1.165	1.271	1.378	1.485	1.592	1.699	1.807	1.914	2.021	2.128	2.236	
0.06	1.294	1.404	1.515	1.626	1.737	1.848	1.959	2.070	2.182	2.293	2.404	
0.08	1.424	1.539	1.653	1.768	1.883	1.998	2.113	2.228	2.343	2.459		
0.10	1.555	1.673	1.792	1.911	2.030	2.149	2.268	2.387				
0.12	1.686	1.809	1.931	2.054	2.177	2.300	2.423					
0.14	1.818	1.944	2.071	2.198	2.324	2.451						
0.16	1.950	2.080	2.211	2.341	2.472							
0.18	2.082	2.216	2.351	2.485								
0.20	2.214	2.352	2.490									
0.22	2.345	2.488										
0.24	2.477											

注：见表 7-42 注。

对称配筋矩形截面偏心受压构件正截面承载力计算参数　　**表 7-43b**

（$f_c=14.3\text{N/mm}^2$　$f_y=360\text{N/mm}^2$　$\alpha_1=1$　$\xi_b=0.518$　$a_s/h_0=0.05$）

$\rho(\%)$ n / E	0.01	0.02	0.03	0.04	0.06	0.08	0.10	0.12	0.14	0.16	0.18	0.20
0.68												0.213
0.70												0.230
0.72											0.215	0.247
0.74											0.230	0.263
0.76										0.211	0.245	0.280
0.78										0.224	0.260	0.297
0.80									0.202	0.237	0.275	0.314
0.82									0.214	0.251	0.290	0.330
0.84									0.225	0.264	0.305	0.347
0.86									0.237	0.278	0.320	0.364
0.88								0.208	0.249	0.291	0.335	0.380
0.90								0.218	0.260	0.304	0.350	0.397
0.92								0.228	0.272	0.318	0.365	0.414
0.94								0.238	0.284	0.331	0.380	0.431
0.96							0.203	0.248	0.296	0.345	0.395	0.447
0.98							0.211	0.258	0.307	0.358	0.410	0.464
1.00							0.220	0.268	0.319	0.371	0.425	0.481
1.10						0.209	0.261	0.319	0.378	0.438	0.501	0.564
1.15						0.226	0.282	0.344	0.407	0.472	0.538	0.606
1.20						0.243	0.303	0.369	0.436	0.505	0.576	0.648
1.25						0.259	0.324	0.394	0.465	0.539	0.613	0.690
1.30					0.207	0.276	0.345	0.419	0.495	0.572	0.651	0.732
1.35					0.220	0.293	0.366	0.444	0.524	0.605	0.689	0.774
1.40					0.232	0.309	0.387	0.469	0.553	0.639	0.726	0.815
1.45					0.245	0.326	0.408	0.494	0.582	0.672	0.764	0.857
1.50					0.257	0.343	0.429	0.519	0.612	0.706	0.802	0.899
1.55					0.270	0.360	0.449	0.544	0.641	0.739	0.839	0.941
1.60					0.282	0.376	0.470	0.569	0.670	0.773	0.877	0.983
1.65					0.295	0.393	0.491	0.595	0.700	0.806	0.914	1.024
1.70				0.205	0.307	0.410	0.512	0.620	0.729	0.840	0.952	1.066
1.75				0.213	0.320	0.426	0.533	0.645	0.758	0.873	0.990	1.108
1.80				0.222	0.332	0.443	0.554	0.670	0.787	0.907	1.027	1.150
1.85				0.230	0.345	0.460	0.575	0.695	0.817	0.940	1.065	1.192
1.90				0.238	0.358	0.477	0.596	0.720	0.846	0.973	1.103	1.233
1.95				0.247	0.370	0.493	0.617	0.745	0.875	1.007	1.140	1.275
2.00				0.255	0.383	0.510	0.638	0.770	0.904	1.040	1.178	1.317
2.20			0.216	0.289	0.433	0.577	0.721	0.871	1.021	1.174	1.328	1.484
2.40			0.241	0.322	0.483	0.644	0.805	0.971	1.139	1.308	1.479	1.652
2.60			0.267	0.355	0.533	0.711	0.889	1.071	1.256	1.442	1.629	1.819
2.80			0.292	0.389	0.583	0.778	0.972	1.172	1.373	1.576	1.780	1.986
3.00		0.211	0.317	0.422	0.633	0.845	1.056	1.272	1.490	1.709	1.931	2.153
3.20		0.228	0.342	0.456	0.684	0.912	1.139	1.372	1.607	1.843	2.081	2.321
3.40		0.245	0.367	0.489	0.734	0.978	1.223	1.473	1.724	1.977	2.232	2.488
3.60		0.261	0.392	0.523	0.784	1.045	1.307	1.573	1.841	2.111	2.382	
3.80		0.278	0.417	0.556	0.834	1.112	1.390	1.673	1.958	2.245	2.533	
4.00		0.295	0.442	0.590	0.884	1.179	1.474	1.774	2.075	2.378		
4.50		0.337	0.505	0.673	1.010	1.346	1.683	2.025	2.368			
5.00		0.378	0.568	0.757	1.135	1.514	1.892	2.275				
5.50	0.210	0.420	0.630	0.840	1.261	1.681	2.101					
6.00	0.231	0.462	0.693	0.924	1.386	1.848	2.310					
7.00	0.273	0.546	0.818	1.091	1.637	2.183						
8.00	0.315	0.629	0.944	1.259	1.888							
9.00	0.356	0.713	1.069	1.426	2.139							
10.00	0.398	0.797	1.195	1.593	2.390							
11.00	0.440	0.880	1.320	1.760								
12.00	0.482	0.964	1.446	1.928								

续表 7-43b

ρ(%) \ n E	0.22	0.24	0.26	0.28	0.30	0.32	0.34	0.36	0.38	0.40	0.42	0.44
0.44											0.220	0.248
0.46										0.226	0.255	0.285
0.48								0.203	0.230	0.259	0.290	0.322
0.50							0.206	0.233	0.262	0.293	0.325	0.359
0.52						0.207	0.235	0.263	0.294	0.326	0.360	0.396
0.54					0.207	0.234	0.263	0.294	0.326	0.360	0.395	0.432
0.56				0.205	0.232	0.261	0.291	0.324	0.358	0.393	0.430	0.469
0.58			0.201	0.228	0.257	0.288	0.320	0.354	0.389	0.426	0.465	0.506
0.60			0.223	0.252	0.282	0.314	0.348	0.384	0.421	0.460	0.501	0.543
0.62		0.216	0.245	0.275	0.307	0.341	0.377	0.414	0.453	0.493	0.536	0.580
0.64	0.207	0.236	0.266	0.299	0.332	0.368	0.405	0.444	0.485	0.527	0.571	0.616
0.66	0.225	0.256	0.288	0.322	0.358	0.395	0.434	0.474	0.516	0.560	0.606	0.653
0.68	0.244	0.276	0.310	0.345	0.383	0.421	0.462	0.504	0.548	0.594	0.641	0.690
0.70	0.262	0.296	0.332	0.369	0.408	0.448	0.490	0.534	0.580	0.627	0.676	0.727
0.72	0.281	0.316	0.353	0.392	0.433	0.475	0.519	0.564	0.612	0.661	0.711	0.764
0.74	0.299	0.336	0.375	0.416	0.458	0.502	0.547	0.595	0.643	0.694	0.746	0.800
0.76	0.317	0.356	0.397	0.439	0.483	0.529	0.576	0.625	0.675	0.728	0.781	0.837
0.78	0.336	0.376	0.419	0.462	0.508	0.555	0.604	0.655	0.707	0.761	0.817	0.874
0.80	0.354	0.396	0.440	0.486	0.533	0.582	0.633	0.685	0.739	0.794	0.852	0.911
0.82	0.373	0.416	0.462	0.509	0.558	0.609	0.661	0.715	0.771	0.828	0.887	0.947
0.84	0.391	0.437	0.484	0.533	0.583	0.636	0.689	0.745	0.802	0.861	0.922	0.984
0.86	0.409	0.457	0.506	0.556	0.608	0.662	0.718	0.775	0.834	0.895	0.957	1.021
0.88	0.428	0.477	0.527	0.580	0.633	0.689	0.746	0.805	0.866	0.928	0.992	1.058
0.90	0.446	0.497	0.549	0.603	0.659	0.716	0.775	0.835	0.898	0.962	1.027	1.095
0.92	0.465	0.517	0.571	0.626	0.684	0.743	0.803	0.866	0.930	0.995	1.062	1.131
0.94	0.483	0.537	0.592	0.650	0.709	0.769	0.832	0.896	0.961	1.029	1.098	1.168
0.96	0.501	0.557	0.614	0.673	0.734	0.796	0.860	0.926	0.993	1.062	1.133	1.205
0.98	0.520	0.577	0.636	0.697	0.759	0.823	0.889	0.956	1.025	1.095	1.168	1.242
1.00	0.538	0.597	0.658	0.720	0.784	0.850	0.917	0.986	1.057	1.129	1.203	1.279
1.10	0.630	0.697	0.766	0.837	0.909	0.983	1.059	1.136	1.216	1.296	1.379	1.463
1.15	0.676	0.748	0.821	0.896	0.972	1.050	1.130	1.212	1.295	1.380	1.466	1.555
1.20	0.722	0.798	0.875	0.954	1.035	1.117	1.201	1.287	1.374	1.463	1.554	1.647
1.25	0.768	0.848	0.930	1.013	1.098	1.184	1.272	1.362	1.454	1.547	1.642	1.739
1.30	0.814	0.898	0.984	1.071	1.160	1.251	1.343	1.438	1.533	1.631	1.730	1.831
1.35	0.860	0.948	1.038	1.130	1.223	1.318	1.415	1.513	1.613	1.714	1.818	1.923
1.40	0.906	0.998	1.093	1.188	1.286	1.385	1.486	1.588	1.692	1.798	1.905	2.015
1.45	0.952	1.049	1.147	1.247	1.348	1.452	1.557	1.663	1.772	1.882	1.993	2.107
1.50	0.998	1.099	1.201	1.305	1.411	1.519	1.628	1.739	1.851	1.965	2.081	2.199
1.55	1.044	1.149	1.256	1.364	1.474	1.586	1.699	1.814	1.931	2.049	2.169	2.291
1.60	1.090	1.199	1.310	1.422	1.537	1.652	1.770	1.889	2.010	2.132	2.257	2.382
1.65	1.136	1.249	1.364	1.481	1.599	1.719	1.841	1.964	2.089	2.216	2.344	2.474
1.70	1.182	1.300	1.419	1.540	1.662	1.786	1.912	2.040	2.169	2.300	2.432	
1.75	1.228	1.350	1.473	1.598	1.725	1.853	1.983	2.115	2.248	2.383		
1.80	1.274	1.400	1.527	1.657	1.788	1.920	2.054	2.190	2.328	2.467		
1.85	1.320	1.450	1.582	1.715	1.850	1.987	2.125	2.265	2.407			
1.90	1.366	1.500	1.636	1.774	1.913	2.054	2.196	2.341	2.487			
1.95	1.412	1.550	1.690	1.832	1.976	2.121	2.268	2.416				
2.00	1.458	1.601	1.745	1.891	2.038	2.188	2.339	2.491				
2.20	1.642	1.801	1.962	2.125	2.289	2.455						
2.40	1.826	2.002	2.180	2.359								
2.60	2.010	2.203	2.397									
2.80	2.194	2.403										
3.00	2.378											

续表 7-43b

ρ(%) n / E	0.46	0.48	0.50	0.52	0.54	0.56	0.58	0.60	0.62	0.64	0.66	0.68
0.26											0.215	0.260
0.28										0.232	0.277	0.325
0.30								0.204	0.247	0.292	0.339	0.388
0.32							0.218	0.259	0.304	0.351	0.401	0.452
0.34						0.229	0.270	0.314	0.361	0.410	0.462	0.515
0.36				0.207	0.240	0.279	0.322	0.368	0.417	0.469	0.522	0.578
0.38			0.220	0.250	0.287	0.328	0.373	0.422	0.473	0.527	0.583	0.640
0.40	0.202	0.231	0.261	0.294	0.333	0.377	0.425	0.476	0.529	0.585	0.643	0.702
0.42	0.240	0.271	0.303	0.337	0.380	0.426	0.476	0.529	0.585	0.643	0.703	0.764
0.44	0.279	0.311	0.345	0.381	0.426	0.475	0.528	0.583	0.641	0.701	0.762	0.825
0.46	0.317	0.351	0.387	0.425	0.472	0.524	0.579	0.636	0.696	0.758	0.821	0.886
0.48	0.356	0.391	0.429	0.468	0.518	0.572	0.629	0.689	0.751	0.815	0.881	0.947
0.50	0.394	0.432	0.470	0.512	0.564	0.621	0.680	0.742	0.806	0.872	0.940	1.008
0.52	0.433	0.472	0.512	0.555	0.611	0.669	0.731	0.795	0.861	0.929	0.998	1.069
0.54	0.471	0.512	0.554	0.599	0.657	0.717	0.781	0.847	0.916	0.986	1.057	1.129
0.56	0.510	0.552	0.596	0.643	0.703	0.766	0.832	0.900	0.970	1.042	1.115	1.190
0.58	0.548	0.592	0.638	0.686	0.748	0.814	0.882	0.952	1.025	1.098	1.174	1.250
0.60	0.587	0.632	0.679	0.730	0.794	0.862	0.932	1.005	1.079	1.155	1.232	1.310
0.62	0.625	0.672	0.721	0.773	0.840	0.910	0.982	1.057	1.133	1.211	1.290	1.370
0.64	0.664	0.712	0.763	0.817	0.886	0.958	1.032	1.109	1.187	1.267	1.348	1.430
0.66	0.702	0.753	0.805	0.860	0.932	1.006	1.082	1.161	1.241	1.323	1.405	1.489
0.68	0.741	0.793	0.847	0.904	0.978	1.054	1.132	1.213	1.295	1.378	1.463	1.549
0.70	0.779	0.833	0.889	0.947	1.023	1.102	1.182	1.265	1.349	1.434	1.521	1.608
0.72	0.817	0.873	0.930	0.991	1.069	1.149	1.232	1.317	1.402	1.490	1.578	1.668
0.74	0.856	0.913	0.972	1.035	1.115	1.197	1.282	1.368	1.456	1.545	1.636	1.727
0.76	0.894	0.953	1.014	1.078	1.160	1.245	1.332	1.420	1.510	1.601	1.693	1.786
0.78	0.933	0.993	1.056	1.122	1.206	1.293	1.381	1.472	1.563	1.656	1.750	1.845
0.80	0.971	1.034	1.098	1.165	1.252	1.340	1.431	1.523	1.617	1.711	1.807	1.904
0.82	1.010	1.074	1.139	1.209	1.297	1.388	1.480	1.575	1.670	1.767	1.864	1.963
0.84	1.048	1.114	1.181	1.252	1.343	1.435	1.530	1.626	1.723	1.822	1.921	2.022
0.86	1.087	1.154	1.223	1.296	1.388	1.483	1.579	1.677	1.777	1.877	1.978	2.081
0.88	1.125	1.194	1.265	1.339	1.434	1.531	1.629	1.729	1.830	1.932	2.035	2.139
0.90	1.164	1.234	1.307	1.383	1.479	1.578	1.678	1.780	1.883	1.987	2.092	2.198
0.92	1.202	1.274	1.348	1.426	1.525	1.626	1.728	1.831	1.936	2.042	2.149	2.257
0.94	1.241	1.315	1.390	1.470	1.570	1.673	1.777	1.883	1.989	2.097	2.206	2.315
0.96	1.279	1.355	1.432	1.513	1.616	1.720	1.826	1.934	2.042	2.152	2.262	2.374
0.98	1.318	1.395	1.474	1.557	1.661	1.768	1.876	1.985	2.095	2.207	2.319	2.432
1.00	1.356	1.435	1.516	1.600	1.707	1.815	1.925	2.036	2.148	2.262	2.376	2.490
1.10	1.548	1.636	1.725	1.818	1.934	2.052	2.171	2.291	2.413			
1.15	1.645	1.736	1.829	1.927	2.048	2.170	2.294	2.419				
1.20	1.741	1.836	1.934	2.035	2.161	2.288	2.417					
1.25	1.837	1.937	2.038	2.144	2.275	2.406						
1.30	1.933	2.037	2.143	2.253	2.388							
1.35	2.029	2.137	2.247	2.362								
1.40	2.125	2.238	2.352	2.470								
1.45	2.222	2.338	2.457									
1.50	2.318	2.439										
1.55	2.414											

续表 7-43b

ρ(%) n / E	0.70	0.72	0.74	0.76	0.78	0.80	0.82	0.84	0.86	0.88	0.90	0.92
0.12											0.239	0.284
0.14									0.234	0.279	0.325	0.372
0.16							0.224	0.270	0.317	0.364	0.412	0.460
0.18					0.210	0.256	0.303	0.351	0.399	0.448	0.497	0.547
0.20				0.239	0.286	0.334	0.382	0.431	0.481	0.532	0.582	0.634
0.22		0.218	0.265	0.312	0.361	0.410	0.460	0.511	0.563	0.615	0.667	0.720
0.24	0.241	0.288	0.336	0.385	0.435	0.486	0.538	0.591	0.644	0.698	0.752	0.806
0.26	0.308	0.356	0.406	0.457	0.509	0.562	0.616	0.670	0.725	0.780	0.836	0.892
0.28	0.374	0.424	0.476	0.529	0.583	0.637	0.692	0.748	0.805	0.862	0.919	0.977
0.30	0.439	0.492	0.545	0.600	0.656	0.712	0.769	0.827	0.885	0.944	1.003	1.062
0.32	0.505	0.559	0.614	0.671	0.728	0.786	0.845	0.904	0.964	1.025	1.086	1.147
0.34	0.570	0.626	0.683	0.741	0.800	0.860	0.921	0.982	1.043	1.106	1.168	1.231
0.36	0.634	0.692	0.751	0.811	0.872	0.934	0.996	1.059	1.122	1.186	1.250	1.315
0.38	0.698	0.758	0.819	0.881	0.944	1.007	1.071	1.136	1.201	1.266	1.332	1.399
0.40	0.762	0.824	0.887	0.951	1.015	1.080	1.146	1.212	1.279	1.346	1.414	1.482
0.42	0.826	0.890	0.954	1.020	1.086	1.153	1.220	1.288	1.357	1.426	1.495	1.565
0.44	0.889	0.955	1.021	1.089	1.157	1.225	1.295	1.364	1.435	1.505	1.577	1.648
0.46	0.953	1.020	1.088	1.157	1.227	1.298	1.369	1.440	1.512	1.585	1.657	1.731
0.48	1.016	1.085	1.155	1.226	1.297	1.370	1.442	1.516	1.589	1.664	1.738	1.813
0.50	1.078	1.149	1.221	1.294	1.367	1.441	1.516	1.591	1.666	1.742	1.819	1.895
0.52	1.141	1.214	1.287	1.362	1.437	1.513	1.589	1.666	1.743	1.821	1.899	1.977
0.54	1.203	1.278	1.353	1.430	1.507	1.584	1.662	1.741	1.820	1.899	1.979	2.059
0.56	1.265	1.342	1.419	1.497	1.576	1.655	1.735	1.816	1.896	1.977	2.059	2.141
0.58	1.327	1.406	1.485	1.565	1.645	1.726	1.808	1.890	1.973	2.055	2.139	2.222
0.60	1.389	1.469	1.550	1.632	1.714	1.797	1.881	1.964	2.049	2.133	2.218	2.303
0.62	1.451	1.533	1.616	1.699	1.783	1.868	1.953	2.039	2.125	2.211	2.298	2.384
0.64	1.513	1.596	1.681	1.766	1.852	1.939	2.025	2.113	2.200	2.288	2.377	2.465
0.66	1.574	1.660	1.746	1.833	1.921	2.009	2.098	2.187	2.276	2.366	2.456	
0.68	1.636	1.723	1.811	1.900	1.989	2.079	2.170	2.260	2.352	2.443		
0.70	1.697	1.786	1.876	1.967	2.058	2.149	2.242	2.334	2.427			
0.72	1.758	1.849	1.941	2.033	2.126	2.220	2.313	2.408				
0.74	1.819	1.912	2.005	2.100	2.194	2.289	2.385	2.481				
0.76	1.880	1.975	2.070	2.166	2.262	2.359	2.457					
0.78	1.941	2.037	2.134	2.232	2.330	2.429						
0.80	2.002	2.100	2.199	2.298	2.398	2.499						
0.82	2.062	2.162	2.263	2.364	2.466							
0.84	2.123	2.225	2.327	2.430								
0.86	2.184	2.287	2.391	2.496								
0.88	2.244	2.350	2.456									
0.90	2.305	2.412										
0.92	2.365	2.474										
0.94	2.425											
0.96	2.486											

续表 7-43b

ρ(%) E \ n	0.94	0.96	0.98	1.00	1.10	1.15	1.20	1.25	1.30	1.35	1.40	1.45
0.01						0.248	0.347	0.448	0.548	0.649	0.750	0.851
0.02						0.299	0.400	0.502	0.605	0.707	0.810	0.913
0.03					0.247	0.350	0.454	0.557	0.661	0.766	0.870	0.975
0.04					0.298	0.402	0.507	0.613	0.719	0.825	0.931	1.038
0.06					0.398	0.506	0.615	0.724	0.834	0.944	1.054	1.165
0.08			0.236	0.279	0.500	0.611	0.724	0.837	0.950	1.064	1.178	1.293
0.10	0.240	0.284	0.329	0.373	0.601	0.717	0.833	0.950	1.067	1.185	1.303	1.421
0.12	0.329	0.375	0.421	0.468	0.703	0.822	0.942	1.063	1.184	1.306	1.428	1.550
0.14	0.419	0.466	0.514	0.562	0.805	0.928	1.052	1.176	1.301	1.427	1.553	1.679
0.16	0.508	0.557	0.606	0.656	0.907	1.034	1.161	1.290	1.419	1.548	1.678	1.808
0.18	0.597	0.647	0.698	0.749	1.008	1.139	1.271	1.403	1.536	1.669	1.803	1.937
0.20	0.686	0.738	0.790	0.843	1.109	1.244	1.380	1.516	1.653	1.791	1.929	2.067
0.22	0.774	0.827	0.881	0.935	1.210	1.349	1.489	1.629	1.770	1.912	2.054	2.196
0.24	0.861	0.917	0.972	1.028	1.311	1.454	1.598	1.742	1.887	2.033	2.179	2.325
0.26	0.949	1.006	1.063	1.120	1.411	1.558	1.706	1.855	2.004	2.154	2.304	2.454
0.28	1.036	1.094	1.153	1.212	1.511	1.662	1.814	1.967	2.120	2.274	2.428	
0.30	1.122	1.182	1.243	1.304	1.611	1.766	1.922	2.079	2.237	2.395		
0.32	1.208	1.270	1.333	1.395	1.711	1.870	2.030	2.191	2.353			
0.34	1.294	1.358	1.422	1.486	1.810	1.974	2.138	2.303	2.469			
0.36	1.380	1.445	1.511	1.577	1.909	2.077	2.245	2.414				
0.38	1.465	1.532	1.600	1.667	2.008	2.180	2.352					
0.40	1.550	1.619	1.688	1.757	2.106	2.282	2.459					
0.42	1.635	1.706	1.776	1.847	2.205	2.385						
0.44	1.720	1.792	1.864	1.937	2.303	2.487						
0.46	1.804	1.878	1.952	2.026	2.401							
0.48	1.888	1.964	2.039	2.115	2.498							
0.50	1.972	2.049	2.127	2.204								
0.52	2.056	2.135	2.214	2.293								
0.54	2.139	2.220	2.301	2.382								
0.56	2.223	2.305	2.388	2.470								
0.58	2.306	2.390	2.474									
0.60	2.389	2.475										
0.62	2.472											

ρ(%) E \ n	1.50	1.55	1.60	1.65	1.70	1.75	1.80	1.85	1.90	1.95	2.00	2.20
0.01	0.952	1.053	1.154	1.256	1.357	1.458	1.560	1.661	1.762	1.864	1.965	2.371
0.02	1.016	1.119	1.222	1.325	1.428	1.532	1.635	1.739	1.842	1.945	2.049	2.463
0.03	1.080	1.185	1.290	1.395	1.501	1.606	1.711	1.817	1.922	2.027	2.133	
0.04	1.145	1.252	1.359	1.466	1.573	1.680	1.788	1.895	2.002	2.110	2.217	
0.06	1.275	1.386	1.497	1.608	1.719	1.831	1.942	2.053	2.165	2.276	2.388	
0.08	1.407	1.522	1.637	1.752	1.867	1.982	2.097	2.213	2.328	2.443		
0.10	1.539	1.658	1.777	1.896	2.015	2.134	2.253	2.373	2.492			
0.12	1.672	1.795	1.918	2.041	2.164	2.287	2.410					
0.14	1.805	1.932	2.059	2.186	2.313	2.440						
0.16	1.939	2.069	2.200	2.331	2.462							
0.18	2.072	2.207	2.341	2.477								
0.20	2.205	2.344	2.483									
0.22	2.339	2.481										
0.24	2.472											

注：见表 7-42 注。

对称配筋矩形截面偏心受压构件正截面承载力计算参数　　表 7-43c

（f_c=14.3N/mm^2　f_y=360N/mm^2　α_1=1　ξ_b=0.518　a_s/h_0=0.06）

ρ(%) \ n E	0.01	0.02	0.03	0.04	0.06	0.08	0.10	0.12	0.14	0.16	0.18	0.20
0.68												0.211
0.70												0.228
0.72											0.213	0.245
0.74											0.228	0.262
0.76										0.210	0.243	0.279
0.78										0.223	0.259	0.296
0.80									0.201	0.237	0.274	0.313
0.82									0.213	0.250	0.289	0.330
0.84									0.225	0.264	0.304	0.347
0.86									0.237	0.277	0.319	0.363
0.88								0.208	0.248	0.291	0.335	0.380
0.90								0.218	0.260	0.304	0.350	0.397
0.92								0.228	0.272	0.318	0.365	0.414
0.94								0.238	0.284	0.331	0.380	0.431
0.96							0.207	0.248	0.296	0.345	0.396	0.448
0.98							0.216	0.259	0.308	0.358	0.411	0.465
1.00							0.224	0.269	0.319	0.372	0.426	0.482
1.10						0.213	0.266	0.319	0.379	0.439	0.502	0.566
1.15						0.230	0.287	0.345	0.408	0.473	0.540	0.609
1.20						0.247	0.308	0.370	0.438	0.507	0.578	0.651
1.25						0.264	0.330	0.396	0.467	0.541	0.616	0.693
1.30					0.210	0.281	0.351	0.421	0.497	0.575	0.654	0.735
1.35					0.223	0.297	0.372	0.446	0.527	0.609	0.692	0.778
1.40					0.236	0.314	0.393	0.472	0.556	0.642	0.730	0.820
1.45					0.248	0.331	0.414	0.497	0.586	0.676	0.768	0.862
1.50					0.261	0.348	0.435	0.522	0.615	0.710	0.806	0.904
1.55					0.274	0.365	0.456	0.548	0.645	0.744	0.844	0.947
1.60					0.287	0.382	0.478	0.573	0.674	0.778	0.882	0.989
1.65					0.299	0.399	0.499	0.598	0.704	0.811	0.920	1.031
1.70				0.208	0.312	0.416	0.520	0.624	0.734	0.845	0.958	1.073
1.75				0.216	0.325	0.433	0.541	0.649	0.763	0.879	0.996	1.116
1.80				0.225	0.337	0.450	0.562	0.674	0.793	0.913	1.034	1.158
1.85				0.233	0.350	0.467	0.583	0.700	0.822	0.947	1.073	1.200
1.90				0.242	0.363	0.483	0.604	0.725	0.852	0.980	1.111	1.242
1.95				0.250	0.375	0.500	0.625	0.750	0.881	1.014	1.149	1.285
2.00				0.259	0.388	0.517	0.647	0.776	0.911	1.048	1.187	1.327
2.20			0.219	0.292	0.439	0.585	0.731	0.877	1.029	1.183	1.339	1.496
2.40			0.245	0.326	0.489	0.652	0.816	0.979	1.148	1.318	1.491	1.665
2.60			0.270	0.360	0.540	0.720	0.900	1.080	1.266	1.454	1.643	1.834
2.80			0.295	0.394	0.591	0.788	0.985	1.182	1.384	1.589	1.795	2.003
3.00		0.214	0.321	0.428	0.641	0.855	1.069	1.283	1.503	1.724	1.947	2.172
3.20		0.231	0.346	0.461	0.692	0.923	1.154	1.384	1.621	1.859	2.099	2.341
3.40		0.248	0.371	0.495	0.743	0.991	1.238	1.486	1.739	1.995	2.251	
3.60		0.265	0.397	0.529	0.794	1.058	1.323	1.587	1.858	2.130	2.404	
3.80		0.281	0.422	0.563	0.844	1.126	1.407	1.689	1.976	2.265		
4.00		0.298	0.448	0.597	0.895	1.193	1.492	1.790	2.094	2.400		
4.50		0.341	0.511	0.681	1.022	1.362	1.703	2.044	2.390			
5.00		0.383	0.574	0.766	1.149	1.531	1.914	2.297				
5.50	0.213	0.425	0.638	0.850	1.275	1.700	2.126					
6.00	0.234	0.467	0.701	0.935	1.402	1.869	2.337					
7.00	0.276	0.552	0.828	1.104	1.656	2.208						
8.00	0.318	0.636	0.955	1.273	1.909							
9.00	0.360	0.721	1.081	1.442	2.163							
10.00	0.403	0.805	1.208	1.611	2.416							
11.00	0.445	0.890	1.335	1.780								
12.00	0.487	0.974	1.462	1.949								

续表 7-43c

ρ(%) n / E	0.22	0.24	0.26	0.28	0.30	0.32	0.34	0.36	0.38	0.40	0.42	0.44
0.42												0.205
0.44											0.213	0.242
0.46										0.220	0.248	0.279
0.48									0.225	0.254	0.284	0.316
0.50							0.201	0.228	0.257	0.287	0.319	0.353
0.52						0.203	0.230	0.259	0.289	0.321	0.355	0.390
0.54					0.203	0.230	0.259	0.289	0.321	0.355	0.390	0.428
0.56				0.201	0.228	0.257	0.287	0.319	0.353	0.389	0.426	0.465
0.58				0.225	0.254	0.284	0.316	0.350	0.385	0.423	0.461	0.502
0.60			0.220	0.248	0.279	0.311	0.345	0.380	0.418	0.456	0.497	0.539
0.62		0.213	0.242	0.272	0.304	0.338	0.374	0.411	0.450	0.490	0.532	0.576
0.64	0.205	0.233	0.264	0.296	0.330	0.365	0.402	0.441	0.482	0.524	0.568	0.614
0.66	0.223	0.254	0.286	0.319	0.355	0.392	0.431	0.472	0.514	0.558	0.603	0.651
0.68	0.242	0.274	0.308	0.343	0.380	0.419	0.460	0.502	0.546	0.592	0.639	0.688
0.70	0.260	0.294	0.330	0.367	0.406	0.446	0.488	0.532	0.578	0.625	0.674	0.725
0.72	0.279	0.314	0.352	0.390	0.431	0.473	0.517	0.563	0.610	0.659	0.710	0.762
0.74	0.297	0.335	0.374	0.414	0.456	0.500	0.546	0.593	0.642	0.693	0.745	0.800
0.76	0.316	0.355	0.396	0.438	0.482	0.527	0.575	0.624	0.674	0.727	0.781	0.837
0.78	0.335	0.375	0.418	0.461	0.507	0.554	0.603	0.654	0.707	0.761	0.816	0.874
0.80	0.353	0.396	0.439	0.485	0.532	0.581	0.632	0.685	0.739	0.794	0.852	0.911
0.82	0.372	0.416	0.461	0.509	0.558	0.609	0.661	0.715	0.771	0.828	0.887	0.948
0.84	0.390	0.436	0.483	0.532	0.583	0.636	0.690	0.745	0.803	0.862	0.923	0.985
0.86	0.409	0.456	0.505	0.556	0.609	0.663	0.718	0.776	0.835	0.896	0.958	1.023
0.88	0.428	0.477	0.527	0.580	0.634	0.690	0.747	0.806	0.867	0.930	0.994	1.060
0.90	0.446	0.497	0.549	0.603	0.659	0.717	0.776	0.837	0.899	0.963	1.029	1.097
0.92	0.465	0.517	0.571	0.627	0.685	0.744	0.805	0.867	0.931	0.997	1.065	1.134
0.94	0.483	0.538	0.593	0.651	0.710	0.771	0.833	0.898	0.963	1.031	1.100	1.171
0.96	0.502	0.558	0.615	0.674	0.735	0.798	0.862	0.928	0.996	1.065	1.136	1.209
0.98	0.521	0.578	0.637	0.698	0.761	0.825	0.891	0.958	1.028	1.099	1.171	1.246
1.00	0.539	0.598	0.659	0.722	0.786	0.852	0.920	0.989	1.060	1.133	1.207	1.283
1.10	0.632	0.700	0.769	0.840	0.913	0.987	1.063	1.141	1.220	1.302	1.384	1.469
1.15	0.679	0.750	0.824	0.899	0.976	1.055	1.135	1.217	1.301	1.386	1.473	1.562
1.20	0.725	0.801	0.879	0.958	1.040	1.122	1.207	1.293	1.381	1.471	1.562	1.655
1.25	0.772	0.852	0.934	1.018	1.103	1.190	1.279	1.369	1.461	1.555	1.651	1.748
1.30	0.818	0.903	0.989	1.077	1.166	1.258	1.351	1.445	1.542	1.640	1.739	1.841
1.35	0.865	0.953	1.044	1.136	1.230	1.325	1.422	1.521	1.622	1.724	1.828	1.934
1.40	0.911	1.004	1.099	1.195	1.293	1.393	1.494	1.597	1.702	1.809	1.917	2.027
1.45	0.958	1.055	1.154	1.254	1.356	1.460	1.566	1.673	1.782	1.893	2.006	2.120
1.50	1.004	1.105	1.209	1.313	1.420	1.528	1.638	1.749	1.863	1.978	2.094	2.213
1.55	1.051	1.156	1.264	1.373	1.483	1.596	1.710	1.826	1.943	2.062	2.183	2.306
1.60	1.097	1.207	1.318	1.432	1.547	1.663	1.782	1.902	2.023	2.147	2.272	2.399
1.65	1.143	1.258	1.373	1.491	1.610	1.731	1.853	1.978	2.104	2.231	2.361	2.492
1.70	1.190	1.308	1.428	1.550	1.673	1.798	1.925	2.054	2.184	2.316	2.449	
1.75	1.236	1.359	1.483	1.609	1.737	1.866	1.997	2.130	2.264	2.400		
1.80	1.283	1.410	1.538	1.668	1.800	1.934	2.069	2.206	2.344	2.485		
1.85	1.329	1.460	1.593	1.727	1.864	2.001	2.141	2.282	2.425			
1.90	1.376	1.511	1.648	1.787	1.927	2.069	2.213	2.358				
1.95	1.422	1.562	1.703	1.846	1.990	2.137	2.284	2.434				
2.00	1.469	1.613	1.758	1.905	2.054	2.204	2.356					
2.20	1.655	1.815	1.978	2.142	2.307	2.475						
2.40	1.841	2.018	2.197	2.378								
2.60	2.027	2.221	2.417									
2.80	2.213	2.424										
3.00	2.399											

续表 7-43c

ρ(%) \ n E	0.46	0.48	0.50	0.52	0.54	0.56	0.58	0.60	0.62	0.64	0.66	0.68
0.26											0.202	0.247
0.28										0.220	0.265	0.312
0.30									0.235	0.280	0.328	0.377
0.32							0.207	0.248	0.293	0.340	0.390	0.441
0.34						0.219	0.260	0.304	0.350	0.400	0.452	0.505
0.36					0.231	0.269	0.312	0.358	0.408	0.459	0.513	0.568
0.38			0.211	0.242	0.278	0.319	0.365	0.413	0.465	0.518	0.574	0.632
0.40		0.223	0.254	0.286	0.325	0.369	0.417	0.468	0.521	0.577	0.635	0.694
0.42	0.233	0.264	0.296	0.330	0.372	0.418	0.469	0.522	0.578	0.636	0.696	0.757
0.44	0.272	0.304	0.338	0.374	0.419	0.468	0.520	0.576	0.634	0.694	0.756	0.819
0.46	0.311	0.345	0.380	0.418	0.466	0.517	0.572	0.630	0.690	0.752	0.816	0.881
0.48	0.350	0.385	0.423	0.462	0.512	0.566	0.624	0.683	0.746	0.810	0.876	0.943
0.50	0.389	0.426	0.465	0.506	0.559	0.615	0.675	0.737	0.801	0.867	0.935	1.004
0.52	0.428	0.467	0.507	0.550	0.605	0.664	0.726	0.790	0.857	0.925	0.995	1.066
0.54	0.467	0.507	0.549	0.594	0.652	0.713	0.777	0.844	0.912	0.982	1.054	1.127
0.56	0.505	0.548	0.592	0.638	0.698	0.762	0.828	0.897	0.967	1.039	1.113	1.188
0.58	0.544	0.588	0.634	0.682	0.745	0.811	0.879	0.950	1.022	1.096	1.172	1.249
0.60	0.583	0.629	0.676	0.726	0.791	0.859	0.930	1.003	1.077	1.153	1.231	1.310
0.62	0.622	0.669	0.718	0.770	0.838	0.908	0.980	1.055	1.132	1.210	1.289	1.370
0.64	0.661	0.710	0.761	0.814	0.884	0.956	1.031	1.108	1.187	1.267	1.348	1.431
0.66	0.700	0.750	0.803	0.858	0.930	1.005	1.082	1.161	1.241	1.323	1.406	1.491
0.68	0.739	0.791	0.845	0.903	0.976	1.053	1.132	1.213	1.296	1.380	1.465	1.551
0.70	0.778	0.832	0.887	0.947	1.023	1.102	1.183	1.266	1.350	1.436	1.523	1.611
0.72	0.816	0.872	0.930	0.991	1.069	1.150	1.233	1.318	1.404	1.492	1.581	1.671
0.74	0.855	0.913	0.972	1.035	1.115	1.198	1.283	1.370	1.459	1.548	1.639	1.731
0.76	0.894	0.953	1.014	1.079	1.161	1.246	1.334	1.422	1.513	1.604	1.697	1.791
0.78	0.933	0.994	1.056	1.123	1.207	1.295	1.384	1.475	1.567	1.660	1.755	1.851
0.80	0.972	1.034	1.099	1.167	1.253	1.343	1.434	1.527	1.621	1.716	1.813	1.910
0.82	1.011	1.075	1.141	1.211	1.300	1.391	1.484	1.579	1.675	1.772	1.870	1.970
0.84	1.050	1.116	1.183	1.254	1.346	1.439	1.534	1.631	1.729	1.828	1.928	2.029
0.86	1.089	1.156	1.225	1.298	1.392	1.487	1.584	1.683	1.783	1.884	1.986	2.089
0.88	1.127	1.197	1.268	1.342	1.438	1.535	1.634	1.735	1.836	1.939	2.043	2.148
0.90	1.166	1.237	1.310	1.386	1.484	1.583	1.684	1.787	1.890	1.995	2.101	2.207
0.92	1.205	1.278	1.352	1.430	1.530	1.631	1.734	1.838	1.944	2.051	2.158	2.266
0.94	1.244	1.318	1.395	1.474	1.576	1.679	1.784	1.890	1.998	2.106	2.215	2.326
0.96	1.283	1.359	1.437	1.518	1.622	1.727	1.834	1.942	2.051	2.162	2.273	2.385
0.98	1.322	1.400	1.479	1.562	1.668	1.775	1.884	1.994	2.105	2.217	2.330	2.444
1.00	1.361	1.440	1.521	1.606	1.714	1.823	1.933	2.045	2.158	2.272	2.387	
1.10	1.555	1.643	1.733	1.826	1.943	2.062	2.182	2.303	2.426			
1.15	1.652	1.744	1.838	1.936	2.058	2.182	2.306	2.432				
1.20	1.749	1.846	1.944	2.046	2.173	2.301	2.430					
1.25	1.847	1.947	2.049	2.156	2.287	2.420						
1.30	1.944	2.049	2.155	2.266	2.402							
1.35	2.041	2.150	2.261	2.376								
1.40	2.138	2.251	2.366	2.486								
1.45	2.235	2.353	2.472									
1.50	2.333	2.454										
1.55	2.430											

续表 7-43c

n / ρ(%) / E	0.70	0.72	0.74	0.76	0.78	0.80	0.82	0.84	0.86	0.88	0.90	0.92
0.12											0.220	0.265
0.14									0.216	0.261	0.308	0.355
0.16							0.207	0.253	0.300	0.347	0.395	0.443
0.18						0.240	0.287	0.335	0.383	0.432	0.482	0.532
0.20				0.224	0.271	0.318	0.367	0.417	0.467	0.517	0.568	0.620
0.22		0.204	0.250	0.298	0.346	0.396	0.446	0.498	0.549	0.601	0.654	0.707
0.24	0.227	0.274	0.322	0.371	0.422	0.473	0.525	0.578	0.631	0.685	0.740	0.794
0.26	0.294	0.343	0.393	0.445	0.497	0.550	0.604	0.658	0.713	0.769	0.825	0.881
0.28	0.362	0.412	0.464	0.517	0.571	0.626	0.681	0.738	0.794	0.852	0.909	0.967
0.30	0.428	0.481	0.534	0.589	0.645	0.702	0.759	0.817	0.875	0.934	0.994	1.053
0.32	0.494	0.549	0.604	0.661	0.718	0.777	0.836	0.895	0.956	1.016	1.077	1.139
0.34	0.560	0.616	0.674	0.732	0.792	0.852	0.912	0.974	1.036	1.098	1.161	1.224
0.36	0.625	0.684	0.743	0.803	0.864	0.926	0.989	1.052	1.116	1.180	1.244	1.309
0.38	0.690	0.751	0.812	0.874	0.937	1.000	1.065	1.130	1.195	1.261	1.327	1.394
0.40	0.755	0.817	0.880	0.944	1.009	1.074	1.140	1.207	1.274	1.342	1.410	1.478
0.42	0.820	0.883	0.948	1.014	1.081	1.148	1.216	1.284	1.353	1.422	1.492	1.562
0.44	0.884	0.949	1.016	1.084	1.152	1.221	1.291	1.361	1.432	1.503	1.574	1.646
0.46	0.948	1.015	1.084	1.153	1.223	1.294	1.366	1.438	1.510	1.583	1.656	1.730
0.48	1.011	1.081	1.151	1.222	1.294	1.367	1.440	1.514	1.588	1.663	1.738	1.813
0.50	1.075	1.146	1.218	1.291	1.365	1.440	1.515	1.590	1.666	1.742	1.819	1.896
0.52	1.138	1.211	1.285	1.360	1.436	1.512	1.589	1.666	1.744	1.822	1.900	1.979
0.54	1.201	1.276	1.352	1.429	1.506	1.584	1.663	1.742	1.821	1.901	1.981	2.062
0.56	1.264	1.341	1.419	1.497	1.576	1.656	1.736	1.817	1.898	1.980	2.062	2.144
0.58	1.327	1.405	1.485	1.565	1.646	1.728	1.810	1.893	1.976	2.059	2.143	2.227
0.60	1.389	1.470	1.551	1.634	1.716	1.800	1.883	1.968	2.053	2.138	2.223	2.309
0.62	1.452	1.534	1.617	1.701	1.786	1.871	1.957	2.043	2.129	2.216	2.303	2.391
0.64	1.514	1.598	1.683	1.769	1.856	1.942	2.030	2.118	2.206	2.294	2.383	2.473
0.66	1.576	1.662	1.749	1.837	1.925	2.014	2.103	2.192	2.282	2.373	2.463	
0.68	1.638	1.726	1.815	1.904	1.994	2.085	2.176	2.267	2.359	2.451		
0.70	1.700	1.790	1.881	1.972	2.063	2.156	2.248	2.342	2.435			
0.72	1.762	1.854	1.946	2.039	2.133	2.227	2.321	2.416				
0.74	1.824	1.917	2.011	2.106	2.201	2.297	2.393	2.490				
0.76	1.885	1.981	2.077	2.173	2.270	2.368	2.466					
0.78	1.947	2.044	2.142	2.240	2.339	2.438						
0.80	2.008	2.107	2.207	2.307	2.408							
0.82	2.070	2.170	2.272	2.374	2.476							
0.84	2.131	2.234	2.337	2.440								
0.86	2.192	2.297	2.402									
0.88	2.253	2.360	2.466									
0.90	2.315	2.422										
0.92	2.376	2.485										
0.94	2.437											
0.96	2.497											

续表 7-43c

ρ(%) n / E	0.94	0.96	0.98	1.00	1.10	1.15	1.20	1.25	1.30	1.35	1.40	1.45
0.01						0.225	0.325	0.425	0.526	0.627	0.728	0.829
0.02						0.276	0.378	0.480	0.583	0.685	0.788	0.891
0.03					0.225	0.328	0.432	0.536	0.640	0.745	0.849	0.954
0.04				0.069	0.276	0.381	0.486	0.592	0.698	0.804	0.911	1.018
0.06				0.164	0.378	0.486	0.595	0.705	0.814	0.925	1.035	1.146
0.08			0.215	0.259	0.480	0.592	0.705	0.818	0.932	1.046	1.160	1.275
0.10	0.220	0.265	0.309	0.354	0.583	0.699	0.815	0.932	1.050	1.168	1.286	1.405
0.12	0.311	0.357	0.403	0.450	0.686	0.806	0.926	1.047	1.168	1.290	1.412	1.535
0.14	0.402	0.449	0.497	0.545	0.789	0.912	1.037	1.162	1.287	1.413	1.539	1.665
0.16	0.492	0.541	0.590	0.640	0.892	1.019	1.147	1.276	1.406	1.535	1.666	1.796
0.18	0.582	0.633	0.684	0.735	0.994	1.126	1.258	1.391	1.524	1.658	1.792	1.927
0.20	0.672	0.724	0.776	0.829	1.097	1.232	1.368	1.505	1.643	1.781	1.919	2.058
0.22	0.761	0.815	0.869	0.923	1.199	1.338	1.479	1.620	1.761	1.903	2.046	2.188
0.24	0.850	0.905	0.961	1.017	1.301	1.444	1.589	1.734	1.879	2.026	2.172	2.319
0.26	0.938	0.995	1.053	1.110	1.402	1.550	1.698	1.848	1.997	2.148	2.298	2.449
0.28	1.026	1.085	1.144	1.203	1.504	1.655	1.808	1.961	2.115	2.270	2.424	
0.30	1.114	1.174	1.235	1.296	1.605	1.761	1.917	2.075	2.233	2.391		
0.32	1.201	1.263	1.326	1.388	1.705	1.865	2.026	2.188	2.350			
0.34	1.288	1.352	1.416	1.480	1.806	1.970	2.135	2.301	2.467			
0.36	1.374	1.440	1.506	1.572	1.906	2.074	2.244	2.414				
0.38	1.461	1.528	1.596	1.664	2.006	2.179	2.352					
0.40	1.547	1.616	1.685	1.755	2.105	2.282	2.460					
0.42	1.633	1.703	1.774	1.846	2.205	2.386						
0.44	1.718	1.791	1.863	1.936	2.304	2.489						
0.46	1.803	1.878	1.952	2.027	2.403							
0.48	1.889	1.964	2.041	2.117								
0.50	1.973	2.051	2.129	2.207								
0.52	2.058	2.137	2.217	2.297								
0.54	2.142	2.224	2.305	2.386								
0.56	2.227	2.310	2.393	2.476								
0.58	2.311	2.395	2.480									
0.60	2.395	2.481										
0.62	2.478											

ρ(%) n / E	1.50	1.55	1.60	1.65	1.70	1.75	1.80	1.85	1.90	1.95	2.00	2.20
0.01	0.930	1.031	1.133	1.234	1.335	1.437	1.538	1.640	1.741	1.843	1.944	2.350
0.02	0.994	1.098	1.201	1.304	1.408	1.511	1.614	1.718	1.821	1.925	2.028	2.443
0.03	1.059	1.164	1.270	1.375	1.480	1.586	1.691	1.797	1.902	2.008	2.113	
0.04	1.125	1.232	1.339	1.446	1.554	1.661	1.768	1.876	1.983	2.091	2.198	
0.06	1.257	1.368	1.479	1.590	1.701	1.813	1.924	2.036	2.147	2.259	2.370	
0.08	1.390	1.505	1.620	1.735	1.850	1.966	2.081	2.197	2.312	2.428		
0.10	1.523	1.642	1.761	1.881	2.000	2.119	2.239	2.358	2.478			
0.12	1.658	1.781	1.904	2.027	2.150	2.274	2.397					
0.14	1.792	1.919	2.046	2.174	2.301	2.429						
0.16	1.927	2.058	2.189	2.321	2.452							
0.18	2.062	2.197	2.332	2.468								
0.20	2.197	2.336	2.475									
0.22	2.331	2.475										
0.24	2.466											

注：见表 7-42 注。

对称配筋矩形截面偏心受压构件正截面承载力计算参数　　表 7-43d

（f_c=14.3N/mm^2　f_y=360N/mm^2　α_1=1　ξ_b=0.518　a_s/h_0=0.07）

n / ρ(%) / E	0.01	0.02	0.03	0.04	0.06	0.08	0.10	0.12	0.14	0.16	0.18	0.20
0.68												0.209
0.70												0.226
0.72											0.211	0.243
0.74											0.227	0.261
0.76										0.208	0.242	0.278
0.78										0.222	0.258	0.295
0.80									0.200	0.236	0.273	0.312
0.82									0.212	0.249	0.288	0.329
0.84									0.224	0.263	0.304	0.346
0.86								0.202	0.236	0.277	0.319	0.363
0.88								0.213	0.248	0.290	0.334	0.380
0.90								0.223	0.260	0.304	0.350	0.397
0.92								0.233	0.272	0.318	0.365	0.414
0.94							0.203	0.243	0.284	0.331	0.381	0.431
0.96							0.211	0.254	0.296	0.345	0.396	0.448
0.98							0.220	0.264	0.308	0.359	0.411	0.466
1.00							0.229	0.274	0.320	0.372	0.427	0.483
1.10						0.217	0.271	0.325	0.380	0.441	0.504	0.568
1.15						0.234	0.293	0.351	0.410	0.475	0.542	0.611
1.20						0.251	0.314	0.377	0.440	0.509	0.580	0.653
1.25					0.201	0.268	0.335	0.402	0.469	0.543	0.619	0.696
1.30					0.214	0.285	0.357	0.428	0.499	0.577	0.657	0.739
1.35					0.227	0.302	0.378	0.454	0.529	0.612	0.696	0.782
1.40					0.240	0.319	0.399	0.479	0.559	0.646	0.734	0.824
1.45					0.252	0.337	0.421	0.505	0.589	0.680	0.773	0.867
1.50					0.265	0.354	0.442	0.530	0.619	0.714	0.811	0.910
1.55					0.278	0.371	0.463	0.556	0.649	0.748	0.850	0.952
1.60					0.291	0.388	0.485	0.582	0.679	0.782	0.888	0.995
1.65				0.202	0.304	0.405	0.506	0.607	0.709	0.817	0.926	1.038
1.70				0.211	0.316	0.422	0.527	0.633	0.738	0.851	0.965	1.081
1.75				0.220	0.329	0.439	0.549	0.659	0.768	0.885	1.003	1.123
1.80				0.228	0.342	0.456	0.570	0.684	0.798	0.919	1.042	1.166
1.85				0.237	0.355	0.473	0.592	0.710	0.828	0.953	1.080	1.209
1.90				0.245	0.368	0.490	0.613	0.736	0.858	0.988	1.119	1.251
1.95				0.254	0.381	0.507	0.634	0.761	0.888	1.022	1.157	1.294
2.00				0.262	0.393	0.525	0.656	0.787	0.918	1.056	1.196	1.337
2.20			0.222	0.296	0.445	0.593	0.741	0.889	1.037	1.193	1.349	1.508
2.40			0.248	0.331	0.496	0.661	0.826	0.992	1.157	1.329	1.503	1.679
2.60			0.274	0.365	0.547	0.730	0.912	1.094	1.277	1.466	1.657	1.849
2.80			0.299	0.399	0.598	0.798	0.997	1.197	1.396	1.603	1.811	2.020
3.00		0.217	0.325	0.433	0.650	0.866	1.083	1.299	1.516	1.739	1.964	2.191
3.20		0.234	0.350	0.467	0.701	0.935	1.168	1.402	1.635	1.876	2.118	2.362
3.40		0.251	0.376	0.501	0.752	1.003	1.254	1.504	1.755	2.013	2.272	
3.60		0.268	0.402	0.536	0.803	1.071	1.339	1.607	1.875	2.149	2.426	
3.80		0.285	0.427	0.570	0.855	1.140	1.424	1.709	1.994	2.286		
4.00		0.302	0.453	0.604	0.906	1.208	1.510	1.812	2.114	2.423		
4.50		0.345	0.517	0.689	1.034	1.379	1.723	2.068	2.413			
5.00		0.387	0.581	0.775	1.162	1.550	1.937	2.324				
5.50	0.215	0.430	0.645	0.860	1.290	1.720	2.151					
6.00	0.236	0.473	0.709	0.946	1.418	1.891	2.364					
7.00	0.279	0.558	0.837	1.116	1.675	2.233						
8.00	0.322	0.644	0.966	1.287	1.931							
9.00	0.365	0.729	1.094	1.458	2.187							
10.00	0.407	0.815	1.222	1.629	2.444							
11.00	0.450	0.900	1.350	1.800								
12.00	0.493	0.985	1.478	1.971								

续表 7-43d

ρ(%) \ n E	0.22	0.24	0.26	0.28	0.30	0.32	0.34	0.36	0.38	0.40	0.42	0.44
0.44											0.206	0.235
0.46										0.214	0.242	0.273
0.48									0.219	0.248	0.278	0.310
0.50								0.223	0.252	0.282	0.314	0.348
0.52							0.225	0.254	0.284	0.316	0.350	0.385
0.54						0.226	0.254	0.284	0.316	0.350	0.386	0.423
0.56					0.224	0.253	0.283	0.315	0.349	0.384	0.422	0.460
0.58				0.221	0.250	0.280	0.312	0.346	0.381	0.419	0.457	0.498
0.60			0.217	0.245	0.275	0.308	0.341	0.377	0.414	0.453	0.493	0.536
0.62		0.210	0.239	0.269	0.301	0.335	0.370	0.407	0.446	0.487	0.529	0.573
0.64	0.202	0.231	0.261	0.293	0.327	0.362	0.399	0.438	0.479	0.521	0.565	0.611
0.66	0.221	0.251	0.283	0.317	0.352	0.390	0.428	0.469	0.511	0.555	0.601	0.648
0.68	0.240	0.272	0.305	0.341	0.378	0.417	0.457	0.500	0.544	0.589	0.637	0.686
0.70	0.258	0.292	0.328	0.365	0.404	0.444	0.486	0.530	0.576	0.624	0.673	0.724
0.72	0.277	0.313	0.350	0.389	0.429	0.472	0.516	0.561	0.609	0.658	0.709	0.761
0.74	0.296	0.333	0.372	0.413	0.455	0.499	0.545	0.592	0.641	0.692	0.744	0.799
0.76	0.315	0.354	0.394	0.437	0.481	0.526	0.574	0.623	0.674	0.726	0.780	0.836
0.78	0.334	0.374	0.416	0.460	0.506	0.554	0.603	0.653	0.706	0.760	0.816	0.874
0.80	0.352	0.395	0.439	0.484	0.532	0.581	0.632	0.684	0.738	0.794	0.852	0.911
0.82	0.371	0.415	0.461	0.508	0.557	0.608	0.661	0.715	0.771	0.829	0.888	0.949
0.84	0.390	0.436	0.483	0.532	0.583	0.636	0.690	0.746	0.803	0.863	0.924	0.987
0.86	0.409	0.456	0.505	0.556	0.609	0.663	0.719	0.777	0.836	0.897	0.960	1.024
0.88	0.428	0.477	0.527	0.580	0.634	0.690	0.748	0.807	0.868	0.931	0.996	1.062
0.90	0.446	0.497	0.550	0.604	0.660	0.718	0.777	0.838	0.901	0.965	1.031	1.099
0.92	0.465	0.518	0.572	0.628	0.686	0.745	0.806	0.869	0.933	0.999	1.067	1.137
0.94	0.484	0.538	0.594	0.652	0.711	0.772	0.835	0.900	0.966	1.034	1.103	1.175
0.96	0.503	0.559	0.616	0.676	0.737	0.800	0.864	0.930	0.998	1.068	1.139	1.212
0.98	0.522	0.579	0.639	0.700	0.762	0.827	0.893	0.961	1.031	1.102	1.175	1.250
1.00	0.540	0.600	0.661	0.724	0.788	0.854	0.922	0.992	1.063	1.136	1.211	1.287
1.10	0.634	0.702	0.772	0.843	0.916	0.991	1.067	1.146	1.225	1.307	1.390	1.475
1.15	0.681	0.753	0.827	0.903	0.980	1.059	1.140	1.222	1.307	1.392	1.480	1.569
1.20	0.728	0.805	0.883	0.963	1.044	1.128	1.213	1.299	1.388	1.478	1.570	1.663
1.25	0.775	0.856	0.938	1.023	1.108	1.196	1.285	1.376	1.469	1.563	1.659	1.757
1.30	0.822	0.907	0.994	1.082	1.172	1.264	1.358	1.453	1.550	1.649	1.749	1.851
1.35	0.869	0.958	1.049	1.142	1.237	1.333	1.430	1.530	1.631	1.734	1.839	1.945
1.40	0.916	1.010	1.105	1.202	1.301	1.401	1.503	1.607	1.712	1.820	1.928	2.039
1.45	0.963	1.061	1.160	1.262	1.365	1.469	1.576	1.684	1.793	1.905	2.018	2.133
1.50	1.010	1.112	1.216	1.322	1.429	1.538	1.648	1.761	1.875	1.990	2.108	2.227
1.55	1.057	1.163	1.272	1.381	1.493	1.606	1.721	1.837	1.956	2.076	2.198	2.321
1.60	1.104	1.215	1.327	1.441	1.557	1.674	1.793	1.914	2.037	2.161	2.287	2.415
1.65	1.151	1.266	1.383	1.501	1.621	1.743	1.866	1.991	2.118	2.247	2.377	
1.70	1.198	1.317	1.438	1.561	1.685	1.811	1.939	2.068	2.199	2.332	2.467	
1.75	1.245	1.368	1.494	1.620	1.749	1.879	2.011	2.145	2.280	2.418		
1.80	1.292	1.420	1.549	1.680	1.813	1.948	2.084	2.222	2.362			
1.85	1.339	1.471	1.605	1.740	1.877	2.016	2.157	2.299	2.443			
1.90	1.386	1.522	1.660	1.800	1.941	2.084	2.229	2.376				
1.95	1.433	1.574	1.716	1.860	2.005	2.153	2.302	2.453				
2.00	1.480	1.625	1.771	1.919	2.069	2.221	2.374					
2.20	1.668	1.830	1.993	2.159	2.326	2.494						
2.40	1.856	2.035	2.215	2.398								
2.60	2.044	2.240	2.438									
2.80	2.232	2.445										
3.00	2.420											

续表 7-43d

E \ ρ(%) \ n	0.46	0.48	0.50	0.52	0.54	0.56	0.58	0.60	0.62	0.64	0.66	0.68
0.26												0.234
0.28										0.207	0.252	0.300
0.30									0.223	0.268	0.316	0.365
0.32								0.237	0.282	0.329	0.379	0.430
0.34						0.209	0.249	0.293	0.340	0.390	0.441	0.495
0.36					0.222	0.260	0.302	0.349	0.398	0.450	0.504	0.559
0.38			0.203	0.233	0.269	0.310	0.355	0.404	0.456	0.510	0.565	0.623
0.40		0.215	0.246	0.278	0.317	0.360	0.408	0.459	0.513	0.569	0.627	0.687
0.42	0.226	0.256	0.288	0.322	0.364	0.411	0.461	0.514	0.570	0.628	0.688	0.750
0.44	0.265	0.297	0.331	0.367	0.412	0.461	0.513	0.569	0.627	0.687	0.749	0.813
0.46	0.305	0.338	0.374	0.412	0.459	0.510	0.565	0.623	0.684	0.746	0.810	0.876
0.48	0.344	0.379	0.416	0.456	0.506	0.560	0.617	0.678	0.740	0.805	0.871	0.938
0.50	0.383	0.420	0.459	0.501	0.553	0.610	0.669	0.732	0.796	0.863	0.931	1.000
0.52	0.422	0.461	0.502	0.545	0.600	0.659	0.721	0.786	0.852	0.921	0.991	1.062
0.54	0.462	0.502	0.545	0.590	0.647	0.709	0.773	0.840	0.908	0.979	1.051	1.124
0.56	0.501	0.543	0.587	0.634	0.694	0.758	0.824	0.893	0.964	1.037	1.111	1.186
0.58	0.540	0.584	0.630	0.679	0.741	0.807	0.876	0.947	1.020	1.094	1.170	1.248
0.60	0.580	0.625	0.673	0.723	0.788	0.856	0.927	1.000	1.075	1.152	1.230	1.309
0.62	0.619	0.666	0.715	0.768	0.835	0.906	0.979	1.054	1.131	1.209	1.289	1.370
0.64	0.658	0.707	0.758	0.812	0.882	0.955	1.030	1.107	1.186	1.267	1.348	1.431
0.66	0.697	0.748	0.801	0.857	0.929	1.004	1.081	1.160	1.241	1.324	1.407	1.492
0.68	0.737	0.789	0.844	0.901	0.975	1.053	1.132	1.213	1.296	1.381	1.466	1.553
0.70	0.776	0.830	0.886	0.946	1.022	1.101	1.183	1.266	1.351	1.438	1.525	1.614
0.72	0.815	0.871	0.929	0.990	1.069	1.150	1.234	1.319	1.406	1.495	1.584	1.675
0.74	0.855	0.912	0.972	1.035	1.116	1.199	1.285	1.372	1.461	1.551	1.643	1.735
0.76	0.894	0.953	1.014	1.079	1.162	1.248	1.335	1.425	1.516	1.608	1.701	1.796
0.78	0.933	0.994	1.057	1.123	1.209	1.297	1.386	1.478	1.571	1.665	1.760	1.856
0.80	0.973	1.035	1.100	1.168	1.255	1.345	1.437	1.530	1.625	1.721	1.818	1.916
0.82	1.012	1.076	1.143	1.212	1.302	1.394	1.488	1.583	1.680	1.778	1.877	1.977
0.84	1.051	1.117	1.185	1.257	1.349	1.442	1.538	1.636	1.734	1.834	1.935	2.037
0.86	1.090	1.158	1.228	1.301	1.395	1.491	1.589	1.688	1.789	1.890	1.993	2.097
0.88	1.130	1.199	1.271	1.346	1.442	1.540	1.639	1.741	1.843	1.947	2.051	2.157
0.90	1.169	1.240	1.313	1.390	1.488	1.588	1.690	1.793	1.897	2.003	2.109	2.217
0.92	1.208	1.281	1.356	1.435	1.535	1.637	1.740	1.845	1.952	2.059	2.167	2.277
0.94	1.248	1.322	1.399	1.479	1.581	1.685	1.791	1.898	2.006	2.115	2.225	2.336
0.96	1.287	1.363	1.442	1.524	1.628	1.734	1.841	1.950	2.060	2.171	2.283	2.396
0.98	1.326	1.404	1.484	1.568	1.674	1.782	1.892	2.002	2.114	2.227	2.341	2.456
1.00	1.366	1.445	1.527	1.613	1.721	1.831	1.942	2.055	2.169	2.283	2.399	
1.10	1.562	1.650	1.741	1.835	1.953	2.072	2.193	2.315	2.439			
1.15	1.660	1.753	1.847	1.946	2.069	2.193	2.319	2.446				
1.20	1.758	1.855	1.954	2.057	2.185	2.314	2.444					
1.25	1.857	1.958	2.061	2.168	2.301	2.434						
1.30	1.955	2.060	2.168	2.279	2.416							
1.35	2.053	2.163	2.274	2.390								
1.40	2.151	2.265	2.381									
1.45	2.250	2.368	2.488									
1.50	2.348	2.470										
1.55	2.446											

续表 7-43d

ρ(%) n / E	0.70	0.72	0.74	0.76	0.78	0.80	0.82	0.84	0.86	0.88	0.90	0.92
0.12											0.201	0.246
0.14										0.243	0.290	0.337
0.16								0.236	0.283	0.330	0.378	0.427
0.18						0.224	0.271	0.319	0.367	0.416	0.466	0.516
0.20				0.208	0.255	0.303	0.352	0.401	0.452	0.502	0.554	0.605
0.22			0.235	0.283	0.332	0.382	0.432	0.483	0.535	0.588	0.641	0.694
0.24	0.213	0.260	0.308	0.358	0.408	0.460	0.512	0.565	0.618	0.673	0.727	0.782
0.26	0.281	0.330	0.380	0.432	0.484	0.537	0.591	0.646	0.701	0.757	0.813	0.870
0.28	0.349	0.400	0.452	0.505	0.559	0.614	0.670	0.727	0.783	0.841	0.899	0.957
0.30	0.417	0.469	0.523	0.578	0.634	0.691	0.749	0.807	0.865	0.925	0.984	1.044
0.32	0.484	0.538	0.594	0.651	0.709	0.767	0.826	0.886	0.947	1.008	1.069	1.131
0.34	0.550	0.607	0.664	0.723	0.783	0.843	0.904	0.966	1.028	1.091	1.154	1.217
0.36	0.616	0.675	0.734	0.795	0.856	0.918	0.981	1.045	1.109	1.173	1.238	1.303
0.38	0.682	0.743	0.804	0.866	0.930	0.994	1.058	1.123	1.189	1.255	1.322	1.389
0.40	0.748	0.810	0.873	0.937	1.003	1.068	1.135	1.202	1.269	1.337	1.405	1.474
0.42	0.813	0.877	0.942	1.008	1.075	1.143	1.211	1.280	1.349	1.419	1.489	1.559
0.44	0.878	0.944	1.011	1.079	1.148	1.217	1.287	1.357	1.428	1.500	1.572	1.644
0.46	0.942	1.010	1.079	1.149	1.220	1.291	1.363	1.435	1.508	1.581	1.655	1.729
0.48	1.007	1.077	1.148	1.219	1.292	1.365	1.438	1.512	1.587	1.662	1.737	1.813
0.50	1.071	1.143	1.215	1.289	1.363	1.438	1.513	1.589	1.666	1.742	1.819	1.897
0.52	1.135	1.209	1.283	1.359	1.435	1.511	1.588	1.666	1.744	1.823	1.902	1.981
0.54	1.199	1.274	1.351	1.428	1.506	1.584	1.663	1.743	1.822	1.903	1.983	2.064
0.56	1.262	1.340	1.418	1.497	1.577	1.657	1.738	1.819	1.901	1.983	2.065	2.148
0.58	1.326	1.405	1.485	1.566	1.648	1.730	1.812	1.895	1.979	2.062	2.147	2.231
0.60	1.389	1.470	1.552	1.635	1.718	1.802	1.886	1.971	2.056	2.142	2.228	2.314
0.62	1.452	1.535	1.619	1.704	1.789	1.874	1.960	2.047	2.134	2.221	2.309	2.397
0.64	1.515	1.600	1.686	1.772	1.859	1.946	2.034	2.123	2.212	2.301	2.390	2.480
0.66	1.578	1.665	1.752	1.841	1.929	2.018	2.108	2.198	2.289	2.380	2.471	
0.68	1.641	1.730	1.819	1.909	1.999	2.090	2.182	2.274	2.366	2.459		
0.70	1.704	1.794	1.885	1.977	2.069	2.162	2.255	2.349	2.443			
0.72	1.766	1.858	1.951	2.045	2.139	2.234	2.329	2.424				
0.74	1.829	1.923	2.017	2.113	2.209	2.305	2.402	2.499				
0.76	1.891	1.987	2.083	2.181	2.278	2.377	2.475					
0.78	1.953	2.051	2.149	2.248	2.348	2.448						
0.80	2.015	2.115	2.215	2.316	2.417							
0.82	2.077	2.179	2.281	2.383	2.487							
0.84	2.139	2.243	2.346	2.451								
0.86	2.201	2.306	2.412									
0.88	2.263	2.370	2.477									
0.90	2.325	2.434										
0.92	2.386	2.497										
0.94	2.448											

续表 7-43d

E \ $\rho(\%)$ \ n	0.94	0.96	0.98	1.00	1.10	1.15	1.20	1.25	1.30	1.35	1.40	1.45
0.01						0.202	0.302	0.403	0.503	0.604	0.705	0.807
0.02						0.254	0.356	0.458	0.561	0.663	0.766	0.870
0.03					0.203	0.306	0.410	0.514	0.618	0.723	0.828	0.933
0.04					0.254	0.359	0.464	0.570	0.677	0.783	0.890	0.997
0.06					0.357	0.465	0.575	0.684	0.794	0.905	1.015	1.126
0.08				0.238	0.460	0.573	0.686	0.799	0.913	1.027	1.142	1.257
0.10	0.200	0.245	0.290	0.335	0.564	0.680	0.797	0.915	1.032	1.151	1.269	1.388
0.12	0.292	0.338	0.385	0.432	0.668	0.788	0.909	1.030	1.152	1.274	1.397	1.520
0.14	0.384	0.432	0.480	0.528	0.773	0.896	1.021	1.146	1.272	1.398	1.525	1.652
0.16	0.476	0.525	0.574	0.624	0.877	1.004	1.133	1.262	1.392	1.522	1.653	1.784
0.18	0.567	0.617	0.669	0.720	0.980	1.112	1.245	1.378	1.512	1.646	1.781	1.916
0.20	0.657	0.710	0.763	0.816	1.084	1.220	1.357	1.494	1.632	1.770	1.909	2.048
0.22	0.748	0.802	0.856	0.911	1.187	1.327	1.468	1.610	1.752	1.894	2.037	2.181
0.24	0.838	0.893	0.949	1.006	1.291	1.435	1.580	1.725	1.871	2.018	2.165	2.313
0.26	0.927	0.984	1.042	1.100	1.393	1.542	1.691	1.840	1.991	2.142	2.293	2.445
0.28	1.016	1.075	1.135	1.194	1.496	1.648	1.802	1.955	2.110	2.265	2.420	
0.30	1.105	1.166	1.227	1.288	1.598	1.755	1.912	2.070	2.229	2.388		
0.32	1.193	1.256	1.318	1.381	1.700	1.861	2.022	2.185	2.348			
0.34	1.281	1.345	1.410	1.475	1.801	1.967	2.132	2.299	2.466			
0.36	1.369	1.435	1.501	1.567	1.903	2.072	2.242	2.413				
0.38	1.456	1.524	1.592	1.660	2.004	2.177	2.352					
0.40	1.543	1.613	1.682	1.752	2.105	2.283	2.461					
0.42	1.630	1.701	1.772	1.844	2.205	2.387						
0.44	1.717	1.789	1.862	1.936	2.306	2.492						
0.46	1.803	1.877	1.952	2.027	2.406							
0.48	1.889	1.965	2.042	2.119								
0.50	1.975	2.053	2.131	2.210								
0.52	2.060	2.140	2.220	2.300								
0.54	2.146	2.227	2.309	2.391								
0.56	2.231	2.314	2.398	2.481								
0.58	2.316	2.401	2.486									
0.60	2.401	2.487										
0.62	2.485											

E \ $\rho(\%)$ \ n	1.50	1.55	1.60	1.65	1.70	1.75	1.80	1.85	1.90	1.95	2.00	2.20
0.01	0.908	1.009	1.111	1.212	1.313	1.415	1.516	1.618	1.719	1.821	1.923	2.329
0.02	0.973	1.076	1.179	1.283	1.386	1.490	1.593	1.697	1.800	1.904	2.007	2.422
0.03	1.038	1.143	1.249	1.354	1.460	1.565	1.671	1.776	1.882	1.987	2.093	
0.04	1.104	1.211	1.319	1.426	1.534	1.641	1.749	1.856	1.964	2.072	2.179	
0.06	1.237	1.349	1.460	1.571	1.683	1.794	1.906	2.018	2.129	2.241	2.353	
0.08	1.372	1.487	1.602	1.718	1.833	1.949	2.064	2.180	2.296	2.412		
0.10	1.507	1.626	1.745	1.865	1.985	2.104	2.224	2.344	2.464			
0.12	1.643	1.766	1.889	2.013	2.137	2.260	2.384					
0.14	1.779	1.906	2.034	2.161	2.289	2.417						
0.16	1.915	2.046	2.178	2.310	2.442							
0.18	2.051	2.187	2.323	2.459								
0.20	2.188	2.327	2.467									
0.22	2.324	2.468										
0.24	2.460											

注：见表 7-42 注。

对称配筋矩形截面偏心受压构件正截面承载力计算参数 **表 7-43e**

（$f_c=14.3\text{N/mm}^2$　$f_y=360\text{N/mm}^2$　$\alpha_1=1$　$\xi_b=0.518$　$a_s/h_0=0.08$）

ρ(%) n / E	0.01	0.02	0.03	0.04	0.06	0.08	0.10	0.12	0.14	0.16	0.18	0.20
0.68												0.207
0.70												0.225
0.72											0.210	0.242
0.74											0.225	0.259
0.76										0.207	0.241	0.276
0.78										0.221	0.256	0.294
0.80									0.206	0.235	0.272	0.311
0.82									0.218	0.249	0.288	0.328
0.84									0.230	0.263	0.303	0.345
0.86								0.207	0.242	0.276	0.319	0.363
0.88								0.218	0.254	0.290	0.334	0.380
0.90								0.228	0.266	0.304	0.350	0.397
0.92								0.238	0.278	0.318	0.365	0.414
0.94							0.207	0.249	0.290	0.332	0.381	0.432
0.96							0.216	0.259	0.302	0.345	0.396	0.449
0.98							0.225	0.269	0.314	0.359	0.412	0.466
1.00							0.233	0.280	0.326	0.373	0.427	0.484
1.10						0.221	0.276	0.332	0.387	0.442	0.505	0.570
1.15						0.238	0.298	0.358	0.417	0.477	0.544	0.613
1.20						0.256	0.320	0.383	0.447	0.511	0.583	0.656
1.25					0.205	0.273	0.341	0.409	0.478	0.546	0.622	0.699
1.30					0.218	0.290	0.363	0.435	0.508	0.580	0.661	0.743
1.35					0.231	0.307	0.384	0.461	0.538	0.615	0.699	0.786
1.40					0.244	0.325	0.406	0.487	0.568	0.649	0.738	0.829
1.45					0.256	0.342	0.427	0.513	0.598	0.684	0.777	0.872
1.50					0.269	0.359	0.449	0.539	0.629	0.718	0.816	0.915
1.55					0.282	0.376	0.471	0.565	0.659	0.753	0.855	0.959
1.60					0.295	0.394	0.492	0.591	0.689	0.788	0.894	1.002
1.65				0.206	0.308	0.411	0.514	0.617	0.719	0.822	0.933	1.045
1.70				0.214	0.321	0.428	0.535	0.642	0.750	0.857	0.971	1.088
1.75				0.223	0.334	0.446	0.557	0.668	0.780	0.891	1.010	1.131
1.80				0.231	0.347	0.463	0.579	0.694	0.810	0.926	1.049	1.174
1.85				0.240	0.360	0.480	0.600	0.720	0.840	0.960	1.088	1.218
1.90				0.249	0.373	0.497	0.622	0.746	0.870	0.995	1.127	1.261
1.95				0.257	0.386	0.515	0.643	0.772	0.901	1.029	1.166	1.304
2.00				0.266	0.399	0.532	0.665	0.798	0.931	1.064	1.205	1.347
2.20			0.225	0.301	0.451	0.601	0.751	0.902	1.052	1.202	1.360	1.520
2.40			0.251	0.335	0.503	0.670	0.838	1.005	1.173	1.340	1.515	1.693
2.60			0.277	0.370	0.554	0.739	0.924	1.109	1.294	1.478	1.671	1.865
2.80		0.202	0.303	0.404	0.606	0.808	1.010	1.212	1.414	1.617	1.826	2.038
3.00		0.219	0.329	0.439	0.658	0.877	1.097	1.316	1.535	1.755	1.982	2.211
3.20		0.237	0.355	0.473	0.710	0.946	1.183	1.420	1.656	1.893	2.137	2.383
3.40		0.254	0.381	0.508	0.762	1.016	1.269	1.523	1.777	2.031	2.293	
3.60		0.271	0.407	0.542	0.813	1.085	1.356	1.627	1.898	2.169	2.448	
3.80		0.288	0.433	0.577	0.865	1.154	1.442	1.731	2.019	2.307		
4.00		0.306	0.459	0.611	0.917	1.223	1.528	1.834	2.140	2.446		
4.50		0.349	0.523	0.698	1.047	1.395	1.744	2.093	2.442			
5.00		0.392	0.588	0.784	1.176	1.568	1.960	2.352				
5.50	0.218	0.435	0.653	0.870	1.306	1.741	2.176					
6.00	0.239	0.478	0.718	0.957	1.435	1.914	2.392					
7.00	0.282	0.565	0.847	1.129	1.694	2.259						
8.00	0.326	0.651	0.977	1.302	1.953							
9.00	0.369	0.737	1.106	1.475	2.212							
10.00	0.412	0.824	1.236	1.648	2.471							
11.00	0.455	0.910	1.365	1.820								
12.00	0.498	0.997	1.495	1.993								

续表 7-43e

$\rho(\%)$ E \ n	0.22	0.24	0.26	0.28	0.30	0.32	0.34	0.36	0.38	0.40	0.42	0.44
0.44												0.228
0.46										0.207	0.236	0.266
0.48									0.213	0.242	0.272	0.304
0.50								0.218	0.246	0.276	0.308	0.342
0.52							0.220	0.249	0.279	0.311	0.345	0.380
0.54						0.221	0.250	0.280	0.312	0.345	0.381	0.418
0.56					0.220	0.249	0.279	0.311	0.345	0.380	0.417	0.456
0.58				0.218	0.246	0.276	0.308	0.342	0.377	0.414	0.453	0.494
0.60			0.213	0.242	0.272	0.304	0.338	0.373	0.410	0.449	0.490	0.532
0.62		0.207	0.236	0.266	0.298	0.332	0.367	0.404	0.443	0.484	0.526	0.570
0.64		0.228	0.258	0.290	0.324	0.359	0.396	0.435	0.476	0.518	0.562	0.608
0.66	0.218	0.249	0.281	0.314	0.350	0.387	0.426	0.466	0.509	0.553	0.598	0.646
0.68	0.237	0.269	0.303	0.339	0.376	0.414	0.455	0.497	0.541	0.587	0.635	0.684
0.70	0.256	0.290	0.326	0.363	0.402	0.442	0.484	0.528	0.574	0.622	0.671	0.722
0.72	0.275	0.311	0.348	0.387	0.427	0.470	0.514	0.560	0.607	0.656	0.707	0.760
0.74	0.294	0.332	0.370	0.411	0.453	0.497	0.543	0.591	0.640	0.691	0.743	0.798
0.76	0.313	0.352	0.393	0.435	0.479	0.525	0.573	0.622	0.673	0.725	0.780	0.836
0.78	0.332	0.373	0.415	0.459	0.505	0.553	0.602	0.653	0.706	0.760	0.816	0.874
0.80	0.351	0.394	0.438	0.484	0.531	0.580	0.631	0.684	0.738	0.794	0.852	0.912
0.82	0.370	0.414	0.460	0.508	0.557	0.608	0.661	0.715	0.771	0.829	0.889	0.950
0.84	0.389	0.435	0.483	0.532	0.583	0.636	0.690	0.746	0.804	0.864	0.925	0.988
0.86	0.408	0.456	0.505	0.556	0.609	0.663	0.719	0.777	0.837	0.898	0.961	1.026
0.88	0.427	0.477	0.528	0.580	0.635	0.691	0.749	0.808	0.870	0.933	0.997	1.064
0.90	0.446	0.497	0.550	0.604	0.661	0.718	0.778	0.839	0.902	0.967	1.034	1.102
0.92	0.465	0.518	0.573	0.629	0.687	0.746	0.807	0.870	0.935	1.002	1.070	1.140
0.94	0.484	0.539	0.595	0.653	0.712	0.774	0.837	0.902	0.968	1.036	1.106	1.178
0.96	0.503	0.560	0.617	0.677	0.738	0.801	0.866	0.933	1.001	1.071	1.142	1.216
0.98	0.522	0.580	0.640	0.701	0.764	0.829	0.895	0.964	1.034	1.105	1.179	1.254
1.00	0.541	0.601	0.662	0.725	0.790	0.857	0.925	0.995	1.066	1.140	1.215	1.292
1.10	0.636	0.705	0.775	0.846	0.920	0.995	1.072	1.150	1.231	1.313	1.396	1.482
1.15	0.684	0.756	0.831	0.907	0.984	1.064	1.145	1.228	1.313	1.399	1.487	1.577
1.20	0.731	0.808	0.887	0.967	1.049	1.133	1.218	1.306	1.395	1.485	1.578	1.672
1.25	0.779	0.860	0.943	1.028	1.114	1.202	1.292	1.383	1.477	1.572	1.668	1.767
1.30	0.826	0.912	0.999	1.088	1.179	1.271	1.365	1.461	1.559	1.658	1.759	1.862
1.35	0.874	0.964	1.055	1.148	1.243	1.340	1.439	1.539	1.641	1.744	1.850	1.957
1.40	0.921	1.016	1.111	1.209	1.308	1.409	1.512	1.617	1.723	1.831	1.940	2.052
1.45	0.969	1.067	1.167	1.269	1.373	1.478	1.585	1.694	1.805	1.917	2.031	2.147
1.50	1.016	1.119	1.224	1.330	1.438	1.547	1.659	1.772	1.887	2.003	2.122	2.242
1.55	1.064	1.171	1.280	1.390	1.503	1.617	1.732	1.850	1.969	2.090	2.212	2.337
1.60	1.111	1.223	1.336	1.451	1.567	1.686	1.806	1.927	2.051	2.176	2.303	2.432
1.65	1.159	1.275	1.392	1.511	1.632	1.755	1.879	2.005	2.133	2.262	2.394	
1.70	1.206	1.326	1.448	1.572	1.697	1.824	1.952	2.083	2.215	2.349	2.484	
1.75	1.254	1.378	1.504	1.632	1.762	1.893	2.026	2.161	2.297	2.435		
1.80	1.301	1.430	1.560	1.693	1.826	1.962	2.099	2.238	2.379			
1.85	1.349	1.482	1.617	1.753	1.891	2.031	2.173	2.316	2.461			
1.90	1.396	1.534	1.673	1.813	1.956	2.100	2.246	2.394				
1.95	1.444	1.585	1.729	1.874	2.021	2.169	2.319	2.471				
2.00	1.491	1.637	1.785	1.934	2.085	2.238	2.393					
2.20	1.681	1.844	2.009	2.176	2.344							
2.40	1.871	2.052	2.234	2.418								
2.60	2.061	2.259	2.458									
2.80	2.251	2.466										
3.00	2.441											

续表 7-43e

ρ(%) \ n E	0.46	0.48	0.50	0.52	0.54	0.56	0.58	0.60	0.62	0.64	0.66	0.68
0.26												0.220
0.28											0.239	0.287
0.30									0.211	0.256	0.304	0.353
0.32								0.226	0.270	0.318	0.367	0.419
0.34							0.239	0.282	0.329	0.379	0.431	0.485
0.36					0.212	0.250	0.292	0.339	0.388	0.440	0.494	0.550
0.38				0.225	0.260	0.301	0.346	0.395	0.446	0.500	0.557	0.614
0.40		0.207	0.237	0.270	0.308	0.352	0.400	0.451	0.505	0.561	0.619	0.679
0.42	0.218	0.249	0.281	0.315	0.356	0.403	0.453	0.506	0.562	0.621	0.681	0.743
0.44	0.258	0.290	0.324	0.360	0.404	0.453	0.506	0.562	0.620	0.680	0.743	0.807
0.46	0.298	0.332	0.367	0.405	0.452	0.504	0.559	0.617	0.677	0.740	0.804	0.870
0.48	0.338	0.373	0.410	0.450	0.500	0.554	0.611	0.672	0.734	0.799	0.865	0.933
0.50	0.377	0.414	0.453	0.495	0.547	0.604	0.664	0.726	0.791	0.858	0.926	0.996
0.52	0.417	0.456	0.497	0.540	0.595	0.654	0.716	0.781	0.848	0.917	0.987	1.059
0.54	0.457	0.497	0.540	0.585	0.643	0.704	0.769	0.836	0.905	0.976	1.048	1.122
0.56	0.497	0.539	0.583	0.630	0.690	0.754	0.821	0.890	0.961	1.034	1.108	1.184
0.58	0.536	0.580	0.626	0.675	0.738	0.804	0.873	0.944	1.017	1.092	1.169	1.246
0.60	0.576	0.622	0.669	0.720	0.785	0.854	0.925	0.998	1.073	1.150	1.229	1.309
0.62	0.616	0.663	0.712	0.765	0.832	0.903	0.977	1.052	1.130	1.209	1.289	1.370
0.64	0.655	0.705	0.756	0.810	0.880	0.953	1.028	1.106	1.185	1.266	1.349	1.432
0.66	0.695	0.746	0.799	0.855	0.927	1.002	1.080	1.160	1.241	1.324	1.409	1.494
0.68	0.735	0.788	0.842	0.900	0.974	1.052	1.132	1.213	1.297	1.382	1.468	1.556
0.70	0.775	0.829	0.885	0.945	1.022	1.101	1.183	1.267	1.353	1.440	1.528	1.617
0.72	0.814	0.870	0.928	0.990	1.069	1.151	1.235	1.321	1.408	1.497	1.587	1.678
0.74	0.854	0.912	0.971	1.035	1.116	1.200	1.286	1.374	1.464	1.554	1.647	1.740
0.76	0.894	0.953	1.015	1.080	1.163	1.249	1.337	1.427	1.519	1.612	1.706	1.801
0.78	0.933	0.995	1.058	1.124	1.210	1.299	1.389	1.481	1.574	1.669	1.765	1.862
0.80	0.973	1.036	1.101	1.169	1.257	1.348	1.440	1.534	1.630	1.726	1.824	1.923
0.82	1.013	1.078	1.144	1.214	1.305	1.397	1.491	1.587	1.685	1.783	1.883	1.984
0.84	1.053	1.119	1.187	1.259	1.352	1.446	1.542	1.640	1.740	1.840	1.942	2.044
0.86	1.092	1.161	1.231	1.304	1.399	1.495	1.594	1.694	1.795	1.897	2.001	2.105
0.88	1.132	1.202	1.274	1.349	1.446	1.544	1.645	1.747	1.850	1.954	2.060	2.166
0.90	1.172	1.243	1.317	1.394	1.493	1.593	1.696	1.800	1.905	2.011	2.118	2.226
0.92	1.212	1.285	1.360	1.439	1.540	1.642	1.747	1.853	1.960	2.068	2.177	2.287
0.94	1.251	1.326	1.403	1.484	1.587	1.691	1.798	1.906	2.015	2.125	2.236	2.347
0.96	1.291	1.368	1.446	1.529	1.634	1.740	1.849	1.958	2.069	2.181	2.294	2.408
0.98	1.331	1.409	1.490	1.574	1.681	1.789	1.900	2.011	2.124	2.238	2.353	2.468
1.00	1.370	1.451	1.533	1.619	1.728	1.838	1.951	2.064	2.179	2.295	2.411	
1.10	1.569	1.658	1.749	1.844	1.962	2.083	2.205	2.328	2.452			
1.15	1.668	1.762	1.857	1.956	2.080	2.205	2.332	2.459				
1.20	1.768	1.865	1.965	2.068	2.197	2.327	2.458					
1.25	1.867	1.969	2.072	2.180	2.314	2.449						
1.30	1.966	2.072	2.180	2.293	2.431							
1.35	2.066	2.176	2.288	2.405								
1.40	2.165	2.280	2.396									
1.45	2.264	2.383										
1.50	2.363	2.487										
1.55	2.463											

续表 7-43e

ρ(%) \ n / E	0.70	0.72	0.74	0.76	0.78	0.80	0.82	0.84	0.86	0.88	0.90	0.92
0.12												0.227
0.14										0.225	0.271	0.318
0.16								0.218	0.265	0.313	0.361	0.410
0.18						0.207	0.254	0.302	0.351	0.400	0.450	0.500
0.20					0.239	0.287	0.336	0.386	0.436	0.487	0.539	0.590
0.22			0.220	0.268	0.317	0.367	0.417	0.469	0.521	0.574	0.627	0.680
0.24		0.245	0.294	0.343	0.394	0.446	0.498	0.551	0.605	0.660	0.714	0.770
0.26	0.267	0.316	0.367	0.418	0.471	0.524	0.579	0.634	0.689	0.745	0.802	0.859
0.28	0.336	0.387	0.440	0.493	0.547	0.603	0.659	0.715	0.772	0.830	0.888	0.947
0.30	0.405	0.458	0.512	0.567	0.623	0.680	0.738	0.796	0.855	0.915	0.975	1.035
0.32	0.473	0.527	0.583	0.641	0.699	0.757	0.817	0.877	0.938	0.999	1.061	1.123
0.34	0.540	0.597	0.655	0.714	0.773	0.834	0.895	0.957	1.020	1.083	1.146	1.210
0.36	0.607	0.666	0.726	0.786	0.848	0.910	0.974	1.037	1.102	1.166	1.232	1.297
0.38	0.674	0.734	0.796	0.859	0.922	0.986	1.051	1.117	1.183	1.249	1.316	1.384
0.40	0.740	0.803	0.866	0.931	0.996	1.062	1.129	1.196	1.264	1.332	1.401	1.470
0.42	0.806	0.870	0.936	1.002	1.070	1.138	1.206	1.275	1.345	1.415	1.485	1.556
0.44	0.872	0.938	1.006	1.074	1.143	1.213	1.283	1.354	1.425	1.497	1.569	1.642
0.46	0.937	1.005	1.075	1.145	1.216	1.287	1.360	1.432	1.505	1.579	1.653	1.727
0.48	1.002	1.073	1.144	1.216	1.289	1.362	1.436	1.510	1.585	1.661	1.737	1.813
0.50	1.067	1.139	1.213	1.286	1.361	1.436	1.512	1.588	1.665	1.742	1.820	1.898
0.52	1.132	1.206	1.281	1.357	1.433	1.510	1.588	1.666	1.745	1.824	1.903	1.983
0.54	1.197	1.273	1.349	1.427	1.505	1.584	1.664	1.743	1.824	1.905	1.986	2.067
0.56	1.261	1.339	1.417	1.497	1.577	1.658	1.739	1.821	1.903	1.985	2.068	2.152
0.58	1.325	1.405	1.485	1.567	1.649	1.731	1.814	1.898	1.982	2.066	2.151	2.236
0.60	1.389	1.471	1.553	1.636	1.720	1.805	1.889	1.975	2.060	2.147	2.233	2.320
0.62	1.453	1.537	1.621	1.706	1.791	1.878	1.964	2.051	2.139	2.227	2.315	2.404
0.64	1.517	1.602	1.688	1.775	1.863	1.951	2.039	2.128	2.217	2.307	2.397	2.487
0.66	1.580	1.668	1.756	1.844	1.934	2.023	2.114	2.204	2.296	2.387	2.479	
0.68	1.644	1.733	1.823	1.913	2.004	2.096	2.188	2.281	2.374	2.467		
0.70	1.707	1.798	1.890	1.982	2.075	2.169	2.263	2.357	2.452			
0.72	1.770	1.863	1.957	2.051	2.146	2.241	2.337	2.433				
0.74	1.833	1.928	2.024	2.120	2.216	2.313	2.411					
0.76	1.897	1.993	2.090	2.188	2.287	2.386	2.485					
0.78	1.959	2.058	2.157	2.257	2.357	2.458						
0.80	2.022	2.123	2.223	2.325	2.427							
0.82	2.085	2.187	2.290	2.393	2.497							
0.84	2.148	2.252	2.356	2.461								
0.86	2.210	2.316	2.423									
0.88	2.273	2.380	2.489									
0.90	2.335	2.445										
0.92	2.398											
0.94	2.460											

续表 7-43e

$\rho(\%)$ \ n E	0.94	0.96	0.98	1.00	1.10	1.15	1.20	1.25	1.30	1.35	1.40	1.45
0.01							0.279	0.379	0.480	0.581	0.683	0.784
0.02						0.230	0.333	0.435	0.538	0.641	0.744	0.847
0.03						0.283	0.387	0.492	0.596	0.701	0.806	0.911
0.04					0.231	0.336	0.442	0.549	0.655	0.762	0.869	0.976
0.06					0.335	0.444	0.554	0.664	0.774	0.885	0.995	1.107
0.08				0.217	0.440	0.552	0.666	0.780	0.894	1.008	1.123	1.238
0.10		0.224	0.270	0.315	0.545	0.661	0.779	0.896	1.015	1.133	1.252	1.371
0.12	0.273	0.319	0.366	0.413	0.650	0.771	0.892	1.013	1.136	1.258	1.381	1.504
0.14	0.366	0.414	0.462	0.510	0.756	0.880	1.005	1.131	1.257	1.384	1.510	1.638
0.16	0.459	0.508	0.558	0.608	0.861	0.989	1.118	1.248	1.378	1.509	1.640	1.771
0.18	0.551	0.602	0.653	0.705	0.966	1.099	1.232	1.365	1.500	1.635	1.770	1.905
0.20	0.643	0.695	0.748	0.802	1.071	1.208	1.345	1.483	1.621	1.760	1.899	2.039
0.22	0.734	0.788	0.843	0.898	1.176	1.316	1.458	1.600	1.742	1.885	2.029	2.173
0.24	0.825	0.881	0.937	0.994	1.280	1.425	1.570	1.717	1.863	2.011	2.158	2.306
0.26	0.916	0.973	1.031	1.090	1.384	1.533	1.683	1.833	1.984	2.136	2.287	2.440
0.28	1.006	1.065	1.125	1.185	1.488	1.641	1.795	1.949	2.105	2.260	2.416	
0.30	1.096	1.157	1.218	1.280	1.591	1.749	1.907	2.066	2.225	2.385		
0.32	1.185	1.248	1.311	1.374	1.694	1.856	2.018	2.181	2.345			
0.34	1.274	1.339	1.404	1.469	1.797	1.963	2.130	2.297	2.465			
0.36	1.363	1.429	1.496	1.563	1.900	2.070	2.241	2.412				
0.38	1.451	1.519	1.588	1.656	2.002	2.176	2.352					
0.40	1.539	1.609	1.679	1.749	2.104	2.283	2.462					
0.42	1.627	1.699	1.771	1.842	2.206	2.389						
0.44	1.715	1.788	1.862	1.935	2.307	2.494						
0.46	1.802	1.877	1.952	2.028	2.408							
0.48	1.889	1.966	2.043	2.120								
0.50	1.976	2.054	2.133	2.212								
0.52	2.063	2.143	2.223	2.304								
0.54	2.149	2.231	2.313	2.396								
0.56	2.235	2.319	2.403	2.487								
0.58	2.321	2.407	2.492									
0.60	2.407	2.494										
0.62	2.493											

$\rho(\%)$ \ n E	1.50	1.55	1.60	1.65	1.70	1.75	1.80	1.85	1.90	1.95	2.00	2.20
0.01	0.885	0.987	1.088	1.190	1.291	1.393	1.494	1.596	1.697	1.799	1.900	2.307
0.02	0.951	1.054	1.157	1.261	1.364	1.468	1.572	1.675	1.779	1.883	1.986	2.401
0.03	1.017	1.122	1.227	1.333	1.439	1.544	1.650	1.755	1.861	1.967	2.073	2.496
0.04	1.083	1.191	1.298	1.406	1.513	1.621	1.729	1.836	1.944	2.052	2.160	
0.06	1.218	1.329	1.441	1.552	1.664	1.776	1.887	1.999	2.111	2.223	2.335	
0.08	1.354	1.469	1.584	1.700	1.816	1.932	2.048	2.164	2.280	2.396		
0.10	1.490	1.610	1.729	1.849	1.969	2.089	2.209	2.329	2.449			
0.12	1.627	1.751	1.875	1.999	2.123	2.247	2.371	2.495				
0.14	1.765	1.893	2.021	2.149	2.277	2.405						
0.16	1.903	2.035	2.167	2.299	2.431							
0.18	2.041	2.177	2.313	2.440								
0.20	2.179	2.319	2.459									
0.22	2.317	2.461										
0.24	2.455											

注：见表 7-42 注。

对称配筋矩形截面偏心受压构件正截面承载力计算参数　　表 7-43f

($f_c=14.3\text{N/mm}^2$　$f_y=360\text{N/mm}^2$　$\alpha_1=1$　$\xi_b=0.518$　$a_s/h_0=0.09$)

ρ(%) \ n / E	0.01	0.02	0.03	0.04	0.06	0.08	0.10	0.12	0.14	0.16	0.18	0.20
0.68												0.205
0.70												0.223
0.72											0.208	0.240
0.74											0.224	0.258
0.76										0.213	0.240	0.275
0.78										0.227	0.255	0.292
0.80									0.211	0.241	0.271	0.310
0.82									0.223	0.255	0.287	0.327
0.84								0.202	0.235	0.269	0.303	0.345
0.86								0.212	0.248	0.283	0.318	0.362
0.88								0.223	0.260	0.297	0.334	0.380
0.90								0.233	0.272	0.311	0.350	0.397
0.92							0.203	0.244	0.284	0.325	0.365	0.415
0.94							0.212	0.254	0.296	0.339	0.381	0.432
0.96							0.220	0.265	0.309	0.353	0.397	0.450
0.98							0.229	0.275	0.321	0.367	0.413	0.467
1.00							0.238	0.285	0.333	0.381	0.428	0.485
1.10						0.225	0.282	0.338	0.394	0.450	0.507	0.572
1.15						0.243	0.303	0.364	0.425	0.485	0.546	0.615
1.20						0.260	0.325	0.390	0.455	0.520	0.585	0.659
1.25					0.208	0.278	0.347	0.416	0.486	0.555	0.625	0.703
1.30					0.221	0.295	0.369	0.443	0.516	0.590	0.664	0.746
1.35					0.234	0.313	0.391	0.469	0.547	0.625	0.703	0.790
1.40					0.248	0.330	0.413	0.495	0.578	0.660	0.743	0.834
1.45					0.261	0.347	0.434	0.521	0.608	0.695	0.782	0.877
1.50					0.274	0.365	0.456	0.547	0.639	0.730	0.821	0.921
1.55					0.287	0.382	0.478	0.574	0.669	0.765	0.860	0.965
1.60				0.200	0.300	0.400	0.500	0.600	0.700	0.800	0.900	1.008
1.65				0.209	0.313	0.417	0.522	0.626	0.730	0.835	0.939	1.052
1.70				0.217	0.326	0.435	0.543	0.652	0.761	0.870	0.978	1.096
1.75				0.226	0.339	0.452	0.565	0.678	0.791	0.904	1.018	1.139
1.80				0.235	0.352	0.470	0.587	0.705	0.822	0.939	1.057	1.183
1.85				0.244	0.365	0.487	0.609	0.731	0.853	0.974	1.096	1.227
1.90				0.252	0.378	0.505	0.631	0.757	0.883	1.009	1.135	1.270
1.95				0.261	0.392	0.522	0.653	0.783	0.914	1.044	1.175	1.314
2.00			0.202	0.270	0.405	0.540	0.674	0.809	0.944	1.079	1.214	1.358
2.20			0.229	0.305	0.457	0.609	0.762	0.914	1.066	1.219	1.371	1.532
2.40			0.255	0.340	0.509	0.679	0.849	1.019	1.189	1.358	1.528	1.707
2.60			0.281	0.375	0.562	0.749	0.936	1.124	1.311	1.498	1.685	1.881
2.80		0.205	0.307	0.409	0.614	0.819	1.024	1.228	1.433	1.638	1.843	2.056
3.00		0.222	0.333	0.444	0.667	0.889	1.111	1.333	1.555	1.777	2.000	2.231
3.20		0.240	0.359	0.479	0.719	0.959	1.198	1.438	1.678	1.917	2.157	2.405
3.40		0.257	0.386	0.514	0.771	1.028	1.286	1.543	1.800	2.057	2.314	
3.60		0.275	0.412	0.549	0.824	1.098	1.373	1.647	1.922	2.197	2.471	
3.80		0.292	0.438	0.584	0.876	1.168	1.460	1.752	2.044	2.336		
4.00		0.309	0.464	0.619	0.928	1.238	1.547	1.857	2.166	2.476		
4.50		0.353	0.530	0.706	1.059	1.413	1.766	2.119	2.472			
5.00		0.397	0.595	0.794	1.190	1.587	1.984	2.381				
5.50	0.220	0.440	0.661	0.881	1.321	1.762	2.202					
6.00	0.242	0.484	0.726	0.968	1.452	1.936	2.420					
7.00	0.286	0.571	0.857	1.143	1.714	2.286						
8.00	0.329	0.659	0.988	1.317	1.976							
9.00	0.373	0.746	1.119	1.492	2.238							
10.00	0.417	0.833	1.250	1.667	2.500							
11.00	0.460	0.921	1.381	1.841								
12.00	0.504	1.008	1.512	2.016								

续表 7-43f

ρ(%) n / E	0.22	0.24	0.26	0.28	0.30	0.32	0.34	0.36	0.38	0.40	0.42	0.44
0.44												0.221
0.46										0.201	0.229	0.259
0.48									0.207	0.236	0.266	0.298
0.50								0.212	0.241	0.271	0.303	0.336
0.52							0.215	0.244	0.274	0.306	0.339	0.375
0.54						0.217	0.245	0.275	0.307	0.340	0.376	0.413
0.56					0.216	0.244	0.275	0.306	0.340	0.375	0.413	0.451
0.58				0.214	0.242	0.272	0.304	0.338	0.373	0.410	0.449	0.490
0.60			0.210	0.238	0.268	0.300	0.334	0.369	0.406	0.445	0.486	0.528
0.62		0.204	0.233	0.263	0.295	0.328	0.364	0.401	0.440	0.480	0.523	0.567
0.64		0.225	0.255	0.287	0.321	0.356	0.393	0.432	0.473	0.515	0.559	0.605
0.66	0.216	0.246	0.278	0.312	0.347	0.384	0.423	0.464	0.506	0.550	0.596	0.643
0.68	0.235	0.267	0.301	0.336	0.373	0.412	0.453	0.495	0.539	0.585	0.633	0.682
0.70	0.254	0.288	0.323	0.361	0.399	0.440	0.482	0.526	0.572	0.620	0.669	0.720
0.72	0.274	0.309	0.346	0.385	0.426	0.468	0.512	0.558	0.605	0.655	0.706	0.759
0.74	0.293	0.330	0.369	0.409	0.452	0.496	0.542	0.589	0.639	0.690	0.742	0.797
0.76	0.312	0.351	0.392	0.434	0.478	0.524	0.571	0.621	0.672	0.725	0.779	0.835
0.78	0.331	0.372	0.414	0.458	0.504	0.552	0.601	0.652	0.705	0.760	0.816	0.874
0.80	0.351	0.393	0.437	0.483	0.530	0.580	0.631	0.684	0.738	0.794	0.853	0.912
0.82	0.370	0.414	0.460	0.507	0.557	0.608	0.660	0.715	0.771	0.829	0.889	0.951
0.84	0.389	0.435	0.482	0.532	0.583	0.636	0.690	0.746	0.804	0.864	0.926	0.989
0.86	0.408	0.456	0.505	0.556	0.609	0.663	0.720	0.778	0.838	0.899	0.963	1.028
0.88	0.427	0.477	0.528	0.581	0.635	0.691	0.749	0.809	0.871	0.934	0.999	1.066
0.90	0.447	0.498	0.550	0.605	0.661	0.719	0.779	0.841	0.904	0.969	1.036	1.104
0.92	0.466	0.519	0.573	0.629	0.688	0.747	0.809	0.872	0.937	1.004	1.073	1.143
0.94	0.485	0.540	0.596	0.654	0.714	0.775	0.839	0.904	0.970	1.039	1.109	1.181
0.96	0.504	0.560	0.619	0.678	0.740	0.803	0.868	0.935	1.004	1.074	1.146	1.220
0.98	0.523	0.581	0.641	0.703	0.766	0.831	0.898	0.966	1.037	1.109	1.183	1.258
1.00	0.543	0.602	0.664	0.727	0.792	0.859	0.928	0.998	1.070	1.144	1.219	1.296
1.10	0.639	0.707	0.777	0.849	0.923	0.999	1.076	1.155	1.236	1.318	1.403	1.488
1.15	0.687	0.760	0.834	0.911	0.989	1.069	1.150	1.234	1.319	1.406	1.494	1.585
1.20	0.735	0.812	0.891	0.972	1.054	1.138	1.224	1.312	1.402	1.493	1.586	1.681
1.25	0.783	0.864	0.948	1.033	1.120	1.208	1.299	1.391	1.485	1.580	1.678	1.777
1.30	0.831	0.917	1.004	1.094	1.185	1.278	1.373	1.469	1.568	1.667	1.769	1.873
1.35	0.879	0.969	1.061	1.155	1.251	1.348	1.447	1.548	1.650	1.755	1.861	1.969
1.40	0.927	1.021	1.118	1.216	1.316	1.418	1.521	1.626	1.733	1.842	1.953	2.065
1.45	0.975	1.074	1.175	1.277	1.382	1.488	1.595	1.705	1.816	1.929	2.044	2.161
1.50	1.023	1.126	1.231	1.338	1.447	1.557	1.670	1.784	1.899	2.017	2.136	2.257
1.55	1.071	1.179	1.288	1.399	1.513	1.627	1.744	1.862	1.982	2.104	2.228	2.353
1.60	1.119	1.231	1.345	1.461	1.578	1.697	1.818	1.941	2.065	2.191	2.319	2.449
1.65	1.167	1.283	1.402	1.522	1.643	1.767	1.892	2.019	2.148	2.279	2.411	
1.70	1.215	1.336	1.458	1.583	1.709	1.837	1.966	2.098	2.231	2.366		
1.75	1.263	1.388	1.515	1.644	1.774	1.907	2.041	2.176	2.314	2.453		
1.80	1.311	1.440	1.572	1.705	1.840	1.977	2.115	2.255	2.397			
1.85	1.359	1.493	1.629	1.766	1.905	2.046	2.189	2.334	2.480			
1.90	1.407	1.545	1.685	1.827	1.971	2.116	2.263	2.412				
1.95	1.455	1.598	1.742	1.888	2.036	2.186	2.338	2.491				
2.00	1.503	1.650	1.799	1.949	2.102	2.256	2.412					
2.20	1.695	1.860	2.026	2.194	2.364							
2.40	1.887	2.069	2.253	2.438								
2.60	2.079	2.279	2.480									
2.80	2.271	2.488										
3.00	2.463											

续表 7-43f

ρ(%) n / E	0.46	0.48	0.50	0.52	0.54	0.56	0.58	0.60	0.62	0.64	0.66	0.68
0.26												0.206
0.28											0.226	0.274
0.30										0.243	0.291	0.341
0.32								0.214	0.258	0.306	0.356	0.408
0.34							0.228	0.271	0.318	0.368	0.420	0.474
0.36					0.202	0.240	0.282	0.328	0.378	0.430	0.484	0.540
0.38				0.216	0.251	0.291	0.337	0.385	0.437	0.491	0.547	0.605
0.40			0.229	0.261	0.300	0.343	0.391	0.442	0.496	0.552	0.611	0.671
0.42	0.211	0.241	0.273	0.307	0.348	0.394	0.445	0.498	0.554	0.613	0.673	0.736
0.44	0.251	0.283	0.316	0.352	0.397	0.445	0.498	0.554	0.613	0.673	0.736	0.800
0.46	0.291	0.325	0.360	0.398	0.445	0.497	0.552	0.610	0.671	0.734	0.798	0.864
0.48	0.331	0.367	0.404	0.443	0.493	0.547	0.605	0.666	0.728	0.793	0.860	0.928
0.50	0.371	0.409	0.447	0.489	0.541	0.598	0.658	0.721	0.786	0.853	0.922	0.992
0.52	0.412	0.450	0.491	0.534	0.590	0.649	0.711	0.776	0.844	0.913	0.983	1.056
0.54	0.452	0.492	0.535	0.580	0.638	0.699	0.764	0.831	0.901	0.972	1.045	1.119
0.56	0.492	0.534	0.578	0.625	0.686	0.750	0.817	0.886	0.958	1.031	1.106	1.182
0.58	0.532	0.576	0.622	0.671	0.734	0.800	0.869	0.941	1.015	1.090	1.167	1.245
0.60	0.572	0.618	0.666	0.716	0.782	0.851	0.922	0.996	1.072	1.149	1.228	1.308
0.62	0.612	0.660	0.709	0.762	0.830	0.901	0.975	1.050	1.128	1.208	1.289	1.371
0.64	0.653	0.702	0.753	0.807	0.878	0.951	1.027	1.105	1.185	1.266	1.349	1.433
0.66	0.693	0.744	0.797	0.853	0.925	1.001	1.079	1.159	1.241	1.325	1.410	1.496
0.68	0.733	0.786	0.840	0.898	0.973	1.051	1.131	1.214	1.298	1.383	1.470	1.558
0.70	0.773	0.828	0.884	0.944	1.021	1.101	1.184	1.268	1.354	1.441	1.530	1.620
0.72	0.813	0.870	0.928	0.989	1.069	1.151	1.236	1.322	1.410	1.500	1.590	1.682
0.74	0.853	0.911	0.971	1.035	1.116	1.201	1.288	1.376	1.466	1.558	1.650	1.744
0.76	0.894	0.953	1.015	1.080	1.164	1.251	1.340	1.430	1.522	1.616	1.710	1.806
0.78	0.934	0.995	1.059	1.125	1.212	1.301	1.391	1.484	1.578	1.674	1.770	1.868
0.80	0.974	1.037	1.102	1.171	1.259	1.350	1.443	1.538	1.634	1.731	1.830	1.929
0.82	1.014	1.079	1.146	1.216	1.307	1.400	1.495	1.592	1.690	1.789	1.889	1.991
0.84	1.054	1.121	1.189	1.262	1.355	1.450	1.547	1.645	1.746	1.847	1.949	2.052
0.86	1.094	1.163	1.233	1.307	1.402	1.499	1.599	1.699	1.801	1.904	2.009	2.114
0.88	1.134	1.205	1.277	1.353	1.450	1.549	1.650	1.753	1.857	1.962	2.068	2.175
0.90	1.175	1.247	1.320	1.398	1.497	1.599	1.702	1.806	1.912	2.019	2.127	2.236
0.92	1.215	1.289	1.364	1.444	1.545	1.648	1.753	1.860	1.968	2.077	2.187	2.298
0.94	1.255	1.330	1.408	1.489	1.592	1.698	1.805	1.914	2.023	2.134	2.246	2.359
0.96	1.295	1.372	1.451	1.534	1.640	1.747	1.857	1.967	2.079	2.192	2.305	2.420
0.98	1.335	1.414	1.495	1.580	1.687	1.797	1.908	2.021	2.134	2.249	2.364	2.481
1.00	1.375	1.456	1.539	1.625	1.735	1.846	1.960	2.074	2.189	2.306	2.424	
1.10	1.576	1.666	1.757	1.852	1.972	2.094	2.216	2.341	2.466			
1.15	1.677	1.770	1.866	1.966	2.091	2.217	2.345	2.474				
1.20	1.777	1.875	1.975	2.080	2.209	2.340	2.473					
1.25	1.877	1.980	2.084	2.193	2.328	2.464						
1.30	1.978	2.085	2.193	2.307	2.446							
1.35	2.078	2.190	2.303	2.420								
1.40	2.179	2.294	2.412									
1.45	2.279	2.399										
1.50	2.379											
1.55	2.480											

续表 7-43f

ρ(%) n / E	0.70	0.72	0.74	0.76	0.78	0.80	0.82	0.84	0.86	0.88	0.90	0.92
0.12												0.207
0.14										0.206	0.252	0.300
0.16									0.247	0.295	0.343	0.392
0.18							0.237	0.285	0.334	0.383	0.433	0.484
0.20					0.222	0.271	0.320	0.370	0.420	0.472	0.523	0.575
0.22			0.204	0.252	0.301	0.351	0.402	0.454	0.506	0.559	0.612	0.666
0.24		0.230	0.279	0.329	0.380	0.432	0.484	0.538	0.592	0.646	0.701	0.757
0.26	0.253	0.303	0.353	0.405	0.458	0.511	0.566	0.621	0.677	0.733	0.790	0.847
0.28	0.323	0.374	0.427	0.480	0.535	0.590	0.647	0.704	0.761	0.819	0.878	0.936
0.30	0.393	0.446	0.500	0.555	0.612	0.669	0.727	0.786	0.845	0.905	0.965	1.026
0.32	0.461	0.516	0.573	0.630	0.688	0.747	0.807	0.868	0.929	0.990	1.052	1.114
0.34	0.530	0.587	0.645	0.704	0.764	0.825	0.887	0.949	1.012	1.075	1.139	1.203
0.36	0.598	0.656	0.717	0.778	0.840	0.902	0.966	1.030	1.094	1.159	1.225	1.291
0.38	0.665	0.726	0.788	0.851	0.915	0.979	1.045	1.110	1.177	1.244	1.311	1.379
0.40	0.732	0.795	0.859	0.924	0.989	1.056	1.123	1.191	1.259	1.327	1.396	1.466
0.42	0.799	0.864	0.930	0.996	1.064	1.132	1.201	1.271	1.341	1.411	1.482	1.553
0.44	0.866	0.932	1.000	1.069	1.138	1.208	1.279	1.350	1.422	1.494	1.567	1.640
0.46	0.932	1.000	1.070	1.141	1.212	1.284	1.356	1.429	1.503	1.577	1.652	1.726
0.48	0.998	1.068	1.140	1.212	1.285	1.359	1.434	1.509	1.584	1.660	1.736	1.813
0.50	1.064	1.136	1.209	1.284	1.359	1.434	1.511	1.587	1.665	1.742	1.820	1.899
0.52	1.129	1.203	1.279	1.355	1.432	1.509	1.587	1.666	1.745	1.824	1.904	1.984
0.54	1.194	1.271	1.348	1.426	1.505	1.584	1.664	1.744	1.825	1.906	1.988	2.070
0.56	1.259	1.338	1.417	1.497	1.577	1.659	1.740	1.823	1.905	1.988	2.072	2.155
0.58	1.324	1.405	1.486	1.567	1.650	1.733	1.816	1.900	1.985	2.070	2.155	2.241
0.60	1.389	1.471	1.554	1.638	1.722	1.807	1.892	1.978	2.065	2.151	2.238	2.326
0.62	1.454	1.538	1.623	1.708	1.794	1.881	1.968	2.056	2.144	2.232	2.321	2.410
0.64	1.518	1.604	1.691	1.778	1.866	1.955	2.044	2.133	2.223	2.314	2.404	2.495
0.66	1.583	1.670	1.759	1.848	1.938	2.028	2.119	2.211	2.302	2.394	2.487	
0.68	1.647	1.736	1.827	1.918	2.010	2.102	2.195	2.288	2.381	2.475		
0.70	1.711	1.802	1.895	1.988	2.081	2.175	2.270	2.365	2.460			
0.72	1.775	1.868	1.962	2.057	2.153	2.249	2.345	2.442				
0.74	1.839	1.934	2.030	2.127	2.224	2.322	2.420					
0.76	1.902	2.000	2.097	2.196	2.295	2.395	2.495					
0.78	1.966	2.065	2.165	2.265	2.366	2.468						
0.80	2.029	2.130	2.232	2.334	2.437							
0.82	2.093	2.196	2.299	2.403								
0.84	2.156	2.261	2.366	2.472								
0.86	2.220	2.326	2.433									
0.88	2.283	2.391	2.500									
0.90	2.346	2.456										
0.92	2.409											
0.94	2.472											

续表 7-43f

ρ(%) n / E	0.94	0.96	0.98	1.00	1.10	1.15	1.20	1.25	1.30	1.35	1.40	1.45
0.01							0.255	0.356	0.457	0.558	0.659	0.761
0.02						0.207	0.309	0.412	0.515	0.618	0.721	0.825
0.03						0.260	0.364	0.469	0.574	0.679	0.784	0.889
0.04					0.208	0.314	0.420	0.526	0.633	0.740	0.847	0.954
0.06					0.313	0.422	0.532	0.642	0.753	0.864	0.975	1.086
0.08					0.419	0.532	0.646	0.760	0.874	0.989	1.104	1.219
0.10		0.204	0.249	0.294	0.525	0.642	0.760	0.878	0.996	1.115	1.234	1.353
0.12	0.253	0.300	0.346	0.393	0.632	0.753	0.874	0.996	1.119	1.242	1.365	1.488
0.14	0.347	0.395	0.444	0.492	0.739	0.863	0.989	1.115	1.241	1.368	1.496	1.623
0.16	0.441	0.491	0.541	0.591	0.845	0.974	1.103	1.234	1.364	1.495	1.627	1.759
0.18	0.535	0.586	0.637	0.689	0.952	1.084	1.218	1.352	1.487	1.622	1.758	1.894
0.20	0.628	0.681	0.734	0.787	1.058	1.195	1.333	1.471	1.610	1.749	1.889	2.029
0.22	0.720	0.775	0.830	0.885	1.164	1.305	1.447	1.589	1.733	1.876	2.020	2.165
0.24	0.813	0.869	0.925	0.982	1.269	1.415	1.561	1.708	1.855	2.003	2.151	2.300
0.26	0.904	0.962	1.020	1.079	1.375	1.524	1.675	1.826	1.977	2.129	2.282	2.435
0.28	0.996	1.055	1.115	1.175	1.480	1.633	1.788	1.943	2.099	2.256	2.412	
0.30	1.087	1.148	1.210	1.271	1.584	1.742	1.901	2.061	2.221	2.382		
0.32	1.177	1.240	1.304	1.367	1.689	1.851	2.014	2.178	2.342			
0.34	1.267	1.332	1.397	1.463	1.793	1.959	2.127	2.295	2.464			
0.36	1.357	1.424	1.490	1.558	1.896	2.067	2.239	2.412				
0.38	1.447	1.515	1.583	1.652	2.000	2.175	2.351					
0.40	1.536	1.606	1.676	1.747	2.103	2.283	2.463					
0.42	1.625	1.696	1.769	1.841	2.206	2.390						
0.44	1.713	1.787	1.861	1.935	2.309	2.497						
0.46	1.801	1.877	1.952	2.028	2.411							
0.48	1.889	1.967	2.044	2.122								
0.50	1.977	2.056	2.135	2.215								
0.52	2.065	2.146	2.227	2.308								
0.54	2.152	2.235	2.317	2.400								
0.56	2.239	2.324	2.408	2.493								
0.58	2.326	2.412	2.499									
0.60	2.413											
0.62	2.500											

ρ(%) n / E	1.50	1.55	1.60	1.65	1.70	1.75	1.80	1.85	1.90	1.95	2.00	2.20
0.01	0.862	0.964	1.065	1.167	1.268	1.370	1.471	1.573	1.675	1.776	1.878	2.284
0.02	0.928	1.032	1.135	1.239	1.342	1.446	1.550	1.653	1.757	1.861	1.964	2.379
0.03	0.995	1.100	1.206	1.311	1.417	1.523	1.628	1.734	1.840	1.946	2.052	2.475
0.04	1.062	1.169	1.277	1.385	1.492	1.600	1.708	1.816	1.924	2.032	2.139	
0.06	1.198	1.309	1.421	1.533	1.645	1.756	1.868	1.980	2.092	2.205	2.317	
0.08	1.335	1.451	1.566	1.682	1.798	1.914	2.030	2.147	2.263	2.379	2.495	
0.10	1.473	1.593	1.713	1.833	1.953	2.073	2.193	2.314	2.434			
0.12	1.612	1.736	1.860	1.984	2.108	2.233	2.357	2.482				
0.14	1.751	1.879	2.007	2.136	2.264	2.393						
0.16	1.891	2.023	2.155	2.288	2.420							
0.18	2.030	2.166	2.303	2.440								
0.20	2.170	2.310	2.451									
0.22	2.309	2.454										
0.24	2.449											

注：见表 7-42 注。

对称配筋矩形截面偏心受压构件正截面承载力计算参数　　表 7-43g

（f_c=14.3N/mm^2　f_y=360N/mm^2　α_1=1　ξ_b=0.518　a_s/h_0=0.10）

E \ ρ(%) \ n	0.01	0.02	0.03	0.04	0.06	0.08	0.10	0.12	0.14	0.16	0.18	0.20
0.68												0.203
0.70												0.221
0.72											0.215	0.238
0.74										0.205	0.230	0.256
0.76										0.219	0.246	0.274
0.78									0.204	0.233	0.262	0.291
0.80									0.216	0.247	0.278	0.309
0.82									0.229	0.261	0.294	0.327
0.84								0.207	0.241	0.275	0.310	0.344
0.86								0.217	0.253	0.290	0.326	0.362
0.88								0.228	0.266	0.304	0.342	0.380
0.90								0.238	0.278	0.318	0.358	0.397
0.92							0.207	0.249	0.290	0.332	0.373	0.415
0.94							0.216	0.260	0.303	0.346	0.389	0.433
0.96							0.225	0.270	0.315	0.360	0.405	0.450
0.98							0.234	0.281	0.327	0.374	0.421	0.468
1.00							0.243	0.291	0.340	0.388	0.437	0.485
1.10						0.230	0.287	0.344	0.402	0.459	0.516	0.574
1.15						0.247	0.309	0.371	0.433	0.494	0.556	0.618
1.20						0.265	0.331	0.397	0.463	0.530	0.596	0.662
1.25					0.212	0.282	0.353	0.424	0.494	0.565	0.636	0.706
1.30					0.225	0.300	0.375	0.450	0.525	0.600	0.675	0.750
1.35					0.238	0.318	0.397	0.477	0.556	0.636	0.715	0.794
1.40					0.252	0.335	0.419	0.503	0.587	0.671	0.755	0.839
1.45					0.265	0.353	0.441	0.530	0.618	0.706	0.794	0.883
1.50					0.278	0.371	0.463	0.556	0.649	0.741	0.834	0.927
1.55					0.291	0.388	0.485	0.583	0.680	0.777	0.874	0.971
1.60				0.203	0.305	0.406	0.508	0.609	0.711	0.812	0.914	1.015
1.65				0.212	0.318	0.424	0.530	0.636	0.741	0.847	0.953	1.059
1.70				0.221	0.331	0.441	0.552	0.662	0.772	0.883	0.993	1.103
1.75				0.230	0.344	0.459	0.574	0.689	0.803	0.918	1.033	1.148
1.80				0.238	0.358	0.477	0.596	0.715	0.834	0.953	1.073	1.192
1.85				0.247	0.371	0.494	0.618	0.741	0.865	0.989	1.112	1.236
1.90				0.256	0.384	0.512	0.640	0.768	0.896	1.024	1.152	1.280
1.95				0.265	0.397	0.530	0.662	0.794	0.927	1.059	1.192	1.324
2.00			0.205	0.274	0.410	0.547	0.684	0.821	0.958	1.095	1.231	1.368
2.20			0.232	0.309	0.463	0.618	0.772	0.927	1.081	1.236	1.390	1.545
2.40			0.258	0.344	0.516	0.689	0.861	1.033	1.205	1.377	1.549	1.721
2.60			0.285	0.380	0.569	0.759	0.949	1.139	1.328	1.518	1.708	1.898
2.80		0.207	0.311	0.415	0.622	0.830	1.037	1.245	1.452	1.660	1.867	2.074
3.00		0.225	0.338	0.450	0.675	0.900	1.125	1.351	1.576	1.801	2.026	2.251
3.20		0.243	0.364	0.485	0.728	0.971	1.214	1.456	1.699	1.942	2.185	2.427
3.40		0.260	0.391	0.521	0.781	1.042	1.302	1.562	1.823	2.083	2.344	
3.60		0.278	0.417	0.556	0.834	1.112	1.390	1.668	1.946	2.224		
3.80		0.296	0.444	0.591	0.887	1.183	1.479	1.774	2.070	2.366		
4.00		0.313	0.470	0.627	0.940	1.253	1.567	1.880	2.194			
4.50		0.358	0.536	0.715	1.073	1.430	1.788	2.145				
5.00	0.201	0.402	0.602	0.803	1.205	1.607	2.008	2.410				
5.50	0.223	0.446	0.669	0.892	1.337	1.783	2.229					
6.00	0.245	0.490	0.735	0.980	1.470	1.960	2.450					
7.00	0.289	0.578	0.867	1.156	1.735	2.313						
8.00	0.333	0.666	1.000	1.333	1.999							
9.00	0.377	0.755	1.132	1.509	2.264							
10.00	0.421	0.843	1.264	1.686								
11.00	0.466	0.931	1.397	1.863								
12.00	0.510	1.020	1.529	2.039								

续表 7-43g

ρ(%) \ n / E	0.22	0.24	0.26	0.28	0.30	0.32	0.34	0.36	0.38	0.40	0.42	0.44
0.44												0.214
0.46											0.222	0.252
0.48									0.201	0.230	0.260	0.291
0.50								0.207	0.235	0.265	0.297	0.330
0.52							0.210	0.238	0.268	0.300	0.334	0.369
0.54						0.212	0.240	0.270	0.302	0.335	0.371	0.408
0.56					0.212	0.240	0.270	0.302	0.335	0.371	0.408	0.447
0.58				0.210	0.238	0.268	0.300	0.334	0.369	0.406	0.445	0.485
0.60			0.207	0.235	0.265	0.297	0.330	0.365	0.403	0.441	0.482	0.524
0.62		0.201	0.230	0.260	0.291	0.325	0.360	0.397	0.436	0.477	0.519	0.563
0.64		0.222	0.252	0.284	0.318	0.353	0.390	0.429	0.470	0.512	0.556	0.602
0.66	0.214	0.244	0.275	0.309	0.344	0.381	0.420	0.461	0.503	0.547	0.593	0.641
0.68	0.233	0.265	0.298	0.334	0.371	0.410	0.450	0.493	0.537	0.583	0.630	0.680
0.70	0.252	0.286	0.321	0.358	0.397	0.438	0.480	0.524	0.570	0.618	0.667	0.719
0.72	0.272	0.307	0.344	0.383	0.424	0.466	0.510	0.556	0.604	0.653	0.704	0.757
0.74	0.291	0.328	0.367	0.408	0.450	0.494	0.540	0.588	0.637	0.689	0.741	0.796
0.76	0.311	0.350	0.390	0.433	0.477	0.523	0.570	0.620	0.671	0.724	0.779	0.835
0.78	0.330	0.371	0.413	0.457	0.503	0.551	0.600	0.651	0.704	0.759	0.816	0.874
0.80	0.350	0.392	0.436	0.482	0.530	0.579	0.630	0.683	0.738	0.794	0.853	0.913
0.82	0.369	0.413	0.459	0.507	0.556	0.607	0.660	0.715	0.771	0.830	0.890	0.952
0.84	0.388	0.434	0.482	0.531	0.583	0.636	0.690	0.747	0.805	0.865	0.927	0.990
0.86	0.408	0.455	0.505	0.556	0.609	0.664	0.720	0.779	0.839	0.900	0.964	1.029
0.88	0.427	0.477	0.528	0.581	0.636	0.692	0.750	0.810	0.872	0.936	1.001	1.068
0.90	0.447	0.498	0.551	0.606	0.662	0.720	0.780	0.842	0.906	0.971	1.038	1.107
0.92	0.466	0.519	0.574	0.630	0.689	0.749	0.810	0.874	0.939	1.006	1.075	1.146
0.94	0.485	0.540	0.597	0.655	0.715	0.777	0.840	0.906	0.973	1.042	1.112	1.185
0.96	0.505	0.561	0.620	0.680	0.741	0.805	0.870	0.937	1.006	1.077	1.149	1.223
0.98	0.524	0.583	0.643	0.704	0.768	0.833	0.900	0.969	1.040	1.112	1.186	1.262
1.00	0.544	0.604	0.666	0.729	0.794	0.862	0.930	1.001	1.073	1.148	1.223	1.301
1.10	0.641	0.710	0.780	0.853	0.927	1.003	1.080	1.160	1.241	1.324	1.409	1.495
1.15	0.689	0.763	0.838	0.914	0.993	1.073	1.155	1.239	1.325	1.412	1.502	1.592
1.20	0.738	0.816	0.895	0.976	1.059	1.144	1.231	1.319	1.409	1.501	1.594	1.690
1.25	0.787	0.869	0.952	1.038	1.125	1.215	1.306	1.398	1.493	1.589	1.687	1.787
1.30	0.835	0.922	1.010	1.100	1.192	1.285	1.381	1.478	1.577	1.677	1.780	1.884
1.35	0.884	0.975	1.067	1.162	1.258	1.356	1.456	1.557	1.660	1.765	1.872	1.981
1.40	0.932	1.027	1.125	1.223	1.324	1.426	1.531	1.637	1.744	1.854	1.965	2.078
1.45	0.981	1.080	1.182	1.285	1.390	1.497	1.606	1.716	1.828	1.942	2.058	2.175
1.50	1.029	1.133	1.239	1.347	1.456	1.568	1.681	1.795	1.912	2.030	2.150	2.272
1.55	1.078	1.186	1.297	1.409	1.523	1.638	1.756	1.875	1.996	2.119	2.243	2.369
1.60	1.126	1.239	1.354	1.471	1.589	1.709	1.831	1.954	2.080	2.207	2.336	2.466
1.65	1.175	1.292	1.411	1.532	1.655	1.780	1.906	2.034	2.164	2.295	2.428	
1.70	1.223	1.345	1.469	1.594	1.721	1.850	1.981	2.113	2.247	2.383		
1.75	1.272	1.398	1.526	1.656	1.788	1.921	2.056	2.193	2.331	2.472		
1.80	1.321	1.451	1.584	1.718	1.854	1.991	2.131	2.272	2.415			
1.85	1.369	1.504	1.641	1.780	1.920	2.062	2.206	2.352	2.499			
1.90	1.418	1.557	1.698	1.841	1.986	2.133	2.281	2.431				
1.95	1.466	1.610	1.756	1.903	2.052	2.203	2.356					
2.00	1.515	1.663	1.813	1.965	2.119	2.274	2.431					
2.20	1.709	1.875	2.043	2.212	2.383							
2.40	1.903	2.087	2.272	2.459								
2.60	2.097	2.299										
2.80	2.292											
3.00	2.486											

续表 7-43g

ρ(%) n / E	0.46	0.48	0.50	0.52	0.54	0.56	0.58	0.60	0.62	0.64	0.66	0.68
0.28											0.212	0.260
0.30										0.231	0.278	0.328
0.32								0.202	0.246	0.294	0.344	0.396
0.34							0.216	0.260	0.307	0.357	0.409	0.463
0.36						0.229	0.272	0.318	0.367	0.419	0.474	0.530
0.38				0.207	0.241	0.282	0.327	0.376	0.427	0.482	0.538	0.596
0.40			0.221	0.253	0.291	0.334	0.382	0.433	0.487	0.543	0.602	0.662
0.42	0.203	0.233	0.265	0.299	0.340	0.386	0.436	0.490	0.546	0.605	0.666	0.728
0.44	0.244	0.275	0.309	0.345	0.389	0.438	0.490	0.546	0.605	0.666	0.729	0.793
0.46	0.284	0.318	0.353	0.391	0.438	0.489	0.545	0.603	0.664	0.727	0.792	0.858
0.48	0.325	0.360	0.397	0.437	0.487	0.541	0.599	0.659	0.722	0.788	0.855	0.923
0.50	0.365	0.403	0.441	0.483	0.535	0.592	0.652	0.715	0.781	0.848	0.917	0.988
0.52	0.406	0.445	0.485	0.529	0.584	0.643	0.706	0.771	0.839	0.908	0.980	1.052
0.54	0.447	0.487	0.530	0.575	0.633	0.695	0.760	0.827	0.897	0.968	1.042	1.116
0.56	0.487	0.530	0.574	0.621	0.681	0.746	0.813	0.883	0.955	1.028	1.104	1.180
0.58	0.528	0.572	0.618	0.667	0.730	0.797	0.866	0.938	1.012	1.088	1.165	1.244
0.60	0.568	0.614	0.662	0.713	0.778	0.847	0.919	0.994	1.070	1.148	1.227	1.307
0.62	0.609	0.657	0.706	0.759	0.827	0.898	0.972	1.049	1.127	1.207	1.288	1.371
0.64	0.650	0.699	0.750	0.805	0.875	0.949	1.025	1.104	1.184	1.266	1.350	1.434
0.66	0.690	0.741	0.794	0.851	0.924	1.000	1.078	1.159	1.241	1.325	1.411	1.497
0.68	0.731	0.784	0.839	0.897	0.972	1.050	1.131	1.214	1.298	1.384	1.472	1.560
0.70	0.771	0.826	0.883	0.943	1.020	1.101	1.184	1.269	1.355	1.443	1.533	1.623
0.72	0.812	0.869	0.927	0.989	1.069	1.151	1.236	1.323	1.412	1.502	1.593	1.686
0.74	0.853	0.911	0.971	1.035	1.117	1.202	1.289	1.378	1.469	1.561	1.654	1.749
0.76	0.893	0.953	1.015	1.081	1.165	1.252	1.342	1.433	1.526	1.620	1.715	1.811
0.78	0.934	0.996	1.059	1.126	1.213	1.303	1.394	1.487	1.582	1.678	1.775	1.873
0.80	0.975	1.038	1.103	1.172	1.262	1.353	1.447	1.542	1.639	1.737	1.836	1.936
0.82	1.015	1.080	1.148	1.218	1.310	1.403	1.499	1.596	1.695	1.795	1.896	1.998
0.84	1.056	1.123	1.192	1.264	1.358	1.454	1.551	1.651	1.751	1.853	1.956	2.060
0.86	1.096	1.165	1.236	1.310	1.406	1.504	1.604	1.705	1.808	1.912	2.017	2.122
0.88	1.137	1.208	1.280	1.356	1.454	1.554	1.656	1.759	1.864	1.970	2.077	2.184
0.90	1.178	1.250	1.324	1.402	1.502	1.604	1.708	1.813	1.920	2.028	2.137	2.246
0.92	1.218	1.292	1.368	1.448	1.550	1.654	1.760	1.868	1.976	2.086	2.197	2.308
0.94	1.259	1.335	1.412	1.494	1.598	1.704	1.812	1.922	2.032	2.144	2.257	2.370
0.96	1.299	1.377	1.456	1.540	1.646	1.755	1.864	1.976	2.088	2.202	2.317	2.432
0.98	1.340	1.419	1.501	1.586	1.694	1.805	1.917	2.030	2.144	2.260	2.376	2.494
1.00	1.381	1.462	1.545	1.632	1.742	1.855	1.969	2.084	2.200	2.318	2.436	
1.10	1.584	1.674	1.765	1.862	1.982	2.105	2.228	2.353	2.480			
1.15	1.685	1.780	1.876	1.976	2.102	2.229	2.358	2.488				
1.20	1.787	1.885	1.986	2.091	2.222	2.354	2.488					
1.25	1.888	1.991	2.096	2.206	2.342	2.479						
1.30	1.990	2.097	2.207	2.321	2.461							
1.35	2.091	2.203	2.317	2.436								
1.40	2.193	2.309	2.427									
1.45	2.294	2.415										
1.50	2.396											
1.55	2.497											

续表 7-43g

ρ(%) n / E	0.70	0.72	0.74	0.76	0.78	0.80	0.82	0.84	0.86	0.88	0.90	0.92
0.14											0.233	0.280
0.16									0.228	0.276	0.325	0.374
0.18							0.219	0.267	0.316	0.366	0.416	0.467
0.20					0.205	0.254	0.303	0.353	0.404	0.456	0.507	0.560
0.22				0.236	0.285	0.336	0.387	0.439	0.491	0.544	0.598	0.652
0.24		0.215	0.264	0.314	0.365	0.417	0.470	0.524	0.578	0.633	0.688	0.744
0.26	0.239	0.288	0.339	0.391	0.444	0.498	0.553	0.608	0.664	0.720	0.777	0.835
0.28	0.310	0.361	0.414	0.468	0.522	0.578	0.635	0.692	0.749	0.808	0.866	0.926
0.30	0.380	0.433	0.488	0.544	0.600	0.658	0.716	0.775	0.834	0.894	0.955	1.016
0.32	0.450	0.505	0.561	0.619	0.678	0.737	0.797	0.858	0.919	0.981	1.043	1.106
0.34	0.519	0.576	0.635	0.694	0.754	0.816	0.878	0.940	1.003	1.067	1.131	1.195
0.36	0.588	0.647	0.707	0.769	0.831	0.894	0.958	1.022	1.087	1.152	1.218	1.284
0.38	0.656	0.717	0.780	0.843	0.907	0.972	1.037	1.104	1.170	1.238	1.305	1.373
0.40	0.724	0.787	0.851	0.917	0.983	1.049	1.117	1.185	1.253	1.322	1.392	1.462
0.42	0.792	0.857	0.923	0.990	1.058	1.127	1.196	1.266	1.336	1.407	1.478	1.550
0.44	0.859	0.926	0.994	1.063	1.133	1.204	1.275	1.346	1.419	1.491	1.564	1.638
0.46	0.926	0.995	1.065	1.136	1.208	1.280	1.353	1.427	1.501	1.575	1.650	1.725
0.48	0.993	1.064	1.136	1.209	1.282	1.357	1.431	1.507	1.583	1.659	1.735	1.812
0.50	1.060	1.133	1.206	1.281	1.356	1.433	1.509	1.586	1.664	1.742	1.821	1.900
0.52	1.126	1.201	1.277	1.353	1.430	1.508	1.587	1.666	1.745	1.825	1.906	1.986
0.54	1.192	1.269	1.346	1.425	1.504	1.584	1.664	1.745	1.827	1.908	1.990	2.073
0.56	1.258	1.337	1.416	1.497	1.578	1.659	1.742	1.824	1.908	1.991	2.075	2.159
0.58	1.324	1.404	1.486	1.568	1.651	1.735	1.819	1.903	1.988	2.074	2.159	2.245
0.60	1.389	1.472	1.555	1.639	1.724	1.810	1.896	1.982	2.069	2.156	2.244	2.331
0.62	1.454	1.539	1.624	1.710	1.797	1.884	1.972	2.060	2.149	2.238	2.328	2.417
0.64	1.520	1.606	1.693	1.781	1.870	1.959	2.049	2.139	2.229	2.320	2.411	
0.66	1.585	1.673	1.762	1.852	1.943	2.034	2.125	2.217	2.309	2.402	2.495	
0.68	1.650	1.740	1.831	1.923	2.015	2.108	2.201	2.295	2.389	2.484		
0.70	1.714	1.807	1.900	1.993	2.087	2.182	2.277	2.373	2.469			
0.72	1.779	1.873	1.968	2.064	2.160	2.256	2.353	2.451				
0.74	1.844	1.940	2.036	2.134	2.232	2.330	2.429					
0.76	1.908	2.006	2.105	2.204	2.304	2.404						
0.78	1.973	2.072	2.173	2.274	2.376	2.478						
0.80	2.037	2.139	2.241	2.344	2.447							
0.82	2.101	2.205	2.309	2.414								
0.84	2.165	2.271	2.377	2.483								
0.86	2.229	2.336	2.444									
0.88	2.293	2.402										
0.90	2.357	2.468										
0.92	2.421	2.534										
0.94	2.484											

续表 7-43g

n / ρ(%) / E	0.94	0.96	0.98	1.00	1.10	1.15	1.20	1.25	1.30	1.35	1.40	1.45
0.01							0.231	0.332	0.433	0.534	0.636	0.737
0.02							0.285	0.388	0.491	0.595	0.698	0.801
0.03						0.236	0.341	0.446	0.551	0.656	0.761	0.867
0.04						0.290	0.397	0.503	0.610	0.718	0.825	0.932
0.06					0.290	0.400	0.510	0.621	0.732	0.843	0.954	1.066
0.08					0.398	0.511	0.625	0.739	0.854	0.969	1.085	1.200
0.10			0.228	0.274	0.505	0.622	0.740	0.859	0.977	1.097	1.216	1.336
0.12	0.233	0.280	0.327	0.374	0.613	0.734	0.856	0.978	1.101	1.225	1.348	1.472
0.14	0.328	0.377	0.425	0.474	0.721	0.846	0.972	1.099	1.226	1.353	1.481	1.609
0.16	0.423	0.473	0.523	0.574	0.829	0.958	1.088	1.219	1.350	1.481	1.613	1.745
0.18	0.518	0.570	0.621	0.673	0.937	1.070	1.204	1.339	1.474	1.610	1.746	1.882
0.20	0.612	0.666	0.719	0.773	1.044	1.182	1.320	1.459	1.598	1.738	1.879	2.019
0.22	0.706	0.761	0.816	0.871	1.151	1.293	1.436	1.579	1.723	1.867	2.011	2.156
0.24	0.800	0.856	0.913	0.970	1.258	1.404	1.551	1.698	1.846	1.995	2.144	2.293
0.26	0.893	0.951	1.009	1.068	1.365	1.515	1.666	1.818	1.970	2.123	2.276	2.430
0.28	0.985	1.045	1.105	1.166	1.471	1.626	1.781	1.937	2.094	2.251	2.408	
0.30	1.077	1.139	1.201	1.263	1.577	1.736	1.896	2.056	2.217	2.378		
0.32	1.169	1.232	1.296	1.360	1.683	1.846	2.010	2.175	2.340			
0.34	1.260	1.325	1.391	1.456	1.788	1.956	2.124	2.293	2.462			
0.36	1.351	1.418	1.485	1.553	1.893	2.065	2.238	2.411				
0.38	1.442	1.510	1.579	1.648	1.998	2.174	2.351					
0.40	1.532	1.602	1.673	1.744	2.102	2.283	2.464					
0.42	1.622	1.694	1.766	1.839	2.206	2.391						
0.44	1.711	1.785	1.860	1.934	2.310	2.500						
0.46	1.801	1.877	1.953	2.029	2.414							
0.48	1.890	1.967	2.045	2.123								
0.50	1.979	2.058	2.138	2.218								
0.52	2.067	2.148	2.230	2.312								
0.54	2.156	2.239	2.322	2.405								
0.56	2.244	2.329	2.414	2.499								
0.58	2.332	2.418										
0.60	2.420											

n / ρ(%) / E	1.50	1.55	1.60	1.65	1.70	1.75	1.80	1.85	1.90	1.95	2.00	2.20
0.01	0.839	0.940	1.042	1.143	1.245	1.347	1.448	1.550	1.652	1.753	1.855	2.262
0.02	0.905	1.009	1.112	1.216	1.320	1.423	1.527	1.631	1.735	1.838	1.942	2.357
0.03	0.972	1.078	1.184	1.289	1.395	1.501	1.607	1.713	1.818	1.924	2.030	2.454
0.04	1.040	1.148	1.255	1.363	1.471	1.579	1.687	1.795	1.903	2.011	2.119	
0.06	1.177	1.289	1.401	1.513	1.625	1.737	1.849	1.961	2.073	2.186	2.298	
0.08	1.316	1.432	1.548	1.664	1.780	1.896	2.013	2.129	2.246	2.362	2.479	
0.10	1.456	1.576	1.696	1.816	1.936	2.057	2.178	2.298	2.419			
0.12	1.596	1.720	1.845	1.969	2.094	2.218	2.343	2.468				
0.14	1.737	1.865	1.994	2.122	2.251	2.380						
0.16	1.878	2.010	2.143	2.276	2.409							
0.18	2.019	2.156	2.293	2.430								
0.20	2.160	2.301	2.443									
0.22	2.301	2.447										
0.24	2.442											

注：见表 7-42 注。

对称配筋矩形截面偏心受压构件正截面承载力计算参数　　　**表 7-44a**

（f_c=19.1N/mm^2　f_y=360N/mm^2　α_1=1　ξ_b=0.518　a_s/h_0=0.04）

ρ(%) \ n / E	0.01	0.02	0.03	0.04	0.06	0.08	0.10	0.12	0.14	0.16	0.18	0.20
0.62												0.221
0.64												0.243
0.66											0.229	0.265
0.68											0.249	0.287
0.70										0.230	0.269	0.309
0.72										0.248	0.288	0.332
0.74									0.224	0.265	0.308	0.354
0.76									0.240	0.283	0.328	0.376
0.78									0.255	0.301	0.348	0.398
0.80								0.225	0.271	0.318	0.368	0.420
0.82								0.239	0.286	0.336	0.388	0.442
0.84								0.252	0.302	0.354	0.408	0.464
0.86							0.216	0.265	0.317	0.371	0.428	0.486
0.88							0.227	0.279	0.333	0.389	0.448	0.508
0.90							0.238	0.292	0.348	0.407	0.468	0.531
0.92							0.249	0.305	0.364	0.424	0.487	0.553
0.94							0.260	0.318	0.379	0.442	0.507	0.575
0.96							0.271	0.332	0.395	0.460	0.527	0.597
0.98						0.221	0.282	0.345	0.410	0.478	0.547	0.619
1.00						0.230	0.293	0.358	0.426	0.495	0.567	0.641
1.10						0.274	0.348	0.424	0.503	0.584	0.667	0.752
1.15					0.222	0.296	0.376	0.458	0.542	0.628	0.716	0.807
1.20					0.239	0.318	0.403	0.491	0.580	0.672	0.766	0.862
1.25					0.255	0.340	0.431	0.524	0.619	0.716	0.816	0.917
1.30					0.272	0.363	0.459	0.557	0.658	0.760	0.865	0.973
1.35					0.288	0.385	0.486	0.590	0.696	0.805	0.915	1.028
1.40					0.305	0.407	0.514	0.623	0.735	0.849	0.965	1.083
1.45				0.214	0.322	0.429	0.542	0.657	0.774	0.893	1.015	1.138
1.50				0.225	0.338	0.451	0.569	0.690	0.812	0.937	1.064	1.194
1.55				0.237	0.355	0.473	0.597	0.723	0.851	0.982	1.114	1.249
1.60				0.248	0.371	0.495	0.625	0.756	0.890	1.026	1.164	1.304
1.65				0.259	0.388	0.517	0.652	0.789	0.928	1.070	1.214	1.360
1.70				0.270	0.405	0.539	0.680	0.822	0.967	1.114	1.263	1.415
1.75				0.281	0.421	0.562	0.707	0.856	1.006	1.158	1.313	1.470
1.80			0.219	0.292	0.438	0.584	0.735	0.889	1.045	1.203	1.363	1.525
1.85			0.227	0.303	0.454	0.606	0.763	0.922	1.083	1.247	1.413	1.581
1.90			0.235	0.314	0.471	0.628	0.790	0.955	1.122	1.291	1.462	1.636
1.95			0.244	0.325	0.487	0.650	0.818	0.988	1.161	1.335	1.512	1.691
2.00			0.252	0.336	0.504	0.672	0.846	1.021	1.199	1.379	1.562	1.746
2.20			0.285	0.380	0.570	0.760	0.956	1.154	1.354	1.556	1.761	1.967
2.40			0.318	0.424	0.637	0.849	1.067	1.287	1.509	1.733	1.960	2.189
2.60		0.234	0.351	0.469	0.703	0.937	1.177	1.419	1.664	1.910	2.159	2.410
2.80		0.256	0.385	0.513	0.769	1.026	1.288	1.552	1.818	2.087	2.358	
3.00		0.279	0.418	0.557	0.836	1.114	1.398	1.685	1.973	2.264		
3.20		0.301	0.451	0.601	0.902	1.203	1.509	1.817	2.128	2.441		
3.40		0.323	0.484	0.646	0.968	1.291	1.619	1.950	2.282			
3.60		0.345	0.517	0.690	1.035	1.379	1.730	2.082	2.437			
3.80		0.367	0.550	0.734	1.101	1.468	1.840	2.215				
4.00		0.389	0.584	0.778	1.167	1.556	1.951	2.348				
4.50	0.222	0.444	0.667	0.889	1.333	1.777	2.227					
5.00	0.250	0.500	0.749	0.999	1.499	1.998						
5.50	0.277	0.555	0.832	1.110	1.665	2.219						
6.00	0.305	0.610	0.915	1.220	1.830	2.441						
7.00	0.360	0.721	1.081	1.441	2.162							
8.00	0.416	0.831	1.247	1.662	2.494							
9.00	0.471	0.942	1.413	1.883								
10.00	0.526	1.052	1.578	2.105								
11.00	0.581	1.163	1.744	2.326								
12.00	0.637	1.273	1.910									

续表 7-44a

ρ(%) \ n E	0.22	0.24	0.26	0.28	0.30	0.32	0.34	0.36	0.38	0.40	0.42	0.44
0.40												0.243
0.42										0.221	0.255	0.292
0.44									0.231	0.265	0.302	0.340
0.46								0.239	0.273	0.309	0.348	0.389
0.48							0.244	0.279	0.315	0.354	0.395	0.438
0.50					0.216	0.248	0.282	0.318	0.357	0.398	0.441	0.486
0.52				0.217	0.249	0.283	0.319	0.358	0.399	0.442	0.487	0.535
0.54			0.216	0.248	0.282	0.318	0.357	0.398	0.441	0.486	0.534	0.584
0.56			0.244	0.279	0.315	0.354	0.395	0.438	0.483	0.531	0.580	0.632
0.58		0.239	0.273	0.309	0.348	0.389	0.432	0.478	0.525	0.575	0.627	0.681
0.60	0.231	0.265	0.302	0.340	0.381	0.424	0.470	0.517	0.567	0.619	0.673	0.730
0.62	0.255	0.292	0.330	0.371	0.414	0.460	0.507	0.557	0.609	0.663	0.720	0.778
0.64	0.280	0.318	0.359	0.402	0.448	0.495	0.545	0.597	0.651	0.707	0.766	0.827
0.66	0.304	0.345	0.388	0.433	0.481	0.531	0.583	0.637	0.693	0.752	0.812	0.875
0.68	0.328	0.371	0.417	0.464	0.514	0.566	0.620	0.676	0.735	0.796	0.859	0.924
0.70	0.353	0.398	0.445	0.495	0.547	0.601	0.658	0.716	0.777	0.840	0.905	0.973
0.72	0.377	0.424	0.474	0.526	0.580	0.637	0.695	0.756	0.819	0.884	0.952	1.021
0.74	0.401	0.451	0.503	0.557	0.613	0.672	0.733	0.796	0.861	0.928	0.998	1.070
0.76	0.426	0.477	0.532	0.588	0.647	0.707	0.770	0.836	0.903	0.973	1.045	1.119
0.78	0.450	0.504	0.560	0.619	0.680	0.743	0.808	0.875	0.945	1.017	1.091	1.167
0.80	0.474	0.531	0.589	0.650	0.713	0.778	0.846	0.915	0.987	1.061	1.137	1.216
0.82	0.499	0.557	0.618	0.681	0.746	0.814	0.883	0.955	1.029	1.105	1.184	1.264
0.84	0.523	0.584	0.647	0.712	0.779	0.849	0.921	0.995	1.071	1.150	1.230	1.313
0.86	0.547	0.610	0.675	0.743	0.812	0.884	0.958	1.035	1.113	1.194	1.277	1.362
0.88	0.571	0.637	0.704	0.774	0.846	0.920	0.996	1.074	1.155	1.238	1.323	1.410
0.90	0.596	0.663	0.733	0.805	0.879	0.955	1.033	1.114	1.197	1.282	1.369	1.459
0.92	0.620	0.690	0.762	0.836	0.912	0.990	1.071	1.154	1.239	1.326	1.416	1.508
0.94	0.644	0.716	0.790	0.867	0.945	1.026	1.109	1.194	1.281	1.371	1.462	1.556
0.96	0.669	0.743	0.819	0.898	0.978	1.061	1.146	1.234	1.323	1.415	1.509	1.605
0.98	0.693	0.769	0.848	0.928	1.011	1.096	1.184	1.273	1.365	1.459	1.555	1.654
1.00	0.717	0.796	0.877	0.959	1.045	1.132	1.221	1.313	1.407	1.503	1.602	1.702
1.10	0.839	0.928	1.020	1.114	1.210	1.309	1.409	1.512	1.617	1.724	1.834	1.945
1.15	0.900	0.995	1.092	1.192	1.293	1.397	1.503	1.612	1.722	1.835	1.950	2.067
1.20	0.961	1.061	1.164	1.269	1.376	1.486	1.597	1.711	1.827	1.945	2.066	2.189
1.25	1.021	1.127	1.236	1.346	1.459	1.574	1.691	1.811	1.932	2.056	2.182	2.310
1.30	1.082	1.194	1.308	1.424	1.542	1.662	1.785	1.910	2.037	2.166	2.298	2.432
1.35	1.143	1.260	1.379	1.501	1.625	1.751	1.879	2.009	2.142	2.277	2.414	
1.40	1.204	1.326	1.451	1.578	1.708	1.839	1.973	2.109	2.247	2.388		
1.45	1.264	1.393	1.523	1.656	1.791	1.928	2.067	2.208	2.352	2.498		
1.50	1.325	1.459	1.595	1.733	1.874	2.016	2.161	2.308	2.457			
1.55	1.386	1.525	1.667	1.811	1.956	2.105	2.255	2.407				
1.60	1.447	1.592	1.739	1.888	2.039	2.193	2.349					
1.65	1.508	1.658	1.811	1.965	2.122	2.281	2.443					
1.70	1.568	1.724	1.882	2.043	2.205	2.370						
1.75	1.629	1.791	1.954	2.120	2.288	2.458						
1.80	1.690	1.857	2.026	2.197	2.371							
1.85	1.751	1.923	2.098	2.275	2.454							
1.90	1.812	1.990	2.170	2.352								
1.95	1.872	2.056	2.242	2.430								
2.00	1.933	2.122	2.313									
2.20	2.176	2.388										
2.40	2.420											

续表 7-44a

E \ ρ(%) \ n	0.46	0.48	0.50	0.52	0.54	0.56	0.58	0.60	0.62	0.64	0.66	0.68
0.24											0.222	0.280
0.26										0.247	0.304	0.365
0.28								0.215	0.269	0.326	0.387	0.450
0.30							0.235	0.288	0.345	0.405	0.468	0.534
0.32						0.254	0.305	0.360	0.420	0.483	0.549	0.617
0.34				0.230	0.271	0.319	0.374	0.432	0.495	0.561	0.630	0.701
0.36			0.249	0.288	0.333	0.385	0.442	0.504	0.570	0.638	0.710	0.783
0.38	0.229	0.265	0.304	0.345	0.394	0.450	0.510	0.575	0.644	0.715	0.789	0.865
0.40	0.280	0.318	0.359	0.403	0.456	0.515	0.578	0.646	0.718	0.792	0.869	0.947
0.42	0.330	0.371	0.414	0.460	0.517	0.579	0.646	0.717	0.791	0.868	0.948	1.029
0.44	0.381	0.424	0.470	0.518	0.578	0.644	0.714	0.788	0.865	0.944	1.026	1.110
0.46	0.432	0.478	0.525	0.576	0.639	0.708	0.781	0.858	0.938	1.020	1.105	1.191
0.48	0.483	0.531	0.580	0.633	0.700	0.772	0.848	0.928	1.010	1.095	1.183	1.272
0.50	0.534	0.584	0.636	0.691	0.761	0.836	0.915	0.998	1.083	1.171	1.260	1.352
0.52	0.585	0.637	0.691	0.749	0.822	0.900	0.982	1.067	1.155	1.246	1.338	1.432
0.54	0.636	0.690	0.746	0.806	0.883	0.964	1.049	1.137	1.228	1.321	1.415	1.512
0.56	0.686	0.743	0.801	0.864	0.944	1.028	1.116	1.206	1.300	1.395	1.493	1.592
0.58	0.737	0.796	0.857	0.921	1.004	1.091	1.182	1.276	1.372	1.470	1.570	1.671
0.60	0.788	0.849	0.912	0.979	1.065	1.155	1.248	1.345	1.443	1.544	1.646	1.750
0.62	0.839	0.902	0.967	1.036	1.126	1.218	1.315	1.414	1.515	1.618	1.723	1.829
0.64	0.890	0.955	1.022	1.094	1.186	1.282	1.381	1.482	1.586	1.692	1.800	1.908
0.66	0.941	1.008	1.078	1.152	1.247	1.345	1.447	1.551	1.658	1.766	1.876	1.987
0.68	0.991	1.061	1.133	1.209	1.307	1.408	1.513	1.620	1.729	1.840	1.952	2.066
0.70	1.042	1.114	1.188	1.267	1.367	1.472	1.579	1.688	1.800	1.913	2.028	2.144
0.72	1.093	1.167	1.243	1.324	1.428	1.535	1.645	1.757	1.871	1.987	2.104	2.223
0.74	1.144	1.220	1.299	1.382	1.488	1.598	1.710	1.825	1.942	2.060	2.180	2.301
0.76	1.195	1.273	1.354	1.439	1.549	1.661	1.776	1.893	2.013	2.133	2.256	2.379
0.78	1.246	1.326	1.409	1.497	1.609	1.724	1.842	1.962	2.083	2.207	2.331	2.457
0.80	1.297	1.379	1.465	1.554	1.669	1.787	1.907	2.030	2.154	2.280	2.407	
0.82	1.347	1.433	1.520	1.612	1.729	1.850	1.973	2.098	2.224	2.353	2.482	
0.84	1.398	1.486	1.575	1.669	1.790	1.913	2.038	2.166	2.295	2.426		
0.86	1.449	1.539	1.630	1.727	1.850	1.976	2.104	2.234	2.365	2.498		
0.88	1.500	1.592	1.686	1.784	1.910	2.038	2.169	2.302	2.436			
0.90	1.551	1.645	1.741	1.842	1.970	2.101	2.234	2.369				
0.92	1.602	1.698	1.796	1.900	2.030	2.164	2.300	2.437				
0.94	1.652	1.751	1.851	1.957	2.091	2.227	2.365					
0.96	1.703	1.804	1.907	2.015	2.151	2.289	2.430					
0.98	1.754	1.857	1.962	2.072	2.211	2.352	2.495					
1.00	1.805	1.910	2.017	2.130	2.271	2.415						
1.10	2.059	2.175	2.294	2.417								
1.15	2.186	2.308	2.432									
1.20	2.313	2.441										
1.25	2.441											

续表 7-44a

ρ(%) n / E	0.70	0.72	0.74	0.76	0.78	0.80	0.82	0.84	0.86	0.88	0.90	0.92
0.10											0.229	0.287
0.12									0.225	0.284	0.343	0.403
0.14							0.216	0.275	0.335	0.396	0.458	0.520
0.16						0.261	0.321	0.383	0.445	0.508	0.571	0.635
0.18				0.242	0.302	0.364	0.426	0.489	0.554	0.619	0.684	0.750
0.20		0.219	0.279	0.339	0.402	0.465	0.530	0.596	0.662	0.729	0.797	0.865
0.22	0.251	0.311	0.373	0.436	0.501	0.566	0.633	0.701	0.769	0.839	0.909	0.979
0.24	0.340	0.402	0.466	0.532	0.599	0.667	0.736	0.806	0.876	0.948	1.020	1.093
0.26	0.428	0.492	0.559	0.627	0.696	0.766	0.838	0.910	0.983	1.057	1.131	1.206
0.28	0.515	0.582	0.651	0.721	0.793	0.866	0.939	1.014	1.089	1.165	1.241	1.318
0.30	0.602	0.671	0.743	0.815	0.889	0.964	1.040	1.117	1.194	1.272	1.351	1.430
0.32	0.688	0.760	0.834	0.909	0.985	1.062	1.141	1.220	1.299	1.380	1.461	1.542
0.34	0.773	0.848	0.924	1.002	1.080	1.160	1.240	1.322	1.404	1.486	1.570	1.653
0.36	0.859	0.936	1.014	1.094	1.175	1.257	1.340	1.424	1.508	1.593	1.678	1.764
0.38	0.943	1.023	1.104	1.186	1.270	1.354	1.439	1.525	1.612	1.699	1.786	1.875
0.40	1.028	1.110	1.193	1.278	1.364	1.450	1.538	1.626	1.715	1.804	1.894	1.985
0.42	1.112	1.196	1.282	1.369	1.457	1.546	1.636	1.727	1.818	1.909	2.002	2.094
0.44	1.196	1.283	1.371	1.460	1.551	1.642	1.734	1.827	1.920	2.014	2.109	2.204
0.46	1.279	1.368	1.459	1.551	1.644	1.737	1.832	1.927	2.023	2.119	2.216	2.313
0.48	1.362	1.454	1.547	1.641	1.737	1.832	1.929	2.027	2.125	2.223	2.322	2.422
0.50	1.445	1.539	1.635	1.731	1.829	1.927	2.026	2.126	2.226	2.327	2.429	
0.52	1.528	1.624	1.722	1.821	1.921	2.022	2.123	2.225	2.328	2.431		
0.54	1.610	1.709	1.809	1.911	2.013	2.116	2.220	2.324	2.429			
0.56	1.692	1.794	1.896	2.000	2.105	2.210	2.316	2.423				
0.58	1.774	1.878	1.983	2.089	2.196	2.304	2.412					
0.60	1.856	1.962	2.070	2.178	2.288	2.398						
0.62	1.937	2.046	2.156	2.267	2.379	2.491						
0.64	2.019	2.130	2.242	2.355	2.469							
0.66	2.100	2.214	2.328	2.444								
0.68	2.181	2.297	2.414									
0.70	2.262	2.380	2.500									
0.72	2.343	2.464										
0.74	2.423											

续表 7-44a

ρ(%) n / E	0.94	0.96	0.98	1.00	1.10	1.15	1.20	1.25	1.30	1.35	1.40	1.45
0.01					0.228	0.360	0.494	0.627	0.761	0.896	1.030	1.165
0.02					0.293	0.428	0.564	0.700	0.836	0.973	1.110	1.247
0.03					0.359	0.496	0.634	0.773	0.911	1.051	1.190	1.330
0.04					0.426	0.565	0.705	0.846	0.987	1.129	1.271	1.413
0.06			0.219	0.275	0.559	0.703	0.848	0.994	1.140	1.286	1.433	1.581
0.08	0.227	0.284	0.341	0.399	0.693	0.842	0.992	1.142	1.293	1.445	1.597	1.749
0.10	0.345	0.404	0.464	0.524	0.827	0.981	1.136	1.291	1.448	1.604	1.762	1.919
0.12	0.464	0.525	0.586	0.648	0.962	1.120	1.280	1.441	1.602	1.764	1.927	2.089
0.14	0.582	0.645	0.709	0.772	1.096	1.260	1.425	1.591	1.757	1.924	2.092	2.260
0.16	0.700	0.765	0.830	0.896	1.230	1.399	1.569	1.740	1.912	2.085	2.257	2.431
0.18	0.817	0.884	0.952	1.020	1.364	1.538	1.714	1.890	2.067	2.245	2.423	
0.20	0.934	1.003	1.073	1.143	1.498	1.677	1.858	2.040	2.222	2.405		
0.22	1.050	1.121	1.193	1.265	1.631	1.816	2.002	2.189	2.376			
0.24	1.166	1.239	1.313	1.388	1.764	1.954	2.145	2.338				
0.26	1.281	1.357	1.433	1.509	1.896	2.092	2.289	2.486				
0.28	1.396	1.474	1.552	1.631	2.029	2.230	2.432					
0.30	1.510	1.590	1.671	1.752	2.160	2.367						
0.32	1.624	1.706	1.789	1.872	2.292							
0.34	1.737	1.822	1.907	1.992	2.423							
0.36	1.850	1.937	2.024	2.112								
0.38	1.963	2.052	2.142	2.231								
0.40	2.076	2.167	2.258	2.350								
0.42	2.188	2.281	2.375	2.469								
0.44	2.299	2.395	2.491									
0.46	2.411											

ρ(%) n / E	1.50	1.55	1.60	1.65	1.70	1.75	1.80	1.85	1.90	1.95	2.00	2.20
0.01	1.300	1.435	1.570	1.705	1.841	1.976	2.111	2.247	2.382			
0.02	1.384	1.522	1.660	1.797	1.935	2.073	2.211	2.349	2.487			
0.03	1.470	1.610	1.750	1.890	2.031	2.171	2.312	2.452				
0.04	1.555	1.698	1.841	1.984	2.127	2.270	2.413					
0.06	1.728	1.876	2.024	2.172	2.320	2.468						
0.08	1.902	2.055	2.208	2.362								
0.10	2.077	2.235	2.394									
0.12	2.253	2.416										
0.14	2.428											

注：见表 7-42 注。

对称配筋矩形截面偏心受压构件正截面承载力计算参数 **表 7-44b**

($f_c=19.1\text{N/mm}^2$ $f_y=360\text{N/mm}^2$ $\alpha_1=1$ $\xi_b=0.518$ $a_s/h_0=0.05$)

ρ(%) n / E	0.01	0.02	0.03	0.04	0.06	0.08	0.10	0.12	0.14	0.16	0.18	0.20
0.62												0.218
0.64												0.240
0.66											0.226	0.262
0.68											0.246	0.285
0.70										0.228	0.266	0.307
0.72										0.246	0.287	0.330
0.74									0.223	0.264	0.307	0.352
0.76									0.238	0.281	0.327	0.374
0.78									0.254	0.299	0.347	0.397
0.80								0.225	0.270	0.317	0.367	0.419
0.82								0.238	0.285	0.335	0.387	0.441
0.84								0.251	0.301	0.353	0.407	0.464
0.86							0.215	0.265	0.317	0.371	0.427	0.486
0.88							0.226	0.278	0.332	0.389	0.447	0.508
0.90							0.237	0.292	0.348	0.407	0.467	0.531
0.92							0.249	0.305	0.364	0.424	0.488	0.553
0.94							0.260	0.318	0.379	0.442	0.508	0.575
0.96						0.217	0.271	0.332	0.395	0.460	0.528	0.598
0.98						0.226	0.282	0.345	0.410	0.478	0.548	0.620
1.00						0.235	0.293	0.359	0.426	0.496	0.568	0.642
1.10						0.279	0.349	0.426	0.504	0.585	0.669	0.754
1.15					0.226	0.302	0.377	0.459	0.543	0.630	0.719	0.810
1.20					0.243	0.324	0.405	0.493	0.582	0.675	0.769	0.866
1.25					0.260	0.346	0.433	0.526	0.622	0.719	0.819	0.921
1.30					0.276	0.369	0.461	0.560	0.661	0.764	0.870	0.977
1.35					0.293	0.391	0.489	0.593	0.700	0.809	0.920	1.033
1.40					0.310	0.413	0.517	0.627	0.739	0.853	0.970	1.089
1.45				0.218	0.327	0.436	0.545	0.660	0.778	0.898	1.020	1.145
1.50				0.229	0.343	0.458	0.572	0.694	0.817	0.943	1.071	1.201
1.55				0.240	0.360	0.480	0.600	0.727	0.856	0.987	1.121	1.257
1.60				0.251	0.377	0.503	0.628	0.761	0.895	1.032	1.171	1.312
1.65				0.262	0.394	0.525	0.656	0.794	0.934	1.077	1.221	1.368
1.70				0.274	0.410	0.547	0.684	0.828	0.973	1.121	1.272	1.424
1.75			0.214	0.285	0.427	0.570	0.712	0.861	1.013	1.166	1.322	1.480
1.80			0.222	0.296	0.444	0.592	0.740	0.895	1.052	1.211	1.372	1.536
1.85			0.230	0.307	0.461	0.614	0.768	0.928	1.091	1.255	1.422	1.592
1.90			0.239	0.318	0.478	0.637	0.796	0.962	1.130	1.300	1.473	1.648
1.95			0.247	0.330	0.494	0.659	0.824	0.995	1.169	1.345	1.523	1.703
2.00			0.256	0.341	0.511	0.681	0.852	1.029	1.208	1.389	1.573	1.759
2.20			0.289	0.385	0.578	0.771	0.963	1.163	1.364	1.568	1.774	1.983
2.40		0.215	0.323	0.430	0.645	0.860	1.075	1.297	1.521	1.747	1.975	2.206
2.60		0.237	0.356	0.475	0.712	0.949	1.187	1.431	1.677	1.926	2.176	2.429
2.80		0.260	0.390	0.519	0.779	1.039	1.298	1.565	1.833	2.104	2.377	
3.00		0.282	0.423	0.564	0.846	1.128	1.410	1.699	1.990	2.283		
3.20		0.304	0.457	0.609	0.913	1.217	1.522	1.833	2.146	2.462		
3.40		0.327	0.490	0.653	0.980	1.307	1.634	1.967	2.303			
3.60		0.349	0.524	0.698	1.047	1.396	1.745	2.101	2.459			
3.80		0.371	0.557	0.743	1.114	1.486	1.857	2.235				
4.00		0.394	0.591	0.787	1.181	1.575	1.969	2.369				
4.50	0.225	0.450	0.674	0.899	1.349	1.798	2.248					
5.00	0.253	0.505	0.758	1.011	1.516	2.022						
5.50	0.281	0.561	0.842	1.123	1.684	2.245						
6.00	0.309	0.617	0.926	1.234	1.851	2.468						
7.00	0.364	0.729	1.093	1.458	2.186							
8.00	0.420	0.841	1.261	1.681								
9.00	0.476	0.952	1.428	1.904								
10.00	0.532	1.064	1.596	2.128								
11.00	0.588	1.176	1.763	2.351								
12.00	0.644	1.287	1.931									

续表 7-44b

ρ(%) n / E	0.22	0.24	0.26	0.28	0.30	0.32	0.34	0.36	0.38	0.40	0.42	0.44
0.40												0.233
0.42											0.246	0.283
0.44									0.223	0.257	0.293	0.332
0.46								0.231	0.265	0.302	0.340	0.381
0.48							0.237	0.271	0.308	0.346	0.387	0.430
0.50						0.241	0.275	0.312	0.350	0.391	0.434	0.479
0.52					0.243	0.277	0.313	0.352	0.393	0.436	0.481	0.528
0.54				0.242	0.276	0.313	0.351	0.392	0.435	0.480	0.528	0.577
0.56			0.240	0.274	0.310	0.348	0.389	0.432	0.478	0.525	0.575	0.627
0.58		0.235	0.269	0.305	0.343	0.384	0.427	0.472	0.520	0.570	0.622	0.676
0.60	0.227	0.261	0.298	0.336	0.377	0.420	0.465	0.513	0.562	0.614	0.669	0.725
0.62	0.252	0.288	0.327	0.367	0.410	0.456	0.503	0.553	0.605	0.659	0.715	0.774
0.64	0.276	0.315	0.356	0.399	0.444	0.491	0.541	0.593	0.647	0.704	0.762	0.823
0.66	0.301	0.342	0.385	0.430	0.478	0.527	0.579	0.633	0.690	0.748	0.809	0.872
0.68	0.326	0.369	0.414	0.461	0.511	0.563	0.617	0.674	0.732	0.793	0.856	0.921
0.70	0.350	0.395	0.443	0.493	0.545	0.599	0.655	0.714	0.775	0.838	0.903	0.971
0.72	0.375	0.422	0.472	0.524	0.578	0.634	0.693	0.754	0.817	0.882	0.950	1.020
0.74	0.399	0.449	0.501	0.555	0.612	0.670	0.731	0.794	0.859	0.927	0.997	1.069
0.76	0.424	0.476	0.530	0.586	0.645	0.706	0.769	0.834	0.902	0.972	1.044	1.118
0.78	0.448	0.503	0.559	0.618	0.679	0.742	0.807	0.875	0.944	1.016	1.091	1.167
0.80	0.473	0.529	0.588	0.649	0.712	0.777	0.845	0.915	0.987	1.061	1.138	1.216
0.82	0.498	0.556	0.617	0.680	0.746	0.813	0.883	0.955	1.029	1.106	1.185	1.266
0.84	0.522	0.583	0.646	0.712	0.779	0.849	0.921	0.995	1.072	1.150	1.231	1.315
0.86	0.547	0.610	0.675	0.743	0.813	0.885	0.959	1.035	1.114	1.195	1.278	1.364
0.88	0.571	0.637	0.704	0.774	0.846	0.920	0.997	1.076	1.157	1.240	1.325	1.413
0.90	0.596	0.663	0.733	0.805	0.880	0.956	1.035	1.116	1.199	1.285	1.372	1.462
0.92	0.620	0.690	0.762	0.837	0.913	0.992	1.073	1.156	1.242	1.329	1.419	1.511
0.94	0.645	0.717	0.791	0.868	0.947	1.028	1.111	1.196	1.284	1.374	1.466	1.560
0.96	0.670	0.744	0.820	0.899	0.980	1.063	1.149	1.236	1.326	1.419	1.513	1.610
0.98	0.694	0.771	0.849	0.930	1.014	1.099	1.187	1.277	1.369	1.463	1.560	1.659
1.00	0.719	0.798	0.878	0.962	1.047	1.135	1.225	1.317	1.411	1.508	1.607	1.708
1.10	0.842	0.932	1.024	1.118	1.215	1.314	1.415	1.518	1.624	1.731	1.841	1.954
1.15	0.903	0.999	1.096	1.196	1.298	1.403	1.510	1.618	1.730	1.843	1.959	2.076
1.20	0.964	1.066	1.169	1.274	1.382	1.492	1.605	1.719	1.836	1.955	2.076	2.199
1.25	1.026	1.133	1.242	1.353	1.466	1.582	1.699	1.820	1.942	2.066	2.193	2.322
1.30	1.087	1.200	1.314	1.431	1.550	1.671	1.794	1.920	2.048	2.178	2.310	2.445
1.35	1.149	1.267	1.387	1.509	1.634	1.760	1.889	2.021	2.154	2.290	2.428	
1.40	1.210	1.334	1.459	1.587	1.717	1.850	1.984	2.121	2.260	2.401		
1.45	1.272	1.401	1.532	1.665	1.801	1.939	2.079	2.222	2.366			
1.50	1.333	1.468	1.605	1.744	1.885	2.028	2.174	2.322	2.472			
1.55	1.395	1.535	1.677	1.822	1.969	2.118	2.269	2.423				
1.60	1.456	1.602	1.750	1.900	2.052	2.207	2.364					
1.65	1.517	1.669	1.822	1.978	2.136	2.296	2.459					
1.70	1.579	1.736	1.895	2.056	2.220	2.386						
1.75	1.640	1.803	1.968	2.135	2.304	2.475						
1.80	1.702	1.870	2.040	2.213	2.388							
1.85	1.763	1.937	2.113	2.291	2.471							
1.90	1.825	2.004	2.185	2.369								
1.95	1.886	2.071	2.258	2.447								
2.00	1.947	2.138	2.331									
2.20	2.193	2.406										
2.40	2.439											

续表 7-44b

ρ(%) \ n E	0.46	0.48	0.50	0.52	0.54	0.56	0.58	0.60	0.62	0.64	0.66	0.68
0.24												0.261
0.26										0.229	0.287	0.348
0.28									0.252	0.310	0.370	0.434
0.30							0.220	0.273	0.329	0.390	0.453	0.519
0.32						0.240	0.291	0.346	0.406	0.469	0.535	0.604
0.34				0.218	0.258	0.306	0.360	0.419	0.482	0.548	0.617	0.688
0.36			0.237	0.276	0.321	0.372	0.430	0.492	0.557	0.626	0.698	0.771
0.38	0.218	0.255	0.293	0.334	0.383	0.438	0.499	0.564	0.632	0.704	0.778	0.855
0.40	0.270	0.308	0.349	0.393	0.445	0.504	0.568	0.636	0.707	0.782	0.858	0.937
0.42	0.321	0.362	0.405	0.451	0.507	0.569	0.636	0.707	0.782	0.859	0.938	1.020
0.44	0.373	0.416	0.461	0.509	0.569	0.634	0.705	0.779	0.856	0.936	1.018	1.102
0.46	0.424	0.469	0.517	0.567	0.631	0.699	0.773	0.850	0.930	1.012	1.097	1.184
0.48	0.475	0.523	0.572	0.625	0.692	0.764	0.841	0.920	1.003	1.089	1.176	1.266
0.50	0.527	0.576	0.628	0.684	0.754	0.829	0.908	0.991	1.077	1.165	1.255	1.347
0.52	0.578	0.630	0.684	0.742	0.815	0.894	0.976	1.062	1.150	1.241	1.333	1.428
0.54	0.629	0.684	0.740	0.800	0.877	0.958	1.044	1.132	1.223	1.316	1.412	1.509
0.56	0.681	0.737	0.796	0.858	0.938	1.023	1.111	1.202	1.296	1.392	1.490	1.589
0.58	0.732	0.791	0.852	0.916	1.000	1.087	1.178	1.272	1.368	1.467	1.568	1.670
0.60	0.784	0.844	0.908	0.975	1.061	1.151	1.245	1.342	1.441	1.542	1.645	1.750
0.62	0.835	0.898	0.963	1.033	1.122	1.216	1.312	1.412	1.513	1.617	1.723	1.830
0.64	0.886	0.952	1.019	1.091	1.183	1.280	1.379	1.481	1.586	1.692	1.800	1.910
0.66	0.938	1.005	1.075	1.149	1.245	1.344	1.446	1.551	1.658	1.767	1.877	1.989
0.68	0.989	1.059	1.131	1.207	1.306	1.408	1.513	1.620	1.730	1.841	1.954	2.069
0.70	1.040	1.112	1.187	1.265	1.367	1.471	1.579	1.689	1.801	1.916	2.031	2.148
0.72	1.092	1.166	1.243	1.324	1.428	1.535	1.646	1.758	1.873	1.990	2.108	2.227
0.74	1.143	1.220	1.298	1.382	1.489	1.599	1.712	1.828	1.945	2.064	2.185	2.307
0.76	1.195	1.273	1.354	1.440	1.550	1.663	1.779	1.897	2.016	2.138	2.261	2.386
0.78	1.246	1.327	1.410	1.498	1.611	1.727	1.845	1.965	2.088	2.212	2.338	2.464
0.80	1.297	1.381	1.466	1.556	1.672	1.790	1.911	2.034	2.159	2.286	2.414	
0.82	1.349	1.434	1.522	1.614	1.733	1.854	1.977	2.103	2.231	2.360	2.490	
0.84	1.400	1.488	1.578	1.672	1.793	1.917	2.044	2.172	2.302	2.433		
0.86	1.451	1.541	1.634	1.731	1.854	1.981	2.110	2.241	2.373			
0.88	1.503	1.595	1.689	1.789	1.915	2.044	2.176	2.309	2.444			
0.90	1.554	1.649	1.745	1.847	1.976	2.108	2.242	2.378				
0.92	1.606	1.702	1.801	1.905	2.037	2.171	2.308	2.446				
0.94	1.657	1.756	1.857	1.963	2.098	2.235	2.374					
0.96	1.708	1.809	1.913	2.021	2.158	2.298	2.440					
0.98	1.760	1.863	1.969	2.079	2.219	2.361						
1.00	1.811	1.917	2.024	2.137	2.280	2.425						
1.10	2.068	2.185	2.304	2.428								
1.15	2.197	2.319	2.443									
1.20	2.325	2.453										
1.25	2.453											

续表 7-44b

ρ(%) \ n E	0.70	0.72	0.74	0.76	0.78	0.80	0.82	0.84	0.86	0.88	0.90	0.92
0.10												0.261
0.12										0.259	0.319	0.379
0.14								0.252	0.312	0.373	0.435	0.497
0.16						0.239	0.299	0.361	0.423	0.486	0.550	0.614
0.18				0.221	0.281	0.343	0.405	0.469	0.533	0.598	0.664	0.731
0.20			0.258	0.319	0.382	0.446	0.510	0.576	0.643	0.710	0.778	0.847
0.22	0.232	0.292	0.354	0.417	0.482	0.548	0.615	0.683	0.752	0.821	0.891	0.962
0.24	0.322	0.384	0.448	0.514	0.581	0.650	0.719	0.789	0.860	0.932	1.004	1.077
0.26	0.411	0.476	0.542	0.611	0.680	0.751	0.822	0.895	0.968	1.042	1.116	1.191
0.28	0.499	0.567	0.636	0.706	0.778	0.851	0.925	1.000	1.075	1.151	1.228	1.305
0.30	0.587	0.657	0.728	0.801	0.876	0.951	1.027	1.104	1.182	1.260	1.339	1.419
0.32	0.674	0.747	0.821	0.896	0.973	1.050	1.129	1.208	1.288	1.369	1.450	1.532
0.34	0.761	0.836	0.912	0.990	1.069	1.149	1.230	1.311	1.394	1.477	1.560	1.644
0.36	0.847	0.925	1.003	1.084	1.165	1.247	1.330	1.414	1.499	1.584	1.670	1.756
0.38	0.933	1.013	1.094	1.177	1.261	1.345	1.431	1.517	1.604	1.691	1.780	1.868
0.40	1.018	1.101	1.185	1.270	1.356	1.443	1.531	1.619	1.708	1.798	1.889	1.980
0.42	1.103	1.188	1.275	1.362	1.450	1.540	1.630	1.721	1.813	1.905	1.997	2.091
0.44	1.188	1.275	1.364	1.454	1.545	1.637	1.729	1.822	1.916	2.011	2.106	2.201
0.46	1.272	1.362	1.453	1.546	1.639	1.733	1.828	1.924	2.020	2.117	2.214	2.312
0.48	1.356	1.449	1.542	1.637	1.733	1.829	1.926	2.024	2.123	2.222	2.322	2.422
0.50	1.440	1.535	1.631	1.728	1.826	1.925	2.025	2.125	2.226	2.327	2.429	
0.52	1.524	1.621	1.720	1.819	1.919	2.021	2.123	2.225	2.328	2.432		
0.54	1.607	1.707	1.808	1.910	2.012	2.116	2.220	2.325	2.431			
0.56	1.690	1.792	1.896	2.000	2.105	2.211	2.318	2.425				
0.58	1.773	1.878	1.983	2.090	2.198	2.306	2.415					
0.60	1.856	1.963	2.071	2.180	2.290	2.401						
0.62	1.938	2.048	2.158	2.270	2.382	2.495						
0.64	2.020	2.132	2.245	2.359	2.474							
0.66	2.103	2.217	2.332	2.449								
0.68	2.184	2.301	2.419									
0.70	2.266	2.386										
0.72	2.348	2.470										
0.74	2.430											

续表 7-44b

ρ(%) n / E	0.94	0.96	0.98	1.00	1.10	1.15	1.20	1.25	1.30	1.35	1.40	1.45
0.01						0.331	0.464	0.598	0.732	0.867	1.001	1.136
0.02					0.264	0.399	0.535	0.671	0.808	0.944	1.082	1.219
0.03					0.330	0.468	0.606	0.744	0.883	1.023	1.163	1.302
0.04					0.397	0.537	0.677	0.818	0.960	1.102	1.244	1.386
0.06				0.247	0.532	0.676	0.822	0.968	1.114	1.261	1.408	1.556
0.08		0.257	0.315	0.373	0.667	0.817	0.967	1.118	1.269	1.421	1.574	1.726
0.10	0.320	0.379	0.439	0.499	0.803	0.957	1.113	1.269	1.425	1.582	1.740	1.898
0.12	0.440	0.501	0.563	0.625	0.939	1.098	1.259	1.420	1.582	1.744	1.907	2.070
0.14	0.560	0.623	0.686	0.750	1.075	1.240	1.405	1.571	1.738	1.906	2.074	2.242
0.16	0.679	0.744	0.810	0.876	1.211	1.380	1.551	1.723	1.895	2.068	2.241	2.415
0.18	0.797	0.865	0.933	1.001	1.346	1.521	1.697	1.874	2.052	2.230	2.409	
0.20	0.916	0.985	1.055	1.125	1.481	1.662	1.843	2.025	2.208	2.392		
0.22	1.033	1.105	1.177	1.249	1.616	1.802	1.989	2.176	2.365			
0.24	1.150	1.224	1.298	1.373	1.751	1.942	2.134	2.327				
0.26	1.267	1.343	1.419	1.496	1.885	2.081	2.279	2.477				
0.28	1.383	1.461	1.540	1.619	2.019	2.220	2.423					
0.30	1.499	1.579	1.660	1.741	2.152	2.359						
0.32	1.614	1.697	1.780	1.863	2.285	2.498						
0.34	1.729	1.814	1.899	1.985	2.417							
0.36	1.843	1.930	2.018	2.106								
0.38	1.957	2.047	2.137	2.227								
0.40	2.071	2.163	2.255	2.347								
0.42	2.184	2.278	2.372	2.467								
0.44	2.297	2.393	2.490									
0.46	2.410	2.508										

ρ(%) n / E	1.50	1.55	1.60	1.65	1.70	1.75	1.80	1.85	1.90	1.95	2.00	2.20
0.01	1.271	1.406	1.542	1.677	1.812	1.948	2.083	2.219	2.354	2.490		
0.02	1.357	1.494	1.632	1.770	1.908	2.046	2.184	2.322	2.460			
0.03	1.443	1.583	1.723	1.864	2.004	2.145	2.286	2.426				
0.04	1.529	1.672	1.815	1.958	2.101	2.244	2.388					
0.06	1.704	1.852	2.000	2.148	2.296	2.445						
0.08	1.879	2.033	2.186	2.340	2.493							
0.10	2.056	2.215	2.373									
0.12	2.233	2.397										
0.14	2.411											

注：见表 7-42 注。

对称配筋矩形截面偏心受压构件正截面承载力计算参数　　表 7-44c

(f_c=19.1N/mm^2　f_y=360N/mm^2　α_1=1　ξ_b=0.518　a_s/h_0=0.06)

ρ(%) n / E	0.01	0.02	0.03	0.04	0.06	0.08	0.10	0.12	0.14	0.16	0.18	0.20
0.62												0.214
0.64												0.237
0.66											0.224	0.260
0.68											0.244	0.282
0.70										0.226	0.264	0.305
0.72										0.244	0.284	0.327
0.74									0.221	0.262	0.305	0.350
0.76									0.237	0.280	0.325	0.373
0.78									0.253	0.298	0.345	0.395
0.80								0.224	0.269	0.316	0.366	0.418
0.82								0.237	0.284	0.334	0.386	0.440
0.84								0.251	0.300	0.352	0.406	0.463
0.86							0.220	0.264	0.316	0.370	0.427	0.485
0.88							0.231	0.278	0.332	0.388	0.447	0.508
0.90							0.243	0.291	0.348	0.406	0.467	0.531
0.92							0.254	0.305	0.363	0.424	0.488	0.553
0.94							0.265	0.318	0.379	0.443	0.508	0.576
0.96						0.221	0.277	0.332	0.395	0.461	0.528	0.598
0.98						0.230	0.288	0.345	0.411	0.479	0.549	0.621
1.00						0.239	0.299	0.359	0.427	0.497	0.569	0.643
1.10						0.284	0.356	0.427	0.506	0.587	0.671	0.756
1.15					0.230	0.307	0.384	0.461	0.545	0.632	0.721	0.813
1.20					0.247	0.330	0.412	0.494	0.585	0.677	0.772	0.869
1.25					0.264	0.352	0.440	0.528	0.624	0.722	0.823	0.926
1.30					0.281	0.375	0.468	0.562	0.664	0.768	0.874	0.982
1.35					0.298	0.397	0.497	0.596	0.703	0.813	0.925	1.039
1.40					0.315	0.420	0.525	0.630	0.743	0.858	0.975	1.095
1.45				0.221	0.332	0.443	0.553	0.664	0.782	0.903	1.026	1.151
1.50				0.233	0.349	0.465	0.581	0.698	0.822	0.948	1.077	1.208
1.55				0.244	0.366	0.488	0.610	0.731	0.861	0.993	1.128	1.264
1.60				0.255	0.383	0.510	0.638	0.765	0.901	1.039	1.179	1.321
1.65				0.266	0.400	0.533	0.666	0.799	0.940	1.084	1.229	1.377
1.70				0.278	0.417	0.555	0.694	0.833	0.980	1.129	1.280	1.434
1.75			0.217	0.289	0.433	0.578	0.722	0.867	1.019	1.174	1.331	1.490
1.80			0.225	0.300	0.450	0.601	0.751	0.901	1.059	1.219	1.382	1.547
1.85			0.234	0.312	0.467	0.623	0.779	0.935	1.098	1.264	1.433	1.603
1.90			0.242	0.323	0.484	0.646	0.807	0.969	1.138	1.309	1.483	1.659
1.95			0.251	0.334	0.501	0.668	0.835	1.002	1.177	1.355	1.534	1.716
2.00			0.259	0.345	0.518	0.691	0.864	1.036	1.217	1.400	1.585	1.772
2.20			0.293	0.391	0.586	0.781	0.976	1.172	1.375	1.580	1.788	1.998
2.40		0.218	0.327	0.436	0.654	0.871	1.089	1.307	1.533	1.761	1.991	2.224
2.60		0.240	0.361	0.481	0.721	0.962	1.202	1.443	1.691	1.942	2.194	2.450
2.80		0.263	0.395	0.526	0.789	1.052	1.315	1.578	1.849	2.122	2.398	
3.00		0.286	0.428	0.571	0.857	1.142	1.428	1.714	2.007	2.303		
3.20		0.308	0.462	0.616	0.925	1.233	1.541	1.849	2.165	2.483		
3.40		0.331	0.496	0.662	0.992	1.323	1.654	1.985	2.323			
3.60		0.353	0.530	0.707	1.060	1.413	1.767	2.120	2.481			
3.80		0.376	0.564	0.752	1.128	1.504	1.880	2.255				
4.00		0.398	0.598	0.797	1.195	1.594	1.992	2.391				
4.50	0.227	0.455	0.682	0.910	1.365	1.820	2.275					
5.00	0.256	0.511	0.767	1.023	1.534	2.045						
5.50	0.284	0.568	0.852	1.136	1.703	2.271						
6.00	0.312	0.624	0.936	1.248	1.873	2.497						
7.00	0.369	0.737	1.106	1.474	2.211							
8.00	0.425	0.850	1.275	1.700								
9.00	0.481	0.963	1.444	1.926								
10.00	0.538	1.076	1.614	2.152								
11.00	0.594	1.189	1.783	2.377								
12.00	0.651	1.302	1.952									

续表 7-44c

ρ(%) n / E	0.22	0.24	0.26	0.28	0.30	0.32	0.34	0.36	0.38	0.40	0.42	0.44
0.40												0.224
0.42										0.203	0.237	0.273
0.44									0.214	0.248	0.284	0.323
0.46								0.224	0.257	0.293	0.332	0.373
0.48							0.230	0.264	0.300	0.339	0.379	0.422
0.50					0.203	0.235	0.269	0.305	0.343	0.384	0.427	0.472
0.52				0.205	0.237	0.271	0.307	0.345	0.386	0.429	0.474	0.522
0.54			0.205	0.237	0.271	0.307	0.345	0.386	0.429	0.474	0.522	0.571
0.56		0.203	0.235	0.269	0.305	0.343	0.384	0.427	0.472	0.519	0.569	0.621
0.58		0.230	0.264	0.300	0.339	0.379	0.422	0.467	0.515	0.564	0.616	0.671
0.60	0.224	0.257	0.293	0.332	0.373	0.415	0.461	0.508	0.558	0.610	0.664	0.720
0.62	0.248	0.284	0.323	0.363	0.406	0.452	0.499	0.549	0.601	0.655	0.711	0.770
0.64	0.273	0.312	0.352	0.395	0.440	0.488	0.537	0.589	0.643	0.700	0.759	0.820
0.66	0.298	0.339	0.382	0.427	0.474	0.524	0.576	0.630	0.686	0.745	0.806	0.869
0.68	0.323	0.366	0.411	0.458	0.508	0.560	0.614	0.671	0.729	0.790	0.853	0.919
0.70	0.348	0.393	0.440	0.490	0.542	0.596	0.652	0.711	0.772	0.835	0.901	0.969
0.72	0.373	0.420	0.470	0.522	0.576	0.632	0.691	0.752	0.815	0.880	0.948	1.018
0.74	0.397	0.447	0.499	0.553	0.610	0.668	0.729	0.792	0.858	0.926	0.996	1.068
0.76	0.422	0.474	0.528	0.585	0.643	0.704	0.768	0.833	0.901	0.971	1.043	1.118
0.78	0.447	0.501	0.558	0.616	0.677	0.741	0.806	0.874	0.944	1.016	1.090	1.167
0.80	0.472	0.528	0.587	0.648	0.711	0.777	0.844	0.914	0.987	1.061	1.138	1.217
0.82	0.497	0.555	0.616	0.680	0.745	0.813	0.883	0.955	1.030	1.106	1.185	1.267
0.84	0.522	0.582	0.646	0.711	0.779	0.849	0.921	0.996	1.072	1.151	1.233	1.316
0.86	0.546	0.610	0.675	0.743	0.813	0.885	0.960	1.036	1.115	1.197	1.280	1.366
0.88	0.571	0.637	0.704	0.774	0.847	0.921	0.998	1.077	1.158	1.242	1.328	1.416
0.90	0.596	0.664	0.734	0.806	0.880	0.957	1.036	1.118	1.201	1.287	1.375	1.465
0.92	0.621	0.691	0.763	0.838	0.914	0.993	1.075	1.158	1.244	1.332	1.422	1.515
0.94	0.646	0.718	0.792	0.869	0.948	1.030	1.113	1.199	1.287	1.377	1.470	1.565
0.96	0.671	0.745	0.822	0.901	0.982	1.066	1.151	1.239	1.330	1.422	1.517	1.614
0.98	0.695	0.772	0.851	0.932	1.016	1.102	1.190	1.280	1.373	1.467	1.565	1.664
1.00	0.720	0.799	0.880	0.964	1.050	1.138	1.228	1.321	1.416	1.513	1.612	1.714
1.10	0.844	0.935	1.027	1.122	1.219	1.318	1.420	1.524	1.630	1.738	1.849	1.962
1.15	0.906	1.002	1.101	1.201	1.304	1.409	1.516	1.626	1.737	1.851	1.968	2.086
1.20	0.969	1.070	1.174	1.280	1.388	1.499	1.612	1.727	1.845	1.964	2.086	2.210
1.25	1.031	1.138	1.247	1.359	1.473	1.589	1.708	1.829	1.952	2.077	2.205	2.334
1.30	1.093	1.206	1.321	1.438	1.558	1.680	1.804	1.930	2.059	2.190	2.323	2.459
1.35	1.155	1.273	1.394	1.517	1.642	1.770	1.900	2.032	2.166	2.303	2.442	
1.40	1.217	1.341	1.467	1.596	1.727	1.860	1.996	2.134	2.273	2.416		
1.45	1.279	1.409	1.541	1.675	1.812	1.951	2.092	2.235	2.381			
1.50	1.341	1.477	1.614	1.754	1.896	2.041	2.188	2.337	2.488			
1.55	1.403	1.544	1.688	1.833	1.981	2.131	2.284	2.438				
1.60	1.465	1.612	1.761	1.912	2.066	2.222	2.380					
1.65	1.527	1.680	1.834	1.991	2.150	2.312	2.476					
1.70	1.589	1.747	1.908	2.070	2.235	2.402						
1.75	1.651	1.815	1.981	2.149	2.320	2.492						
1.80	1.714	1.883	2.054	2.228	2.404							
1.85	1.776	1.951	2.128	2.307	2.489							
1.90	1.838	2.018	2.201	2.386								
1.95	1.900	2.086	2.275	2.465								
2.00	1.962	2.154	2.348									
2.20	2.210	2.425										
2.40	2.459											

续表 7-44c

ρ(%) n / E	0.46	0.48	0.50	0.52	0.54	0.56	0.58	0.60	0.62	0.64	0.66	0.68
0.24												0.243
0.26											0.270	0.330
0.28									0.236	0.293	0.354	0.417
0.30								0.257	0.314	0.374	0.438	0.504
0.32						0.226	0.276	0.332	0.391	0.454	0.521	0.589
0.34					0.245	0.293	0.347	0.405	0.468	0.534	0.603	0.675
0.36			0.226	0.264	0.308	0.360	0.417	0.479	0.545	0.614	0.685	0.759
0.38		0.244	0.282	0.323	0.371	0.426	0.487	0.552	0.621	0.692	0.767	0.844
0.40	0.260	0.298	0.339	0.382	0.434	0.493	0.557	0.625	0.696	0.771	0.848	0.927
0.42	0.312	0.352	0.395	0.441	0.497	0.559	0.626	0.697	0.772	0.849	0.929	1.011
0.44	0.363	0.406	0.452	0.500	0.559	0.625	0.695	0.769	0.847	0.927	1.009	1.094
0.46	0.415	0.461	0.508	0.559	0.622	0.691	0.764	0.841	0.921	1.004	1.090	1.177
0.48	0.467	0.515	0.564	0.617	0.684	0.756	0.833	0.913	0.996	1.082	1.170	1.259
0.50	0.519	0.569	0.621	0.676	0.747	0.822	0.901	0.984	1.070	1.159	1.249	1.342
0.52	0.571	0.623	0.677	0.735	0.809	0.887	0.970	1.056	1.144	1.235	1.329	1.424
0.54	0.623	0.677	0.734	0.794	0.871	0.952	1.038	1.127	1.218	1.312	1.408	1.505
0.56	0.675	0.731	0.790	0.853	0.933	1.018	1.106	1.198	1.292	1.388	1.487	1.587
0.58	0.727	0.786	0.847	0.911	0.995	1.083	1.174	1.268	1.365	1.464	1.565	1.668
0.60	0.779	0.840	0.903	0.970	1.057	1.148	1.242	1.339	1.439	1.540	1.644	1.749
0.62	0.831	0.894	0.960	1.029	1.119	1.213	1.310	1.410	1.512	1.616	1.722	1.830
0.64	0.883	0.948	1.016	1.088	1.181	1.277	1.377	1.480	1.585	1.692	1.801	1.911
0.66	0.935	1.002	1.072	1.147	1.242	1.342	1.445	1.550	1.658	1.767	1.879	1.991
0.68	0.987	1.057	1.129	1.205	1.304	1.407	1.512	1.620	1.731	1.843	1.956	2.072
0.70	1.039	1.111	1.185	1.264	1.366	1.471	1.580	1.690	1.803	1.918	2.034	2.152
0.72	1.090	1.165	1.242	1.323	1.428	1.536	1.647	1.760	1.876	1.993	2.112	2.232
0.74	1.142	1.219	1.298	1.382	1.489	1.600	1.714	1.830	1.948	2.068	2.189	2.312
0.76	1.194	1.273	1.355	1.441	1.551	1.665	1.781	1.900	2.021	2.143	2.267	2.392
0.78	1.246	1.328	1.411	1.499	1.613	1.729	1.848	1.970	2.093	2.218	2.344	2.472
0.80	1.298	1.382	1.467	1.558	1.674	1.793	1.915	2.039	2.165	2.292	2.421	
0.82	1.350	1.436	1.524	1.617	1.736	1.858	1.982	2.109	2.237	2.367	2.498	
0.84	1.402	1.490	1.580	1.676	1.797	1.922	2.049	2.178	2.309	2.442		
0.86	1.454	1.544	1.637	1.734	1.859	1.986	2.116	2.248	2.381			
0.88	1.506	1.598	1.693	1.793	1.920	2.050	2.183	2.317	2.453			
0.90	1.558	1.653	1.750	1.852	1.982	2.114	2.249	2.386				
0.92	1.610	1.707	1.806	1.911	2.043	2.179	2.316	2.455				
0.94	1.662	1.761	1.863	1.969	2.105	2.243	2.383					
0.96	1.714	1.815	1.919	2.028	2.166	2.307	2.449					
0.98	1.766	1.869	1.975	2.087	2.228	2.371						
1.00	1.817	1.924	2.032	2.146	2.289	2.435						
1.10	2.077	2.194	2.314	2.439								
1.15	2.207	2.330	2.455									
1.20	2.337	2.465										
1.25	2.467											

续表 7-44c

ρ(%) \ n E	0.70	0.72	0.74	0.76	0.78	0.80	0.82	0.84	0.86	0.88	0.90	0.92
0.10												0.235
0.12										0.234	0.294	0.354
0.14								0.228	0.288	0.349	0.411	0.474
0.16						0.216	0.276	0.338	0.400	0.464	0.528	0.592
0.18					0.259	0.321	0.384	0.448	0.512	0.578	0.644	0.710
0.20			0.237	0.299	0.361	0.425	0.490	0.556	0.623	0.691	0.759	0.828
0.22		0.272	0.334	0.398	0.463	0.529	0.596	0.665	0.734	0.803	0.874	0.945
0.24	0.303	0.366	0.430	0.496	0.563	0.632	0.702	0.772	0.843	0.915	0.988	1.061
0.26	0.393	0.458	0.525	0.594	0.663	0.734	0.806	0.879	0.952	1.027	1.101	1.177
0.28	0.483	0.551	0.620	0.691	0.763	0.836	0.910	0.985	1.061	1.137	1.215	1.292
0.30	0.572	0.642	0.714	0.787	0.861	0.937	1.014	1.091	1.169	1.248	1.327	1.407
0.32	0.660	0.733	0.807	0.883	0.960	1.038	1.116	1.196	1.276	1.358	1.439	1.521
0.34	0.748	0.823	0.900	0.978	1.057	1.138	1.219	1.301	1.383	1.467	1.551	1.635
0.36	0.835	0.913	0.992	1.073	1.154	1.237	1.321	1.405	1.490	1.576	1.662	1.749
0.38	0.922	1.002	1.084	1.167	1.251	1.336	1.422	1.509	1.596	1.684	1.773	1.862
0.40	1.009	1.091	1.176	1.261	1.347	1.435	1.523	1.612	1.702	1.792	1.883	1.974
0.42	1.095	1.180	1.267	1.354	1.443	1.533	1.624	1.715	1.807	1.900	1.993	2.087
0.44	1.180	1.268	1.357	1.448	1.539	1.631	1.724	1.818	1.912	2.007	2.103	2.199
0.46	1.266	1.356	1.448	1.540	1.634	1.729	1.824	1.920	2.017	2.114	2.212	2.310
0.48	1.351	1.444	1.538	1.633	1.729	1.826	1.924	2.022	2.121	2.221	2.321	2.421
0.50	1.436	1.531	1.627	1.725	1.823	1.923	2.023	2.124	2.225	2.327	2.430	
0.52	1.520	1.618	1.717	1.817	1.918	2.020	2.122	2.225	2.329	2.433		
0.54	1.604	1.705	1.806	1.908	2.012	2.116	2.221	2.326	2.432			
0.56	1.688	1.791	1.895	2.000	2.106	2.212	2.319	2.427				
0.58	1.772	1.877	1.984	2.091	2.199	2.308	2.418					
0.60	1.856	1.963	2.072	2.182	2.292	2.404						
0.62	1.939	2.049	2.160	2.273	2.386	2.499						
0.64	2.022	2.135	2.248	2.363	2.478							
0.66	2.105	2.220	2.336	2.453								
0.68	2.188	2.306	2.424									
0.70	2.271	2.391										
0.72	2.353	2.476										
0.74	2.436											

续表 7-44c

ρ(%) n / E	0.94	0.96	0.98	1.00	1.10	1.15	1.20	1.25	1.30	1.35	1.40	1.45
0.01						0.300	0.434	0.568	0.703	0.837	0.972	1.107
0.02					0.234	0.369	0.505	0.642	0.778	0.916	1.053	1.191
0.03					0.301	0.439	0.577	0.716	0.855	0.995	1.135	1.275
0.04					0.368	0.508	0.649	0.790	0.932	1.074	1.217	1.359
0.06				0.219	0.504	0.649	0.795	0.941	1.088	1.235	1.383	1.530
0.08		0.230	0.288	0.346	0.641	0.791	0.942	1.093	1.245	1.397	1.550	1.703
0.10	0.294	0.353	0.413	0.473	0.779	0.933	1.089	1.245	1.402	1.560	1.718	1.876
0.12	0.415	0.477	0.539	0.601	0.916	1.076	1.237	1.398	1.561	1.723	1.886	2.050
0.14	0.537	0.600	0.664	0.728	1.054	1.219	1.385	1.551	1.719	1.887	2.056	2.224
0.16	0.657	0.723	0.789	0.855	1.191	1.361	1.532	1.705	1.877	2.051	2.225	2.399
0.18	0.777	0.845	0.913	0.981	1.328	1.504	1.680	1.858	2.036	2.215	2.394	
0.20	0.897	0.967	1.037	1.108	1.465	1.646	1.828	2.011	2.194	2.378		
0.22	1.016	1.088	1.160	1.233	1.601	1.788	1.975	2.163	2.352			
0.24	1.135	1.209	1.283	1.358	1.737	1.929	2.122	2.316				
0.26	1.253	1.329	1.406	1.483	1.873	2.070	2.269	2.468				
0.28	1.370	1.449	1.528	1.607	2.008	2.211	2.415					
0.30	1.487	1.568	1.649	1.731	2.143	2.352						
0.32	1.604	1.687	1.770	1.854	2.278	2.492						
0.34	1.720	1.805	1.891	1.977	2.412							
0.36	1.836	1.923	2.011	2.100								
0.38	1.951	2.041	2.131	2.222								
0.40	2.066	2.158	2.251	2.344								
0.42	2.181	2.275	2.370	2.465								
0.44	2.295	2.392	2.489									
0.46	2.409											

ρ(%) n / E	1.50	1.55	1.60	1.65	1.70	1.75	1.80	1.85	1.90	1.95	2.00	2.20
0.01	1.242	1.377	1.513	1.648	1.784	1.919	2.055	2.190	2.326	2.461	2.597	3.139
0.02	1.328	1.466	1.604	1.742	1.880	2.018	2.156	2.294	2.433			
0.03	1.415	1.555	1.696	1.836	1.977	2.118	2.259	2.400				
0.04	1.502	1.645	1.788	1.932	2.075	2.218	2.362					
0.06	1.678	1.827	1.975	2.124	2.272	2.421						
0.08	1.856	2.010	2.163	2.317	2.471							
0.10	2.035	2.194	2.353									
0.12	2.214	2.378										
0.14	2.394											

注：见表 7-42 注。

对称配筋矩形截面偏心受压构件正截面承载力计算参数　　表 7-44d

（f_c=19.1N/mm^2　f_y=360N/mm^2　α_1=1　ξ_b=0.518　a_s/h_0=0.07）

ρ(%) n / E	0.01	0.02	0.03	0.04	0.06	0.08	0.10	0.12	0.14	0.16	0.18	0.20
0.64												0.234
0.66											0.221	0.257
0.68											0.241	0.280
0.70										0.224	0.262	0.302
0.72										0.242	0.282	0.325
0.74									0.220	0.260	0.303	0.348
0.76									0.236	0.278	0.323	0.371
0.78								0.216	0.252	0.297	0.344	0.394
0.80								0.229	0.268	0.315	0.365	0.416
0.82								0.243	0.284	0.333	0.385	0.439
0.84							0.214	0.257	0.300	0.351	0.406	0.462
0.86							0.225	0.270	0.315	0.370	0.426	0.485
0.88							0.237	0.284	0.331	0.388	0.447	0.508
0.90							0.248	0.298	0.347	0.406	0.467	0.531
0.92							0.260	0.311	0.363	0.424	0.488	0.553
0.94						0.217	0.271	0.325	0.379	0.443	0.508	0.576
0.96						0.226	0.282	0.339	0.395	0.461	0.529	0.599
0.98						0.235	0.294	0.353	0.411	0.479	0.549	0.622
1.00						0.244	0.305	0.366	0.427	0.497	0.570	0.645
1.10					0.217	0.290	0.362	0.435	0.507	0.589	0.673	0.759
1.15					0.234	0.313	0.391	0.469	0.547	0.634	0.724	0.816
1.20					0.252	0.335	0.419	0.503	0.587	0.680	0.775	0.873
1.25					0.269	0.358	0.448	0.537	0.627	0.726	0.827	0.930
1.30					0.286	0.381	0.476	0.572	0.667	0.771	0.878	0.987
1.35					0.303	0.404	0.505	0.606	0.707	0.817	0.929	1.044
1.40					0.320	0.427	0.533	0.640	0.747	0.863	0.981	1.101
1.45				0.225	0.337	0.450	0.562	0.674	0.787	0.908	1.032	1.158
1.50				0.236	0.354	0.472	0.590	0.709	0.827	0.954	1.083	1.215
1.55				0.248	0.371	0.495	0.619	0.743	0.867	0.999	1.135	1.272
1.60				0.259	0.389	0.518	0.648	0.777	0.907	1.045	1.186	1.329
1.65				0.270	0.406	0.541	0.676	0.811	0.946	1.091	1.237	1.386
1.70				0.282	0.423	0.564	0.705	0.845	0.986	1.136	1.289	1.443
1.75			0.220	0.293	0.440	0.586	0.733	0.880	1.026	1.182	1.340	1.500
1.80			0.228	0.305	0.457	0.609	0.762	0.914	1.066	1.228	1.391	1.557
1.85			0.237	0.316	0.474	0.632	0.790	0.948	1.106	1.273	1.443	1.614
1.90			0.246	0.327	0.491	0.655	0.819	0.982	1.146	1.319	1.494	1.672
1.95			0.254	0.339	0.508	0.678	0.847	1.017	1.186	1.365	1.545	1.729
2.00			0.263	0.350	0.525	0.701	0.876	1.051	1.226	1.410	1.597	1.786
2.20			0.297	0.396	0.594	0.792	0.990	1.188	1.386	1.593	1.802	2.014
2.40		0.221	0.331	0.442	0.662	0.883	1.104	1.325	1.545	1.775	2.008	2.242
2.60		0.244	0.365	0.487	0.731	0.974	1.218	1.462	1.705	1.958	2.213	2.470
2.80		0.266	0.400	0.533	0.799	1.066	1.332	1.599	1.865	2.140	2.418	
3.00		0.289	0.434	0.578	0.868	1.157	1.446	1.735	2.025	2.323		
3.20		0.312	0.468	0.624	0.936	1.248	1.560	1.872	2.184			
3.40		0.335	0.502	0.670	1.005	1.340	1.674	2.009	2.344			
3.60		0.358	0.537	0.715	1.073	1.431	1.788	2.146				
3.80		0.381	0.571	0.761	1.142	1.522	1.903	2.283				
4.00		0.403	0.605	0.807	1.210	1.613	2.017	2.420				
4.50	0.230	0.460	0.691	0.921	1.381	1.842	2.302					
5.00	0.259	0.517	0.776	1.035	1.552	2.070						
5.50	0.287	0.574	0.862	1.149	1.723	2.298						
6.00	0.316	0.632	0.947	1.263	1.895							
7.00	0.373	0.746	1.118	1.491	2.237							
8.00	0.430	0.860	1.290	1.719								
9.00	0.487	0.974	1.461	1.948								
10.00	0.544	1.088	1.632	2.176								
11.00	0.601	1.202	1.803	2.404								
12.00	0.658	1.316	1.974									

续表 7-44d

ρ(%) \ n / E	0.22	0.24	0.26	0.28	0.30	0.32	0.34	0.36	0.38	0.40	0.42	0.44
0.40												0.213
0.42											0.228	0.264
0.44									0.206	0.240	0.276	0.314
0.46								0.216	0.249	0.285	0.323	0.364
0.48							0.223	0.257	0.293	0.331	0.371	0.414
0.50						0.228	0.262	0.298	0.336	0.377	0.419	0.464
0.52				0.200	0.231	0.265	0.301	0.339	0.379	0.422	0.467	0.515
0.54			0.200	0.232	0.265	0.301	0.339	0.380	0.423	0.468	0.515	0.565
0.56			0.230	0.264	0.300	0.338	0.378	0.421	0.466	0.513	0.563	0.615
0.58		0.226	0.260	0.296	0.334	0.374	0.417	0.462	0.509	0.559	0.611	0.665
0.60	0.220	0.253	0.289	0.327	0.368	0.411	0.456	0.503	0.553	0.605	0.659	0.715
0.62	0.245	0.281	0.319	0.359	0.402	0.447	0.495	0.544	0.596	0.650	0.707	0.766
0.64	0.270	0.308	0.349	0.391	0.436	0.484	0.533	0.585	0.640	0.696	0.755	0.816
0.66	0.295	0.335	0.378	0.423	0.471	0.520	0.572	0.626	0.683	0.742	0.803	0.866
0.68	0.320	0.363	0.408	0.455	0.505	0.557	0.611	0.667	0.726	0.787	0.851	0.916
0.70	0.345	0.390	0.438	0.487	0.539	0.593	0.650	0.709	0.770	0.833	0.899	0.966
0.72	0.370	0.418	0.467	0.519	0.573	0.630	0.689	0.750	0.813	0.879	0.946	1.017
0.74	0.395	0.445	0.497	0.551	0.608	0.666	0.727	0.791	0.856	0.924	0.994	1.067
0.76	0.420	0.472	0.527	0.583	0.642	0.703	0.766	0.832	0.900	0.970	1.042	1.117
0.78	0.446	0.500	0.556	0.615	0.676	0.739	0.805	0.873	0.943	1.015	1.090	1.167
0.80	0.471	0.527	0.586	0.647	0.710	0.776	0.844	0.914	0.986	1.061	1.138	1.217
0.82	0.496	0.555	0.616	0.679	0.744	0.812	0.883	0.955	1.030	1.107	1.186	1.268
0.84	0.521	0.582	0.645	0.711	0.779	0.849	0.921	0.996	1.073	1.152	1.234	1.318
0.86	0.546	0.609	0.675	0.743	0.813	0.885	0.960	1.037	1.116	1.198	1.282	1.368
0.88	0.571	0.637	0.705	0.775	0.847	0.922	0.999	1.078	1.160	1.244	1.330	1.418
0.90	0.596	0.664	0.734	0.807	0.881	0.958	1.038	1.119	1.203	1.289	1.378	1.468
0.92	0.621	0.691	0.764	0.839	0.916	0.995	1.077	1.160	1.247	1.335	1.426	1.519
0.94	0.646	0.719	0.794	0.871	0.950	1.031	1.115	1.201	1.290	1.381	1.474	1.569
0.96	0.671	0.746	0.823	0.903	0.984	1.068	1.154	1.243	1.333	1.426	1.521	1.619
0.98	0.697	0.774	0.853	0.934	1.018	1.104	1.193	1.284	1.377	1.472	1.569	1.669
1.00	0.722	0.801	0.883	0.966	1.053	1.141	1.232	1.325	1.420	1.518	1.617	1.719
1.10	0.847	0.938	1.031	1.126	1.224	1.324	1.426	1.530	1.637	1.746	1.857	1.970
1.15	0.910	1.006	1.105	1.206	1.309	1.415	1.523	1.633	1.745	1.860	1.977	2.096
1.20	0.973	1.075	1.179	1.286	1.395	1.506	1.620	1.735	1.854	1.974	2.097	2.221
1.25	1.035	1.143	1.253	1.366	1.480	1.597	1.717	1.838	1.962	2.088	2.216	2.347
1.30	1.098	1.212	1.328	1.446	1.566	1.689	1.814	1.941	2.070	2.202	2.336	2.473
1.35	1.161	1.280	1.402	1.525	1.652	1.780	1.911	2.043	2.179	2.316	2.456	
1.40	1.224	1.349	1.476	1.605	1.737	1.871	2.008	2.146	2.287	2.430		
1.45	1.286	1.417	1.550	1.685	1.823	1.962	2.105	2.249	2.395			
1.50	1.349	1.486	1.624	1.765	1.908	2.054	2.202	2.352				
1.55	1.412	1.554	1.698	1.845	1.994	2.145	2.299	2.454				
1.60	1.475	1.622	1.773	1.925	2.079	2.236	2.395					
1.65	1.537	1.691	1.847	2.005	2.165	2.328	2.492					
1.70	1.600	1.759	1.921	2.085	2.251	2.419						
1.75	1.663	1.828	1.995	2.164	2.336							
1.80	1.726	1.896	2.069	2.244	2.422							
1.85	1.788	1.965	2.143	2.324	2.507							
1.90	1.851	2.033	2.217	2.404								
1.95	1.914	2.102	2.292	2.484								
2.00	1.977	2.170	2.366									
2.20	2.228	2.444										
2.40	2.479											

续表 7-44d

n ρ(%) E	0.46	0.48	0.50	0.52	0.54	0.56	0.58	0.60	0.62	0.64	0.66	0.68
0.24												0.223
0.26											0.251	0.312
0.28									0.219	0.276	0.337	0.400
0.30								0.241	0.298	0.358	0.422	0.488
0.32							0.261	0.317	0.376	0.440	0.506	0.575
0.34					0.232	0.279	0.333	0.391	0.454	0.520	0.590	0.661
0.36			0.214	0.252	0.296	0.347	0.404	0.466	0.532	0.601	0.673	0.747
0.38		0.233	0.271	0.312	0.360	0.414	0.475	0.540	0.609	0.681	0.755	0.832
0.40	0.249	0.288	0.328	0.371	0.423	0.481	0.545	0.613	0.685	0.760	0.838	0.917
0.42	0.302	0.342	0.385	0.431	0.486	0.548	0.615	0.687	0.762	0.839	0.919	1.002
0.44	0.354	0.397	0.442	0.490	0.550	0.615	0.685	0.760	0.837	0.918	1.001	1.086
0.46	0.407	0.452	0.499	0.550	0.613	0.682	0.755	0.833	0.913	0.996	1.082	1.170
0.48	0.459	0.507	0.556	0.609	0.676	0.748	0.825	0.905	0.989	1.075	1.163	1.253
0.50	0.512	0.561	0.613	0.669	0.739	0.814	0.894	0.977	1.064	1.152	1.243	1.336
0.52	0.564	0.616	0.670	0.728	0.802	0.881	0.963	1.049	1.139	1.230	1.324	1.419
0.54	0.617	0.671	0.727	0.788	0.865	0.947	1.032	1.121	1.213	1.308	1.404	1.502
0.56	0.669	0.726	0.784	0.847	0.927	1.012	1.101	1.193	1.288	1.385	1.484	1.584
0.58	0.722	0.780	0.841	0.906	0.990	1.078	1.170	1.265	1.362	1.462	1.563	1.666
0.60	0.774	0.835	0.899	0.966	1.053	1.144	1.239	1.336	1.436	1.539	1.643	1.748
0.62	0.827	0.890	0.956	1.025	1.115	1.209	1.307	1.407	1.510	1.615	1.722	1.830
0.64	0.879	0.945	1.013	1.085	1.178	1.275	1.375	1.479	1.584	1.692	1.801	1.912
0.66	0.932	0.999	1.070	1.144	1.240	1.340	1.444	1.550	1.658	1.768	1.880	1.993
0.68	0.984	1.054	1.127	1.204	1.303	1.406	1.512	1.621	1.731	1.844	1.959	2.075
0.70	1.037	1.109	1.184	1.263	1.365	1.471	1.580	1.691	1.805	1.920	2.037	2.156
0.72	1.089	1.164	1.241	1.322	1.428	1.536	1.648	1.762	1.878	1.996	2.116	2.237
0.74	1.142	1.219	1.298	1.382	1.490	1.602	1.716	1.833	1.951	2.072	2.194	2.318
0.76	1.194	1.273	1.355	1.441	1.552	1.667	1.784	1.903	2.025	2.148	2.272	2.398
0.78	1.247	1.328	1.412	1.501	1.615	1.732	1.852	1.974	2.098	2.223	2.351	2.479
0.80	1.299	1.383	1.469	1.560	1.677	1.797	1.919	2.044	2.171	2.299	2.429	
0.82	1.351	1.438	1.526	1.619	1.739	1.862	1.987	2.114	2.244	2.374		
0.84	1.404	1.492	1.583	1.679	1.801	1.927	2.055	2.185	2.316	2.450		
0.86	1.456	1.547	1.640	1.738	1.863	1.992	2.122	2.255	2.389			
0.88	1.509	1.602	1.697	1.798	1.926	2.056	2.190	2.325	2.462			
0.90	1.561	1.657	1.754	1.857	1.988	2.121	2.257	2.395				
0.92	1.614	1.711	1.811	1.916	2.050	2.186	2.325	2.465				
0.94	1.666	1.766	1.868	1.976	2.112	2.251	2.392					
0.96	1.719	1.821	1.925	2.035	2.174	2.316	2.459					
0.98	1.771	1.876	1.982	2.094	2.236	2.380						
1.00	1.824	1.931	2.040	2.154	2.298	2.445						
1.10	2.086	2.204	2.325	2.451								
1.15	2.217	2.341	2.467									
1.20	2.349	2.478										
1.25	2.480											

续表 7-44d

n / ρ(%) / E	0.70	0.72	0.74	0.76	0.78	0.80	0.82	0.84	0.86	0.88	0.90	0.92
0.12											0.268	0.329
0.14									0.264	0.325	0.387	0.450
0.16							0.253	0.315	0.377	0.441	0.505	0.570
0.18					0.237	0.299	0.362	0.426	0.491	0.556	0.623	0.689
0.20			0.216	0.277	0.340	0.405	0.470	0.536	0.603	0.671	0.739	0.808
0.22		0.252	0.314	0.378	0.443	0.510	0.577	0.646	0.715	0.785	0.856	0.927
0.24	0.284	0.347	0.411	0.478	0.545	0.614	0.684	0.755	0.826	0.898	0.971	1.045
0.26	0.375	0.441	0.508	0.577	0.646	0.718	0.790	0.863	0.937	1.011	1.086	1.162
0.28	0.466	0.534	0.604	0.675	0.747	0.821	0.895	0.970	1.046	1.123	1.201	1.279
0.30	0.556	0.627	0.699	0.772	0.847	0.923	1.000	1.077	1.156	1.235	1.315	1.395
0.32	0.646	0.719	0.793	0.869	0.946	1.025	1.104	1.184	1.265	1.346	1.428	1.511
0.34	0.735	0.810	0.887	0.966	1.045	1.126	1.208	1.290	1.373	1.457	1.541	1.626
0.36	0.823	0.901	0.981	1.062	1.144	1.227	1.311	1.395	1.481	1.567	1.653	1.741
0.38	0.911	0.992	1.074	1.157	1.242	1.327	1.413	1.500	1.588	1.677	1.766	1.855
0.40	0.999	1.082	1.166	1.252	1.339	1.427	1.516	1.605	1.695	1.786	1.877	1.969
0.42	1.086	1.171	1.258	1.347	1.436	1.526	1.617	1.709	1.802	1.895	1.988	2.083
0.44	1.172	1.261	1.350	1.441	1.533	1.625	1.719	1.813	1.908	2.003	2.099	2.196
0.46	1.259	1.350	1.442	1.535	1.629	1.724	1.820	1.917	2.014	2.112	2.210	2.309
0.48	1.345	1.438	1.533	1.628	1.725	1.823	1.921	2.020	2.119	2.220	2.320	2.421
0.50	1.431	1.526	1.623	1.722	1.821	1.921	2.021	2.123	2.225	2.327	2.430	
0.52	1.516	1.614	1.714	1.815	1.916	2.018	2.121	2.225	2.330	2.434		
0.54	1.601	1.702	1.804	1.907	2.011	2.116	2.221	2.327	2.434			
0.56	1.686	1.790	1.894	2.000	2.106	2.213	2.321	2.430				
0.58	1.771	1.877	1.984	2.092	2.201	2.310	2.420					
0.60	1.856	1.964	2.073	2.184	2.295	2.407						
0.62	1.940	2.051	2.163	2.275	2.389							
0.64	2.024	2.137	2.252	2.367	2.483							
0.66	2.108	2.224	2.341	2.458								
0.68	2.192	2.310	2.429									
0.70	2.275	2.396										
0.72	2.359	2.482										
0.74	2.442											

续表 7-44d

ρ(%) n / E	0.94	0.96	0.98	1.00	1.10	1.15	1.20	1.25	1.30	1.35	1.40	1.45
0.01						0.269	0.403	0.538	0.672	0.807	0.942	1.077
0.02						0.339	0.475	0.612	0.749	0.886	1.024	1.161
0.03					0.271	0.409	0.547	0.687	0.826	0.966	1.106	1.246
0.04					0.339	0.479	0.620	0.762	0.904	1.046	1.189	1.332
0.06					0.476	0.621	0.767	0.914	1.061	1.209	1.356	1.504
0.08			0.260	0.318	0.615	0.765	0.916	1.067	1.220	1.372	1.525	1.679
0.10	0.267	0.327	0.387	0.447	0.754	0.909	1.065	1.222	1.379	1.537	1.695	1.854
0.12	0.390	0.452	0.514	0.576	0.893	1.053	1.214	1.376	1.539	1.702	1.866	2.030
0.14	0.513	0.577	0.641	0.705	1.032	1.197	1.364	1.531	1.699	1.868	2.037	2.206
0.16	0.635	0.701	0.767	0.834	1.171	1.342	1.513	1.686	1.859	2.033	2.208	2.383
0.18	0.757	0.825	0.893	0.962	1.310	1.486	1.663	1.841	2.020	2.199	2.379	
0.20	0.878	0.948	1.018	1.089	1.448	1.630	1.812	1.996	2.180	2.365		
0.22	0.999	1.071	1.143	1.216	1.586	1.773	1.961	2.150	2.340			
0.24	1.119	1.193	1.268	1.343	1.724	1.916	2.110	2.304	2.500			
0.26	1.238	1.315	1.392	1.469	1.861	2.059	2.258	2.458				
0.28	1.357	1.436	1.515	1.595	1.998	2.202	2.406					
0.30	1.476	1.557	1.638	1.720	2.134	2.344						
0.32	1.594	1.677	1.761	1.845	2.270	2.485						
0.34	1.711	1.797	1.883	1.969	2.406							
0.36	1.828	1.916	2.005	2.093								
0.38	1.945	2.035	2.126	2.217								
0.40	2.061	2.154	2.247	2.340								
0.42	2.177	2.272	2.367	2.463								
0.44	2.293	2.390	2.488									
0.46	2.408											

ρ(%) n / E	1.50	1.55	1.60	1.65	1.70	1.75	1.80	1.85	1.90	1.95	2.00	2.20
0.01	1.213	1.348	1.483	1.619	1.754	1.890	2.025	2.161	2.297	2.432	2.568	3.110
0.02	1.299	1.437	1.575	1.713	1.852	1.990	2.128	2.266	2.405			
0.03	1.387	1.527	1.668	1.809	1.950	2.090	2.231	2.372				
0.04	1.475	1.618	1.761	1.905	2.048	2.192	2.336	2.479				
0.06	1.653	1.801	1.950	2.099	2.248	2.397						
0.08	1.832	1.986	2.140	2.294	2.449							
0.10	2.013	2.172	2.331	2.491								
0.12	2.194	2.359										
0.14	2.376											

注：见表 7-42 注。

对称配筋矩形截面偏心受压构件正截面承载力计算参数　　表 7-44e

($f_c=19.1\text{N/mm}^2$　$f_y=360\text{N/mm}^2$　$\alpha_1=1$　$\xi_b=0.518$　$a_s/h_0=0.08$)

E \ n (ρ(%))	0.01	0.02	0.03	0.04	0.06	0.08	0.10	0.12	0.14	0.16	0.18	0.20
0.64												0.231
0.66											0.218	0.254
0.68											0.239	0.277
0.70										0.221	0.260	0.300
0.72										0.240	0.280	0.323
0.74									0.226	0.258	0.301	0.346
0.76									0.242	0.277	0.322	0.369
0.78								0.221	0.258	0.295	0.343	0.392
0.80								0.235	0.275	0.314	0.363	0.415
0.82								0.249	0.291	0.332	0.384	0.438
0.84							0.219	0.263	0.307	0.351	0.405	0.461
0.86							0.231	0.277	0.323	0.369	0.426	0.484
0.88							0.242	0.291	0.339	0.388	0.446	0.507
0.90							0.254	0.304	0.355	0.406	0.467	0.531
0.92							0.265	0.318	0.371	0.424	0.488	0.554
0.94						0.221	0.277	0.332	0.388	0.443	0.509	0.577
0.96						0.231	0.288	0.346	0.404	0.461	0.529	0.600
0.98						0.240	0.300	0.360	0.420	0.480	0.550	0.623
1.00						0.249	0.311	0.374	0.436	0.498	0.571	0.646
1.10					0.221	0.295	0.369	0.443	0.517	0.591	0.675	0.761
1.15					0.239	0.318	0.398	0.478	0.557	0.637	0.727	0.819
1.20					0.256	0.341	0.427	0.512	0.597	0.683	0.779	0.877
1.25					0.273	0.364	0.456	0.547	0.638	0.729	0.830	0.934
1.30					0.291	0.388	0.484	0.581	0.678	0.775	0.882	0.992
1.35					0.308	0.411	0.513	0.616	0.719	0.821	0.934	1.050
1.40				0.217	0.325	0.434	0.542	0.651	0.759	0.867	0.986	1.107
1.45				0.228	0.343	0.457	0.571	0.685	0.799	0.913	1.038	1.165
1.50				0.240	0.360	0.480	0.600	0.720	0.840	0.960	1.090	1.223
1.55				0.251	0.377	0.503	0.629	0.754	0.880	1.006	1.142	1.280
1.60				0.263	0.394	0.526	0.657	0.789	0.920	1.052	1.194	1.338
1.65				0.275	0.412	0.549	0.686	0.824	0.961	1.098	1.246	1.396
1.70			0.215	0.286	0.429	0.572	0.715	0.858	1.001	1.144	1.298	1.453
1.75			0.223	0.298	0.446	0.595	0.744	0.893	1.042	1.190	1.349	1.511
1.80			0.232	0.309	0.464	0.618	0.773	0.927	1.082	1.236	1.401	1.569
1.85			0.240	0.321	0.481	0.641	0.802	0.962	1.122	1.283	1.453	1.626
1.90			0.249	0.332	0.498	0.664	0.830	0.997	1.163	1.329	1.505	1.684
1.95			0.258	0.344	0.516	0.687	0.859	1.031	1.203	1.375	1.557	1.742
2.00			0.266	0.355	0.533	0.710	0.888	1.066	1.243	1.421	1.609	1.799
2.20			0.301	0.401	0.602	0.803	1.003	1.204	1.405	1.606	1.817	2.030
2.40		0.224	0.336	0.448	0.671	0.895	1.119	1.343	1.566	1.790	2.024	2.261
2.60		0.247	0.370	0.494	0.740	0.987	1.234	1.481	1.728	1.975	2.232	2.491
2.80		0.270	0.405	0.540	0.810	1.080	1.349	1.619	1.889	2.159	2.439	
3.00		0.293	0.439	0.586	0.879	1.172	1.465	1.758	2.051	2.344		
3.20		0.316	0.474	0.632	0.948	1.264	1.580	1.896	2.212			
3.40		0.339	0.509	0.678	1.017	1.356	1.695	2.035	2.374			
3.60		0.362	0.543	0.724	1.086	1.449	1.811	2.173				
3.80		0.385	0.578	0.770	1.156	1.541	1.926	2.311				
4.00		0.408	0.612	0.817	1.225	1.633	2.041	2.450				
4.50	0.233	0.466	0.699	0.932	1.398	1.864	2.330					
5.00	0.262	0.524	0.785	1.047	1.571	2.095						
5.50	0.291	0.581	0.872	1.163	1.744	2.325						
6.00	0.319	0.639	0.958	1.278	1.917							
7.00	0.377	0.754	1.131	1.509	2.263							
8.00	0.435	0.870	1.304	1.739								
9.00	0.492	0.985	1.477	1.970								
10.00	0.550	1.100	1.650	2.201								
11.00	0.608	1.216	1.823	2.431								
12.00	0.666	1.331	1.997									

续表 7-44e

ρ(%) n / E	0.22	0.24	0.26	0.28	0.30	0.32	0.34	0.36	0.38	0.40	0.42	0.44
0.40												0.203
0.42											0.218	0.254
0.44										0.231	0.266	0.304
0.46								0.208	0.241	0.277	0.315	0.355
0.48							0.216	0.249	0.285	0.323	0.363	0.406
0.50						0.221	0.255	0.291	0.329	0.369	0.412	0.457
0.52					0.225	0.258	0.294	0.332	0.373	0.415	0.460	0.507
0.54				0.226	0.260	0.295	0.333	0.374	0.416	0.461	0.509	0.558
0.56			0.225	0.258	0.294	0.332	0.373	0.415	0.460	0.507	0.557	0.609
0.58		0.221	0.255	0.291	0.329	0.369	0.412	0.457	0.504	0.554	0.606	0.660
0.60	0.216	0.249	0.285	0.323	0.363	0.406	0.451	0.498	0.548	0.600	0.654	0.710
0.62	0.241	0.277	0.315	0.355	0.398	0.443	0.490	0.540	0.592	0.646	0.702	0.761
0.64	0.266	0.304	0.345	0.388	0.433	0.480	0.529	0.581	0.636	0.692	0.751	0.812
0.66	0.292	0.332	0.375	0.420	0.467	0.517	0.569	0.623	0.679	0.738	0.799	0.863
0.68	0.317	0.360	0.405	0.452	0.502	0.554	0.608	0.664	0.723	0.784	0.848	0.913
0.70	0.343	0.388	0.435	0.484	0.536	0.591	0.647	0.706	0.767	0.830	0.896	0.964
0.72	0.368	0.415	0.465	0.517	0.571	0.627	0.686	0.747	0.811	0.877	0.945	1.015
0.74	0.393	0.443	0.495	0.549	0.606	0.664	0.725	0.789	0.855	0.923	0.993	1.066
0.76	0.419	0.471	0.525	0.581	0.640	0.701	0.765	0.830	0.898	0.969	1.042	1.116
0.78	0.444	0.498	0.555	0.614	0.675	0.738	0.804	0.872	0.942	1.015	1.090	1.167
0.80	0.469	0.526	0.585	0.646	0.709	0.775	0.843	0.913	0.986	1.061	1.138	1.218
0.82	0.495	0.554	0.615	0.678	0.744	0.812	0.882	0.955	1.030	1.107	1.187	1.269
0.84	0.520	0.581	0.645	0.710	0.779	0.849	0.922	0.997	1.074	1.153	1.235	1.319
0.86	0.546	0.609	0.675	0.743	0.813	0.886	0.961	1.038	1.118	1.200	1.284	1.370
0.88	0.571	0.637	0.705	0.775	0.848	0.923	1.000	1.080	1.161	1.246	1.332	1.421
0.90	0.596	0.664	0.735	0.807	0.882	0.960	1.039	1.121	1.205	1.292	1.381	1.472
0.92	0.622	0.692	0.765	0.840	0.917	0.997	1.078	1.163	1.249	1.338	1.429	1.522
0.94	0.647	0.720	0.795	0.872	0.952	1.033	1.118	1.204	1.293	1.384	1.477	1.573
0.96	0.672	0.747	0.825	0.904	0.986	1.070	1.157	1.246	1.337	1.430	1.526	1.624
0.98	0.698	0.775	0.855	0.937	1.021	1.107	1.196	1.287	1.381	1.476	1.574	1.675
1.00	0.723	0.803	0.885	0.969	1.055	1.144	1.235	1.329	1.424	1.522	1.623	1.725
1.10	0.850	0.941	1.035	1.130	1.228	1.329	1.431	1.536	1.644	1.753	1.865	1.979
1.15	0.913	1.010	1.110	1.211	1.315	1.421	1.529	1.640	1.753	1.868	1.986	2.106
1.20	0.977	1.080	1.185	1.292	1.401	1.513	1.627	1.744	1.863	1.984	2.107	2.233
1.25	1.040	1.149	1.259	1.373	1.488	1.606	1.725	1.848	1.972	2.099	2.228	2.360
1.30	1.104	1.218	1.334	1.453	1.574	1.698	1.823	1.952	2.082	2.214	2.349	2.487
1.35	1.167	1.287	1.409	1.534	1.661	1.790	1.922	2.055	2.191	2.330	2.471	
1.40	1.231	1.356	1.484	1.615	1.747	1.882	2.020	2.159	2.301	2.445		
1.45	1.294	1.426	1.559	1.695	1.834	1.975	2.118	2.263	2.411			
1.50	1.358	1.495	1.634	1.776	1.920	2.067	2.216	2.367				
1.55	1.421	1.564	1.709	1.857	2.007	2.159	2.314	2.471				
1.60	1.484	1.633	1.784	1.938	2.093	2.251	2.412					
1.65	1.548	1.702	1.859	2.018	2.180	2.344						
1.70	1.611	1.772	1.934	2.099	2.266	2.436						
1.75	1.675	1.841	2.009	2.180	2.353							
1.80	1.738	1.910	2.084	2.261	2.439							
1.85	1.802	1.979	2.159	2.341								
1.90	1.865	2.048	2.234	2.422								
1.95	1.928	2.118	2.309									
2.00	1.992	2.187	2.384									
2.20	2.246	2.464										
2.40	2.499											

续表 7-44e

n ρ(%) E	0.46	0.48	0.50	0.52	0.54	0.56	0.58	0.60	0.62	0.64	0.66	0.68
0.26											0.233	0.294
0.28										0.259	0.320	0.383
0.30								0.225	0.281	0.342	0.405	0.472
0.32							0.246	0.301	0.361	0.424	0.491	0.560
0.34					0.218	0.265	0.319	0.377	0.440	0.506	0.576	0.647
0.36				0.240	0.283	0.334	0.391	0.452	0.518	0.588	0.660	0.734
0.38		0.221	0.260	0.300	0.347	0.402	0.462	0.527	0.596	0.668	0.743	0.821
0.40	0.239	0.277	0.317	0.360	0.412	0.470	0.534	0.602	0.674	0.749	0.827	0.907
0.42	0.292	0.332	0.375	0.420	0.476	0.538	0.605	0.676	0.751	0.829	0.909	0.992
0.44	0.345	0.388	0.433	0.481	0.540	0.605	0.676	0.750	0.828	0.909	0.992	1.077
0.46	0.398	0.443	0.490	0.541	0.604	0.673	0.746	0.824	0.905	0.988	1.074	1.162
0.48	0.451	0.498	0.548	0.601	0.667	0.740	0.817	0.897	0.981	1.067	1.156	1.247
0.50	0.504	0.554	0.606	0.661	0.731	0.807	0.887	0.970	1.057	1.146	1.237	1.331
0.52	0.557	0.609	0.663	0.721	0.795	0.874	0.957	1.043	1.133	1.225	1.319	1.415
0.54	0.610	0.664	0.721	0.781	0.858	0.940	1.026	1.116	1.208	1.303	1.400	1.498
0.56	0.663	0.720	0.779	0.841	0.922	1.007	1.096	1.189	1.284	1.381	1.480	1.582
0.58	0.716	0.775	0.836	0.901	0.985	1.074	1.166	1.261	1.359	1.459	1.561	1.665
0.60	0.769	0.830	0.894	0.961	1.049	1.140	1.235	1.333	1.434	1.537	1.641	1.748
0.62	0.822	0.886	0.952	1.021	1.112	1.206	1.304	1.405	1.509	1.614	1.722	1.830
0.64	0.875	0.941	1.009	1.082	1.175	1.273	1.373	1.477	1.583	1.692	1.802	1.913
0.66	0.928	0.997	1.067	1.142	1.238	1.339	1.443	1.549	1.658	1.769	1.881	1.995
0.68	0.982	1.052	1.125	1.202	1.301	1.405	1.511	1.621	1.732	1.846	1.961	2.078
0.70	1.035	1.107	1.182	1.262	1.364	1.471	1.580	1.692	1.807	1.923	2.041	2.160
0.72	1.088	1.163	1.240	1.322	1.428	1.537	1.649	1.764	1.881	2.000	2.120	2.242
0.74	1.141	1.218	1.298	1.382	1.491	1.603	1.718	1.835	1.955	2.076	2.199	2.323
0.76	1.194	1.273	1.355	1.442	1.554	1.669	1.786	1.907	2.029	2.153	2.278	2.405
0.78	1.247	1.329	1.413	1.502	1.617	1.734	1.855	1.978	2.103	2.229	2.357	2.487
0.80	1.300	1.384	1.471	1.562	1.679	1.800	1.923	2.049	2.177	2.306	2.436	
0.82	1.353	1.439	1.528	1.622	1.742	1.866	1.992	2.120	2.250	2.382		
0.84	1.406	1.495	1.586	1.682	1.805	1.932	2.060	2.191	2.324	2.458		
0.86	1.459	1.550	1.644	1.742	1.868	1.997	2.129	2.262	2.397			
0.88	1.512	1.606	1.701	1.802	1.931	2.063	2.197	2.333	2.471			
0.90	1.565	1.661	1.759	1.862	1.994	2.128	2.265	2.404				
0.92	1.618	1.716	1.817	1.922	2.057	2.194	2.333	2.475				
0.94	1.671	1.772	1.874	1.982	2.119	2.259	2.401					
0.96	1.724	1.827	1.932	2.042	2.182	2.325	2.469					
0.98	1.777	1.882	1.990	2.102	2.245	2.390						
1.00	1.830	1.938	2.047	2.162	2.308	2.455						
1.10	2.096	2.214	2.336	2.462								
1.15	2.228	2.353	2.480									
1.20	2.361	2.491										
1.25	2.494											

续表 7-44e

$\rho(\%)$ n / E	0.70	0.72	0.74	0.76	0.78	0.80	0.82	0.84	0.86	0.88	0.90	0.92
0.12											0.242	0.303
0.14									0.238	0.300	0.362	0.425
0.16							0.229	0.291	0.354	0.418	0.482	0.547
0.18					0.214	0.276	0.339	0.403	0.469	0.534	0.601	0.668
0.20				0.256	0.319	0.383	0.449	0.515	0.583	0.651	0.719	0.789
0.22		0.231	0.294	0.358	0.423	0.490	0.558	0.626	0.696	0.766	0.837	0.909
0.24	0.264	0.327	0.392	0.459	0.526	0.595	0.666	0.737	0.808	0.881	0.954	1.028
0.26	0.357	0.423	0.490	0.559	0.629	0.700	0.773	0.846	0.920	0.995	1.071	1.147
0.28	0.449	0.517	0.587	0.658	0.731	0.805	0.880	0.955	1.032	1.109	1.187	1.265
0.30	0.541	0.611	0.683	0.757	0.832	0.908	0.986	1.064	1.142	1.222	1.302	1.383
0.32	0.631	0.704	0.779	0.856	0.933	1.012	1.091	1.171	1.253	1.334	1.417	1.500
0.34	0.721	0.797	0.874	0.953	1.033	1.114	1.196	1.279	1.362	1.446	1.531	1.616
0.36	0.811	0.889	0.969	1.050	1.133	1.216	1.300	1.386	1.471	1.558	1.645	1.732
0.38	0.900	0.981	1.063	1.147	1.232	1.318	1.404	1.492	1.580	1.669	1.758	1.848
0.40	0.988	1.072	1.157	1.243	1.330	1.419	1.508	1.598	1.688	1.780	1.871	1.964
0.42	1.077	1.163	1.250	1.339	1.429	1.519	1.611	1.703	1.796	1.890	1.984	2.078
0.44	1.164	1.253	1.343	1.434	1.526	1.620	1.714	1.808	1.904	2.000	2.096	2.193
0.46	1.252	1.343	1.436	1.529	1.624	1.720	1.816	1.913	2.011	2.109	2.208	2.307
0.48	1.339	1.433	1.528	1.624	1.721	1.819	1.918	2.017	2.118	2.218	2.319	2.421
0.50	1.426	1.522	1.620	1.718	1.818	1.918	2.020	2.121	2.224	2.327	2.431	
0.52	1.512	1.611	1.711	1.812	1.914	2.017	2.121	2.225	2.330	2.436		
0.54	1.598	1.700	1.802	1.906	2.010	2.116	2.222	2.329	2.436			
0.56	1.684	1.788	1.893	1.999	2.106	2.214	2.323	2.432				
0.58	1.770	1.876	1.981	2.093	2.202	2.312	2.423					
0.60	1.855	1.964	2.075	2.186	2.298	2.410						
0.62	1.941	2.052	2.165	2.278	2.393							
0.64	2.026	2.140	2.255	2.371	2.488							
0.66	2.111	2.227	2.345	2.463								
0.68	2.196	2.315	2.435									
0.70	2.280	2.402										
0.72	2.365	2.489										
0.74	2.449											

续表 7-44e

ρ(%) \ n / E	0.94	0.96	0.98	1.00	1.10	1.15	1.20	1.25	1.30	1.35	1.40	1.45
0.01						0.238	0.372	0.507	0.641	0.776	0.912	1.047
0.02						0.308	0.444	0.581	0.719	0.856	0.994	1.132
0.03					0.240	0.378	0.517	0.657	0.796	0.937	1.077	1.217
0.04					0.309	0.449	0.591	0.733	0.875	1.018	1.161	1.304
0.06					0.448	0.593	0.739	0.886	1.034	1.181	1.330	1.478
0.08			0.231	0.290	0.587	0.738	0.889	1.041	1.194	1.347	1.500	1.654
0.10	0.240	0.300	0.360	0.421	0.728	0.884	1.040	1.197	1.355	1.513	1.672	1.831
0.12	0.364	0.426	0.489	0.551	0.869	1.029	1.191	1.354	1.517	1.680	1.845	2.009
0.14	0.489	0.553	0.617	0.682	1.010	1.175	1.343	1.510	1.679	1.848	2.017	2.187
0.16	0.613	0.679	0.745	0.812	1.150	1.321	1.494	1.667	1.841	2.016	2.191	2.366
0.18	0.736	0.804	0.872	0.941	1.291	1.467	1.645	1.824	2.003	2.183	2.364	
0.20	0.859	0.929	1.000	1.071	1.431	1.613	1.796	1.980	2.165	2.351		
0.22	0.981	1.053	1.126	1.199	1.570	1.758	1.947	2.137	2.327			
0.24	1.102	1.177	1.252	1.328	1.710	1.903	2.097	2.293	2.489			
0.26	1.223	1.300	1.378	1.455	1.849	2.048	2.248	2.448				
0.28	1.344	1.423	1.503	1.583	1.987	2.192	2.397					
0.30	1.464	1.545	1.627	1.709	2.125	2.335						
0.32	1.583	1.667	1.751	1.836	2.263	2.479						
0.34	1.702	1.788	1.875	1.962	2.400							
0.36	1.820	1.909	1.998	2.087								
0.38	1.939	2.029	2.121	2.212								
0.40	2.056	2.149	2.243	2.337								
0.42	2.174	2.269	2.365	2.461								
0.44	2.290	2.388	2.486									
0.46	2.407											

ρ(%) \ n / E	1.50	1.55	1.60	1.65	1.70	1.75	1.80	1.85	1.90	1.95	2.00	2.20
0.01	1.182	1.318	1.453	1.589	1.724	1.860	1.996	2.131	2.267	2.403		
0.02	1.270	1.408	1.546	1.684	1.822	1.961	2.099	2.238	2.376			
0.03	1.358	1.499	1.640	1.780	1.921	2.062	2.204	2.345	2.486			
0.04	1.447	1.590	1.734	1.877	2.021	2.165	2.309	2.453				
0.06	1.627	1.775	1.924	2.073	2.222	2.372						
0.08	1.808	1.962	2.116	2.271	2.425							
0.10	1.990	2.150	2.310	2.470								
0.12	2.174	2.339										
0.14	2.358											

注：见表 7-42 注。

对称配筋矩形截面偏心受压构件正截面承载力计算参数 **表 7-44f**

($f_c=19.1\text{N/mm}^2$ $f_y=360\text{N/mm}^2$ $\alpha_1=1$ $\xi_b=0.518$ $a_s/h_0=0.09$)

ρ(%) \ n / E	0.01	0.02	0.03	0.04	0.06	0.08	0.10	0.12	0.14	0.16	0.18	0.20
0.64												0.227
0.66											0.215	0.251
0.68											0.236	0.274
0.70										0.229	0.257	0.297
0.72									0.216	0.247	0.278	0.321
0.74									0.233	0.266	0.299	0.344
0.76									0.249	0.285	0.320	0.367
0.78								0.227	0.265	0.303	0.341	0.391
0.80								0.241	0.282	0.322	0.362	0.414
0.82								0.255	0.298	0.340	0.383	0.437
0.84							0.224	0.269	0.314	0.359	0.404	0.461
0.86							0.236	0.283	0.331	0.378	0.425	0.484
0.88							0.248	0.297	0.347	0.396	0.446	0.507
0.90							0.259	0.311	0.363	0.415	0.467	0.531
0.92						0.217	0.271	0.325	0.380	0.434	0.488	0.554
0.94						0.226	0.283	0.339	0.396	0.452	0.509	0.577
0.96						0.236	0.294	0.353	0.412	0.471	0.530	0.601
0.98						0.245	0.306	0.367	0.429	0.490	0.551	0.624
1.00						0.254	0.318	0.381	0.445	0.508	0.572	0.647
1.10					0.226	0.301	0.376	0.451	0.526	0.602	0.677	0.764
1.15					0.243	0.324	0.405	0.486	0.567	0.648	0.729	0.822
1.20					0.261	0.347	0.434	0.521	0.608	0.695	0.782	0.880
1.25					0.278	0.371	0.464	0.556	0.649	0.742	0.834	0.939
1.30					0.296	0.394	0.493	0.591	0.690	0.788	0.887	0.997
1.35					0.313	0.417	0.522	0.626	0.731	0.835	0.939	1.055
1.40				0.220	0.331	0.441	0.551	0.661	0.771	0.882	0.992	1.114
1.45				0.232	0.348	0.464	0.580	0.696	0.812	0.928	1.044	1.172
1.50				0.244	0.366	0.487	0.609	0.731	0.853	0.975	1.097	1.230
1.55				0.255	0.383	0.511	0.638	0.766	0.894	1.021	1.149	1.288
1.60				0.267	0.401	0.534	0.668	0.801	0.935	1.068	1.202	1.347
1.65				0.279	0.418	0.557	0.697	0.836	0.975	1.115	1.254	1.405
1.70			0.218	0.290	0.436	0.581	0.726	0.871	1.016	1.161	1.307	1.463
1.75			0.227	0.302	0.453	0.604	0.755	0.906	1.057	1.208	1.359	1.522
1.80			0.235	0.314	0.471	0.627	0.784	0.941	1.098	1.255	1.412	1.580
1.85			0.244	0.325	0.488	0.651	0.813	0.976	1.139	1.301	1.464	1.638
1.90			0.253	0.337	0.505	0.674	0.842	1.011	1.179	1.348	1.516	1.697
1.95			0.261	0.349	0.523	0.697	0.872	1.046	1.220	1.395	1.569	1.755
2.00			0.270	0.360	0.540	0.721	0.901	1.081	1.261	1.441	1.621	1.813
2.20			0.305	0.407	0.610	0.814	1.017	1.221	1.424	1.628	1.831	2.046
2.40		0.227	0.340	0.454	0.680	0.907	1.134	1.361	1.588	1.814	2.041	2.280
2.60		0.250	0.375	0.500	0.750	1.000	1.251	1.501	1.751	2.001	2.251	
2.80		0.273	0.410	0.547	0.820	1.094	1.367	1.641	1.914	2.188	2.461	
3.00		0.297	0.445	0.594	0.890	1.187	1.484	1.781	2.077	2.374		
3.20		0.320	0.480	0.640	0.960	1.280	1.600	1.920	2.241			
3.40		0.343	0.515	0.687	1.030	1.374	1.717	2.060	2.404			
3.60		0.367	0.550	0.733	1.100	1.467	1.834	2.200				
3.80		0.390	0.585	0.780	1.170	1.560	1.950	2.340				
4.00		0.413	0.620	0.827	1.240	1.653	2.067	2.480				
4.50	0.236	0.472	0.708	0.943	1.415	1.887	2.358					
5.00	0.265	0.530	0.795	1.060	1.590	2.120						
5.50	0.294	0.588	0.882	1.177	1.765	2.353						
6.00	0.323	0.647	0.970	1.293	1.940							
7.00	0.382	0.763	1.145	1.526	2.290							
8.00	0.440	0.880	1.320	1.760								
9.00	0.498	0.996	1.495	1.993								
10.00	0.557	1.113	1.670	2.226								
11.00	0.615	1.230	1.844	2.459								
12.00	0.673	1.346	2.019									

续表 7-44f

ρ(%) \ n / E	0.22	0.24	0.26	0.28	0.30	0.32	0.34	0.36	0.38	0.40	0.42	0.44
0.42											0.208	0.244
0.44										0.222	0.257	0.295
0.46									0.233	0.268	0.306	0.346
0.48							0.208	0.241	0.277	0.315	0.355	0.398
0.50						0.215	0.248	0.283	0.321	0.361	0.404	0.449
0.52					0.219	0.252	0.287	0.325	0.366	0.408	0.453	0.500
0.54				0.220	0.254	0.289	0.327	0.367	0.410	0.455	0.502	0.552
0.56			0.220	0.253	0.289	0.326	0.367	0.409	0.454	0.501	0.551	0.603
0.58		0.217	0.250	0.286	0.324	0.364	0.406	0.451	0.498	0.548	0.600	0.654
0.60	0.212	0.245	0.280	0.318	0.359	0.401	0.446	0.493	0.543	0.595	0.649	0.705
0.62	0.237	0.273	0.311	0.351	0.394	0.438	0.486	0.535	0.587	0.641	0.698	0.757
0.64	0.263	0.301	0.341	0.384	0.429	0.476	0.525	0.577	0.631	0.688	0.747	0.808
0.66	0.289	0.329	0.371	0.416	0.464	0.513	0.565	0.619	0.676	0.735	0.796	0.859
0.68	0.314	0.357	0.402	0.449	0.498	0.550	0.605	0.661	0.720	0.781	0.845	0.911
0.70	0.340	0.385	0.432	0.482	0.533	0.588	0.644	0.703	0.764	0.828	0.894	0.962
0.72	0.366	0.413	0.462	0.514	0.568	0.625	0.684	0.745	0.809	0.875	0.943	1.013
0.74	0.391	0.441	0.493	0.547	0.603	0.662	0.724	0.787	0.853	0.921	0.992	1.065
0.76	0.417	0.469	0.523	0.580	0.638	0.700	0.763	0.829	0.897	0.968	1.041	1.116
0.78	0.443	0.497	0.553	0.612	0.673	0.737	0.803	0.871	0.942	1.014	1.090	1.167
0.80	0.468	0.525	0.584	0.645	0.708	0.774	0.842	0.913	0.986	1.061	1.139	1.219
0.82	0.494	0.553	0.614	0.677	0.743	0.812	0.882	0.955	1.030	1.108	1.188	1.270
0.84	0.519	0.581	0.644	0.710	0.778	0.849	0.922	0.997	1.075	1.154	1.237	1.321
0.86	0.545	0.609	0.675	0.743	0.813	0.886	0.961	1.039	1.119	1.201	1.286	1.372
0.88	0.571	0.637	0.705	0.775	0.848	0.924	1.001	1.081	1.163	1.248	1.335	1.424
0.90	0.596	0.665	0.735	0.808	0.883	0.961	1.041	1.123	1.207	1.294	1.384	1.475
0.92	0.622	0.693	0.766	0.841	0.918	0.998	1.080	1.165	1.252	1.341	1.433	1.526
0.94	0.648	0.721	0.796	0.873	0.953	1.035	1.120	1.207	1.296	1.388	1.481	1.578
0.96	0.673	0.749	0.826	0.906	0.988	1.073	1.160	1.249	1.340	1.434	1.530	1.629
0.98	0.699	0.777	0.856	0.939	1.023	1.110	1.199	1.291	1.385	1.481	1.579	1.680
1.00	0.725	0.805	0.887	0.971	1.058	1.147	1.239	1.333	1.429	1.528	1.628	1.732
1.10	0.853	0.945	1.038	1.135	1.233	1.334	1.437	1.543	1.651	1.761	1.873	1.988
1.15	0.917	1.014	1.114	1.216	1.321	1.427	1.536	1.648	1.761	1.877	1.996	2.116
1.20	0.981	1.084	1.190	1.298	1.408	1.521	1.635	1.753	1.872	1.994	2.118	2.245
1.25	1.045	1.154	1.266	1.379	1.495	1.614	1.735	1.858	1.983	2.111	2.241	2.373
1.30	1.110	1.224	1.342	1.461	1.583	1.707	1.834	1.962	2.094	2.227	2.363	
1.35	1.174	1.294	1.417	1.543	1.670	1.800	1.933	2.067	2.204	2.344	2.485	
1.40	1.238	1.364	1.493	1.624	1.758	1.894	2.032	2.172	2.315	2.460		
1.45	1.302	1.434	1.569	1.706	1.845	1.987	2.131	2.277	2.426			
1.50	1.366	1.504	1.645	1.788	1.933	2.080	2.230	2.382				
1.55	1.430	1.574	1.721	1.869	2.020	2.174	2.329	2.487				
1.60	1.494	1.644	1.796	1.951	2.108	2.267	2.428					
1.65	1.558	1.714	1.872	2.032	2.195	2.360						
1.70	1.623	1.784	1.948	2.114	2.283	2.453						
1.75	1.687	1.854	2.024	2.196	2.370							
1.80	1.751	1.924	2.099	2.277	2.457							
1.85	1.815	1.994	2.175	2.359								
1.90	1.879	2.064	2.251	2.441								
1.95	1.943	2.134	2.327									
2.00	2.007	2.204	2.403									
2.20	2.264	2.484										

续表 7-44f

ρ(%) \ n / E	0.46	0.48	0.50	0.52	0.54	0.56	0.58	0.60	0.62	0.64	0.66	0.68
0.26											0.214	0.275
0.28										0.241	0.302	0.365
0.30									0.265	0.325	0.389	0.455
0.32							0.231	0.286	0.345	0.409	0.475	0.545
0.34						0.251	0.304	0.362	0.425	0.492	0.561	0.633
0.36				0.227	0.270	0.320	0.377	0.439	0.505	0.574	0.646	0.721
0.38			0.248	0.288	0.335	0.389	0.450	0.515	0.584	0.656	0.731	0.809
0.40	0.228	0.266	0.306	0.349	0.400	0.458	0.522	0.590	0.662	0.738	0.816	0.896
0.42	0.282	0.322	0.364	0.410	0.465	0.527	0.594	0.665	0.740	0.819	0.899	0.982
0.44	0.335	0.378	0.423	0.471	0.530	0.595	0.665	0.740	0.818	0.899	0.983	1.069
0.46	0.389	0.434	0.481	0.531	0.594	0.663	0.737	0.815	0.896	0.980	1.066	1.154
0.48	0.443	0.490	0.539	0.592	0.659	0.731	0.808	0.889	0.973	1.060	1.149	1.240
0.50	0.496	0.546	0.598	0.653	0.723	0.799	0.879	0.963	1.050	1.140	1.231	1.325
0.52	0.550	0.602	0.656	0.714	0.788	0.867	0.950	1.037	1.127	1.219	1.314	1.410
0.54	0.603	0.658	0.714	0.775	0.852	0.934	1.021	1.110	1.203	1.298	1.396	1.495
0.56	0.657	0.714	0.773	0.835	0.916	1.002	1.091	1.184	1.279	1.377	1.477	1.579
0.58	0.711	0.770	0.831	0.896	0.980	1.069	1.161	1.257	1.355	1.456	1.559	1.663
0.60	0.764	0.826	0.889	0.957	1.044	1.136	1.232	1.330	1.431	1.535	1.640	1.747
0.62	0.818	0.882	0.947	1.018	1.108	1.203	1.302	1.403	1.507	1.613	1.721	1.831
0.64	0.872	0.938	1.006	1.078	1.172	1.270	1.372	1.476	1.583	1.691	1.802	1.914
0.66	0.925	0.993	1.064	1.139	1.236	1.337	1.441	1.549	1.658	1.770	1.883	1.998
0.68	0.979	1.049	1.122	1.200	1.300	1.404	1.511	1.621	1.733	1.847	1.963	2.081
0.70	1.033	1.105	1.181	1.260	1.364	1.471	1.581	1.693	1.808	1.925	2.044	2.164
0.72	1.086	1.161	1.239	1.321	1.427	1.537	1.650	1.766	1.883	2.003	2.124	2.247
0.74	1.140	1.217	1.297	1.382	1.491	1.604	1.720	1.838	1.958	2.081	2.204	2.329
0.76	1.193	1.273	1.356	1.443	1.555	1.671	1.789	1.910	2.033	2.158	2.284	2.412
0.78	1.247	1.329	1.414	1.503	1.619	1.737	1.858	1.982	2.108	2.235	2.364	2.494
0.80	1.301	1.385	1.472	1.564	1.682	1.804	1.928	2.054	2.182	2.313	2.444	
0.82	1.354	1.441	1.530	1.625	1.746	1.870	1.997	2.126	2.257	2.390		
0.84	1.408	1.497	1.589	1.685	1.809	1.936	2.066	2.198	2.331	2.467		
0.86	1.462	1.553	1.647	1.746	1.873	2.003	2.135	2.270	2.406			
0.88	1.515	1.609	1.705	1.807	1.936	2.069	2.204	2.341	2.480			
0.90	1.569	1.665	1.764	1.867	2.000	2.135	2.273	2.413				
0.92	1.623	1.721	1.822	1.928	2.064	2.202	2.342	2.484				
0.94	1.676	1.777	1.880	1.989	2.127	2.268	2.411					
0.96	1.730	1.833	1.939	2.049	2.190	2.334	2.480					
0.98	1.783	1.889	1.997	2.110	2.254	2.400						
1.00	1.837	1.945	2.055	2.171	2.317	2.466						
1.10	2.105	2.225	2.347	2.474								
1.15	2.239	2.365	2.492									
1.20	2.374											

续表 7-44f

ρ(%) n / E	0.70	0.72	0.74	0.76	0.78	0.80	0.82	0.84	0.86	0.88	0.90	0.92
0.12											0.215	0.276
0.14										0.275	0.337	0.400
0.16								0.266	0.330	0.394	0.458	0.524
0.18						0.252	0.316	0.381	0.446	0.512	0.579	0.646
0.20				0.233	0.297	0.361	0.427	0.494	0.561	0.630	0.699	0.768
0.22			0.272	0.337	0.402	0.469	0.537	0.606	0.676	0.747	0.818	0.890
0.24	0.244	0.307	0.372	0.439	0.507	0.577	0.647	0.718	0.790	0.863	0.937	1.011
0.26	0.338	0.404	0.472	0.541	0.611	0.683	0.756	0.829	0.904	0.979	1.055	1.131
0.28	0.432	0.500	0.570	0.642	0.715	0.789	0.864	0.940	1.016	1.094	1.172	1.251
0.30	0.524	0.595	0.668	0.742	0.817	0.894	0.971	1.050	1.129	1.208	1.289	1.370
0.32	0.616	0.690	0.765	0.841	0.919	0.998	1.078	1.159	1.240	1.322	1.405	1.488
0.34	0.707	0.783	0.861	0.940	1.021	1.102	1.184	1.267	1.351	1.436	1.521	1.606
0.36	0.798	0.877	0.957	1.039	1.121	1.205	1.290	1.375	1.462	1.549	1.636	1.724
0.38	0.888	0.970	1.052	1.136	1.222	1.308	1.395	1.483	1.572	1.661	1.751	1.841
0.40	0.978	1.062	1.147	1.234	1.322	1.410	1.500	1.590	1.681	1.773	1.865	1.958
0.42	1.067	1.154	1.242	1.331	1.421	1.512	1.604	1.697	1.790	1.885	1.979	2.074
0.44	1.156	1.245	1.336	1.427	1.520	1.614	1.708	1.803	1.899	1.996	2.093	2.190
0.46	1.245	1.336	1.429	1.523	1.619	1.715	1.812	1.909	2.008	2.106	2.206	2.306
0.48	1.333	1.427	1.523	1.619	1.717	1.815	1.915	2.015	2.116	2.217	2.319	2.421
0.50	1.421	1.517	1.615	1.715	1.815	1.916	2.018	2.120	2.223	2.327	2.431	
0.52	1.508	1.607	1.708	1.810	1.912	2.016	2.120	2.225	2.331	2.437		
0.54	1.595	1.697	1.800	1.905	2.010	2.116	2.222	2.330	2.438			
0.56	1.682	1.787	1.892	1.999	2.107	2.215	2.324	2.434				
0.58	1.769	1.876	1.984	2.094	2.204	2.315	2.426					
0.60	1.855	1.965	2.076	2.188	2.300	2.414						
0.62	1.942	2.054	2.167	2.281	2.397							
0.64	2.028	2.143	2.258	2.375	2.493							
0.66	2.114	2.231	2.349	2.469								
0.68	2.199	2.319	2.440									
0.70	2.285	2.407										
0.72	2.370	2.495										
0.74	2.456											

续表 7-44f

ρ(%) E \ n	0.94	0.96	0.98	1.00	1.10	1.15	1.20	1.25	1.30	1.35	1.40	1.45
0.01						0.206	0.340	0.475	0.610	0.745	0.881	1.016
0.02						0.276	0.413	0.550	0.688	0.825	0.963	1.101
0.03						0.347	0.486	0.626	0.766	0.907	1.047	1.188
0.04					0.278	0.419	0.561	0.703	0.846	0.988	1.132	1.275
0.06					0.418	0.564	0.711	0.858	1.006	1.154	1.302	1.451
0.08				0.261	0.560	0.710	0.862	1.015	1.168	1.321	1.475	1.629
0.10		0.272	0.332	0.393	0.702	0.858	1.015	1.172	1.331	1.489	1.648	1.808
0.12	0.338	0.400	0.463	0.526	0.844	1.005	1.168	1.331	1.494	1.658	1.823	1.988
0.14	0.464	0.528	0.593	0.658	0.987	1.153	1.321	1.489	1.658	1.828	1.998	2.168
0.16	0.589	0.656	0.722	0.789	1.129	1.301	1.474	1.648	1.822	1.997	2.173	2.349
0.18	0.714	0.783	0.851	0.921	1.271	1.449	1.627	1.806	1.986	2.167	2.348	
0.20	0.839	0.909	0.980	1.052	1.413	1.596	1.780	1.965	2.150	2.336		
0.22	0.962	1.035	1.108	1.182	1.554	1.743	1.932	2.123	2.314			
0.24	1.085	1.160	1.236	1.312	1.695	1.890	2.085	2.281	2.478			
0.26	1.208	1.285	1.363	1.441	1.836	2.036	2.237	2.438				
0.28	1.330	1.409	1.489	1.570	1.976	2.182	2.388					
0.30	1.451	1.533	1.616	1.698	2.116	2.327						
0.32	1.572	1.656	1.741	1.826	2.255	2.472						
0.34	1.693	1.779	1.866	1.953	2.394							
0.36	1.813	1.901	1.991	2.080								
0.38	1.932	2.023	2.115	2.207								
0.40	2.051	2.145	2.239	2.333								
0.42	2.170	2.266	2.362	2.459								
0.44	2.288	2.386	2.485									
0.46	2.406											

ρ(%) E \ n	1.50	1.55	1.60	1.65	1.70	1.75	1.80	1.85	1.90	1.95	2.00	2.20
0.01	1.151	1.287	1.423	1.558	1.694	1.830	1.965	2.101	2.237	2.373	2.508	3.051
0.02	1.240	1.378	1.516	1.654	1.793	1.931	2.070	2.208	2.347	2.485		
0.03	1.329	1.469	1.610	1.752	1.893	2.034	2.175	2.316	2.458			
0.04	1.418	1.562	1.706	1.849	1.993	2.137	2.281	2.425				
0.06	1.600	1.749	1.898	2.047	2.197	2.346	2.496					
0.08	1.783	1.937	2.092	2.247	2.402							
0.10	1.968	2.127	2.288	2.448								
0.12	2.153	2.318	2.484									
0.14	2.339											

注：见表 7-42 注。

对称配筋矩形截面偏心受压构件正截面承载力计算参数　　**表 7-44g**

($f_c=19.1\text{N/mm}^2$　$f_y=360\text{N/mm}^2$　$\alpha_1=1$　$\xi_b=0.518$　$a_s/h_0=0.10$)

ρ(%) ＼ n / E	0.01	0.02	0.03	0.04	0.06	0.08	0.10	0.12	0.14	0.16	0.18	0.20
0.64												0.224
0.66											0.223	0.248
0.68										0.217	0.244	0.271
0.70									0.206	0.236	0.265	0.295
0.72									0.223	0.255	0.287	0.318
0.74									0.239	0.274	0.308	0.342
0.76								0.219	0.256	0.292	0.329	0.365
0.78								0.233	0.272	0.311	0.350	0.389
0.80								0.248	0.289	0.330	0.371	0.413
0.82							0.218	0.262	0.305	0.349	0.393	0.436
0.84							0.230	0.276	0.322	0.368	0.414	0.460
0.86							0.242	0.290	0.338	0.387	0.435	0.483
0.88							0.253	0.304	0.355	0.406	0.456	0.507
0.90							0.265	0.318	0.371	0.424	0.478	0.531
0.92						0.222	0.277	0.332	0.388	0.443	0.499	0.554
0.94						0.231	0.289	0.347	0.404	0.462	0.520	0.578
0.96						0.241	0.301	0.361	0.421	0.481	0.541	0.601
0.98						0.250	0.312	0.375	0.437	0.500	0.562	0.625
1.00						0.259	0.324	0.389	0.454	0.519	0.584	0.648
1.10					0.230	0.307	0.383	0.460	0.536	0.613	0.690	0.766
1.15					0.248	0.330	0.413	0.495	0.578	0.660	0.743	0.825
1.20					0.265	0.354	0.442	0.531	0.619	0.707	0.796	0.884
1.25					0.283	0.377	0.472	0.566	0.660	0.755	0.849	0.943
1.30					0.301	0.401	0.501	0.601	0.702	0.802	0.902	1.002
1.35					0.318	0.424	0.531	0.637	0.743	0.849	0.955	1.061
1.40				0.224	0.336	0.448	0.560	0.672	0.784	0.896	1.008	1.120
1.45				0.236	0.354	0.472	0.590	0.707	0.825	0.943	1.061	1.179
1.50				0.248	0.371	0.495	0.619	0.743	0.867	0.990	1.114	1.238
1.55				0.259	0.389	0.519	0.648	0.778	0.908	1.038	1.167	1.297
1.60				0.271	0.407	0.542	0.678	0.814	0.949	1.085	1.220	1.356
1.65				0.283	0.424	0.566	0.707	0.849	0.990	1.132	1.273	1.415
1.70			0.221	0.295	0.442	0.590	0.737	0.884	1.032	1.179	1.326	1.474
1.75			0.230	0.307	0.460	0.613	0.766	0.920	1.073	1.226	1.379	1.533
1.80			0.239	0.318	0.478	0.637	0.796	0.955	1.114	1.273	1.433	1.592
1.85			0.248	0.330	0.495	0.660	0.825	0.990	1.155	1.320	1.486	1.651
1.90			0.256	0.342	0.513	0.684	0.855	1.026	1.197	1.368	1.539	1.710
1.95			0.265	0.354	0.531	0.707	0.884	1.061	1.238	1.415	1.592	1.769
2.00			0.274	0.365	0.548	0.731	0.914	1.096	1.279	1.462	1.645	1.827
2.20			0.309	0.413	0.619	0.825	1.032	1.238	1.444	1.651	1.857	2.063
2.40		0.230	0.345	0.460	0.690	0.920	1.150	1.379	1.609	1.839	2.069	2.299
2.60		0.253	0.380	0.507	0.760	1.014	1.267	1.521	1.774	2.028	2.281	
2.80		0.277	0.416	0.554	0.831	1.108	1.385	1.662	1.939	2.217	2.494	
3.00		0.301	0.451	0.601	0.902	1.203	1.503	1.804	2.105	2.405		
3.20		0.324	0.486	0.648	0.973	1.297	1.621	1.945	2.270			
3.40		0.348	0.522	0.696	1.043	1.391	1.739	2.087	2.435			
3.60		0.371	0.557	0.743	1.114	1.486	1.857	2.228				
3.80		0.395	0.592	0.790	1.185	1.580	1.975	2.370				
4.00		0.419	0.628	0.837	1.256	1.674	2.093					
4.50	0.239	0.478	0.716	0.955	1.433	1.910	2.388					
5.00	0.268	0.536	0.805	1.073	1.609	2.146						
5.50	0.298	0.595	0.893	1.191	1.786	2.382						
6.00	0.327	0.654	0.982	1.309	1.963							
7.00	0.386	0.772	1.158	1.545	2.317							
8.00	0.445	0.890	1.335	1.780								
9.00	0.504	1.008	1.512	2.016								
10.00	0.563	1.126	1.689	2.252								
11.00	0.622	1.244	1.866	2.488								
12.00	0.681	1.362	2.043									

续表 7-44g

n / ρ(%) / E	0.22	0.24	0.26	0.28	0.30	0.32	0.34	0.36	0.38	0.40	0.42	0.44
0.42												0.233
0.44										0.212	0.248	0.285
0.46									0.224	0.259	0.297	0.337
0.48							0.200	0.233	0.269	0.307	0.347	0.389
0.50						0.208	0.241	0.276	0.314	0.354	0.396	0.441
0.52					0.212	0.245	0.281	0.318	0.358	0.401	0.446	0.493
0.54				0.215	0.248	0.283	0.321	0.361	0.403	0.448	0.495	0.545
0.56			0.215	0.248	0.283	0.321	0.361	0.403	0.448	0.495	0.545	0.597
0.58		0.212	0.245	0.281	0.318	0.358	0.401	0.446	0.493	0.542	0.594	0.648
0.60	0.208	0.241	0.276	0.314	0.354	0.396	0.441	0.488	0.538	0.590	0.644	0.700
0.62	0.233	0.269	0.307	0.347	0.389	0.434	0.481	0.531	0.582	0.637	0.693	0.752
0.64	0.259	0.297	0.337	0.380	0.424	0.472	0.521	0.573	0.627	0.684	0.743	0.804
0.66	0.285	0.325	0.368	0.413	0.460	0.509	0.561	0.615	0.672	0.731	0.792	0.856
0.68	0.311	0.354	0.399	0.446	0.495	0.547	0.601	0.658	0.717	0.778	0.842	0.908
0.70	0.337	0.382	0.429	0.479	0.531	0.585	0.641	0.700	0.762	0.825	0.891	0.960
0.72	0.363	0.410	0.460	0.512	0.566	0.623	0.681	0.743	0.806	0.872	0.941	1.012
0.74	0.389	0.439	0.490	0.545	0.601	0.660	0.722	0.785	0.851	0.920	0.990	1.063
0.76	0.415	0.467	0.521	0.578	0.637	0.698	0.762	0.828	0.896	0.967	1.040	1.115
0.78	0.441	0.495	0.552	0.611	0.672	0.736	0.802	0.870	0.941	1.014	1.089	1.167
0.80	0.467	0.523	0.582	0.644	0.707	0.773	0.842	0.913	0.986	1.061	1.139	1.219
0.82	0.493	0.552	0.613	0.677	0.743	0.811	0.882	0.955	1.030	1.108	1.188	1.271
0.84	0.519	0.580	0.644	0.710	0.778	0.849	0.922	0.997	1.075	1.155	1.238	1.323
0.86	0.545	0.608	0.674	0.743	0.814	0.887	0.962	1.040	1.120	1.203	1.287	1.375
0.88	0.571	0.637	0.705	0.776	0.849	0.924	1.002	1.082	1.165	1.250	1.337	1.427
0.90	0.597	0.665	0.736	0.809	0.884	0.962	1.042	1.125	1.210	1.297	1.387	1.478
0.92	0.623	0.693	0.766	0.842	0.920	1.000	1.082	1.167	1.254	1.344	1.436	1.530
0.94	0.648	0.722	0.797	0.875	0.955	1.038	1.122	1.210	1.299	1.391	1.486	1.582
0.96	0.674	0.750	0.828	0.908	0.990	1.075	1.163	1.252	1.344	1.438	1.535	1.634
0.98	0.700	0.778	0.858	0.941	1.026	1.113	1.203	1.295	1.389	1.486	1.585	1.686
1.00	0.726	0.806	0.889	0.974	1.061	1.151	1.243	1.337	1.434	1.533	1.634	1.738
1.10	0.856	0.948	1.042	1.139	1.238	1.339	1.443	1.549	1.658	1.769	1.882	1.997
1.15	0.921	1.019	1.119	1.221	1.326	1.434	1.543	1.655	1.770	1.886	2.006	2.127
1.20	0.986	1.089	1.196	1.304	1.415	1.528	1.644	1.761	1.882	2.004	2.129	2.257
1.25	1.051	1.160	1.272	1.387	1.503	1.622	1.744	1.868	1.994	2.122	2.253	2.386
1.30	1.115	1.231	1.349	1.469	1.592	1.717	1.844	1.974	2.106	2.240	2.377	
1.35	1.180	1.302	1.425	1.552	1.680	1.811	1.944	2.080	2.218	2.358		
1.40	1.245	1.372	1.502	1.634	1.769	1.905	2.044	2.186	2.330	2.476		
1.45	1.310	1.443	1.579	1.717	1.857	2.000	2.145	2.292	2.442			
1.50	1.375	1.514	1.655	1.799	1.945	2.094	2.245	2.398				
1.55	1.440	1.585	1.732	1.882	2.034	2.188	2.345					
1.60	1.504	1.655	1.809	1.964	2.122	2.283	2.445					
1.65	1.569	1.726	1.885	2.047	2.211	2.377						
1.70	1.634	1.797	1.962	2.129	2.299	2.471						
1.75	1.699	1.868	2.039	2.212	2.388							
1.80	1.764	1.938	2.115	2.294	2.476							
1.85	1.829	2.009	2.192	2.377								
1.90	1.893	2.080	2.268	2.459								
1.95	1.958	2.151	2.345									
2.00	2.023	2.221	2.422									
2.20	2.283											

续表 7-44g

n / ρ(%) / E	0.46	0.48	0.50	0.52	0.54	0.56	0.58	0.60	0.62	0.64	0.66	0.68
0.26												0.255
0.28										0.222	0.283	0.347
0.30									0.247	0.308	0.372	0.438
0.32							0.215	0.269	0.329	0.393	0.459	0.529
0.34						0.236	0.289	0.347	0.410	0.477	0.546	0.619
0.36				0.214	0.256	0.306	0.363	0.425	0.491	0.560	0.633	0.708
0.38			0.236	0.276	0.322	0.376	0.436	0.502	0.571	0.643	0.719	0.797
0.40	0.217	0.255	0.295	0.337	0.388	0.446	0.510	0.578	0.650	0.726	0.804	0.885
0.42	0.271	0.311	0.354	0.399	0.454	0.515	0.583	0.654	0.729	0.808	0.889	0.972
0.44	0.325	0.368	0.413	0.460	0.519	0.585	0.655	0.730	0.808	0.890	0.974	1.060
0.46	0.380	0.424	0.472	0.522	0.585	0.654	0.727	0.805	0.887	0.971	1.058	1.147
0.48	0.434	0.481	0.531	0.583	0.650	0.722	0.799	0.881	0.965	1.052	1.142	1.233
0.50	0.488	0.538	0.590	0.645	0.715	0.791	0.871	0.956	1.043	1.133	1.225	1.319
0.52	0.542	0.594	0.648	0.706	0.780	0.859	0.943	1.030	1.120	1.213	1.308	1.405
0.54	0.597	0.651	0.707	0.768	0.845	0.928	1.014	1.105	1.198	1.294	1.391	1.491
0.56	0.651	0.707	0.766	0.829	0.910	0.996	1.086	1.179	1.275	1.373	1.474	1.576
0.58	0.705	0.764	0.825	0.891	0.975	1.064	1.157	1.253	1.352	1.453	1.556	1.661
0.60	0.759	0.821	0.884	0.952	1.040	1.132	1.228	1.327	1.429	1.533	1.639	1.746
0.62	0.814	0.877	0.943	1.013	1.104	1.200	1.299	1.401	1.505	1.612	1.721	1.831
0.64	0.868	0.934	1.002	1.075	1.169	1.268	1.370	1.474	1.582	1.691	1.803	1.916
0.66	0.922	0.990	1.061	1.136	1.234	1.335	1.440	1.548	1.658	1.770	1.884	2.000
0.68	0.976	1.047	1.120	1.198	1.298	1.403	1.511	1.621	1.734	1.849	1.966	2.084
0.70	1.030	1.104	1.179	1.259	1.363	1.470	1.581	1.695	1.810	1.928	2.047	2.168
0.72	1.085	1.160	1.238	1.320	1.427	1.538	1.652	1.768	1.886	2.006	2.128	2.252
0.74	1.139	1.217	1.297	1.382	1.492	1.605	1.722	1.841	1.962	2.085	2.209	2.335
0.76	1.193	1.273	1.356	1.443	1.556	1.673	1.792	1.914	2.038	2.163	2.290	2.419
0.78	1.247	1.330	1.415	1.505	1.621	1.740	1.862	1.987	2.113	2.241	2.371	2.502
0.80	1.302	1.387	1.474	1.566	1.685	1.807	1.932	2.059	2.189	2.320	2.452	
0.82	1.356	1.443	1.533	1.627	1.749	1.874	2.002	2.132	2.264	2.398		
0.84	1.410	1.500	1.592	1.689	1.814	1.942	2.072	2.205	2.339	2.475		
0.86	1.464	1.556	1.651	1.750	1.878	2.009	2.142	2.277	2.414			
0.88	1.519	1.613	1.710	1.811	1.942	2.076	2.212	2.350	2.490			
0.90	1.573	1.669	1.769	1.873	2.006	2.143	2.281	2.422				
0.92	1.627	1.726	1.827	1.934	2.071	2.210	2.351	2.494				
0.94	1.681	1.783	1.886	1.996	2.135	2.277	2.421					
0.96	1.736	1.839	1.945	2.057	2.199	2.344	2.490					
0.98	1.790	1.896	2.004	2.118	2.263	2.410						
1.00	1.844	1.952	2.063	2.180	2.327	2.477						
1.10	2.115	2.235	2.358	2.486								
1.15	2.251	2.377										
1.20	2.386											

续表 7-44g

ρ(%) \ n / E	0.70	0.72	0.74	0.76	0.78	0.80	0.82	0.84	0.86	0.88	0.90	0.92
0.12												0.249
0.14										0.248	0.311	0.375
0.16								0.241	0.305	0.369	0.434	0.500
0.18						0.228	0.292	0.357	0.423	0.489	0.556	0.624
0.20					0.274	0.339	0.405	0.472	0.540	0.608	0.678	0.748
0.22			0.251	0.315	0.381	0.448	0.517	0.586	0.656	0.727	0.799	0.871
0.24	0.224	0.287	0.352	0.419	0.487	0.557	0.628	0.699	0.772	0.845	0.919	0.993
0.26	0.319	0.385	0.453	0.522	0.593	0.665	0.738	0.812	0.887	0.962	1.038	1.115
0.28	0.414	0.482	0.553	0.624	0.698	0.772	0.847	0.924	1.001	1.079	1.157	1.236
0.30	0.508	0.579	0.652	0.726	0.802	0.878	0.956	1.035	1.115	1.195	1.275	1.357
0.32	0.601	0.674	0.750	0.827	0.905	0.984	1.065	1.146	1.228	1.310	1.393	1.477
0.34	0.693	0.770	0.848	0.927	1.008	1.089	1.172	1.256	1.340	1.425	1.510	1.596
0.36	0.785	0.864	0.945	1.027	1.110	1.194	1.279	1.365	1.452	1.539	1.627	1.716
0.38	0.876	0.958	1.041	1.126	1.211	1.298	1.386	1.474	1.563	1.653	1.743	1.834
0.40	0.967	1.052	1.137	1.224	1.313	1.402	1.492	1.583	1.674	1.766	1.859	1.952
0.42	1.058	1.145	1.233	1.323	1.413	1.505	1.597	1.691	1.785	1.879	1.974	2.070
0.44	1.148	1.237	1.328	1.420	1.513	1.608	1.703	1.798	1.895	1.992	2.089	2.187
0.46	1.237	1.329	1.423	1.518	1.613	1.710	1.807	1.906	2.004	2.104	2.204	2.304
0.48	1.326	1.421	1.517	1.614	1.713	1.812	1.912	2.012	2.114	2.216	2.318	2.421
0.50	1.415	1.513	1.611	1.711	1.812	1.913	2.016	2.119	2.223	2.327	2.432	
0.52	1.504	1.604	1.705	1.807	1.911	2.015	2.120	2.225	2.331	2.438		
0.54	1.592	1.695	1.798	1.903	2.009	2.116	2.223	2.331	2.440			
0.56	1.680	1.785	1.892	1.999	2.107	2.216	2.326	2.437				
0.58	1.768	1.876	1.985	2.094	2.205	2.317	2.429					
0.60	1.855	1.966	2.077	2.190	2.303	2.417						
0.62	1.943	2.056	2.170	2.285	2.400							
0.64	2.030	2.145	2.262	2.379	2.498							
0.66	2.117	2.235	2.354	2.474								
0.68	2.203	2.324	2.446									
0.70	2.290	2.413										
0.72	2.376											
0.74	2.463											

续表 7-44g

ρ(%) n / E	0.94	0.96	0.98	1.00	1.10	1.15	1.20	1.25	1.30	1.35	1.40	1.45
0.01							0.308	0.443	0.578	0.713	0.849	0.984
0.02						0.244	0.381	0.519	0.656	0.794	0.932	1.071
0.03						0.316	0.455	0.595	0.735	0.876	1.017	1.158
0.04					0.246	0.388	0.530	0.673	0.815	0.959	1.102	1.245
0.06					0.388	0.534	0.681	0.829	0.977	1.126	1.274	1.423
0.08				0.232	0.531	0.682	0.835	0.987	1.141	1.295	1.449	1.603
0.10		0.243	0.304	0.365	0.675	0.831	0.989	1.147	1.306	1.465	1.624	1.784
0.12	0.311	0.373	0.436	0.499	0.819	0.981	1.143	1.307	1.471	1.636	1.801	1.966
0.14	0.439	0.503	0.568	0.633	0.963	1.130	1.298	1.467	1.637	1.807	1.978	2.148
0.16	0.566	0.632	0.699	0.766	1.107	1.280	1.453	1.628	1.803	1.979	2.155	2.331
0.18	0.692	0.761	0.830	0.899	1.251	1.429	1.608	1.788	1.969	2.150	2.332	
0.20	0.818	0.889	0.960	1.032	1.395	1.578	1.763	1.949	2.135	2.322		
0.22	0.943	1.016	1.090	1.164	1.538	1.727	1.918	2.109	2.301	2.493		
0.24	1.068	1.143	1.219	1.295	1.681	1.876	2.072	2.269	2.466			
0.26	1.192	1.270	1.348	1.426	1.823	2.024	2.225	2.428				
0.28	1.316	1.396	1.476	1.557	1.965	2.171	2.379					
0.30	1.439	1.521	1.604	1.687	2.107	2.319						
0.32	1.561	1.646	1.731	1.816	2.248	2.466						
0.34	1.683	1.770	1.857	1.945	2.388							
0.36	1.804	1.894	1.984	2.074								
0.38	1.925	2.017	2.109	2.202								
0.40	2.046	2.140	2.235	2.329								
0.42	2.166	2.263	2.359	2.457								
0.44	2.286	2.385	2.484									
0.46	2.405											

ρ(%) n / E	1.50	1.55	1.60	1.65	1.70	1.75	1.80	1.85	1.90	1.95	2.00	2.20
0.01	1.120	1.256	1.391	1.527	1.663	1.799	1.934	2.070	2.206	2.342	2.478	
0.02	1.209	1.347	1.486	1.624	1.763	1.901	2.040	2.178	2.317	2.456		
0.03	1.299	1.440	1.581	1.722	1.863	2.005	2.146	2.287	2.429			
0.04	1.389	1.533	1.677	1.821	1.965	2.109	2.253	2.397				
0.06	1.572	1.722	1.871	2.021	2.170	2.320	2.470					
0.08	1.758	1.912	2.067	2.222	2.378							
0.10	1.944	2.104	2.265	2.426								
0.12	2.132	2.298	2.464									
0.14	2.320	2.491										

注：见表 7-42 注。

对称配筋矩形截面偏心受压构件正截面承载力计算参数 **表 7-45a**

（f_c=23.1N/mm^2　f_y=360N/mm^2　α_1=1　ξ_b=0.518　a_s/h_0=0.04）

ρ(%) n / E	0.01	0.02	0.03	0.04	0.06	0.08	0.10	0.12	0.14	0.16	0.18	0.20
0.60												0.241
0.62												0.267
0.64											0.253	0.294
0.66											0.277	0.321
0.68										0.257	0.301	0.348
0.70										0.278	0.325	0.374
0.72									0.253	0.299	0.349	0.401
0.74									0.271	0.321	0.373	0.428
0.76								0.241	0.290	0.342	0.397	0.455
0.78								0.257	0.309	0.364	0.421	0.481
0.80								0.273	0.328	0.385	0.445	0.508
0.82								0.289	0.346	0.406	0.469	0.535
0.84							0.247	0.305	0.365	0.428	0.493	0.561
0.86							0.261	0.321	0.384	0.449	0.517	0.588
0.88							0.274	0.337	0.402	0.471	0.541	0.615
0.90							0.287	0.353	0.421	0.492	0.565	0.642
0.92							0.301	0.369	0.440	0.513	0.590	0.668
0.94						0.246	0.314	0.385	0.459	0.535	0.614	0.695
0.96						0.257	0.328	0.401	0.477	0.556	0.638	0.722
0.98						0.267	0.341	0.417	0.496	0.578	0.662	0.749
1.00						0.278	0.354	0.433	0.515	0.599	0.686	0.775
1.10					0.249	0.332	0.421	0.513	0.608	0.706	0.806	0.909
1.15					0.269	0.358	0.455	0.553	0.655	0.759	0.866	0.976
1.20					0.289	0.385	0.488	0.594	0.702	0.813	0.926	1.043
1.25					0.309	0.412	0.521	0.634	0.749	0.866	0.987	1.110
1.30					0.329	0.438	0.555	0.674	0.795	0.920	1.047	1.176
1.35					0.349	0.465	0.588	0.714	0.842	0.973	1.107	1.243
1.40				0.246	0.369	0.492	0.622	0.754	0.889	1.027	1.167	1.310
1.45				0.259	0.389	0.519	0.655	0.794	0.936	1.080	1.227	1.377
1.50				0.273	0.409	0.545	0.688	0.834	0.983	1.134	1.287	1.444
1.55				0.286	0.429	0.572	0.722	0.874	1.029	1.187	1.348	1.511
1.60				0.299	0.449	0.599	0.755	0.914	1.076	1.241	1.408	1.577
1.65				0.313	0.469	0.626	0.789	0.954	1.123	1.294	1.468	1.644
1.70			0.245	0.326	0.489	0.652	0.822	0.995	1.170	1.348	1.528	1.711
1.75			0.255	0.340	0.509	0.679	0.856	1.035	1.216	1.401	1.588	1.778
1.80			0.265	0.353	0.529	0.706	0.889	1.075	1.263	1.454	1.648	1.845
1.85			0.275	0.366	0.549	0.733	0.922	1.115	1.310	1.508	1.708	1.912
1.90			0.285	0.380	0.569	0.759	0.956	1.155	1.357	1.561	1.769	1.978
1.95			0.295	0.393	0.590	0.786	0.989	1.195	1.404	1.615	1.829	2.045
2.00			0.305	0.406	0.610	0.813	1.023	1.235	1.450	1.668	1.889	2.112
2.20			0.345	0.460	0.690	0.920	1.156	1.396	1.638	1.882	2.130	2.380
2.40		0.257	0.385	0.513	0.770	1.027	1.290	1.556	1.825	2.096	2.370	
2.60		0.283	0.425	0.567	0.850	1.134	1.424	1.716	2.012	2.310		
2.80		0.310	0.465	0.620	0.930	1.241	1.557	1.877	2.199			
3.00		0.337	0.505	0.674	1.011	1.348	1.691	2.037	2.386			
3.20		0.364	0.545	0.727	1.091	1.454	1.825	2.198				
3.40		0.390	0.586	0.781	1.171	1.561	1.958	2.358				
3.60		0.417	0.626	0.834	1.251	1.668	2.092					
3.80		0.444	0.666	0.888	1.331	1.775	2.226					
4.00		0.471	0.706	0.941	1.412	1.882	2.359					
4.50	0.269	0.537	0.806	1.075	1.612	2.150						
5.00	0.302	0.604	0.906	1.208	1.813	2.417						
5.50	0.336	0.671	1.007	1.342	2.013							
6.00	0.369	0.738	1.107	1.476	2.214							
7.00	0.436	0.872	1.307	1.743								
8.00	0.503	1.005	1.508	2.011								
9.00	0.569	1.139	1.708	2.278								
10.00	0.636	1.273	1.909									
11.00	0.703	1.406	2.109									
12.00	0.770	1.540	2.310									

续表 7-45a

ρ(%) ╲ n / E	0.22	0.24	0.26	0.28	0.30	0.32	0.34	0.36	0.38	0.40	0.42	0.44
0.40											0.253	0.294
0.42										0.267	0.309	0.353
0.44								0.241	0.279	0.321	0.365	0.412
0.46							0.250	0.289	0.330	0.374	0.421	0.471
0.48						0.257	0.295	0.337	0.381	0.428	0.477	0.529
0.50					0.261	0.299	0.341	0.385	0.432	0.481	0.533	0.588
0.52				0.262	0.301	0.342	0.386	0.433	0.483	0.535	0.590	0.647
0.54			0.261	0.299	0.341	0.385	0.432	0.481	0.533	0.588	0.646	0.706
0.56		0.257	0.295	0.337	0.381	0.428	0.477	0.529	0.584	0.642	0.702	0.765
0.58	0.250	0.289	0.330	0.374	0.421	0.471	0.523	0.578	0.635	0.695	0.758	0.823
0.60	0.279	0.321	0.365	0.412	0.461	0.513	0.568	0.626	0.686	0.749	0.814	0.882
0.62	0.309	0.353	0.400	0.449	0.501	0.556	0.614	0.674	0.737	0.802	0.870	0.941
0.64	0.338	0.385	0.434	0.487	0.541	0.599	0.659	0.722	0.787	0.856	0.926	1.000
0.66	0.368	0.417	0.469	0.524	0.582	0.642	0.704	0.770	0.838	0.909	0.983	1.059
0.68	0.397	0.449	0.504	0.561	0.622	0.684	0.750	0.818	0.889	0.963	1.039	1.118
0.70	0.426	0.481	0.539	0.599	0.662	0.727	0.795	0.866	0.940	1.016	1.095	1.176
0.72	0.456	0.513	0.573	0.636	0.702	0.770	0.841	0.914	0.991	1.069	1.151	1.235
0.74	0.485	0.545	0.608	0.674	0.742	0.813	0.886	0.962	1.041	1.123	1.207	1.294
0.76	0.515	0.577	0.643	0.711	0.782	0.856	0.932	1.011	1.092	1.176	1.263	1.353
0.78	0.544	0.610	0.678	0.749	0.822	0.898	0.977	1.059	1.143	1.230	1.319	1.412
0.80	0.573	0.642	0.713	0.786	0.862	0.941	1.023	1.107	1.194	1.283	1.376	1.470
0.82	0.603	0.674	0.747	0.823	0.902	0.984	1.068	1.155	1.245	1.337	1.432	1.529
0.84	0.632	0.706	0.782	0.861	0.942	1.027	1.114	1.203	1.295	1.390	1.488	1.588
0.86	0.662	0.738	0.817	0.898	0.983	1.069	1.159	1.251	1.346	1.444	1.544	1.647
0.88	0.691	0.770	0.852	0.936	1.023	1.112	1.204	1.299	1.397	1.497	1.600	1.706
0.90	0.721	0.802	0.886	0.973	1.063	1.155	1.250	1.348	1.448	1.551	1.656	1.765
0.92	0.750	0.834	0.921	1.011	1.103	1.198	1.295	1.396	1.499	1.604	1.712	1.823
0.94	0.779	0.866	0.956	1.048	1.143	1.241	1.341	1.444	1.549	1.658	1.769	1.882
0.96	0.809	0.898	0.991	1.085	1.183	1.283	1.386	1.492	1.600	1.711	1.825	1.941
0.98	0.838	0.930	1.025	1.123	1.223	1.326	1.432	1.540	1.651	1.765	1.881	2.000
1.00	0.868	0.963	1.060	1.160	1.263	1.369	1.477	1.588	1.702	1.818	1.937	2.059
1.10	1.015	1.123	1.234	1.348	1.464	1.583	1.704	1.829	1.956	2.085	2.218	2.353
1.15	1.088	1.203	1.321	1.441	1.564	1.690	1.818	1.949	2.083	2.219	2.358	2.500
1.20	1.162	1.283	1.408	1.535	1.664	1.797	1.932	2.069	2.210	2.353	2.498	
1.25	1.235	1.364	1.495	1.628	1.765	1.904	2.045	2.190	2.337	2.486		
1.30	1.309	1.444	1.581	1.722	1.865	2.011	2.159	2.310	2.464			
1.35	1.382	1.524	1.668	1.815	1.965	2.118	2.273	2.430				
1.40	1.456	1.604	1.755	1.909	2.065	2.224	2.386					
1.45	1.529	1.684	1.842	2.003	2.166	2.331	2.500					
1.50	1.603	1.765	1.929	2.096	2.266	2.438						
1.55	1.676	1.845	2.016	2.190	2.366							
1.60	1.750	1.925	2.103	2.283	2.466							
1.65	1.823	2.005	2.190	2.377								
1.70	1.897	2.085	2.277	2.470								
1.75	1.970	2.166	2.363									
1.80	2.044	2.246	2.450									
1.85	2.118	2.326										
1.90	2.191	2.406										
1.95	2.265	2.486										
2.00	2.338											

续表 7-45a

$\rho(\%)$ \ n / E	0.46	0.48	0.50	0.52	0.54	0.56	0.58	0.60	0.62	0.64	0.66	0.68
0.24											0.268	0.338
0.26										0.298	0.368	0.441
0.28								0.260	0.325	0.394	0.467	0.544
0.30							0.285	0.348	0.417	0.490	0.566	0.646
0.32					0.253	0.307	0.368	0.436	0.508	0.584	0.664	0.747
0.34				0.278	0.328	0.386	0.452	0.523	0.599	0.678	0.761	0.847
0.36		0.257	0.301	0.348	0.402	0.465	0.535	0.610	0.689	0.772	0.858	0.947
0.38	0.277	0.321	0.368	0.417	0.477	0.544	0.617	0.696	0.779	0.865	0.955	1.047
0.40	0.338	0.385	0.434	0.487	0.551	0.622	0.700	0.782	0.868	0.958	1.050	1.146
0.42	0.400	0.449	0.501	0.557	0.625	0.701	0.782	0.867	0.957	1.050	1.146	1.244
0.44	0.461	0.513	0.568	0.627	0.699	0.779	0.863	0.953	1.046	1.142	1.241	1.343
0.46	0.523	0.578	0.635	0.696	0.773	0.856	0.945	1.038	1.134	1.234	1.336	1.440
0.48	0.584	0.642	0.702	0.766	0.847	0.934	1.026	1.122	1.222	1.325	1.430	1.538
0.50	0.646	0.706	0.769	0.836	0.921	1.011	1.107	1.207	1.310	1.416	1.524	1.635
0.52	0.707	0.770	0.836	0.905	0.994	1.089	1.188	1.291	1.397	1.507	1.618	1.732
0.54	0.769	0.834	0.902	0.975	1.068	1.166	1.269	1.375	1.485	1.597	1.712	1.829
0.56	0.830	0.898	0.969	1.045	1.141	1.243	1.349	1.459	1.572	1.687	1.805	1.925
0.58	0.892	0.963	1.036	1.114	1.215	1.320	1.430	1.543	1.659	1.777	1.898	2.021
0.60	0.953	1.027	1.103	1.184	1.288	1.397	1.510	1.626	1.745	1.867	1.991	2.117
0.62	1.015	1.091	1.170	1.253	1.361	1.474	1.590	1.710	1.832	1.957	2.084	2.213
0.64	1.076	1.155	1.237	1.323	1.434	1.550	1.670	1.793	1.918	2.046	2.176	2.308
0.66	1.138	1.219	1.303	1.393	1.508	1.627	1.750	1.876	2.005	2.136	2.269	2.403
0.68	1.199	1.283	1.370	1.462	1.581	1.703	1.830	1.959	2.091	2.225	2.361	2.499
0.70	1.261	1.348	1.437	1.532	1.654	1.780	1.909	2.042	2.177	2.314	2.453	
0.72	1.322	1.412	1.504	1.602	1.727	1.856	1.989	2.125	2.263	2.403		
0.74	1.384	1.476	1.571	1.671	1.800	1.933	2.069	2.207	2.348	2.492		
0.76	1.445	1.540	1.638	1.741	1.873	2.009	2.148	2.290	2.434			
0.78	1.507	1.604	1.704	1.810	1.946	2.085	2.227	2.372				
0.80	1.568	1.668	1.771	1.880	2.019	2.161	2.307	2.455				
0.82	1.630	1.733	1.838	1.949	2.092	2.237	2.386					
0.84	1.691	1.797	1.905	2.019	2.165	2.313	2.465					
0.86	1.753	1.861	1.972	2.089	2.237	2.389						
0.88	1.814	1.925	2.039	2.158	2.310	2.465						
0.90	1.876	1.989	2.105	2.228	2.383							
0.92	1.937	2.053	2.172	2.297	2.456							
0.94	1.999	2.118	2.239	2.367								
0.96	2.060	2.182	2.306	2.436								
0.98	2.122	2.246	2.373									
1.00	2.183	2.310	2.440									
1.10	2.490											

$\rho(\%)$ \ n / E	0.70	0.72	0.74	0.76	0.78	0.80	0.82	0.84	0.86	0.88	0.90	0.92
0.10											0.277	0.347
0.12									0.272	0.343	0.415	0.488
0.14							0.261	0.333	0.406	0.479	0.553	0.628
0.16					0.244	0.316	0.389	0.463	0.538	0.614	0.691	0.768
0.18				0.293	0.366	0.440	0.515	0.592	0.670	0.748	0.827	0.907

续表 7-45a

ρ(%) n / E	0.70	0.72	0.74	0.76	0.78	0.80	0.82	0.84	0.86	0.88	0.90	0.92
0.20		0.265	0.337	0.411	0.486	0.563	0.641	0.720	0.800	0.882	0.963	1.046
0.22	0.304	0.376	0.451	0.527	0.605	0.685	0.766	0.848	0.931	1.014	1.099	1.184
0.24	0.411	0.486	0.564	0.643	0.724	0.806	0.890	0.974	1.060	1.146	1.234	1.321
0.26	0.517	0.596	0.676	0.758	0.842	0.927	1.013	1.101	1.189	1.278	1.368	1.458
0.28	0.623	0.704	0.787	0.873	0.959	1.047	1.136	1.226	1.317	1.409	1.501	1.594
0.30	0.728	0.812	0.898	0.986	1.076	1.166	1.258	1.351	1.444	1.539	1.634	1.730
0.32	0.832	0.919	1.008	1.099	1.191	1.285	1.379	1.475	1.571	1.669	1.766	1.865
0.34	0.935	1.026	1.118	1.212	1.307	1.403	1.500	1.599	1.698	1.798	1.898	1.999
0.36	1.039	1.132	1.227	1.323	1.421	1.520	1.621	1.722	1.824	1.926	2.030	2.134
0.38	1.141	1.237	1.335	1.435	1.536	1.638	1.740	1.844	1.949	2.054	2.160	2.267
0.40	1.243	1.342	1.443	1.546	1.649	1.754	1.860	1.966	2.074	2.182	2.291	2.400
0.42	1.345	1.447	1.551	1.656	1.763	1.870	1.979	2.088	2.198	2.309	2.421	
0.44	1.446	1.551	1.658	1.766	1.876	1.986	2.097	2.210	2.323	2.436		
0.46	1.547	1.655	1.765	1.876	1.988	2.101	2.215	2.330	2.446			
0.48	1.647	1.759	1.871	1.985	2.100	2.216	2.333	2.451				
0.50	1.748	1.862	1.977	2.094	2.212	2.331	2.451					
0.52	1.847	1.965	2.083	2.203	2.323	2.445						
0.54	1.947	2.067	2.188	2.311	2.435							
0.56	2.046	2.169	2.294	2.419								
0.58	2.145	2.271	2.399									
0.60	2.244	2.373										
0.62	2.343	2.475										
0.64	2.441											

ρ(%) n / E	0.94	0.96	0.98	1.00	1.10	1.15	1.20	1.25	1.30	1.35	1.40	1.45
0.01					0.276	0.436	0.597	0.759	0.921	1.083	1.246	1.409
0.02					0.355	0.518	0.682	0.846	1.011	1.177	1.342	1.508
0.03					0.435	0.600	0.767	0.934	1.102	1.271	1.439	1.608
0.04					0.515	0.683	0.853	1.023	1.194	1.365	1.537	1.709
0.06			0.264	0.332	0.676	0.850	1.026	1.202	1.378	1.556	1.734	1.912
0.08	0.274	0.343	0.413	0.483	0.838	1.018	1.199	1.381	1.564	1.748	1.932	2.116
0.10	0.418	0.489	0.561	0.633	1.001	1.187	1.374	1.562	1.751	1.940	2.131	2.321
0.12	0.561	0.635	0.709	0.784	1.163	1.355	1.548	1.743	1.938	2.134	2.330	
0.14	0.704	0.780	0.857	0.934	1.325	1.524	1.723	1.924	2.125	2.327		
0.16	0.846	0.925	1.004	1.084	1.488	1.692	1.898	2.105	2.313			
0.18	0.988	1.069	1.151	1.233	1.650	1.860	2.073	2.286	2.500			
0.20	1.129	1.213	1.297	1.382	1.811	2.028	2.247	2.467				
0.22	1.270	1.356	1.443	1.530	1.972	2.196	2.421					
0.24	1.410	1.499	1.588	1.678	2.133	2.363						
0.26	1.549	1.641	1.733	1.825	2.293							
0.28	1.688	1.782	1.877	1.972	2.453							
0.30	1.826	1.923	2.021	2.118								
0.32	1.964	2.064	2.164	2.264								
0.34	2.101	2.204	2.306	2.409								
0.36	2.238	2.343	2.448									
0.38	2.374	2.482										

ρ(%) n / E	1.50	1.55	1.60	1.65	1.70	1.75	1.80	1.85	1.90	1.95	2.00	2.20
0.01	1.572	1.735	1.899	2.062	2.226	2.390						
0.02	1.674	1.841	2.007	2.174	2.341							
0.03	1.777	1.947	2.116	2.286	2.456							
0.04	1.881	2.054	2.226	2.399								
0.06	2.090	2.269	2.448									
0.08	2.301	2.485										

注：见表 7-42 注。

对称配筋矩形截面偏心受压构件正截面承载力计算参数 **表 7-45b**

（f_c=23.1N/mm^2 f_y=360N/mm^2 α_1=1 ξ_b=0.518 a_s/h_0=0.05）

n / ρ(%) / E	0.01	0.02	0.03	0.04	0.06	0.08	0.10	0.12	0.14	0.16	0.18	0.20
0.60												0.236
0.62												0.263
0.64											0.249	0.290
0.66											0.274	0.317
0.68										0.254	0.298	0.344
0.70										0.276	0.322	0.371
0.72									0.251	0.297	0.347	0.399
0.74									0.269	0.319	0.371	0.426
0.76								0.239	0.288	0.340	0.395	0.453
0.78								0.255	0.307	0.362	0.419	0.480
0.80								0.272	0.326	0.384	0.444	0.507
0.82								0.288	0.345	0.405	0.468	0.534
0.84							0.247	0.304	0.364	0.427	0.492	0.561
0.86							0.260	0.320	0.383	0.448	0.517	0.588
0.88							0.274	0.336	0.402	0.470	0.541	0.615
0.90							0.287	0.353	0.421	0.492	0.565	0.642
0.92						0.240	0.301	0.369	0.440	0.513	0.590	0.669
0.94						0.251	0.314	0.385	0.459	0.535	0.614	0.696
0.96						0.262	0.328	0.401	0.478	0.557	0.638	0.723
0.98						0.273	0.341	0.417	0.496	0.578	0.663	0.750
1.00						0.284	0.355	0.434	0.515	0.600	0.687	0.777
1.10					0.253	0.338	0.422	0.515	0.610	0.708	0.809	0.912
1.15					0.274	0.365	0.456	0.555	0.657	0.762	0.869	0.979
1.20					0.294	0.392	0.490	0.596	0.704	0.816	0.930	1.047
1.25					0.314	0.419	0.523	0.636	0.752	0.870	0.991	1.114
1.30					0.334	0.446	0.557	0.677	0.799	0.924	1.052	1.182
1.35				0.236	0.355	0.473	0.591	0.717	0.846	0.978	1.112	1.250
1.40				0.250	0.375	0.500	0.625	0.758	0.894	1.032	1.173	1.317
1.45				0.263	0.395	0.527	0.659	0.798	0.941	1.086	1.234	1.385
1.50				0.277	0.415	0.554	0.692	0.839	0.988	1.140	1.295	1.452
1.55				0.290	0.436	0.581	0.726	0.879	1.035	1.194	1.356	1.520
1.60				0.304	0.456	0.608	0.760	0.920	1.083	1.248	1.416	1.587
1.65			0.238	0.317	0.476	0.635	0.794	0.960	1.130	1.302	1.477	1.655
1.70			0.248	0.331	0.496	0.662	0.827	1.001	1.177	1.356	1.538	1.722
1.75			0.258	0.344	0.517	0.689	0.861	1.042	1.225	1.410	1.599	1.790
1.80			0.268	0.358	0.537	0.716	0.895	1.082	1.272	1.464	1.660	1.857
1.85			0.279	0.371	0.557	0.743	0.929	1.123	1.319	1.518	1.720	1.925
1.90			0.289	0.385	0.578	0.770	0.963	1.163	1.366	1.572	1.781	1.993
1.95			0.299	0.399	0.598	0.797	0.996	1.204	1.414	1.626	1.842	2.060
2.00			0.309	0.412	0.618	0.824	1.030	1.244	1.461	1.680	1.903	2.128
2.20			0.350	0.466	0.699	0.932	1.165	1.406	1.650	1.897	2.146	2.398
2.40		0.260	0.390	0.520	0.780	1.040	1.300	1.568	1.839	2.113	2.389	
2.60		0.287	0.431	0.574	0.861	1.148	1.435	1.730	2.028	2.329		
2.80		0.314	0.471	0.628	0.942	1.256	1.570	1.893	2.217			
3.00		0.341	0.512	0.682	1.023	1.364	1.705	2.055	2.407			
3.20		0.368	0.552	0.736	1.104	1.472	1.841	2.217				
3.40		0.395	0.593	0.790	1.185	1.581	1.976	2.379				
3.60		0.422	0.633	0.844	1.266	1.689	2.111					
3.80		0.449	0.674	0.898	1.348	1.797	2.246					
4.00	0.238	0.476	0.714	0.952	1.429	1.905	2.381					
4.50	0.272	0.544	0.816	1.087	1.631	2.175						
5.00	0.306	0.611	0.917	1.223	1.834	2.445						
5.50	0.339	0.679	1.018	1.358	2.036							
6.00	0.373	0.746	1.120	1.493	2.239							
7.00	0.441	0.881	1.322	1.763								
8.00	0.508	1.017	1.525	2.033								
9.00	0.576	1.152	1.727	2.303								
10.00	0.643	1.287	1.930									
11.00	0.711	1.422	2.133									
12.00	0.778	1.557	2.335									

续表 7-45b

E \ $\rho(\%)$ \ n	0.22	0.24	0.26	0.28	0.30	0.32	0.34	0.36	0.38	0.40	0.42	0.44
0.40											0.241	0.282
0.42										0.257	0.298	0.342
0.44									0.270	0.311	0.355	0.401
0.46							0.241	0.280	0.321	0.365	0.411	0.461
0.48						0.249	0.287	0.328	0.372	0.419	0.468	0.520
0.50					0.253	0.292	0.333	0.377	0.424	0.473	0.525	0.580
0.52				0.255	0.294	0.335	0.379	0.426	0.475	0.527	0.582	0.639
0.54			0.255	0.293	0.334	0.378	0.425	0.474	0.526	0.581	0.638	0.698
0.56		0.251	0.290	0.331	0.375	0.421	0.471	0.523	0.578	0.635	0.695	0.758
0.58	0.245	0.284	0.325	0.369	0.415	0.465	0.517	0.571	0.629	0.689	0.752	0.817
0.60	0.275	0.316	0.360	0.407	0.456	0.508	0.563	0.620	0.680	0.743	0.809	0.877
0.62	0.305	0.349	0.395	0.444	0.496	0.551	0.609	0.669	0.732	0.797	0.865	0.936
0.64	0.334	0.381	0.430	0.482	0.537	0.594	0.655	0.717	0.783	0.851	0.922	0.996
0.66	0.364	0.413	0.465	0.520	0.578	0.638	0.700	0.766	0.834	0.905	0.979	1.055
0.68	0.394	0.446	0.501	0.558	0.618	0.681	0.746	0.815	0.886	0.959	1.035	1.114
0.70	0.424	0.478	0.536	0.596	0.659	0.724	0.792	0.863	0.937	1.013	1.092	1.174
0.72	0.453	0.511	0.571	0.634	0.699	0.767	0.838	0.912	0.988	1.067	1.149	1.233
0.74	0.483	0.543	0.606	0.671	0.740	0.811	0.884	0.960	1.040	1.121	1.206	1.293
0.76	0.513	0.575	0.641	0.709	0.780	0.854	0.930	1.009	1.091	1.175	1.262	1.352
0.78	0.542	0.608	0.676	0.747	0.821	0.897	0.976	1.058	1.142	1.229	1.319	1.412
0.80	0.572	0.640	0.711	0.785	0.861	0.940	1.022	1.106	1.194	1.283	1.376	1.471
0.82	0.602	0.673	0.746	0.823	0.902	0.983	1.068	1.155	1.245	1.337	1.433	1.531
0.84	0.632	0.705	0.781	0.861	0.942	1.027	1.114	1.204	1.296	1.391	1.489	1.590
0.86	0.661	0.738	0.817	0.898	0.983	1.070	1.160	1.252	1.348	1.445	1.546	1.649
0.88	0.691	0.770	0.852	0.936	1.023	1.113	1.206	1.301	1.399	1.499	1.603	1.709
0.90	0.721	0.802	0.887	0.974	1.064	1.156	1.252	1.350	1.450	1.554	1.660	1.768
0.92	0.750	0.835	0.922	1.012	1.104	1.200	1.298	1.398	1.502	1.608	1.716	1.828
0.94	0.780	0.867	0.957	1.050	1.145	1.243	1.343	1.447	1.553	1.662	1.773	1.887
0.96	0.810	0.900	0.992	1.087	1.185	1.286	1.389	1.495	1.604	1.716	1.830	1.947
0.98	0.840	0.932	1.027	1.125	1.226	1.329	1.435	1.544	1.656	1.770	1.887	2.006
1.00	0.869	0.965	1.062	1.163	1.266	1.372	1.481	1.593	1.707	1.824	1.943	2.065
1.10	1.018	1.127	1.238	1.352	1.469	1.589	1.711	1.836	1.964	2.094	2.227	2.363
1.15	1.092	1.208	1.326	1.447	1.570	1.697	1.826	1.957	2.092	2.229	2.369	
1.20	1.166	1.289	1.414	1.541	1.672	1.805	1.941	2.079	2.220	2.364		
1.25	1.241	1.370	1.502	1.636	1.773	1.913	2.055	2.201	2.349	2.499		
1.30	1.315	1.451	1.589	1.730	1.874	2.021	2.170	2.322	2.477			
1.35	1.389	1.532	1.677	1.825	1.976	2.129	2.285	2.444				
1.40	1.464	1.613	1.765	1.920	2.077	2.237	2.400					
1.45	1.538	1.694	1.853	2.014	2.178	2.345						
1.50	1.612	1.775	1.941	2.109	2.280	2.453						
1.55	1.687	1.856	2.028	2.203	2.381							
1.60	1.761	1.937	2.116	2.298	2.482							
1.65	1.835	2.018	2.204	2.392								
1.70	1.909	2.099	2.292	2.487								
1.75	1.984	2.180	2.380									
1.80	2.058	2.261	2.467									
1.85	2.132	2.342										
1.90	2.207	2.423										
1.95	2.281											
2.00	2.355											

续表 7-45b

ρ(%) n / E	0.46	0.48	0.50	0.52	0.54	0.56	0.58	0.60	0.62	0.64	0.66	0.68
0.24											0.246	0.316
0.26										0.277	0.347	0.421
0.28								0.241	0.305	0.375	0.448	0.524
0.30							0.267	0.330	0.398	0.471	0.548	0.628
0.32					0.237	0.290	0.351	0.419	0.491	0.567	0.647	0.730
0.34				0.263	0.313	0.371	0.436	0.507	0.583	0.662	0.746	0.832
0.36		0.243	0.287	0.334	0.388	0.450	0.520	0.595	0.674	0.757	0.844	0.933
0.38	0.264	0.308	0.355	0.404	0.463	0.530	0.603	0.682	0.765	0.851	0.941	1.034
0.40	0.326	0.373	0.422	0.475	0.538	0.609	0.687	0.769	0.855	0.945	1.038	1.134
0.42	0.388	0.438	0.490	0.545	0.613	0.688	0.769	0.855	0.945	1.039	1.135	1.234
0.44	0.451	0.503	0.557	0.616	0.688	0.767	0.852	0.942	1.035	1.132	1.231	1.333
0.46	0.513	0.567	0.625	0.686	0.763	0.846	0.935	1.028	1.124	1.224	1.327	1.432
0.48	0.575	0.632	0.692	0.756	0.837	0.924	1.017	1.113	1.213	1.317	1.422	1.531
0.50	0.637	0.697	0.760	0.827	0.912	1.003	1.099	1.199	1.302	1.409	1.518	1.629
0.52	0.699	0.762	0.827	0.897	0.986	1.081	1.180	1.284	1.391	1.500	1.613	1.727
0.54	0.761	0.827	0.895	0.968	1.061	1.159	1.262	1.369	1.479	1.592	1.707	1.825
0.56	0.823	0.892	0.963	1.038	1.135	1.237	1.344	1.454	1.567	1.683	1.802	1.922
0.58	0.886	0.956	1.030	1.108	1.209	1.315	1.425	1.538	1.655	1.774	1.896	2.019
0.60	0.948	1.021	1.098	1.179	1.283	1.392	1.506	1.623	1.743	1.865	1.990	2.116
0.62	1.010	1.086	1.165	1.249	1.357	1.470	1.587	1.707	1.830	1.956	2.083	2.213
0.64	1.072	1.151	1.233	1.319	1.431	1.548	1.668	1.791	1.918	2.046	2.177	2.309
0.66	1.134	1.216	1.300	1.390	1.505	1.625	1.749	1.875	2.005	2.137	2.270	2.406
0.68	1.196	1.281	1.368	1.460	1.579	1.702	1.829	1.959	2.092	2.227	2.363	
0.70	1.258	1.345	1.435	1.530	1.653	1.780	1.910	2.043	2.179	2.317	2.457	
0.72	1.320	1.410	1.503	1.601	1.727	1.857	1.990	2.127	2.266	2.407		
0.74	1.383	1.475	1.570	1.671	1.801	1.934	2.071	2.210	2.352	2.496		
0.76	1.445	1.540	1.638	1.741	1.874	2.011	2.151	2.294	2.439			
0.78	1.507	1.605	1.705	1.812	1.948	2.088	2.231	2.377				
0.80	1.569	1.670	1.773	1.882	2.022	2.165	2.311	2.460				
0.82	1.631	1.735	1.841	1.952	2.095	2.242	2.392					
0.84	1.693	1.799	1.908	2.023	2.169	2.319	2.472					
0.86	1.755	1.864	1.976	2.093	2.243	2.396						
0.88	1.818	1.929	2.043	2.163	2.316	2.472						
0.90	1.880	1.994	2.111	2.234	2.390							
0.92	1.942	2.059	2.178	2.304	2.463							
0.94	2.004	2.124	2.246	2.374								
0.96	2.066	2.188	2.313	2.445								
0.98	2.128	2.253	2.381									
1.00	2.190	2.318	2.448									

续表 7-45b

$\rho(\%)$ \ n E	0.70	0.72	0.74	0.76	0.78	0.80	0.82	0.84	0.86	0.88	0.90	0.92
0.10											0.245	0.316
0.12									0.242	0.314	0.386	0.459
0.14								0.304	0.377	0.451	0.526	0.601
0.16						0.289	0.362	0.436	0.511	0.588	0.665	0.743
0.18				0.267	0.340	0.414	0.490	0.567	0.645	0.724	0.803	0.884
0.20		0.240	0.312	0.386	0.462	0.539	0.617	0.697	0.777	0.859	0.941	1.024
0.22	0.280	0.353	0.428	0.504	0.583	0.663	0.744	0.826	0.909	0.993	1.078	1.164
0.24	0.389	0.465	0.542	0.622	0.703	0.786	0.869	0.954	1.040	1.127	1.214	1.303
0.26	0.497	0.575	0.656	0.738	0.822	0.908	0.994	1.082	1.171	1.260	1.350	1.441
0.28	0.604	0.685	0.769	0.854	0.941	1.029	1.119	1.209	1.300	1.392	1.485	1.579
0.30	0.710	0.794	0.881	0.969	1.059	1.150	1.242	1.335	1.429	1.524	1.620	1.716
0.32	0.815	0.903	0.992	1.084	1.176	1.270	1.365	1.461	1.558	1.655	1.754	1.853
0.34	0.920	1.011	1.103	1.197	1.293	1.390	1.487	1.586	1.686	1.786	1.887	1.989
0.36	1.025	1.118	1.214	1.311	1.409	1.508	1.609	1.711	1.813	1.916	2.020	2.124
0.38	1.128	1.225	1.323	1.423	1.525	1.627	1.730	1.835	1.940	2.046	2.152	2.259
0.40	1.232	1.331	1.433	1.536	1.640	1.745	1.851	1.958	2.066	2.175	2.284	2.394
0.42	1.334	1.437	1.541	1.647	1.754	1.862	1.971	2.081	2.192	2.304	2.416	
0.44	1.437	1.543	1.650	1.759	1.868	1.979	2.091	2.204	2.318	2.432		
0.46	1.539	1.648	1.758	1.869	1.982	2.096	2.211	2.326	2.443			
0.48	1.641	1.752	1.865	1.980	2.096	2.212	2.330	2.448				
0.50	1.742	1.857	1.973	2.090	2.209	2.328	2.449					
0.52	1.843	1.961	2.080	2.200	2.321	2.444						
0.54	1.944	2.064	2.186	2.310	2.434							
0.56	2.044	2.168	2.293	2.419								
0.58	2.144	2.271	2.399									
0.60	2.244	2.374										
0.62	2.344	2.476										
0.64	2.444											

$\rho(\%)$ \ n E	0.94	0.96	0.98	1.00	1.10	1.15	1.20	1.25	1.30	1.35	1.40	1.45
0.01					0.239	0.400	0.561	0.723	0.886	1.048	1.211	1.374
0.02					0.319	0.483	0.647	0.811	0.977	1.142	1.308	1.474
0.03					0.400	0.566	0.733	0.900	1.069	1.237	1.406	1.575
0.04					0.481	0.649	0.819	0.990	1.161	1.333	1.505	1.677
0.06				0.299	0.643	0.818	0.994	1.170	1.347	1.525	1.703	1.882
0.08	0.241	0.311	0.381	0.451	0.807	0.988	1.169	1.352	1.535	1.719	1.903	2.088
0.10	0.387	0.459	0.531	0.603	0.971	1.158	1.346	1.534	1.724	1.914	2.104	2.295
0.12	0.532	0.606	0.681	0.756	1.136	1.329	1.522	1.717	1.913	2.109	2.306	
0.14	0.677	0.753	0.830	0.908	1.300	1.499	1.699	1.900	2.102	2.305		
0.16	0.821	0.900	0.979	1.059	1.464	1.670	1.876	2.083	2.292			
0.18	0.964	1.046	1.128	1.210	1.628	1.840	2.053	2.267	2.481			
0.20	1.107	1.191	1.276	1.361	1.792	2.010	2.229	2.449				
0.22	1.250	1.336	1.423	1.511	1.955	2.179	2.405					
0.24	1.391	1.481	1.570	1.661	2.117	2.348						
0.26	1.532	1.624	1.717	1.810	2.280							
0.28	1.673	1.767	1.863	1.958	2.441							
0.30	1.813	1.910	2.008	2.106								
0.32	1.952	2.052	2.153	2.253								
0.34	2.091	2.194	2.297	2.400								
0.36	2.229	2.335	2.441									
0.38	2.367	2.475										

$\rho(\%)$ \ n E	1.50	1.55	1.60	1.65	1.70	1.75	1.80	1.85	1.90	1.95	2.00	2.20
0.01	1.538	1.701	1.865	2.028	2.192	2.356						
0.02	1.641	1.807	1.974	2.141	2.307	2.474						
0.03	1.745	1.914	2.084	2.254	2.424							
0.04	1.849	2.022	2.195	2.368								
0.06	2.060	2.239	2.419									
0.08	2.273	2.458										
0.10	2.487											

注：见表 7-42 注。

对称配筋矩形截面偏心受压构件正截面承载力计算参数 **表 7-45c**

（$f_c=23.1\text{N/mm}^2$ $f_y=360\text{N/mm}^2$ $\alpha_1=1$ $\xi_b=0.518$ $a_s/h_0=0.06$）

ρ(%) n / E	0.01	0.02	0.03	0.04	0.06	0.08	0.10	0.12	0.14	0.16	0.18	0.20
0.62												0.259
0.64											0.246	0.287
0.66											0.270	0.314
0.68										0.251	0.295	0.341
0.70										0.273	0.319	0.369
0.72									0.248	0.295	0.344	0.396
0.74									0.268	0.317	0.369	0.423
0.76								0.238	0.287	0.339	0.393	0.451
0.78								0.254	0.306	0.360	0.418	0.478
0.80								0.270	0.325	0.382	0.442	0.505
0.82							0.239	0.287	0.344	0.404	0.467	0.532
0.84							0.253	0.303	0.363	0.426	0.491	0.560
0.86							0.266	0.319	0.382	0.448	0.516	0.587
0.88							0.280	0.336	0.401	0.470	0.541	0.614
0.90							0.294	0.352	0.420	0.491	0.565	0.642
0.92						0.246	0.307	0.369	0.440	0.513	0.590	0.669
0.94						0.257	0.321	0.385	0.459	0.535	0.614	0.696
0.96						0.268	0.334	0.401	0.478	0.557	0.639	0.724
0.98						0.279	0.348	0.418	0.497	0.579	0.664	0.751
1.00						0.289	0.362	0.434	0.516	0.601	0.688	0.778
1.10					0.258	0.344	0.430	0.516	0.612	0.710	0.811	0.915
1.15					0.279	0.371	0.464	0.557	0.659	0.765	0.872	0.983
1.20					0.299	0.399	0.498	0.598	0.707	0.819	0.934	1.051
1.25					0.319	0.426	0.532	0.639	0.755	0.874	0.995	1.120
1.30					0.340	0.453	0.567	0.680	0.803	0.928	1.057	1.188
1.35				0.240	0.360	0.481	0.601	0.721	0.851	0.983	1.118	1.256
1.40				0.254	0.381	0.508	0.635	0.762	0.898	1.038	1.180	1.324
1.45				0.268	0.401	0.535	0.669	0.803	0.946	1.092	1.241	1.393
1.50				0.281	0.422	0.562	0.703	0.844	0.994	1.147	1.302	1.461
1.55				0.295	0.442	0.590	0.737	0.885	1.042	1.201	1.364	1.529
1.60				0.309	0.463	0.617	0.771	0.926	1.089	1.256	1.425	1.597
1.65			0.242	0.322	0.483	0.644	0.805	0.967	1.137	1.311	1.487	1.666
1.70			0.252	0.336	0.504	0.672	0.840	1.008	1.185	1.365	1.548	1.734
1.75			0.262	0.350	0.524	0.699	0.874	1.049	1.233	1.420	1.610	1.802
1.80			0.272	0.363	0.545	0.726	0.908	1.089	1.281	1.474	1.671	1.870
1.85			0.283	0.377	0.565	0.754	0.942	1.130	1.328	1.529	1.733	1.939
1.90			0.293	0.390	0.586	0.781	0.976	1.171	1.376	1.584	1.794	2.007
1.95			0.303	0.404	0.606	0.808	1.010	1.212	1.424	1.638	1.855	2.075
2.00			0.313	0.418	0.627	0.836	1.044	1.253	1.472	1.693	1.917	2.143
2.20		0.236	0.354	0.472	0.709	0.945	1.181	1.417	1.663	1.911	2.163	2.416
2.40		0.263	0.395	0.527	0.790	1.054	1.317	1.581	1.854	2.130	2.408	
2.60		0.291	0.436	0.582	0.872	1.163	1.454	1.745	2.045	2.348		
2.80		0.318	0.477	0.636	0.954	1.272	1.591	1.909	2.236			
3.00		0.345	0.518	0.691	1.036	1.382	1.727	2.072	2.427			
3.20		0.373	0.559	0.745	1.118	1.491	1.864	2.236				
3.40		0.400	0.600	0.800	1.200	1.600	2.000	2.400				
3.60		0.427	0.641	0.855	1.282	1.709	2.137					
3.80		0.455	0.682	0.909	1.364	1.819	2.273					
4.00	0.241	0.482	0.723	0.964	1.446	1.928	2.410					
4.50	0.275	0.550	0.825	1.100	1.651	2.201						
5.00	0.309	0.618	0.928	1.237	1.855	2.474						
5.50	0.343	0.687	1.030	1.373	2.060							
6.00	0.377	0.755	1.132	1.510	2.265							
7.00	0.446	0.892	1.337	1.783								
8.00	0.514	1.028	1.542	2.056								
9.00	0.582	1.165	1.747	2.329								
10.00	0.651	1.301	1.952									
11.00	0.719	1.438	2.156									
12.00	0.787	1.574	2.361									

续表 7-45c

$\rho(\%)$ \ n / E	0.22	0.24	0.26	0.28	0.30	0.32	0.34	0.36	0.38	0.40	0.42	0.44
0.40												0.270
0.42										0.246	0.287	0.330
0.44									0.259	0.300	0.344	0.390
0.46								0.270	0.311	0.355	0.401	0.451
0.48						0.240	0.279	0.319	0.363	0.410	0.459	0.511
0.50					0.246	0.284	0.325	0.369	0.415	0.464	0.516	0.571
0.52				0.248	0.287	0.328	0.371	0.418	0.467	0.519	0.573	0.631
0.54			0.248	0.287	0.328	0.371	0.418	0.467	0.519	0.573	0.631	0.691
0.56		0.246	0.284	0.325	0.369	0.415	0.464	0.516	0.571	0.628	0.688	0.751
0.58	0.240	0.279	0.319	0.363	0.410	0.459	0.511	0.565	0.623	0.683	0.745	0.811
0.60	0.270	0.311	0.355	0.401	0.451	0.502	0.557	0.614	0.674	0.737	0.803	0.871
0.62	0.300	0.344	0.390	0.440	0.491	0.546	0.603	0.664	0.726	0.792	0.860	0.931
0.64	0.330	0.377	0.426	0.478	0.532	0.590	0.650	0.713	0.778	0.846	0.917	0.991
0.66	0.360	0.410	0.461	0.516	0.573	0.633	0.696	0.762	0.830	0.901	0.975	1.051
0.68	0.390	0.442	0.497	0.554	0.614	0.677	0.743	0.811	0.882	0.956	1.032	1.111
0.70	0.420	0.475	0.532	0.593	0.655	0.721	0.789	0.860	0.934	1.010	1.089	1.171
0.72	0.451	0.508	0.568	0.631	0.696	0.765	0.836	0.909	0.986	1.065	1.147	1.231
0.74	0.481	0.541	0.603	0.669	0.737	0.808	0.882	0.958	1.038	1.120	1.204	1.292
0.76	0.511	0.573	0.639	0.707	0.778	0.852	0.928	1.008	1.089	1.174	1.261	1.352
0.78	0.541	0.606	0.674	0.745	0.819	0.896	0.975	1.057	1.141	1.229	1.319	1.412
0.80	0.571	0.639	0.710	0.784	0.860	0.939	1.021	1.106	1.193	1.283	1.376	1.472
0.82	0.601	0.672	0.745	0.822	0.901	0.983	1.068	1.155	1.245	1.338	1.434	1.532
0.84	0.631	0.704	0.781	0.860	0.942	1.027	1.114	1.204	1.297	1.393	1.491	1.592
0.86	0.661	0.737	0.816	0.898	0.983	1.070	1.160	1.253	1.349	1.447	1.548	1.652
0.88	0.691	0.770	0.852	0.937	1.024	1.114	1.207	1.302	1.401	1.502	1.606	1.712
0.90	0.721	0.803	0.887	0.975	1.065	1.158	1.253	1.352	1.453	1.556	1.663	1.772
0.92	0.751	0.836	0.923	1.013	1.106	1.201	1.300	1.401	1.505	1.611	1.720	1.832
0.94	0.781	0.868	0.958	1.051	1.147	1.245	1.346	1.450	1.556	1.666	1.778	1.892
0.96	0.811	0.901	0.994	1.089	1.188	1.289	1.393	1.499	1.608	1.720	1.835	1.952
0.98	0.841	0.934	1.029	1.128	1.229	1.332	1.439	1.548	1.660	1.775	1.892	2.012
1.00	0.871	0.967	1.065	1.166	1.270	1.376	1.485	1.597	1.712	1.829	1.950	2.072
1.10	1.021	1.130	1.242	1.357	1.474	1.595	1.717	1.843	1.971	2.102	2.236	2.373
1.15	1.096	1.212	1.331	1.453	1.577	1.704	1.834	1.966	2.101	2.239	2.380	
1.20	1.171	1.294	1.420	1.548	1.679	1.813	1.950	2.089	2.231	2.376		
1.25	1.246	1.376	1.509	1.644	1.782	1.922	2.066	2.212	2.361			
1.30	1.322	1.458	1.597	1.739	1.884	2.031	2.182	2.335	2.490			
1.35	1.397	1.540	1.686	1.835	1.986	2.141	2.298	2.457				
1.40	1.472	1.622	1.775	1.930	2.089	2.250	2.414					
1.45	1.547	1.704	1.864	2.026	2.191	2.359						
1.50	1.622	1.786	1.952	2.122	2.294	2.468						
1.55	1.697	1.868	2.041	2.217	2.396							
1.60	1.772	1.950	2.130	2.313	2.498							
1.65	1.847	2.031	2.219	2.408								
1.70	1.922	2.113	2.307									
1.75	1.997	2.195	2.396									
1.80	2.072	2.277	2.485									
1.85	2.148	2.359										
1.90	2.223	2.441										
1.95	2.298											
2.00	2.373											

续表 7-45c

ρ(%) n / E	0.46	0.48	0.50	0.52	0.54	0.56	0.58	0.60	0.62	0.64	0.66	0.68
0.24												0.293
0.26										0.256	0.326	0.399
0.28									0.285	0.355	0.428	0.505
0.30							0.248	0.311	0.380	0.452	0.529	0.609
0.32						0.273	0.334	0.401	0.473	0.550	0.630	0.713
0.34				0.248	0.297	0.354	0.419	0.490	0.566	0.646	0.730	0.816
0.36			0.273	0.320	0.373	0.435	0.504	0.579	0.659	0.742	0.829	0.918
0.38	0.251	0.295	0.341	0.391	0.449	0.516	0.589	0.668	0.751	0.837	0.927	1.020
0.40	0.314	0.360	0.410	0.462	0.525	0.596	0.673	0.755	0.842	0.932	1.026	1.122
0.42	0.377	0.426	0.478	0.533	0.601	0.676	0.757	0.843	0.933	1.027	1.124	1.223
0.44	0.440	0.491	0.546	0.604	0.677	0.756	0.841	0.930	1.024	1.121	1.221	1.323
0.46	0.502	0.557	0.614	0.676	0.752	0.835	0.924	1.017	1.114	1.215	1.318	1.423
0.48	0.565	0.623	0.683	0.747	0.828	0.915	1.007	1.104	1.205	1.308	1.415	1.523
0.50	0.628	0.688	0.751	0.818	0.903	0.994	1.090	1.190	1.294	1.401	1.511	1.623
0.52	0.691	0.754	0.819	0.889	0.978	1.073	1.173	1.277	1.384	1.494	1.607	1.722
0.54	0.754	0.819	0.887	0.960	1.053	1.152	1.255	1.363	1.473	1.587	1.703	1.820
0.56	0.816	0.885	0.956	1.031	1.128	1.231	1.338	1.448	1.562	1.679	1.798	1.919
0.58	0.879	0.950	1.024	1.102	1.203	1.309	1.420	1.534	1.651	1.771	1.893	2.017
0.60	0.942	1.016	1.092	1.174	1.278	1.388	1.502	1.619	1.740	1.863	1.988	2.115
0.62	1.005	1.081	1.160	1.245	1.353	1.466	1.584	1.705	1.828	1.955	2.083	2.213
0.64	1.068	1.147	1.229	1.316	1.428	1.545	1.666	1.790	1.917	2.046	2.178	2.311
0.66	1.130	1.212	1.297	1.387	1.503	1.623	1.747	1.875	2.005	2.137	2.272	2.408
0.68	1.193	1.278	1.365	1.458	1.577	1.701	1.829	1.960	2.093	2.229	2.366	
0.70	1.256	1.343	1.434	1.529	1.652	1.779	1.910	2.044	2.181	2.320	2.460	
0.72	1.319	1.409	1.502	1.600	1.727	1.857	1.992	2.129	2.269	2.410		
0.74	1.382	1.474	1.570	1.671	1.801	1.935	2.073	2.213	2.356			
0.76	1.444	1.540	1.638	1.742	1.876	2.013	2.154	2.298	2.444			
0.78	1.507	1.606	1.707	1.813	1.950	2.091	2.235	2.382				
0.80	1.570	1.671	1.775	1.884	2.025	2.169	2.316	2.466				
0.82	1.633	1.737	1.843	1.955	2.099	2.247	2.397					
0.84	1.696	1.802	1.911	2.026	2.174	2.324	2.478					
0.86	1.758	1.868	1.980	2.098	2.248	2.402						
0.88	1.821	1.933	2.048	2.169	2.323	2.480						
0.90	1.884	1.999	2.116	2.240	2.397							
0.92	1.947	2.064	2.184	2.311	2.471							
0.94	2.010	2.130	2.253	2.382								
0.96	2.072	2.195	2.321	2.453								
0.98	2.135	2.261	2.389									
1.00	2.198	2.326	2.457									

ρ(%) n / E	0.70	0.72	0.74	0.76	0.78	0.80	0.82	0.84	0.86	0.88	0.90	0.92
0.10												0.284
0.12										0.283	0.356	0.429
0.14								0.275	0.348	0.422	0.497	0.573
0.16						0.261	0.334	0.409	0.484	0.561	0.638	0.716
0.18				0.240	0.313	0.388	0.464	0.541	0.619	0.698	0.778	0.859
0.20			0.287	0.361	0.437	0.514	0.593	0.673	0.754	0.835	0.918	1.001
0.22	0.256	0.329	0.404	0.481	0.560	0.640	0.721	0.804	0.887	0.972	1.057	1.142
0.24	0.367	0.442	0.520	0.600	0.681	0.764	0.848	0.934	1.020	1.107	1.195	1.283
0.26	0.476	0.554	0.635	0.718	0.802	0.888	0.975	1.063	1.152	1.242	1.332	1.423
0.28	0.584	0.666	0.750	0.835	0.923	1.011	1.101	1.191	1.283	1.376	1.469	1.563

续表 7-45c

ρ(%) n / E	0.70	0.72	0.74	0.76	0.78	0.80	0.82	0.84	0.86	0.88	0.90	0.92
0.30	0.692	0.776	0.863	0.952	1.042	1.133	1.226	1.319	1.414	1.509	1.605	1.702
0.32	0.798	0.886	0.976	1.068	1.161	1.255	1.350	1.447	1.544	1.642	1.741	1.840
0.34	0.905	0.996	1.088	1.183	1.279	1.376	1.474	1.573	1.673	1.774	1.876	1.978
0.36	1.010	1.104	1.200	1.297	1.396	1.496	1.597	1.699	1.802	1.906	2.010	2.115
0.38	1.115	1.212	1.311	1.412	1.513	1.616	1.720	1.825	1.930	2.037	2.144	2.252
0.40	1.220	1.320	1.422	1.525	1.630	1.735	1.842	1.950	2.058	2.167	2.277	2.388
0.42	1.324	1.427	1.532	1.638	1.746	1.854	1.964	2.074	2.186	2.298	2.410	
0.44	1.428	1.534	1.642	1.751	1.861	1.973	2.085	2.199	2.313	2.427		
0.46	1.531	1.640	1.751	1.863	1.976	2.091	2.206	2.322	2.439			
0.48	1.634	1.746	1.860	1.975	2.091	2.208	2.327	2.446				
0.50	1.736	1.851	1.968	2.086	2.205	2.326	2.447					
0.52	1.838	1.957	2.076	2.197	2.319	2.442						
0.54	1.940	2.061	2.184	2.308	2.433							
0.56	2.042	2.166	2.292	2.419								
0.58	2.143	2.270	2.399									
0.60	2.244	2.374										
0.62	2.345	2.478										
0.64	2.446											

ρ(%) n / E	0.94	0.96	0.98	1.00	1.10	1.15	1.20	1.25	1.30	1.35	1.40	1.45
0.01						0.363	0.525	0.687	0.850	1.012	1.176	1.339
0.02					0.283	0.446	0.611	0.776	0.941	1.107	1.273	1.440
0.03					0.364	0.530	0.698	0.866	1.034	1.203	1.372	1.542
0.04					0.446	0.615	0.785	0.956	1.127	1.299	1.472	1.644
0.06				0.264	0.610	0.785	0.961	1.138	1.316	1.494	1.672	1.851
0.08		0.278	0.348	0.418	0.776	0.957	1.139	1.322	1.505	1.690	1.874	2.059
0.10	0.355	0.427	0.500	0.573	0.942	1.129	1.317	1.506	1.696	1.887	2.078	2.269
0.12	0.502	0.577	0.651	0.727	1.108	1.301	1.496	1.691	1.887	2.084	2.282	2.479
0.14	0.649	0.726	0.803	0.881	1.274	1.474	1.675	1.876	2.079	2.282	2.486	
0.16	0.795	0.874	0.954	1.034	1.440	1.646	1.853	2.062	2.271	2.480		
0.18	0.940	1.022	1.104	1.187	1.606	1.819	2.032	2.247	2.462			
0.20	1.085	1.169	1.254	1.340	1.772	1.990	2.210	2.432				
0.22	1.229	1.316	1.403	1.491	1.937	2.162	2.389					
0.24	1.372	1.462	1.552	1.643	2.101	2.333						
0.26	1.515	1.607	1.700	1.794	2.265							
0.28	1.657	1.752	1.848	1.944	2.429							
0.30	1.799	1.897	1.995	2.093								
0.32	1.940	2.040	2.141	2.243								
0.34	2.080	2.184	2.287	2.391								
0.36	2.220	2.326	2.433									
0.38	2.360	2.468										
0.40	2.499											

ρ(%) n / E	1.50	1.55	1.60	1.65	1.70	1.75	1.80	1.85	1.90	1.95	2.00	2.20
0.01	1.502	1.666	1.830	1.993	2.157	2.321	2.485					
0.02	1.606	1.773	1.940	2.107	2.274	2.441						
0.03	1.711	1.881	2.051	2.221	2.391							
0.04	1.817	1.990	2.163	2.336								
0.06	2.030	2.209	2.389									
0.08	2.245	2.430										
0.10	2.461											

注：见表 7-42 注。

对称配筋矩形截面偏心受压构件正截面承载力计算参数 **表 7-45d**

(f_c=23.1N/mm^2 f_y=360N/mm^2 α_1=1 ξ_b=0.518 a_s/h_0=0.07)

ρ(%) n / E	0.01	0.02	0.03	0.04	0.06	0.08	0.10	0.12	0.14	0.16	0.18	0.20
0.62												0.255
0.64											0.242	0.283
0.66											0.267	0.310
0.68										0.248	0.292	0.338
0.70										0.270	0.317	0.366
0.72									0.246	0.293	0.342	0.393
0.74									0.266	0.315	0.366	0.421
0.76								0.244	0.285	0.337	0.391	0.448
0.78								0.261	0.304	0.359	0.416	0.476
0.80								0.277	0.324	0.381	0.441	0.504
0.82							0.245	0.294	0.343	0.403	0.466	0.531
0.84							0.259	0.310	0.362	0.425	0.491	0.559
0.86							0.273	0.327	0.382	0.447	0.515	0.586
0.88							0.286	0.344	0.401	0.469	0.540	0.614
0.90						0.240	0.300	0.360	0.420	0.491	0.565	0.642
0.92						0.251	0.314	0.377	0.440	0.513	0.590	0.669
0.94						0.262	0.328	0.393	0.459	0.535	0.615	0.697
0.96						0.273	0.342	0.410	0.478	0.557	0.640	0.724
0.98						0.284	0.355	0.426	0.497	0.580	0.664	0.752
1.00						0.295	0.369	0.443	0.517	0.602	0.689	0.780
1.10					0.263	0.351	0.438	0.526	0.613	0.712	0.813	0.918
1.15					0.284	0.378	0.473	0.567	0.662	0.767	0.876	0.987
1.20					0.304	0.406	0.507	0.609	0.710	0.822	0.938	1.056
1.25					0.325	0.433	0.542	0.650	0.758	0.878	1.000	1.125
1.30					0.346	0.461	0.576	0.691	0.807	0.933	1.062	1.194
1.35				0.244	0.366	0.488	0.611	0.733	0.855	0.988	1.124	1.263
1.40				0.258	0.387	0.516	0.645	0.774	0.903	1.043	1.186	1.332
1.45				0.272	0.408	0.544	0.680	0.816	0.951	1.098	1.248	1.401
1.50				0.286	0.428	0.571	0.714	0.857	1.000	1.154	1.310	1.470
1.55				0.299	0.449	0.599	0.749	0.898	1.048	1.209	1.372	1.539
1.60				0.313	0.470	0.626	0.783	0.940	1.096	1.264	1.434	1.608
1.65			0.245	0.327	0.491	0.654	0.818	0.981	1.145	1.319	1.497	1.677
1.70			0.256	0.341	0.511	0.682	0.852	1.023	1.193	1.374	1.559	1.746
1.75			0.266	0.355	0.532	0.709	0.887	1.064	1.241	1.430	1.621	1.815
1.80			0.276	0.368	0.553	0.737	0.921	1.105	1.290	1.485	1.683	1.884
1.85			0.287	0.382	0.573	0.764	0.956	1.147	1.338	1.540	1.745	1.953
1.90			0.297	0.396	0.594	0.792	0.990	1.188	1.386	1.595	1.807	2.022
1.95			0.307	0.410	0.615	0.820	1.025	1.230	1.434	1.650	1.869	2.091
2.00			0.318	0.424	0.635	0.847	1.059	1.271	1.483	1.706	1.931	2.160
2.20		0.239	0.359	0.479	0.718	0.958	1.197	1.437	1.676	1.926	2.180	2.436
2.40		0.267	0.401	0.534	0.801	1.068	1.335	1.602	1.869	2.147	2.428	
2.60		0.295	0.442	0.589	0.884	1.178	1.473	1.768	2.062	2.368		
2.80		0.322	0.483	0.644	0.967	1.289	1.611	1.933	2.255			
3.00		0.350	0.525	0.700	1.049	1.399	1.749	2.099	2.449			
3.20		0.377	0.566	0.755	1.132	1.510	1.887	2.264				
3.40		0.405	0.608	0.810	1.215	1.620	2.025	2.430				
3.60		0.433	0.649	0.865	1.298	1.730	2.163					
3.80		0.460	0.690	0.920	1.381	1.841	2.301					
4.00	0.244	0.488	0.732	0.976	1.463	1.951	2.439					
4.50	0.278	0.557	0.835	1.114	1.670	2.227						
5.00	0.313	0.626	0.939	1.252	1.877							
5.50	0.347	0.695	1.042	1.390	2.084							
6.00	0.382	0.764	1.146	1.528	2.291							
7.00	0.451	0.902	1.353	1.804								
8.00	0.520	1.040	1.560	2.080								
9.00	0.589	1.178	1.767	2.356								
10.00	0.658	1.316	1.974									
11.00	0.727	1.454	2.181									
12.00	0.796	1.592	2.388									

续表 7-45d

ρ(%) n / E	0.22	0.24	0.26	0.28	0.30	0.32	0.34	0.36	0.38	0.40	0.42	0.44
0.40												0.258
0.42											0.275	0.319
0.44									0.249	0.290	0.333	0.379
0.46								0.261	0.302	0.345	0.391	0.440
0.48							0.270	0.310	0.354	0.400	0.449	0.501
0.50					0.238	0.276	0.317	0.360	0.406	0.455	0.507	0.562
0.52				0.241	0.279	0.320	0.364	0.410	0.459	0.511	0.565	0.622
0.54			0.242	0.280	0.321	0.364	0.411	0.460	0.511	0.566	0.623	0.683
0.56		0.240	0.278	0.319	0.362	0.408	0.457	0.509	0.564	0.621	0.681	0.744
0.58		0.273	0.314	0.357	0.404	0.453	0.504	0.559	0.616	0.676	0.739	0.804
0.60	0.266	0.306	0.350	0.396	0.445	0.497	0.551	0.609	0.669	0.731	0.797	0.865
0.62	0.296	0.339	0.386	0.435	0.486	0.541	0.598	0.658	0.721	0.787	0.855	0.926
0.64	0.326	0.373	0.422	0.473	0.528	0.585	0.645	0.708	0.773	0.842	0.913	0.987
0.66	0.357	0.406	0.457	0.512	0.569	0.629	0.692	0.758	0.826	0.897	0.971	1.047
0.68	0.387	0.439	0.493	0.551	0.611	0.673	0.739	0.807	0.878	0.952	1.029	1.108
0.70	0.417	0.472	0.529	0.589	0.652	0.718	0.786	0.857	0.931	1.007	1.087	1.169
0.72	0.448	0.505	0.565	0.628	0.693	0.762	0.833	0.907	0.983	1.063	1.145	1.230
0.74	0.478	0.538	0.601	0.667	0.735	0.806	0.880	0.956	1.036	1.118	1.203	1.290
0.76	0.509	0.571	0.637	0.705	0.776	0.850	0.927	1.006	1.088	1.173	1.261	1.351
0.78	0.539	0.604	0.673	0.744	0.818	0.894	0.974	1.056	1.141	1.228	1.319	1.412
0.80	0.569	0.638	0.709	0.782	0.859	0.938	1.020	1.105	1.193	1.283	1.376	1.472
0.82	0.600	0.671	0.744	0.821	0.900	0.983	1.067	1.155	1.245	1.339	1.434	1.533
0.84	0.630	0.704	0.780	0.860	0.942	1.027	1.114	1.205	1.298	1.394	1.492	1.594
0.86	0.660	0.737	0.816	0.898	0.983	1.071	1.161	1.254	1.350	1.449	1.550	1.655
0.88	0.691	0.770	0.852	0.937	1.025	1.115	1.208	1.304	1.403	1.504	1.608	1.715
0.90	0.721	0.803	0.888	0.976	1.066	1.159	1.255	1.354	1.455	1.559	1.666	1.776
0.92	0.751	0.836	0.924	1.014	1.107	1.203	1.302	1.403	1.508	1.615	1.724	1.837
0.94	0.782	0.869	0.960	1.053	1.149	1.247	1.349	1.453	1.560	1.670	1.782	1.897
0.96	0.812	0.902	0.996	1.092	1.190	1.292	1.396	1.503	1.612	1.725	1.840	1.958
0.98	0.842	0.936	1.031	1.130	1.232	1.336	1.443	1.552	1.665	1.780	1.898	2.019
1.00	0.873	0.969	1.067	1.169	1.273	1.380	1.490	1.602	1.717	1.835	1.956	2.080
1.10	1.025	1.134	1.247	1.362	1.480	1.601	1.724	1.850	1.980	2.111	2.246	2.383
1.15	1.100	1.217	1.336	1.459	1.583	1.711	1.842	1.975	2.111	2.249	2.391	
1.20	1.176	1.300	1.426	1.555	1.687	1.822	1.959	2.099	2.242	2.387		
1.25	1.252	1.383	1.516	1.652	1.790	1.932	2.076	2.223	2.373			
1.30	1.328	1.465	1.606	1.748	1.894	2.042	2.193	2.347				
1.35	1.404	1.548	1.695	1.845	1.997	2.153	2.311	2.471				
1.40	1.480	1.631	1.785	1.942	2.101	2.263	2.428					
1.45	1.556	1.714	1.875	2.038	2.204	2.373						
1.50	1.632	1.797	1.964	2.135	2.308	2.484						
1.55	1.708	1.879	2.054	2.231	2.411							
1.60	1.784	1.962	2.144	2.328								
1.65	1.859	2.045	2.233	2.425								
1.70	1.935	2.128	2.323									
1.75	2.011	2.211	2.413									
1.80	2.087	2.293	2.503									
1.85	2.163	2.376										
1.90	2.239	2.459										
1.95	2.315											
2.00	2.391											

续表 7-45d

ρ(%) E \ n	0.46	0.48	0.50	0.52	0.54	0.56	0.58	0.60	0.62	0.64	0.66	0.68
0.26											0.304	0.378
0.28									0.265	0.334	0.407	0.484
0.30								0.292	0.360	0.433	0.510	0.590
0.32						0.256	0.316	0.383	0.455	0.532	0.612	0.695
0.34					0.281	0.338	0.403	0.473	0.549	0.629	0.713	0.800
0.36			0.259	0.305	0.358	0.420	0.489	0.563	0.643	0.727	0.813	0.903
0.38	0.238	0.282	0.328	0.377	0.435	0.501	0.574	0.653	0.736	0.823	0.913	1.007
0.40	0.302	0.348	0.397	0.449	0.512	0.582	0.659	0.742	0.829	0.919	1.013	1.109
0.42	0.365	0.414	0.466	0.521	0.588	0.663	0.744	0.831	0.921	1.015	1.112	1.211
0.44	0.428	0.480	0.535	0.593	0.665	0.744	0.829	0.919	1.013	1.110	1.210	1.313
0.46	0.492	0.546	0.604	0.665	0.741	0.824	0.913	1.007	1.104	1.205	1.309	1.414
0.48	0.555	0.613	0.673	0.737	0.818	0.905	0.997	1.095	1.196	1.300	1.406	1.515
0.50	0.619	0.679	0.742	0.809	0.894	0.985	1.081	1.182	1.286	1.394	1.504	1.616
0.52	0.682	0.745	0.811	0.881	0.970	1.065	1.165	1.269	1.377	1.488	1.601	1.716
0.54	0.746	0.811	0.880	0.952	1.046	1.145	1.248	1.356	1.467	1.581	1.698	1.816
0.56	0.809	0.878	0.949	1.024	1.122	1.224	1.332	1.443	1.557	1.675	1.794	1.916
0.58	0.873	0.944	1.018	1.096	1.197	1.304	1.415	1.530	1.647	1.768	1.891	2.015
0.60	0.936	1.010	1.087	1.168	1.273	1.383	1.498	1.616	1.737	1.861	1.987	2.115
0.62	1.000	1.076	1.156	1.240	1.349	1.463	1.581	1.702	1.827	1.953	2.083	2.214
0.64	1.063	1.143	1.225	1.312	1.425	1.542	1.663	1.788	1.916	2.046	2.178	2.312
0.66	1.127	1.209	1.294	1.384	1.500	1.621	1.746	1.874	2.005	2.138	2.274	2.411
0.68	1.190	1.275	1.363	1.456	1.576	1.700	1.828	1.960	2.094	2.230	2.369	
0.70	1.254	1.341	1.432	1.527	1.651	1.779	1.911	2.046	2.183	2.322	2.464	
0.72	1.317	1.408	1.501	1.599	1.727	1.858	1.993	2.131	2.272	2.414		
0.74	1.381	1.474	1.570	1.671	1.802	1.937	2.075	2.216	2.360			
0.76	1.444	1.540	1.639	1.743	1.877	2.016	2.157	2.302	2.449			
0.78	1.508	1.606	1.708	1.815	1.953	2.094	2.239	2.387				
0.80	1.571	1.672	1.777	1.887	2.028	2.173	2.321	2.472				
0.82	1.635	1.739	1.846	1.959	2.103	2.252	2.403					
0.84	1.698	1.805	1.915	2.030	2.178	2.330	2.485					
0.86	1.761	1.871	1.984	2.102	2.254	2.409						
0.88	1.825	1.937	2.053	2.174	2.329	2.487						
0.90	1.888	2.004	2.122	2.246	2.404							
0.92	1.952	2.070	2.191	2.318	2.479							
0.94	2.015	2.136	2.260	2.389								
0.96	2.079	2.202	2.329	2.461								
0.98	2.142	2.269	2.398									
1.00	2.206	2.335	2.467									

ρ(%) E \ n	0.70	0.72	0.74	0.76	0.78	0.80	0.82	0.84	0.86	0.88	0.90	0.92
0.10												0.252
0.12										0.252	0.325	0.398
0.14								0.245	0.319	0.393	0.468	0.544
0.16							0.306	0.381	0.457	0.533	0.611	0.689
0.18					0.286	0.361	0.437	0.515	0.593	0.673	0.753	0.834
0.20			0.261	0.336	0.412	0.489	0.568	0.648	0.729	0.811	0.894	0.978
0.22		0.305	0.380	0.457	0.536	0.616	0.698	0.781	0.865	0.949	1.035	1.121
0.24	0.343	0.419	0.498	0.578	0.659	0.743	0.827	0.913	0.999	1.086	1.175	1.263
0.26	0.454	0.533	0.614	0.697	0.782	0.868	0.955	1.043	1.133	1.223	1.314	1.405
0.28	0.564	0.646	0.730	0.816	0.904	0.992	1.082	1.174	1.266	1.359	1.452	1.546

续表 7-45d

ρ(%) \ n E	0.70	0.72	0.74	0.76	0.78	0.80	0.82	0.84	0.86	0.88	0.90	0.92
0.30	0.673	0.758	0.845	0.934	1.024	1.116	1.209	1.303	1.398	1.494	1.590	1.687
0.32	0.781	0.869	0.960	1.051	1.145	1.239	1.335	1.432	1.530	1.628	1.727	1.827
0.34	0.889	0.980	1.073	1.168	1.264	1.362	1.460	1.560	1.660	1.762	1.864	1.966
0.36	0.996	1.090	1.186	1.284	1.383	1.484	1.585	1.688	1.791	1.895	2.000	2.105
0.38	1.102	1.199	1.299	1.399	1.502	1.605	1.709	1.815	1.921	2.028	2.135	2.244
0.40	1.208	1.308	1.411	1.514	1.619	1.726	1.833	1.941	2.050	2.160	2.270	2.381
0.42	1.313	1.417	1.522	1.629	1.737	1.846	1.956	2.067	2.179	2.292	2.405	
0.44	1.418	1.525	1.633	1.743	1.854	1.966	2.079	2.193	2.308	2.423		
0.46	1.522	1.632	1.744	1.856	1.970	2.085	2.201	2.318	2.436			
0.48	1.627	1.739	1.854	1.969	2.086	2.204	2.323	2.443				
0.50	1.730	1.846	1.963	2.082	2.202	2.323	2.445					
0.52	1.834	1.953	2.073	2.195	2.317	2.441						
0.54	1.937	2.059	2.182	2.307	2.432							
0.56	2.039	2.164	2.291	2.418								
0.58	2.142	2.270	2.399									
0.60	2.244	2.375										
0.62	2.346	2.480										
0.64	2.448											

ρ(%) \ n E	0.94	0.96	0.98	1.00	1.10	1.15	1.20	1.25	1.30	1.35	1.40	1.45
0.01						0.326	0.488	0.650	0.813	0.976	1.139	1.303
0.02					0.246	0.410	0.574	0.740	0.906	1.072	1.238	1.405
0.03					0.327	0.494	0.662	0.830	0.999	1.168	1.338	1.507
0.04					0.410	0.580	0.750	0.921	1.093	1.265	1.438	1.611
0.06					0.576	0.752	0.928	1.105	1.283	1.462	1.640	1.820
0.08		0.244	0.314	0.385	0.743	0.925	1.108	1.291	1.475	1.660	1.845	2.030
0.10	0.323	0.395	0.468	0.541	0.911	1.099	1.288	1.477	1.668	1.859	2.050	2.242
0.12	0.472	0.547	0.622	0.697	1.080	1.274	1.468	1.664	1.861	2.059	2.256	2.455
0.14	0.620	0.697	0.775	0.853	1.248	1.448	1.649	1.852	2.055	2.259	2.463	
0.16	0.768	0.848	0.928	1.008	1.416	1.623	1.830	2.039	2.249	2.459		
0.18	0.915	0.997	1.080	1.163	1.584	1.797	2.011	2.226	2.443			
0.20	1.062	1.147	1.232	1.317	1.751	1.971	2.192	2.414				
0.22	1.208	1.295	1.383	1.471	1.918	2.144	2.372					
0.24	1.353	1.443	1.533	1.624	2.085	2.318						
0.26	1.497	1.590	1.683	1.777	2.251	2.490						
0.28	1.641	1.737	1.833	1.929	2.416							
0.30	1.785	1.883	1.981	2.081								
0.32	1.927	2.028	2.130	2.231								
0.34	2.070	2.173	2.277	2.382								
0.36	2.211	2.318	2.425									
0.38	2.352	2.461										
0.40	2.493											

ρ(%) \ n E	1.50	1.55	1.60	1.65	1.70	1.75	1.80	1.85	1.90	1.95	2.00	2.20
0.01	1.466	1.630	1.794	1.958	2.122	2.286	2.450					
0.02	1.571	1.738	1.905	2.072	2.239	2.406						
0.03	1.677	1.847	2.017	2.188	2.358							
0.04	1.784	1.957	2.130	2.304	2.477							
0.06	1.999	2.178	2.358									
0.08	2.216	2.402										
0.10	2.434											

注：见表 7-42 注。

对称配筋矩形截面偏心受压构件正截面承载力计算参数 **表 7-45e**

($f_c=23.1\text{N/mm}^2$ $f_y=360\text{N/mm}^2$ $\alpha_1=1$ $\xi_b=0.518$ $a_s/h_0=0.08$)

ρ(%) n E	0.01	0.02	0.03	0.04	0.06	0.08	0.10	0.12	0.14	0.16	0.18	0.20
0.62												0.251
0.64											0.239	0.279
0.66											0.264	0.307
0.68										0.246	0.289	0.335
0.70										0.268	0.314	0.363
0.72									0.254	0.290	0.339	0.391
0.74									0.273	0.312	0.364	0.418
0.76								0.251	0.293	0.335	0.389	0.446
0.78								0.268	0.312	0.357	0.414	0.474
0.80							0.237	0.285	0.332	0.379	0.439	0.502
0.82							0.251	0.301	0.352	0.402	0.465	0.530
0.84							0.265	0.318	0.371	0.424	0.490	0.558
0.86							0.279	0.335	0.391	0.446	0.515	0.586
0.88							0.293	0.352	0.410	0.469	0.540	0.614
0.90						0.246	0.307	0.368	0.430	0.491	0.565	0.642
0.92						0.257	0.321	0.385	0.449	0.513	0.590	0.670
0.94						0.268	0.335	0.402	0.469	0.536	0.615	0.697
0.96						0.279	0.349	0.418	0.488	0.558	0.640	0.725
0.98						0.290	0.363	0.435	0.508	0.580	0.665	0.753
1.00						0.301	0.377	0.452	0.527	0.603	0.690	0.781
1.10					0.268	0.357	0.446	0.536	0.625	0.714	0.816	0.921
1.15					0.289	0.385	0.481	0.578	0.674	0.770	0.879	0.990
1.20					0.310	0.413	0.516	0.619	0.723	0.826	0.942	1.060
1.25					0.331	0.441	0.551	0.661	0.771	0.882	1.004	1.130
1.30					0.352	0.469	0.586	0.703	0.820	0.937	1.067	1.200
1.35				0.248	0.372	0.497	0.621	0.745	0.869	0.993	1.130	1.269
1.40				0.262	0.393	0.524	0.656	0.787	0.918	1.049	1.193	1.339
1.45				0.276	0.414	0.552	0.690	0.829	0.967	1.105	1.255	1.409
1.50				0.290	0.435	0.580	0.725	0.870	1.016	1.161	1.318	1.479
1.55				0.304	0.456	0.608	0.760	0.912	1.064	1.216	1.381	1.548
1.60			0.239	0.318	0.477	0.636	0.795	0.954	1.113	1.272	1.444	1.618
1.65			0.249	0.332	0.498	0.664	0.830	0.996	1.162	1.328	1.507	1.688
1.70			0.259	0.346	0.519	0.692	0.865	1.038	1.211	1.384	1.569	1.758
1.75			0.270	0.360	0.540	0.720	0.900	1.080	1.260	1.440	1.632	1.827
1.80			0.280	0.374	0.561	0.748	0.935	1.122	1.308	1.495	1.695	1.897
1.85			0.291	0.388	0.582	0.776	0.969	1.163	1.357	1.551	1.758	1.967
1.90			0.301	0.402	0.603	0.803	1.004	1.205	1.406	1.607	1.820	2.037
1.95			0.312	0.416	0.624	0.831	1.039	1.247	1.455	1.663	1.883	2.106
2.00			0.322	0.430	0.644	0.859	1.074	1.289	1.504	1.719	1.946	2.176
2.20		0.243	0.364	0.485	0.728	0.971	1.214	1.456	1.699	1.942	2.197	2.455
2.40		0.271	0.406	0.541	0.812	1.082	1.353	1.624	1.894	2.165	2.448	
2.60		0.299	0.448	0.597	0.896	1.194	1.493	1.791	2.090	2.388		
2.80		0.326	0.490	0.653	0.979	1.306	1.632	1.958	2.285			
3.00		0.354	0.531	0.709	1.063	1.417	1.772	2.126	2.480			
3.20		0.382	0.573	0.764	1.147	1.529	1.911	2.293				
3.40		0.410	0.615	0.820	1.230	1.640	2.051	2.461				
3.60		0.438	0.657	0.876	1.314	1.752	2.190					
3.80		0.466	0.699	0.932	1.398	1.864	2.330					
4.00	0.247	0.494	0.741	0.988	1.481	1.975	2.469					
4.50	0.282	0.564	0.845	1.127	1.691	2.254						
5.00	0.317	0.633	0.950	1.267	1.900							
5.50	0.352	0.703	1.055	1.406	2.109							
6.00	0.386	0.773	1.159	1.546	2.318							
7.00	0.456	0.912	1.368	1.825								
8.00	0.526	1.052	1.578	2.104								
9.00	0.596	1.191	1.787	2.383								
10.00	0.665	1.331	1.996									
11.00	0.735	1.470	2.205									
12.00	0.805	1.610	2.415									

续表 7-45e

ρ(%) n / E	0.22	0.24	0.26	0.28	0.30	0.32	0.34	0.36	0.38	0.40	0.42	0.44
0.40												0.246
0.42											0.264	0.307
0.44									0.239	0.279	0.322	0.368
0.46								0.251	0.292	0.335	0.381	0.430
0.48							0.261	0.301	0.345	0.391	0.439	0.491
0.50						0.268	0.308	0.352	0.398	0.446	0.498	0.552
0.52					0.272	0.312	0.356	0.402	0.451	0.502	0.557	0.614
0.54			0.236	0.273	0.314	0.357	0.403	0.452	0.504	0.558	0.615	0.675
0.56		0.234	0.272	0.312	0.356	0.402	0.451	0.502	0.557	0.614	0.674	0.737
0.58		0.268	0.308	0.352	0.398	0.446	0.498	0.552	0.610	0.670	0.732	0.798
0.60	0.261	0.301	0.345	0.391	0.439	0.491	0.545	0.603	0.663	0.725	0.791	0.859
0.62	0.292	0.335	0.381	0.430	0.481	0.536	0.593	0.653	0.716	0.781	0.850	0.921
0.64	0.322	0.368	0.417	0.469	0.523	0.580	0.640	0.703	0.769	0.837	0.908	0.982
0.66	0.353	0.402	0.453	0.508	0.565	0.625	0.688	0.753	0.822	0.893	0.967	1.043
0.68	0.384	0.435	0.490	0.547	0.607	0.670	0.735	0.803	0.875	0.949	1.025	1.105
0.70	0.414	0.469	0.526	0.586	0.649	0.714	0.783	0.854	0.928	1.004	1.084	1.166
0.72	0.445	0.502	0.562	0.625	0.690	0.759	0.830	0.904	0.981	1.060	1.142	1.228
0.74	0.476	0.536	0.598	0.664	0.732	0.803	0.877	0.954	1.034	1.116	1.201	1.289
0.76	0.506	0.569	0.635	0.703	0.774	0.848	0.925	1.004	1.087	1.172	1.260	1.350
0.78	0.537	0.603	0.671	0.742	0.816	0.893	0.972	1.055	1.140	1.228	1.318	1.412
0.80	0.568	0.636	0.707	0.781	0.858	0.937	1.020	1.105	1.193	1.283	1.377	1.473
0.82	0.598	0.670	0.743	0.820	0.900	0.982	1.067	1.155	1.246	1.339	1.435	1.534
0.84	0.629	0.703	0.780	0.859	0.942	1.027	1.115	1.205	1.299	1.395	1.494	1.596
0.86	0.660	0.737	0.816	0.898	0.983	1.071	1.162	1.255	1.352	1.451	1.553	1.657
0.88	0.690	0.770	0.852	0.937	1.025	1.116	1.209	1.306	1.405	1.507	1.611	1.719
0.90	0.721	0.803	0.889	0.976	1.067	1.161	1.257	1.356	1.458	1.562	1.670	1.780
0.92	0.752	0.837	0.925	1.016	1.109	1.205	1.304	1.406	1.511	1.618	1.728	1.841
0.94	0.783	0.870	0.961	1.055	1.151	1.250	1.352	1.456	1.564	1.674	1.787	1.903
0.96	0.813	0.904	0.997	1.094	1.193	1.294	1.399	1.507	1.617	1.730	1.845	1.964
0.98	0.844	0.937	1.034	1.133	1.235	1.339	1.447	1.557	1.670	1.786	1.904	2.025
1.00	0.875	0.971	1.070	1.172	1.276	1.384	1.494	1.607	1.723	1.841	1.963	2.087
1.10	1.028	1.138	1.251	1.367	1.486	1.607	1.731	1.858	1.988	2.120	2.256	2.394
1.15	1.105	1.222	1.342	1.465	1.590	1.719	1.850	1.984	2.120	2.260	2.402	
1.20	1.182	1.306	1.433	1.562	1.695	1.830	1.968	2.109	2.253	2.399		
1.25	1.258	1.389	1.523	1.660	1.799	1.942	2.087	2.235	2.385			
1.30	1.335	1.473	1.614	1.758	1.904	2.053	2.205	2.360				
1.35	1.412	1.557	1.705	1.855	2.009	2.165	2.324	2.486				
1.40	1.488	1.640	1.795	1.953	2.113	2.277	2.443					
1.45	1.565	1.724	1.886	2.051	2.218	2.388						
1.50	1.642	1.808	1.977	2.148	2.323	2.500						
1.55	1.719	1.892	2.067	2.246	2.427							
1.60	1.795	1.975	2.158	2.343								
1.65	1.872	2.059	2.249	2.441								
1.70	1.949	2.143	2.339									
1.75	2.025	2.226	2.430									
1.80	2.102	2.310										
1.85	2.179	2.394										
1.90	2.256	2.477										
1.95	2.332											
2.00	2.409											

续表 7-45e

ρ(%) \ n / E	0.46	0.48	0.50	0.52	0.54	0.56	0.58	0.60	0.62	0.64	0.66	0.68
0.24												0.246
0.26											0.282	0.355
0.28									0.244	0.313	0.386	0.463
0.30								0.272	0.340	0.413	0.490	0.571
0.32						0.238	0.298	0.364	0.437	0.513	0.594	0.677
0.34					0.264	0.321	0.385	0.456	0.532	0.612	0.696	0.783
0.36			0.244	0.290	0.342	0.404	0.472	0.547	0.627	0.711	0.798	0.888
0.38		0.268	0.314	0.363	0.420	0.486	0.559	0.638	0.721	0.808	0.899	0.992
0.40	0.289	0.335	0.384	0.436	0.498	0.568	0.645	0.728	0.815	0.906	1.000	1.096
0.42	0.353	0.402	0.453	0.508	0.575	0.650	0.731	0.818	0.908	1.003	1.100	1.200
0.44	0.417	0.469	0.523	0.581	0.653	0.732	0.817	0.907	1.001	1.099	1.200	1.303
0.46	0.481	0.536	0.593	0.654	0.730	0.813	0.902	0.996	1.094	1.195	1.299	1.405
0.48	0.545	0.603	0.663	0.727	0.807	0.895	0.988	1.085	1.186	1.291	1.398	1.508
0.50	0.610	0.670	0.732	0.799	0.884	0.976	1.072	1.173	1.278	1.386	1.497	1.609
0.52	0.674	0.737	0.802	0.872	0.961	1.057	1.157	1.262	1.370	1.481	1.595	1.711
0.54	0.738	0.803	0.872	0.945	1.038	1.137	1.241	1.350	1.461	1.576	1.693	1.812
0.56	0.802	0.870	0.942	1.017	1.115	1.218	1.326	1.437	1.552	1.670	1.791	1.913
0.58	0.866	0.937	1.011	1.090	1.191	1.298	1.410	1.525	1.643	1.765	1.888	2.013
0.60	0.930	1.004	1.081	1.163	1.268	1.379	1.494	1.612	1.734	1.858	1.985	2.114
0.62	0.995	1.071	1.151	1.235	1.345	1.459	1.577	1.700	1.825	1.952	2.082	2.214
0.64	1.059	1.138	1.221	1.308	1.421	1.539	1.661	1.787	1.915	2.046	2.179	2.314
0.66	1.123	1.205	1.290	1.381	1.498	1.619	1.745	1.873	2.005	2.139	2.275	2.413
0.68	1.187	1.272	1.360	1.453	1.574	1.699	1.828	1.960	2.095	2.232	2.372	
0.70	1.251	1.339	1.430	1.526	1.650	1.779	1.911	2.047	2.185	2.325	2.468	
0.72	1.315	1.406	1.500	1.599	1.727	1.859	1.994	2.133	2.275	2.418		
0.74	1.380	1.473	1.569	1.671	1.803	1.938	2.078	2.220	2.364			
0.76	1.444	1.540	1.639	1.744	1.879	2.018	2.161	2.306	2.454			
0.78	1.508	1.607	1.709	1.816	1.955	2.098	2.243	2.392				
0.80	1.572	1.674	1.779	1.889	2.031	2.177	2.326	2.478				
0.82	1.636	1.741	1.848	1.962	2.107	2.257	2.409					
0.84	1.700	1.808	1.918	2.034	2.183	2.336	2.492					
0.86	1.765	1.875	1.988	2.107	2.259	2.415						
0.88	1.829	1.942	2.058	2.179	2.335	2.495						
0.90	1.893	2.009	2.127	2.252	2.411							
0.92	1.957	2.076	2.197	2.325	2.487							
0.94	2.021	2.143	2.267	2.397								
0.96	2.085	2.210	2.337	2.470								
0.98	2.150	2.277	2.406									
1.00	2.214	2.343	2.476									

ρ(%) \ n / E	0.70	0.72	0.74	0.76	0.78	0.80	0.82	0.84	0.86	0.88	0.90	0.92
0.12											0.293	0.367
0.14									0.288	0.363	0.438	0.514
0.16							0.277	0.352	0.428	0.505	0.583	0.662
0.18					0.258	0.334	0.410	0.488	0.567	0.646	0.727	0.808
0.20				0.309	0.386	0.463	0.543	0.623	0.705	0.787	0.870	0.954
0.22		0.280	0.355	0.432	0.512	0.592	0.674	0.757	0.842	0.927	1.012	1.099
0.24	0.320	0.396	0.474	0.555	0.637	0.720	0.805	0.891	0.978	1.065	1.154	1.243
0.26	0.432	0.511	0.593	0.676	0.761	0.847	0.935	1.023	1.113	1.204	1.295	1.387
0.28	0.543	0.626	0.710	0.796	0.884	0.973	1.064	1.155	1.248	1.341	1.435	1.530
0.30	0.654	0.739	0.827	0.916	1.007	1.099	1.192	1.286	1.382	1.478	1.575	1.672

续表 7-45e

ρ(%) n / E	0.70	0.72	0.74	0.76	0.78	0.80	0.82	0.84	0.86	0.88	0.90	0.92
0.32	0.763	0.852	0.942	1.035	1.128	1.223	1.320	1.417	1.515	1.614	1.713	1.814
0.34	0.872	0.964	1.058	1.153	1.249	1.347	1.446	1.547	1.647	1.749	1.852	1.955
0.36	0.981	1.075	1.172	1.270	1.370	1.471	1.573	1.676	1.780	1.884	1.989	2.095
0.38	1.088	1.186	1.286	1.387	1.490	1.594	1.698	1.804	1.911	2.018	2.127	2.235
0.40	1.195	1.296	1.399	1.503	1.609	1.716	1.824	1.932	2.042	2.152	2.263	2.375
0.42	1.302	1.406	1.512	1.619	1.728	1.838	1.948	2.060	2.172	2.286	2.399	
0.44	1.408	1.515	1.624	1.735	1.846	1.959	2.072	2.187	2.302	2.418		
0.46	1.514	1.624	1.736	1.849	1.964	2.080	2.196	2.314	2.432			
0.48	1.619	1.733	1.848	1.964	2.081	2.200	2.320	2.440				
0.50	1.724	1.841	1.959	2.078	2.198	2.320	2.442					
0.52	1.829	1.948	2.069	2.192	2.315	2.440						
0.54	1.933	2.056	2.180	2.305	2.432							
0.56	2.037	2.163	2.290	2.418								
0.58	2.141	2.269	2.400									
0.60	2.244	2.376										
0.62	2.347	2.482										
0.64	2.450											

ρ(%) n / E	0.94	0.96	0.98	1.00	1.10	1.15	1.20	1.25	1.30	1.35	1.40	1.45
0.01						0.288	0.450	0.613	0.776	0.939	1.103	1.266
0.02						0.372	0.537	0.703	0.869	1.035	1.202	1.369
0.03					0.290	0.457	0.626	0.794	0.963	1.133	1.302	1.472
0.04					0.373	0.544	0.715	0.886	1.058	1.231	1.404	1.577
0.06					0.541	0.717	0.894	1.072	1.250	1.429	1.608	1.787
0.08			0.280	0.351	0.710	0.892	1.076	1.259	1.444	1.629	1.814	2.000
0.10	0.290	0.363	0.435	0.509	0.880	1.069	1.258	1.448	1.639	1.830	2.022	2.215
0.12	0.441	0.516	0.591	0.667	1.051	1.245	1.441	1.637	1.834	2.032	2.231	2.430
0.14	0.591	0.668	0.746	0.824	1.221	1.422	1.624	1.827	2.030	2.235	2.440	
0.16	0.741	0.821	0.901	0.982	1.391	1.598	1.807	2.016	2.227	2.438		
0.18	0.890	0.972	1.055	1.139	1.561	1.775	1.990	2.206	2.423			
0.20	1.038	1.123	1.209	1.295	1.730	1.951	2.172	2.395				
0.22	1.186	1.274	1.362	1.451	1.899	2.126	2.355					
0.24	1.333	1.423	1.514	1.606	2.068	2.302						
0.26	1.479	1.572	1.666	1.760	2.236	2.476						
0.28	1.625	1.721	1.817	1.914	2.403							
0.30	1.770	1.869	1.968	2.067								
0.32	1.915	2.016	2.118	2.220								
0.34	2.058	2.163	2.267	2.372								
0.36	2.202	2.309	2.416									
0.38	2.345	2.454										
0.40	2.487											

ρ(%) n / E	1.50	1.55	1.60	1.65	1.70	1.75	1.80	1.85	1.90	1.95	2.00	2.20
0.01	1.430	1.594	1.758	1.922	2.086	2.250	2.414					
0.02	1.536	1.703	1.870	2.037	2.204	2.371						
0.03	1.642	1.813	1.983	2.153	2.324	2.494						
0.04	1.750	1.923	2.097	2.271	2.444							
0.06	1.967	2.147	2.327									
0.08	2.186	2.373										
0.10	2.407											

注：见表 7-42 注。

对称配筋矩形截面偏心受压构件正截面承载力计算参数 **表 7-45f**

(f_c=23.1N/mm^2 f_y=360N/mm^2 α_1=1 ξ_b=0.518 a_s/h_0=0.09)

ρ(%) n / E	0.01	0.02	0.03	0.04	0.06	0.08	0.10	0.12	0.14	0.16	0.18	0.20
0.62												0.247
0.64												0.275
0.66											0.260	0.303
0.68										0.254	0.286	0.331
0.70									0.242	0.276	0.311	0.360
0.72									0.262	0.299	0.336	0.388
0.74								0.241	0.281	0.322	0.362	0.416
0.76								0.258	0.301	0.344	0.387	0.444
0.78								0.275	0.321	0.367	0.412	0.472
0.80							0.243	0.292	0.341	0.389	0.438	0.501
0.82							0.257	0.309	0.360	0.412	0.463	0.529
0.84							0.271	0.326	0.380	0.434	0.489	0.557
0.86							0.286	0.343	0.400	0.457	0.514	0.585
0.88						0.240	0.300	0.360	0.420	0.479	0.539	0.613
0.90						0.251	0.314	0.377	0.439	0.502	0.565	0.642
0.92						0.262	0.328	0.393	0.459	0.525	0.590	0.670
0.94						0.274	0.342	0.410	0.479	0.547	0.616	0.698
0.96						0.285	0.356	0.427	0.499	0.570	0.641	0.726
0.98						0.296	0.370	0.444	0.518	0.592	0.666	0.754
1.00						0.307	0.384	0.461	0.538	0.615	0.692	0.783
1.10					0.273	0.364	0.455	0.546	0.637	0.728	0.819	0.924
1.15					0.294	0.392	0.490	0.588	0.686	0.784	0.882	0.994
1.20					0.315	0.420	0.525	0.630	0.735	0.841	0.946	1.065
1.25					0.336	0.448	0.561	0.673	0.785	0.897	1.009	1.135
1.30				0.238	0.358	0.477	0.596	0.715	0.834	0.953	1.073	1.206
1.35				0.252	0.379	0.505	0.631	0.757	0.884	1.010	1.136	1.276
1.40				0.267	0.400	0.533	0.666	0.800	0.933	1.066	1.199	1.347
1.45				0.281	0.421	0.561	0.702	0.842	0.982	1.123	1.263	1.417
1.50				0.295	0.442	0.589	0.737	0.884	1.032	1.179	1.326	1.488
1.55				0.309	0.463	0.618	0.772	0.927	1.081	1.235	1.390	1.558
1.60			0.242	0.323	0.484	0.646	0.807	0.969	1.130	1.292	1.453	1.629
1.65			0.253	0.337	0.506	0.674	0.843	1.011	1.180	1.348	1.517	1.699
1.70			0.263	0.351	0.527	0.702	0.878	1.053	1.229	1.405	1.580	1.770
1.75			0.274	0.365	0.548	0.731	0.913	1.096	1.278	1.461	1.644	1.840
1.80			0.285	0.379	0.569	0.759	0.948	1.138	1.328	1.517	1.707	1.911
1.85			0.295	0.393	0.590	0.787	0.984	1.180	1.377	1.574	1.771	1.981
1.90			0.306	0.408	0.611	0.815	1.019	1.223	1.426	1.630	1.834	2.052
1.95			0.316	0.422	0.633	0.843	1.054	1.265	1.476	1.687	1.898	2.122
2.00			0.327	0.436	0.654	0.872	1.089	1.307	1.525	1.743	1.961	2.193
2.20		0.246	0.369	0.492	0.738	0.984	1.230	1.477	1.723	1.969	2.215	2.475
2.40		0.274	0.411	0.549	0.823	1.097	1.371	1.646	1.920	2.194	2.469	
2.60		0.303	0.454	0.605	0.908	1.210	1.513	1.815	2.118	2.420		
2.80		0.331	0.496	0.661	0.992	1.323	1.654	1.984	2.315			
3.00		0.359	0.538	0.718	1.077	1.436	1.795	2.153				
3.20		0.387	0.581	0.774	1.161	1.548	1.936	2.323				
3.40		0.415	0.623	0.831	1.246	1.661	2.077	2.492				
3.60		0.444	0.665	0.887	1.331	1.774	2.218					
3.80	0.236	0.472	0.708	0.943	1.415	1.887	2.359					
4.00	0.250	0.500	0.750	1.000	1.500	2.000	2.500					
4.50	0.285	0.570	0.856	1.141	1.711	2.282						
5.00	0.320	0.641	0.961	1.282	1.923							
5.50	0.356	0.711	1.067	1.423	2.134							
6.00	0.391	0.782	1.173	1.564	2.346							
7.00	0.462	0.923	1.385	1.846								
8.00	0.532	1.064	1.596	2.128								
9.00	0.603	1.205	1.808	2.410								
10.00	0.673	1.346	2.019									
11.00	0.744	1.487	2.231									
12.00	0.814	1.628	2.442									

续表 7-45f

n / ρ(%) / E	0.22	0.24	0.26	0.28	0.30	0.32	0.34	0.36	0.38	0.40	0.42	0.44
0.42											0.252	0.295
0.44										0.268	0.311	0.357
0.46								0.241	0.281	0.324	0.370	0.419
0.48							0.252	0.292	0.335	0.381	0.429	0.481
0.50						0.259	0.300	0.343	0.389	0.437	0.489	0.543
0.52					0.264	0.305	0.348	0.393	0.442	0.494	0.548	0.605
0.54				0.267	0.307	0.350	0.396	0.444	0.496	0.550	0.607	0.667
0.56			0.266	0.306	0.349	0.395	0.444	0.495	0.549	0.606	0.666	0.729
0.58		0.262	0.303	0.346	0.391	0.440	0.491	0.546	0.603	0.663	0.726	0.791
0.60	0.256	0.296	0.339	0.385	0.434	0.485	0.539	0.597	0.656	0.719	0.785	0.853
0.62	0.287	0.330	0.376	0.424	0.476	0.530	0.587	0.647	0.710	0.776	0.844	0.915
0.64	0.318	0.364	0.413	0.464	0.518	0.575	0.635	0.698	0.764	0.832	0.903	0.977
0.66	0.349	0.398	0.449	0.503	0.561	0.621	0.683	0.749	0.817	0.888	0.963	1.039
0.68	0.380	0.432	0.486	0.543	0.603	0.666	0.731	0.800	0.871	0.945	1.022	1.101
0.70	0.411	0.465	0.523	0.582	0.645	0.711	0.779	0.850	0.924	1.001	1.081	1.163
0.72	0.442	0.499	0.559	0.622	0.688	0.756	0.827	0.901	0.978	1.058	1.140	1.226
0.74	0.473	0.533	0.596	0.661	0.730	0.801	0.875	0.952	1.032	1.114	1.199	1.288
0.76	0.504	0.567	0.632	0.701	0.772	0.846	0.923	1.003	1.085	1.171	1.259	1.350
0.78	0.535	0.601	0.669	0.740	0.814	0.891	0.971	1.053	1.139	1.227	1.318	1.412
0.80	0.566	0.635	0.706	0.780	0.857	0.936	1.019	1.104	1.192	1.283	1.377	1.474
0.82	0.597	0.668	0.743	0.819	0.899	0.982	1.067	1.155	1.246	1.340	1.436	1.536
0.84	0.628	0.702	0.779	0.859	0.941	1.027	1.115	1.206	1.300	1.396	1.496	1.598
0.86	0.659	0.736	0.816	0.898	0.984	1.072	1.163	1.257	1.353	1.453	1.555	1.660
0.88	0.690	0.770	0.853	0.938	1.026	1.117	1.211	1.307	1.407	1.509	1.614	1.722
0.90	0.721	0.804	0.889	0.977	1.068	1.162	1.259	1.358	1.460	1.565	1.673	1.784
0.92	0.752	0.838	0.926	1.017	1.111	1.207	1.307	1.409	1.514	1.622	1.733	1.846
0.94	0.783	0.872	0.963	1.056	1.153	1.252	1.355	1.460	1.568	1.678	1.792	1.908
0.96	0.814	0.905	0.999	1.096	1.195	1.297	1.403	1.510	1.621	1.735	1.851	1.970
0.98	0.845	0.939	1.036	1.135	1.238	1.343	1.450	1.561	1.675	1.791	1.910	2.032
1.00	0.876	0.973	1.073	1.175	1.280	1.388	1.498	1.612	1.728	1.847	1.969	2.094
1.10	1.032	1.142	1.256	1.372	1.491	1.613	1.738	1.866	1.996	2.129	2.266	2.404
1.15	1.109	1.227	1.348	1.471	1.597	1.726	1.858	1.993	2.130	2.271	2.414	
1.20	1.187	1.312	1.439	1.570	1.703	1.839	1.978	2.120	2.264	2.412		
1.25	1.264	1.396	1.531	1.668	1.809	1.952	2.098	2.247	2.398			
1.30	1.342	1.481	1.623	1.767	1.914	2.065	2.218	2.373				
1.35	1.419	1.565	1.714	1.866	2.020	2.177	2.338	2.500				
1.40	1.497	1.650	1.806	1.964	2.126	2.290	2.457					
1.45	1.575	1.735	1.898	2.063	2.232	2.403						
1.50	1.652	1.819	1.989	2.162	2.338							
1.55	1.730	1.904	2.081	2.261	2.443							
1.60	1.807	1.988	2.173	2.359								
1.65	1.885	2.073	2.264	2.458								
1.70	1.962	2.158	2.356									
1.75	2.040	2.242	2.448									
1.80	2.118	2.327										
1.85	2.195	2.412										
1.90	2.273	2.496										
1.95	2.350											
2.00	2.428											

续表 7-45f

ρ(%) n / E	0.46	0.48	0.50	0.52	0.54	0.56	0.58	0.60	0.62	0.64	0.66	0.68
0.26											0.259	0.332
0.28										0.291	0.365	0.442
0.30								0.252	0.320	0.393	0.470	0.551
0.32							0.279	0.345	0.418	0.494	0.575	0.659
0.34					0.247	0.303	0.368	0.438	0.514	0.595	0.679	0.766
0.36				0.275	0.326	0.387	0.456	0.531	0.610	0.694	0.782	0.872
0.38		0.254	0.300	0.348	0.405	0.471	0.544	0.622	0.706	0.793	0.884	0.978
0.40	0.276	0.322	0.370	0.422	0.484	0.554	0.631	0.714	0.801	0.892	0.986	1.083
0.42	0.341	0.389	0.441	0.496	0.562	0.637	0.718	0.805	0.895	0.990	1.088	1.188
0.44	0.405	0.457	0.511	0.569	0.641	0.720	0.805	0.895	0.990	1.088	1.189	1.292
0.46	0.470	0.525	0.582	0.643	0.719	0.802	0.891	0.985	1.083	1.185	1.289	1.396
0.48	0.535	0.592	0.652	0.716	0.797	0.884	0.977	1.075	1.177	1.282	1.389	1.500
0.50	0.600	0.660	0.723	0.790	0.875	0.966	1.063	1.165	1.270	1.378	1.489	1.603
0.52	0.665	0.728	0.793	0.863	0.953	1.048	1.149	1.254	1.363	1.474	1.589	1.705
0.54	0.730	0.795	0.864	0.937	1.030	1.130	1.234	1.343	1.455	1.570	1.688	1.808
0.56	0.795	0.863	0.934	1.010	1.108	1.211	1.320	1.432	1.547	1.666	1.787	1.910
0.58	0.860	0.931	1.005	1.084	1.185	1.293	1.405	1.520	1.639	1.761	1.885	2.011
0.60	0.924	0.998	1.075	1.157	1.263	1.374	1.489	1.609	1.731	1.856	1.984	2.113
0.62	0.989	1.066	1.146	1.231	1.340	1.455	1.574	1.697	1.823	1.951	2.082	2.214
0.64	1.054	1.134	1.216	1.304	1.418	1.536	1.659	1.785	1.914	2.046	2.179	2.315
0.66	1.119	1.202	1.287	1.377	1.495	1.617	1.743	1.873	2.005	2.140	2.277	2.416
0.68	1.184	1.269	1.357	1.451	1.572	1.698	1.828	1.961	2.096	2.234	2.375	
0.70	1.249	1.337	1.428	1.524	1.649	1.779	1.912	2.048	2.187	2.328	2.472	
0.72	1.314	1.405	1.498	1.598	1.726	1.859	1.996	2.136	2.278	2.422		
0.74	1.379	1.472	1.569	1.671	1.803	1.940	2.080	2.223	2.368			
0.76	1.443	1.540	1.639	1.745	1.881	2.020	2.164	2.310	2.459			
0.78	1.508	1.608	1.710	1.818	1.958	2.101	2.248	2.397				
0.80	1.573	1.675	1.780	1.891	2.034	2.181	2.331	2.484				
0.82	1.638	1.743	1.851	1.965	2.111	2.262	2.415					
0.84	1.703	1.811	1.921	2.038	2.188	2.342	2.499					
0.86	1.768	1.878	1.992	2.112	2.265	2.422						
0.88	1.833	1.946	2.063	2.185	2.342	2.502						
0.90	1.898	2.014	2.133	2.259	2.419							
0.92	1.962	2.082	2.204	2.332	2.496							
0.94	2.027	2.149	2.274	2.405								
0.96	2.092	2.217	2.345	2.479								
0.98	2.157	2.285	2.415									
1.00	2.222	2.352	2.486									

ρ(%) n / E	0.70	0.72	0.74	0.76	0.78	0.80	0.82	0.84	0.86	0.88	0.90	0.92
0.12											0.260	0.334
0.14									0.257	0.332	0.408	0.484
0.16							0.247	0.322	0.399	0.476	0.554	0.633
0.18						0.305	0.382	0.460	0.539	0.619	0.700	0.782
0.20				0.282	0.359	0.437	0.517	0.597	0.679	0.762	0.845	0.929
0.22		0.254	0.329	0.407	0.487	0.568	0.650	0.733	0.818	0.903	0.989	1.076
0.24	0.295	0.372	0.450	0.531	0.613	0.697	0.782	0.869	0.956	1.044	1.133	1.222
0.26	0.409	0.489	0.570	0.654	0.739	0.826	0.914	1.003	1.093	1.184	1.276	1.368
0.28	0.522	0.605	0.689	0.776	0.864	0.954	1.045	1.137	1.229	1.323	1.418	1.513
0.30	0.634	0.720	0.808	0.897	0.988	1.081	1.175	1.269	1.365	1.462	1.559	1.657

续表 7-45f

ρ(%) n / E	0.70	0.72	0.74	0.76	0.78	0.80	0.82	0.84	0.86	0.88	0.90	0.92
0.32	0.745	0.834	0.925	1.018	1.112	1.207	1.304	1.401	1.500	1.599	1.699	1.800
0.34	0.856	0.948	1.042	1.137	1.234	1.333	1.432	1.533	1.634	1.736	1.839	1.943
0.36	0.965	1.060	1.157	1.256	1.356	1.458	1.560	1.664	1.768	1.873	1.979	2.085
0.38	1.074	1.173	1.273	1.374	1.478	1.582	1.687	1.794	1.901	2.009	2.118	2.227
0.40	1.183	1.284	1.387	1.492	1.598	1.706	1.814	1.923	2.033	2.144	2.256	2.368
0.42	1.291	1.395	1.502	1.609	1.719	1.829	1.940	2.052	2.165	2.279	2.394	
0.44	1.398	1.506	1.615	1.726	1.838	1.952	2.066	2.181	2.297	2.414		
0.46	1.505	1.616	1.729	1.842	1.958	2.074	2.191	2.309	2.428			
0.48	1.612	1.726	1.841	1.958	2.076	2.196	2.316	2.437				
0.50	1.718	1.835	1.954	2.074	2.195	2.317	2.440					
0.52	1.824	1.944	2.066	2.189	2.313	2.438						
0.54	1.929	2.053	2.177	2.304	2.431							
0.56	2.035	2.161	2.289	2.418								
0.58	2.139	2.269	2.400									
0.60	2.244	2.377										
0.62	2.348	2.484										
0.64	2.452											

ρ(%) n / E	0.94	0.96	0.98	1.00	1.10	1.15	1.20	1.25	1.30	1.35	1.40	1.45
0.01						0.249	0.412	0.575	0.738	0.901	1.065	1.229
0.02						0.334	0.499	0.665	0.832	0.998	1.165	1.332
0.03					0.252	0.420	0.588	0.757	0.927	1.096	1.266	1.436
0.04					0.336	0.507	0.678	0.850	1.023	1.195	1.368	1.542
0.06					0.506	0.682	0.860	1.038	1.216	1.395	1.575	1.755
0.08			0.245	0.316	0.677	0.859	1.043	1.227	1.412	1.598	1.784	1.970
0.10	0.256	0.329	0.402	0.476	0.849	1.037	1.227	1.418	1.609	1.801	1.994	2.186
0.12	0.409	0.484	0.560	0.636	1.021	1.216	1.412	1.609	1.807	2.006	2.205	2.404
0.14	0.561	0.639	0.717	0.795	1.193	1.395	1.597	1.801	2.005	2.210	2.416	
0.16	0.713	0.793	0.874	0.955	1.365	1.573	1.783	1.993	2.204	2.416		
0.18	0.864	0.947	1.030	1.113	1.537	1.752	1.968	2.185	2.402			
0.20	1.014	1.100	1.185	1.272	1.709	1.930	2.153	2.376				
0.22	1.164	1.252	1.340	1.429	1.880	2.108	2.337					
0.24	1.313	1.403	1.495	1.586	2.051	2.285						
0.26	1.461	1.554	1.648	1.743	2.221	2.462						
0.28	1.608	1.705	1.801	1.899	2.390							
0.30	1.755	1.854	1.954	2.054								
0.32	1.901	2.003	2.106	2.208								
0.34	2.047	2.152	2.257	2.363								
0.36	2.192	2.300	2.408									
0.38	2.337	2.447										
0.40	2.481											

ρ(%) n / E	1.50	1.55	1.60	1.65	1.70	1.75	1.80	1.85	1.90	1.95	2.00	2.20
0.01	1.393	1.557	1.721	1.885	2.049	2.213	2.377					
0.02	1.499	1.666	1.834	2.001	2.168	2.336						
0.03	1.607	1.777	1.948	2.118	2.289	2.460						
0.04	1.715	1.889	2.063	2.237	2.411							
0.06	1.935	2.115	2.295	2.476								
0.08	2.156	2.343										
0.10	2.380											

注：见表 7-42 注。

对称配筋矩形截面偏心受压构件正截面承载力计算参数 **表 7-45g**

（f_c=23.1N/mm^2 f_y=360N/mm^2 α_1=1 ξ_b=0.518 a_s/h_0=0.10）

n ρ(%) E	0.01	0.02	0.03	0.04	0.06	0.08	0.10	0.12	0.14	0.16	0.18	0.20
0.62												0.242
0.64											0.244	0.271
0.66										0.240	0.270	0.299
0.68										0.262	0.295	0.328
0.70									0.250	0.285	0.321	0.356
0.72									0.270	0.308	0.347	0.385
0.74								0.248	0.289	0.331	0.372	0.414
0.76								0.265	0.309	0.354	0.398	0.442
0.78								0.282	0.329	0.376	0.423	0.471
0.80							0.250	0.299	0.349	0.399	0.449	0.499
0.82							0.264	0.317	0.369	0.422	0.475	0.528
0.84							0.278	0.334	0.389	0.445	0.501	0.556
0.86							0.292	0.351	0.409	0.468	0.526	0.585
0.88						0.245	0.307	0.368	0.429	0.491	0.552	0.613
0.90						0.257	0.321	0.385	0.449	0.513	0.578	0.642
0.92						0.268	0.335	0.402	0.469	0.536	0.603	0.670
0.94						0.279	0.349	0.419	0.489	0.559	0.629	0.699
0.96						0.291	0.364	0.436	0.509	0.582	0.655	0.727
0.98						0.302	0.378	0.453	0.529	0.605	0.680	0.756
1.00						0.314	0.392	0.471	0.549	0.627	0.706	0.784
1.10					0.278	0.371	0.463	0.556	0.649	0.741	0.834	0.927
1.15					0.299	0.399	0.499	0.599	0.699	0.799	0.898	0.998
1.20					0.321	0.428	0.535	0.642	0.749	0.856	0.963	1.069
1.25					0.342	0.456	0.570	0.684	0.799	0.913	1.027	1.141
1.30				0.242	0.364	0.485	0.606	0.727	0.848	0.970	1.091	1.212
1.35				0.257	0.385	0.513	0.642	0.770	0.898	1.027	1.155	1.283
1.40				0.271	0.406	0.542	0.677	0.813	0.948	1.084	1.219	1.355
1.45				0.285	0.428	0.570	0.713	0.856	0.998	1.141	1.283	1.426
1.50				0.299	0.449	0.599	0.749	0.898	1.048	1.198	1.348	1.497
1.55				0.314	0.471	0.627	0.784	0.941	1.098	1.255	1.412	1.569
1.60			0.246	0.328	0.492	0.656	0.820	0.984	1.148	1.312	1.476	1.640
1.65			0.257	0.342	0.513	0.684	0.856	1.027	1.198	1.369	1.540	1.711
1.70			0.267	0.356	0.535	0.713	0.891	1.069	1.248	1.426	1.604	1.782
1.75			0.278	0.371	0.556	0.741	0.927	1.112	1.298	1.483	1.668	1.854
1.80			0.289	0.385	0.578	0.770	0.963	1.155	1.348	1.540	1.733	1.925
1.85			0.299	0.399	0.599	0.799	0.998	1.198	1.397	1.597	1.797	1.996
1.90			0.310	0.414	0.620	0.827	1.034	1.241	1.447	1.654	1.861	2.068
1.95			0.321	0.428	0.642	0.856	1.069	1.283	1.497	1.711	1.925	2.139
2.00			0.332	0.442	0.663	0.884	1.105	1.326	1.547	1.768	1.989	2.210
2.20		0.250	0.374	0.499	0.749	0.998	1.248	1.497	1.747	1.996	2.246	2.495
2.40		0.278	0.417	0.556	0.834	1.112	1.390	1.668	1.946	2.224		
2.60		0.307	0.460	0.613	0.920	1.226	1.533	1.839	2.146	2.453		
2.80		0.335	0.503	0.670	1.005	1.340	1.675	2.011	2.346			
3.00		0.364	0.545	0.727	1.091	1.454	1.818	2.182				
3.20		0.392	0.588	0.784	1.176	1.569	1.961	2.353				
3.40		0.421	0.631	0.841	1.262	1.683	2.103					
3.60		0.449	0.674	0.898	1.348	1.797	2.246					
3.80	0.239	0.478	0.717	0.955	1.433	1.911	2.388					
4.00	0.253	0.506	0.759	1.012	1.519	2.025						
4.50	0.289	0.578	0.866	1.155	1.733	2.310						
5.00	0.324	0.649	0.973	1.298	1.946							
5.50	0.360	0.720	1.080	1.440	2.160							
6.00	0.396	0.791	1.187	1.583	2.374							
7.00	0.467	0.934	1.401	1.868								
8.00	0.538	1.077	1.615	2.153								
9.00	0.610	1.219	1.829	2.438								
10.00	0.681	1.362	2.043									
11.00	0.752	1.504	2.257									
12.00	0.823	1.647	2.470									

续表 7-45g

ρ(%) \ n / E	0.22	0.24	0.26	0.28	0.30	0.32	0.34	0.36	0.38	0.40	0.42	0.44
0.42											0.240	0.282
0.44										0.257	0.299	0.345
0.46									0.271	0.314	0.359	0.408
0.48							0.242	0.282	0.325	0.371	0.419	0.471
0.50						0.251	0.291	0.334	0.379	0.428	0.479	0.533
0.52					0.257	0.297	0.339	0.385	0.433	0.485	0.539	0.596
0.54				0.260	0.299	0.342	0.388	0.436	0.488	0.542	0.599	0.659
0.56			0.260	0.299	0.342	0.388	0.436	0.488	0.542	0.599	0.659	0.722
0.58		0.257	0.297	0.339	0.385	0.433	0.485	0.539	0.596	0.656	0.719	0.784
0.60	0.251	0.291	0.334	0.379	0.428	0.479	0.533	0.590	0.650	0.713	0.779	0.847
0.62	0.282	0.325	0.371	0.419	0.471	0.525	0.582	0.642	0.704	0.770	0.838	0.910
0.64	0.314	0.359	0.408	0.459	0.513	0.570	0.630	0.693	0.759	0.827	0.898	0.972
0.66	0.345	0.394	0.445	0.499	0.556	0.616	0.679	0.744	0.813	0.884	0.958	1.035
0.68	0.376	0.428	0.482	0.539	0.599	0.662	0.727	0.796	0.867	0.941	1.018	1.098
0.70	0.408	0.462	0.519	0.579	0.642	0.707	0.776	0.847	0.921	0.998	1.078	1.161
0.72	0.439	0.496	0.556	0.619	0.684	0.753	0.824	0.898	0.975	1.055	1.138	1.223
0.74	0.471	0.530	0.593	0.659	0.727	0.799	0.873	0.950	1.030	1.112	1.198	1.286
0.76	0.502	0.565	0.630	0.699	0.770	0.844	0.921	1.001	1.084	1.169	1.258	1.349
0.78	0.533	0.599	0.667	0.739	0.813	0.890	0.970	1.052	1.138	1.226	1.318	1.412
0.80	0.565	0.633	0.704	0.779	0.856	0.935	1.018	1.104	1.192	1.283	1.377	1.474
0.82	0.596	0.667	0.741	0.818	0.898	0.981	1.067	1.155	1.246	1.340	1.437	1.537
0.84	0.627	0.702	0.779	0.858	0.941	1.027	1.115	1.206	1.300	1.397	1.497	1.600
0.86	0.659	0.736	0.816	0.898	0.984	1.072	1.164	1.258	1.355	1.454	1.557	1.663
0.88	0.690	0.770	0.853	0.938	1.027	1.118	1.212	1.309	1.409	1.511	1.617	1.725
0.90	0.722	0.804	0.890	0.978	1.069	1.164	1.261	1.360	1.463	1.569	1.677	1.788
0.92	0.753	0.838	0.927	1.018	1.112	1.209	1.309	1.412	1.517	1.626	1.737	1.851
0.94	0.784	0.873	0.964	1.058	1.155	1.255	1.357	1.463	1.571	1.683	1.797	1.914
0.96	0.816	0.907	1.001	1.098	1.198	1.300	1.406	1.514	1.626	1.740	1.857	1.976
0.98	0.847	0.941	1.038	1.138	1.241	1.346	1.454	1.566	1.680	1.797	1.916	2.039
1.00	0.878	0.975	1.075	1.178	1.283	1.392	1.503	1.617	1.734	1.854	1.976	2.102
1.10	1.035	1.146	1.261	1.377	1.497	1.620	1.745	1.874	2.005	2.139	2.276	2.416
1.15	1.114	1.232	1.353	1.477	1.604	1.734	1.867	2.002	2.140	2.281	2.426	
1.20	1.192	1.318	1.446	1.577	1.711	1.848	1.988	2.130	2.276	2.424		
1.25	1.271	1.403	1.539	1.677	1.818	1.962	2.109	2.259	2.411			
1.30	1.349	1.489	1.631	1.777	1.925	2.076	2.230	2.387				
1.35	1.427	1.574	1.724	1.877	2.032	2.190	2.351					
1.40	1.506	1.660	1.817	1.976	2.139	2.304	2.473					
1.45	1.584	1.745	1.909	2.076	2.246	2.418						
1.50	1.663	1.831	2.002	2.176	2.353							
1.55	1.741	1.916	2.095	2.276	2.460							
1.60	1.819	2.002	2.187	2.376								
1.65	1.898	2.088	2.280	2.475								
1.70	1.976	2.173	2.373									
1.75	2.055	2.259	2.465									
1.80	2.133	2.344										
1.85	2.212	2.430										
1.90	2.290											
1.95	2.368											
2.00	2.447											

续表 7-45g

E \ n (ρ(%))	0.46	0.48	0.50	0.52	0.54	0.56	0.58	0.60	0.62	0.64	0.66	0.68
0.26												0.309
0.28										0.269	0.343	0.420
0.30									0.299	0.372	0.450	0.530
0.32							0.260	0.326	0.398	0.475	0.556	0.640
0.34						0.286	0.350	0.420	0.496	0.577	0.661	0.748
0.36				0.259	0.310	0.371	0.439	0.514	0.593	0.678	0.765	0.856
0.38		0.240	0.285	0.334	0.390	0.455	0.528	0.607	0.690	0.778	0.869	0.963
0.40	0.262	0.308	0.356	0.408	0.469	0.539	0.616	0.699	0.787	0.878	0.973	1.070
0.42	0.328	0.376	0.428	0.483	0.549	0.623	0.705	0.791	0.882	0.977	1.075	1.176
0.44	0.394	0.445	0.499	0.557	0.628	0.707	0.792	0.883	0.978	1.076	1.178	1.282
0.46	0.459	0.513	0.570	0.631	0.707	0.790	0.880	0.974	1.072	1.174	1.279	1.387
0.48	0.525	0.582	0.642	0.706	0.786	0.874	0.967	1.065	1.167	1.272	1.381	1.491
0.50	0.590	0.650	0.713	0.780	0.865	0.957	1.054	1.156	1.261	1.370	1.482	1.596
0.52	0.656	0.719	0.784	0.854	0.944	1.039	1.140	1.246	1.355	1.467	1.582	1.700
0.54	0.722	0.787	0.856	0.929	1.022	1.122	1.227	1.336	1.449	1.564	1.683	1.803
0.56	0.787	0.856	0.927	1.003	1.101	1.204	1.313	1.426	1.542	1.661	1.783	1.906
0.58	0.853	0.924	0.998	1.077	1.179	1.287	1.399	1.516	1.635	1.758	1.882	2.009
0.60	0.918	0.992	1.069	1.151	1.258	1.369	1.485	1.605	1.728	1.854	1.982	2.112
0.62	0.984	1.061	1.141	1.226	1.336	1.451	1.571	1.694	1.821	1.950	2.081	2.214
0.64	1.049	1.129	1.212	1.300	1.414	1.533	1.656	1.783	1.913	2.046	2.180	2.317
0.66	1.115	1.198	1.283	1.374	1.492	1.615	1.742	1.872	2.005	2.141	2.279	2.419
0.68	1.181	1.266	1.355	1.449	1.570	1.697	1.827	1.961	2.097	2.236	2.377	
0.70	1.246	1.335	1.426	1.523	1.648	1.778	1.912	2.049	2.189	2.332	2.476	
0.72	1.312	1.403	1.497	1.597	1.726	1.860	1.997	2.138	2.281	2.427		
0.74	1.377	1.472	1.569	1.671	1.804	1.942	2.082	2.226	2.373			
0.76	1.443	1.540	1.640	1.745	1.882	2.023	2.167	2.315	2.464			
0.78	1.509	1.608	1.711	1.820	1.960	2.104	2.252	2.403				
0.80	1.574	1.677	1.782	1.894	2.038	2.186	2.337	2.491				
0.82	1.640	1.745	1.854	1.968	2.116	2.267	2.421					
0.84	1.705	1.814	1.925	2.042	2.193	2.348						
0.86	1.771	1.882	1.996	2.117	2.271	2.429						
0.88	1.837	1.951	2.068	2.191	2.349							
0.90	1.902	2.019	2.139	2.265	2.427							
0.92	1.968	2.088	2.210	2.339								
0.94	2.033	2.156	2.281	2.413								
0.96	2.099	2.224	2.353	2.488								
0.98	2.165	2.293	2.424									
1.00	2.230	2.361	2.495									

E \ n (ρ(%))	0.70	0.72	0.74	0.76	0.78	0.80	0.82	0.84	0.86	0.88	0.90	0.92
0.14										0.300	0.376	0.453
0.16								0.292	0.369	0.446	0.525	0.604
0.18						0.276	0.353	0.432	0.511	0.592	0.673	0.755
0.20				0.254	0.331	0.410	0.490	0.571	0.653	0.736	0.820	0.904
0.22			0.303	0.381	0.461	0.542	0.625	0.709	0.794	0.879	0.966	1.053
0.24	0.270	0.347	0.426	0.507	0.590	0.674	0.759	0.846	0.933	1.022	1.111	1.201
0.26	0.386	0.466	0.548	0.632	0.717	0.804	0.893	0.982	1.072	1.164	1.256	1.349
0.28	0.500	0.583	0.668	0.755	0.844	0.934	1.025	1.117	1.211	1.305	1.400	1.495
0.30	0.614	0.700	0.788	0.878	0.970	1.062	1.157	1.252	1.348	1.445	1.543	1.641
0.32	0.727	0.816	0.907	1.000	1.095	1.190	1.287	1.386	1.485	1.584	1.685	1.786

续表 7-45g

E \ ρ(%) n	0.70	0.72	0.74	0.76	0.78	0.80	0.82	0.84	0.86	0.88	0.90	0.92
0.34	0.838	0.931	1.025	1.121	1.219	1.318	1.418	1.519	1.621	1.723	1.827	1.931
0.36	0.949	1.045	1.143	1.242	1.342	1.444	1.547	1.651	1.756	1.861	1.968	2.075
0.38	1.060	1.159	1.259	1.362	1.465	1.570	1.676	1.783	1.891	1.999	2.108	2.218
0.40	1.170	1.272	1.375	1.481	1.587	1.695	1.804	1.914	2.025	2.136	2.248	2.361
0.42	1.279	1.384	1.491	1.599	1.709	1.820	1.932	2.045	2.158	2.273	2.388	
0.44	1.388	1.496	1.606	1.718	1.830	1.944	2.059	2.175	2.292	2.409		
0.46	1.496	1.608	1.721	1.835	1.951	2.068	2.186	2.305	2.424			
0.48	1.604	1.719	1.835	1.953	2.071	2.191	2.312	2.434				
0.50	1.712	1.829	1.949	2.069	2.191	2.314	2.438					
0.52	1.819	1.940	2.062	2.186	2.311	2.437						
0.54	1.926	2.050	2.175	2.302	2.430							
0.56	2.032	2.159	2.288	2.418								
0.58	2.138	2.268	2.400									
0.60	2.244	2.377										
0.62	2.350	2.486										
0.64	2.455											

E \ ρ(%) n	0.94	0.96	0.98	1.00	1.10	1.15	1.20	1.25	1.30	1.35	1.40	1.45
0.01							0.372	0.536	0.699	0.863	1.027	1.191
0.02						0.295	0.461	0.627	0.794	0.961	1.128	1.295
0.03						0.382	0.550	0.720	0.889	1.059	1.230	1.400
0.04					0.298	0.469	0.641	0.813	0.986	1.159	1.333	1.506
0.06					0.469	0.646	0.824	1.003	1.182	1.361	1.541	1.721
0.08				0.280	0.642	0.825	1.009	1.194	1.380	1.566	1.752	1.939
0.10		0.294	0.368	0.442	0.816	1.005	1.196	1.387	1.579	1.771	1.964	2.158
0.12	0.376	0.452	0.527	0.604	0.990	1.186	1.383	1.581	1.779	1.978	2.178	2.378
0.14	0.530	0.608	0.687	0.765	1.165	1.367	1.570	1.775	1.980	2.185	2.392	
0.16	0.684	0.765	0.845	0.927	1.339	1.548	1.758	1.969	2.180	2.393		
0.18	0.837	0.920	1.004	1.088	1.513	1.729	1.945	2.163	2.381			
0.20	0.989	1.075	1.161	1.248	1.687	1.909	2.132	2.357				
0.22	1.141	1.229	1.318	1.408	1.860	2.089	2.319					
0.24	1.292	1.383	1.475	1.567	2.033	2.268						
0.26	1.442	1.536	1.630	1.725	2.205	2.448						
0.28	1.591	1.688	1.785	1.883	2.377							
0.30	1.740	1.840	1.940	2.040								
0.32	1.888	1.990	2.093	2.197								
0.34	2.035	2.141	2.246	2.352								
0.36	2.182	2.290	2.399									
0.38	2.329	2.440										
0.40	2.474											

E \ ρ(%) n	1.50	1.55	1.60	1.65	1.70	1.75	1.80	1.85	1.90	1.95	2.00	2.20
0.01	1.355	1.519	1.683	1.847	2.011	2.175	2.340					
0.02	1.462	1.629	1.797	1.964	2.132	2.299	2.467					
0.03	1.571	1.741	1.912	2.083	2.254	2.425						
0.04	1.680	1.854	2.028	2.202	2.376							
0.06	1.902	2.082	2.263	2.444								
0.08	2.126	2.313	2.500									
0.10	2.351											

注：见表 7-42 注。

7.8.2　计算例题

【例题 7-27】 采用对称配筋，利用计算用表计算【例题 7-24】。

【解】

（1）已知计算数据

由【例题 7-24】得已知计算数据为

$b=400\text{mm}$，$h=500\text{mm}$，$a_s=a_s'=40\text{mm}$，$h_0=h-a_s=500-40=460\text{mm}$，HRB400 级钢筋，$f_y=f'_y=360\text{N/mm}^2$；C30 混凝土，$f_c=14.3\text{N/mm}^2$，$\alpha_1=1$，$N=550\text{kN}$，$e_i=873\text{mm}$。

（2）利用计算用表计算

由于$\frac{a_s}{h_0}=\frac{40}{460}=0.09$，$n=\frac{N}{\alpha_1 f_c b h_0}=\frac{550\times10^3}{1.0\times14.3\times400\times460}=2.09$，$E=\frac{e_i}{h_0}=\frac{873}{460}=1.89$，查表 7-43f 计算，得

$$\rho(\%)=1.330$$

则计算，得

$$A_s=A_s'=\rho(\%)bh_0=\frac{1.330}{100}\times400\times460=2447\text{mm}^2$$

【例题 7-28】 采用对称配筋，利用计算用表计算【例题 7-25】。

【解】

（1）已知计算数据

由【例题 7-25】得已知计算数据为

$b=300\text{mm}$，$h=400\text{mm}$，$a_s=a_s'=40\text{mm}$，$h_0=h-a_s=400-40=360\text{mm}$。HRB400 级钢筋，$f_y=f'_y=360\text{N/mm}^2$；C40 混凝土，$f_c=19.1\text{N/mm}^2$，$\alpha_1=1$。$N=330\text{kN}$，$e_i=300\text{mm}$。

（2）利用计算用表计算

由于$\frac{a_s}{h_0}=\frac{40}{360}=0.11\approx0.10$，$n=\frac{N}{\alpha_1 f_c b h_0}=\frac{330\times10^3}{1.0\times19.1\times300\times360}=0.16$，$E=\frac{e_i}{h_0}=\frac{300}{360}=0.833$，查表 7-44g 计算，得

$$\rho(\%)=0.37$$

则计算，得

$$A_s=A_s'=\rho(\%)bh_0=\frac{0.37}{100}\times300\times360=400\text{mm}^2$$

【例题 7-29】 采用对称配筋，利用计算用表计算【例题 7-26】。

【解】

（1）已知计算数据

由【例题 7-26】得已知计算数据为

$b=400\text{mm}$，$h=500\text{mm}$，$a_s=a_s'=40\text{mm}$，$h_0=h-a_s=500-40=460\text{mm}$。HRB400 级钢筋，$f_y=f'_y=360\text{N/mm}^2$；C40 混凝土，$f_c=19.1\text{N/mm}^2$。$\alpha_1=1$，$N=2400\text{kN}$，$e_i=126.43\text{mm}$。

（2）利用计算用表计算

由于$\frac{a_s}{h_0}=\frac{40}{460}=0.09$，$n=\frac{N}{\alpha_1 f_c b h_0}=\frac{2400\times10^3}{1.0\times19.1\times400\times460}=0.683$，$E=\frac{e_i}{h_0}=\frac{126.43}{460}=0.275$，查表 7-44f 计算，得

$$\rho(\%)=0.357$$

则计算，得
$$A_s=A_s'=\rho(\%)bh_0=\frac{0.357}{100}\times400\times460=657\text{mm}^2$$

7.9　高层建筑钢筋混凝土圆形截面偏心受压柱正截面受压承载力计算与计算用表

7.9.1　钢筋混凝土圆形截面偏心受压柱正截面受压承载力计算与计算用表

钢筋混凝土圆形截面偏心受压柱正截面受压承载力计算与计算用表如表 7-46 所示。

钢筋混凝土圆形截面偏心受压柱正截面受压承载力计算与计算用表　表 7-46

序号	项　目	内　容
1	受压承载力计算	沿周边均匀配置纵向普通钢筋的圆形截面钢筋混凝土偏心受压柱(图 7-31)，其正截面受压承载力宜符合下列规定： (1) 无地震作用组合 $N\leqslant\alpha\alpha_1 f_c A\left(1-\frac{\sin2\pi\alpha}{2\pi\alpha}\right)+(\alpha-\alpha_t)f_y A_s$　(7-160) $Ne_i\leqslant\frac{2}{3}\alpha_1 f_c A r\frac{\sin^3\pi\alpha}{\pi}+f_y A_s r_s\frac{\sin\pi\alpha+\sin\pi\alpha_t}{\pi}$　(7-161) (2) 有地震作用组合 $\gamma_{RE}N_1\leqslant\alpha\alpha_1 f_c A\left(1-\frac{\sin2\pi\alpha}{2\pi\alpha}\right)+(\alpha-\alpha_t)f_y A_s$　(7-162) $\gamma_{RE}N_1 e_i\leqslant\frac{2}{3}\alpha_1 f_c A r\frac{\sin^3\pi\alpha}{\pi}+f_y A_s r_s\frac{\sin\pi\alpha+\sin\pi\alpha_t}{\pi}$　(7-163) $\alpha_t=1.25-2\alpha$　(7-164) $e_i=e_0+e_a$　(2-14) 式中　A——圆形截面面积 A_s——全部纵向普通钢筋的截面面积 r——圆形截面的半径 r_s——纵向普通钢筋重心所在圆周的半径 e_0——轴向压力对截面重心的偏心距 e_a——附加偏心距，按本书公式(2-14)确定 α——对应于受压区混凝土截面圆心角(rad)与 2π 的比值 α_t——纵向受拉普通钢筋截面面积与全部纵向普通钢筋截面面积的比值，当 α 大于 0.625 时，取 α_t 为 0 上述公式适用于截面内纵向普通钢筋数量不少于 6 根的情况
2	制表计算公式	(1) 基本计算公式(见图 7-31) N 或 $\gamma_{RE}N_1=\alpha\alpha_1 f_c A\left(1-\frac{\sin2\pi\alpha}{2\pi\alpha}\right)+(\alpha-\alpha_t)f_y A_s$　(7-165) Ne_i 或 $\gamma_{RE}N_1 e_i=\frac{2}{3}\alpha_1 f_c r^3\sin^3\pi\alpha+f_y A_s r_s\frac{\sin\pi\alpha+\sin\pi\alpha_t}{\pi}$　(7-166) 式中　$A=\pi r^2$ $\alpha_t=1.25-2\alpha$，当 $\alpha>0.625$ 时，取 $\alpha_t=0$ (2) 计算公式 设　$n=\frac{N\text{或}\gamma_{RE}N_1}{\alpha_1 f_c A}$　或　N 或 $\gamma_{RE}N_1=n\alpha_1 f_c A$　(7-167) $e=\frac{e_i}{r_s}$　(7-168)

续表 7-46

序号	项　目	内　容
2	制表计算公式	$\beta=\frac{f_y A_s}{\alpha_1 f_c A}$　或　$A_s=\frac{\beta\alpha_1 f_c A}{f_y}$　(7-169) $R=\frac{r}{r_s}$　(7-170) 取 $\beta_1=\beta_{min}=0.05$；$\beta_2=\beta_{max}=2$；用二分法解： $F(\beta)=-ne+\frac{2}{3}R\alpha\frac{\sin^3\pi\alpha}{\pi}+\beta\frac{\sin\pi\alpha+\sin\pi\alpha_t}{\pi}=0$　(7-171) 在每次假定 β 后，取 $\alpha_1=0$，$\alpha_2=1$，用二分法解： $F(\alpha)=-n+\alpha\left(1-\frac{\sin2\pi\alpha}{2\pi\alpha}\right)+\beta(\alpha-\alpha_t)=0$　(7-172)
3	计算用表	根据公式(7-165)～公式(7-172)制成圆形截面偏心受压构件当 $n=\frac{N或\gamma_{RE}N_1}{\alpha_1 f_c A}$、$e=\frac{e_i}{r_s}$、$\beta=\frac{f_y A_s}{\alpha_1 f_c A}$时的正截面承载力计算用表，即表 7-47 表 7-47 应用说明： (1) 本表仅适用于圆形截面内纵向钢筋数量不少于 6 根的情况 (2) 表 7-47 中，$n=\frac{N或\gamma_{RE}N_1}{\alpha_1 f_c A}$，$e=\frac{e_i}{r_s}$，$R=\frac{r}{r_s}$，$\beta=\frac{f_y A_s}{\alpha_1 f_c A}$，表内查得的数值为 β

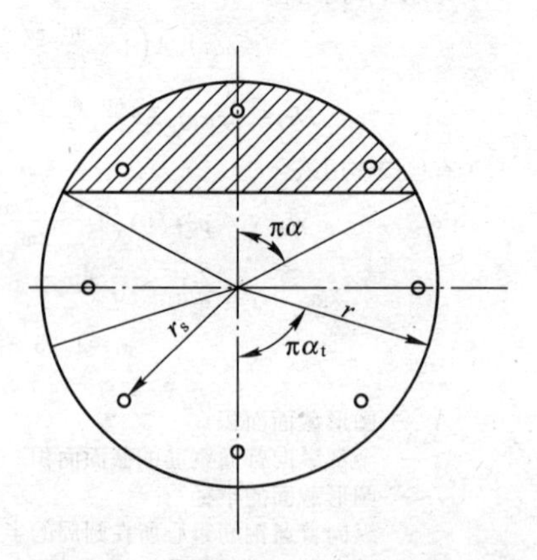

图 7-31　沿周边均匀配筋的圆形截面

沿周边均匀配置纵向钢筋的圆形截面偏心受压构件正截面承载力计算参数 β　表 7-47

e	0.10					0.15				
n \ R	1.05	1.10	1.15	1.20	1.25	1.05	1.10	1.15	1.20	1.25
0.90						0.068	0.060	0.053		
0.92						0.091	0.083	0.076	0.069	0.063
0.94						0.113	0.105	0.099	0.092	0.086
0.96	0.070	0.066	0.061	0.057	0.053	0.135	0.128	0.121	0.115	0.109
0.98	0.092	0.087	0.083	0.079	0.075	0.158	0.151	0.144	0.138	0.132
1.00	0.113	0.109	0.105	0.101	0.098	0.180	0.173	0.167	0.161	0.155
1.02	0.135	0.131	0.127	0.123	0.120	0.203	0.196	0.190	0.184	0.178
1.04	0.157	0.153	0.149	0.145	0.142	0.225	0.219	0.213	0.207	0.202

续表 7-47

e	0.10					0.15				
n \ R	1.05	1.10	1.15	1.20	1.25	1.05	1.10	1.15	1.20	1.25
1.06	0.178	0.175	0.171	0.167	0.164	0.248	0.242	0.236	0.230	0.225
1.08	0.200	0.196	0.193	0.190	0.186	0.270	0.264	0.258	0.253	0.248
1.10	0.222	0.218	0.215	0.212	0.209	0.293	0.287	0.281	0.276	0.271
1.12	0.244	0.240	0.237	0.234	0.231	0.316	0.310	0.304	0.299	0.294
1.14	0.265	0.262	0.259	0.256	0.253	0.338	0.333	0.327	0.322	0.317
1.16	0.287	0.284	0.281	0.278	0.275	0.361	0.356	0.350	0.345	0.340
1.18	0.309	0.306	0.303	0.300	0.297	0.384	0.378	0.373	0.368	0.364
1.20	0.331	0.328	0.325	0.322	0.319	0.406	0.401	0.396	0.391	0.387

e	0.20					0.25				
n \ R	1.05	1.10	1.15	1.20	1.25	1.05	1.10	1.15	1.20	1.25
0.78						0.067	0.052			
0.80						0.091	0.076	0.062		
0.82						0.115	0.100	0.087	0.074	0.063
0.84	0.067	0.056				0.139	0.125	0.112	0.099	0.088
0.86	0.090	0.079	0.069	0.059	0.050	0.163	0.149	0.136	0.124	0.113
0.88	0.114	0.103	0.093	0.083	0.074	0.187	0.174	0.161	0.149	0.138
0.90	0.137	0.126	0.116	0.107	0.098	0.211	0.198	0.186	0.174	0.163
0.92	0.160	0.150	0.140	0.131	0.123	0.236	0.223	0.210	0.199	0.188
0.94	0.183	0.173	0.164	0.155	0.147	0.260	0.247	0.235	0.224	0.213
0.96	0.206	0.197	0.188	0.179	0.171	0.284	0.271	0.260	0.249	0.238
0.98	0.229	0.220	0.212	0.203	0.195	0.309	0.296	0.285	0.274	0.263
1.00	0.253	0.244	0.235	0.227	0.219	0.333	0.321	0.310	0.298	0.288
1.02	0.276	0.268	0.259	0.251	0.243	0.358	0.346	0.334	0.324	0.313
1.04	0.300	0.292	0.283	0.275	0.267	0.382	0.370	0.359	0.349	0.338
1.06	0.323	0.314	0.307	0.299	0.291	0.407	0.395	0.384	0.374	0.364
1.08	0.347	0.338	0.331	0.323	0.316	0.432	0.420	0.409	0.399	0.389
1.10	0.371	0.362	0.354	0.347	0.340	0.456	0.445	0.434	0.424	0.414
1.12	0.394	0.385	0.379	0.371	0.364	0.481	0.470	0.459	0.449	0.440
1.14	0.418	0.410	0.401	0.395	0.388	0.506	0.495	0.484	0.474	0.465
1.16	0.441	0.433	0.426	0.419	0.412	0.530	0.519	0.509	0.499	0.490
1.18	0.465	0.457	0.449	0.443	0.436	0.555	0.544	0.534	0.524	0.515
1.20	0.489	0.481	0.474	0.467	0.460	0.580	0.569	0.559	0.549	0.540

e	0.30					0.35				
n \ R	1.05	1.10	1.15	1.20	1.25	1.05	1.10	1.15	1.20	1.25
0.66						0.056				
0.68						0.079	0.061			
0.70						0.103	0.086	0.068	0.051	
0.72	0.063					0.127	0.109	0.093	0.078	0.061

续表 7-47

e	0.30					0.35				
n \ R	1.05	1.10	1.15	1.20	1.25	1.05	1.10	1.15	1.20	1.25
0.74	0.086	0.070	0.055			0.151	0.135	0.119	0.102	0.087
0.76	0.110	0.095	0.079	0.064		0.177	0.161	0.140	0.12	0.114
0.78	0.136	0.120	0.105	0.090	0.076	0.203	0.187	0.171	0.155	0.140
0.80	0.161	0.146	0.131	0.117	0.103	0.229	0.213	0.198	0.183	0.168
0.82	0.186	0.171	0.157	0.143	0.128	0.255	0.240	0.225	0.210	0.195
0.84	0.212	0.197	0.184	0.170	0.155	0.282	0.267	0.252	0.237	0.223
0.86	0.238	0.224	0.210	0.195	0.181	0.308	0.294	0.279	0.265	0.251
0.88	0.263	0.249	0.236	0.221	0.207	0.334	0.319	0.305	0.291	0.278
0.90	0.289	0.276	0.262	0.247	0.233	0.361	0.347	0.333	0.319	0.306
0.92	0.316	0.302	0.288	0.273	0.260	0.389	0.374	0.360	0.347	0.334
0.94	0.342	0.329	0.314	0.299	0.286	0.416	0.402	0.388	0.375	0.362
0.96	0.369	0.355	0.340	0.325	0.313	0.444	0.430	0.416	0.403	0.391
0.98	0.395	0.381	0.366	0.351	0.339	0.472	0.458	0.445	0.431	0.420
1.00	0.423	0.407	0.392	0.378	0.365	0.499	0.486	0.473	0.460	0.447
1.02	0.447	0.432	0.418	0.404	0.392	0.527	0.514	0.501	0.488	0.476
1.04	0.473	0.458	0.444	0.430	0.418	0.555	0.542	0.530	0.516	0.503
1.06	0.499	0.484	0.470	0.456	0.445	0.583	0.570	0.557	0.544	0.532
1.08	0.525	0.510	0.496	0.483	0.471	0.612	0.597	0.586	0.573	0.560
1.10	0.550	0.536	0.522	0.509	0.498	0.639	0.628	0.614	0.601	0.589
1.12	0.576	0.562	0.549	0.535	0.524	0.668	0.656	0.642	0.630	0.618
1.14	0.602	0.588	0.575	0.562	0.550	0.695	0.682	0.670	0.659	0.647
1.16	0.628	0.614	0.601	0.588	0.577	0.726	0.711	0.699	0.688	0.673
1.18	0.654	0.640	0.627	0.614	0.603	0.752	0.740	0.730	0.715	0.700
1.20	0.680	0.667	0.653	0.641	0.630	0.781	0.769	0.757	0.745	0.728

e	0.40					0.45				
n \ R	1.05	1.10	1.15	1.20	1.25	1.05	1.10	1.15	1.20	1.25
0.56						0.060				
0.58						0.081	0.062			
0.60						0.103	0.084	0.06		
0.62	0.070	0.051				0.126	0.108	0.08	0.070	0.05
0.64	0.093	0.074	0.055			0.151	0.132	0.114	0.095	0.077
0.66	0.116	0.098	0.080	0.062		0.175	0.157	0.130	0.121	0.103
0.68	0.141	0.123	0.105	0.087	0.070	0.200	0.182	0.164	0.148	0.130
0.70	0.165	0.147	0.130	0.114	0.097	0.226	0.208	0.191	0.173	0.156
0.72	0.190	0.173	0.156	0.139	0.122	0.253	0.235	0.218	0.201	0.184
0.74	0.216	0.199	0.182	0.166	0.150	0.280	0.263	0.246	0.229	0.212
0.76	0.242	0.226	0.209	0.193	0.177	0.307	0.290	0.274	0.257	0.240
0.78	0.269	0.253	0.236	0.220	0.205	0.335	0.318	0.301	0.285	0.269

续表 7-47

e	0.40					0.45				
n \ R	1.05	1.10	1.15	1.20	1.25	1.05	1.10	1.15	1.20	1.25
0.80	0.296	0.280	0.264	0.248	0.233	0.363	0.346	0.330	0.314	0.298
0.82	0.323	0.307	0.292	0.276	0.261	0.391	0.374	0.359	0.343	0.328
0.84	0.350	0.335	0.320	0.304	0.290	0.420	0.404	0.388	0.372	0.357
0.86	0.379	0.363	0.348	0.333	0.319	0.448	0.433	0.417	0.402	0.387
0.88	0.405	0.390	0.375	0.361	0.346	0.476	0.461	0.445	0.430	0.415
0.90	0.433	0.419	0.404	0.389	0.375	0.505	0.490	0.475	0.460	0.445
0.92	0.462	0.447	0.433	0.418	0.404	0.534	0.519	0.504	0.489	0.475
0.94	0.490	0.476	0.461	0.447	0.433	0.565	0.550	0.534	0.519	0.505
0.96	0.518	0.504	0.490	0.476	0.463	0.594	0.579	0.565	0.549	0.535
0.98	0.547	0.533	0.519	0.505	0.492	0.624	0.609	0.595	0.580	0.566
1.00	0.577	0.562	0.548	0.534	0.521	0.654	0.639	0.625	0.611	0.596
1.02	0.605	0.592	0.577	0.563	0.550	0.683	0.669	0.655	0.641	0.627
1.04	0.634	0.621	0.607	0.594	0.579	0.713	0.699	0.685	0.671	0.657
1.06	0.663	0.649	0.636	0.623	0.610	0.744	0.730	0.716	0.702	0.687
1.08	0.692	0.679	0.666	0.653	0.640	0.774	0.760	0.746	0.733	0.718
1.10	0.721	0.708	0.695	0.682	0.669	0.805	0.791	0.777	0.763	0.750
1.12	0.751	0.738	0.725	0.712	0.699	0.835	0.821	0.808	0.793	0.781
1.14	0.780	0.767	0.754	0.742	0.729	0.866	0.852	0.838	0.824	0.811
1.16	0.810	0.797	0.784	0.771	0.759	0.896	0.883	0.869	0.855	0.842
1.18	0.838	0.826	0.814	0.801	0.788	0.926	0.912	0.899	0.885	0.872
1.20	0.869	0.856	0.842	0.832	0.819	0.956	0.944	0.931	0.917	0.903

e	0.50					0.55				
n \ R	1.05	1.10	1.15	1.20	1.25	1.05	1.10	1.15	1.20	1.25
0.46						0.056				
0.48						0.075	0.056			
0.50						0.094	0.075	0.056		
0.52	0.069					0.115	0.096	0.077	0.058	
0.54	0.089	0.070	0.051			0.138	0.119	0.100	0.081	0.061
0.56	0.111	0.092	0.072	0.053		0.160	0.140	0.123	0.100	0.085
0.58	0.133	0.114	0.096	0.076	0.057	0.185	0.166	0.148	0.129	0.110
0.60	0.157	0.138	0.120	0.101	0.082	0.210	0.192	0.173	0.154	0.136
0.62	0.182	0.163	0.145	0.126	0.108	0.236	0.218	0.200	0.181	0.163
0.64	0.207	0.189	0.171	0.152	0.134	0.263	0.245	0.227	0.209	0.190
0.66	0.234	0.215	0.197	0.179	0.161	0.291	0.273	0.255	0.237	0.219
0.68	0.259	0.241	0.224	0.206	0.188	0.318	0.300	0.282	0.264	0.247
0.70	0.287	0.269	0.251	0.234	0.216	0.346	0.329	0.311	0.294	0.276
0.72	0.314	0.297	0.279	0.262	0.245	0.375	0.358	0.341	0.323	0.306
0.74	0.342	0.325	0.308	0.291	0.274	0.405	0.387	0.370	0.353	0.336
0.76	0.371	0.354	0.337	0.320	0.304	0.435	0.417	0.401	0.384	0.367

续表 7-47

e	0.50					0.55				
n \ R	1.05	1.10	1.15	1.20	1.25	1.05	1.10	1.15	1.20	1.25
0.78	0.400	0.383	0.366	0.349	0.333	0.464	0.447	0.430	0.414	0.397
0.80	0.429	0.412	0.395	0.380	0.363	0.494	0.478	0.461	0.445	0.428
0.82	0.458	0.442	0.426	0.410	0.394	0.525	0.509	0.492	0.476	0.460
0.84	0.488	0.472	0.456	0.440	0.424	0.556	0.540	0.523	0.507	0.491
0.86	0.518	0.502	0.486	0.470	0.455	0.587	0.571	0.555	0.539	0.523
0.88	0.547	0.531	0.515	0.499	0.484	0.618	0.602	0.586	0.570	0.554
0.90	0.577	0.562	0.546	0.531	0.515	0.649	0.633	0.617	0.602	0.586
0.92	0.608	0.592	0.577	0.562	0.547	0.681	0.665	0.649	0.634	0.618
0.94	0.638	0.623	0.608	0.593	0.578	0.712	0.697	0.681	0.666	0.650
0.96	0.669	0.654	0.639	0.624	0.609	0.744	0.729	0.713	0.698	0.683
0.98	0.700	0.685	0.670	0.655	0.640	0.776	0.760	0.745	0.730	0.715
1.00	0.731	0.716	0.701	0.686	0.672	0.809	0.794	0.778	0.763	0.747
1.02	0.763	0.747	0.732	0.717	0.703	0.841	0.826	0.811	0.796	0.781
1.04	0.794	0.779	0.764	0.750	0.736	0.873	0.858	0.843	0.828	0.814
1.06	0.824	0.810	0.795	0.781	0.767	0.906	0.891	0.875	0.860	0.846
1.08	0.856	0.841	0.827	0.813	0.799	0.939	0.924	0.909	0.893	0.879
1.10	0.887	0.873	0.859	0.845	0.830	0.971	0.958	0.942	0.927	0.912
1.12	0.918	0.905	0.891	0.876	0.863	1.004	0.989	0.975	0.960	0.945
1.14	0.951	0.937	0.922	0.909	0.895	1.036	1.021	1.008	0.993	0.979
1.16	0.982	0.968	0.955	0.940	0.926	1.068	1.055	1.040	1.026	1.012
1.18	1.013	1.001	0.986	0.972	0.958	1.101	1.088	1.073	1.060	1.045
1.20	1.046	1.032	1.018	1.004	0.990	1.135	1.121	1.106	1.091	1.079

e	0.60					0.65				
n \ R	1.05	1.10	1.15	1.20	1.25	1.05	1.10	1.15	1.20	1.25
0.38						0.061				
0.40						0.078	0.060			
0.42	0.060					0.096	0.078	0.061		
0.44	0.077	0.059				0.116	0.098	0.080	0.061	
0.46	0.097	0.078	0.060			0.137	0.118	0.100	0.082	0.063
0.48	0.117	0.098	0.080	0.061		0.150	0.140	0.120	0.103	0.085
0.50	0.138	0.120	0.101	0.082	0.063	0.182	0.164	0.145	0.127	0.108
0.52	0.161	0.142	0.124	0.105	0.086	0.207	0.188	0.170	0.151	0.132
0.54	0.185	0.166	0.148	0.129	0.110	0.232	0.214	0.195	0.177	0.158
0.56	0.210	0.192	0.173	0.154	0.135	0.258	0.240	0.222	0.204	0.185
0.58	0.236	0.217	0.199	0.180	0.162	0.286	0.268	0.250	0.231	0.212
0.60	0.263	0.244	0.226	0.207	0.189	0.314	0.296	0.278	0.260	0.241
0.62	0.290	0.272	0.254	0.235	0.217	0.343	0.325	0.307	0.289	0.271
0.64	0.318	0.300	0.282	0.264	0.246	0.373	0.355	0.337	0.319	0.301
0.66	0.347	0.329	0.312	0.294	0.276	0.403	0.386	0.368	0.350	0.332
0.68	0.376	0.358	0.340	0.323	0.305	0.434	0.416	0.398	0.380	0.362

续表 7-47

e	0.60					0.65				
n \ R	1.05	1.10	1.15	1.20	1.25	1.05	1.10	1.15	1.20	1.25
0.70	0.406	0.388	0.370	0.353	0.335	0.465	0.447	0.429	0.412	0.394
0.72	0.436	0.419	0.401	0.384	0.366	0.496	0.479	0.461	0.444	0.427
0.74	0.467	0.449	0.432	0.415	0.398	0.528	0.511	0.493	0.476	0.459
0.76	0.498	0.481	0.464	0.446	0.429	0.560	0.544	0.526	0.509	0.492
0.78	0.528	0.511	0.494	0.477	0.461	0.593	0.575	0.558	0.542	0.525
0.80	0.560	0.543	0.527	0.510	0.493	0.625	0.609	0.592	0.575	0.558
0.82	0.592	0.575	0.559	0.542	0.526	0.658	0.642	0.625	0.608	0.591
0.84	0.624	0.607	0.591	0.574	0.559	0.692	0.675	0.659	0.642	0.626
0.86	0.657	0.640	0.624	0.608	0.592	0.726	0.709	0.693	0.676	0.660
0.88	0.689	0.673	0.655	0.639	0.623	0.759	0.743	0.727	0.710	0.694
0.90	0.721	0.704	0.688	0.672	0.657	0.793	0.777	0.759	0.743	0.727
0.92	0.753	0.737	0.721	0.706	0.690	0.826	0.810	0.794	0.778	0.762
0.94	0.786	0.770	0.754	0.739	0.723	0.861	0.845	0.829	0.813	0.796
0.96	0.819	0.803	0.788	0.772	0.756	0.895	0.879	0.863	0.847	0.832
0.98	0.853	0.837	0.822	0.806	0.791	0.929	0.914	0.898	0.882	0.866
1.00	0.886	0.871	0.855	0.840	0.825	0.964	0.948	0.932	0.917	0.901
1.02	0.920	0.904	0.889	0.874	0.858	0.998	0.983	0.967	0.952	0.936
1.04	0.953	0.937	0.922	0.907	0.892	1.034	1.018	1.003	0.987	0.972
1.06	0.987	0.972	0.957	0.942	0.927	1.068	1.053	1.037	1.022	1.007
1.08	1.021	1.006	0.991	0.976	0.961	1.103	1.088	1.072	1.057	1.042
1.10	1.054	1.040	1.025	1.010	0.995	1.138	1.123	1.108	1.093	1.078
1.12	1.088	1.074	1.059	1.044	1.029	1.174	1.159	1.144	1.128	1.113
1.14	1.123	1.107	1.092	1.078	1.068	1.209	1.193	1.179	1.164	1.149
1.16	1.157	1.142	1.127	1.111	1.097	1.245	1.229	1.214	1.199	1.196
1.18	1.190	1.175	1.160	1.147	1.132	1.280	1.264	1.248	1.234	1.223
1.20	1.225	1.211	1.196	1.181	1.167	1.315	1.300	1.285	1.270	1.255

e	0.70					0.75				
n \ R	1.05	1.10	1.15	1.20	1.25	1.05	1.10	1.15	1.20	1.25
0.30						0.056				
0.32						0.071	0.056			
0.34	0.060					0.087	0.072	0.056		
0.36	0.076	0.059				0.105	0.089	0.073	0.057	
0.38	0.093	0.076	0.059			0.124	0.108	0.091	0.075	0.058
0.40	0.112	0.095	0.077	0.060		0.145	0.129	0.111	0.094	0.077
0.42	0.132	0.114	0.097	0.079	0.061	0.167	0.150	0.133	0.115	0.098
0.44	0.153	0.136	0.118	0.100	0.082	0.191	0.173	0.156	0.138	0.120
0.46	0.176	0.158	0.140	0.122	0.104	0.216	0.198	0.180	0.162	0.144
0.48	0.200	0.182	0.164	0.146	0.127	0.242	0.224	0.205	0.187	0.169
0.50	0.225	0.207	0.189	0.170	0.152	0.268	0.250	0.232	0.214	0.196
0.52	0.252	0.233	0.215	0.197	0.178	0.296	0.278	0.260	0.242	0.223

续表 7-47

e	0.70					0.75				
n \ R	1.05	1.10	1.15	1.20	1.25	1.05	1.10	1.15	1.20	1.25
0.54	0.279	0.261	0.242	0.224	0.205	0.325	0.307	0.289	0.271	0.252
0.56	0.307	0.289	0.270	0.252	0.234	0.355	0.337	0.318	0.300	0.282
0.58	0.336	0.318	0.300	0.282	0.263	0.385	0.367	0.349	0.331	0.313
0.60	0.366	0.348	0.330	0.311	0.293	0.416	0.399	0.381	0.363	0.345
0.62	0.396	0.378	0.360	0.342	0.324	0.449	0.431	0.413	0.395	0.377
0.64	0.427	0.409	0.391	0.374	0.356	0.482	0.463	0.446	0.428	0.410
0.66	0.459	0.441	0.424	0.406	0.388	0.514	0.497	0.479	0.461	0.443
0.68	0.491	0.474	0.456	0.438	0.420	0.548	0.530	0.513	0.495	0.478
0.70	0.524	0.506	0.488	0.470	0.453	0.582	0.565	0.547	0.530	0.511
0.72	0.556	0.539	0.521	0.504	0.486	0.616	0.598	0.581	0.564	0.546
0.74	0.589	0.572	0.555	0.537	0.520	0.650	0.633	0.616	0.598	0.581
0.76	0.623	0.606	0.589	0.571	0.555	0.685	0.668	0.651	0.634	0.617
0.78	0.656	0.639	0.622	0.605	0.588	0.720	0.703	0.686	0.669	0.652
0.80	0.691	0.673	0.657	0.640	0.623	0.755	0.738	0.721	0.704	0.687
0.82	0.725	0.708	0.691	0.674	0.658	0.791	0.774	0.757	0.741	0.724
0.84	0.760	0.743	0.726	0.710	0.693	0.827	0.810	0.794	0.777	0.760
0.86	0.794	0.778	0.761	0.745	0.728	0.863	0.847	0.830	0.813	0.797
0.88	0.829	0.813	0.796	0.780	0.764	0.899	0.883	0.866	0.850	0.833
0.90	0.864	0.848	0.832	0.815	0.799	0.936	0.919	0.903	0.886	0.870
0.92	0.900	0.883	0.867	0.850	0.834	0.973	0.957	0.940	0.924	0.908
0.94	0.935	0.918	0.902	0.886	0.870	1.010	0.993	0.977	0.961	0.944
0.96	0.970	0.954	0.938	0.922	0.906	1.047	1.029	1.013	0.997	0.981
0.98	1.006	0.990	0.974	0.958	0.942	1.082	1.066	1.050	1.034	1.018
1.00	1.042	1.026	1.010	0.994	0.978	1.119	1.103	1.087	1.071	1.055
1.02	1.078	1.061	1.045	1.030	1.014	1.157	1.141	1.125	1.109	1.093
1.04	1.114	1.098	1.083	1.067	1.051	1.194	1.178	1.162	1.147	1.131
1.06	1.150	1.134	1.118	1.103	1.087	1.232	1.215	1.199	1.184	1.168
1.08	1.186	1.170	1.155	1.139	1.124	1.270	1.254	1.238	1.222	1.206
1.10	1.223	1.207	1.191	1.176	1.161	1.310	1.293	1.278	1.262	1.247
1.12	1.259	1.244	1.228	1.213	1.198	1.345	1.328	1.313	1.298	1.282
1.14	1.296	1.279	1.264	1.249	1.235	1.384	1.370	1.354	1.338	1.322
1.16	1.332	1.316	1.301	1.286	1.271	1.421	1.407	1.390	1.375	1.357
1.18	1.369	1.353	1.338	1.323	1.310	1.458	1.443	1.427	1.412	
1.20	1.405	1.390	1.374	1.360	1.348	1.499	1.483	1.468		

e	0.80					0.85				
n \ R	1.05	1.10	1.15	1.20	1.25	1.05	1.10	1.15	1.20	1.25
0.24						0.056				
0.26	0.051					0.071	0.058			
0.28	0.064	0.051				0.086	0.073	0.059		
0.30	0.080	0.065	0.051			0.103	0.089	0.075	0.060	

续表 7-47

e	0.80					0.85				
n \ R	1.05	1.10	1.15	1.20	1.25	1.05	1.10	1.15	1.20	1.25
0.32	0.097	0.081	0.066	0.052		0.122	0.107	0.092	0.077	0.062
0.34	0.115	0.099	0.084	0.069	0.053	0.143	0.127	0.111	0.096	0.080
0.36	0.135	0.119	0.102	0.087	0.070	0.165	0.148	0.132	0.116	0.100
0.38	0.156	0.140	0.123	0.107	0.090	0.188	0.171	0.155	0.138	0.121
0.40	0.179	0.162	0.145	0.128	0.111	0.213	0.196	0.179	0.162	0.145
0.42	0.203	0.186	0.168	0.151	0.134	0.238	0.221	0.204	0.187	0.169
0.44	0.228	0.211	0.193	0.176	0.158	0.266	0.248	0.231	0.213	0.196
0.46	0.255	0.237	0.219	0.202	0.184	0.294	0.276	0.259	0.241	0.223
0.48	0.283	0.265	0.247	0.229	0.211	0.323	0.306	0.288	0.270	0.252
0.50	0.311	0.293	0.275	0.257	0.239	0.354	0.336	0.318	0.300	0.282
0.52	0.341	0.323	0.305	0.287	0.268	0.385	0.367	0.349	0.331	0.313
0.54	0.371	0.353	0.335	0.317	0.299	0.417	0.399	0.381	0.363	0.345
0.56	0.403	0.385	0.367	0.348	0.330	0.450	0.432	0.414	0.396	0.378
0.58	0.435	0.417	0.398	0.380	0.362	0.484	0.466	0.448	0.430	0.412
0.60	0.467	0.449	0.431	0.413	0.396	0.518	0.500	0.482	0.464	0.446
0.62	0.500	0.483	0.466	0.448	0.430	0.552	0.535	0.517	0.499	0.482
0.64	0.535	0.517	0.500	0.482	0.464	0.588	0.570	0.553	0.536	0.518
0.66	0.570	0.552	0.534	0.516	0.499	0.625	0.607	0.590	0.572	0.554
0.68	0.605	0.587	0.569	0.552	0.534	0.661	0.644	0.626	0.608	0.591
0.70	0.640	0.622	0.605	0.587	0.570	0.698	0.680	0.663	0.645	0.628
0.72	0.676	0.658	0.641	0.624	0.606	0.735	0.717	0.700	0.683	0.666
0.74	0.712	0.695	0.676	0.659	0.642	0.772	0.755	0.738	0.721	0.703
0.76	0.748	0.730	0.713	0.696	0.679	0.810	0.793	0.776	0.758	0.741
0.78	0.783	0.766	0.749	0.732	0.715	0.847	0.830	0.812	0.795	0.778
0.80	0.820	0.803	0.786	0.769	0.752	0.885	0.868	0.851	0.834	0.817
0.82	0.857	0.840	0.824	0.807	0.790	0.923	0.906	0.889	0.873	0.856
0.84	0.895	0.878	0.861	0.844	0.827	0.962	0.945	0.928	0.911	0.894
0.86	0.932	0.915	0.898	0.882	0.865	1.001	0.984	0.967	0.950	0.933
0.88	0.969	0.953	0.936	0.919	0.903	1.039	1.023	1.006	0.989	0.973
0.90	1.008	0.991	0.975	0.958	0.942	1.079	1.062	1.046	1.029	1.013
0.92	1.046	1.029	1.013	0.996	0.980	1.118	1.102	1.085	1.069	1.052
0.94	1.084	1.067	1.051	1.035	1.018	1.158	1.141	1.125	1.108	1.092
0.96	1.122	1.105	1.089	1.073	1.057	1.197	1.181	1.164	1.148	1.132
0.98	1.160	1.144	1.127	1.111	1.094	1.237	1.220	1.204	1.188	1.171
1.00	1.199	1.182	1.166	1.150	1.133	1.277	1.261	1.245	1.228	1.212
1.02	1.236	1.220	1.204	1.188	1.172	1.317	1.301	1.284	1.268	1.251
1.04	1.275	1.259	1.243	1.227	1.211	1.356	1.340	1.324	1.307	1.291
1.06	1.314	1.298	1.282	1.266	1.250	1.396	1.380	1.364	1.348	1.332
1.08	1.353	1.337	1.321	1.305	1.289	1.436	1.420	1.404	1.388	1.372
1.10	1.393	1.377	1.362	1.346	1.331	1.479	1.462	1.444	1.428	1.412
1.12	1.430	1.414	1.399	1.383	1.368	1.517	1.500	1.487	1.471	1.455
1.14	1.470	1.454	1.438	1.422	1.407	1.557	1.543	1.528	1.509	1.494
1.16	1.508	1.493	1.478	1.462	1.445	1.600	1.584	1.569	1.552	1.534
1.18	1.551	1.535	1.518	1.501	1.487	1.637	1.622	1.605	1.590	1.577
1.20			1.557	1.540	1.528	1.679	1.663	1.647	1.632	1.616

续表 7-47

e	0.90					0.95				
n \ R	1.05	1.10	1.15	1.20	1.25	1.05	1.10	1.15	1.20	1.25
0.20						0.061	0.051			
0.22	0.060					0.076	0.065	0.054		
0.24	0.075	0.062	0.050			0.093	0.080	0.068	0.056	
0.26	0.091	0.078	0.065	0.052		0.111	0.097	0.084	0.071	0.059
0.28	0.108	0.094	0.081	0.067	0.053	0.130	0.116	0.102	0.089	0.075
0.30	0.127	0.113	0.098	0.084	0.070	0.151	0.137	0.122	0.108	0.093
0.32	0.148	0.133	0.118	0.103	0.088	0.174	0.159	0.144	0.129	0.114
0.34	0.170	0.155	0.139	0.123	0.108	0.198	0.183	0.167	0.151	0.136
0.36	0.194	0.178	0.162	0.146	0.130	0.224	0.208	0.192	0.176	0.159
0.38	0.219	0.203	0.186	0.170	0.153	0.251	0.235	0.218	0.201	0.185
0.40	0.246	0.229	0.212	0.195	0.178	0.279	0.263	0.246	0.229	0.212
0.42	0.274	0.257	0.240	0.222	0.205	0.309	0.292	0.275	0.258	0.241
0.44	0.303	0.285	0.268	0.251	0.233	0.340	0.323	0.305	0.288	0.271
0.46	0.333	0.315	0.298	0.280	0.263	0.372	0.354	0.337	0.319	0.302
0.48	0.364	0.346	0.329	0.311	0.293	0.405	0.387	0.369	0.352	0.334
0.50	0.396	0.378	0.361	0.343	0.325	0.438	0.421	0.403	0.385	0.368
0.52	0.429	0.411	0.394	0.376	0.358	0.473	0.455	0.438	0.420	0.402
0.54	0.463	0.445	0.427	0.409	0.391	0.508	0.491	0.473	0.455	0.437
0.56	0.497	0.479	0.462	0.444	0.426	0.545	0.527	0.509	0.491	0.473
0.58	0.532	0.515	0.497	0.479	0.461	0.581	0.563	0.546	0.528	0.510
0.60	0.568	0.550	0.533	0.515	0.497	0.618	0.601	0.583	0.565	0.547
0.62	0.605	0.587	0.569	0.551	0.533	0.656	0.639	0.621	0.603	0.586
0.64	0.641	0.623	0.606	0.588	0.571	0.695	0.677	0.659	0.641	0.624
0.66	0.679	0.661	0.644	0.627	0.609	0.733	0.715	0.698	0.681	0.663
0.68	0.717	0.700	0.682	0.665	0.647	0.773	0.755	0.738	0.721	0.704
0.70	0.755	0.738	0.721	0.703	0.685	0.812	0.795	0.778	0.761	0.743
0.72	0.794	0.776	0.759	0.742	0.725	0.853	0.836	0.818	0.801	0.783
0.74	0.833	0.815	0.798	0.781	0.764	0.893	0.876	0.858	0.841	0.824
0.76	0.872	0.855	0.838	0.821	0.803	0.934	0.916	0.899	0.882	0.865
0.78	0.911	0.894	0.876	0.859	0.842	0.974	0.957	0.939	0.922	0.905
0.80	0.950	0.933	0.916	0.898	0.881	1.015	0.997	0.980	0.964	0.947
0.82	0.990	0.972	0.955	0.938	0.921	1.056	1.039	1.022	1.005	0.988
0.84	1.029	1.012	0.995	0.978	0.962	1.097	1.080	1.064	1.046	1.029
0.86	1.069	1.052	1.036	1.019	1.002	1.139	1.121	1.104	1.087	1.071
0.88	1.110	1.093	1.077	1.060	1.043	1.180	1.163	1.147	1.130	1.113
0.90	1.151	1.134	1.117	1.100	1.084	1.222	1.205	1.188	1.172	1.155
0.92	1.191	1.174	1.158	1.141	1.125	1.264	1.247	1.230	1.214	1.197
0.94	1.232	1.215	1.199	1.182	1.166	1.306	1.289	1.273	1.256	1.239
0.96	1.272	1.256	1.239	1.223	1.207	1.348	1.331	1.315	1.298	1.282
0.98	1.314	1.298	1.281	1.265	1.248	1.391	1.374	1.358	1.341	1.325
1.00	1.355	1.339	1.322	1.306	1.290	1.433	1.417	1.400	1.384	1.368
1.02	1.396	1.380	1.364	1.347	1.331	1.476	1.459	1.443	1.426	1.410
1.04	1.437	1.421	1.405	1.388	1.372	1.519	1.503	1.486	1.470	1.454
1.06	1.479	1.463	1.447	1.431	1.414	1.561	1.545	1.529	1.512	1.496
1.08	1.521	1.504	1.488	1.471	1.455	1.604	1.588	1.572	1.555	1.539
1.10	1.562	1.546	1.528	1.512	1.496	1.646	1.631	1.615	1.599	1.583
1.12	1.605	1.589	1.573	1.557	1.541	1.693	1.677	1.660	1.644	1.628
1.14	1.645	1.630	1.613	1.596	1.580	1.733	1.717	1.703	1.686	1.668
1.16	1.689	1.674	1.656	1.640	1.625	1.779	1.763	1.745	1.730	1.711
1.18	1.728	1.715	1.698	1.683	1.668	1.820	1.803	1.789	1.773	1.754
1.20	1.770	1.755	1.739	1.715	1.710	1.862	1.849	1.832	1.814	1.797

续表 7-47

e	1.00					1.05				
n \ R	1.05	1.10	1.15	1.20	1.25	1.05	1.10	1.15	1.20	1.25
0.16						0.059	0.050			
0.18	0.061	0.051				0.074	0.064	0.054		
0.20	0.076	0.065	0.055			0.090	0.080	0.069	0.059	
0.22	0.092	0.081	0.070	0.059		0.109	0.097	0.085	0.075	0.063
0.24	0.111	0.098	0.086	0.074	0.062	0.129	0.117	0.104	0.092	0.080
0.26	0.131	0.117	0.104	0.091	0.078	0.151	0.137	0.124	0.111	0.098
0.28	0.152	0.138	0.124	0.110	0.097	0.174	0.160	0.146	0.132	0.119
0.30	0.175	0.161	0.146	0.132	0.117	0.199	0.184	0.170	0.155	0.141
0.32	0.200	0.185	0.169	0.154	0.139	0.226	0.210	0.195	0.180	0.165
0.34	0.226	0.210	0.195	0.179	0.163	0.254	0.238	0.222	0.207	0.191
0.36	0.253	0.237	0.221	0.205	0.189	0.283	0.267	0.251	0.235	0.219
0.38	0.282	0.266	0.250	0.233	0.217	0.314	0.298	0.281	0.265	0.248
0.40	0.313	0.296	0.279	0.262	0.246	0.346	0.329	0.313	0.296	0.279
0.42	0.344	0.327	0.310	0.293	0.276	0.379	0.362	0.345	0.328	0.311
0.44	0.377	0.360	0.342	0.325	0.308	0.414	0.397	0.379	0.362	0.345
0.46	0.410	0.393	0.376	0.358	0.341	0.449	0.432	0.414	0.397	0.380
0.48	0.445	0.428	0.410	0.393	0.375	0.485	0.468	0.450	0.433	0.416
0.50	0.480	0.463	0.445	0.428	0.410	0.522	0.505	0.487	0.470	0.452
0.52	0.517	0.499	0.482	0.464	0.446	0.560	0.543	0.525	0.508	0.490
0.54	0.554	0.536	0.518	0.501	0.483	0.599	0.581	0.564	0.546	0.529
0.56	0.591	0.574	0.556	0.538	0.521	0.638	0.621	0.603	0.585	0.568
0.58	0.630	0.612	0.595	0.576	0.559	0.678	0.661	0.643	0.625	0.608
0.60	0.669	0.651	0.633	0.615	0.598	0.719	0.701	0.683	0.666	0.648
0.62	0.708	0.690	0.673	0.655	0.637	0.759	0.741	0.724	0.706	0.689
0.64	0.748	0.730	0.712	0.695	0.677	0.800	0.783	0.765	0.748	0.730
0.66	0.788	0.770	0.753	0.735	0.717	0.842	0.825	0.807	0.790	0.772
0.68	0.829	0.811	0.793	0.776	0.759	0.885	0.867	0.850	0.832	0.814
0.70	0.869	0.852	0.834	0.817	0.800	0.927	0.910	0.892	0.875	0.857
0.72	0.911	0.894	0.877	0.860	0.842	0.969	0.952	0.935	0.917	0.900
0.74	0.953	0.937	0.919	0.902	0.885	1.013	0.995	0.978	0.961	0.945
0.76	0.996	0.978	0.961	0.944	0.926	1.056	1.039	1.023	1.006	0.988
0.78	1.037	1.020	1.002	0.985	0.968	1.100	1.083	1.066	1.049	1.032
0.80	1.079	1.062	1.045	1.028	1.011	1.144	1.127	1.110	1.093	1.075
0.82	1.122	1.105	1.088	1.071	1.054	1.188	1.171	1.153	1.136	1.119
0.84	1.165	1.148	1.131	1.114	1.097	1.232	1.215	1.198	1.181	1.164
0.86	1.207	1.190	1.174	1.157	1.140	1.276	1.260	1.243	1.226	1.209
0.88	1.251	1.234	1.217	1.200	1.183	1.321	1.304	1.287	1.270	1.254
0.90	1.294	1.276	1.260	1.243	1.226	1.366	1.349	1.332	1.315	1.298
0.92	1.337	1.320	1.303	1.286	1.270	1.410	1.394	1.377	1.360	1.342
0.94	1.380	1.363	1.347	1.330	1.313	1.455	1.438	1.421	1.404	1.387
0.96	1.424	1.408	1.391	1.374	1.358	1.500	1.483	1.467	1.450	1.433
0.98	1.468	1.451	1.435	1.418	1.402	1.545	1.528	1.512	1.495	1.478
1.00	1.512	1.495	1.479	1.462	1.446	1.590	1.573	1.557	1.540	1.524
1.02	1.555	1.539	1.522	1.506	1.489	1.635	1.618	1.602	1.585	1.569
1.04	1.600	1.583	1.567	1.551	1.534	1.681	1.665	1.648	1.632	1.615
1.06	1.644	1.627	1.611	1.594	1.578	1.726	1.710	1.693	1.677	1.660
1.08	1.688	1.671	1.655	1.639	1.622	1.771	1.755	1.739	1.722	1.706
1.10	1.733	1.716	1.700	1.683	1.667	1.817	1.801	1.784	1.768	1.753
1.12	1.779	1.763	1.746	1.730	1.714	1.866	1.849	1.830	1.814	1.798
1.14	1.823	1.805	1.788	1.774	1.757	1.912	1.894	1.877	1.861	1.844
1.16	1.866	1.850	1.833	1.817	1.800	1.955	1.939	1.923	1.907	1.893
1.18	1.910	1.894	1.878	1.862	1.846		1.985	1.972	1.955	1.939
1.20		1.939	1.923	1.907					1.999	1.985

续表 7-47

e	1.10					1.15				
n \ R	1.05	1.10	1.15	1.20	1.25	1.05	1.10	1.15	1.20	1.25
0.14	0.055					0.065	0.057			
0.16	0.070	0.061	0.053			0.081	0.072	0.063	0.055	
0.18	0.087	0.077	0.067	0.057		0.099	0.089	0.080	0.070	0.060
0.20	0.105	0.094	0.083	0.073	0.062	0.120	0.109	0.098	0.087	0.077
0.22	0.125	0.113	0.102	0.090	0.079	0.141	0.130	0.118	0.106	0.095
0.24	0.147	0.134	0.122	0.110	0.098	0.165	0.152	0.140	0.127	0.116
0.26	0.170	0.158	0.144	0.131	0.118	0.191	0.177	0.164	0.151	0.138
0.28	0.196	0.182	0.168	0.154	0.140	0.218	0.204	0.190	0.176	0.162
0.30	0.223	0.208	0.194	0.179	0.165	0.246	0.232	0.218	0.203	0.189
0.32	0.251	0.236	0.221	0.206	0.191	0.277	0.262	0.247	0.232	0.217
0.34	0.281	0.266	0.250	0.234	0.219	0.309	0.293	0.278	0.262	0.247
0.36	0.313	0.297	0.281	0.265	0.249	0.342	0.326	0.310	0.294	0.278
0.38	0.345	0.329	0.313	0.296	0.280	0.377	0.360	0.344	0.328	0.311
0.40	0.379	0.363	0.346	0.329	0.313	0.412	0.396	0.379	0.363	0.346
0.42	0.414	0.397	0.381	0.364	0.347	0.449	0.432	0.416	0.399	0.382
0.44	0.450	0.433	0.416	0.399	0.382	0.487	0.470	0.453	0.436	0.419
0.46	0.487	0.470	0.453	0.436	0.418	0.526	0.509	0.492	0.474	0.457
0.48	0.525	0.508	0.491	0.473	0.456	0.565	0.548	0.531	0.514	0.496
0.50	0.564	0.547	0.529	0.512	0.494	0.606	0.589	0.571	0.554	0.536
0.52	0.604	0.586	0.569	0.551	0.534	0.647	0.630	0.612	0.595	0.577
0.54	0.644	0.627	0.609	0.591	0.574	0.689	0.672	0.654	0.637	0.619
0.56	0.685	0.667	0.650	0.632	0.615	0.731	0.714	0.697	0.679	0.662
0.58	0.726	0.709	0.691	0.674	0.656	0.775	0.757	0.740	0.722	0.705
0.60	0.768	0.751	0.733	0.716	0.698	0.818	0.801	0.783	0.766	0.748
0.62	0.811	0.793	0.776	0.758	0.740	0.862	0.845	0.827	0.810	0.792
0.64	0.854	0.836	0.818	0.801	0.783	0.906	0.889	0.872	0.854	0.837
0.66	0.896	0.879	0.862	0.844	0.827	0.951	0.934	0.916	0.898	0.881
0.68	0.940	0.923	0.906	0.888	0.871	0.996	0.979	0.961	0.944	0.927
0.70	0.984	0.967	0.950	0.932	0.915	1.041	1.024	1.007	0.990	0.972
0.72	1.029	1.011	0.994	0.976	0.959	1.087	1.070	1.053	1.035	1.018
0.74	1.073	1.055	1.038	1.021	1.004	1.133	1.116	1.099	1.082	1.064
0.76	1.118	1.101	1.083	1.066	1.049	1.180	1.163	1.145	1.128	1.110
0.78	1.162	1.145	1.128	1.111	1.094	1.225	1.208	1.191	1.174	1.156
0.80	1.207	1.191	1.174	1.158	1.140	1.272	1.255	1.237	1.220	1.204
0.82	1.254	1.237	1.220	1.203	1.186	1.318	1.301	1.285	1.268	1.251
0.84	1.299	1.282	1.265	1.249	1.231	1.366	1.349	1.332	1.316	1.299
0.86	1.345	1.329	1.311	1.294	1.277	1.413	1.397	1.380	1.363	1.346
0.88	1.392	1.374	1.357	1.340	1.323	1.461	1.444	1.428	1.411	1.394
0.90	1.437	1.420	1.403	1.386	1.370	1.509	1.492	1.475	1.458	1.441
0.92	1.483	1.466	1.449	1.433	1.416	1.557	1.540	1.522	1.505	1.489
0.94	1.529	1.512	1.496	1.479	1.462	1.604	1.587	1.571	1.554	1.537
0.96	1.576	1.560	1.543	1.526	1.510	1.652	1.635	1.619	1.602	1.585
0.98	1.623	1.606	1.590	1.573	1.555	1.700	1.683	1.666	1.650	1.633
1.00	1.669	1.653	1.635	1.619	1.602	1.748	1.731	1.714	1.698	1.681
1.02	1.716	1.698	1.682	1.665	1.649	1.796	1.779	1.763	1.747	1.730
1.04	1.762	1.746	1.729	1.713	1.696	1.845	1.828	1.811	1.795	1.777
1.06	1.809	1.792	1.776	1.759	1.743	1.892	1.876	1.859	1.842	1.825
1.08	1.857	1.839	1.823	1.806	1.790	1.942	1.924	1.908	1.891	1.875
1.10	1.903	1.887	1.871	1.854	1.838	1.989	1.972	1.956	1.939	1.923
1.12	1.950	1.933	1.918	1.901	1.885				1.988	1.972
1.14	1.998	1.981	1.964	1.949	1.931					
1.16				1.999	1.983					

续表 7-47

e	1.20					1.25				
n \ R	1.05	1.10	1.15	1.20	1.25	1.05	1.10	1.15	1.20	1.25
0.12	0.058	0.051				0.066	0.059	0.052		
0.14	0.074	0.066	0.058	0.051		0.084	0.075	0.067	0.060	0.052
0.16	0.092	0.083	0.074	0.066	0.057	0.104	0.094	0.085	0.076	0.068
0.18	0.112	0.102	0.092	0.082	0.073	0.125	0.115	0.105	0.095	0.085
0.20	0.134	0.123	0.112	0.101	0.091	0.149	0.138	0.127	0.116	0.105
0.22	0.158	0.146	0.134	0.122	0.111	0.174	0.162	0.150	0.139	0.127
0.24	0.183	0.171	0.158	0.145	0.133	0.202	0.189	0.176	0.164	0.151
0.26	0.211	0.197	0.184	0.171	0.158	0.231	0.217	0.204	0.191	0.177
0.28	0.240	0.226	0.212	0.198	0.184	0.262	0.248	0.234	0.220	0.206
0.30	0.270	0.256	0.241	0.227	0.212	0.294	0.280	0.265	0.250	0.236
0.32	0.303	0.288	0.272	0.258	0.242	0.329	0.313	0.298	0.283	0.268
0.34	0.336	0.321	0.305	0.290	0.274	0.364	0.348	0.333	0.317	0.302
0.36	0.371	0.355	0.340	0.324	0.308	0.401	0.385	0.369	0.353	0.337
0.38	0.408	0.392	0.375	0.359	0.343	0.439	0.423	0.407	0.390	0.374
0.40	0.445	0.429	0.412	0.396	0.379	0.478	0.462	0.445	0.429	0.412
0.42	0.484	0.467	0.451	0.434	0.417	0.519	0.502	0.485	0.469	0.452
0.44	0.524	0.507	0.490	0.473	0.456	0.560	0.543	0.526	0.510	0.493
0.46	0.564	0.547	0.530	0.513	0.496	0.602	0.585	0.568	0.551	0.534
0.48	0.605	0.588	0.571	0.554	0.537	0.645	0.628	0.611	0.594	0.577
0.50	0.648	0.630	0.613	0.596	0.578	0.689	0.672	0.655	0.638	0.620
0.52	0.690	0.673	0.656	0.638	0.621	0.734	0.716	0.699	0.682	0.664
0.54	0.734	0.717	0.699	0.682	0.664	0.779	0.761	0.744	0.727	0.709
0.56	0.778	0.761	0.743	0.726	0.708	0.824	0.807	0.790	0.772	0.755
0.58	0.823	0.805	0.788	0.770	0.753	0.871	0.853	0.836	0.818	0.801
0.60	0.868	0.850	0.833	0.815	0.798	0.917	0.900	0.882	0.865	0.848
0.62	0.913	0.896	0.878	0.861	0.844	0.964	0.947	0.930	0.912	0.895
0.64	0.959	0.942	0.924	0.907	0.890	1.012	0.994	0.977	0.960	0.942
0.66	1.005	0.988	0.971	0.953	0.936	1.059	1.042	1.025	1.008	0.990
0.68	1.052	1.035	1.017	1.000	0.982	1.108	1.090	1.073	1.056	1.038
0.70	1.099	1.081	1.064	1.047	1.029	1.156	1.139	1.122	1.104	1.087
0.72	1.146	1.128	1.111	1.094	1.077	1.205	1.188	1.170	1.153	1.135
0.74	1.193	1.176	1.159	1.142	1.125	1.253	1.236	1.219	1.202	1.185
0.76	1.241	1.224	1.207	1.190	1.172	1.303	1.285	1.268	1.251	1.233
0.78	1.288	1.271	1.254	1.237	1.219	1.351	1.334	1.317	1.300	1.283
0.80	1.337	1.319	1.302	1.285	1.268	1.401	1.384	1.367	1.350	1.333
0.82	1.384	1.367	1.350	1.333	1.316	1.451	1.434	1.416	1.399	1.382
0.84	1.433	1.416	1.399	1.382	1.365	1.500	1.483	1.466	1.449	1.432
0.86	1.481	1.465	1.448	1.431	1.415	1.550	1.533	1.516	1.500	1.482
0.88	1.531	1.514	1.498	1.481	1.464	1.601	1.584	1.566	1.550	1.533
0.90	1.580	1.564	1.547	1.530	1.513	1.650	1.634	1.617	1.601	1.584
0.92	1.630	1.612	1.595	1.579	1.562	1.701	1.685	1.668	1.652	1.635
0.94	1.679	1.662	1.646	1.629	1.611	1.753	1.736	1.720	1.703	1.686
0.96	1.728	1.712	1.695	1.677	1.661	1.804	1.788	1.770	1.754	1.737
0.98	1.778	1.760	1.743	1.727	1.710	1.855	1.838	1.821	1.805	1.788
1.00	1.826	1.810	1.793	1.776	1.760	1.905	1.889	1.872	1.855	1.839
1.02	1.876	1.860	1.843	1.827	1.810	1.957	1.941	1.924	1.906	1.890
1.04	1.926	1.909	1.893	1.876	1.860		1.990	1.974	1.95	1.941
1.06	1.975	1.958	1.942	1.925	1.909					1.992
1.08			1.993	1.976	1.960					

续表 7-47

e	1.30					1.35				
n \ R	1.05	1.10	1.15	1.20	1.25	1.05	1.10	1.15	1.20	1.25
0.10	0.056	0.050				0.063	0.057	0.051		
0.12	0.074	0.066	0.059	0.053		0.082	0.074	0.067	0.060	0.053
0.14	0.093	0.085	0.077	0.069	0.061	0.103	0.094	0.086	0.078	0.070
0.16	0.115	0.106	0.096	0.087	0.078	0.126	0.117	0.107	0.098	0.089
0.18	0.138	0.128	0.118	0.108	0.098	0.151	0.141	0.130	0.120	0.110
0.20	0.164	0.152	0.141	0.130	0.119	0.179	0.167	0.156	0.145	0.134
0.22	0.191	0.179	0.167	0.155	0.143	0.208	0.195	0.183	0.171	0.159
0.24	0.220	0.207	0.195	0.182	0.169	0.239	0.226	0.213	0.200	0.187
0.26	0.251	0.238	0.224	0.211	0.197	0.272	0.258	0.244	0.231	0.217
0.28	0.284	0.270	0.256	0.242	0.227	0.306	0.292	0.278	0.264	0.249
0.30	0.318	0.304	0.289	0.274	0.260	0.342	0.328	0.313	0.298	0.284
0.32	0.354	0.339	0.324	0.309	0.294	0.380	0.365	0.350	0.335	0.319
0.34	0.392	0.376	0.361	0.345	0.329	0.419	0.404	0.388	0.373	0.357
0.36	0.430	0.415	0.399	0.383	0.367	0.460	0.444	0.428	0.412	0.396
0.38	0.470	0.454	0.438	0.422	0.405	0.502	0.485	0.469	0.453	0.437
0.40	0.511	0.495	0.479	0.462	0.445	0.545	0.528	0.512	0.495	0.479
0.42	0.554	0.537	0.520	0.504	0.487	0.588	0.572	0.555	0.538	0.522
0.44	0.597	0.580	0.563	0.546	0.529	0.633	0.616	0.600	0.583	0.566
0.46	0.641	0.624	0.607	0.590	0.573	0.679	0.662	0.645	0.628	0.611
0.48	0.685	0.668	0.651	0.634	0.617	0.725	0.708	0.691	0.674	0.657
0.50	0.731	0.714	0.696	0.679	0.662	0.772	0.755	0.738	0.721	0.704
0.52	0.777	0.760	0.742	0.725	0.708	0.820	0.803	0.786	0.768	0.751
0.54	0.823	0.806	0.789	0.772	0.754	0.868	0.851	0.834	0.816	0.799
0.56	0.871	0.853	0.836	0.819	0.801	0.917	0.900	0.882	0.865	0.848
0.58	0.918	0.901	0.884	0.867	0.849	0.966	0.949	0.932	0.915	0.897
0.60	0.967	0.949	0.932	0.915	0.897	1.016	0.999	0.982	0.964	0.947
0.62	1.015	0.998	0.981	0.963	0.946	1.066	1.049	1.032	1.014	0.997
0.64	1.064	1.047	1.030	1.012	0.995	1.117	1.099	1.082	1.065	1.048
0.66	1.114	1.096	1.079	1.062	1.044	1.168	1.150	1.133	1.116	1.099
0.68	1.163	1.146	1.129	1.111	1.094	1.219	1.201	1.184	1.167	1.150
0.70	1.213	1.196	1.179	1.162	1.144	1.270	1.253	1.236	1.219	1.201
0.72	1.263	1.246	1.229	1.212	1.195	1.322	1.305	1.288	1.270	1.253
0.74	1.314	1.297	1.280	1.262	1.245	1.374	1.357	1.340	1.322	1.305
0.76	1.365	1.347	1.330	1.312	1.295	1.426	1.409	1.392	1.374	1.357
0.78	1.414	1.397	1.380	1.363	1.345	1.478	1.460	1.443	1.426	1.409
0.80	1.465	1.448	1.431	1.414	1.397	1.530	1.513	1.495	1.478	1.461
0.82	1.516	1.499	1.482	1.465	1.448	1.582	1.565	1.548	1.531	1.514
0.84	1.568	1.551	1.534	1.517	1.500	1.635	1.618	1.601	1.584	1.567
0.86	1.620	1.603	1.586	1.568	1.551	1.688	1.671	1.654	1.637	1.620
0.88	1.671	1.653	1.637	1.620	1.603	1.741	1.724	1.707	1.691	1.674
0.90	1.722	1.705	1.689	1.672	1.655	1.795	1.778	1.761	1.744	1.726
0.92	1.774	1.757	1.741	1.723	1.707	1.848	1.831	1.814	1.797	1.780
0.94	1.827	1.809	1.793	1.776	1.760	1.901	1.884	1.868	1.851	1.834
0.96	1.879	1.862	1.846	1.829	1.813	1.955	1.938	1.921	1.905	1.887
0.98	1.931	1.915	1.898	1.882	1.865		1.992	1.974	1.958	1.941
1.00	1.984	1.967	1.951	1.934	1.917					1.995
1.02				1.987	1.970					

续表 7-47

e	1.40					1.45				
n \ R	1.05	1.10	1.15	1.20	1.25	1.05	1.10	1.15	1.20	1.25
0.08	0.051					0.056	0.050			
0.10	0.069	0.063	0.057	0.051		0.076	0.069	0.063	0.057	0.051
0.12	0.090	0.082	0.075	0.068	0.061	0.098	0.090	0.083	0.076	0.068
0.14	0.112	0.104	0.095	0.087	0.079	0.122	0.113	0.105	0.096	0.088
0.16	0.138	0.128	0.118	0.109	0.100	0.149	0.139	0.130	0.120	0.111
0.18	0.164	0.154	0.143	0.133	0.123	0.178	0.167	0.156	0.146	0.136
0.20	0.193	0.182	0.170	0.159	0.148	0.208	0.197	0.185	0.174	0.163
0.22	0.224	0.212	0.200	0.188	0.176	0.241	0.229	0.216	0.204	0.192
0.24	0.257	0.244	0.231	0.218	0.205	0.276	0.263	0.250	0.237	0.224
0.26	0.292	0.278	0.265	0.251	0.237	0.312	0.299	0.285	0.271	0.258
0.28	0.328	0.314	0.300	0.286	0.272	0.351	0.336	0.322	0.308	0.294
0.30	0.367	0.352	0.337	0.322	0.307	0.391	0.376	0.361	0.346	0.331
0.32	0.406	0.391	0.376	0.360	0.345	0.432	0.417	0.402	0.386	0.371
0.34	0.447	0.432	0.416	0.400	0.385	0.475	0.459	0.444	0.428	0.412
0.36	0.489	0.474	0.458	0.442	0.426	0.519	0.503	0.487	0.471	0.455
0.38	0.533	0.517	0.501	0.484	0.468	0.564	0.548	0.532	0.516	0.499
0.40	0.577	0.561	0.545	0.528	0.512	0.610	0.594	0.578	0.561	0.545
0.42	0.623	0.606	0.590	0.573	0.557	0.658	0.641	0.625	0.608	0.591
0.44	0.670	0.653	0.636	0.619	0.602	0.706	0.689	0.673	0.656	0.639
0.46	0.717	0.700	0.683	0.666	0.649	0.755	0.738	0.721	0.704	0.687
0.48	0.765	0.748	0.731	0.714	0.697	0.805	0.788	0.771	0.754	0.737
0.50	0.814	0.797	0.780	0.762	0.745	0.855	0.838	0.821	0.804	0.787
0.52	0.863	0.846	0.829	0.812	0.795	0.906	0.889	0.872	0.855	0.838
0.54	0.913	0.896	0.879	0.861	0.844	0.958	0.940	0.923	0.906	0.889
0.56	0.963	0.946	0.929	0.912	0.894	1.010	0.992	0.975	0.958	0.941
0.58	1.014	0.997	0.980	0.962	0.945	1.062	1.045	1.028	1.010	0.993
0.60	1.065	1.048	1.031	1.014	0.996	1.115	1.098	1.080	1.063	1.046
0.62	1.117	1.100	1.083	1.065	1.048	1.168	1.151	1.134	1.116	1.099
0.64	1.169	1.152	1.135	1.118	1.100	1.222	1.204	1.187	1.170	1.153
0.66	1.222	1.204	1.187	1.170	1.153	1.275	1.258	1.241	1.224	1.207
0.68	1.274	1.257	1.240	1.223	1.205	1.330	1.313	1.295	1.278	1.261
0.70	1.327	1.310	1.293	1.276	1.259	1.384	1.367	1.350	1.333	1.316
0.72	1.380	1.363	1.346	1.329	1.312	1.439	1.422	1.405	1.388	1.370
0.74	1.434	1.417	1.400	1.383	1.365	1.494	1.477	1.460	1.443	1.425
0.76	1.488	1.471	1.453	1.436	1.418	1.549	1.532	1.515	1.497	1.480
0.78	1.541	1.523	1.506	1.489	1.472	1.604	1.586	1.569	1.552	1.535
0.80	1.595	1.578	1.561	1.543	1.526	1.659	1.642	1.625	1.608	1.591
0.82	1.649	1.632	1.615	1.597	1.580	1.715	1.698	1.681	1.664	1.647
0.84	1.703	1.686	1.669	1.652	1.635	1.771	1.754	1.737	1.720	1.703
0.86	1.757	1.740	1.723	1.706	1.689	1.827	1.810	1.793	1.775	1.758
0.88	1.812	1.795	1.778	1.761	1.744	1.883	1.865	1.848	1.831	1.814
0.90	1.866	1.849	1.832	1.815	1.799	1.938	1.921	1.904	1.887	1.870
0.92	1.921	1.905	1.888	1.871	1.854	1.995	1.978	1.961	1.944	1.927
0.94	1.976	1.960	1.943	1.926	1.908					1.984
0.96			1.998	1.980	1.963					

续表 7-47

e	1.50					1.55				
n \ R	1.05	1.10	1.15	1.20	1.25	1.05	1.10	1.15	1.20	1.25
0.08	0.061	0.055	0.050			0.066	0.060	0.055	0.050	
0.10	0.082	0.076	0.069	0.063	0.057	0.089	0.082	0.076	0.069	0.063
0.12	0.106	0.098	0.091	0.083	0.076	0.114	0.106	0.098	0.091	0.084
0.14	0.132	0.123	0.114	0.106	0.097	0.142	0.133	0.124	0.115	0.107
0.16	0.160	0.150	0.141	0.131	0.122	0.172	0.162	0.152	0.142	0.133
0.18	0.191	0.180	0.169	0.159	0.148	0.204	0.193	0.182	0.172	0.161
0.20	0.223	0.212	0.200	0.188	0.177	0.238	0.226	0.215	0.203	0.192
0.22	0.258	0.245	0.233	0.221	0.208	0.275	0.262	0.250	0.237	0.225
0.24	0.294	0.281	0.268	0.255	0.242	0.313	0.300	0.287	0.273	0.260
0.26	0.333	0.319	0.305	0.292	0.278	0.353	0.339	0.326	0.312	0.298
0.28	0.373	0.359	0.344	0.330	0.316	0.395	0.381	0.366	0.352	0.338
0.30	0.415	0.400	0.385	0.370	0.355	0.439	0.424	0.409	0.394	0.379
0.32	0.458	0.443	0.427	0.412	0.397	0.484	0.469	0.453	0.438	0.423
0.34	0.502	0.487	0.471	0.456	0.440	0.530	0.515	0.499	0.483	0.468
0.36	0.548	0.532	0.517	0.501	0.485	0.578	0.562	0.546	0.530	0.514
0.38	0.595	0.579	0.563	0.547	0.531	0.627	0.610	0.594	0.578	0.562
0.40	0.643	0.627	0.611	0.594	0.578	0.676	0.660	0.644	0.627	0.611
0.42	0.692	0.676	0.659	0.643	0.626	0.727	0.711	0.694	0.677	0.661
0.44	0.742	0.726	0.709	0.692	0.675	0.779	0.762	0.745	0.729	0.712
0.46	0.793	0.776	0.759	0.743	0.726	0.831	0.814	0.797	0.781	0.764
0.48	0.844	0.827	0.811	0.794	0.777	0.884	0.867	0.850	0.833	0.816
0.50	0.896	0.879	0.862	0.845	0.828	0.938	0.921	0.904	0.887	0.870
0.52	0.949	0.932	0.915	0.898	0.881	0.992	0.975	0.958	0.941	0.924
0.54	1.002	0.985	0.968	0.951	0.934	1.047	1.030	1.013	0.995	0.978
0.56	1.056	1.039	1.022	1.004	0.987	1.102	1.085	1.068	1.051	1.033
0.58	1.110	1.093	1.076	1.058	1.041	1.158	1.140	1.123	1.106	1.089
0.60	1.164	1.147	1.130	1.113	1.095	1.214	1.196	1.179	1.162	1.145
0.62	1.219	1.202	1.184	1.167	1.150	1.270	1.253	1.236	1.219	1.201
0.64	1.274	1.257	1.240	1.222	1.205	1.327	1.310	1.292	1.275	1.258
0.66	1.329	1.312	1.295	1.278	1.261	1.384	1.366	1.349	1.332	1.315
0.68	1.385	1.368	1.351	1.334	1.317	1.441	1.423	1.406	1.389	1.372
0.70	1.441	1.424	1.407	1.390	1.373	1.498	1.481	1.464	1.447	1.430
0.72	1.497	1.480	1.463	1.446	1.429	1.556	1.539	1.522	1.505	1.488
0.74	1.554	1.537	1.520	1.503	1.486	1.614	1.597	1.580	1.563	1.546
0.76	1.611	1.594	1.576	1.559	1.542	1.672	1.655	1.638	1.620	1.603
0.78	1.667	1.649	1.632	1.616	1.599	1.729	1.712	1.695	1.679	1.662
0.80	1.724	1.707	1.690	1.673	1.655	1.788	1.771	1.754	1.737	1.720
0.82	1.781	1.764	1.747	1.730	1.713	1.847	1.830	1.813	1.796	1.779
0.84	1.838	1.821	1.804	1.787	1.770	1.906	1.889	1.872	1.855	1.838
0.86	1.896	1.879	1.862	1.845	1.828	1.965	1.948	1.931	1.914	1.897
0.88	1.953	1.936	1.919	1.902	1.885			1.990	1.973	1.956
0.90		1.994	1.977	1.959	1.942					

续表 7-47

e	1.60					1.65				
n \ R	1.05	1.10	1.15	1.20	1.25	1.05	1.10	1.15	1.20	1.25
0.06						0.052				
0.08	0.071	0.065	0.060	0.055		0.076	0.070	0.065	0.060	0.055
0.10	0.095	0.089	0.082	0.076	0.069	0.102	0.095	0.088	0.082	0.076
0.12	0.122	0.114	0.106	0.099	0.091	0.130	0.122	0.114	0.107	0.099
0.14	0.151	0.142	0.133	0.125	0.116	0.161	0.152	0.143	0.134	0.126
0.16	0.183	0.173	0.163	0.153	0.144	0.195	0.185	0.175	0.165	0.155
0.18	0.217	0.206	0.195	0.185	0.174	0.230	0.219	0.208	0.198	0.187
0.20	0.253	0.241	0.230	0.218	0.206	0.268	0.256	0.245	0.233	0.221
0.22	0.292	0.279	0.266	0.254	0.241	0.308	0.296	0.283	0.270	0.258
0.24	0.332	0.318	0.305	0.292	0.279	0.350	0.337	0.324	0.310	0.297
0.26	0.374	0.360	0.346	0.332	0.318	0.394	0.380	0.366	0.352	0.339
0.28	0.417	0.403	0.389	0.374	0.360	0.440	0.425	0.411	0.397	0.382
0.30	0.463	0.448	0.433	0.418	0.403	0.487	0.472	0.457	0.442	0.427
0.32	0.510	0.494	0.479	0.464	0.449	0.536	0.520	0.505	0.490	0.475
0.34	0.558	0.542	0.527	0.511	0.495	0.585	0.570	0.554	0.539	0.523
0.36	0.607	0.591	0.575	0.560	0.544	0.637	0.621	0.605	0.589	0.573
0.38	0.658	0.642	0.625	0.609	0.593	0.689	0.673	0.657	0.641	0.624
0.40	0.709	0.693	0.677	0.660	0.644	0.742	0.726	0.710	0.693	0.677
0.42	0.762	0.745	0.729	0.712	0.696	0.796	0.780	0.763	0.747	0.730
0.44	0.815	0.798	0.782	0.765	0.748	0.851	0.835	0.818	0.801	0.785
0.46	0.869	0.852	0.835	0.819	0.802	0.907	0.890	0.873	0.857	0.840
0.48	0.924	0.907	0.890	0.873	0.856	0.963	0.946	0.930	0.913	0.896
0.50	0.979	0.962	0.945	0.928	0.911	1.020	1.003	0.986	0.969	0.953
0.52	1.035	1.018	1.001	0.984	0.967	1.077	1.061	1.044	1.027	1.010
0.54	1.091	1.074	1.057	1.040	1.023	1.135	1.119	1.102	1.085	1.068
0.56	1.148	1.131	1.114	1.097	1.080	1.194	1.177	1.160	1.143	1.126
0.58	1.205	1.188	1.171	1.154	1.137	1.253	1.236	1.219	1.202	1.185
0.60	1.263	1.246	1.229	1.212	1.194	1.312	1.295	1.278	1.261	1.244
0.62	1.321	1.304	1.287	1.270	1.252	1.371	1.354	1.337	1.320	1.303
0.64	1.379	1.362	1.345	1.328	1.311	1.431	1.414	1.397	1.380	1.363
0.66	1.438	1.421	1.403	1.386	1.369	1.491	1.474	1.457	1.440	1.423
0.68	1.496	1.479	1.462	1.445	1.428	1.552	1.535	1.518	1.501	1.484
0.70	1.555	1.538	1.521	1.504	1.487	1.613	1.596	1.579	1.561	1.544
0.72	1.614	1.597	1.580	1.563	1.546	1.673	1.656	1.639	1.622	1.605
0.74	1.674	1.657	1.640	1.623	1.606	1.734	1.717	1.700	1.683	1.666
0.76	1.734	1.716	1.699	1.682	1.665	1.795	1.778	1.761	1.743	1.726
0.78	1.792	1.775	1.759	1.742	1.725	1.855	1.838	1.822	1.805	1.788
0.80	1.853	1.836	1.819	1.802	1.785	1.917	1.900	1.883	1.866	1.849
0.82	1.913	1.896	1.879	1.862	1.845	1.979	1.962	1.945	1.928	1.911
0.84	1.973	1.956	1.939	1.922	1.905				1.990	1.973
0.86			2.000	1.983	1.966					

续表 7-47

e	1.70					1.75				
n \ R	1.05	1.10	1.15	1.20	1.25	1.05	1.10	1.15	1.20	1.25
0.06	0.056	0.052				0.060	0.055	0.051		
0.08	0.081	0.075	0.070	0.064	0.059	0.086	0.080	0.075	0.069	0.064
0.10	0.109	0.102	0.095	0.088	0.082	0.115	0.108	0.101	0.094	0.088
0.12	0.138	0.130	0.122	0.114	0.107	0.147	0.138	0.130	0.122	0.115
0.14	0.171	0.162	0.153	0.144	0.135	0.181	0.171	0.162	0.153	0.144
0.16	0.206	0.196	0.186	0.176	0.166	0.218	0.208	0.197	0.187	0.177
0.18	0.244	0.233	0.222	0.211	0.200	0.257	0.246	0.235	0.224	0.213
0.20	0.283	0.271	0.259	0.248	0.236	0.299	0.286	0.274	0.263	0.251
0.22	0.325	0.313	0.300	0.287	0.275	0.342	0.329	0.317	0.304	0.291
0.24	0.369	0.356	0.342	0.329	0.316	0.388	0.374	0.361	0.348	0.334
0.26	0.415	0.401	0.387	0.373	0.359	0.435	0.421	0.407	0.393	0.379
0.28	0.462	0.448	0.433	0.419	0.404	0.484	0.470	0.455	0.441	0.427
0.30	0.511	0.496	0.481	0.466	0.452	0.535	0.520	0.505	0.490	0.476
0.32	0.561	0.546	0.531	0.516	0.500	0.587	0.572	0.557	0.542	0.526
0.34	0.613	0.598	0.582	0.566	0.551	0.641	0.625	0.610	0.594	0.578
0.36	0.666	0.650	0.634	0.618	0.603	0.695	0.680	0.664	0.648	0.632
0.38	0.720	0.704	0.688	0.672	0.656	0.751	0.735	0.719	0.703	0.687
0.40	0.775	0.759	0.742	0.726	0.710	0.808	0.792	0.775	0.759	0.743
0.42	0.831	0.814	0.798	0.781	0.765	0.865	0.849	0.832	0.816	0.800
0.44	0.887	0.871	0.854	0.838	0.821	0.924	0.907	0.891	0.874	0.857
0.46	0.945	0.928	0.911	0.895	0.878	0.983	0.966	0.949	0.933	0.916
0.48	1.003	0.986	0.969	0.952	0.936	1.042	1.025	1.009	0.992	0.975
0.50	1.061	1.044	1.028	1.011	0.994	1.102	1.086	1.069	1.052	1.035
0.52	1.120	1.103	1.087	1.070	1.053	1.163	1.146	1.129	1.113	1.096
0.54	1.180	1.163	1.146	1.129	1.112	1.224	1.207	1.190	1.174	1.157
0.56	1.240	1.223	1.206	1.189	1.172	1.286	1.269	1.252	1.235	1.218
0.58	1.300	1.283	1.266	1.249	1.232	1.348	1.331	1.314	1.297	1.280
0.60	1.361	1.344	1.327	1.310	1.293	1.410	1.393	1.376	1.359	1.342
0.62	1.422	1.405	1.388	1.371	1.354	1.473	1.456	1.439	1.422	1.405
0.64	1.484	1.467	1.450	1.433	1.415	1.536	1.519	1.502	1.485	1.468
0.66	1.545	1.528	1.511	1.494	1.477	1.599	1.582	1.565	1.548	1.531
0.68	1.607	1.590	1.573	1.556	1.539	1.663	1.646	1.629	1.612	1.594
0.70	1.670	1.652	1.635	1.618	1.601	1.726	1.709	1.692	1.675	1.658
0.72	1.732	1.715	1.698	1.681	1.663	1.790	1.773	1.756	1.739	1.722
0.74	1.794	1.777	1.760	1.743	1.726	1.854	1.837	1.820	1.803	1.786
0.76	1.857	1.839	1.822	1.805	1.788	1.919	1.901	1.884	1.867	1.850
0.78	1.918	1.902	1.885	1.868	1.851	1.982	1.965	1.948	1.931	1.914
0.80	1.982	1.965	1.948	1.931	1.914				1.995	1.978
0.82				1.994	1.977					

续表 7-47

e	1.80					1.85				
n \ R	1.05	1.10	1.15	1.20	1.25	1.05	1.10	1.15	1.20	1.25
0.06	0.064	0.059	0.055	0.050		0.067	0.063	0.058	0.054	
0.08	0.091	0.085	0.080	0.074	0.069	0.096	0.090	0.085	0.079	0.073
0.10	0.122	0.115	0.108	0.101	0.094	0.128	0.121	0.114	0.107	0.100
0.12	0.155	0.147	0.138	0.130	0.122	0.163	0.155	0.146	0.138	0.130
0.14	0.191	0.181	0.172	0.163	0.154	0.201	0.191	0.182	0.172	0.163
0.16	0.229	0.219	0.209	0.199	0.189	0.241	0.230	0.220	0.210	0.200
0.18	0.271	0.259	0.248	0.237	0.226	0.284	0.272	0.261	0.250	0.239
0.20	0.314	0.302	0.289	0.277	0.266	0.329	0.317	0.305	0.292	0.281
0.22	0.359	0.346	0.333	0.321	0.308	0.376	0.363	0.350	0.338	0.325
0.24	0.407	0.393	0.380	0.366	0.353	0.425	0.412	0.398	0.385	0.371
0.26	0.456	0.442	0.428	0.414	0.400	0.476	0.462	0.448	0.434	0.420
0.28	0.507	0.492	0.478	0.463	0.449	0.529	0.515	0.500	0.486	0.471
0.30	0.559	0.544	0.529	0.515	0.500	0.583	0.569	0.554	0.539	0.524
0.32	0.613	0.598	0.583	0.567	0.552	0.639	0.624	0.609	0.593	0.578
0.34	0.668	0.653	0.637	0.622	0.606	0.696	0.681	0.665	0.649	0.634
0.36	0.725	0.709	0.693	0.677	0.661	0.754	0.738	0.723	0.707	0.691
0.38	0.782	0.766	0.750	0.734	0.718	0.813	0.797	0.781	0.765	0.749
0.40	0.841	0.824	0.808	0.792	0.776	0.873	0.857	0.841	0.825	0.809
0.42	0.900	0.883	0.867	0.851	0.834	0.934	0.918	0.902	0.885	0.869
0.44	0.960	0.943	0.927	0.910	0.894	0.996	0.979	0.963	0.946	0.930
0.46	1.020	1.004	0.987	0.971	0.954	1.058	1.042	1.025	1.008	0.992
0.48	1.082	1.065	1.048	1.032	1.015	1.121	1.104	1.088	1.071	1.054
0.50	1.143	1.127	1.110	1.093	1.076	1.185	1.168	1.151	1.134	1.118
0.52	1.206	1.189	1.172	1.155	1.138	1.248	1.232	1.215	1.198	1.181
0.54	1.269	1.252	1.235	1.218	1.201	1.313	1.296	1.279	1.262	1.246
0.56	1.332	1.315	1.298	1.281	1.264	1.378	1.361	1.344	1.327	1.310
0.58	1.395	1.378	1.361	1.345	1.328	1.443	1.426	1.409	1.392	1.375
0.60	1.459	1.442	1.425	1.409	1.392	1.508	1.492	1.475	1.458	1.441
0.62	1.524	1.507	1.490	1.473	1.456	1.574	1.557	1.540	1.523	1.506
0.64	1.588	1.571	1.554	1.537	1.520	1.640	1.623	1.606	1.589	1.573
0.66	1.653	1.636	1.619	1.602	1.585	1.707	1.690	1.673	1.656	1.639
0.68	1.718	1.701	1.684	1.667	1.650	1.773	1.756	1.739	1.722	1.705
0.70	1.783	1.766	1.749	1.732	1.715	1.840	1.823	1.806	1.789	1.772
0.72	1.849	1.832	1.815	1.798	1.781	1.907	1.890	1.873	1.856	1.839
0.74	1.914	1.897	1.880	1.863	1.846	1.974	1.957	1.940	1.923	1.906
0.76	1.980	1.963	1.946	1.928	1.912				1.990	1.973
0.78				1.995	1.978					

续表 7-47

e	1.90					1.95				
n \ R	1.05	1.10	1.15	1.20	1.25	1.05	1.10	1.15	1.20	1.25
0.06	0.071	0.066	0.062	0.057	0.053	0.075	0.070	0.065	0.061	0.056
0.08	0.101	0.095	0.090	0.084	0.078	0.107	0.100	0.095	0.089	0.083
0.10	0.135	0.128	0.121	0.114	0.107	0.142	0.134	0.127	0.120	0.113
0.12	0.172	0.163	0.155	0.146	0.138	0.180	0.171	0.163	0.154	0.146
0.14	0.211	0.201	0.191	0.182	0.173	0.221	0.211	0.201	0.192	0.183
0.16	0.253	0.242	0.231	0.221	0.211	0.264	0.254	0.243	0.232	0.223
0.18	0.297	0.286	0.274	0.263	0.252	0.311	0.299	0.288	0.276	0.265
0.20	0.344	0.332	0.320	0.307	0.295	0.359	0.347	0.335	0.323	0.310
0.22	0.393	0.380	0.367	0.354	0.342	0.410	0.397	0.384	0.371	0.358
0.24	0.444	0.431	0.417	0.404	0.390	0.463	0.449	0.436	0.422	0.409
0.26	0.497	0.483	0.469	0.455	0.441	0.518	0.503	0.489	0.475	0.461
0.28	0.552	0.537	0.522	0.508	0.493	0.574	0.559	0.545	0.530	0.516
0.30	0.608	0.593	0.578	0.563	0.548	0.632	0.617	0.602	0.587	0.572
0.32	0.665	0.650	0.635	0.619	0.604	0.691	0.676	0.660	0.645	0.630
0.34	0.724	0.708	0.693	0.677	0.661	0.751	0.736	0.720	0.705	0.689
0.36	0.784	0.768	0.752	0.736	0.720	0.813	0.797	0.781	0.766	0.750
0.38	0.844	0.828	0.812	0.796	0.780	0.876	0.860	0.844	0.828	0.811
0.40	0.906	0.890	0.874	0.858	0.841	0.939	0.923	0.907	0.890	0.874
0.42	0.969	0.952	0.936	0.920	0.903	1.003	0.987	0.971	0.954	0.938
0.44	1.032	1.016	0.999	0.983	0.966	1.068	1.052	1.035	1.019	1.002
0.46	1.096	1.079	1.063	1.046	1.030	1.134	1.117	1.101	1.084	1.068
0.48	1.161	1.144	1.127	1.111	1.094	1.200	1.183	1.167	1.150	1.133
0.50	1.226	1.209	1.192	1.175	1.159	1.267	1.250	1.233	1.217	1.200
0.52	1.291	1.274	1.258	1.241	1.224	1.334	1.317	1.300	1.284	1.267
0.54	1.357	1.340	1.324	1.307	1.290	1.401	1.385	1.368	1.351	1.334
0.56	1.424	1.407	1.390	1.373	1.356	1.469	1.453	1.436	1.419	1.402
0.58	1.490	1.473	1.457	1.440	1.423	1.538	1.521	1.504	1.487	1.470
0.60	1.558	1.541	1.524	1.507	1.490	1.607	1.590	1.573	1.556	1.539
0.62	1.625	1.608	1.591	1.574	1.557	1.676	1.659	1.642	1.625	1.608
0.64	1.693	1.676	1.659	1.642	1.625	1.745	1.728	1.711	1.694	1.677
0.66	1.760	1.744	1.727	1.710	1.693	1.814	1.797	1.780	1.763	1.747
0.68	1.829	1.812	1.795	1.778	1.761	1.884	1.867	1.850	1.833	1.816
0.70	1.897	1.880	1.863	1.846	1.829	1.954	1.937	1.920	1.903	1.886
0.72	1.966	1.949	1.932	1.915	1.898			1.990	1.973	1.956
0.74				1.983	1.967					

续表 7-47

e	2.00					2.05				
n \ R	1.05	1.10	1.15	1.20	1.25	1.05	1.10	1.15	1.20	1.25
0.04						0.050				
0.06	0.078	0.074	0.069	0.064	0.060	0.082	0.077	0.072	0.068	0.063
0.08	0.112	0.105	0.100	0.094	0.088	0.117	0.111	0.104	0.099	0.093
0.10	0.148	0.141	0.134	0.126	0.119	0.155	0.148	0.140	0.133	0.126
0.12	0.188	0.179	0.171	0.162	0.154	0.196	0.188	0.179	0.170	0.162
0.14	0.231	0.221	0.211	0.202	0.192	0.241	0.231	0.221	0.211	0.202
0.16	0.276	0.265	0.255	0.244	0.234	0.288	0.277	0.266	0.255	0.245
0.18	0.324	0.313	0.301	0.290	0.278	0.337	0.326	0.314	0.303	0.291
0.20	0.375	0.362	0.350	0.338	0.325	0.390	0.378	0.365	0.353	0.340
0.22	0.427	0.414	0.401	0.388	0.375	0.444	0.431	0.418	0.405	0.392
0.24	0.482	0.468	0.454	0.441	0.427	0.501	0.487	0.473	0.460	0.446
0.26	0.538	0.524	0.510	0.496	0.482	0.559	0.545	0.530	0.516	0.502
0.28	0.596	0.582	0.567	0.553	0.538	0.619	0.604	0.590	0.575	0.560
0.30	0.656	0.641	0.626	0.611	0.596	0.680	0.665	0.650	0.635	0.620
0.32	0.717	0.702	0.686	0.671	0.656	0.743	0.728	0.712	0.697	0.682
0.34	0.779	0.764	0.748	0.732	0.717	0.807	0.791	0.776	0.760	0.744
0.36	0.842	0.827	0.811	0.795	0.779	0.872	0.856	0.840	0.824	0.809
0.38	0.907	0.891	0.875	0.859	0.843	0.938	0.922	0.906	0.890	0.874
0.40	0.972	0.956	0.939	0.923	0.907	1.005	0.988	0.972	0.956	0.940
0.42	1.038	1.021	1.005	0.989	0.972	1.072	1.056	1.040	1.023	1.007
0.44	1.104	1.088	1.071	1.055	1.039	1.140	1.124	1.108	1.091	1.075
0.46	1.172	1.155	1.139	1.122	1.105	1.209	1.193	1.176	1.160	1.143
0.48	1.239	1.223	1.206	1.190	1.173	1.279	1.262	1.246	1.229	1.212
0.50	1.308	1.291	1.274	1.258	1.241	1.349	1.332	1.315	1.299	1.282
0.52	1.376	1.360	1.343	1.326	1.310	1.419	1.402	1.386	1.369	1.352
0.54	1.446	1.429	1.412	1.395	1.379	1.490	1.473	1.456	1.440	1.423
0.56	1.515	1.499	1.482	1.465	1.448	1.561	1.544	1.528	1.511	1.494
0.58	1.585	1.568	1.552	1.535	1.518	1.633	1.616	1.599	1.582	1.565
0.60	1.656	1.639	1.622	1.605	1.588	1.705	1.688	1.671	1.654	1.637
0.62	1.726	1.709	1.692	1.676	1.659	1.777	1.760	1.743	1.726	1.709
0.64	1.797	1.780	1.763	1.746	1.729	1.849	1.832	1.815	1.799	1.782
0.66	1.868	1.851	1.834	1.817	1.800	1.922	1.905	1.888	1.871	1.854
0.68	1.939	1.922	1.905	1.889	1.872	1.995	1.978	1.961	1.944	1.927
0.70		1.994	1.977	1.960	1.943					

e	2.10					2.15				
n \ R	1.05	1.10	1.15	1.20	1.25	1.05	1.10	1.15	1.20	1.25
0.04	0.053					0.055	0.052			
0.06	0.086	0.081	0.076	0.071	0.067	0.089	0.084	0.080	0.075	0.070
0.08	0.122	0.116	0.109	0.103	0.098	0.127	0.121	0.114	0.108	0.102
0.10	0.162	0.154	0.147	0.139	0.132	0.169	0.161	0.153	0.146	0.139

续表 7-47

e	2.10					2.15				
n \ R	1.05	1.10	1.15	1.20	1.25	1.05	1.10	1.15	1.20	1.25
0.12	0.205	0.196	0.187	0.179	0.170	0.213	0.204	0.195	0.187	0.178
0.14	0.251	0.241	0.231	0.221	0.212	0.261	0.251	0.241	0.231	0.221
0.16	0.300	0.289	0.278	0.267	0.256	0.311	0.300	0.289	0.279	0.268
0.18	0.351	0.339	0.327	0.316	0.305	0.365	0.353	0.341	0.329	0.318
0.20	0.405	0.392	0.380	0.368	0.356	0.420	0.408	0.395	0.383	0.371
0.22	0.461	0.448	0.435	0.422	0.409	0.478	0.465	0.452	0.439	0.426
0.24	0.520	0.506	0.492	0.478	0.465	0.538	0.525	0.511	0.497	0.484
0.26	0.580	0.565	0.551	0.537	0.523	0.600	0.586	0.572	0.558	0.543
0.28	0.641	0.627	0.612	0.597	0.583	0.664	0.649	0.634	0.620	0.605
0.30	0.704	0.689	0.674	0.659	0.644	0.729	0.714	0.698	0.683	0.668
0.32	0.769	0.753	0.738	0.723	0.708	0.795	0.779	0.764	0.749	0.733
0.34	0.834	0.819	0.803	0.788	0.772	0.862	0.847	0.831	0.815	0.800
0.36	0.901	0.885	0.870	0.854	0.838	0.930	0.915	0.899	0.883	0.867
0.38	0.969	0.953	0.937	0.921	0.905	1.000	0.984	0.968	0.952	0.936
0.40	1.037	1.021	1.005	0.989	0.973	1.070	1.054	1.038	1.022	1.006
0.42	1.107	1.090	1.074	1.058	1.041	1.141	1.125	1.108	1.092	1.076
0.44	1.176	1.160	1.144	1.127	1.111	1.213	1.196	1.180	1.163	1.147
0.46	1.247	1.231	1.214	1.198	1.181	1.285	1.268	1.252	1.235	1.219
0.48	1.318	1.302	1.285	1.268	1.252	1.357	1.341	1.324	1.308	1.291
0.50	1.390	1.373	1.356	1.340	1.323	1.431	1.414	1.397	1.381	1.364
0.52	1.462	1.445	1.428	1.412	1.395	1.504	1.488	1.471	1.454	1.438
0.54	1.534	1.517	1.501	1.484	1.467	1.578	1.562	1.545	1.528	1.512
0.56	1.607	1.590	1.573	1.557	1.540	1.653	1.636	1.619	1.603	1.586
0.58	1.680	1.663	1.647	1.630	1.613	1.727	1.711	1.694	1.677	1.660
0.60	1.754	1.737	1.720	1.703	1.686	1.803	1.786	1.769	1.752	1.735
0.62	1.827	1.811	1.794	1.777	1.760	1.878	1.861	1.844	1.828	1.811
0.64	1.901	1.884	1.868	1.851	1.834	1.953	1.937	1.920	1.903	1.886
0.66	1.975	1.959	1.942	1.925	1.908			1.996	1.979	1.962
0.68				1.999	1.982					

e	2.20					2.25				
n \ R	1.05	1.10	1.15	1.20	1.25	1.05	1.10	1.15	1.20	1.25
0.04	0.058	0.054	0.051			0.060	0.056	0.053		
0.06	0.093	0.088	0.083	0.078	0.074	0.097	0.092	0.087	0.082	0.077
0.08	0.133	0.126	0.120	0.113	0.107	0.138	0.131	0.125	0.118	0.112
0.10	0.176	0.168	0.160	0.152	0.145	0.182	0.174	0.167	0.159	0.152
0.12	0.222	0.213	0.204	0.195	0.186	0.230	0.221	0.212	0.203	0.194
0.14	0.271	0.261	0.251	0.241	0.231	0.281	0.271	0.261	0.251	0.241
0.16	0.323	0.312	0.301	0.290	0.279	0.335	0.324	0.313	0.302	0.291
0.18	0.378	0.366	0.354	0.343	0.331	0.392	0.380	0.368	0.356	0.344

续表 7-47

e	2.20					2.25				
n \ R	1.05	1.10	1.15	1.20	1.25	1.05	1.10	1.15	1.20	1.25
0.20	0.436	0.423	0.410	0.398	0.386	0.451	0.438	0.426	0.413	0.401
0.22	0.495	0.482	0.469	0.456	0.443	0.513	0.499	0.486	0.473	0.460
0.24	0.557	0.543	0.530	0.516	0.502	0.576	0.562	0.548	0.534	0.521
0.26	0.621	0.606	0.592	0.578	0.564	0.641	0.627	0.613	0.599	0.585
0.28	0.686	0.671	0.657	0.642	0.627	0.708	0.694	0.679	0.664	0.650
0.30	0.753	0.738	0.723	0.708	0.693	0.777	0.762	0.747	0.732	0.717
0.32	0.821	0.805	0.790	0.775	0.759	0.846	0.831	0.816	0.801	0.785
0.34	0.890	0.874	0.859	0.843	0.827	0.917	0.902	0.886	0.871	0.855
0.36	0.960	0.944	0.928	0.913	0.897	0.989	0.973	0.958	0.942	0.926
0.38	1.031	1.015	0.999	0.983	0.967	1.062	1.046	1.030	1.014	0.998
0.40	1.103	1.087	1.071	1.054	1.038	1.135	1.119	1.103	1.087	1.071
0.42	1.175	1.159	1.143	1.127	1.110	1.210	1.194	1.177	1.161	1.145
0.44	1.249	1.232	1.216	1.200	1.183	1.285	1.268	1.252	1.236	1.219
0.46	1.322	1.306	1.290	1.273	1.257	1.360	1.344	1.327	1.311	1.294
0.48	1.397	1.380	1.364	1.347	1.331	1.436	1.420	1.403	1.387	1.370
0.50	1.472	1.455	1.438	1.422	1.405	1.513	1.496	1.479	1.463	1.446
0.52	1.547	1.530	1.514	1.497	1.480	1.589	1.573	1.556	1.540	1.523
0.54	1.623	1.606	1.589	1.573	1.556	1.667	1.650	1.633	1.617	1.600
0.56	1.699	1.682	1.665	1.648	1.632	1.744	1.728	1.711	1.694	1.678
0.58	1.775	1.758	1.741	1.725	1.708	1.822	1.806	1.789	1.772	1.755
0.60	1.852	1.835	1.818	1.801	1.785	1.901	1.884	1.867	1.850	1.834
0.62	1.928	1.912	1.895	1.878	1.861	1.979	1.962	1.946	1.929	1.912
0.64		1.989	1.972	1.955	1.938					1.991

e	2.30					2.35				
n \ R	1.05	1.10	1.15	1.20	1.25	1.05	1.10	1.15	1.20	1.25
0.04	0.062	0.059	0.055	0.052	0.050	0.065	0.061	0.058	0.054	0.051
0.06	0.101	0.095	0.091	0.085	0.081	0.105	0.099	0.094	0.089	0.084
0.08	0.143	0.136	0.130	0.123	0.117	0.149	0.142	0.135	0.128	0.122
0.10	0.189	0.181	0.173	0.165	0.158	0.196	0.188	0.180	0.172	0.164
0.12	0.239	0.229	0.220	0.211	0.203	0.247	0.238	0.229	0.220	0.211
0.14	0.291	0.281	0.271	0.261	0.251	0.302	0.291	0.281	0.271	0.261
0.16	0.347	0.336	0.325	0.314	0.303	0.359	0.348	0.336	0.325	0.314
0.18	0.405	0.393	0.381	0.369	0.358	0.419	0.407	0.395	0.383	0.371
0.20	0.466	0.454	0.441	0.428	0.416	0.482	0.469	0.456	0.444	0.431
0.22	0.530	0.516	0.503	0.490	0.476	0.547	0.533	0.520	0.507	0.494
0.24	0.595	0.581	0.567	0.553	0.540	0.614	0.600	0.586	0.572	0.558
0.26	0.662	0.648	0.633	0.619	0.605	0.683	0.668	0.654	0.640	0.625
0.28	0.731	0.716	0.701	0.687	0.672	0.753	0.739	0.724	0.709	0.694
0.30	0.801	0.786	0.771	0.756	0.741	0.825	0.810	0.795	0.780	0.765
0.32	0.872	0.857	0.842	0.827	0.811	0.898	0.883	0.868	0.852	0.837
0.34	0.945	0.929	0.914	0.898	0.883	0.973	0.957	0.941	0.926	0.910

续表 7-47

e	2.30					2.35				
n \ R	1.05	1.10	1.15	1.20	1.25	1.05	1.10	1.15	1.20	1.25
0.36	1.019	1.003	0.987	0.971	0.955	1.048	1.032	1.016	1.001	0.985
0.38	1.093	1.077	1.061	1.045	1.029	1.124	1.108	1.092	1.076	1.060
0.40	1.168	1.152	1.136	1.120	1.104	1.201	1.185	1.169	1.153	1.137
0.42	1.244	1.228	1.212	1.195	1.179	1.278	1.262	1.246	1.230	1.214
0.44	1.321	1.304	1.288	1.272	1.255	1.357	1.340	1.324	1.308	1.292
0.46	1.398	1.381	1.365	1.349	1.332	1.435	1.419	1.403	1.386	1.370
0.48	1.475	1.459	1.442	1.426	1.410	1.515	1.498	1.482	1.465	1.449
0.50	1.553	1.537	1.520	1.504	1.487	1.594	1.578	1.561	1.545	1.528
0.52	1.632	1.615	1.599	1.582	1.566	1.675	1.658	1.641	1.625	1.608
0.54	1.711	1.694	1.678	1.661	1.644	1.755	1.738	1.722	1.705	1.689
0.56	1.790	1.773	1.757	1.740	1.723	1.836	1.819	1.803	1.786	1.769
0.58	1.870	1.853	1.836	1.820	1.803	1.917	1.900	1.884	1.867	1.850
0.60	1.949	1.933	1.916	1.899	1.883	1.998	1.982	1.965	1.948	1.932
0.62			1.996	1.979	1.963					

e	2.40					2.45				
n \ R	1.05	1.10	1.15	1.20	1.25	1.05	1.10	1.15	1.20	1.25
0.04	0.067	0.063	0.060	0.056	0.053	0.069	0.066	0.062	0.059	0.055
0.06	0.108	0.103	0.098	0.093	0.088	0.112	0.107	0.101	0.096	0.091
0.08	0.154	0.147	0.140	0.133	0.127	0.159	0.152	0.145	0.138	0.132
0.10	0.203	0.195	0.187	0.179	0.171	0.210	0.201	0.193	0.185	0.177
0.12	0.256	0.246	0.237	0.228	0.219	0.264	0.255	0.245	0.236	0.227
0.14	0.312	0.301	0.291	0.281	0.271	0.322	0.311	0.301	0.291	0.280
0.16	0.371	0.359	0.348	0.337	0.326	0.383	0.371	0.360	0.349	0.338
0.18	0.433	0.421	0.409	0.396	0.385	0.447	0.434	0.422	0.410	0.398
0.20	0.497	0.484	0.472	0.459	0.446	0.513	0.500	0.487	0.474	0.461
0.22	0.564	0.551	0.537	0.524	0.511	0.581	0.568	0.554	0.541	0.528
0.24	0.633	0.619	0.605	0.591	0.577	0.652	0.638	0.624	0.610	0.596
0.26	0.704	0.689	0.675	0.660	0.646	0.724	0.710	0.695	0.681	0.667
0.28	0.776	0.761	0.746	0.732	0.717	0.798	0.783	0.769	0.754	0.739
0.30	0.849	0.834	0.819	0.804	0.789	0.874	0.859	0.843	0.828	0.813
0.32	0.924	0.909	0.894	0.878	0.863	0.950	0.935	0.920	0.904	0.889
0.34	1.000	0.985	0.969	0.954	0.938	1.028	1.012	0.997	0.981	0.966
0.36	1.077	1.061	1.046	1.030	1.014	1.107	1.091	1.075	1.059	1.044
0.38	1.155	1.139	1.123	1.107	1.091	1.186	1.170	1.154	1.138	1.122
0.40	1.234	1.218	1.201	1.185	1.169	1.266	1.250	1.234	1.218	1.202
0.42	1.313	1.297	1.280	1.264	1.248	1.347	1.331	1.315	1.299	1.283
0.44	1.393	1.376	1.360	1.344	1.328	1.429	1.413	1.396	1.380	1.364
0.46	1.473	1.457	1.440	1.424	1.408	1.511	1.494	1.478	1.462	1.445
0.48	1.554	1.538	1.521	1.505	1.488	1.593	1.577	1.560	1.544	1.528
0.50	1.635	1.619	1.602	1.586	1.569	1.676	1.660	1.643	1.627	1.610

续表 7-47

e	2.40					2.45				
R / n	1.05	1.10	1.15	1.20	1.25	1.05	1.10	1.15	1.20	1.25
0.52	1.717	1.701	1.684	1.667	1.651	1.760	1.743	1.727	1.710	1.693
0.54	1.799	1.783	1.766	1.749	1.733	1.843	1.827	1.810	1.794	1.777
0.56	1.882	1.865	1.848	1.832	1.815	1.927	1.911	1.894	1.878	1.861
0.58	1.964	1.948	1.931	1.914	1.898		1.995	1.978	1.962	1.945
0.60				1.997	1.981					

e	2.50					2.55				
R / n	1.05	1.10	1.15	1.20	1.25	1.05	1.10	1.15	1.20	1.25
0.04	0.072	0.068	0.064	0.061	0.057	0.074	0.070	0.067	0.063	0.059
0.06	0.116	0.110	0.105	0.100	0.095	0.120	0.114	0.109	0.104	0.098
0.08	0.164	0.157	0.150	0.144	0.137	0.170	0.163	0.156	0.149	0.142
0.10	0.217	0.208	0.200	0.192	0.184	0.224	0.215	0.207	0.199	0.191
0.12	0.273	0.263	0.254	0.244	0.235	0.281	0.272	0.262	0.253	0.244
0.14	0.332	0.322	0.311	0.301	0.290	0.342	0.332	0.321	0.311	0.300
0.16	0.395	0.383	0.372	0.360	0.349	0.407	0.395	0.384	0.372	0.361
0.18	0.460	0.448	0.436	0.424	0.412	0.474	0.462	0.449	0.437	0.425
0.20	0.528	0.515	0.502	0.490	0.477	0.544	0.531	0.518	0.505	0.492
0.22	0.599	0.585	0.572	0.558	0.545	0.616	0.602	0.589	0.575	0.562
0.24	0.671	0.657	0.643	0.629	0.615	0.690	0.676	0.662	0.648	0.634
0.26	0.745	0.731	0.716	0.702	0.687	0.766	0.751	0.737	0.723	0.708
0.28	0.821	0.806	0.791	0.776	0.762	0.843	0.828	0.814	0.799	0.784
0.30	0.898	0.883	0.868	0.853	0.838	0.922	0.907	0.892	0.877	0.862
0.32	0.976	0.961	0.945	0.930	0.915	1.002	0.987	0.971	0.956	0.941
0.34	1.056	1.040	1.024	1.009	0.993	1.083	1.068	1.052	1.037	1.021
0.36	1.136	1.120	1.104	1.089	1.073	1.165	1.149	1.134	1.118	1.102
0.38	1.217	1.201	1.185	1.169	1.153	1.248	1.232	1.216	1.200	1.184
0.40	1.299	1.283	1.267	1.251	1.235	1.332	1.316	1.300	1.284	1.268
0.42	1.382	1.365	1.349	1.333	1.317	1.416	1.400	1.384	1.368	1.351
0.44	1.465	1.449	1.432	1.416	1.400	1.501	1.485	1.468	1.452	1.436
0.46	1.548	1.532	1.516	1.500	1.483	1.586	1.570	1.553	1.537	1.521
0.48	1.633	1.616	1.600	1.583	1.567	1.672	1.656	1.639	1.623	1.606
0.50	1.717	1.701	1.684	1.668	1.651	1.758	1.742	1.725	1.709	1.692
0.52	1.802	1.786	1.769	1.753	1.736	1.845	1.828	1.812	1.795	1.779
0.54	1.887	1.871	1.854	1.838	1.821	1.932	1.915	1.898	1.882	1.865
0.56	1.973	1.956	1.940	1.923	1.907			1.986	1.969	1.952
0.58					1.992					

续表 7-47

e	2.60					2.65				
n \ R	1.05	1.10	1.15	1.20	1.25	1.05	1.10	1.15	1.20	1.25
0.04	0.077	0.073	0.069	0.065	0.062	0.079	0.075	0.071	0.068	0.064
0.06	0.124	0.118	0.112	0.107	0.102	0.127	0.122	0.116	0.111	0.105
0.08	0.175	0.168	0.161	0.154	0.147	0.180	0.173	0.166	0.159	0.152
0.10	0.231	0.222	0.214	0.205	0.197	0.237	0.229	0.220	0.212	0.204
0.12	0.290	0.280	0.270	0.261	0.252	0.298	0.289	0.279	0.269	0.260
0.14	0.353	0.342	0.331	0.321	0.310	0.363	0.352	0.342	0.331	0.320
0.16	0.419	0.407	0.396	0.384	0.373	0.431	0.419	0.408	0.396	0.385
0.18	0.488	0.475	0.463	0.451	0.439	0.502	0.489	0.477	0.464	0.452
0.20	0.559	0.546	0.533	0.520	0.507	0.575	0.562	0.549	0.536	0.523
0.22	0.633	0.620	0.606	0.592	0.579	0.651	0.637	0.623	0.610	0.596
0.24	0.709	0.695	0.681	0.667	0.653	0.728	0.714	0.700	0.686	0.672
0.26	0.787	0.772	0.758	0.743	0.729	0.807	0.793	0.778	0.764	0.750
0.28	0.866	0.851	0.836	0.821	0.807	0.888	0.874	0.859	0.844	0.829
0.30	0.946	0.931	0.916	0.901	0.886	0.971	0.955	0.940	0.925	0.910
0.32	1.028	1.013	0.997	0.982	0.967	1.054	1.039	1.023	1.008	0.993
0.34	1.111	1.095	1.080	1.064	1.049	1.139	1.123	1.107	1.092	1.076
0.36	1.195	1.179	1.163	1.147	1.132	1.224	1.208	1.192	1.177	1.161
0.38	1.279	1.263	1.247	1.231	1.216	1.310	1.294	1.278	1.262	1.247
0.40	1.364	1.348	1.332	1.316	1.300	1.397	1.381	1.365	1.349	1.333
0.42	1.450	1.434	1.418	1.402	1.386	1.485	1.468	1.452	1.436	1.420
0.44	1.537	1.521	1.504	1.488	1.472	1.573	1.557	1.540	1.524	1.508
0.46	1.624	1.607	1.591	1.575	1.559	1.661	1.645	1.629	1.612	1.596
0.48	1.711	1.695	1.678	1.662	1.646	1.750	1.734	1.718	1.701	1.685
0.50	1.799	1.783	1.766	1.750	1.733	1.840	1.824	1.807	1.791	1.774
0.52	1.887	1.871	1.854	1.838	1.821	1.930	1.913	1.897	1.880	1.864
0.54	1.976	1.959	1.943	1.926	1.910			1.987	1.970	1.954
0.56					1.998					

e	2.70					2.75				
n \ R	1.05	1.10	1.15	1.20	1.25	1.05	1.10	1.15	1.20	1.25
0.04	0.081	0.077	0.074	0.070	0.066	0.084	0.080	0.076	0.072	0.068
0.06	0.131	0.125	0.120	0.114	0.109	0.135	0.129	0.123	0.118	0.113
0.08	0.186	0.178	0.171	0.164	0.157	0.191	0.184	0.177	0.169	0.162
0.10	0.244	0.236	0.227	0.219	0.211	0.251	0.243	0.234	0.226	0.217
0.12	0.307	0.297	0.287	0.278	0.268	0.316	0.306	0.296	0.286	0.277
0.14	0.373	0.363	0.352	0.341	0.331	0.384	0.373	0.362	0.351	0.341
0.16	0.443	0.431	0.419	0.408	0.396	0.455	0.443	0.431	0.420	0.408
0.18	0.515	0.503	0.490	0.478	0.466	0.529	0.517	0.504	0.492	0.479
0.20	0.591	0.577	0.564	0.551	0.538	0.606	0.593	0.580	0.567	0.554
0.22	0.668	0.654	0.640	0.627	0.613	0.685	0.671	0.658	0.644	0.630
0.24	0.747	0.733	0.719	0.705	0.691	0.766	0.752	0.738	0.724	0.710
0.26	0.828	0.814	0.799	0.785	0.770	0.849	0.835	0.820	0.805	0.791
0.28	0.911	0.896	0.881	0.866	0.852	0.933	0.919	0.904	0.889	0.874
0.30	0.995	0.980	0.965	0.949	0.934	1.019	1.004	0.989	0.974	0.959
0.32	1.080	1.065	1.049	1.034	1.019	1.106	1.091	1.075	1.060	1.044
0.34	1.166	1.151	1.135	1.119	1.104	1.194	1.178	1.163	1.147	1.132

续表 7-47

e	2.70					2.75				
n \ R	1.05	1.10	1.15	1.20	1.25	1.05	1.10	1.15	1.20	1.25
0.36	1.253	1.238	1.222	1.206	1.190	1.283	1.267	1.251	1.235	1.220
0.38	1.341	1.325	1.309	1.293	1.278	1.372	1.356	1.340	1.325	1.309
0.40	1.430	1.414	1.398	1.382	1.366	1.462	1.446	1.430	1.414	1.398
0.42	1.519	1.503	1.487	1.471	1.454	1.553	1.537	1.521	1.505	1.489
0.44	1.609	1.593	1.576	1.560	1.544	1.645	1.628	1.612	1.596	1.580
0.46	1.699	1.683	1.666	1.650	1.634	1.737	1.720	1.704	1.688	1.671
0.48	1.790	1.773	1.757	1.741	1.724	1.829	1.813	1.796	1.780	1.764
0.50	1.881	1.864	1.848	1.832	1.815	1.922	1.905	1.889	1.872	1.856
0.52	1.972	1.956	1.939	1.923	1.906		1.998	1.982	1.965	1.949
0.54					1.998					

e	2.80					2.85				
n \ R	1.05	1.10	1.15	1.20	1.25	1.05	1.10	1.15	1.20	1.25
0.04	0.086	0.082	0.078	0.074	0.070	0.089	0.084	0.080	0.077	0.073
0.06	0.139	0.133	0.127	0.122	0.116	0.143	0.137	0.131	0.125	0.120
0.08	0.196	0.189	0.182	0.175	0.168	0.202	0.194	0.187	0.180	0.173
0.10	0.258	0.250	0.241	0.232	0.224	0.265	0.257	0.248	0.239	0.231
0.12	0.324	0.314	0.304	0.295	0.285	0.333	0.323	0.313	0.303	0.294
0.14	0.394	0.383	0.372	0.361	0.351	0.404	0.393	0.382	0.372	0.361
0.16	0.467	0.455	0.443	0.432	0.420	0.479	0.467	0.455	0.444	0.432
0.18	0.543	0.530	0.518	0.505	0.493	0.557	0.544	0.532	0.519	0.507
0.20	0.622	0.608	0.595	0.582	0.569	0.637	0.624	0.611	0.598	0.585
0.22	0.703	0.689	0.675	0.661	0.648	0.720	0.706	0.692	0.679	0.665
0.24	0.785	0.771	0.757	0.743	0.729	0.804	0.790	0.776	0.762	0.748
0.26	0.870	0.855	0.841	0.826	0.812	0.891	0.876	0.862	0.847	0.833
0.28	0.956	0.941	0.926	0.911	0.897	0.979	0.964	0.949	0.934	0.919
0.30	1.043	1.028	1.013	0.998	0.983	1.068	1.052	1.037	1.022	1.007
0.32	1.132	1.117	1.101	1.086	1.070	1.158	1.143	1.127	1.112	1.096
0.34	1.221	1.206	1.190	1.175	1.159	1.249	1.234	1.218	1.202	1.187
0.36	1.312	1.296	1.280	1.265	1.249	1.341	1.326	1.310	1.294	1.278
0.38	1.403	1.387	1.371	1.356	1.340	1.434	1.418	1.402	1.387	1.371
0.40	1.495	1.479	1.463	1.447	1.431	1.528	1.512	1.496	1.480	1.464
0.42	1.588	1.571	1.555	1.539	1.523	1.622	1.606	1.590	1.574	1.558
0.44	1.681	1.664	1.648	1.632	1.616	1.717	1.700	1.684	1.668	1.652
0.46	1.774	1.758	1.742	1.725	1.709	1.812	1.796	1.779	1.763	1.747
0.48	1.868	1.852	1.836	1.819	1.803	1.907	1.891	1.875	1.858	1.842
0.50	1.962	1.946	1.930	1.913	1.897		1.987	1.971	1.954	1.938
0.52					1.991					

续表 7-47

e	2.90					2.95				
n \ R	1.05	1.10	1.15	1.20	1.25	1.05	1.10	1.15	1.20	1.25
0.04	0.091	0.087	0.083	0.079	0.075	0.094	0.089	0.085	0.081	0.077
0.06	0.147	0.141	0.135	0.129	0.124	0.151	0.144	0.138	0.133	0.127
0.08	0.207	0.200	0.192	0.185	0.178	0.213	0.205	0.198	0.190	0.183
0.10	0.272	0.263	0.255	0.246	0.237	0.279	0.270	0.262	0.253	0.244
0.12	0.342	0.332	0.322	0.312	0.302	0.350	0.340	0.330	0.320	0.310
0.14	0.415	0.404	0.393	0.382	0.371	0.425	0.414	0.403	0.392	0.381
0.16	0.491	0.479	0.467	0.456	0.444	0.503	0.491	0.479	0.468	0.456
0.18	0.571	0.558	0.546	0.533	0.520	0.585	0.572	0.559	0.547	0.534
0.20	0.653	0.640	0.626	0.613	0.600	0.669	0.655	0.642	0.629	0.616
0.22	0.737	0.723	0.710	0.696	0.682	0.755	0.741	0.727	0.713	0.699
0.24	0.824	0.809	0.795	0.781	0.767	0.843	0.828	0.814	0.800	0.786
0.26	0.912	0.897	0.882	0.868	0.853	0.932	0.918	0.903	0.889	0.874
0.28	1.001	0.986	0.971	0.956	0.942	1.024	1.009	0.994	0.979	0.964
0.30	1.092	1.077	1.062	1.046	1.031	1.116	1.101	1.086	1.071	1.056
0.32	1.184	1.168	1.153	1.138	1.122	1.210	1.194	1.179	1.164	1.148
0.34	1.277	1.261	1.246	1.230	1.215	1.304	1.289	1.273	1.258	1.242
0.36	1.371	1.355	1.339	1.323	1.308	1.400	1.384	1.368	1.353	1.337
0.38	1.465	1.449	1.433	1.418	1.402	1.496	1.480	1.464	1.449	1.433
0.40	1.560	1.544	1.528	1.512	1.496	1.593	1.577	1.561	1.545	1.529
0.42	1.656	1.640	1.624	1.608	1.592	1.690	1.674	1.658	1.642	1.626
0.44	1.753	1.736	1.720	1.704	1.688	1.788	1.772	1.756	1.740	1.724
0.46	1.849	1.833	1.817	1.801	1.784	1.887	1.871	1.854	1.838	1.822
0.48	1.947	1.930	1.914	1.898	1.881	1.986	1.969	1.953	1.937	1.921
0.50				1.995	1.979					

e	3.00					3.25				
n \ R	1.05	1.10	1.15	1.20	1.25	1.05	1.10	1.15	1.20	1.25
0.04	0.096	0.092	0.087	0.083	0.080	0.098	0.094	0.090	0.086	0.082
0.06	0.154	0.148	0.142	0.136	0.131	0.158	0.152	0.146	0.140	0.134
0.08	0.218	0.210	0.203	0.195	0.188	0.223	0.216	0.208	0.201	0.193
0.10	0.286	0.277	0.268	0.260	0.251	0.293	0.284	0.275	0.266	0.258
0.12	0.359	0.349	0.339	0.329	0.319	0.368	0.358	0.347	0.337	0.327
0.14	0.436	0.424	0.413	0.402	0.391	0.446	0.435	0.424	0.413	0.402
0.16	0.516	0.504	0.492	0.480	0.468	0.528	0.516	0.504	0.492	0.480
0.18	0.599	0.586	0.573	0.560	0.548	0.613	0.600	0.587	0.574	0.562
0.20	0.684	0.671	0.658	0.644	0.631	0.700	0.686	0.673	0.660	0.647
0.22	0.772	0.758	0.744	0.731	0.717	0.789	0.776	0.762	0.748	0.734
0.24	0.862	0.848	0.833	0.819	0.805	0.881	0.867	0.852	0.838	0.824
0.26	0.953	0.939	0.924	0.909	0.895	0.974	0.960	0.945	0.930	0.916

续表 7-47

e	3.00					3.25				
n \ R	1.05	1.10	1.15	1.20	1.25	1.05	1.10	1.15	1.20	1.25
0.28	1.046	1.031	1.016	1.001	0.987	1.069	1.054	1.039	1.024	1.009
0.30	1.140	1.125	1.110	1.095	1.080	1.165	1.150	1.134	1.119	1.104
0.32	1.236	1.220	1.205	1.190	1.174	1.262	1.246	1.231	1.216	1.200
0.34	1.332	1.317	1.301	1.285	1.270	1.360	1.344	1.329	1.313	1.297
0.36	1.429	1.414	1.398	1.382	1.366	1.459	1.443	1.427	1.411	1.396
0.38	1.527	1.511	1.495	1.480	1.464	1.558	1.542	1.526	1.511	1.495
0.40	1.626	1.610	1.594	1.578	1.562	1.658	1.642	1.626	1.610	1.594
0.42	1.725	1.709	1.693	1.677	1.661	1.759	1.743	1.727	1.711	1.695
0.44	1.824	1.808	1.792	1.776	1.760	1.860	1.844	1.828	1.812	1.796
0.46	1.924	1.908	1.892	1.876	1.860	1.962	1.946	1.930	1.913	1.897
0.48			1.992	1.976	1.960					1.999

e	3.50					3.75				
n \ R	1.05	1.10	1.15	1.20	1.25	1.05	1.10	1.15	1.20	1.25
0.02	0.055	0.053	0.050			0.061	0.058	0.056	0.053	0.051
0.04	0.121	0.116	0.111	0.107	0.102	0.133	0.128	0.123	0.118	0.114
0.06	0.194	0.187	0.180	0.174	0.168	0.213	0.206	0.199	0.193	0.186
0.08	0.273	0.264	0.256	0.248	0.240	0.301	0.292	0.283	0.275	0.267
0.10	0.357	0.348	0.338	0.329	0.320	0.393	0.383	0.374	0.364	0.354
0.12	0.447	0.436	0.426	0.415	0.404	0.491	0.480	0.470	0.459	0.448
0.14	0.541	0.529	0.517	0.506	0.494	0.594	0.582	0.570	0.558	0.546
0.16	0.638	0.626	0.613	0.601	0.588	0.700	0.687	0.674	0.662	0.649
0.18	0.738	0.725	0.712	0.699	0.686	0.809	0.795	0.782	0.769	0.756
0.20	0.841	0.828	0.814	0.800	0.787	0.920	0.907	0.893	0.879	0.865
0.22	0.947	0.932	0.918	0.904	0.890	1.034	1.020	1.006	0.992	0.977
0.24	1.054	1.039	1.025	1.010	0.996	1.150	1.135	1.121	1.106	1.092
0.26	1.162	1.147	1.133	1.118	1.103	1.267	1.252	1.237	1.222	1.208
0.28	1.272	1.257	1.242	1.227	1.212	1.385	1.370	1.355	1.340	1.325
0.30	1.383	1.368	1.353	1.338	1.322	1.505	1.490	1.474	1.459	1.444
0.32	1.496	1.480	1.465	1.449	1.434	1.625	1.610	1.595	1.579	1.564
0.34	1.609	1.593	1.577	1.562	1.546	1.747	1.731	1.716	1.700	1.685
0.36	1.722	1.707	1.691	1.675	1.660	1.869	1.853	1.838	1.822	1.806
0.38	1.837	1.821	1.805	1.789	1.774	1.992	1.976	1.960	1.944	1.929
0.40	1.952	1.936	1.920	1.904	1.888					

e	4.00					4.25				
n \ R	1.05	1.10	1.15	1.20	1.25	1.05	1.10	1.15	1.20	1.25
0.02	0.067	0.064	0.061	0.059	0.056	0.073	0.069	0.066	0.064	0.061
0.04	0.146	0.140	0.135	0.130	0.125	0.158	0.153	0.147	0.142	0.137
0.06	0.233	0.226	0.219	0.212	0.205	0.254	0.246	0.239	0.231	0.225
0.08	0.329	0.320	0.311	0.302	0.294	0.357	0.348	0.339	0.330	0.321

续表 7-47

e	4.00					4.25				
n \ R	1.05	1.10	1.15	1.20	1.25	1.05	1.10	1.15	1.20	1.25
0.10	0.430	0.419	0.409	0.399	0.390	0.466	0.456	0.445	0.435	0.425
0.12	0.536	0.525	0.514	0.503	0.492	0.581	0.570	0.558	0.547	0.536
0.14	0.647	0.635	0.623	0.611	0.599	0.701	0.688	0.676	0.664	0.652
0.16	0.762	0.749	0.736	0.723	0.711	0.824	0.811	0.798	0.785	0.772
0.18	0.879	0.866	0.853	0.839	0.826	0.950	0.936	0.923	0.909	0.896
0.20	0.999	0.986	0.972	0.958	0.944	1.079	1.065	1.051	1.037	1.023
0.22	1.122	1.108	1.093	1.079	1.065	1.210	1.195	1.181	1.167	1.152
0.24	1.246	1.231	1.217	1.202	1.188	1.342	1.328	1.313	1.298	1.284
0.26	1.372	1.357	1.342	1.327	1.312	1.476	1.462	1.447	1.432	1.417
0.28	1.498	1.483	1.468	1.453	1.438	1.612	1.597	1.582	1.566	1.551
0.30	1.626	1.611	1.596	1.581	1.565	1.748	1.733	1.718	1.702	1.687
0.32	1.755	1.740	1.725	1.709	1.694	1.885	1.870	1.854	1.839	1.824
0.34	1.885	1.870	1.854	1.838	1.823			1.992	1.977	1.961

e	4.50					4.75				
n \ R	1.05	1.10	1.15	1.20	1.25	1.05	1.10	1.15	1.20	1.25
0.02	0.079	0.075	0.072	0.069	0.066	0.084	0.081	0.078	0.075	0.072
0.04	0.171	0.165	0.160	0.154	0.149	0.184	0.178	0.172	0.166	0.161
0.06	0.274	0.266	0.259	0.251	0.244	0.294	0.286	0.279	0.271	0.263
0.08	0.385	0.376	0.367	0.357	0.348	0.414	0.404	0.395	0.385	0.376
0.10	0.503	0.492	0.482	0.471	0.461	0.540	0.529	0.518	0.508	0.497
0.12	0.626	0.615	0.603	0.592	0.580	0.672	0.660	0.648	0.636	0.625
0.14	0.754	0.742	0.729	0.717	0.705	0.808	0.796	0.783	0.771	0.758
0.16	0.886	0.873	0.860	0.847	0.834	0.949	0.936	0.922	0.909	0.896
0.18	1.021	1.007	0.994	0.980	0.967	1.092	1.078	1.065	1.051	1.037
0.20	1.158	1.144	1.130	1.116	1.102	1.238	1.224	1.210	1.196	1.182
0.22	1.298	1.283	1.269	1.255	1.240	1.386	1.371	1.357	1.342	1.328
0.24	1.439	1.424	1.409	1.395	1.380	1.535	1.521	1.506	1.491	1.476
0.26	1.581	1.566	1.551	1.537	1.522	1.686	1.671	1.656	1.641	1.626
0.28	1.725	1.710	1.695	1.680	1.665	1.838	1.823	1.808	1.793	1.778
0.30	1.870	1.854	1.839	1.824	1.809	1.991	1.976	1.961	1.945	1.930

e	5.00					5.25				
n \ R	1.05	1.10	1.15	1.20	1.25	1.05	1.10	1.15	1.20	1.25
0.02	0.091	0.087	0.083	0.080	0.077	0.096	0.093	0.089	0.086	0.083
0.04	0.197	0.191	0.185	0.179	0.173	0.210	0.203	0.197	0.191	0.185
0.06	0.315	0.307	0.299	0.291	0.283	0.336	0.327	0.319	0.311	0.303
0.08	0.442	0.432	0.423	0.414	0.404	0.471	0.461	0.451	0.442	0.432

续表 7-47

e	5.00					5.25				
n \ R	1.05	1.10	1.15	1.20	1.25	1.05	1.10	1.15	1.20	1.25
0.10	0.577	0.566	0.555	0.544	0.533	0.614	0.603	0.592	0.581	0.570
0.12	0.717	0.705	0.693	0.682	0.670	0.763	0.751	0.739	0.727	0.715
0.14	0.863	0.850	0.837	0.824	0.812	0.917	0.904	0.891	0.878	0.866
0.16	1.012	0.998	0.985	0.972	0.958	1.074	1.061	1.048	1.034	1.021
0.18	1.163	1.150	1.136	1.122	1.108	1.235	1.221	1.207	1.193	1.179
0.20	1.318	1.304	1.289	1.275	1.261	1.398	1.383	1.369	1.355	1.341
0.22	1.474	1.460	1.445	1.431	1.416	1.562	1.548	1.533	1.519	1.504
0.24	1.632	1.617	1.603	1.588	1.573	1.729	1.714	1.699	1.684	1.670
0.26	1.791	1.776	1.761	1.746	1.731	1.896	1.881	1.866	1.851	1.836
0.28	1.952	1.937	1.921	1.906	1.891					

e	5.50					5.75				
n \ R	1.05	1.10	1.15	1.20	1.25	1.05	1.10	1.15	1.20	1.25
0.02	0.102	0.099	0.095	0.091	0.088	0.108	0.104	0.101	0.097	0.093
0.04	0.223	0.216	0.210	0.204	0.198	0.236	0.229	0.223	0.216	0.210
0.06	0.357	0.348	0.340	0.331	0.323	0.378	0.369	0.360	0.352	0.344
0.08	0.500	0.490	0.480	0.470	0.460	0.529	0.519	0.509	0.499	0.489
0.10	0.652	0.640	0.629	0.618	0.607	0.689	0.678	0.666	0.655	0.644
0.12	0.809	0.797	0.785	0.772	0.760	0.855	0.843	0.830	0.818	0.806
0.14	0.971	0.958	0.945	0.933	0.920	1.026	1.013	1.000	0.987	0.974
0.16	1.137	1.124	1.110	1.097	1.083	1.201	1.187	1.173	1.160	1.146
0.18	1.306	1.292	1.278	1.264	1.251	1.378	1.364	1.350	1.336	1.322
0.20	1.478	1.463	1.449	1.435	1.420	1.558	1.543	1.529	1.515	1.500
0.22	1.651	1.636	1.622	1.607	1.592	1.739	1.725	1.710	1.695	1.681
0.24	1.826	1.811	1.796	1.781	1.766	1.922	1.908	1.893	1.878	1.863
0.26		1.987	1.972	1.956	1.941					

e	6.00					6.25				
n \ R	1.05	1.10	1.15	1.20	1.25	1.05	1.10	1.15	1.20	1.25
0.02	0.114	0.110	0.106	0.103	0.099	0.120	0.116	0.112	0.108	0.105
0.04	0.249	0.242	0.235	0.229	0.222	0.262	0.255	0.248	0.242	0.235
0.06	0.399	0.390	0.381	0.372	0.364	0.420	0.411	0.402	0.393	0.385
0.08	0.559	0.548	0.538	0.528	0.517	0.588	0.578	0.567	0.557	0.546
0.10	0.727	0.715	0.704	0.692	0.681	0.765	0.753	0.741	0.730	0.718
0.12	0.902	0.889	0.876	0.864	0.852	0.948	0.935	0.923	0.910	0.898
0.14	1.081	1.068	1.055	1.041	1.028	1.136	1.122	1.109	1.096	1.083
0.16	1.264	1.250	1.236	1.223	1.209	1.327	1.313	1.300	1.286	1.272
0.18	1.450	1.436	1.422	1.407	1.393	1.522	1.507	1.493	1.479	1.465
0.20	1.638	1.623	1.609	1.595	1.580	1.718	1.704	1.689	1.675	1.660
0.22	1.828	1.813	1.799	1.784	1.769	1.917	1.902	1.887	1.872	1.858
0.24			1.990	1.975	1.960					

续表 7-47

e	6.50					6.75				
n \ R	1.05	1.10	1.15	1.20	1.25	1.05	1.10	1.15	1.20	1.25
0.02	0.126	0.122	0.118	0.114	0.110	0.132	0.128	0.124	0.120	0.116
0.04	0.276	0.268	0.261	0.254	0.248	0.289	0.282	0.274	0.267	0.260
0.06	0.441	0.432	0.423	0.414	0.405	0.463	0.453	0.444	0.435	0.426
0.08	0.618	0.607	0.596	0.586	0.575	0.647	0.636	0.626	0.615	0.604
0.10	0.803	0.791	0.779	0.767	0.756	0.841	0.829	0.817	0.805	0.793
0.12	0.994	0.982	0.969	0.956	0.944	1.041	1.028	1.015	1.003	0.990
0.14	1.191	1.177	1.164	1.151	1.137	1.246	1.232	1.219	1.206	1.192
0.16	1.391	1.377	1.363	1.349	1.335	1.454	1.440	1.426	1.413	1.399
0.18	1.594	1.579	1.565	1.551	1.537	1.666	1.651	1.637	1.623	1.608
0.20	1.799	1.784	1.769	1.755	1.740	1.879	1.864	1.850	1.835	1.821
0.22		1.990	1.976	1.96	1.946					

e	7.00					7.25				
n \ R	1.05	1.10	1.15	1.20	1.25	1.05	1.10	1.15	1.20	1.25
0.02	0.138	0.134	0.130	0.126	0.122	0.144	0.140	0.136	0.131	0.127
0.04	0.303	0.295	0.288	0.280	0.273	0.316	0.308	0.301	0.293	0.286
0.06	0.484	0.474	0.465	0.456	0.446	0.506	0.496	0.486	0.477	0.467
0.08	0.677	0.666	0.655	0.644	0.633	0.707	0.696	0.685	0.674	0.663
0.10	0.879	0.867	0.855	0.843	0.831	0.918	0.905	0.893	0.881	0.869
0.12	1.088	1.075	1.062	1.049	1.036	1.135	1.122	1.109	1.096	1.083
0.14	1.301	1.288	1.274	1.261	1.247	1.356	1.343	1.329	1.316	1.302
0.16	1.518	1.504	1.490	1.476	1.462	1.582	1.568	1.554	1.540	1.526
0.18	1.738	1.723	1.709	1.695	1.680	1.810	1.795	1.781	1.767	1.752
0.20	1.959	1.945	1.930	1.915	1.901				1.996	1.981

e	7.50					7.75				
n \ R	1.05	1.10	1.15	1.20	1.25	1.05	1.10	1.15	1.20	1.25
0.02	0.151	0.146	0.141	0.137	0.133	0.157	0.152	0.147	0.143	0.139
0.04	0.330	0.322	0.314	0.307	0.299	0.343	0.336	0.327	0.320	0.312
0.06	0.527	0.517	0.508	0.498	0.489	0.549	0.539	0.529	0.519	0.510
0.08	0.737	0.726	0.715	0.703	0.692	0.767	0.756	0.744	0.733	0.722
0.10	0.956	0.944	0.931	0.919	0.907	0.995	0.982	0.970	0.957	0.945
0.12	1.182	1.168	1.155	1.142	1.129	1.229	1.215	1.202	1.189	1.176
0.14	1.412	1.398	1.384	1.371	1.357	1.467	1.453	1.440	1.426	1.412
0.16	1.645	1.631	1.617	1.603	1.589	1.709	1.695	1.681	1.667	1.653
0.18	1.882	1.867	1.853	1.839	1.824	1.954	1.940	1.925	1.911	1.896

续表 7-47

e	8.00					8.25				
n \ R	1.05	1.10	1.15	1.20	1.25	1.05	1.10	1.15	1.20	1.25
0.02	0.163	0.158	0.153	0.149	0.144	0.169	0.164	0.160	0.155	0.150
0.04	0.357	0.349	0.341	0.333	0.325	0.371	0.363	0.354	0.347	0.339
0.06	0.571	0.561	0.551	0.541	0.531	0.592	0.582	0.572	0.562	0.552
0.08	0.797	0.786	0.774	0.763	0.752	0.828	0.816	0.804	0.793	0.781
0.10	1.033	1.021	1.008	0.996	0.983	1.072	1.059	1.047	1.034	1.022
0.12	1.276	1.262	1.249	1.236	1.223	1.323	1.309	1.296	1.283	1.270
0.14	1.523	1.509	1.495	1.481	1.468	1.578	1.564	1.551	1.537	1.523
0.16	1.773	1.759	1.745	1.731	1.717	1.837	1.823	1.809	1.795	1.780
0.18			1.997	1.983	1.968					

e	8.50					8.75				
n \ R	1.05	1.10	1.15	1.20	1.25	1.05	1.10	1.15	1.20	1.25
0.02	0.176	0.171	0.166	0.160	0.156	0.182	0.177	0.172	0.167	0.162
0.04	0.385	0.377	0.368	0.360	0.352	0.399	0.390	0.382	0.373	0.365
0.06	0.614	0.604	0.594	0.584	0.574	0.636	0.626	0.616	0.606	0.595
0.08	0.858	0.846	0.835	0.823	0.811	0.888	0.877	0.865	0.853	0.841
0.10	1.111	1.098	1.085	1.073	1.060	1.150	1.137	1.124	1.111	1.099
0.12	1.370	1.357	1.343	1.330	1.317	1.417	1.404	1.390	1.377	1.364
0.14	1.634	1.620	1.606	1.592	1.578	1.690	1.676	1.662	1.648	1.634
0.16	1.901	1.887	1.873	1.858	1.844	1.965	1.951	1.937	1.922	1.908

e	9.00					9.25				
n \ R	1.05	1.10	1.15	1.20	1.25	1.05	1.10	1.15	1.20	1.25
0.02	0.188	0.183	0.178	0.173	0.168	0.194	0.189	0.184	0.179	0.174
0.04	0.413	0.404	0.396	0.387	0.379	0.427	0.418	0.409	0.401	0.392
0.06	0.659	0.648	0.638	0.627	0.617	0.681	0.670	0.659	0.649	0.639
0.08	0.919	0.907	0.895	0.883	0.872	0.949	0.937	0.925	0.914	0.902
0.10	1.188	1.176	1.163	1.150	1.137	1.227	1.215	1.202	1.189	1.176
0.12	1.465	1.451	1.438	1.424	1.411	1.512	1.499	1.485	1.471	1.458
0.14	1.745	1.731	1.717	1.703	1.689	1.801	1.787	1.773	1.759	1.745
0.16				1.986	1.972					

e	9.50					9.75				
n \ R	1.05	1.10	1.15	1.20	1.25	1.05	1.10	1.15	1.20	1.25
0.02	0.201	0.195	0.190	0.185	0.180	0.207	0.202	0.196	0.191	0.186
0.04	0.440	0.432	0.423	0.414	0.406	0.454	0.446	0.437	0.428	0.419
0.06	0.703	0.692	0.681	0.671	0.661	0.725	0.714	0.703	0.693	0.682
0.08	0.980	0.968	0.956	0.944	0.932	1.011	0.998	0.986	0.974	0.962
0.10	1.267	1.253	1.241	1.228	1.215	1.306	1.293	1.280	1.267	1.254
0.12	1.560	1.546	1.532	1.519	1.505	1.607	1.593	1.580	1.566	1.553
0.14	1.857	1.843	1.829	1.815	1.801	1.913	1.899	1.885	1.871	1.857

续表 7-47

e	10.00					10.25				
n \ R	1.05	1.10	1.15	1.20	1.25	1.05	1.10	1.15	1.20	1.25
0.02	0.214	0.208	0.202	0.197	0.192	0.220	0.214	0.209	0.203	0.198
0.04	0.469	0.460	0.451	0.442	0.433	0.483	0.474	0.465	0.456	0.447
0.06	0.747	0.736	0.725	0.715	0.704	0.770	0.759	0.748	0.737	0.726
0.08	1.041	1.029	1.017	1.005	0.993	1.072	1.059	1.047	1.035	1.023
0.10	1.345	1.331	1.319	1.305	1.292	1.384	1.371	1.357	1.344	1.331
0.12	1.654	1.641	1.627	1.613	1.600	1.702	1.688	1.675	1.661	1.647
0.14	1.969	1.955	1.940	1.926	1.912			1.996	1.982	1.968

e	10.50					10.75				
n \ R	1.05	1.10	1.15	1.20	1.25	1.05	1.10	1.15	1.20	1.25
0.02	0.226	0.220	0.215	0.209	0.204	0.233	0.227	0.221	0.215	0.210
0.04	0.497	0.488	0.479	0.470	0.460	0.511	0.502	0.493	0.484	0.474
0.06	0.792	0.781	0.770	0.759	0.748	0.815	0.803	0.792	0.781	0.770
0.08	1.103	1.090	1.078	1.066	1.053	1.134	1.121	1.109	1.096	1.084
0.10	1.423	1.410	1.397	1.383	1.370	1.462	1.449	1.436	1.423	1.409
0.12	1.750	1.736	1.722	1.708	1.695	1.797	1.784	1.770	1.756	1.742

e	11.00					11.25				
n \ R	1.05	1.10	1.15	1.20	1.25	1.05	1.10	1.15	1.20	1.25
0.02	0.239	0.233	0.227	0.221	0.216	0.246	0.239	0.233	0.228	0.222
0.04	0.525	0.516	0.507	0.498	0.489	0.540	0.530	0.521	0.512	0.502
0.06	0.837	0.826	0.815	0.803	0.792	0.860	0.848	0.837	0.826	0.814
0.08	1.165	1.152	1.139	1.127	1.115	1.196	1.183	1.170	1.158	1.145
0.10	1.502	1.488	1.475	1.462	1.448	1.541	1.528	1.514	1.501	1.488
0.12	1.845	1.831	1.817	1.804	1.790	1.893	1.879	1.865	1.851	1.837

e	11.50					11.75				
n \ R	1.05	1.10	1.15	1.20	1.25	1.05	1.10	1.15	1.20	1.25
0.02	0.252	0.246	0.240	0.234	0.228	0.259	0.252	0.246	0.240	0.234
0.04	0.554	0.544	0.535	0.526	0.517	0.568	0.559	0.549	0.540	0.531
0.06	0.882	0.871	0.859	0.848	0.837	0.905	0.894	0.882	0.871	0.859
0.08	1.227	1.214	1.201	1.189	1.176	1.258	1.245	1.232	1.220	1.207
0.10	1.581	1.567	1.554	1.540	1.527	1.620	1.607	1.593	1.580	1.566
0.12	1.941	1.927	1.913	1.899	1.885	1.989	1.975	1.961	1.947	1.933

续表 7-47

e	12.00					12.25				
n ＼ R	1.05	1.10	1.15	1.20	1.25	1.05	1.10	1.15	1.20	1.25
0.02	0.265	0.259	0.252	0.246	0.240	0.272	0.265	0.259	0.253	0.247
0.04	0.583	0.573	0.563	0.554	0.544	0.597	0.587	0.578	0.568	0.559
0.06	0.928	0.916	0.905	0.893	0.882	0.951	0.939	0.927	0.916	0.904
0.08	1.289	1.276	1.263	1.250	1.238	1.320	1.307	1.294	1.281	1.269
0.10	1.660	1.646	1.633	1.619	1.606	1.699	1.686	1.672	1.658	1.645
0.12				1.994	1.980					

e	12.50					12.75				
n ＼ R	1.05	1.10	1.15	1.20	1.25	1.05	1.10	1.15	1.20	1.25
0.02	0.278	0.272	0.265	0.259	0.253	0.285	0.278	0.272	0.265	0.259
0.04	0.612	0.602	0.592	0.583	0.573	0.626	0.616	0.606	0.597	0.587
0.06	0.973	0.962	0.950	0.938	0.927	0.996	0.984	0.973	0.961	0.949
0.08	1.351	1.338	1.325	1.313	1.300	1.382	1.369	1.357	1.344	1.331
0.10	1.739	1.725	1.711	1.698	1.684	1.778	1.765	1.751	1.737	1.724

e	13.00					13.25				
n ＼ R	1.05	1.10	1.15	1.20	1.25	1.05	1.10	1.15	1.20	1.25
0.02	0.291	0.285	0.278	0.272	0.265	0.298	0.291	0.284	0.278	0.272
0.04	0.641	0.631	0.621	0.611	0.601	0.656	0.645	0.635	0.625	0.616
0.06	1.019	1.007	0.995	0.984	0.972	1.042	1.030	1.018	1.006	0.994
0.08	1.414	1.401	1.388	1.375	1.362	1.445	1.432	1.419	1.406	1.393
0.10	1.818	1.804	1.791	1.777	1.763	1.858	1.844	1.830	1.817	1.803

e	13.50					13.75				
n ＼ R	1.05	1.10	1.15	1.20	1.25	1.05	1.10	1.15	1.20	1.25
0.02	0.304	0.298	0.291	0.284	0.278	0.311	0.304	0.298	0.291	0.284
0.04	0.670	0.660	0.650	0.640	0.630	0.685	0.674	0.664	0.654	0.644
0.06	1.065	1.053	1.041	1.029	1.017	1.088	1.076	1.064	1.052	1.040
0.08	1.476	1.463	1.450	1.437	1.424	1.508	1.495	1.481	1.468	1.455
0.10	1.897	1.884	1.870	1.856	1.842	1.937	1.923	1.910	1.896	1.882

e	14.00					14.25				
n ＼ R	1.05	1.10	1.15	1.20	1.25	1.05	1.10	1.15	1.20	1.25
0.02	0.318	0.311	0.304	0.297	0.291	0.325	0.318	0.311	0.304	0.297
0.04	0.699	0.689	0.679	0.669	0.658	0.714	0.704	0.693	0.683	0.673
0.06	1.111	1.099	1.087	1.075	1.063	1.134	1.122	1.110	1.098	1.086
0.08	1.539	1.526	1.513	1.500	1.487	1.571	1.557	1.544	1.531	1.518
0.10	1.977	1.963	1.949	1.935	1.922			1.989	1.975	1.961

续表 7-47

e	14.50					14.75				
n \ R	1.05	1.10	1.15	1.20	1.25	1.05	1.10	1.15	1.20	1.25
0.02	0.331	0.324	0.317	0.310	0.304	0.338	0.331	0.324	0.317	0.310
0.04	0.729	0.718	0.708	0.698	0.687	0.743	0.733	0.723	0.712	0.702
0.06	1.157	1.145	1.133	1.120	1.108	1.180	1.168	1.156	1.143	1.131
0.08	1.602	1.589	1.576	1.562	1.549	1.634	1.620	1.607	1.594	1.580

e	15.00					15.25				
n \ R	1.05	1.10	1.15	1.20	1.25	1.05	1.10	1.15	1.20	1.25
0.02	0.345	0.337	0.330	0.323	0.316	0.352	0.344	0.337	0.330	0.323
0.04	0.758	0.748	0.737	0.727	0.716	0.773	0.762	0.752	0.741	0.731
0.06	1.203	1.191	1.179	1.166	1.154	1.227	1.214	1.202	1.189	1.177
0.08	1.665	1.652	1.638	1.625	1.612	1.697	1.683	1.670	1.657	1.643

e	15.50					15.75				
n \ R	1.05	1.10	1.15	1.20	1.25	1.05	1.10	1.15	1.20	1.25
0.02	0.358	0.351	0.343	0.336	0.329	0.365	0.357	0.350	0.343	0.336
0.04	0.788	0.777	0.766	0.756	0.745	0.803	0.792	0.781	0.771	0.760
0.06	1.250	1.237	1.225	1.213	1.200	1.273	1.261	1.248	1.236	1.223
0.08	1.728	1.715	1.701	1.688	1.675	1.760	1.746	1.733	1.719	1.706

e	16.00					16.25				
n \ R	1.05	1.10	1.15	1.20	1.25	1.05	1.10	1.15	1.20	1.25
0.02	0.372	0.364	0.357	0.349	0.342	0.379	0.371	0.363	0.356	0.349
0.04	0.818	0.807	0.796	0.785	0.775	0.833	0.822	0.811	0.800	0.789
0.06	1.296	1.284	1.271	1.259	1.246	1.320	1.307	1.294	1.282	1.269
0.08	1.791	1.778	1.764	1.751	1.738	1.823	1.810	1.796	1.782	1.769

e	16.50					16.75				
n \ R	1.05	1.10	1.15	1.20	1.25	1.05	1.10	1.15	1.20	1.25
0.02	0.385	0.378	0.370	0.363	0.355	0.392	0.384	0.377	0.369	0.362
0.04	0.848	0.836	0.825	0.815	0.804	0.862	0.851	0.840	0.829	0.819
0.06	1.343	1.330	1.318	1.305	1.292	1.366	1.353	1.341	1.328	1.316
0.08	1.855	1.841	1.828	1.814	1.801	1.886	1.873	1.859	1.846	1.832

e	17.00					17.25				
n \ R	1.05	1.10	1.15	1.20	1.25	1.05	1.10	1.15	1.20	1.25
0.02	0.399	0.391	0.383	0.376	0.368	0.406	0.398	0.390	0.382	0.375
0.04	0.877	0.866	0.855	0.844	0.834	0.892	0.881	0.870	0.859	0.848
0.06	1.389	1.377	1.364	1.351	1.339	1.413	1.400	1.387	1.375	1.362
0.08	1.918	1.904	1.891	1.877	1.864	1.950	1.936	1.922	1.909	1.895

续表 7-47

e	17.50					17.75				
n \ R	1.05	1.10	1.15	1.20	1.25	1.05	1.10	1.15	1.20	1.25
0.02	0.413	0.405	0.397	0.389	0.382	0.420	0.412	0.404	0.396	0.388
0.04	0.907	0.896	0.885	0.874	0.863	0.923	0.911	0.900	0.889	0.878
0.06	1.436	1.423	1.411	1.398	1.385	1.459	1.447	1.434	1.421	1.408
0.08	1.982	1.968	1.954	1.941	1.927		2.000	1.986	1.972	1.959

e	18.00					18.25				
n \ R	1.05	1.10	1.15	1.20	1.25	1.05	1.10	1.15	1.20	1.25
0.02	0.426	0.418	0.410	0.403	0.395	0.433	0.425	0.417	0.409	0.401
0.04	0.938	0.926	0.915	0.904	0.893	0.953	0.941	0.930	0.919	0.907
0.06	1.483	1.470	1.457	1.444	1.432	1.506	1.493	1.481	1.468	1.455
0.08					1.990					

e	18.50					18.75				
n \ R	1.05	1.10	1.15	1.20	1.25	1.05	1.10	1.15	1.20	1.25
0.02	0.440	0.432	0.424	0.416	0.408	0.447	0.439	0.431	0.423	0.415
0.04	0.968	0.956	0.945	0.934	0.922	0.983	0.971	0.960	0.949	0.937
0.06	1.530	1.517	1.504	1.491	1.478	1.553	1.540	1.527	1.514	1.502

e	19.00					19.25				
n \ R	1.05	1.10	1.15	1.20	1.25	1.05	1.10	1.15	1.20	1.25
0.02	0.454	0.446	0.438	0.429	0.421	0.461	0.453	0.444	0.436	0.428
0.04	0.998	0.986	0.975	0.964	0.952	1.013	1.002	0.990	0.979	0.967
0.06	1.577	1.564	1.551	1.538	1.525	1.600	1.587	1.574	1.561	1.548

e	19.50					19.75				
n \ R	1.05	1.10	1.15	1.20	1.25	1.05	1.10	1.15	1.20	1.25
0.02	0.468	0.460	0.451	0.443	0.435	0.475	0.466	0.458	0.450	0.412
0.04	1.028	1.017	1.005	0.994	0.982	1.044	1.032	1.020	1.009	0.997
0.06	1.624	1.611	1.598	1.585	1.572	1.647	1.634	1.621	1.608	1.595

e	20.00					20.50				
n \ R	1.05	1.10	1.15	1.20	1.25	1.05	1.10	1.15	1.20	1.25
0.02	0.482	0.473	0.465	0.457	0.448	0.496	0.487	0.479	0.470	0.462
0.04	1.059	1.047	1.035	1.024	1.012	1.089	1.077	1.066	1.054	1.042
0.06	1.671	1.658	1.645	1.632	1.618	1.718	1.705	1.692	1.679	1.665

7.9.2 计算例题

【例题 7-30】 一圆形截面偏心受压构件，已知 $r=200\text{mm}$，混凝土强度等级 C30，$f_c=14.3\text{N/mm}^2$，$\alpha_1=1$；钢筋为 HRB335 级，$f_y=300\text{N/mm}^2$；轴向受压力 $N=600915\text{N}$，$e_i=200\text{mm}$。求 A_s 值。

【解】

(1) 已知计算数据。$r=200\text{mm}$，$a_s=40\text{mm}$，$r_s=r-a_s=200-40=160\text{mm}$；混凝土强度等级 C30，$f_c=14.3\text{N/mm}^2$，$\alpha_1=1$；HRB335 级钢筋，$f_y=300\text{N/mm}^2$；$N=600915\text{N}$，$e_i=200\text{mm}$。

$A=\pi r^2=\pi\times200^2=125664\text{mm}^2$。

(2) 计算查表参数

$$e=\frac{e_i}{r_s}=\frac{200}{160}=1.25,\quad R=\frac{r}{2r_s}=\frac{200}{160}=1.25$$

$$n=\frac{N}{\alpha_1 f_c A}=\frac{600915}{1\times14.3\times125664}=0.3344$$

(3) 查表计算 A_s 值。由 $e=1.25$、$R=1.25$、$n=0.3344$，查表 7-47 求 β 并计算 A_s 值。

因为查不到 $n=0.3344$，用插入法计算 β，如下所示：

n	β
0.32	0.268
0.3344	x
0.34	0.302

则
$$\frac{0.3344-0.32}{0.34-0.32}=\frac{x-0.268}{0.302-0.268}$$

计算得
$$x=\beta=0.292$$

则
$$A_s=\frac{\beta\alpha_1 f_c A}{f_y}=\frac{0.292\times1\times14.3\times125664}{300}=1749\text{mm}^2$$

【例题 7-31】 一圆形截面偏心受压构件，已知 $r=200\text{mm}$，混凝土强度等级 C30，$f_c=14.3\text{N/mm}^2$，$\alpha_1=1$；钢筋为 HRB400 级，$f_y=360\text{N/mm}^2$；轴向受压力 $N=1922.78\text{kN}$，$e_i=40\text{mm}$。求 A_s 值。

【解】

(1) 已知计算数据。$r=200\text{mm}$，$a_s=40\text{mm}$，$r_s=r-a_s=200-40=160\text{mm}$；混凝土强度等级 C30，$f_c=14.3\text{N/mm}^2$，$\alpha_1=1$；HRB400 级钢筋，$f_y=360\text{N/mm}^2$；$N=1922.78\text{kN}$，$e_i=40\text{mm}$。

$A=\pi r^2=\pi\times200^2=125664\text{mm}^2$。

(2) 计算查表参数

$$e=\frac{e_i}{r_s}=\frac{40}{160}=0.25,\quad R=\frac{r}{2r_s}=\frac{200}{160}=1.25$$

$$n=\frac{N}{\alpha_1 f_c A}=\frac{1922780}{1\times14.3\times125664}=1.07$$

(3) 查表计算 A_s 值。由 $e=0.25$、$R=1.25$、$n=1.07$，查表 7-47 求 $\beta=0.5\times(0.364+$

0.389)=0.3765，

则 $$A_s=\frac{\beta\alpha_1 f_c A}{f_y}=\frac{0.3765\times1\times14.3\times125664}{360}=1879\text{mm}^2$$

【例题 7-32】 一圆形截面偏心受压构件，已知 $r=200$mm，混凝土强度等级 C30，$f_c=14.3\text{N/mm}^2$，$\alpha_1=1$；钢筋为 HRB335 级，$f_y=300\text{N/mm}^2$，$A_s=2240\text{mm}^2$，$e_i=200$mm，求承载力 N_u。

【解】

(1) 已知计算数据。$r=200$mm，$a_s=40$mm，$r_s=r-a_s=200-40=160$mm；混凝土强度等级 C30，$f_c=14.3\text{N/mm}^2$，$\alpha_1=1$；HRB335 级钢筋，$f_y=300\text{N/mm}^2$；$A_s=2240\text{mm}^2$，$e_i=200$mm。

$A=\pi r^2=\pi\times200^2=125664\text{mm}^2$。

(2) 计算查表参数

$$e=\frac{e_i}{r_s}=\frac{200}{160}=1.25,\quad R=\frac{r}{r_s}=\frac{200}{160}=1.25$$

$$\beta=\frac{f_y A_s}{\alpha_1 f_c A}=\frac{300\times2240}{1\times14.3\times125664}=0.374$$

(3) 查表计算 N_u 值。由 $e=1.25$、$R=1.25$，$\beta=0.374$，查表 7-47，得 $n=0.38$，则算得承载力 N_u 为

$$N_u=n\alpha_1 f_c A=0.38\times1\times14.3\times125664=682.858\text{kN}$$

【例题 7-33】 一圆形截面偏心受压构件，已知 $r=300$mm，混凝土强度等级 C60，$f_c=27.5\text{N/mm}^2$，$\alpha_1=0.98$；钢筋为 HRB400 级，$f_y=360\text{N/mm}^2$，轴向受压力 $N=2895.57$kN，$e_i=325$mm。求 A_s 值。

【解】

(1) 已知计算数据。$r=300$mm，$a_s=40$mm，$r_s=r-a_s=300-40=260$mm；混凝土强度等级 C60，$f_c=27.5\text{N/mm}^2$，$\alpha_1=0.98$；HRB400 级钢筋，$f_y=360\text{N/mm}^2$；$N=2895.57$kN，$e_i=325$mm。

$A=\pi r^2=\pi\times300^2=282743\text{mm}^2$。

(2) 计算查表参数

$$e=\frac{e_i}{r_s}=\frac{325}{260}=1.25,\quad R=\frac{r}{r_s}=\frac{300}{260}=1.15$$

$$n=\frac{N}{\alpha_1 f_c A}=\frac{2895570}{0.98\times27.5\times282743}=0.38$$

(3) 查表计算 A_s 值。由 $e=1.25$、$R=1.15$、$n=0.38$，查表 7-47 求 $\beta=0.407$，则算得

$$A_s=\frac{\beta\alpha_1 f_c A}{f_y}=\frac{0.407\times0.98\times27.5\times282743}{360}=8615\text{mm}^2$$

【例题 7-34】 一圆形截面偏心受压构件，已知 $r=200$mm，$A_s=1454\text{mm}^2$，$e_i=200$mm；混凝土强度等级 C25，$f_c=11.9\text{N/mm}^2$，$\alpha_1=1$；钢筋为 HRB335 级，$f_y=300\text{N/mm}^2$，求承载力 N_u。

【解】

(1) 计算参数

$$A=\pi r^2=\pi\times200^2=125664\text{mm}^2$$

$$r_s=r-40=200-40=160\text{mm}$$

$$\beta=\frac{f_yA_s}{\alpha_1f_cA}=\frac{300\times1454}{1\times11.9\times125664}=0.2917$$

$$R=\frac{r}{r_s}=\frac{200}{160}=1.25\quad e=\frac{e_i}{r_s}=\frac{200}{160}=1.25$$

(2) 计算承载力 N_u

查表 7-47 得 $n=0.3343$，应用公式(7-167)计算，得

$$N_u=n\alpha_1f_cA=0.3343\times1\times11.9\times15664=500\text{kN}$$

即为所求承载力。

【例题 7-35】 一圆形截面偏心受压构件，已知 $r=200$mm，混凝土强度等级 C25，$f_c=11.9\text{N/mm}^2$，$\alpha_1=1$；钢筋为 HRB335 级，$f_y=300\text{N/mm}^2$，$A_s=1878\text{mm}^2$，$e_i=40$mm；求承载力 N_u。

【解】

(1) 计算参数

$$A=\pi r^2=\pi\times200^2=125664\text{mm}^2$$

$$r_s=r-40=200-40=160\text{mm}$$

$$\beta=\frac{f_yA_s}{\alpha_1f_cA}=\frac{300\times1878}{1\times11.9\times125664}=0.3768$$

$$R=\frac{r}{r_s}=\frac{200}{160}=1.25\quad e=\frac{e_i}{r_s}=\frac{40}{160}=0.25$$

(2) 计算承载力 N_u

查表 7-47 得 $n=1.06997$，应用公式(7-167)计算，得

$$N_u=n\alpha_1f_cA=1.06997\times1\times11.9\times15664=1600\text{kN}$$

即为所求承载力。

【例题 7-36】 一圆形截面偏心受压构件，已知 $r=200$mm，混凝土强度等级 C25，$f_c=11.9\text{N/mm}^2$，$\alpha_1=1$；钢筋为 HRB335 级，$f_y=300\text{N/mm}^2$，$A_s=1454\text{mm}^2$，$e_i=200$mm，试用近似方法求承载力 N_u。

【解】

(1) 计算参数

$$A=\pi r^2=\pi\times200^2=125664\text{mm}^2$$

$$r_s=r-40=200-40=160\text{mm}$$

$$\beta=\frac{f_yA_s}{\alpha_1f_cA}=\frac{300\times1454}{1\times11.9\times125664}=0.2917$$

$$R=\frac{r}{r_s}=\frac{200}{160}=1.25$$

$$e=\frac{e_i}{r_s}=\frac{200}{160}=1.25$$

(2) 计算承载力 N_u

查表 7-47 得 $n=0.3369$，应用公式(7-167)计算，得

$$N_u=n\alpha_1f_cA=0.3369\times1\times11.9\times125664=504\text{kN}$$

即为所求承载力。

【例题 7-37】 一圆形截面偏心受压构件，已知 $r=200$mm，混凝土强度等级 C25，$f_c=11.9\text{N/mm}^2$，$\alpha_1=1$；钢筋为 HRB335 级，$f_y=300\text{N/mm}^2$，$A_s=1878\text{mm}^2$，$e_i=40$mm，试用近似方法求承载力 N_u。

【解】

（1）计算参数

$$A=\pi r^2=\pi\times200^2=125664\text{mm}^2$$

$$r_s=r-40=200-40=160\text{mm}$$

$$\beta=\frac{f_y A_s}{\alpha_1 f_c A}=\frac{300\times1878}{1\times11.9\times125664}=0.3768$$

$$R=\frac{r}{r_s}=\frac{200}{160}=1.25$$

$$e=\frac{e_i}{r_s}=\frac{40}{160}=0.25$$

（2）计算承载力 N_u

查表 7-47 得 $n=1.0494$，应用公式(7-167)计算，得

$$N_u=n\alpha_1 f_c A=1.0494\times1\times11.9\times125664=1569\text{kN}$$

即为所求承载力。

7.10　高层建筑钢筋混凝土矩形截面框架柱偏心受压斜截面受剪承载力计算及裂缝宽度验算

7.10.1　钢筋混凝土矩形截面框架柱偏心受压斜截面受剪承载力计算

矩形截面框架柱偏心受压斜截面受剪承载力计算如表 7-48 所示。

矩形截面框架柱偏心受压斜截面受剪承载力计算　　表 7-48

序号	项　目	内　容
1	截面符合条件	（1）无地震作用组合时 $V\leqslant0.25\beta_c f_c bh_0$　(7-173) （2）有地震作用组合时 1）剪跨比大于 2 的柱 $V\leqslant\frac{1}{\gamma_{RE}}(0.2\beta_c bh_0)$　(7-174) 2）剪跨比不大于 2 的柱 $V\leqslant\frac{1}{\gamma_{RE}}(0.15\beta_c bh_0)$　(7-175) 3）框架柱的剪跨比可按下式计算 $\lambda=\frac{M^c}{V^c h_0}$　(7-176) 式中　V——柱计算截面的剪力设计值 λ——框架柱的剪跨比；反弯点位于柱高中部的框架柱，可取柱净高与计算方向 2 倍柱截面有效高度之比值 M^c——柱端截面未经本书表 7-4 序号 3(1)、(2)、(4)条调整的组合弯矩计算值，可取柱上、下端的较大值

续表 7-48

序号	项　目	内　容
1	截面符合条件	V^c——柱端截面与组合弯矩计算值对应的组合剪力计算值 β_c——混凝土强度影响系数；当混凝土强度等级不大于 C50 时取 1.0；当混凝土强度等级为 C80 时取 0.8；当混凝土强度等级在 C50 和 C80 之间时可按线性内插取用，详见表 7-21 所示 b——矩形截面的宽度 h_0——柱截面计算方向有效高度
2	斜截面可不进行受剪承载力计算的条件	(1) 无地震作用组合时 $V\leqslant\frac{1.75}{\lambda+1}f_c bh_0+0.07N$　(7-177) (2) 有地震作用组合时 $V\leqslant\frac{1}{\gamma_{RE}}\left(\frac{1.75}{\lambda+1}f_c bh_0+0.07N\right)$　(7-178)
3	斜截面受剪承载力计算	矩形截面偏心受压框架柱，其斜截面受剪承载力应按下列公式计算： (1)无地震作用组合时 $V\leqslant\frac{1.75}{\lambda+1}f_t bh_0+f_{yv}\frac{A_{sv}}{s}h_0+0.07N$　(7-179) (2) 有地震作用组合时 $V\leqslant\frac{1}{\gamma_{RE}}\left(\frac{1.05}{\lambda+1}f_t bh_0+f_{yv}\frac{A_{sv}}{s}h_0+0.056N\right)$　(7-180) 式中　λ——框架柱的剪跨比；当 $\lambda<1$ 时，取 $\lambda=1$，当 $\lambda>3$ 时，取 $\lambda=3$ N——考虑风荷载或地震作用组合的框架柱轴向压力设计值，当 N 大于 $0.3f_cA_c$ 时，取 $0.3f_cA_c$
4	框架柱出现拉力时，其斜截面受剪承载力计算	当矩形截面框架柱出现拉力时，其斜截面受剪承载力应按下列公式计算： (1) 无地震作用组合时 $V\leqslant\frac{1.75}{\lambda+1}f_t bh_0+f_{yv}\frac{A_{sv}}{s}h_0-0.2N$　(7-181) (2) 有地震作用组合时 $V\leqslant\frac{1}{\gamma_{RE}}\left(\frac{1.05}{\lambda+1}f_t bh_0+f_{yv}\frac{A_{sv}}{s}h_0-0.2N\right)$　(7-182) 式中　N——与剪力设计值 V 对应的轴向拉力设计值，取绝对值 λ——框架柱的剪跨比 当公式(7-181)右端的计算值或公式(7-182)右端括号内的计算值小于 $f_{yv}\frac{A_{sv}}{s}h_0$ 时，应取等于 $f_{yv}\frac{A_{sv}}{s}h_0$，且 $f_{yv}\frac{A_{sv}}{s}h_0$ 值不应小于 $0.36f_t bh_0$
5	双向受剪计算	(1) 考虑地震组合的矩形截面双向受剪的钢筋混凝土框架柱，其受剪截面应符合下列条件： $V_x\leqslant\frac{1}{\gamma_{RE}}0.2\beta_c f_c bh_0\cos\theta$　(7-183) $V_y\leqslant\frac{1}{\gamma_{RE}}0.2\beta_c f_c bh_0\sin\theta$　(7-184) 式中　V_x——x 轴方向的剪力设计值，对应的截面有效高度为 h_0，截面宽度为 b V_y——y 轴方向的剪力设计值，对应的截面有效高度为 b_0，截面宽度为 h θ——斜向剪力设计值 V 的作用方向与 x 轴的夹角，取为 $\arctan(V_y/V_x)$ (2) 考虑地震组合时，矩形截面双向受剪的钢筋混凝土框架柱，其斜截面受剪承载力应符合下列条件： $V_x\leqslant\frac{V_{ux}}{\sqrt{1+\left(\frac{V_{ux}\tan\theta}{V_{uy}}\right)^2}}$　(7-185)

续表 7-48

序号	项　目	内　容
5	双向受剪计算	$$V_y \leqslant \frac{V_{uy}}{\sqrt{1+\left(\frac{V_{uy}}{V_{ux}\tan\theta}\right)^2}} \quad (7\text{-}186)$$ $$V_{ux}=\frac{1}{\gamma_{RE}}\left[\frac{1.05}{\lambda_x+1}f_t b h_0+f_{yv}\frac{A_{svx}}{s_x}h_0+0.056N\right] \quad (7\text{-}187)$$ $$V_{uy}=\frac{1}{\gamma_{RE}}\left[\frac{1.05}{\lambda_y+1}f_t b h_0+f_{yv}\frac{A_{svy}}{s_y}h_0+0.056N\right] \quad (7\text{-}188)$$ 式中　λ_x、λ_y——框架柱的计算剪跨比，按有关的规定确定 A_{svx}、A_{svy}——配置在同一截面内平行于 x 轴、y 轴的箍筋各肢截面面积的总和 N——与斜向剪力设计值 V 相应的轴向压力设计值，当 N 大于 $0.3f_cA$ 时，取 $0.3f_cA$，此处，A 为构件的截面面积 在计算截面箍筋时，在公式(7-185)、公式(7-186)中可近似取 V_{ux}/V_{uy} 等于 1 计算

7.10.2　钢筋混凝土矩形截面框架柱偏心受压的裂缝宽度验算

钢筋混凝土矩形截面框架柱偏心受压的裂缝宽度验算如表 7-49 所示。

钢筋混凝土矩形截面框架柱偏心受压的裂缝宽度验算　　表 7-49

序号	项　目	内　容
1	验算裂缝宽度的条件	钢筋混凝土偏心受压构件，当偏心距很小，从而截面全部受压或基本上全部受压时，由于截面受力较小一侧的混凝土中不会出现拉应力，或即使出现拉应力，标准荷载下的拉应变也不会超过混凝土的抗拉极限应变值，因此构件在使用荷载下不会出现裂缝。随着偏心距的加大，构件一侧的混凝土就有可能在使用荷载下受拉开裂。但只要轴向压力的偏心距不是太大，标准荷载下的裂缝宽度一般也就不会超过允许值。因此，当 $$e_0/h_0 \leqslant 0.55 \quad (7\text{-}189)$$ 时的裂缝宽度较小，均能满足表 2-52 的要求，可不必做裂缝宽度验算。只有当 $$e_0/h_0 > 0.55 \quad (7\text{-}190)$$ 时，需对偏心受压构件的裂缝宽度进行验算
2	验算裂缝宽度计算公式	矩形截面偏心受压构件最大裂缝宽度的计算公式表达形式仍为公式(6-120)，这里表达为 $$w_{max}=1.9\psi\frac{\sigma_{sq}}{E_s}\left(1.9c_s+0.08\frac{d_{eq}}{\rho_{te}}\right) \quad (7\text{-}191)$$ $$\psi=1.1-0.65\frac{f_{tk}}{\rho_{te}\sigma_{sq}} \quad (7\text{-}192)$$ $$d_{eq}=\frac{\Sigma n_i d_i^2}{\Sigma n_i v_i d_i} \quad (7\text{-}193)$$ $$\rho_{te}=\frac{A_s}{A_{te}} \quad (7\text{-}194)$$ $$\sigma_{sq}=\frac{N_q(e-z)}{A_s z} \quad (7\text{-}195)$$ $$Z=\left[0.87-0.12\left(\frac{h_0}{e}\right)^2\right]h_0 \quad (7\text{-}196)$$ $$e=\eta_s e_0+y_s \quad (7\text{-}197)$$ $$\eta_s=1+\frac{1}{4000e_0/h_0}\left(\frac{l_0}{h}\right)^2 \quad (7\text{-}198)$$ 式中　A_s——受拉区纵向普通钢筋截面面积 e——轴向压力作用点至纵向受拉钢筋合力点的距离(图 7-32) z——纵向受拉钢筋合力点至截面受压区合力点之间的距离，且 $z \leqslant 0.87h_0$(图 7-32)

续表 7-49

序号	项　目	内　容
2	验算裂缝宽度计算公式	η_s——使用阶段的轴向压力偏心距增大系数；当 $l_0/h\leqslant14$ 时，取 $\eta_s=1.0$ y_s——截面重心至纵向受拉钢筋合力点的距离(图 7-32，$y_s=0.5h-a_s$) e_0——荷载准永久组合下的初始偏心距，取 $e_0=M_q/N_q$ M_q、N_q——按荷载效应的准永久组合计算的弯矩值、轴向力值，对偏心受压构件不考虑二阶效应的影响 N_q——按荷载效应的准永久组合计算的轴向力值于是，把已知值代入公式(7-198)和公式(7-197)求得 e 值后，即可由公式(7-196)求得 z，再代入公式(7-195)即可求得所需的 σ_{sq} 值。最后把 σ_{sq} 值及其他各已知值代入公式(7-191)即可求得最大裂缝宽度 w_{max}，该裂缝宽度应不大于表 2-52 中给出的裂缝宽度限值

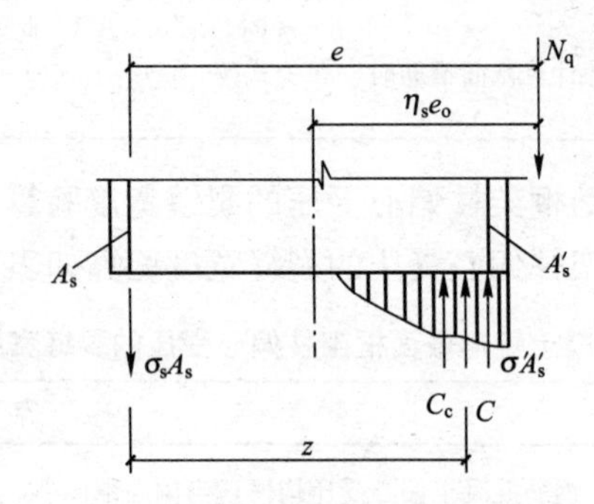

图 7-32　偏心压力 N_q 作用点到受拉钢筋重心的距离

7.10.3　计算例题

【例题 7-38】　已知一钢筋混凝土框架柱，截面尺寸及高度如图 7-33 所示，混凝土强度等级为 C30（$f_c=14.3\text{N/mm}^2$，$f_t=1.43\text{N/mm}^2$，$\beta_c=1$），纵向钢筋为 HRB335 级（$f_y=300\text{N/mm}^2$），箍筋采用 HPB300 级($f_{yv}=270\text{N/mm}^2$)，柱端作用弯矩设计值为 $M=116\text{kN}\cdot\text{m}$，轴向力设计值为 $N=712\text{kN}$，剪力设计值为 $V=185\text{kN}$。试求箍筋用量。

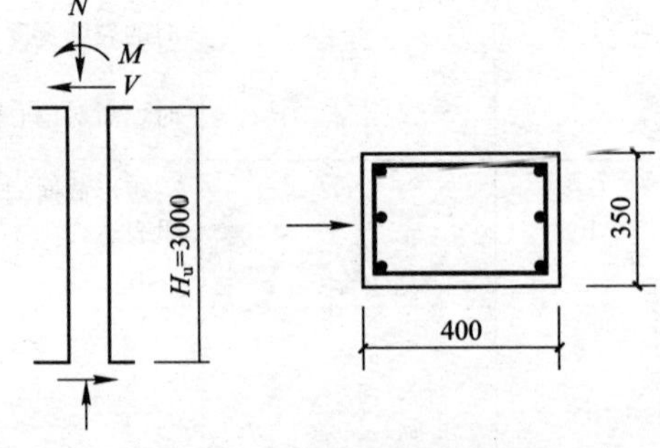

图 7-33　【例题 7-38】示意图

【解】

(1) 验算截面符合条件，应用公式(7-173)计算，得

$$0.25\beta_c f_c bh_0=0.25\times1\times14.3\times350\times360=450450\text{N}>185000\text{N}$$

则截面尺寸满足要求。

(2) 箍筋数量的计算

$$\lambda=\frac{H_n}{2h_0}=\frac{3000}{2\times360}=4.17>3，取 \lambda=3$$

$$\frac{N}{f_cA}=\frac{712000}{14.3\times350\times400}=0.356>0.3$$

取　　$N=0.3f_cA=0.3\times14.3\times350\times400=600600\text{N}$

由公式(7-177)计算，得

$$\frac{1.75}{\lambda+1}f_tbh_0+0.07N=\frac{1.75}{3+1}\times1.43\times350\times360+0.07\times600600=120871\text{N}<18500\text{N}$$

需要按计算配置箍筋。

由公式(7-179)计算，得

$$\frac{nA_{svl}}{s}=\frac{V-\left(\frac{1.75}{\lambda+1}f_tbh_0+0.07N\right)}{f_{yv}h_0}=\frac{185000-120871}{270\times360}=0.660\text{mm}^2/\text{mm}$$

选配双肢箍Φ 8@150mm$\left(\frac{nA_{svl}}{s}=\frac{2\times50.3}{150}=0.671\text{mm}^2/\text{mm}\right)$，满足要求。

【例题 7-39】 已知钢筋混凝土矩形截面偏心受压构件的截面尺寸为 $b\times h=400\text{mm}\times700\text{mm}$，混凝土强度等级为 C30($f_{tk}=2.01\text{N/mm}^2$)，钢筋为 HRB400 级($E_s=200000\text{N/mm}^2$)，受拉钢筋和受压钢筋均为 4 Φ 22mm($A_s=A'_s=1520\text{mm}^2$)，混凝土保护层厚度 $c_s=30\text{mm}$，按荷载效应准永久组合计算的轴向压力值 $N_q=589\text{kN}$、弯矩值 $M_q=306\text{kN}\cdot\text{m}$，柱的计算长度 $l_0=6500\text{mm}$，最大裂缝宽度允许值为 $w_{lim}=0.3\text{mm}$。试验算最大裂缝宽度是否满足要求。

【解】

纵向受拉钢筋合力点及受压钢筋合力点至截面近边的距离为

$$a_s=a'_s=c_s+\frac{d}{2}=30+\frac{22}{2}=41\text{mm}$$

截面有效高度为

$$h_0=h-a_s=700-41=659\text{mm}$$

轴向力作用点至截面重心的距离为

$$e_0=M_q/N_q=306000000/589000=520\text{mm}$$

因为 $l_0/h=6500/700=9.3<14$，则取 $\eta_s=1$。

由公式(7-197)计算，得

$$e=\eta_se_0+0.5h-a_s=1\times520+0.5\times700-41=829\text{mm}$$

由公式(7-196)计算，得

$$z=[0.87-0.12(h_0/e)^2]=[0.87-0.12\times(659/829)^2]\times659=523\text{mm}$$

由公式(7-195)计算，得

$$\sigma_{sq}=\frac{N_q(e-z)}{A_sz}=\frac{589000\times(829-523)}{1520\times523}=227\text{N/mm}^2$$

由公式(7-194)计算，得

$$\rho_{te}=\frac{A_s}{A_{te}}=\frac{1520}{140000}=0.0109$$

由公式(7-192)计算，得

$$\psi=1.1-\frac{0.65f_{tk}}{\rho_{te}\sigma_{sq}}=1.1-\frac{0.65\times2.01}{0.0109\times227}=0.572$$

由公式(7-191)计算，得

$$w_{max}=1.9\psi\frac{\sigma_{sq}}{E_s}\left(1.9c_s+0.08\frac{d_{eq}}{\rho_{te}}\right)$$

$$=1.9\times0.572\times\frac{227}{200000}\times\left(1.9\times30+\frac{0.08\times22}{0.0109}\right)$$

$=0.269\text{mm}$

所以，$w_{max}=0.269\text{mm}<w_{lim}=0.3\text{mm}$

满足裂缝宽度要求。

7.11　轴心受压柱和偏心受压柱的计算长度规定

7.11.1　刚性屋盖单层房屋排架柱、露天吊车柱和栈桥柱

刚性屋盖单层房屋排架柱、露天吊车柱和栈桥柱，其计算长度 l_0 可按表 7-50 的规定取用。

采用刚性屋盖的单层工业厂房排架柱、露天吊车柱和栈桥柱的计算长度 l_0　　表 7-50

序号	柱的类型		排架方向	垂直排架方向	
				有柱间支撑	无柱间支撑
1	无吊车房屋柱	单跨	$1.5H$	$1.0H$	$1.2H$
2		两跨及多跨	$1.25H$	$1.0H$	$1.2H$
3	有吊车房屋柱	上柱	$2.0H_u$	$1.25H_u$	$1.5H_u$
4		下柱	$1.0H_l$	$0.8H_l$	$1.0H_l$
5	露天吊车和栈桥柱		$2.0H_l$	$1.0H_l$	—

注：1. 表中 H 为从基础顶面算起的柱子全高；H_l 为从基础顶面至装配式吊车梁底面或现浇式吊车梁顶面的柱子下部高度；H_u 为从装配式吊车梁底面或从现浇式吊车梁顶面算起的柱子上部高度；

2. 表中有吊车房屋排架柱的计算长度，当计算中不考虑吊车荷载时，可按无吊车房屋的计算长度采用，但上柱的计算长度仍按有吊车房屋采用；

3. 表中有吊车房屋排架柱的上柱在排架方向的计算长度仅适用于 $H_u/H_l \geqslant 0.3$ 的情况；当 $H_u/H_l<0.3$ 时，计算长度宜采用 $2.5H_u$。

7.11.2　一般多层房屋中梁柱为刚接的框架结构各层柱段的计算长度

一般多层房屋中梁柱为刚接的框架结构各层柱段的计算长度可按表 7-51 的规定取用。

一般多层房屋中梁柱为刚接的框架结构各层柱段的计算长度　　表 7-51

序号	楼盖类型	柱的类别	计算长度
1	现浇楼盖	底层柱	$1.0H$
2		其余各层柱	$1.25H$
3	装配式楼盖	底层柱	$1.25H$
4		其余各层柱	$1.5H$

注：表中 H 对底层柱为从基础顶面到一层楼盖顶面的高度；对其余各层柱为上、下两层楼盖顶面之间的高度。

7.12　高层建筑钢筋混凝土框架梁与框架柱的构造要求及钢筋的连接和锚固

7.12.1　钢筋混凝土框架梁构造要求

钢筋混凝土框架梁构造要求如表 7-52 所示。

钢筋混凝土框架梁构造要求　表7-52

序号	项　目	内　容
1	梁的截面尺寸	(1) 梁的截面尺寸，宜符合下列各项要求： 1) 截面宽度不宜小于200mm 2) 截面高宽比不宜大于4 3) 净跨与截面高度之比不宜小于4 (2) 梁宽大于柱宽的扁梁应符合下列要求： 1) 采用扁梁的楼、屋盖应现浇。梁中线宜与柱中线重合，扁梁应双向布置。扁梁的截面尺寸应符合下列要求，并应满足对挠度和裂缝宽度的规定： $b_b \leqslant 2b_c$ (7-199) $b_b \leqslant b_c + h_b$ (7-200) $h_b \geqslant 16d$ (7-201) 式中 b_c——柱截面宽度，圆形截面取柱直径的0.8倍 b_b、h_b——分别为梁截面宽度和高度 d——柱纵筋直径 2) 扁梁不宜用于一级框架结构
2	梁的钢筋配置	(1) 框架梁设计应符合下列要求： 1) 抗震设计时，计入受压钢筋作用的梁端截面混凝土受压区高度与有效高度之比值，一级不应大于0.25，二、三级不应大于0.35。详见表2-106及表2-107所示 2) 纵向受拉钢筋的最小配筋百分率ρ_{min}(%)，非抗震设计时，不应小于0.2和$45f_t/f_y$二者的较大值；抗震设计时，不应小于表2-102规定的数值，具体见表2-103、表2-104与表2-105所示 3) 抗震设计时，梁端截面的底面和顶面纵向钢筋截面面积的比值，除按计算确定外，一级不应小于0.5；二、三级不应小于0.3 4) 抗震设计时，梁端箍筋的加密区长度、箍筋最大间距和最小直径应符合表7-53的要求；当梁端纵向钢筋配筋率大于2%时。表中箍筋最小直径应增大2mm (2) 梁的纵向钢筋配置，尚应符合下列规定： 1) 抗震设计时，梁端纵向受拉钢筋的配筋率不宜大于2.5%，不应大于2.75%；当梁端受拉钢筋的配筋率大于2.5%时，受压钢筋的配筋率不应小于受拉钢筋的一半 2) 沿梁全长顶面和底面应至少各配置两根纵向配筋，一、二级抗震设计时钢筋直径不应小于14mm，且分别不应小于梁两端顶面和底面纵向配筋中较大截面面积的1/4；三、四级抗震设计和非抗震设计时钢筋直径不应小于12mm 3) 一、二、三级抗震等级的框架梁内贯通中柱的每根纵向例筋的直径，对矩形截面柱，不宜大于柱在该方向截面尺寸的1/20；对圆形截面柱，不宜大于纵向钢筋所在位置柱截面弦长的1/20
3	梁的箍筋	(1) 非抗震设计时，框架梁箍筋配筋构造应符合下列规定： 1) 应沿梁全长设置箍筋，第一个箍筋应设置在距支座边缘50mm处 2) 截面高度大于800mm的梁，其箍筋直径不宜小于8mm；其余截面高度的梁不应小于6mm。在受力钢筋搭接长度范围内，箍筋直径不应小于搭接钢筋最大直径的1/4 3) 箍筋间距不应大于表6-16的规定；在纵向受拉钢筋的搭接长度范围内，箍筋间距尚不应大于搭接钢筋较小直径的5倍，且不应大于100mm；在纵向受压钢筋的搭接长度范围内，箍筋间距尚不应大于搭接钢筋较小直径的10倍，且不应大于200mm 4) 承受弯矩和剪力的梁，当梁的剪力设计值大于$0.7f_tbh_0$时，其箍筋的面积配筋率应符合公式(2-59)的规定 5) 承受弯矩、剪力和扭矩的梁，其箍筋面积配筋率和受扭纵向钢筋的面积配筋率应分别符合公式(2-60)和公式(2-57)的规定 箍筋计算用表如表2-96～表2-100所示 6) 当梁中配有计算需要的纵向受压钢筋时，其箍筋配置尚应符合下列规定：

续表 7-52

序号	项 目	内 容
3	梁的箍筋	① 箍筋直径不应小于纵向受压钢筋最大直径的 1/4； ② 箍筋应做成封闭式 ③ 箍筋间距不应大于 15d 且不应大于 400mm；当一层内的受压钢筋多于 5 根且直径大于 18mm 时，箍筋间距不应大于 10d(d 为纵向受压钢筋的最小直径) ④ 当梁截面宽度大于 400mm 且一层内的纵向受压钢筋多于 3 根时，或当梁截面宽度不大于 400mm 但一层内的纵向受压钢筋多于 4 根时，应设置复合箍筋 (2) 抗震设计时，框架梁的箍筋尚应符合下列构造要求： 1) 沿梁全长箍筋的面积配筋率应符合计算公式(2-61)、公式(2-60)及公式(2-62)的规定 框架梁沿梁全长箍筋的面积配筋率如表 2-101 所示 2) 在箍筋加密区范围内的箍筋肢距：一级不宜大于 200mm 和 20 倍箍筋直径的较大值，二、三级不宜大于 250mm 和 20 倍箍筋直径的较大值，四级不宜大于 300mm 3) 箍筋应有 135°弯钩，弯钩端头直段长度不应小于 10 倍的箍筋直径和 75mm 的较大值 4) 在纵向钢筋搭接长度范围内的箍筋间距，钢筋受拉时不应大于搭接钢筋较小直径的 5 倍，且不应大于 100mm；钢筋受压时不应大于搭接钢筋较小直径的 10 倍，且不应大于 200mm 5) 框架梁非加密区箍筋最大间距不宜大于加密区箍筋间距的 2 倍
4	其他要求	(1) 框架梁的纵向钢筋不应与箍筋、拉筋及预埋件等焊接 (2) 框架梁上开洞时，洞口位置宜位于梁跨中 1/3 区段，洞口高度不应大于梁高的 40%；开洞较大时应进行承载力验算梁上洞口周边应配置附加纵向钢筋和箍筋(图 7-34)，并应符合计算及构造要求

梁端箍筋加密区的长度、箍筋最大间距和最小直径　　表 7-53

序号	抗震等级	加密区长度(取较大值)(mm)	箍筋最大间距(取最小值)(mm)	箍筋最小直径(mm)
1	特一级、一级	2.0h_b，500	h_b/4，6d，100	10
2	二级	1.5h_b，500	h_b/4，8d，100	8
3	三级	1.5h_b，500	h_b/4，8d，150	8
4	四级	1.5h_b，500	h_b/4，8d，150	6

注：1. d 为纵向钢筋直径，h_b 为梁截面高度；
2. 一、二级抗震等级框架梁，当箍筋直径大于 12mm、肢数不少于 4 肢且肢距不大于 150mm 时，箍筋加密区最大间距应允许适当放松，但不应大于 150mm。

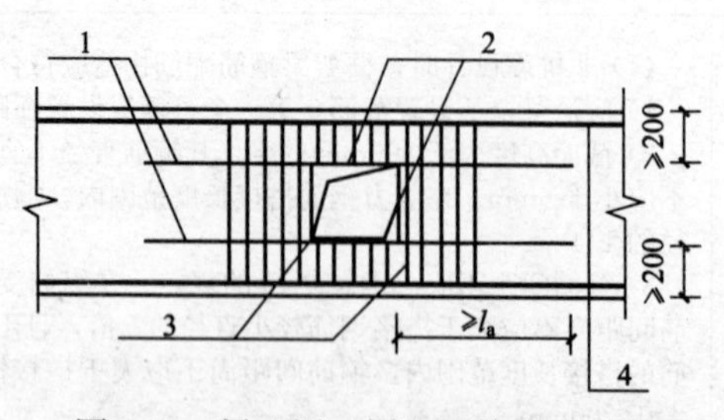

图 7-34　梁上洞口周边配筋构造示意

1—洞口上、下附加纵向钢筋；2—洞口上、下附加箍筋；3—洞口两侧附加箍筋；4—梁纵向钢筋；l_a—受拉钢筋的锚固长度

7.12.2　钢筋混凝土框架柱构造要求

钢筋混凝土框架柱构造要求如表 7-54 所示。

钢筋混凝土框架柱构造要求　表 7-54

序号	项　目	内　容
1	柱截面尺寸	柱截面尺寸宜符合下列规定： (1) 矩形截面柱的边长，非抗震设计时不宜小于250mm，抗震设计时，四级不宜小于300mm，一、二、三级时不宜小于400mm；圆柱直径，非抗震和四级抗震设计时不宜小于350mm，一、二、三级时不宜小于450mm (2) 柱剪跨比宜大于2 (3) 柱截面高宽比不宜大于3
2	柱轴压比	抗震设计时，钢筋混凝土柱轴压比不宜超过表7-55的规定；对于Ⅳ类场地上较高的高层建筑，其轴压比限值应适当减小
3	柱纵向钢筋和箍筋配置应符合的要求	柱纵向钢筋和箍筋配置应符合下列要求： (1) 柱全部纵向钢筋的配筋率。不应小于表7-56的规定值，且柱截面每一侧纵向钢筋配筋率不应小于0.2%；抗震设计时，对Ⅳ类场地上较高的高层建筑，表中数值应增加0.1 (2) 抗震设计时，柱箍筋在规定的范围内应加密，加密区的箍筋间距和直径，应符合下列要求： ① 箍筋的最大间距和最小直径，应按表7-57采用 ② 一级框架柱的箍筋直径大于12mm且箍筋肢距不大于150mm及二级框架柱箍筋直径不小于10mm且肢距不大于200mm时，除柱根外最大间距应允许采用150mm；三级框架柱的截面尺寸不大于400mm时，箍筋最小直径应允许采用6mm；四级框架柱的剪跨比不大于2或柱中全部纵向钢筋的配筋率大于3%时，箍筋直径不应小于8mm ③ 剪跨比不大于2的柱．箍筋间距不应大于100mm
4	柱的纵向钢筋配置应满足的规定	柱的纵向钢筋配置，尚应满足下列规定： (1) 抗震设计时，宜采用对称配筋 (2) 截面尺寸大于400mm的柱，一、二、三级抗震设计时其纵向钢筋间距不宜大于200mm；抗震等级为四级和非抗震设计时，柱纵向钢筋间距不宜大于300mm；纵向钢筋净距均不应小于50mm (3) 全部纵向钢筋的配筋率，非抗震设计时不宜大于5%、不应大于6%，抗震设计时不应大于5% (4) 一级且剪跨比不大于2的柱，其单侧纵向受拉钢筋的配筋率不宜大于1.2% (5) 边柱、角柱及剪力墙端柱考虑地震作用组合产生小偏心受拉时，柱内纵筋总截面面积应比计算值增加25%
5	柱中箍筋	(1) 抗震设计时，柱箍筋设置尚应符合下列规定： 1) 箍筋应为封闭式，其末端应做成135°弯钩且弯钩末端平直段长度不应小于10倍的箍筋直径，且不应小于75mm 2) 箍筋加密区的箍筋肢距，一级不宜大于200mm，二、三级不宜大于250mm和20倍箍筋直径的较大值，四级不宜大于300mm。每隔一根纵向钢筋宜在两个方向有箍筋约束；采用拉筋组合箍时，拉筋宜紧靠纵向钢筋并勾住封闭箍筋 3) 柱非加密区的箍筋，其体积配箍率不宜小于加密区的一半；其箍筋间距，不应大于加密区箍筋间距的2倍，且一、二级不应大于10倍纵向钢筋直径，三、四级不应大于15倍纵向钢筋直径 (2) 非抗震设计时，柱中箍筋应符合下列规定； 1) 周边箍筋应为封闭式 2) 箍筋间距不应大于400mm，且不应大于构件截面的短边尺寸和最小纵向受力钢筋直径的15倍 3) 箍筋直径不应小于最大纵向钢筋直径的1/4，且不应小于6mm 4) 当柱中全部纵向受力钢筋的配筋率超过3%时，箍筋直径不应小于8mm，箍筋间距不应大于最小纵向钢筋直径的10倍，且不应大于200mm，箍筋末端应做成135°弯钩且弯钩末端平直段长度不应小于10倍箍筋直径

续表 7-54

序号	项　目	内　容
5	柱中箍筋	5）当柱每边纵筋多于 3 根时，应设置复合箍筋 6）柱内纵向钢筋采用搭接做法时，搭接长度范围内箍筋直径不应小于搭接钢筋较大直径的 1/4；在纵向受拉钢筋的搭接长度范围内的箍筋间距不应大于搭接钢筋较小直径的 5 倍，且不应大于 100mm；在纵向受压钢筋的搭接长度范围内的箍筋间距不应大于搭接钢筋较小直径的 10 倍，且不应大于 200mm。当受压钢筋直径大于 25mm 时，尚应在搭接接头端面外 100mm 的范围内各设置两道箍筋 （3）柱的纵筋不应与箍筋、拉筋及预埋件等焊接 （4）柱箍筋的配筋形式，应考虑浇筑混凝土的工艺要求，在柱截面中心部位应留出浇筑混凝土所用导管的空间
6	柱箍筋加密区范围	抗震设计时，柱箍筋加密区的范围应符合下列规定： （1）底层柱的上端和其他各层柱的两端，应取矩形截面柱之长边尺寸(或圆形截面柱之直径)、柱净高 1/6 和 500mm 三者之最大值范围 （2）底层柱刚性地面上、下各 500mm 的范围 （3）底层柱柱根以上 1/3 柱净高的范围 （4）剪跨比不大于 2 的柱和因填充墙等形成的柱净高与截面高度之比不大于 4 的柱全高范围 （5）一、二级框架角柱的全高范围 （6）需要提高变形能力的柱的全高范围
7	体积配箍率	柱加密区范围内箍筋的体积配箍率，应符合下列规定： （1）柱箍筋加密区箍筋的体积配箍率，应符合下式要求： $\rho_v=\frac{\Sigma a_k l_k}{l_1 l_2 s}\geqslant\lambda_v\frac{f_c}{f_{yv}}$　（7-202） 式中　ρ_v——柱箍筋的体积配箍率，计算中应扣除重叠部分的箍筋体积 λ_v——柱最小配箍特征值，宜按表 7-58 采用 f_c——混凝土轴心抗压强度设计值，当柱混凝土强度等级低于 C35 时，应按 C35 计算 f_{yv}——柱箍筋或拉筋的抗拉强度设计值 a_k——箍筋单肢截面面积 l_k——对应于 a_k 的箍筋单肢总长度，重叠段按一肢计算 l_1、l_2——柱核芯混凝土面积的两个边长 s——箍筋间距 （2）对一、二、三、四级框架柱，其箍筋加密区范围内箍筋的体积配箍率尚且分别不应小于 0.8%、0.6%、0.4%和 0.4% （3）剪跨比不大于 2 的柱宜采用复合螺旋箍或井字复合箍，其体积配箍率不应小于 1.2%。设防烈度为 9 度时，不应小于 1.5% （4）计算复合箍筋的体积配箍率时，可不扣除重叠部分的箍筋体积；计算复合螺旋箍筋的体积配箍率时，其非螺旋箍筋的体积应乘以换算系数 0.8
8	框架节点	框架节点核心区应设置水平箍筋，且应符合下列规定： （1）非抗震设计时，箍筋配置应符合本表序号 5 之(2)条的有关规定，但箍筋间距不宜大于 250mm；对四边有梁与之相连的节点，可仅沿节点周边设置矩形箍筋 （2）抗震设计时，箍筋的最大间距和最小直径宜符合本表序号 3 有关柱箍筋的规定。一、二、三级框架节点核心区配箍特征值分别不宜小于 0.12、0.10 和 0.08，且箍筋体积配箍率分别不宜小于 0.6%、0.5%和 0.4%。柱剪跨比不大于 2 的框架节点核心区的体积配箍率不宜小于核心区上、下柱端体积配箍率中的较大值

柱轴压比限值　　**表 7-55**

序号	结构类型	抗震等级			
		特一级、一级	二级	三级	四级
1	框架结构	0.65	0.75	0.85	—
2	板柱-剪力墙、框架-剪力墙、框架-核心筒、筒中筒结构	0.75	0.85	0.90	0.95

续表 7-55

序号	结构类型	抗震等级			
		特一级、一级	二级	三级	四级
3	部分框支剪力墙结构	0.60	0.70	—	—

注：1. 轴压比指柱考虑地震作用组合的轴压力设计值与柱全截面面积和混凝土轴心抗压强度设计值乘积的比值；
2. 表内数值适用于混凝土强度等级不高于C60的柱。当混凝土强度等级为C65～C70时，轴压比限值应比表中数值降低0.05；当混凝土强度等级为C75～C80时，轴压比限值应比表中数值降低0.10；
3. 表内数值适用于剪跨比大于2的柱；剪跨比不大于2但不小于1.5的柱，其轴压比限值应比表中数值减小0.05；剪跨比小于1.5的柱，其轴压比限值应专门研究并采取特殊构造措施；
4. 当沿柱全高采用井字复合箍，箍筋间距不大于100mm、肢距不大于200mm、直径不小于12mm，或当沿柱全高采用复合螺旋箍，箍筋螺距不大于100mm、肢距不大于200mm、直径不小于12mm，或当沿柱全高采用连续复合螺旋箍，且螺距不大于80mm、肢距不大于200mm、直径不小于10mm时，轴压比限值可增加0.10；
5. 当柱截面中部设置由附加纵向钢筋形成的芯柱，且附加纵向钢筋的截面面积不小于柱截面面积的0.8%时，柱轴压比限值可增加0.05。当本项措施与注4的措施共同采用时，柱轴压比限值可比表中数值增加0.15，但箍筋的配箍特征值仍可按轴压比增加0.10的要求确定；
6. 调整后的柱轴压比限值不应大于1.05。

柱纵向受力钢筋最小配筋百分率(%)　**表 7-56**

序号	柱类型	抗震等级					非抗震
		特一级	一级	二级	三级	四级	
1	中柱、边柱	1.4	0.9(1.0)	0.7(0.8)	0.6(0.7)	0.5(0.6)	0.5
2	角柱	1.6	1.1	0.9	0.8	0.7	0.5
3	框支柱	1.1	1.1	0.9	—	—	0.7

注：1. 表中括号内数值适用于框架结构；
2. 采用335N/mm² 级、400N/mm² 级纵向受力钢筋时，应分别按表中数值增加0.1和0.05采用；
3. 当混凝土强度等级高于C60时，上述数值应增加0.1采用。

柱端箍筋加密区的构造要求　**表 7-57**

序号	抗震等级	箍筋最大间距(mm)	箍筋最小直径(mm)
1	特一级、一级	$6d$ 和100的较小值	10
2	二级	$8d$ 和100的较小值	8
3	三级	$8d$ 和150(柱根100)的较小值	8
4	四级	$8d$ 和150(柱根100)的较小值	6(柱根8)

注：1. d 为柱纵向钢筋直径(mm)；
2. 柱根指框架柱底部嵌固部位。

柱端箍筋加密区最小配箍特征值 λ_v　**表 7-58**

序号	抗震等级	箍筋形式	柱轴压比								
			≤0.30	0.40	0.50	0.60	0.70	0.80	0.90	1.00	1.05
1	一	普通箍、复合箍	0.10	0.11	0.13	0.15	0.17	0.20	0.23	—	—
2		螺旋箍、复合或连续复合螺旋箍	0.08	0.09	0.11	0.13	0.15	0.18	0.21	—	—
3	二	普通箍、复合箍	0.08	0.09	0.11	0.13	0.15	0.17	0.19	0.22	0.24
4		螺旋箍、复合或连续复合螺旋箍	0.06	0.07	0.09	0.11	0.13	0.15	0.17	0.20	0.22
5	三	普通箍、复合箍	0.06	0.07	0.09	0.11	0.13	0.15	0.17	0.20	0.22
6		螺旋箍、复合或连续复合螺旋箍	0.05	0.06	0.07	0.09	0.11	0.13	0.15	0.18	0.20

注：普通箍指单个矩形箍或单个圆形箍；螺旋箍指单个连续螺旋箍筋；复合箍指由矩形、多边形、圆形箍或拉筋组成的箍筋；复合螺旋箍指由螺旋箍与矩形、多边形、圆形箍或拉筋组成的箍筋；连续复合螺旋箍指全部螺旋箍由同一根钢筋加工而成的箍筋。

7.12.3 钢筋混凝土柱箍筋加密区体积配箍率计算用表

钢筋混凝土柱箍筋加密区体积配箍率计算用表如表 7-59 所示。

钢筋混凝土柱箍筋加密区体积配箍率计算用表 **表 7-59**

序号	项　目	内　容
1	抗震框架柱箍筋加密区的箍筋最小体积配箍率	(1) 制表公式及依据 根据表 7-58 及公式 7-202 进行制表 (2) 计算用表 1) HPB300 级钢筋，$f_{yv}=270\text{N/mm}^2$，如表 7-60 所示 2) HRB335、HRBF335 级钢筋，$f_{yv}=300\text{N/mm}^2$，如表 7-61 所示 3) HRB400、HRBF400、RRB400 级钢筋，$f_{yv}=360\text{N/mm}^2$，如表 7-62 所示 如用 HRB500、HRBF500 级钢筋，也可按 $f_{yv}=360\text{N/mm}^2$，查表 7-62 应用
2	矩形截面柱加密区的普通箍筋、井字复合箍筋的体积配箍率	(1) 制表公式 根据公式(7-202)进行制表 (2) 计算用表 计算用表如表 7-63 所示 (3) 制表数据 如图 7-35 所示
3	圆柱截面加密区的外圆箍筋内加井字复合箍筋的体积配箍率	(1) 制表公式 根据公式(7-202)进行制表 (2) 计算用表 计算用表如表 7-64 所示。 (3) 圆内井字复合箍筋弦长的计算 先根据下列计算公式算出钢筋所在处弦长，再减去两端保护层厚度即得该处的弦长 1) 当钢筋为单数间距时(图 7-36a)，计算公式为 $l_i=a\sqrt{(n+1)^2-(2i-1)^2}$　(7-203) 2) 当钢筋为双数间距时(图 7-36b)，计算公式为 $l_i=a\sqrt{(n+1)^2-(2i)^2}$　(7-204) 式中 l_i——第 i 根(从圆心向两边计算)钢筋所在的弦长 a——钢筋间距 n——钢筋根数，等于 $\frac{d}{a}-1$，d 为圆直径 i——从圆心向两边计算的序号数

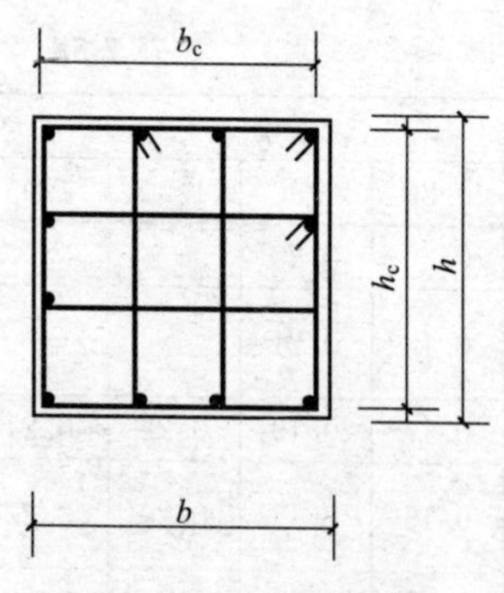

图 7-35　表 7-63 图例

(图中：$n_b=4$，$n_h=4$)

$h_c=h-60\text{mm}$；$b_c=b-60\text{mm}$；

n_b——宽度 b 内箍筋肢数；

n_h——高度 h 内箍筋肢数。

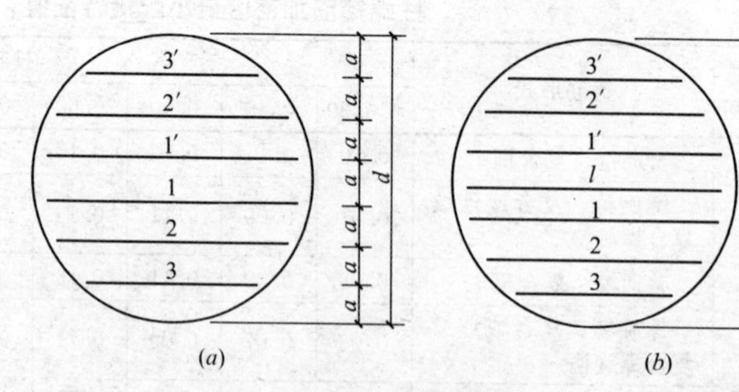

图 7-36　圆内弦长计算

(a)钢筋为单数间距时；(b)钢筋为双数间距时

抗震框架柱箍筋加密区最小体积配箍率 ρ_v（%） 　　表 7-60

HPB 300 级钢筋　$f_{yv}=270N/mm^2$

序号	混凝土强度等级	抗震等级	箍筋形式	柱轴压比								
				≤0.30	0.40	0.50	0.60	0.70	0.80	0.90	1.00	1.05
1	≤C35	特一级	普通箍、复合箍	0.800	0.804	0.928	1.051	1.175	1.361	1.546		
			螺旋箍、复合或连续复合螺旋箍	0.800	0.800	0.804	0.928	1.051	1.237	1.423		
2		一级	普通箍、复合箍	0.800	0.800	0.804	0.928	1.051	1.237	1.423		
			螺旋箍、复合或连续复合螺旋箍	0.800	0.800	0.800	0.804	0.928	1.113	1.299		
3		二级	普通箍、复合箍	0.600	0.600	0.680	0.804	0.928	1.051	1.175	1.361	1.484
			螺旋箍、复合或连续复合螺旋箍	0.600	0.600	0.600	0.680	0.804	0.928	1.051	1.237	1.361
4		三、四级	普通箍、复合箍	0.400	0.433	0.557	0.680	0.804	0.928	1.051	1.237	1.361
			螺旋箍、复合或连续复合螺旋箍	0.400	0.400	0.433	0.557	0.680	0.804	0.928	1.113	1.237
5	C40	特一级	普通箍、复合箍	0.849	0.920	1.061	1.203	1.344	1.556	1.769		
			螺旋箍、复合或连续复合螺旋箍	0.800	0.800	0.920	1.061	1.203	1.415	1.627		
6		一级	普通箍、复合箍	0.800	0.800	0.920	1.061	1.203	1.415	1.627		
			螺旋箍、复合或连续复合螺旋箍	0.800	0.800	0.800	0.920	1.061	1.273	1.486		
7		二级	普通箍、复合箍	0.600	0.637	0.778	0.920	1.061	1.203	1.344	1.556	1.698
			螺旋箍、复合或连续复合螺旋箍	0.600	0.600	0.637	0.778	0.920	1.061	1.203	1.415	1.556
8		三、四级	普通箍、复合箍	0.424	0.495	0.637	0.778	0.920	1.061	1.203	1.415	1.556
			螺旋箍、复合或连续复合螺旋箍	0.400	0.424	0.495	0.637	0.778	0.920	1.061	1.273	1.415
9	C45	特一级	普通箍、复合箍	0.938	1.016	1.172	1.329	1.485	1.719	1.954		
			螺旋箍、复合或连续复合螺旋箍	0.800	0.860	1.016	1.172	1.329	1.563	1.797		
10		一级	普通箍、复合箍	0.800	0.860	1.016	1.172	1.329	1.563	1.797		
			螺旋箍、复合或连续复合螺旋箍	0.800	0.800	0.860	1.016	1.172	1.407	1.641		
11		二级	普通箍、复合箍	0.625	0.703	0.860	1.016	1.172	1.329	1.485	1.719	1.876
			螺旋箍、复合或连续复合螺旋箍	0.600	0.600	0.703	0.860	1.016	1.172	1.329	1.563	1.719

续表 7-60

序号	混凝土强度等级	抗震等级	箍筋形式	柱轴压比								
				≤0.30	0.40	0.50	0.60	0.70	0.80	0.90	1.00	1.05
12	C45	三、四级	普通箍、复合箍	0.469	0.547	0.703	0.860	1.016	1.172	1.329	1.563	1.719
			螺旋箍、复合或连续复合螺旋箍	0.400	0.469	0.547	0.703	0.860	1.016	1.172	1.407	1.563
13	C50	特一级	普通箍、复合箍	1.027	1.112	1.283	1.454	1.626	1.882	2.139		
			螺旋箍、复合或连续复合螺旋箍	0.856	0.941	1.112	1.283	1.454	1.711	1.968		
14		一级	普通箍、复合箍	0.856	0.941	1.112	1.283	1.454	1.711	1.968		
			螺旋箍、复合或连续复合螺旋箍	0.800	0.800	0.941	1.112	1.283	1.540	1.797		
15		二级	普通箍、复合箍	0.684	0.770	0.941	1.112	1.283	1.454	1.626	1.882	2.053
			螺旋箍、复合或连续复合螺旋箍	0.600	0.600	0.770	0.941	1.112	1.283	1.454	1.711	1.882
16		三、四级	普通箍、复合箍	0.513	0.599	0.770	0.941	1.112	1.283	1.454	1.711	1.882
			螺旋箍、复合或连续复合螺旋箍	0.428	0.513	0.599	0.770	0.941	1.112	1.283	1.540	1.711
17	C55	特一级	普通箍、复合箍	1.124	1.218	1.406	1.593	1.780	2.061	2.343		
			螺旋箍、复合或连续复合螺旋箍	0.937	1.031	1.218	1.406	1.593	1.874	2.155		
18		一级	普通箍、复合箍	0.937	1.031	1.218	1.406	1.593	1.874	2.155		
			螺旋箍、复合或连续复合螺旋箍	0.800	0.843	1.031	1.218	1.406	1.687	1.968		
19		二级	普通箍、复合箍	0.750	0.843	1.031	1.218	1.406	1.593	1.780	2.061	2.249
			螺旋箍、复合或连续复合螺旋箍	0.600	0.656	0.843	1.031	1.218	1.406	1.593	1.874	2.061
20		三、四级	普通箍、复合箍	0.562	0.656	0.843	1.031	1.218	1.406	1.593	1.874	2.061
			螺旋箍、复合或连续复合螺旋箍	0.469	0.562	0.656	0.843	1.031	1.218	1.406	1.687	1.874
21	C60	特一级	普通箍、复合箍	1.222	1.324	1.528	1.731	1.935	2.241	2.546		
			螺旋箍、复合或连续复合螺旋箍	1.019	1.120	1.324	1.528	1.731	2.037	2.343		
22		一级	普通箍、复合箍	1.019	1.120	1.324	1.528	1.731	2.037	2.343		
			螺旋箍、复合或连续复合螺旋箍	0.815	0.917	1.120	1.324	1.528	1.833	2.139		

续表 7-60

序号	混凝土强度等级	抗震等级	箍筋形式	柱轴压比								
				≤0.30	0.40	0.50	0.60	0.70	0.80	0.90	1.00	1.05
23	C60	二级	普通箍、复合箍	0.815	0.917	1.120	1.324	1.528	1.731	1.935	2.241	2.444
			螺旋箍、复合或连续复合螺旋箍	0.611	0.713	0.917	1.120	1.324	1.528	1.731	2.037	2.241
24		三、四级	普通箍、复合箍	0.611	0.713	0.917	1.120	1.324	1.528	1.731	2.037	2.241
			螺旋箍、复合或连续复合螺旋箍	0.509	0.611	0.713	0.917	1.120	1.324	1.528	1.833	2.037
25	C65	特一级	普通箍、复合箍	1.540	1.650	1.870	2.090	2.420	2.750	3.080		
			螺旋箍、复合或连续复合螺旋箍	1.320	1.430	1.650	1.870	2.200	2.530	2.860		
26		一级	普通箍、复合箍	1.320	1.430	1.650	1.870	2.200	2.530	2.860		
			螺旋箍、复合或连续复合螺旋箍	1.100	1.210	1.430	1.650	1.980	2.310	2.640		
27		二级	普通箍、复合箍	1.100	1.210	1.430	1.650	1.980	2.200	2.420	2.750	2.970
			螺旋箍、复合或连续复合螺旋箍	0.880	0.990	1.210	1.430	1.760	1.980	2.200	2.530	2.750
28		三、四级	普通箍、复合箍	0.880	0.990	1.210	1.430	1.760	1.980	2.200	2.530	2.750
			螺旋箍、复合或连续复合螺旋箍	0.770	0.880	0.990	1.210	1.540	1.760	1.980	2.310	2.530
29	C70	特一级	普通箍、复合箍	1.649	1.767	2.002	2.238	2.591	2.944	3.298		
			螺旋箍、复合或连续复合螺旋箍	1.413	1.531	1.767	2.002	2.356	2.709	3.062		
30		一级	普通箍、复合箍	1.413	1.531	1.767	2.002	2.356	2.709	3.062		
			螺旋箍、复合或连续复合螺旋箍	1.178	1.296	1.531	1.767	2.120	2.473	2.827		
31		二级	普通箍、复合箍	1.178	1.296	1.531	1.767	2.120	2.356	2.591	2.944	3.180
			螺旋箍、复合或连续复合螺旋箍	0.942	1.060	1.296	1.531	1.884	2.120	2.356	2.709	2.944
32		三、四级	普通箍、复合箍	0.942	1.060	1.296	1.531	1.884	2.120	2.356	2.709	2.944
			螺旋箍、复合或连续复合螺旋箍	0.824	0.942	1.060	1.296	1.649	1.884	2.120	2.473	2.709

注：1. 普通箍指单个矩形箍筋或单个圆形箍筋；螺旋箍指单个螺旋箍筋；复合箍指由矩形、多边形、圆形箍筋或拉筋组成的箍筋；复合螺旋箍指由螺旋箍与矩形、多边形、圆形箍筋或拉筋组合成的箍筋；连续复合螺旋箍指全部螺旋箍为由同一根钢筋加工成的箍筋；

2. 当剪跨比 λ 不大于2时的柱，宜采用复合螺旋箍或井字复合箍，其箍筋体积配箍率不应小于1.2%；9度设防烈度不应小于1.5%。

表 7-61

抗震框架柱箍筋加密区最小体积配箍率 ρ_v（%）

HRB335、HRBF335 钢筋 $f_{yv}=300N/mm^2$

序号	混凝土强度等级	抗震等级	箍筋形式	柱轴压比								
				≤0.30	0.40	0.50	0.60	0.70	0.80	0.90	1.00	1.05
1	≤C50	特一级	普通箍、复合箍	0.924	1.001	1.155	1.309	1.463	1.694	1.925		
			螺旋箍、复合或连续复合螺旋箍	0.800	0.847	1.001	1.155	1.309	1.540	1.771		
2		一级	普通箍、复合箍	0.800	0.847	1.001	1.155	1.309	1.540	1.771		
			螺旋箍、复合或连续复合螺旋箍	0.800	0.800	0.847	1.001	1.155	1.386	1.617		
3		二级	普通箍、复合箍	0.616	0.693	0.847	1.001	1.155	1.309	1.463	1.694	1.848
			螺旋箍、复合或连续复合螺旋箍	0.600	0.600	0.693	0.847	1.001	1.155	1.309	1.540	1.694
4		三、四级	普通箍、复合箍	0.462	0.539	0.693	0.847	1.001	1.155	1.309	1.540	1.694
			螺旋箍、复合或连续复合螺旋箍	0.400	0.462	0.539	0.693	0.847	1.001	1.155	1.386	1.540
5	C55	特一级	普通箍、复合箍	1.012	1.096	1.265	1.434	1.602	1.856	2.108		
			螺旋箍、复合或连续复合螺旋箍	0.843	0.928	1.096	1.265	1.434	1.687	1.940		
6		一级	普通箍、复合箍	0.843	0.928	1.096	1.265	1.434	1.687	1.940		
			螺旋箍、复合或连续复合螺旋箍	0.800	0.800	0.928	1.096	1.265	1.518	1.771		
7		二级	普通箍、复合箍	0.675	0.759	0.928	1.096	1.265	1.434	1.602	1.855	2.024
			螺旋箍、复合或连续复合螺旋箍	0.600	0.600	0.759	0.928	1.096	1.265	1.434	1.687	1.855
8		三、四级	普通箍、复合箍	0.506	0.590	0.759	0.928	1.096	1.265	1.434	1.687	1.855
			螺旋箍、复合或连续复合螺旋箍	0.422	0.506	0.590	0.759	0.928	1.096	1.265	1.518	1.687
9	C60	特一级	普通箍、复合箍	1.100	1.192	1.375	1.558	1.742	2.017	2.292		
			螺旋箍、复合或连续复合螺旋箍	0.917	1.008	1.192	1.375	1.558	1.833	2.108		
10		一级	普通箍、复合箍	0.916	1.008	1.192	1.375	1.558	1.833	2.108		
			螺旋箍、复合或连续复合螺旋箍	0.800	0.825	1.008	1.192	1.375	1.650	1.925		
11		二级	普通箍、复合箍	0.733	0.825	1.008	1.192	1.375	1.558	1.742	2.017	2.200
			螺旋箍、复合或连续复合螺旋箍	0.600	0.642	0.825	1.008	1.192	1.375	1.558	1.833	2.017
12		三、四级	普通箍、复合箍	0.550	0.642	0.825	1.008	1.192	1.375	1.558	1.833	2.017
			螺旋箍、复合或连续复合螺旋箍	0.458	0.550	0.642	0.825	1.008	1.192	1.375	1.650	1.833

续表 7-61

序号	混凝土强度等级	抗震等级	箍筋形式	柱轴压比								
				≤0.30	0.40	0.50	0.60	0.70	0.80	0.90	1.00	1.05
13	C65	特一级	普通箍、复合箍	1.386	1.485	1.683	1.881	2.178	2.475	2.772		
			螺旋箍、复合或连续复合螺旋箍	1.188	1.287	1.485	1.683	1.980	2.277	2.574		
14		一级	普通箍、复合箍	1.188	1.287	1.485	1.683	1.980	2.277	2.574		
			螺旋箍、复合或连续复合螺旋箍	0.990	1.089	1.287	1.485	1.782	2.079	2.376		
15		二级	普通箍、复合箍	0.990	1.089	1.287	1.485	1.782	1.980	2.178	2.475	2.673
			螺旋箍、复合或连续复合螺旋箍	0.792	0.891	1.089	1.287	1.584	1.782	1.980	2.277	2.475
16		三、四级	普通箍、复合箍	0.792	0.891	1.089	1.287	1.584	1.782	1.980	2.277	2.475
			螺旋箍、复合或连续复合螺旋箍	0.693	0.792	0.891	1.089	1.386	1.584	1.782	2.078	2.277
17	C70	特一级	普通箍、复合箍	1.484	1.590	1.802	2.014	2.332	2.650	2.968		
			螺旋箍、复合或连续复合螺旋箍	1.272	1.378	1.590	1.802	2.120	2.438	2.756		
18		一级	普通箍、复合箍	1.272	1.378	1.590	1.802	2.120	2.438	2.756		
			螺旋箍、复合或连续复合螺旋箍	1.060	1.166	1.378	1.590	1.908	2.226	2.544		
19		二级	普通箍、复合箍	1.060	1.166	1.378	1.590	1.908	2.120	2.332	2.650	2.862
			螺旋箍、复合或连续复合螺旋箍	0.848	0.954	1.166	1.378	1.696	1.908	2.120	2.438	2.650
20		三、四级	普通箍、复合箍	0.848	0.954	1.166	1.378	1.696	1.908	2.120	2.438	2.650
			螺旋箍、复合或连续复合螺旋箍	0.742	0.848	0.954	1.166	1.484	1.696	1.908	2.226	2.438
21	C75	特一级	普通箍、复合箍	1.577	1.690	1.915	2.141	2.479	2.817	3.155		
			螺旋箍、复合或连续复合螺旋箍	1.352	1.465	1.690	1.915	2.253	2.591	2.929		
22		一级	普通箍、复合箍	1.352	1.465	1.690	1.915	2.253	2.591	2.929		
			螺旋箍、复合或连续复合螺旋箍	1.127	1.239	1.465	1.690	2.028	2.366	2.704		
23		二级	普通箍、复合箍	1.127	1.239	1.465	1.690	2.028	2.253	2.479	2.817	3.042
			螺旋箍、复合或连续复合螺旋箍	0.901	1.014	1.239	1.465	1.803	2.028	2.253	2.591	2.817
24		三、四级	普通箍、复合箍	0.901	1.014	1.239	1.465	1.803	2.028	2.253	2.591	2.817
			螺旋箍、复合或连续复合螺旋箍	0.789	0.901	1.014	1.239	1.577	1.803	2.028	2.366	2.591
25	C80	特一级	普通箍、复合箍	1.675	1.795	2.034	2.274	2.633	2.992	3.351		
			螺旋箍、复合或连续复合螺旋箍	1.436	1.556	1.795	2.034	2.393	2.752	3.111		

续表 7-61

序号	混凝土强度等级	抗震等级	箍筋形式	柱轴压比								
				≤0.30	0.40	0.50	0.60	0.70	0.80	0.90	1.00	1.05
26	C80	一级	普通箍、复合箍	1.436	1.556	1.795	2.034	2.393	2.752	3.111		
			螺旋箍、复合或连续复合螺旋箍	1.197	1.316	1.556	1.795	2.154	2.513	2.872		
27		二级	普通箍、复合箍	1.197	1.316	1.556	1.795	2.154	2.393	2.633	2.992	3.231
			螺旋箍、复合或连续复合螺旋箍	0.957	1.077	1.316	1.556	1.915	2.154	2.393	2.752	2.992
28		三、四级	普通箍、复合箍	0.957	1.077	1.316	1.556	1.915	2.154	2.393	2.752	2.992
			螺旋箍、复合或连续复合螺旋箍	0.838	0.957	1.077	1.316	1.675	1.915	2.154	2.513	2.752

注：1. 普通箍指单个矩形箍筋或单个圆形箍筋；螺旋箍指单个螺旋箍筋；复合箍指由矩形、多边形、圆形箍筋或拉筋组成的箍筋；复合螺旋箍指由螺旋箍与矩形、多边形、圆形箍筋或拉筋组合成的箍筋；连续复合螺旋箍指全部螺旋箍为由同一根钢筋加工成的箍筋；

2. 当剪跨比 λ 不大于 2 时的柱，宜采用复合螺旋箍或井字复合箍，其箍筋体积配箍率不应小于 1.2%；9 度设防烈度不应小于 1.5%。

抗震框架柱箍筋加密区最小体积配箍率 ρ_v（%） **表 7-62**

HRB400、HRBF400、RRB400 钢筋 $f_{yv}=360N/mm^2$

序号	混凝土强度等级	抗震等级	箍筋形式	柱轴压比								
				≤0.30	0.40	0.50	0.60	0.70	0.80	0.90	1.00	1.05
1	≤C50	特一级	普通箍、复合箍	0.800	0.834	0.963	1.091	1.219	1.412	1.604		
			螺旋箍、复合或连续复合螺旋箍	0.800	0.800	0.834	0.963	1.091	1.283	1.476		
2		一级	普通箍、复合箍	0.800	0.800	0.834	0.963	1.091	1.283	1.476		
			螺旋箍、复合或连续复合螺旋箍	0.800	0.800	0.800	0.834	0.963	1.155	1.348		
3		二级	普通箍、复合箍	0.600	0.600	0.706	0.834	0.963	1.091	1.219	1.412	1.540
			螺旋箍、复合或连续复合螺旋箍	0.600	0.600	0.600	0.706	0.834	0.963	1.091	1.283	1.412
4		三、四级	普通箍、复合箍	0.400	0.449	0.578	0.706	0.834	0.963	1.091	1.283	1.412
			螺旋箍、复合或连续复合螺旋箍	0.400	0.400	0.449	0.578	0.706	0.834	0.963	1.155	1.283
5	C55	特一级	普通箍、复合箍	0.843	0.914	1.054	1.195	1.335	1.546	1.757		
			螺旋箍、复合或连续复合螺旋箍	0.800	0.800	0.914	1.054	1.195	1.406	1.616		
6		一级	普通箍、复合箍	0.800	0.800	0.914	1.054	1.195	1.406	1.616		
			螺旋箍、复合或连续复合螺旋箍	0.800	0.800	0.800	0.914	1.054	1.265	1.476		

续表 7-62

序号	混凝土强度等级	抗震等级	箍筋形式	柱轴压比								
				≤0.30	0.40	0.50	0.60	0.70	0.80	0.90	1.00	1.05
7	C55	二级	普通箍、复合箍	0.600	0.633	0.773	0.914	1.054	1.195	1.335	1.546	1.687
			螺旋箍、复合或连续复合螺旋箍	0.600	0.600	0.633	0.773	0.914	1.054	1.195	1.406	1.546
8		三、四级	普通箍、复合箍	0.422	0.492	0.633	0.773	0.914	1.054	1.195	1.406	1.546
			螺旋箍、复合或连续复合螺旋箍	0.400	0.422	0.492	0.633	0.773	0.914	1.054	1.265	1.406
9	C60	特一级	普通箍、复合箍	0.917	0.993	1.146	1.299	1.451	1.681	1.910		
			螺旋箍、复合或连续复合螺旋箍	0.800	0.840	0.993	1.146	1.299	1.528	1.757		
10		一级	普通箍、复合箍	0.800	0.840	0.993	1.146	1.299	1.528	1.757		
			螺旋箍、复合或连续复合螺旋箍	0.800	0.800	0.840	0.993	1.146	1.375	1.604		
11		二级	普通箍、复合箍	0.611	0.688	0.840	0.993	1.146	1.299	1.451	1.681	1.833
			螺旋箍、复合或连续复合螺旋箍	0.600	0.600	0.688	0.840	0.993	1.146	1.299	1.528	1.681
12		三、四级	普通箍、复合箍	0.458	0.535	0.688	0.840	0.993	1.146	1.299	1.528	1.681
			螺旋箍、复合或连续复合螺旋箍	0.400	0.458	0.535	0.688	0.840	0.993	1.146	1.375	1.528
13	C65	特一级	普通箍、复合箍	1.155	1.238	1.402	1.568	1.815	2.062	2.310		
			螺旋箍、复合或连续复合螺旋箍	0.990	1.072	1.238	1.402	1.650	1.898	2.145		
14		一级	普通箍、复合箍	0.990	1.073	1.238	1.403	1.650	1.898	2.145		
			螺旋箍、复合或连续复合螺旋箍	0.825	0.908	1.073	1.238	1.485	1.733	1.980		
15		二级	普通箍、复合箍	0.825	0.908	1.073	1.238	1.485	1.650	1.815	2.063	2.228
			螺旋箍、复合或连续复合螺旋箍	0.660	0.743	0.908	1.073	1.320	1.485	1.650	1.898	2.063
16		三、四级	普通箍、复合箍	0.660	0.743	0.908	1.073	1.320	1.485	1.650	1.898	2.063
			螺旋箍、复合或连续复合螺旋箍	0.578	0.660	0.743	0.908	1.155	1.320	1.485	1.733	1.898
17	C70	特一级	普通箍、复合箍	1.237	1.325	1.502	1.678	1.943	2.208	2.473		
			螺旋箍、复合或连续复合螺旋箍	1.060	1.148	1.325	1.502	1.767	2.032	2.297		
18		一级	普通箍、复合箍	1.060	1.148	1.325	1.502	1.767	2.032	2.297		
			螺旋箍、复合或连续复合螺旋箍	0.883	0.972	1.148	1.325	1.590	1.855	2.120		
19		二级	普通箍、复合箍	0.883	0.972	1.148	1.325	1.590	1.767	1.943	2.208	2.385
			螺旋箍、复合或连续复合螺旋箍	0.707	0.795	0.972	1.148	1.413	1.590	1.767	2.032	2.208

续表 7-62

序号	混凝土强度等级	抗震等级	箍筋形式	柱轴压比								
				≤0.30	0.40	0.50	0.60	0.70	0.80	0.90	1.00	1.05
20	C70	三、四级	普通箍、复合箍	0.707	0.795	0.972	1.148	1.413	1.590	1.767	2.032	2.208
			螺旋箍、复合或连续复合螺旋箍	0.618	0.707	0.795	0.972	1.237	1.413	1.590	1.855	2.032
21	C75	特一级	普通箍、复合箍	1.314	1.408	1.596	1.784	2.066	2.347	2.629		
			螺旋箍、复合或连续复合螺旋箍	1.127	1.221	1.408	1.596	1.878	2.159	2.441		
22		一级	普通箍、复合箍	1.127	1.221	1.408	1.596	1.878	2.159	2.441		
			螺旋箍、复合或连续复合螺旋箍	0.939	1.033	1.221	1.408	1.690	1.972	2.253		
23		二级	普通箍、复合箍	0.939	1.033	1.221	1.408	1.690	1.878	2.066	2.347	2.535
			螺旋箍、复合或连续复合螺旋箍	0.751	0.845	1.033	1.221	1.502	1.690	1.878	2.159	2.347
24		三、四级	普通箍、复合箍	0.751	0.845	1.033	1.221	1.502	1.690	1.878	2.159	2.347
			螺旋箍、复合或连续复合螺旋箍	0.657	0.751	0.845	1.033	1.314	1.502	1.690	1.972	2.159
25	C80	特一级	普通箍、复合箍	1.396	1.496	1.695	1.895	2.194	2.493	2.792		
			螺旋箍、复合或连续复合螺旋箍	1.197	1.296	1.496	1.695	1.994	2.294	2.593		
26		一级	普通箍、复合箍	1.197	1.296	1.496	1.695	1.994	2.294	2.593		
			螺旋箍、复合或连续复合螺旋箍	0.997	1.097	1.296	1.496	1.795	2.094	2.393		
27		二级	普通箍、复合箍	0.997	1.097	1.296	1.496	1.795	1.994	2.194	2.493	2.693
			螺旋箍、复合或连续复合螺旋箍	0.798	0.898	1.097	1.296	1.596	1.795	1.994	2.294	2.493
28		三、四级	普通箍、复合箍	0.798	0.898	1.097	1.296	1.596	1.795	1.994	2.294	2.493
			螺旋箍、复合或连续复合螺旋箍	0.698	0.798	0.898	1.097	1.396	1.596	1.795	2.094	2.294

注：1. 普通箍指单个矩形箍筋或单个圆形箍筋；螺旋箍指单个螺旋箍筋；复合箍指由矩形、多边形、圆形箍筋或拉筋组成的箍筋；复合螺旋箍指由螺旋箍与矩形、多边形、圆形箍筋或拉筋组合成的箍筋；连续复合螺旋箍指全部螺旋箍为由同一根钢筋加工成的箍筋；

2. 当剪跨比 λ 不大于 2 时的柱，宜采用复合螺旋箍或井字复合箍，其箍筋体积配箍率不应小于 1.2%；9 度设防烈度不应小于 1.5%。

矩形截面柱箍筋加密区的普通箍筋、井字复合箍筋的体积配筋率 ρ_v(%) 表7-63

箍距 s=100mm，箍筋形式与表中附图相似

序号	柱截面尺寸				箍筋肢数		箍筋直径(mm)为				
	b	h	b_c	h_c	n_b	n_h	6	8	10	12	14
1	300	300	240	240	2	2	0.472	0.838	1.308	1.885	2.565
		350	240	290	2	2	0.431	0.766	1.196	1.723	2.344
		350	240	290	2	3	0.529	0.940	1.466	2.112	2.875
		400	240	340	2	2	0.402	0.715	1.116	1.608	2.188
		400	240	340	2	3	0.486	0.863	1.347	1.940	2.640
		450	240	390	2	3	0.454	0.806	1.258	1.812	2.466
2	350	350	290	290	2	2	0.390	0.694	1.083	1.560	2.123
		400	290	340	2	3	0.445	0.791	1.234	1.778	2.419
		450	290	390	2	3	0.413	0.734	1.145	1.650	2.245
		500	290	440	2	3	0.388	0.690	1.077	1.551	2.111
		500	290	440	3	3	0.486	0.863	1.347	1.941	2.641
		550	290	490	2	3	0.368	0.655	1.022	1.472	2.004
		550	290	490	3	3	0.466	0.828	1.293	1.862	2.534
		600	290	540	3	4	0.502	0.893	1.394	2.008	2.732
3	400	400	340	340	2	2	0.339	0.592	0.924	1.331	1.811
		400	340	340	3	3	0.499	0.888	1.385	1.996	2.716
		450	340	390	2	3	0.384	0.683	1.066	1.535	2.089
		450	340	390	3	3	0.467	0.831	1.296	1.868	2.542
		500	340	440	2	3	0.359	0.639	0.997	1.436	1.955
		500	340	440	3	3	0.443	0.787	1.228	1.769	2.407
		550	340	490	2	3	0.340	0.604	0.942	1.358	1.847
		550	340	490	3	3	0.423	0.752	1.173	1.690	2.300
		550	340	490	3	4	0.481	0.854	1.333	1.921	2.614
		600	340	540	2	3	0.324	0.575	0.898	1.294	1.760
		600	340	540	3	3	0.407	0.723	1.129	1.626	2.213
		600	340	540	3	4	0.459	0.816	1.274	1.836	2.498
4	450	450	390	390	3	3	0.435	0.774	1.208	1.740	2.368
		500	390	440	3	3	0.411	0.730	1.139	1.641	2.233
		500	390	440	3	4	0.475	0.844	1.317	1.898	2.583
		550	390	490	3	3	0.391	0.695	1.084	1.562	2.126
		550	390	490	3	4	0.449	0.798	1.245	1.793	2.440
		600	390	540	3	3	0.375	0.666	1.040	1.498	2.039
		600	390	540	3	4	0.427	0.760	1.185	1.708	2.324
		650	390	590	3	3	0.362	0.643	1.003	1.445	1.966
		650	390	590	3	4	0.410	0.728	1.136	1.637	2.227

续表 7-63

序号	柱截面尺寸				箍筋肢数		箍筋直径(mm)为				
	b	h	b_c	h_c	n_b	n_h	6	8	10	12	14
5	500	500	440	440	3	3	0.386	0.686	1.070	1.542	2.099
		500	440	440	4	4	0.515	0.915	1.427	2.056	2.798
		550	440	490	3	3	0.366	0.651	1.016	1.464	1.992
		550	440	490	3	4	0.424	0.754	1.176	1.694	2.306
		550	440	490	4	4	0.488	0.868	1.354	1.951	2.655
		600	440	540	3	3	0.356	0.622	0.971	1.399	1.904
		600	440	540	3	4	0.403	0.716	1.117	1.609	2.189
		600	440	540	4	4	0.467	0.830	1.295	1.866	2.539
		650	440	590	3	3	0.337	0.599	0.934	1.346	1.832
		650	440	590	3	4	0.385	0.684	1.067	1.538	2.093
		650	440	590	4	4	0.449	0.798	1.246	1.795	2.442
		700	440	640	3	4	0.370	0.657	1.026	1.478	2.011
		700	440	640	4	4	0.434	0.772	1.204	1.735	2.361
		750	440	690	3	4	0.357	0.635	0.990	1.427	1.941
		750	440	690	4	4	0.421	0.749	1.169	1.684	2.291
		750	440	690	4	5	0.462	0.822	1.282	1.848	2.514
6	550	550	490	490	3	3	0.347	0.616	0.961	1.385	1.884
		550	490	490	4	4	0.462	0.821	1.282	1.847	2.513
		600	490	540	3	3	0330	0.587	0.917	1.321	1.797
		600	490	540	3	4	0.383	0.681	1.062	1.530	2.082
		600	490	540	4	4	0.441	0.783	1.222	1.761	2.396
		650	490	590	3	3	0.317	0564	0.880	1.268	1.725
		650	490	590	3	4	0.365	0.649	1.013	1.459	1.986
		650	490	590	4	4	0.423	0.752	1.173	1.690	2.300
		700	490	640	3	4	0.350	0.622	0.971	1.399	1.904
		700	490	640	4	4	0.408	0.725	1.131	1.630	2.218
		700	490	640	4	5	0.452	0.804	1.254	1.807	2.459
		750	490	690	3	4	0.337	0.600	0.936	1.348	1.834
		750	490	690	4	4	0.395	0.702	1.096	1.579	2.149
		750	490	690	4	5	0.436	0.775	1.210	1.743	2.372
		800	490	740	3	4	0.326	0.580	0.905	1.304	1.774
		800	490	740	4	5	0.422	0.750	1.171	1.687	2.296
7	600	600	540	540	3	3	0.314	0.559	0.872	1.257	1.710
		600	540	540	4	4	0.419	0.745	1.163	1.676	2.280
		650	540	590	3	3	0.301	0.535	0.835	1.203	1.638

续表 7-63

序号	柱截面尺寸				箍筋肢数		箍筋直径(mm)为				
	b	h	b_c	h_c	n_b	n_h	6	8	10	12	14
7	600	650	540	590	4	4	0.401	0.714	1.114	1.605	2.183
		700	540	640	3	4	0.334	0.594	0.927	1.335	1.817
		700	540	640	4	4	0.387	0.687	1.072	1.545	2.102
		700	540	640	4	5	0.431	0.766	1.195	1.721	2.342
		750	540	690	3	4	0.321	0.571	0.891	1.284	1.747
		750	540	690	4	4	0.374	0.664	1.037	1.493	2.032
		750	540	690	4	5	0.415	0.737	1.150	1.657	2.255
		800	540	740	3	4	0.310	0.551	0.860	1.240	1.687
		800	540	740	4	4	0.363	0.644	1.006	1.449	1.972
		800	540	740	4	5	0.401	0.712	1.112	1.602	2.180
		900	540	840	3	4	0.292	0.519	0.810	1.167	1.588
		900	540	840	4	5	0.378	0.672	1.049	1.511	2.056
		900	540	840	4	6	0.412	0.732	1.142	1.646	2.239
8	650	650	590	590	4	4	0.384	0.682	1.064	1.534	2.087
		700	590	640	4	4	0.369	0.655	1.023	1.474	2.005
		700	590	640	4	5	0.413	0.734	1.145	1.650	2.246
		750	590	690	4	4	0.356	0.633	0.987	1.422	1.936
		750	590	690	4	5	0.397	0.706	1.101	1.586	2.159
		800	590	740	4	4	0.345	0.613	0.957	1.378	1.875
		800	590	740	4	5	0.383	0.681	1.063	1.531	2.083
		900	590	840	4	4	0.327	0.581	0.906	1.305	1.776
		900	590	840	4	5	0.360	0.640	0.999	1.440	1.959
		900	590	840	4	6	0.394	0.700	1.093	1.575	2.143
9	700	700	640	640	4	4	0.354	0.629	0.981	1.414	1.924
		700	640	640	5	5	0.442	0.786	1.227	1.767	2.405
		750	640	690	4	4	0.341	0.606	0.946	1.363	1.854
		750	640	690	5	5	0.426	0.757	1.182	1.703	2.318
		800	640	740	4	4	0.330	0.586	0.915	1.318	1.794
		800	640	740	5	5	0.412	0.733	1.144	1.648	2.242
		900	640	840	4	4	0.312	0.554	0.864	1.245	1.695
		900	640	840	4	5	0.345	0.614	0.958	1.380	1.878
		900	640	840	4	6	0.379	0.674	1.051	1.514	2.061
		1000	640	940	4	5	0.327	0.582	0.908	1.308	1.780
		1000	640	940	4	6	0.358	0.635	0.992	1.429	1.944

续表 7-63

序号	柱截面尺寸				箍筋肢数		箍筋直径(mm)为				
	b	h	b_c	h_c	n_b	n_h	6	8	10	12	14
10	750	750	690	690	4	4	0.328	0.583	0.910	1.311	1.784
		750	690	690	4	5	0.369	0.656	1.024	1.475	2.007
		750	690	690	5	5	0.410	0.729	1.138	1.639	2.230
		800	690	740	4	4	0.317	0.563	0.879	1.267	1.724
		800	690	740	5	5	0.396	0.704	1.099	1.584	2.155
		900	690	840	4	4	0.299	0.531	0.829	1.194	1.625
		900	690	840	4	5	0.333	0.591	0.922	1.329	1.808
		900	690	840	5	6	0.407	0.724	1.130	1.627	2.215
		1000	690	940	4	5	0.315	0.559	0.873	1.257	1.711
		1000	690	940	5	6	0.386	0.686	1.070	1.541	2.098
11	800	800	740	740	4	4	0.306	0.544	0.849	1.223	1.664
		800	740	740	5	5	0.382	0.680	1.061	1.528	2.080
		900	740	840	4	4	0.288	0.511	0.798	1.150	1.565
		900	740	840	4	5	0.321	0.571	0.892	1.285	1.748
		900	740	840	5	6	0.393	0.699	1.091	1.572	2.139
		1000	740	940	4	5	0.304	0.539	0.842	1.213	1.651
		1000	740	940	5	6	0.372	0.661	1.031	1.486	2.022
		1200	740	1140	4	6	0.302	0.537	0.837	1.207	1.642
		1200	740	1140	4	7	0.327	0.581	0.906	1.306	1.777
		1200	740	1140	5	6	0.340	0.605	0.944	1.359	1.850
		1200	740	1140	5	7	0.365	0.649	1.012	1.459	1.985
12	900	900	840	840	4	4	0.270	0.479	0.748	1.077	1.466
		900	840	840	5	5	0.337	0.599	0.935	1.346	1.832
		900	840	840	6	6	0.404	0.719	1.121	1.616	2.199
		1000	840	940	4	5	0.285	0.507	0.791	1.140	1.551
		1000	840	940	5	5	0.319	0.567	0.885	1.275	1.735
		1000	840	940	6	6	0.383	0.680	1.062	1.530	2.082
		1200	840	1140	4	6	0.284	0.504	0.787	1.134	1.543
		1200	840	1140	4	7	0.309	0.548	0.856	1.233	1.678
		1200	840	1140	5	6	0.317	0.564	0.880	1.268	1.726
		1200	840	1140	5	7	0.342	0.608	0.949	1.368	1.861
13	1000	1000	940	940	5	5	0.301	0.535	0.835	1.203	1.637
		1000	940	940	6	6	0.361	0.642	1.002	1.444	1.965
		1200	940	1140	5	5	0.275	0.488	0.762	1.098	1.494
		1200	940	1140	6	6	0.330	0.586	0.914	1.317	1.792

续表 7-63

序号	柱截面尺寸				箍筋肢数		箍筋直径(mm)为				
	b	h	b_c	h_c	n_b	n_h	6	8	10	12	14
13	1000	1200	940	1140	5	7	0.324	0.576	0.900	1.296	1.764
		1400	940	1340	5	6	0.277	0.493	0.769	1.108	1.508
		1400	940	1340	5	7	0.298	0.530	0.828	1.192	1.623
		1400	940	1340	5	8	0.319	0.568	0.886	1.277	1.737
14	1100	1100	1040	1040	5	5	0.272	0.484	0.755	1.088	1.480
		1100	1040	1040	6	6	0.327	0.580	0.906	1.305	1.776
		1100	1040	1040	7	7	0.381	0.677	1.057	1.522	2.072
15	1200	1200	1140	1140	5	5	0.248	0.441	0.689	0.992	1.350
		1200	1140	1140	6	6	0.298	0.529	0.826	1.191	1.620
		1200	1140	1140	7	7	0.348	0.618	0.964	1.389	1.890
		1200	1140	1140	8	8	0.397	0.706	1.102	1.587	2.160
16	1300	1300	1240	1240	6	6	0.274	0.487	0.760	1.095	1.489
		1300	1240	1240	7	7	0.320	0.568	0.760	1.277	1.738
		1300	1240	1240	8	8	0.365	0.649	1.013	1.459	1.986
17	1400	1400	1340	1340	7	7	0.296	0.526	0.820	1.182	1.608
		1400	1340	1340	8	8	0.338	0.601	0.937	1.350	1.838
		1400	1340	1340	9	9	0.380	0.676	1.054	1.519	2.067
18	1500	1500	1440	1440	9	9	0.354	0.629	0.981	1.414	1.924
		1500	1440	1440	10	10	0.393	0.699	1.090	1.571	2.138
图例	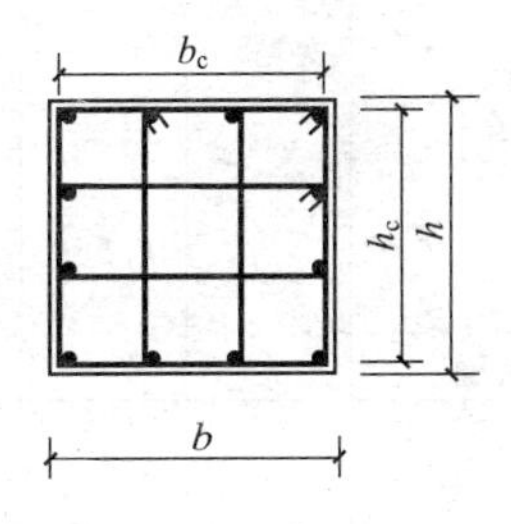										

圆柱截面加密区的外圆箍筋内加井字复合箍筋的体积配筋率 ρ_v(%)　　表 7-64

箍筋间距 s=100mm

序号	圆柱直径 d(mm)	$d-2\times30$ (mm)	井字箍肢数		箍筋直径(mm)为					简图
			n_d	n_d	6	8	10	12	14	
1	350	290	—	—	0.390	0.694	1.083	1.560	2.123	

续表 7-64

序号	圆柱直径 d(mm)	$d-2\times30$ (mm)	井字箍肢数		箍筋直径(mm)为					简图
			n_d	n_d	6	8	10	12	14	
2	400	340	—	—	0.333	0.592	0.924	1.331	1.811	
		340	1	1	0.545	0.968	1.511	2.178	2.963	
3	450	390	—	—	0.290	0.516	0.805	1.160	1.578	
		390	1	1	0.475	0.844	1.318	1.898	2.583	
4	500	440	—	—	0.257	0.457	0.714	1.028	1.399	
		440	1	1	0.421	0.748	1.168	1.683	2.290	
		440	2	2	0.566	1.006	1.570	2.262	3.079	
5	550	490	—	—	0.231	0.411	0.641	0.923	1.256	
		490	1	1	0.378	0.672	1.049	1.511	2.056	
		490	2	2	0.508	0.904	1.410	2.032	2.764	

续表 7-64

序号	圆柱直径 d(mm)	$d-2\times30$ (mm)	井字箍肢数		箍筋直径(mm)为					简图
			n_d	n_d	6	8	10	12	14	
6	600	540	1	1	0.343	0.610	0.952	1.371	1.866	
		540	2	2	0.461	0.820	1.280	1.843	2.508	
7	650	590	1	1	0.314	0.558	0.871	1.255	1.708	
		590	2	2	0.422	0.750	1.171	1.687	2.296	
8	700	640	1	1	0.289	0.515	0.803	1.157	1.574	
		640	2	2	0.389	0.692	1.080	1.555	2.117	
		640	3	3	0.485	0.861	1.344	1.936	2.635	
9	750	690	1	1	0.269	0.477	0.745	1.073	1.460	
		690	2	2	0.361	0.642	1.001	1.443	1.963	
		690	3	3	0.449	0.799	1.247	1.796	2.444	

续表 7-64

序号	圆柱直径 d(mm)	$d-2\times30$ (mm)	井字箍肢数		箍筋直径(mm)为					简图
			n_d	n_d	6	8	10	12	14	
10	800	740	2	2	0.337	0.598	0.934	1.345	1.831	
		740	3	3	0.419	0.745	1.162	1.675	2.279	
		740	4	4	0.500	0.888	1.386	1.997	2.717	
11	900	840	2	2	0.296	0.527	0.823	1.185	1.613	
		840	3	3	0.369	0.656	1.024	1.475	2.007	
		840	4	4	0.440	0.782	1.221	1.759	2.394	
12	1000	940	3	3	0.330	0.586	0.915	1.318	1.794	
		940	4	4	0.399	0.699	1.091	1.572	2.139	
		940	5	5	0.456	0.810	1.265	1.822	2.479	
13	1100	1040	3	3	0.298	0.530	0.827	1.192	1.621	

续表 7-64

序号	圆柱直径 d(mm)	$d-2\times30$ (mm)	井字箍肢数		箍筋直径(mm)为					简图
			n_d	n_d	6	8	10	12	14	
13	1100	1040	4	4	0.356	0.632	0.986	1.421	1.933	
		1040	5	5	0.412	0.732	1.143	1.647	2.241	
		1040	6	6	0.468	0.832	1.299	1.871	2.546	
14	1200	1140	4	4	0.324	0.576	0.900	1.296	1.764	
		1140	5	5	0.376	0.668	1.043	1.502	2.044	
		1140	6	6	0.427	0.759	1.185	1.707	2.323	
		1140	7	7	0.478	0.850	1.326	1.910	2.600	
15	1300	1240	4	4	0.298	0.530	0.827	1.192	1.621	
		1240	5	5	0.346	0.614	0.959	1.368	1.880	
		1240	6	6	0.393	0.698	1.089	1.569	2.136	

续表 7-64

序号	圆柱直径 d(mm)	$d-2\times30$ (mm)	井字箍肢数		箍筋直径(mm)为					简图
			n_d	n_d	6	8	10	12	14	
15	1300	1240	7	7	0.439	0.781	1.219	1.756	2.390	
16	1400	1340	4	4	0.276	0.490	0.765	1.103	1.500	
		1340	5	5	0.320	0.568	0.887	1.278	1.739	
		1340	6	6	0.363	0.646	1.008	1.452	1.976	
		1340	7	7	0.407	0.723	1.128	1.625	2.212	
		1340	8	8	0.450	0.800	1.248	1.798	2.446	
17	1500	1440	4	4	0.257	0.456	0.712	1.026	1.396	
		1440	5	5	0.298	0.529	0.826	1.189	1.619	
		1440	6	6	0.338	0.601	0.938	1.351	1.839	
		1440	7	7	0.378	0.673	1.050	1.512	2.058	
		1440	8	8	0.419	0.744	1.161	1.673	2.276	

7.12.4　钢筋混凝土框架结构钢筋的连接和锚固

钢筋混凝土框架结构钢筋的连接和锚固如表 7-65 所示。

钢筋混凝土框架结构钢筋的连接和锚固　表 7-65

序号	项　目	内　容
1	钢筋的连接与锚固要求	（1）非抗震设计，抗震设计时，受拉钢筋的锚固要求与计算用表见本书表 2-58 的有关规定 （2）非抗震设计，抗震设计时，受力钢筋的连接要求与计算用表见本书表 2-62 的有关规定 （3）框架梁、柱节点的构造要求，见本书表 2-58 的有关规定
2	框架梁、柱的纵向钢筋在框架节点区的锚固和连接	（1）非抗震设计时，框架梁、柱的纵向钢筋在框架节点区的锚固和搭接(图 7-37)应符合下列要求： 1）顶层中节点柱纵向钢筋和边节点柱内侧纵向钢筋应伸至柱顶；当从梁底边计算的直线锚固长度不小于 l_a 时，可不必水平弯折，否则应向柱内或梁、板内水平弯折，当充分利用柱纵向钢筋的抗拉强度时，其锚固段弯折前的竖直投影长度不应小于 $0.5l_{ab}$，弯折后的水平投影长度不宜小于 12 倍的柱纵向钢筋直径。此处，l_{ab}为钢筋基本锚固长度，应按本书的有关规定采用 2）顶层端节点处，在梁宽范围以内的柱外侧纵向钢筋可与梁上部纵向钢筋搭接，搭接长度不应小于 $1.5l_a$；在梁宽范围以外的柱外侧纵向钢筋可伸入现浇板内，其伸入长度与伸入梁内的相同。当柱外侧纵向钢筋的配筋率大于 1.2%时，伸入梁内的柱纵向钢筋宜分两批截断，其截断点之间的距离不宜小于 20 倍的柱纵向钢筋直径 3）梁上部纵向钢筋伸入端节点的锚固长度，直线锚固时不应小于 l_a，且伸过柱中心线的长度不宜小于 5 倍的梁纵向钢筋直径；当柱截面尺寸不足时，梁上部纵向钢筋应伸至节点对边并向下弯折，弯折水平段的投影长度不应小于 $0.4l_{ab}$，弯折后竖直投影长度不应小于 15 倍纵向钢筋直径 4）当计算中不利用梁下部纵向钢筋的强度时，其伸入节点内的锚固长度应取不小于 12 倍的梁纵向钢筋直径。当计算中充分利用梁下部钢筋的抗拉强度时，梁下部纵向钢筋可采用直线方式或向上 90°弯折方式锚固于节点内，直线锚固时的锚固长度不应小于 l_a；弯折锚固时，弯折水平段的投影长度不应小于 $0.4l_{ab}$，弯折后竖直投影长度不应小于 15 倍纵向钢筋直径 5）当采用锚固板锚固措施时，钢筋锚固构造应符合本书的有关规定 （2）抗震设计时，框架梁、柱的纵向钢筋在框架节点区的锚固和搭接(图 7-38)应符合下列要求： 1）顶层中节点柱纵向钢筋和边节点柱内侧纵向钢筋应伸至柱顶。当从梁底边计算的直线锚固长度不小于 l_{aE}时，可不必水平弯折，否则应向柱内或梁内、板内水平弯折，锚固段弯折前的竖直投影长度不应小于 $0.5l_{abE}$，弯折后的水平投影长度不宜小于 12 倍的柱纵向钢筋直径。此处，l_{abE} 为抗震时钢筋的基本锚固长度，一、二级取 $1.5\ l_{ab}$，三、四级分别取 $1.05\ l_{ab}$和 $1.00\ l_{ab}$ 2）顶层端节点处，柱外侧纵向钢筋可与梁上部纵向钢筋搭接，搭接长度不应小于 $1.5l_{aE}$，且伸入梁内的柱外侧纵向钢筋截面面积不宜小于柱外侧全部纵向钢筋截面面积的 65%；在梁宽范围以外的柱外侧纵向钢筋可伸入现浇板内，其伸入长度与伸入梁内的相同。当柱外侧纵向钢筋的配筋率大于 1.2%时，伸入梁内的柱纵向钢筋宜分两批截断，其截断点之间的距离不宜小于 20 倍的柱纵向钢筋直径 3）梁上部纵向钢筋伸入端节点的锚固长度，直线锚固时不应小于 l_{aE}，且伸过柱中心线的长度不应小于 5 倍的梁纵向钢筋直径；当柱截面尺寸不足时，梁上部纵向钢筋应伸至节点对边并向下弯折，锚固段弯折前的水平投影长度不应小于 $0.4l_{abE}$，弯折后的竖直投影长度应取 15 倍的梁纵向钢筋直径 4）梁下部纵向钢筋的锚固与梁上部纵向钢筋相同，但采用 90°弯折方式锚固时，竖直段应向上弯入节点内

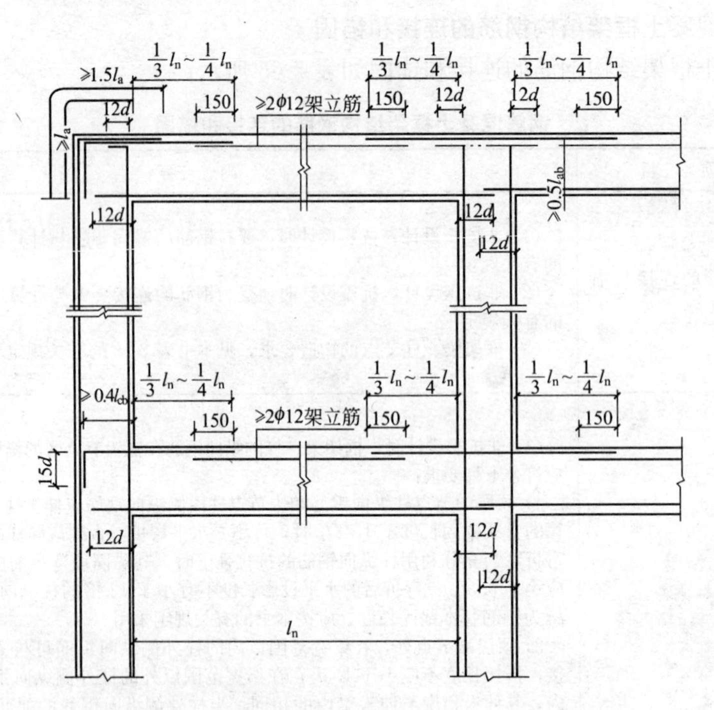

图 7-37　非抗震设计时框架梁、柱纵向钢筋在节点区的锚固示意

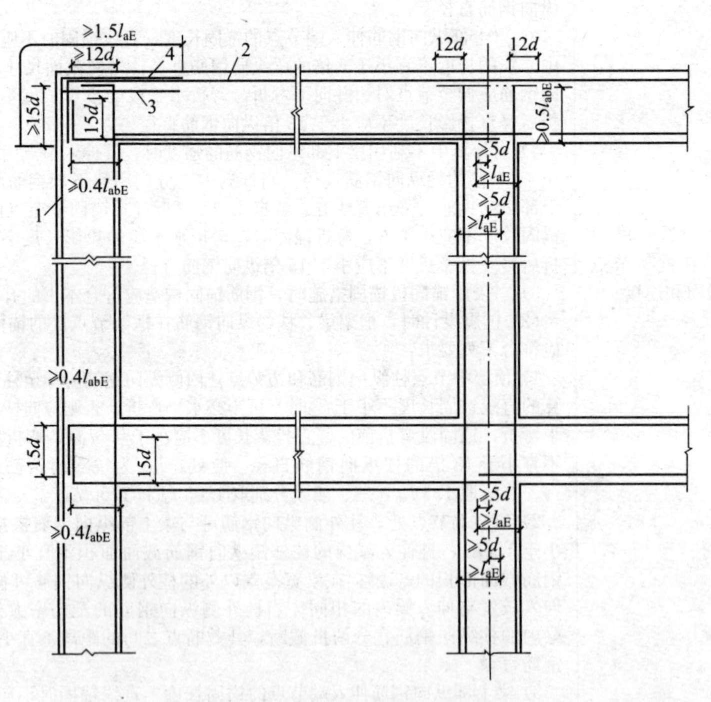

图 7-38　抗震设计时框架梁、柱纵向钢筋在节点区的锚固示意

1—柱外侧纵向钢筋；2—梁上部纵向钢筋；3—伸入梁内的柱外侧纵向钢筋；

4—不能伸入梁内的柱外侧纵向钢筋，可伸入板内

第8章　高层建筑混凝土剪力墙结构设计

8.1　高层建筑混凝土剪力墙结构设计简述

8.1.1　剪力墙结构的适用范围及抗震设计原则

剪力墙结构的适用范围及抗震设计原则如表8-1所示。

剪力墙结构的适用范围及抗震设计原则　　表8-1

序号	项　目	内　容
1	剪力墙结构适用范围	(1) 高层建筑混凝土剪力墙结构是由一系列的竖向纵、横墙和平面楼板所组成的空间结构体系。它具有刚度大、位移小、抗震性能好的特点，是高层建筑中常用的结构体系 (2) 高层建筑现浇钢筋混凝土剪力墙结构，适用于住宅、公寓、饭店、医院病房楼等平面墙体布置较多的房屋 (3) 现浇钢筋混凝土剪力墙结构的适用最大高度可按表2-46和表2-47规定采用 (4) 当住宅、公寓、饭店等建筑，在底部一层或多层需设置机房、汽车库、商店、餐厅等较大平面空间用房时，可以设计成上部为一般剪力墙结构，底部为部分剪力墙落到基础，其余为框架承托上部剪力墙的框支剪力墙结构 (5) 现浇钢筋混凝土剪力墙的平面体形，可根据建筑功能需要，设计成各种形状，剪力墙应按各类房屋使用要求，满足抗侧力刚度和承载力进行合理布置 (6) 剪力墙广泛用于多层和高层钢筋混凝土房屋，剪力墙之所以是主要的抗震结构构件，是因为：剪力墙的刚度大，容易满足小震作用下结构尤其是高层建筑结构的位移限值；地震作用下剪力墙的变形小，破坏程度低；可以设计成延性剪力墙，大震时通过连梁和墙肢底部塑性铰范围的塑性变形，耗散地震能量；与其他结构(如框架)同时使用时，剪力墙吸收大部分地震作用，降低其他结构构件的抗震要求。设防烈度较高地区(8度及以上)的高层建筑采用剪力墙，其优点更为突出 (7) 应符合本书表3-3中的有关规定
2	抗震设计原则	在抗震设防区内也应设计延性的剪力墙结构。为了实现延性剪力墙，剪力墙的抗震设计应符合下列原则： (1) 强墙弱梁。连梁屈服先于墙肢屈服，使塑性变形和耗能分散于连梁中，避免因墙肢过早屈服使塑性变形集中在某一层而形成软弱层或薄弱层 (2) 强剪弱弯。在侧向力作用下剪力墙墙肢底部一定高度内可能屈服形成塑性铰，适当提高塑性铰范围的抗剪承载力，实现墙肢强剪弱弯、避免墙肢剪切破坏 对于连梁，通过剪力增大系数调整剪力设计值，实现强剪弱弯 (3) 限制墙肢的轴压比和墙肢设置边缘构件。轴压比是影响墙肢抗震性能的主要因素。限制底部加强部位墙肢的轴压比、设置边缘构件是提高剪力墙抗震性能的重要措施 (4) 加强重点部位。剪力墙底部加强部位是其重点部位。除了适当提高底部加强部位的抗剪承载力、限制底部加强部位墙肢的轴压比外，还需要加强该部位的抗震构造措施，对一级剪力墙还需要提高其抗弯承载力 (5) 连梁特殊措施。对抗震等级高的、跨高比小的连梁采取特殊措施，使其成为延性构件

8.1.2 剪力墙结构设计一般规定

剪力墙结构设计一般规定如表 8-2 所示。

剪力墙结构设计一般规定 **表 8-2**

序号	项目	内容
1	剪力墙布置	(1) 剪力墙结构应具有适宜的侧向刚度，其布置应符合下列规定： 1) 平面布置宜简单、规则，宜沿两个主轴方向或其他方向双向布置，两个方向的侧向刚度不宜相差过大。抗震设计时，不应采用仅单向有墙的结构布置 2) 宜自下到上连续布置，避免刚度突变 3) 门窗洞口宜上下对齐、成列布置，形成明确的墙肢和连梁；宜避免造成墙肢宽度相差悬殊的洞口设置；抗震设计时，一、二、三级剪力墙的底部加强部位不宜采用上下洞口不对齐的错洞墙，全高均不宜采用洞口局部重叠的叠合错洞墙 (2) 对上述(1)条的理解与应用 高层建筑结构应有较好的空间工作性能，剪力墙应双向布置，形成空间结构。特别强调在抗震结构中，应避免单向布置剪力墙，并宜使两个方向刚度接近 剪力墙的抗侧刚度较大，如果在某一层或几层切断剪力墙，易造成结构刚度突变，因此，剪力墙从上到下宜连续设置 剪力墙洞口的布置，会明显影响剪力墙的力学性能。规则开洞，洞口成列、成排布置，能形成明确的墙肢和连梁，应力分布比较规则，又与当前普遍应用程序的计算简图较为符合，设计计算结果安全可靠。错洞剪力墙和叠合错洞剪力墙的应力分布复杂，计算、构造都比较复杂和困难。剪力墙底部加强部位，是塑性铰出现及保证剪力墙安全的重要部位，一、二和三级剪力墙的底部加强部位不宜采用错洞布置，如无法避免错洞墙，应控制错洞墙洞口间的水平距离不小于 2m，并在设计时进行仔细计算分析，在洞口周边采取有效构造措施(图 8-1*a*、*b*)。此外，一、二、三级抗震设计的剪力墙全高都不宜采用叠合错洞墙，当无法避免叠合错洞布置时，应按有限元方法仔细计算分析，并在洞口周边采取加强措施(图 8-1*c*)，或在洞口不规则部位采用其他轻质材料填充，将叠合洞口转化为规则洞口(图 8-1*d*，其中阴影部分表示轻质填充墙体) 错洞墙或叠合错洞墙的内力和位移计算均应符合本书第 5 章的有关规定。若在结构整体计算中采用杆系、薄壁杆系模型或对洞口作了简化处理的其他有限元模型时，应对不规则开洞墙的计算结果进行分析、判断，并进行补充计算和校核。目前除了平面有限元方法外，尚没有更好的简化方法计算错洞墙。采用平面有限元方法得到应力后，可不考虑混凝土的抗拉作用，按应力进行配筋，并加强构造措施 本书所指的剪力墙结构是以剪力墙及因剪力墙开洞形成的连梁组成的结构，其变形特点为弯曲型变形，目前有些项目采用了大部分由跨高比较大的框架梁联系的剪力墙形成的结构体系，这样的结构虽然剪力墙较多，但受力和变形特性接近框架结构，当层数较多时对抗震是不利的，宜避免
2	连梁设置要求	(1) 剪力墙不宜过长，较长剪力墙宜设置跨高比较大的连梁将其分成长度较均匀的若干墙段，各墙段的高度与墙段长度之比不宜小于 3，墙段长度不宜大于 8m (2) 对上述(1)条的理解与应用 剪力墙结构应具有延性，细高的剪力墙(高宽比大于 3)容易设计成具有延性的弯曲破坏剪力墙。当墙的长度很长时，可通过开设洞口将长墙分成长度较小的墙段，使每个墙段成为高宽比大于 3 的独立墙肢或联肢墙，分段宜较均匀。用以分割墙段的洞口上可设置约束弯矩较小的弱连梁(其跨高比一般宜大于 6)。此外，当墙段长度(即墙段截面高度)很长时，受弯后产生的裂缝宽度会较大，墙体的配筋容易拉断，因此墙段的长度不宜过大，本规定为 8m (3) 跨高比小于 5 的连梁应按本章的有关规定设计，跨高比不小于 5 的连梁宜按框架梁设计 (4) 对上述(3)条的理解与应用 两端与剪力墙在平面内相连的梁为连梁。如果连梁以水平荷载作用下产生的弯矩和剪力为主，竖向荷载下的弯矩对连梁影响不大(两端弯矩仍然反号)，那么该连梁对剪切变形十分敏感，容易出现剪切裂缝，则应按本章有关连梁设计的规定进行设计，一般是跨度较小的连梁；反之，则宜按框架梁进行设计，其抗震等级与所连接的剪力墙的抗震等级相同

续表 8-2

序号	项　　目	内　　容
3	剪力墙底部加强部位	（1）抗震设计时，剪力墙底部加强部位的范围，应符合下列规定： 1）底部加强部位的高度，应从地下室顶板算起 2）底部加强部位的高度可取底部两层和墙体总高度的 1/10 二者的较大值，部分框支剪力墙结构底部加强部位的高度应符合本书表 11-3 序号 1 之(3)条的规定 3）当结构计算嵌固端位于地下一层底板或以下时，底部加强部位宜延伸到计算嵌固端 （2）对上述(1)条的理解与应用 抗震设计时，为保证剪力墙底部出现塑性铰后具有足够大的延性，应对可能出现塑性铰的部位加强抗震措施，包括提高其抗剪切破坏的能力，设置约束边缘构件等，该加强部位称为“底部加强部位”。剪力墙底部塑性铰出现都有一定范围，一般情况下单个塑性铰发展高度约为墙肢截面高度 h_w，但是为安全起见，设计时加强部位范围应适当扩大。本规定统一以剪力墙总高度的 1/10 与两层层高二者的较大值作为加强部位。上述 3）明确了当地下室整体刚度不足以作为结构嵌固端，而计算嵌固部位不能设在地下室顶板时，剪力墙底部加强部位的设计要求宜延伸至计算嵌固部位
4	梁的布置与剪力墙的关系	（1）楼面梁不宜支承在剪力墙或核心筒的连梁上 在上述中，楼面梁支承在连梁上时，连梁产生扭转，一方面不能有效约束楼面梁，另一方面连梁受力十分不利，因此要尽量避免。楼板次梁等截面较小的梁支承在连梁上时，次梁端部可按铰接处理 （2）当剪力墙或核心筒墙肢与其平面外相交的楼面梁刚接时，可沿楼面梁轴线方向设置与梁相连的剪力墙、扶壁柱或在墙内设置暗柱，并应符合下列规定： 1）设置沿楼面梁轴线方向与梁相连的剪力墙时，墙的厚度不宜小于梁的截面宽度 2）设置扶壁柱时，其截面宽度不应小于梁宽，其截面高度可计入墙厚 3）墙内设置暗柱时，暗柱的截面高度可取墙的厚度，暗柱的截面宽度可取梁宽加 2 倍墙厚 4）应通过计算确定暗柱或扶壁柱的纵向钢筋(或型钢)，纵向钢筋的总配筋率不宜小于表 8-3 的规定 5）楼面梁的水平钢筋应伸入剪力墙或扶壁柱，伸入长度应符合钢筋锚固要求。钢筋锚固段的水平投影长度，非抗震设计时不宜小于 $0.4l_{ab}$，抗震设计时不宜小于 $0.4l_{abE}$；当锚固段的水平投影长度不满足要求时，可将楼面梁伸出墙面形成梁头，梁的纵筋伸入梁头后弯折锚固(图 8-2)，也可采取其他可靠的锚固措施 6）暗柱或扶壁柱应设置箍筋，箍筋直径，一、二、三级时不应小于 8mm，四级及非抗震时不应小于 6mm，且均不应小子纵向钢筋直径的 1/4；箍筋间距，一、二、三级时不应大于 150mm，四级及非抗震时不应大于 200mm 在上述中，剪力墙的特点是平面内刚度及承载力大，而平面外刚度及承载力都很小，因此，应注意剪力墙平面外受弯时的安全问题。当剪力墙与平面外方向的大梁连接时，会使墙肢平面外承受弯矩，当梁高大于约 2 倍墙厚时，刚性连接梁的梁端弯矩将使剪力墙平面外产生较大的弯矩，此时应当采取措施，以保证剪力墙平面外的安全 这里所列措施，是指在楼面梁与剪力墙刚性连接的情况下，应采取措施增大墙肢抵抗平面外弯矩的能力。在措施中强调了对墙内暗柱或墙扶壁柱进行承载力的验算，增加了暗柱、扶壁柱竖向钢筋总配筋率的最低要求和箍筋配置要求，并强调了楼面梁水平钢筋伸入墙内的锚固要求，钢筋锚固长度应符合本书的有关规定 当梁与墙在同一平面内时，多数为刚接，梁钢筋在墙内的锚固长度应与梁、柱连接时相同。当梁与墙不在同一平面内时，可能为刚接或半刚接，梁钢筋锚固都应符合锚固长度要求 此外，对截面较小的楼面梁，也可通过支座弯矩调幅或变截面梁实现梁端铰接或半刚接设计，以减小墙肢平面外弯矩。此时应相应加大梁的跨中弯矩，这种情况下也必须保证梁纵向钢筋在墙内的锚固要求 （3）当墙肢的截面高度与厚度之比不大于 4 时，宜按框架柱进行截面设计 在上述中，剪力墙与柱都是压弯构件，其压弯破坏状态以及计算原理基本相同，但是截面配筋构造有很大不同，因此柱截面和墙截面的配筋计算方法也各不相同。为此，要设定按柱或按墙进行截面设计的分界点。这里规定截面高厚比 h_w/b_w 不大于 4 时，按柱进行截面设计

续表 8-2

序号	项　目	内　容
5	短肢剪力墙	(1) 抗震设计时，高层建筑结构不应全部采用短肢剪力墙；B级高度高层建筑以及抗震设防烈度为9度的A级高度高层建筑，不宜布置短肢剪力墙，不应采用具有较多短肢剪力墙的剪力墙结构。当采用具有较多短肢剪力墙的剪力墙结构时，应符合下列规定： 1) 在规定的水平地震作用下，短肢剪力墙承担的底部倾覆力矩不宜大于结构底部总地震倾覆力矩的50% 2) 房屋适用高度应比本书表2-46规定的剪力墙结构的最大适用高度适当降低，7度、8度(0.2g)和8度(0.3g)时分别不应大于100m、80m和60m (2) 短肢剪力墙是指截面厚度不大于300mm、各肢截面高度与厚度之比的最大值大于4但不大于8的剪力墙 具有较多短肢剪力墙的剪力墙结构是指，在规定的水平地震作用下，短肢剪力墙承担的底部倾覆力矩不小于结构底部总地震倾覆力矩的30%的剪力墙结构 (3) 抗震设计时，短肢剪力墙的设计应符合下列规定： 1) 短肢剪力墙截面厚度除应符合本书表8-12序号1、序号2的要求外，底部加强部位尚不应小于200mm，其他部位尚不应小于180mm 2) 一、二、三级短肢剪力墙的轴压比，分别不宜大于0.45、0.50、0.55，一字形截面短肢剪力墙的轴压比限值应相应减少0.1 3) 短肢剪力墙的底部加强部位应按表8-4序号2之(3)条调整剪力设计值。其他各层一、二、三级时剪力设计值应分别乘以增大系数1.4、1.2和1.1 4) 短肢剪力墙边缘构件的设置应符合本书表8-8序号1的规定 5) 短肢剪力墙的全部竖向钢筋的配筋率，底部加强部位一、二级不宜小于1.2%，三、四级不宜小于1.0%；其他部位一、二级不宜小于1.0%，三、四级不宜小于0.8% 6) 不宜采用一字形短肢剪力墙，不宜在一字形短肢剪力墙上布置平面外与之相交的单侧楼面梁
6	承载力验算	剪力墙应进行平面内的斜截面受剪、偏心受压或偏心受拉、平面外轴心受压承载力验算。在集中荷载作用下，墙内无暗柱时还应进行局部受压承载力验算

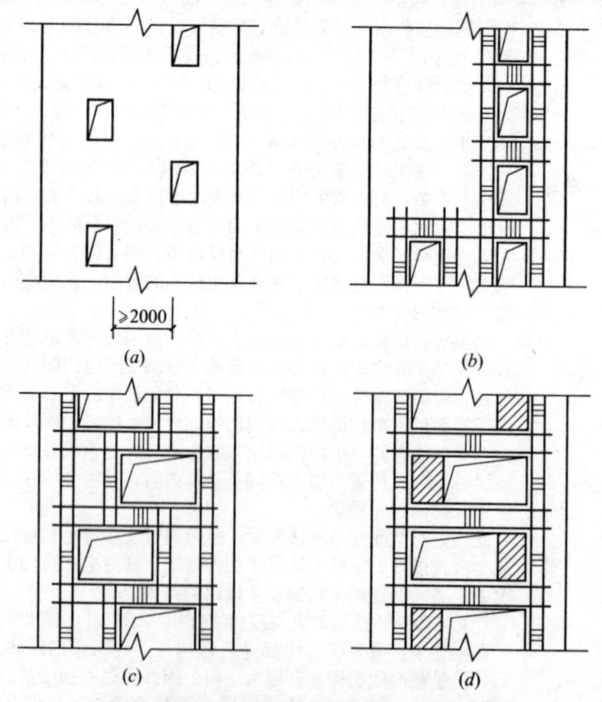

图 8-1　剪力墙洞口不对齐时的构造措施

(*a*)一般错洞墙；(*b*)底部局部错铜墙；(*c*)叠合错洞墙构造之一；(*d*)叠合错洞墙构造之二

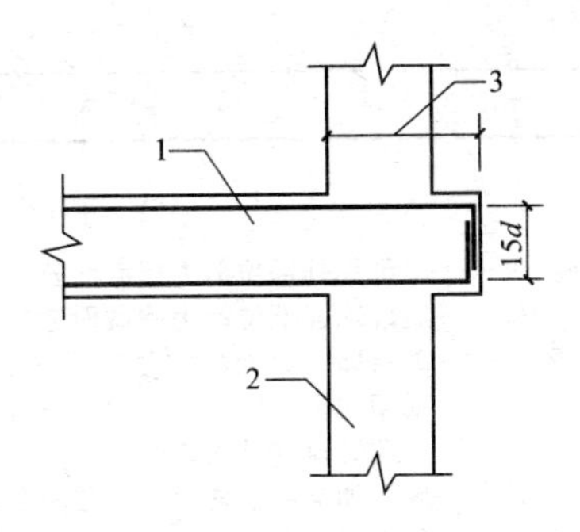

图 8-2　楼面梁伸出墙面形成梁头
1—楼面梁；2—剪力墙；3—楼面梁钢筋锚固水平投影长度

暗柱、扶壁柱纵向钢筋的构造配筋率　　**表 8-3**

序号	设计状况	抗震设计				非抗震设计
		一级	二级	三级	四级	
1	配筋率(%)	0.9	0.7	0.6	0.5	0.5

注：采用 400N/mm²、335N/mm² 级钢筋时，表中数值宜分别增加 0.05 和 0.10。

8.2　高层建筑混凝土剪力墙结构计算及内力取值与截面计算

8.2.1　剪力墙结构计算及内力取值

剪力墙结构计算及内力取值如表 8-4 所示。

剪力墙结构计算及内力取值　　**表 8-4**

序号	项　目	内　容
1	剪力墙结构计算	(1) 剪力墙结构的内力与位移计算，目前已普遍采用电算。复杂平面和立面的剪力墙结构，应采用适合的计算模型进行分析。当采用有限元模型时，应在复杂变化处合理地选择和划分单元；当采用杆件模型时，宜采用施工洞或计算洞进行适当的模型化处理后进行整体计算，并应在此基础上进行局部补充计算分析 (2) 剪力墙结构当采用手算简化方法时，需根据墙体开洞情况分为实体墙、整截面墙、整体小开口墙、联肢墙和壁式框架，采用等效刚度协同工作方法进行分析。具体计算方法可见参考文献 (3) 抗震结构的剪力墙中连梁允许塑性调幅，当部分连梁降低弯矩设计值后，其余部位的弯矩设计值应适当提高，以满足平衡条件；可按折减系数不宜小于 0.50 计算连梁刚度 (4) 具有不规则洞口布置的错洞墙，可按弹性平面有限元方法进行应力分析，并按应力进行配筋设计
2	内力取值	(1) 一级剪力墙的底部加强部位以上部位，墙肢的组合弯矩设计值和组合剪力设计值应乘以增大系数，弯矩增大系数可取为 1.2，剪力增大系数可取为 1.3 (图 8-3) (2) 抗震设计的双肢剪力墙，其墙肢不宜出现小偏心受拉；当任一墙肢为偏心受拉时，另一墙肢的弯矩设计值及剪力设计值应乘以增大系数 1.25 (3) 底部加强部位剪力墙截面的剪力设计值，一、二、三级时应按公式(8-1)调整，9 度一级剪力墙应按公式(8-2)调整；二、三级的其他部位及四级时可不调整 $V=\eta_{vw}V_w$　　(8-1)

续表 8-4

序号	项　目	内　容
2	内力取值	$$V=1.1\frac{M_{wua}}{M_{w}}V_{w} \quad (8\text{-}2)$$ 式中 V——底部加强部位剪力墙截面剪力设计值 V_{w}——底部加强部位剪力墙截面考虑地震作用组合的剪力计算值 M_{wua}——剪力墙正截面抗震受弯承载力，应考虑承载力抗震调整系数 γ_{RE}、采用实配纵筋面积、材料强度标准值和组合的轴力设计值等计算，有翼墙时应计入墙两侧各一倍翼墙厚度范围内的纵向钢筋 M_{w}——底部加强部位剪力墙底截面弯矩的组合计算值 η_{vw}——剪力增大系数，一级取 1.6，二级取 1.4，三级取 1.2 (4) 对于短肢剪力墙应符合表 8-2 序号 5 之(3)条的有关规定

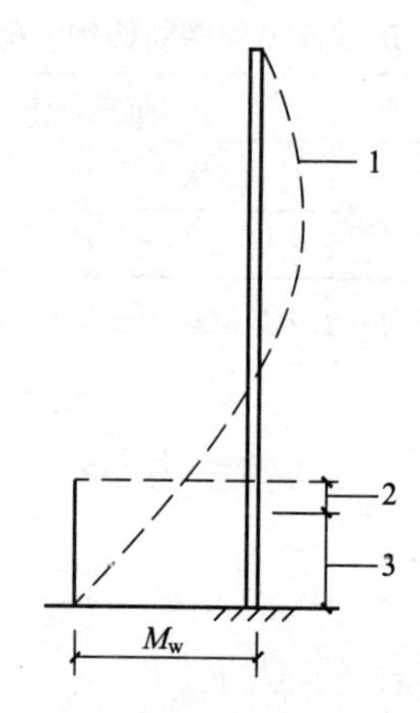

图 8-3　一级剪力墙弯矩调整

1—组合弯矩计算值；2—上一层；3—底部加强部位

8.2.2　剪力墙结构截面计算

剪力墙结构截面计算如表 8-5 所示。

剪力墙结构截面计算　　**表 8-5**

序号	项　目	内　容
1	说明	剪力墙的截面计算，应进行正截面偏心受压、偏心受拉、平面外竖向荷载轴心受压和斜截面抗剪的承载力计算。墙体在集中荷载作用下(如支承楼面梁)，还应进行局部受压承载力验算 剪力墙的连梁应进行斜截面受剪和正截面受弯承载力计算 抗震等级为一级的剪力墙结构，应验算在水平施工缝处竖向钢筋的截面面积
2	正截面偏心受压承载力计算	矩形、T 形、I 形偏心受压剪力墙墙肢(图 8-4)的正截面受压承载力可按下列规定计算： (1) 永久、短暂设计状况 $$N\leqslant A'_{s}f'_{y}-A_{s}\sigma_{s}-N_{sw}+N_{c} \quad (8\text{-}3)$$ $$N\left(e_{0}+h_{w0}-\frac{h_{w}}{2}\right)\leqslant A'_{s}f'_{y}(h_{w0}-a'_{s})-M_{sw}+M_{c} \quad (8\text{-}4)$$ (2) 地震设计状况 $$\gamma_{RE}N_{1}\leqslant A'_{s}f'_{y}-A_{s}\sigma_{s}-N_{sw}+N_{c} \quad (8\text{-}5)$$ $$\gamma_{RE}N_{1}\left(e_{0}+h_{w0}-\frac{h_{w}}{2}\right)\leqslant A'_{s}f'_{y}(h_{w0}-a'_{s})-M_{sw}+M_{c} \quad (8\text{-}6)$$

续表 8-5

序号	项　目	内　容
2	正截面偏心受压承载力计算	当 $x>h'_f$时 $$N_c=\alpha_1 f_c b_w x+\alpha_1 f_c (b'_f-b_w)h'_f \quad (8\text{-}7)$$ $$M_c=\alpha_1 f_c b_w x\left(h_{w0}-\frac{x}{2}\right)+\alpha_1 f_c (b'_f-b_w)h'_f\left(h_{w0}-\frac{h'_f}{2}\right) \quad (8\text{-}8)$$ 当 $x\leqslant h'_f$时 $$N_c=\alpha_1 f_c b'_f x \quad (8\text{-}9)$$ $$M_c=\alpha_1 f_c b'_f x\left(h_{w0}-\frac{x}{2}\right) \quad (8\text{-}10)$$ 当 $x\leqslant \xi_b h_{w0}$时 $$\sigma_s=f_y \quad (8\text{-}11)$$ $$N_{sw}=(h_{w0}-1.5x)b_w f_{yw}\rho_w \quad (8\text{-}12)$$ $$M_{sw}=\frac{1}{2}(h_{w0}-1.5x)^2 b_w f_{yw}\rho_w \quad (8\text{-}13)$$ 当 $x>\xi_b h_{w0}$时 $$\sigma_s=\frac{f_y}{\xi_b-\beta_1}\left(\frac{x}{h_{w0}}-\beta_c\right) \quad (8\text{-}14)$$ $$N_{sw}=0 \quad (8\text{-}15)$$ $$M_{sw}=0 \quad (8\text{-}16)$$ $$\xi_b=\frac{\beta_1}{1+\frac{f_y}{E_s\varepsilon_{cu}}} \quad (2\text{-}15)$$ 式中　a'_s——剪力墙受压区端部钢筋合力点到受压区边缘的距离，一般取 $a'_s=b_w$ b'_f——T 形或 I 形截面受压区翼缘宽度 e_0——偏心距，$e_0=\frac{M}{N}$或$e_0=\frac{M_1}{N_1}$ f_y、f'_y——分别为剪力墙端部受拉、受压钢筋强度设计值 f_{yw}——剪力墙墙体竖向分布钢筋强度设计值 f_c——混凝土轴心抗压强度设计值 h'_f——T 形或 I 形截面受压区翼缘的高度 h_{w0}——剪力墙截面有效高度，$h_{w0}=h_w-a'_s$ ρ_w——剪力墙竖向分布钢筋配筋率 ξ_b——界限相对受压区高度，见表 2-6 所示 α_1——受压区混凝土矩形应力图的应力与混凝土轴心抗压强度设计值的比值，混凝土强度等级不超过 C50 时取 1.0，混凝土强度等级为 C80 时取 0.94，混凝土强度等级在 C50 和 C80 之间时可按线性内插取值；见表 2-5 所示 β_c——混凝土强度影响系数，按本书表 7-21 的规定采用 ε_{cu}——混凝土极限压应变，应按本书公式(2-5)或表 2-4 的有关规定采用 β_1——≤C50 时取 0.8，C80 时取 0.74，其间按直线内插法取用，见表 2-5 所示 M、N——无地震组合时组合弯矩和轴向压力设计值 M_1、N_1——有地震组合时组合弯矩和轴向压力设计值 h_w——剪力墙截面高度 b_w——剪力墙截面宽度 γ_{RE}——承载力抗震调整系数，取 0.85 (3) 矩形截面大偏心受压对称配筋($A'_s=A_s$)时，正截面承载力按下列公式计算： 1) 永久、暂时设计状况 $$A_s=A'_s=\frac{M+N\left(h_{w0}-\frac{h_w}{2}\right)+M_{sw}-M_c}{f_y(h_{w0}-a'_s)} \quad (8\text{-}17)$$ 2) 地震设计状况 $$A_s=A'_s=\frac{\gamma_{RE}\left[M_1+N_1\left(h_{w0}-\frac{h_w}{2}\right)\right]+M_{sw}-M_c}{f_y(h_{w0}-a'_s)} \quad (8\text{-}18)$$

续表 8-5

序号	项　目	内　容
2	正截面偏心受压承载力计算	其中　$M_{sw}=\frac{1}{2}(h_{w0}-1.5x)^2\frac{A_{sw}f_{yw}}{h_{w0}}$　(8-19) $M_c=\alpha_1 f_c b_w x\left(h_{w0}-\frac{x}{2}\right)$　(8-20) 受压区高度 x 为： 永久、暂时设计状况 $x=\frac{(N+A_{sw}f_{yw})h_{w0}}{\alpha_1 f_c b_w h_{w0}+1.5A_{sw}f_{yw}}$　(8-21) 地震设计状况 $x=\frac{(\gamma_{RE}N_1+A_{sw}f_{yw})h_{w0}}{\alpha_1 f_c b_w h_{w0}+1.5A_{sw}f_{yw}}$　(8-22) 式中　A_{sw}——剪力墙截面竖向分布钢筋总截面面积 在工程设计时先确定竖向分布钢筋的 A_{sw} 和 f_{yw}，求出 M_{sw} 和 M_c，然后按公式(8-17)或公式(8-18)计算墙端所需钢筋截面面积 $A_s=A'_s$ (4) 矩形截面小偏心受压对称配筋($A_s=A'_s$)时，正截面承载力可近似按下列公式计算： 1) 永久、暂时设计状况 $A_s=A'_s=\frac{Ne-\xi(1-0.5\xi)\alpha_1 f_c b_w h_{w0}^2}{f'_y(h_{w0}-a'_s)}$　(8-23) 2) 地震设计状况 $A_s=A'_s=\frac{\gamma_{RE}N_1 e-\xi(1-0.5\xi)\alpha_1 f_c b_w h_{w0}^2}{f'_y(h_{w0}-a'_s)}$　(8-24) 式中的相对受压区高度 ξ 按以下公式计算： 永久、暂时设计状况 $\xi=\frac{N-\xi_b\alpha_1 f_c b_w h_{w0}}{\frac{Ne-0.43\alpha_1 f_c b_w h_{w0}^2}{(\beta_1-\xi_b)(h_{w0}-a'_s)}+\alpha_1 f_c b_w h_{w0}}+\xi_b$　(8-25) 地震设计状况 $\xi=\frac{\gamma_{RE}N_1-\xi_b\alpha_1 f_c b_w h_{w0}}{\frac{\gamma_{RE}N_1 e-0.43\alpha_1 f_c b_w h_{w0}^2}{(\beta_1-\xi_b)(h_{w0}-a'_s)}+\alpha_1 f_c b_w h_{w0}}+\xi_b$　(8-26) 式中　$e=e_i+\frac{h_w}{2}-a_s$，$e_i=e_0+e_a$，e_a 按本书公式(2-13)计算与取值 偏心距 e_0 值，永久、暂时设计状况和地震设计状况，分别为 $e_0=M/N$ 和 $e_0=M_1/N_1$ a_s 为剪力墙端部受拉钢筋合力点至截面近边缘的距离，一般 $a_s=a'_s=b_w$
3	矩形截面偏心受拉剪力墙正截面受拉承载力计算	矩形截面偏心受拉剪力墙的正截面受拉承载力应符合下列规定： (1) 永久、短暂设计状况 $N\leqslant\frac{1}{\frac{1}{N_{0u}}+\frac{e_0}{M_{wu}}}$　(8-27) (2) 地震设计状况 $N\leqslant\frac{1}{\gamma_{RE}}\left(\frac{1}{\frac{1}{N_{0u}}+\frac{e_0}{M_{wu}}}\right)$　(8-28) N_{0u} 和 M_{wu} 可分别按下列公式计算： $N_{0u}=2A_s f_y+A_{sw}f_{yw}$　(8-29) $M_{wu}=A_s f_y(h_{w0}-a'_s)+A_{sw}f_{yw}\frac{(h_{w0}-a'_s)}{2}$　(8-30) 式中　A_{sw}——剪力墙竖向分布钢筋的截面面积 偏心距分别为：$e_0=M/N$；$e_0=M_1/N_1$

续表 8-5

序号	项　目	内　容
4	剪力设计值应符合的规定	剪力墙墙肢截面剪力设计值应符合下列规定： (1) 永久、短暂设计状况 $$V\leqslant 0.25\beta_c f_c b_w h_{w0} \quad (8\text{-}31)$$ (2) 地震设计状况 剪跨比 λ 大于 2.5 时 $$V\leqslant \frac{1}{\gamma_{RE}}(0.20\beta_c f_c b_w h_{w0}) \quad (8\text{-}32)$$ 剪跨比 λ 不大于 2.5 时 $$V\leqslant \frac{1}{\gamma_{RE}}(0.15\beta_c f_c b_w h_{w0}) \quad (8\text{-}33)$$ 剪跨比可按下列公式计算： $$\lambda=M^c/(V^c h_{w0}) \quad (8\text{-}34)$$ 式中　V——剪力墙墙肢截面的剪力设计值 h_{w0}——剪力墙截面有效高度 β_c——混凝土强度影响系数，应按本书表 7-21 采用 λ——剪跨比，其中 M^c、V^c 应取同一组合的、未按本书有关规定调整的墙肢截面弯矩、剪力计算值，并取墙肢上、下端截面计算的剪跨比的较大值
5	偏心受压墙的斜截面受剪承载力计算	偏心受压剪力墙的斜截面受剪承载力应符合下列规定： (1) 永久、短暂设计状况 $$V\leqslant \frac{1}{\lambda-0.5}\left(0.5f_t b_w h_{w0}+0.13N\frac{A_w}{A}\right)+f_{yh}\frac{A_{sh}}{s}h_{w0} \quad (8\text{-}35)$$ (2) 地震设计状况 $$V_1\leqslant \frac{1}{\gamma_{RE}}\left[\frac{1}{\lambda-0.5}\left(0.4f_t b_w h_{w0}+0.1N\frac{A_w}{A}\right)+0.8f_{yh}\frac{A_{sh}}{s}h_{w0}\right] \quad (8\text{-}36)$$ 式中　N——剪力墙截面轴向压力设计值，N 大于 $0.2f_c b_w h_w$ 时，应取 $0.2f_c b_w h_w$ A——剪力墙全截面面积 A_w——T 形或 I 形截面剪力墙腹板的面积，矩形截面时应取 A λ——计算截面的剪跨比，λ 小于 1.5 时应取 1.5，λ 大于 2.2 时应取 2.2，计算截面与墙底之间的距离小于 $0.5h_{w0}$ 时，λ 应按距墙底 $0.5h_{w0}$ 处的弯矩值与剪力值计算 s——剪力墙水平分布钢筋间距 f_{yh}——水平分布钢筋的抗拉强度设计值 γ_{RE}——承载力抗震调整系数，取 0.85
6	偏心受拉墙的斜截面受剪承载力计算	偏心受拉剪力墙的斜截面受剪承载力应符合下列规定： (1) 永久、短暂设计状况 $$V\leqslant \frac{1}{\lambda-0.5}\left(0.5f_t b_w h_{w0}-0.13N\frac{A_w}{A}\right)+f_{yh}\frac{A_{sh}}{s}h_{w0} \quad (8\text{-}37)$$ 上式右端的计算值小于 $f_{yh}\frac{A_{sh}}{s}h_{w0}$ 时，应取等于 $f_{yh}\frac{A_{sh}}{s}h_{w0}$ (2) 地震设计状况 $$V_1\leqslant \frac{1}{\gamma_{RE}}\left[\frac{1}{\lambda-0.5}\left(0.4f_t b_w h_{w0}-0.1N\frac{A_w}{A}\right)+0.8f_{yh}\frac{A_{sh}}{s}h_{w0}\right] \quad (8\text{-}38)$$ 上式右端方括号内的计算值小于 $0.8f_{yh}\frac{A_{sh}}{s}h_{w0}$ 时，应取等于 $0.8f_{yh}\frac{A_{sh}}{s}h_{w0}$ 式中　N——与剪力设计值 V 相应的剪力墙的轴向拉力设计值
7	一级墙水平施工缝抗滑移计算	抗震等级为一级的剪力墙，水平施工缝的抗滑移应符合下列公式要求： $$V_{wj}\leqslant \frac{1}{\gamma_{RE}}(0.6f_y A_s+0.8N) \quad (8\text{-}39)$$

续表 8-5

序号	项　目	内　容
7	一级墙水平施工缝抗滑移计算	式中 V_{wj}——剪力墙水平施工缝处剪力设计值 A_s——水平施工缝处剪力墙腹板内竖向分布钢筋和边缘构件中的竖向钢筋总面积(不包括两侧翼墙)，以及在墙体中有足够锚固长度的附加竖向插筋面积 f_y——竖向钢筋抗拉强度设计值 N——水平施工缝处考虑地震作用组合的轴向力设计值，压力取正值，拉力取负值

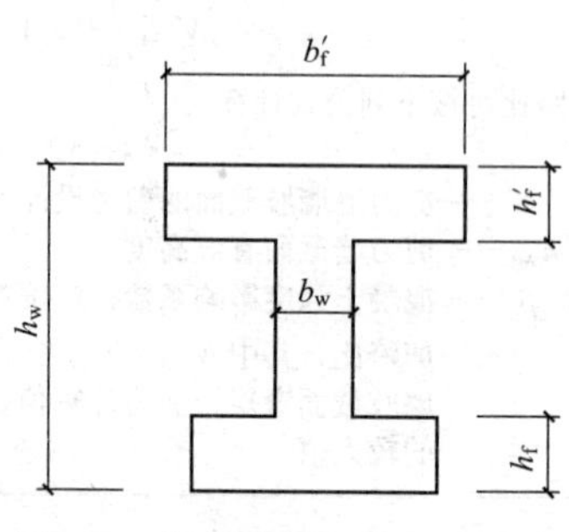

图 8-4　剪力墙截面及尺寸示意

8.3　高层建筑剪力墙的轴压比限值及剪力墙的边缘构件设置

8.3.1　剪力墙的轴压比限值

剪力墙的轴压比限值如表 8-6 所示。

剪力墙的轴压比限值　　**表 8-6**

序号	项　目	内　容
1	墙轴压比限值	(1) 重力荷载代表值作用下，一、二、三级剪力墙墙肢的轴压比不宜超过表 8-7 的限值 (2) 在上述(1)条中，轴压比是影响剪力墙在地震作用下塑性变形能力的重要因素。清华大学及国内外研究单位的试验表明，相同条件的剪力墙，轴压比低的，其延性大，轴压比高的，其延性小；通过设置约束边缘构件，可以提高高轴压比剪力墙的塑性变形能力，但轴压比大于一定值后，即使设置约束边缘构件，在强震作用下，剪力墙仍可能因混凝土压溃而丧失承受重力荷载的能力。因此，规定了剪力墙的轴压比限值。将轴压比限值扩大到三级剪力墙；将轴压比限值扩大到结构全高，不仅仅是底部加强部位
2	短肢剪力墙轴压比	见本书表 8-2 序号 5 之(3)条的有关规定

剪力墙墙肢轴压比限值　　**表 8-7**

序号	抗震等级	一级(9 度)	一级(6、7、8 度)	二、三级
1	轴压比限值(N/f_cA)	0.4	0.5	0.6

注：1. 墙肢轴压比是指重力荷载代表值作用下墙肢承受的轴压力设计值与墙肢的全截面面积和混凝土轴心抗压强度设计值乘积之比值；
2. N 为重力荷载作用下剪力墙肢的轴力设计值；
3. A 为剪力墙墙肢截面面积；
4. f_c 为混凝土轴心抗压强度设计值。

8.3.2 剪力墙的边缘构件设置

剪力墙的边缘构件设置如表 8-8 所示。

剪力墙的边缘构件设置　　表 8-8

序号	项　目	内　容
1	设置边缘构件应符合的规定	（1）剪力墙两端和洞口两侧应设置边缘构件，并应符合下列规定： 1）一、二、三级剪力墙底层墙肢底截面的轴压比大于表 8-9 的规定值时，以及部分框支剪力墙结构的剪力墙，应在底部加强部位及相邻的上一层设置约束边缘构件，约束边缘构件应符合本表序号 2 的规定 2）除上述 1)条所列部位外，剪力墙应按本表序号 3 设置构造边缘构件 3）B 级高度高层建筑的剪力墙，宜在约束边缘构件层与构造边缘构件层之间设置 1～2 层过渡层，过渡层边缘构件的箍筋配置要求可低于约束边缘构件的要求，但应高于构造边缘构件的要求 （2）在上述(1)条中，轴压比低的剪力墙，即使不设约束边缘构件，在水平力作用下也能有比较大的塑性变形能力。这里规定了可以不设约束边缘构件的剪力墙的最大轴压比。B 级高度的高层建筑，考虑到其高度比较高，为避免边缘构件配筋急剧减少的不利情况，规定了约束边缘构件与构造边缘构件之间设置过渡层的要求
2	约束边缘构件	（1）剪力墙的约束边缘构件可为暗柱、端柱和翼墙（图 8-5），并应符合下列规定： 1）约束边缘构件沿墙肢的长度 l_c 和箍筋配箍特征值 λ_v 应符合表 8-10 的要求，其体积配箍率 ρ_v 应按下列公式计算： $$\rho_v=\lambda_v\frac{f_c}{f_{yv}} \quad (8\text{-}40)$$ 式中　ρ_v——箍筋体积配箍率。可计入箍筋、拉筋以及符合构造要求的水平分布钢筋，计入的水平分布钢筋的体积配箍率不应大于总体积配箍率的 30% λ_v——约束边缘构件配箍特征值 f_c——混凝土轴心抗压强度设计值；混凝土强度等级低于 C35 时，应取 C35 的混凝土轴心抗压强度设计值 f_{yv}——箍筋、拉筋或水平分布钢筋的抗拉强度设计值 2）剪力墙约束边缘构件阴影部分（图 8-5）的竖向钢筋除应满足正截面受压（受拉）承载力计算要求外，其配筋率一、二、三级时分别不应小于 1.2%、1.0%和 1.0%，并分别不应少于 8ϕ16、6ϕ16 和 6ϕ14 的钢筋（ϕ 表示钢筋直径） 3）约束边缘构件内箍筋或拉筋沿竖向的间距，一级不宜大于 100mm，二、三级不宜大于 150mm；箍筋、拉筋沿水平方向的肢距不宜大于 300mm，不应大于竖向钢筋间距的 2 倍 （2）在上述(1)条中，对于轴压比大于表 8-9 规定的剪力墙，通过设置约束边缘构件，使其具有比较大的塑性变形能力 截面受压区高度不仅与轴压力有关，而且与截面形状有关，在相同的轴压力作用下，带翼缘或带端柱的剪力墙，其受压区高度小于一字形截面剪力墙。因此，带翼缘或带端柱的剪力墙的约束边缘构件沿墙的长度，小于一字形截面剪力墙 这里，增加了三级剪力墙约束边缘构件的要求；将轴压比分为两级，可计入符合规定条件的水平钢筋的约束作用；取消了计算配箍特征值时，箍筋（拉筋）抗拉强度设计值不大于 360N/mm^2 的规定 这里“符合构造要求的水平分布钢筋”，一般指水平分布钢筋伸入约束边缘构件，在墙端有 90°弯折后延伸到另一排分布钢筋并勾住其竖向钢筋，内、外排水平分布钢筋之间设置足够的拉筋、从而形成复合箍，可以起到有效约束混凝土的作用
3	构造边缘构件	（1）剪力墙构造边缘构件的范围宜按图 8-6 中阴影部分采用，其最小配筋应满足表 8-11 的规定，并应符合下列规定： 1）竖向配筋应满足正截面受压（受拉）承载力的要求 2）当端柱承受集中荷载时，其竖向钢筋、箍筋直径和间距应满足框架柱的相应要求

续表 8-8

序号	项目	内容
3	构造边缘构件	3）箍筋、拉筋沿水平方向的肢距不宜大于 300mm，不应大于竖向钢筋间距的 2 倍 4）抗震设计时，对于连体结构、错层结构以及 B 级高度高层建筑结构中的剪力墙（筒体），其构造边缘构件的最小配筋应符合下列要求： ① 竖向钢筋最小量应比表 8-11 中的数值提高 $0.001A_c$ 采用 ② 箍筋的配筋范围宜取图 8-6 中阴影部分，其配箍特征值 λ_v 不宜小于 0.1 5）非抗震设计的剪力墙，墙肢端都应配置不少于 4ϕ12 的纵向钢筋，箍筋直径不应小于 6mm、间距不宜大于 250mm （2）剪力墙构造边缘构件中的纵向钢筋按承载力计算和构造要求二者中的较大值设置。设计时需注意计算边缘构件竖向最小配筋所用的面积 A_c 的取法和配筋范围。承受集中荷载的端柱还要符合框架柱的配筋要求。构造边缘构件中的纵向钢筋宜采用高强钢筋。构造边缘构件可配置箍筋与拉筋相结合的横向钢筋

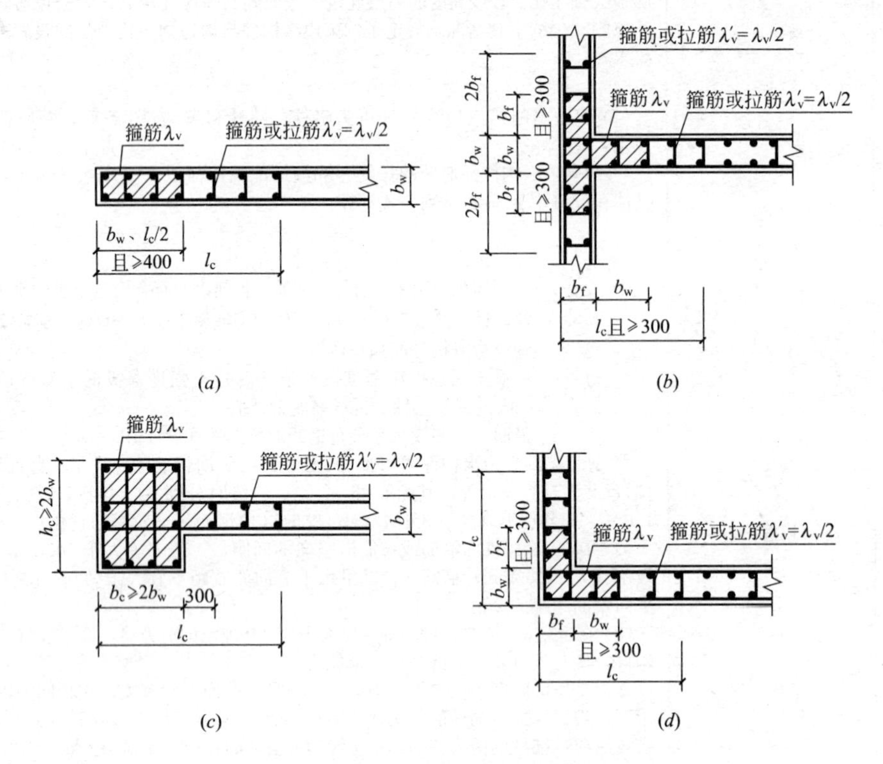

图 8-5 剪力墙的约束边缘构件

（a）暗柱；（b）有翼墙；（c）有端柱；（d）转角墙（L 形墙）

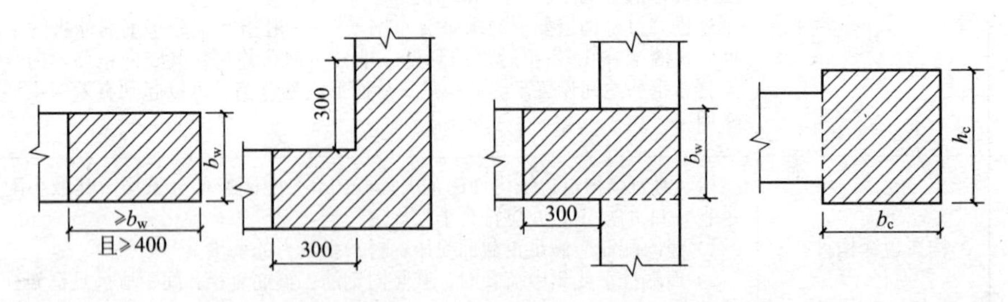

图 8-6 剪力墙的构造边缘构件范围

剪力墙可不设约束边缘构件的最大轴压比 **表 8-9**

序号	等级或烈度	一级(9度)	一级(6、7、8度)	二、三级
1	轴压比	0.1	0.2	0.3

约束边缘构件沿墙肢的长度 l_c 及其配箍特征值 λ_v **表 8-10**

序号	项目	一级(9度)		一级(6、7、8度)		二、三级	
		$\mu_N \leqslant 0.2$	$\mu_N > 0.2$	$\mu_N \leqslant 0.3$	$\mu_N > 0.3$	$\mu_N \leqslant 0.4$	$\mu_N > 0.4$
1	l_c(暗柱)	$0.20h_w$	$0.25h_w$	$0.15h_w$	$0.20h_w$	$0.15h_w$	$0.20h_w$
2	l_c(翼墙或端柱)	$0.15h_w$	$0.20h_w$	$0.10h_w$	$0.15h_w$	$0.10h_w$	$0.15h_w$
3	λ_v	0.12	0.20	0.12	0.20	0.12	0.20

注：1. μ_N 为墙肢在重力荷载代表值作用下的轴压比，h_w 为墙肢的长度；

2. 剪力墙的翼墙长度小于翼墙厚度的3倍或端柱截面边长小于2倍墙厚时，按无翼墙、无端柱查表；

3. l_c 为约束边缘构件沿墙肢的长度(图 8-5)。对暗柱不应小于墙厚和400mm的较大值；有翼墙或端柱时，不应小于翼墙厚度或端柱沿墙肢方向截面高度加300mm。

剪力墙构造边缘构件的最小配筋要求 **表 8-11**

序号	抗震等级	底部加强部位		
		竖向钢筋最小量(取较大值)	箍筋	
			最小直径(mm)	沿竖向最大间距(mm)
1	一	$0.010A_c$，$6\phi16$	8	100
2	二	$0.008A_c$，$6\phi14$	8	150
3	三	$0.006A_c$，$6\phi12$	6	150
4	四	$0.005A_c$，$4\phi12$	6	200
序号	抗震等级	其他部位		
		竖向钢筋最小量(取较大值)	拉筋	
			最小直径(mm)	沿竖向最大间距(mm)
1	一	$0.008A_c$，$6\phi14$	8	150
2	二	$0.006A_c$，$6\phi12$	8	200
3	三	$0.005A_c$，$4\phi12$	6	200
4	四	$0.004A_c$，$4\phi12$	6	250

注：1. A_c 为构造边缘构件的截面面积，即图 8-6 剪力墙截面的阴影部分；

2. 符号 ϕ 表示钢筋直径；

3. 其他部位的转角处宜采用箍筋。

8.4 高层建筑剪力墙截面厚度及配筋要求

8.4.1 剪力墙截面厚度

剪力墙截面厚度如表 8-12 所示。

剪力墙截面厚度　　**表 8-12**

序号	项　目	内　容
1	墙体稳定验算	(1) 剪力墙墙肢应满足下列公式的稳定要求： $$q\leqslant\frac{E_ct^3}{10l_0^2} \quad (8\text{-}41)$$ 式中　q——作用于墙顶组合的等效竖向均布荷载设计值 E_c——剪力墙混凝土的弹性模量 t——剪力墙墙肢截面厚度 l_0——剪力墙墙肢计算长度，应按本表下述(2)条确定 (2) 剪力墙墙肢计算长度应按下列公式计算： $$l_0=\beta h \quad (8\text{-}42)$$ 式中　β——墙肢计算长度系数，应按本表下述(3)条确定 h——墙肢所在楼层的层高 (3) 墙肢计算长度系数 β 应根据墙肢的支承条件按下列规定采用： 1) 单片独立墙肢按两边支承板计算，取 β 等于 1.0 2) T形、L形、槽形和工字形剪力墙的翼缘(图 8-7)，采用三边支承板按公式(8-43)计算；当 β 计算值小于 0.25 时，取 0.25 $$\beta=\frac{1}{\sqrt{1+\left(\frac{h}{2b_f}\right)^2}} \quad (8\text{-}43)$$ 式中　b_f——T形、L形、槽形、工字形剪力墙的单侧翼缘截面高度，取图 8-7 中各 b_{fi} 的较大值或最大值 3) T形剪力墙的腹板(图 8-7)也按三边支承板计算，但应将公式(8-43)中的 b_f 代以 b_w 4) 槽形和工字形剪力墙的腹板(图 8-7)，采用四边支承板按公式(8-44)计算；当 β 计算值小于 0.2 时，取 0.2 $$\beta=\frac{1}{\sqrt{1+\left(\frac{3h}{2b_w}\right)^2}} \quad (8\text{-}44)$$ 式中　b_w——槽形、工字形剪力墙的腹板截面高度 (4) 当T形、L形、槽形、工字形剪力墙的翼缘截面高度或T形、L形剪力墙的腹板截面高度与翼缘截面厚度之和小于截面厚度的 2 倍和 800mm 时，尚宜按下列公式验算剪力墙的整体稳定： $$N\leqslant\frac{1.2E_cI}{h^2} \quad (8\text{-}45)$$ 式中　N——作用于墙顶组合的竖向荷载设计值 I——剪力墙整体截面的惯性矩，取两个方向的较小值
2	剪力墙的厚度	(1) 一、二级剪力墙：底部加强部位不应小于 200mm，其他部位不应小于 160mm；一字形独立剪力墙底部加强部位不应小于 220mm，其他部位不应小于 180mm (2) 三、四级剪力墙：不应小于 160mm，一字形独立剪力墙的底部加强部位尚不应小于 180mm (3) 非抗震设计时不应小于 160mm (4) 剪力墙井筒中，分隔电梯井或管道井的墙肢截面厚度可适当减小，但不宜小于 160mm
3	其他	设计人员可利用计算机软件进行墙体稳定验算，可按设计经验、轴压比限值及本表序号 2 之(1)、(2)、(3)条初步选定剪力墙的厚度，也可按有关规定进行初选：一、二级剪力墙底部加强部位可选层高或无支长度(图 8-8)二者较小值的 1/16，其他部位为层高或剪力墙无支长度二者较小值的 1/20；三、四级剪力墙底部加强部位可选层高或无支长度二者较小值的 1/20，其他部位为层高或剪力墙无支长度二者较小值的 1/25 一般剪力墙井筒内分隔空间的墙，不仅数量多，而且无支长度不大，为了减轻结构自重，可按本表序号 2 之(4)条规定其墙厚可适当减小

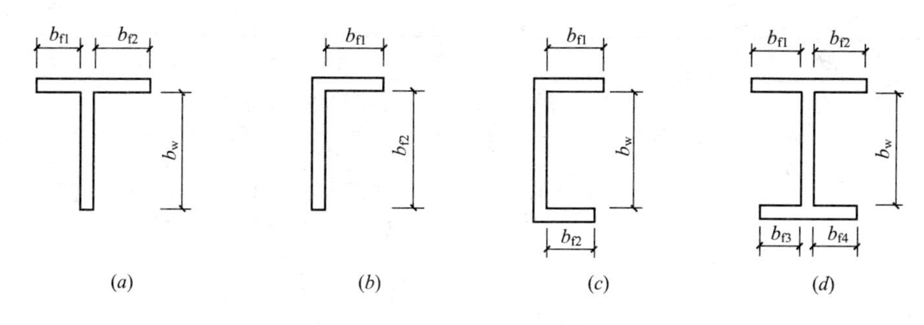

图 8-7　剪力墙腹板与单侧翼缘截面高度示意

(a)T 形；(b)L 形；(c)槽形；(d)工字形

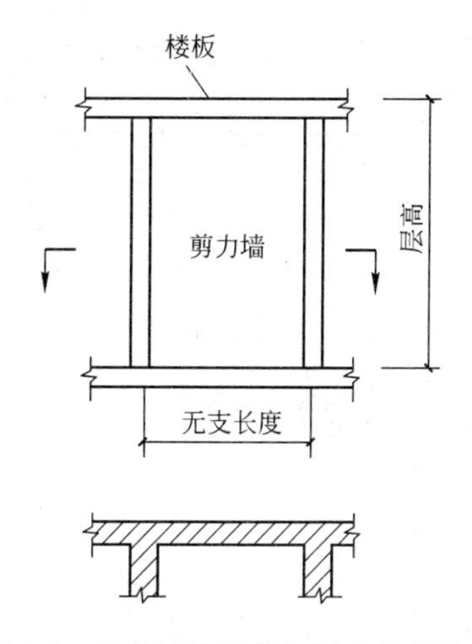

图 8-8　剪力墙的层高与无支长度示意

8.4.2　剪力墙的配筋要求

剪力墙的配筋要求如表 8-13 所示。

剪力墙的配筋要求　　**表 8-13**

序号	项　目	内　容
1	配筋率	(1) 剪力墙竖向和水平分布钢筋的配筋率，一、二、三级时均不应小于 0.25%，四级和非抗震设计时均不应小于 0.20% (2) 短肢剪力墙的配筋率见本书表 8-2 序号 5 之(3)条的有关规定 (3) 房屋顶层剪力墙、长矩形平面房屋的楼梯间和电梯间剪力墙、端开间纵向剪力墙以及端山墙的水平和竖向分布钢筋的配筋率均不应小于 0.25%，间距均不应大于 200mm
2	钢筋配置	(1) 剪力墙的竖向和水平分布钢筋的间距均不宜大于 300mm，直径不应小于 8mm。剪力墙的竖向和水平分布钢筋的直径不宜大于墙厚的 1/10 (2) 高层剪力墙结构的竖向和水平分布钢筋不应单排配置。剪力墙截面厚度不大于 400mm 时，可采用双排配筋；大于 400mm、但不大于 700mm 时，宜采用三排配筋；大于 700mm 时，宜采用四排配筋。各排分布钢筋之间拉筋的间距不应大于 600mm，直径不应小于 6mm (3) 剪力墙的钢筋锚固和连接应符合下列规定： 1) 非抗震设计时，剪力墙纵向钢筋最小锚固长度应取 l_a；抗震设计时，剪力墙纵向钢筋最小锚固长度应取 l_{aE}。l_a、l_{aE}的取值应符合本书表 7-65 的有关规定

续表 8-13

序号	项　目	内　容
2	钢筋配置	2）剪力墙竖向及水平分布钢筋采用搭接连接时（图 8-9），一、二级剪力墙的底部加强部位，接头位置应错开，同一截面连接的钢筋数量不宜超过总数量的 50%，错开净距不宜小于 500mm；其他情况剪力墙的钢筋可在同一截面连接。分布钢筋的搭接长度，非抗震设计时不应小于 $1.2l_a$，抗震设计时不应小于 $1.2l_{aE}$ 3）暗柱及端柱内纵向钢筋连接和锚固要求宜与框架柱相同，宜符合本书表 7-65 的有关规定
3	计算用表	剪力墙水平和竖向分布钢筋最小配筋率及不同墙厚时的最少配筋如表 8-14 所示。实际工程设计中水平和竖向分布筋的间距一般不宜大于 200mm，表 8-14 可供工程设计时及施工图审查时参考

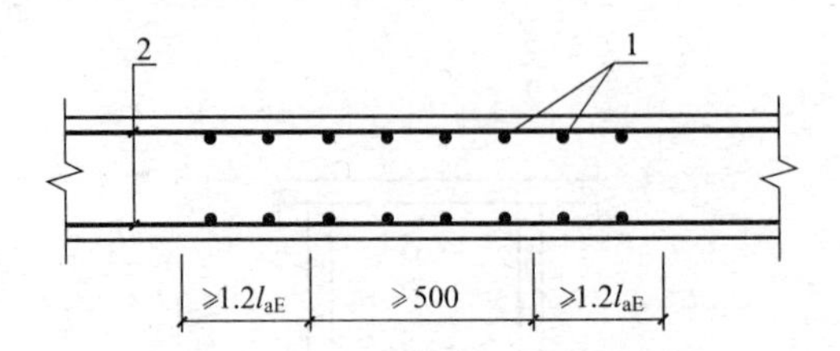

图 8-9　剪力墙分布钢筋的搭接连接

1—竖向分布钢筋；2—水平分布钢筋；非抗震设计时图中 l_{aE}取 l_a

一般剪力墙水平和竖向分布钢筋最小配筋率及不同墙厚配筋　　表 8-14

序号	抗震等级		一、二、三级			四级和非抗震			配筋方式
	最小配筋率(%)		0.25			0.20			
	配筋用量		A_s	d	s	A_s	d	s	
1	剪力墙厚度(b_w)(mm)	160	400	8	250	320	8	300	双排配筋
2		180	450	8	220	360	8	280	
3		200	500	8	200	400	8	250	
4		220	550	8	180	440	8	220	
5		250	625	8	160	500	8	200	
6		300	750	8	130	600	8	160	
7		350	875	8	110	700	8	140	
8		400	1000	8	100	800	8	120	
9	剪力墙厚度(b_w)(mm)	450	1125	10	200	900	10	260	三排配筋
10		500	1250	10	180	1000	10	230	
11		550	1375	10	170	1100	10	210	
12		600	1500	10	150	1200	10	190	
13		650	1625	10	140	1300	10	180	
14		700	1750	10	130	1400	10	160	
15	剪力墙厚度(b_w)(mm)	750	1875	12	230	1500	12	300	四排配筋
16		800	2000	12	220	1600	12	280	
17		900	2250	12	200	1800	12	250	
18		1000	2500	12	180	2000	12	220	

注：1. 表中 A_s 为钢筋总用量(mm^2)，d 为钢筋直径(mm)，s 为钢筋间距(mm)；

2. 与本书表 2-27 配合应用。

8.5　高层建筑剪力墙连梁截面设计及配筋构造

8.5.1　剪力墙连梁截面设计

剪力墙连梁截面设计如表 8-15 所示。

剪力墙连梁截面设计　　**表 8-15**

序号	项　目	内　容
1	连梁剪力设计值确定	连梁两端截面的剪力设计值 V 应按下列规定确定： (1) 非抗震设计以及四级剪力墙的连梁，应分别取考虑水平风荷载、水平地震作用组合的剪力设计值 (2) 一、二、三级剪力墙的连梁，其梁端截面组合的剪力设计值应按公式(8-46)确定，9 度时一级剪力墙的连梁应按公式(8-47)确定 $$V=\eta_{vb}\frac{M_b^l+M_b^r}{l_n}+V_{Gb} \quad (8\text{-}46)$$ $$V=1.1\frac{M_{bua}^l+M_{bua}^r}{l_n}+V_{Gb} \quad (8\text{-}47)$$ 式中　M_b^l、M_b^r——分别为连梁左右端截面顺时针或逆时针方向的弯矩设计值 M_{bua}^l、M_{bua}^r——分别为连梁左右端截面顺时针或逆时针方向实配的抗震受弯承载力所对应的弯矩值，应按实配钢筋面积(计入受压钢筋)和材料强度标准值并考虑承载力抗震调整系数计算 l_n——连梁的净跨 V_{Gb}——在重力荷载代表值作用下按简支梁计算的梁端截面剪力设计值 η_{vb}——连梁剪力增大系数，一级取 1.3，二级取 1.2，三级取 1.1
2	连梁剪力设计值应符合的规定	(1) 连梁截面剪力设计值应符合下列规定： 1) 永久、短暂设计状况 $$V\leqslant 0.25\beta_c f_c b_b h_{b0} \quad (8\text{-}48)$$ 2) 地震设计状况 跨高比大于 2.5 的连梁 $$V\leqslant\frac{1}{\gamma_{RE}}(0.20\beta_c f_c b_b h_{b0}) \quad (8\text{-}49)$$ 跨高比不大于 2.5 的连梁 $$V\leqslant\frac{1}{\gamma_{RE}}(0.15\beta_c f_c b_b h_{b0}) \quad (8\text{-}50)$$ 式中　V——按本表序号 1 调整后的连梁截面剪力设计值 b_b——连梁截面宽度 h_{b0}——连梁截面有效高度 β_c——混凝土强度影响系数，见本书表 7-21 (2) 剪力墙的连梁不满足上述(1)条的要求时，可采取下列措施： 1) 减小连梁截面高度或采取其他减小连梁刚度的措施 2) 抗震设计剪力墙连梁的弯矩可塑性调幅；内力计算时已经按本书表 5-3 序号 2 之(1)条的规定降低了刚度的连梁，其弯矩值不宜再调幅，或限制再调幅范围。此时，应取弯矩调幅后相应的剪力设计值校核其是否满足上述(1)条的规定；剪力墙中其他连梁和墙肢的弯矩设计值宜视调幅连梁数量的多少而相应适当增大 3) 当连梁破坏对承受竖向荷载无明显影响时，可按独立墙肢的计算简图进行第二次多遇地震作用下的内力分析，墙肢截面应按两次计算的较大值计算配筋
3	连梁斜截面受剪承载力应符合的规定	连梁的斜截面受剪承载力应符合下列规定： (1) 永久、短暂设计状况 $$V\leqslant 0.7f_t b_b h_{b0}+f_{yv}\frac{A_{sv}}{s}h_{b0} \quad (8\text{-}51)$$

续表 8-15

序号	项目	内容
3	连梁斜截面受剪承载力应符合的规定	(2) 地震设计状况 跨高比大于 2.5 的连梁 $$V\leqslant\frac{1}{\gamma_{RE}}\left(0.42f_tb_bh_{b0}+f_{yv}\frac{A_{sv}}{s}h_{b0}\right) \quad (8\text{-}52)$$ 跨高比不大于 2.5 的连梁 $$V\leqslant\frac{1}{\gamma_{RE}}\left(0.38f_tb_bh_{b0}+0.9f_{yv}\frac{A_{sv}}{s}h_{b0}\right) \quad (8\text{-}53)$$ 式中 V——按本表序号 1 调整后的连梁截面剪力设计值

8.5.2 剪力墙连梁配筋设置

剪力墙连梁配筋设置如表 8-16 所示。

剪力墙连梁配筋设置 **表 8-16**

序号	项目	内容
1	配筋率	(1) 跨高比(l/h_b)不大于 1.5 的连梁，非抗震设计时，其纵向钢筋的最小配筋率可取为 0.2%；抗震设计时，其纵向钢筋的最小配筋率宜符合表 8-17 的要求；跨高比大于 1.5 的连梁，其纵向钢筋的最小配筋率可按框架梁的要求采用 (2) 剪力墙结构连梁中，非抗震设计时，顶面及底面单侧纵向钢筋的最大配筋率不宜大于 2.5%；抗震设计时，顶面及底面单侧纵向钢筋的最大配筋率宜符合表 8-18 的要求。如不满足，则应按实配钢筋进行连梁强剪弱弯的验算
2	配筋构造	连梁的配筋构造(图 8-10)应符合下列规定： (1) 连梁顶面、底面纵向水平钢筋伸入墙肢的长度，抗震设计时不应小于 l_{aE}，非抗震设计时不应小于 l_a，且均不应小于 600mm (2) 抗震设计时，沿连梁全长箍筋的构造应符合本书表 7-52 框架梁梁端箍筋加密区的箍筋构造要求；非抗震设计时，沿连梁全长的箍筋直径不应小于 6mm，间距不应大于 150mm (3) 顶层连梁纵向水平钢筋伸入墙肢的长度范围内应配置箍筋，箍筋间距不宜大于 150m，直径应与该连梁的箍筋直径相同 (4) 连梁高度范围内的墙肢水平分布钢筋应在连梁内拉通作为连梁的腰筋。连梁截面高度大于 700mm 时，其两侧面腰筋的直径不应小于 8mm，间距不应大于 200mm；跨高比不大于 2.5 的连梁，其两侧腰筋的总面积配筋率不应小于 0.3%
3	连梁开洞	剪力墙开小洞口和连梁开洞应符合下列规定： (1) 剪力墙开有边长小于 800mm 的小洞口、且在结构整体计算中不考虑其影响时，应在洞口上、下和左、右配置补强钢筋，补强钢筋的直径不应小于 12mm，截面面积应分别不小于被截断的水平分布钢筋和竖向分布钢筋的面积(图 8-11*a*) (2) 穿过连梁的管道宜预埋套管，洞口上、下的截面有效高度不宜小于梁高的 1/3，且不宜小于 200mm；被洞口削弱的截面应进行承载力验算，洞口处应配置补强纵向钢筋和箍筋(图 8-11*b*)，补强纵向钢筋的直径不应小于 12mm

跨高比不大于 1.5 的连梁纵向钢筋的最小配筋率(%) **表 8-17**

序号	跨高比	最小配筋率(采用较大值)	序号	跨高比	最小配筋率(采用较大值)
1	$l/h_b\leqslant0.5$	0.20，$0.45f_t/f_y$	2	$0.5<l/h_b\leqslant1.5$	0.25，$55f_t/f_y$

连梁纵向钢筋的最大配筋率(%) **表 8-18**

序号	跨高比	最大配筋率	序号	跨高比	最大配筋率
1	$l/h_b\leqslant1.0$	0.6	3	$2.0<l/h_b\leqslant2.5$	1.5
2	$1.0<l/h_b\leqslant2.0$	1.2			

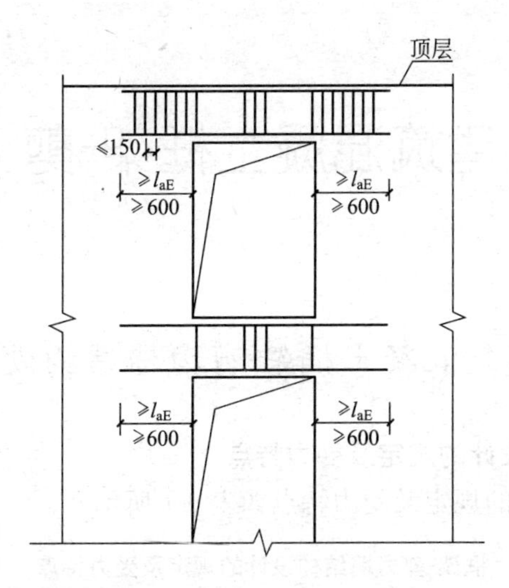

图 8-10　连梁配筋构造示意

注：非抗震设计时图中 l_{aE}取 l_a

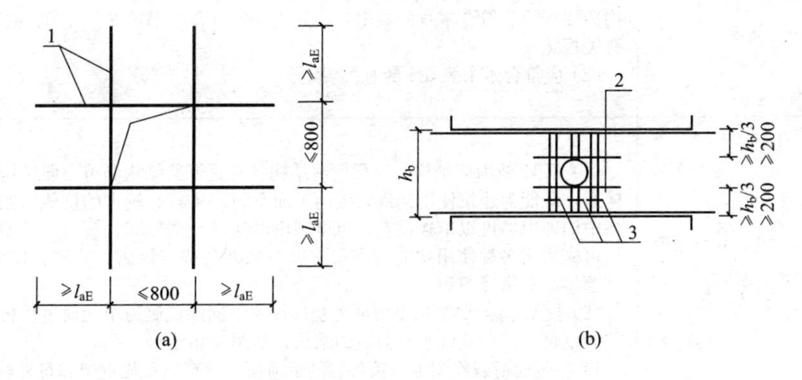

图 8-11　洞口补强配筋示意

(*a*)剪力墙洞口；(*b*)连梁洞口

1—墙洞口周边补强钢筋；2—连梁洞口上、下补强纵向箍筋；

3—连梁洞口补强箍筋；l_{aE}—非抗震设计时取 l_a

第9章　高层建筑混凝土框架-剪力墙结构设计

9.1　高层建筑混凝土框架-剪力墙结构设计一般规定

9.1.1　框架-剪力墙结构设计的规定及受力特点

框架-剪力墙结构设计的规定及受力特点如表9-1所示。

框架-剪力墙结构设计的规定及受力特点　　表9-1

序号	项　目	内　容
1	设计规定	(1) 框架-剪力墙结构、板柱-剪力墙结构的结构布置、计算分析、截面设计及构造要求除应符合本章的规定外，尚应分别符合本书第2、3、5、6、7和8章的有关规定 (2) 应符合本书表3-4的有关规定
2	受力特点	(1) 框架-剪力墙结构，简称框剪结构。它是框架结构和剪力墙结构组成的结构体系，既能为建筑使用提供较大的平面空间，又具有较大的抗侧力刚度。框剪结构中的剪力墙可以单独设置，也可利用电梯井、楼梯间、管道井等墙体。框剪结构可应用于多种使用功能的高层房屋，如办公楼、饭店、公寓、住宅、教学楼、试验楼、病房楼等等 (2) 框架-剪力墙结构是由两种变形性质不同的抗侧力单元通过楼板协调变形而共同抵抗竖向荷载及水平荷载的结构，如图9-1所示 1) 在竖向荷载作用下，按各自的承荷面积计算出每榀框架和每榀剪力墙的竖向荷载，分别计算内力 2) 在水平荷载作用下，因为框架与剪力墙的变形性质不同，不能直接把总水平剪力按抗侧刚度的比例分配到每榀结构上，我们首先来讨论纯框架结构或剪力墙结构各自的受力和变形特性，在这基础上再来讨论这两种结构组合起来后的受力和变形特性 ① 框架结构的构件稀疏且截面尺寸小，因而侧向刚度不大，在水平荷载作用下，一般呈剪切型变形(图9-1*b*)，建筑物高度中段的层间位移较大，刚度或强度方面均不能适应高度较大的高层建筑。但由于竖向构件少而截面小，对房屋的平面布置有利，若设计处理得当，框架结构具有较好的延性，有利于抗震 ② 剪力墙结构由于墙的截面高度大，单片墙的刚度大，抗弯能力强，在水平荷载作用下，一般呈弯曲型变形(图9-1*a*)，顶部附近楼层的层间位移较大，因其刚度和强度均较大，故可用于较高的高层建筑，缺点是墙(特别是墙较多时)将空间分隔，平面布置不灵活，墙的抗剪强度弱于抗弯强度，易出现由于剪切造成的脆性破坏 ③ 框架-剪力墙结构同时具有框架和剪力墙，在结构布置合理的情况下，可以同时发挥两者的优点和互相制约彼此的缺点：使结构具有较大的整体抗侧刚度、侧向变形介于剪切变形和弯曲变形之间(图9-1*c*)，层间相对位移变化较缓和、平面布置较易获得较大空间、两种结构形成抗震的两道防线等，因而成为高层建筑较常用的一种结构形式。可以采用协同工作方法得到侧移和各自的水平层剪力及内力(图9-1*d*)

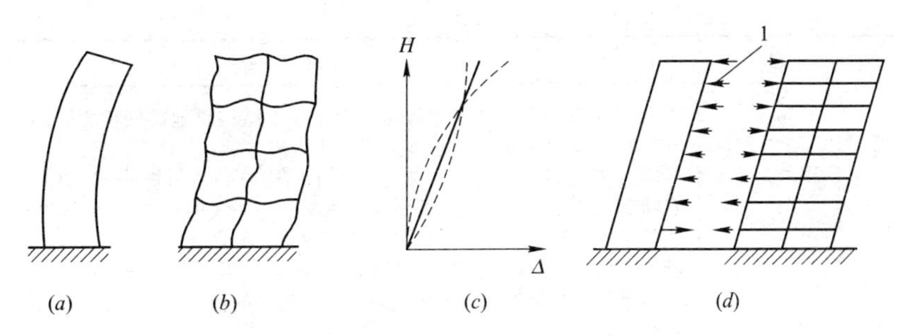

图 9-1　框架-剪力墙结构协同工作

(a)剪力墙变形；(b)框架变形；(c)变形协调；(d)内力协调

H—高度；Δ—水平位移；1—相互作用力

9.1.2　框架-剪力墙结构的形式及设计方法

框架-剪力墙结构的形式及设计方法如表 9-2 所示。

框架-剪力墙结构的形式及设计方法　　表 9-2

序号	项　目	内　容
1	框架-剪力墙结构的形式	(1) 框架-剪力墙结构可采用下列形式： 1) 框架与剪力墙(单片墙、联肢墙或较小井筒)分开布置 2) 在框架结构的若干跨内嵌入剪力墙(带边框剪力墙) 3) 在单片抗侧力结构内连续分别布置框架和剪力墙 4) 上述两种或三种形式的混合 (2) 组成框架-剪力墙结构的框架和剪力墙两种结构，其形式是多样而且是可变的，主要根据建筑平面布局和结构受力需要去灵活处理 要指出的是，无论哪种形式，它都是以其整体来承担荷载和作用，各部分承担的力应通过整体分析方法(包括简化方法)确定，反过来说，应通过各部分含量的搭配和布置的调整来取得更合理的设计
2	框架-剪力墙结构的设计方法	(1) 抗震设计的框架-剪力墙结构，应根据在规定的水平力作用下结构底层框架部分承受的地震倾覆力矩与结构总地震倾覆力矩的比值，确定相应的设计方法，并应符合下列规定： 1) 框架部分承受的地震倾覆力矩不大于结构总地震倾覆力矩的 10%时，按剪力墙结构进行设计，其中的框架部分应按框架-剪力墙结构的框架进行设计 2) 当框架部分承受的地震倾覆力矩大于结构总地震倾覆力矩的 10%但不大于 50%时，按框架-剪力墙结构进行设计 3) 当框架部分承受的地震倾覆力矩大于结构总地震倾覆力矩的 50%但不大于 80%时，按框架-剪力墙结构进行设计，其最大适用高度可比框架结构适当增加，框架部分的抗震等级和轴压比限值宜按框架结构的规定采用 4) 当框架部分承受的地震倾覆力矩大于结构总地震倾覆力矩的 80%时，按框架-剪力墙结构进行设计，但其最大适用高度宜按框架结构采用，框架部分的抗震等级和轴压比限值应按框架结构的规定采用。当结构的层间位移角不满足框架-剪力墙结构的规定时，可按本书表 2-83 的有关规定进行结构抗震性能分析和论证 (2) 在上述(1)条中，框架-剪力墙结构在规定的水平力作用下，结构底层框架部分承受的地震倾覆力矩与结构总地震倾覆力矩的比值不尽相同，结构性能有较大的差别。在结构设计时，应据此比值确定该结构相应的适用高度和构造措施，计算模型及分析均按框架-剪力墙结构进行实际输入和计算分析 1) 当框架部分承担的倾覆力矩不大于结构总倾覆力矩的 10%时，意味着结构中框架承担的地震作用较小，绝大部分均由剪力墙承担，工作性能接近于纯剪力墙结构，此时结构中的剪力墙抗震等级可按剪力墙结构的规定执行；其最大适用高度仍按框架-剪力墙结构的要求执行；其中的框架部分应按框架-剪力墙结构的框架进行设计，也就是说需要按表 9-3 序号 1 规定的剪力调整，其侧向位移控制指标按剪力墙结构采用

续表 9-2

序号	项　目	内　容
2	框架-剪力墙结构的设计方法	2）当框架部分承受的地震倾覆力矩大于结构总地震倾覆力矩的 10%但不大于 50%时，属于典型的框架-剪力墙结构，按本章有关规定进行设计 3）当框架部分承受的倾覆力矩大于结构总倾覆力矩的 50%但不大于 80%时，意味着结构中剪力墙的数量偏少，框架承担较大的地震作用，此时框架部分的抗震等级和轴压比宜按框架结构的规定执行，剪力墙部分的抗震等级和轴压比按框架-剪力墙结构的规定采用；其最大适用高度不宜再按框架-剪力墙结构的要求执行，但可比框架结构的要求适当提高，提高的幅度可视剪力墙承担的地震倾覆力矩来确定 4）当框架部分承受的倾覆力矩大于结构总倾覆力矩的 80%时，意味着结构中剪力墙的数量极少，此时框架部分的抗震等级和轴压比应按框架结构的规定执行，剪力墙部分的抗震等级和轴压比按框架-剪力墙结构的规定采用；其最大适用高度宜按框架结构采用。对于这种少墙框剪结构，由于其抗震性能较差，不主张采用，以避免剪力墙受力过大、过早破坏。当不可避免时，宜采取将此种剪力墙减薄、开竖缝、开结构洞、配置少量单排钢筋等措施，减小剪力墙的作用 在上述第 3）、4）款规定的情况下，为避免剪力墙过早开裂或破坏，其位移相关控制指标按框架-剪力墙结构的规定采用。对第 4）款，如果最大层间位移角不能满足框架-剪力墙结构的限值要求，可按本书表 2-83 的有关规定，进行结构抗震性能分析论证

9.1.3　框架部分总剪力的调整及框架-剪力墙结构的结构布置

框架部分总剪力的调整及框架-剪力墙结构的结构布置如表 9-3 所示。

框架部分总剪力的调整及框架-剪力墙结构的结构布置　　表 9-3

序号	项　目	内　容
1	框架部分总剪力的调整	（1）抗震设计时，框架-剪力墙结构对应于地震作用标准值的各层框架总剪力应符合下列规定： 1）满足公式(9-1)要求的楼层，其框架总剪力不必调整；不满足公式(9-1)要求的楼层，其框架总剪力应按 $0.2V_0$ 和 $1.5V_{f,max}$ 二者的较小值采用 $$V_f \geqslant 0.2V_0 \quad (9\text{-}1)$$ 式中　V_0——对框架柱数量从下至上基本不变的结构，应取对应于地震作用标准值的结构底层总剪力；对框架柱数量从下至上分段有规律变化的结构，应取每段底层结构对应于地震作用标准值的总剪力 V_f——对应于地震作用标准值且未经调整的各层（或某一段内各层）框架承担的地震总剪力 $V_{f,max}$——对框架柱数量从下至上基本不变的结构，应取对应于地震作用标准值且未经调整的各层框架承担的地震总剪力中的最大值；对框架柱数量从下至上分段有规律变化的结构，应取每段中对应于地震作用标准值且未经调整的各层框架承担的地震总剪力中的最大值 2）各层框架所承担的地震总剪力按本条第 1）款调整后，应按调整前、后总剪力的比值调整每根框架柱和与之相连框架梁的剪力及端部弯矩标准值，框架柱的轴力标准值可不予调整 3）按振型分解反应谱法计算地震作用时，本条第 1）款所规定的调整可在振型组合之后、并满足本书表 4-38 序号 1 关于楼层最小地震剪力系数的前提下进行 （2）在上述(1)条中，框架-剪力墙结构在水平地震作用下，框架部分计算所得的剪力一般都较小。按多道防线的概念设计要求，墙体是第一道防线，在设防地震、罕遇地震下先于框架破坏，由于塑性内力重分布，框架部分按侧向刚度分配的剪力会比多遇地震下加大，为保证作为第二道防线的框架具有一定的抗侧力能力，需要对框架承担的剪力予以适当的调整。随着建筑形式的多样化，框架柱的数量沿竖向有时会有较大的变化，框架柱的数量沿竖向有规律分段变化时可分段调整的规定，对框架柱数量沿竖向变化更复杂的情况，设计时应专门研究框架柱剪力的调整方法 对有加强层的结构，框架承担的最大剪力不包含加强层及相邻上下层的剪力

续表 9-3

序号	项　目	内　容
2	框架-剪力墙结构的结构布置	(1) 框架-剪力墙结构应设计成双向抗侧力体系；抗震设计时，结构两主轴方向均应布置剪力墙 在上述(1)条中，框架-剪力墙结构是框架和剪力墙共同承担竖向和水平作用的结构体系，布置适量的剪力墙是其基本特点。为了发挥框架-剪力墙结构的优势，无论是否抗震设计，均应设计成双向抗侧力体系，且结构在两个主轴方向的刚度和承载力不宜相差过大；抗震设计时，框架-剪力墙结构在结构两个主轴方向均应布置剪力墙，以体现多道防线的要求 (2) 框架-剪力墙结构中，主体结构构件之间除个别节点外不应采用铰接；梁与柱或柱与剪力墙的中线宜重合；框架梁、柱中心线之间有偏离时，应符合本书表 7-2 的有关规定 在上述(2)条中，框架-剪力墙结构中，主体结构构件之间一般不宜采用铰接，但在某些具体情况下，比如采用铰接对主体结构构件受力有利时可以针对具体构件进行分析判定后，在局部位置采用铰接 (3) 框架-剪力墙结构中剪力墙的布置宜符合下列规定： 1) 剪力墙宜均匀布置在建筑物的周边附近、楼梯间、电梯间、平面形状变化及恒载较大的部位，剪力墙间距不宜过大 2) 平面形状凹凸较大时，宜在凸出部分的端部附近布置剪力墙 3) 纵、横剪力墙宜组成 L 形、T 形和[形等形式 4) 单片剪力墙底部承担的水平剪力不应超过结构底部总水平剪力的 30% 5) 剪力墙宜贯通建筑物的全高，宜避免刚度突变；剪力墙开洞时，洞口宜上下对齐 6) 楼、电梯间等竖井宜尽量与靠近的抗侧力结构结合布置 7) 抗震设计时，剪力墙的布置宜使结构各主轴方向的侧向刚度接近 在上述(3)条中，主要指出框架-剪力墙结构中在结构布置时要处理好框架和剪力墙之间的关系，遵循这些要求，可使框架-剪力墙结构更好地发挥两种结构各自的作用并且使整体合理地工作 (4) 长矩形平面或平面有一部分较长的建筑中，其剪力墙的布置尚宜符合下列规定： 1) 横向剪力墙沿长方向的间距宜满足表 9-4 的要求，当这些剪力墙之间的楼盖有较大开洞时，剪力墙的间距应适当减小 2) 纵向剪力墙不宜集中布置在房屋的两尽端 在上述(4)条中，长矩形平面或平面有一方向较长(如 L 形平面中有一肢较长)时，如横向剪力墙间距过大，在侧向力作用下，因不能保证楼盖平面的刚性而会增加框架负担，故对剪力墙的最大间距作出规定。当剪力墙之间的楼板有较大开洞时，对楼盖平面刚度有所削弱，此时剪力墙的间距宜再减小。纵向剪力墙布置在平面的尽端时，会造成对楼盖两端的约束作用，楼盖中部的梁板容易因混凝土收缩和温度变化而出现裂缝，故宜避免。同时也考虑到在设计中有剪力墙布置在建筑中部，而端部无剪力墙的情况，用表 9-4 注 4 的相应规定，可防止布置框架的楼面伸出太长，不利于地震力传递 (5) 板柱-剪力墙结构的布置应符合下列规定： 1) 应同时布置筒体或两主轴方向的剪力墙以形成双向抗侧力体系，并应避免结构刚度偏心，其中剪力墙或筒体应分别符合本书第 8 章和第 10 章的有关规定，且宜在对应剪力墙或筒体的各楼层处设置暗梁 2) 抗震设计时，房屋的周边应设置边梁形成周边框架，房屋的顶层及地下室顶板宜采用梁板结构 3) 有楼、电梯间等较大开洞时，洞口周围宜设置框架梁或边梁 4) 无梁板可根据承载力和变形要求采用无柱帽(柱托)板或有柱帽(柱托)板形式。柱托板的长度和厚度应按计算确定，且每方向长度不宜小于板跨度的 1/6，其厚度不宜小于板厚度的 1/4。7 度时宜采用有柱托板，8 度时应采用有柱托板，此时托板每方向长度尚不宜小于同方向柱截面宽度和 4 倍板厚之和，托板总厚度尚不应小于柱纵向钢筋直径的 16 倍。当无柱托板且无梁板受冲切承载力不足时，可采用型钢剪力架(键)，此时板的厚度并不应小于 200mm 5) 双向无梁板厚度与长跨之比，不宜小于表 9-5 规定

续表 9-3

序号	项　目	内　容
2	框架-剪力墙结构的结构布置	在上述(5)条中，板柱结构由于楼盖基本没有梁，可以减小楼层高度，对使用和管道安装都较方便，因而板柱结构在工程中时有采用。但板柱结构抵抗水平力的能力差，特别是板与柱的连接点是非常薄弱的部位，对抗震尤为不利。为此，本规定抗震设计时，高层建筑不能单独使用板柱结构，而必须设置剪力墙(或剪力墙组成的筒体)来承担水平力。本书除在第2章对其适用高度及高宽比严格控制外，这里尚做出结构布置的有关要求。8度设防时应采用有柱托板，托板处总厚度不小于16倍柱纵筋直径是为了保证板柱节点的抗弯刚度。当板厚不满足受冲切承载力要求而又不能设置柱托板时，建议采用型钢剪力架(键)抵抗冲切，剪力架(键)型钢应根据计算确定。型钢剪力架(键)的高度不应大于板面筋的下排钢筋和板底筋的上排钢筋之间的净距，并确保型钢具有足够的保护层厚度，据此确定板的厚度并不应小于200mm
3	其他	抗风设计时，板柱-剪力墙结构中各层筒体或剪力墙应能承担不小于80%相应方向该层承担的风荷载作用下的剪力；抗震设计时，应能承担各层全部相应方向该层承担的地震剪力，而各层板柱部分尚应能承担不小于20%相应方向该层承担的地震剪力，且应符合有关抗震构造要求

剪力墙间距(m)　　**表 9-4**

序号	楼盖形式	非抗震设计(取较小值)	抗震设防烈度		
			6度、7度(取较小值)	8度(取较小值)	9度(取较小值)
1	现浇	$5.0B$，60	$4.0B$，50	$3.0B$，40	$2.0B$，30
2	装配整体	$3.5B$，50	$3.0B$，40	$2.5B$，30	—

注：1. 表中 B 为剪力墙之间的楼盖宽度(m)；

2. 装配整体式楼盖的现浇层应符合本书表3-12序号1之(3)条的有关规定；

3. 现浇层厚度大于60mm的叠合楼板可作为现浇板考虑；

4. 当房屋端部未布置剪力墙时，第一片剪力墙与房屋端部的距离，不宜大于表中剪力墙间距的1/2。

双向无梁板厚度与长跨的最小比值　　**表 9-5**

序号	非预应力楼板		预应力楼板	
1	无柱托板	有柱托板	无柱托板	有柱托板
2	1/30	1/35	1/40	1/45

9.2 高层建筑框架-剪力墙结构截面设计及构造

9.2.1 框架-剪力墙结构截面设计

框架-剪力墙结构截面设计如表9-6所示。

框架-剪力墙结构截面设计　　**表 9-6**

序号	项　目	内　容
1	配筋率	框架-剪力墙结构、板柱-剪力墙结构中，剪力墙的竖向、水平分布钢筋的配筋率，抗震设计时均不应小于0.25%，非抗震设计时均不应小于0.20%，并应至少双排布置。各排分布筋之间应设置拉筋，拉筋的直径不应小于6mm、间距不应大于600mm

续表 9-6

序号	项　目	内　容
2	板柱-剪力墙结构设计规定	板柱-剪力墙结构设计应符合下列规定： （1）结构分析中规则的板柱结构可用等代框架法，其等代梁的宽度宜采用垂直于等代框架方向两侧柱距各 1/4；宜采用连续体有限元空间模型进行更准确的计算分析 （2）楼板在柱周边临界截面的冲切应力，不宜超过 $0.7f_t$，超过时应配置抗冲切钢筋或抗剪栓钉，当地震作用导致柱上板带支座弯矩反号时还应对反向做复核。板柱节点冲切承载力可按本书的相关规定进行验算；并应考虑节点不平衡弯矩作用下产生的剪力影响 典型布置的抗剪栓钉设置如图 9-2 所示；图 9-3、图 9-4 分别给出了矩形柱和圆柱抗剪栓钉的不同排列示意图 当地震作用能导致柱上板带的支座弯矩反号时，应验算如图 9-5 所示虚线界面的冲切承载力 （3）沿两个主轴方向均应布置通过柱截面的板底连续钢筋，且钢筋的总截面面积应符合下列公式要求： $$A_s \geqslant N_G/f_y \quad (9\text{-}2)$$ 式中　A_s——通过柱截面的板底连续钢筋的总截面面积 N_G——该层楼面重力荷载代表值作用下的柱轴向压力设计值，8 度时尚宜计入竖向地震影响 f_y——通过柱截面的板底连续钢筋的抗拉强度设计值
3	其他	（1）高层建筑混凝土框架-剪力墙结构中的剪力墙宜采用现浇式 （2）有抗震设防的高层框剪结构截面设计，应首先注意使结构具备良好的延性，使延性系数（一般用其结构最大允许变形与屈服变形的比值）达到 4～6 的要求。延性的要求是通过控制构件的轴压比、剪压比、强剪弱弯、强柱弱梁、强底层柱下端、强底部剪力墙、强节点等验算和一系列构造措施实现的

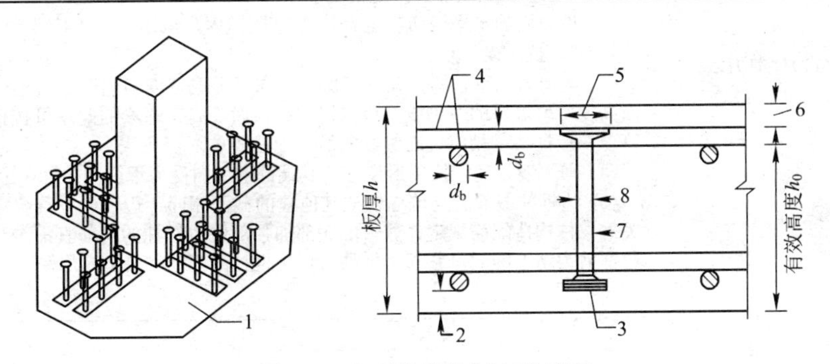

图 9-2　典型抗剪栓钉布置示意

1—临界截面；2—底部保护层；3—底部扁钢条；4—受弯钢筋；5—顶部面积≥10 倍钉身面积；6—板面保护层；7—铆钉；8—钉身直径

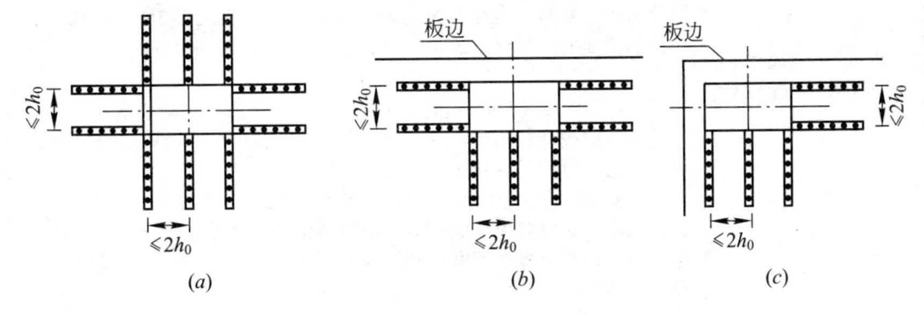

图 9-3　矩形柱抗剪栓钉排列示意

(a)内柱；(b)边柱；(c)角柱

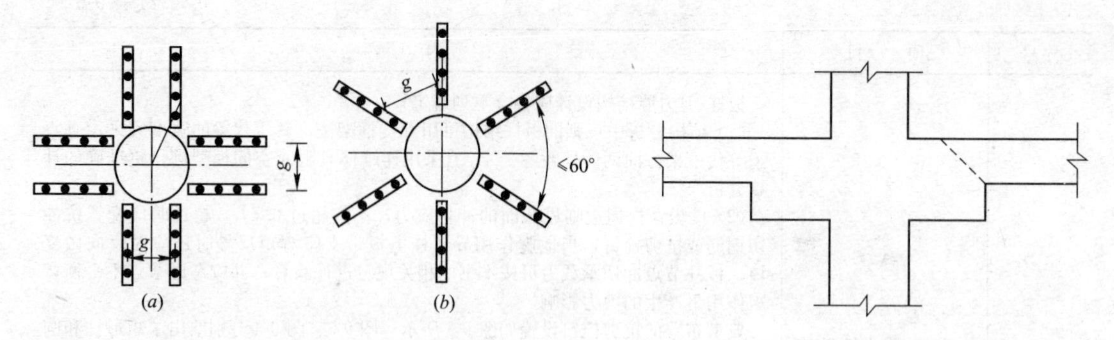

图 9-4 圆柱周边抗剪栓钉排列示意
(a)$g \leqslant 2h_0$，但不小于 0.6 倍柱直径；(b)$g \leqslant 2h_0$

图 9-5 冲切截面验算示意

9.2.2 框架-剪力墙结构构造

框架-剪力墙结构构造如表 9-7 所示。

框架-剪力墙结构构造 表 9-7

序号	项目	内容
1	带边框剪力墙	带边框剪力墙的构造应符合下列规定： (1) 带边框剪力墙的截面厚度应符合本书表 8-12 序号 1 的墙体稳定计算要求外，且应符合下列规定： 1) 抗震设计时，一、二级剪力墙的底部加强部位不应小于 200mm 2) 除上述 1)项以外的其他情况下不应小于 160mm (2) 剪力墙的水平钢筋应全部锚入边框柱内，锚固长度不应小于 l_a(非抗震设计)或 l_{aE}(抗震设计) (3) 与剪力墙重合的框架梁可保留，亦可做成宽度与墙厚相同的暗梁，暗梁截面高度可取墙厚的 2 倍或与该榀框架梁截面等高，暗梁的配筋可按构造配置且应符合一般框架梁相应抗震等级的最小配筋要求 (4) 剪力墙截面宜按工形设计，其端部的纵向受力钢筋应配置在边框柱截面内 (5) 边框柱截面宜与该榀框架其他柱的截面相同，边框柱应符合本书第 7 章有关框架柱构造配筋规定；剪力墙底部加强部位边框柱的箍筋宜沿全高加密；当带边框剪力墙上的洞口紧邻边框柱时，边框柱的箍筋宜沿全高加密
2	板柱-剪力墙结构中，板的构造设计规定	板柱-剪力墙结构中，板的构造设计应符合下列规定： (1) 抗震设计中，应在柱上板带中设置构造暗梁，暗梁宽度取柱宽及两侧各 1.5 倍板厚之和，暗梁支座上部钢筋截面积不宜小于柱上板带钢筋截面积的 50%，并应全跨拉通，暗梁下部钢筋应不小于上部钢筋的 1/2。暗梁箍筋的布置，当计算不需要时，直径不应小于 8mm，间距不宜大于 $3h_0/4$，肢距不宜大于 $2h_0$；当计算需要时应按计算确定，且直径不应小于 10mm，间距不宜大于 $h_0/2$，肢距不宜大于 $1.5h_0$ (2) 设置柱托板时，非抗震设计时托板底部宜布置构造钢筋；抗震设计时托板底部钢筋应按计算确定，并应满足抗震锚固要求。计算柱上板带的支座钢筋时，可考虑托板厚度的有利影响 (3) 无梁楼板开局部洞口时，应验算承载力及刚度要求。当未做专门分析时，在板的不同部位开单个洞的大小应符合图 9-6 的要求。若在同一部位开多个洞时，则在同一截面上各个洞宽之和不应大于该部位单个洞的允许宽度。所有洞边均应设置补强钢筋

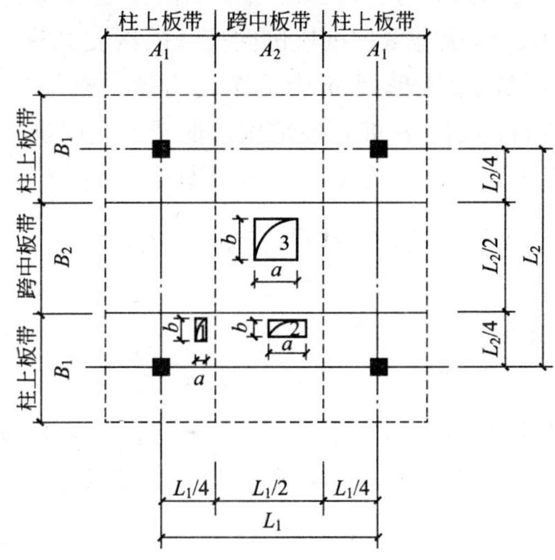

图 9-6　无梁楼板开洞要求

注：洞 1：$a \leqslant a_c/4$ 且 $a \leqslant t/2$，$b \leqslant b_c/4$ 且 $b \leqslant t/2$，其中，a 为洞口短边尺寸，b 为洞口长边尺寸，a_c 为相应于洞 a 短边方向的柱宽，b_c 为相应于洞口长边方向的柱宽，t 为板厚；洞 2：$a \leqslant A_2/4$ 且 $b \leqslant B_1/4$；洞 3：$a \leqslant A_2/4$ 且 $b \leqslant B_2/4$

9.3 计算例题

【例题 9-1】 某框架-剪力墙结构高 40m，框架承受的地震倾覆力矩大于结构总地震倾覆力矩的 50%，丙类建筑，设防烈度 7 度。设计基本地震加速度 0.15g，建筑场地为Ⅳ类。试确定采用构造措施时所用的抗震等级。

【解】

(1) 根据本书表 2-46 的规定，本结构属 A 级高度。

(2) 根据本书表 2-38 序号 1 之(1)条的有关规定，应按设防烈度 7 度考虑。

根据本书表 2-38 序号 1 之(2)条，因场地为Ⅳ类，应按设防烈度 8 度考虑，最终 8 度考虑。

(3) 根据本书表 9-2 序号 2 之(1)条，框架部分的抗震等级应按框架结构考虑。

(4) 查本书表 2-39 得：

剪力墙的抗震等级为一级。

框架的抗震等级为一级。

(5) 在进行内力调整等其他抗震措施时不能用本题所确定的抗震等级。

【例题 9-2】 位于设防烈度 8 度，Ⅲ类场地，高 58m，丙类的钢筋混凝土框架-剪力墙结构房屋。在重力荷载代表值，水平风荷载及水平地震作用下第四层边柱的轴向力标准值分别为 N_G=4300kN，N_W=1200kN 及 N_{Eh}=500kN；柱截面为 600mm×800mm，混凝土 C40，f_c=19.1N/mm^2。第四层层高 3.60m，横梁高 600mm。经计算知剪力墙部分承受的地震倾覆力矩大于结构总地震倾覆力矩的 50%。试求：(1)框架部分的抗震等级计算；(2)柱轴压比的验算。

【解】

（1）现经计算得知：该结构的剪力墙部分所承担的地震倾覆力矩大于结构总地震倾覆力矩的50％，这说明框架部分仅是承担抵抗侧向荷载的次要结构，位于设防烈度8度、Ⅲ类场地，58m高的丙类钢筋混凝土框架-剪力墙结构房屋的框架柱，按本书表2-39A级高度的高层建筑结构抗震等级的划分标准，该结构的框架柱应属抗震等级二级。

（2）今第四层的层高3.60m，横梁高600mm，柱的净高 $H_n=3.60m-0.60m=3.00m$ 时，柱的剪跨比 $\lambda=\frac{M}{Vh_0}$。当柱的反弯点在层高范围内时，可取 $\lambda=\frac{1}{2h_0}H_n$，这样，该框架柱的剪跨比λ将为

$$\lambda=\frac{3.00}{2\times(0.80-0.05)}=2.0$$

这说明该柱的剪跨比λ不大于2.0，该柱已被纳入短柱范畴，柱轴压比限值应减少0.05；框架柱为二级抗震等级时，由本书表7-55，考虑短柱的因素，它的柱轴压比限值为(0.85－0.05)＝0.80；

再求该柱的轴压比 μ_N：

考虑到只有房高大于60m时才开始计及风荷载效应参与有地震作用时的效应组合，为此，这时该柱在第四层处的轴压比应为(见本书表5-10)

$$\mu_N=\frac{N}{f_cA}=\frac{(4300\times1.2+500\times1.3)\times10^3}{19.1\times(600\times800)}=0.634<0.80$$

满足二级要求。

【例题9-3】 某高层现浇框架-剪力墙结构，抗震设防烈度为8度，高度61m，丙类建筑，Ⅰ类场地，设计地震分组为一组；在重力荷载(包括恒载及活荷载)代表值、风荷载标准值及水平地震作用标准值作用下，第三层框架边柱的轴压力标准值分别为：重力效应 $N_G=7920kN$，风荷载效应 $N_w=120kN$，水平地震作用效应 $N_{Eh}=390kN$，柱截面为800mm×800mm，混凝土强度等级为C40，$f_c=19.1N/mm^2$。试验算柱轴压比。

【解】 按本书表5-9序号1考虑荷载效应与地震作用效应的基本组合，按本书公式(5-17)得边柱轴压力为

$$N=\gamma_GN_G+\gamma_{Eh}N_{Eh}+\Psi_w\gamma_wN_w=1.2\times7920+1.3\times390+1.4\times0.2\times120=10044.6kN$$

按本书表2-38序号1，根据建筑类别为丙类、抗震设防烈度为8度、Ⅰ类场地，抗震等级应考虑的设防烈度为7度；然后，根据已知框架-剪力墙结构高度为61m及决定抗震等级应考虑的设防烈度为7度，从本书表2-39查出框架-剪力墙结构的框架抗震等级为二级；最后按本书表7-54序号2验算柱的轴压比为

$$\mu_N=\frac{N}{A_cf_c}=\frac{10044.6\times10^3}{800\times800\times19.1}=0.822<0.85$$

满足二级要求。

【例题9-4】 某高层现浇框架-剪力墙结构，抗震设防烈度为7度，高度55m，乙类建筑，Ⅱ类场地，设计地震分组为一组，某框架柱的竖向荷载与地震作用组合的最大轴压力设计值 $N=9780kN$。柱截面尺寸为800mm×800mm，混凝土强度等级为C40，$f_c=19.1N/mm^2$。试验算柱轴压比。

【解】 根据建筑类别为乙类，抗震设防烈度为7度、Ⅱ类场地，按本书表2-38序号1抗震等级应考虑的设防烈度为8度；已知框架-剪力墙结构高度为55m，决定抗震等级应

考虑的设防烈度为 8 度，从本书表 2-39 查出框架-剪力墙结构的框架抗震等级为二级；按本书表 7-55 验算柱的轴压比为

$$\mu_N=\frac{N}{A_c f_c}=\frac{9780\times10^3}{800\times800\times19.1}=0.822<0.85$$

满足二级要求。

【例题 9-5】 有一幢高 15 层框架-剪力墙结构属框架柱数量从下至上基本不变的规则建筑，抗震设防烈度为 7 度，Ⅱ类场地。

经计算得结构底部总水平地震作用标准值 $F_{Ek}=6700\text{kN}$，已求得某楼层框架分配的最大剪力 $V_{f,max}=900\text{kN}$。试确定各楼层框架总剪力标准值。

【解】

应用公式(9-1)计算，得

$$0.2V_0=0.2F_{Ek}=0.2\times6700=1340\text{kN}$$

$$V_{f,max}=900\text{kN}<0.2V_0=1340\text{kN}$$

不满足公式(9-1)的要求。

$$1.5V_{f,max}=1.5\times900=1350\text{k}>0.2V_0=1340\text{kN}$$

根据表 9-3 序号 1 的规定，则

取各楼层框架总剪力为 $0.2V_0$ 和 $1.5V_{f,max}$ 中较小值，即取 $V_f=1340\text{kN}$。

【例题 9-6】 有一规则建筑，采用框架-剪力墙结构，在地震作用下结构的底部总剪力为 $V_0=4000\text{kN}$，各层框架部分所承担总剪力中的最大值 $V_{f,max}=400\text{kN}$，该结构某层的总剪力为 2600kN，其中某层框架部分所承担的总剪力为 300kN。试确定该层框架部分总剪力应该采用的数值。

【解】

$0.2V_0=0.2\times4000=800\text{kN}>300\text{kN}$，未满足公式(9-1)的要求，要调整。

$$1.5V_{f,max}=1.5\times400=600\text{kN}$$

因　$V_{f,max}=400\text{kN}<0.2V_0=800\text{kN}$

根据表 9-3 序号 1 的规定，这时，各楼层的框架总剪力应按 $0.2V_0$ 和 $1.5V_{f,max}$ 二者的较小值采用，即取 $V=600\text{kN}$，故该层亦应采用 $V=600\text{kN}$。

【例题 9-7】 某 14 层框架-剪力墙结构属框架柱数量从下至上基本不变的规则建筑，已知在水平地震作用下结构的总基底剪力 $V_0=12000\text{kN}$，框架的总剪力最大值在第 5 层，$V_{f,max}=1800\text{kN}$，经计算得某层一根柱在水平地震作用下的内力标准值为

上端弯矩 $M_上=\pm130\text{kN}\cdot\text{m}$；

下端弯矩 $M_下=\pm290\text{kN}\cdot\text{m}$；

剪力 $V=\pm80\text{kN}$；

轴力 $N_{max}=-410\text{kN}$；

　　$N_{min}=-310\text{kN}$。

试确定该柱应采用的内力值。

【解】

(1) 因 $0.2V_0=0.2\times12000=2400\text{kN}>V_{f,max}=1800\text{kN}$

根据表 9-3 序号 1 之(1)条第 1 款，该柱内力需要调整。

（2）因 $1.5V_{f,max}=1.5\times1800=2700kN>2400=0.2V_0$。

根据表 9-3 序号 1 有关的规定，应取较小值作为框架的总剪力，即取 $V=2400kN$。

（3）内力的调整系数 $\eta=\frac{2400}{1800}=1.3$。

（4）根据表 9-3 序号 1 有关规定得调整后的内力值为

$$M_{上}=\pm130\times1.3=\pm169kN\cdot m$$

$$M_{下}=\pm290\times1.3=\pm377kN\cdot m$$

$$V=\pm80\times1.3=\pm104kN$$

轴力不必调整。

【例题 9-8】 某具有高层现浇整体楼面的框架-剪力墙结构，抗震设防烈度 8 度，楼面横向宽度 18m。试确定在布置横向剪力墙时，符合规定的间距。

【解】 应用表 9-4 规定剪力墙间距为 3B 和 40m 中取较小者，$3B=3\times18=54m>40m$，取 40m。

第10章 高层建筑混凝土筒体结构设计

10.1 高层建筑混凝土筒体结构设计一般规定

10.1.1 混凝土筒体结构的分类和受力特点

混凝土筒体结构的分类和受力特点如表10-1所示。

混凝土筒体结构的分类和受力特点　　表10-1

序号	项　目	内　容
1	说明	(1) 筒体结构是一种竖向悬臂筒式结构体系，是空间整截面工作结构，如同一根竖立在地面上的悬臂箱形梁，具有造型美观、使用灵活、受力合理、刚度大、有良好的抗侧力性能等优点，适用于30层或100m以上的超高层建筑。筒体结构随高度的增高其空间作用越明显，一般宜用于60m以上的高层建筑。目前全世界最高的一百幢高层建筑约有三分之二采用筒体结构；国内百米以上的高层建筑约有一半采用钢筋混凝土筒体结构 (2) 常用的筒体结构有：框筒结构、框架-核心筒结构、筒中筒结构和束筒结构。不同的筒体结构具有不同的特点，可以满足不同的使用要求 (3) 核芯筒作为一种高层建筑的承重结构，可以同时承受竖向荷载和侧向力的作用。当单个核芯筒独立工作时，建筑物四周的柱子一般不落地，仅有核芯筒将上部荷载传至基础。因此，核芯筒结构占地面积小，可在地面留出较大的空间以满足绿化、交通、保护既有建筑物等规划要求。核芯筒结构中建筑周边的柱子仅承受若干层的楼面竖向荷载，其截面尺寸较小，便于建筑上开窗采光、视野开阔，很受用户欢迎 核芯筒结构具有较大的抗侧刚度，且受力明确，分析方便。核芯筒本身是一个典型的竖向悬臂结构，在竖向荷载和侧向力作用下，可按偏心受压构件进行筒身截面配筋设计。但在地震区，实腹的核心筒结构的受力性能并不理想。实腹形的筒体结构易于出现脆性的破坏形态，且在地震作用下，作为悬臂结构的实腹核芯筒为静定结构，没有多余的约束，缺乏第二道防线。当核芯筒底部在水平力作用下形成塑性铰时，整个结构即成为机构而倒塌。同时，水塔状的建筑外形和质量分布及刚性的结构形式，使核芯筒结构具有较大的地震反应。因此，结构布置时应该在筒壁四周适当地布置一些结构洞，或者根据结构抗震的要求对筒壁上的门窗洞口进行适当的调整，使筒壁成为联肢剪力墙的结构形式，利用连系梁梁端的塑性铰耗散地震能量，使之出现"强肢弱梁"型的破坏形态 当建筑周边柱子不落地时，楼面竖向荷载只能通过水平悬挑构件传至核芯筒。因为悬臂段跨度较大，水平悬挑构件的形式一般为钢架结构，当层数较多时还可在竖向分成若干区段，设置多个桁架，各区段范围内楼盖可以通过小框架支承于下层的悬挑桁架上，也可通过悬挂索支承于上层的悬挑桁架上 当核芯筒成组布置时，可形成较大的使用空间，常常被用于高层办公楼建筑中。这时常布置一些柱子承受竖向荷载以减少楼盖结构的跨度，这些柱子承受侧向力的能力很小，侧向力主要由核芯筒承受 (4) 见表3-5中的有关规定
2	筒体结构的分类	(1) 框筒结构。由建筑外围的深梁、密排柱和楼盖构成的筒状空间结构，称为框筒。典型的框筒结构如图10-1*a*所示，当框筒单独作为承重结构时，一般在中间需布置柱子(图10-1*b*)，承受竖向荷载，可减少楼盖结构的跨度；框筒结构外筒柱距较密，常常不能满足建筑使用要求。为扩大底层柱距，常用巨大的拱、梁或桁架等支承上部的柱子

续表 10-1

序号	项目	内容
2	筒体结构的分类	(2)框架-核心筒结构。框架-核心筒结构由布置在楼层中央的剪力墙核心筒和周边的框架组成，见图 10-2。框架-核心筒结构的受力性能与框架-剪力墙结构相似，但框架-核心筒结构中的柱子往往数量少而截面大；框架-核心筒结构可提供较大的开阔空间，常被用于高层办公楼建筑中 (3)筒中筒结构。筒中筒结构一般含内、外两个筒，外筒是由密排柱和截面高度相对较大的裙梁组成的框筒，内筒为剪力墙和连梁组成的薄壁筒。见图 10-3。一般把楼梯间、电梯间等服务性设施布置在核心筒内，内外筒之间的开阔空间可满足建筑上自由分隔、灵活布置的要求。设计一般要求内筒与外筒之间的距离以不大于 12m 为宜，内筒的边长为外筒相应边长的 1/3 左右较为适宜。常用于可供出租的商务办公中心 (4)束筒结构。由若干个单元筒集成一体，从而形成空间刚度极大的结构，每一个单元筒能够单独形成一个筒体结构，见图 10-4。束筒的抗侧刚度比框筒和筒中筒结构大，能适用更高的高层建筑。束筒结构的腹板框架数量较多，使翼缘框架与腹板框架相交的角柱增加，大大减小剪力滞后，从而充分发挥筒体结构的空间作用
3	筒体结构受力性能	(1)框筒结构。框筒是由密排的柱和高跨比很大的框筒梁组成，也可以说是实腹筒上开有规律的窗口的筒。但是由于洞口的存在，框筒的受力性能和实腹筒有一定差异。理想的实腹式筒体是一箱形截面空间结构，由于各层楼盖的水平支撑作用，整个结构具有很强的整体工作性能，即实腹筒的整个截面变形基本上符合平截面假定 在水平力的作用下，框筒结构的受力既相似于薄壁箱形结构，又有其自身特点，不仅平行于水平力方向的腹板参与工作，而且与水平力垂直的翼缘板也完全参与工作。对于箱形结构，腹板和翼缘的应力根据材料力学解答都呈直线分布，如图 10-5 中虚线所示；框筒中水平剪力主要由腹板框架整体承担，整个弯矩则主要由一侧受拉、另一侧受压的翼缘框架承担。框筒的腹板框架不再保持平截面变形，其腹板框架柱的轴力呈曲线分布，如图 10-5 中实线所示。靠近角柱的柱子轴力大，远离角柱的柱子轴力小。这种翼缘框架柱内轴力随着距角柱距离的增大而减小，不再保持直线分布的规律称为“剪力滞后”。这种剪力滞后是由于翼缘框架中梁的剪切变形和梁、柱的弯曲变形造成的，即翼缘框架的裙梁剪力传递能力减弱引起的。在水平力作用下，腹板框架受力，角柱产生轴力、剪力和弯矩。因角柱的轴向变形，使相邻的翼缘框架裙梁端产生剪力，这个剪力使裙梁另一端翼缘框架柱子产生轴力。依次传递下去，则翼缘框架的梁柱均产生内力，包括轴力、剪刀和弯矩。这就是剪力传递，显然，翼缘框架的梁柱内力随着距角柱越远而越小 剪力滞后使部分中柱分担的内力减小，承载能力得不到发挥，结构整体性减弱；且裙梁越高或剪切刚度大、墙面开孔率越小即整体性越强，剪力滞后效应越小。此外，框筒平面宽度越大，剪力滞后效应越明显。因此，为了增强框筒的整体性，减小剪力滞后，设计中应增加裙梁高度，限制柱距和开孔率，控制框筒的长宽比尽量接近于 1 侧向力作用下，腹板框架将发生剪切型的侧向位移曲线；而翼缘框架一侧受拉，一侧受压状态将形成弯曲型的变形曲线，因此，框筒结构在侧向力作用下的侧向位移曲线呈弯剪型 (2)框架-核心筒结构。这种结构的外框架柱距较大，一般柱距为 6～12m，超过了框筒结构的柱距(不宜大于 4m)；框架-核心筒结构的工作性能接近于框架-剪力墙结构，中央核心筒承受外力产生的大部分剪力和弯矩，以弯曲型变形为主；外柱作为等效框架共同工作，承担的剪力较小，以剪切变形为主，在楼盖的作用下，两者位移协调，其侧移曲线呈弯剪型 (3)筒中筒结构。筒中筒结构的外筒一般为框筒，内筒为剪力墙薄壁筒，其空间受力性能与许多因素有关，比实腹筒体和框筒要复杂得多，影响因素主要有： 1)影响一般筒体的剪力滞后效应、框筒的长宽比等 2)筒中筒结构的高宽比。一般来讲，当筒中筒结构的高宽比分别为 5、3 和 2 时，外框筒的抗倾覆力矩约占总倾覆力矩的 50%、25%和 10%。为了充分发挥外框筒的空间作用，筒中筒结构的高宽比不宜小于 3，结构高度不宜低于 60m

续表 10-1

序号	项　　目	内　　容
3	筒体结构受力性能	3)内外筒之间的刚度比。该比值直接影响到结构整体弯矩和剪力在内筒和外筒之间的分配 筒中筒结构的剪力主要由外筒的腹板框架和内筒的腹板部分承担，剪力分配与内外筒之间的抗侧刚度比有关，在不同的高度，侧向力在内外筒之间的分配比例不同，一般地，在结构底部，内筒承担了大部分剪力，外筒承担的剪力很小 侧向力产生的弯矩由内外筒共同承担，由于外筒柱离建筑平面形心较远，故外筒柱内的轴力所形成的抗倾覆弯矩极大。外筒中，翼缘框架又占了其中的主要部分，角柱也发挥了十分重要的作用，而外筒腹板框架及内筒腹板墙肢的局部弯曲产生的弯矩极小 筒中筒结构在侧向力作用下的侧向位移曲线呈弯剪型 (4)束筒结构。束筒结构相当于增加了腹板框架数量的框筒结构。这种结构对减小剪力滞后效应、增加整体性非常有效，故束筒结构的抗侧刚度比框筒和筒中筒结构大

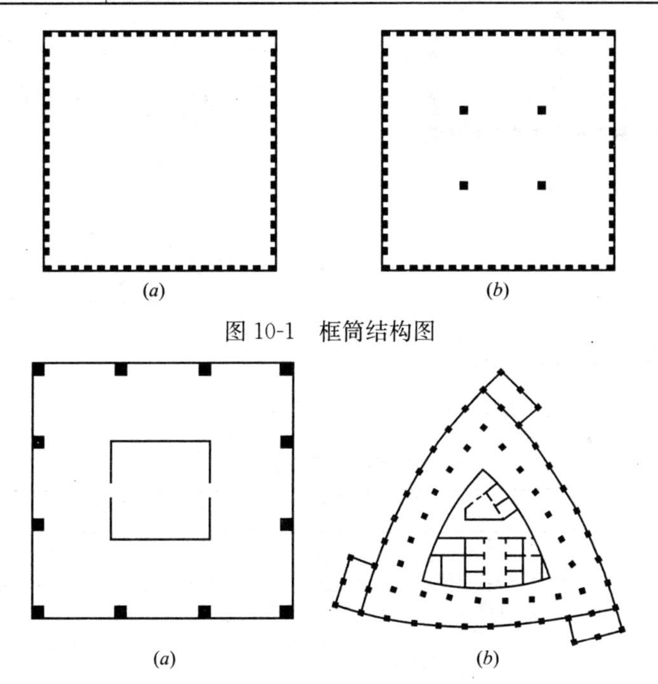

图 10-1　框筒结构图

图 10-2　框架-核心筒结构

(a)框架-核心筒结构典型形式；(b)上海虹桥宾馆平面图(35 层，高 103.7m)

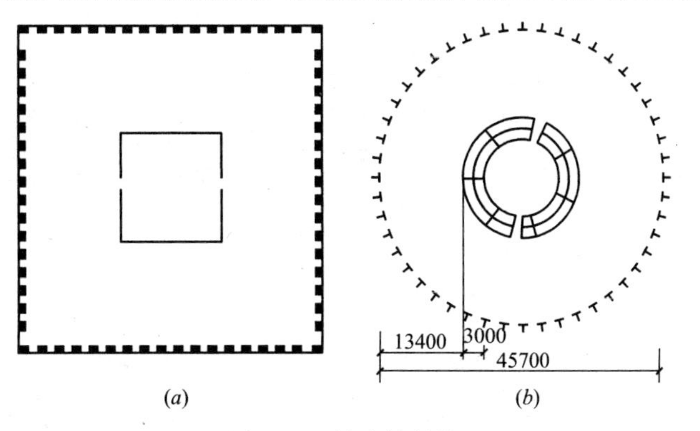

图 10-3　筒中筒结构

(a)框架-核心筒结构典型形式；(b)香港合和中心(64 层，高 215m)

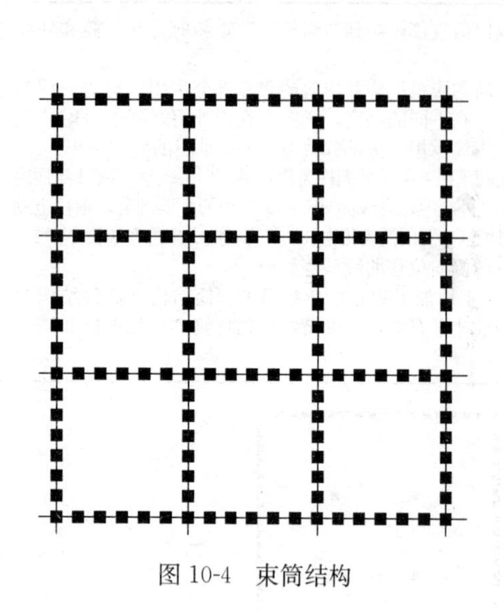

图 10-4　束筒结构

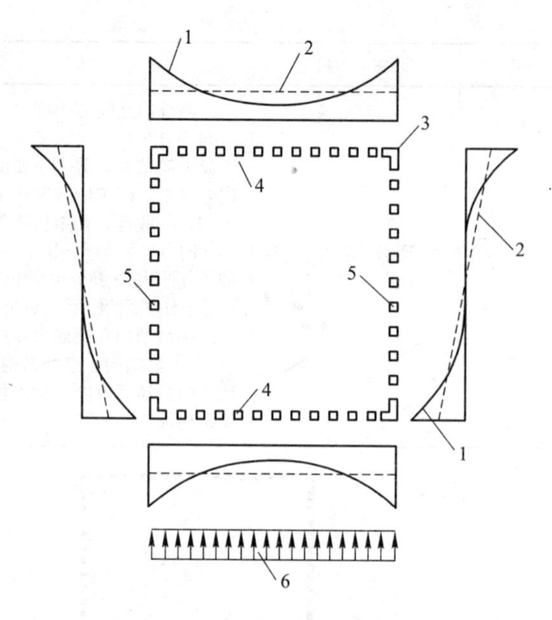

图 10-5　框筒结构受力特点
1—实际应力分布；2—材料力学解答；
3—角柱；4—翼缘框架；5—腹板框架；
6—荷载作用方向

10.1.2　筒体结构设计一般规定

筒体结构设计一般规定如表 10-2 所示。

筒体结构设计一般规定　　**表 10-2**

序号	项　目	内　容
1	适用条件	(1) 本章适用于钢筋混凝土框架-核心筒结构和筒中筒结构，其他类型的筒体结构可参照使用。筒体结构各种构件的截面设计和构造措施除应遵守本章规定外，尚应符合本书第 7～9 章的有关规定 (2) 筒中筒结构的高度不宜低于 80m，高宽比不宜小于 3。对高度不超过 60m 的框架-核心筒结构，可按框架-剪力墙结构设计 (3) 当相邻层的柱不贯通时，应设置转换梁等构件。转换构件的结构设计应符合本书第 11 章的有关规定
2	构造规定	(1) 筒体结构的楼盖外角宜设置双层双向钢筋(图 10-6)，单层单向配筋率不宜小于 0.3%，钢筋的直径不应小于 8mm、间距不应大于 150mm，配筋范围不宜小于外框架(或外筒)至内筒外墙中距的 1/3 和 3m 在上述中，筒体结构的双向楼板在竖向荷载作用下，四周外角要上翘，但受到剪力墙的约束，加上楼板混凝土的自身收缩和温度变化影响，使楼板外角可能产生斜裂缝。为防止这类裂缝出现，楼板外角顶面和底面配置双向钢筋网，适当加强 (2) 核心筒或内筒的外墙与外框柱间的中距，非抗震设计大于 15m、抗震设计大于 12m 时，宜采取增设内柱等措施 (3) 楼盖主梁不宜搁置在核心筒或内筒的连梁上 在上述中，楼盖主梁搁置在核心筒的连梁上，会使连梁产生较大剪力和扭矩；容易产生脆性破坏，应尽量避免 (4) 抗震设计时，框筒柱和框架柱的轴压比限值可按框架-剪力墙结构的规定采用 在上述中，在筒体结构中，大部分水平剪力由核心筒或内筒承担，框架柱或框筒柱所受剪力远小于框架结构中的柱剪力，剪跨比明显增大，因此其轴压比限值可比框架结构适当放松，可按框架-剪力墙结构的要求控制柱轴压比

续表 10-2

序号	项　　目	内　　容
3	设计规定	（1）核心筒或内筒中剪力墙截面形状宜简单；截面形状复杂的墙体可按应力进行截面设计校核 （2）筒体结构核心筒或内筒设计应符合下列规定： 1）墙肢宜均匀、对称布置 2）筒体角部附近不宜开洞，当不可避免时，筒角内壁至洞口的距离不应小于500mm 和开洞墙截面厚度的较大值 3）筒体墙应按本书表 8-12 序号 1 验算墙体稳定，且外墙厚度不应小于 200mm，内墙厚度不应小于 160mm，必要时可设置扶壁柱或扶壁墙 4）筒体墙的水平、竖向配筋不应少于两排，其最小配筋率应符合本书表 8-13 序号 1 之(1)条的规定 5）抗震设计时，核心筒、内筒的连梁宜配置对角斜向钢筋或交叉暗撑 6）筒体墙的加强部位高度、轴压比限值、边缘构件设置以及截面设计，应符合本书第 8 章的有关规定 （3）核心筒或内筒的外墙不宜在水平方向连续开洞，洞间墙肢的截面高度不宜小于 1.2m；当洞间墙肢的截面高度与厚度之比小于 4 时，宜按框架柱进行截面设计 在上述中，为防止核心筒或内筒中出现小墙肢等薄弱环节，墙面应尽量避免连续开洞，对个别无法避免的小墙肢，应控制最小截面高度，并按柱的抗震构造要求配置箍筋和纵向钢筋，以加强其抗震能力 （4）抗震设计时，筒体结构的框架部分按侧向刚度分配的楼层地震剪力标准值应符合下列规定： 1）框架部分分配的楼层地震剪力标准值的最大值不宜小于结构底部总地震剪力标准值的 10% 2）当框架部分分配的地震剪力标准值的最大值小于结构底部总地震剪力标准值的 10%时，各层框架部分承担的地震剪力标准值应增大到结构底部总地震剪力标准值的 15%；此时，各层核心筒墙体的地震剪力标准值宜乘以增大系数 1.1，但可不大于结构底部总地震剪力标准值，墙体的抗震构造措施应按抗震等级提高一级后采用，已为特一级的可不再提高 3）当框架部分分配的地震剪力标准值小于结构底部总地震剪力标准值的 20%，但其最大值不小于结构底部总地震剪力标准值的 10%时，应按结构底部总地震剪力标准值的 20%和框架部分楼层地震剪力标准值中最大值的 1.5 倍二者的较小值进行调整 按上述第 2)款或第 3)款调整框架柱的地震剪力后，框架柱端弯矩及与之相连的框架梁端弯矩、剪力应进行相应调整 有加强层时，本条框架部分分配的楼层地震剪力标准值的最大值不应包括加强层及其上、下层的框架剪力

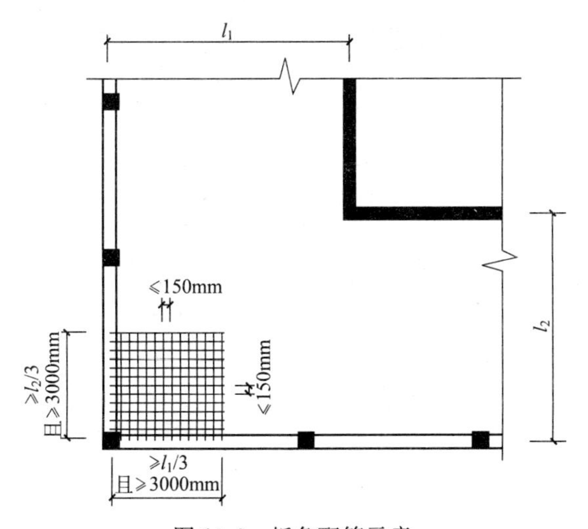

图 10-6　板角配筋示意

10.2　高层建筑混凝土框架-核心筒结构设计

10.2.1　框架-核心筒结构构造

框架-核心筒结构构造如表10-3所示。

框架-核心筒结构构造　　表10-3

序号	项　目	内　容
1	核心筒	(1) 核心筒宜贯通建筑物全高。核心筒的宽度不宜小于筒体总高的1/12，当筒体结构设置角筒、剪力墙或增强结构整体刚度的构件时，核心筒的宽度可适当减小 在上述中，核心筒是框架-核心筒结构的主要抗侧力结构，应尽量贯通建筑物全高。一般来讲，当核心筒的宽度不小于筒体总高度的1/12时，筒体结构的层间位移就能满足规定 (2) 框架-核心筒结构的周边柱间必须设置框架梁 在上述中，由于框架-核心筒结构外周框架的柱距较大，为了保证其整体性，外周框架柱间必须要设置框架梁，形成周边框架。实践证明，纯无梁楼盖会影响框架-核心筒结构的整体刚度和抗震性能，尤其是板柱节点的抗震性能较差。因此，在采用无梁楼盖时，更应在各层楼盖沿周边框架柱设置框架梁
2	框架-双筒结构	(1) 当内筒偏置、长宽比大于2时，宜采用框架-双筒结构 (2) 当框架-双筒结构的双筒间楼板开洞时，其有效楼板宽度不宜小于楼板典型宽度的50%，洞口附近楼板应加厚，并应采用双层双向配筋，每层单向配筋率不应小于0.25%；双筒间楼板宜按弹性板进行细化分析 (3) 在上述中，内筒采用双筒可增强结构的扭转刚度，减小结构在水平地震作用下的扭转效应。考虑到双筒间的楼板因传递双筒间的力偶会产生较大的平面剪力，上述(2)条对双筒间开洞楼板的构造作了具体规定，并建议按弹性板进行细化分析

10.2.2　框架-核心筒结构设计

框架-核心筒结构设计如表10-4所示。

框架-核心筒结构设计　　表10-4

序号	项　目	内　容
1	核心筒墙体	抗震设计时，核心筒墙体设计尚应符合下列规定： (1) 底部加强部位主要墙体的水平和竖向分布钢筋的配筋率均不宜小于0.30% (2) 底部加强部位约束边缘构件沿墙肢的长度宜取墙肢截面高度的1/4，约束边缘构件范围内应主要采用箍筋 (3) 底部加强部位以上宜按本书表8-8序号2之(1)条的规定设置约束边缘构件
2	核心筒连梁	(1) 核心筒连梁的受剪截面应符合表10-6序号2的要求，其构造设计应符合表10-5序号3及表10-6序号3的有关规定 (2) 对内筒偏置的框架-筒体结构，应控制结构在考虑仍然偏心影响的规定地震力作用下，最大楼层水平位移和层间位移不应大于该楼层平均值的1.4倍，结构扭转为主的第一自振周期T_t与平动为主的第一自振周期T_1之比不应大于0.85，且T_1的扭转成分不宜大于30% 在上述(2)中，内筒偏置的框架-筒体结构，其质心与刚心的偏心距较大，导致结构在地震作用下的扭转反应增大。对这类结构，应特别关注结构的扭转特性，控制结构的扭转反应。本条要求对该类结构的位移比和周期比均按B级高度高层建筑从严控制。内筒偏置时，结构的第一自振周期T_1中会含有较大的扭转成分，为了改善结构抗震的基本性能，除控制结构扭转为主的第一自振周期Tt与平动为主的第一自振周期T_1之比不应大于0.85外，尚需控制T_1的扭转成分不宜大于平动成分之半

10.3　高层建筑混凝土筒中筒结构设计

10.3.1　混凝土筒中筒结构构造

混凝土筒中筒结构构造如表10-5所示。

混凝土筒中筒结构构造　　表10-5

序号	项　目	内　容
1	说明	应符合表10-2的有关规定
2	截面要求	(1) 筒中筒结构的平面外形宜选用圆形、正多边形、椭圆形或矩形等，内筒宜居中 (2) 矩形平面的长宽比不宜大于2 (3) 内筒的宽度可为高度的1/12～1/15，如有另外的角筒或剪力墙时，内筒平面尺寸可适当减小。内筒宜贯通建筑物全高，竖向刚度宜均匀变化 (4) 三角形平面宜切角，外筒的切角长度不宜小于相应边长的1/8，其角部可设置刚度较大的角柱或角筒；内筒的切角长度不宜小于相应边长的1/10，切角处的筒壁宜适当加厚 (5) 外框筒应符合下列规定： 1) 柱距不宜大于4m，框筒柱的截面长边应沿筒壁方向布置，必要时可采用T形截面 2) 洞口面积不宜大于墙面面积的60%，洞口高宽比宜与层高和柱距之比值相近 3) 外框筒梁的截面高度可取柱净距的1/4 4) 角柱截面面积可取中柱的1～2倍 上述中，研究表明，筒中筒结构的空间受力性能与其平面形状和构件尺寸等因素有关，选用圆形和正多边形等平面，能减少外框筒的“剪力滞后”现象，使结构更好地发挥空间作用，矩形和三角形平面的“剪力滞后”现象相对较严重，矩形平面的长宽比大于2时，外框筒的“剪力滞后”更突出，应尽量避免；三角形平面切角后，空间受力性质会相应改善 除平面形状外，外框筒的空间作用的大小还与柱距、墙面开洞率，以及洞口高宽比与层高和柱距之比等有关，矩形平面框筒的柱距越接近层高、墙面开洞率越小，洞口高宽比与层高和柱距之比越接近，外框筒的空间作用越强；在上述(5)条中给出了矩形平面的柱距，以及墙面开洞率的最大限值。由于外框筒在侧向荷载作用下的“剪力滞后”现象，角柱的轴向力约为邻柱的1～2倍，为了减小各层楼盖的翘曲，角柱的截面可适当放大，必要时可采用L形角墙或角筒
3	外框筒梁和内筒连梁	外框筒梁和内筒连梁的构造配筋应符合下列要求： (1) 非抗震设计时，箍筋直径不应小于8mm；抗震设计时，箍筋直径不应小于10mm (2) 非抗震设计时，箍筋间距不应大于150mm；抗震设计时，箍筋间距沿梁长不变，且不应大于100mm，当梁内设置交叉暗撑时，箍筋间距不应大于200mm (3) 框筒梁上、下纵向钢筋的直径均不应小于16mm，腰筋的直径不应小于10mm，腰筋间距不应大于200mm

10.3.2　混凝土筒中筒结构设计

混凝土筒中筒结构设计如表10-6所示。

混凝土筒中筒结构设计　　　　**表 10-6**

序号	项　目	内　容
1	说明	应符合表 10-2 的有关规定
2	连梁的截面尺寸	外框筒梁和内筒连梁的截面尺寸应符合下列规定： （1）持久、短暂设计状况 $$V_b \leqslant 0.25\beta_c f_c b_b h_{b0} \quad (10\text{-}1)$$ （2）地震设计状况 1）跨高比大于 2.5 时 $$V_b \leqslant \frac{1}{\gamma_{RE}}(0.20\beta_c f_c b_b h_{b0}) \quad (10\text{-}2)$$ 2）跨高比不大于 2.5 时 $$V_b \leqslant \frac{1}{\gamma_{RE}}(0.15\beta_c f_c b_b h_{b0}) \quad (10\text{-}3)$$ 式中　V_b——外框筒梁或内筒连梁剪力设计值 b_b——外框筒梁或内筒连梁截面宽度 h_{b0}——外框筒梁或内筒连梁截面的有效高度 β_c——混凝土强度影响系数，应按本书表 7-21 规定采用
3	连梁的计算	跨高比不大于 2 的框筒梁和内筒连梁宜增配对角斜向钢筋。跨高比不大于 1 的框筒梁和内筒连梁宜采用交叉暗撑(图 10-7)，且应符合下列规定： （1）梁的截面宽度不宜小于 400mm （2）全部剪力应由暗撑承担，每根暗撑应由不少于 4 根纵向钢筋组成，纵筋直径不应小于 14mm，其总面积 A_s 应按下列公式计算： 1）持久、短暂设计状况 $$A_s \geqslant \frac{V_b}{2f_y \sin\alpha} \quad (10\text{-}4)$$ 2）地震设计状况 $$A_s \geqslant \frac{\gamma_{RE} V_b}{2f_y \sin\alpha} \quad (10\text{-}5)$$ 式中　α——暗撑与水平线的夹角 （3）两个方向暗撑的纵向钢筋应采用矩形箍筋或螺旋箍筋绑成一体，箍筋直径不应小于 8mm，箍筋间距不应大于 150mm （4）纵筋伸入竖向构件的长度不应小于 l_{aE}，非抗震设计时 l_{aE} 可取 l_a，抗震设计时 l_{aE} 宜取 $1.15l_a$ （5）梁内普通箍筋的配置应符合表 10-5 序号 3 的构造要求

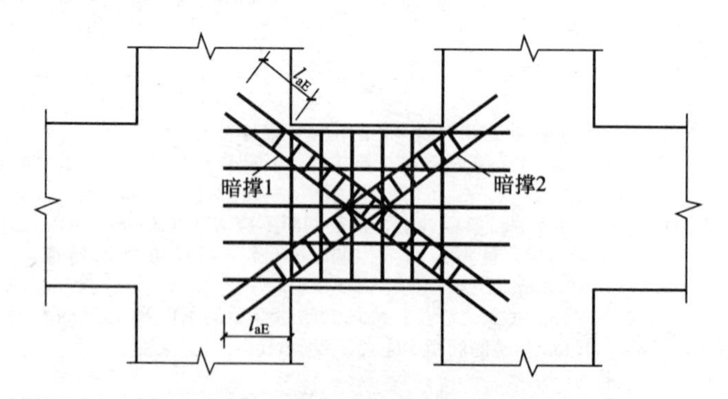

图 10-7　梁内交叉暗撑的配筋

第11章　复杂高层建筑混凝土结构设计

11.1　复杂高层建筑混凝土结构设计一般规定

11.1.1　复杂高层建筑结构包括的类型及适用条件

复杂高层建筑结构包括的类型及适用条件如表11-1所示。

复杂高层建筑结构包括的类型及适用条件　　表11-1

序号	项　目	内　容
1	复杂高层建筑结构包括的类型	复杂高层建筑结构包括：带转换层的结构、带加强层的结构、错层结构、连体结构以及竖向体型收进、悬挑结构，属于不规则结构，传力途径复杂，有的工程平面布置也不规则，在地震作用下容易形成敏感的薄弱部位 （1）带转换层的高层建筑结构。在高层建筑结构的底部，当上部楼层部分竖向构件（剪力墙、框架柱）不能直接连续贯通落地时（图11-1*a*），必须设置安全可靠的结构转换层，形成带转换层高层建筑结构。转换层所在的层称为转换层，设有转换层的结构称为带转换层的结构。带转换层的结构属于竖向不规则结构，转换层是薄弱楼层 （2）带加强层的高层建筑结构。加强层结构一般在框架-核心筒结构中采用。框架-核心筒结构的外围框架都为稀柱框架，当房屋较高时，结构的侧向刚度较弱，有时不满足设计要求，此时可沿建筑物的竖向利用建筑避难层、设备层空间，在核心筒与外围框架之间设置适宜刚度的水平外伸构件，必要时可在周边框架柱之间增设水平环带构件，以构成带加强层的结构（图11-1*b*）。框架-核心筒结构设置加强层后，其稀柱框架的轴力可平衡较大一部分水平力产生倾覆力矩，从而减少内筒的弯曲变形，转换为外围框架柱的轴向变形，结构在水平力作用下的位移可明显减少。带加强层的结构属于竖向不规则结构，加强层的设置引起结构刚度和内力在加强层附近发生明显突变。在地震作用下，结构容易在加强层附近形成薄弱层 （3）错层结构。房屋不同部位因功能不同而使楼层错层时，便形成了错层结构（图11-1*c*）。错层结构属于竖向布置不规则结构；错层附近的竖向抗侧力结构受力复杂，难免会形成众多应力集中部位；错层结构的楼板有时会受到较大的削弱；剪力墙结构错层后会使部分剪力墙的洞口布置不规则，形成错洞剪力墙或叠合错洞剪力墙；框架结构错层则更为不利，往往形成许多短柱与长柱混合的不规则体系。抗震设计时，高层建筑宜避免错层。当因功能不同而使楼层错层时，宜采用防震缝划分为独立的结构单元 （4）连体结构。连体结构可分为两种形式。一种形式为架空的连廊，在两个建筑之间设置一个或多个连廊（图11-1*d*）。震害表明，连体结构破坏严重，连接体本身塌落较多，同时使主体结构中与连接体相连的部分结构严重破坏，尤其当两个主体结构层数不等或体型、平面和刚度不同时，两建筑的地震反应差别很大，在地震中该连体结构会出现复杂的平扭耦联振动，扭转反应效应增大，连体结构破坏尤为严重。另一种形式为凯旋门式，这种形式的两个主体结构一般采用对称的平面形式，在两个主体结构的顶部若干层连接成整体楼层，连接体的宽度与主体结构的宽度相等或接近 （5）多塔楼结构。在多个高层建筑的底部有一个连成整体的大裙房，形成大底盘（图11-1*e*）；当一幢高层建筑的底部设有较大面积的裙房时，为带底盘的单塔结构，这种结构是多塔楼结构的一个特殊情况。对于多个塔楼仅通过地下室连为一体，地上无裙房或有局部小裙房但不连为一体的情况，一般不属于大底盘多塔结构

续表 11-1

序号	项　目	内　容
1	复杂高层建筑结构包括的类型	带大底盘的高层建筑，结构在大底盘上一层突然收进，属于竖向不规则结构；大底盘上有两个或多个塔楼时，结构振型复杂，并产生复杂的扭转振动，使结构内力增大
2	适用条件	本章对复杂高层建筑结构的规定适用于带转换层的结构、带加强层的结构、错层结构、连体结构以及竖向体型收进、悬挑结构(包括多塔楼结构)

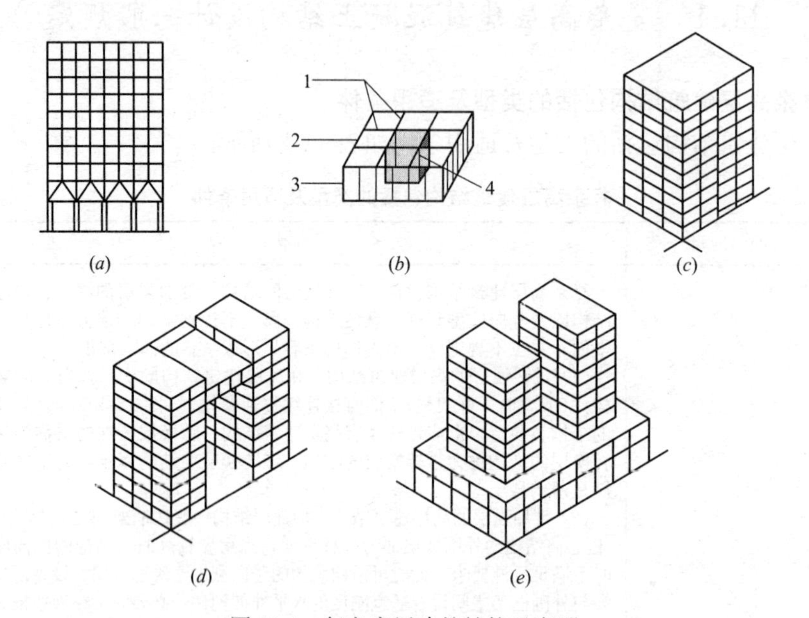

图 11-1　复杂高层建筑结构示意图

(*a*)桁架转换层；(*b*)加强层；(*c*)错层；(*d*)连体；(*e*)多塔

1—刚臂；2—水平梁；3—框架柱；4—实腹筒

11.1.2　复杂高层建筑结构抗震设计规定及计算分析

复杂高层建筑结构抗震设计规定及计算分析如表 11-2 所示。

复杂高层建筑结构抗震设计规定及计算分析　　**表 11-2**

序号	项　目	内　容
1	抗震设计规定	(1) 9 度抗震设计时不应采用带转换层的结构、带加强层的结构、错层结构和连体结构，即 9 度抗震设防时不应采用复杂高层结构 (2) 7 度和 8 度抗震设计时，剪力墙结构错层高层建筑的房屋高度分别不宜大于 80m 和 60m；框架-剪力墙结构错层高层建筑的房屋高度分别不应大于 80m 和 60m。抗震设计时，B 级高度高层建筑不宜采用连体结构；底部带转换层的 B 级高度筒中筒结构，当外筒框支层以上采用由剪力墙构成的壁式框架时，其最大适用高度应比本书表 2-47 规定的数值适当降低 (3) 7 度和 8 度抗震设计的高层建筑不宜同时采用超过两种本书表 11-1 序号 2 所规定的复杂高层建筑结构
2	计算分析	复杂高层建筑结构的计算分析应符合本书第 5 章的有关规定。复杂高层建筑结构中的受力复杂部位，尚宜进行应力分析，必要时，对其中某些受力复杂部位尚宜采用有限元法等方法进行详细的应力分析，了解应力分布情况，并按应力进行配筋设计校核

11.2　复杂高层建筑带转换层的结构设计

11.2.1　带转换层的结构设计规定

带转换层的结构设计规定如表 11-3 所示。

带转换层的结构设计规定　　**表 11-3**

序号	项　目	内　容
1	转换层	(1) 转换层。设置转换结构构件的楼层，包括水平结构构件及其以下的竖向结构构件 (2) 在高层建筑结构的底部，当上部楼层部分竖向构件(剪力墙、框架柱)不能直接连续贯通落地时，应设置结构转换层，形成带转换层高层建筑结构。本节对带托墙转换层的剪力墙结构(部分框支剪力墙结构)及带托柱转换层的筒体结构的设计作出规定 (3) 带转换层的高层建筑结构，其剪力墙底部加强部位的高度应从地下室顶板算起，宜取至转换层以上两层且不宜小于房屋高度的 1/10 (4) 转换层上部结构与下部结构的侧向刚度变化应符合本表序号 2 的规定 (5) 部分框支剪力墙结构在地面以上设置转换层的位置，8 度时不宜超过 3 层，7 度时不宜超过 5 层，6 度时可适当提高 (6) 带转换层的高层建筑结构，其抗震等级应符合本书表 2-38 的有关规定，带托柱转换层的筒体结构，其转换柱和转换梁的抗震等级按部分框支剪力墙结构中的框支框架采纳。对部分框支剪力墙结构，当转换层的位置设置在 3 层及 3 层以上时，其框支柱、剪力墙底部加强部位的抗震等级宜按本书表 2-39 和表 2-40 的规定提高一级采用，已为特一级时可不提高 (7) 转换层上部的竖向抗侧力构件(墙、柱)宜直接落在转换层的主要转换构件上 (8) 采用空腹桁架转换层时，空腹桁架宜满层设置，应有足够的刚度。空腹桁架的上、下弦杆宜考虑楼板作用，并应加强上、下弦杆与框架柱的锚固连接构造；竖腹杆应按强剪弱弯进行配筋设计，并加强箍筋配置以及与上、下弦杆的连接构造措施 在上述中，根据已有设计经验，空腹桁架作转换层时，一定要保证其整体作用，根据桁架各杆件的不同受力特点进行相应的设计构造，上、下弦杆应考虑轴向变形的影响 (9) 部分框支剪力墙结构中，抗震设计的矩形平面建筑框支转换层楼板，当平面较长或不规则以及各剪力墙内力相差较大时，可采用简化方法验算楼板平面内受弯承载力 (10) 抗震设计时，带托柱转换层的筒体结构的外围转换柱与内筒、核心筒外墙的中距不宜大于 12m 在上述中试验表明，带托柱转换层的筒体结构，外围框架柱与内筒的距离不宜过大，否则难以保证转换层上部外框架(框筒)的剪力能可靠地传递到筒体 (11) 托柱转换层结构，转换构件采用桁架时，转换桁架斜腹杆的交点、空腹桁架的竖腹杆宜与上部密柱的位置重合；转换桁架的节点应加强配筋及构造措施 在上述中托柱转换层结构采用转换桁架时，本条规定可保障上部密柱构件内力传递。此外，桁架节点非常重要，应引起重视
2	转换层上、下结构侧向刚度规定	(1) 当转换层设置在 1、2 层时，可近似采用转换层与其相邻上层结构的等效剪切刚度比 γ_{e1} 表示转换层上、下层结构刚度的变化，γ_{e1} 宜接近 1，非抗震设计时 γ_{e1} 不应小于 0.4，抗震设计时 γ_{e1} 不应小于 0.5。γ_{e1} 可按下列公式计算： $$\gamma_{e1}=\frac{G_1A_1}{G_2A_2}\times\frac{h_2}{h_1} \quad (11\text{-}1)$$ $$A_i=A_{w,i}+\sum_i C_{i,j}A_{ci,j} \quad (i=1,2) \quad (11\text{-}2)$$ $$C_{i,j}=2.5\left(\frac{h_{ci,j}}{h_i}\right)^2 \quad (i=1,\ 2) \quad (11\text{-}3)$$

续表 11-3

序号	项　目	内　容
2	转换层上、下结构侧向刚度规定	式中　G_1、G_2——分别为转换层和转换层上层的混凝土剪变模量 A_1、A_2——分别为转换层和转换层上层的折算抗剪截面面积，可按公式(11-2)计算 $A_{w,i}$——第 i 层全部剪力墙在计算方向的有效截面面积(不包括翼缘面积) $A_{ci,j}$——第 i 层第 j 根柱的截面面积 h_i——第 i 层的层高 $h_{ci,j}$——第 i 层第 j 根柱沿计算方向的截面高度 $C_{i,j}$——第 i 层第 j 根柱截面面积折算系数，当计算值大于 1 时取 1 (2) 当转换层设置在第 2 层以上时，按本书公式(3-1)计算的转换层与其相邻上层的侧向刚度比不应小于 0.6 (3) 当转换层设置在第 2 层以上时，尚宜采用图 11-2 所示的计算模型按公式(11-4)计算转换层下部结构与上部结构的等效侧向刚度比 γ_{e2}。γ_{e2} 宜接近 1，非抗震设计时 γ_{e2} 不应小于 0.5，抗震设计时 γ_{e2} 不应小于 0.8 $$\gamma_{e2}=\frac{\Delta_2 H_1}{\Delta_1 H_2} \quad (11\text{-}4)$$ 式中　γ_{e2}——转换层下部结构与上部结构的等效侧向刚度比 H_1——转换层及其下部结构(图 11-2a)的高度 Δ_1——转换层及其下部结构(图 11-2a)的顶部在单位水平力作用下的侧向位移 H_2——转换层上部若干层结构(图 11-2b)的高度，其值应等于或接近计算模型 1 的高度 H_1，且不大于 H_1 Δ_2——转换层上部若干层结构(图 11-2b)的顶部在单位水平力作用下的侧向位移
3	转换结构构件	(1) 转换结构构件。完成上部楼层到下部楼层的结构形式转变或上部楼层到下部楼层结构布置改变而设置的结构构件包括转换梁、转换桁架、转换板等。部分框支剪力墙结构的转换梁亦称为框支梁 (2) 转换结构构件可采用转换梁、桁架、空腹桁架、箱形结构、斜撑等，非抗震设计和 6 度抗震设计时可采用厚板，7、8 度抗震设计时地下室的转换结构构件可采用厚板。特一、一、二级转换结构构件的水平地震作用计算内力应分别乘以增大系数 1.9、1.6、1.3；转换结构构件应按本书表 4-28 序号 2 之(1)条的规定考虑竖向地震作用

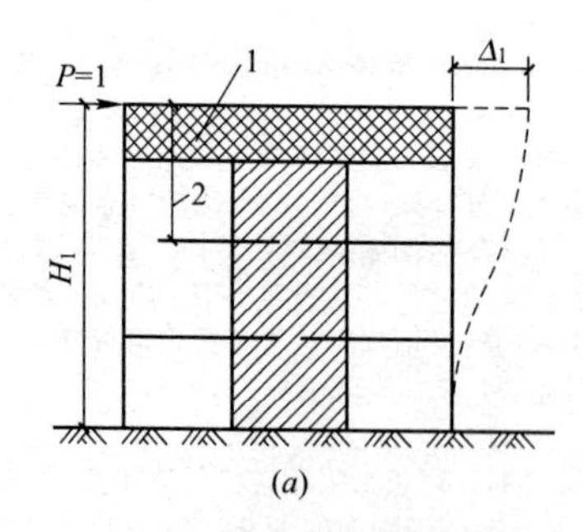

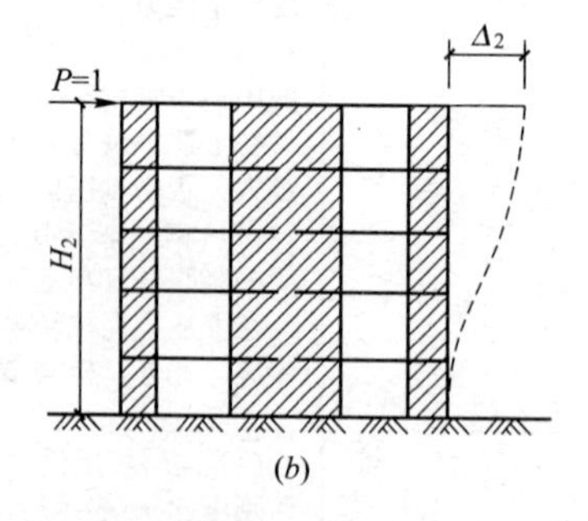

图 11-2　转换层上、下等效侧向刚度计算模型

(a)计算模 1—转换层及下部结构；(b)计算模 2—转换层上部结构

1—转换构件；2—转换层

11.2.2　转换梁设计

转换梁设计如表 11-4 所示。

转换梁设计　　**表 11-4**

序号	项　目	内　容
1	转换梁设计应符合的要求	转换梁设计应符合下列要求： (1) 转换梁上、下部纵向钢筋的最小配筋率，非抗震设计时均不应小于 0.30%；抗震设计时，特一、一、和二级分别不应小于 0.60%、0.50% 和 0.40% (2) 离柱边 1.5 倍梁截面高度范围内的梁箍筋应加密，加密区箍筋直径不应小于 10mm、间距不应大于 100mm。加密区箍筋的最小面积配筋率，非抗震设计时不应小于 $0.9f_t/f_{yv}$；抗震设计时，特一、一和二级分别不应小于 $1.3f_t/f_{yv}$、$1.2f_t/f_{yv}$ 和 $1.1f_t/f_{yv}$，见表 11-5 所示 (3) 偏心受拉的转换梁(一般为框支梁)的支座上部纵向钢筋至少应有 50% 沿梁全长贯通，下部纵向钢筋应全部直通到柱内；沿梁腹板高度应配置间距不大于 200mm、直径不小于 16mm 的腰筋 研究表明，偏心受拉的转换梁(如框支梁)，截面受拉区域较大，甚至全截面受拉，因此除了按结构分析配置钢筋外，加强梁跨中区段顶面纵向钢筋以及两侧面腰筋的最低构造配筋要求是非常必要的。非偏心受拉转换梁的腰筋设置应符合本表序号 2 的有关规定
2	转换梁设计应符合的规定	(1) 转换梁设计尚应符合下列规定： 1) 转换梁与转换柱截面中线宜重合 2) 转换梁截面高度不宜小于计算跨度的 1/8。托柱转换梁截面宽度不应小于其上所托柱在梁宽方向的截面宽度。框支梁截面宽度不宜大于框支柱相应方向的截面宽度，且不宜小于其上墙体截面厚度的 2 倍和 400mm 的较大值 3) 转换梁截面组合的剪力设计值应符合下列规定： 持久、短暂设计状况　$V \leqslant 0.20\beta_c f_c bh_0$　(11-5) 地震设计状况　$V \leqslant \frac{1}{\gamma_{RE}}(0.15\beta_c f_c bh_0)$　(11-6) 4) 托柱转换梁应沿腹板高度配置腰筋，其直径不宜小于 12mm、间距不宜大于 200mm 5) 转换梁纵向钢筋接头宜采用机械连接，同一连接区段内接头钢筋截面面积不宜超过全部纵筋截面面积的 50%，接头位置应避开上部墙体开洞部位、梁上托柱部位及受力较大部位 6) 转换梁不宜开洞。若必须开洞时，洞口边离开支座柱边的距离不宜小于梁截面高度；被洞口削弱的截面应进行承载力计算，因开洞形成的上、下弦杆应加强纵向钢筋和抗剪箍筋的配置 7) 对托柱转换梁的托柱部位和框支梁上部的墙体开洞部位，梁的箍筋应加密配置，加密区范围可取梁上托柱边或墙边两侧各 1.5 倍转换梁高度；箍筋直径、间距及面积配筋率应符合本表序号 1 之(2)条的规定 8) 框支剪力墙结构中的框支梁上、下纵向钢筋和腰筋(图 11-3)应在节点区可靠锚固，水平段应伸至柱边，且非抗震设计时不应小于 $0.4l_{ab}$，抗震设计时不应小于 $0.4l_{abE}$，梁上部第一排纵向钢筋应向柱内弯折锚固，且应延伸过梁底不小于 l_a(非抗震设计)或 l_{aE}(抗震设计)；当梁上部配置多排纵向钢筋时，其内排钢筋锚入柱内的长度可适当减小，但水平段长度和弯下段长度之和不应小于钢筋锚固长度 l_a(非抗震设计)或 l_{aE}(抗震设计) 9) 托柱转换梁在转换层宜在托柱位置设置正交方向的框架梁或楼面梁 (2) 对上述(1)条的理解与应用 转换梁受力较复杂，为保证转换梁安全可靠，分别对框支梁和托柱转换梁的截面尺寸及配筋构造等，提出了具体要求 转换梁承受较大的剪力，开洞会对转换梁的受力造成很大影响，尤其是转换梁端部剪力最大的部位开洞的影响更加不利，因此对转换梁上开洞进行了限制，并规定梁上洞口避开转换梁端部，开洞部位要加强配筋构造 研究表明，托柱转换梁在托柱部位承受较大的剪力和弯矩，其箍筋应加密配置(图 11-4a)。框支梁多数情况下为偏心受拉构件，并承受较大的剪力；框支梁上墙体开有边门洞时，往往形成小墙肢，此小墙肢的应力集中尤为突出，而边门洞部位框支梁应力急剧加大。在水平荷载作用下，上部有边门洞框支梁的弯矩约为

续表 11-4

序号	项　目	内　容
2	转换梁设计应符合的规定	上部无边门洞框支梁弯矩的 3 倍，剪力也约为 3 倍，因此除小墙肢应加强外，边门洞墙边部位对应的框支梁的抗剪能力也应加强，箍筋应加密配置(图 11-4*b*)。当洞口靠近梁端且剪压比不满足规定时，也可采用梁端加腋提高其抗剪承载力，并加密配箍 需要注意的是，对托柱转换梁，在转换层尚宜设置承担正交方向柱底弯矩的楼面梁或框架梁，避免转换梁承受过大的扭矩作用 对托柱转换梁的腰筋配置要求，图 11-3 中钢筋锚固作了规定

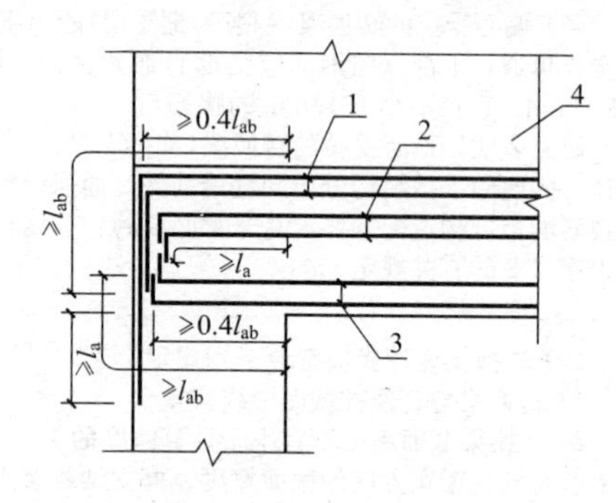

图 11-3　框支梁主筋和腰筋的锚固

1—梁上部纵向钢筋；2—梁腰筋；
3—梁下部纵向钢筋；4—上部剪力墙；
抗震设计时图中 l_a、l_{ab}分别取为 l_{aE}、l_{abE}

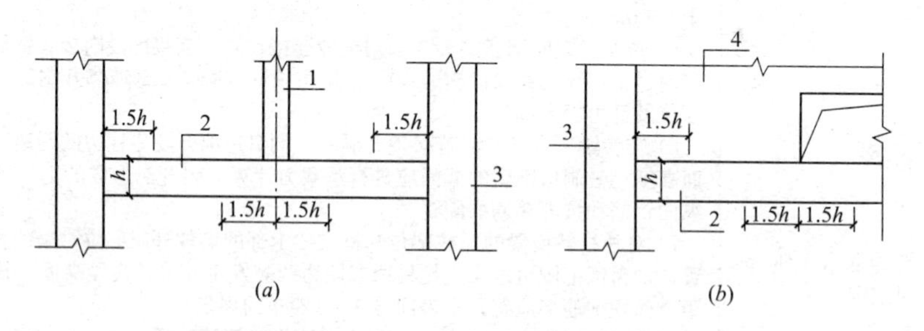

图 11-4　托柱转换梁、框支梁箍筋加密区示意

1—梁上托柱；2—转换梁；3—转换柱；4—框支剪力墙

转换加密区箍筋的最小面积配筋率(%)　　**表 11-5**

序号	混凝土强度等级	f_{yv}=300N/mm²				f_{yv}=360N/mm²			
		非抗震	特一级	一级	二级	非抗震	特一级	一级	二级
1	C30	0.429	0.620	0.572	0.524	0.358	0.516	0.477	0.437
2	C35	0.471	0.680	0.628	0.576	0.392	0.567	0.523	0.480
3	C40	0.513	0.741	0.684	0.627	0.428	0.618	0.570	0.522
4	C45	0.540	0.780	0.720	0.660	0.450	0.650	0.600	0.550
5	C50	0.567	0.819	0.756	0.693	0.472	0.682	0.630	0.578
6	C55	0.588	0.849	0.784	0.719	0.490	0.708	0.653	0.599

续表 11-5

序号	混凝土强度等级	$f_{yv}=300\text{N/mm}^2$				$f_{yv}=360\text{N/mm}^2$			
		非抗震	特一级	一级	二级	非抗震	特一级	一级	二级
7	C60	0.612	0.884	0.816	0.748	0.510	0.737	0.680	0.623
8	C65	0.627	0.906	0.836	0.766	0.522	0.755	0.697	0.639
9	C70	0.642	0.927	0.856	0.785	0.535	0.773	0.713	0.654
10	C75	0.654	0.945	0.872	0.799	0.545	0.787	0.727	0.666
11	C80	0.666	0.962	0.888	0.814	0.555	0.802	0.740	0.678

11.2.3　转换柱设计

转换柱设计如表 11-6 所示。

转换柱设计　　**表 11-6**

序号	项　目	内　容
1	转换柱设计应符合的要求	转换柱设计应符合下列要求： (1) 柱内全部纵向钢筋配筋率应符合本书表 7-54 序号 3 中有关的规定 (2) 抗震设计时，转换柱箍筋应采用复合螺旋箍或井字复合箍，并应沿柱全高加密，箍筋直径不应小于 10mm，箍筋间距不应大于 100mm 和 6 倍纵向钢筋直径的较小值 (3) 抗震设计时，转换柱的箍筋配箍特征值应比普通框架柱要求的数值增加 0.02 采用，且箍筋体积配箍率不应小于 1.5% 转换柱包括部分框支剪力墙结构中的框支柱和框架-核心筒、框架-剪力墙结构中支承托柱转换梁的柱，是带转换层结构重要构件，受力性能与普通框架大致相同，但受力大，破坏后果严重。计算分析和试验研究表明，随着地震作用的增大。落地剪力墙逐渐开裂、刚度降低，转换柱承受的地震作用逐渐增大
2	转换柱设计尚应符合的规定	转换柱设计尚应符合下列规定： (1) 柱截面宽度，非抗震设计时不宜小于 400mm，抗震设计时不应小于 450mm；柱截面高度，非抗震设计时不宜小于转换梁跨度的 1/15，抗震设计时不宜小于转换梁跨度的 1/12 (2) 一、二级转换柱由地震作用产生的轴力应分别乘以增大系数 1.5、1.2，但计算柱轴压比时可不考虑该增大系数 (3) 与转换构件相连的一、二级转换柱的上端和底层柱下端截面的弯矩组合值应分别乘以增大系数 1.5、1.3，其他层转换柱柱端弯矩设计值应符合本书表 7-4 序号 3 之(1)条的规定 (4) 一、二级柱端截面的剪力设计值应符合本书表 7-4 序号 3 之(3)条的有关规定 (5) 转换角柱的弯矩设计值和剪力设计值应分别在上述(3)、(4)的基础上乘以增大系数 1.1 (6) 柱截面的组合剪力设计值应符合下列规定： 持久、短暂设计状况　$V\leqslant 0.20\beta_c f_c bh_0$　(11-7) 地震设计状况　$V\leqslant \frac{1}{\gamma_{RE}}(0.15\beta_c f_c bh_0)$　(11-8) (7) 纵向钢筋间距均不应小于 80mm，且抗震设计时不宜大于 200mm，非抗震设计时不宜大于 250mm；抗震设计时，柱内全部纵向钢筋配筋率不宜大于 4.0% (8) 非抗震设计时，转换柱宜采用复合螺旋箍或井字复合箍，其箍筋体积配箍率不宜小于 0.8%，箍筋直径不宜小于 10mm，箍筋间距不宜大于 150mm (9) 部分框支剪力墙结构中的框支柱在上部墙体范围内的纵向钢筋应伸入上部墙体内不少于一层，其余柱纵筋应锚入转换层梁内或板内；从柱边算起，锚入梁内、板内的钢筋长度，抗震设计时不应小于 l_{aE}，非抗震设计时不应小于 l_a

续表 11-6

序号	项　目	内　容
3	梁、柱节点核心区抗震验算	抗震设计时，转换梁、柱的节点核心区应进行抗震验算，节点应符合构造措施的要求。转换梁、柱的节点核心区应按本书表 7-54 序号 8 的规定设置水平箍筋

11.2.4 转换板设计

转换板设计如表 11-7 所示。

转换板设计　　表 11-7

序号	项　目	内　容
1	厚板设计	厚板设计应符合下列规定： (1) 转换厚板的厚度可由抗弯、抗剪、抗冲切截面验算确定 (2) 转换厚板可局部做成薄板，薄板与厚板交界处可加腋；转换厚板亦可局部做成夹心板 (3) 转换厚板宜按整体计算时所划分的主要交叉梁系的剪力和弯矩设计值进行截面设计并按有限元法分析结果进行配筋校核；受弯纵向钢筋可沿转换板上、下部双层双向配置，每一方向总配筋率不宜小于 0.6%；转换板内暗梁的抗剪箍筋面积配筋率不宜小于 0.45% (4) 厚板外周边宜配置钢筋骨架网 (5) 转换厚板上、下部的剪力墙、柱的纵向钢筋均应在转换厚板内可靠锚固 (6) 转换厚板上、下一层的楼板应适当加强，楼板厚度不宜小于 150mm
2	箱形转换结构	箱形转换结构上、下楼板厚度均不宜小于 180mm，应根据转换柱的布置和建筑功能要求设置双向横隔板；上、下板配筋设计应同时考虑板局部弯曲和箱形转换层整体弯曲的影响，横隔板宜按深梁设计 在上述中，箱形转换层的顶、底板，除产生局部弯曲外，还会产生因箱形结构整体变形引起的整体弯曲，截面承载力设计时应该同时考虑这两种弯曲变形在截面内产生的拉应力、压应力

11.2.5 部分框支剪力墙结构设计

部分框支剪力墙结构设计如表 11-8 所示。

部分框支剪力墙结构设计　　表 11-8

序号	项　目	内　容
1	部分框支剪力墙结构布置	(1) 部分框支剪力墙结构的布置应符合下列规定： 1) 落地剪力墙和筒体底部墙体应加厚 2) 框支柱周围楼板不应错层布置 3) 落地剪力墙和筒体的洞口宜布置在墙体的中部 4) 框支梁上一层墙体内不宜设置边门洞，也不宜在框支中柱上方设置门洞 5) 落地剪力墙的间距 l 应符合下列规定： ① 非抗震设计时，l 不宜大于 3B 和 36m ② 抗震设计时，当底部框支层为 1～2 层时，l 不宜大于 2B 和 24m；当底部框支层为 3 层及 3 层以上时，l 不宜大于 1.5B 和 20m；此处，B 为落地墙之间楼盖的平均宽度 6) 框支柱与相邻落地剪力墙的距离，1～2 层框支层时不宜大于 12m，3 层及 3 层以上框支层时不宜大于 10m 7) 框支框架承担的地震倾覆力矩应小于结构总地震倾覆力矩的 50% 8) 当框支梁承托剪力墙并承托转换次梁及其上剪力墙时，应进行应力分析，按应力校核配筋，并加强构造措施。B 级高度部分框支剪力墙高层建筑的结构转换层，不宜采用框支主、次梁方案 (2) 对上述(1)条的理解与应用

续表 11-8

序号	项　　目	内　　容
1	部分框支剪力墙结构布置	关于部分框支剪力墙结构布置和设计的基本要求是根据中国建筑科学研究院结构所等进行的底层大空间剪力墙结构12层模型拟动力试验和底部为3～6层大空间剪力墙结构的振动台试验研究、清华大学土木系的振动台试验研究、近年来工程设计经验及计算分析研究成果而提出来的，满足这些设计要求，可以满足8度及8度以下抗震设计要求 由于转换层位置不同，对建筑中落地剪力墙间距作了不同的规定；并规定了框支柱与相邻的落地剪力墙距离，以满足底部大空间层楼板的刚度要求，使转换层上部的剪力能有效地传递给落地剪力墙，框支柱只承受较小的剪力
2	部分框支剪力墙结构框支柱	(1) 部分框支剪力墙结构框支柱承受的水平地震剪力标准值应按下列规定采用： 1) 每层框支柱的数目不多于10根时，当底部框支层为1～2层时，每根柱所受的剪力应至少取结构基底剪力的2%；当底部框支层为3层及3层以上时，每根柱所受的剪力应至少取结构基底剪力的3% 2) 每层框支柱的数目多于10根时，当底部框支层为1～2层时，每层框支柱承受剪力之和应至少取结构基底剪力的20%；当框支层为3层及3层以上时，每层框支柱承受剪力之和应至少取结构基底剪力的30% 框支柱剪力调整后，应相应调整框支柱的弯矩及柱端框架梁的剪力和弯矩，但框支梁的剪力、弯矩、框支柱的轴力可不调整 (2) 对上述(1)条的理解与应用 对于部分框支剪力墙结构，在转换层以下，一般落地剪力墙的刚度远远大于框支柱的刚度，落地剪力墙几乎承受全部地震剪力，框支柱的剪力非常小。考虑到在实际工程中转换层楼面会有显著的面内变形，从而使框支柱的剪力显著增加。12层底层大空间剪力墙住宅模型试验表明：实测框支柱的剪力为按楼板刚度无限大假定计算值的6～8倍；且落地剪力墙出现裂缝后刚度下降，也导致框支柱剪力增加。所以按转换层位置的不同以及框支柱数目的多少，对框支柱剪力的调整增大作了不同的规定
3	部分框支剪力墙结构框支梁上部墙体的构造	(1) 部分框支剪力墙结构框支梁上部墙体的构造应符合下列规定： 1) 当梁上部的墙体开有边门洞时(图11-5)，洞边墙体宜设置翼墙、端柱或加厚，并应按本书表8-8序号2约束边缘构件的要求进行配筋设计；当洞口靠近梁端部且梁的受剪承载力不满足要求时，可采取框支梁加腋或增大框支墙洞口连梁刚度等措施 2) 框支梁上部墙体竖向钢筋在梁内的锚固长度，抗震设计时不应小于l_{aE}，非抗震设计时不应小于l_a 3) 框支梁上部一层墙体的配筋宜按下列规定进行校核： ① 柱上墙体的端部竖向钢筋面积A_s： $$A_s=h_c b_w(\sigma_{01}-f_c)/f_y \quad (11\text{-}9)$$ ② 柱边0.2l_n宽度范围内竖向分布钢筋面积A_{sw}： $$A_{sw}=0.2l_n b_w(\sigma_{02}-f_c)/f_{yw} \quad (11\text{-}10)$$ ③ 框支梁上部0.2l_n高度范围内墙体水平分布筋面积A_{sh}： $$A_{sh}=0.2l_n b_w \sigma_{xmax}/f_{yh} \quad (11\text{-}11)$$ 式中　l_n——框支梁净跨度(mm) h_c——框支柱截面高度(mm) b_w——墙肢截面厚度(mm) σ_{01}——柱上墙体h_c范围内考虑风荷载、地震作用组合的平均压应力设计值(N/mm^2) σ_{02}——柱边墙体0.2l_n范围内考虑风荷载、地震作用组合的平均压应力设计值(N/mm^2) σ_{xmax}——框支梁与墙体交接面上考虑风荷载、地震作用组合的水平拉应力设计值(N/mm^2) 有地震作用组合时，公式(11-9)～公式(11-11)中σ_{01}、σ_{02}、σ_{xmax}均应乘以γ_{RE}，γ_{RE}取0.85

续表 11-8

序号	项　目	内　容
3	部分框支剪力墙结构框支梁上部墙体的构造	4）框支梁与其上部墙体的水平施工缝处宜按本书表 8-5 序号 7 的规定验算抗滑移能力 （2）对上述（1）条的理解与应用 根据中国建筑科学研究院结构所等单位的试验及有限元分析，在竖向及水平荷载作用下，框支梁上部的墙体在多个部位会出现较大的应力集中，这些部位的剪力墙容易发生破坏，因此对这些部位的剪力墙规定了多项加强措施
4	截面剪力设计值计算	部分框支剪力墙结构中，抗震设计的矩形平面建筑框支转换层楼板，其截面剪力设计值应符合下列要求： $V_f \leqslant \frac{1}{\gamma_{RE}}(0.1\beta_c f_c b_f t_f)$　（11-12） $V_f \leqslant \frac{1}{\gamma_{RE}}(f_y A_s)$　（11-13） 式中　b_f、t_f——分别为框支转换层楼板的验算截面宽度和厚度 V_f——由不落地剪力墙传到落地剪力墙处按刚性楼板计算的框支层楼板组合的剪力设计值，8 度时应乘以增大系数 2.0，7 度时应乘以增大系数 1.5。验算落地剪力墙时可不考虑此增大系数 A_s——穿过落地剪力墙的框支转换层楼盖（包括梁和板）的全部钢筋的截面面积 γ_{RE}——承载力抗震调整系数，可取 0.85
5	其他要求	（1）部分框支剪力墙结构中，特一、一、二、三级落地剪力墙底部加强部位的弯矩设计值应按墙底截面有地震作用组合的弯矩值乘以增大系数 1.8、1.5、1.3、1.1 采用；其剪力设计值应按本书表 2-41 序号 5、表 8-4 序号 2 之（3）条的规定进行调整。落地剪力墙墙肢不宜出现偏心受拉 （2）部分框支剪力墙结构中，剪力墙底部加强部位墙体的水平和竖向分布钢筋的最小配筋率，抗震设计时不应小于 0.3%，非抗震设计时不应小于 0.25%；抗震设计时钢筋间距不应大于 200mm，钢筋直径不应小于 8mm （3）对上述（2）条的理解与应用 部分框支剪力墙结构中，剪力墙底部加强部位是指房屋高度的 1/10 以及地下室顶板至转换层以上两层高度二者的较大值。落地剪力墙是框支层以下最主要的抗侧力构件，受力很大，破坏后果严重，十分重要；框支层上部两层剪力墙直接与转换构件相连，相当于一般剪力墙的底部加强部位，且其承受的竖向力和水平力要通过转换构件传递至框支层竖向构件。因此，本条对部分框支剪力墙底部加强部位剪力墙的分布钢筋最低构造，提出了比普通剪力墙底部加强部位更高的要求 （4）部分框支剪力墙结构的剪力墙底部加强部位，墙体两端宜设置翼墙或端柱，抗震设计时尚应按本书表 8-8 序号 2 之（1）条的规定设置约束边缘构件 （5）部分框支剪力墙结构的落地剪力墙基础应有良好的整体性和抗转动的能力 （6）对上述（5）条的理解与应用 当地基土较弱或基础刚度和整体性较差时，在地震作用下剪力墙基础可能产生较大的转动，对框支剪力墙结构的内力和位移均会产生不利影响。因此落地剪力墙基础应有良好的整体性和抗转动的能力 （7）部分框支剪力墙结构中，框支转换层楼板厚度不宜小于 180mm，应双层双向配筋，且每层每方向的配筋率不宜小于 0.25%，楼板中钢筋应锚固在边梁或墙体内；落地剪力墙和筒体外围的楼板不宜开洞。楼板边缘和较大洞口周边应设置边梁，其宽度不宜小于板厚的 2 倍，全截面纵向钢筋配筋率不应小于 1.0%。与转换层相邻楼层的楼板也应适当加强

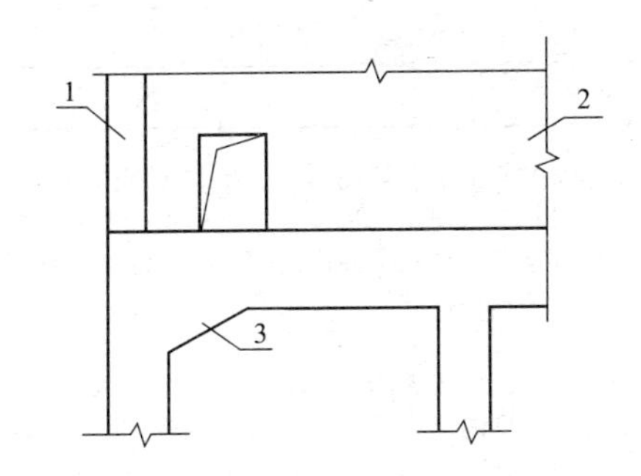

图 11-5　框支梁上墙体有边门洞时洞边墙体的构造要求
1—翼墙或端柱；2—剪力墙；3—框支梁加腋

11.3　复杂高层建筑带加强层结构与错层结构的设计

11.3.1　带加强层结构的设计

带加强层结构的设计如表 11-9 所示。

带加强层结构的设计　　**表 11-9**

序号	项　目	内　容
1	设计规定	（1）加强层。设置连接内筒与外围结构的水平伸臂结构（梁或桁架）的楼层，必要时还可沿该楼层外围结构设置带状水平桁架或梁 （2）当框架-核心筒、筒中筒结构的侧向刚度不能满足要求时，可利用建筑避难层、设备层空间，设置适宜刚度的水平伸臂构件，形成带加强层的高层建筑结构。必要时，加强层也可同时设置周边水平环带构件。水平伸臂构件、周边环带构件可采用斜腹杆桁架、实体梁、箱形梁、空腹桁架等形式 （3）对上述（2）条的理解与应用 根据近年来高层建筑的设计经验及理论分析研究，当框架-核心筒结构的侧向刚度不能满足设计要求时，可以设置加强层以加强核心筒与周边框架的联系，提高结构整体刚度，控制结构位移 （4）带加强层高层建筑结构设计应符合下列规定： 1）应合理设计加强层的数量、刚度和设置位置。当布置 1 个加强层时，可设置在 0.6 倍房屋高度附近；当布置 2 个加强层时，可分别设置在顶层和 0.5 倍房屋高度附近；当布置多个加强层时，宜沿竖向从顶层向下均匀布置 2）加强层水平伸臂构件宜贯通核心筒，其平面布置宜位于核心筒的转角、T 字节点处；水平伸臂构件与周边框架的连接宜采用铰接或半刚接；结构内力和位移计算中，设置水平伸臂桁架的楼层宜考虑楼板平面内的变形 3）加强层及其相邻层的框架柱、核心筒应加强配筋构造 4）加强层及其相邻层楼盖的刚度和配筋应加强 5）在施工程序及连接构造上应采取减小结构竖向温度变形及轴向压缩差的措施，结构分析模型应能反映施工措施的影响 （5）对上述（4）条的理解与应用 根据中国建研院等单位的理论分析，带加强层的高层建筑，加强层的设置位置和数量如果比较合理，则有利于减少结构的侧移。上述（4）条第 1）款的规定供设计人员参考 结构模型振动台试验及研究分析表明：由于加强层的设置，结构刚度突变，伴随着结构内力的突变，以及整体结构传力途径的改变，从而使结构在地震作用下，其破坏和位移容易集中在加强层附近，形成薄弱层，因此规定了在加强层及相邻层的竖向构件需要加强。伸臂桁架会造成核心筒墙体承受很大的剪力，上下弦杆的拉力也需要可靠地传递到核心筒上，所以要求伸臂构件贯通核心筒

续表 11-9

序号	项　目	内　容
1	设计规定	加强层的上下层楼面结构承担着协调内筒和外框架的作用，存在很大的面内应力，因此本条规定的带加强层结构设计的原则中，对设置水平伸臂构件的楼层在计算时宜考虑楼板平面内的变形，并注意加强层及相邻层的结构构件的配筋加强措施，加强各构件的连接锚固 由于加强层的伸臂构件强化了内筒与周边框架的联系，内筒与周边框架的竖向变形差将产生很大的次应力，因此需要采取有效的措施减小这些变形差(如伸臂桁架斜腹杆的滞后连接等)，而且在结构分析时就应该进行合理的模拟，反映这些措施的影响
2	抗震设计	(1) 抗震设计时，带加强层高层建筑结构应符合下列要求： 1) 加强层及其相邻层的框架柱、核心筒剪力墙的抗震等级应提高一级采用，一级应提高至特一级，但抗震等级已经为特一级时应允许不再提高 2) 加强层及其相邻层的框架柱，箍筋应全柱段加密配置，轴压比限值应按其他楼层框架柱的数值减小 0.05 采用 3) 加强层及其相邻层核心筒剪力墙应设置约束边缘构件 (2) 对上述(1)条的理解与应用 带加强层的高层建筑结构，加强层刚度和承载力较大，与其上、下相邻楼层相比有突变，加强层相邻楼层往往成为抗震薄弱层；与加强层水平伸臂结构相连接部位的核心筒剪力墙以及外围框架柱受力大且集中。因此，为了提高加强层及其相邻楼层与加强层水平伸臂结构相连接的核心筒墙体及外围框架柱的抗震承载力和延性，本条规定应对此部位结构构件的抗震等级提高一级采用(已经为特一级者可不提高)；框架柱箍筋应全柱段加密，轴压比从严(减小 0.05)控制；剪力墙应设置约束边缘构件

11.3.2 错层结构设计

错层结构设计如表 11-10 所示。

错层结构设计　　表 11-10

序号	项　目	内　容
1	设计规定	(1) 抗震设计时，高层建筑沿竖向宜避免错层布置。当房屋不同部位因功能不同而使楼层错层时，宜采用防震缝划分为独立的结构单元 上述中，由中国建筑科学研究院抗震所等单位对错层剪力墙结构做了两个模型振动台试验。试验研究表明，平面规则的错层剪力墙结构使剪力墙形成错洞墙，结构竖向刚度不规则，对抗震不利，但错层对抗震性能的影响不十分严重；平面布置不规则、扭转效应显著的错层剪力墙结构破坏严重。错层框架结构或框架-剪力墙结构尚未见试验研究资料，但从计算分析表明，这些结构的抗震性能要比错层剪力墙结构更差。因此，高层建筑宜避免错层 相邻楼盖结构高差超过梁高范围的，宜按错层结构考虑。结构中仅局部存在错层构件的不属于错层结构，但这些错层构件宜参考本节的规定进行设计 (2)错层两侧宜采用结构布置和侧向刚度相近的结构体系 上述中，错层结构应尽量减少扭转效应，错层两侧宜采用侧向刚度和变形性能相近的结构方案，以减小错层处墙、柱内力，避免错层处结构形成薄弱部位 (3) 错层结构中，错开的楼层不应归并为一个刚性梁板，计算分析模型应能反映错层影响 上述中，当采用错层结构时，为了保证结构分析的可靠性，相邻错开的楼层不应归并为一个刚性楼层计算 (4)抗震设计时，错层处框架柱应符合下列要求： 1) 截面高度不应小于 600mm，混凝土强度等级不应低于 C30，箍筋应全柱段加密配置 2) 抗震等级应提高一级采用，一级应提高至特一级，但抗震等级已经为特一级时应允许不再提高

续表 11-10

序号	项　　目	内　　容
1	设计规定	上述中，错层结构属于竖向布置不规则结构，错层部位的竖向抗侧力构件受力复杂，容易形成多处应力集中部位。框架错层更为不利，容易形成长、短柱沿竖向交替出现的不规则体系。因此，规定抗震设计时错层处柱的抗震等级应提高一级采用(特一级时允许不再提高)，截面高度不应过小，箍筋应全柱段加密配置，以提高其抗震承载力和延性 (5)在设防烈度地震作用下，错层处框架柱的截面承载力宜符合本书公式(2-39)的要求 上述中，错层结构错层处的框架柱受力复杂，易发生短柱受剪破坏，因此要求其满足设防烈度地震(中震)作用下性能水准 2 的设计要求
2	截面厚度及配筋	(1) 错层处(图 11-6)平面外受力的剪力墙的截面厚度，非抗震设计时不应小于 200mm，抗震设计时不应小于 250mm，并均应设置与之垂直的墙肢或扶壁柱；抗震设计时，其抗震等级应提高一级采用。错层处剪力墙的混凝土强度等级不应低于 C30，水平和竖向分布钢筋的配筋率，非抗震设计时不应小于 0.3%，抗震设计时不应小于 0.5% (2) 上述中，错层结构在错层处的构件(图 11-6)要采取加强措施。本表序号 1 之(4)条和这里规定了错层处柱截面高度、剪力墙截面厚度以及剪力墙分布钢筋的最小配筋率要求，并规定平面外受力的剪力墙应设置与其垂直的墙肢或扶壁柱，抗震设计时，错层处框架柱和平面外受力的剪力墙的抗震等级应提高一级采用，以免该类构件先于其他构件破坏。如果错层处混凝土构件不能满足设计要求，则需采取有效措施。框架柱采用型钢混凝土柱或钢管混凝土柱，剪力墙内设置型钢，可改善构件的抗震性能

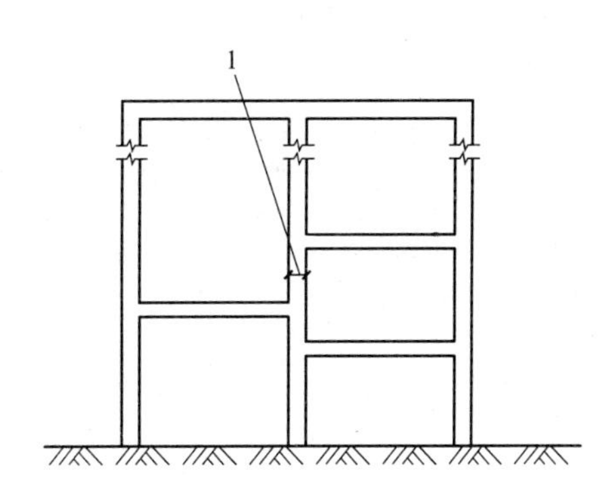

图 11-6　错层结构加强部位示意

1—错层处框架柱截面高度或剪力墙截面高度

11.4　复杂高层建筑连体结构与竖向体型收进、悬挑结构设计

11.4.1　连体结构设计

连体结构设计如表 11-11 所示。

连体结构设计　　**表 11-11**

序号	项　　目	内　　容
1	连体结构构造	(1) 连体结构。除裙楼以外，两个或两个以上塔楼之间带有连接体的结构 (2) 连体结构各独立部分宜有相同或相近的体型、平面布置和刚度；宜采用双轴对称的平面形式。7 度、8 度抗震设计时，层数和刚度相差悬殊的建筑不宜采用连体结构

续表 11-11

序号	项　目	内　容
1	连体结构构造	(3) 连接体结构与主体结构宜采用刚性连接。刚性连接时，连接体结构的主要结构构件应至少伸入主体结构一跨并可靠连接；必要时可延伸至主体部分的内筒，并与内筒可靠连接 当连接体结构与主体结构采用滑动连接时，支座滑移量应能满足两个方向在罕遇地震作用下的位移要求，并应采取防坠落、撞击措施。罕遇地震作用下的位移要求，应采用时程分析方法进行计算复核 (4) 刚性连接的连接体结构可设置钢梁、钢桁架、型钢混凝土梁，型钢应伸入主体结构至少一跨并可靠锚固。连接体结构的边梁截面宜加大；楼板厚度不宜小于150mm，宜采用双层双向钢筋网，每层每方向钢筋网的配筋率不宜小于0.25% 当连接体结构包含多个楼层时，应特别加强其最下面一个楼层及顶层的构造设计 (5) 在上述的(3)条及(4)条中，连体结构的连体部位受力复杂，连体部分的跨度一般也较大，采用刚性连接的结构分析和构造上更容易把握，因此推荐采用刚性连接的连体形式。刚性连接体既要承受很大的竖向重力荷载和地震作用，又要在水平地震作用下协调两侧结构的变形，因此要保证连体部分与两侧主体结构的可靠连接，这两条规定了连体结构与主体结构连接的要求，并强调了连体部位楼板的要求 根据具体项目的特点分析后，也可采用滑动连接方式。震害表明，当采用滑动连接时，连接体往往由于滑移量较大致使支座发生破坏，因此增加了对采用滑动连接时的防坠落措施要求和需采用时程分析方法进行复核计算的要求 (6) 抗震设计时，连接体及与连接体相连的结构构件应符合下列要求： 1) 连接体及与连接体相连的结构构件在连接体高度范围及其上、下层；抗震等级应提高一级采用，一级提高至特一级，但抗震等级已经为特一级时应允许不再提高 2) 与连接体相连的框架柱在连接体高度范围及其上、下层，箍筋应全柱段加密配置，轴压比限值应按其他楼层框架柱的数值减小0.05采用 3) 与连接体相连的剪力墙在连接体高度范围及其上、下层应设置约束边缘构件 (7) 上述(6)条中，由中国建筑科学研究院等单位对连体结构的计算分析及振动台试验研究说明，连体结构自振振型较为复杂，前几个振型与单体建筑有明显不同，除顺向振型外，还出现反向振型；连体结构抗扭转性能较差，扭转振型丰富，当第一扭转频率与场地卓越频率接近时，容易引起较大的扭转反应，易造成结构破坏。因此，连体结构的连接体及与连接体相连的结构构件受力复杂，易形成薄弱部位，抗震设计时必须予以加强，以提高其抗震承载力和延性
2	连体结构计算	(1) 7度(0.15g)和8度抗震设计时，连体结构的连接体应考虑竖向地震的影响 连体结构的连接体一般跨度较大、位置较高，对竖向地震的反应比较敏感，放大效应明显，因此抗震设计时高烈度区应考虑竖向地震的不利影响 (2) 6度和7度(0.10g)抗震设计时，高位连体结构的连接体宜考虑竖向地震的影响 计算分析表明、高层建筑中连体结构连接体的竖向地震作用受连体跨度、所处位置以及主体结构刚度等多方面因素的影响，6度和7度0.10g抗震设计时，对于高位连体结构(如连体位置高度超过80m时)宜考虑其影响 (3) 连体结构的计算应符合下列规定： 1)刚性连接的连接体楼板应按本书表11-8序号4进行受剪截面和承载力验算 2) 刚性连接的连接体楼板较薄弱时，宜补充分塔楼模型计算分析 在上述中，刚性连接的连体部分结构在地震作用下需要协调两侧塔楼的变形，因此需要进行连体部分楼板的验算，楼板的受剪截面和受剪承载力按转换层楼板的计算方法进行验算，计算剪力可取连体楼板承担的两侧塔楼楼层地震作用力之和的较小值。当连体部分楼板较弱时，在强烈地震作用下可能发生破坏，因此建议补充两侧分塔楼的计算分析，确保连体部分失效后两侧塔楼可以独立承担地震作用不致发生严重破坏或倒塌

11.4.2　竖向体型收进、悬挑结构设计

竖向体型收进、悬挑结构设计如表 11-12 所示。

竖向体型收进、悬挑结构设计　　　　**表 11-12**

序号	项　目	内　容
1	一般规定	(1) 多塔楼结构以及体型收进、悬挑程度超过本书表 3-10 序号 1 之(5)条限值的竖向不规则高层建筑结构应遵守本节的规定 (2) 多塔楼结构以及体型收进、悬挑结构，竖向体型突变部位的楼板宜加强，楼板厚度不宜小于 150mm，宜双层双向配筋，每层每方向钢筋网的配筋率不宜小于 0.25%。体型突变部位上、下层结构的楼板也应加强构造措施
2	抗震设计多塔楼高层建筑结构应符合的规定	(1) 抗震设计时，多塔楼高层建筑结构应符合下列规定： 1) 各塔楼的层数、平面和刚度宜接近；塔楼对底盘宜对称布置；上部塔楼结构的综合质心与底盘结构质心的距离不宜大于底盘相应边长的 20% 2) 转换层不宜设置在底盘屋面的上层塔楼内(图 11-7) 3) 塔楼中与裙房相连的外围柱、剪力墙，从固定端至裙房屋面上一层的高度范围内，柱纵向钢筋的最小配筋率宜适当提高，剪力墙宜按本书表 8-8 序号 2 之(1)条的规定设置约束边缘构件，柱箍筋宜在裙楼屋面上、下层的范围内全高加密；当塔楼结构相对于底盘结构偏心收进时，应加强底盘周边竖向构件的配筋构造措施 4) 大底盘多塔楼结构，可按本书表 5-2 序号 2 之(3)条规定的整体和分塔楼计算模型分别验算整体结构和各塔楼结构扭转为主的第一周期与平动为主的第一周期的比值，并应符合本书表 3-7 序号 2 之(3)条的有关要求 (2) 对上述(1)条的理解与应用 中国建筑科学研究院结构所等单位的试验研究和计算分析表明，多塔楼结构振型复杂、且高振型对结构内力的影响大，当各塔楼质量和刚度分布不均匀时，结构扭转振动反应大，高振型对内力的影响更为突出。因此本条规定多塔楼结构各塔楼的层数、平面和刚度宜接近；塔楼对底盘宜对称布置，减小塔楼和底盘的刚度偏心。大底盘单塔楼结构的设计，也应符合本条关于塔楼与底盘的规定 震害和计算分析表明，转换层宜设置在底盘楼层范围内，不宜设置在底盘以上的塔楼内(图 11-7)。若转换层设置在底盘屋面的上层塔楼内时，易形成结构薄弱部位，不利于结构抗震，应尽量避免；否则应采取有效的抗震措施，包括增大构件内力、提高抗震等级等 为保证结构底盘与塔楼的整体作用，裙房屋面板应加厚并加强配筋，板面负弯矩配筋宜贯通；裙房屋面上、下层结构的楼板也应加强构造措施 为保证多塔楼建筑中塔楼与底盘整体工作，塔楼之间裙房连接体的屋面梁以及塔楼中与裙房连接体相连的外围柱、墙，从固定端至出裙房屋面上一层的高度范围内，在构造上应予以特别加强(图 11-8)
3	悬挑结构设计应符合的规定	(1) 悬挑结构设计应符合下列规定： 1) 悬挑部位应采取降低结构自重的措施 2) 悬挑部位结构宜采用冗余度较高的结构形式 3) 结构内力和位移计算中，悬挑部位的楼层宜考虑楼板平面内的变形，结构分析模型应能反映水平地震对悬挑部位可能产生的竖向振动效应 4) 7 度(0.15g)和 8、9 度抗震设计时，悬挑结构应考虑竖向地震的影响；6、7 度抗震设计时，悬挑结构宜考虑竖向地震的影响 5) 抗震设计时，悬挑结构的关键构件以及与之相邻的主体结构关键构件的抗震等级宜提高一级采用，一级提高至特一级，抗震等级已经为特一级时，允许不再提高 6) 在预估罕遇地震作用下，悬挑结构关键构件的截面承载力宜符合本书公式(2-40)的要求 (2) 对上述(1)条的理解与应用 悬挑部分的结构一般竖向刚度较差、结构的冗余度不高，因此需要采取措施降低结构自重、增加结构冗余度，并进行竖向地震作用的验算，且应提高悬挑关键构件的承载力和抗震措施，防止相关部位在竖向地震作用下发生结构的倒塌

续表 11-12

序号	项　目	内　容
3	悬挑结构设计应符合的规定	悬挑结构上下层楼板承受较大的面内作用，因此在结构分析时应考虑楼板面内的变形，分析模型应包含竖向振动的质量，保证分析结果可以反映结构的竖向振动反应
4	底盘高度规定	(1) 体型收进高层建筑结构、底盘高度超过房屋高度 20%的多塔楼结构的设计应符合下列规定： 1) 体型收进处宜采取措施减小结构刚度的变化，上部收进结构的底部楼层层间位移角不宜大于相邻下部区段最大层间位移角的 1.15 倍(图 11-10) 2) 抗震设计时，体型收进部位上、下各 2 层塔楼周边(图 11-9)竖向结构构件的抗震等级宜提高一级采用，一级提高至特一级，抗震等级已经为特一级时，允许不再提高 3) 结构偏心收进时，应加强收进部位以下 2 层结构周边竖向构件的配筋构造措施 (2) 对上述(1)条的理解与应用 大量地震震害以及相关的试验研究和分析表明，结构体型收进较多或收进位置较高时，因上部结构刚度突然降低，其收进部位形成薄弱部位，因此规定在收进的相邻部位采取更高的抗震措施。当结构偏心收进时，受结构整体扭转效应的影响，下部结构的周边竖向构件内力增加较多，应予以加强。图 11-9 中表示了应该加强的结构部位 收进程度过大、上部结构刚度过小时，结构的层间位移角增加较多，收进部位成为薄弱部位，对结构抗震不利，因此限制上部楼层层间位移角不大于下部结构层间位移角的 1.15 倍，当结构分段收进时，控制收进部位底部楼层的层间位移角和下部相邻区段楼层的最大层间位移角之间的比例(图 11-10)

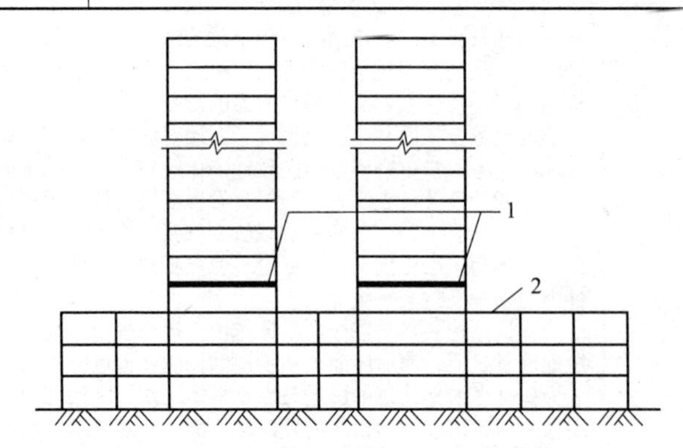

图 11-7　多塔楼结构转换层不适宜位置示意

1—转换层不适宜位置；2—底盘屋面

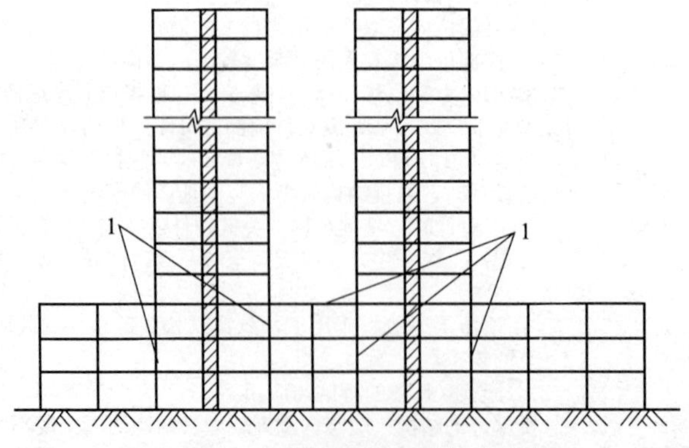

图 11-8　多塔楼结构加强部位示意

1—加强部位

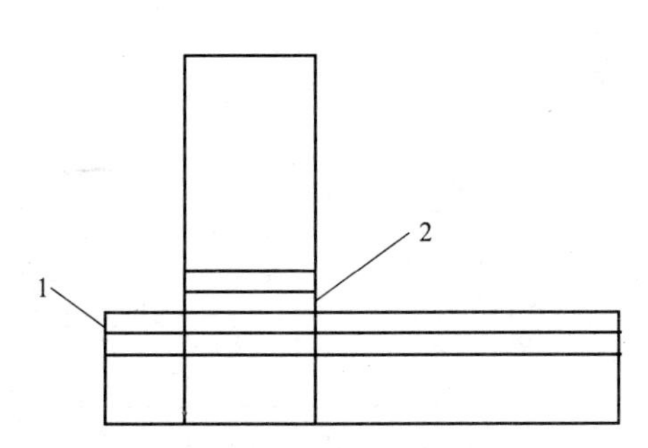

图 11-9　体型收进结构的加强部位示意

1—下部结构；2—上部结构周边构件

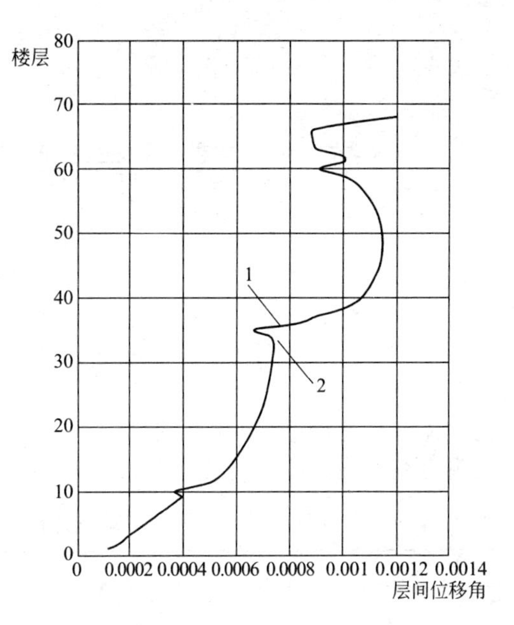

图 11-10　结构收进部位楼层层间位移角分布

1—收进部位底部楼层层间位移角；

2—下部相邻区段最大层间位移角

第12章 高层建筑混合结构设计

12.1 高层建筑混合结构设计一般规定

12.1.1 混合结构设计的形式及特点

混合结构设计的形式及特点如表12-1所示。

混合结构设计的形式及特点　　表12-1

序号	项目	内容
1	混合结构的形式	(1) 混合结构。由钢框架(框筒)、型钢混凝土框架(框筒)、钢管混凝土框架(框筒)与钢筋混凝土核心筒体所组成的共同承受水平和竖向作用的建筑结构，称为高层建筑混合结构，简称为混合结构 (2) 本章规定的混合结构，系指由外围钢框架或型钢混凝土、钢管混凝土框架与钢筋混凝土核心筒所组成的框架-核心筒结构，以及由外围钢框筒或型钢混凝土、钢管混凝土框筒与钢筋混凝土核心筒所组成的筒中筒结构 在上述(2)条中，钢和混凝土混合结构体系是近年来在我国迅速发展的一种新型结构体系，由于其在降低结构自重、减少结构断面尺寸、加快施工进度等方面的明显优点，已引起工程界和投资商的广泛关注，目前已经建成了一批高度在150～200m的建筑，如上海森茂大厦、国际航运大厦、世界金融大厦、新金桥大厦、深圳发展中心、北京京广中心等，还有一些高度超过300m的高层建筑也采用或部分采用了混合结构。除设防烈度为7度的地区外，8度区也已开始建造。考虑到近几年来采用筒中筒体系的混合结构建筑日趋增多，如上海环球金融中心、广州西塔、北京国贸三期、大连世贸等混合结构筒中筒体系。另外，钢管混凝土结构因其良好的承载能力及延性，在高层建筑中越来越多地被采用。尽管采用型钢混凝土(钢管混凝土)构件与钢筋混凝土、钢构件组成的结构均可称为混合结构，构件的组合方式多种多样，所构成的结构类型会很多，但工程实际中使用最多的还是框架-核心筒及筒中筒混合结构体系 型钢混凝土(钢管混凝土)框架可以是型钢混凝土梁与型钢混凝土柱(钢管混凝土柱)组成的框架，也可以是钢梁与型钢混凝土柱(钢管混凝土柱)组成的框架，外周的筒体可以是框筒、桁架筒或交叉网格筒。外周的钢筒体可以是钢框筒、桁架筒或交叉网格筒。为减少柱子尺寸或增加延性而在混凝土柱中设置构造型钢，而框架梁仍为钢筋混凝土梁时，该体系不宜视为混合结构；此外对于体系中局部构件(如框支梁柱)采用型钢梁柱(型钢混凝土梁柱)也不应视为混合结构
2	混合结构的特点	(1) 在钢框架-混凝土筒体混合结构体系中，混凝土筒体承担了绝大部分的水平剪力，而钢框架承受的剪力约为楼层总剪力的5%，但由于钢筋混凝土筒体的弹性极限变形很小，约为1/3000，在达到规程限定的变形时，钢筋混凝土抗震墙已经开裂，而此时钢框架尚处于弹性阶段，地震作用在剪力墙和钢框架之间会进行再分配，钢框架承受的地震力会增加，而且钢框架是重要的承重构件，它的破坏和竖向承载力的降低，将危及房屋的安全 (2) 混合结构高层建筑随地震强度的加大，损伤加剧，阻尼增大，结构破坏主要集中于混凝土筒体，表现为底层混凝土筒体的混凝土受压破坏、暗柱和角柱纵向钢筋压屈，而钢框架没有明显的破坏现象，结构整体破坏属于弯曲型 (3) 混合结构体系建筑的抗震性能在很大程度上取决于混凝土筒体，为此必须采取有效措施保证混凝土筒体的延性

续表 12-1

序号	项　　目	内　　容
2	混合结构的特点	(4) 钢框架梁和混凝土筒体连接区受力复杂，预埋件与混凝土之间的粘结容易遭到破坏，当采用楼面无限刚性假定进行分析时，梁只承受剪力和弯矩，但试验表明，这些梁实际上还存在轴力，而且由于轴力的存在，往往在节点处引起早期破坏，因此节点设计必须考虑水平力的有效传递。现在比较通行的钢梁通过预埋钢板与混凝土筒体连接的做法，经试验结果表明，不是非常可靠的。此外，钢梁与混凝土筒体连接处仍存在弯矩 (5) 混凝土筒体浇捣完后会产生收缩、徐变，总的收缩、徐变量比荷载作用下的轴向变形大，而且要很长时间以后才趋于稳定，而钢框架无此性能。因此，在混合结构中，即使无外荷载作用，由于混凝土筒体的收缩、徐变有可能使钢框架产生很大的内力

12.1.2　混合结构的适用条件及抗震等级与计算方法

混合结构的适用条件及抗震等级与计算方法如表 12-2 所示。

混合结构的适用条件及抗震等级与计算方法　　表 12-2

序号	项　　目	内　　容
1	混合结构的适用条件	(1) 混合结构高层建筑适用的最大高度应符合表 12-3 的规定 (2) 混合结构高层建筑的高宽比不宜大于表 12-4 的规定 在上述(2)条中，高层建筑的高宽比是对结构刚度、整体稳定、承载能力和经济合理性的宏观控制。钢(型钢混凝土)框架-钢筋混凝土筒体混合结构体系高层建筑，其主要抗侧力体系仍然是钢筋混凝土筒体。因此其高宽比的限值和层间位移限值均取钢筋混凝土结构体系的同一数值，而筒中筒体系混合结构，外周筒体抗侧刚度较大，承担水平力也较多，钢筋混凝土内筒分担的水平力相应减小，且外筒体延性相对较好，故高宽比要求适当放宽
2	抗震等级	(1) 抗震设计时，混合结构房屋应根据设防类别、烈度、结构类型和房屋高度采用不同的抗震等级，并应符合相应的计算和构造措施要求。丙类建筑混合结构的抗震等级应按表 12-5 确定 (2) 在上述(1)条中，试验表明，在地震作用下，钢框架-混凝土筒体结构的破坏首先出现在混凝土筒体，应对该筒体采取较混凝土结构中的筒体更为严格的构造措施，以提高其延性，因此对其抗震等级适当提高。型钢混凝土柱-混凝土筒体及筒中筒体系的最大适用高度已较 B 级高度的钢筋混凝土结构略高，对其抗震等级要求也适当提高
3	计算方法	(1) 混合结构在风荷载及多遇地震作用下，按弹性方法计算的最大层间位移与层高的比值应符合本书表 2-75 序号 3 之(1)条的有关规定；在罕遇地震作用下，结构的弹塑性层间位移应符合本书表 2-75 序号 4 之(2)条的有关规定 (2) 混合结构框架所承担的地震剪力应符合本书表 10-2 序号 3 之(4)条的规定 (3) 地震设计状况下，型钢(钢管)混凝土构件和钢构件的承载力抗震调整系数 γ_{RE} 可分别按表 12-6 和表 12-7 采用 (4) 当采用压型钢板混凝土组合楼板时，楼板混凝土可采用轻质混凝土，其强度等级不应低于 LC25；高层建筑钢-混凝土混合结构的内部隔墙应采用轻质隔墙

混合结构高层建筑适用的最大高度(m)　　表 12-3

序号	结构体系		非抗震设计	抗震设防烈度				
				6 度	7 度	8 度		9 度
						0.2g	0.3g	
1	框架-核心筒	钢框架-钢筋混凝土核心筒	210	200	160	120	100	70
2		型钢(钢管)混凝土框架-钢筋混凝土核心筒	240	220	190	150	130	70

续表 12-3

序号	结构体系		非抗震设计	抗震设防烈度				
				6 度	7 度	8 度		9 度
						0.2g	0.3g	
3	筒中筒	钢外筒-钢筋混凝土核心筒	280	260	210	160	140	80
4		型钢（钢管）混凝土外筒-钢筋混凝土核心筒	300	280	230	170	150	90

注：平面和竖向均不规则的结构，最大适用高度应适当降低。

混合结构高层建筑适用的最大高宽比　　表 12-4

序号	结构体系	非抗震设计	抗震设防烈度		
			6 度、7 度	8 度	9 度
1	框架-核心筒	8	7	6	4
2	筒中筒	8	8	7	5

钢-混凝土混合结构抗震等级　　表 12-5

序号	结构类型		抗震设防烈度						
			6 度		7 度		8 度		9 度
1	房屋高度(m)		≤150	>150	≤130	>130	≤100	>100	≤70
2	钢框架-钢筋混凝土核心筒	钢筋混凝土核心筒	二	一	一	特一	一	特一	特一
3	型钢（钢管）混凝土框架-钢筋混凝土核心筒	钢筋混凝土核心筒	二	二	二	一	一	特一	特一
4		型钢（钢管）混凝土框架	三	二	二	一	一	一	一
5	房屋高度(m)		≤180	>180	≤150	>150	≤120	>120	≤90
6	钢外筒-钢筋混凝土核心筒	钢筋混凝土核心筒	二	一	一	特一	一	特一	特一
7	型钢（钢管）混凝土外筒-钢筋混凝土核心筒	钢筋混凝土核心筒	二	二	二	一	一	特一	特一
8		型钢（钢管）混凝土外筒	三	二	二	一	一	一	一

注：钢结构构件抗震等级，抗压设防烈度为 6、7、8、9 度时应分别取四、三、二、一级。

型钢（钢管）混凝土构件承载力抗震调整系数 γ_{RE}　　表 12-6

序号	正截面承载力计算				斜截面承载力计算
1	型钢混凝上梁	型钢混凝土柱及钢管混凝土柱	剪力墙	支撑	各类构件及节点
2	0.75	0.80	0.85	0.80	0.85

钢构件承载力抗震调整系数 γ_{RE}　　表 12-7

序号	强度破坏（梁，柱，支撑，节点板件，螺栓，焊缝）	屈曲稳定（柱，支撑）
1	0.75	0.80

12.2　高层建筑混合结构的布置

12.2.1　混合结构布置原则及布置规定

混合结构布置原则及布置规定如表12-8

混合结构布置原则及布置规定　　**表12-8**

序号	项　目	内　容
1	结构布置	混合结构房屋的结构布置除应符合本节的规定外，尚应符合本书表3-7、表3-10及表3-14的有关规定
2	平面布置规定	(1) 混合结构的平面布置应符合下列规定： 1) 平面宜简单、规则、对称、具有足够的整体抗扭刚度，平面宜采用方形、矩形、多边形、圆形、椭圆形等规则平面，建筑的开间、进深宜统一 2) 筒中筒结构体系中，当外围钢框架柱采用H形截面柱时，宜将柱截面强轴方向布置在外围筒体平面内；角柱宜采用十字形、方形或圆形截面 3) 楼盖主梁不宜搁置在核心筒或内筒的连梁上 (2) 在上述(1)条中，从抗震的角度提出了建筑的平面应简单、规则、对称的要求，从方便制作、减少构件类型的角度提出了开间及进深宜尽量统一的要求。考虑到混合结构多属B级高度高层建筑，故位移比及周期比按照B类高度高层建筑进行控制 框筒结构中，将强轴布置在框筒平面内时，主要是为了增加框筒平面内的刚度，减少剪力滞后。角柱为双向受力构件，采用方形、十字形等主要是为了方便连接，且受力合理 减小横风向风振可采取平面角部柔化、沿竖向退台或呈锥形、改变截面形状、设置扰流部件、立面开洞等措施 楼面梁使连梁受扭，对连梁受力非常不利，应予避免；如必须设置时，可设置型钢混凝土连梁或沿核心筒外周设置宽度大于墙厚的环向楼面梁
3	竖向布置规定	(1) 混合结构的竖向布置应符合下列规定： 1) 结构的侧向刚度和承载力沿竖向宜均匀变化、无突变，构件截面宜由下至上逐渐减小 2) 混合结构的外围框架柱沿高度宜采用同类结构构件；当采用不同类型结构构件时，应设置过渡层，且单柱的抗弯刚度变化不宜超过30% 3) 对于刚度变化较大的楼层，应采取可靠的过渡加强措施 4) 钢框架部分采用支撑时，宜采用偏心支撑和耗能支撑，支撑宜双向连续布置；框架支撑宜延伸至基础 (2) 在上述(1)条中，国内外的震害表明，结构沿竖向刚度或抗侧力承载力变化过大，会导致薄弱层的变形和构件应力过于集中，造成严重震害。刚度变化较大的楼层，是指上、下层侧向刚度变化明显的楼层，如转换屇、加强层、空旷的顶层、顶部突出部分、型钢混凝土框架与钢框架的交接层及邻近楼层等。竖向刚度变化较大时，不但刚度变化的楼层受力增大，而且其上、下邻近楼层的内力也会增大，所以采取加强措施应包括相邻楼层在内 对于型钢钢筋混凝土与钢筋混凝土交接的楼层及相邻楼层的柱子，应设置剪力栓钉，加强连接；另外，钢-混凝土混合结构的顶层型钢混凝土柱也需设置栓钉，因为一般来说，顶层柱子的弯矩较大

12.2.2　混合结构的其他布置规定

混合结构的其他布置规定如表12-9所示。

混合结构的其他布置规定　　**表12-9**

序号	项　目	内　容
1	楼盖体系	(1) 楼盖体系应具有良好的水平刚度和整体性，其布置应符合下列规定： 1) 楼面宜采用压型钢板现浇混凝土组合楼板、现浇混凝土楼板或预应力混凝土叠合楼板，楼板与钢梁应可靠连接 2) 机房设备层、避难层及外伸臂桁架上下弦杆所在楼层的楼板宜采用钢筋混凝土楼板，并应采取加强措施 3)对于建筑物楼面有较大开洞或为转换楼层时，应采用现浇混凝土楼板；对楼板大开洞部位宜采取设置刚性水平支撑等加强措施

续表 12-9

序号	项 目	内 容
1	楼盖体系	(2) 在上述(1)条中，为了使整个抗侧力结构在任意方向水平荷载作用下能协同工作，楼盖结构具有必要的面内刚度和整体性是基本要求 高层建筑混合结构楼盖宜采用压型钢板组合楼盖，以方便施工并加快施工进度；压型钢板与钢梁连接宜采用剪力栓钉等措施保证其可靠连接和共同工作，栓钉数量应通过计算或按构造要求确定。设备层楼板进行加强，一方面是因为设备层荷重较大；另一方面也是隔声的需要。伸臂桁架上、下弦杆所在楼层，楼板平面内受力较大且受力复杂，故这些楼层也应进行加强
2	加强层设置	(1) 当侧向刚度不足时，混合结构可设置刚度适宜的加强层。加强层宜采用伸臂桁架，必要时可配合布置周边带状桁架。加强层设计应符合下列规定： 1) 伸臂桁架和周边带状桁架宜采用钢桁架 2) 伸臂桁架应与核心筒墙体刚接，上、下弦杆均应延伸至墙体内且贯通，墙体内宜设置斜腹杆或暗撑；外伸臂桁架与外围框架柱宜采用铰接或半刚接，周边带状桁架与外框架柱的连接宜采用刚性连接 3) 核心筒墙体与伸臂桁架连接处宜设置构造型钢柱，型钢柱宜至少延伸至伸臂桁架高度范围以外上、下各一层 4) 当布置有外伸桁架加强层时，应采取有效措施减少由于外框柱与混凝土筒体竖向变形差异引起的桁架杆件内力 (2) 在上述(1)条中，明确了外伸臂桁架深入墙体内弦杆和腹杆的具体要求。采用伸臂桁架主要是将筒体剪力墙的弯曲变形转换成框架柱的轴向变形以减小水平荷载下结构的侧移，所以必须保证伸臂桁架与剪力墙刚接。为增强伸臂桁架的抗侧力效果，必要时，周边可配合布置带状桁架。布置周边带状桁架，除了可增大结构侧向刚度外，还可增强加强层结构的整体性，同时也可减少周边柱子的竖向变形差异。外柱承受的轴向力要能够传至基础，故外柱必须上、下连续，不得中断。由于外柱与混凝土内筒轴向变形往往不一致，会使伸臂桁架产生很大的附加内力，因而伸臂桁架宜分段拼装。在设置多道伸臂桁架时，下层伸臂桁架可在施工上层伸臂桁架时予以封闭；仅设一道伸臂桁架时，可在主体结构完成后再进行封闭，形成整体。在施工期间，可采取斜杆上设长圆孔、斜杆后装等措施使伸臂桁架的杆件能适应外围构件与内筒在施工期间的竖向变形差异 在高设防烈度区，当在较高的不规则高层建筑中设置加强层时，还宜采取进一步的性能设计要求和措施。为保证在中震或大震作用下的安全，可以要求其杆件和相邻杆件在中震下不屈服，或者选择更高的性能设计要求。结构抗震性能设计可按本书表 2-83 的规定执行
3	8、9 度抗震设计	(1)8、9 度抗震设计时，应在楼面钢梁或型钢混凝土梁与混凝土筒体交接处及混凝土筒体四角墙内设置型钢柱；7 度抗震设计时，宜在楼面钢梁或型钢混凝土梁与混凝土筒体交接处及混凝土筒体四角墙内设置型钢柱 (2) 在上述(1)条中，钢(型钢混凝土)框架-混凝土筒体结构体系中的混凝土筒体在底部一般均承担了 85%以上的水平剪力及大部分的倾覆力矩，所以必须保证混凝土筒体具有足够的延性，配置了型钢的混凝土筒体墙在弯曲时，能避免发生平面外的错断及筒体角部混凝土的压溃，同时也能减少钢柱与混凝土筒体之间的竖向变形差异产生的不利影响。而筒中筒体系的混合结构，结构底部内筒承担的剪力及倾覆力矩的比例有所减少，但考虑到此种体系的高度均很高，在大震作用下很有可能出现角部受拉，为延缓核心筒弯曲铰及剪切铰的出现，筒体的角部也宜布置型钢 型钢柱可设置在核心筒的四角、核心筒剪力墙的大开口两侧及楼面钢梁与核心筒的连接处。试验表明，钢梁与核心筒的连接处，存在部分弯矩及轴力，而核心筒剪力墙的平面外刚度又较小，很容易出现裂缝，因此楼面梁与核心筒剪力墙刚接时，在筒体剪力墙中宜设置型钢柱，同时也能方便钢结构的安装；楼面梁与核心筒剪力墙铰接时，应采取措施保证墙上的预埋件不被拔出。混凝土筒体的四角受力较大，设置型钢柱后核心筒剪力墙开裂后的承载力下降不多，能防止结构的迅速破坏。因为核心筒剪力墙的塑性铰一般出现在高度的 1/10 范围内，所以在此范围内，核心筒剪力墙四角的型钢柱宜设置栓钉
4	外围框架平面内梁与柱	(1) 混合结构中，外围框架平面内梁与柱应采用刚性连接；楼面梁与钢筋混凝土筒体及外围框架柱的连接可采用刚接或铰接 (2) 在上述(1)条中，外框架平面内采用梁柱刚接，能提高其刚度及抵抗水平荷载的能力。如在混凝土筒体墙中设置型钢并需要增加整体结构刚度时，可采用楼面钢梁与混凝土筒体刚接；当混凝土筒体墙中无型钢柱时，宜采用铰接。刚度发生突变的楼层，梁柱、梁墙采用刚接可以增加结构的空间刚度，使层间变形有效减小

12.3　高层建筑混合结构计算

12.3.1　混合结构弹性分析计算

混合结构弹性分析计算如表12-10所示。

混合结构弹性分析计算　　表12-10

序号	项　目	内　容
1	弹性分析规定	(1) 弹性分析时，宜考虑钢梁与现浇混凝土楼板的共同作用，梁的刚度可取钢梁刚度的1.5～2.0倍，但应保证钢梁与楼板有可靠连接。弹塑性分析时，可不考虑楼板与梁的共同作用 (2) 上述(1)条中，在弹性阶段，楼板对钢梁刚度的加强作用不可忽视。从国内外工程经验看，作为主要抗侧力构件的框架梁支座处尽管有负弯矩，但由于楼板钢筋的作用，其刚度增大作用仍然很大，故在整体结构计算时宜考虑楼板对钢梁刚度的加强作用。框架梁承载力设计时一般不按照组合梁设计。次梁设计一般由变形要求控制，其承载力有较大富余，故一般也不按照组合梁设计，但次梁及楼板作为直接受力构件的设计应有足够的安全储备，以适应不同使用功能的要求，其设计采用的活载宜适当放大
2	弹性阶段的内力和位移计算	(1) 结构弹性阶段的内力和位移计算时，构件刚度取值应符合下列规定； 1) 型钢混凝土构件、钢管混凝土柱的刚度可按下列公式计算： $EI=E_cI_c+E_aI_a$　　(12-1) $EA=E_cA_c+E_aA_a$　　(12-2) $GA=G_cA_c+G_aA_a$　　(12-3) 式中　E_cI_c，E_cA_c，G_cA_c——分别为钢筋混凝土部分的截面抗弯刚度、轴向刚度及抗剪刚度 E_aI_a，E_aA_a，G_aA_a——分别为型钢、钢管部分的截面抗弯刚度、轴向刚度及抗剪刚度 2) 无端柱型钢混凝土剪力墙可近似按相同截面的混凝土剪力墙计算其轴向、抗弯和抗剪刚度，可不计端部型钢对截面刚度的提高作用 3) 有端柱型钢混凝土剪力墙可按H形混凝土截面计算其轴向和抗弯刚度，端柱内型钢可折算为等效混凝土面积计入H形截面的翼缘面积，墙的抗剪刚度可不计入型钢作用 4) 钢板混凝土剪力墙可将钢板折算为等效混凝土面积计算其轴向、抗弯和抗剪刚度 (2) 上述(1)条中，在进行结构整体内力和变形分析时，型钢混凝土梁、柱及钢管混凝土柱的轴向、抗弯、抗剪刚度都可按照型钢与混凝土两部分刚度叠加方法计算

12.3.2　混合结构其他计算要求

混合结构其他计算要求如表12-11所示。

混合结构其他计算要求　　表12-11

序号	项　目	内　容
1	竖向荷载作用计算	(1) 竖向荷载作用计算时，宜考虑钢柱、型钢混凝土(钢管混凝土)柱与钢筋混凝土核心筒竖向变形差异引起的结构附加内力，计算竖向变形差异时宜考虑混凝土收缩、徐变、沉降及施工调整等因素的影响 (2) 在上述(1)条中，外柱与内筒的竖向变形差异宜根据实际的施工工况进行计算。在施工阶段，宜考虑施工过程中已对这些差异的逐层进行调整的有利因素，也可考虑采取 外伸臂桁架延迟封闭、楼面梁与外周柱及内筒体采用铰接等措施减小差异变形的影响。在伸臂桁架永久封闭以后，后期的差异变形会对伸臂桁架或楼面梁产生附加内力，伸臂桁架及楼面梁的设计时应考虑这些不利影响

续表 12-11

序号	项　目	内　容
2	结构施工	(1) 当混凝土筒体先于外围框架结构施工时，应考虑施工阶段混凝土筒体在风力及其他荷载作用下的不利受力状态；应验算在浇筑混凝土之前外围型钢结构在施工荷载及可能的风载作用下的承载力、稳定及变形，并据此确定钢结构安装与浇筑楼层混凝土的间隔层数 (2) 在上述(1)条中，混凝土筒体先于钢框架施工时，必须控制混凝土筒体超前钢框架安装的层次，否则在风荷载及其他施工荷载作用下，会使混凝土筒体产生较大的变形和应力。根据以往的经验，一般核心筒提前钢框架施工不宜超过14层，楼板混凝土浇筑迟于钢框架安装不宜超过5层
3	多遇地震作用	(1) 混合结构在多遇地震作用下的阻尼比可取为0.04。风荷载作用下楼层位移验算和构件设计时，阻尼比可取为0.02～0.04 (2) 在上述(1)条中，影响结构阻尼比的因素很多，因此准确确定结构的阻尼比是一件非常困难的事情。试验研究及工程实践表明，一般带填充墙的高层钢结构的阻尼比为0.02左右，钢筋混凝土结构的阻尼比为0.05左右，且随着建筑高度的增加，阻尼比有不断减小的趋势。钢-混凝土混合结构的阻尼比应介于两者之间，考虑到钢-混凝土混合结构抗侧刚度主要来自混凝土核心筒，故阻尼比取为0.04，偏向于混凝土结构。风荷载作用下，结构的塑性变形一般较设防烈度地震作用下为小，故抗风设计时的阻尼比应比抗震设计时为小，阻尼比可根据房屋高度和结构形式选取不同的值；结构高度越高阻尼比越小，采用的风荷载回归期越短，其阻尼比取值越小。一般情况下，风荷载作用时结构楼层位移和承载力验算时的阻尼比可取为0.02～0.04，结构顶部加速度验算时的阻尼比可取为0.01～0.015
4	设置伸臂桁架及楼板开大洞	(1) 结构内力和位移计算时，设置伸臂桁架的楼层以及楼板开大洞的楼层应考虑楼板平面内变形的不利影响 (2) 在上述(1)条中，对于设置伸臂桁架的楼层或楼板开大洞的楼层，如果采用楼板平面内刚度无限大的假定，就无法得到桁架弦杆或洞口周边构件的轴力和变形，对结构设计偏于不安全

12.4　高层建筑混合结构构件设计

12.4.1　混合结构型钢混凝土梁设计

混合结构型钢混凝土梁设计如表12-12所示。

混合结构型钢混凝土梁设计　　**表 12-12**

序号	项　目	内　容
1	型钢板件宽厚比限值	(1) 型钢混凝土构件中型钢板件(图12-1)的宽厚比不宜超过表12-13的规定 (2) 在上述(1)条中，由试验表明，由于混凝土及箍筋、腰筋对型钢的约束作用，在型钢混凝土中的型钢截面的宽厚比可较纯钢结构适当放宽。型钢混凝土中，型钢翼缘的宽厚比取为纯钢结构的1.5倍，腹板取为纯钢结构的2倍，填充式箱形钢管混凝土可取为纯钢结构的1.5～1.7倍。本次修订增加了Q390级钢材型钢钢板的宽厚比要求，是在Q235级钢材规定数值的基础上乘以$\sqrt{235/f_y}$得到
2	型钢混凝土梁构造要求	(1) 型钢混凝土梁应满足下列构造要求： 1) 混凝土粗骨料最大直径不宜大于25mm，型钢宜采用Q235及Q345级钢材，也可采用Q390或其他符合结构性能要求的钢材 2) 型钢混凝土梁的最小配筋率不宜小于0.30%，梁的纵向钢筋宜避免穿过柱中型钢的翼缘。梁的纵向的受力钢筋不宜超过两排；配置两排钢筋时，第二排钢筋宜配置在型钢截面外侧。当梁的腹板高度大于450mm时，在梁的两侧面应沿梁高度配置纵向构造钢筋，纵向构造钢筋的间距不宜大于200mm

续表 12-12

序号	项　目	内　容
2	型钢混凝土梁构造要求	3）型钢混凝土梁中型钢的混凝土保护层厚度不宜小于 100mm，梁纵向钢筋净间距及梁纵向钢筋与型钢骨架的最小净距不应小于 30mm，且不小于粗骨料最大粒径的 1.5 倍及梁纵向钢筋直径的 1.5 倍 4）型钢混凝土梁中的纵向受力钢筋宜采用机械连接。如纵向钢筋需贯穿型钢柱腹板并以 90°弯折固定在柱截面内时，抗震设计的弯折前直段长度不应小于钢筋抗震基本锚固长度 l_{abE}的 40%，弯折直段长度不应小于 15 倍纵向钢筋直径；非抗震设计的弯折前直段长度不应小于钢筋基本锚固长度 l_{ab}的 40%，弯折直段长度不应小于 12 倍纵向钢筋直径 5）梁上开洞不宜大于梁截面总高的 40%，且不宜大于内含型钢截面高度的 70%，并应位于梁高及型钢高度的中间区域 6）型钢混凝土悬臂梁自由端的纵向受力钢筋应设置专门的锚固件，型钢梁的上翼缘宜设置栓钉；型钢混凝土转换梁在型钢上翼缘宜设置栓钉。栓钉的最大间距不宜大于 200mm，栓钉的最小间距沿梁轴线方向不应小于 6 倍的栓钉杆直径，垂直梁方向的间距不应小于 4 倍的栓钉杆直径，且栓钉中心至型钢板件边缘的距离不应小于 50mm。栓钉顶面的混凝土保护层厚度不应小于 15mm （2）上述 1 条是对型钢混凝土梁的基本构造要求。其中： 第 1)款规定型钢混凝土梁的强度等级和粗骨料的最大直径，主要是为了保证外包混凝土与型钢有较好的粘结强度和方便混凝土的浇筑 第 2)款规定型钢混凝土梁纵向钢筋不宜超过两排，因为超过两排时，钢筋绑扎及混凝土浇筑将产生困难 第 3)款规定了型钢的保护层厚度，主要是为了保证型钢混凝土构件的耐久性以及保证型钢与混凝土的粘结性能，同时也是为了方便混凝土的浇筑 第 4)款提出了纵向钢筋的连接锚固要求。由于型钢混凝土梁中钢筋直径一般较大，如果钢筋穿越梁柱节点，将对柱翼缘有较大削弱，所以原则上不希望钢筋穿过柱翼缘；如果需锚固在柱中，为满足锚固长度，钢筋应伸过柱中心线并弯折在柱内 第 5)款对型钢混凝土梁上开洞提出要求。开洞高度按梁截面高度和型钢尺寸双重控制，对钢梁开洞超过 0.7 倍钢梁高度时，抗剪能力会急剧下降，对一般混凝土梁则同样限制开洞高度为混凝土梁高的 0.3 倍 第 6)款对型钢混凝土悬臂梁及转换梁提出钢筋锚固、设置抗剪栓钉要求。型钢混凝土悬臂梁端无约束，而且挠度较大；转换梁受力大且复杂。为保证混凝土与型钢的共同变形，应设置栓钉以抵抗混凝土与型钢之间的纵向剪力
3	型钢混凝土梁箍筋应符合的规定	（1）型钢混凝土梁的箍筋应符合下列规定： 1）箍筋的最小面积配筋率应符合本书表 7-52 序号 3 之(1)的 4)及之(2)的 1)的规定，且不应小于 0.15% 2）抗震设计时，梁端箍筋应加密配置。加密区范围，一级取梁截面高度的 2.0 倍，二、三、四级取梁截面高度的 1.5 倍；当梁净跨小于梁截面高度的 4 倍时。梁箍筋应全跨加密配置 3）型钢混凝土梁应采用具有 135°弯钩的封闭式箍筋，弯钩的直段长度不应小于 8 倍箍筋直径。非抗震设计时，梁箍筋直径不应小于 8mm，箍筋间距不应大于 250mm；抗震设计时，梁箍筋的直径和间距应符合表 12-14 的要求 （2）上述(1)条中，箍筋的最低配置要求主要是为了增强混凝土部分的抗剪能力及加强对箍筋内部混凝土的约束，防止型钢失稳和主筋压曲。当梁中箍筋采用 335N/mm^2、400N/mm^2级钢筋时，箍筋末端要求 135°施工有困难时，箍筋末端可采用 90°直钩加焊接的方式

型钢板件宽厚比限值　　　　**表 12-13**

序号	钢号	梁		柱		
				H、十、T 形截面		箱形截面
		b/t_f	h_w/t_w	b/t_f	h_w/t_w	h_w/t_w
1	Q235	23	107	23	96	72
2	Q345	19	90	19	81	61
3	Q390	18	83	18	75	56

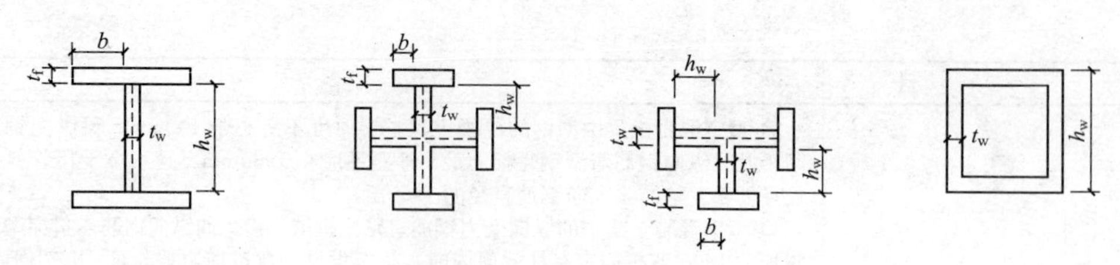

图 12-1 型钢板件示意

梁箍筋直径和间距(mm) **表 12-14**

序号	抗震等级	箍筋直径	非加密区箍筋间距	加密区箍筋间距
1	一	≥12	≤180	≤120
2	二	≥10	≤200	≤150
3	三	≥10	≤250	≤180
4	四	≥8	250	200

12.4.2 混合结构型钢混凝土柱设计

混合结构型钢混凝土柱设计如表 12-15 所示。

混合结构型钢混凝土柱设计 **表 12-15**

序号	项 目	内 容
1	柱的轴压比	(1) 抗震设计时，混合结构中型钢混凝土柱的轴压比不宜大于表 12-16 的限值，轴压比可按下列公式计算： $$\mu_N = N/(f_c A_c + f_a A_a) \quad (12\text{-}4)$$ 式中 μ_N——型钢混凝土柱的轴压比 N——考虑地震组合的柱轴向力设计值 A_c——扣除型钢后的混凝土截面面积 f_c——混凝土的轴心抗压强度设计值 f_a——型钢的抗压强度设计值 A_a——型钢的截面面积 (2) 上述(1)条中，型钢混凝土柱的轴向力大于柱子的轴向承载力的 50%时，柱子的延性将显著下降。型钢混凝土柱有其特殊性，在一定轴力的长期作用下，随着轴向塑性的发展以及长期荷载作用下混凝土的徐变收缩会产生内力重分布，钢筋混凝土部分承担的轴力逐渐向型钢部分转移。根据型钢混凝土柱的试验结果，考虑长期荷载下徐变的影响，一、二、三抗震等级的型钢混凝土框架柱的轴压比限值分别取为 0.7、0.8、0.9。计算轴压比时，可计入型钢的作用
2	型钢混凝土柱构造要求	(1) 型钢混凝土柱设计应符合下列构造要求： 1) 型钢混凝土柱的长细比不宜大于 80 2) 房屋的底层、顶层以及型钢混凝土与钢筋混凝土交接层的型钢混凝土柱宜设置栓钉，型钢截面为箱形的柱子也宜设置栓钉，栓钉水平间距不宜大于 250mm 3) 混凝土粗骨料的最大直径不宜大于 25mm。型钢柱中型钢的保护厚度不宜小于 150mm；柱纵向钢筋净间距不宜小于 50mm，且不应小于柱纵向钢筋直径的 1.5 倍；柱纵向钢筋与型钢的最小净距不应小于 30mm，且不应小于粗骨料最大粒径的 1.5 倍 4) 型钢混凝土柱的纵向钢筋最小配筋率不宜小于 0.8%，且在四角应各配置一根直径不小于 16mm 的纵向钢筋 5) 柱中纵向受力钢筋的间距不宜大于 300mm；当间距大于 300mm 时，宜附加配置直径不小于 14mm 的纵向构造钢筋 6) 型钢混凝土柱的型钢含钢率不宜小于 4% (2) 在上述(1)条中，其中第 1)款对柱长细比提出要求，长细比 λ 可取为 l_0/i，l_0 为柱的计算长度，i 为柱截面的回转半径。第 2)、3)款主要是考虑型钢混凝土柱的耐久性、防火性、良好的粘结锚固及方便混凝土浇筑

续表 12-15

序号	项　目	内　容
2	型钢混凝土柱构造要求	第6)款规定了型钢的最小含钢率。试验表明，当柱子的型钢含钢率小于4%时，其承载力和延性与钢筋混凝土柱相比，没有明显提高。根据我国的钢结构发展水平及型钢混凝土构件的浇筑施工可行性，一般型钢混凝土构件的总含钢率也不宜大于8%，一般来说比较常用的含钢率为4%～8%
3	型钢混凝土柱箍筋应符合的规定	(1) 型钢混凝土柱箍筋的构造设计应符合下列规定： 1) 非抗震设计时，箍筋直径不应小于8mm，箍筋间距不应大于200mm 2) 抗震设计时，箍筋应做成135°弯钩，箍筋弯钩直段长度不应小于10倍箍筋直径 3) 抗震设计时，柱端箍筋应加密，加密区范围应取矩形截面柱长边尺寸(或圆形截面柱直径)、柱净高的1/6和500mm三者的最大值；对剪跨比不大于2的柱，其箍筋均应全高加密，箍筋间距不应大于100mm 4) 抗震设计时，柱箍筋的直径和间距应符合表12-17的规定，加密区箍筋最小体积配箍率尚应符合公式(12-5)的要求，非加密区箍筋最小体积配箍率不应小于加密区箍筋最小体积配箍率的一半；对剪跨比不大于2的柱，其箍筋体积配箍率尚不应小于1.0%，9度抗震设计时尚不应小于1.3% $\rho_v \geqslant 0.85\lambda_v f_c/f_y$　　(12-5) 式中　λ_v——柱最小配箍特征值，宜按本书表7-58采用 (2) 在上述(1)条中，柱箍筋的最低配置要求主要是为了增强混凝土部分的抗剪能力及加强对箍筋内部混凝土的约束，防止型钢失稳和主筋压曲。从型钢混凝土柱的受力性能来看，不配箍筋或少配箍筋的型钢混凝土柱在大多数情况下，出现型钢与混凝土之间的粘结破坏，特别是型钢高强混凝土构件。更应配置足够数量的箍筋，并宜采用高强度箍筋，以保证箍筋有足够的约束能力 箍筋末端做成135°弯钩且直段长度取10倍箍筋直径，主要是满足抗震要求。在某些情况下，箍筋直段取10倍箍筋直径会与内置型钢相碰，或者当柱中箍筋采用335N/mm^{2}级以上钢筋而使箍筋末端的135°弯钩施工有困难时，箍筋末端可采用90°直钩加焊接的方式 型钢混凝土柱中钢骨提供了较强的抗震能力，其配箍要求可比混凝土构件适当降低；同时由于钢骨的存在，箍筋的设置有一定的困难，考虑到施工的可行性，实际配置的箍筋不可能太多，本条规定的最小配箍要求是根据国内外试验研究，并考虑抗震等级的差别确定的
4	柱脚设置要求	(1) 抗震设计时，混合结构中的钢柱及型钢混凝土柱、钢管混凝土柱宜采用埋入式柱脚。采用埋入式柱脚时，应符合下列规定： 1) 埋入深度应通过计算确定，且不宜小于型钢柱截面长边尺寸的2.5倍 2) 在柱脚部位和柱脚向上延伸一层的范围内宜设置栓钉，其直径不宜小于19mm，其竖向及水平间距不宜大于200mm 注：当有可靠依据时，可通过计算确定栓钉数量 (2) 在上述(1)条中，由日本阪神地震的震害经验表明：非埋入式柱脚、特别在地面以上的非埋入式柱脚在地震区容易产生破坏，因此钢柱或型钢混凝土柱宜采用埋入式柱脚。 若存在刚度较大的多层地下室，当有可靠的措施时，型钢混凝土柱也可考虑采用非埋入式柱脚。根据新的研究成果，埋入柱脚型钢的最小埋置深度修改为型钢截面长边的2.5倍

型钢混凝土柱的轴压比限值　　表12-16

序号	抗震等级	一	二	三
1	轴压比限值	0.70	0.80	0.90

注：1. 转换柱的轴压比应比表中数值减少0.10采用；
2. 剪跨比不大于2的柱，其轴压比应比表中数值减少0.05采用；
3. 当采用C60以上混凝土时，轴压比宜减少0.05。

型钢混凝土柱箍筋直径和间距(mm)　　表 12-17

序号	抗震等级	箍筋直径	非加密区箍筋间距	加密区箍筋间距
1	一	≥12	≤150	≤100
2	二	≥10	≤200	≤100
3	三、四	≥8	≤200	≤150

注：箍筋直径除应符合表中要求外，尚不应小于纵向钢筋直径的 1/4。

12.4.3　混合结构型钢混凝土梁柱节点设计

混合结构型钢混凝土梁柱节点设计如表 12-18 所示。

混合结构型钢混凝土梁柱节点设计　　表 12-18

序号	项　目	内　容
1	型钢混凝土梁柱节点	(1) 型钢混凝土梁柱节点应符合下列构造要求： 1) 型钢柱在梁水平翼缘处应设置加劲肋，其构造不应影响混凝土浇筑密实 2) 箍筋间距不宜大于柱端加密区间距的 1.5 倍，箍筋直径不宜小于柱端箍筋加密区的箍筋直径 3) 梁中钢筋穿过梁柱节点时，不宜穿过柱型钢翼缘；需穿过柱腹板时，柱腹板截面损失率不宜大于 25%，当超过 25%时，则需进行补强；梁中主筋不得与柱型钢直接焊接 (2) 在上述(1)条中，规定节点箍筋的间距，一方面是为了不使钢梁腹板开洞削弱过大，另一方面也是为了方便施工。一般情况下可在柱中型钢腹板上开孔使梁纵筋贯通；翼缘上的孔对柱抗弯十分不利，因此应避免在柱型钢翼缘开梁纵筋贯通孔。也不能直接将钢筋焊在翼缘上；梁纵筋遇柱型钢翼缘时；可采用翼缘上预先焊接钢筋套筒、设置水平加劲板等方式与梁中钢筋进行连接
2	圆形钢管混凝土构件及节点设计	圆形钢管混凝土构件及节点可按本书表 12-23 进行设计

12.4.4　混合结构钢管混凝土柱构造要求

混合结构钢管混凝土柱构造要求如表 12-19 所示。

混合结构钢管混凝土柱构造要求　　表 12-19

序号	项　目	内　容
1	圆形钢管混凝土柱	(1) 圆形钢管混凝土柱尚应符合下列构造要求： 1) 钢管直径不宜小于 400mm 2) 钢管壁厚不宜小于 8mm 3)钢管外径与壁厚的比值 D/t 宜在(20～100) $\sqrt{235/f_y}$之间，f_y 为钢材的屈服强度 4) 圆钢管混凝土柱的套箍指标$\frac{f_a A_a}{f_c A_c}$，不应小于 0.5，也不宜大于 2.5 5) 柱的长细比不宜大于 80 6) 轴向压力偏心率 e_0/r_c 不宜大于 1.0，e_0 为偏心距，r_c 为核心混凝土横截面半径 7) 钢管混凝土柱与框架梁刚性连接时，柱内或柱外应设置与梁上、下翼缘位置对应的加劲肋；加劲肋设置于柱内时，应留孔以利混凝土浇筑；加劲肋设置于柱外时，应形成加劲环板 8) 直径大于 2m 的圆形钢管混凝土构件应采取有效措施减小钢管内混凝土收缩对构件受力性能的影响 (2) 在上述(1)条中，高层混合结构，柱的截面不会太小，因此圆形钢管的直径不应过小，以保证结构基本安全要求。圆形钢管混凝土柱一般采用薄壁钢管，但钢管壁不宜太薄，以避免钢管壁屈曲。套箍指标是圆形钢管混凝土柱的一个重要参数，反映薄钢管对管内混凝土的约束程度。若套箍指标过小，则不能有效地提高钢管内混凝土的轴心抗压强度和变形能力；若套箍指标过大，则对进一步提高钢管内混凝土的轴心抗压强度和变形能力的作用不大 当钢管直径过大时，管内混凝土收缩会造成钢管与混凝土脱开，影响钢管与混凝土的共同受力，因此需要采取有效措施减少混凝土收缩的影响 长细比 λ 取 l_0/i，其中 l_0 为柱的计算长度，i 为柱截面的回转半径

续表 12-19

序号	项　目	内　容
2	矩形钢管混凝土柱	(1) 矩形钢管混凝土柱应符合下列构造要求： 1) 钢管截面短边尺寸不宜小于 400mm 2) 钢管壁厚不宜小于 8mm 3) 钢管截面的高宽比不宜大于 2，当矩形钢管混凝土柱截面最大边尺寸不小于 800mm 时，宜采取在柱子内壁上焊接栓钉、纵向加劲肋等构造措施 4) 钢管管壁板件的边长与其厚度的比值不应大于 $60\sqrt{235/f_y}$ 5) 柱的长细比不宜大于 80 6) 矩形钢管混凝土柱的轴压比应按本书公式(12-4) 计算，并不宜大于表 12-20 的限值 (2) 在上述(1)条中，为保证钢管与混凝土共同工作，矩形钢管截面边长之比不宜过大。为避免矩形钢管混凝土柱在丧失整体承载能力之前钢管壁板件局部屈曲，并保证钢管全截面有效，钢管壁板件的边长与其厚度的比值不宜过大 矩形钢管混凝土柱的延性与轴压比、长细比、含钢率、钢材屈服强度、混凝土抗压强度等因素有关。本书对矩形钢管混凝土柱的轴压比提出了具体要求，以保证其延性

矩形钢管混凝土柱轴压比限值　　**表 12-20**

序号	一级	二级	三级
1	0.70	0.80	0.90

12.4.5　混合结构剪力墙设计

混合结构剪力墙设计如表 12-21 所示。

混合结构剪力墙设计　　**表 12-21**

序号	项　目	内　容
1	受剪截面规定	(1) 钢板混凝土剪力墙的受剪截面应符合下规定： 1) 持久、短暂设计状况 $$V_{cw} \leqslant 0.25 f_c b_w h_{w0} \quad (12\text{-}6)$$ $$V_{cw} = V - \left(\frac{0.3}{\lambda} f_a A_{a1} + \frac{0.6}{\lambda - 0.5} f_{sp} A_{sp}\right) \quad (12\text{-}7)$$ 2) 地震设计状况 剪跨比 λ 大于 2.5 时 $$V_{cw} \leqslant \frac{1}{\gamma_{RE}}(0.20 f_c b_w h_{w0}) \quad (12\text{-}8)$$ 剪跨比 λ 不大于 2.5 时 $$V_{cw} \leqslant \frac{1}{\gamma_{RE}}(0.15 f_c b_w h_{w0}) \quad (12\text{-}9)$$ $$V_{cw} = V - \frac{1}{\gamma_{RE}}\left(\frac{0.25}{\lambda} f_a A_{a1} + \frac{0.5}{\lambda - 0.5} f_{sp} A_{sp}\right) \quad (12\text{-}10)$$ 式中　V——钢板混凝土剪力墙截面承受的剪力设计值 V_{cw}——仅考虑钢筋混凝土截面承担的剪力设计值 λ——计算截面的剪跨比。当 $\lambda<1.5$ 时，取 $\lambda=1.5$，当 $\lambda>2.2$ 时，取 $\lambda=2.2$；当计算截面与墙底之间的距离小于 $0.5h_{w0}$ 时，λ 应按距离墙底 $0.5h_{w0}$ 处的弯矩值与剪力值计算 f_a——剪力墙端部暗柱中所配型钢的抗压强度设计值 A_{a1}——剪力墙一端所配型钢的截面面积，当两端所配型钢截面面积不同时，取较小一端的面积 f_{sp}——剪力墙墙身所配钢板的抗压强度设计值 A_{sp}——剪力墙墙身所配钢板的横截面面积 (2) 在上述(1)条中，试验研究表明，两端设置型钢、内藏钢板的混凝土组合剪力墙可以提供良好的耗能能力，其受剪截面限制条件可以考虑两端型钢和内藏钢板的作用，扣除两端型钢和内藏钢板发挥的抗剪作用后，控制钢筋混凝土部分承担的平均剪应力水平

续表 12-21

序号	项 目	内 容
2	斜截面受剪承载力	(1)钢板混凝土剪力墙偏心受压时的斜截面受剪承载力，应按下列公式进行验算： 1) 持久、短暂设计状况 $$V\leqslant\frac{1}{\lambda-0.5}\left(0.5f_tb_wh_{w0}+0.13N\frac{A_w}{A}\right)+f_{yv}\frac{A_{sh}}{s}h_{w0}+\frac{0.3}{\lambda}f_aA_{a1}+\frac{0.6}{\lambda-0.5}f_{sp}A_{sp} \quad (12\text{-}11)$$ 2) 地震设计状况 $$V\leqslant\frac{1}{\gamma_{RE}}\left[\frac{1}{\lambda-0.5}\left(0.4f_tb_wh_{w0}+0.10N\frac{A_w}{A}\right)+0.8f_{yv}\frac{A_{sh}}{s}h_{w0}+\frac{0.25}{\lambda}f_aA_{a1}+\frac{0.5}{\lambda-0.5}f_{sp}A_{sp}\right] \quad (12\text{-}12)$$ 式中 N——剪力墙承受的轴向压力设计值，当大于 $0.2f_cb_wh_w$ 时，取为 $0.2f_cb_wh_w$ (2) 在上述(1)条中，试验研究表明，两端设置型钢、内藏钢板的混凝土组合剪力墙，在满足本表序号 3、序号 4 规定的构造要求时，其型钢和钢板可以充分发挥抗剪作用，因此截面受剪承载力公式中包含了两端型钢和内藏钢板对应的受剪承载力
3	剪力墙构造规定	(1) 型钢混凝土剪力墙、钢板混凝土剪力墙应符合下列构造要求； 1) 抗震设计时，一、二级抗震等级的型钢混凝土剪力墙、钢板混凝土剪力墙底部加强部位，其重力荷载代表值作用下墙肢的轴压比不宜超过本书表 8-7 的限值，其轴压比可按下列公式计算： $$\mu_N=N/(f_cA_c+f_aA_a+f_{sp}A_{sp}) \quad (12\text{-}13)$$ 式中 N——重力荷载代表值作用下墙肢的轴向压力设计值 A_c——剪力墙墙肢混凝土截面面积 A_a——剪力墙所配型钢的全部截面面积 2) 型钢混凝土剪力墙、钢板混凝土剪力墙在楼层标高处宜设置暗梁 3) 端部配置型钢的混凝土剪力墙，型钢的保护层厚度宜大于 100mm；水平分布钢筋应绕过或穿过墙端型钢，且应满足钢筋锚固长度要求 4) 周边有型钢混凝土柱和梁的现浇钢筋混凝土剪力墙，剪力墙的水平分布钢筋应绕过或穿过周边柱型钢，且应满足钢筋锚固长度要求；当采用间隔穿过时，宜另加补强钢筋。周边柱的型钢、纵向钢筋、箍筋配置应符合型钢混凝土柱的设计要求 (2) 在上述(1)条中，试验研究表明，内藏钢板的钢板混凝土组合剪力墙可以提供良好的耗能能力，在计算轴压比时，可以考虑内藏钢板的有利作用
4	钢板混凝土剪力墙构造要求	(1) 钢板混凝土剪力墙尚应符合下列构造要求： 1) 钢板混凝土剪力墙体中的钢板厚度不宜小于 10mm，也不宜大于墙厚的 1/15 2) 钢板混凝土剪力墙的墙身分布钢筋配筋率不宜小于 0.4%，分布钢筋间距不宜大于 200mm，且应与钢板可靠连接 3) 钢板与周围型钢构件宜采用焊接 4) 钢板与混凝土墙体之间连接件的构造要求可按照现行国家标准《钢结构设计规范》GB 50017 中关于组合梁抗剪连接件构造要求执行，栓钉间距不宜大于 300mm 5) 在钢板墙角部 1/5 板跨且不小于 1000mm 范围内，钢筋混凝土墙体分布钢筋、抗剪栓钉间距宜适当加密 (2) 上述(1)条中，在墙身中加入薄钢板，对于墙体承载力和破坏形态会产生显著影响，而钢板与周围构件的连接关系对于承载力和破坏形态的影响至关重要。从试验情况来看，钢板与周围构件的连接越强，则承载力越大。四周焊接的钢板组合剪力墙可显著提高剪力墙受剪承载能力，并具有与普通钢筋混凝土剪力墙基本相当或略高的延性系数。这对于承受很大剪力的剪力墙设计具有十分突出的优势。为充分发挥钢板的强度，建议钢板四周采用焊接的连接形式 对于钢板混凝土剪力墙，为使钢筋混凝土墙有足够的刚度，对墙身钢板形成有效的侧向约束，从而使钢板与混凝土能协同工作，应控制内置钢板的厚度不宜过大；同时，为了达到钢板剪力墙应用的性能和便于施工，内置钢板的厚度也不宜过小 对于墙身分布筋，考虑到以下两方面的要求： 1) 钢筋混凝土墙与钢板共同工作，混凝土部分的承载力不宜太低，宜适当提高混凝土部分的承载力，使钢筋混凝土与钢板两者协调，提高整个墙体的承载力 2) 钢板组合墙的优势是可以充分发挥钢和混凝土的优点，混凝土可以防止钢板的屈曲失稳，为满足这一要求，宜适当提高墙身配筋，因此钢筋混凝土墙体的分布筋配筋率不宜太小。本书建议对于钢板组合墙的墙身分布钢筋配筋率不宜小于 0.4%

12.4.6　混合结构筒体设计

混合结构筒体设计如表 12-22 所示。

混合结构筒体设计　　表 12-22

序号	项　目	内　容
1	弯矩、剪力和轴力	(1) 当核心筒墙体承受的弯矩、剪力和轴力均较大时，核心筒墙体可采用型钢混凝土剪力墙或钢板混凝土剪力墙。钢板混凝土剪力墙的受剪截面及受剪承载力应符合本书表 12-21 序号 1、序号 2 的规定，其构造设计应符合本书表 12-21 序号 3、序号 4 的规定 (2)在上述 (1)条中，钢板混凝土剪力墙是指两端设置型钢暗柱、上下有型钢暗梁，中间设置钢板，形成的钢-混凝土组合剪力墙
2	混凝土梁与筒体连接	钢梁或型钢混凝土梁与混凝土筒体应有可靠连接，应能传递竖向剪力及水平力。当钢梁或型钢混凝土梁通过埋件与混凝土筒体连接时，预埋件应有足够的锚固长度，连接做法可按图 12-2 采用
3	钢筋混凝土核心筒、内筒设计规定	(1) 钢筋混凝土核心筒、内筒的设计，除应符合本书表 10-2 序号 3 之(2)条的规定外，尚应符合下列规定： 1) 抗震设计时，钢框架-钢筋混凝土核心筒结构的筒体底部加强部位分布钢筋的最小配筋率不宜小于 0.35%，筒体其他部位的分布筋不宜小于 0.30% 2) 抗震设计时，框架-钢筋混凝土核心筒混合结构的筒体底部加强部位约束边缘构件沿墙肢的长度宜取墙肢截面高度的 1/4，筒体底部加强部位以上墙体宜按本书表 8-8 序号 2 的规定设置约束边缘构件 3) 当连梁抗剪截面不足时，可采取在连梁中设置型钢或钢板等措施 (2) 在上述(1)条中，考虑到钢框架-钢筋混凝土核心筒中核心筒的重要性，其墙体配筋较钢筋混凝土框架-核心筒中核心筒的配筋率适当提高，提高其构造承载力和延性要求

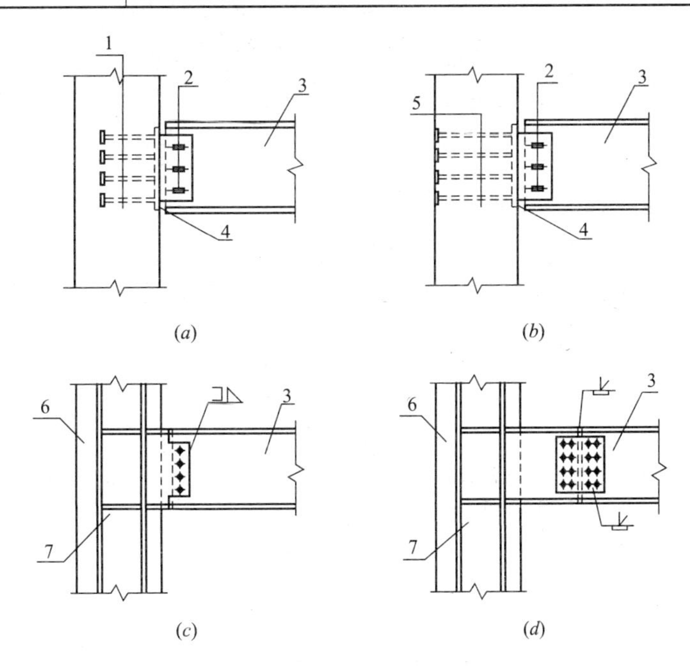

图 12-2　钢梁、型钢混凝土梁与混凝土核心筒的连接构造示意

(a)铰接；(b)铰接；(c)铰接；(d)刚接

1—栓钉，2—高强度螺栓及长圆孔；3—钢梁；4—预埋件端板；

5—穿筋；6—混凝土墙；7—墙内预埋钢骨柱

12.4.7 圆形钢管混凝土构件设计

圆形钢管混凝土构件设计如表 12-23 所示。

圆形钢管混凝土构件设计 **表 12-23**

序号	项　目	内　容
1	构件设计	（1）钢管混凝土单肢柱的轴向受压承载力应满足下列公式规定： 持久、短暂设计状况　$N \leqslant N_u$　(12-14) 地震设计状况　$N \leqslant N_u/\gamma_{RE}$　(12-15) 式中　N——轴向压力设计值 N_u——钢管混凝土单肢柱的轴向受压承载力设计值 （2）钢管混凝土单肢柱的轴向受压承载力设计值应按下列公式计算： $N_u=\varphi_l \varphi_e N_0$　(12-16) $N_0=0.9A_c f_c(1+\alpha\theta)$　（当 $\theta \leqslant [\theta]$ 时）　(12-17) $N_0=0.9A_c f_c(1+\sqrt{\theta}+\theta)$　（当 $\theta > [\theta]$ 时）　(12-18) $\theta=\frac{A_a f_a}{A_c f_c}$　(12-19) 且在任何情况下均应满足下列条件： $\varphi_l \varphi_e \leqslant \varphi_0$　(12-20) 式中　N_0——钢管混凝土轴心受压短柱的承载力设计值 θ——钢管混凝土的套箍指标 α——与混凝土强度等级有关的系数，按表 12-24 取值 $[\theta]$——与混凝土强度等级有关的套箍指标界限值，按表 12-24 取值 A_c——钢管内的核心混凝土横截面面积 f_c——核心混凝土的抗压强度设计值 A_a——钢管的横截面面积 f_a——钢管的抗拉、抗压强度设计值 φ_l——考虑长细比影响的承载力折减系数，按下述(4)条的规定确定 φ_e——考虑偏心率影响的承载力折减系数，按下述(3)条的规定确定 φ_0——按轴心受压柱考虑的 φ_l 值 （3）钢管混凝土柱考虑偏心率影响的承载力折减系数 φ_e，应按下列公式计算： 当 $e_0/r_c \leqslant 1.55$ 时， $\varphi_e=\frac{1}{1+1.85\frac{e_0}{r_c}}$　(12-21) $e_0=\frac{M_2}{N}$　(12-22) 当 $e_0/r_c > 1.55$ 时， $\varphi_e=\frac{0.3}{\frac{e_0}{r_c}-0.4}$　(12-23) 式中　e_0——柱端轴向压力偏心距之较大者 r_c——核心混凝土横截面的半径 M_2——柱端弯矩设计值的较大者 N——轴向压力设计值 （4）钢管混凝土柱考虑长细比影响的承载力折减系数 φ_l，应按下列公式计算： 当 $L_e/D > 4$ 时： $\varphi_l=1-0.115\sqrt{L_e/D-4}$　(12-24) 当 $L_e/D \leqslant 4$ 时： $\varphi_l=1$　(12-25) 式中　D——钢管的外直径 L_e——柱的等效计算长度，按下述(5)条和下述(6)条确定 （5）柱的等效计算长度应按下列公式计算； $L_e=\mu k L$　(12-26) 式中　L——柱的实际长度 μ——考虑柱端约束条件的计算长度系数，根据梁柱刚度的比值，按现行国家标准《钢结构设计规范》GB 50017 确定

续表 12-23

序号	项　目	内　容
1	构件设计	k——考虑柱身弯矩分布梯度影响的等效长度系数，按下述(6)条确定 (6) 钢管混凝土柱考虑柱身弯矩分布梯度影响的等效长度系数 k，应按下列公式计算： 1) 轴心受压柱和杆件(图 12-3a)： $k=1$　(12-27) 2) 无侧移框架柱(图 12-3b、c)： $k=0.5+0.3\beta+0.2\beta^2$　(12-28) 3) 有侧移框架柱(图 12-3d)和悬臂柱(图 12-3e、f)： 当 $e_0/r_c \leqslant 0.8$ 时 $k=1-0.625e_0/r_c$　(12-29) 当 $e_0/r_c>0.8$ 时，取 $k=0.5$ 当自由端有力矩 M_1 作用时， $k=(1+\beta_1)/2$　(12-30) 并将公式(12-29) 与公式(12-30)所得 k 值进行比较，取其中之较大值 式中　β——柱两端弯矩设计值之绝对值较小者 M_1 与绝对值较大者 M_2 的比值，单曲压弯时 β 取正值，双曲压弯时 β 取负值 β_1——悬臂柱自由端弯矩设计值 M_1 与嵌固端弯矩设计值 M_2 的比值，当 β_1 为负值即双曲压弯时，则按反弯点所分割成的高度为 L_2 的子悬臂柱计算(图 12-3f) 注：1. 无侧移框架系指框架中设有支撑架、剪力墙、电梯井等支撑结构，且其抗侧移刚度不小于框架抗侧移刚度的 5 倍者；有侧移框架系指框架中未设上述支撑结构或支撑结构的抗侧移刚度小于框架抗侧移刚度的 5 倍者 2. 嵌固端系指相交于柱的横梁的线刚度与柱的线刚度的比值不小于 4 者，或柱基础的长和宽均不小于柱直径的 4 倍者 (7) 钢管混凝土单肢柱的拉弯承载力应满足下列规定： $\frac{N}{N_{ut}}+\frac{M}{M_u}\leqslant 1$　(12-31) $N_{ut}=A_aF_a$　(12-32) $M_u=0.3r_cN_0$　(12-33) 式中　N——轴向拉力设计值 M——柱端弯矩设计值的较大者 (8) 当钢管混凝土单肢柱的剪跨 a(横向集中荷载作用点至支座或节点边缘的距离)小于柱子直径 D 的 2 倍时，柱的横向受剪承载力应符合下列公式规定： $V\leqslant V_u$　(12-34) 式中　V——横向剪力设计值 V_u——钢管混凝土单肢柱的横向受剪承载力设计值 (9) 钢管混凝土单肢柱的横向受剪承载力设计值应按下列公式计算： $V_u=(V_0+0.1N')\left(1-0.45\sqrt{\frac{a}{D}}\right)$　(12-35) $V_0=0.2A_cf_c(1+3\theta)$　(12-36) 式中　V_0——钢管混凝土单肢柱受纯剪时的承载力设计值 N'——与横向剪力设计值 V 对应的轴向力设计值 a——剪跨，即横向集中荷载作用点至支座或节点边缘的距离 (10) 钢管混凝土的局部受压应符合下式规定： $N_l\leqslant N_{ul}$　(12-37) 式中　N_l——局部作用的轴向压力设计值 N_{ul}——钢管混凝土柱的局部受压承载力设计值 (11) 钢管混凝土柱在中央部位受压时(图 12-4)，局部受压承载力设计值应按下列公式计算： $N_{ul}=N_0\sqrt{\frac{A_l}{A_c}}$　(12-38) 式中　N_0——局部受压段的钢管混凝土短柱轴心受压承载力设计值，按公式(12-17)、公式(12-18)计算 A_l——局部受压面积 A_c——钢管内核心混凝土的横截面面积 (12) 钢管混凝土柱在其组合界面附近受压时(图 12-5)，局部受压承载力设计值应按下列公式计算： 当 $A_l/A_c\geqslant 1/3$ 时：

续表 12-23

序号	项　目	内　容
1	构件设计	$$N_{ul}=(N_0-N')\omega\frac{A_l}{A_c} \quad (12\text{-}39)$$ 当 $A_l/A_c<1/3$ 时： $$N_{ul}=(N_0-N')\omega\sqrt{3}\cdot\frac{A_l}{A_c} \quad (12\text{-}40)$$ 式中　N_0——局部受压段的钢管混凝土短柱轴心受压承载力设计值，按公式(12-17)、公式(12-18)计算 N'——非局部作用的轴向压力设计值 ω——考虑局压应力分布状况的系数，当局压应力为均匀分布时取 1.00；当局压应力为非均匀分布(如与钢管内壁焊接的柔性抗剪连接件等)时取 0.75 当局部受压承载力不足时，可将局压区段的管壁进行加厚
2	连接设计	(1) 钢管混凝土柱的直径较小时，钢梁与钢管混凝土柱之间可采用外加强环连接(图 12-6)，外加强环应是环绕钢管混凝土柱的封闭的满环(图 12-7)。外加强环与钢管外壁应采用全熔透焊缝连接，外加强环与钢梁应采用栓焊连接。外加强环的厚度不应小于钢梁翼缘的厚度，最小宽度 c 不应小于钢梁翼缘宽度的 70% (2) 钢管混凝土柱的直径较大时，钢梁与钢管混凝土柱之间可采用内加强环连接。内加强环与钢管内壁应采用全熔透坡口焊缝连接。梁与柱可采用现场直接连接，也可与带有悬臂梁段的柱在现场进行梁的拼接。悬臂梁段可采用等截面(图 12-8) 或变截面(图 12-9、图 12-10)；采用变截面梁段时，其坡度不宜大于 1/6 (3) 钢筋混凝土梁与钢管混凝土柱的连接构造应同时满足管外剪力传递及弯矩传递的要求 (4) 钢筋混凝土梁与钢管混凝土柱连接时，钢管外剪力传递可采用环形牛腿或承重销；钢筋混凝土无梁楼板或井式密肋楼板与钢管混凝土柱连接时，钢管外剪力传递可采用台锥式环形深牛腿。也可采用其他符合计算受力要求的连接方式传递管外剪力 (5) 环形牛腿、台锥式环形深牛腿可由呈放射状均匀分布的肋板和上、下加强环组成(图 12-11)。肋板应与钢管壁外表面及上、下加强环采用角焊缝焊接，上、下加强环可分别与钢管壁外表面采用角焊缝焊接。环形牛腿的上、下加强环以及台锥式深牛腿的下加强环应预留直径不小于 50mm 的排气孔台锥式环形深牛腿下加强环的直径可由楼板的冲切承载力计算确定 (6) 钢管混凝土柱的外径不小于 600mm 时，可采用承重销传递剪力。由穿心腹板和上、下翼缘板组成的承重销(图 12-12)，其截面高度宜取框架梁截面高度的 50%，其平面位置应根据框架梁的位置确定。翼缘板在穿过钢管壁不少于 50mm 后可逐渐收窄。钢管与翼缘板之间、钢管与穿心腹板之间应采用全熔透坡口焊缝焊接，穿心腹板与对面的钢管壁之间(图 12-12a)或与另一方向的穿心腹板之间(图 12-12b)应采用角焊缝焊接 (7) 钢筋混凝土梁与钢管混凝土柱的管外弯矩传递可采用井式双梁、环梁、穿筋单梁和变宽度梁，也可采用其他符合受力分析要求的连接方式 (8) 井式双梁的纵向钢筋可从钢管侧面平行通过，并宜增设斜向构造钢筋(图 12-13)；井式双梁与钢管之间应浇筑混凝土 (9) 钢筋混凝土环梁(图 12-14)的配筋应由计算确定。环梁的构造应符合下列规定： 1) 环梁截面高度宜比框架梁高 50mm 2) 环梁的截面宽度宜不小于框架梁宽度 3) 框架梁的纵向钢筋在环梁内的锚固长度应满足本书的有关规定 4) 环梁上、下环筋的截面面积，应分别不小于框架梁上、下纵筋截面面积的 70% 5) 环梁内、外侧应设置环向腰筋，腰筋直径不宜小于 16mm，间距不宜大于 150mm 6) 环梁按构造设置的箍筋直径不宜小于 10mm，外侧间距不宜大于 150mm (10) 采用穿筋单梁构造(图 12-15)时，在钢管开孔的区段应采用内衬管段或外套管段与钢管壁紧贴焊接，衬(套)管的壁厚不应小于钢管的壁厚，穿筋孔的环向净距 s 不应小于孔的长径 b，衬(套)管端面至孔边的净距 w 不应小于孔长径 b 的 2.5 倍。宜采用双筋并股穿孔(图 12-15) (11)钢管直径较小或梁宽较大时，可采用梁端加宽的变宽度梁传递管外弯矩的构造方式(图 12-16)。变宽度梁一个方向的 2 根纵向钢筋可穿过钢管，其余纵向钢筋可连续绕过钢管，绕筋的斜度不应大于 1/6，并应在梁变宽度处设置附加箍筋

系数 α、[θ] 取值　　　表 12-24

序号	混凝土强度等级	≤C50	C55～C80
1	α	2.00	1.80
2	θ	1.00	1.56

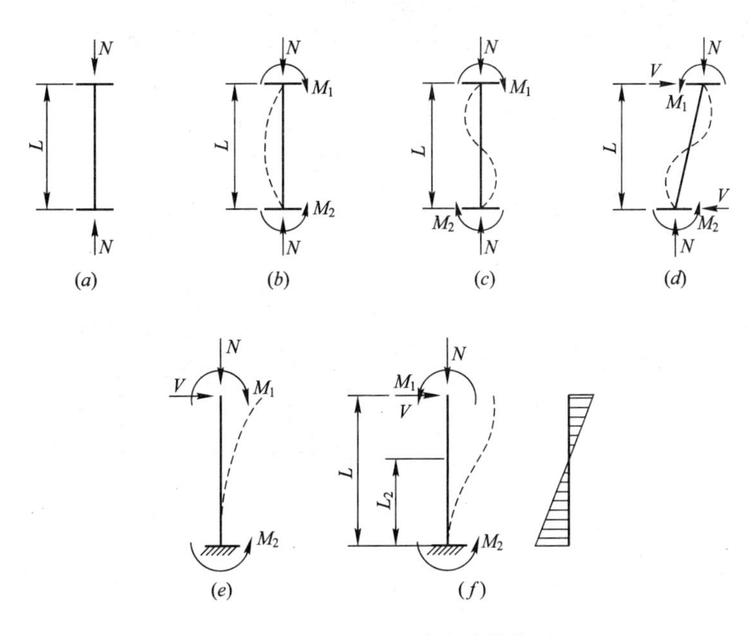

图 12-3　框架柱及悬臂柱计算简图

(a)轴心受压；(b)无侧移单曲压弯；(c)无侧移双曲压弯；(d)有侧移双曲压弯；(e)单曲压弯；(f)双曲压弯

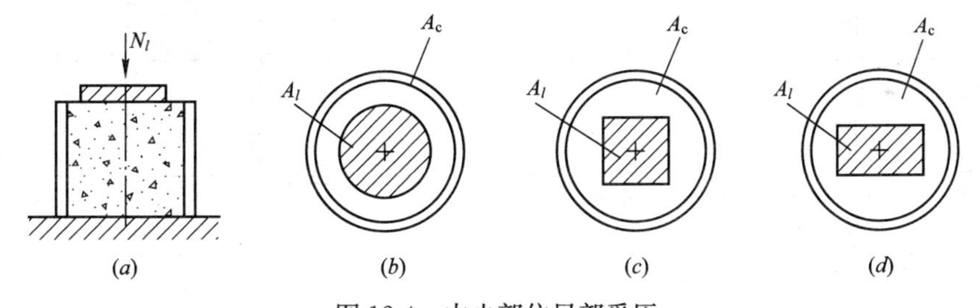

图 12-4　中央部位局部受压

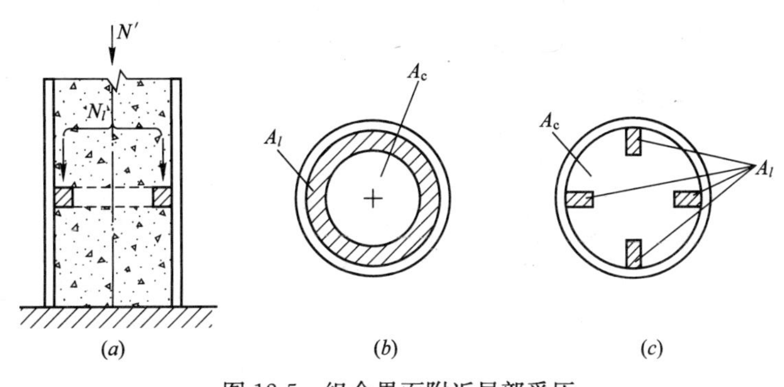

图 12-5　组合界面附近局部受压

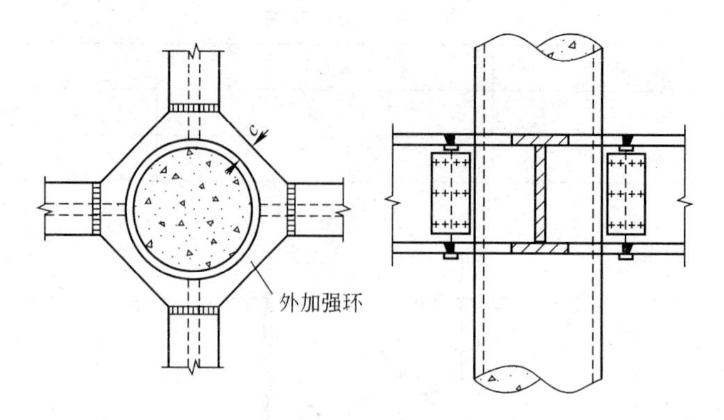

图 12-6　钢梁与钢管混凝土柱采用外加强环连接构造示意

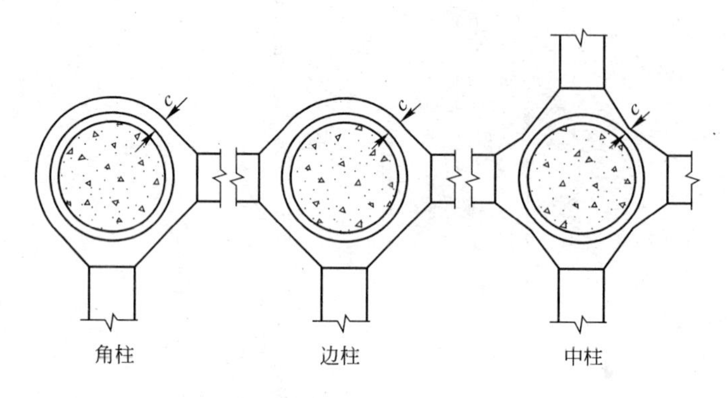

图 12-7　外加强环构造示意

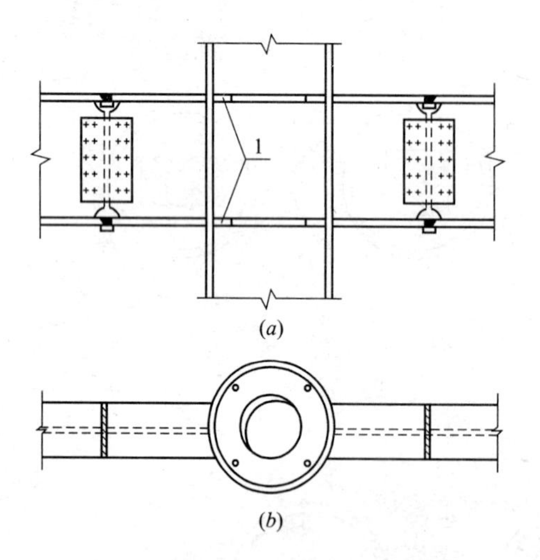

图 12-8　等截面悬臂钢梁与钢管混凝土柱采用内加强环连接构造示意
(a)立面图；(b)平面图
1—内加强环

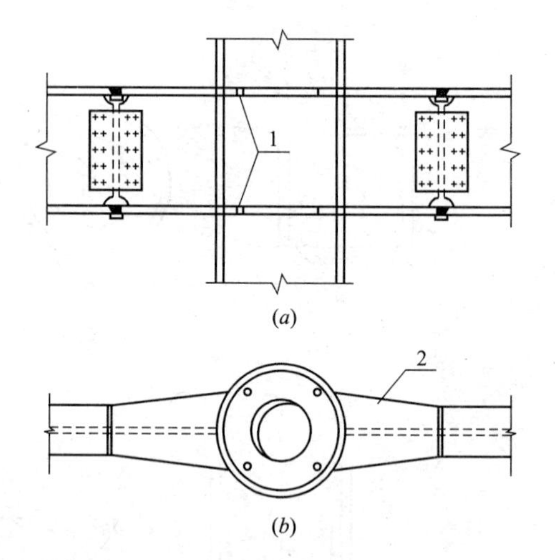

图 12-9　翼缘加宽的悬臂钢梁与钢管混凝土柱连接构造示意
(a)立面图；(b)平面图
1—内加强环；2—翼缘加宽

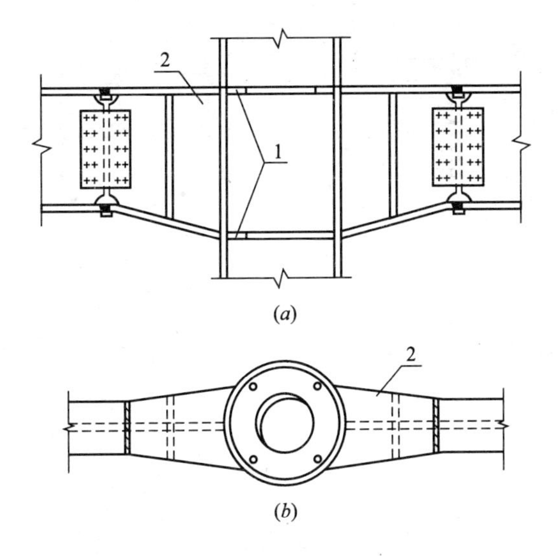

图12-10 翼缘加宽、腹板加腋的悬臂钢梁与钢管混凝土柱连接构造示意

(a)立面图；(b)平面图

1—内加强环；2—变高度(腹板加腋)悬臂梁段

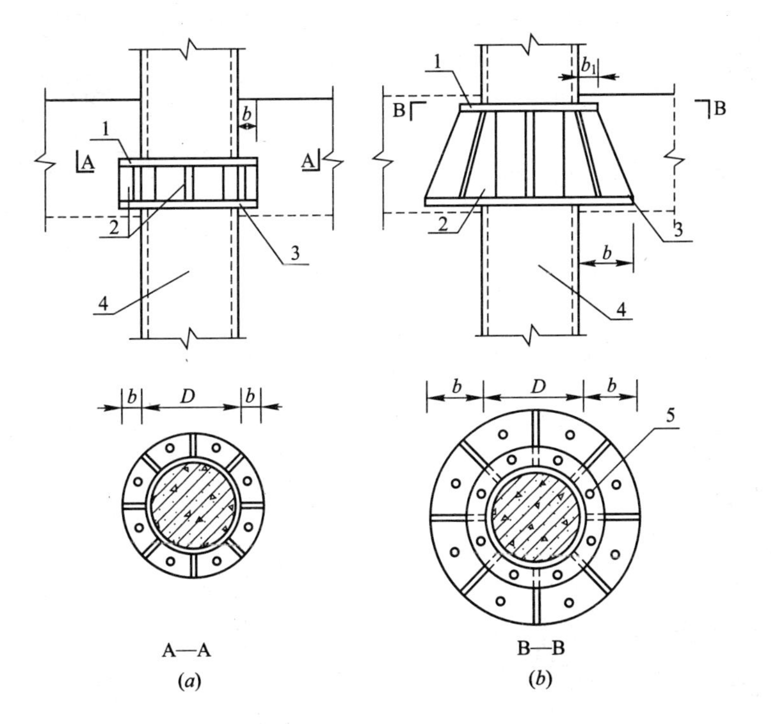

图12-11 环形牛腿构造示意

(a)环形牛腿；(b)台锥式深牛腿

1—上加强环；2—腹板或肋板；3—下加强环；4—钢管混凝土柱；5—排气孔

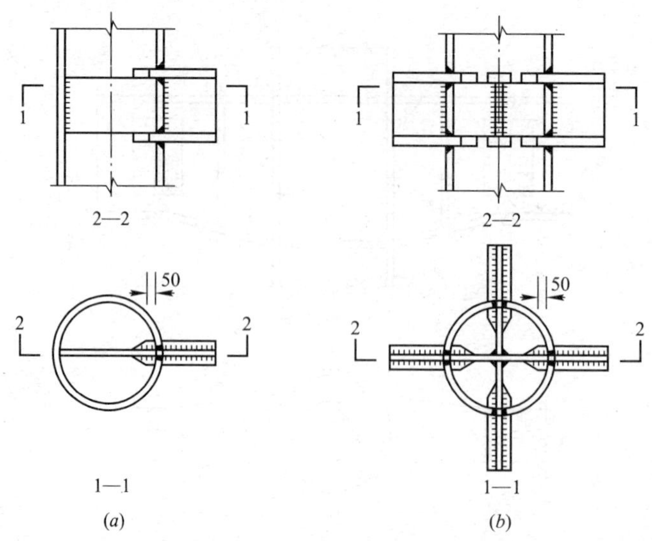

图 12-12　承重销构造示意
(a)边柱；(b)中柱

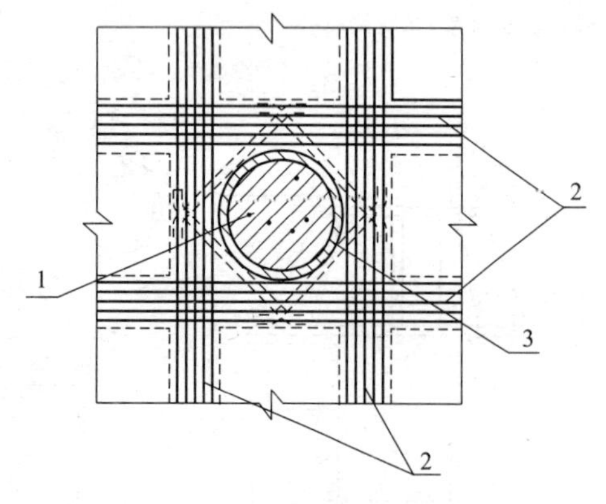

图 12-13　井式双梁构造示意
1—钢管混凝土柱；2—双梁的纵向钢筋；3—附加外向钢筋

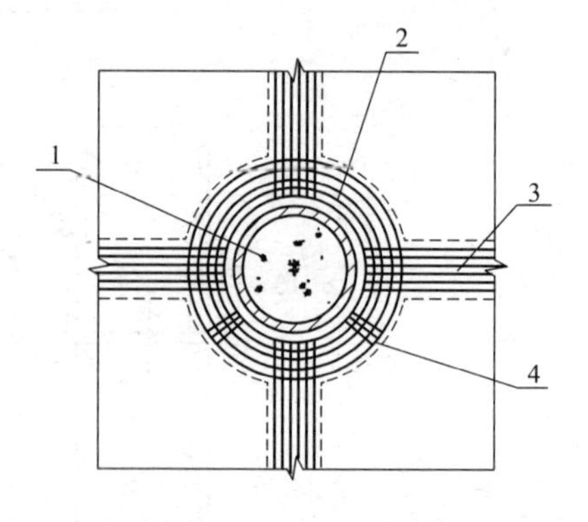

图 12-14　钢筋混凝土环梁构造示意
1—钢管混凝土柱；2—环梁的环向钢筋；3—框架梁纵向钢筋；4—环梁箍筋；

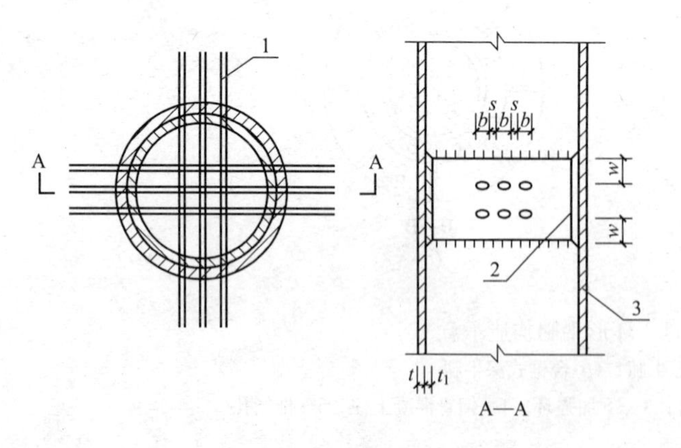

图 12-15　穿筋单梁构造示意
1—并股双钢筋；2—内衬加强管段；3—柱钢管

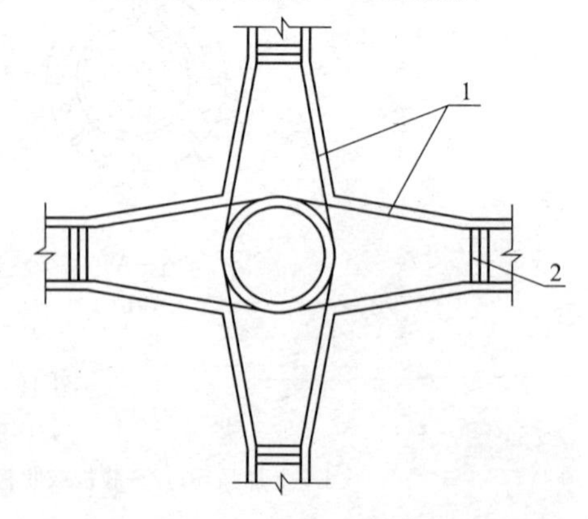

图 12-16　变宽度梁构造示意
1—框架梁纵向钢筋；2—框架梁附加箍筋

第13章 高层建筑混凝土结构基础设计

13.1 高层建筑地基基础设计基本规定

13.1.1 对基础的设计要求与基础的类型

对基础的设计要求与基础的类型如表13-1所示。

对基础的设计要求与基础的类型 表13-1

序号	项 目	内 容
1	对基础的设计要求	(1) 高层建筑的基础设计，应综合考虑建筑场地的工程地质和水文地质状况、上部结构的类型和房屋高度、施工技术和经济条件等因素，使建筑物不致发生过量沉降或倾斜，满足建筑物正常使用要求；还应了解邻近地下构筑物及各项地下设施的位置和标高等，减少与相邻建筑的相互影响 (2) 在地震区，高层建筑宜避开对抗震不利的地段；当条件不允许避开不利地段时，应采取可靠措施，使建筑物在地震时不致由于地基失效而破坏，或者产生过量下沉或倾斜 (3) 基础设计宜采用当地成熟可靠的技术；宜考虑基础与上部结构相互作用的影响。施工期间需要降低地下水位的，应采取避免影响邻近建筑物、构筑物、地下设施等安全和正常使用的有效措施；同时还应注意施工降水的时间要求，避免停止降水后水位过早上升而引起建筑物上浮等问题 (4) 高层建筑应采用整体性好、能满足地基承载力和建筑物容许变形要求并能调节不均匀沉降的基础形式；宜采用筏形基础或带桩基的筏形基础，必要时可采用箱形基础。当地质条件好且能满足地基承载力和变形要求时，也可采用交叉梁式基础或其他形式基础；当地基承载力或变形不满足设计要求时，可采用桩基或复合地基 (5) 高层建筑主体结构基础底面形心宜与永久作用重力荷载重心重合；当采用桩基础时，桩基的竖向刚度中心宜与高层建筑主体结构永久重力荷载重心重合 (6) 在重力荷载与水平荷载标准值或重力荷载代表值与多遇水平地震标准值共同作用下，高宽比大于4的高层建筑，基础底面不宜出现零应力区；高宽比不大于4的高层建筑，基础底面与地基之间零应力区面积不应超过基础底面面积的15%。质量偏心较大的裙楼与主楼可分别计算基底应力 (7) 从基础施工阶段至竣工后建筑物沉降稳定以前，应对地基变形及基础工作状况进行监测
2	基础的类型	(1) 高层建筑房屋的荷载相对较大，地基变形成为主要问题。因此，用于天然地基上的基础宜采用整体性较强的筏形基础(图13-1*a*、图13-1*b*)、箱形基础(图13-1*c*)。当地质条件好、荷载较小，且能满足地基承载力和变形要求时，也可采用交叉梁基础(图13-1*d*)等。当天然地基应用上述基础不能满足承载力或变形要求时，可采用桩基础(图13-1*e*)、复合地基或对软弱地基进行处理等方法。桩基础多与承台、条形基础、筏形基础、箱形基础结合使用，分别形成桩-独立承台、桩-条形承台梁、桩-筏、桩-箱等基础形式

续表 13-1

序号	项　目	内　容
2	基础的类型	(2) 基础类型的选择，需结合地基土的物理力学性质、水文地质条件、上部结构形式、荷载大小和分布、抗震设计要求、使用要求、施工条件以及建设投资等因素综合确定。此外，高层建筑由于基础埋置深度深，必须注意与相邻建筑基础的相互影响，了解地下设施的位置和标高，选择合适的基础形式，以确保施工安全。高层建筑往往设有地下室，有些还作为人防地下室，此时结合使用要求，基础形式宜优先选用筏形基础，必要时可选用箱形基础。和筏形基础相比，箱形基础的整体性好，自身刚度大，调节沉降差的能力强，但基础造价较高
3	高层建筑主楼与裙房之间的基础处理	(1) 高层建筑的基础和与其相连的裙房的基础，设置沉降缝时，应考虑高层主楼基础有可靠的侧向约束及有效埋深；不设沉降缝时，应采取有效措施减少差异沉降及其影响 (2) 带裙房高层建筑筏形基础的沉降缝和后浇带设置应符合下列要求： 1) 当高层建筑与相连的裙房之间设置沉降缝时，高层建筑的基础埋深应大于裙房基础的埋深，其值不应小于 2m。地面以下沉降缝的缝隙应用粗砂填实(图 13-2*a*) 2) 当高层建筑与相连的裙房之间不设置沉降缝时，宜在裙房一侧设置用于控制沉降差的后浇带。当高层建筑基础面积满足地基承载力和变形要求时，后浇带宜设在与高层建筑相邻裙房的第一跨内。当需要满足高层建筑地基承载力，降低高层建筑沉降量，减小高层建筑与裙房间的沉降差而增大高层建筑基础面积时，后浇带可设在距主楼边柱的第二跨内。此时尚应满足下列条件： ① 地基土质应较均匀 ② 裙房结构刚度较好且基础以上的地下室和裙房结构层数不应少于两层 ③ 后浇带一侧与主楼连接的裙房基础底板厚度应与高层建筑的基础底板厚度相同(图 13-2*b*) 根据沉降实测值和计算值确定的后期沉降差满足设计要求后，后浇带混凝土方可进行浇筑 3) 当高层建筑与相连的裙房之间不设沉降缝和后浇带时，高层建筑及与其紧邻一跨裙房的筏板应采用相同厚度，裙房筏板的厚度宜从第二跨裙房开始逐渐变化，应同时满足主、裙楼基础整体性和基础板的变形要求；应进行地基变形和基础内力的验算，验算时应分析地基与结构间变形的相互影响，并应采取有效措施防止产生有不利影响的差异沉降 (3) 高层建筑往往带有裙楼，裙楼一般为多层建筑，裙楼和高层建筑高度相差很大，荷载也相差悬殊，相邻基础应妥善处理，可以采取以下方法： 1)“放”。高层建筑基础和裙楼基础之间设沉降缝(图 13-2*a*)，两者可以自由沉降，沉降缝应有足够宽度，避免由于基础倾斜而使上部结构碰撞。但当设有地下室时，设置沉降缝会造成使用不便和构造复杂，并应考虑高层主楼基础侧向有可靠约束及有效埋深。高层建筑的基础埋深应大于裙楼基础埋深至少 2m，沉降缝地面以下处应用粗砂填实 2)“调”。高层建筑基础和裙楼基础相连。计算两者的沉降差，计算沉降差在结构中产生的附加内力，并在结构承载力计算时考虑附加内力的影响 3)“固”。高层建筑基础和裙楼基础相连。采取有效措施，减小沉降量，比如采用端承桩基础时，建筑沉降总量很小，沉降差也很小；或在与主楼基础相邻的裙楼基础中设置施工后浇带(图 13-2*b*)，待两侧地基变形基本稳定后再浇筑施工后浇带混凝土

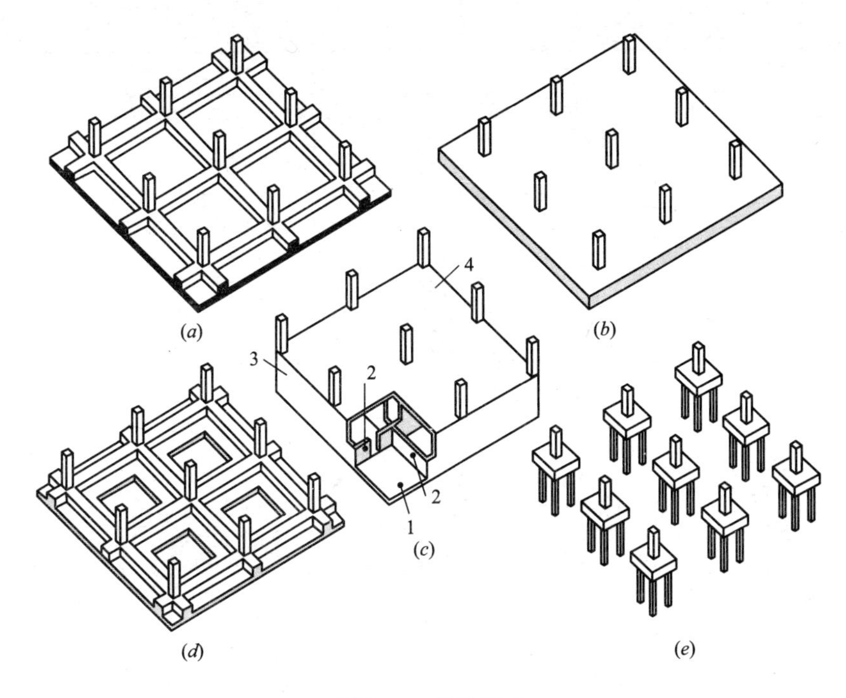

图 13-1　基础形式

(a)梁板式筏形基础；(b)平板式筏形基础；(c)箱形基础；(d)交叉梁基础；(e)桩基础

1—底板；2—内墙；3—外墙；4—顶板

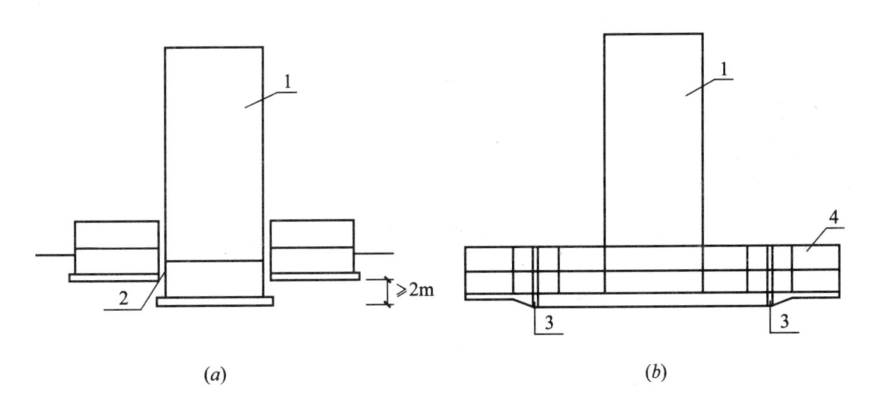

图 13-2　后浇带(沉降缝)示意

1—高层建筑；2—室外地坪以下用粗砂填实；3—后浇带；4—裙房及地下室

13.1.2　地基基础设计等级及设计应符合的规定

地基基础设计等级及设计应符合的规定如表 13-2 所示。

地基基础设计等级及设计应符合的规定　　表 13-2

序号	项　目	内　容
1	地基基础设计等级及设计使用年限	(1) 地基基础设计应根据地基复杂程度、建筑物规模和功能特征以及由于地基问题可能造成建筑物破坏或影响正常使用的程度分为三个设计等级，设计时应根据具体情况，按表 13-3 选用 (2) 地基基础的设计使用年限不应小于建筑结构的设计使用年限

续表 13-2

序号	项目	内容
2	地基基础设计应符合的规定	(1) 根据建筑物地基基础设计等级及长期荷载作用下地基变形对上部结构的影响程度，地基基础设计应符合下列规定： 1) 所有建筑物的地基计算均应满足承载力计算的有关规定 2) 设计等级为甲级、乙级的建筑物，均应按地基变形设计 3) 设计等级为丙级的建筑物有下列情况之一时应作变形验算： ① 地基承载力特征值小于 130kN/m^2，且体型复杂的建筑 ② 在基础上及其附近有地面堆载或相邻基础荷载差异较大，可能引起地基产生过大的不均匀沉降时 ③ 软弱地基上的建筑物存在偏心荷载时 ④ 相邻建筑距离近，可能发生倾斜时 ⑤ 地基内有厚度较大或厚薄不均的填土，其自重固结未完成时 4) 对经常受水平荷载作用的高层建筑、高耸结构和挡土墙等，以及建造在斜坡上或边坡附近的建筑物和构筑物，尚应验算其稳定性 5) 基坑工程应进行稳定性验算 6) 建筑地下室或地下构筑物存在上浮问题时，尚应进行抗浮验算 (2) 地基基础设计时，所采用的作用效应与相应的抗力限值应符合下列规定： 1) 按地基承载力确定基础底面积及埋深或按单桩承载力确定桩数时，传至基础或承台底面上的作用效应应按正常使用极限状态下作用的标准组合；相应的抗力应采用地基承载力特征值或单桩承载力特征值 2) 计算地基变形时，传至基础底面上的作用效应应按正常使用极限状态下作用的准永久组合，不应计入风荷载和地震作用；相应的限值应为地基变形允许值 3) 计算挡土墙、地基或滑坡稳定以及基础抗浮稳定时，作用效应应按承载能力极限状态下作用的基本组合，但其分项系数均为 1.0 4) 在确定基础或桩基承台高度、支挡结构截面、计算基础或支挡结构内力、确定配筋和验算材料强度时，上部结构传来的作用效应和相应的基底反力、挡土墙土压力以及滑坡推力，应按承载能力极限状态下作用的基本组合，采用相应的分项系数；当需要验算基础裂缝宽度时，应按正常使用极限状态下作用的标准组合 5) 基础设计安全等级、结构设计使用年限、结构重要性系数应按有关规范的规定采用，但结构重要性系数 γ_0 不应小于 1.0
3	可不作地基变形验算的建筑物范围	表 13-4 所列范围内设计等级为丙级的建筑物可不作变形验算

地基基础设计等级 **表 13-3**

序号	设计等级	建筑和地基类型
1	甲级	(1) 重要的工业与民用建筑物 (2) 30 层以上的高层建筑 (3) 体型复杂，层数相差超过 10 层的高低层连成一体建筑物 (4) 大面积的多层地下建筑物(如地下车库、商场、运动场等) (5) 对地基变形有特殊要求的建筑物 (6) 复杂地质条件下的坡上建筑物(包括高边坡) (7) 对原有工程影响较大的新建建筑物 (8) 场地和地基条件复杂的一般建筑物 (9) 位于复杂地质条件及软土地区的二层及二层以上地下室的基坑工程 (10) 开挖深度大于 15m 的基坑工程 (11) 周边环境条件复杂、环境保护要求高的基坑工程
2	乙级	(1) 除甲级、丙级以外的工业与民用建筑物 (2) 除甲级、丙级以外的基坑工程
3	丙级	(1) 场地和地基条件简单、荷载分布均匀的七层及七层以下民用建筑及一般工业建筑；次要的轻型建筑物 (2) 非软土地区且场地地质条件简单、基坑周边环境条件简单、环境保护要求不高且开挖深度小于 5.0m 的基坑工程

可不作地基变形验算的设计等级为丙级的建筑物范围　　表 13-4

序号	地基主要受力层情况	地基承载力特征值 f_{ak}(kN/m^2)			$80 \leqslant f_{ak} < 100$	$100 \leqslant f_{ak} < 130$	$130 \leqslant f_{ak} < 160$	$160 \leqslant f_{ak} < 200$	$200 \leqslant f_{ak} < 300$
		各土层坡度(%)			≤5	≤10	≤10	≤10	≤10
1	建筑类型	砌体承重结构、框架结构(层数)			≤5	≤5	≤6	≤6	≤7
2		单层排架结构(6m 柱距)	单跨	吊车额定起重量(t)	10～15	15～20	20～30	30～50	50～100
3				厂房跨度(m)	≤18	≤24	≤30	≤30	≤30
4			多跨	吊车额定起重量(t)	5～10	10～15	15～20	20～30	30～75
5				厂房跨度(m)	≤18	≤24	≤30	≤30	≤30
6		烟囱		高度(m)	≤40	≤50	≤75		≤100
7		水塔		高度(m)	≤20	≤30	≤30		≤30
8				容积(m^3)	50～100	100～200	200～300	300～500	500～1000

注：1. 地基主要受力层系指条形基础底面下深度为 $3b$(b 为基础底面宽度)，独立基础下为 $1.5b$，且厚度均不小于 5m 的范围(二层以下一般的民用建筑除外)；

2. 地基主要受力层中如有承载力特征值小于 130kN/m^2 的土层，表中砌体承重结构的设计，应符合软弱地基的有关要求；

3. 表中砌体承重结构和框架结构均指民用建筑，对于工业建筑可按厂房高度、荷载情况折合成与其相当的民用建筑层数；

4. 表中吊车额定起重量、烟囱高度和水塔容积的数值系指最大值。

13.1.3 基础埋置深度及地基基础设计时的荷载组合

基础埋置深度及地基基础设计时的荷载组合如表 13-5 所示。

基础埋置深度及地基基础设计时的荷载组合　　表 13-5

序号	项　目	内　容
1	基础埋置深度	(1) 基础的埋置深度，应按下列条件确定： 1) 建筑物的用途，有无地下室、设备基础和地下设施，基础的形式和构造 2) 作用在地基上的荷载大小和性质 3) 工程地质和水文地质条件 4) 相邻建筑物的基础埋深 5) 地基土冻胀和融陷的影响 (2) 在满足地基稳定和变形要求的前提下，当上层地基的承载力大于下层土时，宜利用上层土作持力层。除岩石地基外，基础埋深不宜小于 0.5m (3) 高层建筑基础的埋置深度应满足地基承载力、变形和稳定性要求。位于岩石地基上的高层建筑，其基础埋深应满足抗滑稳定性要求 (4) 在抗震设防区，除岩石地基外，天然地基上的箱形和筏形基础其埋置深度不宜小于建筑物高度的 1/15；桩箱或桩筏基础的埋置深度(不计桩长)不宜小于建筑物高度的 1/18 (5) 基础宜埋置在地下水位以上，当必须埋在地下水位以下时，应采取地基土在施工时不受扰动的措施。当基础埋置在易风化的岩层上，施工时应在基坑开挖后立即铺筑垫层 (6) 当存在相邻建筑物时，新建建筑物的基础埋深不宜大于原有建筑基础。当埋深大于原有建筑基础时，两基础间应保持一定净距，其数值应根据建筑荷载大小、基础形式和土质情况确定

续表 13-5

序号	项　目	内　容
2	荷载组合	(1) 高层建筑筏形与箱形基础设计时；所采用的荷载效应最不利组合与相应的抗力限值应符合下列规定： 1) 按修正后地基承载力特征值确定基础底面积及埋深或按单桩承载力特征值确定桩数时，传至基础或承台底面上的荷载效应应按正常使用极限状态下荷载效应的标准组合计算 2) 计算地基变形时，传至基础底面上的荷载效应应按正常使用极限状态下荷载效应的准永久组合计算，不应计入风荷载和地震作用，相应的限值应为地基变形允许值 3) 计算地下室外墙土压力、地基或斜坡稳定及滑坡推力时，荷载效应应按承载能力极限状态下荷载效应的基本组合计算，但其荷载分项系数均为 1.0 4) 在进行基础构件的承载力设计或验算时，上部结构传来的荷载效应组合和相应的基底反力，应采用承载能力极限状态下荷载效应的基本组合及相应的荷载分项系数；当需要验算基础裂缝宽度时，应采用正常使用极限状态荷载效应标准组合 5) 基础设计安全等级、结构设计使用年限、结构重要性系数应按国家现行有关标准的规定采用，但结构重要性系数 γ_0 不应小于 1.0 (2) 荷载组合应符合下列规定： 1) 在正常使用极限状态下，荷载效应的标准组合值 S_k 应用下列公式表示： $S_k=S_{Gk}+S_{Q1k}+\psi_{c2}S_{Q2k}+\cdots\cdots+\psi_{ci}S_{Qik}$　　(13-1) 式中　S_{Gk}——按永久荷载标准值 G_k 计算的荷载效应值 S_{Qik}——按可变荷载标准值 Q_{ik} 计算的荷载效应值 ψ_{ci}——可变荷载 Q_i 的组合值系数，按本书及现行国家标准《建筑结构荷载规范》GB 50009 的规定取值 2) 荷载效应的准永久组合值 S_k 应用下列公式表示： $S_k=S_{Gk}+\psi_{q1}S_{Q1k}+\psi_{q2}S_{Q2k}+\cdots\cdots+\psi_{qi}S_{Qik}$　　(13-2) 式中　ψ_{qi}——准永久值系数，按本书及现行国家标准《建筑结构荷载规范》GB 50009 的规定取值 承载能力极限状态下，由可变荷载效应控制的基本组合设计值 S，应用下列公式表达： $S=\gamma_G S_{Gk}+\gamma_{Q1}S_{Q1k}+\gamma_{Q2}\psi_{c2}S_{Q2k}+\cdots\cdots+\gamma_{Qi}\psi_{ci}S_{Qik}$　　(13-3) 式中　γ_G——永久荷载的分项系数，按本书及现行国家标准《建筑结构荷载规范》GB 50009 的规定取值 γ_{Qi}——第 i 个可变荷载的分项系数，按本书及现行国家标准《建筑结构荷载规范》GB 50009 的规定取值 3) 对由永久荷载效应控制的基本组合，也可采用简化规则，荷载效应基本组合的设计值 S 按下列公式确定： $S=1.35S_k\leqslant R$　　(13-4) 式中　R——结构构件抗力的设计值，按有关建筑结构设计规范的规定确定 S_k——荷载效应的标准组合值

13.1.4 基础的混凝土强度等级与抗渗等级及其他要求

基础的混凝土强度等级与抗渗等级及其他要求如表 13-6 所示。

基础的混凝土强度等级与抗渗等级及其他要求　　**表 13-6**

序号	项　目	内　容
1	混凝土强度等级与抗渗等级	（1）高层建筑基础的混凝土强度等级不宜低于 C25。当有防水要求时，混凝土抗渗等级应根据基础埋置深度按表 13-7 采用，必要时可设置架空排水层 （2）基础混凝土应符合耐久性要求。筏形基础和桩箱、桩筏基础的混凝土强度等级不应低于 C30；箱形基础的混凝土强度等级不应低于 C25
2	其他要求	（1）基础及地下室的外墙、底板，当采用粉煤灰混凝土时，可采用 60d 或 90d 龄期的强度指标作为其混凝土设计强度 （2）抗震设计时，独立基础宜沿两个主轴方向设置基础系梁；剪力墙基础应具有良好的抗转动能力 （3）当四周与土体紧密接触带地下室外墙的整体式筏形和箱形基础建于Ⅲ、Ⅳ类场地时，按刚性地基假定计算的基底水平地震剪力和倾覆力矩可根据结构刚度、埋置深度、场地类别、土质情况、抗震设防烈度以及工程经验折减

基础防水混凝土的抗渗等级　　**表 13-7**

序号	基础埋置深度 H(m)	抗渗等级
1	$H<10$	P6
2	$10\leqslant H<20$	P8
3	$20\leqslant H<30$	P10
4	$H\geqslant 30$	P12

13.1.5　筏形与箱形基础设计规定

筏形与箱形基础设计规定如表 13-8 所示。

筏形与箱形基础设计规定　　**表 13-8**

序号	项　目	内　容
1	基本规定	（1）高层建筑筏形与箱形基础的设计等级，应按表 13-3 确定 （2）高层建筑筏形与箱形基础的地基设计应进行承载力和地基变形计算。对建造在斜坡上的高层建筑，应进行整体稳定验算 （3）高层建筑筏形与箱形基础设计和施工前应进行岩土工程勘察，为设计和施工提供依据
2	平面尺寸	筏形和箱形基础的平面尺寸，应根据工程地质条件、上部结构布置、地下结构底层平面及荷载分布等因素，按有关规定确定。当需要扩大底板面积时，宜优先扩大基础的宽度。当采用整体扩大箱形基础方案时，扩大部分的墙体应与箱形基础的内墙或外墙连通成整体，且扩大部分墙体的挑出长度不宜大于地下结构埋入土中的深度。与内墙连通的箱形基础扩大部分墙体可视为由箱基内、外墙伸出的悬挑梁，扩大部分悬挑墙体根部的竖向受剪截面应符合下列公式规定： $$V\leqslant 0.2f_{c}bh_{0} \quad (13\text{-}5)$$ 式中　V——扩大部分墙体根部的竖向剪力设计值(kN) f_c——混凝土轴心抗压强度设计值(kN/m²) b——扩大部分墙体的厚度(m) h_0——扩大部分墙体的竖向有效高度(m) 当扩大部分墙体的挑出长度大于地下结构埋入土中的深度时，箱基基底反力及内力应按弹性地基理论进行分析。计算分析时应根据土层情况和地区经验选用地基模型和参数

续表 13-8

序号	项　目	内　容
3	地下室	（1）筏形与箱形基础地下室施工完成后，应及时进行基坑回填。回填土应按设计要求选料。回填时应先清除基坑内的杂物，在相对的两侧或四周同时进行并分层夯实，回填土的压实系数不应小于 0.94 （2）当地下一层结构顶板作为上部结构的嵌固部位时，应能保证将上部结构的地震作用或水平力传递到地下室抗侧力构件上，沿地下室外墙和内墙边缘的板面不应有大洞口；地下一层结构顶板应采用梁板式楼盖，板厚不应小于 180mm，其混凝土强度等级不宜小于 C30；楼面应采用双层双向配筋，且每层每个方向的配筋率不宜小于 0.25% （3）地下室的抗震等级、构件的截面设计以及抗震构造措施应符合本书的有关规定。剪力墙底部加强部位的高度应从地下室顶板算起；当结构嵌固在基础顶面时，剪力墙底部加强部位的范围亦应从地面算起，并将底部加强部位延伸至基础顶面 （4）当地下室的四周外墙与土层紧密接触时，上部结构的嵌固部位按下列规定确定： 1）上部结构为剪力墙结构，地下室为单层或多层箱形基础地下室，地下一层结构顶板可作为上部结构的嵌固部位 2）上部结构为框架、框架-剪力墙或框架-核心筒结构时： ① 地下室为单层箱形基础，箱形基础的顶板可作为上部结构的嵌固部位（图 13-3*a*） ② 对采用筏形基础的单层或多层地下室以及采用箱形基础的多层地下室，当地下一层的结构侧向刚度 K_B 大于或等于与其相连的上部结构底层楼层侧向刚度 K_F 的 1.5 倍时，地下一层结构顶板可作为结构上部结构的嵌固部位（图 13-3*b*、*c*） ③对大底盘整体筏形基础，当地下室内、外墙与主体结构墙体之间的距离符合表 13-9 要求时，地下一层的结构侧向刚度可计入该范围内的地下室内、外墙刚度，但此范围内的侧向刚度不能重复使用于相邻塔楼。当 K_B 小于 $1.5K_F$ 时，建筑物的嵌固部位可设在筏形基础或箱形基础的顶部，结构整体计算分析时宜考虑基底土和基侧土的阻抗，可在地下室与周围土层之间设置适当的弹簧和阻尼器来模拟

地下室墙与主体结构墙之间的最大间距 *d*　　表 13-9

序号	非抗震设计	抗震设防烈度		
		6 度、7 度	8 度	9 度
1	$d \leqslant 50$m	$d \leqslant 40$m	$d \leqslant 30$m	$d \leqslant 20$m

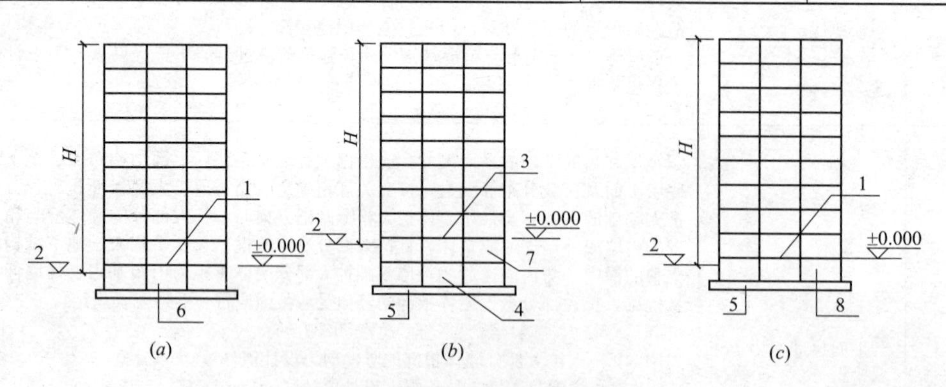

图 13-3　上部结构的嵌固部位示意

（*a*）地下室为箱基、上部结构为框架或框架-剪力墙结构时的嵌固部位；
（*b*）采用筏基或箱基的多层地下室，$K_B \geqslant 1.5K_F$，上部结构为框架或框架-剪力墙结构时的嵌固部位；
（c）采用筏基的单层地下室，$K_B \geqslant 1.5K_F$，上部结构为框架或框架-剪力墙结构时的嵌固部位
1—嵌固部位：地下室顶板；2—室外地坪；3—嵌固部位：地下一层顶板；4—地下二层（或地下二层为箱基）；5—筏基，6—地下室为箱基；7—地下一层；8—单层地下室

13.2　高层建筑地基计算

13.2.1　地基承载力计算

地基承载力计算如表 13-10 所示。

地基承载力计算　**表 13-10**

<table>
<tr><th>序号</th><th>项　目</th><th>内　容</th></tr>
<tr><td>1</td><td>基础底面的压力应符合的规定</td><td>基础底面的压力，应符合下列规定：
（1）当轴心荷载作用时
$$p_k \leqslant f_a \quad (13\text{-}6)$$
式中　p_k——相应于作用的标准组合时，基础底面处的平均压力值（kN/m²）
f_a——修正后的地基承载力特征值（kN/m²）
（2）当偏心荷载作用时，除符合公式（13-6）要求外，尚应符合下列规定：
$$P_{kmax} \leqslant 1.2 f_a \quad (13\text{-}7)$$
式中　P_{kmax}——相应于作用的标准组合时，基础底面边缘的最大压力值（kN/m²）</td></tr>
<tr><td>2</td><td>基础底面压力计算</td><td>基础底面的压力，可按下列公式确定：
（1）当轴心荷载作用时
$$p_k = \frac{F_k + G_k}{A} \quad (13\text{-}8)$$
式中　F_k——相应于作用的标准组合时，上部结构传至基础顶面的竖向力值（kN）
G_k——基础自重和基础上的土重（kN）
A——基础底面面积（m²）
（2）当偏心荷载作用时
$$p_{kmax} = \frac{F_k + G_k}{A} + \frac{M_k}{W} \quad (13\text{-}9)$$
$$p_{kmin} = \frac{F_k + G_k}{A} - \frac{M_k}{W} \quad (13\text{-}10)$$
式中　M_k——相应于作用的标准组合时．作用于基础底面的力矩值（kN·m）
W——基础底面的抵抗矩（m³）
p_{kmin}——相应于作用的标准组合时，基础底面边缘的最小压力值（kN/m²）
（3）当基础底面形状为矩形且偏心距 $e>b/6$ 时（图 13-4），p_{kmax}应按下列公式计算：
$$p_{kmax} = \frac{2(F_k + G_k)}{3la} \quad (13\text{-}11)$$
式中　l——垂直于力矩作用方向的基础底面边长（m）
a——合力作用点至基础底面最大压力边缘的距离（m）</td></tr>
<tr><td>3</td><td>地基承载力特征值</td><td>地基承载力特征值可由载荷试验或其他原位测试、公式计算，并结合工程实践经验等方法综合确定</td></tr>
<tr><td>4</td><td>修正后的地基承载力特征值</td><td>当基础宽度大于 3m 或埋置深度大于 0.5m 时，从荷载试验或其他原位测试、经验值等方法确定的地基承载力特征值，尚应按下列公式修正：
$$f_a = f_{ak} + \eta_b \gamma (b-3) + \eta_d \gamma_m (d-0.5) \quad (13\text{-}12)$$
式中　f_a——修正后的地基承载力特征值（kN/m²）
f_{ak}——地基承载力特征值（kN/m²），按本表序号 3 的原则确定
η_b、η_d——基础宽度和埋置深度的地基承载力修正系数、按基底下土的类别查表 13-11 取值
γ——基础底面以下土的重度（kN/m³），地下水位以下取浮重度
b——基础底面宽度（m），当基础底面宽度小于 3m 时按 3m 取值，大于 6m 时按 6m 取值
γ_m——基础底面以上土的加权平均重度（kN/m³），位于地下水位以下的土层取有效重度
d——基础埋置深度（m），宜自室外地面标高算起。在填方整平地区，可自填土地面标高算起，但填土在上部结构施工后完成时，应从天然地面标高算起。对于地下室，当采用箱形基础或筏基时，基础埋置深度自室外地面标高算起；当采用独立基础或条形基础时，应从室内地面标高算起</td></tr>
</table>

续表 13-10

序号	项　目	内　容
5	有偏心距的计算	当偏心距 e 小于或等于 0.033 倍基础底面宽度时，根据土的抗剪强度指标确定地基承载力特征值可按下列公式计算，并应满足变形要求： $$f_a=M_b\gamma_b+M_d\gamma_m d+M_c c_k \quad (13\text{-}13)$$ 式中　f_a——由土的抗剪强度指标确定的地基承载力特征值（kN/m²） M_b、M_d、M_c——承载力系数．按表 13-12 确定 b——基础底面宽度（m），大于 6m 时按 6m 取值，对于砂土小于 3m 时按 3m 取值 c_k——基底下一倍短边宽度的深度范围内土的黏聚力标准值（kN/m²）

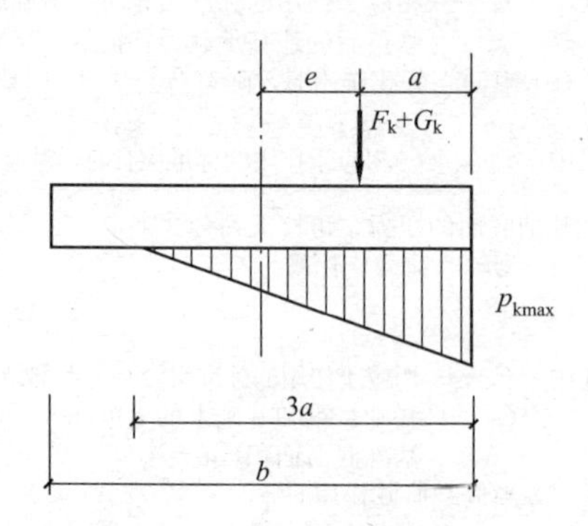

图 13-4　偏心荷载（$e>b/6$）下基底压力计算示意

b—力矩作用方向基础底面边长

承载力修正系数　　**表 13-11**

序号	土的类别		η_b	η_d
1	淤泥和淤泥质土		0	1.0
2	人工填土 e 或 I_L 大于等于 0.85 的黏性土		0	1.0
3	红黏土	含水比 $\alpha_w>0.8$	0	1.2
4		含水比 $\alpha_w\leqslant0.8$	0.15	1.4
5	大面积压实填土	压实系数大于 0.95、黏粒含量 $\rho_c\geqslant10\%$ 的粉土	0	1.5
6		最大干密度大于 2100kg/m³ 的级配砂石	0	2.0
7	粉土	黏粒含量 $\rho_c\geqslant10\%$ 的粉土	0.3	1.5
8		黏粒含量 $\rho_c<10\%$ 的粉土	0.5	2.0
9	e 及 I_L 均小于 0.85 的黏性土		0.3	1.6
10	粉砂、细砂（不包括很湿与饱和时的稍密状态）		2.0	3.0
11	中砂、粗砂、砾砂和碎石土		3.0	4.4

注：1. 强风化和全风化的岩石，可参照所风化成的相应土类取值，其他状态下的岩石不修正；

2. 地基承载力特征值按深层平板载荷试验确定时 η_d 取 0；

3. 含水比是指土的天然含水量与液限的比值；

4. 大面积压实填土是指填土范围大于两倍基础宽度的填土。

承载力系数 M_b、M_d、M_c　　表 13-12

序号	土的内摩擦角标准值 φ_k(°)	M_b	M_d	M_c
1	0	0	1.00	3.14
2	2	0.03	1.12	3.32
3	4	0.06	1.25	3.51
4	6	0.10	1.39	3.71
5	8	0.14	1.55	3.93
6	10	0.18	1.73	4.17
7	12	0.23	1.94	4.42
8	14	0.29	2.17	4.69
9	16	0.36	2.43	5.00
10	18	0.43	2.72	5.31
11	20	0.51	3.06	5.66
12	22	0.61	3.44	6.04
13	24	0.80	3.87	6.45
14	26	1.10	4.37	6.90
15	28	1.40	4.93	7.40
16	30	1.90	5.59	7.95
17	32	2.60	6.35	8.55
18	34	3.40	7.21	9.22
19	36	4.20	8.25	9.97
20	38	5.00	9.44	10.80
21	40	5.80	10.84	11.73

注：φ_k——基底下一倍短边宽度的深度范围内土的内摩擦角标准值(°)。

13.2.2　筏形与箱形基础地基承载力计算

筏形与箱形基础地基承载力计算如表 13-13 所示。

筏形与箱形基础地基承载力计算　　表 13-13

序号	项　目	内　容
1	基础底面的压力应符合的规定	筏形与箱形基础的底面压力应符合下列公式规定： (1) 当受轴心荷载作用时，表达式与公式(13-6)相同，即 $$p_k \leqslant f_a \quad (13\text{-}14)$$ 式中　p_k——相应于荷载效应标准组合时，基础底面处的平均压力值(kN/m²) 　　　f_a——修正后的地基承载力特征值(kN/m²) (2) 当受偏心荷载作用时，除应符合公式(13-6)规定外，尚应符合下列公式规定(即公式(13-7))： $$p_{kmax} \leqslant 1.2 f_a \quad (13\text{-}7)$$ 式中　p_{kmax}——相应于荷载效应标准组合时，基础底面边缘的最大压力值(kN/m²) (3) 对于非抗震设防的高层建筑筏形与箱形基础，除应符合公式(13-6)、公式(13-7)的规定外，尚应符合下列公式规定： $$p_{kmin} \geqslant 0 \quad (13\text{-}14)$$ 式中　p_{kmin}——相应于荷载效应标准组合时，基础底面边缘的最小压力值(kN/m²)

续表 13-13

序号	项　目	内　容
2	基础底面压力计算	筏形与箱形基础的底面压力，可按下列公式确定： (1) 当受轴心荷载作用时，表达式与公式(13-8)相同，即 $$p_k=\frac{F_k+G_k}{A} \quad (13\text{-}8)$$ 式中 F_k——相应于荷载效应标准组合时，上部结构传至基础顶面的竖向力值(kN) G_k——基础自重和基础上的土重之和，在稳定的地下水位以下的部分，应扣除水的浮力(kN) A——基础底面面积(m^2) (2) 当受偏心荷载作用时，表达式与公式(13-9)、公式(13-10)相同，即 $$p_{kmax}=\frac{F_k+G_k}{A}+\frac{M_k}{W} \quad (13\text{-}9)$$ $$p_{kmin}=\frac{F_k+G_k}{A}-\frac{M_k}{W} \quad (13\text{-}10)$$ 式中 M_k——相应于荷载效应标准组合时，作用于基础底面的力矩值(kN·m) W——基础底面边缘抵抗矩(m^3)
3	抗震设防的建筑	对于抗震设防的建筑，筏形与箱形基础的底面压力除应符合本表序号 1 的要求外，尚应按下列公式验算地基抗震承载力： $$p_{kE}\leqslant f_{aE} \quad (13\text{-}15)$$ $$p_{max}\leqslant 1.2f_{aE} \quad (13\text{-}16)$$ $$f_{aE}=\zeta_a f_a \quad (13\text{-}17)$$ 式中 p_{kE}——相应于地震作用效应标准组合时，基础底面的平均压力值(kN/m^2) p_{max}——相应于地震作用效应标准组合时，基础底面边缘的最大压力值(kN/m^2) f_{aE}——调整后的地基抗震承载力(kN/m^2) ζ_a——地基抗震承载力调整系数，按表 13-14 确定 在地震作用下，对于高宽比大于 4 的高层建筑，基础底面不宜出现零应力区；对于其他建筑，当基础底面边缘出现零应力时，零应力区的面积不应超过基础底面面积的 15%；与裙房相连且采用天然地基的高层建筑，在地震作用下主楼基础底面不宜出现零应力区

地基抗震承载力调整系数 ζ_a　　表 13-14

序号	岩土名称和性状	ζ_a
1	岩石，密实的碎石土，密实的砾、粗、中砂，$f_{ak}\leqslant 300kN/m^2$ 的黏性土和粉土	1.5
2	中密、稍密的碎石土，中密和稍密的砾、粗、中砂，密实和中密的细、粉砂，$150kN/m^2\leqslant f_{ak}<300kN/m^2$ 的黏性土和粉土	1.3
3	稍密的细、粉砂，$100kN/m^2\leqslant f_{ak}<150kN/m^2$ 的黏性土和粉土，新近沉积的黏性土和粉土	1.1
4	淤泥，淤泥质土，松散的砂，填土	1.0

注：1. f_{ak}为地基承载力的特征值；

2. 地基承载力特征值可由荷载试验等原位测试或按理论公式并结合工程实践经验综合确定。

13.3 高层建筑基础地基变形计算

13.3.1 地基变形计算

地基变形计算如表 13-15 所示。

地基变形计算　　　**表 13-15**

序号	项　目	内　容
1	计算规定	(1) 建筑物的地基变形计算值，不应大于地基变形允许值 (2) 地基变形特征可分为沉降量、沉降差、倾斜、局部倾斜 (3) 在计算地基变形时，应符合下列规定： 1) 由于建筑地基不均匀、荷载差异很大，体型复杂等因素引起的地基变形，对于砌体承重结构应由局部倾斜值控制；对于框架结构和单层排架结构应由相邻柱基的沉降差控制；对于多层或高层建筑和高耸结构应由倾斜值控制；必要时尚应控制平均沉降量 2) 在必要情况下，需要分别预估建筑物在施工期间和使用期间的地基变形值，以便预留建筑物有关部分之间的净空，选择连接方法和施工顺序 (4) 建筑物的地基变形允许值应按表 13-16 规定采用。对表中未包括的建筑物，其地基变形允许值应根据上部结构对地基变形的适应能力和使用上的要求确定
2	计算地基变形	(1) 计算地基变形时，地基内的应力分布，可采用各向同性均质线性变形体理论。其最终变形量可按下列公式进行计算： $$s=\psi_s s'=\psi_s\sum_{i=1}^{n}\frac{p_0}{E_{si}}(z_i\bar{\alpha}_i-z_{i-1}\bar{\alpha}_{i-1}) \tag{13-18}$$ 式中　s——地基最终变形量(mm) s'——按分层总和法计算出的地基变形量(mm) ψ_s——沉降计算经验系数，根据地区沉降观测资料及经验确定，无地区经验时可根据变形计算深度范围内压缩模量的当量值($\overline{E}_s$)、基底附加压力按表(13-17)取值 n——地基变形计算深度范围内所划分的土层数(图 13-5) p_0——相应于作用的准永久组合时基础底面处的附加压力(kN/m²) E_{si}——基础底面下第 i 层土的压缩模量(kN/m²)，应取土的自重压力至土的自重压力与附加压力之和的压力段计算 z_i、z_{i-1}——基础底面至第 i 层土、第 $i-1$ 层土底面的距离(m) $\bar{\alpha}_i$、$\bar{\alpha}_{i-1}$——基础底面计算点至第 i 层土、第 $i-1$ 层土底面范围内平均附加应力系数，可按本书表 13-25～表 13-29 采用 (2) 变形计算深度范围内压缩模量的当量值($\overline{E}_s$)，应按下列公式计算： $$\overline{E}_s=\frac{\Sigma A_i}{\Sigma\frac{A_i}{E_{si}}} \tag{13-19}$$ 式中　A_i——第 i 层土附加应力系数沿土层厚度的积分值 (3) 地基变形计算深度 z_n(图 13-5)，应符合公式(13-20)的规定。当计算深度下部仍有较软土层时，应继续计算 $$\Delta s'_n\leqslant 0.025\sum_{i=1}^{n}\Delta s'_i \tag{13-20}$$ 式中　$\Delta s'_i$——在计算深度范围内，第 i 层土的计算变形值(mm) $\Delta s'_n$——在由计算深度向上取厚度为 Δz 的土层计算变形值(mm)，Δz 见图 13-5 并按表 13-18 确定 (4) 当无相邻荷载影响，基础宽度在 1～30m 范围内时，基础中点的地基变形计算深度也可按简化公式(13-21)进行计算。在计算深度范围内存在基岩时，z_n 可取至基岩表面；当存在较厚的坚硬黏性土层，其孔隙比小于 0.5、压缩模量大

续表 13-15

序号	项　目	内　容
2	计算地基变形	于 50N/mm²，或存在较厚的密实砂卵石层，其压缩模量大于 80N/mm² 时，z_n 可取至该层土表面。此时，地基土附加压力分布应考虑相对硬层存在的影响，按本书公式(13-22)计算地基最终变形量 $z_n=b(2.5-0.4\ln b)$　　(13-21) 式中　b——基础宽度(m) (5) 当地基中下卧基岩面为单向倾斜、岩面坡度大于 10%、基底下的土层厚度大于 1.5m 时，应按下列规定进行设计： 1) 当结构类型和地质条件符合表 13-19 的要求时，可不作地基变形验算 2) 不满足上述条件时，应考虑刚性下卧层的影响，按下列公式计算地基的变形： $s_{gz}=\beta_{gz}s_z$　　(13-22) 式中　s_{gz}——具刚性下卧层时，地基土的变形计算值(mm) β_{gz}——刚性下卧层对上覆土层的变形增大系数，按表 13-20 采用 s_z——变形计算深度相当于实际土层厚度按本表序号 2 之(1)条计算确定的地基最终变形计算值(mm) 3) 在岩土界面上存在软弱层(如泥化带)时，应验算地基的整体稳定性 4) 当土岩组合地基位于山间坡地、山麓洼地或冲沟地带，存在局部软弱土层时，应验算软弱下卧层的强度及不均匀变形 (6) 当存相邻荷载时，应计算相邻荷载引起的地基变形，其值可按应力叠加原理，采用角点法计算 (7) 当建筑物地下室基础埋置较深时，地基土的回弹变形量可按下列公式进行计算： $s_c=\psi_c\sum_{i=1}^{n}\frac{p_c}{E_{ci}}(z_i\overline{\alpha}_i-z_{i-1}\overline{\alpha}_{i-1})$　　(13-23) 式中　s_c——地基的回弹变形量(mm) ψ_c——回弹量计算的经验系数，无地区经验时可取 1.0 p_c——基坑底面以上土的自重压力(kN/m²)，地下水位以下应扣除浮力 E_{ci}——土的回弹模量(kN/m²)，按现行国家标准《土工试验方法标准》GB/T 50123 中土的固结试验回弹曲线的不同应力段计算 (8) 回弹再压缩变形量计算可采用再加荷的压力小于卸荷土的自重压力段内再压缩变形线性分布的假定按下列公式进行计算： $s_c'=\begin{cases}r_0's_c\dfrac{p}{p_0R_0'} & p<R_0'p_c\\ s_c\left[r_0'+\dfrac{r'_{R'=1.0}-r_0'}{1-R_0'}\left(\dfrac{p}{p_c}-R_0'\right)\right] & R_0'p_c\leqslant p\leqslant p_c\end{cases}$　　(13-24) 式中　s_c'——地基土回弹再压缩变形量(mm) s_c——地基的回弹变形量(mm) r_0'——临界再压缩比率，相应于再压缩比率与再加荷比关系曲线上两段线性交点对应的再压缩比率，由土的固结回弹再压缩试验确定 R_0'——临界再加荷比，相应在再压缩比率与再加荷比关系曲线上两段线性交点对应的再加荷比，由土的固结回弹再压缩试验确定 $r'_{R'=1.0}$——对应于再加荷比 $R'=1.0$ 时的再压缩比率，由土的固结回弹再压缩试验确定，其值等于回弹再压缩变形增大系数 p——再加荷的基底压力(kN/m²) (9) 在同一整体大面积基础上建有多栋高层和低层建筑，宜考虑上部结构、基础与地基的共同作用进行变形计算

建筑物的地基变形允许值　　表 13-16

序号	变形特征		地基土类别	
			中、低压缩性土	高压缩性土
1	砌体承重结构基础的局部倾斜		0.002	0.003
2	工业与民用建筑相邻柱基的沉降差	框架结构	$0.002l$	$0.003l$
3		砌体墙填充的边排柱	$0.0007l$	$0.001l$
4		当基础不均匀沉降时不产生附加应力的结构	$0.005l$	$0.005l$
5	单层排架结构(柱距为 6m)柱基的沉降量(mm)		(120)	200
6	桥式吊车轨面的倾斜(按不调整轨道考虑)	纵向	0.004	
7		横向	0.003	
8	多层和高层建筑的整体倾斜	$H_g \leqslant 24$	0.004	
9		$24 < H_g \leqslant 60$	0.003	
10		$60 < H_g \leqslant 100$	0.0025	
11		$H_g > 250$	0.002	
12	体型简单的高层建筑基础的平均沉降量(mm)		200	
13	高耸结构基础的倾斜	$H_g \leqslant 20$	0.008	
14		$20 < H_g \leqslant 50$	0.006	
15		$50 < H_g \leqslant 100$	0.005	
16		$100 < H_g \leqslant 150$	0.004	
17		$150 < H_g \leqslant 200$	0.003	
18		$200 < H_g \leqslant 250$	0.002	
19	高耸结构基础的沉降量(mm)	$H_g \leqslant 100$	400	
20		$100 < H_g \leqslant 200$	300	
21		$200 < H_g \leqslant 250$	200	

注：1. 本表数值为建筑物地基实际最终变形允许值；

2. 有括号者仅适用于中压缩性土；

3. l 为相邻柱基的中心距离(mm)；H_g 为自室外地面起算的建筑物高度(m)；

4. 倾斜指基础倾斜方向两端点的沉降差与其距离的比值；

5. 局部倾斜指砌体承重结构沿纵向 6～10m 内基础两点的沉降差与其距离的比值。

沉降计算经验系数 ψ_s　　表 13-17

序号	$\overline{E}_s$(N/mm²) 基底附加压力	2.5	4.0	7.0	15.0	20.0
1	$p_0 \geqslant f_{ak}$	1.4	1.3	1.0	0.4	0.2
2	$p_0 \leqslant 0.75 f_{ak}$	1.1	1.0	0.7	0.4	0.2

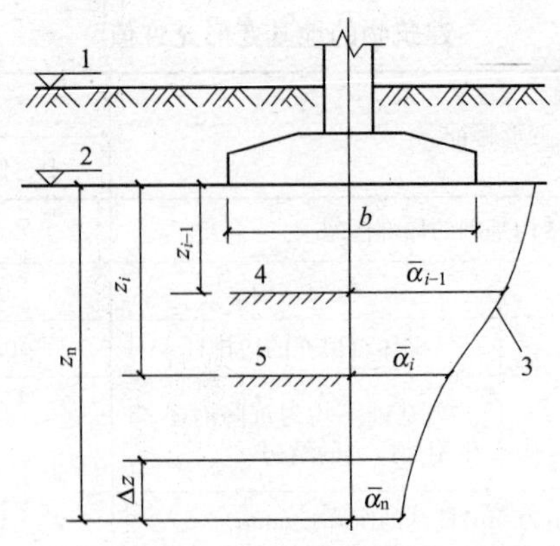

图 13-5　基础沉降计算的分层示意

1—天然地面标高；2—基底标高；3—平均附加应力系数 $\bar{\alpha}$ 曲线；4—i-1 层；5— i 层

Δz 值　　表 13-18

序号	b(m)	$b\leqslant2$	$2<b\leqslant4$	$4<b\leqslant8$	$b>8$
1	Δz (m)	0.3	0.6	0.8	1.0

下卧基岩表面允许坡度值　　表 13-19

序号	地基土承载力特征值 f_{ak}(kN/m²)	四层及四层以下的砌体承重结构，三层及三层以下的框架结构	具有 150kN 和 150kN 以下吊车的一般单层排架结构	
			带墙的边柱和山墙	无墙的中柱
1	⩾150	⩽15%	⩽15%	⩽30%
2	⩾200	⩽25%	⩽30%	⩽50%
3	⩾300	⩽40%	⩽50%	⩽70%

具有刚性下卧层时地基变形增大系数 β_{gz}　　表 13-20

序号	h/b	0.5	1.0	1.5	2.0	2.5
1	β_{gz}	1.26	1.17	1.12	1.09	1.00

注：h—基底下的土层厚度；b—基础底面宽度。

13.3.2　筏形与箱形基础的地基变形计算

筏形与箱型基础的地基变形计算如表 13-21 所示。

筏形与箱型基础的地基变形计算　　表 13-21

序号	项　目	内　容
1	计算规定	高层建筑筏形与箱形基础的地基变形计算值，不应大于建筑物的地基变形允许值(表 13-16)，建筑物的地基变形允许值应按地区经验确定，当无地区经验时应按有关的规定确定
2	地基变形计算	(1) 当采用土的压缩模量计算筏形与箱形基础的最终沉降量 s 时。应按下列公式计算： $$s=s_1+s_2 \quad (13\text{-}25)$$ $$s_1=\psi'\sum_{i=1}^{m}\frac{p_c}{E'_{si}}(z_i\bar{\alpha}_i-z_{i-1}\bar{\alpha}_{i-1}) \quad (13\text{-}26)$$ $$s_2=\psi_s\sum_{i=1}^{n}\frac{p_0}{E_{si}}(z_i\bar{\alpha}_i-z_{i-1}\bar{\alpha}_{i-1}) \quad (13\text{-}27)$$

续表 13-21

序号	项　目	内　容
2	地基变形计算	式中　s——最终沉降量(mm) s_1——基坑底面以下地基土回弹再压缩引起的沉降量(mm) s_2——由基底附加压力引起的沉降量(mm) ψ'——考虑回弹影响的沉降计算经验系数，无经验时取 $\psi'=1$ ψ_s——沉降计算经验系数，按地区经验采用；当缺乏地区经验时，可按现行的有关规定采用 p_c——相当于基础底面处地基土的自重压力的基底压力(kN/m^2)，计算时地下水位以下部分取土的浮重度(kN/m^3) p_0——准永久组合下的基础底面处的附加压力(kN/m^2) E'_{si}、E_{si}——基础底面下第 i 层土的回弹再压缩模量和压缩模量(kN/m^2)，按有关的试验要求取值 m——基础底面以下回弹影响深度范围内所划分的地基土层数 n——沉降计算深度范围内所划分的地基土层数 z_i、z_{i-1}——基础底面至第 i 层、第 i-1 层底面的距离(m) $\overline{\alpha}_i$、$\overline{\alpha}_{i-1}$——基础底面计算点至第 i 层、第 $i-1$ 层底面范围内平均附加应力系数，按本书表 13-25～表 13-29 采用 公式(13-26)中的沉降计算深度应按地区经验确定，当无地区经验时可取基坑开挖深度；公式(13-27)中的沉降计算深度可按本书的有关规定确定 (2) 当采用土的变形模量计算筏形与箱形基础的最终沉降量 s 时，应按下列公式计算： $$s = p_k b\eta \sum_{i=1}^{n} \frac{\delta_i - \delta_{i-1}}{E_{0i}} \quad (13\text{-}28)$$ 式中　p_k——长期效应组合下的基础底面处的平均压力标准值(kN/m^2) b——基础底面宽度(m) δ_i、δ_{i-1}——与基础长宽比 L/b 及基础底面至第 i 层土和第 $i-1$ 层土底面的距离深度 z 有关的无因次系数，可按本书表 13-30 确定 E_{0i}——基础底面下第 i 层土的变形模量(N/mm^2)，通过试验或按地区经验确定 η——沉降计算修正系数，可按表 13-22 确定 (3) 按公式(13-29)进行沉降计算时，沉降计算深度 z_n 宜按下列公式计算： $$z_n=(z_m+\xi b)\beta \quad (13\text{-}29)$$ 式中　z_m——与基础长宽比有关的经验值(m)，可按表 13-23 确定 ξ——折减系数，可按表 13-23 确定 β——调整系数，可按表 13-24 确定 (4) 带裙房高层建筑的大面积整体筏形基础的沉降宜按上部结构、基础与地基共同作用的方法进行计算 (5) 对于多幢建筑下的同一大面积整体筏形基础，可根据每幢建筑及其影响范围按上部结构、基础与地基共同作用的方法分别进行沉降计算，并可按变形叠加原理计算整体筏形基础的沉降

修正系数 η　　表 13-22

序号	$m=\frac{2z_n}{b}$	$0<m\leqslant0.5$	$0.5<m\leqslant1$	$1<m\leqslant2$	$2<m\leqslant3$	$3<m\leqslant5$	$5<m\leqslant\infty$
1	η	1.00	0.95	0.90	0.80	0.75	0.70

z_m 值和折减系数 ξ　　表 13-23

序号	l/b	≤1	2	3	4	≥5
1	z_m	11.6	12.4	12.5	12.7	13.2
2	ξ	0.42	0.49	0.53	0.60	1.00

调整系数 β 表 13-24

序号	土类	碎石	砂土	粉土	黏性土	软土
1	β	0.30	0.50	0.60	0.75	1.00

矩形面积上均布荷载作用下角点附加应力系数 α 表 13-25

计算简图												
z/b \ l/b	1.0	1.2	1.4	1.6	1.8	2.0	3.0	4.0	5.0	6.0	10.0	条形
0.0	0.250	0.250	0.250	0.250	0.250	0.250	0.250	0.250	0.250	0.250	0.250	0.250
0.2	0.249	0.249	0.249	0.249	0.249	0.249	0.249	0.249	0.249	0.249	0.249	0.249
0.4	0.240	0.242	0.243	0.243	0.244	0.244	0.244	0.244	0.244	0.244	0.244	0.244
0.6	0.223	0.228	0.230	0.232	0.232	0.233	0.234	0.234	0.234	0.234	0.234	0.234
0.8	0.200	0.207	0.212	0.215	0.216	0.218	0.220	0.220	0.220	0.220	0.220	0.220
1.0	0.175	0.185	0.191	0.195	0.198	0.200	0.203	0.204	0.204	0.204	0.205	0.205
1.2	0.152	0.163	0.171	0.176	0.179	0.182	0.187	0.188	0.189	0.189	0.189	0.189
1.4	0.131	0.142	0.151	0.157	0.161	0.164	0.171	0.173	0.174	0.174	0.174	0.174
1.6	0.112	0.124	0.133	0.140	0.145	0.148	0.157	0.159	0.160	0.160	0.160	0.160
1.8	0.097	0.108	0.117	0.124	0.129	0.133	0.143	0.146	0.147	0.148	0.148	0.148
2.0	0.084	0.095	0.103	0.110	0.116	0.120	0.131	0.135	0.136	0.137	0.137	0.137
2.2	0.073	0.083	0.092	0.098	0.104	0.108	0.121	0.125	0.126	0.127	0.128	0.128
2.4	0.064	0.073	0.081	0.088	0.093	0.098	0.111	0.116	0.118	0.118	0.119	0.119
2.6	0.057	0.065	0.072	0.079	0.084	0.089	0.102	0.107	0.110	0.111	0.112	0.112
2.8	0.050	0.058	0.065	0.071	0.076	0.080	0.094	0.100	0.102	0.104	0.105	0.105
3.0	0.045	0.052	0.058	0.064	0.069	0.073	0.087	0.093	0.096	0.097	0.099	0.099
3.2	0.040	0.047	0.053	0.058	0.063	0.067	0.081	0.087	0.090	0.092	0.093	0.094
3.4	0.036	0.042	0.048	0.053	0.057	0.061	0.075	0.081	0.085	0.086	0.088	0.089
3.6	0.033	0.038	0.043	0.048	0.052	0.056	0.069	0.076	0.080	0.082	0.084	0.084
3.8	0.030	0.035	0.040	0.044	0.048	0.052	0.065	0.072	0.075	0.077	0.080	0.080
4.0	0.027	0.032	0.036	0.040	0.044	0.048	0.060	0.067	0.071	0.073	0.076	0.076
4.2	0.025	0.029	0.033	0.037	0.041	0.044	0.056	0.063	0.067	0.070	0.072	0.073
4.4	0.023	0.027	0.031	0.034	0.038	0.041	0.053	0.060	0.064	0.066	0.069	0.070
4.6	0.021	0.025	0.028	0.032	0.035	0.038	0.049	0.056	0.061	0.063	0.066	0.067
4.8	0.019	0.023	0.026	0.029	0.032	0.035	0.046	0.053	0.058	0.060	0.064	0.064
5.0	0.018	0.021	0.024	0.027	0.030	0.033	0.043	0.050	0.055	0.057	0.061	0.062
6.0	0.013	0.015	0.017	0.020	0.022	0.024	0.033	0.039	0.043	0.046	0.051	0.052
7.0	0.009	0.011	0.013	0.015	0.016	0.018	0.025	0.031	0.035	0.038	0.043	0.045
8.0	0.007	0.009	0.010	0.011	0.013	0.014	0.020	0.025	0.028	0.031	0.037	0.039
9.0	0.006	0.007	0.008	0.009	0.010	0.011	0.016	0.020	0.024	0.026	0.032	0.035
10.0	0.005	0.006	0.007	0.007	0.008	0.009	0.013	0.017	0.020	0.022	0.028	0.032
12.0	0.003	0.004	0.005	0.005	0.006	0.006	0.009	0.012	0.014	0.017	0.022	0.026
14.0	0.002	0.003	0.003	0.004	0.004	0.005	0.007	0.009	0.011	0.013	0.018	0.023
16.0	0.002	0.002	0.003	0.003	0.003	0.004	0.005	0.007	0.009	0.010	0.014	0.020
18.0	0.001	0.002	0.002	0.002	0.003	0.003	0.004	0.006	0.007	0.008	0.012	0.018
20.0	0.001	0.001	0.002	0.002	0.002	0.002	0.004	0.005	0.006	0.007	0.010	0.016
25.0	0.001	0.001	0.001	0.001	0.001	0.002	0.002	0.003	0.004	0.004	0.007	0.013
30.0	0.001	0.001	0.001	0.001	0.001	0.001	0.002	0.002	0.003	0.003	0.005	0.011
35.0	0.000	0.000	0.001	0.001	0.001	0.001	0.001	0.002	0.002	0.002	0.004	0.009
40.0	0.000	0.000	0.000	0.000	0.001	0.001	0.001	0.001	0.001	0.002	0.003	0.008

注：l—矩形均布荷载长度(m)，b—矩形均布荷载宽度(m)；z—计算点离基础底面或桩端平面垂直距离(m)。

矩形面积上均布荷载作用下角点平均附加应力系数 $\bar{\alpha}$　　**表 13-26**

计算简图													
z/b \ l/b	1.0	1.2	1.4	1.6	1.8	2.0	2.4	2.8	3.2	3.6	4.0	5.0	10.0
0.0	0.2500	0.2500	0.2500	0.2500	0.2500	0.2500	0.2500	0.2500	0.2500	0.2500	0.2500	0.2500	0.2500
0.2	0.2496	0.2497	0.2497	0.2498	0.2498	0.2498	0.2498	0.2498	0.2498	0.2498	0.2498	0.2498	0.2498
0.4	0.2474	0.2479	0.2481	0.2483	0.2483	0.2484	0.2485	0.2485	0.2485	0.2485	0.2485	0.2485	0.2485
0.6	0.2423	0.2437	0.2444	0.2448	0.2451	0.2452	0.2454	0.2455	0.2455	0.2455	0.2455	0.2455	0.2456
0.8	0.2346	0.2372	0.2387	0.2395	0.2400	0.2403	0.2407	0.2408	0.2409	0.2409	0.2410	0.2410	0.2410
1.0	0.2252	0.2291	0.2313	0.2326	0.2335	0.2340	0.2346	0.2349	0.2351	0.2352	0.2352	0.2353	0.2353
1.2	0.2149	0.2199	0.2229	0.2248	0.2260	0.2268	0.2278	0.2282	0.2285	0.2286	0.2287	0.2288	0.2289
1.4	0.2043	0.2102	0.2140	0.2146	0.2180	0.2191	0.2204	0.2211	0.2215	0.2217	0.2218	0.2220	0.2221
1.6	0.1939	0.2006	0.2049	0.2079	0.2099	0.2113	0.2130	0.2138	0.2143	0.2146	0.2148	0.2150	0.2152
1.8	0.1840	0.1912	0.1960	0.1994	0.2018	0.2034	0.2055	0.2066	0.2073	0.2077	0.2079	0.2082	0.2084
2.0	0.1746	0.1822	0.1875	0.1912	0.1980	0.1958	0.1982	0.1996	0.2004	0.2009	0.2012	0.2015	0.2018
2.2	0.1659	0.1737	0.1793	0.1833	0.1862	0.1883	0.1911	0.1927	0.1937	0.1943	0.1947	0.1952	0.1955
2.4	0.1578	0.1657	0.1715	0.1757	0.1789	0.1812	0.1843	0.1862	0.1873	0.1880	0.1885	0.1890	0.1895
2.6	0.1503	0.1583	0.1642	0.1686	0.1719	0.1745	0.1779	0.1799	0.1812	0.1820	0.1825	0.1832	0.1838
2.8	0.1433	0.1514	0.1574	0.1619	0.1654	0.1680	0.1717	0.1739	0.1753	0.1763	0.1769	0.1777	0.1784
3.0	0.1369	0.1449	0.1510	0.1556	0.1592	0.1619	0.1658	0.1682	0.1698	0.1708	0.1715	0.1725	0.1733
3.2	0.1310	0.1390	0.1450	0.1497	0.1533	0.1562	0.1602	0.1628	0.1645	0.1657	0.1664	0.1675	0.1685
3.4	0.1256	0.1334	0.1394	0.1441	0.1478	0.1508	0.1550	0.1577	0.1595	0.1607	0.1616	0.1628	0.1639
3.6	0.1205	0.1282	0.1342	0.1389	0.1427	0.1456	0.1500	0.1528	0.1548	0.1561	0.1570	0.1583	0.1595
3.8	0.1158	0.1234	0.1293	0.1340	0.1378	0.1408	0.1452	0.1482	0.1502	0.1516	0.1526	0.1541	0.1554
4.0	0.1114	0.1189	0.1248	0.1294	0.1332	0.1362	0.1408	0.1438	0.1459	0.1474	0.1485	0.1500	0.1516
4.2	0.1073	0.1147	0.1205	0.1251	0.1289	0.1319	0.1365	0.1396	0.1418	0.1434	0.1445	0.1462	0.1479
4.4	0.1035	0.1107	0.1164	0.1210	0.1248	0.1279	0.1325	0.1357	0.1379	0.1396	0.1407	0.1425	0.1444
4.6	0.1000	0.1107	0.1127	0.1172	0.1209	0.1240	0.1287	0.1319	0.1342	0.1359	0.1371	0.1390	0.1410
4.8	0.0967	0.1036	0.1091	0.1136	0.1173	0.1204	0.1250	0.1283	0.1307	0.1324	0.1337	0.1357	0.1379
5.0	0.0935	0.1003	0.1057	0.1102	0.1139	0.1169	0.1216	0.1249	0.1273	0.1291	0.1304	0.1325	0.1348
5.2	0.0906	0.0972	0.1026	0.1070	0.1106	0.1136	0.1183	0.1217	0.1241	0.1259	0.1273	0.1295	0.1320
5.4	0.0878	0.0943	0.0996	0.1039	0.1075	0.1105	0.1152	0.1186	0.1210	0.1229	0.1243	0.1265	0.1292
5.6	0.0852	0.0916	0.0968	0.1010	0.1046	0.1076	0.1122	0.1156	0.1181	0.1200	0.1215	0.1238	0.1266
5.8	0.0828	0.0890	0.0941	0.0983	0.1018	0.1047	0.1094	0.1128	0.1153	0.1172	0.1187	0.1211	0.1240
6.0	0.0805	0.0866	0.0916	0.0957	0.0991	0.1021	0.1067	0.1101	0.1126	0.1146	0.1161	0.1185	0.1216
6.2	0.0783	0.0842	0.0891	0.0932	0.0966	0.0995	0.1041	0.1075	0.1101	0.1120	0.1136	0.1161	0.1193
6.4	0.0762	0.0820	0.0869	0.0909	0.0942	0.0971	0.1016	0.1050	0.1076	0.1096	0.1111	0.1137	0.1171
6.6	0.0742	0.0799	0.0847	0.0886	0.0919	0.0948	0.0993	0.1027	0.1053	0.1073	0.1088	0.1114	0.1149
6.8	0.0723	0.0779	0.0826	0.0865	0.0898	0.0926	0.0970	0.1004	0.1030	0.1050	0.1066	0.1092	0.1129

续表 13-26

z/b \ l/b	1.0	1.2	1.4	1.6	1.8	2.0	2.4	2.8	3.2	3.6	4.0	5.0	10.0
7.0	0.0705	0.0761	0.0806	0.0844	0.0877	0.0904	0.0949	0.0982	0.1008	0.1028	0.1044	0.1071	0.1109
7.2	0.0688	0.0742	0.0787	0.0825	0.0857	0.0884	0.0928	0.0962	0.0987	0.1008	0.1023	0.1051	0.1090
7.4	0.0672	0.0725	0.0769	0.0806	0.0838	0.0865	0.0908	0.0942	0.0967	0.0988	0.1004	0.1031	0.1071
7.6	0.0656	0.0709	0.0752	0.0789	0.0820	0.0846	0.0889	0.0922	0.0948	0.0968	0.0984	0.1012	0.1054
7.8	0.0642	0.0693	0.0736	0.0771	0.0802	0.0828	0.0871	0.0904	0.0929	0.0950	0.0966	0.0994	0.1036
8.0	0.0627	0.0678	0.0720	0.0755	0.0785	0.0811	0.0853	0.0886	0.0912	0.0932	0.0948	0.0976	0.1020
8.2	0.0614	0.0663	0.0705	0.0739	0.0769	0.0795	0.0837	0.0869	0.0894	0.0914	0.0931	0.0959	0.1004
8.4	0.0601	0.0649	0.0690	0.0724	0.0754	0.0779	0.0820	0.0852	0.0878	0.0893	0.0914	0.0943	0.0938
8.6	0.0588	0.0636	0.0676	0.0710	0.0739	0.0764	0.0805	0.0836	0.0862	0.0882	0.0898	0.0927	0.0973
8.8	0.0576	0.0623	0.0663	0.0696	0.0724	0.0749	0.0790	0.0821	0.0846	0.0866	0.0882	0.0912	0.0959
9.2	0.0554	0.0599	0.0637	0.0670	0.0697	0.0721	0.0761	0.0792	0.0817	0.0837	0.0853	0.0882	0.0931
9.6	0.0533	0.0577	0.0614	0.0645	0.0672	0.0696	0.0734	0.0765	0.0789	0.0809	0.0825	0.0855	0.0905
10.0	0.0514	0.0556	0.0592	0.0622	0.0649	0.0672	0.0710	0.0739	0.0763	0.0783	0.0799	0.0829	0.0880
10.4	0.0496	0.0537	0.0572	0.0601	0.0627	0.0649	0.0686	0.0716	0.0739	0.0759	0.0775	0.0804	0.0857
10.8	0.0479	0.0519	0.0553	0.0581	0.0606	0.0628	0.0664	0.0693	0.0717	0.0736	0.0751	0.0781	0.0834
11.2	0.0463	0.0502	0.0535	0.0563	0.0587	0.0609	0.0664	0.0672	0.0695	0.0714	0.0730	0.0759	0.0813
11.6	0.0448	0.0486	0.0518	0.0545	0.0569	0.0590	0.0625	0.0652	0.0675	0.0694	0.0709	0.0738	0.0793
12.0	0.0435	0.0471	0.0502	0.0529	0.0552	0.0573	0.0606	0.0634	0.0656	0.0674	0.0690	0.0719	0.0774
12.8	0.0409	0.0444	0.0474	0.0499	0.0521	0.0541	0.0573	0.0599	0.0621	0.0639	0.0654	0.0682	0.0739
13.6	0.0387	0.0420	0.0448	0.0472	0.0493	0.0512	0.0543	0.0568	0.0589	0.0607	0.0621	0.0649	0.0707
14.4	0.0367	0.0398	0.0425	0.0488	0.0468	0.0486	0.0516	0.0540	0.0561	0.0577	0.0592	0.0619	0.0677
15.2	0.0349	0.0379	0.0404	0.0426	0.0446	0.0463	0.0492	0.0515	0.0535	0.0551	0.0565	0.0592	0.0650
16.0	0.0332	0.0361	0.0385	0.0407	0.0425	0.0442	0.0469	0.0492	0.0511	0.0527	0.0540	0.0567	0.0625
18.0	0.0297	0.0323	0.0345	0.0364	0.0381	0.0396	0.0422	0.0442	0.0460	0.0475	0.0487	0.0512	0.0570
20.0	0.0269	0.0292	0.0312	0.0330	0.0345	0.0359	0.0383	0.0402	0.0418	0.0432	0.0444	0.0468	0.0524

矩形面积上三角形分布荷载作用下的附加应力系数 α 与平均附加应力系数 $\bar{\alpha}$　表 13-27

计算简图

$\sigma_z=\alpha p$　　$\sigma_z=\alpha p$

l/b	0.2				0.4				0.6				l/b
点	1		2		1		2		1		2		点
z/b 系数	α	$\bar{\alpha}$	α	$\bar{\alpha}$	α	$\bar{\alpha}$	α	$\bar{\alpha}$	α	$\bar{\alpha}$	α	$\bar{\alpha}$	系数 z/b
0.0	0.0000	0.0000	0.2500	0.2500	0.0000	0.0000	0.2500	0.2500	0.0000	0.0000	0.2500	0.2500	0.0
0.2	0.0223	0.0112	0.1821	0.2161	0.0280	0.0140	0.2115	0.2308	0.0296	0.0148	0.2165	0.2333	0.2
0.4	0.0269	0.0179	0.1094	0.1810	0.0420	0.0245	0.1604	0.2084	0.0487	0.0270	0.1781	0.2153	0.4
0.6	0.0259	0.0207	0.0700	0.1505	0.0448	0.0308	0.1165	0.1851	0.0560	0.0355	0.1405	0.1966	0.6

续表 13-27

l/b	0.2				0.4				0.6				l/b
点	1		2		1		2		1		2		点
系数 z/b	α	$\bar{\alpha}$	α	$\bar{\alpha}$	α	$\bar{\alpha}$	α	$\bar{\alpha}$	α	$\bar{\alpha}$	α	$\bar{\alpha}$	系数 z/b
0.8	0.0232	0.0217	0.0480	0.1277	0.0421	0.0340	0.0853	0.1640	0.0553	0.0405	0.1093	0.1787	0.8
1.0	0.0201	0.0217	0.0346	0.1104	0.0375	0.0351	0.0638	0.1461	0.0508	0.0430	0.0852	0.1624	1.0
1.2	0.0171	0.0212	0.0260	0.0970	0.0324	0.0351	0.0491	0.1312	0.0450	0.0439	0.0673	0.1480	1.2
1.4	0.0145	0.0204	0.0202	0.0865	0.0278	0.0344	0.0386	0.1187	0.0392	0.0436	0.0540	0.1356	1.4
1.6	0.0123	0.0195	0.0160	0.0779	0.0238	0.0333	0.0310	0.1082	0.0339	0.0427	0.0440	0.1247	1.6
1.8	0.0105	0.0186	0.0130	0.0709	0.0204	0.0321	0.0254	0.0993	0.0294	0.0415	0.0363	0.1153	1.8
2.0	0.0090	0.0178	0.0108	0.0650	0.0176	0.0308	0.0211	0.0917	0.0255	0.0401	0.0304	0.1071	2.0
2.5	0.0063	0.0157	0.0072	0.0538	0.0125	0.0276	0.0140	0.0769	0.0183	0.0365	0.0205	0.0908	2.5
3.0	0.0046	0.0140	0.0051	0.0458	0.0092	0.0248	0.0100	0.0661	0.0135	0.0330	0.0148	0.0786	3.0
5.0	0.0018	0.0097	0.0019	0.0289	0.0036	0.0175	0.0038	0.0424	0.0054	0.0236	0.0056	0.0476	5.0
7.0	0.0009	0.0073	0.0010	0.0211	0.0019	0.0133	0.0019	0.0311	0.0028	0.0180	0.0029	0.0352	7.0
10.0	0.0005	0.0053	0.0004	0.0150	0.0009	0.0097	0.0010	0.0222	0.0014	0.0133	0.0014	0.0253	10.0

l/b	0.8				1.0				1.2				l/b
点	1		2		1		2		1		2		点
系数 z/b	α	$\bar{\alpha}$	α	$\bar{\alpha}$	α	$\bar{\alpha}$	α	$\bar{\alpha}$	α	$\bar{\alpha}$	α	$\bar{\alpha}$	系数 z/b
0.0	0.0000	0.0000	0.2500	0.2500	0.0000	0.0000	0.2500	0.2500	0.0000	0.0000	0.2500	0.2500	0.0
0.2	0.0301	0.0151	0.2178	0.2339	0.0304	0.0152	0.2182	0.2341	0.0305	0.0153	0.2184	0.2342	0.2
0.4	0.0517	0.0280	0.1844	0.2175	0.0531	0.0285	0.1870	0.2184	0.0539	0.0288	0.1881	0.2187	0.4
0.6	0.0621	0.0376	0.1520	0.2011	0.0654	0.0388	0.1575	0.2030	0.0673	0.0394	0.1602	0.2039	0.6
0.8	0.0637	0.0440	0.1232	0.1852	0.0688	0.0459	0.1311	0.1883	0.0720	0.0470	0.1355	0.1899	0.8
1.0	0.0602	0.0476	0.0996	0.1704	0.0666	0.0502	0.1086	0.1746	0.0708	0.0518	0.1143	0.1769	1.0
1.2	0.0546	0.0492	0.0807	0.1571	0.0615	0.0525	0.0901	0.1621	0.0664	0.0546	0.0962	0.1649	1.2
1.4	0.0483	0.0495	0.0661	0.1451	0.0554	0.0534	0.0751	0.1507	0.0606	0.0559	0.0817	0.1541	1.4
1.6	0.0424	0.0490	0.0547	0.1345	0.0492	0.0533	0.0628	0.1405	0.0545	0.0561	0.0696	0.1443	1.6
1.8	0.0371	0.0480	0.0457	0.1252	0.0435	0.0525	0.0534	0.1313	0.0487	0.0556	0.0596	0.1354	1.8
2.0	0.0324	0.0467	0.0387	0.1169	0.0384	0.0513	0.0456	0.1232	0.0434	0.0547	0.0513	0.1274	2.0
2.5	0.0236	0.0429	0.0265	0.1000	0.0284	0.0478	0.0318	0.1063	0.0326	0.0513	0.0365	0.1107	2.5
3.0	0.0176	0.0392	0.0192	0.0871	0.0214	0.0439	0.0233	0.0931	0.0249	0.0476	0.0270	0.0976	3.0
5.0	0.0071	0.0285	0.0074	0.0576	0.0088	0.0324	0.0091	0.0624	0.0104	0.0356	0.0108	0.0661	5.0
7.0	0.0038	0.0219	0.0038	0.0427	0.0047	0.0251	0.0047	0.0465	0.0056	0.0277	0.0056	0.0496	7.0
10.0	0.0019	0.0162	0.0019	0.0308	0.0023	0.0186	0.0024	0.0336	0.0028	0.0207	0.0028	0.0359	10.0

l/b	1.4				1.6				1.8				l/b
点	1		2		1		2		1		2		点
系数 z/b	α	$\bar{\alpha}$	α	$\bar{\alpha}$	α	$\bar{\alpha}$	α	$\bar{\alpha}$	α	$\bar{\alpha}$	α	$\bar{\alpha}$	系数 z/b
0.0	0.0000	0.0000	0.2500	0.2500	0.0000	0.0000	0.2500	0.2500	0.0000	0.0000	0.2500	0.2500	0.0
0.2	0.0305	0.0153	0.2185	0.2343	0.0306	0.0153	0.2185	0.2343	0.0306	0.0153	0.2185	0.2343	0.2
0.4	0.0543	0.0289	0.1886	0.2189	0.0545	0.0290	0.1889	0.2190	0.0546	0.0290	0.1891	0.2190	0.4
0.6	0.0684	0.0397	0.1616	0.2043	0.0690	0.0399	0.1625	0.2046	0.0649	0.0400	0.1630	0.2047	0.6

续表 13-27

l/b	1.4				1.6				1.8				l/b
点	1		2		1		2		1		2		点
系数 z/b	α	$\bar{\alpha}$	α	$\bar{\alpha}$	α	$\bar{\alpha}$	α	$\bar{\alpha}$	α	$\bar{\alpha}$	α	$\bar{\alpha}$	系数 z/b
0.8	0.0739	0.0476	0.1381	0.1907	0.0751	0.0480	0.1396	0.1912	0.0759	0.0482	0.1405	0.1915	0.8
1.0	0.0735	0.0528	0.1176	0.1781	0.0753	0.0534	0.1202	0.1789	0.0766	0.0538	0.1215	0.1794	1.0
1.2	0.0698	0.0560	0.1007	0.1666	0.0721	0.0568	0.1037	0.1678	0.0738	0.0574	0.1055	0.1684	1.2
1.4	0.0644	0.0575	0.0864	0.1562	0.0672	0.0586	0.0897	0.1576	0.0692	0.0594	0.0921	0.1585	1.4
1.6	0.0586	0.0580	0.0743	0.1467	0.0616	0.0594	0.0780	0.1484	0.0639	0.0603	0.0806	0.1494	1.6
1.8	0.0528	0.0578	0.0644	0.1381	0.0560	0.0593	0.0681	0.1400	0.0585	0.0604	0.0709	0.1413	1.8
2.0	0.0474	0.0570	0.0560	0.1303	0.0507	0.0587	0.0596	0.1324	0.0533	0.0599	0.0625	0.1338	2.0
2.5	0.0362	0.0540	0.0405	0.1139	0.0393	0.0560	0.0440	0.1163	0.0419	0.0575	0.0469	0.1180	2.5
3.0	0.0280	0.0503	0.0303	0.1008	0.0307	0.0525	0.0333	0.1033	0.0331	0.0541	0.0359	0.1052	3.0
5.0	0.0120	0.0382	0.0123	0.0690	0.0135	0.0403	0.0139	0.0714	0.0148	0.0421	0.0154	0.0734	5.0
7.0	0.0064	0.0299	0.0066	0.0520	0.0073	0.0318	0.0074	0.0541	0.0081	0.0333	0.0083	0.0558	7.0
10.0	0.0033	0.0224	0.0032	0.0379	0.0037	0.0239	0.0037	0.0395	0.0041	0.0252	0.0042	0.0409	10.0

l/b	2.0				3.0				4.0				l/b
点	1		2		1		2		1		2		点
系数 z/b	α	$\bar{\alpha}$	α	$\bar{\alpha}$	α	$\bar{\alpha}$	α	$\bar{\alpha}$	α	$\bar{\alpha}$	α	$\bar{\alpha}$	系数 z/b
0.0	0.0000	0.0000	0.2500	0.2500	0.0000	0.0000	0.2500	0.2500	0.0000	0.0000	0.2500	0.2500	0.0
0.2	0.0306	0.0153	0.2185	0.2343	0.0306	0.0153	0.2186	0.2343	0.0306	0.0153	0.2186	0.2343	0.2
0.4	0.0547	0.0290	0.1892	0.2191	0.0548	0.0290	0.1894	0.2192	0.0549	0.0291	0.1894	0.2192	0.4
0.6	0.0696	0.0401	0.1633	0.2048	0.0701	0.0402	0.1638	0.2050	0.0702	0.0402	0.1639	0.2050	0.6
0.8	0.0764	0.0483	0.1412	0.1917	0.0773	0.0486	0.1423	0.1920	0.0776	0.0487	0.1424	0.1920	0.8
1.0	0.0774	0.0540	0.1225	0.1797	0.0790	0.0545	0.1244	0.1803	0.0794	0.0546	0.1248	0.1803	1.0
1.2	0.0749	0.0577	0.1069	0.1689	0.0774	0.0584	0.1096	0.1697	0.0779	0.0586	0.1103	0.1699	1.2
1.4	0.0707	0.0599	0.0937	0.1591	0.0739	0.0609	0.0973	0.1603	0.0748	0.0612	0.0982	0.1605	1.4
1.6	0.0656	0.0609	0.0826	0.1502	0.0697	0.0623	0.0870	0.1517	0.0708	0.0626	0.0882	0.1521	1.6
1.8	0.0604	0.0611	0.0730	0.1422	0.0652	0.0628	0.0782	0.1441	0.0666	0.0633	0.0797	0.1445	1.8
2.0	0.0553	0.0608	0.0649	0.1348	0.0607	0.0629	0.0707	0.1371	0.0624	0.0634	0.0726	0.1377	2.0
2.5	0.0440	0.0586	0.0491	0.1193	0.0504	0.0614	0.0559	0.1223	0.0529	0.0623	0.0585	0.1233	2.5
3.0	0.0352	0.0554	0.0380	0.1067	0.0419	0.0589	0.0451	0.1104	0.0449	0.0600	0.0482	0.1116	3.0
5.0	0.0161	0.0435	0.0167	0.0749	0.0214	0.0480	0.0221	0.0797	0.0248	0.0500	0.0256	0.0817	5.0
7.0	0.0089	0.0347	0.0091	0.0572	0.0124	0.0391	0.0126	0.0619	0.0152	0.0414	0.0154	0.0642	7.0
10.0	0.0046	0.0263	0.0046	0.0403	0.0066	0.0302	0.0066	0.0462	0.0084	0.0325	0.0083	0.0485	10.0

l/b	6.0				8.0				10.0				l/b
点	1		2		1		2		1		2		点
系数 z/b	α	$\bar{\alpha}$	α	$\bar{\alpha}$	α	$\bar{\alpha}$	α	$\bar{\alpha}$	α	$\bar{\alpha}$	α	$\bar{\alpha}$	系数 z/b
0.0	0.0000	0.0000	0.2500	0.2500	0.0000	0.0000	0.2500	0.2500	0.0000	0.0000	0.2500	0.2500	0.0
0.2	0.0306	0.0153	0.2186	0.2343	0.0306	0.0153	0.2186	0.2343	0.0306	0.0153	0.2186	0.2343	0.2
0.4	0.0549	0.0291	0.1894	0.2192	0.0549	0.0291	0.1894	0.2192	0.0549	0.0291	0.1894	0.2192	0.4
0.6	0.0702	0.0402	0.1640	0.2050	0.0702	0.0402	0.1640	0.2050	0.0702	0.0402	0.1640	0.2050	0.6

续表 13-27

l/b 点 系数 z/b	6.0				8.0				10.0				l/b 点 系数 z/b
	1		2		1		2		1		2		
	α	$\bar{\alpha}$	α	$\bar{\alpha}$	α	$\bar{\alpha}$	α	$\bar{\alpha}$	α	$\bar{\alpha}$	α	$\bar{\alpha}$	
0.8	0.0776	0.0487	0.1426	0.1921	0.0776	0.0487	0.1426	0.1921	0.0776	0.0487	0.1426	0.1921	0.8
1.0	0.0795	0.0546	0.1250	0.1804	0.0796	0.0546	0.1250	0.1804	0.0796	0.0546	0.1250	0.1804	1.0
1.2	0.0782	0.0587	0.1105	0.1700	0.0783	0.0587	0.1105	0.1700	0.0783	0.0587	0.1105	0.1700	1.2
1.4	0.0752	0.0613	0.0986	0.1606	0.0752	0.0613	0.0987	0.1606	0.0753	0.0613	0.0987	0.1606	1.4
1.6	0.0714	0.0628	0.0887	0.1523	0.0715	0.0628	0.0888	0.1523	0.0715	0.0628	0.0889	0.1523	1.6
1.8	0.0673	0.0635	0.0805	0.1447	0.0675	0.0635	0.0806	0.1448	0.0675	0.0635	0.0808	0.1448	1.8
2.0	0.0634	0.0637	0.0734	0.1380	0.0636	0.0638	0.0736	0.1380	0.0636	0.0638	0.0738	0.1380	2.0
2.5	0.0543	0.0627	0.0601	0.1237	0.0547	0.0628	0.0604	0.1238	0.0548	0.0628	0.0605	0.1239	2.5
3.0	0.0469	0.0607	0.0504	0.1123	0.0474	0.0609	0.0509	0.1124	0.0476	0.0609	0.0511	0.1125	3.0
5.0	0.0283	0.0515	0.0290	0.0833	0.0296	0.0519	0.0303	0.0837	0.0301	0.0521	0.0309	0.0839	5.0
7.0	0.0186	0.0435	0.0190	0.0663	0.0204	0.0442	0.0207	0.0671	0.0212	0.0445	0.0216	0.0674	7.0
10.0	0.0111	0.0349	0.0111	0.0509	0.0128	0.0359	0.0130	0.0520	0.0139	0.0364	0.0141	0.0526	10.0

圆形面积上均布荷载作用下中点的附加应力系数 α 与平均附加应力系数 $\bar{\alpha}$　表 13-28

z/r	圆形		z/r	圆形		z/r	圆形	
	α	$\bar{\alpha}$		α	$\bar{\alpha}$		α	$\bar{\alpha}$
0.0	1.000	1.000	1.7	0.360	0.718	3.4	0.117	0.463
0.1	0.999	1.000	1.8	0.332	0.697	3.5	0.111	0.453
0.2	0.902	0.998	1.9	0.307	0.677	3.6	0.106	0.443
0.3	0.976	0.993	2.0	0.285	0.658	3.7	0.101	0.434
0.4	0.949	0.986	2.1	0.264	0.640	3.8	0.096	0.425
0.5	0.911	0.974	2.2	0.245	0.623	3.9	0.091	0.417
0.6	0.864	0.960	2.3	0.229	0.606	4.0	0.087	0.409
0.7	0.811	0.942	2.4	0.210	0.590	4.1	0.083	0.401
0.8	0.756	0.923	2.5	0.200	0.574	4.2	0.079	0.393
0.9	0.701	0.901	2.6	0.187	0.560	4.3	0.076	0.386
1.0	0.647	0.878	2.7	0.175	0.546	4.4	0.073	0.379
1.1	0.595	0.855	2.8	0.165	0.532	4.5	0.070	0.372
1.2	0.547	0.831	2.9	0.155	0.519	4.6	0.067	0.365
1.3	0.502	0.808	3.0	0.146	0.507	4.7	0.064	0.359
1.4	0.461	0.784	3.1	0.138	0.495	4.8	0.062	0.353
1.5	0.424	0.762	3.2	0.130	0.484	4.9	0.059	0.347
1.6	0.390	0.739	3.3	0.124	0.473	5.0	0.057	0.341

圆形面积上三角形分布荷载作用下边点的附加应力系数 α 与平均附加应力系数 $\bar{\alpha}$　　表 13-29

序号	计算简图				
		$\sigma_z=\alpha p$　$\sigma_z=\alpha p$　r—圆形面积的半径			
	点	1		2	
	系数 z/r	α	$\bar{\alpha}$	α	$\bar{\alpha}$
1	0.0	0.000	0.000	0.500	0.500
2	0.1	0.016	0.008	0.465	0.483
3	0.2	0.031	0.016	0.433	0.466
4	0.3	0.044	0.023	0.403	0.450
5	0.4	0.054	0.030	0.376	0.435
6	0.5	0.063	0.035	0.349	0.420
7	0.6	0.071	0.041	0.324	0.406
8	0.7	0.078	0.045	0.300	0.393
9	0.8	0.083	0.050	0.279	0.380
10	0.9	0.088	0.054	0.258	0.368
11	1.0	0.091	0.057	0.238	0.356
12	1.1	0.092	0.061	0.221	0.344
13	1.2	0.093	0.063	0.205	0.333
14	1.3	0.092	0.065	0.190	0.323
15	1.4	0.091	0.067	0.177	0.313
16	1.5	0.089	0.069	0.165	0.303
17	1.6	0.087	0.070	0.154	0.294
18	1.7	0.085	0.071	0.144	0.286
19	1.8	0.083	0.072	0.134	0.278
20	1.9	0.080	0.072	0.126	0.270
21	2.0	0.078	0.073	0.117	0.263
22	2.1	0.075	0.073	0.110	0.255
23	2.2	0.072	0.073	0.104	0.249
24	2.3	0.070	0.073	0.097	0.242
25	2.4	0.067	0.073	0.091	0.236
26	2.5	0.064	0.072	0.086	0.230
27	2.6	0.062	0.072	0.081	0.225
28	2.7	0.059	0.071	0.078	0.219
29	2.8	0.057	0.071	0.074	0.214
30	2.9	0.055	0.070	0.070	0.209

续表 13-29

序号	计算简图	$\sigma_z=\alpha p$　r—圆形面积的半径			
	点	1		2	
	系数 / z/r	α	$\bar{\alpha}$	α	$\bar{\alpha}$
31	3.0	0.052	0.070	0.067	0.204
32	3.1	0.050	0.069	0.064	0.200
33	3.2	0.048	0.069	0.061	0.196
34	3.3	0.046	0.068	0.059	0.192
35	3.4	0.045	0.067	0.055	0.188
36	3.5	0.043	0.067	0.053	0.184
37	3.6	0.041	0.066	0.051	0.180
38	3.7	0.040	0.065	0.048	0.177
39	3.8	0.038	0.065	0.046	0.173
40	3.9	0.037	0.064	0.043	0.170
41	4.0	0.036	0.063	0.041	0.167
42	4.2	0.033	0.062	0.038	0.161
43	4.4	0.031	0.061	0.034	0.155
44	4.6	0.029	0.059	0.031	0.150
45	4.8	0.027	0.058	0.029	0.145
46	5.0	0.025	0.057	0.027	0.140

按 E_0 计算沉降时的 δ 系数　　**表 13-30**

序号	$m=\frac{2z}{b}$	$n=l/b$						$n\geqslant10$
		1	1.4	1.8	2.4	3.2	5	
1	0.0	0.000	0.000	0.000	0.000	0.000	0.000	0.000
2	0.4	0.100	0.100	0.100	0.100	0.100	0.100	0.104
3	0.8	0.200	0.200	0.200	0.200	0.200	0.200	0.208
4	1.2	0.299	0.300	0.300	0.300	0.300	0.300	0.311
5	1.6	0.380	0.394	0.397	0.397	0.397	0.397	0.412
6	2.0	0.446	0.472	0.482	0.486	0.486	0.486	0.511
7	2.4	0.499	0.538	0.556	0.565	0.567	0.567	0.605
8	2.8	0.542	0.592	0.618	0.635	0.640	0.640	0.687
9	3.2	0.577	0.637	0.671	0.696	0.707	0.709	0.763
10	3.6	0.606	0.676	0.717	0.750	0.768	0.772	0.831
11	4.0	0.630	0.708	0.756	0.796	0.820	0.830	0.892

续表 13-30

序号	$m=\frac{2z}{b}$	$n=l/b$						$n\geqslant 10$
		1	1.4	1.8	2.4	3.2	5	
12	4.4	0.650	0.735	0.789	0.837	0.867	0.883	0.949
13	4.8	0.668	0.759	0.819	0.873	0.908	0.932	1.001
14	5.2	0.683	0.780	0.834	0.904	0.948	0.977	1.050
15	5.6	0.697	0.798	0.867	0.933	0.981	1.018	1.096
16	6.0	0.708	0.814	0.887	0.958	1.011	1.056	1.138
17	6.4	0.719	0.828	0.904	0.980	1.031	1.090	1.178
18	6.8	0.728	0.841	0.920	1.000	1.065	1.122	1.215
19	7.2	0.736	0.852	0.935	1.019	1.088	1.152	1.251
20	7.6	0.744	0.863	0.948	1.036	1.109	1.180	1.285
21	8.0	0.751	0.872	0.960	1.051	1.128	1.205	1.316
22	8.4	0.757	0.881	0.970	1.065	1.146	1.229	1.347
23	8.8	0.762	0.888	0.980	1.078	1.162	1.251	1.376
24	9.2	0.768	0.896	0.989	1.089	1.178	1.272	1.404
25	9.6	0.772	0.902	0.998	1.100	1.192	1.291	1.431
26	10.0	0.777	0.908	1.005	0.110	1.205	1.309	1.456
27	11.0	0.786	0.922	1.022	0.132	1.238	1.349	1.506
28	12.0	0.794	0.933	1.037	1.151	1.257	1.384	1.550

注：b-矩形基础的长度与宽度；

z-基础底面至该层土底面的距离。

13.4 高层建筑地基稳定性计算

13.4.1 地基稳定性计算

地基稳定性计算如表 13-31 所示。

地基稳定性计算　　表 13-31

序号	项　目	内　容
1	地基稳定性验算	地基稳定性可采用圆弧滑动面法进行验算。最危险的滑动面上诸力对滑动中心所产生的抗滑力矩与滑动力矩应符合下列公式要求： $$M_R/M_S\geqslant 1.2 \quad (13\text{-}30)$$ 式中 M_S——滑动力矩(kN·m) M_R——抗滑力矩(kN·m)
2	其他要求	(1) 位于稳定土坡坡顶上的建筑，应符合下列规定： 1) 对于条形基础或矩形基础，当垂直于坡顶边缘线的基础底面边长小于或等于3m时，其基础底面外边缘线至坡顶的水平距离(图 13-6)应符合下列公式要求，且不得小于 2.5m： 条形基础

续表 13-31

序号	项　目	内　容
2	其他要求	$$a \geqslant 3.5b-\frac{d}{\tan\beta} \quad (13\text{-}31)$$ 矩形基础 $$a \geqslant 2.5b-\frac{d}{\tan\beta} \quad (13\text{-}32)$$ 式中 a——基础底面外边缘线至坡顶的水平距离(m) b——垂直于坡顶边缘线的基础底面边长(m) d——基础埋置深度(m) β——边坡坡角(°) 2）当基础底面外边缘线至坡顶的水平距离不满足公式(13-31)、公式(13-32)的要求时，可根据基底平均压力按公式(13-30)确定基础距坡顶边缘的距离和基础埋深 3）当边坡坡角大于 45°、坡高大于 8m 时，尚应按公式(13-30)验算坡体稳定性 (2) 建筑物基础存在浮力作用时应进行抗浮稳定性验算，并应符合下列规定。 1）对于简单的浮力作用情况，基础抗浮稳定性应符合下列公式要求： $$\frac{G_k}{N_{w,k}} \geqslant K_w \quad (13\text{-}33)$$ 式中 G_k——建筑物自重及压重之和(kN) $N_{w,k}$——浮力作用值(kN) K_w——抗浮稳定安全系数，一般情况下可取 1.05 2）抗浮稳定性不满足设计要求时，可采用增加压重或设置抗浮构件等措施。在整体满足抗浮稳定性要求而局部不满足时，也可采用增加结构刚度的措施

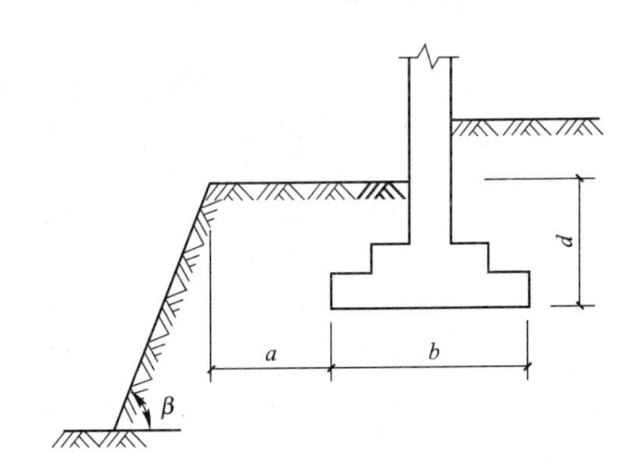

图 13-6　基础底面外边缘线至坡顶的水平距离示意

13.4.2　筏形与箱形基础的抗滑移稳定性要求

筏形与箱形基础的抗滑移稳定性要求如表 13-32 所示。

筏形与箱形基础的抗滑移稳定性要求　　表 13-32

序号	项　目	内　容
1	基础的抗滑移稳定性计算	高层建筑在承受地震作用、风荷载或其他水平荷载时，筏形与箱形基础的抗滑移稳定性(图 13-7)应符合下列公式的要求： $$K_sQ \leqslant F_1+F_2+(E_p-E_a)l \quad (13\text{-}34)$$ 式中 F_1——基底摩擦力合力(kN) F_2——平行于剪力方向的侧壁摩擦力合力(kN) E_a、E_p——垂直于剪力方向的地下结构外墙面单位长度上主动土压力合力、被动土压力合力(kN/m)

续表 13-32

序号	项　目	内　容
1	基础的抗滑移稳定性计算	l——垂直于剪力方向的基础边长(m) Q——作用在基础顶面的风荷载、水平地震作用或其他水平荷载(kN) K_s——抗滑移稳定性安全系数，取 1.3
2	稳定计算的其他要求	(1)高层建筑在承受地震作用、风荷载、其他水平荷载或偏心竖向荷载时，筏形与箱形基础的抗倾覆稳定性应符合下列公式的要求： $K_r M_c \leqslant M_r$　(13-35) 式中 M_r——抗倾覆力矩(kN・m) M_c——倾覆力矩(kN・m) K_r——抗倾覆稳定性安全系数，取 1.5 (2) 当地基内存在软弱土层或地基土质不均匀时，应采用极限平衡理论的圆弧滑动面法验算地基整体稳定性。其最危险的滑动面上诸力对滑动中心所产生的抗滑力矩与滑动力矩应符合下列公式规定： $KM_S \leqslant M_R$　(13-36) 式中 M_R——抗滑力矩(kN・m) M_S——滑动力矩(kN・m) K——整体稳定性安全系数，取 1.2 (3) 当建筑物地下室的一部分或全部在地下水位以下时，应进行抗浮稳定性验算。抗浮稳定性验算应符合下列公式的要求： $F'_k + G_k \geqslant K_f F_f$　(13-37) 式中 F'_k——上部结构传至基础顶面的竖向永久荷载(kN) G_k——基础自重和基础上的土重之和(kN) F_f——水浮力(kN)，在建筑物使用阶段按与设计使用年限相应的最高水位计算；在施工阶段，按分析地质状况、施工季节、施工方法、施工荷载等因素后确定的水位计算 K_f——抗浮稳定安全系数，可根据工程重要性和确定水位时统计数据的完整性取 1.0～1.1

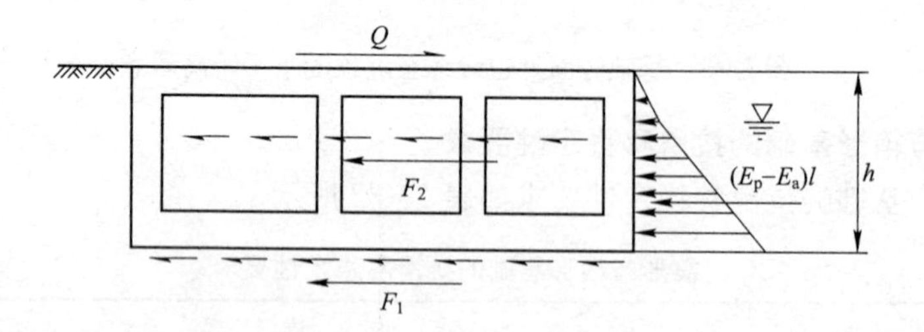

图 13-7　抗滑移稳定性验算示意

13.5　高层建筑单独柱基础设计

13.5.1　单独柱基础承载力计算

单独柱基础承载力计算如表 13-33 所示。

单独柱基础承载力计算　　**表 13-33**

序号	项　目	内　容
1	说明与规定	(1) 高层建筑的裙房无地下室或地下水位较低，地下室无需设满堂筏板防水时，框架柱可采用单独柱基 (2) 单独柱基形式，一般常采用的有锥形、阶梯形(图 13-8)。底面形状一般为正方形和矩形；矩形的底面长边与短边的比值一般取用 1～1.5 为宜，不大于 2 (3) 对柱下独立基础，当冲切破坏锥体落在基础底面以内时，应验算柱与基础交接处以及基础变阶处的受冲切承载力 (4) 对基础底面短边尺寸小于或等于柱宽加两倍基础有效高度的柱下独立基础，以及墙下条形基础，应验算柱(墙)与基础交接处的基础受剪切承载力 (5) 基础底板的配筋，应按抗弯计算确定 (6) 当基础的混凝土强度等级小于柱的混凝土强度等级时，尚应验算柱下基础顶面的局部受压承载力
2	单独柱基础承载力计算	(1)柱下独立基础的受冲切承载力应按下列公式验算： $F_l \leqslant 0.7\beta_{hp} f_t a_m h_0$　(13-38) $a_m=(a_t+a_b)/2$　(13-39) $F_l=p_j A_l$　(13-40) 式中　β_{hp}——受冲切承载力截面高度影响系数，当 h 不大于 800mm 时，β_{hp} 取 1.0；当 h 大于或等于 2000mm 时，β_{hp} 取 0.9，其间按线性内插法取用 f_t——混凝土轴心抗拉强度设计值(kN/m^2) h_0——基础冲切破坏锥体的有效高度(m) a_m——冲切破坏锥体最不利一侧计算长度(m) a_t——冲切破坏锥体最不利一侧斜截面的上边长(m)，当计算柱与基础交接处的受冲切承载力时，取柱宽；当计算基础变阶处的受冲切承载力时，取上阶宽 a_b——冲切破坏锥体最不利一侧斜截面在基础底面积范围内的下边长(m)，当冲切破坏锥体的底面落在基础底面以内(图 13-9*a*、*b*)，计算柱与基础交接处的受冲切承载力时，取柱宽加两倍基础有效高度；当计算基础变阶处的受冲切承载力时，取上阶宽加两倍该处的基础有效高度 p_j——扣除基础自重及其上土重后相应于作用的基本组合时的地基土单位面积净反力(kN/m^2)，对偏心受压基础可取基础边缘处最大地基土单位面积净反力 A_l——冲切验算时取用的部分基底面积(m^2)(图 13-9*a*、*b* 中的阴影面积 ABCDEF) F_l——相应于作用的基本组合时作用在 A_l 上的地基土净反力设计值 (2) 当基础底面短边尺寸小于或等于柱宽加两倍基础有效高度时，应按下列公式验算柱与基础交接处截面受剪承载力： $V_s \leqslant 0.7\beta_{hs} f_t A_0$　(13-41) $\beta_{hs}=(800/h_0)^{1/4}$　(13-42) 式中　V_s——相应于作用的基本组合时，柱与基础交接处的剪力设计值(kN)，图 13-10 中的阴影面积乘以基底平均净反力 β_{hs}——受剪切承载力截面高度影响系数，当 $h_0<800$mm 时，取 $h_0=800$mm；当 $h_0>2000$mm 时，取 $h_0=2000$mm A_0——验算截面处基础的有效截面面积(m^2)。当验算截面为阶形或锥形时，可将其截面折算成矩形截面，截面的折算宽度和截面的有效高度按本表序号 3 计算 (3) 墙下条形基础底板应按公式(13-41)验算墙与基础底板交接处截面受剪承载力，其中 A_0 为验算截面处基础底板的单位长度垂直截面有效面积，V_s 为墙与基础交接处由基底平均净反力产生的单位长度剪力设计值 (4) 在轴心荷载或单向偏心荷载作用下，当台阶的宽高比小于或等于 2.5 且偏心距小于或等于 1/6 基础宽度时，柱下矩形独立基础任意截面的底板弯矩可按下列简化方法进行计算(图 13-11)： $M_{\rm I}=\frac{1}{12}a_1^2\left[2l+a'\left(p_{max}+p-\frac{2G}{A}\right)+(p_{max}-p)l\right]$　(13-43)

续表 13-33

<table>
<tr><th>序号</th><th>项　目</th><th>内　容</th></tr>
<tr><td>2</td><td>单独柱基础承载力计算</td><td>$$M_{\text{II}}=\frac{1}{48}(l-a')^2(2b+b')\left(p_{\max}+p_{\min}-\frac{2G}{A}\right) \quad (13\text{-}44)$$
式中 M_{I}、M_{II}——相应于作用的基本组合时，任意截面Ⅰ-Ⅰ、Ⅱ-Ⅱ处的弯矩设计值(kN·m)
a_1——任意截面Ⅰ-Ⅰ至基底边缘最大反力处的距离(m)
l、b——基础底面的边长(m)
$p_{\max}$、$p_{\min}$——相应于作用的基本组合时的基础底面边缘最大和最小地基反力设计值(kN/m²)
p——相应于作用的基本组合时在任意截面Ⅰ-Ⅰ处基础底面地基反力设计值(kN/m²)
G——考虑作用分项系数的基础自重及其上的土自重(kN)；当组合值由永久作用控制时，作用分项系数可取 1.35
(5) 基础底板配筋除满足计算和最小配筋率要求外，尚应符合本书表 13-34 序号 1 的构造要求。计算最小配筋率时，对阶形或锥形基础截面，可将其截面折算成矩形截面，截面的折算宽度和截面的有效高度，按本表序号 3 计算。基础底板钢筋可按公式(13-45)计算：
$$A_s=\frac{M}{0.9f_yh_0} \quad (13\text{-}45)$$
(6) 当柱下独立柱基底面长短边之比 w 在大于或等于 2、小于或等于 3 的范围时，基础底板短向钢筋应按下述方法布置：将短向全部钢筋面积乘以 λ 后求得的钢筋，均匀分布在与柱中心线重合的宽度等于基础短边的中间带宽范围内(图 13-12)，其余的短向钢筋则均匀分布在中间带宽的两侧。长向配筋应均匀分布在基础全宽范围内。λ 按下列公式计算：
$$\lambda=1-\omega/6 \quad (13\text{-}46)$$
(7) 墙下条形基础(图 13-13)的受弯计算和配筋应符合下列规定：
1) 任意截面每延米宽度的弯矩，可按下列公式进行计算：
$$M_{\text{I}}=\frac{1}{6}a_1^2\left(2p_{\max}+p-\frac{3G}{A}\right) \quad (13\text{-}47)$$
2) 其最大弯矩截面的位置，应符合下列规定：
① 当墙体材料为混凝土时，取 $a_1=b_1$
② 如为砖墙且放脚不大于 1/4 砖长时，取 $a_1=b_1+1/4$ 砖长
3) 墙下条形基础底板每延米宽度的配筋除满足计算和最小配筋率要求外，尚应符合本书表 13-34 序号 1 的构造要求</td></tr>
<tr><td>3</td><td>阶梯形承台及锥形承台斜截面受剪的截面宽度</td><td>(1) 对于阶梯形承台应分别在变阶处(A_1—A_1，B_1—B_1)及柱边处(A_2—A_2，B_2—B_2)进行斜截面受剪计算(图 13-14)，并应符合下列规定：
1) 计算变阶处截面 A_1—A_1、B_1—B_1 的斜截面受剪承载力时，其截面有效高度均为 h_{01}，截面计算宽度分别为 b_{y1} 和 b_{x1}
2) 计算柱边截面 A_2—A_2 和 B_2—B_2 处的斜截面受剪承载力时，其截面有效高度均为 $h_{01}+h_{02}$，截面计算宽度按下列公式进行计算：
对 A_2—A_2 $$b_{y0}=\frac{b_{y1}\cdot h_{01}+b_{y2}\cdot h_{02}}{h_{01}+h_{02}} \quad (13\text{-}48)$$
对 B_2—B_2 $$b_{x0}=\frac{b_{x1}\cdot h_{01}+b_{x2}\cdot h_{02}}{h_{01}+h_{02}} \quad (13\text{-}49)$$
(2) 对于锥形承台应对 A—A 及 B—B 两个截面进行受剪承载力计算(图 13-15)，截面有效高度均为 h_0，截面的计算宽度按下列公式计算：
对 A—A $$b_{y0}=\left[1-0.5\frac{h_1}{h_0}\left(1-\frac{b_{y2}}{b_{y1}}\right)\right]b_{y1} \quad (13\text{-}50)$$
对 B—B $$b_{x0}=\left[1-0.5\frac{h_1}{h_0}\left(1-\frac{b_{x2}}{b_{x1}}\right)\right]b_{x1} \quad (13\text{-}51)$$</td></tr>
</table>

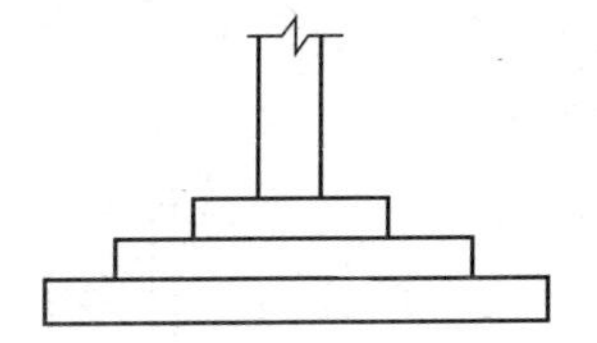
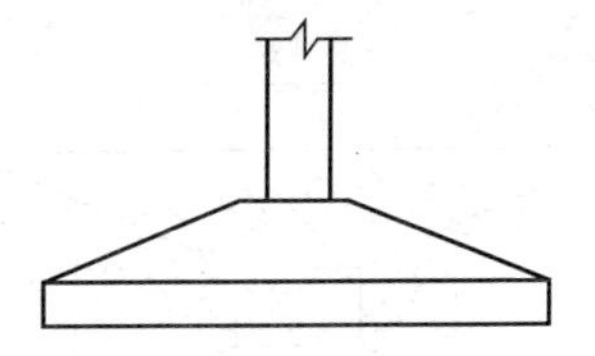

图 13-8　单独柱基础形式

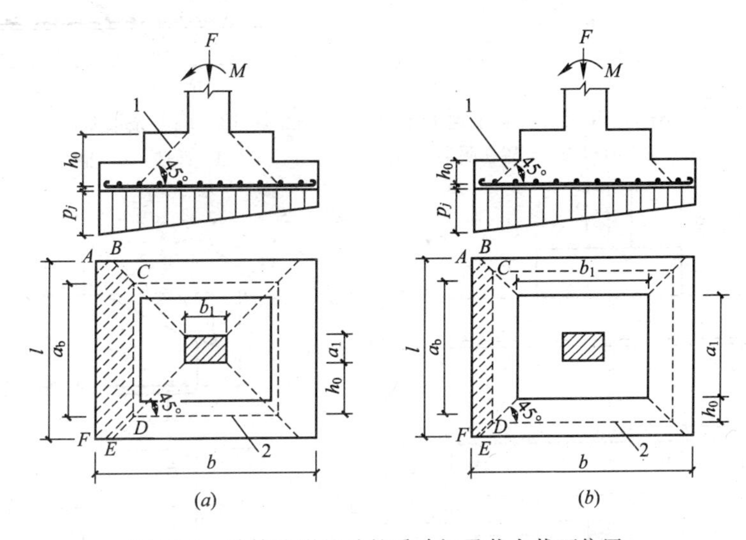

图 13-9　计算阶形基础的受冲切承载力截面位置

(a)柱与基础交接处；(b)基础变阶处

1—冲切破坏锥体最不利一侧的斜截面；2—冲切破坏锥体的底面线

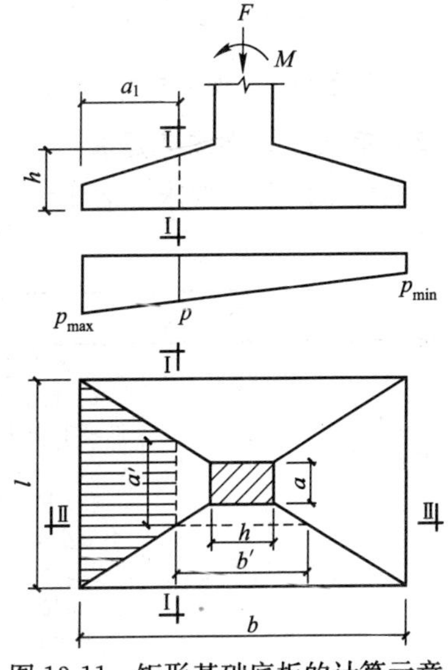

图 13-11　矩形基础底板的计算示意

图 13-10　验算阶形基础受剪切承载力示意

(a)柱与基础交接处；(b)基础变阶处

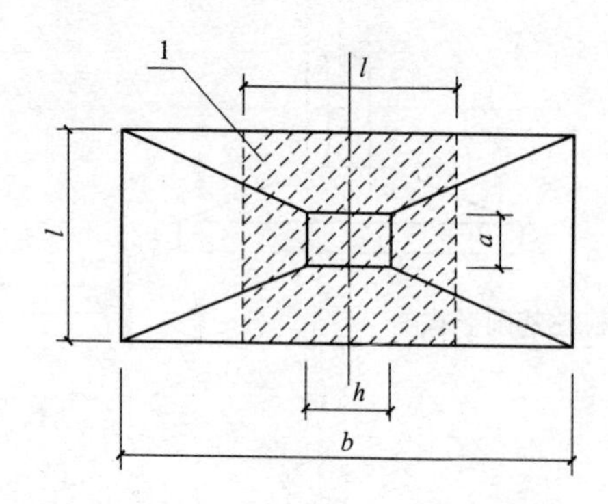

图 13-12 基础底板短向钢筋布置示意

1—λ 倍短向全部钢筋面积均匀配置在阴影范围内

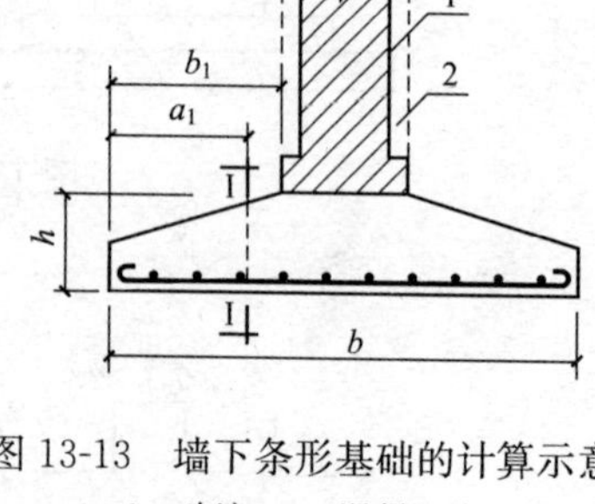

图 13-13 墙下条形基础的计算示意

1—砖墙；2—混凝土墙

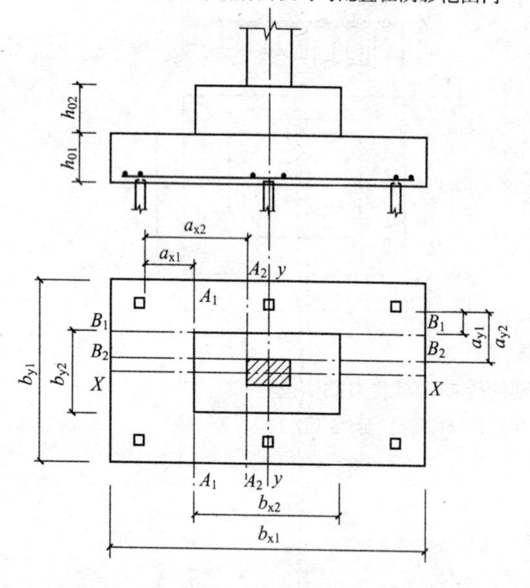

图 13-14 阶梯形承台斜截面受剪计算

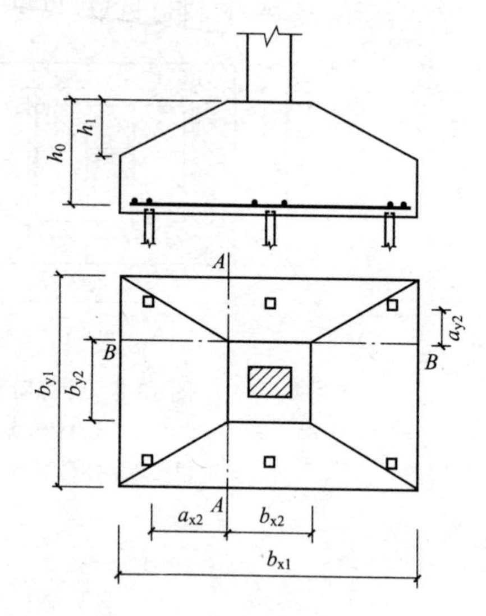

图 13-15 锥形承台受剪计算

13.5.2 单独柱基础构造要求

单独柱基础构造要求如表 13-34 所示。

单独柱基础构造要求 表 13-34

序号	项 目	内 容
1	基础的构造规定	基础的构造，应符合下列规定： (1)锥形基础的边缘高度不宜小于 200mm，且两个方向的坡度不宜大于 1∶3；阶梯形基础的每阶高度，宜为 300～500mm (2) 垫层的厚度不宜小于 100mm，垫层混凝土强度等级不宜低于 C15 (3) 扩展基础受力钢筋最小配筋率不应小于 0.15%，底板受力钢筋的最小直径不应小于 10mm，间距不应大于 200mm，也不应小于 100mm。墙下钢筋混凝土条形基础纵向分布钢筋的直径不应小于 8mm；间距不应大于 300mm；每延米分布钢筋的面积不应小于受力钢筋面积的 15%。当有垫层时钢筋保护层的厚度不应小于 40mm；无垫层时不应小于 70mm (4) 混凝土强度等级不应低于 C20 (5) 当柱下钢筋混凝土独立基础的边长和墙下钢筋混凝土条形基础的宽度大于或等于 2.5m 时，底板受力钢筋的长度可取边长或宽度的 0.9 倍，并宜交错布置(图 13-16)

续表 13-34

序号	项　目	内　容
1	基础的构造规定	(6) 钢筋混凝土条形基础底板在T形及十字形交接处，底板横向受力钢筋仅沿一个主要受力方向通长布置，另一方向的横向受力钢筋可布置到主要受力方向底板宽度1/4处(图13-17)。在拐角处底板横向受力钢筋应沿两个方向布置(图13-17)
2	拉梁设置	(1) 单独柱基有下列情况之一时，应在两个主轴方向设置基础系梁： 1) 有抗震设防的一级框架和Ⅵ类场地的二级框架 2) 各柱基础底面在重力荷载代表值作用下的压应力差别较大 3) 基础埋置较深，或各基础埋置深度差别较大 4) 地基主要受力层范围内存在软弱黏性土层、液化土层或严重不均土层 5) 桩基承台之间 (2) 拉梁位置宜设在基础顶面以上，无地下室时宜设置在靠近±0.0处 (3) 拉梁截面的高度取$\left(\frac{1}{15}\sim\frac{1}{20}\right)L$，宽度取$\left(\frac{1}{25}\sim\frac{1}{35}\right)L$，其中L为柱间距 (4) 拉梁内力的计算按下列两种方法之一： 1) 取相连柱轴力F较大者的1/10作为拉梁的轴心受拉的拉力或轴心受压的压力进行承载力计算。拉梁截面配筋应上下相同，各不小于2Φ14，箍筋不少于Φ6@200 2) 以拉梁平衡柱下端弯矩，柱基按中心受压考虑。拉梁的正弯矩钢筋全部拉通；支座负弯矩钢筋应有1/2拉通。此时梁的高度宜取上述(3)条的较高值 (5) 当拉梁承托隔墙或其他竖向荷载时，则应将竖向荷载所产生的内力与上述两种方法之一计算所得之内力进行组合

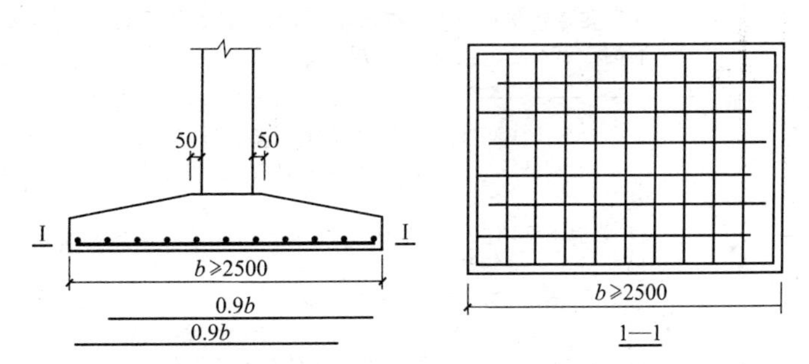

图 13-16　柱下独立基础底板受力钢筋布置

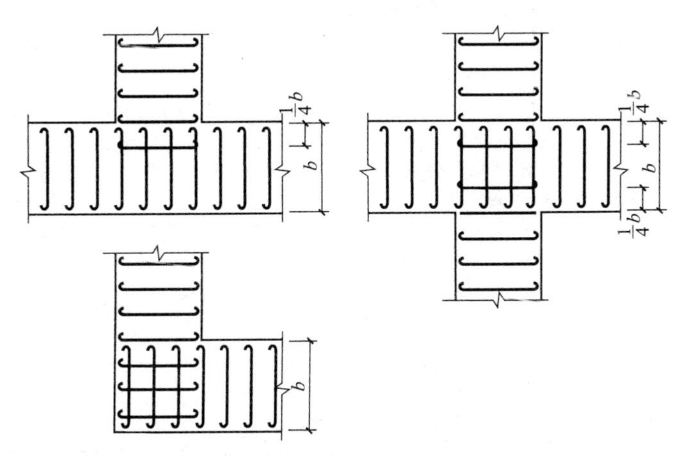

图 13-17　墙下条形基础纵横交叉处底板受力钢筋布置

13.6　高层建筑筏形与箱形基础设计

13.6.1　筏形与箱形基础设计一般规定

筏形与箱形基础设计一般规定如表 13-35 所示。

筏形与箱形基础设计一般规定　　表 13-35

序号	项　目	内　容
1	一般设计规定	(1) 高层建筑筏形与箱形基础的地基应进行承载力和变形计算，当基础埋深不符合本书表 13-5 序号 1 之(4)的要求或地基土层不均匀时应进行基础的抗滑移和抗倾覆稳定性验算及地基的整体稳定性验算 (2) 当多幢新建相邻高层建筑的基础距离较近时，应分析各高层建筑之间的相互影响。当新建高层建筑的基础和既有建筑的基础距离较近时，应分析新旧建筑的相互影响，验算新旧建筑的地基承载力、地基变形和地基稳定性 (3) 对单幢建筑物，在地基均匀的条件下，筏形与箱形基础的基底平面形心宜与结构竖向永久荷载重心重合；当不能重合时，在荷载效应准永久组合下，偏心距 e 宜符合下列公式规定： $$e \geqslant 0.1\frac{W}{A} \qquad (13\text{-}52)$$ 式中　W——与偏心距方向一致的基础底面边缘抵抗矩(m^3) 　　　A——基础底面积(m^2) (4) 大面积整体基础上的建筑宜均匀对称布置。当整体基础面积较大且其上建筑数量较多时，可将整体基础按单幢建筑的影响范围分块，每幢建筑的影响范围可根据荷载情况、基础刚度、地下结构及裙房刚度、沉降后浇带的位置等因素确定。每幢建筑竖向永久荷载重心宜与影响范围内的基底平面形心重合。当不能重合时，宜符合上述(3)条的规定
2	沉降计算	(1) 下列桩筏与桩箱基础应进行沉降计算： 1) 地基基础设计等级为甲级的非嵌岩柱和桩端为非深厚坚硬土层的桩筏、桩箱基础 2) 地基基础设计等级为乙级的体形复杂、荷载不均匀或桩端以下存在软弱下卧层的桩筏、桩箱基础 3) 摩擦型桩的桩筏、桩箱基础 (2) 对于地质条件不复杂、荷载较均匀、沉降无特殊要求的端承型桩筏、桩箱基础，当有可靠地区经验时，可不进行沉降计算 (3) 筏形与箱形基础的整体倾斜值，可根据荷载偏心、地基的不均匀性、相邻荷载的影响和地区经验进行计算
3	设计内容	(1) 筏形基础 1) 筏形基础又称满堂基础，能减少地基的单位面积压力并增强基础刚度，调整不均匀沉降。按有无肋梁，筏形基础分为梁板式筏形基础和平板式筏形基础(图 13-1a、图 13-1b)。梁板式筏形基础沿柱网布置刚度很大的肋梁，特别适合于柱网不均匀，且尺寸和荷载均较大的结构。而平板式筏形基础适合于柱网均匀，且尺寸和荷载不太大的结构，特别适合于有地下室的建筑，其施工模板简单，目前得到广泛应用 2) 筏板基础的主要设计内容如下： ① 合理确定基础埋深 ② 确定材料强度等级 ③ 估算基础尺寸，包括底板厚度、外形尺寸，肋梁的高度及宽度 ④ 确定地基反力的力学模型，计算地基反力 ⑤ 地基承载力及变形计算 ⑥ 根据受冲切承载力和受剪切承载力要求，验算筏板厚度

续表 13-35

序号	项　目	内　容
3	设计内容	⑦ 进行梁、板内力和配筋计算 ⑧ 根据计算和构造要求绘制基础平面及剖面施工图 （2）箱形基础 1）箱形基础是由钢筋混凝土顶板、底板、外墙和纵、横内墙等组成（图 13-1c），是具有相当大整体刚度的空间结构。箱形基础底面的荷载偏心距要求及在水平作用下零应力区的要求同筏形基础 2）箱形基础设计的主要内容如下： ① 确定箱形基础埋深 ② 根据地基承载力确定基底最小尺寸 ③ 地基沉降计算 ④ 箱形基础内力计算，包括顶板、底板和墙体等 ⑤ 箱形基础各构件配筋计算 ⑥ 箱形基础的构造设计及绘制施工图

13.6.2　平板式筏形基础设计

平板式筏形基础设计如表 13-36 所示。

平板式筏形基础设计　　表 13-36

序号	项　目	内　容
1	内力计算说明	（1）平板式筏形基础和梁板式筏形基础的选型应根据地基土质、上部结构体系、柱距、荷载大小、使用要求以及施工等条件确定。框架-核心筒结构和筒中筒结构宜采用平板式筏形基础 （2）当地基比较均匀、上部结构刚度较好、筏板的厚跨比不小于 1/6、柱间距及柱荷载的变化不超过 20%时，平板式筏形基础可仅考虑局部弯曲作用，近似按倒无梁楼盖的方法来计算，地基反力可假定均匀分布。如图 13-18 所示，将筏形基础每个方向划分为柱上板带和跨中板带，跨中板带宽度为该方向柱距的 1/2，位于跨中；柱上板带宽度为每侧柱距的 1/4。计算时将一个方向的柱上板带作为另一个方向跨中板带的支座，根据板带所承担的荷载，近似按倒置的连续梁来进行计算 当地基比较复杂、上部结构刚度较差，或柱荷载及柱间距变化较大时，楼板式筏形基础和平板式筏形基础的内力计算应考虑地基和基础的变形协调，按弹性地基梁板法或有限元法等进行计算 （3）平板式筏基的板厚除应符合受弯承载力的要求外，尚应符合受冲切承载力的要求。验算时应计入作用在冲切临界截面重心上的不平衡弯矩所产生的附加剪力。筏板的最小厚度不应小于 500mm。对基础的边柱和角柱进行冲切验算时，其冲切力应分别乘以 1.1 和 1.2 的增大系数
2	受冲切临界截面计算	（1）平板式筏基柱下冲切验算时应考虑作用在冲切临界截面重心上的不平衡弯矩产生的附加剪力。对基础边柱和角柱冲切验算时，其冲切力应分别乘以 1.1 和 1.2 的增大系数。距柱边 $h_0/2$ 处冲切临界截面的最大剪应力 $\tau_{\max}$ 应按公式（13-53）、公式（13-54）进行计算（图 13-19）。板的最小厚度不应小于 500mm $$\tau_{\max}=\frac{F_l}{u_m h_0}+\alpha_s\frac{M_{unb}c_{AB}}{I_s} \quad (13\text{-}53)$$ $$\tau_{\max}\leqslant 0.7\left(0.4+\frac{1.2}{\beta_s}\right)\beta_{hp}f_t \quad (13\text{-}54)$$ $$\alpha_s=1-\frac{1}{1+\frac{2}{3}\sqrt{\left(\frac{c_1}{c_2}\right)}} \quad (13\text{-}55)$$

续表 13-36

序号	项　目	内　容
2	受冲切临界截面计算	式中　F_l——相应于荷载效应基本组合时的冲切力(kN)，对内柱取轴力设计值与筏板冲切破坏锥体内的基底反力设计值之差；对基础的边柱和角柱，取轴力设计值与筏板冲切临界截面范围内的基底反力设计值之差；计算基底反力值时应扣除底板及其上填土的自重 u_m——距柱边缘不小于 $h_0/2$ 处的冲切临界截面的最小周长(m)，按本序号下述(2)条计算 h_0——筏板的有效高度(m) M_{unb}——作用在冲切临界截面重心上的不平衡弯矩(kN・m) c_{AB}——沿弯矩作用方向，冲切临界截面重心至冲切临界截面最大剪应力点的距离(m)，按本序号下述(2)条计算 I_s——冲切临界截面对其重心的极惯性矩(m^4)，按本序号下述(2)条计算 β_s——柱截面长边与短边的比值：当 $\beta_s<2$ 时，β_s 取 2；当 $\beta_s>4$ 时，β_s 取 4 β_{hp}——受冲切承载力截面高度影响系数：当 $h\leqslant 800$m 时，取 $\beta_{hp}=1.0$；当 $h\geqslant 2000$mm 时，取 $\beta_{hp}=0.9$；其间按线性内插法取值 f_t——混凝土轴心抗拉强度设计值(kN/m^2) c_1——与弯矩作用方向一致的冲切临界截面的边长(m)，按本序号下述(2)条计算 c_2——垂直于 c_1 的冲切临界截面的边长(m)，按本序号下述(2)条计算 α_s——不平衡弯矩通过冲切临界截面上的偏心剪力传递的分配系数 当柱荷载较大，等厚度筏板的受冲切承载力不能满足要求时，可在筏板上面增设柱墩或在筏板下局部增加板厚或采用抗冲切钢筋等提高受冲切承载能力 (2) 冲切临界截面周长 u_m 以及冲切临界截面对其重心的极惯性矩 I_s，应根据柱所处的部位分别按下列公式进行计算： 1) 内柱(图 13-20) $$u_m=2c_1+2c_2 \quad (13\text{-}56)$$ $$I_s=\frac{c_1h_0^3}{6}+\frac{c_1^3h_0}{6}+\frac{c_2h_0c_1^2}{2} \quad (13\text{-}57)$$ $$c_1=h_c+h_0 \quad (13\text{-}58)$$ $$c_2=b_c+h_0 \quad (13\text{-}59)$$ $$c_{AB}=\frac{c_1}{2} \quad (13\text{-}60)$$ 式中　h_c——与弯矩作用方向一致的柱截面的边长(m) b_c——垂直于 h_c 的柱截面边长(m) 2) 边柱(图 13-21) $$u_m=2c_1+c_2 \quad (13\text{-}61)$$ $$I_s=\frac{c_1h_0^3}{6}+\frac{c_1^3h_0}{6}+2h_0c_1\left(\frac{c_1}{2}-\overline{X}\right)^2+c_2h_0\overline{X}^2 \quad (13\text{-}62)$$ $$c_1=h_c+\frac{h_0}{2} \quad (13\text{-}63)$$ $$c_2=b_c+h_0 \quad (13\text{-}64)$$ $$c_{AB}=c_1-\overline{X} \quad (13\text{-}65)$$ $$\overline{X}=\frac{c_1^2}{2c_1+c_2} \quad (13\text{-}66)$$ 式中　$\overline{X}$——冲切临界截面重心位置(m) 公式(13-61)～公式(13-66)适用于柱外侧齐筏板边缘的边柱。对外伸式筏板，边柱柱下筏板冲切临界截面的计算模式应根据边柱外侧筏板的悬挑长度和柱子的边长确定。当边柱外侧的悬挑长度小于或等于($h_0+0.5b_c$)时，冲切临界截面可计算至垂直于自由边的板端，计算 c_1 及 I_s 值时应计及边柱外侧的悬挑长度；当边柱外侧筏板的悬挑长度大于($h_0+0.5b_c$)时，边柱柱下筏板冲切临界截面的计算模式同中柱

续表13-36

序号	项　目	内　容
2	受冲切临界截面计算	3）角柱（图13-22） $$u_m=c_1+c_2 \quad (13\text{-}67)$$ $$I_s=\frac{c_1h_0^3}{12}+\frac{c_1^3h_0}{12}+c_1h_0\left(\frac{c_1}{2}-\overline{X}\right)^2+c_2h_0\overline{X}^2 \quad (13\text{-}68)$$ $$c_1=h_c+\frac{h_0}{2} \quad (13\text{-}69)$$ $$c_2=h_c+\frac{h_0}{2} \quad (13\text{-}70)$$ $$c_{AB}=c_1-\overline{X} \quad (13\text{-}71)$$ $$\overline{X}=\frac{c_1^2}{2c_1+2c_2} \quad (13\text{-}72)$$ 式中　$\overline{X}$——冲切临界截面重心位置（m） 公式（13-67）～公式（13-72）适用于柱两相邻外侧齐筏板边缘的角柱。对外伸式筏板，角柱柱下筏板冲切临界截面的计算模式应根据角柱外侧筏板的悬挑长度和柱子的边长确定。当角柱两相邻外侧筏板的悬挑长度分别小于或等于（$h_0+0.5b_c$）和（$h_0+0.5h_c$）时，冲切临界截面可计算至垂直于自由边的板端，计算 c_1、c_2 及 I_s 值应计及角柱外侧筏板的悬挑长度；当角柱两相邻外侧筏板的悬挑长度大于（$h_0+0.5b_c$）和（$h_0+0.5h_c$）时，角柱柱下筏板冲切临界截面的计算模式同中柱
3	受冲切承载力和受剪承载力计算	（1）平板式筏基在内筒下的受冲切承载力应符合下列公式规定： $$\frac{F_l}{u_mh_0}\leqslant\frac{0.7\beta_{hp}f_t}{\eta} \quad (13\text{-}73)$$ 式中　F_l——相应于荷载效应基本组合时的内筒所承受的轴力设计值与内筒下筏板冲切破坏锥体内的基底反力设计值之差（kN）。计算基底反力值时应扣除底板及其上填土的自重 u_m——距内筒外表面 $h_0/2$ 处冲切临界截面的周长（m）（图13-23） h_0——距内筒外表面 $h_0/2$ 处筏板的截面有效高度（m） η——内筒冲切临界截面周长影响系数，取1.25 当需要考虑内筒根部弯矩的影响时，距内筒外表面 $h_0/2$ 处冲切临界截面的最大剪应力可按公式（13-53）计算，此时最大剪应力应符合下列公式规定： $$\tau_{max}\leqslant0.7\beta_{hp}f_t/\eta \quad (13\text{-}74)$$ （2）平板式筏基除应符合受冲切承载力的规定外，尚应按下列公式验算距内筒和柱边缘 h_0 处截面的受剪承载力： $$V_s\leqslant0.7\beta_{hs}f_tb_wh_0 \quad (13\text{-}75)$$ $$\beta_{hs}=\left(\frac{800}{h_0}\right)^{1/4} \quad (13\text{-}76)$$ 式中　V_s——距内筒或柱边缘 h_0 处，扣除底板及其上填土的自重后，相应于荷载效应基本组合的基底平均净反力产生的筏板单位宽度剪力设计值（kN） β_{hs}——受剪承载力截面高度影响系数：当 $h_0<800$mm时，取 $h_0=800$mm；当 $h_0>2000$mm时，取 $h_0=2000$mm；其间按内插法取值 b_w——筏板计算截面单位宽度（m） h_0——距内筒或柱边缘 h_0 处筏板的截面有效高度（m） 当筏板变厚度时，尚应验算变厚度处筏板的截面受剪承载力
4	其他要求	（1）按基底反力直线分布计算的平板式筏基，可按柱下板带和跨中板带分别进行内力分析，并应符合下列要求： 1）柱下板带中在柱宽及其两侧各0.5倍板厚且不大于1/4板跨的有效宽度范围内，其钢筋配置量不应小于柱下板带钢筋的一半，且应能承受部分不平衡弯矩 α_mM_{unb}，M_{unb}为作用在冲切临界截面重心上的部分不平衡弯矩，α_m可按下列公式计算： $$\alpha_m=1-\alpha_s \quad (13\text{-}77)$$

续表 13-36

序号	项　目	内　　容
4	其他要求	式中　α_m——不平衡弯矩通过弯曲传递的分配系数 α_s——按公式(13-55)计算 2）考虑到整体弯曲的影响，筏板的柱下板带和跨中板带的底部钢筋应有 1/3 贯通全跨，顶部钢筋应按实际配筋全部连通，上下贯通钢筋的配筋率均不应小于 0.15% 3）有抗震设防要求、平板式筏基的顶面作为上部结构的嵌固端、计算柱下板带截面组合弯矩设计值时，柱根内力应考虑乘以与其抗震等级相应的增大系数 (2) 筏形基础地下室的外墙厚度不应小于 250mm，内墙厚度不宜小于 200mm。墙体内应设置双面钢筋，钢筋不宜采用光面圆钢筋。钢筋配置量除应满足承载力要求外，尚应考虑变形、抗裂及外墙防渗等要求。水平钢筋的直径不应小于 12mm，竖向钢筋的直径不应小于 10mm，间距不应大于 200mm。当筏板的厚度大于 2000mm 时，宜在板厚中间部位设置直径不小于 12mm、间距不大于 300mm 的双向钢筋 (3) 当地基土比较均匀、地基压缩层范围内无软弱土层或可液化土层、上部结构刚度较好，柱网和荷载较均匀、相邻柱荷载及柱间距的变化不超过 20%，且平板式筏基板的厚跨比或梁板式筏基梁的高跨比不小于 1/6 时，筏形基础可仅考虑底板局部弯曲作用，计算筏形基础的内力时，基底反力可按直线分布，并扣除底板及其上填土的自重 当不符合上述要求时，筏基内力可按弹性地基梁板等理论进行分析。计算分析时应根据土层情况和地区经验选用地基模型和参数 (4) 在同一大面积整体筏形基础上有多幢高层和低层建筑时，筏基的结构计算宜考虑上部结构、基础与地基土的共同作用。筏基可采用弹性地基梁板的理论进行整体计算；也可按各建筑物的有效影响区域将筏基划分为若干单元分别进行计算，计算时应考虑各单元的相互影响和交界处的变形协调条件 (5) 带裙房的高层建筑下的大面积整体筏形基础，其主楼下筏板的整体挠曲值不应大于 0.5‰，主楼与相邻的裙房柱的差异沉降不应大于跨度的 1‰ (6) 在同一大面积整体筏形基础上有多幢高层和低层建筑时，各建筑物的筏板厚度应各自满足冲切及剪切要求 (7) 在大面积整体筏形基础上设置后浇带时，应符合本书表 13-1 序号 3 之(2)条以及筏形与箱形基础施工的规定

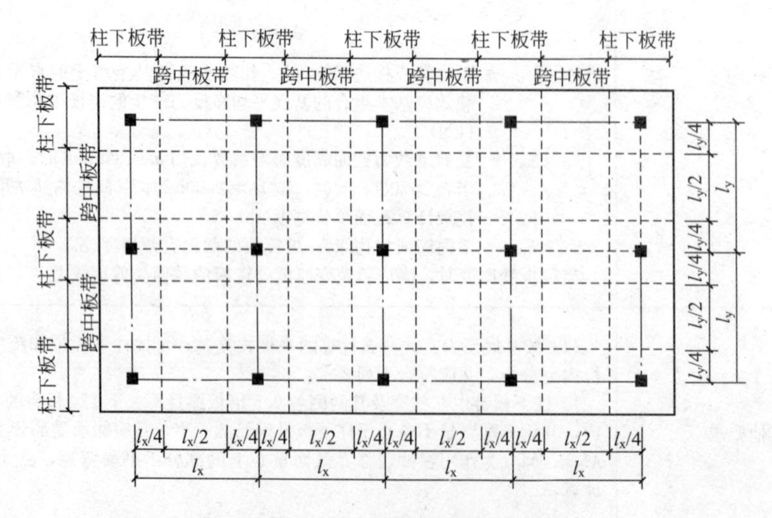

图 13-18　平板式筏形基础板带划分图

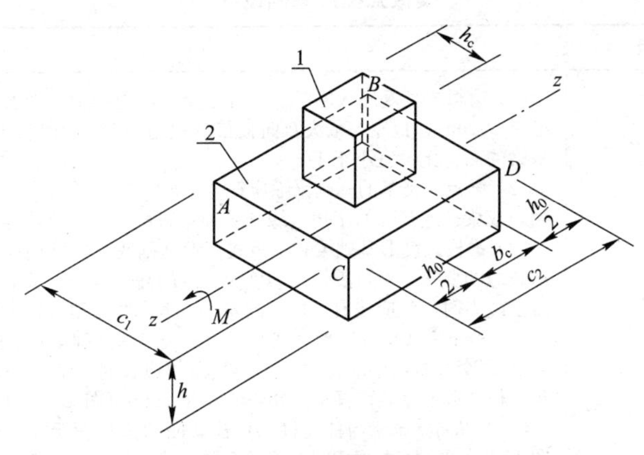

图 13-19　内柱冲切临界截面示意

1—柱；2—筏板

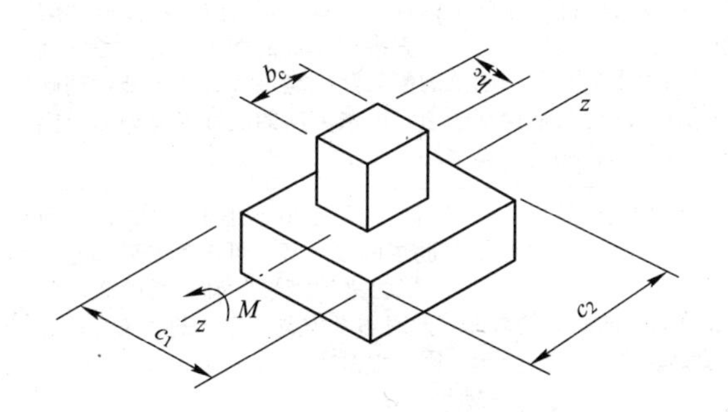

图 13-20　内柱冲切临界截面计算示意

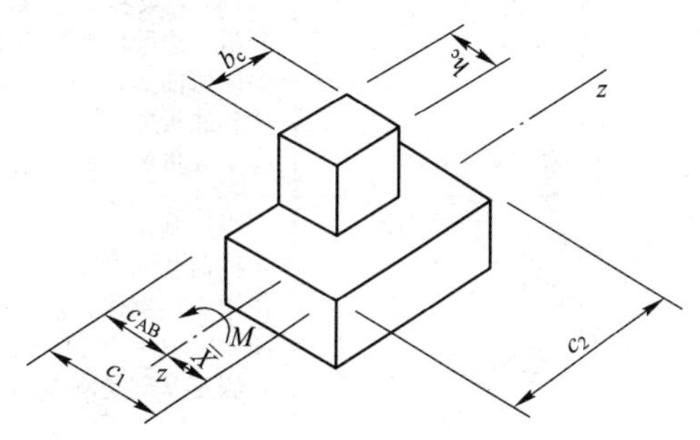

图 13-21　边柱冲切临界截面计算示意

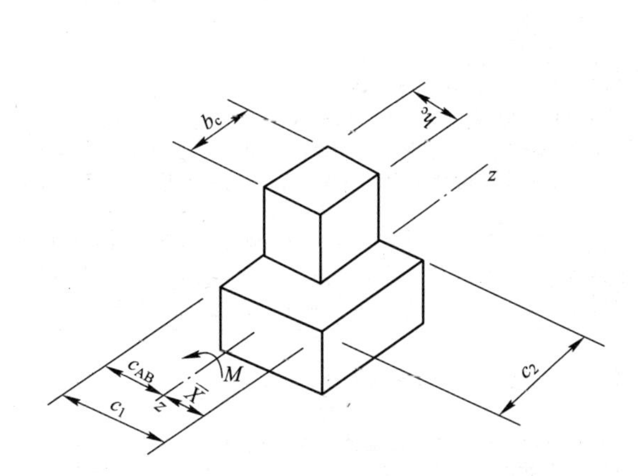

图 13-22　角柱冲切临界截面计算示意

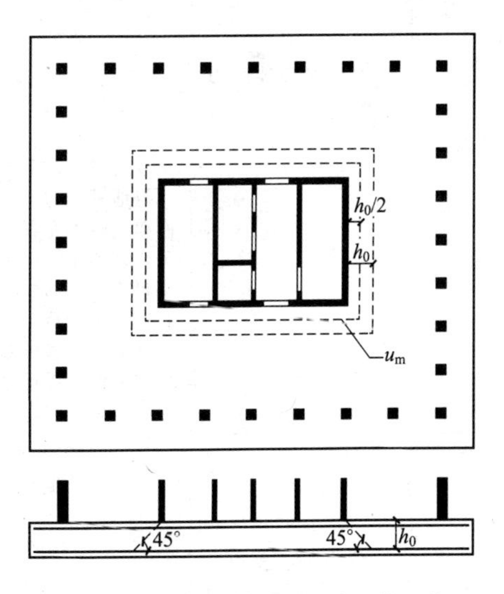

图 13-23　筏板受内筒冲切的临界截面位置

13.6.3　梁板式筏形基础设计

梁板式筏形基础设计如表 13-37 所示。

梁板式筏形基础设计　　表 13-37

序号	项　目	内　容
1	一般规定	(1) 梁板式筏基底板的厚度应符合受弯，受冲切和受剪承载力的要求，且不应小于400mm；板厚与最大双向板格的短边净跨之比尚不应小于1/14。梁板式筏基梁的高跨比不宜小于1/6 (2) 梁板式筏基的基础梁除应符合正截面受弯承载力的要求外，尚应验算柱边缘处或梁柱连接面八字角边缘处基础梁斜截面受剪承载力 (3) 梁板式筏形基础梁和平板式筏形基础底板的顶面应符合底层柱下局部受压承载力的要求。对抗震设防烈度为9度的高层建筑，验算柱下基础梁、板局部受压承载力时，尚应按有关规定的要求，考虑竖向地震作用对柱轴力的影响 (4) 地下室底层柱、剪力墙与梁板式筏基的基础梁连接的构造应符合下列规定： 1) 当交叉基础梁的宽度小于柱截面的边长时，交叉基础梁连接处宜设置八字角，柱角和八字角之间的净距不宜小于50mm(图13-24*a*) 2) 当单向基础梁与柱连接、且柱截面的边长大于400mm时，可按图13-24*b*、图13-24*c*采用，柱角和八字角之间的净距不宜小于50mm；当柱截面的边长小于或等于400mm时，可按图13-24*d*采用 3) 当基础梁与剪力墙连接时，基础梁边至剪力墙边的距离不宜小于50mm(图13-24*e*) (5) 当梁板式筏基的基底反力按直线分布计算时，其基础梁的内力可按连续梁分析，边跨的跨中弯矩以及第一内支座的弯矩值宜乘以1.2的增大系数。考虑到整体弯曲的影响，梁板式筏基的底板和基础梁的配筋除应满足计算要求外，基础梁和底板的顶部跨中钢筋应按实际配筋全部连通，纵横方向的底部支座钢筋尚应有1/3贯通全跨。底板上下贯通钢筋的配筋率均不应小于0.15%
2	地基反力和内力计算	当地基比较均匀、上部结构刚度较好、肋梁高与柱距比值不小于1/6、柱间距及柱荷载的变化不超过20%时，高层建筑的带肋梁的筏形基础可仅考虑局部弯曲作用，按倒楼盖法进行计算。如图13-25*a*所示带肋梁的筏形基础，梁的断面如图13-25*b*所示，凸出部分为长向肋梁的截面，此时不考虑宽度方向的肋梁存在 假定基础是刚性的，地基反力呈直线分布，因此地基土的反力为 $\begin{matrix} q_{max} \\ q_{min} \end{matrix} = \frac{\Sigma F}{A} \pm \frac{\Sigma M_x}{W_x} \pm \frac{\Sigma M_y}{W_y}$　　(13-78) 式中　q_{max}、q_{min}——地基的最大反力和最小反力 ΣF——不计基础板及其上覆土重量的筏形基础总荷载，即按净反力计算的总荷载 A——筏形基础的底面积 ΣM_x、ΣM_y——不计基础板及其上覆土重量的荷载或作用对基础形心点x、y坐标的弯矩值 W_x、W_y——筏形基础底板对x、y坐标的抵抗矩 将地基反力作用在筏板上，根据肋梁布置不同，板分为双向板和单向板。当柱网单元内不布置次向肋梁时，板多为双向板，这时筏形基础的反力可按45°线划分，如图13-26*a*所示，荷载分别传到纵向肋梁和横向肋梁上。筏形基础底板可按多跨连续双向板计算，其中间支座可视为固定支座，纵向肋梁及横向肋梁可按多跨连续梁计算 如果筏形基础布置次向肋梁，如图13-26*b*所示，板一般为单向板，这时筏形基础梁板的内力可采用类似于肋梁楼盖的计算方法进行，板可按连续单向板计算，次向肋梁按多跨连续梁计算，纵向梁作为主梁，也可按多跨连续梁计算
3	受冲切承载力计算和受剪承载力计算	底板应满足受冲切承载力要求，冲切承载力按下列公式计算： $F_l \leqslant 0.7\beta_{hp} f_t u_m h_0$　　(13-79) 式中　F_l——冲切锥体范围以外面积上的地基土平均净反力设计值 β_{hp}——受冲切承载力截面高度影响系数，当h_0不大于800mm时取1.0，h_0大于或等于2000mm时取0.9，其间按结构内插法取用 f_t——混凝土轴心抗拉强度设计值 u_m——距基础梁边$h_0/2$处冲切临界截面周长(图13-27*a*) h_0——板截面有效高度

续表 13-37

序号	项　目	内　容
3	受冲切承载力计算和受剪承载力计算	当为双向板时，受冲切承载力计算可转化为对 h_0 的验算，h_0 应符合下列公式要求： $$h_0 \geqslant \frac{1}{4}\left[(l_{n1}+l_{n2})-\sqrt{(l_{n1}+l_{n2})^2-\frac{4pl_{n1}l_{n2}}{p+0.7\beta_{hp}f_t}}\right] \quad (13\text{-}80)$$ 式中　l_{n1}、l_{n2}——计算板格的短边和长边的净长度 p——相应于荷载基本组合的地基土平均净反力设计值 底板斜截面的受剪切承载力应符合下列公式要求： $$V_s \leqslant 0.7\beta_{hs}f_t(l_{n2}-2h_0)h_0 \quad (13\text{-}81)$$ 式中　V_s——距梁边 h_0 处，作用在图 13-27*b* 阴影冲切面积上的地基土平均净反力设计值 β_{hs}——受剪切承载力截面高度影响系数，$\beta_{hs}=(800/h_0)^{1/4}$。当板的有效高度 h_0 小于 800mm 时取 800mm，h_0 大于 800mm 时取 2000mm 当不满足公式(13-79)或公式(13-80)验算要求时，可采取加大底板厚度或提高混凝土强度等级等措施

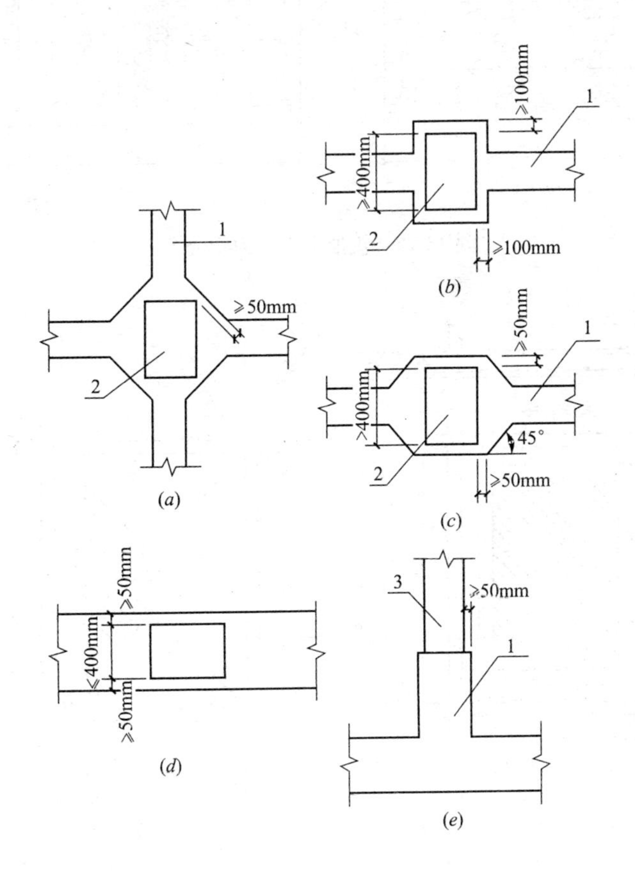

图 13-24　地下室底层柱和剪力墙与梁板式筏基的基础梁连接构造

1—基础梁；2—柱；3—墙

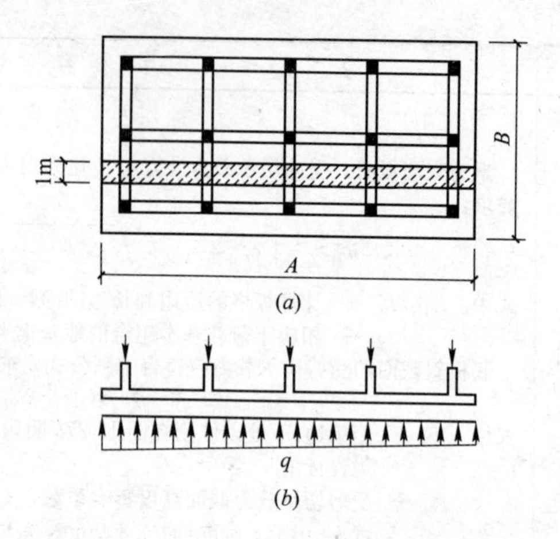

图 13-25 梁板式筏形基础计算简图

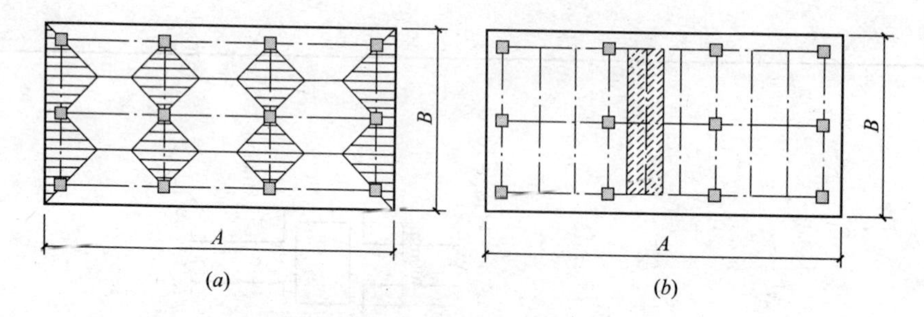

图 13-26 筏形基础反力划分图

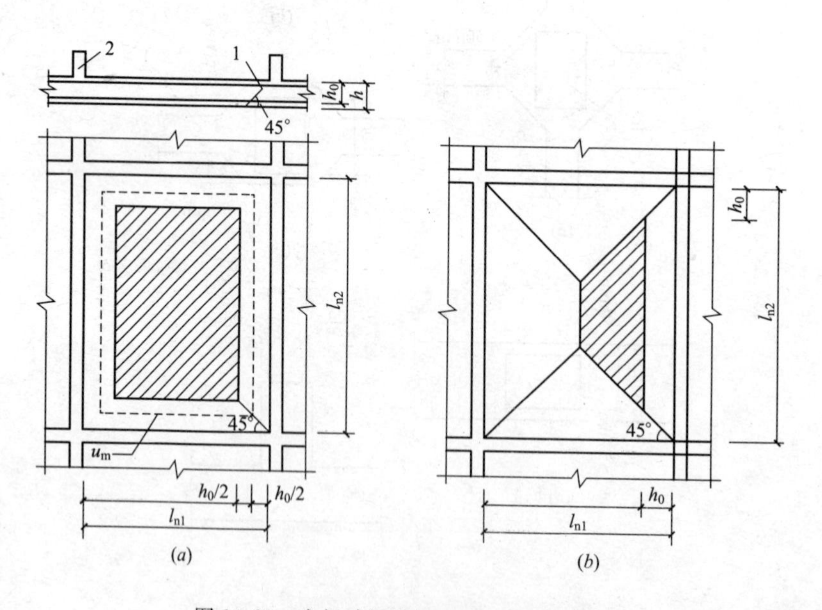

图 13-27 底板冲切计算和剪切计算示意图

(a)底板冲切计算示意图；(b)底板剪切计算示意图

1—冲切破坏锥体的斜截面；2—基础梁

13.6.4 箱形基础设计

箱形基础设计如表13-38所示。

箱形基础设计　　表13-38

序号	项　目	内　容
1	一般规定	(1) 见表13-35序号3之(2)的规定 (2) 箱形基础的内、外墙应沿上部结构柱网和剪力墙纵横均匀布置，当上部结构为框架或框剪结构时，墙体水平截面总面积不宜小于箱基水平投影面积的1/12；当基础平面长宽比大于4时，纵墙水平截面面积不宜小于箱形基础水平投影面积的1/18。在计算墙体水平截面面积时，可不扣除洞口部分 (3) 箱形基础的高度应满足结构承载力和刚度的要求，不宜小于箱形基础长度(不包括底板悬挑部分)的1/20，且不宜小于3m (4) 高层建筑同一结构单元内，箱形基础的埋置深度宜一致，且不得局部采用箱形基础 (5) 箱形基础的墙身厚度应根据实际受力情况、整体刚度及防水要求确定。外墙厚度不应小于250mm；内墙厚度不宜小于200mm。墙体内应设置双面钢筋，竖向和水平钢筋的直径均不应小于10mm，间距不应大于200mm。除上部为剪力墙外，内、外墙的墙顶处宜配置两根直径不小于20mm的通长构造钢筋 (6) 当地基压缩层深度范围内的土层在竖向和水平方向较均匀、且上部结构为平、立面布置较规则的剪力墙、框架、框架-剪力墙体系时，箱形基础的顶、底板可仅按局部弯曲计算，计算时地基反力应扣除板的自重。顶、底板钢筋配置量除满足局部弯曲的计算要求外，跨中钢筋应按实际配筋全部连通，支座钢筋尚应有1/4贯通全跨，底板上下贯通钢筋的配筋率均不应小于0.15%
2	承载力计算	(1) 箱形基础的底板厚度应根据实际受力情况、整体刚度及防水要求确定，底板厚度不应小于400mm，且板厚与最大双向板格的短边净跨之比不应小于1/14。底板除应满足正截面受弯承载力的要求外，尚应满足受冲切承载力的要求(图13-28)。当底板区格为矩形双向板时，底板的截面有效高度h_0应符合下列公式规定： $h_0 \geqslant \dfrac{(l_{n1}+l_{n2})-\sqrt{(l_{n1}+l_{n2})^2-\dfrac{4p_n l_{n1} l_{n2}}{p_n+0.7\beta_{hp}f_t}}}{4}$　(13-82) 式中　p_n——扣除底板及其上填土自重后，相应于荷载效应基本组合的基底平均净反力设计值(kN/m²)；基底反力系数可按本表序号4选用 l_{n1}、l_{n2}——计算板格的短边和长边的净长度(m) β_{hp}——受冲切承载力截面高度影响系数，按本书表13-36序号1之(3)条确定 (2) 箱形基础的底板应满足斜截面受剪承载力的要求。当底板板格为矩形双向板时，其斜截面受剪承载力可按下列公式计算： $V_s \leqslant 0.7\beta_{hs} f_t (l_{n2}-2h_0)h_0$　(13-83) 式中　V_s——距墙边缘h_0处，作用在图13-29阴影部分面积上的扣除底板及其上填土自重后，相应于荷载效应基本组合的基底平均净反力产生的剪力设计值(kN) β_{hs}——受剪承载力截面高度影响系数，按公式(13-76)确定 当底板板格为单向板时，其斜截面受剪承载力应按公式(13-75)计算，其中V_s为支座边缘处由基底平均净反力产生的剪力设计值 (3) 对不符合本表序号1之(6)条要求的箱形基础，应同时计算局部弯曲及整体弯曲作用。计算整体弯曲时应采用上部结构、箱形基础和地基共同作用的分析方法；底板局部弯曲产生的弯矩应乘以0.8折减系数；箱形基础的自重应按均布荷载处理；基底反力可按本表序号4确定。对等柱距或柱距相差不大于20%的框架结构，箱形基础整体弯矩的简化计算可按本表序号5进行 在箱形基础顶、底板配筋时，应综合考虑承受整体弯曲的钢筋与局部弯曲的钢筋的配置部位，使截面各部位的钢筋能充分发挥作用 (4) 单层箱基洞口上、下过梁的受剪截面应分别符合下列公式的规定： 当$h_i/b \leqslant 4$时： $V_i \leqslant 0.25 f_c A_i$（$i=1$，为上过梁；$i=2$，为下过梁）　(13-84)

续表 13-38

序号	项目	内容
2	承载力计算	当 $h_i/b \geqslant 6$ 时： $$V_i \leqslant 0.20 f_c A_i (i=1，为上过梁；i=2，为下过梁) \quad (13\text{-}85)$$ 当 $4 < h_i/b < 6$ 时，按线性内插法确定 $$V_1 = \mu V + \frac{q_1 l}{2} \quad (13\text{-}86)$$ $$V_2 = (1-\mu) V + \frac{q_2 l}{2} \quad (13\text{-}87)$$ $$\mu = \frac{1}{2}\left(\frac{b_1 h_1}{b_1 h_1 + b_2 h_2} + \frac{b_1 h_1^3}{b_1 h_1^3 + b_2 h_2^3}\right) \quad (13\text{-}88)$$ 式中 V_1、V_2——上、下过梁的剪力设计值(kN) V——洞口中点处的剪力设计值(kN) μ——剪力分配系数 q_1、q_2——作用在上、下过梁上的均布荷载设计值(kN/m²) l——洞口的净宽 A_1、A_2——上、下过梁的有效截面积(m²)，可按图 13-30*a* 及图 13-30*b* 的阴影部计算，并取其中较大值 多层箱基洞口梁的剪力设计值也可按公式(13-84)～公式(13-88)计算 (5) 单层箱基洞口上、下过梁截面的顶部和底部纵向钢筋，应分别按公式(13-89)、公式(13-90)求得的弯矩设计值配置： $$M_1 = \mu V \frac{1}{2} + \frac{q_1 l^2}{12} \quad (13\text{-}89)$$ $$M_2 = (1-\mu) V \frac{1}{2} + \frac{q_2 l^2}{12} \quad (13\text{-}90)$$ 式中 M_1、M_2——上、下过梁的弯矩设计值(kN·m)
3	其他要求	(1) 地下室箱形基础的墙体面积率不能满足本表序号 1 之(2)条要求时，箱形基础的内力可按截条法，或其他有效计算方法确定 (2) 箱形基础的内、外墙，除与上部剪力墙连接者外，各片墙的墙身的竖向受剪截面应符合公式(13-5)要求 计算各片墙竖向剪力设计值时，可按地基反力系数表确定的地基反力按基础底板等角分线与板中分线所围区域传给对应的纵横基础墙(图 13-31)，并假设底层柱为支点，按连续梁计算基础墙上各点竖向剪力。对不符合本表序号 1 之(2)条和(6)条要求的箱形基础，尚应考虑整体弯曲的影响 (3) 箱基上的门洞宜在柱间居中部位，洞边至上层柱中心的水平距离不宜小于 1.2m，洞口上过梁的高度不宜小于层高的 1/5，洞口面积不宜大于柱距与箱形基础全高乘积的 1/6 墙体洞口周围应设置加强钢筋，洞口四周附加钢筋面积不应小于洞口内被切断钢筋面积的一半，且不应少于两根直径为 14mm 的钢筋，此钢筋应从洞口边缘处延长 40 倍钢筋直径 (4) 底层柱与箱形基础交接处，柱边和墙边或柱角和八字角之间的净距不宜小于 50mm，并应验算底层柱下墙体的局部受压承载力；当不能满足时，应增加墙体的承压面积或采取其他有效措施 (5) 底层柱纵向钢筋伸入箱形基础的长度应符合下列规定： 1) 柱下三面或四面有箱形基础墙的内柱，除四角钢筋应直通基底外，其余钢筋可终止在顶板底面以下 40 倍钢筋直径处 2) 外柱、与剪力墙相连的柱及其他内柱的纵向钢筋应直通到基底 (6) 当箱形基础的外墙设有窗井时，窗井的分隔墙应与内墙连成整体。窗井分隔墙可视作由箱形基础内墙伸出的挑梁。窗井底板应按支承在箱形基础外墙、窗井外墙和分隔墙上的单向板或双向板计算 (7) 与高层建筑相连的门厅等低矮结构单元的基础，可采用从箱形基础挑出的基础梁方案(图 13-32)。挑出长度不宜大于 0.15 倍箱形基础宽度，并应验算挑梁产生的偏心荷载对箱基的不利影响。挑出部分下面应填充一定厚度的松散材料，或采取其他能保证其自由下沉的措施 (8) 当箱形基础兼作人防地下室时，箱形基础的设计和构造尚应符合现行国家标准《人民防空地下室设计规范》GB 50038 的规定

续表 13-38

<table>
<tr><th>序号</th><th>项　目</th><th>内　容</th></tr>
<tr><td>4</td><td>地基反力系数</td><td>（1）黏性土地基反力系数应按表 13-39、表 13-40、表 13-41 及表 13-42 确定
（2）软土地基反力系数应按表 13-43 确定
（3）黏性土地基异形基础地基反力系数应按表 13-44、表 13-45、表 13-46、表 13-47及表 13-48 确定
（4）砂土地基反力系数应按表 13-49、表 13-50 及表 13-51 确定</td></tr>
<tr><td>5</td><td>筏形或箱形基础整体弯矩的简化计算</td><td>（1）框架结构等效刚度 E_BI_B 可按下列公式计算（图 13-33）：
$$E_BI_B=\sum_{i=1}^{n}\left[E_bI_{bi}\left(1+\frac{K_{ui}+K_{li}}{2K_{bi}+K_{ui}+K_{li}}m^2\right)\right] \quad (13\text{-}91)$$
式中　E_b——梁、柱的混凝土弹性模量（kN/m²）
K_{ui}、K_{li}、K_{bi}——第 i 层上柱、下柱和梁的线刚度（m³），其值分别为$\frac{I_{ui}}{h_{ui}}$、$\frac{I_{li}}{h_{li}}$和$\frac{I_{bi}}{l}$
I_{ui}、I_{li}、I_{bi}——第 i 层上柱、下柱和梁的截面惯性矩（m⁴）
h_{ui}、h_{li}——第 i 层上柱及下柱的高度（m）
L——上部结构弯曲方向的总长度（m）
l——上部结构弯曲方向的柱距（m）
m——在弯曲方向的节间数
n——建筑物层数，当层数不大于 5 层时，n 取实际层数；当层数大于 5 层时，n 取 5
公式（13-91）用于等柱距的框架结构。对柱距相差不超过 20％的框架结构也可适用，此时，l 取柱距的平均值
（2）筏形与箱形基础的整体弯矩可将上部框架简化为等代梁并通过结构的底层柱与筏形或箱形基础连接，按图 13-34 所示计算模型进行计算。上部框架结构等效刚度 E_BI_B 可按公式（13-91）计算。当上部结构存在剪力墙时，可按实际情况布置在图 13-34 上，一并进行分析
在图 13-34 中，E_FI_F 为筏形与箱形基础的刚度，其中 E_F 为筏形与箱形基础的混凝土弹性模量；I_F 为按工字形截面计算的箱形基础截面惯性矩、按倒 T 字形截面计算的梁板式筏形基础的截面惯性矩、或按基础底板全宽计算的平板式筏形基础截面惯性矩；工字形截面的上、下翼缘宽度分别为箱形基础顶、底板的全宽，腹板厚度为在弯曲方向的墙体厚度的总和；倒 T 字形截面的下翼缘宽度为筏形基础底板的全宽，腹板厚度为在弯曲方向的基础梁宽度的总和</td></tr>
</table>

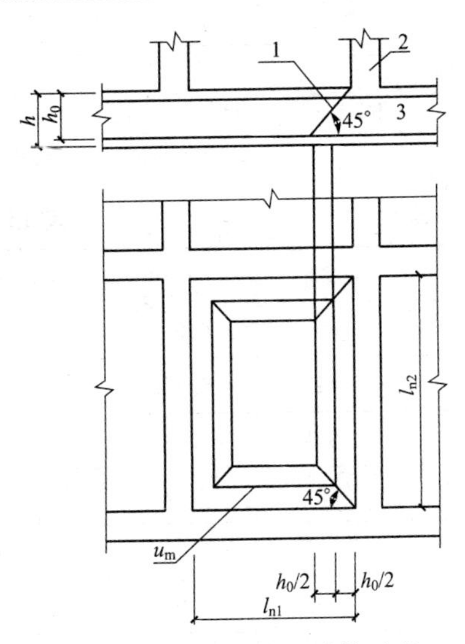

图 13-28　底板的冲切计算示意

1—冲切破坏锥体的斜截面；2—墙；3—底板

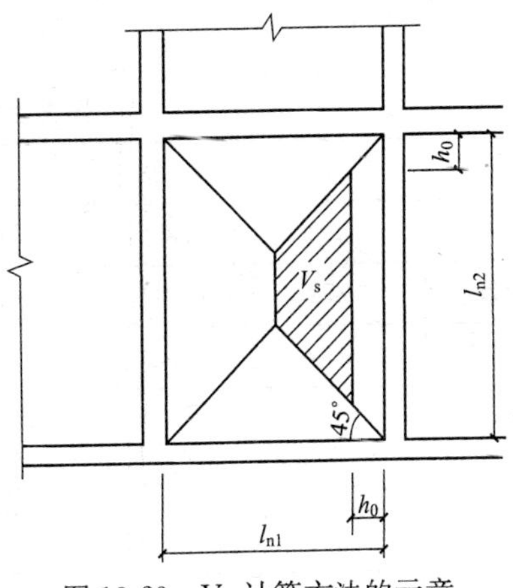

图 13-29　Vs 计算方法的示意

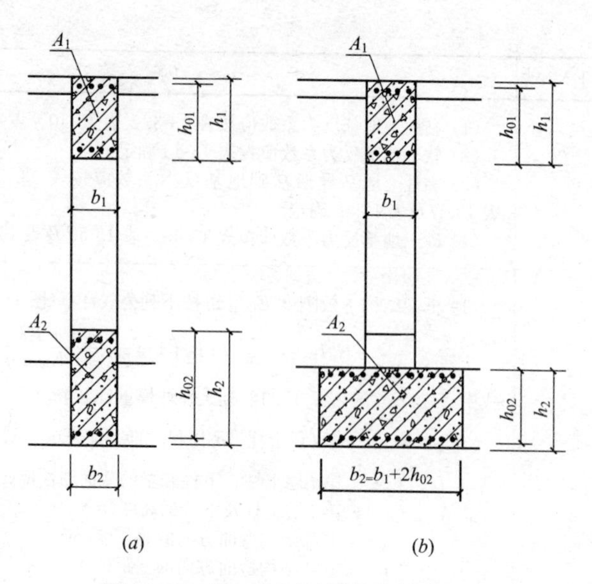

图 13-30 洞口上下过梁的有效截面积

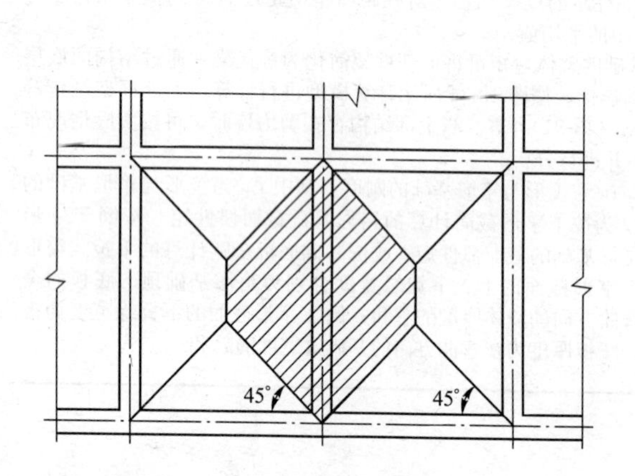

图 13-31 计算墙竖向剪力时地基反力分配图

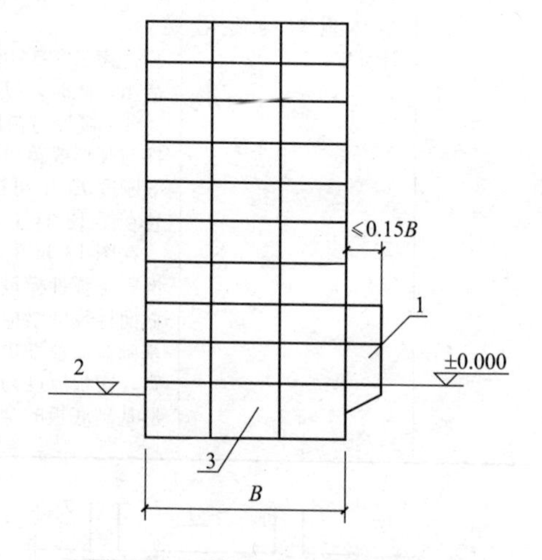

图 13-32 箱形基础挑出部位示意

1—裙房；2—室外地坪；3—箱基

黏性土地基反力系数(L/B=1) **表 13-39**

1.380	1.179	1.128	1.108	1.108	1.128	1.179	1.381
1.179	0.952	0.898	0.879	0.879	0.898	0.952	1.179
1.128	0.898	0.841	0.821	0.821	0.841	0.898	1.128
1.108	0.879	0.821	0.800	0.800	0.821	0.879	1.108
1.108	0.879	0.821	0.800	0.800	0.821	0.879	1.108
1.128	0.898	0.841	0.821	0.821	0.841	0.898	1.128
1.179	0.952	0.898	0.879	0.879	0.898	0.952	1.179
1.381	1.179	1.128	1.108	1.108	1.128	1.179	1.381

黏性土地基反力系数($L/B=2\sim3$)　**表 13-40**

1.265	1.115	1.075	1.061	1.061	1.075	1.115	1.265
1.073	0.904	0.865	0.853	0.853	0.865	0.904	1.073
1.046	0.875	0.835	0.822	0.822	0.835	0.875	1.046
1.073	0.904	0.865	0.853	0.853	0.865	0.904	1.073
1.265	1.115	1.075	1.061	1.061	1.075	1.115	1.265

黏性土地基反力系数($L/B=4\sim5$)　**表 13-41**

1.229	1.042	1.014	1.003	1.003	1.014	1.042	1.229
1.096	0.929	0.904	0.895	0.895	0.904	0.929	1.096
1.081	0.918	0.893	0.884	0.884	0.893	0.918	1.081
1.096	0.929	0.904	0.895	0.895	0.904	0.929	1.096
1.229	1.042	1.014	1.003	1.003	1.014	1.042	1.229

黏性土地基反力系数($L/B=6\sim8$)　**表 13-42**

1.214	1.053	1.013	1.008	1.008	1.013	1.053	1.214
1.083	0.939	0.903	0.899	0.899	0.903	0.939	1.083
1.069	0.927	0.892	0.888	0.888	0.892	0.927	1.069
1.083	0.939	0.903	0.899	0.899	0.903	0.939	1.083
1.214	1.053	1.013	1.008	1.008	1.013	1.053	1.214

软土地基反力系数　**表 13-43**

0.906	0.966	0.814	0.738	0.738	0.814	0.966	0.906
1.124	1.197	1.009	0.914	0.914	1.009	1.197	1.124
1.235	1.314	1.109	1.006	1.006	1.109	1.314	1.235
1.124	1.197	1.009	0.914	0.914	1.009	1.197	1.124
0.906	0.966	0.811	0.738	0.738	0.811	0.966	0.906

黏性土地基异形基础地基反力系数(1)　**表 13-44**

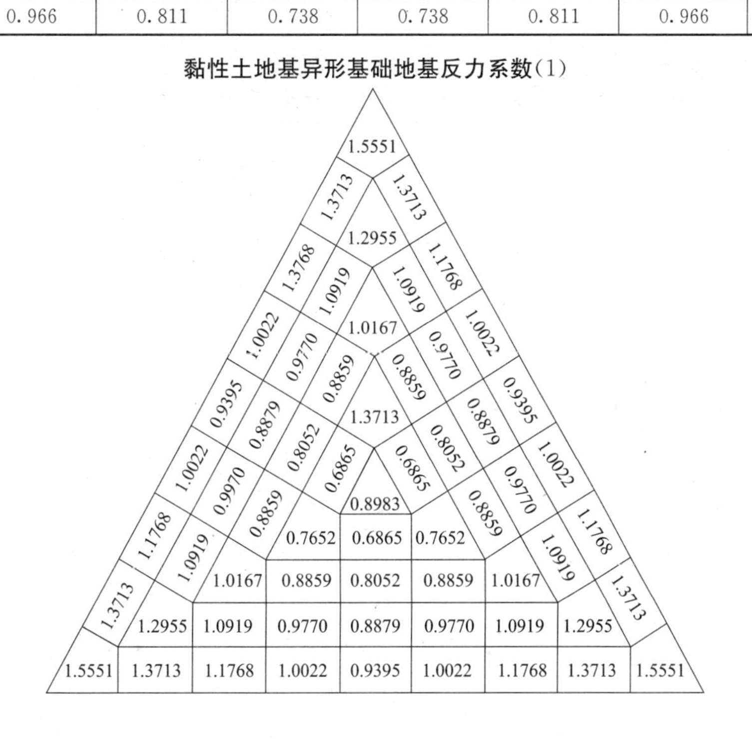

黏性土地基异形基础地基反力系数(2) **表 13-45**

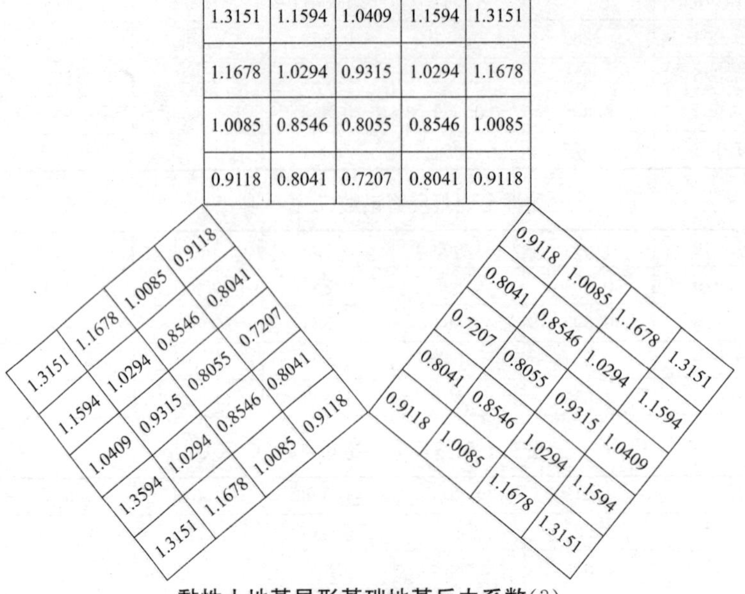

1.3151	1.1594	1.0409	1.1594	1.3151
1.1678	1.0294	0.9315	1.0294	1.1678
1.0085	0.8546	0.8055	0.8546	1.0085
0.9118	0.8041	0.7207	0.8041	0.9118

黏性土地基异形基础地基反力系数(3) **表 13-46**

			1.4799	1.3443	1.2086	1.3443	1.4799			
			1.2336	1.1199	1.0312	1.1199	1.2336			
			0.9623	0.8726	0.8127	0.8726	0.9623			
1.4799	1.2336	0.9623	0.7850	0.7009	0.6673	0.7009	0.7850	0.9623	1.2336	1.4799
1.3443	1.1199	0.8726	0.7009	0.6024	0.5693	0.6024	0.7009	0.8726	1.1199	1.3443
1.2086	1.0312	1.8127	0.6673	0.5693	0.4996	0.5693	0.6676	0.8127	1.0312	1.2086
1.3443	1.1199	0.8726	0.7009	0.6024	0.5693	0.6024	0.7009	0.8726	1.1199	1.3443
1.4799	1.2336	0.9623	0.7850	0.7009	0.6673	0.7009	0.7850	0.9623	1.2336	1.4799
			0.9623	0.8726	0.8127	0.8726	0.9623			
			1.2336	0.1199	1.0312	1.1199	1.2336			
			1.4799	1.3443	1.2086	1.3443	1.4799			

黏性土地基异形基础地基反力系数(4) **表 13-47**

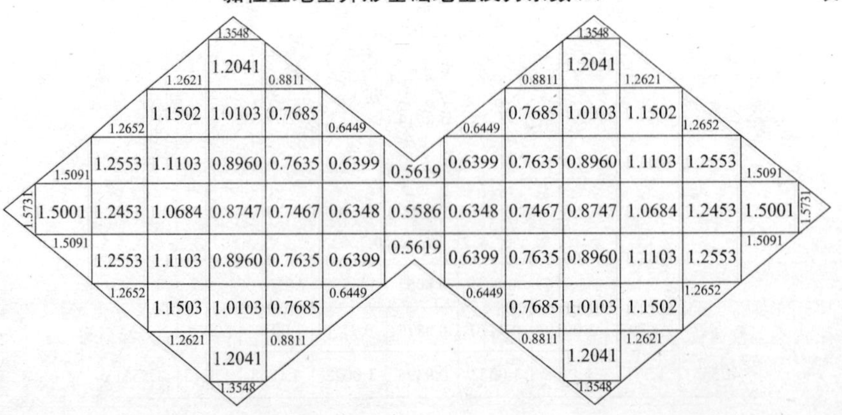

黏性土地基异形基础地基反力系数(5) **表 13-48**

1.314	1.137	0.855	0.973	1.074				
1.173	1.012	0.780	0.873	0.975				
1.027	0.903	0.697	0.756	0.880				
1.003	0.869	0.667	0.686	0.783				
1.135	1.029	0.749	0.731	0.694	0.783	0.880	0.975	1.074
1.303	1.183	0.885	0.829	0.731	0.686	0.756	0.873	0.973
1.454	1.246	1.069	0.885	0.749	0.667	0.697	0.780	0.855
1.566	1.313	1.246	1.183	1.029	0.869	0.903	1.012	1.137
1.659	1.566	1.454	1.303	1.135	1.003	1.027	1.173	1.314

砂土地基反力系数(L/B=1) **表 13-49**

1.5875	1.2582	1.1875	1.1611	1.1611	0.1875	1.2582	1.5875
1.2582	0.9096	0.8410	0.8168	0.8168	0.8410	0.9096	1.2582
1.1875	0.8410	0.7690	0.7436	0.7436	0.7690	0.8410	1.1875
1.1611	0.8168	1.7436	0.7175	0.7175	0.7436	0.8168	1.1611
1.1611	0.8168	1.7436	0.7175	0.7175	0.7436	0.8168	1.1611
1.1875	0.8410	0.7690	0.7436	0.7436	0.7690	0.8410	1.1875
1.2582	0.9096	0.8410	0.8168	0.8168	0.8410	0.9096	1.2582
1.5875	1.2582	0.1875	1.1611	1.1611	1.1875	1.2582	1.5875

砂土地基反力系数(L/B=2～3) **表 13-50**

1.409	1.166	1.109	1.088	1.088	1.109	1.166	1.409
1.108	0.847	0.798	0.781	0.781	0.798	0.847	1.108
1.069	0.812	0.762	0.745	0.745	0.762	0.812	1.069
1.108	0.847	0.798	0.781	0.781	0.798	0.847	1.108
1.409	1.166	1.109	1.088	1.088	1.109	1.166	1.409

砂土地基反力系数(L/B=4～5) **表 13-51**

1.395	1.212	1.166	1.149	1.149	1.166	1.212	1.395
0.992	0.828	0.794	0.783	0.783	0.794	0.828	0.992
0.989	0.818	0.783	0.772	0.772	0.783	0.818	0.989
0.992	0.828	0.794	0.783	0.783	0.794	0.828	0.992
1.395	1.212	1.166	1.149	1.149	1.166	1.212	1.395

注：1. 以上各表(表 13-39～表 13-51)表示将基础底面(包括底板悬挑部分)划分为若干区格，每区格基底反力＝(上部结构竖向荷载加箱形基础自重和挑出部分台阶上的自重/基底面积)×该区格的反力系数；

2. 本表适用于上部结构与荷载比较匀称的框架结构，地基土比较均匀、底板悬挑部分不宜超过 0.8m，不考虑相邻建筑物的影响以及满足本书构造要求的单幢建筑物的箱形基础。当纵横方向荷载不很匀称时，应分别将不匀称荷载对纵横方向对称轴所产生的力矩值所引起的地基不均匀反力和由附表计算的反力进行叠加。力矩引起的地基不均匀反力按直线变化计算；

3. 本表 13-45 中，三个翼和核心三角形区域的反力与荷载应各自平衡，核心三角形区域内的反力可按均布考虑。

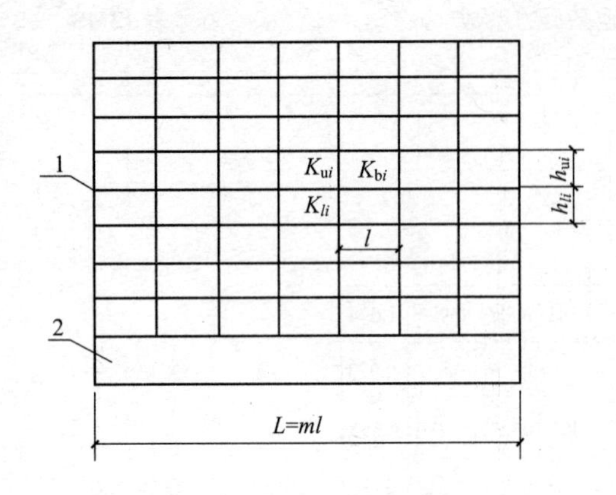

图 13-33 公式(13-91)中的符号示意
1—第 i 层；2—基础

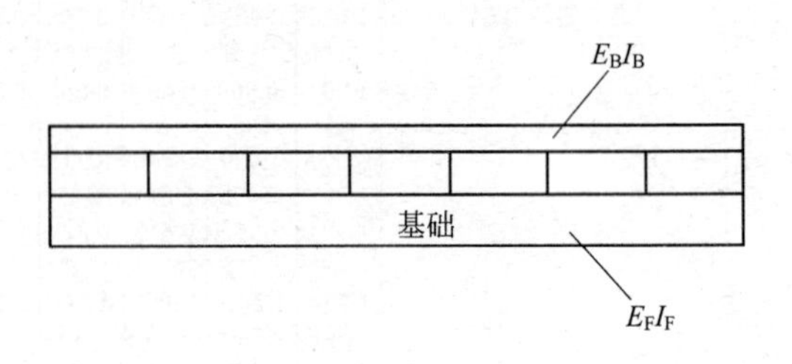

图 13-34 基础的刚度

13.7 高层建筑桩基础设计

13.7.1 桩基础设计一般规定

桩基础设计一般规定如表 13-52 所示。

桩基础设计一般规定 **表 13-52**

序号	项 目	内 容
1	桩的选型与布置	(1) 基桩可按下列规定分类： 1) 按承载性状分类： ① 摩擦型桩： 摩擦桩。在承载能力极限状态下，桩顶竖向荷载由桩侧阻力承受，桩端阻力小到可忽略不计 端承摩擦桩。在承载能力极限状态下，桩顶竖向荷载主要由桩侧阻力承受 ② 端承型桩： 端承桩。在承载能力极限状态下，桩顶竖向荷载由桩端阻力承受，桩侧阻力小到可忽略不计 摩擦端承桩。在承载能力极限状态下，桩顶竖向荷载主要由桩端阻力承受 2) 按成桩方法分类： ① 非挤土桩。干作业法钻(挖)孔灌注桩、泥浆护壁法钻(挖)孔灌注桩、套管护壁法钻(挖)孔灌注桩 ② 部分挤土桩。冲孔灌注桩、钻孔挤扩灌注桩、搅拌劲芯桩、预钻孔打入(静压)预制桩、打入(静压)式敞口钢管桩、敞口预应力混凝土空心桩和 H 型钢桩 ③ 挤土桩。沉管灌注桩、沉管夯(挤)扩灌注桩、打入(静压)预制桩、闭口预应力混凝土空心桩和闭口钢管桩 3) 按桩径(设计直径 d)大小分类： ① 小直径桩：$d \leqslant 250$mm ② 中等直径桩：250mm$< d <$800mm ③ 大直径桩：$d \geqslant 800$mm

续表13-52

序号	项　目	内　容
1	桩的选型与布置	(2) 桩型与成桩工艺应根据建筑结构类型、荷载性质、桩的使用功能、穿越土层、桩端持力层、地下水位、施工设备、施工环境、施工经验、制桩材料供应条件等，按安全适用、经济合理的原则选择。选择时可按表13-54进行 1) 对于框架-核心筒等荷载分布很不均匀的桩筏基础，宜选择基桩尺寸和承载力可调性较大的桩型和工艺 2) 挤土沉管灌注桩用于淤泥和淤泥质土层时，应局限于多层住宅桩基 3) 抗震设防烈度为8度及以上地区，不宜采用预应力混凝土管桩(PC)和预应力混凝土空心方桩(PS) (3) 基桩的布置应符合下列条件： 1) 基桩的最小中心距应符合表13-53的规定；当施工中采取减小挤土效应的可靠措施时，可根据当地经验适当减小 2) 排列基桩时，宜使桩群承载力合力点与竖向永久荷载合力作用点重合，并使基桩受水平力和力矩较大方向有较大抗弯截面模量 3) 对于桩箱基础、剪力墙结构桩筏(含平板和梁板式承台)基础，宜将桩布置于墙下 4) 对于框架-核心筒结构桩筏基础应按荷载分布考虑相互影响，将桩相对集中布置于核心筒和柱下；外围框架柱宜采用复合桩基，有合适桩端持力层时，桩长宜减小 5) 应选择较硬土层作为桩端持力层。桩端全断面进入持力层的深度，对于黏性土、粉土不宜小于$2d$，砂土不宜小于$1.5d$，碎石类土不宜小于$1d$。当存在软弱下卧层时，桩端以下硬持力层厚度不宜小于$3d$ 6) 对于嵌岩桩，嵌岩深度应综合荷载、上覆土层、基岩、桩径、桩长诸因素确定；对于嵌入倾斜的完整和较完整岩的全断面深度不宜小于$0.4d$且不小于0.5m，倾斜度大于30%的中风化岩，宜根据倾斜度及岩石完整性适当加大嵌岩深度；对于嵌入平整、完整的坚硬岩和较硬岩的深度不宜小于$0.2d$，且不应小于0.2m
2	特殊条件下的桩基	(1) 软土地基的桩基设计原则应符合下列规定： 1) 软土中的桩基宜选择中、低压缩性土层作为桩端持力层 2) 桩周围软土因自重固结、场地填土、地面大面积堆载、降低地下水位、大面积挤土沉桩等原因而产生的沉降大于基桩的沉降时，应视具体工程情况分析计算桩侧负摩阻力对基桩的影响 3) 采用挤土桩和部分挤土桩时，应采取消减孔隙水压力和挤土效应的技术措施，并应控制沉桩速率，减小挤土效应对成桩质量、邻近建筑物、道路、地下管线和基坑边坡等产生的不利影响 4) 先成桩后开挖基坑时，必须合理安排基坑挖土顺序和控制分层开挖的深度，防止土体侧移对桩的影响 (2) 湿陷性黄土地区的桩基设计原则应符合下列规定： 1) 基桩应穿透湿陷性黄土层，桩端应支承在压缩性低的黏性土、粉土、中密和密实砂土以及碎石类十层中 2) 湿陷性黄土地基中，设计等级为甲、乙级建筑桩基的单桩极限承载力，宜以浸水载荷试验为主要依据 3) 自重湿陷性黄土地基中的单桩极限承载力，应根据工程具体情况分析计算桩侧负摩阻力的影响 (3) 季节性冻土和膨胀土地基中的桩基设计原则应符合下列规定：

续表 13-52

序号	项　目	内　容
2	特殊条件下的桩基	1）桩端进入冻深线或膨胀土的大气影响急剧层以下的深度，应满足抗拔稳定性验算要求，且不得小于 4 倍桩径及 1 倍扩大端直径，最小深度应大于 1.5m 2）为减小和消除冻胀或膨胀对桩基的作用，宜采用钻(挖)孔灌注桩 3）确定基桩竖向极限承载力时，除不计入冻胀、膨胀深度范围内桩侧阻力外，还应考虑地基土的冻胀、膨胀作用，验算桩基的抗拔稳定性和桩身受拉承载力 4）为消除桩基受冻胀或膨胀作用的危害，可在冻胀或膨胀深度范围内，沿桩周及承台作隔冻、隔胀处理 (4) 岩溶地区的桩基设计原则应符合下列规定： 1）岩溶地区的桩基，宜采用钻、冲孔桩 2）当单桩荷载较大，岩层埋深较浅时，宜采用嵌岩桩 3）当基岩面起伏很大且埋深较大时，宜采用摩擦型灌注桩 (5) 坡地、岸边桩基的设计原则应符合下列规定： 1）对建于坡地、岸边的桩基，不得将桩支承于边坡潜在的滑动体上。桩端进入潜在滑裂面以下稳定岩土层内的深度，应能保证桩基的稳定 2）建筑桩基与边坡应保持一定的水平距离；建筑场地内的边坡必须是完全稳定的边坡，当有崩塌、滑坡等不良地质现象存在时，应按现行国家标准《建筑边坡工程技术规范》GB 50330 的规定进行整治，确保其稳定性 3）新建坡地、岸边建筑桩基工程应与建筑边坡工程统一规划，同步设计，合理确定施工顺序 4）不宜采用挤土桩 5）应验算最不利荷载效应组合下桩基的整体稳定性和基桩水平承载力 (6) 抗震设防区桩基的设计原则应符合下列规定： 1）桩进入液化土层以下稳定土层的长度(不包括桩尖部分)应按计算确定；对于碎石土，砾、粗、中砂，密实粉土，坚硬黏性土尚不应小于(2～3)d，对其他非岩石土尚不宜小于(4～5)d 2）承台和地下室侧墙周围应采用灰土、级配砂石、压实性较好的素土回填，并分层夯实，也可采用素混凝土回填 3）当承台周围为可液化土或地基承载力特征值小于 40kN/m^2(或不排水抗剪强度小于 15kN/m^2)的软土，且桩基水平承载力不满足计算要求时，可将承台外每侧 1/2 承台边长范围内的土进行加固 4）对于存在液化扩展的地段，应验算桩基在土流动的侧向作用力下的稳定性 (7) 可能出现负摩阻力的桩基设计原则应符合下列规定： 1）对于填土建筑场地，宜先填土并保证填土的密实性，软土场地填土前应采取预设塑料排水板等措施，待填土地基沉降基本稳定后方可成桩 2）对于有地面大面积堆载的建筑物，应采取减小地面沉降对建筑物桩基影响的措施 3）对于自重湿陷性黄土地基，可采用强夯、挤密土桩等先行处理，消除上部或全部土的自重湿陷；对于欠固结土宜采取先期排水预压等措施 4）对于挤土沉桩，应采取消减超孔隙水压力、控制沉桩速率等措施 5）对于中性点以上的桩身可对表面进行处理，以减少负摩阻力 (8) 抗拔桩基的设计原则应符合下列规定： 1）应根据环境类别及水、土对钢筋的腐蚀、钢筋种类对腐蚀的敏感性和荷载作用时间等因素确定抗拔桩的裂缝控制等级 2）对于严格要求不出现裂缝的一级裂缝控制等级，桩身应设置预应力筋；对于一般要求不出现裂缝的二级裂缝控制等级，桩身宜设置预应力筋

续表 13-52

序号	项　　目	内　　容
2	特殊条件下的桩基	3）对于三级裂缝控制等级，应进行桩身裂缝宽度计算 4）当基桩抗拔承载力要求较高时，可采用桩侧后注浆、扩底等技术措施
3	桩基设计规定	桩基设计应符合下列规定： （1）所有桩基均应进行承载力和桩身强度计算。对预制桩，尚应进行运输、吊装和锤击等过程中的强度和抗裂验算 （2）桩基础沉降验算应符合本书表 13-55 序号 2 之(8)条的规定 （3）桩基础的抗震承载力验算应符合现行国家标准《建筑抗震设计规范》GB 50011的有关规定 （4）桩基宜选用中、低压缩性土层作桩端持力层 （5）同一结构单元内的桩基，不宜选用压缩性差异较大的土层作桩端持力层，不宜采用部分摩擦桩和部分端承桩 （6）由于欠固结软土、湿陷性土和场地填土的固结，场地大面积堆载、降低地下水位等原因，引起桩周土的沉降大于桩的沉降时，应考虑桩侧负摩擦力对桩基承载力和沉降的影响 （7）对位于坡地、岸边的桩基，应进行桩基的整体稳定验算。桩基应与边坡工程统一规划，同步设计 （8）岩溶地区的桩基，当岩溶上覆土层的稳定性有保证，且桩端持力层承载力及厚度满足要求，可利用上履土层作为桩端持力层。当必须采用嵌岩桩时，应对岩溶进行施工勘察 （9）应考虑桩基施工中挤土效应对桩基及周边环境的影响；在深厚饱和软土中不宜采用大片密集有挤土效应的桩基 （10）应考虑深基坑开挖中，坑底土回弹隆起对桩身受力及桩承载力的影响 （11）桩基设计时，应结合地区经验考虑桩、土、承台的共同工作 （12）在承台及地下室周围的回填中，应满足填土密实度要求
4	桩和桩基的构造规定	桩和桩基的构造，应符合下列规定： （1）摩擦型桩的中心距不宜小于桩身直径的 3 倍；扩底灌注桩的中心距不宜小于扩底直径的 1.5 倍，当扩底直径大于 2m 时，桩端净距不宜小于 1m。在确定桩距时尚应考虑施工工艺中挤土等效应对邻近桩的影响 （2）扩底灌注桩的扩底直径，不应大于桩身直径的 3 倍 （3）桩底进入持力层的深度，宜为桩身直径的 1 倍～3 倍。在确定桩底进入持力层深度时，尚应考虑特殊土、岩溶以及震陷液化等影响。嵌岩灌注桩周边嵌入完整和较完整的未风化、微风化、中风化硬质岩体的最小深度，不宜小于 0.5m （4）布置桩位时宜使桩基承载力合力点与竖向永久荷载合力作用点重合 （5）设计使用年限不少于 50 年时，非腐蚀环境中预制桩的混凝土强度等级不应低于 C30，预应力桩不应低于 C40，灌注桩的混凝土强度等级不应低于 C25；二 b 类环境及三类及四类、五类微腐蚀环境中不应低于 C30；在腐蚀环境中的桩，桩身混凝土的强度等级应符合本书的有关规定。设计使用年限不少于 100 年的桩，桩身混凝土的强度等级宜适当提高。水下灌注混凝土的桩身混凝土强度等级不宜高于 C40 （6）桩身混凝土的材料、最小水泥用量、水灰比、抗渗等级等应符合本书与现行《工业建筑防腐蚀设计规范》GB 50046 及《混凝土结构耐久性设计规范》GB/T 50476的有关规定

续表 13-52

序号	项　目	内　容
4	桩和桩基的构造规定	(7) 桩的主筋配置应经计算确定。预制桩的最小配筋率不宜小于 0.8%(锤击沉桩)、0.6%(静压沉桩)，预应力桩不宜小于 0.5%；灌注桩最小配筋率不宜小于 0.2%～0.65%(小直径桩取大值)。桩顶以下 3 倍～5 倍桩身直径范围内，箍筋宜适当加强加密 (8) 桩身纵向钢筋配筋长度应符合下列规定： 1) 受水平荷载和弯矩较大的桩，配筋长度应通过计算确定 2) 桩基承台下存在淤泥、淤泥质土或液化土层时，配筋长度应穿过淤泥、淤泥质土层或液化土层 3) 坡地岸边的桩、8 度及 8 度以上地震区的桩、抗拔桩、嵌岩端承桩应通长配筋 4) 钻孔灌注桩构造钢筋的长度不宜小于桩长的 2/3；桩施工在基坑开挖前完成时，其钢筋长度不宜小于基坑深度的 1.5 倍 (9) 桩身配筋可根据计算结果及施工工艺要求，可沿桩身纵向不均匀配筋。腐蚀环境中的灌注桩主筋直径不宜小于 16mm，非腐蚀性环境中灌注桩主筋直径不应小于 12mm (10) 桩顶嵌入承台内的长度不应小于 50mm。主筋伸入承台内的锚固长度不应小于钢筋直径(HPB300)的 30 倍和钢筋直径(HRB335 和 HRB400)的 35 倍。对于大直径灌注桩，当采用一柱一桩时，可设置承台或将桩和柱直接连接。桩和柱的连接可按有关高杯口基础的要求选择截面尺寸和配筋，柱纵筋插入桩身的长度应满足锚固长度的要求 (11) 灌注桩主筋混凝土保护层厚度不应小于 50mm；预制桩不应小于 45mm，预应力管桩不应小于 35mm；腐蚀环境中的灌注桩不应小于 55mm

基桩的最小中心距　　　　**表 13-53**

序号	土类与成桩工艺		排数不少于 3 排且桩数不少于 9 根的摩擦型桩桩基	其他情况
1	非挤土灌注桩		$3.0d$	$3.0d$
2	部分挤土桩	非饱和土、饱和非黏性土	$3.5d$	$3.0d$
3		饱和黏性土	$4.0d$	$3.5d$
4	挤土桩	非饱和土、饱和非黏性土	$4.0d$	$3.5d$
5		饱和黏性土	$4.5d$	$40d$
6	钻、挖孔扩底桩		$2D$ 或 $D+2.0$m(当 $D>2$m)	$1.5D$ 或 $D+1.5$m(当 $D>2$m)
7	沉管夯扩、钻孔挤扩桩	非饱和土、饱和非黏性土	$2.2D$ 且 $4.0d$	$2.0D$ 且 $3.5d$
8		饱和黏性上	$2.5D$ 且 $4.5d$	$2.2D$ 且 $4.0d$

注：1. d——圆桩设计直径或方桩设计边长，D——扩大端设计直径；

2. 当纵横向桩距不相等时，其最小中心距应满足“其他情况”一栏的规定；

3. 当为端承桩时，非挤土灌注桩的“其他情况”一栏可减小至 $2.5d$。

桩型与成桩工艺选择　　　　**表 13-54**

序号	桩类			桩径		最大桩长(m)	穿越土层											桩端进入持力层				地下水位		对环境影响		孔底有无挤密
				桩身(mm)	扩底端(mm)		一般黏性土及其填土	淤泥和淤泥质土	粉土	砂土	碎石土	季节性冻土膨胀土	黄土		中间有硬夹层	中间有砂夹层	中间有砾石夹层	硬黏性土	密实砂土	碎石土	软质岩石和风化岩石	以上	以下	振动和噪声	排浆	
													非自重湿陷性黄土	自重湿陷性黄土												
1	非挤土成桩	干作业法	长螺旋钻孔灌注桩	300～800	—	28	○	×	○	△	×	○	○	△	×	△	×	○	○	△	△	○	×	无	无	无
2			短螺旋钻孔灌注桩	300～800	—	20	○	×	○	△	×	○	○	×	×	△	×	○	○	×	×	○	×	无	无	无
3			钻孔扩底灌注桩	300～600	800～1200	30	○	×	○	×	×	○	○	△	×	△	×	○	○	△	△	○	×	无	无	无
4			机动洛阳铲成孔灌注桩	300～500	—	20	○	×	△	×	×	○	○	△	△	×	△	○	○	×	×	○	×	无	无	无
5			人工挖孔扩底灌注桩	800～2000	1600～3000	30	○	×	△	△	△	○	○	○	○	△	△	○	△	△	○	○	△	无	无	无
6		泥浆护壁法	潜水钻成孔灌注桩	500～800	—	50	○	○	○	△	×	△	△	×	×	△	×	○	○	△	×	○	○	无	有	无
7			反循环钻成孔灌注桩	600～1200	—	80	○	○	○	△	△	△	○	○	○	○	△	○	○	△	○	○	○	无	有	无
8			正循环钻成孔灌注桩	600～1200	—	80	○	○	○	△	△	△	○	○	○	○	△	○	○	△	○	○	○	无	有	无
9			旋挖成孔灌注桩	600～1200	—	60	○	△	○	△	△	△	○	○	○	△	△	○	○	○	○	○	○	无	有	无
10			钻孔扩底灌注桩	600～1200	1000～1600	30	○	○	○	△	△	△	○	○	○	○	△	○	△	△	△	○	○	无	有	无
11		套管护壁	贝诺托灌注桩	800～1600	—	50	○	○	○	○	○	△	○	△	○	○	○	○	○	○	○	○	○	无	无	无
12			短螺旋钻孔灌注桩	300～800	—	20	○	○	○	○	×	△	○	△	△	△	△	○	○	△	△	○	○	无	无	无
13	部分挤土成桩	灌注桩	冲击成孔灌注桩	600～1200	—	50	○	△	△	△	○	△	×	×	○	○	○	○	○	○	○	○	○	有	有	无
14			长螺旋钻孔压灌桩	300～800	—	25	○	△	○	○	△	○	○	○	△	△	△	○	○	△	△	○	△	无	无	无
15			钻孔挤扩多支盘桩	700～900	1200～1600	40	○	○	○	△	△	△	○	○	○	○	△	○	○	△	×	○	○	无	有	无

续表 13-54

序号	桩类			桩径 桩身(mm)	桩径 扩底端(mm)	最大桩长(m)	穿越土层 一般黏性土及其填土	淤泥和淤泥质土	粉土	砂土	碎石土	季节性冻土膨胀土	黄土 非自重湿陷性黄土	黄土 自重湿陷性黄土	中间有硬夹层	中间有砂夹层	中间有砾石夹层	桩端进入持力层 硬黏性土	密实砂土	碎石土	软质岩石和风化岩石	地下水位 以上	以下	对环境影响 振动和噪声	排浆	孔底有无挤密
16	部分挤土成桩	预制桩	预钻孔打入式预制桩	500	—	50	○	○	○	△	×	○	○	○	○	○	△	○	○	△	△	○	○	有	无	有
17			静压混凝土(预应力混凝土)敞口管桩	800	—	60	○	○	○	△	×	△	○	○	△	△	△	○	○	○	△	○	○	无	无	有
18			H型钢桩	规格	—	80	○	○	○	○	○	△	△	△	○	○	○	○	○	○	○	○	○	有	无	无
19			敞口钢管桩	600～900	—	80	○	○	○	○	△	△	○	○	○	○	○	○	○	○	○	○	○	有	无	有
20	挤土成桩	灌注桩	内夯沉管灌注桩	325，377	460～700	25	○	○	○	△	△	○	○	○	×	△	×	○	△	△	×	○	○	有	无	有
21		预制桩	打入式混凝土预制桩闭口钢管桩、混凝土管桩	500×500 1000	—	60	○	○	○	△	△	△	○	○	○	○	△	○	○	△	△	○	○	有	无	有
22			静压桩	1000	—	60	○	○	△	△	△	△	○	△	△	△	×	○	○	△	×	○	○	无	无	有

注：表中符号○表示比较合适；△表示有可能采用；×表示不宜采用。

13.7.2　桩的计算与规定

桩的计算与规定如表 13-55 所示。

桩的计算与规定　　**表 13-55**

序号	项　目	内　容
1	桩的计算	(1)群桩中单桩桩顶竖向力应按下列公式进行计算： 1) 轴心竖向力作用下： $$Q_k=\frac{F_k+G_k}{n} \quad (13\text{-}92)$$ 式中　F_k——相应于作用的标准组合时，作用于桩基承台顶面的竖向力(kN) G_k——桩基承台自重及承台上土自重标准值(kN) Q_k——相应于作用的标准组合时，轴心竖向力作用下任一单桩的竖向力(kN) n——桩基中的桩数 2) 偏心竖向力作用下： $$Q_{ik}=\frac{F_k+G_k}{n}\pm\frac{M_{xk}y_i}{\Sigma y_i^2}\pm\frac{M_{yk}x_i}{\Sigma x_i^2} \quad (13\text{-}93)$$ 式中　Q_{ik}——相应于作用的标准组合时，偏心竖向力作用下第 i 根桩的竖向力(kN) M_{xk}、M_{yk}——相应于作用的标准组合时，作用于承台底面通过桩群形心的 x、y 轴的力矩(kN·m) x_i、y_i——第 i 根桩至桩群形心的 y、x 轴线的距离(m) 3) 水平力作用下： $$H_{ik}=\frac{H_k}{n} \quad (13\text{-}94)$$ 式中　H_k——相应于作用的标准组合时，作用于承台底面的水平力(kN) H_{ik}——相应于作用的标准组合时，作用于任一单桩的水平力(kN) (2) 单桩承载力计算应符合下列规定： 1) 轴心竖向力作用下： $$Q_k\leqslant R_a \quad (13\text{-}95)$$ 式中　R_a——单桩竖向承载力特征值(kN) 2) 偏心竖向力作用下，除满足公式(13-95)外，尚应满足下列要求： $$Q_{ikmax}\leqslant 1.2R_a \quad (13\text{-}96)$$ 3) 水平荷载作用下： $$H_{ik}\leqslant R_{Ha} \quad (13\text{-}97)$$ 式中　R_{Ha}——单桩水平承载力特征值(kN) (3) 单桩竖向承载力特征值的确定应符合下列规定： 1) 单桩竖向承载力特征值应通过单桩竖向静载荷试验确定。在同一条件下的试桩数量，不宜少于总桩数的1%且不应少于 3 根。单桩的静载荷试验，应按有关规定进行 2) 当桩端持力层为密实砂卵石或其他承载力类似的土层时，对单桩竖向承载力很高的大直径端承型桩，可采用深层平板载荷试验确定桩端土的承载力特征值，试验方法应符合有关的规定 3) 地基基础设计等级为丙级的建筑物，可采用静力触探及标贯试验参数结合工程经验确定单桩竖向承载力特征值 4) 初步设计时单桩竖向承载力特征值可按下列公式进行估算： $$R_a=q_{pa}A_p+u_p\sum q_{sia}l_i \quad (13\text{-}98)$$ 式中　A_p——桩底端横截面面积(m^2) q_{pa}，q_{sia}——桩端阻力特征值、桩侧阻力特征值(kN/m^2)，由当地静载荷试验结果统计分析算得 u_p——桩身周边长度(m) l_i——第 i 层岩土的厚度(m) 5) 桩端嵌入完整及较完整的硬质岩中，当桩长较短且入岩较浅时，可按下列公式估算单桩竖向承载力特征值：

续表 13-55

序号	项目	内容
1	桩的计算	$R_a=q_{pa}A_p$ (13-99) 式中 q_{pa}——桩端岩石承载力特征值(kN) 6) 嵌岩灌注桩桩端以下3倍桩径且不小于5m范围内应无软弱夹层、断裂破碎带和洞穴分布，且在桩底应力扩散范围内应无岩体临空面。当桩端无沉渣时，桩端岩石承载力特征值应根据岩石饱和单轴抗压强度标准值按有关规定确定 (4) 按桩身混凝土强度计算桩的承载力时，应按桩的类型和成桩工艺的不同将混凝土的轴心抗压强度设计值乘以工作条件系数 φ_c，桩轴心受压时桩身强度应符合公式(13-100)的规定。当桩顶以下5倍桩身直径范围内螺旋式箍筋间距不大于100mm且钢筋耐久性得到保证的灌注桩，可适当计入桩身纵向钢筋的抗压作用 $Q\leqslant A_p f_c \varphi_c$ (13-100) 式中 f_c——混凝土轴心抗压强度设计值(kN/m^2)，按本书表2-10取值 Q——相应于作用的基本组合时的单桩竖向力设计值(kN) A_p——桩身横截面积(m^2) φ_c——工作条件系数，非预应力预制桩取0.75，预应力桩取0.55～0.65，灌注桩取0.6～0.8(水下灌注桩、长桩或混凝土强度等级高于C35时用低值)
2	桩及桩基的计算规定	(1) 当作用于桩基上的外力主要为水平力或高层建筑承台下为软弱土层、液化土层时，应根据使用要求对桩顶变位的限制，对桩基的水平承载力进行验算。当外力作用面的桩距较大时，桩基的水平承载力可视为各单桩的水平承载力的总和。当承台侧面的土未经扰动或回填密实时，可计算土抗力的作用。当水平推力较大时，宜设置斜桩 (2) 单桩水平承载力特征值应通过现场水平载荷试验确定。必要时可进行带承台桩的载荷试验。单桩水平载荷试验，应按有关规定进行 (3) 当桩基承受拔力时，应对桩基进行抗拔验算。单桩抗拔承载力特征值应通过单桩竖向抗拔载荷试验确定，并应加载至破坏。单桩竖向抗拔载荷试验，应按有关规定进行 (4) 桩身混凝土强度应满足桩的承载力设计要求 (5) 非腐蚀环境中的抗拔桩应根据环境类别控制裂缝宽度满足设计要求，预应力混凝土管桩应按桩身裂缝控制等级为二级的要求进行桩身混凝土抗裂验算。腐蚀环境中的抗拔桩和受水平力或弯矩较大的桩应进行桩身混凝土抗裂验算，裂缝控制等级应为二级；预应力混凝土管桩裂缝控制等级应为一级 (6) 桩基沉降计算应符合下列规定： 1) 对以下建筑物的桩基应进行沉降验算： ① 地基基础设计等级为甲级的建筑物桩基 ② 体形复杂、荷载不均匀或桩端以下存在软弱土层的设计等级为乙级的建筑物桩基 ③ 摩擦型桩基 2) 桩基沉降不得超过建筑物的沉降允许值，并应符合本书表13-16的规定 (7) 嵌岩桩、设计等级为丙级的建筑物桩基、对沉降无特殊要求的条形基础下不超过两排桩的桩基、吊车工作级别A5及A5以下的单层工业厂房且桩端下为密实土层的桩基，可不进行沉降验算。当有可靠地区经验时，对地质条件不复杂、荷载均匀、对沉降无特殊要求的端承型桩基也可不进行沉降验算 (8) 计算桩基沉降时，最终沉降量宜按单向压缩分层总和法计算。地基内的应力分布宜采用各向同性均质线性变形体理论，按实体深基础方法或明德林应力公式方法进行计算，计算按有关规定进行 (9) 以控制沉降为目的设置桩基时，应结合地区经验，并满足下列要求： 1) 桩身强度应按桩顶荷载设计值验算 2) 桩、土荷载分配应按上部结构与地基共同作用分析确定 3)桩端进入较好的土层，桩端平面处土层应满足下卧层承载力设计要求 4) 桩距可采用4倍～6倍桩身直径

13.7.3　桩基承台的计算与规定

桩基承台的计算与规定如表 13-56 所示。

桩基承台的计算与规定　**表 13-56**

序号	项　　目	内　　容
1	桩基承台的计算	(1)柱下桩基承台的弯矩可按以下简化计算方法确定： 1) 多桩矩形承台计算截面取在柱边和承台高度变化处(杯口外侧或台阶边缘，图 13-35a)： $$M_x=\Sigma N_i y_i \quad (13\text{-}101)$$ $$M_y=\Sigma N_i x_i \quad (13\text{-}102)$$ 式中　M_x、M_y——分别为垂直 y 轴和 x 轴方向计算截面处的弯矩设计值(kN·m) x_i、y_i——垂直 y 轴和 x 轴方向自桩轴线到相应计算截面的距离(m) N_i——扣除承台和其上填土自重后相应于作用的基本组合时的第 i 桩竖向力设计值(kN) 2) 三桩承台 ① 等边三桩承台(图 13-35b) $$M=\frac{N_{max}}{3}\left(s-\frac{\sqrt{3}}{4}c\right) \quad (13\text{-}103)$$ 式中　M——由承台形心至承台边缘距离范围内板带的弯矩设计值(kN·m) N_{max}——扣除承台和其上填土自重后的三桩中相应于作用的基本组合时的最大单桩竖向力设计值(kN) s——桩距(m) c——方柱边长(m)，圆柱时 $c=0.886d$(d 为圆柱直径) ② 等腰三桩承台(图 13-35c) $$M_1=\frac{N_{max}}{3}\left(s-\frac{0.75}{\sqrt{4-\alpha^2}}c_1\right) \quad (13\text{-}104)$$ $$M_2=\frac{N_{max}}{3}\left(\alpha s-\frac{0.75}{\sqrt{4-\alpha^2}}c_2\right) \quad (13\text{-}105)$$ 式中　M_1、M_2——分别为由承台形心到承台两腰和底边的距离范围内板带的弯矩设计值(kN·m) s——长向桩距(m) α——短向桩距与长向桩距之比，当 α 小于 0.5 时，应按变截面的二桩承台设计 c_1、c_2——分别为垂直于、平行于承台底边的柱截面边长(m) (2) 柱下桩基础独立承台受冲切承载力的计算，应符合下列规定： 1)柱对承台的冲切，可按下列公式计算(图 13-36)： $$F_l\leqslant 2\left[\alpha_{0x}(b_c+a_{0y})+\alpha_{0y}(h_c+a_{0x})\right]\beta_{hp}f_t h_0 \quad (13\text{-}106)$$ $$F_l=F-\sum N_i \quad (13\text{-}107)$$ $$\alpha_{0x}=0.84/(\lambda_{0x}+0.2) \quad (13\text{-}108)$$ $$\alpha_{0y}=0.84/(\lambda_{0y}+0.2) \quad (13\text{-}109)$$ 式中　F_l——扣除承台及其上填土自重，作用在冲切破坏锥体上相应于作用的基本组合时的冲切力设计值(kN)，冲切破坏锥体应采用自柱边或承台变阶处至相应桩顶边缘连线构成的锥体，锥体与承台底面的夹角不小于 45°(图 13-36) h_0——冲切破坏锥体的有效高度(m) β_{hp}——受冲切承载力截面高度影响系数，其值按本书表 13-33 序号 2 之(1)条的规定取用 α_{0x}、α_{0y}——冲切系数 λ_{0x}、λ_{0y}——冲切比，$\lambda_{0x}=a_{0x}/h_0$、$\lambda_{0y}=a_{0y}/h_0$，a_{0x}、a_{0y} 为柱边或变阶处至桩边的水平距离；当 $a_{0x}(a_{0y})<0.25h_0$ 时，$a_{0x}(a_{0y})=0.25h_0$；当 $a_{0x}(a_{0y})>h_0$ 时，$a_{0x}(a_{0y})=h_0$ F——柱根部轴力设计值(kN) ΣN_i——冲切破坏锥体范围内各桩的净反力设计值之和(kN)

续表 13-56

序号	项　目	内　容
1	桩基承台的计算	对中低压缩性土上的承台，当承台与地基土之间没有脱空现象时，可根据地区经验适当减小柱下桩基础独立承台受冲切计算的承台厚度 2）角柱对承台的冲切，可按下列公式计算： ① 多桩矩形承台受角桩冲切的承载力应按下列公式计算(图 13-37)： $$N_l\leqslant\left[\alpha_{1x}\left(c_2+\frac{a_{1y}}{2}\right)+\alpha_{1y}\left(c_1+\frac{a_{1x}}{2}\right)\right]\beta_{hp}f_th_0 \quad (13\text{-}110)$$ $$\alpha_{1x}=\frac{0.56}{\lambda_{1x}+0.2} \quad (13\text{-}111)$$ $$\alpha_{1y}=\frac{0.56}{\lambda_{1y}+0.2} \quad (13\text{-}112)$$ 式中 N_l——扣除承台和其上填土自重后的角桩桩顶相应于作用的基本组合时的竖向力设计值(kN) α_{1x}、α_{1y}——角桩冲切系数 λ_{1x}、λ_{1y}——角桩冲切比，其值满足 0.25～1.0，$\lambda_{1x}=a_{1x}/h_0$，$\lambda_{1y}=a_{1y}/h_0$ c_1、c_2——从角桩内边缘至承台外边缘的距离(m) a_{1x}、a_{1y}——从承台底角桩内边缘引 45°冲切线与承台顶面或承台变阶处相交点至角桩内边缘的水平距离(m) h_0——承台外边缘的有效高度(m) ② 三桩三角形承台受角桩冲切的承载力可按下列公式计算(图 13-38)。对圆柱及圆桩，计算时可将圆形截面换算成正方形截面 底部角桩： $$N_l\leqslant\alpha_{11}(2c_1+a_{11})\tan\frac{\theta_1}{2}\beta_{hp}f_th_0 \quad (13\text{-}113)$$ $$\alpha_{11}=\frac{0.56}{\lambda_{11}+0.2} \quad (13\text{-}114)$$ 顶部角桩： $$N_l\leqslant\alpha_{12}(2c_2+a_{12})\tan\frac{\theta_2}{2}\beta_{hp}f_th_0 \quad (13\text{-}115)$$ $$\alpha_{12}=\frac{0.56}{\lambda_{12}+0.2} \quad (13\text{-}116)$$ 式中 λ_{11}、λ_{12}——角桩冲切比，其值满足 0.25～1.0，$\lambda_{11}=\frac{a_{11}}{h_0}$，$\lambda_{12}=\frac{a_{12}}{h_0}$ a_{11}、a_{12}——从承台底角桩内边缘向相邻承台边引 45°冲切线与承台顶面相交点至角桩内边缘的水平距离(m)；当柱位于该 45°线以内时则取柱边与桩内边缘连线为冲切锥体的锥线 (3) 柱下桩基独立承台斜截面受剪承载力可按下列公式进行计算(图 13-39)： $$V\leqslant\beta_{hs}\beta f_tb_0h_0 \quad (13\text{-}117)$$ $$\beta=\frac{1.75}{\lambda+1.0} \quad (13\text{-}118)$$ 式中 V——扣除承台及其上填土自重后相应于作用的基本组合时的斜截面的最大剪力设计值(kN) b_0——承台计算截面处的计算宽度(m)；阶梯形承台变阶处的计算宽度、锥形承台的计算宽度应按本书表 13-33 序号 3 确定 h_0——计算宽度处的承台有效高度(m) β——剪切系数 β_{hs}——受剪切承载力截面高度影响系数，按公式(13-42)计算 λ——计算截面的剪跨比，$\lambda_x=\frac{a_x}{h_0}$，$\lambda_y=\frac{a_y}{h_0}$；$a_x$、$a_y$ 为柱边或承台变阶处至 x、y 方向计算一排桩的桩边的水平距离，当 $\lambda<0.25$ 时，取 $\lambda=0.25$；当 $\lambda>3$ 时，取 $\lambda=3$
2	承台计算规定及承台之间的连接	(1) 桩基承台的构造，除满足受冲切、受剪切、受弯承载力和上部结构的要求外，尚应符合下列要求：

续表 13-56

序号	项　　目	内　　容
2	承台计算规定及承台之间的连接	1）承台的宽度不应小于 500mm。边桩中心至承台边缘的距离不宜小于桩的直径或边长，且桩的外边缘至承台边缘的距离不小于 150mm。对于条形承台梁，桩的外边缘至承台梁边缘的距离不小于 75mm 2）承台的最小厚度不应小于 300mm 3）承台的配筋，对于矩形承台，其钢筋应按双向均匀通长布置（图 13-40*a*），钢筋直径不宜小于 10mm，间距不宜大于 200mm；对于三桩承台，钢筋应按三向板带均匀布置，且最里面的三根钢筋围成的三角形应在柱截面范围内（图 13-40*b*）。承台梁的主筋除满足计算要求外，尚应符合本书关于最小配筋率的规定，主筋直径不宜小于 12mm，架立筋不宜小于 10mm，箍筋直径不宜小于 6mm（图 13-40*c*）；柱下独立桩基承台的最小配筋率不应小于 0.15%。钢筋锚固长度自边桩内侧（当为圆桩时，应将其直径乘以 0.886 等效为方桩）算起，锚固长度不应小于 35 倍钢筋直径，当不满足时应将钢筋向上弯折，此时钢筋水平段的长度不应小于 25 倍钢筋直径，弯折段的长度不应小于 10 倍钢筋直径 4）承台混凝土强度等级不应低于 C20；纵向钢筋的混凝土保护层厚度不应小于 70mm，当有混凝土垫层时，不应小于 50mm；且不应小于桩头嵌入承台内的长度 （2）柱下桩基础独立承台应分别对柱边和桩边、变阶处和桩边连线形成的斜截面进行受剪计算。当柱边外有多排桩形成多个剪切斜截面时，尚应对每个斜截面进行验算 （3）当承台的混凝土强度等级低于柱或桩的混凝土强度等级时，尚应验算柱下或桩上承台的局部受压承载力 （4）承台之间的连接应符合下列要求： 1）单桩承台，应在两个互相垂直的方向上设置连系梁 2）两桩承台，应在其短向设置连系梁 3）有抗震要求的柱下独立承台，宜在两个主轴方向设置连系梁 4）连系梁顶面宜与承台位于同一标高。连系梁的宽度不应小于 250mm，梁的高度可取承台中心距的 1/10～1/15，且不小于 400mm 5）连系梁的主筋应按计算要求确定。连系梁内上下纵向钢筋直径不应小于 12mm，且不应少于 2 根，并应按受拉要求锚入承台

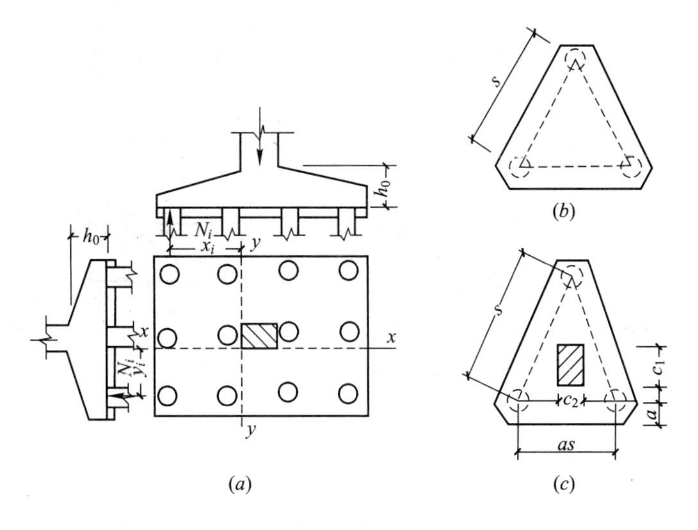

图 13-35　承台弯矩计算

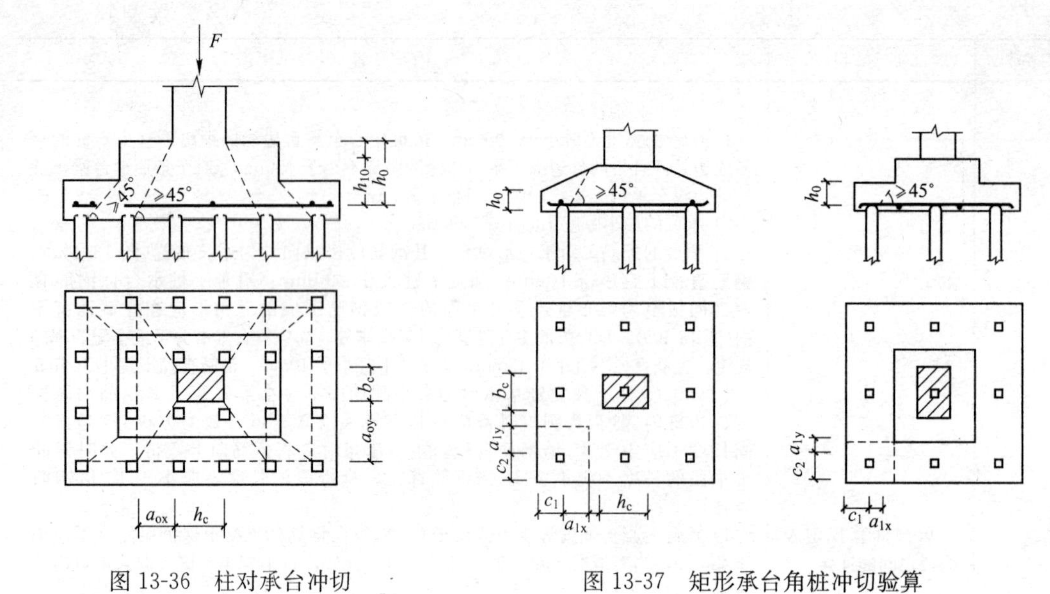

图 13-36　柱对承台冲切

图 13-37　矩形承台角桩冲切验算

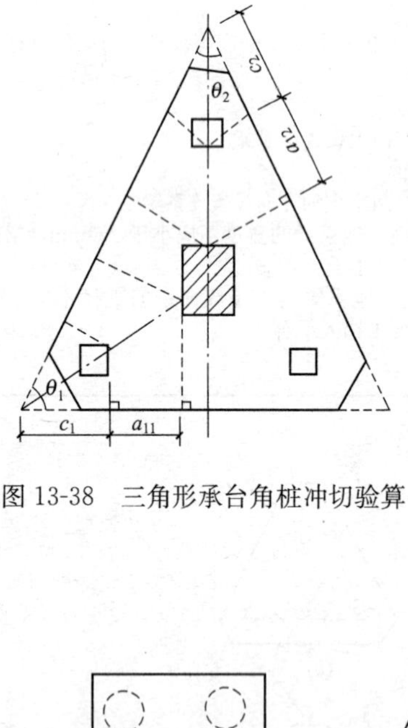

图 13-38　三角形承台角桩冲切验算

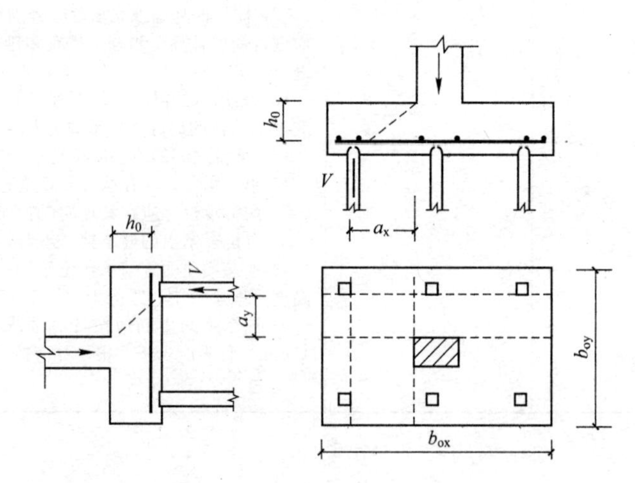

图 13-39　承台斜截面受剪计算

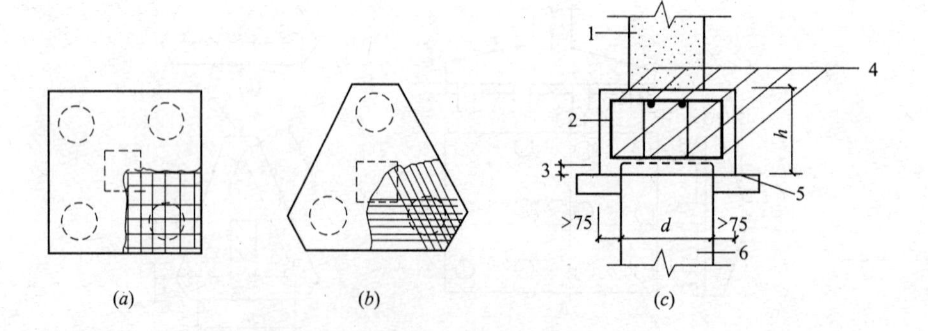

图 13-40　承台配筋

1—墙；2—箍筋直径≥6mm；3—桩顶入承台≥50mm；4—承台梁内主筋除须按计算配筋外尚应满足最小配筋率；5—垫层 100mm 厚 C15 混凝土；6—桩

13.7.4　桩筏与桩箱基础设计

桩筏与桩箱基础设计如表 13-57 所示。

桩筏与桩箱基础设计　　表 13-57

序号	项　目	内　容
1	桩筏或桩箱基础的采用	当筏形基础或箱形基础下的天然地基承载力或沉降值不能满足设计要求时，可采用桩筏或桩箱基础。桩的类型应根据工程地质状况、结构类型、荷载性质、施工条件以及经济指标等因素决定。桩的设计应符合本书的有关规定与相应的国家现行的有关标准的规定
2	桩筏或桩箱基础中桩的布置	桩筏或桩箱基础中桩的布置应符合下列原则： (1) 桩群承载力的合力作用点宜与结构竖向永久荷载合力作用点相重合 (2) 同一结构单元应避免同时采用摩擦桩和端承桩 (3) 桩的中心距应符合本书表 13-52 的相关规定 (4) 宜根据上部结构体系、荷载分布情况以及基础整体变形特征，将桩集中在上部结构主要竖向构件(柱、墙和筒)下面，桩的数量宜与上部荷载的大小和分布相对应 (5) 对框架-核心筒结构宜通过调整桩径、桩长或桩距等措施，加强核心筒外缘 1 倍底板厚度范围以内的支承刚度，以减小基础差异沉降和基础整体弯矩 (6) 有抗震设防要求的框架-剪力墙结构，对位于基础边缘的剪力墙，当考虑其两端应力集中影响时，宜适当增加墙端下的布桩量；当桩端为非岩石持力层时，宜将地震作用产生的弯矩乘以 0.8 的降低系数
3	桩上的筏形与箱形基础计算规定	桩上的筏形与箱形基础计算应符合下列规定： (1) 均匀布桩的梁板式筏形与箱形基础的底板厚度，以及平板式筏形基础的厚度应符合受冲切和受剪切承载力的规定。梁板式筏形与箱形基础底板的受冲切承载力和受剪承载力，以及平板式筏基上的剪力墙、柱、核心筒、桩对筏板的受冲切承载力和受剪承载力可按本书的有关规定进行计算 当平板式筏形基础柱下板的厚度不能满足受冲切承载力要求时，可在筏板上增设柱墩或在筏板内设置抗冲切钢筋提高受冲切承载力 (2) 对底板厚度符合受冲切和受剪切承载力规定的箱形基础、基础板的厚跨比或基础梁的高跨比不小于 1/6 的平板式和梁板式筏形基础，当桩端持力层较坚硬且均匀、上部结构为框架、剪力墙、框剪结构，柱距及柱荷载的变化不超过 20%时，筏形基础和箱形基础底板的板与梁的内力可仅按局部弯矩作用进行计算。计算时先将基础板上的竖向荷载设计值按静力等效原则移至基础底面桩群承载力重心处，弯矩引起的桩顶不均匀反力按直线分布计算，求得各桩顶反力，并将桩顶反力均匀分配到相关的板格内，按倒楼盖法计算箱形基础底板和筏形基础板、梁的内力。内力计算时应扣除底板、基础梁及其上填土的自重。当桩顶反力与相关的墙或柱的荷载效应相差较大时，应调整桩位再次计算桩顶反力 (3) 对框架-核心筒结构以及不符合上述(2)款要求的结构，当桩筏、桩箱基础均匀布桩时，可将基桩简化为弹簧，按支承于弹簧上的梁板结构进行桩筏、桩箱基础的整体弯曲和局部弯曲计算。当上述结构按本表序号 2 之(5)条布桩时，可仅按局部弯矩作用进行计算。基桩的弹簧系数可取桩顶压力与桩顶沉降量之比，并结合地区经验确定；当群桩效应不明显、桩基沉降量较小时，桩的弹簧系数可根据单桩静荷载试验的荷载-位移曲线按桩顶荷载和桩顶沉降量之比确定
4	基桩的构造及桩与筏形或箱形基础的连接	基桩的构造及桩与筏形或箱形基础的连接应符合本书的有关规定

续表 13-57

序号	项　　目	内　　容
5	桩上筏形与箱形基础的构造规定	桩上筏形与箱形基础的构造应符合下列规定： (1) 桩上筏形与箱形基础的混凝土强度等级不应低于 C30；垫层混凝土强度等级不宜低于 C15，垫层厚度不应小于 70mm、一般用 100mm (2) 当箱形基础的底板和筏板仅按局部弯矩计算时，其配筋除应满足局部弯曲的计算要求外，箱基底板和筏板顶部跨中钢筋应全部连通，箱基底板和筏基的底部支座钢筋应分别有 1/4 和 1/3 贯通全跨，上、下贯通钢筋的配筋率均不应小于 0.15% (3) 底板下部纵向受力钢筋的保护层厚度在有垫层时不应小于 50mm，无垫层时不应小于 70mm，此外尚不应小于桩头嵌入底板内的长度 (4) 均匀布桩的梁板式筏基的底板和箱基底板的厚度除应满足承载力计算要求外，其厚度与最大双向板格的短边净跨之比不应小于 1/14，且不应小于 400mm；平板式筏基的板厚不应小于 500mm (5) 当筏板厚度大于 2000mm 时，宜在板厚中间设置直径不小于 12mm、间距不大于 300mm 的双向钢筋网
6	其他要求	(1) 当基础板的混凝土强度等级低于柱或桩的混凝土强度等级时，应验算柱下或桩上基础板的局部受压承载力 (2) 当抗拔桩常年位于地下水位以下时，可按本书的有关规定关于控制裂缝宽度的方法进行设计

第 14 章　高层民用建筑设计防火

14.1　高层民用建筑设计防火规定

14.1.1　高层民用建筑设计防火总则

高层民用建筑设计防火总则如表 14-1 所示。

高层民用建筑设计防火总则　　**表 14-1**

序号	项　目	内　容
1	高层建筑的防火设计	(1) 高层建筑的防火设计，必须遵循“预防为主，防消结合”的消防工作方针，针对高层建筑发生火灾特点，立足自防自救，采用可靠的防火措施，做到安全适用、技术先进、经济合理 (2) 随着我国经济建设的迅速发展，改革、开放的深入，人民生活水平的不断提高，其他各项事业的兴旺发达，城市用地日益紧张，因而促进了高层建筑的发展 为了防止和减少高层民用建筑(以下简称高层建筑)火灾的危害，保护人身和财产的安全，特编写本章内容，供应用
2	适用范围	(1) 本章内容适用于下列新建、扩建和改建的高层建筑及其裙房： 1) 十层及十层以上的居住建筑(包括首层设置商业服务网点的住宅) 2) 建筑高度超过 24m 的公共建筑 (2) 本章内容不适用于单层主体建筑高度超过 24m 的体育馆、会堂、剧院等公共建筑以及高层建筑中的人民防空地下室 (3) 当高层建筑的建筑高度超过 250m 时，建筑设计采取的特殊的防火措施，应提交国家消防主管部门组织专题研究、论证 (4) 高层建筑的防火设计，除执行本章的规定外，尚应符合现行的有关国家标准的规定

14.1.2　术语与建筑分类和耐火等级

术语与建筑分类和耐火等级如表 14-2 所示。

术语与建筑分类和耐火等级　　**表 14-2**

序号	项　目	内　容
1	术语	(1) 裙房。与高层建筑相连的建筑高度不超过 24m 的附属建筑一律按高层建筑对待，本书另有规定的除外 (2) 建筑高度。建筑物室外地面到其檐口或屋面面层的高度，屋顶上的水箱间、电梯机房、排烟机房和楼梯出口小间等不计入建筑高度 (3) 耐火极限。建筑构件按时间—温度标准曲线进行耐火试验，从受到火的作用时起，到失去支持能力或完整性被破坏或失去隔火作用时止的这段时间，用小时表示 1) 标准升温。试验时炉内温度的上升随时间而变化，如图 4-1 及表 4-3 所示 “时间—温度标准曲线图”中，表示时间、温度相互关系的代表数值列于“随时间而变化的升温表”

续表 14-2

序号	项　目	内　容
1	术语	试验中实测的时间一平均温度曲线下的面积与时间一温度标准曲线下的面积的允许误差： ① 在开始试验的 10min 及 10min 以内为±15% ② 开始试验 10min 以上至 30min 范围内为±10%；试验进行到 30min 以后为±5% ③ 当试验进行到 10min 以后的任何时间内，任何一个测温点的炉内温度与相应时间的标准温度之差不应大于±100℃ 2）压力条件。试验开始 10min 以后，炉内应保持正压，即按规定的布点(测试点)，测得炉内压力应高于室内气压 1.0±0.5mm 水柱 3）判定构件耐火条件。在通常情况下，试验的持续时间从试件受到火作用时起，直到失去支持能力或完整性被破坏或失去隔火作用等任一条件出现，即到了耐火极限。具体判定条件如下： ① 失去支持能力。非承重构件失去支持能力的表现为自身解体或垮塌；梁、楼板等受弯承重构件，挠曲率发生突变，为失去支持能力的情况，当简支钢筋混凝土梁、楼板和预应力钢筋混凝土楼板跨度总挠度值分别达到试件计算长度的 2%、3.5%和 5%时，则表明试件失去支持能力 ② 完整性。楼板、隔墙等具有分隔作用的构件，在试验中，当出现穿透裂缝或穿火的孔隙时，表明试件的完整性被破坏 ③ 隔火作用。具有防火分隔作用的构件，试验中背火面测点测得的平均温度升到 140℃(不包括背火面的起始温度)；或背火面测温点任一测点的温度到达 220℃时，则表明试件失去隔火作用 (4) 不燃烧体。用不燃烧材料做成的建筑构件 (5) 难燃烧体。用难燃烧材料做成的建筑构件或用燃烧材料做成而用不燃烧材料做保护层的建筑构件 (6) 燃烧体。用燃烧材料做成的建筑构件 (7) 综合楼。由两种及两种以上用途的楼层组成的公共建筑 1) 民用综合楼种类较多，形式各异，使用功能均在两种及两种以上 2) 综合楼组合形式多种多样，常见的形式为：若干层作商场，若干层作写字楼层(办公用)，若干层作高级公寓；若干层作办公室、若干层作旅馆，若干层作车间、仓库；若干层作银行，经营金融业务，若干层作旅馆，若干层作办公室，等等 (8) 商住楼。底部商业营业厅与住宅组成的高层建筑 商住楼目前发展较快，如广东深圳特区在临街的高层建筑中，有不少为商住楼；其他沿海、内地城市也较多 商住楼的形式，一般是下面若干层为商业营业厅，其上面为塔式普通或高级住宅 (9) 网局级电力调度楼。网局级电力调度楼，可调度若干个省(区)电力业务工作楼，如中南电力调度楼、华北电力调度楼、东北电力调度楼等 (10) 高级旅馆。具备星级条件的且设有空气调节系统的旅馆。指建筑标准高、功能复杂，火灾危险性较大和设有空气调节系统的，具有星级条件的旅馆 (11) 高级住宅。指建筑装修标准高和设有空气调节系统的住宅。如何掌握这些原则呢？一是看装修复杂程度，二是看是否有铺满地毯，三是看家具、陈设高档与否，四是设有空调系统。四者均具备，应视为高级住宅，如北京京广大厦中的公寓、广州的中国大酒店公寓楼等 (12) 重要的办公楼、科研楼、档案楼。性质重要，建筑装修标准高，设备、资料贵重，火灾危险性大、发生火灾后损失大、影响大的办公楼、科研楼、档案楼 (13) 半地下室。房间地平面低于室外地平面的高度超过该房间净高 1/3，且不超过 1/2 者 (14) 地下室。房间地平面低于室外地平面的高度超过该房间净高一半者 (15) 安全出口。保证人员安全疏散的楼梯或直通室外地平面的出口 (16) 挡烟垂壁。用不燃烧材料制成，从顶棚下垂不小于 500mm 的固定或活动的挡烟设施。活动挡烟垂壁系指火灾时因感温、感烟或其他控制设备的作用，自动下垂的挡烟垂壁 1) 挡烟垂壁目前国内有厂家在试制，但尚未批量生产和推广应用 2) 国内合资工程或独资工程有采用的，如北京市的长富宫饭店，采用铝丝玻璃作挡烟垂壁。国外，日本的东京、大阪、横滨的高层公共建筑中，有些采用铝丝玻璃、不锈钢薄板等作挡烟垂壁

续表 14-2

序号	项　目	内　容
1	术语	3) 挡烟垂壁的自动控制，主要指平时固定在吊顶平面上，与火灾自动报警系统联动，当发生火灾时，感温、感烟或其他控制设备的作用，就自动下垂，起阻挡烟气作用，为安全疏散创造有利条件 (17) 商业服务网点。住宅底部(地上)设置的百货店、副食店、粮店、邮政所、储蓄所、理发店等小型商业服务用房。该用房层数不超过二层、建筑面积不超过 $300m^2$，采用耐火极限大于 1.50h 的楼板和耐火极限大于 2.00h 且不开门窗洞口的隔墙与住宅和其他用房完全分隔，该用房和住宅的疏散楼梯和安全出口应分别独立设置
2	建筑分类和耐火等级	建筑分类和耐火等级详见表 14-4 所示

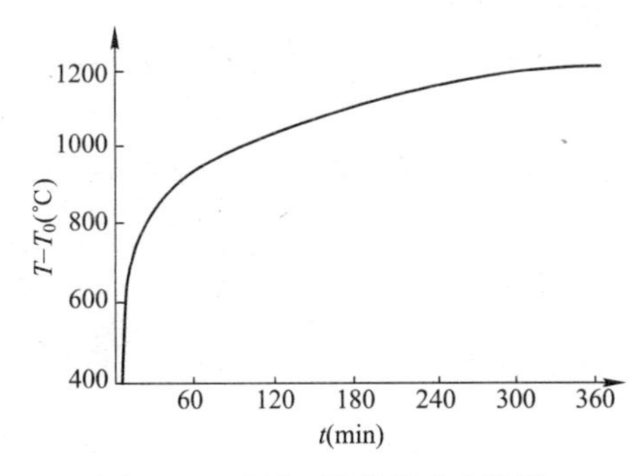

图 14-1　时间—温度标准曲线图

随时间而变化的升温表　　表 14-3

序号	时间 t(min)	炉内温度 $T-T_0$(℃)	序号	时间 t(min)	炉内温度 $T-T_0$(℃)
1	5	556	6	90	986
2	10	659	7	120	1029
3	15	718	8	180	1090
4	30	821	9	240	1133
5	60	925	10	360	1193

建筑分类和耐火等级　　表 14-4

序号	项　目	内　容
1	建筑分类	(1) 高层建筑应根据其使用性质、火灾危险性、疏散和扑救难度等进行分类。并应符合本书表 1-2 的规定 (2) 上述(1)条是根据各种高层民用建筑的使用性质、火灾危险性、疏散和扑救难易程度等将高层民用建筑分为两类，其分类的目的是为了针对不同高层建筑类别在耐火等级、防火间距、防火分区、安全疏散、消防给水、防烟排烟等方面分别提出不同的要求，以达到既保障各种高层建筑的消防安全，又能节约投资的目的 对高层民用建筑进行分类是一个较为复杂的问题。从消防的角度将性质重要、火灾危险性大、疏散和扑救难度大的高层民用建筑定为一类。这类高层建筑有的同时具备上述几方面的因素，有的则具有较为突出的一二个方面的因素。例如医院病房楼不计高度皆划为一类，这是根据病人行动不便、疏散困难的特点来决定的

续表 14-4

序号	项　目	内　容
2	耐火等级	（1）高层建筑的耐火等级应分为一、二两级，其建筑构件的燃烧性能和耐火极限不应低于表 14-5 的规定 （2）各类建筑构件的燃烧性能和耐火极限可按表 14-6 确定
3	其他规定	（1）预制钢筋混凝土构件的节点缝隙或金属承重构件节点的外露部位，必须加设防火保护层，其耐火极限不应低于表 14-5 相应建筑构件的耐火极限 （2）一类高层建筑的耐火等级应为一级，二类高层建筑的耐火等级不应低于二级 裙房的耐火等级不应低于二级。高层建筑地下室的耐火等级应为一级 （3）二级耐火等级的高层建筑中，面积不超过 100m² 的房间隔墙，可采用耐火极限不低于 0.50h 的难燃烧体或耐火极限不低于 0.30h 的不燃烧体 （4）二级耐火等级高层建筑的裙房，当屋顶不上人时，屋顶的承重构件可采用耐火极限不低于 0.50h 的不燃烧体 （5）高层建筑内存放可燃物的平均重量超过 200kg/m² 的房间，当不设自动灭火系统时，其柱、梁、楼板和墙的耐火极限应按本表序号 2 的规定提高 0.50h （6）建筑幕墙的设置应符合下列规定： 1）窗槛墙、窗间墙的填充材料应采用不燃烧材料。当外墙采用耐火极限不低于 1.00h 的不燃烧体时，其墙内填充材料可采用难燃烧材料 2）无窗槛墙或窗槛墙高度小于 0.80m 的建筑幕墙，应在每层楼板外沿设置耐火极限不低于 1.00h、高度不低于 0.80m 的不燃烧体裙墙或防火玻璃裙墙 3）建筑幕墙与每层楼板、隔墙处的缝隙，应采用防火封堵材料封堵 （7）高层建筑的室内装修，应按现行国家标准《建筑内部装修设计防火规范》的有关规定执行

建筑构件的燃烧性能和耐火极限　　表 14-5

序号	构件名称 \ 燃烧性能和耐火极限(h)		耐火等级	
			一级	二级
1	墙	防火墙	不燃烧体 3.00	不燃烧体 3.00
2	墙	承重墙、楼梯间的墙、电梯井的墙、住宅单元之间的墙、住宅分户墙	不燃烧体 2.00	不燃烧体 2.00
3	墙	非承重外墙、疏散走道两侧的隔墙	不燃烧体 1.00	不燃烧体 1.00
4	墙	房间隔墙	不燃烧体 0.75	不燃烧体 0.50
5	柱		不燃烧体 3.00	不燃烧体 2.50
6	梁		不燃烧体 2.00	不燃烧体 1.50
7	楼板、疏散楼梯、屋顶承重构件		不燃烧体 1.50	不燃烧体 1.00
8	吊顶		不燃烧体 0.25	难燃烧体 0.25

各类建筑构件的燃烧性能和耐火极限　　表 14-6

序号	构件名称	结构厚度或截面最小尺寸(cm)	耐火极限(h)	燃烧性能
一	承重墙			
1	普通黏土砖、混凝土、钢筋混凝土实体墙	12	2.50	不燃烧体
		18	3.50	不燃烧体
		24	5.50	不燃烧体
		37	10.50	不燃烧体

续表 14-6

序号	构件名称	结构厚度或截面最小尺寸(cm)	耐火极限(h)	燃烧性能
2	加气混凝土砌块墙	10	2.00	不燃烧体
3	轻质混凝土砌块墙	12	1.50	不燃烧体
		24	3.50	不燃烧体
		37	5.50	不燃烧体
二	非承重墙			不燃烧体
4	普通黏土砖墙(不包括双面抹灰厚)	6	1.50	不燃烧体
		12	3.00	不燃烧体
5	普通黏土砖墙(包括双面抹灰 1.5cm 厚)	15	4.50	不燃烧体
		18	5.00	不燃烧体
		24	8.00	不燃烧体
6	七孔黏土砖墙(不包括墙中空 12cm 厚)	12	8.00	不燃烧体
7	双面抹灰七孔黏土砖墙(不包括墙中空 12cm 厚)	14	9.00	不燃烧体
8	粉煤灰硅酸盐砌块砖	20	4.00	不燃烧体
9	加气混凝土构件(未抹灰粉刷)：			
	(1) 砌块墙	7.5	2.50	不燃烧体
		10	3.75	不燃烧体
		15	5.75	不燃烧体
		20	8.00	不燃烧体
	(2) 隔板墙	7.5	2.00	不燃烧体
	(3) 垂直墙板	15	3.00	不燃烧体
	(4) 水平墙板	15	5.00	不燃烧体
10	粉煤灰加气混凝土砌块墙(粉煤灰、水泥、石灰)	10	3.40	不燃烧体
11	充气混凝土砌块墙	15	7.00	不燃烧体
12	碳化石灰圆孔板隔墙	9	1.75	不燃烧体
13	木龙骨两面钉下列材料：			
	(1) 钢丝网抹灰，其构造、厚度(cm)为：1.5+5(空)+1.5	—	0.85	难燃烧体
	(2) 石膏板，其构造、厚度(cm)为：1.2+5(空)+1.2	—	0.30	难燃烧体
	(3) 板条抹灰，其构造、厚度(cm)为：1.5+5(空)+1.5	—	0.85	难燃烧体
	(4) 水泥刨花板，其构造厚度(cm)为：1.5+5(空)+1.5	—	0.30	难燃烧体
	(5)板条抹 1∶4 石棉水泥、隔热灰浆，其构造、厚度(cm)为：2+5(空)+2	—	1.25	难燃烧体
14	(1) 木龙骨纸面玻璃纤维石膏板隔墙，其构造、厚度(cm)为：1.0+5.5(空)+1.0	—	0.60	难燃烧体
	(2) 木龙骨纸面纤维石膏板隔墙，其构造、厚度(cm)为：1.0+5.5(空)+1.0	—	0.60	难燃烧体

续表 14-6

序号	构件名称	结构厚度或截面最小尺寸(cm)	耐火极限(h)	燃烧性能
15	石膏空心条板隔墙：			
	(1) 石膏珍珠岩空心条板(膨胀珍珠岩容量 50～80kg/m³)	6.0	1.50	不燃烧体
	(2) 石膏珍珠岩空心条板(膨胀珍珠岩 60～120kg/m³)	6.0	1.20	不燃烧体
	(3) 石膏硅酸盐空心条板	6.0	1.50	不燃烧体
	(4) 石膏珍珠岩塑料网空心条板(膨胀珍珠岩 60～120kg/m³)	6.0	1.30	不燃烧体
	(5) 石膏粉煤灰空心条板	9.0	2.25	不燃烧体
	(6) 石膏珍珠岩双层空心条板，其构造、厚度(cm)为：			
	1) 6.0+5(空)+6.0(膨胀珍珠岩 50～80kg/m³)	—	3.75	不燃烧体
	2) 6.0+5(空)+6.0(膨胀珍珠岩 60～120kg/m³)	—	3.25	不燃烧体
16	石膏龙骨两面钉下列材料：			
	(1) 纤维石膏板，其构造厚度(cm)为：			
	1) 0.85+10.3(填矿棉)+0.85	—	1.00	不燃烧体
	2)1.0+6.4(空)+1.0	—	1.35	不燃烧体
	3)1.0+9(填矿棉)+1.0	—	1.00	不燃烧体
	(2)纸面石膏板，其构造厚度(cm)为：			
	1) 1.1+6.8(填矿棉)+1.1	—	0.75	不燃烧体
	2) 1.1+2.8(空)+1.1+6.5(空)+1.1+2.8(空)+1.1	—	1.50	不燃烧体
	3) 0.9+1.2+12.8(空)+1.2+0.9	—	1.20	不燃烧体
	4) 2.5+13.4(空)+1.2+0.9	—	1.50	不燃烧体
	5) 1.2 + 8(空)+1.2+1.2+8(空)+1.2	—	1.00	不燃烧体
	6) 1.2+8(空)+1.2	—	0.33	不燃烧体
17	钢龙骨两面钉下列材料：			
	(1) 水泥刨花板，其构造、厚度(cm)为：1.2+7.6(空)+1.2	—	0.45	难燃烧体
	(2) 纸面石膏板，其构造、厚度(cm)为：			
	1) 1.2+4.6(空)+1.2	—	0.33	不燃烧体
	2) 2×1.2+7(空)+3×1.2	—	1.25	不燃烧体
	3) 2×1.2+7(填矿棉)+2×1.2	—	1.20	不燃烧体
	(3) 双层普通石膏板，板内掺纸纤维，其构造、厚度(cm)为：2×1.2+7.5(空)+2×1.2	—	1.10	不燃烧体
	(4) 双层防火石膏板，板内掺玻璃纤维，其构造、厚度(cm)为：			
	1) 2×1.2+7.5(空)+2×1.2	—	1.35	不燃烧体
	2) 2×1.2+7.5(岩锦厚 4cm)+2×1.2	—	1.60	不燃烧体
	(5) 复合纸面石膏板，其构造、厚度(cm)为：1.5+7.5(空)+0.15+0.95(双层板受火)	—	1.10	不燃烧体
	(6) 双层石膏板，其构造。厚度(cm)为：			

续表 14-6

序号	构件名称	结构厚度或截面最小尺寸(cm)	耐火极限(h)	燃烧性能
17	1) 2×1.2+7.5(填岩棉)+2×1.2	—	2.10	不燃烧体
	2) 2×1.2+7.5(空)+2×1.2	—	1.35	不燃烧体
	(7) 单层石膏板，其构造、厚度(cm)为：			
	1) 1.2+7.5(填 5cm 厚岩棉)+1.2	—	1.20	不燃烧体
	2) 1.2+7.5(空)+1.2	—	0.50	不燃烧体
18	碳化石灰圆孔空心条板隔墙	9	1.75	不燃烧体
19	菱苦土珍珠岩圆孔空心条板隔墙	8	1.30	不燃烧体
20	钢筋混凝土大板墙(C20 混凝土)	6.00	1.00	不燃烧体
		12.00	2.60	不燃烧体
21	钢框架间用墙、混凝土砌筑的墙，当钢框架为；			
	(1) 金属网抹灰的厚度为 2.5cm	—	0.75	不燃烧体
	(2) 用砖砌面或混凝土保护，其厚度为：			
	1) 6cm	—	2.00	不燃烧体
	2) 12cm	—	4.00	不燃烧体
三	柱			
22	钢筋混凝土柱	20×20	1.40	不燃烧体
		20×30	2.50	不燃烧体
		20×40	2.70	不燃烧体
		20×50	3.00	不燃烧体
		24×24	2.00	不燃烧体
		30×30	3.00	不燃烧体
		30×50	3.50	不燃烧体
		37×37	5.00	不燃烧体
23	钢筋混凝土圆柱	直径 30	3.00	不燃烧体
		直径 45	4.00	不燃烧体
24	无保护层的钢柱	—	0.25	不燃烧体
25	有保护层的钢柱			
	(1) 用普通黏土砖作保护层，其厚度为：12cm	—	2.85	不燃烧体
	(2) 用陶粒混凝土作保护层，其厚度为：10cm	—	3.00	不燃烧体
	(3) 用 C20 混凝土作保护层，其厚度为：			
	1) 10cm	—	2.85	不燃烧体
	2) 5cm	—	2.00	不燃烧体
	3) 2.50cm	—	0.80	不燃烧体
	(4) 用加气混凝土作保护层，其厚度为：			
	1) 4cm	—	1.00	不燃烧体
	2) 5cm	—	1.40	不燃烧体

续表 14-6

序号	构件名称	结构厚度或截面最小尺寸(cm)	耐火极限(h)	燃烧性能
25	3) 7cm	—	2.00	不燃烧体
	4) 8cm	—	2.30	不燃烧体
	(5) 用金属网抹 M5 砂浆作保护层，其厚度为			
	1) 2.5cm	—	0.80	不燃烧体
	2) 5cm	—	1.30	不燃烧体
	(6) 用薄涂型钢结构防火涂料作保护层，其厚度为：			
	1)0.55cm	—	1.00	不燃烧体
	2)0.70cm	—	1.50	不燃烧体
	(7) 用厚涂型钢结构防火涂料作保护层，其厚度为：			
	1) 1.5cm	—	1.00	不燃烧体
	2) 2cm	—	1.50	不燃烧体
	3) 3cm	—	2.00	不燃烧体
	4) 4cm	—	2.50	不燃烧体
	5) 5cm	—	3.00	不燃烧体
四	梁			
26	简支的钢筋混凝土梁：			
	(1) 非预应力钢筋，保护层厚度为：			
	1) 1cm	—	1.20	不燃烧体
	2) 2cm	—	1.75	不燃烧体
	3) 2.5cm	—	2.00	不燃烧体
	4) 3cm	—	2.30	不燃烧体
	5) 4cm	—	2.90	不燃烧体
	6) 5cm	—	3.50	不燃烧体
	(2) 预应力钢筋或高强度钢丝，保护层厚度为：			
	1) 2.5cm	—	1.00	不燃烧体
	2) 3.0cm	—	1.20	不燃烧体
	3) 4cm	—	1.50	不燃烧体
	4) 5cm	—	2.00	不燃烧体
27	无保护层的钢梁、楼梯	—	0.25	不燃烧体
28	(1) 用厚涂型钢结构防火涂料保护的钢梁，其保护层厚度为：			
	1) 1.5cm	—	1.00	不燃烧体
	2) 2cm	—	1.50	不燃烧体
	3) 3cm	—	2.00	不燃烧体
	4) 4cm	—	2.50	不燃烧体
	5) 5cm	—	3.00	不燃烧体

续表 14-6

序号	构件名称	结构厚度或截面最小尺寸(cm)	耐火极限(h)	燃烧性能
28	（2）用薄涂型钢结构防火涂料保护的钢梁，其保护层厚度为：			
	1）0.55cm	—	1.00	不燃烧体
	2）0.70cm	—	1.50	不燃烧体
五	楼板和屋顶承重构件			
29	简支的钢筋混凝土楼板：			
	（1）非预应力钢筋，保护层厚度为：			
	1）1cm	—	1.00	不燃烧体
	2）2cm	—	1.25	不燃烧体
	3）3cm	—	1.50	不燃烧体
	（2）预应力钢筋或高强度钢丝，保护层厚度为：			
	1）1cm	—	0.50	不燃烧体
	2）2cm	—	0.75	不燃烧体
	3）3cm	—	1.00	不燃烧体
30	四边简支的钢筋混凝土楼板，保护层厚度为：			
	1）1cm	7	1.40	不燃烧体
	2）1.5cm	8	1.45	不燃烧体
	3）2cm	8	1.50	不燃烧体
	4）3cm	9	1.80	不燃烧体
31	现浇的整体式楼板，保护层厚度为：			
	1）1cm	8	1.40	不燃烧体
	2）1.5cm	8	1.45	不燃烧体
	3）2cm	8	1.50	不燃烧体
	4）1cm	9	1.75	不燃烧体
	5）2cm	9	1.85	不燃烧体
	6）1cm	10	2.00	不燃烧体
	7）1.5cm	10	2.00	不燃烧体
	8）2cm	10	2.10	不燃烧体
	9）3cm	10	2.15	不燃烧体
	10）1cm	11	2.25	不燃烧体
	11）1.5cm	11	2.30	不燃烧体
	12）2cm	11	2.30	不燃烧体
	13）3cm	11	2.40	不燃烧体
	14）1cm	12	2.50	不燃烧体
	15）2cm	12	2.65	不燃烧体

续表 14-6

序号	构件名称	结构厚度或截面最小尺寸(cm)	耐火极限(h)	燃烧性能
32	简支钢筋混凝土圆孔空心楼板：			
	(1) 非预应力钢筋，保护层厚度为：			
	1) 1cm	—	0.90	不燃烧体
	2) 2cm	—	1.25	不燃烧体
	3) 3cm	—	1.50	不燃烧体
	(2) 预应力钢筋混凝土圆孔楼板加保护层，其厚度为：			
	1) 1cm	—	0.40	不燃烧体
	2) 2cm	—	0.70	不燃烧体
	3) 3cm	—	0.85	不燃烧体
33	(1) 钢梁上铺不燃烧体楼板与屋面板时，梁、桁架无保护层	—	0.25	不燃烧体
	(2) 钢梁上铺不燃烧体楼板与屋面板时，梁、桁架用混凝土保护层，其厚度为：			
	1) 2cm	—	2.00	不燃烧体
	2) 3cm	—	3.00	不燃烧体
	(3) 梁、桁架用钢丝网抹灰粉刷作保护层，其厚度为：			
	1) 1cm	—	0.50	不燃烧体
	2) 2cm	—	1.00	不燃烧体
	3) 3cm	—	1.25	不燃烧体
34	屋面板：			
	(1) 加气钢筋混凝土屋面板，保护层厚度为：1.5cm		1.25	不燃烧体
	(2) 充气钢筋混凝土屋面板，保护层厚度为：1cm		1.60	不燃烧体
	(3) 钢筋混凝土方孔屋面板，保护层厚度为：1cm		1.20	不燃烧体
	(4) 预应力钢筋混凝土槽形屋面板，保护层厚度为：1cm		0.50	不燃烧体
	(5) 预应力钢筋混凝土槽瓦，保护层厚度为：1cm		0.50	不燃烧体
	(6) 轻型纤维石膏屋面板		0.60	不燃烧体
35	木吊顶搁栅：			
	(1) 钢丝网抹灰(厚 1.5cm)		0.25	难燃烧体
	(2) 板条抹灰(厚 1.5cm)		0.25	难燃烧体
	(3) 钢丝网抹灰(1∶4 水泥石棉灰浆，厚 2cm)		0.50	难燃烧体
	(4) 板条抹灰(1∶4 水泥石棉灰浆，厚 2cm)		0.50	难燃烧体
	(5) 钉氧化镁锯末复合板(厚 1.3cm)		0.25	难燃烧体
	(6) 钉石膏装饰板(厚 1cm)		0.25	难燃烧体
	(7) 钉平面石膏板(厚 1.2cm)		0.30	难燃烧体
	(8) 钉纸面石膏板(厚 0.95cm)		0.25	难燃烧体
	(9) 钉双面石膏板(各厚 0.8cm)	—	0.45	难燃烧体
	(10) 钉珍珠岩复合石膏板(穿孔板和吸音板各厚 1.5cm)	—	0.30	难燃烧体

续表 14-6

序号	构件名称	结构厚度或截面最小尺寸(cm)	耐火极限(h)	燃烧性能
35	(11) 钉矿棉吸音板(厚 2cm)	—	0.15	难燃烧体
	(12) 钉硬质木屑板(厚 1cm)	—	0.20	难燃烧体
36	钢吊顶搁栅：			
	(1) 钢丝网(板)抹灰(厚 1.5cm)	—	0.25	不燃烧体
	(2)钉石棉板(厚 1cm)	—	0.85	不燃烧体
	(3)钉双面石膏板(厚 1cm)	—	0.30	不燃烧体
	(4)挂石棉型硅酸钙板(厚 1cm)	—	0.30	不燃烧体
	(5) 挂薄钢板(内填陶瓷棉复合板)，其构造、厚度为：0.05＋3.9(陶瓷棉)＋0.05	—	0.40	不燃烧体

注：1. 本表耐火极限数据必须符合相应建筑构、配件通用技术条件；
2. 确定墙的耐火极限不考虑墙上有无洞孔；
3. 墙的总厚度包括抹灰粉刷层；
4. 中间尺寸的构件，其耐火极限可按插入法计算；
5. 计算保护层时，应包括抹灰粉刷层在内；
6. 现浇的无梁楼板按简支板数据采用；
7. 人孔盖板的耐火极限可按防火门确定。

14.2　总平面布局和平面布置与防火、防烟分区和建筑构造

14.2.1　总平面布局和平面布置

总平面布局和平面布置如表 14-7 所示。

总平面布局和平面布置　　表 14-7

序号	项　目	内　容
1	一般规定	(1) 在进行总平面设计时，应根据城市规划，合理确定高层建筑的位置、防火间距、消防车道和消防水源等 高层建筑不宜布置在火灾危险性为甲、乙类厂(库)房，甲、乙、丙类液体和可燃气体储罐以及可燃材料堆场附近 注：厂房、库房的火灾危险性分类和甲、乙、丙类液体的划分，应按现行的国家标准《建筑设计防火规范》GB 50016 的有关规定执行 (2) 燃油或燃气锅炉、油浸电力变压器、充有可燃油的高压电容器和多油开关等宜设置在高层建筑外的专用房间内 当上述设备受条件限制需与高层建筑贴邻布置时，应设置在耐火等级不低于二级的建筑内，并应采用防火墙与高层建筑隔开，且不应贴邻人员密集场所 当上述设备受条件限制需布置在高层建筑中时，不应布置在人员密集场所的上一层、下一层或贴邻，并应符合下列规定： 1) 燃油和燃气锅炉房、变压器室应布置在建筑物的首层或地下一层靠外墙部位，但常(负)压燃油、燃气锅炉可设置在地下二层；当常(负)压燃气锅炉房距安全出口的距离大于 6.00m 时，可设置在屋顶上 采用相对密度(与空气密度比值)大于等于 0.75 的可燃气体作燃料的锅炉，不得设置在建筑物的地下室或半地下室 2) 锅炉房、变压器室的门均应直通室外或直通安全出口；外墙上的门、窗等开口部位的上方应设置宽度不小于 1.0m 的不燃烧体防火挑檐或高度不小于 1.20m 的窗槛墙

续表 14-7

序号	项　目	内　容
1	一般规定	3）锅炉房、变压器室与其他部位之间应采用耐火极限不低于 2.00h 的不燃烧体隔墙和 1.50h 的楼板隔开。在隔墙和楼板上不应开设洞口；当必须在隔墙上开门窗时，应设置耐火极限不低于 1.20h 的防火门窗 4）当锅炉房内设置储油间时，其总储存量不应大于 1.00m^3，且储油间应采用防火墙与锅炉间隔开；当必须在防火墙上开门时，应设置甲级防火门 5）变压器室之间、变压器室与配电室之间，应采用耐火极限不低于 2.00h 的不燃烧体墙隔开 6）油浸电力变压器、多油开关室、高压电容器室，应设置防止油品流散的设施。油浸电力变压器下面应设置储存变压器全部油量的事故储油设施 7）锅炉的容量应符合现行国家标准《锅炉房设计规范》GB 50041 的规定。油浸电力变压器的总容量不应大于 1260KVA，单台容量不应大于 630KVA 8）应设置火灾报警装置和除卤代烷以外的自动灭火系统 9）燃气、燃油锅炉房应设置防爆泄压设施和独立的通风系统。采用燃气作燃料时，通风换气能力不小于 6 次/h，事故通风换气次数不小于 12 次/h；采用燃油作燃料时，通风换气能力不小于 3 次/h，事故通风换气能力不小于 6 次/h （3）柴油发电机房布置在高层建筑和裙房内时，应符合下列规定： 1）可布置在建筑物的首层或地下一、二层，不应布置在地下三层及以下。柴油的闪点不应小于 55℃ 2）应采用耐火极限不低于 2.00h 的隔墙和 1.50h 的楼板与其他部位隔开，门应采用甲级防火门 3）机房内应设置储油间，其总储存量不应超过 8.00h 的需要量，且储油间应采用防火墙与发电机间隔开；当必须在防火墙上开门时，应设置能自动关闭的甲级防火门 4）应设置火灾自动报警系统和除卤代烷 1211、1301 以外的自动灭火系统 （4）消防控制室宜设在高层建筑的首层或地下一层，且应采用耐火极限不低于 2.00h 的隔墙和 1.50h 的楼板与其他部位隔开，并应设直通室外的安全出口 （5）高层建筑内的观众厅、会议厅、多功能厅等人员密集场所，应设在首层或二、三层；当必须设在其他楼层时，除本章另有规定外，尚应符合下列规定： 1）一个厅、室的建筑面积不宜超过 400m^2 2）一个厅、室的安全出口不应少于两个 3）必须设置火灾自动报警系统和自动喷水灭火系统 4）幕布和窗帘应采用经阻燃处理的织物 （6）高层建筑内的歌舞厅、卡拉 0K 厅（含具有卡拉 0K 功能的餐厅）、夜总会、录像厅、放映厅、桑拿浴室（除洗浴部分外）、游艺厅（含电子游艺厅）、网吧等歌舞娱乐放映游艺场所（以下简称歌舞娱乐放映游艺场所），应设在首层或二、三层；宜靠外墙设置，不应布置在袋形走道的两侧和尽端，其最大容纳人数按录像厅、放映厅为 1.0 人/m^2，其他场所为 0.5 人/m^2 计算，面积按厅室建筑面积计算；并应采用耐火极限不低于 2.00h 的隔墙和 1.00h 的楼板与其他场所隔开，当墙上必须开门时应设置不低于乙级的防火门 当必须设置在其他楼层时，尚应符合下列规定： 1）不应设置在地下二层及二层以下，设置在地下一层时，地下一层地面与室外出入口地坪的高差不应大于 10m 2）一个厅、室的建筑面积不应超过 200m^2 3）一个厅、室的出口不应少于两个，当一个厅、室的建筑面积小于 50m^2，可设置一个出口 4）应设置火灾自动报警系统和自动喷水灭火系统 5）应设置防烟、排烟设施，并应符合有关规定 6）疏散走道和其他主要疏散路线的地面或靠近地面的墙上，应设置发光疏散指示标志 （7）地下商店应符合下列规定： 1）营业厅不宜设在地下三层及三层以下 2）不应经营和储存火灾危险性为甲、乙类储存物品属性的商品 3）应设火灾自动报警系统和自动喷水灭火系统

续表 14-7

序号	项　目	内　容
1	一般规定	4）当商店总建筑面积大于 20000m² 时，应采用防火墙进行分隔，且防火墙上不得开设门窗洞口 5）应设防烟、排烟设施，并应符合本章有关规定 6）疏散走道和其他主要疏散路线的地面或靠近地面的墙面上，应设置发光疏散指示标志 （8）托儿所、幼儿园、游乐厅等儿童活动场所不应设置在高层建筑内，当必须设在高层建筑内时，应设置在建筑物的首层或二、三层，并应设置单独出入口 （9）高层建筑的底边至少有一个长边或周边长度的 1/4 且不小于一个长边长度，不应布置高度大于 5.00m、进深大于 4.00m 的裙房，且在此范围内必须设有直通室外的楼梯或直通楼梯间的出口 （10）设在高层建筑内的汽车停车库，其设计应符合现行国家标准《汽车库、修车库、停车场设计防火规范》GB 50067 的规定 （11）高层建筑内使用可燃气体作燃料时，应采用管道供气。使用可燃气体的房间或部位宜靠外墙设置 （12）高层建筑使用丙类液体作燃料时，应符合下列规定： 1）液体储罐总储量不应超过 15m³，当直埋于高层建筑或裙房附近，面向油罐一面 4.00m 范围内的建筑物外墙为防火墙时，其防火间距可不限 2）中间罐的容积不应大于 1.00m³，并应设在耐火等级不低于二级的单独房间内，该房间的门应采用甲级防火门 （13）当高层建筑采用瓶装液化石油气作燃料时，应设集中瓶装液化石油气间，并应符合下列规定： 1）液化石油气总储量不超过 1.00m³ 的瓶装液化石油气间，可与裙房贴邻建造 2）总储量超过 1.00m³、而不超过 3.00m³ 的瓶装液化石油气间，应独立建造，且与高层建筑和裙房的防火间距不应小于 10m 3）在总进气管道、总出气管道上应设有紧急事故自动切断阀 4）应设有可燃气体浓度报警装置 5）电气设计应按现行的国家标准《爆炸和火灾危险环境电力装置设计规范》的有关规定执行 6）其他要求应按现行的国家标准《建筑设计防火规范》GB 50016 的有关规定执行 （14）设置在建筑物内的锅炉、柴油发电机，其燃料供给管道应符合下列规定： 1）应在进入建筑物前和设备间内设置自动和手动切断阀 2）储油间的油箱应密闭，且应设置通向室外的通气管，通气管应设置带阻火器的呼吸阀。油箱的下部应设置防止油品流散的设施 3）燃料供给管道的敷设应符合现行国家标准《城镇燃气设计规范》GB 50028 的规定
2	防火间距	（1）高层建筑之间及高层建筑与其他民用建筑之间的防火间距，不应小于表 14-8 的规定 （2）两座高层建筑或高层建筑与不低于二级耐火等级的单层、多层民用建筑相邻，当较高一面外墙为防火墙或比相邻较低一座建筑屋面高 15.00m 及以下范围内的墙为不开设门、窗洞口的防火墙时，其防火间距可不限 （3）两座高层建筑或高层建筑与不低于二级耐火等级的单层、多层民用建筑相邻，当较低一座的屋顶不设天窗、屋顶承重构件的耐火极限不低于 1.00h，且相邻较低一面外墙为防火墙时，其防火间距可适当减小，但不宜小于 4.00m （4）两座高层建筑或高层建筑与不低于二级耐火等级的单层、多层民用建筑相邻，当较高一面外墙为防火墙或比相邻较低一座建筑屋面高 15.00m 及以下范围内的墙为不开设门、窗洞口的防火墙时，其防火间距可不限 （5）两座高层建筑或高层建筑与不低于二级耐火等级的单层、多层民用建筑相邻，当较低一座的屋顶不设天窗、屋顶承重构件的耐火极限不低于 1.00h，且相邻较低一面外墙为防火墙时，其防火间距可适当减小，但不宜小于 4.00m （6）两座高层建筑或高层建筑与不低于二级耐火等级的单层、多层民用建筑相邻，当相邻较高一面外墙耐火极限不低于 2.00h，墙上开口部位设有甲级防火门、窗或防火卷帘时，其防火间距可适当减少，但不宜小于 4.00m

续表 14-7

序号	项目	内容
2	防火间距	(7) 高层建筑与小型甲、乙、丙类液体储罐、可燃气体储罐和化学易燃物品库房的防火间距，不应小于表 14-9 的规定 (8) 高层医院等的液氧储罐总容量不超过 3.00m^3 时，储罐间可一面贴邻所属高层建筑外墙建造，但应采用防火墙隔开，并应设直通室外的出口 (9) 高层建筑与厂(库)房的防火间距，不应小于表 14-10 的规定 (10) 高层民用建筑与燃气调压站、液化石油气气化站、混气站和城市液化石油气供应站瓶库之间的防火间距应按《城镇燃气设计规范》GB 50028 中的有关规定执行
3	消防车道	(1) 高层建筑的周围，应设环形消防车道。当设环形车道有困难时，可沿高层建筑的两个长边设置消防车道，当建筑的沿街长度超过 150m 或总长度超过 220m 时，应在适中位置设置穿过建筑的消防车道 有封闭内院或天井的高层建筑沿街时，应设置连通街道和内院的人行通道(可利用楼梯间)，其距离不宜超过 80m (2) 高层建筑的内院或天井，当其短边长度超过 24m 时，宜设有进入内院或天井的消防车道 (3) 供消防车取水的天然水源和消防水池，应设消防车道 (4) 消防车道的宽度不应小于 4.00m。消防车道距高层建筑外墙宜大于 5.00m，消防车道上空 4.00m 以下范围内不应有障碍物 (5) 尽头式消防车道应设有回车道或回车场，回车场不宜小于 15m×15m。大型消防车的回车场不宜小于 18m×18m 消防车道下的管道和暗沟等，应能承受消防车辆的压力 (6) 穿过高层建筑的消防车道，其净宽和净空高度均不应小于 4.00m (7) 消防车道与高层建筑之间，不应设置妨碍消防车登高操作的树木、架空管线等

高层建筑之间及高层建筑与其他民用建筑之间的防火间距(m)　　表 14-8

序号	建筑类别	高层建筑	裙房	其他民用建筑		
				耐火等级		
				一、二级	三级	四级
1	高层建筑	13	9	9	11	14
2	裙房	9	6	6	7	9

注：防火间距应按相邻建筑外墙的最近距离计算；当外墙有突出可燃构件时，应从其突出的部分外缘算起。

高层建筑与小型甲、乙、丙类液体储罐、可燃气体储罐和化学易燃物品库房的防火间距

表 14-9

序号	名称和储量		防火间距(m)	
			高层建筑	裙房
1	小型甲、乙类液体储罐	<30m^3	35	30
2		30～60m^3	40	35
3	小型丙类液体储罐	<150m^3	35	30
4		150～200m^3	40	35
5	可燃气体储罐	<100m^3	30	25
6		100～500m^3	35	30
7	化学易燃物品库房	<1t	30	25
8		1～5t	35	30

注：1. 储罐的防火间距应从距建筑物最近的储罐外壁算起；
2. 当甲、乙、丙类液体储罐直埋时，本表的防火间距可减少 50%。

高层建筑与厂(库)房的防火间距(m)　　**表 14-10**

序号	厂(库)房			一类		二类	
				高层建筑	裙房	高层建筑	裙房
1	丙类	耐火等级	一、二级	20	15	15	13
2			三、四级	25	20	20	15
3	丁类、戊类		一、二级	15	10	13	10
4			三、四级	18	12	15	10

14.2.2　防火、防烟分区和建筑构造

防火、防烟分区和建筑构造如表 14-11 所示。

防火、防烟分区和建筑构造　　**表 14-11**

序号	项　目	内　容
1	防火和防烟分区	(1) 高层建筑内应采用防火墙等划分防火分区，每个防火分区允许最大建筑面积，不应超过表 14-12 的规定 (2) 高层建筑内的商业营业厅、展览厅等，当设有火灾自动报警系统和自动灭火系统，且采用不燃烧或难燃烧材料装修时，地上部分防火分区的允许最大建筑面积为 4000m^2；地下部分防火分区的允许最大建筑面积为 2000m^2 (3) 当高层建筑与其裙房之间设有防火墙等防火分隔设施时，其裙房的防火分区允许最大建筑面积不应大于 2500m^2，当设有自动喷水灭火系统时，防火分区允许最大建筑面积可增加 1.00 倍 (4) 高层建筑内设有上下层相连通的走廊、敞开楼梯、自动扶梯、传送带等开口部位时，应按上下连通层作为一个防火分区，其允许最大建筑面积之和不应超过上述(1)条的规定。当上下开口部位设有耐火极限大于 3.00h 的防火卷帘或水幕等分隔设施时，其面积可不叠加计算 (5) 高层建筑中庭防火分区面积应按上、下层连通的面积叠加计算，当超过一个防火分区面积时，应符合下列规定： 1) 房间与中庭回廊相通的门、窗，应设自行关闭的乙级防火门、窗 2) 与中庭相通的过厅、通道等，应设乙级防火门或耐火极限大于 3.00h 的防火卷帘分隔 3) 中庭每层回廊应设有自动喷水灭火系统 4) 中庭每层回廊应设火灾自动报警系统 (6) 设置排烟设施的走道、净高不超过 6.00m 的房间，应采用挡烟垂壁、隔墙或从顶棚下突出不小于 0.50m 的梁划分防烟分区 每个防烟分区的建筑面积不宜超过 500m^2，且防烟分区不应跨越防火分区
2	防火墙、隔墙和楼板	(1) 防火墙不宜设在 U、L 形等高层建筑的内转角处。当设在转角附近时，内转角两侧墙上的门、窗、洞口之间最近边缘的水平距离不应小于 4.00m；当相邻一侧装有固定乙级防火窗时，距离可不限 (2) 紧靠防火墙两侧的门、窗、洞口之间最近边缘的水平距离不应小于 2.00m；当水平间距小于 2.00m 时，应设置固定乙级防火门、窗 (3) 防火墙上不应开设门、窗、洞口，当必须开设时，应设置能自行关闭的甲级防火门、窗 (4) 输送可燃气体和甲、乙、丙类液体的管道，严禁穿过防火墙。其他管道不宜穿过防火墙，当必须穿过时，应采用不燃烧材料将其周围的空隙填塞密实 穿过防火墙处的管道保温材料，应采用不燃烧材料 (5) 管道穿过隔墙、楼板时，应采用不燃烧材料将其周围的缝隙填塞密实 (6) 高层建筑内的隔墙应砌至梁板底部，且不宜留有缝隙 (7) 设在高层建筑内的自动灭火系统的设备室、通风、空调机房，应采用耐火极限不低于 2.00h 的隔墙，1.50h 的楼板和甲级防火门与其他部位隔开 (8) 地下室内存放可燃物平均重量超过 30kg/m^2 的房间隔墙，其耐火极限不应低于 2.00h，房间的门应采用甲级防火门

续表 14-11

序号	项　目	内　容
3	电梯井和管道井	(1) 电梯井应独立设置，井内严禁敷设可燃气体和甲、乙、丙类液体管道，并不应敷设与电梯无关的电缆、电线等。电梯井井壁除开设电梯门洞和通气孔洞外，不应开设其他洞口。电梯门不应采用栅栏门 (2) 电缆井、管道井、排烟道、排气道、垃圾道等竖向管道井，应分别独立设置；其井壁应为耐火极限不低于 1.00h 的不燃烧体；井壁上的检查门应采用丙级防火门 (3) 建筑高度不超过 100m 的高层建筑，其电缆井、管道井应每隔 2～3 层在楼板处用相当于楼板耐火极限的不燃烧体作防火分隔；建筑高度超过 100m 的高层建筑，应在每层楼板处用相当于楼板耐火极限的不燃烧体作防火分隔 电缆井、管道井与房间、走道等相连通的孔洞，其空隙应采用不燃烧材料填塞密实 (4) 垃圾道宜靠外墙设置，不应设在楼梯间内。垃圾道的排气口应直接开向室外。垃圾斗宜设在垃圾道前室内，该前室应采用丙级防火门。垃圾斗应采用不燃烧材料制作，并能自行关闭
4	防火门、防火窗和防火卷帘	(1) 防火门、防火窗应划分为甲、乙、丙三级，其耐火极限：甲级应为 1.20h；乙级应为 0.90h；丙级应为 0.60h (2) 防火门应为向疏散方向开启的平开门，并在关闭后应能从任何一侧手动开启 用于疏散的走道、楼梯间和前室的防火门，应具有自行关闭的功能。双扇和多扇防火门，还应具有按顺序关闭的功能 常开的防火门，当发生火灾时，应具有自行关闭和信号反馈的功能 (3) 设在变形缝处附近的防火门，应设在楼层数较多的一侧，且门开启后不应跨越变形缝 (4) 在设置防火墙确有困难的场所，可采用防火卷帘作防火分区分隔。当采用包括背火面温升作耐火极限判定条件的防火卷帘时，其耐火极限不低于 3.00h；当采用不包括背火面温升作耐火极限判定条件的防火卷帘时，其卷帘两侧应设独立的闭式自动喷水系统保护，系统喷水延续时间不应少于 3.00h (5) 设在疏散走道上的防火卷帘应在卷帘的两侧设置启闭装置，并应具有自动、手动和机械控制的功能
5	屋顶金属承重构件和变形缝	(1) 屋顶采用金属承重结构时，其吊顶、望板、保温材料等均应采用不燃烧材料，屋顶金属承重构件应采用外包敷不燃烧材料或喷涂防火涂料等措施，并应符合本章表 14-4 序号 2 规定的耐火极限，或设置自动喷水灭火系统 (2) 高层建筑的中庭屋顶承重构件采用金属结构时，应采取外包敷不燃烧材料、喷涂防火涂料等措施，其耐火极限不应小于 1.00h，或设置自动喷水灭火系统 (3) 变形缝构造基层应采用不燃烧材料 电缆、可燃气体管道和甲、乙、丙类液体管道，不应敷设在变形缝内。当其穿过变形缝时，应在穿过处加设不燃烧材料套管，并应采用不燃烧材料将套管空隙填塞密实

每个防火分区的允许最大建筑面积　　表 14-12

序号	建筑类别	每个防火分区建筑面积(m^2)	序号	建筑类别	每个防火分区建筑面积(m^2)
1	一类建筑	1000	3	地下室	500
2	二类建筑	1500			

注：1. 设有自动灭火系统的防火分区，其允许最大建筑面积可按本表增加 1.00 倍；当局部设置自动灭火系统时，增加面积可按该局部面积的 1.00 倍计算；

2. 一类建筑的电信楼，其防火分区允许最大建筑面积可按本表增加 50%。

14.3　安全疏散和消防电梯与消防给水和灭火设备

14.3.1　安全疏散和消防电梯

安全疏散和消防电梯如表 14-13 所示。

安全疏散和消防电梯　表 14-13

序号	项　目	内　容
1	一般规定	(1) 高层建筑每个防火分区的安全出口不应少于两个。但符合下列条件之一的，可设一个安全出口： 1) 十八层及十八层以下，每层不超过 8 户、建筑面积不超过 650m²，且设有一座防烟楼梯间和消防电梯的塔式住宅 2) 十八层及十八层以下每个单元设有一座通向屋顶的疏散楼梯，单元之间的楼梯通过屋顶连通，单元与单元之间设有防火墙，户门为甲级防火门，窗间墙宽度、窗槛墙高度大于 1.2m 且为不燃烧体墙的单元式住宅 超过十八层，每个单元设有一座通向屋顶的疏散楼梯，十八层以上部分每层相邻单元楼梯通过阳台或凹廊连通(屋顶可以不连通)，十八层及十八层以下部分单元与单元之间设有防火墙，且户门为甲级防火门，窗间墙宽度、窗槛墙高度大于 1.2m 且为不燃烧体墙的单元式住宅 3) 除地下室外，相邻两个防火分区之间的防火墙上有防火门连通时，且相邻两个防火分区的建筑面积之和不超过表 14-14 规定的公共建筑 (2) 塔式高层建筑，两座疏散楼梯宜独立设置，当确有困难时，可设置剪刀楼梯，并应符合下列规定： 1) 剪刀楼梯间应为防烟楼梯间 2) 剪刀楼梯的梯段之间，应设置耐火极限不低于 1.00h 的不燃烧体墙分隔 3) 剪刀楼梯应分别设置前室。塔式住宅确有困难时可设置一个前室，但两座楼梯应分别设加压送风系统 (3) 高层居住建筑的户门不应直接开向前室，当确有困难时，部分开向前室的户门均应为乙级防火门 (4) 商住楼中住宅的疏散楼梯应独立设置 (5) 高层公共建筑的大空间设计，必须符合双向疏散或袋形走道的规定 (6) 高层建筑的安全出口应分散布置，两个安全出口之间的距离不应小于 5.00m。安全疏散距离应符合表 14-15 的规定 (7) 跃廊式住宅的安全疏散距离，应从户门算起，小楼梯的一段距离按其 1.50 倍水平投影计算 (8) 高层建筑内的观众厅、展览厅、多功能厅、餐厅、营业厅和阅览室等，其室内任何一点至最近的疏散出口的直线距离，不宜超过 30m；其他房间内最远一点至房门的直线距离不宜超过 15m (9) 公共建筑中位于两个安全出口之间的房间，当其建筑面积不超过 60m² 时，可设置一个门，门的净宽不应小于 0.90m。公共建筑中位于走道尽端的房间，当其建筑面积不超过 75m² 时，可设置一个门，门的净宽不应小于 1.40m (10) 高层建筑内走道的净宽，应按通过人数每 100 人不小于 1.00m 计算；高层建筑首层疏散外门的总宽度，应按人数最多的一层每 100 人不小于 1.00m 计算。首层疏散外门和走道的净宽不应小于表 14-16 的规定 (11) 疏散楼梯间及其前室的门的净宽应按通过人数每 100 人不小于 1.00m 计算，但最小净宽不应小于 0.90m。单面布置房间的住宅，其走道出垛处的最小净宽不应小于 0.90m。 (12) 高层建筑内设有固定座位的观众厅、会议厅等人员密集场所，其疏散走道、出口等应符合下列规定： 1) 厅内的疏散走道的净宽应按通过人数每 100 人不小于 0.80m 计算，且不宜小于 1.00m；边走道的最小净宽不宜小于 0.80m 2) 厅的疏散出口和厅外疏散走道的总宽度，平坡地面应分别按通过人数每 100 人不小于 0.65m 计算，阶梯地面应分别按通过人数每 100 人不小于 0.80m 计算。疏散出口和疏散走道的最小净宽均不应小于 1.40m

续表 14-13

序号	项 目	内 容
1	一般规定	3）疏散出口的门内、门外 1.40m 范围内不应设踏步，且门必须向外开，并不应设置门槛 4）厅内座位的布置，横走道之间的排数不宜超过 20 排，纵走道之间每排座位不宜超过 22 个；当前后排座位的排距不小于 0.90m 时，每排座位可为 44 个；只一侧有纵走道时，其座位数应减半 5）厅内每个疏散出口的平均疏散人数不应超过 250 人 6）厅的疏散门，应采用推闩式外开门 （13）高层建筑地下室、半地下室的安全疏散应符合下列规定： 1）每个防火分区的安全出口不应少于两个。当有两个或两个以上防火分区，且相邻防火分区之间的防火墙上设有防火门时，每个防火分区可分别设一个直通室外的安全出口 2）房间面积不超过 $50m^2$，且经常停留人数不超过 15 人的房间，可设一个门 3）人员密集的厅、室疏散出口总宽度，应按其通过人数每 100 人不小于 1.00m 计算 （14）建筑高度超过 100m 的公共建筑，应设置避难层（间），并应符合下列规定： 1）避难层的设置，自高层建筑首层至第一个避难层或两个避难层之间，不宜超过 15 层 2）通向避难层的防烟楼梯应在避难层分隔、同层错位或上下层断开，但人员均必须经避难层方能上下 3）避难层的净面积应能满足设计避难人员避难的要求，并宜按 5.00 人/m^2 计算 4）避难层可兼作设备层，但设备管道宜集中布置 5）避难层应设消防电梯出口 6）避难层应设消防专线电话，并应设有消火栓和消防卷盘 7）封闭式避难层应设独立的防烟设施 8）避难层应设有应急广播和应急照明，其供电时间不应小于 1.00h，照度不应低于 1.00lx （15）建筑高度超过 100m，且标准层建筑面积超过 $1000m^2$ 的公共建筑，宜设置屋顶直升机停机坪或供直升机救助的设施，并应符合下列规定： 1）设在屋顶平台上的停机坪，距设备机房、电梯机房、水箱间、共用天线等突出物的距离，不应小于 5.00m 2）出口不应少于两个，每个出口宽度不宜小于 0.90m 3）在停机坪的适当位置应设置消火栓 4）停机坪四周应设置航空障碍灯，并应设置应急照明 （16）除设有排烟设施和应急照明者外，高层建筑内的走道长度超过 20m 时，应设置直接天然采光和自然通风的设施 （17）高层建筑的公共疏散门均应向疏散方向开启，且不应采用侧拉门、吊门和转门。人员密集场所防止外部人员随意进入的疏散用门，应设置火灾时不需使用钥匙等任何器具即能迅速开启的装置，并应在明显位置设置使用提示 （18）建筑物直通室外的安全出口上方，应设置宽度不小于 1.00m 的防火挑檐
2	疏散楼梯间和楼梯	（1）一类建筑和除单元式和通廊式住宅外的建筑高度超过 32m 的二类建筑以及塔式住宅，均应设防烟楼梯间。防烟楼梯间的设置应符合下列规定： 1）楼梯间入口处应设前室、阳台或凹廊 2）前室的面积，公共建筑不应小于 $6.00m^2$，居住建筑不应小于 $4.50m^2$ 3）前室和楼梯间的门均应为乙级防火门，并应向疏散方向开启 （2）裙房和除单元式和通廊式住宅外的建筑高度不超过 32m 的二类建筑应设封闭楼梯间。封闭楼梯间的设置应符合下列规定： 1）楼梯间应靠外墙，并应直接天然采光和自然通风，当不能直接天然采光和自然通风时，按防烟楼梯间规定设置 2）楼梯间应设乙级防火门，并应向疏散方向开启 3）楼梯间的首层紧接主要出口时，可将走道和门厅等包括在楼梯间内，形成扩大的封闭楼梯间，但应采用乙级防火门等防火措施与其他走道和房间隔开

续表 14-13

序号	项　　目	内　　容
2	疏散楼梯间和楼梯	(3) 单元式住宅每个单元的疏散楼梯均应通至屋顶，其疏散楼梯间的设置应符合下列规定： 1) 十一层及十一层以下的单元式住宅可不设封闭楼梯间，但开向楼梯间的户门应为乙级防火门，且楼梯间应靠外墙，并应直接天然采光和自然通风 2) 十二层及十八层的单元式住宅应设封闭楼梯间 3) 十九层及十九层以上的单元式住宅应设防烟楼梯间 (4) 十一层及十一层以下的通廊式住宅应设封闭楼梯间；超过十一层的通廊式住宅应设防烟楼梯间 (5) 楼梯间及防烟楼梯间前室应符合下列规定： 1) 楼梯间及防烟楼梯间前室的内墙上，除开设通向公共走道的疏散门和本表序号 1 之(3)条规定的户门外，不应开设其他门、窗、洞口 2) 楼梯间及防烟楼梯间前室内不应敷设可燃气体管道和甲、乙、丙类液体管道，并不应有影响疏散的突出物 3) 居住建筑内的煤气管道不应穿过楼梯间，当必须局部水平穿过楼梯间时，应穿钢套管保护，并应符合现行国家标准《城镇燃气设计规范》GB 50028 的有关规定 (6) 除通向避难层错位的楼梯外，疏散楼梯间在各层的位置不应改变，首层应有直通室外的出口 疏散楼梯和走道上的阶梯不应采用螺旋楼梯和扇形踏步，但踏步上下两级所形成的平面角不超过 10°，且每级离扶手 0.25m 处的踏步宽度超过 0.22m 时，可不受此限 (7) 除本表序号 1 之(1)条之 1)的规定以及顶层为外通廊式住宅外的高层建筑，通向屋顶的疏散楼梯不宜少于两座，且不应穿越其他房间，通向屋顶的门应向屋顶方向开启 (8) 地下室、半地下室的楼梯间，在首层应采用耐火极限不低于 2.00h 的隔墙与其他部位隔开并应直通室外，当必须在隔墙上开门时，应采用不低于乙级的防火门 地下室或半地下室与地上层不应共用楼梯间，当必须共用楼梯间时，应在首层与地下或半地下层的出入口处，设置耐火极限不低于 2.00h 的隔墙和乙级的防火门隔开，并应有明显标志 (9) 每层疏散楼梯总宽度应按其通过人数每 100 人不小于 1.00m 计算，各层人数不相等时，其总宽度可分段计算，下层疏散楼梯总宽度应按其上层人数最多的一层计算。疏散楼梯的最小净宽不应小于表 14-17 的规定 (10) 室外楼梯可作为辅助的防烟楼梯，其最小净宽不应小于 0.90m。当倾斜角度不大于 45°，栏杆扶手的高度不小于 1.10m 时，室外楼梯宽度可计入疏散楼梯总宽度内 室外楼梯和每层出口处平台，应采用不燃材料制作。平台的耐火极限不应低于 1.00h。在楼梯周围 2.00m 内的墙面上，除设疏散门外，不应开设其他门、窗、洞口。疏散门应采用乙级防火门、且不应正对梯段 (11) 公共建筑内袋形走道尽端的阳台、凹廊，宜设上下层连通的辅助疏散设施
3	消防电梯	(1) 下列高层建筑应设消防电梯： 1) 一类公共建筑 2) 塔式住宅 3) 十二层及十二层以上的单元式住宅和通廊式住宅 4) 高度超过 32m 的其他二类公共建筑 (2) 高层建筑消防电梯的设置数量应符合下列规定： 1) 当每层建筑面积不大于 1500m² 时，应设 1 台 2) 当大于 1500m² 但不大于 4500m² 时，应设 2 台 3) 当大于 4500m² 时，应设 3 台 4) 消防电梯可与客梯或工作电梯兼用，但应符合消防电梯的要求 (3) 消防电梯的设置应符合下列规定： 1) 消防电梯宜分别设在不同的防火分区内

续表 14-13

序号	项　目	内　容
3	消防电梯	2）消防电梯间应设前室，其面积：居住建筑不应小于 $4.50m^2$；公共建筑不应小于 $6.00m^2$。当与防烟楼梯间合用前室时，其面积：居住建筑不应小于 $6.00m^2$；公共建筑不应小于 $10m^2$ 3）消防电梯间前室宜靠外墙设置，在首层应设直通室外的出口或经过长度不超过 30m 的通道通向室外 4）消防电梯间前室的门，应采用乙级防火门或具有停滞功能的防火卷帘 5）消防电梯的载重量不应小于 800kg 6）消防电梯井、机房与相邻其他电梯井、机房之间，应采用耐火极限不低于 2.00h 的隔墙隔开，当在隔墙上开门时，应设甲级防火门 7）消防电梯的行驶速度，应按从首层到顶层的运行时间不超过 60s 计算确定 8）消防电梯轿厢的内装修应采用不燃烧材料 9）动力与控制电缆、电线应采取防水措施 10）消防电梯轿厢内应设专用电话；并应在首层设供消防队员专用的操作按钮 11）消防电梯间前室门口宜设挡水设施 消防电梯的井底应设排水设施，排水井容量不应小于 $2.00m^3$，排水泵的排水量不应小于 10L/s

两个防火分区之和最大允许建筑面积　　表 14-14

序号	建筑类别	两个防火分区建筑面积之和(m^2)
1	一类建筑	1400
2	二类建筑	2100

注：上述相邻两个防火分区设有自动喷水灭火系统时，其相邻两个防火分区建筑面积之和仍应符合本表的规定。

安全疏散距离　　表 14-15

序号	高层建筑		房间门或住宅户门至最近的外部出口或楼梯间的最大距离(m)	
			位于两个安全出口之间的房间	位于袋形走道两侧或尽端的房间
1	医院	病房部分	24	15
2		其他部分	30	15
3	旅馆、展览楼、教学楼		30	15
4	其他		40	20

首层疏散外门和走道的净宽(m)　　表 14-16

序号	高层建筑	每个外门的净宽	走道净宽	
			单面布房	双面布房
1	医院	1.30	1.40	1.50
2	居住建筑	1.10	1.20	1.30
3	其他	1.20	1.30	1.40

疏散楼梯的最小净宽度　　表 14-17

序号	高层建筑	疏散楼梯的最小净宽度(m)
1	医院病房楼	1.30
2	居住建筑	1.10
3	其他建筑	1.20

14.3.2　消防给水和灭火设备

消防给水和灭火设备如表 14-18 所示。

消防给水和灭火设备　　表 14-18

序号	项　目	内　容
1	一般规定	(1) 高层建筑必须设置室内、室外消火栓给水系统 (2) 消防用水可由给水管网、消防水池或天然水源供给。利用天然水源应确保枯水期最低水位时的消防用水量，并应设置可靠的取水设施 (3) 室内消防给水应采用高压或临时高压给水系统。当室内消防用水量达到最大时，其水压应满足室内最不利点灭火设施的要求 室外低压给水管道的水压，当生活、生产和消防用水量达到最大时，不应小于 0.10N/mm^2(从室外地面算起) 注：生活、生产用水量应按最大小时流量计算，消防用水量应按最大秒流量计算
2	消防用水量	(1) 高层建筑的消防用水总量应按室内、外消防用水量之和计算 高层建筑内设有消火栓、自动喷水、水幕、泡沫等灭火系统时，其室内消防用水量应按需要同时开启的灭火系统用水量之和计算 (2) 高层建筑室内、外消火栓给水系统的用水量，不应小于表 14-19 的规定 (3) 高层建筑室内自动喷水灭火系统的用水量，应按现行的国家标准《自动喷水灭火系统设计规范》的规定执行 (4) 高级旅馆、重要的办公楼、一类建筑的商业楼、展览楼、综合楼等和建筑高度超过 100m 的其他高层建筑，应设消防卷盘，其用水量可不计入消防用水总量
3	室外消防给水管道、消防水池和室外消火栓	(1) 室外消防给水管道应布置成环状，其进水管不宜少于两条，并宜从两条市政给水管道引入，当其中一条进水管发生故障时，其余进水管应仍能保证全部用水量 (2) 符合下列条件之一时，高层建筑应设消防水池： 1) 市政给水管道和进水管或天然水源不能满足消防用水量 2) 市政给水管道为枝状或只有一条进水管(二类居住建筑除外) (3) 当室外给水管网能保证室外消防用水量时，消防水池的有效容量应满足在火灾延续时间内室内消防用水量的要求；当室外给水管网不能保证室外消防用水量时，消防水池的有效容量应满足火灾延续时间内室内消防用水量和室外消防用水量不足部分之和的要求 消防水池的补水时间不宜超过 48h 商业楼、展览楼、综合楼、一类建筑的财贸金融楼、图书馆、书库，重要的档案楼、科研楼和高级旅馆的火灾延续时间应按 3.00h 计算，其他高层建筑可按 2.00h 计算。自动喷水灭火系统可按火灾延续时间 1.00h 计算 消防水池的总容量超过 500m^3 时，应分成两个能独立使用的消防水池 (4) 供消防车取水的消防水池应设取水口或取水井，其水深应保证消防车的消防水泵吸水高度不超过 6.00m。取水口或取水井与被保护高层建筑的外墙距离不宜小于 5.00m，并不宜大于 100m 消防用水与其他用水共用的水池，应采取确保消防用水量不作他用的技术措施 寒冷地区的消防水池应采取防冻措施 (5) 同一时间内只考虑一次火灾的高层建筑群，可共用消防水池、消防泵房、高位消防水箱。消防水池、高位消防水箱的容量应按消防用水量最大的一幢高层建筑计算。高位消防水箱应满足本表序号 4 的相关规定，且应设置在高层建筑群内最高的一幢高层建筑的屋顶最高处 (6) 室外消火栓的数量应按本表序号 2 之(2)条规定的室外消火栓用水量经计算确定，每个消火栓的用水量应为 10～15L/s 室外消火栓应沿高层建筑均匀布置，消火栓距高层建筑外墙的距离不宜小于 5.00m，并不宜大于 40m；距路边的距离不宜大于 2.00m。在该范围内的市政消火栓可计入室外消火栓的数量 (7) 室外消火栓宜采用地上式，当采用地下式消火栓时，应有明显标志

续表 14-18

序号	项　目	内　容
4	室内消防给水管道、室内消火栓和消防水箱	(1) 室内消防给水系统应与生活、生产给水系统分开独立设置。室内消防给水管道应布置成环状。室内消防给水环状管网的进水管和区域高压或临时高压给水系统的引入管不应少于两根，当其中一根发生故障时，其余的进水管或引入管应能保证消防用水量和水压的要求 (2) 消防竖管的布置，应保证同层相邻两个消火栓的水枪的充实水柱同时达到被保护范围内的任何部位。每根消防竖管的直径应按通过的流量经计算确定，但不应小于 100mm 以下情况，当设两根消防竖管有困难时，可设一根竖管，但必须采用双阀双出口型消火栓： 1) 十八层及十八层以下的单元式住宅 2) 十八层及十八层以下、每层不超过 8 户、建筑面积不超过 650m² 的塔式住宅 (3) 室内消火栓给水系统应与自动喷水灭火系统分开设置，有困难时，可合用消防泵，但在自动喷水灭火系统的报警阀前(沿水流方向)必须分开设置 (4) 室内消防给水管道应采用阀门分成若干独立段。阀门的布置，应保证检修管道时关闭停用的竖管不超过一根。当竖管超过 4 根时，可关闭不相邻的两根 裙房内消防给水管道的阀门布置可按现行的国家标准《建筑设计防火规范》GB 50016 的有关规定执行 阀门应有明显的启闭标志 (5) 室内消火栓给水系统和自动喷水灭火系统应设水泵接合器，并应符合下列规定： 1) 水泵接合器的数量应按室内消防用水量经计算确定。每个水泵接合器的流量应按 10～15L/s 计算 2) 消防给水为竖向分区供水时，在消防车供水压力范围内的分区，应分别设置水泵接合器 3) 水泵接合器应设在室外便于消防车使用的地点，距室外消火栓或消防水池的距离宜为 15～40m 4) 水泵接合器宜采用地上式；当采用地下式水泵接合器时，应有明显标志 (6) 除无可燃物的设备层外，高层建筑和裙房的各层均应设室内消火栓，并应符合下列规定： 1) 消火栓应设在走道、楼梯附近等明显易于取用的地点，消火栓的间距应保证同层任何部位有两个消火栓的水枪充实水柱同时到达 2) 消火栓的水枪充实水柱应通过水力计算确定，且建筑高度不超过 100m 的高层建筑不应小于 10m；建筑高度超过 100m 的高层建筑不应小于 13m 3) 消火栓的间距应由计算确定，且高层建筑不应大于 30m，裙房不应大于 50m 4) 消火栓栓口离地面高度宜为 1.10m，栓口出水方向宜向下或与设置消火栓的墙面相垂直 5) 消火栓栓口的静水压力不应大于 1.00N/mm²，当大于 1.00N/mm² 时，应采取分区给水系统。消火栓栓口的出水压力大于 0.50N/mm² 时，应采取减压措施 6) 消火栓应采用同一型号规格。消火栓的栓口直径应为 65mm，水带长度不应超过 25m，水枪喷嘴口径不应小于 19mm 7) 临时高压给水系统的每个消火栓处应设直接启动消防水泵的按钮，并应设有保护按钮的设施 8) 消防电梯间前室应设消火栓 9) 高层建筑的屋顶应设一个装有压力显示装置的检查用的消火栓，采暖地区可设在顶层出口处或水箱间内 (7) 采用高压给水系统时，可不设高位消防水箱。当采用临时高压给水系统时，应设高位消防水箱，并应符合下列规定： 1) 高位消防水箱的消防储水量，一类公共建筑不应小于 18m³；二类公共建筑和一类居住建筑不应小 12m³；二类居住建筑不应小于 6.00m³ 2) 高位消防水箱的设置高度应保证最不利点消火栓静水压力。当建筑高度不超过 100m 时，高层建筑最不利点消火栓静水压力不应低于 0.07N/mm²；当建筑高度超过 100m 时，高层建筑最不利点消火栓静水压力不应低于 0.15N/mm²。当高位消防水箱不能满足上述静压要求时，应设增压设施

续表 14-18

序号	项　　目	内　　容
4	室内消防给水管道、室内消火栓和消防水箱	3）并联给水方式的分区消防水箱容量应与高位消防水箱相同 4）消防用水与其他用水合用的水箱，应采取确保消防用水不作他用的技术措施 5）除串联消防给水系统外，发生火灾时由消防水泵供给的消防用水不应进入高位消防水箱 （8）设有高位消防水箱的消防给水系统，其增压设施应符合下列规定： 1）增压水泵的出水量，对消火栓给水系统不应大于 5L/s；对自动喷水灭火系统不应大于 1L/s 2）气压水罐的调节水容量宜为 450L （9）消防卷盘的间距应保证有一股水流能到达室内地面任何部位，消防卷盘的安装高度应便于取用 注：消防卷盘的栓口直径宜为 25mm；配备的胶带内径不小于 19mm；消防卷盘喷嘴口径不小于 6.00mm
5	消防水泵房和消防水泵	（1）独立设置的消防水泵房，其耐火等级不应低于二级。在高层建筑内设置消防水泵房时，应采用耐火极限不低于 2.00h 的隔墙和 1.50h 的楼板与其他部位隔开，并应设甲级防火门 （2）当消防水泵房设在首层时，其出口宜直通室外。当设在地下室或其他楼层时，其出口应直通安全出口 （3）消防给水系统应设置备用消防水泵，其工作能力不应小于其中最大一台消防工作泵 （4）一组消防水泵，吸水管不应少于两条，当其中一条损坏或检修时，其余吸水管应仍能通过全部水量 消防水泵房应设不少于两条的供水管与环状管网连接 消防水泵应采用自灌式吸水，其吸水管应设阀门。供水管上应装设试验和检查用压力表和 65mm 的放水阀门 （5）当市政给水环形干管允许直接吸水时，消防水泵应直接从室外给水管网吸水。直接吸水时，水泵扬程计算应考虑室外给水管网的最低水压，并以室外给水管网的最高水压校核水泵的工作情况 （6）高层建筑消防给水系统应采取防超压措施
6	灭火设备	（1）建筑高度超过 100m 的高层建筑及其裙房，除游泳池、溜冰场、建筑面积小于 5.00m² 的卫生间、不设集中空调且户门为甲级防火门的住宅的户内用房和不宜用水扑救的部位外，均应设自动喷水灭火系统 （2）建筑高度不超过 100m 的一类高层建筑及其裙房，除游泳池、溜冰场、建筑面积小于 5.00m² 的卫生间、普通住宅、设集中空调的住宅的户内用房和不宜用水扑救的部位外，均应设自动喷水灭火系统 （3）二类高层公共建筑的下列部位应设自动喷水灭火系统： 1）公共活动用房 2）走道、办公室和旅馆的客房 3）自动扶梯底部 4）可燃物品库房 （4）高层建筑中的歌舞娱乐放映游艺场所、空调机房、公共餐厅、公共厨房以及经常有人停留或可燃物较多的地下室、半地下室房间等，应设自动喷水灭火系统 （5）超过 800 个座位的剧院、礼堂的舞台口宜设防火幕或水幕分隔 （6）高层建筑内的下列房间应设置除卤代烷 1211、1301 以外的自动灭火系统： 1）燃油、燃气的锅炉房、柴油发电机房宜设自动喷水灭火系统 2）可燃油油浸电力变压器、充可燃油的高压电容器和多油开关室宜设水喷雾或气体灭火系统 （7）高层建筑的下列房间，应设置气体灭火系统： 1）主机房建筑面积不小于 140m² 的电子计算机房中的主机房和基本工作间的已记录磁、纸介质库 2）省级或超过 100 万人口的城市，其广播电视发射塔楼内的微波机房、分米波机房、米波机房、变、配电室和不间断电源（UPS）室

续表 14-18

序号	项　目	内　容
6	灭火设备	3）国际电信局、大区中心，省中心和一万路以上的地区中心的长途通讯机房、控制室和信令转接点室 4）二万线以上的市话汇接局和六万门以上的市话端局程控交换机房、控制室和信令转接点室 5）中央及省级治安、防灾和网、局级及以上的电力等调度指挥中心的通信机房和控制室 6）其他特殊重要设备室 注：当有备用主机和备用已记录磁、纸介质且设置在不同建筑中，或同一建筑中的不同防火分区内时，本表序号 6 之(7)条的 1)中指定的房间内可采用预作用自动喷水灭火系统 (8) 高层建筑的下列房间应设置气体灭火系统，但不得采用卤代烷 1211、1301 灭火系统： 1）国家、省级或藏书量超过 100 万册的图书馆的特藏库 2）中央和省级档案馆中的珍藏库和非纸质档案库 3）大、中型博物馆中的珍品库房 4）一级纸、绢质文物的陈列室 5）中央和省级广播电视中心内，面积不小于 120m² 的音、像制品库房 (9) 高层建筑的灭火器配置应按现行国家标准《建筑灭火器配置设计规范》的有关规定执行

消火栓给水系统的用水量　　　　表 14-19

序号	高层建筑类别	建筑高度(m)	消火栓用水量(L/s)		每根竖管最小流量(L/s)	每支水枪最小流量(L/s)
			室外	室内		
1	普通住宅	≤50	15	10	10	5
2		>50	15	20	10	5
3	(1) 高级住宅 (2) 医院 (3) 二类建筑的商业楼、展览楼、综合楼、财贸金融楼、电信楼、商住楼、图书馆、书库 (4) 省级以下的邮政楼、防灾指挥调度楼、广播电视楼、电力调度楼 (5) 建筑高度不超过 50m 的教学楼和普通的旅馆、办公楼、科研楼、档案楼等	≤55	20	20	10	5
4		>50	20	30	15	5
5	(1) 高级旅馆 (2) 建筑高度超过 50m 或每层建筑面积超过 1000m² 的商业楼、展览楼、综合楼、财贸金融楼、电信楼 (3) 建筑高度超过 50m 或每层建筑面积超过 1500m² 的商住楼 (4) 中央和省级(含计划单列市)广播电视楼 (5) 网局级和省级(含计划单列市)电力调度楼 (6) 省级(含计划单列市)邮政楼、防灾指挥调度楼 (7) 藏书超过 100 万册的图书馆、书库 (8) 重要的办公楼、科研楼、档案楼 (9) 建筑高度超过 50m 的教学楼和普通的旅馆、办公楼、科研楼、档案楼等	≤55	30	30	15	5
6		>50	30	40	15	5

注：建筑高度不超过 50m，室内消火栓用水量超过 20L/s，且设有自动喷水灭火系统的建筑物，其室内、外消防用水量可按本表减少 5L/s。

14.4　防烟、排烟和通风、空气调节与电气

14.4.1　防烟、排烟和通风、空气调节

防烟、排烟和通风、空气调节如表 14-20 所示。

防烟、排烟和通风、空气调节　　表 14-20

序号	项　目	内　容
1	一般规定	(1) 高层建筑的防烟设施应分为机械加压送风的防烟设施和可开启外窗的自然排烟设施 (2) 高层建筑的排烟设施应分为机械排烟设施和可开启外窗的自然排烟设施 (3) 一类高层建筑和建筑高度超过 32m 的二类高层建筑的下列部位应设排烟设施： 1) 长度超过 20m 的内走道 2) 面积超过 $100m^2$，且经常有人停留或可燃物较多的房间 3) 高层建筑的中庭和经常有人停留或可燃物较多的地下室 (4) 通风、空气调节系统应采取防火、防烟措施 (5) 机械加压送风和机械排烟的风速，应符合下列规定： 1) 采用金属风道时，不应大于 20m/s 2) 采用内表面光滑的混凝土等非金属材料风道时，不应大于 15m/s 3) 送风口的风速不宜大于 7m/s；排烟口的风速不宜大于 10m/s
2	自然排烟	(1) 除建筑高度超过 50m 的一类公共建筑和建筑高度超过 100m 的居住建筑外，靠外墙的防烟楼梯间及其前室、消防电梯间前室和合用前室，宜采用自然排烟方式 (2) 采用自然排烟的开窗面积应符合下列规定： 1) 防烟楼梯间前室、消防电梯间前室可开启外窗面积不应小于 $2.00m^2$，合用前室不应小于 $3.00m^2$ 2) 靠外墙的防烟楼梯间每五层内可开启外窗总面积之和不应小于 $2.00m^2$ 3) 长度不超过 60m 的内走道可开启外窗面积不应小于走道面积的 2% 4) 需要排烟的房间可开启外窗面积不应小于该房间面积的 2% 5) 净空高度小于 12m 的中庭可开启的天窗或高侧窗的面积不应小于该中庭地面积的 5% (3) 防烟楼梯间前室或合用前室，利用敞开的阳台、凹廊或前室内有不同朝向的可开启外窗自然排烟时，该楼梯间可不设防烟设施 (4) 排烟窗宜设置在上方，并应有方便开启的装置
3	机械防烟	(1) 下列部位应设置独立的机械加压送风的防烟设施： 1) 不具备自然排烟条件的防烟楼梯间、消防电梯间前室或合用前室 2) 采用自然排烟措施的防烟楼梯间，其不具备自然排烟条件的前室 3) 封闭避难层(间) (2) 高层建筑防烟楼梯间及其前室、合用前室和消防电梯间前室的机械加压送风量应由计算确定，或按表 14-21 至表 14-24 的规定确定。当计算值和本表不一致时，应按两者中较大值确定 (3) 层数超过三十二层的高层建筑，其送风系统及送风量应分段设计 (4) 剪刀楼梯间可合用一个风道，其风量应按二个楼梯间风量计算，送风口应分别设置 (5) 封闭避难层(间)的机械加压送风量应按避难层净面积每平方米不小于 $30m^3/h$ 计算 (6) 机械加压送风的防烟楼梯间和合用前室，宜分别独立设置送风系统，当必须共用一个系统时，应在通向合用前室的支风管上设置压差自动调节装置 (7) 机械加压送风机的全压，除计算最不利环管道压头损失外，尚应有余压。其余压值应符合下列要求：

续表 14-20

序号	项目	内容
3	机械防烟	1) 防烟楼梯间为 40N/m² 至 50N/m² 2) 前室、合用前室、消防电梯间前室、封闭避难层(间)为 25N/m² 至 30N/m² (8) 楼梯间宜每隔二至三层设一个加压送风口；前室的加压送风口应每层设一个 (9) 机械加压送风机可采用轴流风机或中、低压离心风机，风机位置应根据供电条件、风量分配均衡、新风入口不受火、烟威胁等因素确定
4	机械排烟	(1) 一类高层建筑和建筑高度超过 32m 的二类高层建筑的下列部位，应设置机械排烟设施： 1) 无直接自然通风，且长度超过 20m 的内走道或虽有直接自然通风，但长度超过 60m 的内走道 2) 面积超过 100m²，且经常有人停留或可燃物较多的地上无窗房间或设固定窗的房间 3) 不具备自然排烟条件或净空高度超过 12m 的中庭 4) 除利用窗井等开窗进行自然排烟的房间外，各房间总面积超过 200m² 或一个房间面积超过 50m²，且经常有人停留或可燃物较多的地下室 (2) 设置机械排烟设施的部位，其排烟风机的风量应符合下列规定： 1) 担负一个防烟分区排烟或净空高度大于 6.00m 的不划防烟分区的房间时，应按每平方米面积不小于 60m³/h 计算(单台风机最小排烟量不应小于 7200m³/h) 2) 担负两个或两个以上防烟分区排烟时，应按最大防烟分区面积每平方米不小于 120m³/h 计算 3) 中庭体积小于或等于 17000m³ 时，其排烟量按其体积 6 次/h 换气计算；中庭体积大于 17000m³ 时，其排烟量按其体积的 4 次/h 换气计算，但最小排烟量不应小于 102000m³/h (3) 带裙房的高层建筑防烟楼梯间及其前室，消防电梯间前室或合用前室，当裙房以上部分利用可开启外窗进行自然排烟，裙房部分不具备自然排烟条件时，其前室或合用前室应设置局部正压送风系统，正压值应符合本表序号 3 之(7)条的规定 (4) 排烟口应设在顶棚上或靠近顶棚的墙面上，且与附近安全出口沿走道方向相邻边缘之间的最小水平距离不应小于 1.50m。设在顶棚上的排烟口，距可燃构件或可燃物的距离不应小于 1.00m。排烟口平时关闭，并应设置有手动和自动开启装置 (5) 防烟分区内的排烟口距最远点的水平距离不应超过 30m。在排烟支管上应设有当烟气温度超过 280℃时能自行关闭的排烟防火阀 (6) 走道的机械排烟系统宜竖向设置；房间的机械排烟系统宜按防烟分区设置 (7) 排烟风机可采用离心风机或采用排烟轴流风机，并应在其机房入口处设有当烟气温度超过 280℃时能自动关闭的排烟防火阀。排烟风机应保证在 280℃时能连续工作 30min (8) 机械排烟系统中，当任一排烟口或排烟阀开启时，排烟风机应能自行启动 (9) 对上述(8)的简要说明如下： 排烟口、排烟阀应与排烟风机联动机械排烟系统的控制程序举例如下： 图 14-2 为不设消防控制室的房间机械排烟控制程序 图 14-3 为设有消防控制室的房间机械排烟控制程序 (10) 排烟管道必须采用不燃材料制作。安装在吊顶内的排烟管道，其隔热层应采用不燃烧材料制作，并应与可燃物保持不小于 150mm 的距离 (11) 机械排烟系统与通风、空气调节系统宜分开设置。若合用时，必须采取可靠的防火安全措施，并应符合排烟系统要求 (12) 设置机械排烟的地下室，应同时设置送风系统，且送风量不宜小于排烟量的 50% (13) 排烟风机的全压应按排烟系统最不利环管道进行计算，其排烟量应增加漏风系数

续表 14-20

序号	项　目	内　容
5	通风和空气调节	（1）空气中含有易燃、易爆物质的房间，其送、排风系统应采用相应的防爆型通风设备；当送风机设在单独隔开的通风机房内且送风干管上设有止回阀时，可采用普通型通风设备，其空气不应循环使用 （2）通风、空气调节系统，横向应按每个防火分区设置，竖向不宜超过五层，当排风管道设有防止回流设施且各层设有自动喷水灭火系统时，其进风和排风管道可不受此限制。垂直风管应设在管井内 （3）下列情况之一的通风、空气调节系统的风管道应设防火阀： 1）管道穿越防火分区处 2）穿越通风、空气调节机房及重要的或火灾危险性大的房间隔墙和楼板处 3）垂直风管与每层水平风管交接处的水平管段上 4）穿越变形缝处的两侧 （4）防火阀的动作温度宜为 70℃ （5）厨房、浴室、厕所等的垂直排风管道，应采取防止回流的措施或在支管上设置防火阀 （6）通风、空气调节系统的管道等，应采用不燃烧材料制作，但接触腐蚀性介质的风管和柔性接头，可采用难燃烧材料制作 （7）管道和设备的保温材料、消声材料和粘结剂应为不燃烧材料或难燃烧材料穿过防火墙和变形缝的风管两侧各 2.00m 范围内应采用不燃烧材料及其粘结剂 （8）风管内设有电加热器时，风机应与电加热器连锁。电加热器前后各 800mm 范围内的风管和穿过设有火源等容易起火部位的管道，均必须采用不燃保温材料

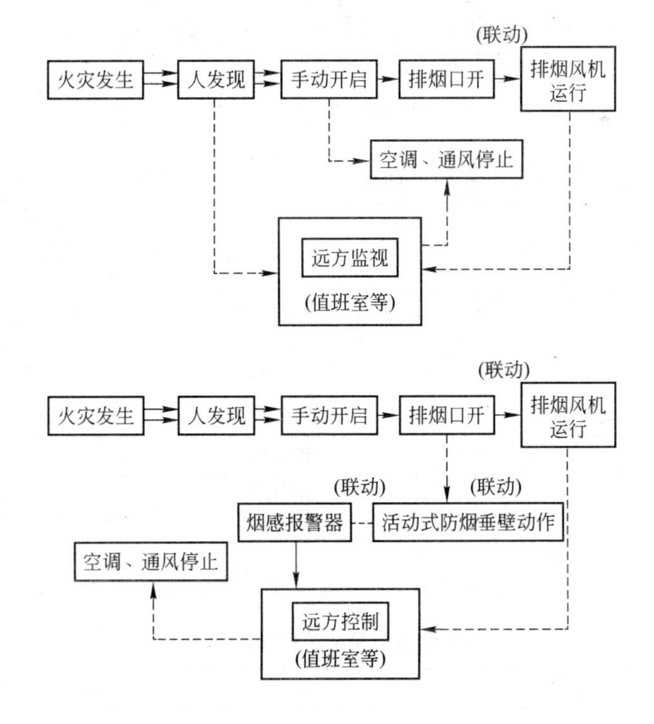

图 14-2　不设消防控制室的房间机械排烟控制程序

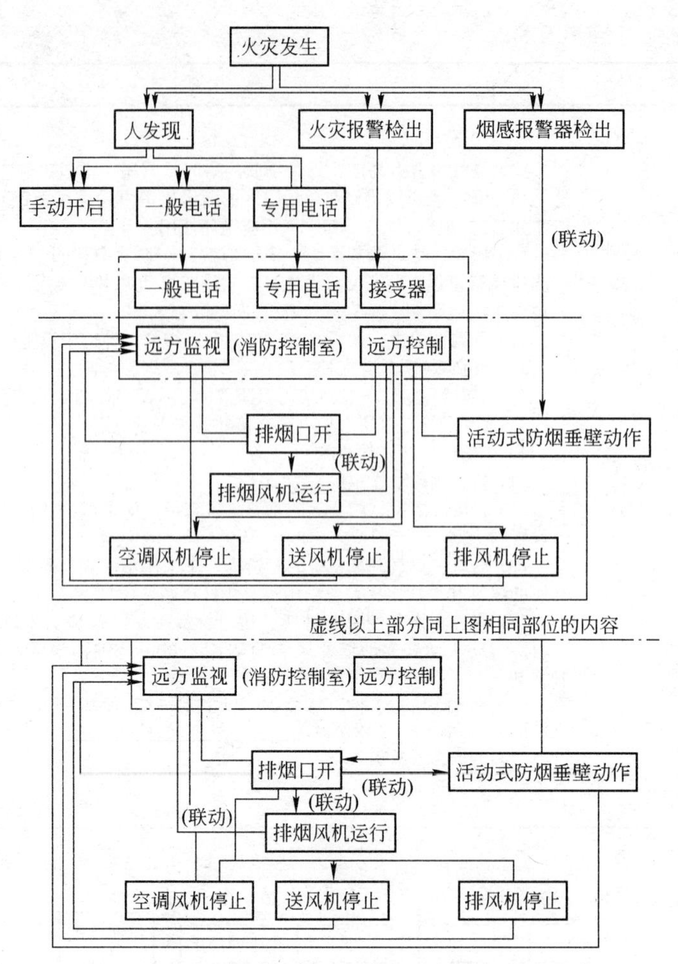

图 14-3　设有消防控制室的房间机械排烟控制程序

防烟楼梯间(前室不送风)的加压送风量　　　**表 14-21**

序号	系统负担层数	加压送风量(m^3/h)
1	<20 层	25000～30000
2	20 层～32 层	35000～40000

防烟楼梯间及其合用前室的分别加压送风量　　　**表 14-22**

序号	系统负担层数	送风部位	加压送风量(m^3/h)
1	<20 层	防烟楼梯间	16000～20000
2		合用前室	12000～16000
3	20 层～32 层	防烟楼梯间	20000～25000
4		合用前室	18000～22000

消防电梯间前室的加压送风量　　　**表 14-23**

序号	系统负担层数	加压送风量(m^3/h)
1	<20 层	15000～20000
2	20 层～32 层	22000～27000

防烟楼梯间采用自然排烟，前室或合用前室不具备自然排烟条件时的送风量　表14-24

序号	系统负担层数	加压送风量(m³/h)
1	<20层	22000～27000
2	20层～32层	28000～32000

注：1. 表14-21至表14-24的风量按开启2.00m×1.60m的双扇门确定。当采用单扇门时，其风量可乘以0.75系数计算；当有两个或两个以上出入口时，其风量应乘以1.50～1.75系数计算。开启门时，通过门的风速不宜小于0.70m/s；

2. 风量上下限选取应按层数、风道材料、防火门漏风量等因素综合比较确定。

14.4.2　电气

对电气要求如表14-25所示。

电　气　表14-25

序号	项　目	内　容
1	消防电源及其配电	(1)高层建筑的消防控制室、消防水泵、消防电梯、防烟排烟设施、火灾自动报警、漏电火灾报警系统、自动灭火系统、应急照明、疏散指示标志和电动的防火门、窗、卷帘、阀门等消防用电，应按现行的国家标准《供配电系统设计规范》GB 50052的规定进行设计，一类高层建筑应按一级负荷要求供电，二类高层建筑应按二级负荷要求供电 (2)高层建筑的消防控制室、消防水泵、消防电梯、防烟排烟风机等的供电，应在最末一级配电箱处设置自动切换装置 一类高层建筑自备发电设备，应设有自动启动装置，并能在30s内供电。二类高层建筑自备发电设备，当采用自动启动有困难时，可采用手动启动装置 (3)消防用电设备应采用专用的供电回路，其配电设备应设有明显标志。其配电线路和控制回路宜按防火分区划分 (4)消防用电设备的配电线路应满足火灾时连续供电的需要，其敷设应符合下列规定： 1)暗敷设时，应穿管并应敷设在不燃烧体结构内且保护层厚度不应小于30mm；明敷设时，应穿有防火保护的金属管或有防火保护的封闭式金属线槽 2)当采用阻燃或耐火电缆时，敷设在电缆井、电缆沟内可不采取防火保护措施 3)当采用矿物绝缘类不燃性电缆时，可直接敷设 4)宜与其他配电线路分开敷设；当敷设在同一井沟内时，宜分别布置在井沟的两侧
2	火灾应急照明和疏散指示标志	(1)高层建筑的下列部位应设置应急照明： 1)楼梯间、防烟楼梯间前室、消防电梯间及其前室、合用前室和避难层(间) 2)配电室、消防控制室、消防水泵房、防烟排烟机房、供消防用电的蓄电池室、自备发电机房、电话总机房以及发生火灾时仍需坚持工作的其他房间 3)观众厅、展览厅、多功能厅、餐厅和商业营业厅等人员密集的场所 4)公共建筑内的疏散走道和居住建筑内走道长度超过20m的内走道 (2)疏散用的应急照明，其地面最低照度不应低于0.5lx 消防控制室、消防水泵房、防烟排烟机房、配电室和自备发电机房、电话总机房以及发生火灾时仍需坚持工作的其他房间的应急照明，仍应保证正常照明的照度 (3)除二类居住建筑外，高层建筑的疏散走道和安全出口处应设灯光疏散指示标志 (4)疏散应急照明灯宜设在墙面上或顶棚上。安全出口标志宜设在出口的顶部；疏散走道的指示标志宜设在疏散走道及其转角处距地面1.00m以下的墙面上。走道疏散标志灯的间距不应大于20m (5)应急照明灯和灯光疏散指示标志，应设玻璃或其他不燃烧材料制作的保护罩 (6)应急照明和疏散指示标志，可采用蓄电池作备用电源，且连续供电时间不应少于20min；高度超过100m的高层建筑连续供电时间不应少于30min

续表 14-25

序号	项　目	内　容
3	灯具	(1) 开关、插座和照明器靠近可燃物时，应采取隔热、散热等保护措施 卤钨灯和超过100W的白炽灯泡的吸顶灯、槽灯、嵌入式灯的引入线应采取保护措施 (2) 白炽灯、卤钨灯、荧光高压汞灯、镇流器等不应直接设置在可燃装修材料或可燃构件上 可燃物品库房不应设置卤钨灯等高温照明灯具 卤钨灯管表面温度高达500～800℃，极易引起靠近的可燃物起火，如在可燃物品库内设置这类高温照明器更是危险
4	火灾自动报警系统、火灾应急广播和消防控制室	(1) 建筑高度超过100m的高层建筑，除游泳池、溜冰场、卫生间外，均应设火灾自动报警系统 (2) 除住宅、商住楼的住宅部分、游泳池、溜冰场外，建筑高度不超过100m的一类高层建筑的下列部位应设置火灾自动报警系统： 1) 医院病房楼的病房、贵重医疗设备室、病历档案室、药品库 2) 高级旅馆的客房和公共活动用房 3) 商业楼、商住楼的营业厅，展览楼的展览厅 4) 电信楼、邮政楼的重要机房和重要房间 5) 财贸金融楼的办公室、营业厅、票证库 6) 广播电视楼的演播室、播音室、录音室、节目播出技术用房、道具布景 7) 电力调度楼、防灾指挥调度楼等的微波机房、计算机房、控制机房、动力机房 8) 图书馆的阅览室、办公室、书库 9) 档案楼的档案库、阅览室、办公室 10) 办公楼的办公室、会议室、档案室 11) 走道、门厅、可燃物品库房、空调机房、配电室、自备发电机房 12) 净高超过2.60m且可燃物较多的技术夹层 13) 贵重设备间和火灾危险性较大的房间 14) 经常有人停留或可燃物较多的地下室 15) 电子计算机房的主机房、控制室、纸库、磁带库 (3) 二类高层建筑的下列部位应设火灾自动报警系统： 1) 财贸金融楼的办公室、营业厅、票证库 2) 电子计算机房的主机房、控制室、纸库、磁带库 3) 面积大于50m^{2}的可燃物品库房 4) 面积大于500m^{2}的营业厅 5) 经常有人停留或可燃物较多的地下室 6) 性质重要或有贵重物品的房间 注：旅馆、办公楼、综合楼的门厅、观众厅，设有自动喷水灭火系统时，可不设火灾自动报警系统 (4) 应急广播的设计应按现行的国家标准《火灾自动报警系统设计规范》的有关规定执行 (5) 设有火灾自动报警系统和自动灭火系统或设有火灾自动报警系统和机械防烟、排烟设施的高层建筑，应按现行国家标准《火灾自动报警系统设计规范》的要求设置消防控制室
5	漏电火灾报警系统	(1) 高层建筑内火灾危险性大、人员密集等场所宜设置漏电火灾报警系统 (2) 漏电火灾报警系统应具有下列功能： 1) 探测漏电电流、过电流等信号，发出声光信号报警，准确报出故障线路地址，监视故障点的变化 2) 储存各种故障和操作试验信号，信号存储时间不应少于12个月 3) 切断漏电线路上的电源，并显示其状态 4) 显示系统电源状态

参 考 文 献

[1] 中华人民共和国国家标准.《混凝土结构设计规范》GB 50010—2010. 北京：中国建筑工业出版社，2010

[2] 中华人民共和国国家标准.《建筑抗震设计规范》GB 50011—2010. 北京：中国建筑工业出版社，2010

[3] 中华人民共和国国家标准.《建筑地基基础设计规范》GB 50007—2011. 北京：中国建筑工业出版社，2011

[4] 中华人民共和国行业标准.《高层建筑混凝土结构技术规程》JGJ 3—2010. 北京：中国建筑工业出版社，2010

[5] 中华人民共和国行业标准.《高层建筑筏形与箱形基础技术规范》JGJ 6—2011. 北京：中国建筑工业出版社，2011

[6] 中华人民共和国国家标准.《建筑工程抗震设防分类标准》GB 50223—2008. 北京：中国建筑工业出版社，2008

[7] 中华人民共和国行业标准.《建筑桩基技术规范》JGJ 94—2008. 北京：中国建筑工业出版社，2008

[8] 中华人民共和国国家标准.《高层民用建筑设计防火规范》GB 50045—95，2005年版. 北京：中国计划出版社，2005

[9] 中华人民共和国国家标准.《民用建筑设计通则》GB 50352—2005. 北京：中国建筑工业出版社，2005

[10] 中华人民共和国国家标准.《建筑结构荷载规范》GB 50009—2012. 北京：中国建筑工业出版社，2012

[11] 李国胜编著. 简明高层钢筋混凝土结构设计手册(第二版). 北京：中国建筑工业出版社，2008

[12] 谭文辉，李达主编. 高层建筑结构设计. 北京：冶金工业出版社，2011

[13] 沈蒲生编著. 高层建筑结构设计. 北京：中国建筑工业出版社，2010

[14] 田稳苓、黄志远编著，华德徽审核. 高层建筑混凝土结构设计. 北京：中国建材工业出版社. 2005

[15] 施岚青主编. 建筑抗震设计. 北京：机械工业出版社，2011

[16] 郭继武编著. 混凝土结构. 北京：中国建筑工业出版社，2011

[17] 刘立新，叶燕华主编. 混凝土结构原理. 武汉：武汉理工大学出版社，2011

[18] 陈岱林、金新阳、张志宏编著，李明顺审. 钢筋混凝土构件设计原理及算例. 北京：中国建筑工业出版社，2005

[19] 国振喜、张树义主编，国伟、孙谌副主编. 实用建筑结构静力计算手册. 北京：机械工业出版社，2011

[20] 国振喜主编. 简明钢筋混凝土结构计算手册(第2版). 北京：机械工业出版社，2012